（第二版）

火电厂节能减排手册

节能技术与综合升级改造

李　青　高　山　薛彦廷　编著

中国电力出版社
CHINA ELECTRIC POWER PRESS

内 容 提 要

本书详细论述了火力发电厂的各种节能技术，并且结合实际讲述了节能改造技术、运行调整技术和综合升级改造技术。全书共五篇二十二章，以节能为主线，主要介绍了火力发电厂节能基本原理、经济运行方法，火力发电厂锅炉、汽轮机、电气设备节能技术改造原理与方法，以及节能综合升级改造各种新方法等。

再版时，删掉了大量的理论基础知识，增补了大量300、600、1000MW等级机组的综合升级改造技术。既讲述节能技术的设计计算方法，弥补了电厂工程技术人员在设计方面的不足，又提供了大量工程案例，为电厂节能技术改造提供经验和借鉴；既有问题，又有分析；既有设计所需图表，又有试验数据，内容齐全，理论扼要，是发电企业不可多得的一本专著。它的再版将进一步促进我国电力行业节能技术与综合升级改造技术的应用和推广。

本书涉及面广，内容丰富，通俗易懂，紧密结合实际，是大型火力发电厂运行管理、节能管理、节能改造方面的综合性专著，可供电厂节能管理人员、运行人员、检修人员使用，也可供能源审计人员及大中专院校相关专业师生参考使用。

图书在版编目（CIP）数据

火电厂节能减排手册. 节能技术与综合升级改造/李青，高山，薛彦廷编著. —2版. —北京：中国电力出版社，2019.8

ISBN 978-7-5198-3510-1

Ⅰ.①火… Ⅱ.①李… ②高… ③薛… Ⅲ.①火电厂—节能—技术手册 Ⅳ.①TM621-62

中国版本图书馆CIP数据核字(2019)第168315号

出版发行：中国电力出版社
地　　址：北京市东城区北京站西街19号（邮政编码100005）
网　　址：http：//www.cepp.sgcc.com.cn
责任编辑：宋红梅
责任校对：黄　蓓　常燕昆　王海南
装帧设计：赵丽媛
责任印制：吴　迪

印　　刷：三河市百盛印装有限公司
版　　次：2013年10月第一版　2019年10月第二版
印　　次：2019年10月北京第二次印刷
开　　本：787毫米×1092毫米　16开本
印　　张：36.5
字　　数：992千字
定　　价：148.00元

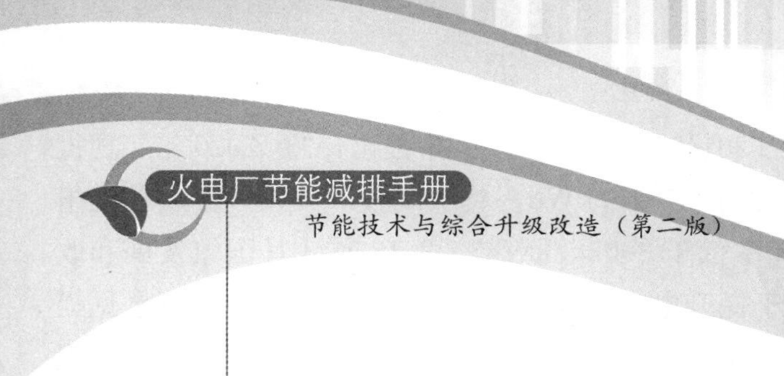

前 言

在21世纪的今天，节能减排已成为世界各国关心的热门话题。因为能源与我们的生活密切相关，无法想象假如化石能源枯竭，现代人的生活会变成什么样子。根据中国发展和改革委员会能源研究所对我国社会经济发展及能源环境研究的结果，2020年我国对一次能源的需求将在31亿～40亿t标准煤，而我国一次能源供应的能力约为24.02亿t标准煤，其中煤炭供应能力为164 900万t标准煤，石油供应能力约合27 200万t标准煤。中国自1993年成为石油净进口国以来，进口量连年增加，到2020年中国石油需求量将有76.9%依赖进口。2009年中国全年煤炭累计净进口高达10 343万t，是历史性的第一次由煤炭净出口国家变成了煤炭净进口国，到2020年中国煤炭需求量将有23.5%依赖进口。大量的煤炭和石油进口将使我国经济发展面临的能源约束矛盾更加突出。

我国是世界上最大的煤炭生产国和消费国，约占世界煤炭总消耗量的50%。由此带来了严重的环境污染，并给我国经济的高速发展带来约束。我国二氧化硫排放量的90%、二氧化碳排放量的80%、氮氧化物排放量的67%、烟尘排放量的70%，均来自煤炭燃烧。随着煤炭等化石燃料消费总量的增加，来自环境负担和控制费用的压力将进一步加重。2007年7月由荷兰环境评估机构（NEAA）发布的报告称，中国在2006年二氧化碳排放量为62亿t，已取代美国成为世界第一大二氧化碳排放国。2010年7月20日国际能源署（IEA）宣布了一个结论：中国在2009年一次能源消费总量增加12.46%，达到22.52Mtoe，已超过美国成为全球最大的能源消费国。“全球最大能耗国”与“全球最大碳排放国”已成为世界各国攻击中国的靶子。国际舆论纷纷将能源消耗量与全球变暖、气候变化问题关联起来，国际舆论把中国能源和环境污染问题推到世界舆论的风口浪尖。节能减排刻不容缓。

为了解决日益恶化的环境问题和不可再生能源枯竭问题，中国政府和学者必须面对这种严峻的挑战。2009年12月，在丹麦首都哥本哈根举办《联合国气候变化框架公约》缔约国第15次会议，中国政府承诺到2020年我国单位国内生产总值二氧化碳排放量比2005年下降40%～50%，节能提高能效的贡献率要达到85%以上。

2013年6月国家发展和改革委员会关于印发《煤电节能减排升级与改造行动计划

(2014—2020年)》的通知(发改能源〔2014〕2093号)文件中提出:"到2020年,现役燃煤发电机组改造后平均供电煤耗率低于310kg/kWh,其中现役600MW及以上机组(除空冷机组外)改造后平均供电煤耗率低于300kg/kWh"。2018年3月国家发展和改革委员会、国家能源局又印发了《关于提升电力系统调节能力的指导意见》,该意见提出优先提升300MW级煤电机组的深度调峰能力,改造后技术要求达到:①使热电机组增加20%额定容量的调峰能力,最小技术出力达到40%~50%额定容量;②纯凝机组增加15%~20%额定容量的调峰能力,最小技术出力达到30%~35%额定容量;③部分具备改造条件的电厂预期达到国际先进水平,机组不投油稳燃时纯凝工况最小技术出力达到20%~25%。2019年3月国家发展和改革委员会又下发了《关于深入推进供给侧结构性改革进一步淘汰煤电落后产能促进煤电行业优化升级的意见》(发改能源〔2019〕431号),要求各电力企业"持续深入推进煤电行业供给侧结构性改革,促进我国煤电行业转型升级、结构优化,不断提升煤电行业清洁高效高质量发展水平"。

为了实现节能减排的承诺与目标,本书完善修改了《节能技术部分》的部分内容,增加了综合升级改造与灵活性改造技术,如亚临界机组参数提升技术、二次再热技术发展与应用、变频总电源技术、尾水发电技术、凝结水一次调频技术、低压省煤器与供暖风器联合应用技术、外置式蒸汽冷却器技术、汽轮机供热技术、储热热电解耦技术、宽负荷脱硝技术等大量新兴的节能升级改造技术和灵活性改造技术,因此将本书名改为《节能技术与综合升级改造》。

《节能技术与综合升级改造》通过节能这条主线将汽轮机、锅炉、电气、环保各专业有机地结合在一起,大篇幅介绍了近几年出现的成熟且效果显著的节能技术原理、应用案例、节能效果分析、经济效益分析以及应该注意的问题,特别是介绍300MW及以上的亚临界机组和600MW及以上的超临界的节能应用和升级改造技术,并希望这些节能应用技术在更多的电厂中得到广泛推广。

《节能技术与综合升级改造》共二十二章,其中,第一章~第五章和第十七章~第二十二章由华能威海发电有限责任公司李青同志编写,第六章~第十一章由西安热工研究院有限公司薛彦廷同志编写,第十二章~第十六章由山东黄台火力发电厂高山同志编写,最后由李青同志统稿。

编　者

2019年5月1日

目　录

第三篇　锅炉节能技术

第四篇　汽轮机节能技术

第五篇　燃煤电厂节能综合升级和灵活性改造技术

第一篇 电气节电技术

电能是由一次能源转换而来的二次能源，电能的特点是发电、传输和用电都在同一瞬间发生，在发电机运行中，如果用电负荷过小，则整个系统的效率会降低，造成能源浪费，如果负荷过大，发电机则会难以胜任甚至造成设备损坏。因此必须严格管理电能才能做到合理节约用电。电能的传输路径和转换效率如下：

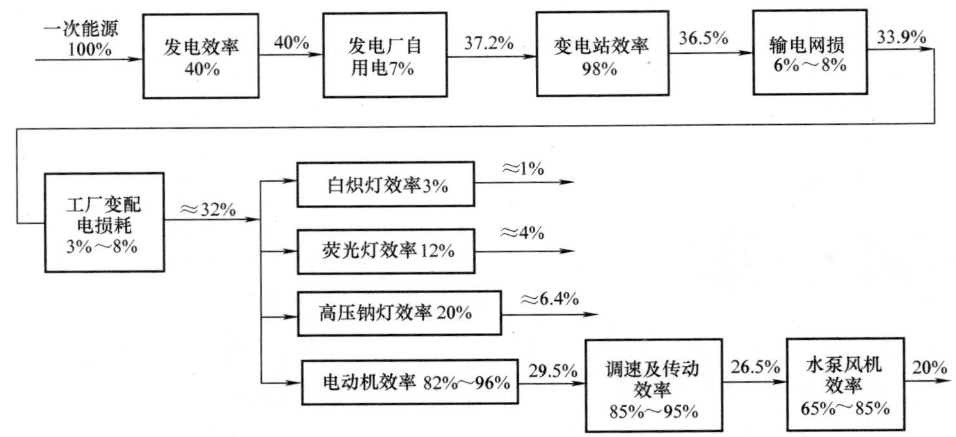

一次能源约有68%在转换和输配环节中损失掉了，在工厂内部又要损失12%，最终只有20%能量转化为水泵或风机有效功。在任何一环节节约一个百分点，都会取得巨大的经济效益。例如一座900MW火力发电厂，如果厂用电降低1%，则每年就可节约电能6000万kWh。

根据上图得知，可以采取如下措施进行电气方面的节能：

（1）采用高效电动机。

（2）采用低损耗变压器。

（3）采用功率补偿，改善功率因数。

（4）使用绿色照明。

（5）采用变速调节，进行辅机经济调度，降低厂用电率。

（6）采用高效风机和水泵。

本篇正是从上述六个方面阐述电气方面的节能技术及其应用。

第一章 电动机节电技术

电动机应用极为广泛，电动机主要负载为泵与风机，它们是通用的耗电设备，数量众多，分布面极广，耗电量巨大。2017 年我国各类电动机总容量约 21 亿 kW，实际运行效率比国外先进水平低 10 个百分点，全国电动机消耗的电能约占全国用电量的 60%，按 2017 年全国用电量 63 077 亿kWh 计算，全国电动机消耗电量 38 000 亿 kWh。

我国中小型电动机约占全国电动机功率的 75%，提高中小型电动机的效率是电动机节能的主要方面。在 20 世纪 80 年代前我国大量采用J 系列电动机；80 年代初开发的 Y 系列电动机比J 系列电动机性能提高许多，启动转矩提高 30%，体积和质量减少 10%，但效率只提高了 0.412%；80 年代后期又开发了 YX 系列电动机，比 Y 系列电动机的效率提高 3%，达到 92%，而美国高效电动机的效率达到 94.5%。根据国际节能研究所预测，如果中国电动机效率达到美国水平，其年节电潜力将达到 330 亿 kWh。如果全国电动机效率提高 1%，全年可节电约 120 亿 kWh，相当于一个 2000MW 发电厂的年发电量，因而合理、有效地使用电动机，提高电动机的设备效率，使其节能运行显得十分重要。

在使用异步电动机时，经常会遇到额定功率、额定电压、额定频率、额定电流和额定功率因数等几个额定值。额定功率 P_N是指电动机在制造厂所规定的额定情况下运行时，由电动机轴端输出的机械功率，单位为 kW；额定电压 U_N是指电动机在额定情况下运行时，外加于定子绕组上的线电压，单位为 V；额定电流 I_N在额定电压下、轴端有额定功率输出时，定子绕组的线电流，单位为 A；额定频率 f 是指我国规定的，除外销产品外，国内用的异步电动机的额定频率均为 50Hz。额定功率因数 $\cos\varphi_N$是指电动机在额定情况下运行时的功率因数。对于三相异步电动机，额定功率为

$$P_N=\sqrt{3}\ U_N\ I_N\varphi_N\cos\varphi_N$$

式中 P_N——电动机额定功率，W；

η_N——电动机在额定情况下运行时的效率，%。

例如，一台三相异步电动机额定功率 $P_N=15$kW，额定电压 $U_N=380$V，额定功率因数 $\cos\varphi_N=0.85$，额定效率 $\eta_N=90\%$，则额定电流为

$$I_N=\frac{P_N}{\sqrt{3}U_N\cos\varphi_N\eta_N}=\frac{15\times10^3}{\sqrt{3}\times380\times0.85\times0.90}=29.79(\text{A})$$

第一节 电动机功率损耗和综合经济负载率

一、电动机能量损耗

电动机在能量转换过程中不可避免地存在一定的损耗，它包括两部分损耗：固定损耗和可变损耗。

1. 固定损耗及其降低措施

固定损耗是指电动机运行时的固有损耗，它与电动机制造工艺、结构设计等有关，而与负载大小无关。固定损耗包括铁芯损耗（含空载杂散损耗）及机械损耗。铁芯损耗 P_{Fe}简称铁耗，主要是由于主磁场在电动机铁芯齿部和轭部中交变所引起的涡流损耗和磁滞损耗。由于正常运行时，

转子频率很低，一般只有 1～3Hz，转子铁耗很小，可以忽略不计，因此铁芯损耗实际上仅为定子铁耗。铁耗大小取决于铁芯材料、磁场频率和磁通密度，近似公式为

$$P_{Fe}=kf^{1.3}B^2$$

由于磁通密度 B 与输入电压 U 成正比，因此对某一台电动机而言，其铁耗近似与电压的平方成正比。而空载杂散损耗 P_{oad} 是空载电流通过定子绕组的漏磁通在定子机座、端盖等金属中产生的损耗，由于空载电流近似不变，因此这些损耗也是恒定的。铁芯损耗一般占异步电动机总损耗的 20%。降低铁芯损耗的主要措施是：①采用薄硅钢片铁芯降低涡流损耗；②增长铁芯长度降低磁通密度，从而减少磁滞损耗和涡流损耗；③应用磁性槽泥和磁性槽楔可以降低空载杂散损耗；④采用高导磁、低损耗的冷轧硅钢片；⑤增加磁路截面积，降低磁密；⑥改进加工工艺，减少冲片毛刺等。

机械损耗 P_{mec} 包括轴承摩擦损耗和通风系统损耗，对绕线式转子还存在电刷摩擦损耗。轴承摩擦损耗与轴承型号、装配水平、润滑条件和电动机转速有关，轴承摩擦损耗正比于转速的平方。通风系统损耗（简称通风损耗）主要取决于冷却风机效率、风道阻力和电动机转速等，通风损耗正比于转速的三次方。电动机容量越大，机械损耗越大，在总损耗中所占的比重越大。2 极电动机机械损耗约占电动机容量的 2.5%～3.5%，4 极电动机机械损耗约占电动机容量的 1.0%～1.5%。降低通风损耗的主要措施是：①采用优质进口轴承；②采用优质润滑剂；③采用高效风机以及通风结构合理的通风系统；④改进风路结构，使电动机绕组温升均匀；⑤在电动机温升允许条件下，尽量减少风扇尺寸，例如 4 级电动机风扇外径缩小 20%，通风损耗可减少 10%，噪声下降 3dB；⑥提高加工精度，提高装配质量。

2. 可变损耗及其降低措施

可变损耗 P_{ch} 是指电动机由负载电流引起的损耗。包括铜耗、杂散损耗等，又称负载损耗。

铜耗 P_{Cu} 是由于定子绕组和转子绕组流过的电流所产生的电阻损耗，并与负载电流的平方成正比。包括定子铜耗 P_{Cu1} 和转子铜耗 P_{Cu2}，其大小取决于负载电流和绕组电阻值，铜耗约占总损耗的 30%～70%。降低定子铜耗的措施是：①可以增大导线截面积、采用电导率高的铜材，以减少绕组电阻；②合理缩短线圈端部长度和通过增加电线股数的办法来降低绕组电阻；③增大定子槽尺寸，增加导线数量，用铜线代替铝导线，减少绕组电阻；④改善绝缘处理工艺，提高绕组导热性能，降低绕组温升；⑤采用性能好的绝缘材料，绝缘温降小，电动机温升可降低；⑥减薄槽绝缘厚度，可增大导线截面。降低转子铜耗的措施是：①增加空气隙中的磁通；②增大转子槽面积和端环尺寸；③提高铸铝工艺，增大转子导条及端环的导电率。

杂散损耗 P_{ad} 又称附加损耗，包括附加铜耗和附加铁耗。附加铜耗主要是由于定子绕组有电流后，产生槽漏磁通，这部分漏磁通使槽内导线在其截面积上的电流分布不均匀，靠近槽口的地方电流密度大，这就是所谓的电流集肤效应。显然电流分布不均时的铜耗要比分布均匀时的大，多出来的部分就是附加铜耗。附加铁耗主要是由于定子、转子上有齿槽存在，当电动机旋转时使气隙磁通发生脉振，从而在定子、转子铁芯中产生附加损耗。另外定子端部漏磁通在铁芯压板、端部支架和端盖里也要产生附加铁耗。在大容量电机里，定子电流很大，端部漏磁较大，引起的附加损耗很大，为了减少杂散损耗，应采取：①在线圈端部附近，尽量少采用磁性金属件，多采用玻璃钢之类的结构件；②定子开口槽采用磁性槽楔；③定子压圈最好用反磁性材料；④选择合理的绕组形式，如串接的正弦绕组，改善磁势波形；⑤适当增加气隙；⑥选择合适的定子、转子槽配合；⑦为了减少转子横向电流损耗，可采用转子导条与槽绝缘处理工艺，以增加转子导条与铁芯间的接触电阻。一般情况下，附加损耗约占总损耗的 10%～20%。Y 系列小型电动机各种损耗与功率等级 P_N 的关系见表 1-1。

表 1-1　　Y 系列小型电动机各种损耗与功率等级 P_N 的关系

P_N (kW)	2极					4极				
	P_{Cu1}/P_N (%)	P_{Cu2}/P_N (%)	P_{Fe}/P_N (%)	P_{mec}/P_N (%)	P_{ad}/P_N (%)	P_{Cu1}/P_N (%)	P_{Cu2}/P_N (%)	P_{Fe}/P_N (%)	P_{mec}/P_N (%)	P_{ad}/P_N (%)
0.75	11.85	6.2	4.19	4.0	1.98	15.23	8.13	4.33	1.6	2.23
1.1	11.0	6.6	3.55	2.73	2.7	13.32	7.15	3.53	1.36	1.24
1.5	10.7	6.1	3.4	3.0	1.90	12.14	7.37	3.22	1.0	1.50
2.2	8.6	5.9	2.96	2.0	2.21	9.78	5.1	3.05	1.5	1.7
3.0	6.7	4.4	2.82	2.67	2.0	8.16	5.1	3.03	1.1	1.7
4.0	5.78	3.85	2.75	2.75	2.01	6.58	4.25	2.94	1.25	1.65
5.5	5.11	3.14	2.36	4.09	2.23	5.63	3.65	2.48	1.27	2.79
7.5	4.78	3.28	2.06	3.0	2.12	4.86	3.43	2.39	0.93	3.0
11	3.04	2.29	2.51	4.1	2.11	4.08	2.71	2.31	1.45	2.67
15	2.86	2.35	2.22	3.0	2.51	3.56	2.70	2.18	1.07	2.32
18.5	2.48	2.26	2.1	2.43	2.50	3.53	2.01	2.24	1.35	1.7
22	2.74	2.06	2.27	3.18	1.16	3.17	2.06	2.14	1.13	0.95
30	2.41	1.63	2.11	3.33	1.53	2.95	1.69	1.94	1.17	1.01
37	2.15	1.62	2.0	2.7	1.60	2.52	1.35	1.90	1.22	1.60
45	1.82	1.0	2.09	2.56	1.74	2.39	1.41	1.76	1.0	1.56
55	1.64	1.03	2.08	2.73	1.84	1.98	1.34	1.77	1.09	1.75
75	1.49	0.68	1.94	3.47	0.90	1.97	0.97	1.60	1.33	1.19
90	1.39	0.78	1.90	2.89	0.75	1.58	0.86	1.68	1.11	1.03

3. 异步电动机的功率

（1）异步电动机功率之间的关系。三相异步电动机运行时电源向定子送入功率 P_1，定子绕组中有铜耗 P_{Cu1} 和旋转磁场在定子铁芯中造成的磁滞涡流损耗（即铁损 P_{Fe}），扣除这两项损耗之后，剩下的功率便是通过气隙中的旋转磁场，利用电磁感应作用传递到转子上的电磁功率 P_{em}，即

$$P_{em}=P_1-P_{Cu1}-P_{Fe}$$

电磁功率 P_{em} 减去转子绕组铜耗 P_{Cu2} 之后，便是产生于电动机转子上的总机械功率 P_m，即

$$P_m=P_{em}-P_{Cu2}$$

从总机械功率 P_m 中减去机械损耗 P_{mec} 和附加损耗 P_{ad}，得到电动机轴端输出功率 P_2，即

$$P_2=P_m-P_{mec}-P_{ad}$$

通过电机学知识进一步分析可简便地得到各功率间的重要关系式，即

$$\frac{P_{Cu2}}{P_{em}}=s \tag{1-1}$$

$$P_{Cu2}=sP_{em}$$

$$\frac{P_{m}}{P_{em}}=1-s$$

$$P_{m}=(1-s)P_{em}$$

$$\frac{P_{m}}{P_{Cu2}}=\frac{1-s}{s}$$

式中　s——转差率。

转差率是指转子转速 n（r/min）与同步转速 n_0（定子主磁场旋转速度）的差额对同步转速的比值，即

$$s=\frac{n_0-n}{n_0}$$

同步转速 n_0 与电动机极对数 p 的关系为

$$n_0=\frac{60f_0}{p}$$

式（1-1）说明：转子铜耗，或者广泛地说，消耗在转子电路中的电功率等于电磁功率与转差率 s 的乘积。转差率 s 越大，则电磁功率消耗在转子铜耗上的分量就越大，正因为这样，异步电动机正常运行时的转差率 s 都很小，$s=0.01\sim0.05$，以提高效率。

（2）异步电动机的转矩。作用在异步电动机上有三个转矩：电磁转矩 M_{em}、空载制动转矩 M_0、负载制动转矩 M_2。

电磁转矩 M_{em} 是由转子电流与气隙磁通（严格说是主磁通）相互作用引起的电磁力所产生的；空载制动转矩 M_0 是由电动机的机械损耗 P_{mec} 和附加损耗 P_{ad} 所引起的；而负载制动转矩 M_2 则是转子所拖动的负载反作用于转子的力矩。

当转子以机械角速度 $\omega=2\pi\frac{n}{60}$ rad/s 旋转时，转子在电磁转矩 M_{em} 的作用下获得的总机械功率为

$$P_{m}=M_{em}\omega=M_{em}2\pi\frac{n}{60}$$

从 M_0 产生的原因可知：

$$P_{mec}+P_{ad}=M_0\omega=M_0 2\pi\frac{n}{60}$$

转子在克服负载转矩 M_2 的情况下以角速度 ω 旋转，因此转子对负载输出的机械功率为

$$P_2=M_2\omega=M_2 2\pi\frac{n}{60}$$

电磁功率 P_{em} 与转矩的关系式为

$$P_{em}=\frac{P_{m}}{1-s}=\frac{M_{em}\omega}{1-s}$$

所以

$$M_{em}=\frac{(1-s)P_{em}}{\omega}=\frac{P_{em}}{\omega_0}=\frac{P_{m}}{\omega} \tag{1-2}$$

$$M_2=\frac{P_2}{\omega}$$

$$M_0=\frac{P_{mec}+P_{ad}}{\omega}$$

$$\omega_0=2\pi\frac{n_0}{60}=\frac{\omega}{1-s}$$

式中 ω_0——同步角速度，rad/s。

式（1-2）说明：电磁转矩等于电磁功率除以同步角速度，也等于总机械功率除以转子的机械角速度。

电磁转矩极大值即为最大电磁转矩，以 M_{max}表示，最大电磁转矩 M_{max}对应的转差率称为临界转差率，以 s_m表示。最大电磁转矩与额定电磁转矩的比值称为过载能力或最大转矩倍数，以 λ 表示，即 $\lambda=\frac{M_{max}}{M_N}$，一般的三相异步电动机的过载能力 $\lambda=1.6\sim2.2$，冶金机械用的三相异步电动机的过载能力 $\lambda=2.2\sim2.8$。过载能力 λ 可以从电动机产品目录中的额定参数查到。

额定负载时的机械制动转矩就是额定转矩 M_N，即

$$M_N=M_2=\frac{P_2}{\omega}=\frac{P_N}{\omega_N}=\frac{P_N}{2\pi\frac{n_N}{60}}=9.55\frac{P_N}{n_N}$$

式中 n_N——异步电动机额定转速，r/min；

P_N——异步电动机额定功率，W；

M_N——异步电动机额定转矩，N·m。

而临界转差率 s_m可以从下面公式推导出来，电机学知识告诉我们

$$s_m=s_N\ (\lambda+\sqrt{\lambda^2-1})$$

$$s_N=\frac{n_0-n_N}{n_0} \tag{1-3}$$

根据式（1-3）可以知道任意转差率 s 下的电磁转矩 M，其计算公式为

$$M=\frac{2\lambda M_N}{\frac{s}{s_m}+\frac{s_m}{s}} \tag{1-4}$$

【例 1-1】 一台三相异步电动机的数据为 $P_N=150$kW，$U_N=380$V，同步转速 $n_0=1500$r/min，额定转速 $n_N=1460$r/min，过载能力 $\lambda=2.2$，定子 Y 接法，请计算此电动机在转差率 $s=0.02$ 时的电磁转矩和负载转矩恒等于 860N·m 时的转速。

解 额定转差率为

$$s_N=\frac{n_0-n_N}{n_0}=\frac{1500-1460}{1500}=0.027$$

临界转差率为

$$s_m=s_N(\lambda+\sqrt{\lambda^2-1})=0.027\times(2.2+\sqrt{2.2^2-1})=0.1123$$

额定转矩为

$$M_N=9.55\frac{P_N}{n_N}=9.55\times\frac{150\times10^3}{1460}=981.2$$

$s=0.02$ 时的电磁转矩为

$$M=\frac{2\lambda M_N}{\frac{s}{s_m}+\frac{s_m}{s}}=\frac{2\times2.2\times981.2}{\frac{0.02}{0.1123}+\frac{0.1123}{0.02}}=745.2(\text{N}\cdot\text{m})$$

负载转矩恒等于 860N·m 时得

$$860=\frac{2\times2.2\times981.2}{\frac{s}{0.1123}+\frac{0.1123}{s}}$$

整理得

$$s^2-0.5638s+0.0126=0$$

$$s=\frac{-b\pm\sqrt{b^2-4ac}}{2a}=\frac{0.5638\pm\sqrt{0.5638^2-4\times1\times0.0126}}{2\times1}$$

解得　$s=0.0233$，另一解 $s=0.540$ 不合理，舍去。

电动机转速为

$$n=(1-s)n_0=(1-0.0233)\times1500=1465.1(\text{r/min})$$

【例 1-2】 某四极三相异步电动机的数据为 $P_N=10\text{kW}$，$U_N=380\text{V}$，$I_N=20.1\text{A}$，定子△接法，定子铜耗 $P_{Cu1}=500\text{W}$，转子铜耗 $P_{Cu2}=285\text{W}$，铁耗 $P_{Fe}=275\text{W}$，机械损耗 $P_{mec}=75\text{W}$，附加损耗 $P_{ad}=180\text{W}$。试计算此电动机额定负载时的转差率、额定转速、负载制动转矩和电磁转矩。

解　同步转速为

$$n_0=\frac{60f_0}{p}=\frac{60\times50}{2}=1500$$

总机械功率为　$P_m=P_2+P_{mec}+P_{ad}=10000+75+180=10255$

电磁功率为　$P_{em}=P_m+P_{Cu2}=10255+285=10540$

额定转差率为　$s_N=\frac{P_{Cu2}}{P_{em}}=\frac{285}{10540}=0.02704$

额定转速为　$n_N=(1-s_N)n_0=(1-0.02704)\times1500=1459.4(\text{r/min})$

$$\omega=2\pi\frac{n}{60}=2\pi\frac{1459.4}{60}=152.828(\text{rad/s})$$

负载制动转矩为　$M_2=\frac{P_2}{\omega}=\frac{10\times10^3}{152.828}=65.43(\text{N}\cdot\text{m})$

电磁转矩为 $M_{em}=\frac{P_m}{\omega}=\frac{10.255\times10^3}{152.828}=67.10(\text{N}\cdot\text{m})$

二、电动机的综合经济效率

1. 电动机的效率

额定参数下，电动机的效率为

$$\eta_N=\frac{P_N}{P_{1N}}=\frac{P_N}{P_N+\Sigma P}$$

$$P_N=\sqrt{3}U_NI_N\varphi_N\cos\varphi_N$$

式中 P_N——电动机额定功率，即电动机额定运行时轴上输出的机械功率，W；

$\sum P$——电动机额定负荷下的有功功率损耗，W；

P_{1N}——电动机额定输入功率，W；

U_N——电动机额定电压，V；

I_N——电动机额定电流，A；

η_N——电动机额定效率，%。

从空载运行到额定负载运行，由于主磁通和转速变化很小，固定损耗（铁耗 P_{Fe} 和机械损耗 P_{mec}）变化很小，而且与负载电流大小基本无关，因此固定损耗为

$$P_0=P_{mec}+P_{Fe}$$

可变损耗（定子铜耗 P_{Cu1}、转子铜耗 P_{Cu2} 和杂散损耗 P_{ad}）基本上与负载电流大小的平方成正比例，不同负荷下的可变损耗计算公式为

$$P_{ch}=K^2(\sum P-P_0)=K^2\left[\left(\frac{1}{\eta_N}-1\right)P_N-P_0\right]$$

式中 P_0——电动机的空载损耗，W；

P_N——电动机额定功率，W；

P_{ch}——电动机的可变损耗，W；

K——电动机负载率，%。

有功功率损耗为

$$\sum P=P_0+P_{ch}=P_0+K^2\left[\left(\frac{1}{\eta_N}-1\right)P_N-P_0\right]$$

电动机的实际输入功率为

$$P_1=P_2+P_{ch}+P_0$$

所以不同负载下的电动机效率 η 计算公式可以写为

$$\eta=\frac{P_2}{P_1}=\frac{KP_N}{P_1}=\frac{KP_N}{KP_N+P_0+K^2\left[\left(\frac{1}{\eta_N}-1\right)P_N-P_0)\right]} \tag{1-5}$$

式中 P_0——电动机的空载损耗，W；

P_N——电动机额定功率，W；

K——电动机负载率；

η——电动机效率，即电动机输出的机械功率与输入功率之比，%；

P_2——电动机的实际输出功率，W；

P_1——电动机的实际输入功率，W。

电动机效率随负载率变化的曲线称之为电动机效率曲线，图 1-1 是广泛应用的 Y（IP44）系列三相异步电动机的效率曲线实例。从图 1-1 可以看出：电动机的效率曲线具有较宽的高效率区域，负载率越低，效率越低，特别是小容量电动机，当负载率低于 40%，其效率下降显著；电动机效率曲线的最高点为电动机的最高运行效率，经济负载率在最高运行效率工况附近；电动机容量越小，效率越低，随着电动机容量的增加，电动机的效率得到改善。Y 系列三相异步电动

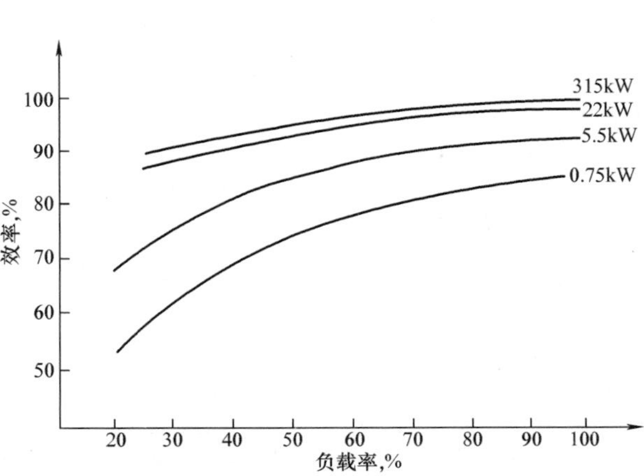

图 1-1 Y（IP44）系列三相异步电动机的效率曲线

机技术数据见表 1-2、表 1-3，Y（IP44）系列小型三相异步电动机各种负载率下的效率见表 1-4。

表 1-2　　Y 系列三相异步电动机额定技术数据（1）

型号	功率(kW)	转速(r/min)	电流(A)	效率(%)	功率因数	型号	功率(kW)	转速(r/min)	电流(A)	效率(%)	功率因数
	同步转速 3000r/min						同步转速 1500r/min				
Y801-2	0.75	2830	1.81	75	0.84	Y801-4	0.55	1390	1.51	73	0.76
Y802-2	1.1	2830	2.52	77	0.86	Y802-4	0.75	1390	2.01	74.5	0.76
Y90S-2	1.5	2840	3.44	78	0.85	Y90S-4	1.1	1400	2.75	78	0.78
Y90L-2	2.2	2840	4.74	80.5	0.86	Y90L-4	1.5	1400	3.65	79	0.79
Y100L-2	3.0	2870	6.39	82	0.87	Y100L1-4	2.2	1430	5.03	81	0.82
Y112M-2	4.0	2890	8.17	85.5	0.87	Y100L2-4	3.0	1430	6.82	82.5	0.81
Y132S1-2	5.5	2900	11.1	85.5	0.88	Y112M-4	4.0	1440	8.77	84.5	0.82
Y132S2-2	7.5	2900	15.0	86.2	0.88	Y132S-4	5.5	1440	11.6	85.5	0.84
Y160M1-2	11	2930	21.8	87.2	0.88	Y132M-4	7.5	1440	15.4	87	0.85
Y160M2-2	15	2930	29.4	88.2	0.88	Y160M-4	11	1460	22.6	88	0.84
Y160L-2	18.5	2930	35.5	89	0.89	Y160L-4	15	1460	30.3	88.5	0.85
Y180M-2	22	2940	42.2	89	0.89	Y180M-4	18.5	1470	35.9	91	0.86
Y200L1-2	30	2950	56.9	90	0.89	Y180L-4	22	1470	42.5	91.5	0.86
Y200L2-2	37	2950	69.8	90.5	0.89	Y200L-4	30	1470	56.8	92.2	0.87
Y225M-2	45	2970	83.9	91.5	0.89	Y225S-4	37	1480	69.8	91.8	0.87
Y250M-2	55	2970	103	91.5	0.89	Y225M-4	45	1480	84.2	92.3	0.88
Y280S-2	75	2970	140	92	0.89	Y250M-4	55	1480	103	92.6	0.88
Y280M-2	90	2970	167	92.5	0.89	Y280S-4	75	1480	140	92.7	0.88
Y315S-2	110	2980	203	92.5	0.89	Y280M-4	90	1490	164	93.5	0.89
Y315M-2	132	2980	242	93	0.89	Y315S-4	110	1490	201	93.5	0.89
Y315L1-2	160	2980	292	93.5	0.89	Y315M-4	132	1490	240	94	0.89
Y315L2-2	200	2980	365	93.5	0.89	Y315L1-4	160	1490	289	94.5	0.89
						Y315L2-4	200	1490	362	94.5	0.89

表 1-3　　Y 系列三相异步电动机额定技术数据（2）

型号	功率(kW)	转速(r/min)	电流(A)	效率(%)	功率因数	型号	功率(kW)	转速(r/min)	电流(A)	效率(%)	功率因数
	同步转速 1000r/min						同步转速 1000r/min				
Y90S-6	0.75	910	2.3	72.5	0.70	Y132S-8	2.2	710	5.8	81.0	0.71
Y90L-6	1.1	910	3.2	73.5	0.72	Y132M-8	3.0	710	7.7	82.0	0.72
Y100L-6	1.5	940	4.0	77.5	0.74	Y160M1-8	4.0	720	9.9	84.0	0.73
Y112M-6	2.2	940	5.6	80.5	0.74	Y160M2-8	5.5	720	13.3	85.0	0.74
Y132S-6	3.0	960	7.2	83	0.76	Y160L-8	7.5	720	17.7	86.0	0.75
Y132M1-6	4.0	960	9.4	84	0.77	Y180L-8	11	730	25.1	86.5	0.77
Y132M2-6	5.5	960	12.6	85.3	0.78	Y200L-8	15	730	34.1	88.0	0.76
Y160M-6	7.5	970	17.0	86	0.78	Y225S-8	18.5	730	41.3	89.5	0.76
Y160L-6	11	970	24.6	87	0.78	Y225M-8	22	730	47.6	90.0	0.78
Y180L-6	15	970	31.6	89.5	0.81	Y250M-8	30	730	63	90.5	0.80
Y200L1-6	18.5	970	37.7	89.8	0.83	Y280S-8	37	740	78.2	91.0	0.79
Y200L2-6	22	970	44.6	90.2	0.83	Y280M-8	45	740	93.2	91.7	0.80
Y225M-6	30	980	59.5	90.2	0.85	Y315S-8	55	740	114	92.0	0.80
Y250M-6	37	980	72	90.8	0.86	Y315M-8	75	740	152	92.5	0.81
Y280S-6	45	980	85.4	92	0.87	Y315L1-8	90	740	179	93.0	0.82
Y280M-6	55	980	105	91.6	0.87	Y315L2-8	110	740	218	93.3	0.82
Y315S-6	75	990	141	92.8	0.87						
Y315M-6	90	990	169	93.2	0.87						
Y315L1-6	110	990	206	93.5	0.87						
Y315L2-6	132	990	246	93.8	0.87						

表 1-4 Y（IP44）系列小型三相异步电动机各种负载率下的效率

同步转速	3000r/min				1500r/min				1000r/min			
负载率	1.0	0.75	0.5	0.25	1.0	0.75	0.5	0.25	1.0	0.75	0.5	0.25
功率（kW）	效率（%）				效率（%）				效率（%）			
0.55					75	72.6	69.4	57.7				
0.75	75	75.5	73.7	64.2	74.5	74.2	71.2	59.9	72.5	72	68.5	56.5
1.1	77	75.3	70.6	57.5	78	78.7	77.5	69.2	73.5	73.9	71.7	61.5
1.5	78	78.7	78.4	69.2	79	80.3	80	73.6	77.5	77.3	74.6	64.1
2.2	82	82.9	82.1	75.5	81	81.7	80.6	73.2	80.5	81	79.5	71.4
3	82	82.2	80.5	72.1	82.5	82.5	80.6	71.9	83	83.9	83.4	77.3
4	85.5	86.2	85.5	79.8	85.2	85.2	84.5	78.9	84	85	84.8	79.3
5.5	85.5	86.6	86.4	81.8	86.7	86.7	86.7	82.5	85.3	86.7	87.1	83.7
7.5	86.2	87.5	87.7	84	88.2	88.2	88.4	84.8	86	86.9	86.5	81.4
11	87.2	87.3	85.9	79.2	88.8	88.8	88.5	84.2	87	87.7	87.3	82.3
15	88.2	88.1	86.4	79.5	88.5	89.3	89.1	85.1	89.5	89.7	88.7	79.7
18.5	89	89.1	89	84.4	91	91.4	90.7	86.5	89.8	90.2	89.5	84.9
22	89	88.6	87	80	91.5	91.9	91.4	87.6	90.2	90.8	90.5	86.7
30	90	89.6	87.9	81	92.2	92.5	92	88.2	90.2	90.8	90.3	86.3
37	90	90.4	89	83.1	91.8	92.2	91.8	88.2	90.8	91.3	91	87.2
45	91.5	91.5	90.4	85.4	92.3	92.7	92.3	88.9	92	92.4	91.9	88.2
55	91.5	91.2	89.7	83.7	92.6	92.9	92.4	88.8	92	92.6	92.6	89.8
75	91.5	91.2	89.8	83.9	92.7	92.8	91.9	87.7	—	—	—	—
90	92	91.9	90.6	85.3	93.5	93.5	92.7	88.7	—	—	—	—

注 额定电压 380V。

如果不知道电动机的输出功率，可以采用下列公式计算负载率，即

$$K=\sqrt{\frac{I_1^2-I_{0N}^2}{I_N^2-I_{0N}^2}} \tag{1-6}$$

式中 I_N——电动机额定线电流，A；

I_{0N}——电动机额定电压下的空载线电流，一般额定电压下的空载电流约为额定电流的20%～30%，A；

I_1——电动机负载线电流，A。

当电动机输入线电压 U_1 为非额定电压时，空载电流 I_0 的计算式为

$$I_0=I_{0N}\frac{0.32+0.07U_1/U_N}{1-0.61U_1/U_N}$$

2. 电动机的经济负载率

电动机的效率是随负载状况而变化的，将电动机效率 η 计算公式对负载率求导，则得

$$\frac{\mathrm{d}\eta}{\mathrm{d}K}=\frac{K^2\left[\left(\frac{1}{\eta_N}-1\right)P_N-P_0\right]-P_0}{\left\{KP_N+P_0+K^2\left[\left(\frac{1}{\eta_N}-1\right)P_N-P_0\right]\right\}^2}$$

令 $\frac{\mathrm{d}\eta}{\mathrm{d}K}=0$，则

$$K^2\left[\left(\frac{1}{\eta_N}-1\right)P_N-P_0\right]=P_0$$

$$K=\sqrt{\frac{P_0}{\left(\frac{1}{\eta_N}-1\right)P_N-P_0}}$$

所以当电动机的固定损耗等于可变损耗时，电动机的效率出现最大值，此时对应的负载率称为经济负载率 K_j，即

$$K_j=\sqrt{\frac{P_0}{\left(\frac{1}{\eta_N}-1\right)P_N-P_0}} \tag{1-7}$$

此时电动机有功功率损耗 $\Sigma P=2P_0$

在经济负载率下，由于空载损耗等于可变损耗，因此电动机最大效率称作经济效率，以 η_j 表示，即

$$\eta_j=\frac{K_jP_N}{K_jP_N+2P_0} \tag{1-8}$$

当 K_j 的计算值大于 1 时，说明电动机满载运行最为经济，切忌轻载运行，但不能过载运行。由于实际运行环境和条件千差万别，而且在计算过程中，忽略了许多因素，所以实际负载率应稍微大于经济负载率。一般地说，电动机实际负载率 $K>60\%$ 时，其功率因数和效率较高，电动机理想运行状态为 $60\%\leqslant K\leqslant100\%$；当实际负载率 $K<40\%$ 时，可能会出现大马拉小车现象，其功率因数和效率较低，必须调换小容量电动机，使电动机在接近经济负载率情况下运行；当实际负载率 $K=40\%\sim60\%$ 时，则需要经过技术经济比较后方能决定是否需要更换电动机。

3. 电动机的综合损耗和综合经济负载率

为了更精确地计算最佳负载率 K_j，应该考虑电动机无功功率在电网交换中，引起的电网有功功率损耗的增加。当电流通过线路电阻时，其功率损耗的大小与电流的平方成正比，而电流包含了无功电流和有功电流，无功电流分量在电阻上引起的损耗叫无功功率。如果单位无功功率可能引起的有功功率损耗为 K_Q（W/var），则电动机的综合功率损耗为

$$\Sigma P_Z=\Sigma P+K_QQ$$

$$\Sigma P=P_0+K^2\left[\left(\frac{1}{\eta_N}-1\right)P_N-P_0\right]$$

$$Q=Q_0+K^2\left(\frac{P_N\tan\varphi}{\eta_N}-Q_0\right)$$

$$Q_0=\sqrt{3}U_N I_{0N}\sin\varphi_0\approx\sqrt{3}U_N I_{0N}$$

式中 ΣP_Z——电动机的综合功率损耗，W；

ΣP——电动机额定负荷下的有功功率损耗，W；

K_Q——单位无功功率可能引起的有功功率损耗（对称无功功率当量，见 GB 12497—2006《三相异步电动机经济运行》），对于功率因数已集中补偿到 0.9 及以上的厂矿区，$K_Q=0.02\sim0.04$，对于二次变压的电动机，$K_Q=0.05\sim0.07$，对于其他功率因数没有做补偿的厂矿或经过三次变压，$K_Q=0.08\sim0.1$，发电厂母线直配工厂，$K_Q=0.02\sim0.04$；

Q——电动机的无功功率，var；

Q_0——电动机空载时无功功率，var；

φ_0——电动机空载功率因数角；

φ——电动机功率因数角。

因此综合功率损耗为

$$\begin{aligned}\Sigma P_Z&=\Sigma P+K_Q Q\\&=P_0+K^2\left[\left(\frac{1}{\eta_N}-1\right)P_N-P_0\right]+K_Q Q_0+K_Q K^2\left(\frac{P_N\tan\varphi}{\eta_N}-Q_0\right)\end{aligned}\tag{1-9}$$

其中固定综合损耗

$$P_{oZ}=P_0+K_Q Q_0=P_0+\sqrt{3}K_Q U_N I_{0N}$$

可变综合损耗为

$$\begin{aligned}P_{chZ}&=K^2\left[\left(\frac{1}{\eta_N}-1\right)P_N-P_0\right]+K^2K_Q\left(\frac{P_N\tan\varphi}{\eta_N}-Q_0\right)\\&=K^2\left[\left(\frac{1}{\eta_N}-1\right)P_N-P_0+K_Q\left(\frac{P_N\tan\varphi}{\eta_N}-\sqrt{3}U_N I_{0N}\right)\right]\end{aligned}\tag{1-10}$$

任意负载下的电动机效率 η 计算公式为

$$\begin{aligned}\eta&=\frac{P_2}{P_1}=\frac{KP_N}{KP_N+\Sigma P_Z}\\&=\frac{KP_N}{KP_N+P_0+K^2\left(\frac{1}{\eta_N}-1\right)P_N-K^2P_0+K_Q Q_0+K_Q K^2\left(\frac{P_N\tan\varphi_N}{\eta_N}-Q_0\right)}\end{aligned}$$

式中 $\tan\varphi_N$——额定功率时的功率因数角 φ_N 的正切值。

对该公式求 K 的偏导数可知，当可变综合损耗等于固定综合损耗时，电动机效率达到最大值，令 $P_{chZ}=P_{oZ}$，求得到负载率称为综合经济负载率，以 K_{jZ} 表示，见式（1-11），部分常用 Y 电动机综合经济负载率见表 1-5。

$$K_{jZ}=\frac{\sqrt{P_0+K_Q\sqrt{3}U_N I_{0N}}}{\sqrt{\left(\frac{1}{\eta_N}-1\right)P_N-P_0+K_Q\left(\frac{P_N\tan\varphi_N}{\eta_N}-\sqrt{3}U_N I_{0N}\right)}}\tag{1-11}$$

表 1-5　　部分常用 Y 电动机综合经济负载率

P_N (kW)	2极			4极			6极		
	P_0 (kW)	I_{0N} (A)	K_{jZ}	P_0 (kW)	I_{0N} (A)	K_{jZ}	P_0 (kW)	I_{0N} (A)	K_{jZ}
3.0	0.27	2.6	0.85	0.27	3.5	0.91	0.19	3.8	0.74
4.0	0.23	2.9	0.73	0.24	4.4	0.77	0.23	4.9	0.72
5.5	0.27	3.4	0.64	0.25	4.7	0.65	0.22	5.3	0.60
7.5	0.30	4.0	0.59	0.28	5.96	0.66	0.38	8.65	0.73
11.0	0.66	6.4	0.83	0.46	8.4	0.73	0.52	12.4	0.75
15.0	0.78	7.3	0.78	0.57	10.4	0.67	0.69	13.8	0.84
18.5	0.76	8.2	0.70	0.65	13.4	0.78	0.68	14.9	0.73
22.0	1.28	12.0	0.93	0.69	15.0	0.75	0.74	17.1	0.71
30.0	1.65	16.9	0.97	0.90	19.5	0.78	1.05	18.7	0.70
37.0	1.66	18.6	0.85	1.14	19.0	0.69	1.20	19.4	0.68
45.0	1.78	18.7	0.82	1.25	22.0	0.71	1.35	23.3	0.72
55.0	2.53	23.5	0.92	1.56	28.6	0.74	1.34	22.5	0.59
75.0	3.38	37.4	0.93	2.41	39.4	0.82	—	—	—
90.0	3.60	43.1	0.89	2.65	43.8	0.83	—	—	—

注　计算时，电动机额定电压 380V，无功经济当量按 0.02 考虑。

有功功率的综合损耗$\Sigma P_Z=2\ (P_0+K_Q\sqrt{3}U_N I_{0N})$

此时电动机的最高效率称作综合经济效率，以 η_{jZ}表示。

$$\eta_{jZ}=\frac{K_{jZ}P_N}{K_{jZ}P_N+2P_0+2K_Q\sqrt{3}U_N I_{0N}} \tag{1-12}$$

损耗不但包括有功功率损耗，还包括无功功率损耗，因此电动机只有在综合经济负载率 K_{jZ}下运行，才更切合经济利益。

【例 1-3】 某发电厂的 Y160-4 电动机额定功率为 15kW，电动机的空载损耗为 570W，额定电流为 30.3A，空载电流为 10.4A，额定效率为 88.5%，功率因数为 0.85，电动机实际电流为 22A，求该 4 极电动机实际负载率和输出功率、经济负载率和经济效率、综合经济负载率和综合经济效率（无功当量取 0.1）。

解　由于 $\cos\varphi_N=0.85$，所以 $\tan\varphi_N=0.619\ 7$

实际负载率

$$K=\sqrt{\frac{I_1^2-I_{0N}^2}{I_N^2-I_{0N}^2}}=\sqrt{\frac{22^2-10.4^2}{30.3^2-10.4^2}}=0.681$$

实际输出功率

$$P_2=0.681\times 15\ 000=10\ 215\ (\text{W})$$

经济负载率

$$K_j=\frac{\sqrt{P_0}}{\sqrt{\left(\frac{1}{\eta_N}-1\right)P_N-P_0}}=\frac{\sqrt{570}}{\sqrt{\left(\frac{1}{0.885}-1\right)\times 15\,000-570}}=0.643$$

经济效率

$$\eta_j=\frac{K_jP_N}{K_jP_N+2P_0}=\frac{0.643\times 15\,000}{0.643\times 15\,000+2\times 570}\times 100\%=89.43\%$$

综合经济负载率

$$K_{jZ}=\frac{\sqrt{P_0+K_Q\sqrt{3}U_NI_{0N}}}{\sqrt{\left(\frac{1}{\eta_N}-1\right)P_N-P_0+K_Q\left[\frac{P_N\tan\varphi_N}{\eta_N}-\sqrt{3}U_NI_{0N}\right]}}$$

$$=\frac{\sqrt{570+0.1\times 380\times 10.4\sqrt{3}}}{\sqrt{\left(\frac{1}{0.885}-1\right)15\,000-570+0.1\left(\frac{15\,000\times 0.619\,7}{0.885}-\sqrt{3}\times 380\times 10.4\right)}}=0.848$$

综合经济效率

$$\eta_{jZ}=\frac{K_{jz}P_N}{K_{jz}P_N+2P_0+2K_Q\sqrt{3}U_NI_{0N}}$$

$$=\frac{0.848\times 15\,000}{0.848\times 15\,000+2\times 570+2\times 0.1\sqrt{3}\times 380\times 10.4}\times 100\%=83.5\%$$

很明显电动机额定效率只考虑有功功率损耗，而综合经济效率同时考虑了无功功率损耗，所以综合经济效率计算值小于额定效率。并且在经济负载率下，经济效率要高于额定效率。

虽然该电动机实际负载率接近于经济负载率，使电动机有功功率损耗达到最小，但是并没有使无功功率损耗达到最小，因此要进一步提高负载率，使其接近综合经济负载率，这样才能达到最佳节能效果。

第二节 电动机功率因数

功率因数等于电动机输入端的有功功率与视在功率之比，即

$$\cos\varphi=\frac{P_1}{S}=\frac{P_1}{\sqrt{3}U_1I_1}=\frac{P_2}{\sqrt{3}U_1I_1\eta}=\frac{P_1}{\sqrt{P_1^2+Q^2}}$$

由于

$$Q=\sqrt{3}U_1I_1\sin\varphi\times 10^{-3}=Q_0+K^2\left(\frac{P_N\tan\varphi_N}{\eta_N}-Q_0\right)$$

$$P_1=K\,P_N+P_0+K^2\left[\left(\frac{1}{\eta_N}-1\right)P_N-P_0\right]$$

所以

$$\cos\varphi=\frac{KP_N+P_0+K^2\left[\left(\frac{1}{\eta_N}-1\right)P_N-P_0\right]}{\sqrt{\left[KP_N+P_0+K^2\left(\frac{1}{\eta_N}-1\right)P_N-K^2P_0\right]^2+\left[Q_{0N}+K^2\left(\frac{P_N\tan\varphi_N}{\eta_N}-Q_0\right)\right]^2}}$$

式中　$\cos\varphi$——任意负载下电动机的功率因数；

S——电动机的视在功率，VA；

U_1——电动机输入端线电压，V；

I_1——电动机输入端线电流，A；

Q——电动机的无功功率，var；

Q_0——电动机额定空载时的无功功率，var。

由于上述功率因数计算公式计算复杂，一般可以假定电动机输入端线电压 $U_1=U_N$，则异步电动机的功率因数计算公式可用下列公式表示为

$$\cos\varphi=\frac{P_1}{S}=\frac{P_1}{\sqrt{3}U_NI_1}=\frac{P_2}{\sqrt{3}U_NI_1\eta}=\frac{KP_N}{\sqrt{3}U_NI_1\eta}=\frac{K\sqrt{3}U_NI_N\eta_N\cos\varphi_N}{\sqrt{3}U_NI_1\eta}=\frac{KI_N\eta_N\cos\varphi_N}{I_1\eta} \tag{1-13}$$

由于

$$K=\sqrt{\frac{I_1^2-I_{0N}^2}{I_N^2-I_{0N}^2}}$$

所以

$$I_1=\sqrt{K^2I_N^2+(1-K^2)I_{0N}^2} \tag{1-14}$$

将式（1-14）代入式（1-13）得

$$\cos\varphi=\frac{KI_N\eta_N\cos\varphi_N}{\eta\sqrt{K^2I_N^2+(1-K^2)I_{0N}^2}}=\frac{\eta_N\cos\varphi_N}{\eta\sqrt{1+\left(\frac{1}{K^2}-1\right)\frac{I_{0N}^2}{I_N^2}}}$$

其中额定线电流可通过式（1-15）求得，即

$$I_N=\frac{P_N}{\sqrt{3}U_N\eta_N\cos\varphi_N} \tag{1-15}$$

式中　K——电动机的负载率，%；

φ_N、η——电动机额定效率和负载率 K 时的效率，%；

$\cos\varphi_N$、$\cos\varphi$——电动机额定功率因数和负载率 K 时的功率因数。

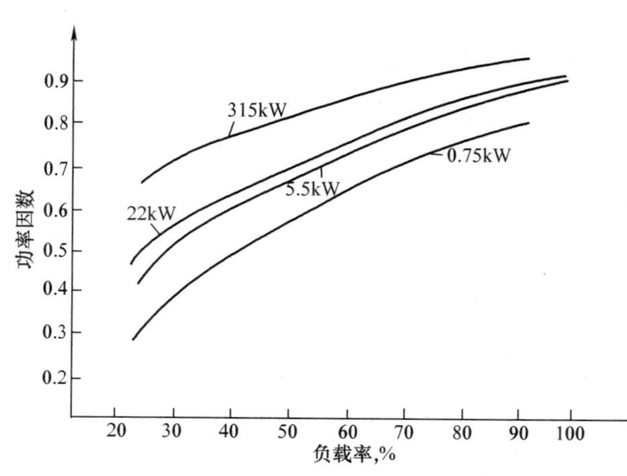

图 1-2　Y（IP44）系列三相异步电动机功率因数随负载率变化的曲线

电动机的功率因数随负荷率变化的曲线称之为电动机功率因数曲线。图 1-2 表示广泛应用的 Y（IP44）系列三相异步电动机功率因数随负载率变化的曲线。从图 1-2 可知，电动机空载时功率因数很低，在 0.1～0.2 之间，随着负载率增加，功率因数也增大，当负载率在 0.8 以上时，功率因数达到最佳，功率因数

一般随着电动机容量的减少而降低。表 1-6 为 Y（IP44）系列各种负载率下的功率因数。

表 1-6　　Y（IP44）系列各种负载率下的功率因数

同步转速	3000r/min				1500r/min				1000r/min			
负载率 K	1.0	0.75	0.5	0.25	1.0	0.75	0.5	0.25	1.0	0.75	0.5	0.25
功率（kW）	功率因数				功率因数				功率因数			
0.55	—	—	—	—	0.76	0.70	0.58	0.40	—	—	—	—
0.75	0.84	0.82	0.72	0.53	0.76	0.70	0.58	0.40	0.70	0.62	0.47	0.32
1.1	0.86	0.83	0.75	0.55	0.78	0.73	0.60	0.41	0.72	0.65	0.51	0.34
1.5	0.85	0.82	0.72	0.53	0.79	0.73	0.61	0.42	0.74	0.67	0.54	0.37
2.2	0.86	0.83	0.75	0.55	0.82	0.78	0.67	0.46	0.74	0.67	0.54	0.37
3	0.87	0.84	0.76	0.58	0.81	0.76	0.64	0.44	0.76	0.70	0.58	0.40
4	0.87	0.84	0.76	0.58	0.82	0.78	0.67	0.46	0.77	0.72	0.59	0.40
5.5	0.88	0.86	0.77	0.59	0.84	0.81	0.71	0.51	0.78	0.73	0.60	0.41
7.5	0.88	0.86	0.77	0.59	0.85	0.82	0.72	0.53	0.78	0.73	0.60	0.41
11	0.88	0.86	0.77	0.59	0.84	0.81	0.71	0.51	0.78	0.73	0.60	0.41
15	0.88	0.86	0.77	0.59	0.85	0.82	0.72	0.53	0.81	0.76	0.64	0.44
18.5	0.89	0.86	0.77	0.59	0.86	0.83	0.75	0.55	0.83	0.80	0.69	0.48
22	0.89	0.86	0.77	0.59	0.86	0.83	0.75	0.55	0.83	0.80	0.69	0.48
30	0.89	0.86	0.77	0.59	0.87	0.84	0.76	0.58	0.85	0.82	0.72	0.53
37	0.89	0.86	0.77	0.59	0.87	0.84	0.76	0.58	0.86	0.83	0.75	0.55
45	0.89	0.86	0.77	0.59	0.88	0.86	0.77	0.59	0.87	0.84	0.76	0.58
55	0.89	0.86	0.77	0.59	0.88	0.86	0.77	0.59	0.87	0.84	0.76	0.58
75	0.89	0.86	0.77	0.59	0.88	0.86	0.77	0.59	0.87	0.84	0.76	0.58
90	0.89	0.86	0.77	0.59	0.89	0.86	0.77	0.59	0.87	0.84	0.76	0.58

第三节　电动机的功率补偿

一、无功就地补偿电容

工业生产用电设备多为电感性负荷，除由电源取用有功功率外，还有大量无功功率由电源到负荷往返交换。此无功功率使设备电流加大，对发电机转子的去磁效应增加，使发电机端电压下降达不到额定出力。由于电流加大，使供配电设备不能充分利用，并使设备及线路功率损耗大幅度上升，同时也加大了线路电压损失，导致用电电压质量变坏。

为了减少供电网路因传输无功功率而造成的电能损失和电压损失，保证电力网的经济运行，应采取措施改善电路的功率因数。无功就地补偿是在异步电动机附近设置并联电容器，对异步电动机进行无功功率补偿，补偿原理见图 1-3。

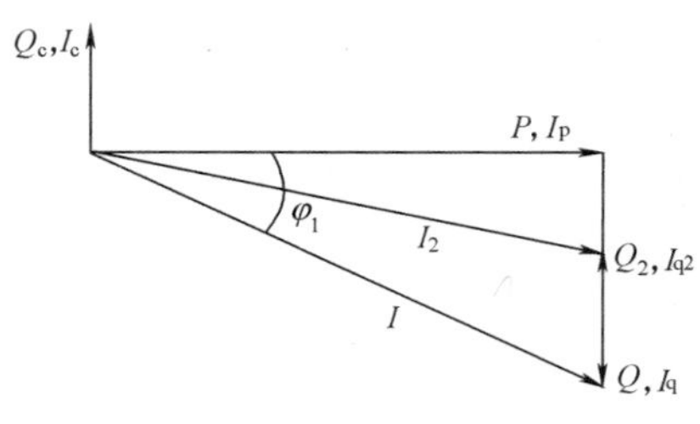

图 1-3　电容器无功就地补偿

补偿前，异步电动机的有功功率为 P，无功功率为 Q，有功电流为 I_p，无功电流为 I_q，输入电流为 I，功率因数为 $\cos\varphi_1$。采用电容器后，因为电容电流 I_c 和感性无功电流 I_q 方向恰好相反，故可以抵消一部分电感型电流，即无功电流变为 $I_{q2}=I_q-I_c$，无功功率变为 $Q_2=Q-Q_c$，功率因数变为 $\cos\varphi_2>\cos\varphi_1$，输入电流变为 I_2（小于 I）。因此实行无功就地补偿可以降低配电线路的负荷电流，提高功率因数，减少企业配变和配电网的功率损耗。

如果与配电线路连接的多台电动机运行在轻载状态，为了提高电动机的功率因数，可以在安全允许的条件下采用无功就地补偿的方法。补偿电容器原则上是按电动机在空载时补偿到 $\cos\varphi=1$ 设计的，这是因为若使功率因数在负载情况下补偿到 1，则电动机空载或轻载时容易造成过补偿，即功率因数超前。无功就地补偿所需要电容器无功容量计算式为

$$Q_C=\sqrt{3U_N^2I_{0N}^2-P_0^2}$$

式中　Q_C——电容器的无功容量，var；

U_N——电动机额定线电压，V；

P_0——电动机额定空载功率，W；

I_{0N}——电动机在额定线电压下的空载电流，A。

如果电动机补偿过大，在切断电容器或电源时，电容器放电供给电动机以励磁，能使旋转着的电动机成为感应发电机，导致电压超过额定电压好多倍，对电动机和电容器的绝缘都不利，因此在选择电容器时，应稍微小于激磁电容 Q_{Cj}，以防止电动机产生自激现象。表 1-7是部分 380V 三相异步电动机就地补偿电容器选择无功容量。

防止电动机产生自激的电容器容量为

$$Q_{Cj}=0.9\sqrt{3}U_N I_{0N}$$

式中　Q_{Cj}——防止电动机产生自激的电容器容量，var；

I_{0N}——异步电动机励磁电流，等于空载电流，A。

如果手头没有额定电压下的空载电流值，瑞典通用电气公司推荐采用下列公式，求得空载电流值，即

$$I_{0N}=2I_N(1-\cos\varphi_N)$$

式中　$\cos\varphi_N$——电动机额定功率因数。

因此补偿电容值为

$$C=\frac{Q_{Cj}\times10^6}{2\sqrt{3}\pi fU_N^2}=\frac{0.9Q_C\times10^6}{2\sqrt{3}\pi fU_N^2}$$

式中　C——电容器的电容值，μF；

f——电源频率。

补偿电容电流为

$$I_C=\frac{Q_{Cj}}{\sqrt{3}U_N}\ (\text{A})$$

表 1-7　　部分 380V 三相异步电动机就地补偿电容器选择无功容量

P_N (kW)	4 极			6 极		
	P_0 (W)	I_{0N} (A)	Q_C (kvar)	P_0 (W)	I_{0N} (A)	Q_C (kvar)
0.75	117	1.3	0.5	135	1.6	0.6
1.1	110	1.5	0.6	157	1.93	0.8
1.5	117	1.8	0.8	195	2.71	1.0
3	270	3.5	2.0	194	3.8	2.0
4	245	4.4	2.5	228	4.9	2.5
11	450	8.4	5.0	520	12.4	6.0
15	570	10.4	6.0	690	13.8	8.0
30	900	19.5	10.0	1050	18.7	10.0
45	1250	22	14.0	1350	23.3	14.0
55	1560	28.6	16.0	1340	25.5	20.0
75	2410	39.4	20.0	—	—	—
90	2650	43.8	24.0	—	—	—

【例 1-4】 一台四极三相异步电动机额定功率 $P=75$kW，电源为 50Hz，380V，功率因数为 $\cos\varphi=0.88$，空载电流为 39.4A，空载损耗为 2410W，效率为 92.7%，求电动机无功补偿电容器的电容值，假定不知道空载电流值，求无功补偿电容器的电容值。

解　无功补偿容量：

$$Q_C=\sqrt{3U_N^2I_{0N}^2-P_0^2}=\sqrt{3\times380^2\times39.4^2-2410^2}=2580\ \text{(var)}$$

为了防止自激

$$Q_C=0.9\sqrt{3}U_NI_{0N}=0.9\sqrt{3}\times380\times39.4=23\ 340$$

无功补偿容量应选最小值，因此补偿电容值为

$$C=\frac{0.9Q_C\times10^6}{2\sqrt{3}\pi fU_N^2}=\frac{0.9\times23\ 340\times10^6}{2\sqrt{3}\times3.14\times50\times380^2}=267.5\ (\mu\text{F})$$

如果不知道电动机空载电流，由于

$$I_N=\frac{P_N}{\sqrt{3}U_N\eta_N\cos\varphi_N}=\frac{75\ 000}{\sqrt{3}\times380\times0.88\times0.927}=139.69$$

空载电流

$$I_{0N}=2I_N(1-\cos\varphi_N)=2\times139.69\times(1-0.88)=33.53$$

因此

$$Q_{Cj}=0.9\sqrt{3}U_NI_{0N}=0.9\sqrt{3}\times380\times33.53=19\ 861\ \text{(var)}$$

所以电动机无功补偿电容器容量取 19.861kvar，补偿电容值为

$$C=\frac{Q_{\mathrm{Cj}}\times 10^6}{2\sqrt{3}\pi f U_{\mathrm{N}}^2}=\frac{19\ 861\times 10^6}{2\sqrt{3}\times 3.14\times 50\times 380^2}=252.9\ (\mu\mathrm{F})$$

二、无功补偿减少的电能损耗

当电动机有功功率为 P，无功功率为 Q，则线路电流的平方 I^2 可以写成 $(P^2+Q^2)/U^2$，假设供电线路的单位电阻为 $r(\Omega/\mathrm{m})$，线路长度为 $L(\mathrm{m})$，则供电线路的电阻为 $rL(\Omega)$，此时线路损耗为

$$P_{\mathrm{L1}}=I^2 rL=\frac{rL(P^2+Q^2)}{U^2}(\mathrm{W})$$

采用容量为 Q_{C}(var)的电容补偿后，线路电流的平方 I^2 可以写为 $[P^2+(Q^2-Q_{\mathrm{C}}^2)]/U^2$，则此时线路损耗变为

$$P_{\mathrm{L2}}=\frac{rL[P^2+(Q-Q_{\mathrm{C}})^2]}{U^2}(\mathrm{W})$$

因为电容器的介质损耗 $\tan\delta$(W/var)，采用电容器补偿后减少的电能损耗(W)为

$$\begin{aligned}\Delta P&=P_{\mathrm{L1}}-P_{\mathrm{L2}}-Q_{\mathrm{C}}\tan\delta\\&=\frac{rL(P^2+Q^2)}{U^2}-\frac{rL[P^2+(Q-Q_{\mathrm{C}})^2]}{U^2}-Q_{\mathrm{C}}\tan\delta\\&=\frac{2rLQQ_{\mathrm{C}}}{U^2}-\frac{rLQ_{\mathrm{C}}^2}{U^2}-Q_{\mathrm{C}}\tan\delta(\mathrm{W})\end{aligned}$$

式中 Q——电动机在实际负载下输出的无功功率，var；

P——电动机在实际负载下输出的有功功率，W；

ΔP——采用电容器补偿后减少的电能损耗，W；

U——电动机电压，V。

其中 $Q=\frac{P\tan\varphi}{\eta}$，$\cos\varphi$、$\eta$ 为电动机在实际负载下的功率因数和效率，可以从表 1-4 和表 1-6 查得，也可以直接从公式计算求得。

【例 1-5】 电动机容量为 55kW，6 极，380V，Y 接法、效率为 92.0%，功率因数为 0.87，额定电流为 104.9A；供电变压器容量为 500kVA，短路阻抗为 4%，供电导线单位长度阻抗为 0.54Ω/km，线路长度为 0.05km，当负载率为 0.5、$\tan\delta=0.000\ 5$W/var 时，试求就地补偿电容量和节约的电能。

解 由表 1-4 查得在负载率 50%时的效率 $\eta=92.6\%$，由表 1-6 查得在负载率 50%时的功率因数 $\cos\varphi=0.76$，$\tan\varphi=0.855\ 2$，由表 1-7 查得补偿电容量 $Q_{\mathrm{C}}=20$kvar，则补偿电容电流为

$$I_{\mathrm{C}}=\frac{Q_{\mathrm{Cj}}}{\sqrt{3}U_{\mathrm{N}}}=\frac{20\ 000}{\sqrt{3}\times 380}=30.39(\mathrm{A})$$

电动机输出有功功率

$$P=P_2=KP_{\mathrm{N}}=0.5\times 55\ 000=27\ 500(\mathrm{W})$$

无功功率

$$Q=\frac{P\tan\varphi}{\eta}=27\ 500\times 0.855\ 2/0.926=25\ 397(\mathrm{var})$$

节约电能

$$\Delta P=\frac{2rLQQ_C}{U^2}-\frac{rLQ_C^2}{U^2}-Q_C\tan\delta$$
$$=\frac{2\times0.54\times0.05\times20\ 000\times25\ 397}{380^2}-\frac{0.54\times0.05\times20\ 000^2}{380^2}-20\ 000\times0.000\ 5$$
$$=105.2(W)$$

三、采用功率因数控制器

功率因数控制器又叫异步电动机节电器，其控制原理是：以定子电压和电流间的相角为控制量，去触发串接在电动机输入电源线上的双向晶闸管（可控硅），使施加于电动机的电压、电流间的相角保持不变，从而保证轻载运行时的功率因数在较高水平。KJ-20 型节电器适用于 7.5kW 以下的三相异步电动机，当负载率为 3.7%～45.9%时，可节省有功功率 71%～1.16%，节省无功功率 66.6%～4.5%。某 4kW 电动机加装节电器的节电效果见表 1-8。从表 1-8 中数据可知，负载率越低，节电效果越明显。

表 1-8　4kW 电动机加装节电器的节电效果

负载率（%）	节约无功功率（%）	节约有功功率（%）	负载率（%）	节约无功功率（%）	节约有功功率（%）
7	63.7	73.4	45.2	20	15.3
22	53	50	57	10	6
25	50	43	61	6	5.8
34.4	48.8	34.8	79	0	0

北京某公司引进韩国技术，研制开发的 KN—三相自动平衡系统节电器，安装在配电变压器输出侧。采用特殊的接线方式来调整控制相位差，抑制高次谐波，过滤浪涌和瞬流，减少用电系统不平衡，提高功率因数，提供优质电力的电力控制技术。KN—三相自动平衡系统节电器节电率见表 1-9。

表 1-9　KN—三相自动平衡系统节电器节电率

设备驱动负荷率（%）	复合负荷 3 种以上	复合负荷 2 种以上	单一负荷	
			电灯	动力
70%以上负荷	15%±3%	12%±3%	10%	8%
50%以上负荷	12%±2%	10%±2%	9%	7%
40%以上负荷	10%±2%	8%±2%	8%	6%

第四节　△—Y接法转换

一、△—Y接法转换损耗变化

当电动机轻负载运行时，激磁无功功率很大，功率因数很低，而激磁无功功率与加到定子绕组上的电压平方成正比关系，因此降低感应电动机的端电压就可提高功率因数，降低定子电流，与电流平方成正比的供电线路损耗、变压器铜损、电动机绕组铜损将显著减少。对于单台轻载运行的电动机，可以考虑改变电动机绕组接线方式的方法。当电动机的负载率低于 40%，其定子绕组通常由△接法改为Y接法，以达到节电节能效果。

由△接法变为Y接法，定子每相绕组承受的电压值减少到原来的 $1/\sqrt{3}$，所以空载电流因电压的降低而降低。虽然改接后转差变化较大，但转速降低很小（当电压降低20%时，转速仅减少1.6%），因此电动机的机械损耗基本保持不变。

电动机吸收的无功功率包括漏磁无功功率（建立漏磁场）和磁化无功功率（建立定、转子之间实现电磁能量转换用的主磁场）。漏磁无功功率由于与电压的平方成反比关系，所以漏磁无功功率要增大3倍左右；而磁化无功功率与电压的平方成正比关系，因电压降低到 $1/\sqrt{3}$ 而使磁化无功功率减小到约1/3.5。总起来说，在负载小于70%的额定负载时，无功功率要比三角形接法时吸收的少一些。

在忽略定子绕组漏阻抗压降的前提下，电动势就等于电动机的电压，磁通与电动势成正比，所以电压降低，磁通成比例减少。电动机的相电压为原来的 $1/\sqrt{3}$，主磁通也为原来的 $1/\sqrt{3}$，各部分磁通密度也为原来的 $1/\sqrt{3}$；由于铁耗近似地与磁通密度 B 的平方成正比，则铁芯损耗与外施电压的平方成正比，所以铁芯损耗减少了2/3，为原来的1/3。

由于电动机的转矩与电压平方成正比，所以电磁转矩下降到原来的1/3，而转速降低很小，因此改接后电动机的输出功率相应下降到原来的1/3。电动机的启动转矩也与电压的平方成正比，由于电压降低，启动转矩减小，会使启动时间增长，如当电压降低20%时，启动时间将增加3.75倍。

定子电流为空载电流和与转子电流对应的负载电流之和，当Y接后，空载电流（激磁电流）因电压降低而减少，而转子电流随电压的降低会增加，所以，与转子电流对应的负载电流也会增加。定子电流中的这两个成分，一个减少，一个增加，作用相反，其结果有两种可能，增加或减小，这关键取决于电动机的负载情况，在负载小于24%额定负载时，Y接的定子电流要小些。当空载采用Y—△直接启动时（Y接启动，△接运行），直接启动电流是△接启动电流的1/3。Y接的空载损耗为

$$P_{0Y}=P_{mec}+\frac{P_0-P_{mec}}{3}=\frac{P_0+2P_{mec}}{3}$$

式中 P_0——△接法时的电动机空载损耗，W；

P_{mec}——△接法时的电动机的机械损耗，W。

可变损耗是指电动机由负载电流引起的损耗，是随负荷变化的，主要包括定子电阻损耗（铜损）、转子电阻损耗（铜损），即

$$P_{cu}=mI_1^2r_1+mI_2^2r_2$$

式中 m——定子绕组相数；

I_1、I_2——定子和转子的相电流；

r_1、r_2——定子和转子的相电阻。

二、临界负载率

同一台电动机轻载时用Y接损耗较小，但负载增加到某一数值以后，由于转子滑差率加大，使转子电流和定子电流迅速增加，造成电动机损耗与△接时相等，此时应立即将定子改为△接线，否则，负载继续增加将使损耗超过△接而费电。Y接损耗与△接损耗相等时的负载率称为临界负载率，用 K_L 表示。关于临界负载率的确定一般采用试验法，在一张绘图纸上绘出不同接法的损耗与负载率关系曲线，找出其交点就是临界负载率，也可用公式表示为

$$K_L=\frac{\sqrt{0.67\ (P_0-P_{mec})}}{\sqrt{2\left[\left(\frac{1}{\eta_N}-1\right)P_N-P_0\right]}} \tag{1-16}$$

式中　P_{mec}——电动机的机械损耗，W；

P_0——电动机的空载损耗，W；

η_N——△接法时的电动机额定效率,%。

如果考虑到无功功率损耗，则临界负载率以 K_{LZ}表示，即

$$K_{LZ}=\frac{\sqrt{0.67\ (P_0-P_{mec}+\sqrt{3}K_QU_NI_0)}}{\sqrt{2\left[\left(\frac{1}{\eta_N}-1\right)P_N-P_0+K_Q\left(\frac{P_N\tan\varphi_N}{\eta_N}-\sqrt{3}U_NI_{0N}\right)\right]}} \tag{1-17}$$

式中　U_N——△接法时的额定线电压，V；

I_0——△接法时的空载线电流，A；

K_Q——无功功率当量，一般取 0.01～0.02；

φ_N——满载功率因数角。

当电动机负载率 $K<K_{LZ}$时，可将△接法改为Y接法，以求节电；当 $K>K_{LZ}$时，则不能改为Y接法，否则会浪费用电。

【例 1-6】　某 Y132S-4，5.5kW 电动机，△接法，380V，$P_{mec}=60$W，$P_0=250$W，$\eta_N=0.855$，功率因数 0.84，$I_{0N}=4.7$A，当负载线电流为 6.5A 时能否改接为Y接法（取 $K_Q=0.02$）?

解　$$I_N=\frac{P_N}{\sqrt{3}U_N\eta_N\cos\varphi_N}=\frac{5500}{\sqrt{3}\times380\times0.855\times0.84}=11.64(\text{A})$$

$$K=\sqrt{\frac{I_1^2-I_{0N}^2}{I_N-I_{0N}^2}}=\sqrt{\frac{6.5^2-4.7^2}{11.64^2-4.7^2}}=0.422$$

电动机实际拖动的负荷为

$$P_2=K^2P_N=0.422^2\times5500=980(\text{W})$$

改接后电动机拖动负荷的能力为

$$P_{2Y}=\frac{P_N}{3}=\frac{5500}{3}=1830(\text{W})$$

因此可以带 6.5A 的负荷，但是否节电呢?

$$K_{LZ}=\frac{\sqrt{0.67\times(250-60+0.02\sqrt{3}\times380\times4.7)}}{\sqrt{2\times\left[\left(\frac{1}{0.855}-1\right)\times5500-250+0.02\times\left(\frac{5500\times0.646}{0.855}-\sqrt{3}\times380\times4.7\right)\right]}}=0.346$$

因为 $K>K_{LZ}$，所以改接后的电动机虽然可以拖动原来的负荷，但浪费电能。

如果不知电动机设计参数，一个简单有效的方法是：当电动机负载率 $K<0.40$ 时，可将△接法改为Y接法；当 $K>0.40$ 时，则用△接法。

三、节电率的计算

当电动机的负载率 $K<K_{LZ}$，即可将△接法改为Y接法，以求节省电能；如果 $K>K_{LZ}$，则不能改为Y接法，否则会浪费电能。设换接后的节电功率为 ΔP，则

$$\Delta P=2K^2\left[\left(\frac{1}{\eta_N}-1\right)P_N-P_0+\left(\frac{P_N}{\eta_N}\tan\varphi_N-\sqrt{3}U_NI_0\right)K_Q\right]-0.67\ (P_0-P_{mec}+\sqrt{3}U_NI_0K_Q)$$

当 ΔP 为负值时，表示节电；当 ΔP 为正值时，表示多用电。

仍以上述［例 1-6］中的电动机为例。$K=0.422$，则

$$2K^2\left[\left(\frac{1}{\eta_N}-1\right)P_N-P_0+\left(\frac{P_N}{\eta_N}\tan\varphi_N-\sqrt{3}U_NI_0\right)K_Q\right]$$

$$=2\times0.422^2\times\left[\left(\frac{1}{0.855}-1\right)\times5500-250+\left(\frac{5500}{0.855}\times0.646-\sqrt{3}\times380\times4.7\right)\times0.02\right]$$

$$=250.74(\mathrm{W})$$

$$0.67(P_0-P_{mec}+\sqrt{3}U_NI_0K_Q)$$

$$=0.67\times(250-60+\sqrt{3}\times380\times4.7\times0.02)$$

$$=168.75(\mathrm{W})$$

$$\Delta P=250.74-168.75=82(\mathrm{W})$$

所以，将△接法改为 Y 接法后费电 82W。

第五节　一般负载驱动电动机的选择

一、电动机轴功率

连续运行工作制的电动机，对于一般负载，首先根据生产机械的负载转矩计算生产机械所需要的轴功率，轴功率是电动机传到负载（如泵或风机）轴上的功率，用 P 表示。

$$P=M_2\omega=\frac{2\pi n_NM_2}{60}=\frac{n_NM_2}{9.55}$$

式中　M_2——折算到电动机轴上的负载转矩，N·m；

ω——负载的机械角速度，rad/s；

n_N——电动机的额定转速，r/min；

P——负载轴功率，W。

然后根据负载与电动机的连接方式，选择电动机轴功率，即

$$P_g=\frac{P}{\eta_{tm}}=\frac{n_NM_2}{9.55\eta_{tm}}$$

式中　P_g——电动机轴功率（即电动机输出功率），W；

η_{tm}——传动效率，由电动机轴与泵或风机轴的连接存在机械损失而产生。

最后根据负载类型，乘以适当的富裕系数，选择电动机额定功率 P_N。其计算公式为

$$P_N=K_f\frac{P}{\eta_{tm}}=K_f\frac{n_NM_2}{9.55\eta_{tm}}$$

式中　P_N——电动机额定功率，W；

K_f——电动机容量的富裕系数，$K_f=1.05\sim1.5$，电动机容量越大，富裕系数越大。

这就是连续运行工作制的电动机额定功率选择计算的通用公式。对于连续运行工作制的电动机不需要进行发热校验。

二、电动机功率修正

如果电动机运行中电源电压偏差大于5%，则应对电动机功率进行修正，电动机实际输出功率为

$$P_{NU}=P_N K_U\sqrt{\frac{I_N^2-K_U^2 I_{0N}^2}{I_N^2-I_{0N}^2}}$$

$$K_U=\frac{U_1}{U_N}$$

式中 P_{NU}——电动机偏离额定电压下的实际输出功率，W；

P_N——电动机额定功率，W；

K_U——电压系数；

U_1——电动机实际外加电压，V；

I_N——电动机额定电流，A。

在U_1电压下的空载电流I_0换算公式为

$$I_0=I_{0N}\frac{0.32+0.07K_U}{1-0.61K_U}$$

如果电动机周围环境温度与标准环境温度40℃相差较大时，电动机的选择功率应进行校正。当环境温度高于40℃时，电动机需要降低容量使用；低于40℃时，电动机可以增加容量使用。这样即可保证不浪费电能和投资，又能保证电动机的温升不超过规定的允许值。其容量修正公式为

$$P_{Nt}=\xi P_N=P_N\sqrt{\frac{(t_{max}-t)(b+1)}{t_{max}-40}-b}$$

式中 P_{Nt}——电动机偏离标准环境温度下的实际输出功率，W；

t——实际环境温度,℃；

t_{max}——电动机绝缘材料允许最高温度（见表1-10),℃；

b——电动机铁耗与铜耗之比（0.4～1.1)；

ξ——电动机容量的温度修正系数，也可按表1-11选取数据进行容量修正。

表1-10　　各绝缘等级所允许的温度 t_{max}　　℃

绝缘等级	A	E	B	F	H	C
绝缘材料允许温度	105	120	130	155	180	180以上
电动机允许的温升	60	75	80	100	125	125以上

表1-11　　电动机容量修正系数 ξ

环境温度（℃）	≤30	≤35	≤40	≤45	≤50	≤55
功率增减率（%）	+8	+5	0	-5	-12.5	-25

三、电动机的替换

对于长期负载运行的电动机，可用额定电压和同步转速相同的小一点容量的电动机替换，使电动机的负载率接近K_{jZ}或K_j，但应作启动条件和过载校核。

1. 替换判别条件

设原电动机为A，额定效率为η_{Na}，空载损耗P_{0a}，额定功率因数$\cos\varphi_{Na}$；替换用电动机为B，额定效率为η_{Nb}，空载损耗P_{0b}，额定功率因数$\cos\varphi_{Nb}$。符合下列条件才能用电动机B替换电

动机A，即

$$P_{0a}-P_{0b}>K^2\left\{\left[\left(\frac{1}{n_{Nb}}-1\right)P_{Nb}-P_{0b}\right]\left(\frac{P_{Na}}{P_{Nb}}\right)^2-\left[\left(\frac{1}{\eta_{Na}}-1\right)P_{Na}-P_{0a}\right]\right\}$$

式中　K——电动机A的负载率，%；

P_{Na}、P_{Nb}——电动机A、B的额定功率，$P_{Nb}\leqslant P_{Na}$，W。

2. 替换电动机的节电计算

节约的有功功率为

$$\Delta P=P_{0a}-P_{0b}+K^2\left\{\left[\left(\frac{1}{\eta_{Na}}-1\right)P_{Na}-P_{0a}\right]-\left[\left(\frac{1}{\eta_{Nb}}-1\right)P_{Nb}-P_{0b}\right]\left(\frac{P_{Na}}{P_{Nb}}\right)^2\right\}$$

式中　ΔP——用电动机B替换电动机A后节约的有功功率，W。

节约的无功功率为

$$\Delta Q=Q_{0a}-Q_{0b}+K^2\left[\left(\frac{P_{Na}}{\eta_{Na}}\tan\varphi_{Na}-Q_{0a}\right)-\left(\frac{P_{Nb}}{\eta_{Nb}}\tan\varphi_{Nb}-Q_{0b}\right)\left(\frac{P_{Na}}{P_{Nb}}\right)^2\right]$$

式中　ΔQ——用电动机B替换电动机A后节约的无功功率，W。

四、大型水泵风机驱动异步电动机

（1）机械对启动、制动及调速无特殊要求时，应采用鼠笼电动机。在企业配电电压允许的条件下，容量在200～355kW之间宜选用高压电动机；容量在355kW以上应选用高压电动机。对于年运行时间大于3000h，负载率大于50%的场合，应选用高效率电动机。

（2）机械对调速精度要求不高，且调速比不大，或按启动条件采用鼠笼电动机不合理时，宜采用绕线转子电动机。

（3）机械对启动、制动及调速有特殊要求时，应进行技术经济比较以确定电动机的类型及其调速方式。

（4）流量经常变化的风机和泵类宜采用调速节能电动机和装置。

电厂大型水泵、风机常选用的驱动异步电动机参数见表1-12和表1-13。风扇磨煤机用大中型三相异步电动机技术参数见表1-14。

表1-12　Y系列中型高压三相鼠笼型异步电动机（4、6极）技术参数

型　号	功率(kW)	定子电流(A)	转速(r/min)	效率(%)	功率因数	最大转矩/额定转矩	堵转转矩/额定转矩	堵转电流/额定电流
Y3551-4	220	25.4	1483	94.2	0.884	2.27	0.95	5.52
Y3552-4	250	28.6	1484	94.6	0.889	2.40	1.02	5.84
Y3553-4	280	31.4	1483	94.8	0.905	2.22	0.93	5.45
Y3554-4	315	35.3	1485	95.1	0.902	2.36	1.02	5.86
Y4001-4	355	40.4	1484	94.5	0.893	2.29	0.98	5.66
Y4002-4	400	45.2	1484	94.7	0.899	2.32	1.01	5.82
Y4003-4	450	50.7	1482	95.1	0.898	2.10	0.91	5.22
Y4004-4	500	56.2	1484	95.2	0.900	2.24	0.99	5.67
Y4005-4	560	62.9	1482	95.3	0.899	2.02	0.89	5.08
Y4501-4	630	70.4	1487	95.6	0.900	2.49	0.90	6.22
Y4502-4	710	79.2	1487	95.7	0.902	2.45	0.89	6.18
Y4503-4	800	89.5	1487	96.0	0.896	2.54	0.95	6.45

续表

型 号	功率 (kW)	定子电流 (A)	转速 (r/min)	效率 (%)	功率因数	最大转矩/额定转矩	堵转转矩/额定转矩	堵转电流/额定电流
Y4504-4	900	101	1488	96.2	0.892	2.62	1.01	6.73
Y5001-4	1000	113	1488	96.0	0.890	2.48	0.82	6.20
Y5002-4	1120	126	1489	96.2	0.890	2.36	0.73	5.87
Y5003-4	1250	138	1491	96.5	0.902	2.49	0.78	6.44
Y5004-4	1400	155	1491	96.6	0.901	2.43	0.83	6.42
Y5601-4	1600	174	1489	96.5	0.916	2.30	0.68	5.99
Y5602-4	1800	196	1489	96.5	0.915	2.23	0.62	5.88
Y5603-4	2000	217	1489	96.7	0.917	2.18	0.67	5.78
Y6301-4	2240	242	1492	96.8	0.922	2.62	0.75	7.11
Y6302-4	2500	270	1492	97.0	0.918	2.52	0.69	6.74
Y6303-4	2800	301	1493	97.2	0.921	2.53	0.70	6.85
Y3553-6	220	26.3	983	93.6	0.861	1.89	0.95	4.50
Y3554-6	250	29.9	984	94.1	0.855	1.95	0.99	4.66
Y4002-6	280	33.3	988	94.3	0.859	2.36	1.19	5.85
Y4003-6	315	37.1	987	94.2	0.868	2.19	1.11	5.49
Y4004-6	355	42.1	988	94.6	0.858	2.33	1.21	5.86
Y4005-6	400	47.4	988	94.7	0.856	2.32	1.20	5.83
Y4501-6	450	52.8	990	94.9	0.864	2.18	1.18	5.81
Y4502-6	500	57.6	987	94.8	0.881	1.80	0.93	4.77
Y4503-6	560	64.6	988	95.1	0.878	1.86	0.98	4.98
Y4504-6	630	72.7	989	95.3	0.876	1.91	1.03	5.16
Y5001-6	710	82.2	990	95.6	0.869	1.99	0.82	5.19
Y5002-6	800	92.5	989	95.6	0.870	1.89	0.81	4.98
Y5003-6	900	105	991	95.9	0.864	2.02	0.87	5.35
Y5004-6	1000	115	990	96.0	0.870	1.90	0.83	5.06
Y5601-6	1120	127	992	96.2	0.883	2.11	0.75	5.64
Y5602-6	1250	142	993	96.3	0.882	2.16	0.79	5.85
Y5603-6	1400	159	993	96.4	0.878	2.14	0.79	5.83
Y6301-6	1600	179	993	96.7	0.891	2.34	0.70	6.13
Y6302-6	1800	201	994	96.8	0.889	2.32	0.71	6.13
Y6303-6	2000	225	994	96.9	0.884	2.37	0.74	6.35

表 1-13　　Y 系列中型高压三相鼠笼型异步电动机（8～12 极）技术参数

型号	功率 (kW)	定子电流 (A)	转速 (r/min)	效率 (%)	功率因数	最大转矩/额定转矩	堵转转矩/额定转矩	堵转电流/额定电流
Y4003-8	220	28	739	93.7	0.808	2.16	1.14	5.13
Y4004-8	250	31.5	738	93.5	0.818	1.90	1.00	4.56
Y4005-8	280	35.5	738	93.7	0.810	1.89	1.01	4.55
Y4501-8	315	38.9	740	94.1	0.829	2.33	1.13	5.55
Y4502-8	355	43.0	740	94.3	0.843	2.22	1.06	5.33
Y4503-8	400	48.8	740	94.5	0.836	2.21	1.07	5.32
Y4504-8	450	54.3	740	94.6	0.842	2.16	1.03	5.22
Y5001-8	500	59.0	740	94.7	0.86	2.06	1.04	5.28
Y5002-8	560	66.8	741	94.9	0.850	2.06	1.04	5.27
Y5003-8	630	74.8	741	95.1	0.852	2.04	1.03	5.25
Y5004-8	710	84.2	740	95.2	0.852	1.95	0.98	5.04
Y5601-8	800	93	742	95.3	0.869	2.20	0.97	5.74
Y5602-8	900	103	741	95.3	0.880	1.96	0.84	5.09
Y5603-8	1000	115	742	95.5	0.878	1.96	0.85	5.13
Y6301-8	1120	127	744	96.1	0.880	2.26	0.81	5.91
Y6302-8	1250	143	744	96.2	0.876	2.27	0.84	6.00
Y6303-8	1400	159	744	96.3	0.879	2.21	0.83	5.88
Y6304-8	1600	183	744	96.4	0.875	2.19	0.84	5.88
Y4501-10	220	28.2	592	93.5	0.802	2.57	1.17	5.66
Y4502-10	250	31.5	591	93.3	0.818	2.25	1.01	5.03
Y4503-10	280	34.7	591	93.5	0.830	2.15	0.95	4.86
Y4504-10	315	39.3	591	93.7	0.823	2.16	0.97	4.86
Y4505-10	355	43.9	591	93.9	0.829	2.10	0.93	4.76
Y5001-10	400	49.3	593	94.3	0.828	2.12	1.02	5.14
Y5002-10	450	54.8	592	94.4	0.837	1.97	0.95	4.82
Y5003-10	500	60.7	592	94.6	0.838	1.98	0.95	4.86
Y5004-10	560	68.9	593	94.7	0.826	2.06	1.01	5.06
Y5005-10	630	78.3	593	94.9	0.816	2.05	1.01	5.01
Y5601-10	710	86.2	593	95.3	0.832	2.13	0.97	5.24
Y5602-10	800	97.1	593	95.2	0.833	2.05	0.94	5.09
Y5603-10	900	108	593	95.2	0.839	1.97	0.90	4.91
Y6301-10	1000	120	594	95.5	0.841	2.19	0.98	5.57
Y6302-10	1120	135	594	95.7	0.834	2.19	1.00	5.59
Y6303-10	1250	151	594	95.8	0.834	2.18	1.01	5.59
Y6304-10	1400	169	594	95.9	0.831	2.19	1.02	5.64

续表

型　号	功率 （kW）	定子电流 （A）	转速 （r/min）	效率 （%）	功率 因数	最大转矩/ 额定转矩	堵转转矩/ 额定转矩	堵转电流/ 额定电流
Y4504-12	220	29.6	492	92.5	0.773	2.11	1.09	4.69
Y4505-12	250	33.1	490	92.1	0.788	1.85	0.95	4.19
Y5001-12	280	36.9	493	93.1	0.785	2.10	0.94	4.59
Y5002-12	315	41.2	493	93.2	0.790	2.05	0.91	4.51
Y5003-12	355	46.6	493	93.4	0.785	2.04	0.91	4.49
Y5004-12	400	52.7	493	93.6	0.780	2.05	0.92	4.50
Y5005-12	450	58.6	493	94.1	0.785	2.05	0.90	4.52
Y5601-12	500	61.6	494	94.4	0.827	2.13	0.93	5.08
Y5602-12	560	69.9	495	94.5	0.816	2.23	0.98	5.30
Y5603-12	630	77.2	494	94.6	0.830	2.06	0.90	4.95
Y6301-12	710	85.2	494	94.9	0.845	2.06	0.89	5.04
Y6302-12	800	96	494	95.0	0.844	2.01	0.88	4.95
Y6303-12	900	108	494	95.1	0.847	1.95	0.85	4.82
Y6304-12	1000	120	494	95.2	0.841	1.99	0.87	4.90

表 1-14　　风扇磨煤机用大中型三相异步电动机技术参数

型　号	同步转速 （r/min）	功率 （kW）	效率 （%）	功率 因数	允许启动时间 （s）	允许拖动的最大转动惯量 （kg·m²）
YFM5001-6	1000	160	90	0.85	45	835
YFM5002-6	1000	200	90.5	0.85	45	1055
YFM5003-6	1000	250	91	0.85	40	1055
YFM5004-6	1000	280	91.5	0.85	40	1318
YFM6301-8	750	250	92.5	0.83	56	2918
YFM6302-8	750	280	92.8	0.83	56	2918
YFM6303-8	750	320	93.3	0.83	50	3583
YFM6304-8	750	360	93.5	0.83	50	3780
YFM6305-8	750	400	93.5	0.83	50	4713
YFM6306-8	750	500	93.8	0.83	50	4750
YFM7101-10	600	400	93	0.80	70	9145
YFM7102-10	600	450	93.1	0.80	65	10 070
YFM7103-10	600	560	93.2	0.80	60	11 405
YFM7104-10	600	710	93.5	0.80	60	14 916
YFM8001-12	500	500	94	0.76	100	21 865
YFM8002-12	500	560	94.2	0.76	100	24 925
YFM8003-12	500	710	94.5	0.76	95	25 130
YFM8004-12	500	800	95.2	0.76	90	31 000
YFM8005-12	500	900	95.2	0.76	80	32 500
YFM8006-12	500	1000	95.2	0.76	80	38 000
YFM8007-12	500	1120	95.4	0.76	80	38 000
YFM8008-12	500	1250	95.4	0.76	80	40 100

注　风扇磨煤机用电动机额定电压均为6000V，表中效率均为滚动轴承时数值，当电动机采用滑动轴承时，其效率保证值允许比表中规定值低0.3%。在额定电压下，堵转转矩与额定转矩之比的保证值为1.0，最大转矩与额定转矩之比的保证值为2.2。

【例 1-7】 某 Y132S-4，5.5 kW 电动机，△接法，380V，$P_{mec}=60W$，$P_0=250W$，$\eta_N=0.855$，$\cos\varphi=0.84$，$I_{0N}=4.7A$，实际负载线电流为 9A，换成为 Y2-E，5.5kW 电动机（额定效率 87.0%，功率因数 0.83，机械损耗 60W，空载损耗 240W），问节约多少电功率（不考虑无功影响）？

解 Y132S-4，5.5kW 电动机额定电流为

$$I_N=\frac{P_N}{\sqrt{3}U_N\eta_N\cos\varphi_N}=\frac{5500}{\sqrt{3}\times380\times0.855\times0.84}=11.64$$

Y132S-4，5.5kW 电动机有功损耗为

$$\begin{aligned}\Sigma P_A&=P_0+K^2\left[\left(\frac{1}{\eta_N}-1\right)P_N-P_0\right]\\&=250+\left(\frac{9}{11.64}\right)^2\times\left[\left(\frac{1}{0.855}-1\right)\times5500-250\right]\\&=658.2\ (W)\end{aligned}$$

换成 Y2-E，5.5kW 电动机后，额定电流为

$$I_N=\frac{P_N}{\sqrt{3}U_N\eta_N\cos\varphi_N}=\frac{5500}{\sqrt{3}\times380\times0.87\times0.83}=11.57$$

Y2-E，5.5kW 电动机有功损耗为

$$\begin{aligned}\Sigma P_B&=P_0+K^2\left[\left(\frac{1}{\eta_N}-1\right)P_N-P_0\right]\\&=240+\left(\frac{9}{11.57}\right)^2\times\left[\left(\frac{1}{0.87}-1\right)\times5500-240\right]\\&=592.1\ (W)\end{aligned}$$

所以改换成 Y2-E，5.5kW 电动机后，节约的电功率为

$$\Delta P=658.2-592.1=66.1\ (W)$$

高效率电动机每年平均节约电费和补偿期 T 可由下式分别计算，即

$$F_y=\Delta PtD$$

$$T=\frac{Z_B-Z_A}{F_y}$$

式中 t——电动机每年运行时间，h；

D——电费，元/kWh；

ΔP——由 B 电动机代替 A 电动机后节约的电功率，kW；

Z_A、Z_B——一般电动机价格 A 和高效率电动机 B 价格，元/台；

T——补偿期，年；

F_y——每年平均节约电费，元。

【例 1-8】 假定原 Y132S-4，5.5kW 电动机售价 1000 元/台，Y2-E，5.5kW 电动机售价 1200 元/台，年运行时间 6000h，电费按 0.6 元/kWh 计算，则每年平均节约电费 F_y 和补偿期 T 分别为多少？

解

$$F_y=\Delta PtD=0.0661\times6000\times0.6=240.0$$

$$T=\frac{Z_B-Z_A}{F_y}=\frac{1200-1000}{240}=0.83$$

所以，配用价格高的高效率电动机后，增加投资 100 元，但在不足一年时间内，即可收回投资，年运行时间越长，效益越大，投资收回期越短。

第二章 变压器节电技术

为了完成变电和配电任务，连接在电网中的变压器总容量是非常巨大的，若将各级变压器容量累计起来，约为发电设备容量的 7～8 倍。到 2010 年末，全国在用变压器总容量已达 85 亿 kVA，电力变压器引起的电能损耗就高达 2400 亿 kWh。其中在网上运行的 35kV 配电变压器总容量 3.75 亿 kVA，110kV 变压器 12.52 亿 kVA，220kV 变压器 11.82 亿 kVA，220kV 以上（不含 220kW）变压器 8.08 亿 kVA，国家明令淘汰的 S7 及以下系列高损耗变压器的总容量约为 2.5 亿 kVA，10kV 配电变压器中 S7 及以下高损耗变压器总容量约为 1.7 亿 kVA，因此变压器节电降耗对国民经济的发展具有非常重要的意义。

变压器分为电力变压器和特种变压器（如整流变压器等）两种类型，电力变压器又分为油浸式和干式两种。

第一节 变压器效率和损耗

一、变压器最佳负载率和最高效率

由于发电厂很少采用单相变压器，因此本文仅讨论三相变压器的有关问题。

1. 变压器负载率

变压器的负载率计算式为

$$K=\frac{S}{S_N}=\frac{I_2}{I_{2N}}=\frac{I_1}{I_{1N}} \tag{2-1}$$

$$S_N=\sqrt{3}U_{2N}I_{2N}=\sqrt{3}U_{1N}I_{1N}$$

式中 S_N——三相变压器额定容量，VA；

U_{1N}——电源加到变压器一次绕组上的额定电压，V；

U_{2N}——一次侧加上额定电压后，二次侧开路，即空载运行时二次绕组的端电压，V；

S——三相变压器实际负载，VA；

I_{1N}、I_{2N}——一次侧加上额定电压后，一、二次绕组额定线电流，A。

变压器的平均负载率计算式为

$$K_j=\frac{W_T\times 1000}{TS_N\cos\varphi} \tag{2-2}$$

式中 $\cos\varphi$——在时间 T 内变压器计量侧的平均功率因数；

T——统计期内的小时数，h；

W_T——统计期内变压器计量侧的电能，kWh。

2. 变压器效率

变压器效率计算公式为

$$\eta=\frac{P_2}{P_1}=\frac{P_2}{P_2+\Sigma P}=1-\frac{\Sigma P}{P_2+\Sigma P} \tag{2-3}$$

式中 P_2——变压器二次侧输出有功功率，W；

P_1——变压器一次侧输入有功功率，W；

$\sum P$——变压器有功损耗，W。

通常中小型变压器效率约为 0.95～0.98，大型变压器效率一般在 0.99 以上。

变压器有功功率计算公式为

$$P_2=\sqrt{3}U_2 I_2\cos\varphi_2$$

忽略二次侧端电压在负载时的变化，认为 $U_2=U_{2N}$，则

$$P_2=\sqrt{3}U_2 I_2\cos\varphi_2=\sqrt{3}KU_{2N}I_{2N}\cos\varphi_2=KS_N\cos\varphi_2$$

式中 $\cos\varphi_2$——变压器二次侧功率因数（负载功率因数）。

3. 变压器有功损耗

变压器有功损耗 $\sum P$ 包括铁耗 P_{Fe} 和铜损 P_{Cu}，即

$$\sum P=P_{Fe}+P_{Cu}$$

当变压器二次绕组开路，一次绕组施加额定频率的额定电压时，一次绕组中所流通的电流称空载电流 I_0。其较小的有功分量 I_{0Y} 用以补偿铁芯的损耗，是损耗电流，所吸取的有功功率就是空载损耗；其较大的无功分量 I_{0L} 用于励磁以平衡铁芯的磁压降，是励磁电流。空载电流计算公式为

$$I_0=\sqrt{I_{0Y}^2+I_{0L}^2}$$

式中 I_0——以额定电流的百分数表示的空载电流，一般在 1%～3%。

由于变压器空载和负载时铁芯中主磁通基本不变，铁耗就相应地基本不变，所以叫作不变损耗。额定电压下的铁耗近似等于额定电压时空载试验的输入有功功率 P_0，即

$$P_{Fe}=P_0$$

降低空载损耗的主要途径是选用磁导率高和厚度薄的电工钢片，现在我国均采用冷轧取向电工钢片，最好的 DQ113G-30 冷轧取向电工钢片的最大单位损耗为 1.13W/kg，磁通密度最小为 1.88T（特斯拉）。日本开发的 ZDKH 激光照射的 0.23mm 冷轧取向电工钢片，在频率 50Hz、磁通密度 1.7T 时的单位损耗为 0.85W/kg。为了降低空载损耗，还应改进铁芯叠片夹紧方式，采用无孔半干环氧树脂无纬粘带的夹紧结构。通过改进铁芯和绝缘结构来提高铁芯的填充系数，尽可能地缩小铁芯尺寸。另外，开发新型农用变压器和变容量变压器，也是降低变压器空载损耗的一个重要途径。配电变压器尤其是农用变压器，其运行时负载变动很大。如农村农忙季节负载很大，而农闲时负载很小，由于变压器安装容量必须按最大负载来选择，因此，变压器利用效率很低，全年大部分时间基本上处于空载状态，这样，降低变压器空载损耗就显得尤为必要。

铜损 P_{Cu} 是一、二次绕组中电流在电阻上的有功功率损耗，因此与负载电流的平方成正比，随负载的变化而变化，所以叫做可变损耗。额定电流下的铜损近似等于短路试验电流为额定值时输入的有功功率 P_{KN}，忽略励磁电流 I_{0L}，任意负载下，铜损与负载率的平方成正比，即

$$P_{Cu}=K^2P_{KN}$$

实际上变压器在负载时也存在附加损耗，附加损耗包括绕组涡流损耗、并绕导线的环流损耗和结构损耗，大型变压器的附加损耗约占负载损耗的 20%左右。造成附加损耗的罪魁祸首是漏

磁场，因此降低附加损耗首先就要降低漏磁场强度，控制好线圈高度的安匝分布，以减少横向漏磁；必要时采取同心式线圈排列以减少轴向漏磁。漏磁通会在导线内引起涡流损耗，降低涡流损耗最简单的办法是采用普通导线并联，大型变压器采用换位导线和组合导线。漏磁通还会在箱盖、箱壁、夹件等结构件中引起附加损耗（这部分也称结构损耗）。特大型变压器的结构损耗分配比例是：套管穿过箱盖的损耗占30%～40%，箱壁内的损耗占30%～40%，引线损耗占5%～10%，铁芯表面、夹件、压板、静电板中的损耗占20%。为降低这一损耗，在线圈端部和箱壁上加装磁屏蔽或电屏蔽。加装磁屏蔽的目的是利用磁屏蔽高导磁性，来控制轴向和辐向漏磁方向，使漏磁通不在夹件、油箱壁内通过，而在磁屏蔽中通过；加装电屏蔽的目的是利用漏磁通在电屏蔽中感应出涡流，而强迫漏磁通不在油箱或电屏蔽中通过，以降低附加损耗。对100MVA以上的变压器可采用磁屏蔽和电屏蔽组合屏蔽方式。据试验，加屏蔽部位的附加损耗可降低75%左右。由于短路试验时P_{KN}已经包括了部分附加损耗，因此计算时不再考虑附加损耗。

降低铜损就要选用电阻率较低的导线、减少导线长度；通过改进设计，尽可能缩小铁芯直径，提高铁芯填充系数；利用高精度电场解析技术，通过合理设计绝缘结构和冷却结构，来减少绝缘尺寸和线圈体积。

上述关于P_2、P_{Fe}、P_{Cu}的计算结果，都是在一定假设条件下的近似值，会造成一定的计算误差，但是误差都不会超过0.5%，符合电力变压器有关计算规定。因此变压器有功损耗ΣP的计算公式为

$$\Sigma P=P_{Fe}+P_{Cu}=P_0+K^2P_{KN} \tag{2-4}$$

4. 变压器效率特性

将P_2、P_{Fe}、P_{Cu}的计算公式代到效率计算公式得

$$\eta=1-\frac{P_0+K^2P_{KN}}{P_0+K^2P_{KN}+KS_N\cos\varphi_2} \tag{2-5}$$

对于给定的变压器，P_0和P_{KN}是一定的，可以用空载试验和短路试验测定。从式（2-5）中可以看到，对于给定的变压器，其运行效率与负载大小和负载功率因数有关。当K一定即负载电流大小不变时，负载功率因数越高，效率越高；当负载功率因数一定时，效率与负载电流的大小有关，用$\eta=f(K)$表示，叫做变压器效率特性曲线，如图2-1所示。

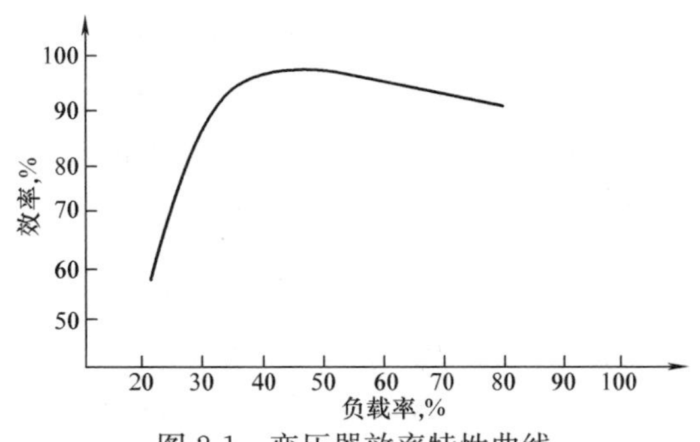

图2-1 变压器效率特性曲线

从效率特性曲线上看，当变压器输出电流为零时，效率为零。输出电流从零增加时，效率也增加。当效率达到最高值时，这时的负载率叫经济负载率，以K_j表示。效率特性曲线是一条具有最大值的曲线，最大值出现在$\frac{d\eta}{dK}=0$的地方，因此取η对K的微分，其值为零时的K即为最高效率时的负载率。经推导最后得到的结果是

$$K_j=\sqrt{\frac{P_0}{P_{KN}}} \tag{2-6}$$

式（2-6）表明，对每一条效率特性曲线，最大效率发生在铁耗P_0与铜损P_{KN}相等的时候。

同一台变压器，由于负载性质（负载功率因数）不同，其最高效率也不等。效率最高时，变压器最佳负载率很低，按此理论，变压器运行在半载左右才是最佳状态。当 $K>K_j$ 时，η 随着 K 增加反而降低，变压器处在经济负载率与 2 倍经济负载率之间，效率变化很小，而且处于比较高的效率状态。当变压器负荷率低于经济负载率时，变压器效率急剧下降。因此变压器负载应始终处于经济负载率和 2 倍经济负载率之间，才是最节电的。

二、变压器的综合损耗和经济负载率

1. 变压器无功功率损耗

变压器是一个感性负载，变压器在传输有功功率的过程中，还有无功功率在电源和负荷间往返交换，自身的无功功率损耗很大，远远大于有功功率损耗；变压器传输无功功率也会增加变压器和线路的有功损耗，因此在分析计算变压器经济运行时，不仅要考虑变压器本身的有功损耗，还应考虑无功功率对系统的影响。变压器在某一负载下的无功功率损耗为

$$Q=Q_0+K^2Q_{KN}$$

式中 Q_0——变压器在额定电压下的空载无功功率（励磁功率），var；

Q_{KN}——变压器在额定电压下短路时的无功功率（漏磁功率），var。

由于

$$Q_0=\sqrt{3}U_NI_0\ \sin\varphi_1=\sqrt{S_0^2-P_0^2}\approx S_0$$

所以

$$Q_0\approx S_0=\sqrt{3}U_NI_0=\sqrt{3}U_NI_0\ S_N/(\sqrt{3}U_NI_N)=k_IS_N$$

同理

$$Q_{KN}=\sqrt{S_{KN}^2-P_{KN}^2}\approx S_{KN}=\sqrt{3}U_{KN}I_{KN}=k_US_N$$

式中 k_I——变压器空载电流与额定电流之比，可由产品目录查得，一般中小型电力变压器 k_I＝0.01～0.03；

k_U——变压器额定电流下的阻抗电压标幺值，可由产品目录查得，一般电力变压器 k_U＝0.04～0.14。

因此

$$Q=Q_0+K^2Q_{KN}=k_IS_N+K^2k_US_N$$

2. 变压器综合经济负载率

在某一负载下，考虑到无功功率引起的附加有功损耗，有功功率综合损耗为

$$\Sigma P_Z=\Sigma P+K_QQ=P_0+K^2P_{KN}+K_Q(Q_0+K^2Q_{KN})$$
$$=P_0+K^2P_{KN}+K_QS_N(k_I+K^2k_U)$$

式中 K_Q——无功功率当量，W/var。无功功率当量的意义是输送 1kvar 无功功率需要消耗 K_Q kW 的有功功率。无功功率当量 K_Q 值可按表 2-1 取值（见 GB/T 13462《工矿企业电力变压器经济运行导则》）。

表 2-1　无功功率当量 K_Q 值

类　型	K_Q（W/var）	
	最大负荷时	最小负荷时
直接由发电厂母线供电的变压器	0.04	0.02
供电线路上的变压器（二次变压）	0.07	0.05
区域 35、110kV 的降压变压器（三次变压）	0.1	0.08
区域 6、10/0.4kV 的降压变压器	0.15	0.1
变压器负载侧有功率因数补偿器时	0.04	0.02

因此变压器的综合效率为

$$\eta=1-\frac{P_0+K^2\ (P_{KN}+K_Q Q_{KN})\ +K_Q Q_0}{P_0+K^2\ (P_{KN}+K_Q Q_{KN})\ +K_Q Q_0+KS_N\cos\varphi_2}$$

$$=1-\frac{P_0+K^2\ (P_{KN}+K_Q k_U S_N)\ +K_Q k_I S_N}{P_0+K^2\ (P_{KN}+K_Q k_U S_N)\ +K_Q k_I S_N+KS_N\cos\varphi_2}$$

在负载功率因数一定时，对 η 求 K 的偏导数，且令 $\frac{d\eta}{dK}=0$，得到综合经济负载率 K_{jz}，即

$$K_{jz}=\sqrt{\frac{P_0+K_Q Q_0}{P_{KN}+K_Q Q_{KN}}}=\sqrt{\frac{P_0+K_Q k_I S_N}{P_{KN}+K_Q k_U S_N}}$$

式中 P_0——变压器空载损耗，W；

S_N——变压器额定容量，VA；

P_{KN}——变压器短路损耗，W。

从而可得到变压器处于综合经济负载率（最节电时）的经济负荷为

$$S_j=K_{jz}S_N$$

6、10/0.4kV 三相双绕组油浸式电力变压器参数见表 2-2。

表 2-2　　6、10/0.4kV 三相双绕组油浸式电力变压器参数（GB 6451.1—1986）

额定容量（kVA）	额定电流（A）	P_0（W）	P_{KN}（W）	k_I	k_U	K_j	K_{jz}
30	1.73/43.30	150	800	0.028	0.040	0.43	0.45
50	2.89/72.17	190	1150	0.026	0.040	0.41	0.43
63	3.63/90.93	220	1400	0.025	0.040	0.40	0.42
80	4.62/115.47	270	1650	0.024	0.040	0.40	0.42
100	5.77/144.34	320	2000	0.023	0.040	0.40	0.42
125	7.22/180.42	370	2450	0.022	0.040	0.39	0.41
160	9.24/230.91	460	2850	0.021	0.040	0.40	0.42
200	11.55/288.68	540	3400	0.021	0.040	0.40	0.42
250	14.43/360.84	640	4000	0.02	0.040	0.40	0.42
315	18.19/454.66	760	4800	0.02	0.040	0.40	0.42
400	23.09/577.35	920	5800	0.019	0.040	0.40	0.42
500	28.87/721.69	1080	6900	0.019	0.040	0.40	0.42
630	36.37/909.33	1300	8100	0.018	0.045	0.40	0.42
800	46.19/1154.70	1540	9900	0.015	0.045	0.39	0.41
1000	57.74/1443.38	1800	11 600	0.012	0.045	0.39	0.41
1250	72.17/1804.27	2200	13 800	0.012	0.045	0.40	0.41
1600	92.38/2309.47	2650	16 500	0.011	0.045	0.40	0.41

注　表中额定电流是对于 10kV 而言，高压分接范围为±5%，联结组标号为 Yyn0，K_Q取 0.02。

如果全天负荷平稳，则电力变压器的综合经济负载率 K_{jz}如上式。但是一般企业很少全天负荷平稳，受生产班制的影响，综合经济负载率 K_{jz}应乘以一个大于 1 的修正系数 β，这样计算出来的综合经济负载率才更符合变压器经济运行的要求。在变压器不致连续过载的前提下，单班生产时修正系数取 β=1.5～1.9，两班生产时修正系数取 β=1.2～1.4，三班生产时修正系数取 β=

1.1，连续稳定生产时修正系数取 $\beta=1.0$，则

$$K_{jz}=\beta\sqrt{\frac{P_0+K_Qk_IS_N}{P_{KN}+K_Qk_US_N}}$$

例如某厂配电变压器采用10/0.4kV三相双绕组油浸式电力变压器400kVA，采用三班倒工作制，则变压器的综合经济负载率为

$$K_{jz}=\beta\sqrt{\frac{P_0+K_Qk_IS_N}{P_{KN}+K_Qk_US_N}}=1.1\times0.42=0.46$$

变压器经济负荷为

$$S_j=0.46\times400=184(\text{kVA})$$

第二节　变压器并联节电运行

一、变压器并联运行条件

变压器并联运行的条件是：

（1）连接组别必须相同，以保证二次侧电压对一次侧电压的相位移相同。

（2）变比之差小于0.5%，以保证空载运行时每台变压器二次侧电流接近为0，各台变压器间环流很小。

（3）额定容量比值不超过3∶1，或短路阻抗之差小于10%。以保证各台变压器的负载电流基本同相位，总的负载电流近似为各台变压器负载电流的算术和，在这种情况下，总的负载电流大小一定时，各台变压器的负载电流均为最小。

满足这三个条件，则各台并联变压器分担的负载电流之比或容量之比为

$$S_1:S_2:\cdots S_i=I_1:I_2:\cdots I_i=\frac{S_{N1}}{Z_{KN1}}:\frac{S_{N2}}{Z_{KN2}}:\cdots\frac{S_{Ni}}{Z_{KNi}}$$
$$=\frac{S_{N1}}{k_{U1}}:\frac{S_{N2}}{k_{U2}}:\cdots\frac{S_{Ni}}{k_{Ui}}$$

式中　S_i——第 i 台并联变压器分配到的容量，VA；

I_i——第 i 台并联变压器承担的负载电流，A；

Z_{KN1}——第 i 台并联变压器的短路阻抗标幺值；

S_{Ni}——第 i 台并联变压器的额定容量，VA；

k_{Ui}——第 i 台并联变压器阻抗电压标幺值。

同时可得

$$S=S_1+S_2+S_i$$
$$I=I_1+I_2+I_i$$
$$K_i=\frac{S_i}{S_{Ni}}$$

式中　S——并联变压器承担负载总容量，VA；

I——并联变压器承担负载总电流，A；

K_i——第 i 台并联变压器的负载率，%。

二、并联变压器节能运行

1. 容量相同、型式相同的变压器节能运行

如果企业安装数台容量相同、型式相同的变压器时，需要根据负荷、有功功率和无功功率损

耗特性和无功功率当量，计算出最经济的运行台数，设有 m、$m+1$、$m-1$ 台变压器运行，则变压器的总损耗分别为

$$\Sigma P_{Zm}=m(P_0+K_QQ_0)+\left(\frac{S}{S_N}\right)^2\frac{P_{KN}}{m}+K_Q\left(\frac{S}{S_N}\right)^2\frac{Q_{KN}}{m}$$

$$\Sigma P_{Z(m+1)}=(m+1)(P_0+K_QQ_0)+\left(\frac{S}{S_N}\right)^2\frac{P_{KN}}{m+1}+K_Q\left(\frac{S}{S_N}\right)^2\frac{Q_{KN}}{m+1}$$

$$\Sigma P_{Z(m-1)}=(m-1)(P_0+K_QQ_0)+\left(\frac{S}{S_N}\right)^2\frac{P_{KN}}{m-1}+K_Q\left(\frac{S}{S_N}\right)^2\frac{Q_{KN}}{m-1}$$

式中 ΣP_{Zm}、$\Sigma P_{Z(m+1)}$、$\Sigma P_{Z(m-1)}$——m 台、$m+1$ 台、$m-1$ 台并联变压器综合损耗之和，W；

S_N、S——每台变压器的额定容量和并联运行变压器的总负荷，VA。

令$\Sigma P_{Zm}=\Sigma P_{Z(m+1)}$，即可求得 m 台与 $m+1$ 台经济运行点对应的总负荷 S 的数值，即

$$S=S_N\sqrt{m\ (m+1)\ \frac{P_0+K_QQ_0}{P_{KN}+K_QQ_{KN}}} \tag{2-7}$$

令$\Sigma P_{Zm}=\Sigma P_{Z(m-1)}$，即可求得 m 台与 $m-1$ 台经济运行点对应的总负荷 S 的数值，即

$$S=S_N\sqrt{m\ (m-1)\ \frac{P_0+K_QQ_0}{P_{KN}+K_QQ_{KN}}} \tag{2-8}$$

从式（2-7）、式（2-8）可以求得

（1）当负荷满足 $S_N\sqrt{m\ (m+1)\ \frac{P_0+K_QQ_0}{P_{KN}+K_QQ_{KN}}}>S>S_N\sqrt{m\ (m-1)\ \frac{P_0+K_QQ_0}{P_{KN}+K_QQ_{KN}}}$ 时，用 m 台变压器最为经济。

（2）当负荷增加，$S>S_N\sqrt{m\ (m+1)\ \frac{P_0+K_QQ_0}{P_{KN}+K_QQ_{KN}}}$ 时，应增加一台，用 $m+1$ 台变压器最为经济。

（3）当负荷降低，$S<S_N\sqrt{m\ (m-1)\ \frac{P_0+K_QQ_0}{P_{KN}+K_QQ_{KN}}}$ 时，应断开一台，用 $m-1$ 台变压器最为经济。

应当指出，对于季节性变化负荷，可以采用上述方法，以减少电能损耗。但是对于昼夜变化的负荷，采取上述方法降低变压器电能损耗是不合理的，因为这将使变压器的开关操作次数过多，增加开关的检修量。为了减少一昼夜中的操作次数，停用变压器的时间一般不少于 2～3h。另一方面，如果并联运行中的各台变压器负荷率均较低，停用负荷率最低的变压器是可以节约电能的。但是如果停用变压器后，增大负荷的变压器所增加的损耗比停用前损耗大，应继续保持并联运行，因此无论停用与否，应进行节电效果比较，才能做出决定。

【例 2-1】 两台同型号、容量的变压器并联运行，额定数据为 $S_N=400$kVA，10/4kV，$P_0=0.8$kW，$P_{KN}=4.3$kW，$k_I=1.0\%$，$k_{U1}=4.0\%$，当每台变压器负荷率均为 40%时，停用一台变压器是否节电（K_Q取 0.1)？

解 两台变压器综合损耗为

$$\Sigma P_{Zm}=m\ (P_0+\ K_QQ_0)\ +\left(\frac{S}{S_N}\right)^2\frac{P_{KN}}{m}+K_Q\left(\frac{S}{S_N}\right)^2\frac{Q_{KN}}{m}$$

$=2\times(0.8+0.1\times0.01\times400)+0.4^2\times4.3/2+0.1\times0.4^2\times0.04\times400/2$

$=2.872$（kW）

若停用一台变压器，则负荷率为80%，因此一台变压器综合损耗为

$$\sum P_Z=P_0+K^2P_{KN}+K_QS_N(k_I+K^2k_U)$$
$$=0.8+0.8^2\times4.3+0.1\times400\times(0.01+0.8^2\times0.04)$$
$$=3.63\ (\text{kW})$$

因此停用一台变压器后，不但不节电，反而多耗电0.758kW。

2. 容量不同、型式不同的变压器节能运行

当并联的各台变压器型式和容量不同时，不同负荷情况下该投入的台数则由查曲线的方法决定。

由于各台变压器型式和容量不同，各变压器的铁耗不一定相等，负荷分配也比较复杂，很难用上述那样简单的一个公式计算决定。一般是采用下列方法：即把每台变压器的综合损耗（包括有功和无功损耗）与负荷的关系画成曲线，把合起来几台变压器的综合损耗和负荷的关系也画成曲线，放在一个坐标中，如图2-2所示，纵坐标 P 为损耗（kW），横坐标 S 表示负荷（kVA）。多少负荷下该投入几台变压器，就看在该负荷下投入几台变压器时损耗最小，这可从查图2-2上相应于该负荷的最底的一条曲线得到。

这里假设有两台变压器并联运行，一台为630kVA，一台为1000kVA。图2-2中有三条曲线，曲线1是630kVA变压器的综合损耗曲线，曲线2是1000kVA变压器的综合损耗曲线，曲线3是两台变压器同时运行时的综合损耗曲线。

每台变压器的损耗曲线按下列公式画出，即

$$\sum P_Z=P_0+K^2P_{KN}+K_QS_N(k_I+K^2k_U)$$

数台变压器并联运行时的损耗曲线按下式画出，即

$$\sum P_Z=\sum(P_0+K_QS_Nk_I)+\left(\frac{S}{\sum S_N}\right)^2\sum(P_{KN}+K_QS_Nk_U)$$

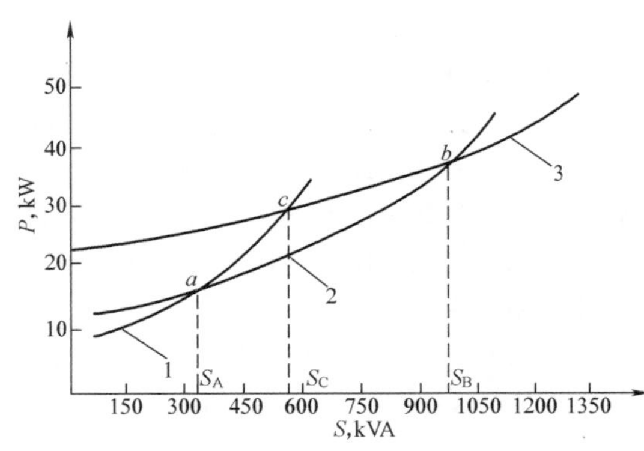

图2-2 变压器损耗与负荷关系曲线

式中，假定各变压器之间的负荷是按额定容量成比例分配的，符号$\sum$表示各同名量相加。S、S_N意义不变。

图2-2中曲线的交点，就是确定经济运行变压器台数的分界点。如在负荷等于 S_A，投入一台630kVA变压器运行也行，投入一台1000kVA变压器运行也行。若负荷小于 S_A（在 a 点左边），投入630kVA变压器较经济；若负荷大于 S_A（在 a 点右边）小于 S_B 时，投入1000kVA变压器较经济。当大于 S_B（在 b 点右边）时，两台变压器同时投入最为经济。在图2-2中，a、b 是经济运行点，c 是不经济运行点。在经济运行点上，两种运行方式的损耗相等且皆为最经济的运行方式。

【例 2-2】 两台变压器并联运行，有关数据为 $S_1=400\text{kVA}$，10/4kV，$P_0=0.8\text{kW}$，$P_{KN}=4.3\text{kW}$，$k_I=1.0\%$，$k_{U1}=4.0\%$；$S_2=800\text{kVA}$，10/4kV，$P_0=1.4\text{kW}$，$P_{KN}=7.5\text{kW}$，$k_I=0.80\%$，$k_{U2}=4.5\%$。当负载为 $P=800\text{kW}$，$\cos\varphi_2=0.8$ 滞后时，求：

（1）每台变压器的负载电流、输出容量和负载率？

（2）若不使任何一台变压器过载，能担负的最大负载是多少？设备总容量利用率是多少？

（3）当负载功率不变，功率因数改变为 0.7 滞后时，若使用一台 S9-1250kVA 变压器（$P_0=1.95\text{kW}$，$P_{KN}=12.0\text{kW}$，$k_I=0.6\%$，$k_{U1}=4.5\%$）代替上述两台变压器运行，是否满足容量要求？此时的负载率、效率和综合损耗？

（4）当无功功率当量取 0.1，功率因数改变为 0.7 滞后时，求 S9-1250kVA 变压器的综合经济负载率、效率和综合损耗以及在综合经济负载率下节电率？

解 （1）变压器 S_1 的一次侧额定电流为

$$I_{N1}=\frac{S_{N1}}{\sqrt{3}U_{N1}}=400/(1.732\times10)=23.095(\text{A})$$

变压器 S_2 的一次侧额定电流为

$$I_{N2}=\frac{S_{N2}}{\sqrt{3}U_{N2}}=800/(1.732\times10)=46.189(\text{A})$$

$$I_1:I_2=\frac{S_{N1}}{k_{U1}}:\frac{S_{N2}}{k_{U2}}=(400/0.040):(800/0.045)=0.5625:1$$

负载总容量为

$$S=\frac{P}{\cos\varphi_2}=800/0.8=1000(\text{kVA})$$

一次侧负载总电流为

$$I=I_1+I_2=\frac{S}{\sqrt{3}U_N}=1000/(1.732\times10)=57.737(\text{A})$$

因此

$$I_2=\frac{57.737}{1.5625}=36.952(\text{A})$$

$$I_1=20.785(\text{A})$$

变压器 S_1 的负载率

$$K_1=\frac{20.785}{23.095}=0.90$$

变压器 S_2 的负载率

$$K_2=\frac{36.952}{46.189}=0.80$$

变压器 S_1 输出容量

$$K_1S_{N1}=0.9\times400=360(\text{kVA})$$

变压器 S_2 输出容量

$$K_2S_{N2}=0.8\times800=640(\text{kVA})$$

（2）由于 $k_{U2}>k_{U1}$，所以 $K_1>K_2$，两台变压器并联运行承担最大负载时 $K'_1=1$，则

$$K'_2=K'_1\frac{k_{U1}}{k_{U2}}=1\times0.040/0.045=0.889$$

变压器 S_1输出容量

$$K'_1S_{N1}=1\times400=400\text{（kVA）}$$

变压器 S_2输出容量

$$K'_2S_{N2}=0.889\times800=711.2\text{（kVA）}$$

最大负载

$$S'=400+711.2=1111.2\text{（kVA）}$$

变压器总容量利用率$\dfrac{S'}{S_{N1}+S_{N2}}=0.926$

（3）所需变压器容量 $S=\dfrac{P}{\cos\varphi'_2}=800/0.7=1142.9<1250$

因此满足容量要求。

负载电流为

$$I'_1=\frac{P}{\sqrt{3}U_{N1}\cos\varphi'_2}=800/(1.732\times10\times0.7)=65.99(\text{A})$$

1250 kVA 变压器额定电流为

$$I'_{N1}=1250/(1.732\times10)=72.171(\text{A})$$

此时的负载率为

$$K'=\frac{I'_1}{I'_{1N}}=65.985/72.171=0.914$$

根据变压器在任意负载下的效率公式

$$\eta=1-\frac{P_0+K^2(P_{KN}+K_Qk_US_N)+K_Qk_IS_N}{P_0+K^2(P_{KN}+K_Qk_US_N)+K_Qk_IS_N+KS_N\cos\varphi_2}$$

得 $\eta'=[1-(1.95+0.1\times0.006\times1250+0.914^2\times12.0+0.914^2\times0.1\times0.045\times1250)/(1.95+0.1\times0.006\times1250+0.914^2\times12.0+0.914^2\times0.1\times0.045\times1250+0.914\times1250\times0.7)]\times100\%=97.9\%$

变压器在该负载下的综合损耗为

$$\begin{aligned}\Sigma P'_Z&=P_0+K^2P_{KN}+K_QS_N(k_I+K^2k_U)\\&=1.95+0.1\times0.006\times1250+0.914^2\times12.0+0.914^2\times0.1\times0.045\times1250\\&=17.424(\text{kW})\end{aligned}$$

（4）1250 kVA 变压器综合经济负载率为

$$K_{jz}=\sqrt{\frac{P_0+K_Qk_IS_N}{P_{KN}+K_Qk_US_N}}=\sqrt{\frac{1.95+0.1\times0.006\times1250}{12.0+0.1\times0.045\times1250}}=0.391$$

在综合经济负载率下的效率为

$$\eta=[1-(1.95+0.1\times0.006\times1250+0.391^2\times12.0+0.391^2\times0.1\times0.045\times1250)/(1.95+0.1\times0.006\times1250+0.391^2\times12.0+0.391^2\times0.1\times0.045\times1250+0.391\times1250\times0.7)]\times100\%=98.45\%$$

在综合经济负载率下的综合损耗为

$$\Sigma P_Z=1.95+0.1\times0.006\times1250+0.391^2\times12.0+0.391^2\times0.1\times0.045\times1250=5.395(\text{kW})$$

在综合经济负载率下的节电率为

$$\xi=\frac{\Sigma P'_Z-\Sigma P_Z}{\Sigma P'_Z}=\frac{17.424-5.395}{17.424}\times100\%=69.04\%$$

第三节 节能变压器的应用

一、低损耗节能型变压器

我国过去普遍使用 SJ1、SL1 系列高能耗变压器（JB 500—1964《电力变压器》），1982 年国家统一设计低损耗节能型 SL7、S7 电力变压器，遵循 GB 1094—1979 电力变压器标准。S7 系列变压器采用铜导线线圈和 DQ 151—35 冷轧取向电工钢片，单位最大损耗 1.51W/kg；SL7 系列变压器采用铝导线线圈和 DQ 166—35 冷轧取向电工钢片，单位最大损耗 1.66W/kg，与高能耗老产品相比，空载损耗降低约 40%，短路损耗降低约 15%；此外还开发出 S8 等系列电力变压器。

1985 年国家又统一设计开发了 S9 系列变压器，并颁布了国标 GB 6451—1986《三相油浸式电力变压器技术参数和要求》。1998 年国家计委、原国家科委及原第一机械工业部联合规定“自 1999 年 1 月 1 日起，禁止 S7、SL7 变压器的生产和流通”，1999 年国家施行了新的变压器标准 GB/T 6451—1999（见表 2-3、表 2-4），相当于 S8 和 S9 标准，同时又开发了 S10、S11 系列变压器。S9 系列变压器是按照 IEC 标准开发的，采用铜导线线圈和DQ 147—30冷轧取向电工钢片，单位最大损耗 1.47W/kg，比 S7 系列空载损耗平均降低 20%（S9 变压器价格高于 S7 约 20%），短路损耗降低约 10%，总重量降低 20%。2001 年我国在 S9 系列的基础上，进一步优化设计，开发出了 S11 系列变压器，使空载损耗进一步降低。S11 型卷铁芯变压器适用范围广，性能水平优于 S9 型变压器，与 S9 型变压器比较，空载损耗平均降低 20%，空载电流平均下降 70%，变压器噪声水平下降 7～10dB。自 20 世纪 80 年代非晶合金铁芯商业化以来，已经有几十万台非晶合金配电变压器 AMT 在世界各地应用。目前市场上已经出现了 SH16 型非晶变压器，非晶合金铁芯比硅钢片铁芯的配电变压器空载损耗可降低 70%以上。不同系列配电变压器空载损耗与负载损耗的变化趋势比较见图 2-3 和图 2-4。‘64’和‘73’型变压器空载损耗比 S11 型变压器高 175%～318%，‘64’和‘73’型变压器负载损耗比 S11 型变压器高 49%～60%。S7、S9、S11 系列变压器的主要性能指标见表 2-5、表 2-6。

表 2-3　10kV 及 35kV 三相油浸式电力变压器技术参数（GB/T 6451—1999）

调压方式	容量（kVA）	电压组合 高压及分接范围（kV）	电压组合 低压（kV）	联结组标号	空载损耗（kW） 组Ⅰ	空载损耗（kW） 组Ⅱ	负载损耗（kW）	空载电流（%） 组Ⅰ	空载电流（%） 组Ⅱ	阻抗电压（%）
双绕组无励磁调压配电变压器	50	35±5%	0.4	Yyn0	0.24	0.27	1.35	2.00	2.8	6.5
	100				0.34	0.37	2.25	1.80	2.6	
	125				0.38	0.42	2.65	1.75	2.5	
	160				0.41	0.47	3.15	1.65	2.4	
	200				0.48	0.55	3.70	1.55	2.2	
	250				0.57	0.64	4.40	1.40	2.0	
	315				0.68	0.76	5.30	1.40	2.0	
	400				0.82	0.92	6.40	1.30	1.9	
	500				0.97	1.08	7.70	1.30	1.9	
	630				1.16	1.30	9.20	1.25	1.8	
	800				1.39	1.54	11.0	1.05	1.5	
	1000				1.65	1.80	13.5	1.00	1.4	
	1250				1.96	2.20	16.3	0.85	1.2	
	1600				2.37	2.65	19.5	0.75	1.1	
双绕组有载调压变压器	200	6 或 6.3 或 10±4×2%	0.4	Yyn0 Dyn11	0.47		3.4/3.6	1.8/1.9		4.0
	250				0.57		4.0/4.1	1.7/1.8		
	315				0.68		4.8/4.9	1.6/1.7		
	400				0.81		5.8/6.0	1.5/1.6		
	500				0.97		6.9/7.15	1.4/1.5		
	630				1.24		8.5	1.3		4.5
	800				1.51		10.4	1.2		
	1000				1.77		12.2	1.1		
	1250				2.08		14.5	1.0		
	1600				2.66		17.3	0.9		
双绕组无励磁调压电力变压器	800	35±5%	3.15 6.3 10.5	Yd11	1.39	1.54	11.0	1.05	1.5	6.5
	1000				1.65	1.80	13.5	1.00	1.4	
	1250				1.96	2.20	16.3	0.90	1.3	
	1600				2.37	2.65	19.5	0.85	1.2	
	2000				2.90	3.40	21.5	0.75	1.1	
	2500				3.50	4.00	23.0	0.75	1.1	
	3150	35 或 38.5±5%	3.15 6.3 10.5		4.30	4.75	27.0	0.70	1.0	7.0
	4000				5.15	5.65	32.0	0.70	1.0	
	5000				6.10	6.75	36.7	0.60	0.9	
	6300				7.30	8.20	41.0	0.60	0.9	7.5
	8000	35 或 38.5 ±2×2.5%	3.15 3.3 6.3 6.6 10.5 11		10.0	11.5	45.0	0.55	0.8	
	10 000				11.8	13.6	53.0	0.55	0.8	8.0
	12 500				14.0	16.0	63.0	0.50	0.7	
	16 000				17.0	19.0	77.0	0.50	0.7	
	20 000				20.1	22.5	93.0	0.50	0.7	
	25 000				23.9	26.6	110.0	0.40	0.6	
	31 500				28.5	31.6	132.0	0.40	0.6	

续表

调压方式	容量(kVA)	电压组合		联结组标号	空载损耗(kW)		负载损耗(kW)	空载电流(%)		阻抗电压(%)
		高压及分接范围(kV)	低压(kV)		组Ⅰ	组Ⅱ		组Ⅰ	组Ⅱ	
双绕组无励磁调压变压器	630	6或6.3或10或10.5或11±5%	3 3.15 6.3	Yd11	1.15		8.10	1.3		4.5
	800				1.40		9.90	1.2		5.5
	1000				1.65		11.6	1.1		
	1250				1.95		13.8	1.0		
	1600				2.35		16.5	0.9		
	2000				2.80		19.8	0.9		
	2500				3.30		23.0	0.8		
	3150				3.90		27.0	0.8		
	4000				4.80		32.0	0.7		
	5000				5.70		36.7	0.7		
	6300				6.80		41.0	0.6		

注 表中斜线上方的数值为Yyn0联结组变压器用，斜线下方的数值为Dyn11联结组变压器用；Ⅱ组为过渡标准值，即GB 6451—1986标准。

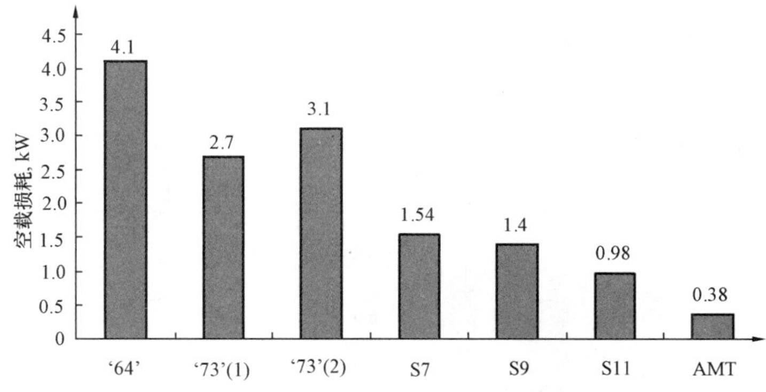

图2-3 不同系列10kV/800kVA变压器空载损耗比较

表2-4 220kV部分三相油浸式电力变压器技术参数（GB/T 6451—1999）

调压方式	容量(kVA)	电压组合		联结组标号	空载损耗(kW)	负载损耗(kW)	空载电流(%)	阻抗电压(%)
		高压及分接范围(kV)	低压(kV)					
双绕组无励磁调压变压器	31 500	220±2×2.5%或242±2×2.5%	6.3	YNd11	37	150	0.77	12～14
	40 000		6.6		44	175	0.77	
	50 000		10.5		52	210	0.70	
	63 000		11		62	245	0.70	
	90 000		10.5，13.8，11		82	320	0.63	
	120 000				100	385	0.63	
	150 000		11		120	450	0.56	
	180 000		13.8		137	510	0.56	
	240 000		15.75		170	630	0.49	
	300 000		15.75		200	750	0.42	
	360 000		18		170	630	0.49	

续表

调压方式	容量（kVA）	电压组合 高压及分接范围（kV）	电压组合 低压（kV）	联结组标号	空载损耗（kW）	负载损耗（kW）	空载电流（%）	阻抗电压（%）
低压为63kV级无励磁调压变压器	31 500	220±2×2.5%	63 66 69	YNd11	41	168	0.98	12～14
	40 000				48	196	0.98	
	50 000				57	235	0.91	
	63 000				67	275	0.91	
	90 000				88	359	0.84	
	120 000				110	431	0.84	
	150 000				129	504	0.77	
	180 000				147	571	0.77	
	240 000				180	706	0.70	
三绕组有载调压变压器	31 500	220±8×1.25%	6.3，6.6，10.5，11，35，38.5	YNyn0d11	47	180	0.84	降压时高中为12～14，高低为22～24，中低为7～9
	40 000				55	210	0.77	
	50 000				66	250	0.70	
	63 000				77	290	0.70	
	90 000		10.5，11，35，38.5		100	390	0.63	
	120 000				122	480	0.63	
	150 000				143	570	0.56	
	180 000				165	700	0.56	

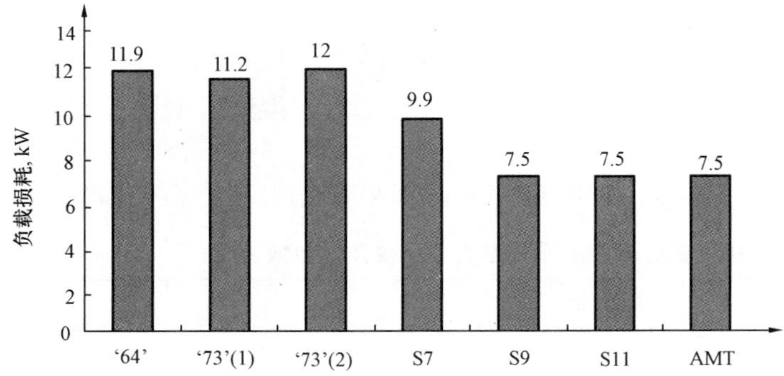

图 2-4　不同系列 10kV/800kVA 变压器负载损耗比较

表 2-5　　S9 与 S7 部分无励磁调压 10kV 及 6kV 低损耗电力变压器技术指标比较

容量（kVA）	S7 空载损耗（W）	S7 负载损耗（W）	S7 空载电流（%）	S7 阻抗电压（%）	S7 总重（kg）	S9 空载损耗（W）	S9 负载损耗（W）	S9 空载电流（%）	S9 阻抗电压（%）
30	149	792	2.8	4	293	130	600	2.1	4
50	187	1152	2.6	4	408	170	870	2.0	4
63	220	1398	2.5	4	470	200	1040	1.9	4
80	266	1614	2.4	4	529	250	1250	1.8	4

续表

容量（kVA）	S7					S9			
	空载损耗（W）	负载损耗（W）	空载电流（%）	阻抗电压（%）	总重（kg）	空载损耗（W）	负载损耗（W）	空载电流（%）	阻抗电压（%）
100	302	1925	2.2	4	614	290	1500	1.6	4
125	346	2438	2.2	4	708	340	1800	1.5	4
160	443	2771	2.1	4	840	400	2200	1.4	4
200	538	3431	2.1	4	955	480	2600	1.3	4
250	605	3935	2.0	4	1106	560	3050	1.2	4
315	766	4795	2.0	4	1283	670	3650	1.1	4
400	875	5800	1.9	4	1535	800	4300	1.0	4
500	1030	6686	1.9	4	1857	960	5100	1.0	4
630	1290	8169	1.8	4.5	2400	1200	6200	0.9	4.5
800	1476	9680	1.5	4.5	3001	1400	7500	0.8	4.5
1000	1777	11 530	1.2	4.5	3613	1700	10 300	0.7	4.5
1250	2198	13 793	1.2	4.5	3969	1950	12 000	0.6	4.5
1600	2650	16 500	1.1	4.5	5120	2400	14 500	0.6	4.5

注 变压器高压分接为−5%～+5%。

表 2-6 S11 型低损耗三相双绕组无励磁配电变压器技术参数（GB/T 6451—2015）

型号	容量（kVA）	损耗（W）		空载电流（%）	阻抗电压（%）	高压（kV）	高压分接范围	低压（kV）	联结组标号
		空载	负载						
S11-30/10	30	100	600	1.5	4	6 6.3 10.5 11	±5% ±2×5%	0.4	Yyn0 Dyn11
S11-50/10	50	130	870	1.3					
S11-63/10	63	150	1040	1.2					
S11-80/10	80	180	1250	1.2					
S11-100/10	100	200	1500	1.1					
S11-125/10	125	240	1800	1.1					
S11-160/10	160	280	2200	1.0					
S11-200/10	200	340	2600	1.0					
S11-250/10	250	400	3050	0.9					
S11-315/10	315	480	3650	0.9					
S11-400/10	400	570	4300	0.8					
S11-500/10	500	680	5100	0.8					
S11-630/10	630	810	6200	0.6	4.5	6 6.3 10.5 11	±5% ±2×2.5%	0.4	Yyn0 Dyn11
S11-800/10	800	980	7500	0.6					
S11-1000/10	1000	1150	10 300	0.6					
S11-1250/10	1250	1360	12 000	0.5					
S11-1600/10	1600	1640	14 500	0.5					

2006 年中国标准化研究院、沈阳变压器研究所、中国机械节能中心等单位又起草了国家标准 GB 20052—2006《三相配电变压器能效限定值及节能评价值》。所谓能效限定值是指在测试条件下，配电变压器空载损耗和负载损耗的标准值，其标准值与表 2-5 中 S9 的数据完全一样。所谓节能评价值是指在测试条件下，评价节能配电变压器空载损耗和负载损耗的标准值，而且要求 2010 年实施该节能标准值，具体数据见表 2-7。目标能效限定值相当于油浸变压器 S11、干式变压器 SC10 性能。标准发布 4 年后（2010）将代替能效限定值，即淘汰油浸变压器 S9 和干式变压器 SC9。

表 2-7　配电变压器目标能效限定值及节能评价值

油浸式配电变压器				干式配电变压器					
容量（kVA）	空载损耗（W）	负载损耗（kW）	阻抗电压（%）	容量（kVA）	空载损耗（W）	负载损耗（kW）			阻抗电压（%）
						B（100℃）	*F*（120℃）	*H*（145℃）	
30	100	600	4	30	190	670	710	760	4
50	130	870	4	50	270	940	1000	1070	4
63	150	1040	4	80	370	1290	1380	1480	4
80	180	1250	4	100	400	1480	1570	1690	4
100	200	1500	4	125	470	1740	1850	1980	4
125	240	1800	4	160	550	2000	2130	2280	4
160	280	2200	4	200	630	2370	2530	2710	4
200	340	2600	4	250	720	2590	2760	2960	4
250	400	3050	4	315	880	3270	3470	3730	4
315	480	3650	4	400	980	3750	3990	4280	4
400	570	4300	4	500	1160	4590	4880	5230	4
500	680	5150	4	630	1350	5530	5880	6290	4
630	810	6200	4.5	630	1300	5610	5960	6400	6
800	980	7500	4.5	800	1520	6550	6960	7460	6
1000	1150	10 300	4.5	1000	1770	7650	8130	8760	6
1250	1360	12 000	4.5	1250	2090	9100	9690	10 370	6
1600	1640	14 500	4.5	1600	2450	11 050	11 730	12 580	6
				2000	3320	13 600	14 450	15 560	6
				2500	4000	16 150	17 170	18 450	6

2013 年 6 月，又重新修订了《三相配电变压器能效限定值及能效等级》（GB 20052—2013），规定了油浸式变压器三级能效内容，删掉了目标能效限定值，其中 2 级能效变压器空载损耗远优于 GB 20052—2006 标准，3 级能效变压器空载损耗和负载损耗与 GB 20052—2006 标准中的节能评价值完全一致，因此该油浸式变压器 3 级能效值就成为 S13 型变压器的损耗限额。S13 型变压器的空载损耗比 S11 降低了 40%以上，与 S11 型变压器比较见表 2-8。因此，“十一五”期末，S13 型变压器得到大量应用。

表 2-8　　10kV 级 S11、S13 系列变压器损耗参数对照表

容量（kVA）	S11（GB 20052—2006 节能评价值）			S13（GB 20052—2013 的 3 级能效）		
	空载损耗（W）	负载损耗（W）	空载电流（%）	空载损耗（W）	负载损耗（W）	空载电流（%）
30	100	630/600	2.1	80	630/600	0.63
50	130	910/870	2.0	100	910/870	0.60
63	150	1090/1040	1.9	110	1090/1040	0.57
80	180	1310/1250	1.8	125	1310/1250	0.54
100	200	1580/1500	1.6	145	1580/1500	0.48
125	240	1890/1800	1.5	170	1890/1800	0.45
160	280	2310/2200	1.4	200	2310/2200	0.42
200	340	2730/2600	1.3	240	2730/2600	0.39
250	400	3200/3050	1.2	290	3200/3050	0.36
315	480	3830/3650	1.1	340	3830/3650	0.38
400	570	4520/4300	1.0	410	4520/4300	0.30
500	680	5410/5100	1.0	480	5410/5100	0.30
630	810	6200	0.9	570	6200	0.27
800	980	7500	0.8	700	7500	0.24
1000	1150	10 300	0.7	830	10 300	0.21
1250	1360	12 800	0.6	970	12 000	0.18
1600	1640	14 500	0.6	1170	14 500	0.18

注　表中斜线左方的负载损耗适用于 Dyn11 或 Yzn11 接线方式，斜线右方的负载损耗适用于 Yyno 接线方式。

二、变容量变压器

对于有明显季节性的用电负荷（如农用电），变压器是按全年高峰季节负荷选择容量的，但是变压器承受的负荷极不均匀，高峰时的负荷几乎为低谷时的 2～3 倍，高峰季节过后，变压器经常处于轻载状态或空载状态运行。采用变容量变压器，通过改变接线方式以达变换容量、减少电能损耗的目的。目前有串—并联型和 Y—△两种变容量变压器。

（1）串—并联型变容量变压器是将一般变压器的高压、低压绕组各分成两段，每段都保持原来的匝数，导线截面积减少一半。通过一只调容开关，根据负荷情况，实行并联或串联。串—并联型变容量变压器接线示意图如图 2-5 所示。

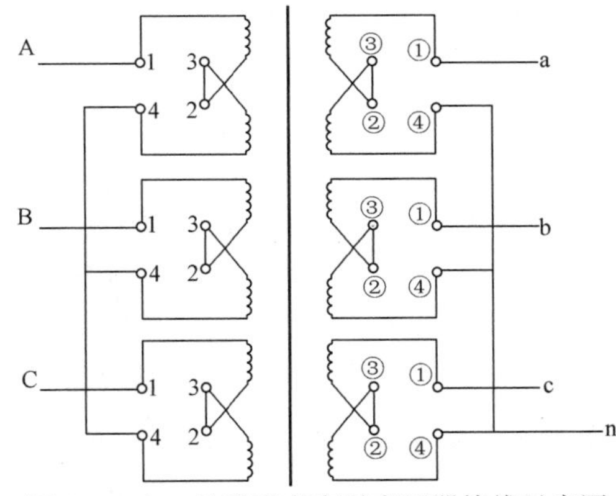

图 2-5　串—并联型变容量变压器接线示意图

当两段绕组并联时，端子 1-3、2-4、①-③、②-④相连，有效匝数等于相匝数，导线截面积等于原截面积，允许通过电流为原电流，原额定容量不变 $S_b=\sqrt{3}UI$；当两段绕组串联时，端子 2-3、②-③相连，有效匝数等于原匝数的 2 倍，导线截面积为原截面积的 1/2，允许通过电流为原电流的 1/2，容量为额定容量的 1/2，即

$$S_c=\sqrt{3}U\times\frac{I}{2}=\frac{1}{2}S_b$$

由于电压 $U_1\approx E_1=4.44fW\Phi$，而磁通与匝数成反比，$\Phi\propto\frac{1}{W}$，串联时匝数等于并联的 2 倍，$W_c=2W_b$，所以 $\Phi_c=\frac{\Phi_b}{2}$，又因 $P_0\propto B^2$，$B\propto\Phi$，即 $P_0\propto\Phi^2$，则空载损耗 P_{0c} 为

$$P_{0c}=\left(\frac{1}{2}\right)^2P_{0b}=\frac{P_{0b}}{4}$$

所以串联时空载损耗等于原空载损耗的 1/4。

由于串联时将一次绕组截面积减少一半，每一绕组电阻值是原来的 2 倍，总电阻为 4 倍，即 $R_c=4R_b$，通过同样的电流时，串联时的负载有功损耗等并联时的 4 倍，即 $P_{dc}=4P_{db}$，因串联时额定容量仅为并联时的 1/2，则负载损耗 P_{kc} 为

$$P_{kc}=\left(\frac{S_c}{S_b}\right)^2\times4P_{kb}=\left(\frac{1}{2}\right)^2\times4P_{kb}=P_{kb}$$

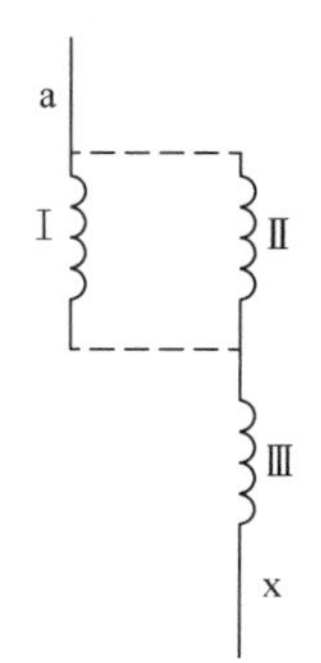

图 2-6　Y—△换接调容变压器低压绕组的组成

串变压器上装有变容量开关，此开关三相联动，根据负荷情况，旋转箱盖外的操作柄，就可改变变压器绕组的接线，从而调整变压器的容量。

（2）Y—△变容量变压器正常使用时，高压绕组为△接法，与普通变压器相同，二次绕组由三段组成，如图 2-6 所示。

Y—△变容量变压器第Ⅰ段与第Ⅱ段截面积相同，均为第Ⅲ段的 50%；匝数第Ⅲ段占 27%，第Ⅰ、Ⅱ段均为 73%。当变压器一次绕组做△连接时，每相二次绕组的第Ⅰ段与第Ⅱ段并联再与第Ⅲ段串联，三相二次绕组做星形 yn 连接，此时变压器具有额定容量，绕组接线方式为 Dyn11。当负载低于经济负载率时（不得大于 1/2 额定容量），通过变容量开关的切换，将高压绕组变成 Y 接线时，二次绕组的第Ⅰ段与第Ⅱ段由并联改为串联，将低压绕组匝数增加 73%，此时变压器的容量减半，绕组接线方式为 Yyn0。

一次侧容量

$$S_{\triangle1}=\sqrt{3}UI$$

$$S_{Y1}=\sqrt{3}U\frac{I}{\sqrt{3}}=\frac{S_{\triangle1}}{\sqrt{3}}$$

二次侧容量

$$S_{\triangle2}=\sqrt{3}UI$$

$$S_{Y2}=\sqrt{3}U\frac{I}{2}=\frac{S_{\triangle2}}{2}$$

式中　$S_{\triangle1}$、S_{Y1}——一次侧△接、Y 接时的容量；

$S_{\triangle2}$、S_{Y2}——二次侧绕组并联、串联时的容量。

额定容量一、二次侧均取小值，则 $S_Y=0.5S_\triangle$，Y 接时的变压器容量是△的一半。

当绕组接线方式为 Dyn11 时，变压器损耗指标接近 S7 系列变压器的损耗。当绕组接线方式为 Yyn0（Y/Y_0-12）后，匝数为原匝数的$\sqrt{3}$倍，磁通密度与匝数成反比，故降为原来的 $1/\sqrt{3}$，空载损耗又与磁通密度的平方成正比，故降为原来的1/3.3，即 $P_{0Y}=P_{0\triangle}(1/\sqrt{3})^2$；空载电流与激磁磁势成正比，与匝数成反比，为原来的$\frac{1}{4.4}\Big/\sqrt{3}$。

铜损一次侧 $P_{dY1}=3P_{d\triangle1}$，二次侧 $P_{dY2}=3.095P_{d\triangle2}$

选用变容量变压器时，按最大负荷不超过其额定容量，而经常负荷不超过其 1/4 额定容量为宜。现举一例说明 Y—△变容量变压器的节能效果。一台三相、油浸、自冷、户外式、100kVA、10±5%/0.4kV、Y—△换接调容变压器，改变容量前后的技术参数见表 2-9。

表 2-9 Y—△换接调容变压器改变容量前后的技术参数

实测技术参数	变容量前 100kVA	变容量后 25kVA
空载损耗（W）	315	115
短路损耗（W）	1970	380
总损耗（W）	2285	495
空载电流（%）	0.77	0.44
短路电压（%）	4	3.07

调容变压器特点是节电数量大，在空载半容量运行时，可减少有功损耗 88.8%；调容变压器在农忙和农闲交替季节，每年需操作调容开关两次。

三、非晶合金干式变压器

自 1979 年美国联信公司发明非晶片至今，非晶合金干式变压器逐步在发达国家应用推广，非晶合金是一种新型节能材料，它采用国际先进的超急冷技术将液态金属以 10^6℃/s 冷却速度直接冷却形成厚度 0.02～0.04mm 的固体薄带，得到原子排列组合上具有短程有序、长程有序特点的非晶合金组织，这种合金具有许多独特的特点，如不存在晶体结构、磁化功率小、优异的导磁性、强度高、电阻率高、涡流损耗小等，用这样的材料做铁芯可生产出一种新型节能变压器，非晶合金铁芯的主要特点是：

(1) 非晶合金铁芯片厚度极薄，约 0.025mm 厚，几乎不到硅钢片的 1/10。材料表面也不是很平坦，用它制成铁芯，填充系数较低，约为 0.82。

(2) 非晶合金铁芯许用磁密低，单相变压器一般 1.3～1.4T，三相变压器一般取1.25～1.35T，因此，非晶合金变压器铁芯体积和质量都偏大。

(3) 非晶合金的硬度是硅钢片的 5 倍，加工剪切很困难，用常规的切割工具来加工它，刀具的磨损率将是切割硅钢片的 1000 倍，一般变压器制造厂只能利用成型铁芯制造非晶合金变压器。

(4) 非晶合金铁芯材料对机械应力非常敏感，无论是张引力还是弯曲应力都会影响其磁性能。因此，在变压器器身结构上应考虑尽量减少铁芯受力。

(5) 非晶合金的磁畴伸缩程度比硅钢片高约 10%，而且不宜过度夹紧，因此，非晶合金变压器的噪声比硅钢片铁芯变压器高。

(6) 非晶合金干式变压器的铁芯是由不间断的非晶合金带材卷制而成的，没有间隙，所以铁磁损失很小（一般只有硅钢的 1/3～1/5）。

1980 年美国联信公司首次推出 15kVA 非晶合金铁芯变压器。1986 年 5 月，上海钢铁研究所与宁波变压器厂合作，用该所研制的非晶合金带材试制出国内第一台单相 3kVA 非晶合金变压器。1988 年 9 月，上海钢铁研究所与上海冶金设备厂，上海硅钢片厂合作采用传统叠片式结构研制成功 100kVA 三相非晶配电变压器，空载损耗 187W，相当同容量 S9 型硅钢片变压器空载损耗的 64%。1989 年 8 月，上海钢铁研究所与洛阳变压器厂试制出三相 30kVA 卷绕式非晶铁芯配电变压器，空载损耗 36.8W，比同容量 S9 型降低约 72%。1995 年 8 月以后，沈阳变压器研究所根据美国联信公司非晶合金带材性能统一设计，组织了天津、上海、北京、佛山、辽阳和保定等六个变压器厂，试制出 SH11-160、200、315、500kVA 四种规格共六台样机，并通过国家鉴定。1998 年 2 月，上海置信（集团）有限公司引进美国 GE 公司非晶合金铁芯变压器的制造技术，其生产的 SH11 型非晶合金铁芯变压器额定容量在 50～2500kVA，空载损耗在 34～700W，负载损耗在 870～21 500W，空载电流在 0.5%～1.5%，短路阻抗在 4%～4.5%。SH11 系列非晶合金变压器与 S9 系列变压器相比，空载损耗下降 70%～80%，空载电流下降 40%～60%。虽然目前非晶合金变压器的价格约为同容量 S9 型变压器的 1.3 倍，但由于空载损耗较 S9 型变压器明显下降，非晶合金变压器的总拥有费用仍低于 S9 型变压器 10%，价差能够在 5 年内收回。目前在网运行使用的非晶合金变压器占配电变压器的比重仅为 7%～8%。SH11 系列非晶合金变压器技术参数见表 2-10。

表 2-10　SH11 型非晶合金变压器技术参数

型号	容量（kVA）	损耗（W）		空载电流（%）	阻抗电压（%）	高压（kV）	高压分接范围	低压（kV）	联结组标号
		空载	负载						
SH11-30/10	30	35	600	1.0	4	6 6.3 10.5 11	±5% ±2×5%	0.4	Yyn0 Dyn11
SH11-50/10	50	50	870	0.90					
SH11-63/10	63	60	1040	0.90					
SH11-80/10	80	70	1250	0.80					
SH11-100/10	100	85	1500	0.80					
SH11-125/10	125	100	1800	0.80					
SH11-160/10	160	115	2200	0.70					
SH11-200/10	200	135	2600	0.60					
SH11-250/10	250	160	3050	0.60					
SH11-315/10	315	180	3650	0.50					
SH11-400/10	400	230	4300	0.50					
SH11-500/10	500	280	5100	0.47					
SH11-630/10	630	320	6200	0.45	4.5	6 6.3 10.5 11	±5% ±2×5%	0.4	Yyn0 Dyn11
SH11-800/10	800	380	7500	0.40					
SH11-1000/10	1000	450	10 300	0.38					
SH11-1250/10	1250	550	12 000	0.35					

第四节　降低线路损耗的方法

一、适当提高运行电压

变压器与线路是电网中的主要元件，都要损耗一些电能。在一定时间内，电流流经电网中各电力设备时所产生的电能损耗（从发电厂主变压器侧至用户电能表止）叫线损，包括与负荷变动无关的固定损耗、随负荷变动而变化的变动损耗，以及其他如漏电、变电所控制、保护等设备所消耗的电力和电量。电力网线损电量与供电量的比率，叫线路损耗率，简称线损率，一般电网的线损率在 5%～10%。输送同样的功率时，提高运行电压就可降低电流，减少损耗。电网中的功率损耗是与运行电压的平方成正比的，在允许范围内，适当提高运行电压，既可提高电能质量，又能降低损耗。变压器或线路在运行中损耗功率为

$$P_B=3I^2R=\frac{S^2}{U^2}R=\frac{P^2+Q^2}{U^2}R$$

式中　I——通过元件的电流，A；

R——元件的电阻，Ω；

U——加在元件上的电压，V；

P、P_B——通过元件的有功功率、损耗功率，W；

S、Q——通过元件的视在功率，VA、无功功率，var。

如果电网的运行电压提高 α（%），则电网元件中的功率损耗降低值为

$$\Delta P = P_{B1} - P_{B2} = \left[\frac{S^2}{U^2}R - \frac{S^2}{U^2\left(1+\frac{\alpha}{100}\right)^2}R\right] = \frac{S^2}{U^2}R\left[1 - \frac{1}{\left(1+\frac{\alpha}{100}\right)^2}\right]$$

式中 ΔP——提高电压后功率损耗降低值，W；

P_{B1}、P_{B2}——提高电压前后电网中元件的有功功率损耗，W。

降低的功率损耗用百分数表示为

$$\Delta P_{\xi} = \frac{\Delta P}{\Delta P_{B1}} \times 100\% = \left[1 - \frac{1}{\left(1+\frac{\alpha}{100}\right)^2}\right] \times 100\%$$

提高运行电压后线损降低的百分数列于表 2-11。同样，降低运行电压，将使线损增加，如果电网的运行电压降低了 α'（%），则增加的功率损耗用百分数可表示为

$$\Delta P'_{\xi} = \left[\left(1+\frac{\alpha'}{100}\right)^2 - 1\right] \times 100\%$$

降低运行电压后线损增加的百分数见表 2-12。

表 2-11　　提高运行电压后线损降低的百分数

电压提高（%）	1	3	5	10	15	20
线损降低（%）	1.97	5.74	9.09	17.35	24.39	30.5

表 2-12　　降低运行电压后线损增加的百分数

电压降低（%）	1	3	5	10	15	20
线损增加（%）	2	6.1	10	14.5	32	44

二、提高功率因数

对电力部门来说，做好无功补偿（即提高功率因数）工作，首先是提高发电、输电、配电设施的利用率。无功补偿一方面增强了电力系统的安全性，扩大了电网应付电力突发事件的能力；另一方面，提高功率因数，电网的线损就会降低。估计中国电网的功率因数每提高一个百分点，线损会减少几十亿千瓦时。

对于电力用户来讲，功率因数的高低是同用电奖罚制度联系的。做好无功补偿、提高功率因数需要投资。用户为了提高功率因数所进行的投资，将从电力运行费用的奖励中逐步得到回收。另一方面，如果将各种非线性负荷产生的谐波得到治理，也就是畸变无功也得到较好的补偿，那么供电变压器和相应电力设施就可以得到充分利用，由此可以减少大量增容费用。

提高功率因数，必须进行电容补偿。补偿前如果电网输送的有功功率为 P（W），无功功率为 Q（var），线路电阻为 R（Ω），安装电容器补偿点以前的线路阻抗为 X（Ω），电网电压为 U（V），则补偿前电网的电压降为

$$\Delta U_1 = \frac{PR + QX}{U}$$

补偿前功率因数为

$$\cos\varphi_1=\frac{P}{\sqrt{P^2+Q^2}}$$

假定补偿电容值为 Q_C（var），由于补偿前后输出的有功功率不变，则补偿后电网的电压降为

$$\Delta U_2=\frac{PR+(Q-Q_C)X}{U}$$

补偿前后功率因数提高为

$$\cos\varphi_2=\frac{P}{\sqrt{P^2+(Q-Q_C)^2}}$$

由于补偿后电网的电压降降低，所以电网电压升高了 $\Delta U=\frac{Q_C X}{U}$，即 $U_2>U_1$，$U_2-U_1=\frac{Q_C X}{U}$，因此 $U_2\cos\varphi_2>U_1\cos\varphi_1$。

假定补偿前后输送同一功率 P，则补偿前的线损为

$$P_{L1}=3I_1^2R=\left(\frac{P}{U_1\cos\varphi_1}\right)^2R$$

补偿后的线损为

$$P_{L2}=3I_2^2R=\left(\frac{P}{U_2\cos\varphi_2}\right)^2R$$

因此电容补偿后线损减少量为

$$\Delta P=P_{L1}-P_{L2}=P^2R=\left(\frac{1}{U_1^2\cos\varphi_1^2}-\frac{1}{U_2^2\cos\varphi_2^2}\right)$$

电容补偿后线损减少幅度为

$$\Delta P_{\xi}=\frac{\Delta P}{P_{L1}}=\left(1-\frac{U_1^2\cos\varphi_1^2}{U_2^2\cos\varphi_2^2}\right)\times100\%$$

假定补偿后 $U_2\approx U_1$，补偿后 $\cos\varphi_2=1$，则功率因数与线损关系见表 2-13。

表 2-13　功率因数与线损关系

补偿前功率因数	0.6	0.65	0.70	0.75	0.80	0.85	0.90
线损减少幅度（%）	64	57.8	51	43.8	36	27.8	19

同理对于变压器绕组，当补偿电容安装在变压器低压侧时，变压器绕组在补偿后绕组损耗减少幅度为

$$\Delta P_{\xi}=\frac{\Delta P}{P_{L1}}=\left(1-\frac{U_1^2\cos\varphi_1^2}{U_2^2\cos\varphi_2^2}\right)\times100\%$$

由于变压器铁损与端电压平方成正比，因此补偿后变压器铁损略有升高，但是，由于线损和变压器绕组减少，所以电容补偿后，损耗大大减少了。

无功补偿器的节能机理来自两个方面：

(1) 谐波电流流入电网，并且在变压器漏抗和线路电阻上产生压降，造成网压畸变。畸变的网压即使加在线性负载上也将产生高次谐波电流，使负载产生额外的损耗，这种现象对于交流电动机负载十分显著。无功补偿器能够消除谐波电流，从而大幅度减少谐波的负载损耗。

（2）无功电流在供配电系统中流动，产生与视在电流平方成正比的供配电损耗。特别是谐波对变压器的高频涡流效应使变压器产生较大的附加损耗，谐波在导线中的集肤效应使导线等效截面积变小，进一步加大了供配电损耗。无功补偿器可以滤除谐波电流并以最小的电流供电，从而大幅度减少供配电损耗。

例如鞍山钢铁集团公司某主轧机工作时，整流变压器输出电流在2000（轧制单钢）～4500A（轧制双钢）之间变化，输出视在功率在2600～5850kVA之间变化，整流变压器二次侧由于无功冲击引起的网压波动为50V，输出功率因数仅为0.76左右，电网电压波形畸变率为6.4%，注入上级电网的5次谐波含量为25%（5次谐波电流为150A），超过了国家标准。为了提高供电质量、降低整流变压器的损耗，该厂采用MV系列就地TSC（T表示晶闸管、S表示投切、C表示电容器）动态无功补偿装置。该装置采用容性无功来补偿感性无功的原理，电容器需要分组，每一组都采用两个反并联的晶闸管来控制，根据负荷无功补偿需要，投切分组的电容器组数。改造后是实际最大供电视在功率从5850kVA降低到4940kVA，负载无功冲击引起的网压波动从补偿前的50V下降到补偿后的10V，功率因数从补偿前的0.76提高到0.9以上，电网电压波形畸变率从6.4%减低到2.37%，注入上级电网的5次谐波电流降低到19.2A，平均每年节电55万kWh，投资回收期2年。

【例2-3】 户外设置S7-315/10型变压器一台对居民区供电，由于家用电器和节能型电灯大量增加，变压器一直处于高负荷运行，电流达到额定值，$\cos\varphi_1=0.68$，且三相用电情况极不平衡。已知负荷的年最大损耗时数$T=2500$h，年平均线路损耗占传输电能的6%。对此选用功率因数自动补偿装置，将功率因数提高到$\cos\varphi_2=0.92$，问：

（1）改善功率因数后，电能损耗下降的百分值ΔP为多少？

（2）改善功率因数后，挖掘出变压器容量ΔS是多少？

（3）变压器及线路每年减少多少损失？

解 （1）改善功率因数后，变压器电流由额定电流I_N下降为I，因负荷有功功率不变，所以$I=I_N\dfrac{\cos\varphi_1}{\cos\varphi_2}$，因损耗与电流平方成正比，故其下降值为

$$\Delta P=\frac{I_N^2-I^2}{I_N^2}=\frac{I_N^2-I_N^2\left(\dfrac{\cos\varphi_1}{\cos\varphi_2}\right)^2}{I_N^2}=\left[1-\left(\frac{0.68}{0.92}\right)^2\right]\times100\%=54.6\%$$

（2）因负荷有功功率不变，所以$S_N\cos\varphi_1=S\cos\varphi_2$，$S=S_N\dfrac{\cos\varphi_1}{\cos\varphi_2}$，则

$$\Delta S=S_N-S=S_N\left(1-\frac{\cos\varphi_1}{\cos\varphi_2}\right)=315\times\left(1-\frac{0.68}{0.92}\right)=82.2(\text{kVA})$$

（3）由表2-6查出变压器负载损耗$P_{KN}=4.795$kW，变压器每年减少损耗为

$$P_{KN}\left[1-\left(\frac{\cos\varphi_1}{\cos\varphi_2}\right)^2\right]T=4.795\times\left[1-\left(\frac{0.68}{0.92}\right)^2\right]\times2500=5438.56(\text{kWh})$$

线路每年减少损耗为

$$6\%S_N\cos\varphi_1\left(1-\frac{U_1^2\cos\varphi_1^2}{U_2^2\cos\varphi_2^2}\right)T=0.06\times315\times0.68\times\left[1-\left(\frac{0.68}{0.92}\right)^2\right]\times2500=14\ 576.94(\text{kWh})$$

总损耗减少20015.5kWh。

第三章　照明节电技术

第一节　绿色照明基础知识

一、绿色照明的意义

随着经济的发展和生活水平的提高，我国照明用电约占社会总用电量的12%，个别地区高达15%～20%，因此照明节电已成为很重要的节能环节。中国住宅照明90%采用白炽灯，用高效节能灯替代白炽灯可节电75%，用电子镇流器代替电感镇流器可节电39%，根据国际节能研究所预测，如果中国住宅照明采用荧光灯的比例达到日本的55%，并全部改用电子镇流器，每年可节电150亿kWh。根据美国的资料，每节约1kWh的电能可减少空气污染物的传播量见表3-1，可见节电对环境保护的意义重大，因此美国环保署（EPA）于1991年1月，就提出了绿色照明计划，绿色照明（Green lights）是通过科学的照明设计，采用效率高、寿命长、安全和性能稳定的照明器产品（如电光源、灯用电器附件、灯具、配线器材，以及调光控制设备和控光器件等），最终达到高效、舒适、安全、经济、有益于环境和改善人们身心健康并体现现代化文明的照明系统。GB 50034—2004《建筑照明设计标准》将绿色照明定义为：绿色照明是节约能源、保护环境，有利于提高人们生产、工作、学习效率和生活质量，保护身心健康的照明。

表3-1　每节约1kWh的电能可减少空气污染物的传播量

空气污染物 / 燃料种类	SO_2（g）	NO_x（g）	CO_2（g）
燃煤	9.0	4.4	1100
燃油	3.7	1.5	860
燃气	—	2.4	640

二、照明术语

（1）光：光源发出的光是以电磁波的形式在空间传播的，任何能够直接引起视觉的辐射光，叫做光，光的光谱范围没有明显的界限，一般电磁波长为380～780nm（毫微米即纳米），叫可见光。大于780nm的电磁波叫做红外线。

（2）眩光：由于视野中的亮度分布或亮度范围的不适宜，或存在极端的对比（如光源亮度分布不当、位置过低或不同时间出现的亮度差过大等），以致引起不舒适感觉或降低观察细部或目标的能力的视觉现象。

（3）光通量：光源在单位时间内向四周空间辐射出的使人产生光感觉的能量称为光通量，单位为流明（lm）。1lm等于一个具有均匀分布1cd（坎德拉）发光强度的点光源在一球面度立体角内发射的光通量。

（4）照度：在单位面积上得到的光通量，称为照度，单位为勒克斯（lx）。1lx相当于$1m^2$被照面上的光通量为1lm时的照度。在一只40W白炽灯下1m远处的照度约为30lx，加搪瓷伞后增加到70lx。夏季中午阳光直射下的地面照度约10 000lx，冬天中午阳光直射下的地面照度约1000lx，圆月夜地面照度约0.2lx。照度大小可用照度计测量。

（5）发光效率：人们以消耗1W电功率产生的流明数来评价电光源的特性，即电光源产生的光通量与消耗功率之比，也叫光源的发光效能，简称光效。单位为流明/瓦（lm/W）。电能转换光能的效率越高，光效越高。

（6）灯具效率：在相同的使用条件下，灯具发出的总光通量与灯具内所有光源发出的总光通量之比，也叫灯具光输出比。

（7）灯具维护系数：指照明设备使用一定的时期后，在工作面上产生的平均照度与设备在新安装时在同样条件下产生的平均照度之比。

（8）发光强度：光源在某一特定方向上单位立体角内辐射的光通量，称为光源在该方向上的发光强度，单位为坎德拉（cd）。1979 年 10 月第十届国际计量大会通过定义：坎德拉是一光源在给定方向上的发光强度，该光源发出频率为 540×10^{12} Hz 的单色辐射，且在此方向上的辐射强度为 1/683W 每球面度。

（9）亮度：发光体在给定方向单位投影面积上的发光强度，称为发光体在该方向上的亮度，单位为坎/米^2（cd/m^2），另外亮度的单位还有熙提（sb），1sb=10 000cd/m^2。

（10）照明均匀度：规定表面上的最小照度与平均照度之比。

（11）显色指数：指在待测光源照射下物体的颜色，与在另一相近色温的黑体或日光参照光源照射下相比，物体颜色相符合的程度。颜色失真越小，显色指数越高，表示光源的显色性好。显色指数是根据 CIE（国际照明委员会）规定的 8 种不同色调的试验色，在被测光源和参考光源照明下的色位移平均值确定的。国际上规定参照光源的显色指数为 100。

（12）光源寿命：又称光源寿期。电光源的寿命通常用有效寿命或平均寿命指标来表示。有效寿命是指灯开始点亮至灯的光通量衰减到额定光通量初始值的 70%时所经历的点灯时数。平均寿命是指一组试验样灯从点亮到 50%的灯失效的时间，单位为小时（h）。

三、采用高效电光源节电量的计算

在光通量条件相同的情况下，采用高效电光源是照明节电的主要措施，其年节电量计算公式为

$$W=[(P_d+\Delta P_d)-(P_g+\Delta P_g)]h_{gn}$$

或

$$W=\varepsilon(P_d+\Delta P_d)h_{gn}$$

式中 W——年节电量，kWh；

P_d——原用灯功率，kW；

ΔP_d——原用灯镇流器功率，kW；

P_g——高效灯功率，kW；

ΔP_g——高效灯镇流器功率，kW；

h_{gn}——年照明时数，h；

ε——节电率，%。

【例 3-1】 用一只 11W 紧凑型荧光灯代替一只 60W 白炽灯，其光通量基本相同，紧凑型荧光灯的电子镇流器功率为 3W，年照明时数为 2000h，节电率为 76%，问替代后年节电量是多少？

解 $W=[(P_d+\Delta P_d)-(P_g+\Delta P_g)]h_{gn}=[(0.06+0)-(0.011+0.003)]\times2000$

$=92.0(\text{kWh})$

或按第二个公式计算：

$$W=\varepsilon(P_d+\Delta P_d)h_{gn}=0.76\times(0.06+0)\times2000=91.2(\text{kWh})$$

第二节 电光源特性及选择

照明电光源按其从电能到光能的转换形式不同，可以分为三大类：第一类为热辐射电光源；

第二类为气体放电光源；第三类为固体发光电光源，如发光二极管等。目前用于照明的主要是前两种。绿色照明光源主要有荧光灯、高压钠灯、金属卤化物灯及其附件（如节能型镇流器）等。

热辐射电光源是依靠电流通过物体发热到白炽程度而发光的光源，包括钨丝白炽灯和卤钨循环白炽灯（卤钨灯）；气体放电光源是电极在电场的作用下，电流通过气体而发光的光源，包括低压汞灯、荧光灯、高压汞灯、低压钠灯、高压钠灯、氙灯、汞氙灯、金属卤化物灯（如钠铊铟灯、管形镝灯）。气体放电光源的电弧具有负的伏安特性，即电压随电流的增加而下降，为使灯稳定地工作，在电路上安装了镇流器，它要同时消耗有功和无功功率，为灯的启动还加装了启辉器等电气附件。

一、电光源

白炽灯是美国科学家爱迪生于1879年发明的，是利用钨丝通过电流时被加热而发出的一种热辐射光源。其特点是：经济、简便、显色性好，但寿命短、光效低，大部分能量转化为红外辐射损失，可见光不多。为此人们通过在灯丝上加碳化物、硼化物，在灯泡内充以氪气等惰性气体，可减少灯丝的热损失和气化速率，发光效率可提高10%，使用寿命延长1倍。双螺旋灯丝普通照明灯泡发光效率比普通照明灯泡高15%左右，双螺旋灯丝普通照明灯泡技术数据见表3-2。

表3-2 双螺旋灯丝普通照明灯泡技术数据

<table>
<tr><th>型　号</th><th>额定电压
（V）</th><th>功率
（W）</th><th>光通量
（lm）</th><th>显色
指数</th><th>色温
（K）</th><th>平均寿命
（h）</th><th>外形
尺寸</th></tr>
<tr><td>PZ220-60</td><td>220</td><td>60</td><td>660～700</td><td rowspan="2">95～99</td><td rowspan="2">2400～2950</td><td rowspan="2">1000</td><td rowspan="2">ϕ61×110mm</td></tr>
<tr><td>PZ220-100</td><td>220</td><td>100</td><td>1250～1350</td></tr>
</table>

卤钨灯是1959年发明的，由于白炽灯中高温钨丝的蒸发，使钨在玻璃壳内沉积发黑，导致白炽灯光效降低、寿命短。为了改进这些弱点，在灯泡内充入微量卤化物（碘化物或溴化物），使蒸发的钨和卤素发生化学反应，形成了卤钨循环，即防止了管壁发黑，又使钨丝质量不致损失，从而提高了光效和寿命。其光效较白炽灯提高了30%，寿命延长了1/2倍，高质量的卤钨灯寿命可提高到普通白炽灯的3倍左右。缺点是对电压波动比较敏感，耐震性较差。照明管型卤钨灯技术数据见表3-3。

表3-3 照明管型卤钨灯技术数据

<table>
<tr><th>型　号</th><th>额定电压
（V）</th><th>功率
（W）</th><th>光通量
（lm）</th><th>显色
指数</th><th>色温
（K）</th><th>平均寿命
（h）</th><th>灯头
型号</th></tr>
<tr><td>LZG36-300</td><td>36</td><td>300</td><td>6000</td><td rowspan="7">95～99</td><td rowspan="7">2800
±50</td><td>600</td><td>Fa4</td></tr>
<tr><td>LZG110-500</td><td>110</td><td>500</td><td>10 250</td><td>1500</td><td>R7s</td></tr>
<tr><td>LZG220-300</td><td>220</td><td>300</td><td>5000</td><td>1000</td><td>Fa4</td></tr>
<tr><td>LZG220-500</td><td>220</td><td>500</td><td>9750</td><td>1500</td><td>R7s</td></tr>
<tr><td>LZG220-1000</td><td>220</td><td>1000</td><td>21 000</td><td rowspan="3">1500</td><td rowspan="3">Fa4或R7s</td></tr>
<tr><td>LZG220-1500</td><td>220</td><td>1500</td><td>31 500</td></tr>
<tr><td>LZG220-2000</td><td>220</td><td>2000</td><td>42 000</td></tr>
</table>

荧光灯又称日光灯或低压水银荧光灯，是1938年美国通用电气公司研制出的电光源，荧光灯是利用低压汞蒸汽放电产生的紫外线，去激发涂在灯管内壁上的荧光粉而转化为可见光的电光源。普通荧光灯的特点是：光效高（光效为白炽灯3～4倍）、寿命长（使用寿命约为普通白炽灯的4倍），而且灯壁温度很低，发光比较均匀柔和，但在使用电感镇流器时的功率因数很低，还有频闪效应。荧光灯的应用领域极为广泛，仅次于白炽灯，适用于家庭、学校、研究所、工厂、商业、办公室、控制室、设计室、医院、图书馆等。

三基色紧凑型荧光节能灯（紧凑型荧光灯俗称节能灯，配电子镇流器的紧凑型荧光灯又称电子节能灯）是 20 世纪 80 年代新兴的电光源。与电子镇流器配套使用，在低温（−20℃）、低压（120V）下能快速启动，无噪声、无闪烁、光线柔和、工作电压宽（120～250V）。集白炽灯和荧光灯的优点，具有光效高、耗能低、寿命长等优点。同电感式日光灯比较，可节电 30%～50%；同白炽灯比较，可节电 60%～80%。经测试，1 只 16W 的三基色紧凑型荧光节能灯照度为 100lx，而 100W 的白炽灯照度仅有 70lx。由于它容易启动，工作电流小，灯光的使用寿命较普通荧光灯长 1 倍以上。由于三基色紧凑型荧光节能灯是用活性铝酸盐和稀土元素制成的由三种不同颜色稀土荧光粉（蓝色、绿色、红色）作为荧光灯管的发光材料，其显色好，颜色近似太阳光，对于保护视力也很有利。与各种类型的灯具配套，可制成造型新颖别致的台灯、壁灯、吊灯、吸顶灯，适用于家庭、宾馆、办公室等照明之用，紧凑型荧光节能灯的技术参数见表 3-4。

表 3-4　紧凑型荧光节能灯技术参数

型　号	额定电压（V）	功率（W）	光通量（lm）	显色指数	色温（K）	平均寿命（h）	备　注
SL-9P	220	9	400	—	2700	8000	晶莹透明圆筒形，暖白色
SL-13P	220	13	600				
SL-18P	220	18	900		2700	8000	
SL-25P	220	25	1200				
SL-9C	220	9	350	—	2700	8000	晶乳白色圆筒形，暖白色
SL-13C	220	13	550				
SL-18C	220	18	800		2700	8000	
SL-25C	220	25	1050				
PL-S7	220	7	400	80	4000	8000	H 型暖白色
PL-S9	220	9	570				
PL-S11	220	11	880				
PL-S7	220	7	400	80	5000	8000	H 型冷白色
PL-S9	220	9	570				
PL-S11	220	11	880				

注　表中数据为上海亚明灯泡厂产品数据。

目前国内常用的直管荧光灯是长 1.2m、管径 38mm 的 T12 型普通直管荧光灯，管壁内涂以卤磷酸盐荧光粉，它们的发光效率一般在 60lm/W，寿命在 5000h 左右。所谓的细管径直管型荧光灯是指管径 25.4mm 的 T8 型或管径 15.9mm 的 T5 型的直管荧光灯，管壁内涂以三基色荧光粉，能更好地把紫外线转换为更多的可见光。细管径直管型荧光灯发光效率 70～100lm/W，寿命可达 1 万 h 以上，比普通荧光灯节电 10%。细管径直管型（T8 型）高效荧光灯技术数据见表 3-5。

表 3-5　细管径直管型（T8 型）高效荧光灯技术数据

型　号	额定电压（V）	功率（W）	光通量（lm）	工作电流（A）	色温（K）	平均寿命（h）	显色指数	光　效（lm/W）
TLD18W/33	220	18	1150	0.37	4100	8000		
TLD18W/54	220	18	1050		6200			
TLD36W/33	220	36	3000	0.43	4100	8000	63	79.2
TLD36W/54	220	36	2500		6200		72	69.4
TLD36W/84	220	36	3350		4000	12 000	85	93.0

高压汞灯又称高压水银灯，1936 年首次制成，是利用汞蒸汽放电时产生的高气压获得可见光的电光源。当工作时，玻璃壳内的石英放电管气压可升高到 0.2～0.6MPa，故称高压水银灯。

直到 20 世纪 50 年代以后，由于改进了灯的结构，发光效率和寿命才有了显著提高。光效是白炽灯的 3 倍，寿命是白炽灯的 4 倍。其特点是：光效较高，但显色性太差，发出蓝绿色的光，缺少红色成分，除照到绿色物体上外，其他多呈灰暗色，仅使用于街道、广场、车站等显色性要求不高的场所。如果使用电源电压下降 5%，灯就可能自行熄灭，且启动时间长，不能作为事故照明，近几年已被金属卤化物灯或钠灯所替代。荧光高压汞灯技术数据见表 3-6。

表 3-6　荧光高压汞灯技术数据

型　号	额定电压（V）	功率（W）	光通量（lm）	显色指数	色温（K）	平均寿命（h）	工作电压（V）	工作电流（A）	启动电压（V）	启动时间（min）
GGY50	220	50	1575	34	5500	3500	95	0.62	180	8
GGY80	220	80	2940	34	5500	3500	110	0.85	180	8
GGY125	220	125	4990	34	5500	5000	115	1.25	180	8
GGY175	220	175	7350	34	5500	5000	130	1.50	180	8
GGY250	220	250	11 025	34	5500	6000	130	2.15	180	8
GGY400	220	400	21 000	34	5500	6000	135	3.25	180	8
GGY1000	220	1000	52 500	34	5500	5000	145	7.50	180	8

注　主要生产厂有上海亚明灯泡厂、沈阳华光灯泡厂、南京灯泡厂，工作电压为表中数据±15V。

高压钠灯是 20 世纪 60 年代研制成功的新光源，它是利用高压钠蒸汽放电发光而制造的电光源。它在发光管内除充有适量的汞和氩气或氙气外，还加入过量的钠，钠的激发电位比汞低，以钠的放电发光为主，所以称为钠灯。高压钠灯光效是白炽灯的 8 倍，为高压汞灯的 2 倍；寿命是白炽灯的 3 倍，光色柔和，有 30%的电能转化为可见光（金白色光），节能效果显著；而且钠灯具有不诱虫、透雾能力强、照明清晰等优点。缺点是显色性较差，光线呈浅黄色。高压钠灯目前在全国各大中城市道路、广场、机场航道等显色性要求不高的照明场所广泛采用，高压钠灯的技术数据见表 3-7。例如某电厂煤场用 10 盏 250W 高压钠灯取代 10 盏 450W 高压汞灯，亮度并没有减弱，但年节电近 2.6 万 kWh。

表 3-7　高压钠灯的技术数据

型　号	额定电压（V）	功率（W）	光通量（lm）	显色指数	色温（K）	平均寿命（h）	工作电压（V）	工作电流（A）	启动电压（V）	启动时间（s）
NG35	220	35	2250	<40	2000	16 000	85	0.53	≤198	5
NG50	220	50	4000			18 000	85	0.76		
NG70	220	75	6000			18 000	90	0.98		
NG100	220	100	9500			18 000	95	1.20		
NG150	220	150	16 000			24 000	100	1.80		
NG250	220	250	28 000			24 000	100	3		
NG400	220	400	48 000			24 000	100	4.6		
NG1000	220	1000	140 000			24 000	110	10.3		

注　表中数据为沈阳华光灯泡厂产品。

中显色高压钠灯是在普通高压钠灯基础上，适当提高电弧管内的钠分压，从而使平均显色指数提高到 60，色温提高到 2300K，其光效虽比普通高压钠灯略低，但仍然比其他类型放电灯高，适用于高大厂房、商业区、游泳池、体育馆、娱乐场所等处的室内照明。中显色高压钠灯技术参数见表 3-8。

表 3-8　　中显色高压钠灯技术参数

型　号	额定电压（V）	功率（W）	光通量（lm）	显色指数	色温（K）	工作电流（A）	启动电流（A）	启动电压（V）	寿命（h）	工作电压（V）
NGX100	220	100	7200	60	2300	1.2	1.8	≤198	12 000	100
NGX150	220	150	13 000			1.8	2.7			
NGX250	220	250	22 500			3.0	4.5			
NGX400	220	400	38 000			4.6	7.0			

管形氙灯是利用高压氙气放电时产生很强的白光制造的，其光谱接近连续光谱，和太阳十分相似，因光色好、功率大，可达几十千瓦，能发出几十万流明的光通量，俗称“小太阳”，特别适合大面积场合的照明。因其辐射强紫外线光，安装高度不宜低于 20m。

金属卤化物灯是在高压汞灯的基础上，为改善光色而发展起来的一种新光源，在高压汞灯内充入汞蒸汽、卤化物等，通电后，使金属汞蒸汽和钠、铊、铟、镝、铯、锂等金属卤化物分解物的混合体辐射而发光。特点是显色性好、光效高、寿命长、灯的尺寸小、性能稳定。但因其紫外线辐射较强，灯具应加罩，无罩安装时高度不宜低于 14m。主要有日光色镝灯、钠铊铟灯、碘化钠灯、碘化铊灯、碘化铟灯，广泛应用于马路、剧院、广场、体育馆、港口、机场、商场、厂矿等大面积照明。日光色镝灯的节能效果十分明显，它的发光效率是汞灯的 1.52 倍、白炽灯的 7.4 倍。根据计算，当采用 400W 镝灯在达到 32 000lm、5000h 的同等条件下，镝灯的全套购置费及电费等的支出为 1143 元，而汞灯为 1312 元，荧光灯 2742 元，碘钨灯 3299 元，白炽灯 5936 元，可以说，采用日光色镝灯照明不仅可以得到高光质的照明效果，其节能效果和经济效益是非常明显的。管型镝灯技术参数见表 3-9。

表 3-9　　管型镝灯技术参数

型　号	额定电压（V）	功率（W）	光通量（lm）	显色指数	色温（K）	寿命（h）	工作电压（V）	工作电流（A）	启动电流（A）	启动时间（min）
DDG250	220	250	18 000	90	6000	2000	100	2.7	3.5	5～10
DDG400	220	400	30 000	90	6000	2000	105	4.2	5.5	5～10
DDG1000/HB	220	1000	7000	≥75	5000～7000	1000	125	8.5	13	5～10
DDG2000/HB	380	2000	150 000			500	220	10.3	16	5～10
DDG3000/HB	380	3000	280 000			500	220	18	28	5～10

注　表中数据主要为南京灯泡厂产品。

低压钠灯是利用低压钠蒸汽放电发光的电光源，在它的玻璃外壳内涂以红外线反射膜，是光衰较小和发光效率最高的电光源。低压钠灯发出的是单色黄光，显色性很差，用于对光色没有要求的场所，不适用于繁华的市区街道照明。但它的透雾性好，能使人清晰地看到色差比较小的物体。为保证正常工作和避免影响使用寿命，点燃后不宜移动，也不宜多次开闭。低压钠灯是替代高压钠灯节电灯种，其主要技术参数见表 3-10。

表 3-10　　　　低压钠灯主要技术参数

型　号	额定电压（V）	功率（W）	光通量（lm）	工作电压（V）	工作电流（A）	外形尺寸（mm）
ND18	220	18	1800	55	0.35	ϕ54×216
ND35	220	35	4800	70	0.60	ϕ54×311
ND55	220	55	8000	109	0.59	ϕ54×425
ND90	220	90	12 500	112	0.94	ϕ68×528
ND135	220	135	21 500	164	0.95	ϕ68×775
ND180	220	180	31 500	240	0.91	ϕ68×1120

LED 发光二极管，LED 是英文 light emitting diode（发光二极管）的缩写，LED 光源是通过半导体 P-N 结发光将电能直接转化为光能的器件，是继白炽灯、荧光灯、金属卤化物灯之后的第四代光源。发光二极管发明于 1962 年，美国通用电气公司的 Holonyak 博士研制出第一批 LED，当时由于制造材料及技术的限制，其发光亮度小，所用材料是磷砷化镓（GaAsP），且只能发红光一种颜色，发光效率也只有 0.1lm/W。1998 年发白光的 LED 开发成功并商品化，这种 LED 是将一块发白光的半导体材料（氮化镓 GaN）芯片和钇铝榴石（YAG 荧光粉）封装在一起，并置于一个有引线的架子上，然后四周用环氧树脂密封，起到保护内部芯线的作用，所以 LED 光源的抗震性能好。2003 年白色 LED 的发光效率已达 25lm/W，但是单颗功率只能做到 5W。到 2009 年，个别公司把 LED 发光效率已经做到 50lm/W，单颗功率做到 8W，可以把多颗 LED 光源集合在一起提高总功率。LED 光源使用低压电源，供电电压在 6～24V 之间；LED 消耗的能量是同光效的白炽灯的 1/10，节能灯的 1/4；使用寿命可达 5 万 h 以上；改变其电流可以变色发光，可方便地通过化学修饰方法，调整材料的能带结构和带隙，实现红黄绿蓝橙多色发光。如小电流通过时为红色光，随着电流的增加，可以依次变为橙色、黄色，最后为绿色，特别适合城市美化照明。其唯一的缺点是价格比较昂贵。但是随着 LED 技术的不断进步，它的发光效率正在取得惊人的突破，价格也在不断地降低，节能灯及白炽灯必然会被 LED 灯所取代。

为了便于设计选用，表 3-11 列出了常用电光源的主要特性。根据节能效果和经济性，各类电光源的优劣顺序排列为日光色镝灯、低压钠灯、高压钠灯、节能荧光灯、金属卤化物灯、高压汞灯、卤钨灯、白炽灯。

表 3-11　　　　常用电光源的主要特性

电光源名称	白炽灯	卤钨灯	粗管荧光灯	高压汞灯	管形氙灯	高压钠灯	金属卤化物灯	LED 灯
功率范围(W)	10～1500	20～5000	6～200	50～1000	1500～20 000	35～1000	150～3500	0.04～200
光效(lm /W)	7.3～25	17～30	25～60	31～55	20～37	64～140	76～130	70～100
平均寿命(h)	1000～2000	1000～2000	1500～5000	3500～10 000	500～1000	12 000～24 000	300～10 000	10 000～75 000
色温(K)	2400～2950	2800±50	2900～6500	5500	5500～6000	1900～2800	3600～4300	2500～9000
显色指数	95～99	95～99	70～80	30～60	90～94	23～85	60～90	70～90
功率因数	1	1	0.4～0.7	0.44～0.67	0.4～0.9	0.44	0.4～0.61	>0.9
启动稳定时间	瞬时	瞬时	1～4 秒	4～8 分	1～2 秒	4～8 分	10 分	瞬时
再启动时间	瞬时	瞬时	瞬时	5～10 分	瞬时	10～15 分	10 分	瞬时
电压变化对光通量的影响	大	大	较大	较大	较大	大	较大	大
是否有附件	无	无	有	有	有	有	有	无

注　瞬时指毫秒级。

二、主要附件

1. 镇流器

镇流器也是照明耗能的一部分，传统电感型镇流器（又称普通电感型镇流器）的损耗占总用电量的20%～30%，电子镇流器品质优良、可靠性好、效率高、能耗低于传统电感型镇流器。DZ系列高效节能电子镇流器替代传统电感型镇流器与普通荧光灯或高效荧光灯配套使用，可使发光效率提高10%以上，功率因数达0.9以上，节电高达20%。电源电压为130～240V时，3s预热快速启辉，无触点一次启动，不需要补偿电容器和启辉器，而且照明时无蜂音、无频闪效应、照度均匀，因此大部分客户选用电子镇流器。与此同时，低损耗、低成本的电感型镇流器业已研发成功，正在逐步进入市场，三种镇流器产品特性比较见表3-12。低损耗电感型镇流器又称节能型电感镇流器，低损耗电感型镇流器比传统电感镇流器节能约40%～50%，见表3-13。

表3-12　　三种镇流器产品特性比较（T8、36W为例）

镇流器	传统电感镇流器	电子镇流器	低损耗电感镇流器
符号	LB	EB	SELB
价格	最低	高	较低
能耗（W）	9	3.5～4.0	4.5～5.5
使用寿命（年）	10～20	国产3～5，进口5～10	15～20
照明质量	一般	最好	一般
电磁干扰	小	较大	小
谐波含量（%）	<10	<40	<10
噪声	有	无	小
功率因数	0.5	0.9	0.5
频闪	有	无	有
调光	不可	可	不可
质量比	1	0.3～0.4	1.5
体积	较大	小	最大
相对传统电感镇流器投资回收期（年）	—	2～4	1.1
光效比	1	1.1	1
系统能效比	1	0.8	0.92

表3-13　　低损耗电感型镇流器与传统电感镇流器功耗比较

灯功率（W）		20以下	30	40	100	150	250	400	1000以上
镇流器损耗占灯功率的百分比（%）	传统型	40～50	30～40	22～25	15～20	15～18	14～18	12～14	10～11
	节能型	20～30	<15	<12	<11	<12	<10	<9	<8

高压钠灯镇流器技术参数见表3-14，金属卤化物灯用镇流器技术参数见表3-15。

表 3-14　　高压钠灯镇流器技术参数

型　号	电源电压（V）	工作电压（V）	工作电流（A）	启动电流（A）	实耗功率（W）	交流电阻（Ω）	温升（℃）
ZL-35	220	180	0.53	≤0.75	≤6	327	≤75
ZL-50	220	180	0.76	≤1.1	≤10	240	≤75
ZL-70	220	186	0.98	≤1.35	≤13	190	≤75
ZL-100	220	180	1.2	≤1.8	≤16	150	≤75
ZL-150	220	180	1.8	≤2.7	≤25	100	≤75
ZL-250	220	180	3.0	≤4.5	≤38	60	≤75
ZL-400	220	180	4.6	≤7.0	≤58	39	≤75
ZL-1000	220	180	10.3	≤15.5	≤110	17.4	≤75

注　表中数据为南京电子管厂产品数据。

表 3-15　　金属卤化物灯用镇流器技术参数

型　号	电源电压（V）	启动时输入电流（A）	工作时输入电流（A）	配用灯型号	配用电容器（μF/v）	输入端线路功率因数
ZJD175L	220	≤0.9	1.0	ZJD175-1	13/450	≥0.85
ZJD250L	220	≤1.2	1.4	ZJD250-1	18/450	≥0.85
ZJD400L	220	≤2.0	2.25	ZJD400-1	26/450	≥0.85
ZJD1000L	220	≤4.6	5.4	ZJD1000-1	30/540	≥0.90
ZJD1500L	220	≤6.0	7.5	ZJD1500-1	38/540	≥0.90

和荧光灯一样，为了降低金属卤化物灯和高压钠灯的镇流器功耗，现在已经开发出技术上成熟、节能效果明显的 HID 灯（高强度气体灯）镇流器 SELB，应予推广应用。HID 灯镇流器功耗比较见表 3-16。

表 3-16　　HID 灯镇流器功耗比较

灯泡功率（W）		30	40	100	150	250	400	1000
镇流器功耗占灯功率百分比（%）	LB	30～40	22～25	15～20	15～18	14～18	12～14	10～11
镇流器功耗占灯功率百分比（%）	SELB	<15	<12	<11	<12	<10	<9	<8

自镇流荧光灯应配用电子镇流器，直管形荧光灯应配用电子镇流器或节能型电感镇流器，高压钠灯、金属卤化物灯应配用节能型电感镇流器。

2. 补偿电容

气体放电灯的发光效率较高，但灯泡电流和电压间有相位差，加之串接的镇流器为电感性，所以照明线路的总功率因数较低（一般为 0.45～0.5）。为减少线路损耗，提高线路的功率因数，有效的措施是在镇流器的输入端接入一适当容量的电容器，可将总功率因数提高到 0.85 以上。表 3-17 为气体放电灯补偿电容选用参考。

表 3-17　　气体放电灯补偿电容选用参考

光源种类和规格（W）		补偿电容量（μF）	工作电流（A）		补偿后功率因数
			无电容补偿	有电容补偿	
普通高压钠灯	50	10	0.76	0.30	≥0.90
	70	12	0.98	0.42	
	100	15	1.2	0.59	
	150	22	1.8	0.88	
	250	35	3.0	1.40	
	400	55	4.6	2.00	
	1000	122	10.3	4.80	
荧光高压汞灯	50	10	0.62	0.30	≥0.90
	80	10	0.85	0.40	
	125	10	1.25	0.60	
	175	15	1.50	0.70	
	250	20	2.15	1.50	
	400	30	3.25	2.00	
	1000	55	7.50	5.00	
荧光灯	30	3.75	0.30	0.15	≥0.90
	40	4.75	0.40	0.20	
金属卤化物灯	150	13	1.50	0.76	≥0.90
	175	13	1.50	0.90	
	250	18	2.15	1.26	
	400	26	3.25	2.0	
	1000	30	4.10	3.0	

第三节　照明节电措施

照明节电必须保证正常视觉的照明条件，在充分利用天然光的前提下，合理选择照度和必要的照明质量，采用节电灯具和节电光源，选择其他合适的节电装置，提高照明系统的效率，最终达到降低照明耗电的目的。

一、合理确定照明标准

优良的照明质量必须具有适当的照度水平和良好的显色性。室内照明的照度越均匀越好，照明系统在工作面上产生的最小照度与平均照度之比不应小于 0.7。工作房间中非工作区的平均照度不应低于工作区平均照度的 1/5。CIE 对不同的区域或不同的活动推荐的照度范围见表 3-18。

表 3-18　　CIE 对不同的区域或不同的活动推荐的照度范围

推荐照度范围（lx）	区域或活动类型	推荐照度范围（lx）	区域或活动类型
20～30～50	室外交通区和工作区	500～750～1000	有相当费力的视角要求的作业
50～75～100	交通区，简单地判别方位或短暂访视	750～1000～1500	有很困难的视角要求的作业
100～150～200	非连续使用的工作房间	1000～1500～2000	有特殊视角要求的作业
200～300～500	有简单视角要求的作业	＞2000	非常精细的视角作业
300～500～7500	有中等视角要求的作业		

注　CIE 是法语国际照明技术委员会的简写。

照度确定的原则如下：

（1）照度太低会损害工作人员的视力，降低产品质量和生产效率；不合理的高照度则会浪费电力。合理的照明标准是在保证有效的照明与亮度的条件下，尽量设法降低照明用电负荷。照明方式分为一般照明、重点照明、辅助照明与局部照明四种。对于工作场所需要较高照度，且对照射方向有一定要求的，采用一般照明和局部照明相结合的方式是比较经济合理的，但是工作面与周围环境的亮度差别不宜过大，否则会使工作人员视觉感到疲劳。一般照明和局部照明的照度比，可取为 1/3 或 1/5。

（2）非生产场所一般照明的照度标准值见表 3-19，企业的工作场所照明配置设计标准参见表 3-20。

表 3-19　非生产场所一般照明的照度标准值

场所名称		参考平面	照明标准值（lx）	统一眩光值（UGR）	一般显色指数（Ra）
设计室、工艺室		实际工作面	500	19	80
一般阅览室、陈列室		距地面 0.75m 处	300	19	80
老年阅览室、重要阅览室		距地面 0.75m 处	500	19	80
普通办公室（高档办公室）		距地面 0.75m 处	300（500）	19	80
会议室		距地面 0.75m 处	300	19	80
资料室、档案室		距地面 0.75m 处	200	—	80
接待室、前台		距地面 0.75m 处	300	—	80
营业厅		距地面 0.75m 处	300	22	80
厨房、单身宿舍		距地面 0.75m 处	100	—	80
卫生间、浴室、更衣室		距地面 0.75m 处	100	—	80
楼梯、平台	普通	地面	30	—	60
	高档	地面	75	—	80
走廊	普通	地面	50	—	60
	高档	地面	100	—	80

表 3-20　企业的工作场所照明配置设计标准

车间名称与工作场所		参考平面及其高度	照明标准值（lx）	统一眩光值（UGR）	一般显色指数（Ra）
试验室	一般	距地面 0.75m 处	300	22	80
	精细	距地面 0.75m 处	500	19	80
检验室	一般	距地面 0.75m 处	300	22	80
	精细	距地面 0.75m 处	750	19	80
变、配电站	配电装置室	距地面 0.75m 处	200	—	60
	变压器室	地面	100	—	20
控制室	一般控制室	距地面 0.75m 处	300	22	80
	主控制室	距地面 0.75m 处	500	19	80
信息产业	电话站、网络中心	距地面 0.75m 处	500	19	80
	计算机站	距地面 0.75m 处	500	19	80

续表

车间名称与工作场所		参考平面及其高度	照明标准值(lx)	统一眩光值(UGR)	一般显色指数(Ra)
动力站	风机房、空调机房	地面	100	—	60
	泵房	地面	100	—	60
	压缩空气站	地面	150	—	60
仓库	一般件库	距地面 1.0m 处	100	—	60
	精细件库	距地面 1.0m 处	200	—	60
机械加工	粗加工	距地面 0.75m 处	200	22	60
	一般加工	距地面 0.75m 处	300	22	60
	精密加工	距地面 0.75m 处	500	19	60
焊接	一般	距地面 0.75m 处	200	22	60
	精密	距地面 0.75m 处	300	19	60
钣金、剪切		距地面 0.75m 处	300	—	60
铸造	浇铸	距地面 0.5m 处	200	—	20
	造型	距地面 0.5m 处	300	25	60
锻工		距地面 0.5m 处	200	—	20
喷漆	一般	距地面 0.75m 处	300	—	80
	精密	距地面 0.75m 处	500	22	80
机电修理	一般	距地面 0.75m 处	200	—	60
	精密	距地面 0.75m 处	300	22	60
电厂	锅炉房	地面	100	—	40
	发电机房	地面	200	—	60
	主控室	距地面 0.75m 处	500	19	80

二、合理配置电光源

合理选用电光源，即按照国家照明标准和规定，通过选用高效照明器、采用照明节电装置以提高照明用电的效率，使相同照度水平上的耗电量最低，达到最大限度节约照明用电之目的。

(1) 用细管 T8 型荧光灯取代粗管 T12 型荧光灯。T8 型灯管和 T12 型灯管长度相同，灯具可通用，但 T8 型荧光灯发光效率高，节约能源和电费。例如，40W 的 T12 型荧光灯管，光通量 2850lm，发光效率 72lm/W；36W 的 T8 型荧光灯管，光通量 3350lm，发光效率 93lm/W，两者相比，后者照度提高 17.5%，节能 10%。

(2) 用紧凑型荧光灯取代白炽灯。自镇流式紧凑型荧光灯是将电子镇流器和灯管一体化的电光源，其灯头有螺旋式和卡式两类，和白炽灯相同，不需要对照明电路进行任何改动，即可将紧凑型荧光灯直接装于白炽灯的灯座上，是替代白炽灯的最理想的新型电光源。在照度相同的条件下，40W 的白炽灯可用 10W 紧凑型荧光灯替代，节电高达 75%。

（3）道路和广场照明应积极采用高压钠灯和高压钠灯镇流器（产品能效值分别符合 GB 19573—2004《高压钠灯能效限定值及能效等级》和 GB 19574—2004《高压钠灯用镇流器能效限定值及节能评价值》的要求）。很多城市采用高压钠灯作为街道和广场照明，取得了很好的节电效果。高压钠灯产品质量比较稳定，是一种有发展前途的新光源。一般照明场所不宜采用荧光高压汞灯，不应采用自镇流荧光高压汞灯。

（4）工厂车间、体育场馆、建筑工地等对光色要求较高，逐步取代高压汞灯。可推广使用镝灯和高压钠灯，也可采用大功率细管径荧光灯，这些灯具不仅具有良好的照度，同时具有较好的节电效果。以 400W 高压汞灯为例，其光通量为 22 000lm，发光效率 53lm/W；而采用 250W 高压钠灯，其光通量为 22 000lm，发光效率 88lm/W，节电率 37.5%。如果采用 250W 金属卤化物灯，光通量为 19 000lm，发光效率 88lm/W，照度虽然减少 13.6%，但节电率高达 37.5%。

（5）各种电光源的光效有很大差异，气体放电光源的光效比热辐射电光源高许多。白炽灯只将 10%～20%的电能转换为可见光，因此光效低；而气体放电灯可将 50%～60%的电能转换为紫外线，再照射荧光粉发出可见光，所以在相同亮度下，气体放电灯比白炽灯节电 70%～80%。一般情况下，可逐步用气体放电光源替代热辐射电光源，并尽可能选用光效高的气体放电光源；当一种光源不能满足显色性的要求时，宜采用两种以上的光源混光照明的方式，以满足对照明质量的要求。如煤场可以采用发光效率高的高压钠灯和显色性好的金属卤化物灯混光照明，以提高光效，改善显色性，节约电能。以节能为目标的光源选择见表3-21。

表 3-21　　以节能为目标的光源选择

推荐使用光源	代替光源	节能效果	应用场所举例
荧光灯和紧凑型荧光灯	白炽灯	耗电为白炽灯的 1/4.5～1/7,节电 77%～86%	办公室、商业、学校、餐馆、宾馆
功率较大的灯泡采用高强气体放电灯	白炽灯及荧光高压汞灯泡	耗电为白炽灯的 1/4～1/7,节电 75%～86%；耗电为荧光高压汞灯 1/2，节电 50%	各类车间、体育馆、厅堂等
混光照明	白炽灯及荧光高压汞灯泡	金属卤化物灯与中显钠混光耗电是白炽灯的 1/5.4,节电 81%	对光色、显色性要求较高的各类车间和体育设施
150W 以下小功率高强气体放电灯	荧光灯	耗电为荧光灯 3/4～2/3，节电 25%～33%	高度在 4m 及以上的场所
冷光定向照明低压卤物灯	小型白炽投光灯	节能 2/3	展示橱窗、餐馆、宾馆等

三、合理选择照明器和灯具

1. 灯具的作用

灯具的定义为：将一个或多个光源的光重新分布，或改变其光色的装置，包括固定和保护光源以及将光源与电源连接所必需的所有部件，但不包括光源本身。

灯具的作用：

（1）固定灯泡，让电流安全地流过灯泡；对于气体放电灯，灯具通常提供安装镇流器以及安装功率因数补偿电容和电子触发器的地方。

（2）对灯泡和灯泡的控制装置提供机械保护，支撑全部装配件，并和建筑结构件连接起来。

（3）控制灯泡发出光线的扩散程度，实现需要的配光，防止直接眩光。

（4）保证照明安全，如防爆、防腐等。

（5）装饰美化环境。

2. 灯具的选择

（1）在选择灯具时，应根据环境条件和使用特点，合理地选定灯具的光强分布、效率、遮光角、类型以及灯的表观颜色等。在满足眩光限制和配光要求条件下，荧光灯灯具的效率不应低于表 3-22 的规定，高强度气体放电灯灯具的效率不应低于表 3-23 的规定。

表 3-22 荧光灯灯具的效率

灯具出光口形式	开敞式	保护罩（玻璃或塑料）		格栅
		透明	磨砂、棱镜	
灯具效率（%）	75	65	55	60

表 3-23 高强度气体放电灯灯具的效率

灯具出光口形式	开敞式	格栅或透光罩
灯具效率（%）	75	60

（2）在选定高效节能电光源后，还应配以高效的灯具、合理的悬挂高度，才能取得满意的照明效果。灯具的选用应考虑视觉要求、环境特点以及灯具的照明技术特性等。在相同的照明条件下，应尽量选用有镀铝反光镜灯具与新型高效灯具，以提高光通量的利用率。为了限制直接眩光，室内一般照明灯具距地面的最低悬挂高度，不宜低于表 3-24 所规定的数值。

表 3-24 室内一般照明灯具距地面的最低悬挂高度

光源种类	照明器形式	照明器保护角	灯泡功率（W）	最低悬挂高度（m）
白炽灯	带反射罩	10°～30°	100 及以下 150～200 300～500 500 以上	2.5 3.0 3.5 4.0
白炽灯	乳白玻璃漫射罩		100 及以下 150～200 300～500	2.0 2.5 3.0
荧光高压汞灯	带反射罩	10°～30°	250 及以下 250～400	5.0 6.0
卤钨灯	带反射罩	30°以上	500 1000～2000	6.0 7.0
荧光灯	无罩		40 及以下	2.0

（3）根据照明场所的环境条件，分别选用下列灯具：

1）在潮湿的场所，应选用相应防护等级的防水灯具或带防水灯头的开敞式灯具。

2）在有腐蚀性气体或蒸汽的场所，宜采用防腐蚀密闭式灯具。若采用开敞式灯具，各部分应有防腐蚀或防水措施。

3）在高温场所，宜采用散热性能好、耐高温的灯具。

4）在有尘埃的场所，应按防尘的相应防护等级选择适宜的灯具。

5）在装有锻锤、大型桥式吊车等振动、摆动较大场所使用的灯具，应有防振和防脱落措施。

6）在有爆炸或火灾危险场所使用的灯具，应符合国家现行防爆防火相关标准和规范的有关规定。

7）在需防止紫外线照射的场所，应采用隔紫灯具或无紫光源。

3. 合理选择照明器

包括光源的灯具总称为照明器，有时也将照明器叫照明灯具或灯具。一般按生产工艺对照明的要求及环境特征，并结合安全经济的原则选择照明器。照明器的种类很多：按配光要求可选择广照型、配照型、投光型、深照型、散照型、吸顶型、壁灯、弯灯等类型；按环境特征要求可选择开启式、密闭式、防潮式、防水防尘灯、防爆灯等照明器。

合理照明的基本要求首先就是避免眩光。眩光对人的视觉健康有害，应尽量避免。为避免眩光并保证安全，要求不同光源要有一定的安装高度。

其次是注意照明的均匀度。眼睛的瞳孔随着环境亮度改变有自动调节的功能，如果工作环境明暗不均，会造成瞳孔频繁调节导致视觉疲劳，容易发生事故。公共建筑的工作房间和工业建筑作业区域内的一般照明均匀度不应低于 0.7；作业面邻近周围（指作业面外 0.5m 范围之内）的照明均匀度不应低于 0.5。

第三是采用合理的距离比。为使工作面上的照度均匀，多灯照明的房间灯间距越近越好，但间距越近，灯数越多，造价越高，因此必须兼顾造价与照度的均匀程度。照明光源较佳布置的矩（灯矩）高（计算高度）比 L/h 值见表 3-25。

表 3-25　照明光源较佳布置的矩高比 L/h 值

照明器类型	L/h 值*		单行布置时，房间允许的最大宽度
	多行布置	单行布置	
配照型、广照型工厂灯	1.8～2.5	1.8～2.0	1.2H**
深照型、乳白玻璃罩吊灯	1.6～1.8	1.5～1.8	1.0H
防爆灯、吸顶灯、防水防尘灯、防潮灯	2.3～3.2	1.9～2.5	1.3H
荧光灯	1.4～1.5		

* 计算高度等于安装高度减去工作面高度，工作面高度一般取 0.8m。

** H 为房间高度。

第四在设计中应对每个场所、房间选择符合显色要求的光源。显色指数的高低，不仅是辨别对象颜色的需要，对视觉效果和视觉舒适性也有很大影响。光源的显色指数高，被视对象和人物的形象会显得更真实、生动。当前，在照明工程设计中，对光源的显色指数注重不够，降低了视觉效果。

四、加强照明设施的维护

光源的发光效率随着时间的推移而逐渐衰减，光通量也会随灯具脏污、灰尘聚积而降低。如果不定期清理，灰垢会严重降低照度和污损灯具，这样即使采用了高效节能电光源也达不到视觉效果。例如某厂房因不清扫灰尘而使灯光通量降低，其对通量的影响见表 3-26。从表 3-26 中可见，在 12 个月不清扫时，灯光量因灯具脏污就要降低约 50%。因此应定期清理照明灯具，对于不同环境照明器的清扫周期见表 3-27。对年代陈旧和损坏的灯具和光源应及时修复和更换。

表 3-26　　灯具脏污对光通量的影响

经过月数	0	3	6	9	12
光通量（%）	100	90	82	65	51

表 3-27　　不同环境照明器的清扫周期

场　　地	照明器清扫次数（次/月）
厂办公楼、其他办公室（除燃料外）	1
化学车间（包括化验室、实验室）	1
检修车间（包括工作室）	1
物资公司仓库	1
主厂房内部（包括汽机房、锅炉房）	1
主厂房外部（包括锅炉本体）	2
燃料系统（包括输煤栈桥、办公室）	2
路灯	2

五、充分利用自然光

正确选择自然采光，一方面可以改善工作环境，使人感到舒适，另一方面可以利用室内受光面的反射性，有效地提高光的利用率。如白色墙面的反射系数可达 70%～80%，从而起到节约电能的作用。

当电气照明需要同天然采光结合时，宜采用光源色温在 4500～6500K 的荧光灯或其他气体放电光源。

当室外光线强时，室内的人工照明应按照照明的照度标准，自动关掉一部分灯，这样做有利于节约能源和照明电费。

在技术经济条件允许情况下，宜采用各种导光装置，如导光管、光导纤维等，将光引入室内进行照明。或采用各种反光装置，如利用安装在窗上的反光板和棱镜等使光折向房间的深处，提高照度，节约电能。

太阳能是取之不尽、用之不竭的能源，虽然一次性投资大，但维护和运行费用很低，符合节能和环保要求。经核算证明技术经济合理时，宜利用太阳能作为照明能源。

六、加强照明电压的管理

照明供电电压的波动对电灯的各种参数影响很大。供电电压过高，会影响灯的使用寿命；供电电压过低，则会降低光源的光通量和照度。电压每降低 1%，白炽灯光通量要减少 3.5%。而荧光灯电压每降低 1%，发光效率可提高 0.56%，但光通量却要减少 1.5%。某厂实测一只 250W 高压汞灯，电压下降 10%，光效下降近 20%，光通量和照度要下降 20%多，如电压下降过多，汞灯就可能自然熄灭。因此可以设置专用变压器向荧光灯群或高压汞灯群供电，在允许的情况下，可以降低荧光灯群的运行电压，以提高发光效率，节约电能。

对于其他照明器的端电压偏移量一般应保证不大于其额定电压的 5%。为此可以采取如下几项措施：将照明供电线路与动力线路分开，另外架设专线照明供电；当电网电压变化时，适当调节电压分接头，以保证电压尽量稳定；改造线损大的照明线路。有些照明线路随着生产工艺的变化、住宅的增加其负荷也不断增加，线损大大超过正常值，有的线路老化、接头多、接触不良。因此对于线损大的照明线路必须改造。

七、将部分单相供电改为三相四线供电

照明线路的损耗约占输入电能的4%左右，影响照明线路损耗的主要因素是供电方式和导线截面积。在同等供电距离、同等导线导体总质量时，三相四线配电损耗最小，三种配电方式线损比较结果见表3-28。

表3-28　三种配电方式线损比较结果

配线方式	损　耗
单相两线	100%
两相三线	56%
三相四线	28%

从表3-28可知，照明系统应尽可能地采用三相四线制供电方式，以减少供电线损。

八、改善功率因数

气体放电光源的功率因数都是很低的，如金属卤化物灯为0.4～0.61，高压汞灯为0.44～0.67，造成线损增大。因此可以对40W以上的荧光灯和其他气体放电光源就地安装电容器以补偿功率因数，使补偿后功率因数达到0.85以上，从而减少线损。表3-29为高压钠灯在不同电容量补偿下的功率因数和工作电流，表3-30为高压汞灯并联（单灯并联）补偿电容前后的技术数据。补偿后的电源取用电流下降1/3～1/2，和电流平方正比的线路损耗将变为补偿前的4/9～1/4，节电效果十分显著。

表3-29　高压钠灯在不同电容量补偿下的功率因数和工作电流

补偿电容量(μF) / 电容灯功率(W)	0	10	15	17	20	40	42	45	50	55
70	0.90/0.454	0.475/0.885								
100	1.24/0.438	0.74/0.766	0.59/0.974							
150	1.70/0.469		1.05/0.846	0.94/0.904	0.89/0.940					
250	3.10/0.439				1.86/0.789	1.45/0.946				
400	4.60/0.452					2.31/0.901	2.26/0.922	2.24/0.931	2.20/0.948	2.12/0.988

注　本表为江苏南通胜浦照明电器有限公司实际测试数据，直线上方为工作电流值（A），下方为功率因数值。

表3-30　高压汞灯并联补偿电容前后的技术数据

灯泡功率（W）		50	80	125	175	250	400	1000
无补偿	补偿前功率因数	0.43	0.49	0.51	0.58	0.58	0.61	0.63
	灯泡电流（A）	0.62	0.85	1.25	1.50	2.15	3.25	7.50
单灯并联补偿	补偿电容量（μF）	7	8	12	15	20	25	60
	总电流（A）	0.28	0.46	0.69	0.89	1.30	2.16	5.01
	补偿后功率因数	>0.85						
	电容量电流（A）	0.48	0.55	0.83	1.04	1.38	1.73	4.15

单灯并联电容器宜选用体积小、质量轻、介质损耗小并有自愈能力的金属化聚丙烯电容器。为了防止启动瞬间，灯泡未亮时电压峰值损坏电容器，以及防止电容器贮存电荷使维修人员触电，必须为电容器装设放电电阻。对阻值的要求与其他地方并联电容器相同，断电 30s 后电容器端电压降到 65V 或更低。一般采用 1MΩ 金属膜电阻即可，目前电容器价格较高，但投入使用 3 个月左右节约的电费就可以回收成本。家用普通 20～40W 日光灯管的功率因数皆不到 0.5，最好在设计安装之初，就选配 2.5～4.7μF 日光灯电容器。

九、进行照明工程改造

1. 车间照明工程改造

一体化大功率节能灯（将电子镇流器与灯管连体装配的自镇流一体化大功率节能灯）是近几年发展起来的新型照明灯，具有光效高、光色柔和、更换简单和维护费用低等特点，其实用性、可靠性以及节能环保性均能达到预期效果。例如某企业在照明工程改造前，各车间和分厂均使用 400W 白炽灯照明，照明总面积 18 150m^2，数量 2235 盏。在满足相同照度 350lx 条件下，更换为大功率节能灯 2050 盏，其节电效果见表 3-31。

表 3-31　车间照明工程改造节电效果

光源类型	原白炽灯	更换为金属卤化物灯	更换为节能灯
照明面积（m^2）	18 250	18 250	18 250
照度要求（lx）	350	350	350
所需数量（盏）	2235	2235	2050
单灯功率（W）	400	250	150
月耗电能（kWh）	134 100	83 813	36 900
年耗电能（kWh）	1 475 100	921 938	405 900
年度电费（元）	796 554	497 846	219 186
月节电费（元）	—	27 156	52 488
年节电费（元）	—	298 708	577 368
投资费用（元）		1 341 000	246 000
投资回收期（年）		4.5	0.42

注　1. 每天照明时间按 6h 计，每月照明按 25 天计，每年照明按 11 个月计，工业电费按 0.54 元/kWh 计。
2. 金属卤化物灯有闪烁和热点现象，闪烁会使眼睛疲劳，热点现象是点燃一定时间后会有自熄现象。

2. 办公室照明改造

从 20 世纪 80 年代初起，办公照明几乎是清一色的 T12-40W 荧光灯具，这种照明灯具使用电感镇流器，灯管所涂荧光粉为卤磷酸钙，光效低，点燃时还会有较大的噪声、频闪和低压启动不良等现象。90 年代中期出现了格栅灯盘和 T8-36W 日光灯，光电性能有所提高。而新型 T5-28W 灯具，光效可达 90～110lm/W，寿命可达 8000～10 000h，可直接替换 T12、T8 灯具，为办公照明工程节能改造提供了一套价廉物美的可行方案。例如某厂各车间和分厂办公楼总计有 T12-40W 日光灯 1908 套，在安装方式不变，保留灯具支架的前提下仅更换 T5-28W 灯管和转换头，从而彻底弥补了 T12、T8 灯具使用性能上的不足，提高了光效，降低了能耗。其节电效果见表 3-32。

表 3-32　　办公照明工程改造节电效果

灯具类型	原 T12、T8 灯具	更换为 T5 灯具
办公面积（m^2）	8060	8060
照度要求（lx）	200	250
所需数量（盏）	1908	1908
单灯功率（W）	40	28
月耗电能（kWh）	15 264	10 684
年耗电能（kWh）	167 904	117 524
年度电费（元）	90 668	63 463
月节电费（元）	—	2473
年节电费（元）	—	27 205
投资费用（元）		38 160
投资回收期（年）		1.4

注　每天照明时间按 8h 计，每月照明按 25 天计，每年照明按 11 个月计，工业电费按 0.54 元/kWh 计。

3. 房间用灯改造成 LED 灯

8W 的 LED 灯亮度与 12W 的 T8 日光灯亮度一样，节电率为 25%以上。以 8W LED 节能灯与同等光效的普通节能灯比较（以 100 个灯每天工作 10h 为例），情况见表 3-33。

表 3-33　　8W LED 节能灯与普通节能灯比较结果

项　目	普通节能灯（100 个）	LED 节能灯（100 个）	使用 LED 节能灯后效果分析
功率（W）	3600	800	
10h 耗电（kWh）	36	8	1 天节约 28 kWh 电能
10h 电费（元）	36	8	1 天节约 28 元
灯价（元）	3000	8000	LED 灯贵了 5000 元
寿命（年）	≤1	5～10	至少延长了 4 倍
光衰	200h 后衰退 15%	1000h 后衰退 7%	稳定性好
环境	有紫外线等辐射，有汞等有害物质	无辐射、无有害物质	环保
闪烁	频闪	无频闪	
360 天使用结果	12 960 元	2280 元	使用 LED 节约 10 680 元
第 1 年综合成本	12 960+3000=15 960（元）	8000+2280=10 280（元）	使用 LED 节约 5680 元
第 2 年综合成本	15 960 元（继续买灯换灯）	2280 元（不用买灯换灯）	使用 LED 节约 13 680 元

4. 将路灯、庭院灯、草坪灯等更换为太阳能路灯

太阳能路灯工作原理图见图 3-1，安装图见图 3-2。

太阳能路灯系统的工作原理是：白天的时候，在有光照的条件下，利用光电效应原理制成的太阳能电池板吸收太阳能辐射并转化为电能，使得太阳能电池组件产生一定（12V 或 24V）的直流电压，经过太阳能路灯专用控制器对蓄电池自动充电，将电能转化为化学能储存在蓄电池中，充电到一定程度时，控制器内的自保系统动作，切断充电电源。到了晚上，光照度逐渐降低至一定值后，太阳能电池板的开路电压降低 4.5V 左右，当控制器检测到这一电压值后工作，通过逆变器的作用把直流电转换为交流电，使得蓄电池给照明灯供电，点燃照明灯。当蓄电池的电能消

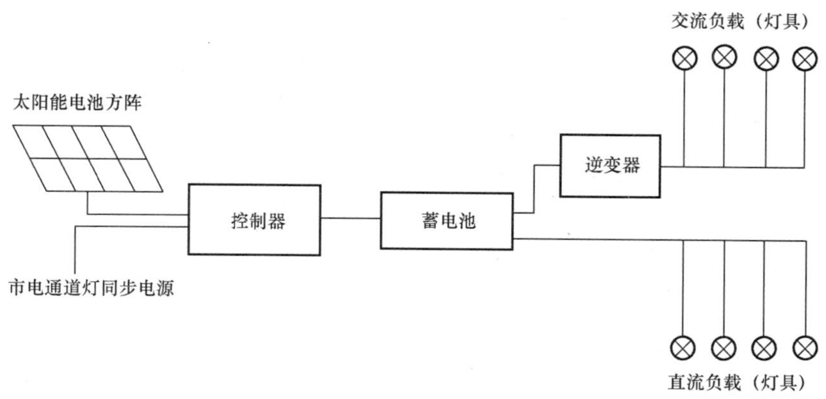

图 3-1　太阳能路灯工作原理图

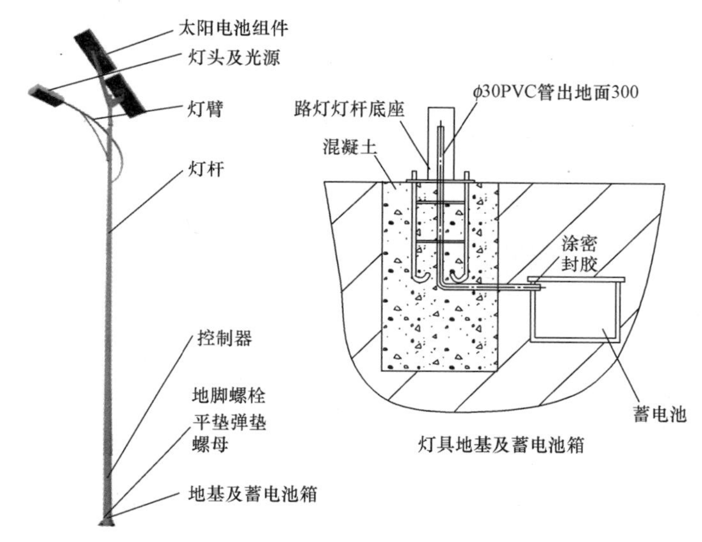

图 3-2　太阳能路灯安装图

耗到一定值后（蓄电池放电约 8～9h 后），控制器再次工作，使得蓄电池的放电结束。控制器的作用就是为了保护蓄电池。

根据太阳能路灯工作原理，可以知道它由以下几个部分组成：太阳能电池板、太阳能控制器、蓄电池组、光源、灯杆及灯具，有的还要配置逆变器。太阳能电池板是太阳能路灯中的核心部分，也是太阳能路灯中价值最高的部分，其作用是将太阳的辐射能转换为电能。控制器是太阳能灯具系统中最重要的一环，其性能直接影响到系统寿命，特别是蓄电池的寿命。控制器用工业级 MCU 制成，通过对环境温度的测量，对蓄电池和太阳能电池组件的电压、电流等参数进行检测判断，控制 MOSFET 器件的开通和关断，达到各种控制和保护功能。由于太阳能光伏发电系统的输入能量极不稳定，所以一般需要配置蓄电池系统才能工作。蓄电池容量一般在能满足夜晚照明的前提下，把白天太阳能电池组件的能量尽量存储下来，同时还要能够存储满足连续 3～5 个阴雨天夜晚照明需要的电能。太阳能路灯采用何种光源是太阳能灯具是否能正常使用的重要指标，一般太阳能灯具采用低压节能灯、低压钠灯、无极灯、LED 光源等。

【例 3-2】 某道路需要安装 300W 道路灯具 50 套，两灯间距 40m，使用以 10 年为例，普通灯报价 3500 元/套，太阳能灯报价 9800 元/套。普通灯需要铺设 2100m 电缆（单价 80 元/m），需要 1 只 5500 元的控制柜，并且需要配套费用，约为普通灯报价的 5%。太阳能灯具采用 LED 灯，10 年内不会坏，但需要 100 只蓄电池，每只蓄电池价格为 600 元。请分析这两种选择的经济性。

解 市电普通道路灯初始投资为

$$C_1=(1+5\%)\times 50\times 3500+2100\times 80+5500=357\ 250(\text{元})$$

市电普通道路灯 10 年消耗电费为

$$C_2=300W\times 10h/\text{天}\times 365\ \text{天}\times 10\times 50\times 0.000\ 63\ \text{元}/\text{Wh}=344\ 925\ \text{元}$$

光源 10 年更换费用为

$$C_3=250\ \text{元}\times 3\times 50=37\ 500\ \text{元}$$

因此，市电普通道路灯 10 年总费用为

$$C=C_1+C_2+C_3=357\ 250+344\ 925+37\ 500=739\ 675(\text{元})$$

太阳能道路灯初始投资为

$$C_1=50\times 9800+600\ \text{元}/\text{只}\times 2\ \text{只}/\text{盏}\times 50\ \text{盏}=550\ 000\ \text{元}$$

太阳能道路灯 10 年消耗电费 $C_2=0$ 元

光源 10 年更换费用为 $C_3=0$ 元（LED 灯 10 年内不会坏）

因此，太阳能道路灯 10 年总费用为

$$C=C_1+C_2+C_3=550\ 000\ \text{元}$$

另外，由于太阳能道路灯的电路电压是小于 36V 的直流电，无安全隐患。因此，无论是从经济性，还是安全性方面考虑，都应该选择安装太阳能道路灯的方案。

十、合理控制照明时间

合理控制照明时间，就是根据需要合理掌握开灯时间和灯数，消灭长明灯等浪费现象。可以采取如下措施：

1. 增加照明控制开关

某些的照明灯是一个厂房由一个开关控制，一开一大片。实际上，有些地方在白天可不开灯，只需局部照明即可。因此，可以多安装几个开关，对不易控制的地方进行线路调整，从电气上保证了可以随用随开，不用不开。

2. 企业实行经济责任

一方面把节电纳入考核内容，促使职工树立节电意识，对照明时间做到合理控制；另一方面由制度规定白天可不开灯的地方不准开灯；再一方面灯要随走随关，使职工养成随手关灯的习惯。

3. 推广节能定时开关和其他开关

居民楼梯照明和企事业单位的厕所、楼梯等处经常出现彻夜照明现象，造成不必要的浪费。为此可以安装能控制开灯时间长短的节能定时开关，或者安装能自动控制光源熄灭的光控开关（利用光传感器来控制照明器具），或者安装声控开关（利用声传感器来控制照明器具），有人使用时，电灯才开启，人走后灯灭。

4. 增加声控开关

声控开关原理见图 3-3，电路中集成电路 IC 的门 1 和门 2 接成“与”输入，用以鉴别输入动态。按逻辑功能只有当门 1 的两输入端 1 和 2 都呈高电平时，门 2 的输出端 4 才为高电平，再经门 3、门 4 两级反相后，触发晶闸管 VS 导通，接通灯路。白天因光敏电阻 GR 受光线照射，电阻变小，IC 的 1 脚呈低电位，IC 的输出端为低电平，VS 阻断，灯路关闭，这时无论有多大声响都不会亮灯。到夜晚，GR的电阻随环境光线减弱而增大，脚1变成高电位，当人走动的脚步声传到传声器BM时，声波转换成电信号经三极管VT放大，使脚2电位也由低变高，门2输出高电平，通过二极管VD1向C2迅速充电到阀值电压，门4输出高电平，VS导通，灯亮。人过声息，门2输出电平变低，由电容器C2电压维持门3输入高电平，门4输出状态不变，灯不熄。这时由VD1隔离C2经R5缓慢放电，约50s后电压降到关门电压值，门3、门4翻转，VS截止，灯自动熄灭。

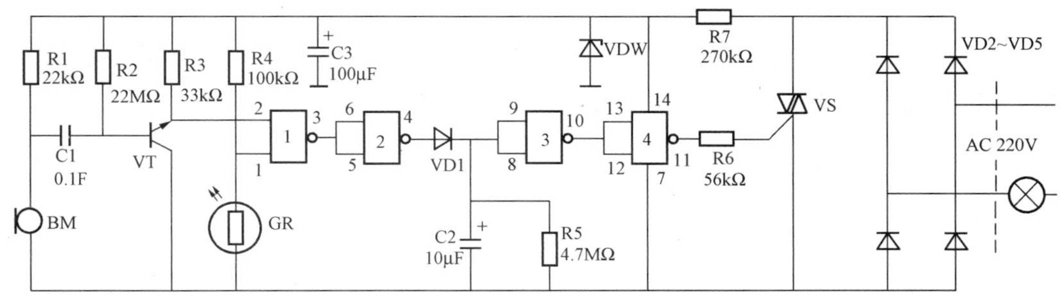

图3-3　声控开关工作原理

图中，我们日常用的220V加在4个二极管VD2～D5组成的单向桥式整流电路之间，220V的交流电经过整流之后送到270kΩ电阻处，通过270kΩ的电路进行限流，通过VDW稳压管进行稳压和100μF的电容C3滤波，从而得到7.5V的脉动性很小的直流电压，以保持其后电路的正常工作。

特别值得注意的是声控开关不能控制节能灯和40W以上的白炽灯，这是因为厂家为了控制成本，在声控开关里使用了小功率的晶闸管，以至于所控功率不超过40W；而日光灯在启动时的启动电流很大，所以不能使用。如果想控制大功率的电器，需外接一个220V的继电器。

5. 采用智能照明控制系统

对于大功率的公共照明系统，可以加装节能效果明显的智能照明控制系统。智能照明控制系统借助电力电子和计算机控制技术，实时采集系统的输入和输出电压，并与最佳照明的要求进行比较，通过计算机控制，使照明系统工作处于最佳状态。这种智能调节照度的方式，充分利用室外的自然光，只有当必需时才把灯点亮或点到要求的亮度，利用最少的能源保证所要求的照度水平，节电效果十分明显，一般可达20%以上。此外，智能照明控制系统中对荧光灯等进行调光控制，由于荧光灯采用了有源滤波技术的可调光电子镇流器，因此降低了谐波的含量，提高了功率因数，降低了低压无功损耗。

智能照明控制系统能成功地抑制电网的浪涌电压，同时还具备了电压限定和轭流滤波等功能，可避免过电压和欠电压对光源的损害；采用软启动和软关断技术，避免了冲击电流对光源的损害。通过上述方法，光源的寿命通常可延长2～4倍。

十一、走出“光亮工程”的误区，减少光污染

随着经济的繁荣发展，我国许多中心城市在规划或建设时都提出了“要与国际接轨”“让城市亮起来”等口号，似乎夜间越亮就越“国际化”，走入了城市发展的误区。目前全国主要城市都搞起了“光亮工程”“靓丽工程”，由建筑轮廓灯发展到局部泛光照明，再到全面泛光照明，最后发展到“内光外透”，一幢幢高层建筑灯火通明，形成了一座座人造“不夜城”，呈现出“你比我亮，我比你更亮”的攀比之风。

国际上已将光污染列为水污染、大气污染、噪声污染、固体废弃物之后的第五个“环境杀手”。长期在灯光下工作和生活的人，视网膜和虹膜都会受到不同程度的损害，视力急剧下降，白内障的发病率增高；人造“不夜城”不仅扰乱人体正常的生物钟，还会伤害鸟类和昆虫，影响到它们的夜间正常繁殖。科学研究表明，令人眼花缭乱的“彩光污染”不仅损害人体的生理功能，还会影响到心理健康。光污染不但使城市居民远离了自然，而且浪费了大量电力，加剧了我国能源紧张局势。2004 年上海夏季用电高峰期，每天高达 1600 万 kW，供电缺口 550 万 kW；北京地区 2004 年夏季用电高峰期，每天高达 950 万 kW，供电缺口 120 万 kW。还有什么理由再让“奢侈”的光亮工程浪费大量的电能呢?

对于城市建设，包括夜景照明工程、广场照明和高层建筑等不但要安装节能灯，更重要的是禁止内光外透，减少不必要的灯光。

第二篇

风机与水泵节电技术

我国风机、水泵、压缩机类通用机械消耗电量占全国用电量的40%，风机水泵压缩机类负荷每年消耗电量约25 000亿kWh。根据国家发展改革委《节能中长期专项规划》，我国中小型电动机平均效率为87%，风机、水泵平均设计效率为75%，均比国际先进水平低5个百分点，系统运行效率低近10个百分点。如果系统运行效率提高5%，那么全国仅风机、水泵负载就可节电440亿kWh。

虽然电力系统目前推广的大型水泵和大型风机，本身已是高效风机（其额定效率在80%以上）和水泵（其额定效率在80%左右），但是由于设计出力往往是实际出力的120%～130%。在设计时汽轮机出力必须大于发电机的出力，锅炉出力必须大于汽轮机出力。作为锅炉辅机设备，风机和水泵的出力又必须大于锅炉的出力。为此在火电厂的设计规范中，电厂的风机和水泵的出力必须在最大流量和阻力的基础上再增加5%～10%的余量，使电厂主要辅机容量远远大于实际值。主要辅机一般由两台并联，其中一台发生故障或停机检修时，另一台能够满足大部分负荷的要求。另一方面，由于山东、东北等地电力供大于求，许多大型机组处于调峰运行，长期运行在低负荷状态，因此，电厂风机和水泵的运行效率大大低于额定效率。调查表明，50%的风机运行效率低于70%，12%的风机运行效率低于50%。提高风机、水泵低负荷时的运行效率，主要途径是采用适当的调速技术。

第四章 电动机调速节电技术

第一节 电动机调速技术

一、电动机调速技术与特点

异步电动机的转速关系式为

$$n = n_0(1-s) = 60f_0\frac{1-s}{p}$$

$$s = \frac{n_0 - n}{n_0}$$

可见要改变异步电动机的转速，可从下列三个方面着手：

（1）改变电动机定子绕组的极对数 p，以改变定子旋转磁场的转速 n_0。

（2）改变电动机所接电源的频率 f_0，以改变电动机同步转速 n_0。

（3）改变电动机的转差率 s，以改变电动机转速 n。

因此三相异步电动机调速技术按调速原理分为改变频率、改变转差率和改变极对数三大类。如果按调速的平滑性又可分为无级调速和有级调速两大类。无级调速又称连续调速，是指电动机转速可以平滑地调节，这对于要求能连续改变转速的生产机械是十分重要的。无级调速变化均匀，适应性强，并且容易实现控制自动化。如晶闸管整流控制的直流电动机调速系统、晶闸管串级调速系统、变频调速系统和液力耦合器等均属于无级调速。有级调速又称分级调速，它的转速规定在几个数值上，如变极电动机调速系统、绕线式电动机转子串电阻调速系统等。如果按能耗观点来分，可以分为高效调速方法和低效调速方法。高效调速方法是指调速时转差率不变，无转差损耗，或有转差损耗但能对其进行回收，如多速电动机、变频调速和串级调速等。有转差损耗且无法进行回收的调速技术属于低效调速方法，如:转子串电阻调速方法，能量损耗在转子回路中；电磁耦合器调速方法，能量损耗在耦合器线圈中；液力耦合器调速方法，能量损耗在耦合器的油中。这几种调速技术均属于低效调速方法。各种调速方式比较见表 4-1，电源输入有功功率与流量的关系如图 4-1 所示，各种风量控制方式与电动机综合效率见表 4-2。

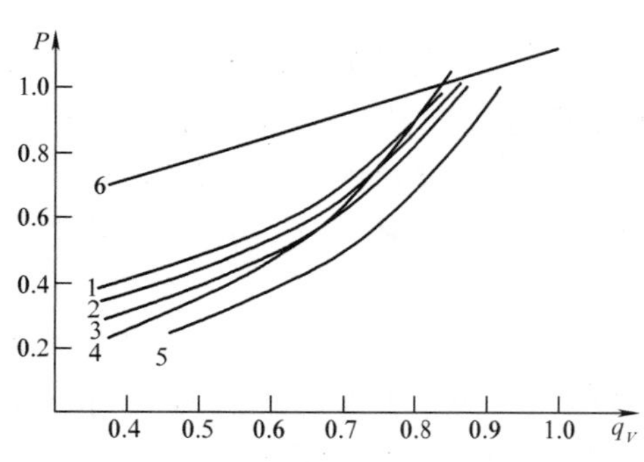

图 4-1 电源输入有功功率与流量的关系

1—液力耦合器调速；2—转子串电阻调速；3—滑差调速；4—晶闸管串级调速；5—变频调速；6—节流控制

表 4-1 **各种调速方式比较**

调速方式	改变 p	改变转差率 s					改变 f_0
	变极调速	晶闸管串级调速	转子串电阻	定子变压调速	滑差调速	液力耦合器	变频调速
电动机类型	多速电动机	绕线异步电动机	绕线电动机	绕线型或高阻抗笼型电动机	电磁电动机	绕线型电动机	异步电动机

续表

调速方式	改变 p	改变转差率 s					改变 f_0
	变极调速	晶闸管串级调速	转子串电阻	定子变压调速	滑差调速	液力耦合器	变频调速
适用容量（kW）	高、低压中小容量 0.4～100	高、低压大、中容量 30～2000	大、中容量 15～2000	低压小容量 ≤220	低压小容量 0.4～315	大、中容量 30～22 000	高中压不限 0.4～数千
调速精度（%）	—	±1	±2	±2	±2	±1	±0.5
调速范围	2∶1～4∶1	65%～100%	65%～100%	80%～100%	10%～100%	5%～100%	5%～100%
静差率	较小	较小	大	大	较小	大	小
平滑性	有级	无级	有级	无级	无级	无级	无级
效率（%）	0.7～0.9	0.8～0.92	$1-s$	$1-s$	$1-s$	$1-s$	0.6～0.95
功率因数	0.7～0.9	0.35～0.75	0.8～0.9	0.6～0.8	0.65～0.9	0.65～0.90	0.3～0.95
投资费用	1	1.5	1.1	1.3	1.3	1.4	2～4.5
节电率（%）	节能效果优 20～30	20～30	节能效果一般 10～20	节能效果一般 10～20	节能效果良 15～25	节能效果良 15～25	节能效果优 20～50
优点	结构简单，可靠	调速范围内效率高，可无级调速	功率因数高，可靠，投资少，维护简单	结构简单，可软启动，可无级调速	结构简单可无级变速	结构简单可无级变速	调速范围大，可群控易自控。容易在现有设备上改制
缺点	不能频繁变速，不能无级调速	如果调速范围大，则变换器容量大，价昂贵，需要测速设备，要改变电刷和集电环	转速下调效率降低，连续调速需要水电阻调节装置	随转速下调，效率和功率因数降低，需要测速设备	随转速下调效率降低，需要测速设备	随转速下调效率降低	逆变器容量大，价格高，低速区有的可能功率因数下降
适用对象	机床、矿山、冶金、纺织、泵、风机	起重机、泵、风机	泵、风机	起重机、泵、风机	泵、风机、印染、造纸、卷绕机械	大型水泵和风机等大惯量机械	辊道、泵、鼓风机、纺织机械

表 4-2　各种风量控制方式与电动机综合效率

风机风量（%）	控制方法												
	调出口挡板	调进口挡板	转子电阻	串级调速		变频调速		电磁调速		液力耦合器		变极调速	
	效率（%）	效率（%）	效率（%）	功率因数	效率（%）	功率因数	效率（%）	功率因数	效率（%）	功率因数	效率（%）	功率因数	效率（%）
100	93.5	94.3	92.6	0.75	90	0.95	93	0.90	80	0.90	92	0.86	86.2
90	70.4	86.8	84.8				93					—	—
80	51.5	70.6	75.3				93					—	—
70	36.1	50.4	66				90.3					—	—
60	24.1	33.8	55.4				86.4					—	—
50	14.9	20.8	43.1	0.35	80	0.85	83.3	0.65	50	0.65	45	0.67	84.3
40	8.3	11.4	30.4				71.1					—	—
30	3.8	5.2	18				54					—	—

注　变频器在 20%～100%速度范围内，效率和功率因数与速度之间基本上呈直线关系；液力耦合器在 20%～100%速度范围内，效率与速度之间基本上呈直线关系。

衡量调速系统的主要技术指标是调速比和静差率，调速比用 D 来表示，它是指在额定负载下，传动系统的最高转速 n_{max} 与最低转速 n_{min} 之比，即

$$D=\frac{n_{max}}{n_{min}}$$

调速比又称调速范围，可以用一个数值来表示，也可以用 $D:1$ 来表示。不同生产机械要求不同的调速范围，一般机床的调速范围从几到几十，精密机床则可达几百，而风机、水泵类的调速范围只需 2～3 即可。为了满足生产机械的需要，调速系统的调速范围必须大于生产机械所需要的调速范围。

由于大多电动机的机械特性都是下降型的，因此当负载转矩变化时，电动机的转速也发生变化。电动机的机械特性越软，其转速随负载的变化就越大。生产机械在运转时，为保证一定的加工精度和产品质量，对速度变化有一定允许幅度，速度变化的程度用静差率 ξ 来表示，用于衡量电动机机械特性（转矩与转速的关系）硬软的。静差率的定义是当电动机工作在某一条机械特性上，负载转矩由空载（转速为 n_{0N}）增加到额定负载（转速为 n_N）时转速降和这条特性对应的空载转速的比值，即

$$\xi=\frac{n_{0N}-n_N}{n_{0N}}$$

不同的生产机械，对静差率要求不同，一般生产机械要求 $\xi<0.3\sim0.5$，精度高的生产机械要求 $\xi<0.001$。

【例 4-1】 有一台 90kW 风机，每年满载运行 800h，此时风量 q_V 为 100%；风量为 50%时运行 6000h。已知配此电动机的串级调速设备每套 35 000 元（包括电动机，但不包括逆变变压器），变频调速装置每套 100 000 元（不包括电动机）。变频调速装置在风量为 100%时，装置平均效率 $\eta_{N1}=92.5\%$，在 $50\%q_V$ 时，装置平均效率 $\eta_1=85\%$。如果选配的逆变变压器比电动机便宜 5000 元，传动效率 $\eta_c=92\%$，问选用哪种调速装置比较经济？

解 由表 4-2 查出，串级调速装置在风量为 100%时，效率 $\eta_{N2}=90\%$，在 $50\%q_V$ 时，装置效率 $\eta_2=80\%$。

（1）使用变频调速装置，电动机全年耗电量 W_1 为

$$W_1=\frac{P_N}{\eta_c\eta_{N1}}\times800+\frac{P_N\left(\dfrac{0.5q_V}{q_V}\right)^3}{\eta_c\eta_1}\times6000$$

$$=\frac{90}{0.92\times0.925}\times800+\frac{90\times0.5^3}{0.92\times0.85}\times6000=170\ 923.5(\text{kWh})$$

（2）使用串级调速装置，电动机全年耗电量 W_2 为

$$W_2=\frac{P_N}{\eta_c\eta_{N2}}\times800+\frac{P_N\left(\dfrac{0.5q_V}{q_V}\right)^3}{\eta_c\eta_2}\times6000$$

$$=\frac{90}{0.92\times0.90}\times800+\frac{90\times0.5^3}{0.92\times0.80}\times6000=178\ 668.5(\text{kWh})$$

（3）技术经济分析：设变频调速与串级调速之初投资分别为 Z_1、Z_2，用电价格为 0.6 元/kWh，年节约电费用 F 表示，则初投资差额回收年限 T 计算式为

$$T=\frac{Z_1-Z_2}{F}=\frac{100\ 000-(35\ 000-5000)}{0.6\times(178\ 668.5-170\ 923.5)}=15.1$$

选用变频调速装置要 15 年才能回收投资，很明显，选用串级调速装置比较经济。

二、调速原理

1. 变极调速

这种调速方法是用改变定子绕组的接线方式来改变电动机定子极对数达到调速目的的。变极调速只能选用鼠笼型电动机，因为鼠笼型电动机的转子的极对数能自动地随着定子极对数的改变而改变，使定、转子磁场的极对数总是相等而产生平均电磁转矩。变极调速改变了同步转速，从而改变了异步电动机的转速。

大中型异步电动机采用变极调速时，一般采用双速异步电动机，三速或四速电动机仅在小型异步电动机中应用。双速电动机改变磁极对数有两种方法：一是双绕组，即在定子槽内安排两套互相独立的绕组，每套绕组对应一种级对数和转速；另一种是单绕组，即只有一套定子绕组，它通过改变绕组线圈端部的接线方式来变更定子磁场的极对数。单绕组由于采用极幅调制方法（pole amplitude modulation，PAM），可获得非倍极比的双速电动机。目前我们常用的是单绕组非倍极比的双速电动机。YDT（IP44）系列变极多速电动机主要参数见表 4-3。

表 4-3　　YDT（IP44）系列变极多速电动机主要参数

机座	同步转速（r/min）					
	3000/1500	1500/1000	1500/750	3000/1500	1500/1000	1500/750
	效率（%）			功率因数		
$80M_1$	68.0/58.0	—	—	0.82/0.62	—	—
$80M_2$	70.0/64.0	—	—	0.81/0.65	—	—
90S	71.0/70.0	70.0/63.0	70.0/55.0	0.82/0.72	0.78/0.66	0.82/0.62
90L	75.0/72.0	72.0/68.0	72.0/58.0	0.86/0.73	0.81/0.66	0.82/0.63
$100L_1$	82.0/74.0	80.0/73.0	80.0/65.0	0.87/0.72	0.79/0.66	0.80/0.61
$100L_2$	82.0/76.0	81.0/74.0	80.0/66.0	0.87/0.72	0.78/0.67	0.81/0.61
112M	82.0/80.0	82.0/78.0	83.0/71.0	0.88/0.74	0.82/0.68	0.78/0.59
132S	83.0/80.0	84.0/81.0	84.0/75.0	0.91/0.74	0.83/0.68	0.82/0.59
132M	85.0/83.0	85.0/83.0	85.0/78.0	0.91/0.77	0.85/0.69	0.83/0.59
160M	86.0/85.0	87.0/83.0	85.0/82.0	0.91/0.75	0.84/0.69	0.85/0.67
160L	87.0/86.0	88.0/83.0	86.0/84.0	0.91/0.76	0.84/0.69	0.86/0.67
180M	—	87.0/81.0	88.0/84.0	—	0.84/0.72	0.85/0.65
180L		87.0/81.0	89.0/85.0		0.85/0.74	0.85/0.66
200L		88.0/83.0	90.0/87.0		0.85/0.77	0.85/0.66
225S		89.0/84.0	—		0.86/0.84	—
225M		90.0/85.0	91.0/88.0		0.86/0.85	0.88/0.64
250M		90.0/85.0	91.0/88.0		0.89/0.87	0.87/0.66
280S		90.0/85.0	91.0/89.0		0.88/0.86	0.87/0.68
280M		91.0/87.0	91.0/90.0		0.88/0.87	0.88/0.70
315S		91.0/89.0	91.0/90.0		0.86/0.79	0.86/0.70
315M		92.0/90.0	92.0/91.0		0.86/0.78	0.86/0.70
$315L_1$		92.0/90.0	92.0/91.0		0.86/0.80	0.87/0.70
$315L_2$		93.0/91.0	92.0/91.0		0.86/0.80	0.87/0.71

变极调速的最大缺点是从一个速度调到另一个速度时，会产生冲击电流，大型电动机可能会对电网的正常运行造成影响；另一缺点是有级调速，级差较大，不能获得平滑调速。但是变极调速控制结构、接线简单，没有复杂的调速设备，运行可靠性高，维护方便；不存在高次谐波对电网污染问题；低速运行时功率因数也较高；无转差损耗，效率高；具有较硬的机械特性，稳定性好；可以与调压调速、电磁转差离合器配合使用，获得较高效率的平滑调速特性。适用于需要两、三种转速的低压小功率起重设备、风机和水泵等设备。虽然我国电厂风机使用双速电动机历史较长，但是，一方面由于20世纪七八十年代其开关的可靠性差；另一方面由于双速电动机的极数选择不当，大多数只需在低速下运行就能满足锅炉的最大负荷需要，无需变速，因此变极调速在早期没有发挥其应有的节能效果。近几年，单绕组双速电动机的可靠性已有所提高，并在江油、闸北、威海等电厂的风机和循环水泵上进行了改造和试验，均取得了不同程度的节电效果。

2. 串级调速

晶闸管串级调速基本原理是先将绕线式电动机转子回路中的转差频率交流电流，用半导体整流器整流为直流，再经过晶闸管逆变器把直流变为交流，送回到交流电网中去。串级调速是在绕线式电动机转子回路中串接一个与转子电动势 E_{20} 同频率的附加电动势 E_F，当附加电动势 E_F 的相位与转子电动势 E_{20} 相位相反时，可以使转速降低，改变附加电动势的幅值（控制逆变器的逆变角可改变逆变器的电压，也即改变加到转子回路中的电动势大小），即可使绕线式电动机改变转速。

转子回路串接附加电动势 E_F 之后，转子电流 I_2 的数值为

$$I_2=\frac{sE_{20}-E_F}{\sqrt{r_2^2+(sx_{20})^2}}$$

式中 s——转差率；

x_{20}——转子静止时的相电抗，Ω；

r_2——转子电路相电阻，Ω。

降低附加电动势的瞬间将使转子电流 I_2 减少，电动机产生的转矩小于负载反转矩，转速下降，使转差率 s 增加，sE_{20} 也随之增加，又使转子电流 I_2 回升。电动机产生的转矩也随之增加，直到与负载反转矩相等时，电动机才会在该新转速下稳定运行。串级调速特点是大部分转差功率被串入的附加电动势所吸收，并返回电网或转换成能量加以利用，具有效率高、功率因数较高、谐波影响较大、调速范围窄等优点。目前改善串级调速系统功率因数的主要措施是采用强迫换流逆变器或自关断元件逆变器，或者采用电力电容器补偿滞后无功功率的消耗。对抑制高次谐波的方法是将两台相位错开30°的三相桥式逆变器串联（或并联），连接成12相逆变器形式，以消除5次谐波和7次谐波，或者增加一些限制高次谐波电流的元件。串级调速适用于调速范围在额定转速70%～90%的中、大功率轧钢机、起重机、空调系统、风机和水泵等。

晶闸管串级调速的容量计算式为

$$P_c=\frac{P\left(1-\frac{1}{D}\right)}{\eta_c}$$

式中 P_c——晶闸管串级调速的容量，kW；

η_c——晶闸管串级调速装置本身的调节效率，计算时可取90%；

D——晶闸管串级调速比，一般取4∶1；

P——风机或水泵最大轴功率，kW。

某电厂一台 90t/h 锅炉，其引风机电动机为 340kW，采用 KGF 型晶闸管串级调速装置驱动，当锅炉满负荷、风机电动机的转速仅为额定值的 70%时，其风量已能满足锅炉满负荷的需要，这时它所消耗的功率与电动机原有的转子串接外电阻的调速方式相比，可回收转差功率 75kW，节电率 24.7%。

3. 转子串电阻调速

绕线式电动机转子串入附加电阻，使电动机的转差率加大，电动机在较低的转速下运行。串入的附加电阻越大，电动机的转速越低，转差率增大，转子铜损增加，电动机效率降低。其特点是转差功率以发热的形式消耗在电阻上，效率降低。适用于频繁启动、负载变化不大、短时低速运行场合。

由于转子所串入的附加电阻 R 中流过全部转子电流 I_2，故增加了转差损耗，转子电路总损耗（即转子铜耗）可表示为

$$\Delta P_2 = 3I_2{}^2(r_2 + R)$$

式中 ΔP_2——转子电路总损耗，W；

r_2——转子本身的相电阻，Ω；

R——转子串入的附加电阻，Ω。

如果忽略电动机的风阻摩擦损失，则电动机转子电路的效率 η_2 为

$$\eta_2 = \frac{P_2}{P_2 + \Delta P_2} = \frac{(1-s)P_{em}}{(1-s)P_{em} + sP_{em}} = 1 - s$$

式中 P_2——电动机输出功率，kW；

s——转差率；

ΔP_2——转子铜耗，kW；

P_{em}——电动机的电磁功率，kW。

由上式可见，调速范围增大时，转差率增大，效率显著降低，所以该装置不适合较长时间在低速范围内工作。转子绕组串电阻调速的主要优点是：设备简单，控制方便，投资较少；可靠性和功率因数较高，不存在高次谐波对电网的影响；可将启动和调速设备合二为一；串入的电阻越大，电动机的转速越低；电阻由于不能连续改变，因此属于有级调速，机械特性较软；外串电阻上有较大功率损耗，效率不高。虽然这种办法产生的焦耳热会白白损耗掉，但却因变速节省了电力，过去许多老电厂的锅炉送风机和引风机，就是采用这种调速方法而节省了大量电力。例如某电厂 1 号炉 200t/h，锅炉引风机 Y4-70-No49，风量 263m^3/h，风压 1960Pa，配绕线式电动机 350kW、740r/min，将挡板调节改为转子串电阻调速后，单耗从 2.52kWh/t 汽降为 1.6kWh/t 汽，年节电 196 万 kWh。目前这种调速方式在电厂已被淘汰。

【例 4-2】 某绕线式三相异步电动机额定功率 P_N=40kW，额定转速 n_N=1460r/min，转子额定电压 U_{2N}=420V，转子额定电流 I_{2N}=61.5A，转子绕组 Y 接，电动机过载能力 λ=2.6。当电动机拖动负载运行时，负载转矩 $M_L = M_N$不变，忽略电动机空载转矩（即空载制动转矩），请计算：(1) 转速 n_A=990r/min 时转子每相应串多大电阻 R_A？(2) 若转子每相串入电阻 R_B=2.5Ω，电动机转速是多少？

解 (1) 额定转差率

$$s_N = \frac{n_1 - n_N}{n_1} = \frac{1500 - 1460}{1500} = 0.027$$

额定转矩

$$M_N = 9.55\frac{P_N}{n_N} = 9.55\times\frac{40\times10^3}{1460} = 261.64(\text{N}\cdot\text{m})$$

转子每相固有电阻

$$r_2 = \frac{s_N U_{2N}}{\sqrt{3}I_{2N}} = \frac{0.027\times420}{\sqrt{3}\times61.5} = 0.106(\Omega)$$

临界转差率

$$s_m = s_N(\lambda+\sqrt{\lambda^2-1}) = 0.027\times(2.6+\sqrt{2.6^2-1}) = 0.135$$

运行于 $n_A = 990\text{r/min}$ 时的转差率

$$s_A = \frac{n_1 - n_A}{n_1} = \frac{1500-990}{1500} = 0.34$$

过 A 点的电磁转矩

$$M_A = \frac{2\lambda M_N}{\dfrac{s_A}{s_{mA}}+\dfrac{s_{mA}}{s_A}} = \frac{2\times2.6\times261.64}{\dfrac{0.34}{s_{mA}}+\dfrac{s_{mA}}{0.34}} = 261.64(\text{N}\cdot\text{m})$$

求得 $s_A = 1.7$（另一解 0.068 不合理，舍去），如果转子每相串入电阻为 R_A，则

$$\frac{R_A + r_2}{r_2} = \frac{s_{mA}}{s_m}$$

因此

$$R_A = \left(\frac{s_{mA}}{s_m}-1\right)r_2 = \left(\frac{1.7}{0.135}-1\right)\times0.106 = 1.23(\Omega)$$

（2）串入电阻 R_B后，工作点为 B，过 B 点的机械特性转差率为

$$s_{mB} = \frac{R_B + r_2}{r_2}s_m = \frac{2.5+0.106}{0.106}\times0.135 = 3.318$$

设 B 点转差率为 s_B，则

$$M_N = \frac{2\lambda M_N}{\dfrac{s_B}{s_{mB}}+\dfrac{s_{mB}}{s_B}} = \frac{2\times2.6\times261.64}{\dfrac{s_B}{s_{mB}}+\dfrac{s_{mB}}{s_B}} = 261.64(\text{N}\cdot\text{m})$$

求得 $s_B = 0.664$（另一解不合理，舍去），B 点运行转速

$$n_B = n_1(1-s_B) = 1500\times(1-0.135) = 504(\text{r/min})$$

4. 变压调速

当改变电动机的定子电压时，电动机的电磁转矩发生变化，从而获得不同转速。电动机端电压降低，其电磁转矩减小，在负载转矩一定的情况下，电动机转速降低，同时转差率增大，转子铜耗增加，电动机运行效率降低。其特点是：变压调速时电动机的转矩与电压的平方成正比，因此电动机的最大转矩下降很多，其调速范围较小；变压过程中转差功率以发热的形式消耗在转子绕组电阻上，效率低。为了扩大调速范围，变压调速应采用转子电阻值大的笼型电动机，如专供变压调速用的力矩电动机。变压调速适用于低负荷运行时间较长的小功率的电梯、风机和水泵等。

过去，变压调速多采用饱和电抗器或自耦变压器等磁性元件，设备笨重，开关特性差，电动

机的容量得不到充分利用。自从 20 世纪 70 年代晶闸管问世以来，交流变压调速（晶闸管式）才在 2.2～45kW 电动机上得到应用。日本三菱、上海三菱、日立和美国奥梯斯OTIS电梯几乎全部采用晶闸管交流变压调速控制鼠笼电动机。

目前广泛应用的电动机轻载节电器（如 SMX 系列），就是采用降压节电的原理。电动机的电磁转矩 $M \propto U_1^2$，而 $P_1 \propto M_n$，所以 $P_1 \propto U_1^2$，由于 $I_2 \propto U_1$，降压后 U_1 下降是随着 I_2 变动自动下降的，因此电动机的功率因数提高；另一方面由于 $E_1 = 4.44 f W_1 \Phi_0$，$\Phi_0 \propto U_1$，所以 U_1 下降，主磁通 Φ_0 下降，电动机铁耗下降，电动机的效率提高。通过监测电动机工作电流，控制电动机的输入电压，使轻载和空载时实现节电效果。

国标 GB 12497—1995 三相异步电动机经济运行规定当电动机空载运行时间较长且轻载运行的负载率小于 30%时，宜采用变压（调压）运行。

5. 滑差电机调速

滑差电机调速又称电磁调速，主要由三相鼠笼电动机和电磁转差耦合器、测速发电机三部分组成。电磁转差耦合器由电枢、磁极和励磁绕组三部分组成，电枢与鼠笼电动机转子同轴连接，磁极用联轴器与负载轴对接。当电枢与磁极均为静止时，如果在励磁绕组中通一直流电，则沿电机气隙圆周表面将形成若干对 N、S 极性交替的磁极，其磁通经过电枢。当鼠笼电动机带动耦合器的电枢旋转，由于电枢和磁极间相对运动，因而在电枢中感应电动势和感应电流，通过电磁感应关系使得耦合器的磁极转子随着旋转，带动生产机械进行工作，但其转速恒低于电枢的转速。改变电磁转差耦合器的直流励磁电流，便可改变离合器的输出转矩和转速。滑差电机调速常用的控制系统是以电压为反馈信号的速度负反馈晶闸管调速装置。利用晶闸管调速装置调节耦合器中的励磁电流，就可达到调速的目的。我国 YCT 系列滑差电机主要性能见表 4-4。

表 4-4　　YCT 系列滑差电机主要性能

机座号	标称功率（kW）	输出转矩（N·m）	调速范围（r/min）	转速变化率（%）	控制装置型号
112-4A	0.55	3.6	1250～125	3	JD-11
112-4B	0.75	4.9			
132-4A	1.1	7.13			
132-4B	1.5	9.72			
160-4A	2.2	14.1			
160-4B	3.0	19.2			
180-4A	4.0	25.2			
200-4A	5.5	35.1			
200-4B	7.5	47.7			
225-4A	11	69.1			
225-4B	15	94.3	1320～132	3	JD-40
250-4A	18.5	116			
250-4B	22	137			
280-4A	30	189			
315-4A	37	232			
315-4B	45	282			
355-4A	55	344	1320～440	3	JD-90
355-4B	75	469			
355-4C	90	564	1320～600		

针对 YCT 系列滑差电动机最高转速比（最高转速比 i_n 等于输出转速最高值 n_{2max} 与输入轴转速 n_1 之比，即 $i_n = n_{2max}/n_1$）较低（仅为 0.83～0.86）的问题，浙江调速电机厂和上海先锋电机厂分别设计生产出 YCTF 及 YCTD 等系列的低电阻端环电枢的电磁调速电动机，不但把 i_n 值提高到 0.90～0.96，而且大大地减轻了电磁调速离合器的质量。YCTD 电磁调速电动机的转差离合器电枢采用低电阻材料铝或铜做端环，端环与实心钢体采用特殊的结合工艺，以保证有良好的金相结合，YCTD 系列电磁调速电动机技术参数见表 4-5。

表 4-5　　YCTD 系列电磁调速电动机技术参数

型　　号	标称功率（kW）	额定转矩（N·m）	调速范围（r/min）	转速变化率（%）
YCTD100-4A	0.55	3.6	1250～100	不大于 3
YCTD100-4B	0.75	4.9	1250～100	不大于 3
YCTD112-4A	1.1	7.1	1250～100	不大于 3
YCTD112-4B	1.5	9.7	1250～100	不大于 3
YCTD132-4A	2.2	14.1	1300～100	不大于 3
YCTD132-4B	3	19.2	1300～100	不大于 3
YCTD132-4C	4	25.2	1300～100	不大于 3
YCTD160-4A	5.5	35.1	1350～100	不大于 3
YCTD160-4B	7.5	47.7	1350～100	不大于 3
YCTD180-4A	11	69	1350～100	不大于 3
YCTD180-4B	15	94	1350～100	不大于 3
YCTD200-4A	18.5	116	1375～100	不大于 3
YCTD200-4B	22	137	1375～100	不大于 3
YCTD225-4A	30	189	1375～100	不大于 3
YCTD250-4A	37	232	1375～250	不大于 3
YCTD250-4B	45	282	1375～250	不大于 3
YCTD280-4A	55	344	1400～250	不大于 3
YCTD315-4A	75	469	1400～250	不大于 3
YCTD315-4B	90	564	1400～250	不大于 3

滑差电机调速控制系统所需的功率是很小的，如 1000 kW 的电动机只需要 8kW 控制功率，即占驱动功率的 1%左右。具有控制线路简单，运行可靠，投资少，维护方便；对电网无谐波污染；调速平滑，无级调速；速度损失大，效率较低的特点。适用于在少灰尘和无剧烈震动环境中小功率或中低速的负载，如起重设备、风机、水泵和给粉机等，如环境多粉尘，应采取防尘措施。

离合器本身有较大的滑差存在，使输出端最高转速仅为同步转速的 80%～90%，转速损失很大。由于在低速运转时，转差损耗功率很大，效率极低，涡流发热严重，而且调速响应时间较长，从滑差电机调速与液力耦合器成本上比较，对小容量低速的电动机，采用滑差电机调速的成本要低得多，而对于大容量高转速的电动机，采用液力耦合器的成本又要低一些。因此滑差电机调速最适用于恒转矩负载短时低速工作制的中小容量的场合。目前，大部分火力发电厂的锅炉给粉机普遍采用滑差电机调速控制，也有少部分老电厂的锅炉给粉机采用苏联的直流调速装置。

6. 液力耦合器调速

液力耦合器（the hydrokinetic drive，HKD）主要是由泵轮（主动轮）、涡轮（被动轮）、外壳（工作腔）和充注其中的液体工作介质组成。电动机带动的泵轮将液体由内缘压向外缘，在离心力的作用下沿着泵轮外环进入与生产机械相连的涡轮叶片内，并推动生产机械转动。利用改变耦合器工作腔中的液体充满程度（壳内相对充液量的大小）来改变转速。

液力耦合器功率适应范围大，可满足从几十千瓦到数千千瓦不同功率的需要；结构简单，工作可靠，无级调速，使用维护方便，且造价低；尺寸小，能容大，大功率耦合器此优点更为突出。适用于高转速、中大功率负载。采用液力耦合器调速有四大优点：一是实现电动机轻载启动，降低电动机启动温升，启动时勺管置0位，流道排空，启动时间和转矩大大减小；二是风机负荷调节平稳、简单，只要调节导流管位置，改变流道充油量，风机即可无级调速到需要负荷；三是降低风机振动，隔离风机与电动机之间的振动，风机转速降低，转子残余不平衡引起的振动减少，同时，由于动力油无机械连接，风机与电动机之间的振动被油吸收和隔离，机械运行平稳；四是采用液力耦合器调速为锅炉实现给水全程自动调节创造了良好的条件。综上所述，液力耦合器调速是一种投资省、性能较好的调速方式，目前我国一些电厂的锅炉给水泵、风机普遍应用液力耦合器调速。1000kW高压风机电动机降速70%时液力耦合器的节能比较见表4-6。

表4-6　　1000kW高压风机电动机降速70%时液力耦合器的节能效果

项　目	数　值	项　目	数　值
电网输入总功率（kW）	638.7	节能效果（%）	36.1
调速装置效率（%）	0.665	年节电（kWh）	2 600 000

20世纪80年代，我国开始引进国外技术，生产一种液黏调速离合器，过去我国有些文献称为奥美伽离合器（omega drives）或油膜转差离合器，而且型号杂乱，如NT型、TL型等，直到国标GB/T 15096—1994发布之后，才统一名称和型号]。调速方式属无级调速，无电连接，机械结构可靠性高，当生产机械因某种原因卡住不转时，电动机不会过载烧损。液黏调速离合器主要工作原理是主动摩擦片与液黏调速离合器输入轴（主动轴）固定在一起，从动摩擦片与液黏调速离合器输出轴（从动轴）固定在一起。在主、从动摩擦片之间有均匀分布的油膜作为工作介质。主动轴旋转时，固定在其上的主动摩擦片与主动轴一起以相同的转速旋转，这时由于主、从动摩擦片之间产生了相对运动，在主、从动摩擦片之间的工作油将产生内摩擦阻力（油膜剪切力），内摩擦阻力将带动从动摩擦片以及与其相连的从动轴旋转。因此主、从动摩擦片存在一定的转速差，调速时就是利用油压控制的油缸来改变主、从动摩擦片之间的间隙，即改变主、从动摩擦片之间的油膜厚度。根据牛顿内摩擦定律，油膜越薄剪切力越大，从动轴转速越高，反之，从动轴转速越低，因此可以实现无级调速，也能完全离合。

液黏调速离合器与液力耦合器在工作原理上是不同的，液力耦合器主要是通过利用工作油的动能来传递转矩和功率的，而液黏调速离合器主要是通过油膜的黏滞性摩擦阻力来传递转矩和功率的。液黏调速离合器与液力耦合器工作特性比较见表4-7，液黏调速离合器基本参数见表4-8。

表4-7　　液黏调速离合器与液力耦合器工作特性比较

工作特性	液黏调速离合器	液力耦合器HKD
可靠性	高	高
最小滑差率	0	0.04～0.02
最大传动效率	0.99	0.94～0.95
最大损失功率	0.148倍电动机输出功率	0.158倍电动机输出功率
最大传动比	1	0.96～0.98

续表

工作特性	液黏调速离合器	液力耦合器 HKD
传递功率介质	基本上是油膜，但在转速差很小时则是固定摩擦片组	工作油
传递功率的主要部件	可在一定范围内轴向移动的两组主、从摩擦片	泵轮和涡轮
转速控制方式	利用油压活塞调整主、从摩擦片组的间隙油膜厚度	利用移动勺管或油泵调节阀调节泵轮和涡轮油腔内的油量
辅助设施	油泵，冷却水	冷却水
响应时间	非常短	较长
控制所需动力	非常低	较低
维护成本	低	低
装置成本	中等	中等
最高容量范围（kW）	15 000	22 000
转速范围	0.3～1.0	0.3～0.97

表 4-8　液黏调速离合器基本参数

型　号	公称转矩（kN·m）	稳定调速范围	最大许用转速（r/min）
YT10	1.0	0.3～0.9	3000
YT16	1.6		
YT25	2.5		
YT140	4.0		
YT50	5.0		
YT63	6.3		
YT80	8.0		
YT100	10		
YT160	16		1500
YT250	25		

7. 变频调速

改变电源频率 f_0，就能改变电动机的同步转速（$n_0=60f_0/p$），同步转速与频率成比例地变化，于是电动机的转速 n 也随之改变，所以改变电源频率就可以平滑地调节异步电动机的转速。变频调速时，通常希望电动机气隙的磁通 Φ_0 不变，因为如果磁通 Φ_0 过大，将引起磁路过饱和而使激磁电流增加，功率因数降低；如果气隙磁通 Φ_0 太小，则电动机容量得不到充分利用，因此应维持恒定磁通，即电压的变化必须与频率变化成正比例。忽略定子漏阻抗压降时，定子电压降等于定子电动势，即 $U_1=1.414\pi f_1\omega_1 k_{\omega 1}\Phi_0$。

可见若要 Φ_0 不变，则变频调速时应使电压与频率成正比变化，即

$$U_1/f_1=1.414\pi\omega_1 k_{\omega 1}=\text{常数}$$

式中　$\omega_1 k_{\omega 1}$——绕组有效匝数。

可见变频装置必须在改变输出频率的同时改变输出电压的幅值，才能满足对异步电动机变频调速的基本要求，这样的装置统称为变压变频装置，这就是变频器工作的最基本的原理。

变频器可分为交流—直流—交流（简称交—直—交）变频器和交流—交流（简称交—交）变频器两类。交—直—交变频器是将工频交流电通过整流器整流成直流，再把直流电经逆变器变成

可调的交流电。交—交变频器是将电网的交流电直接变为电压和频率都可调的交流电。由于交—交变频器的输出频率一般最高只能达到电源频率的 1/3～1/2，所以它只适用于低速大功率的传动，在水泵与风机的调速中很少应用，应用最广泛的变频器是交—直—交变频器。

变频调速过程中没有附加损耗，调速效率高。例如罗宾康高压变频器在 100％速度运行时效率达到 96.7％、80％速度运行时效率达到 96.2％、20％速度运行时效率达到 95.0％，在 20％～100％速度下运行时，功率因数基本上恒定在 0.95 以上；调速范围大，特性硬，精度高；技术复杂，造价高；调速功率范围可从很小到数千千瓦，适用于流量需要不稳定、变化范围较大且需要经常变化的场合，如轧钢机、风机和水泵等。变频调速时，为了维持气隙磁通不变，电压的变化必须与频率变化成正比例。常用的低压富士 FRENIC5000-G9S、P9S 系列（400V）通用变频器技术规范见表 4-9。

表 4-9　常用的低压富士 FRENIC5000-G9S、P9S 系列（400V）通用变频器技术规范

适配电动机功率（kW）		30	37	45	55	75	90	110	132	160	200	220
G9S 系列	型号	FRN 30G9S-4JE	FRN 37G9S-4JE	FRN 45G9S-4JE	FRN 55G9S-4JE	FRN 75G9S-4JE	FRN 90G9S-4JE	FRN 110G9S-4JE	FRN 132G9S-4JE	FRN 160G9S-4JE	FRN 200G9S-4JE	FRN 220G9S-4JE
	额定容量（kVA）	46	57	69	85	114	134	160	193	232	287	316
	额定输出电流（A）	60	75	91	112	150	176	210	253	304	377	415
	过载容量	150％额定电流，1min；180％额定电流，0.5s										
	启动转矩	150％（转矩矢量控制）										
	质量（kg）	33	34	40	43	56	85	85	115	120	172	172
G9S 系列	型号	FRN30 P9S-4JE	FRN37 P9S-4JE	FRN45 P9S-4JE	FRN55 P9S-4JE	FRN75 P9S-4JE	FRN90 P9S-4JE	FRN110 P9S-4JE	FRN132 P9S-4JE	FRN160 P9S-4JE	FRN200 P9S-4JE	FRN220 P9S-4JE
	额定容量（kVA）	46	57	69	85	114	134	160	193	232	287	316
	额定输出电流（A）	60	75	91	112	150	176	210	253	304	377	415
	过载容量	120％额定电流，1min										
	启动转矩	50％（转矩矢量控制）										
	质量（kg）	33	33	34	40	43	56	85	85	115	120	172
输出电压频率		3 相 380、400V/50Hz，3 相 380、400、440、460V/60Hz										
输入电压频率		3 相 380、400V～420V/50Hz，3 相 380～420V、440～460V/60Hz										
输入允许波动		电压＋10％～－15％，频率＋5％～－5％										

注　适配电动机功率是按日产 4 极标准电动机的功率值标注的，对于 400V 系列，额定容量是按 440V 计算的视在功率。

例如某电力设计院实测一台 200MW 引风机使用三种调节方式的节能情况（见表 4-10），该异步电动机额定参数为 1250kW、6kV、142A，效率为 95％，转速为 742r/min，功率因数为 0.85。

表 4-10　　三种不同调节方式在不同负荷下的输入功率

负　荷		100（MW）	120（MW）	140（MW）	160（MW）	180（MW）	200（MW）
挡板调节	电流（A）	93	95	97	99	104	108
	功率（kW）	822	839	857	875	919	954
液力耦合器	电流（A）	49	57	66	76	87	98
	功率（kW）	433	504	583	672	769	866
变频器	电流（A）	21	27	39	51	69	81
	功率（kW）	209	269	389	509	688	808

第二节　变频调速系统节能量的计算

一、变频器容量选择

变频器额定容量是以变频器输出的视在功率（kVA）表示的，很多情况下，某一额定容量的变频器有不同的额定电压值（见表 4-9），同时它随着电网电压的变化而变化，变频器额定容量很难确切表达变频器的能力，变频器额定容量只能作为变频器负载能力的一种辅助表达手段。通用变频器使用说明书中所规定的配用电动机是以 4 极电动机模型设计的，因此当电动机不是 4 极时，就不能仅以电动机的容量来选择变频器的容量。在选择变频器时，只有变频器额定电流是一个反映半导体变频装置负载能力的关键量。负载总电流不超过变频器额定电流是选择变频器的基本原则。

变频器用于泵与风机调速节能时，其容量 P_B（kVA）可按式（4-1）确定，同时必须进行电流校验。

$$P_B = K_f \frac{P}{\eta_d \eta_b \cos\varphi_b} \tag{4-1}$$

$$I_B \geqslant K_f \frac{P}{\sqrt{3} U \eta_d \cos\varphi_b} \times 1000$$

式中　K_f——电流波形补偿系数，对于风机取 1.1，对于水泵取 1.05；

P——风机或水泵最大轴功率，kW；

$\cos\varphi_b$——变频器在额定转速下的功率因数；

U——变频器实际输入电压，V；

I_B——变频器额定电流，A；

η_d、η_b——电动机和变频器在额定转速下的效率，%。

二、变频器的节能计算

调速调节时，电动机功率计算公式为

$$P = \frac{P_1}{\eta_b}\left(\frac{n_2}{n_1}\right)^3$$

式中　P_1——变速前电动机输入功率，kW；

n_1、n_2——变速前、后电动机转速，r/min。

阀门/挡板调节时，电动机功率经验公式为

$$P_1 = \left[0.45 + 0.55\left(\frac{q}{q_N}\right)^2\right] P_N$$

式中 q——变速调节前流量，kg/s；

q_N——变速调节前额定流量，kg/s。

变频器节约的电功率由式（4-2）确定，即

$$\Delta P_i = P_1 - \frac{P_1}{\eta_b}\left(\frac{n_2}{n_1}\right)^3 \tag{4-2}$$

【例 4-3】 DG500-180 型锅炉给水泵的管路阻力曲线方程为 $H=1500+\frac{q_V}{333}$，式中扬程 H 单位为 m，流量 q_V 单位为 m^3/h。求在流量为 100%（即 $400m^3/h$）、80%（$320m^3/h$）、60%（$240m^3/h$）三种情况下，比较阀门调节与变频调速调节所消耗的功率，其中电动机效率 97.5%，变频器效率 96%，水泵在 100%、80%、60%流量时的效率分别为 70%、65%、58%。

解 将流量 q_V 分别为 400、320、$240m^3/h$，换算为 0.111 1、0.088 9、0.066 $7m^3/s$。

将流量 400、320、$240m^3/h$ 分别代入阻力曲线方程得 H 分别为 1980.48、1807.51、1672.97m。

根据泵的有功功率计算公式 $P_e=\frac{\rho g q_V H}{1000}$，分别得 2158.51、1576.35、1094.67kW 。

根据泵的轴功率计算公式 $P=\frac{P_e}{\eta}$，分别得 3083.6、2425.2、1887.4kW。

因此阀门调节时电动机消耗功率分别为 3162.7、2487.4、1935.8 kW，见表 4-11。

表 4-11 阀门调节时电动机所消耗的功率

流量（m^3/h）	流量（m^3/s）	扬程（m）	有功功率（kW）	泵效率（%）	轴功率（kW）	电动机效率（%）	电机消耗功率（kW）
400	0.111 1	1980.48	2158.51	70	3083.6	97.5	3162.7
320	0.088 9	1807.51	1576.35	65	2425.2	97.5	2487.4
240	0.066 7	1672.97	1094.67	58	1887.4	97.5	1935.8

当用变频器（假定变频器效率不变）进行变频调节，在 100%流量时，电动机消耗的功率为

$$3083.6\times 1^3/(0.975\times 0.96)=3381.1$$

在 80%流量时，电动机消耗的功率为

$$3083.6\times 0.8^3/(0.975\times 0.96)=1686.8$$

在 60%流量时，电动机消耗的功率为

$$3083.6\times 0.6^3/(0.975\times 0.96)=711.6$$

变频调节时电动机所消耗的功率见表 4-12。

表 4-12 变频调节时电动机所消耗的功率

阀门调节电机消耗功率（kW）	变频器效率（%）	变频调节电机耗功（kW）	变频调节减少功率（kW）	节电率（%）
3162.7	96	3381.1	−218.4	−6.91
2487.4	96	1686.8	800.6	32.19
1935.8	96	711.6	1224.2	63.24

可见由于变频器本身效率的影响，在满负荷运行时使用变频器，反而增加了损耗，在 60%负荷时则节电 63.24%。

三、变频调速节电估算方法

对于科研阶段，由于没有实际数据，在此可以根据改造经验估算节电量。估算依据如下经验数据：

（1）一般情况下，送风机、引风机、一次风机等风机类设备变频改造后，节电率为35%～40%；而循环水泵、凝结水泵、给水泵等水泵类设备变频改造后，节电率为35%左右。

（2）变频改造前风机类设备、水泵类设备的驱动电动机负荷率一般仅为60%。

（3）风机类设备、水泵类设备年运行时间为7000h。

有了上述三方面资料，再根据被改造电动机的额定容量 P_N，即可估算出变频改造后年节电量，计算公式为

$$E = P_N k T \varepsilon \times 10^{-4}$$

式中 E——变频改造后年节电量，万kWh；

P_N——电动机的额定容量，kW；

k——电动机负荷率，%；

ε——经验节电率，%（对于水泵可取35%，对于离心风机可取40%，对于轴流风机可取35%）；

T——设备年运行时间，h。

【例4-4】 某电厂300MW机组的2台1900 kW轴流式静叶可调引风机要进行变频改造，总投资额200万元，上网电价0.4元/kWh，求其年节电量和投资回收期。

解 年节电量＝2×1900×0.60×7000×0.35×10^{-4}＝558.6(万kWh)

年节约电费＝558.6×0.4＝223.4(万元)

投资回收期＝200/223.4＝0.9(年)

第三节　高压变频器在离心式风机上的节能应用

火力发电厂动力锅炉的输出功率随着电功率输出的大小而改变。锅炉的煤粉输入量与送风机的送风量有一定的比例关系。引风机与送风机按一定比例联合调节，可以实现锅炉的稳定燃烧。在稳态情况下，送风机与引风机可达到动态平衡。但电网负荷随时都在改变，随着发电机输出功率的降低，锅炉出力也要相应调整，锅炉的引风量、送风量相应减少。目前电厂普遍采用常规的控制方法将风机的挡板关小一些，以达到减少引、送风量的目的。但这种调节方法的缺陷是：其一，调节动作较迟缓，很难达到最佳调节的目的；其二，挡板调节虽能达到调节引、送风量的目的，但会产生节流损耗，随着挡板开度的减小，风机的节流损耗加剧；其三，异步电动机在启动时启动电流一般达到电动机额定电流的6～8倍，对电网冲击较大，并影响风机电动机的使用寿命；其四，由于转速较高，对电动机所驱动的机械设备存在较大的磨损。

由于变频调速在频率范围、动态响应、低频转速、转差补偿、功率因数、工作效率等方面是以往的交流调速方式或挡板调节方式所无法比拟的，因此开展变频调速节能势在必行。

一、某电厂送、引风机在变频改造前存在的问题

某电厂变频前存在的主要问题：

（1）该电厂在山东电网中属于系统末端主力电网，峰谷差较大，调峰调频任务重，低负荷运行时间长，风机启停频繁，严重影响着电动机的使用寿命。

（2）引风机输送的介质是锅炉燃烧产生的烟气，风机高速运行时，飞灰对风机叶片磨损较大。

（3）机组低负荷时如果两台风机运行，风量裕度较大，如果1台风机运行，风量不足，实际运行中只能开2台风机运行，存在大马拉小车现象，浪费电能。因此决定在1号炉风烟系统中进行变频节能改造。

二、离心式风机变频改造方式

电厂100WM机组1号炉风烟系统共有2套引、送风机，引风机参数为：型号Y4-73-12，流量480 000m^3/h，压力4511Pa，转速960r/min；所配电动机型号Y1000-6，1000kW，6000V，117A，960r/min。送风机参数为：型号G4-73-11，流量262 000m^3/h，压力5266Pa，转速985r/min；所配电动机型号JS-157-8，320kW，6000V，39.4A，739r/min。

在1号炉风烟系统的送风机和引风机上采用了德国西门子变频器，进行调速节能改造。仅将甲侧的送风机和引风机改造成变频调速控制，由于资金问题，乙侧的送风机和引风机仍采用原有的挡板节流方式。2台变频器均采用高—低—高接线方式，6kV电源接至降压变压器的高压侧，降压变压器的低压侧接至变频器的输入端，经变频器变频后接至升压变压器的低压侧，升压变压器的高压侧接至电动机，如图4-2所示。送风机和引风机的电气接线完全一样。

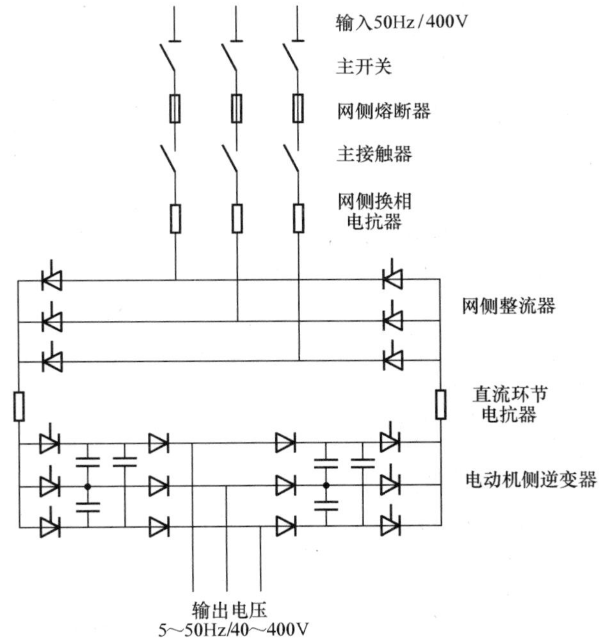

图4-2 6脉冲交—直—交电流型变频器主回路

引风机变频器参数：型号6SC2421-2BD00-Z，容量1000kVA，两路并联2×3AC输入电压$400^{-15\%}_{+10\%}$V，两路并联输入电流2×580A，输入频率50Hz±2%，输出频率0～50Hz，输出电压0～500V。送风机变频器参数：型号6SC2415-1AB00-Z，容量510kVA，输入电压$400^{-15\%}_{+10\%}$V，输入电流740A，输入频率50Hz±2%，输出频率0～50Hz，输出电压0～400V。

400V、50Hz的正弦交流电经过网侧整流器变换成直流。通过触发脉冲控制网侧整流器晶闸管的导通角，以实现对电动机定子电流的调节；通过触发脉冲控制电动机侧逆变器晶闸管的导通角，实现对电动机频率的调节，以达到对电动机转矩的控制。电动机侧逆变器和网侧整流器均采用6脉冲触发控制方式，为微处理器数字式控制。电流控制环通过控制网侧整流器的触发角度，来控制直流环节的电流，从而控制电动机电流的幅值；频率控制回路由转速控制环和负载角控制环构成，该回路通过电动机侧逆变器的触发角度控制电动机频率，并控制电流控制环的有功功率给定值。

（1）主开关：隔离开关，旋转式操作把手，机构与柜门连接时可在柜前操作，也可解卸机构在柜内操作。

（2）网侧熔断器：作为电源熔断器，采用半导体功率器件专用型的快速熔断器。用于万一出现短路而过电流故障检测信号未能及时响应时，对晶闸管实现后备过电流保护。

（3）网侧换相电抗器：用于限制因整流换相而引起的电压下降程度，以及网侧整流器晶闸管中电流上升的 di/dt 值。

（4）网侧整流器：采用三相桥式相控电路，由 6 只晶闸管组成，用于调节直流环节的电压，从而控制直流环节电流幅值的大小。网侧整流器部分控制逆变器的输出电压。

（5）直流环节电抗器：作为网侧整流器和电动机侧逆变器之间的隔离，并对直流环节电流起平波缓冲作用，限制负载功率的上升率。直流环节电抗器是一平波大电感，在电流闭环的作用下，也不会造成大电流而损坏元件，有助于实现短路保护。

（6）电动机侧逆变器：带相间换相的自换相式逆变器，包括 6 只平板型晶闸管、6 只电容器（用于在电动机和换相回路之间提供无功功率）与 6 只二极管（使电动机隔离于换相回路，防止电容器对负载放电，使电容器上保持稳定电压）。逆变器部分控制变频器的输出频率。变频器输出频率按所需的电动机转速进行调节。

三、离心式风机变频节能应用

1 号机组甲侧送风机、引风机进行变频调速改造后，将原有的风门挡板开至最大，应用负压闭环控制，通过调节甲侧送风机、甲侧引风机的转速来直接调节风量，实现锅炉负压自动调节控制（见图 4-3），从而保持在最佳燃烧工况下节能降耗。

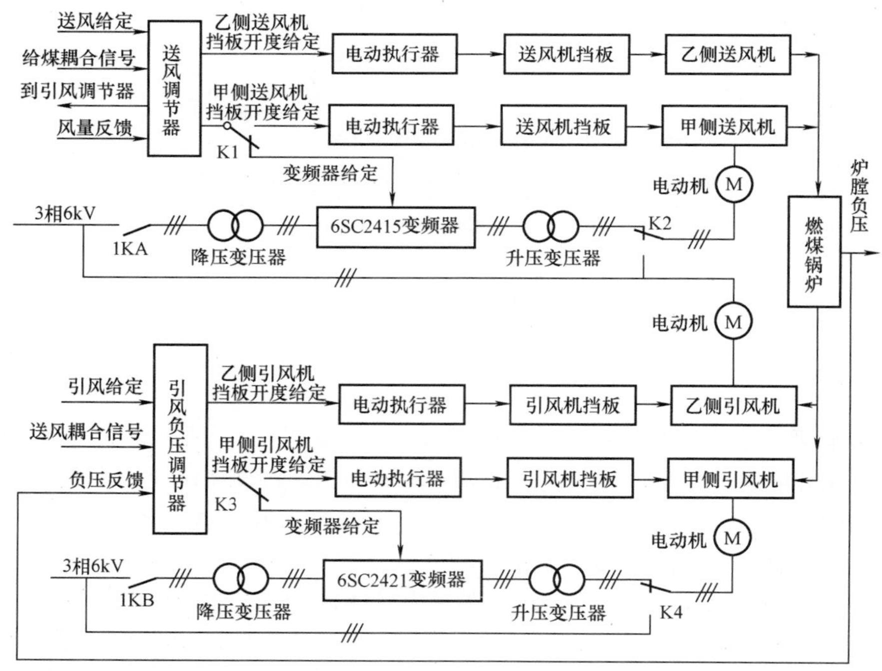

图 4-3 甲侧送、引风机电动机变频调速控制系统

当给煤量信号发生变化时，煤量变化的耦合信号输入到送风调节器，送风控制系统在自动调

节的过程中，也引起引风负压调节器的协调动作，以维持适当的煤风比例和适当的炉膛负压。在正常情况下采用变频运行方式，当处于变频运行状态时，1KA 和 1KB 触点吸合，甲侧送、引风机电动机直接启动触点都不动作，乙侧送、引风机电动机执行变频控制动作顺序。假设变频器 6SC2421 因故暂时无法使用，则开关 K3 打向甲侧引风机挡板电动执行器的输入端。1KB 断开、K4 打向电网侧，甲侧引风机电动机投入工频恒速运行。

为了比较应用变频器的节能效果，将该厂 1999 年第四季度和改造前 1998 年第四季度的发电量和风机耗电量进行比较，比较结果见表 4-13。从表 4-13 中可以看出，变频前后乙侧送、引风机耗用厂电率基本不变，而甲侧送、引风机耗用厂电率则从 1.187 5%降到 0.192 5%，如果按 1 号机组平均年发电量 5.1 亿 kWh 计算，1 号机组甲侧送风机、甲侧引风机变频后年节电量 507.5 万 kWh。

表 4-13　　1 号机组甲侧风机变频前后发电机和风机耗电量统计

时间与项目		发电量（万 kWh）	风机月耗电量（kWh）			
			甲侧引风机	甲侧送风机	乙侧引风机	乙侧送风机
变频改造前	1998.10	2768.87	274 968	58 992	285 876	60 384
	1998.11	4553.28	424 188	92 400	442 872	94 560
	1998.12	4212.16	430 524	88 584	442 224	89 760
	第四季度合计	11 534.31	1 129 680	239 976	1 170 972	244 704
	风机厂用电率（%）	—	1.187 5		1.227 4	
变频改造后	1999.10	5173.28	676 08	292 56	528 516	1027 20
	1999.11	3430.24	489 60	180 48	361 080	69 504
	1999.12	5196.64	768 96	249 12	527 616	103 872
	第四季度合计	13 800.16	193 464	72 216	1 417 212	276 096
	风机厂用电率（%）	—	0.192 5		1.227 0	

变频运行后曾发现甲、乙两侧排烟温度差别较大，在低负荷时容易造成锅炉灭火。原因在于甲、乙两侧送风通道在送入锅炉炉膛之前是互相独立的单管制，而且甲、乙两侧送风由于一侧变频低速运行，一侧高速挡板节流，流量不一致，进入空气预热器的两路风量不平衡，造成排烟温度升高。因此电厂将甲、乙两侧两管两路送风改造成母管送风运行，这样甲、乙两侧送风机送出的风量、风压虽然不同，但是经过母管混合后再进入空气预热器，无论风量还是风温均可达平衡。引风机虽然仍保持两路引风，但是由于在引风机之前有三电场电除尘器，使引风在电除尘器内就得到均匀混合，所以仅改一台引风机对烟风系统无影响。实践证明为节省投资，将一侧定速引、送风机改造成变频调速是可行的，但是必须注意一侧变频调速后对整个烟风系统的影响。

第四节　液力耦合器的节能应用

一、液力耦合器转速比与转差率

转速比指涡轮转速与泵轮转速之比，即

$$i = \frac{n_T}{n_B}$$

式中　i——液力耦合器转速比，在运行过程中 i 一般为 0.4～0.98，液力耦合器设计工况点的

转速比用 i_n表示，叫最大转速比，即涡轮速度最大时的转速比 $\frac{n_{Tmax}}{n_B}$，GB/T 5837—1993 液力耦合器型式和基本参数规定 $i_n \geqslant 0.97$，一般 $i_n=0.97 \sim 0.98$；

n_T——液力耦合器涡轮转速，r/min；

n_B——液力耦合器泵轮转速，r/min。

液力耦合器转差率指泵轮转速和涡轮转速之差与泵轮转速之比，即

$$s=\frac{n_B-n_T}{n_B}=1-i$$

式中 s——液力耦合器转差率，在正常转速下，$s=0.02 \sim 0.04$。

液力耦合器效率等于液力耦合器输出功率（涡轮轴功率 P_T）与输入功率（泵轮轴功率 P_B）之比，也叫调节效率，或传动效率，即

$$\eta_Y=\frac{P_T}{P_B}=\frac{M_T n_T}{M_B n_B}=\frac{n_T}{n_B}=i=1-s$$

$$M_B=M_T$$

式中 n_B、n_T——液力耦合器输入转速（电动机转速）、输出转速（风机或水泵转速），r/min；

M_T——液力耦合器输出力矩；

M_B——液力耦合器输入力矩。

二、液力耦合器转矩与功率

1. 液力耦合器转矩与液力耦合器的选用

液力耦合器所传递的转矩 M 与工作油密度 ρ 的一次方、泵轮转速的二次方、叶轮有效直径 D 的五次方成正比，即

$$M=\lambda \rho g n_B^2 D^5 (\text{N} \cdot \text{m})$$

所以液力耦合器所传递的功率为

$$P_{0T}=\frac{M n_B}{9550}=\frac{n_B^3 D^5}{14.5^5}$$

式中 λ——转矩系数，根据国家标准，对调速型液力耦合器当 $i=0.97$ 时，$\lambda=1.7 \times 10^{-6} \sim 2.1 \times 10^{-6}$，$\text{min}^2/\text{m}$；

D——液力耦合器工作腔有效直径，m；

P_{0T}——驱动电动机额定功率，kW；

n_B——驱动电动机额定转速，r/min。

由于

$$P_{0T}=\frac{n_B^3 D^5}{14.5^5}$$

所以

$$D=14.5 \times \left(\frac{P_{0T}}{n_B^3}\right)^{1/5}$$

这就是液力耦合器选型公式。

【例 4-5】 一台老型号 DG 500-180 型锅炉给水泵，电动机额定功率为 3200kW，电动机额定转速为 2950r/min，额定流量为 400m³/h，试选择 YOT 系列液力耦合器（为了统一型号，将 C046 型液力耦合器改称为 YOT46/30 型液力耦合器），YOT 系列液力耦合器性能参数见表 4-14。

解 $D=14.5\left(\frac{P_{0T}}{n_B^3}\right)^{1/5}=14.5\times(3200/2950^3)^{1/5}=0.603(\mathrm{m})$

即液力耦合器工作腔有效直径为 0.603m，选择有效直径为 0.630m 工作腔可以满足要求，因此选择 YOT63/30 液力耦合器。

表 4-14　　YOT 系列液力耦合器性能参数

型　号	转速（r/min）	功率（kW）	工作腔有效直径（m）	转差率
YOT36/30	2970	100～300	0.36	≤3%
YOT40/30	2970	250～520	0.30	
YOT45/30	2970	350～800	0.45	
YOT50/30	2970	600～1600	0.50	
YOT63/30	2970	2500～5000	0.63	
YOT50/15	1470	100～200	0.50	
YOT56/15	1470	200～400	0.56	
	970	50～100	0.56	
YOT63/15	1470	380～620	0.63	
	970	90～220	0.63	
YOT71/15	1470	500～1100	0.71	
	970	200～380	0.71	
YOT80/15	1470	700～1600	0.80	
	970	260～580	0.80	
YOT90/10	970	500～1100	0.90	
	730	200～450	0.90	
YOT100/10	970	800～1800	1.0	
	730	350～760	1.0	
YOT112/10	970	2000～3500	1.12	
	730	850～1600	1.12	

注　型号意义举例：其中 YOT63/30，YO 表示液力耦合器，T 表示调速型，63 表示工作腔有效直径 0.63m，30 表示耦合器额定输出转速小于 3000r/min。

2. 液力耦合器功率与损耗

泵或风机的输入轴与液力耦合器的从动轴相连接，故泵或风机的转速等于液力耦合器涡轮转速，即 $n=n_T$，而其轴功率等于涡轮输出功率，即 $P=P_T$。设涡轮转速达到最大时的轴功率为 P_{Tn}，最大转速为 n_{Tmax}，此时转速比 $i=i_n$（最大转速比），由比例定律可知任意转速下 n_T的涡轮轴功率 P_T为

$$\frac{P_T}{P_{Tn}}=\left(\frac{n_T}{n_{Tmax}}\right)^3$$

即

$$P_T=P_{Tn}\left(\frac{n_T}{n_{Tmax}}\right)^3=P_{Tn}\left(\frac{n_T}{n_B}\right)^3\left(\frac{n_B}{n_{Tmax}}\right)^3=P_{Tn}\frac{i^3}{i_n^3}$$

因此电动机输出功率为

$$P_B=\frac{P_T}{i}=P_{Tn}\frac{i^2}{i_n^3}$$

所以液力耦合器转差损失功率为

$$\Delta P_i=P_B-P_T=P_{Tn}\frac{i^2}{i_n^3}-P_{Tn}\frac{i^3}{i_n^3}=\frac{P_{Tn}}{i_n^3}(i^2-i^3)$$

为求得最大转差损失功率时的转速比，可取 ΔP_i 对 i 的导数，并令其等于零，得

$$\frac{d(\Delta P_i)}{di}=\frac{P_{Tn}}{i_n^3}(2i-3i^2)=0$$

从而求得 $i=0$ 和 $i=2/3$，其中 $i=0$ 是起步工况，为极小值点；$i=2/3$ 为极大值点。即当涡轮转速为泵轮转速的 2/3（$i=2/3$）时，液力耦合器的损失功率达到最大值，此时可求得液力耦合器的最大损失功率为

$$\Delta P_{imax}=0.148\frac{P_{Tn}}{i_n^3}=(0.154-0.157)P_{Tn}$$

由此可见，采用液力耦合器驱动泵与风机时，当转速比为 2/3 时，其转差损失功率最大，其值约为液力耦合器在最大转速比（0.97～0.98）时泵与风机轴功率的 15.5%。

【例 4-6】 某厂锅炉一台 Y4-61-01 型引风机额定流量为 233 000m³/h，风压为 5598Pa，效率 $\eta=85\%$，当采用入口简易导流器调节风量在 90%、80%、70%、60%的额定风量时，其风压和效率见表 4-15。如果用液力耦合器调节风量，请问在 90%、80%、70%、60%的额定风量时电动机的消耗功率。联轴器传动效率为 98%，耦合器 $i_N=0.97$，电动机效率为 95.1%。

表 4-15　　入口简易导流器调节风量

风量比例（%）	100	90	80	70	60
风量（m³/h）	233 000	207 000	186 400	163 100	139 800
风压（Pa）	5598	4535	3590	2750	2050
效率（%）	85	75.7	60	46	35

解　将风量换算成 m³/s 单位风量，根据公式

$$P_g=q_Vp/(1000\eta\eta_{tm})$$

求得简易导流器调节风量时电动机的输出功率，根据公式

$$P_B=P_{iN}i^2/i_N^3$$

求得用耦合器调节风量时电动机的输出功率，见表 4-16，如风量等于 207 000m³/h=57.5m³/s，则

$$P_g=q_Vp/(\eta\eta_{tm})=57.5\times4535/(0.757\times0.98)=351\ 498.3(W)=351.5(kW)$$

因此入口简易导流器调节风量等于 207 000m³/h 时，电动机消耗功率为 351.5/0.951=369.61kW。

对于使用耦合器调节风量时的算法：最大风量等于 233 000m³/h=63.72m³/s，此时

$$P_g=63.72\times5598/(0.85\times0.98)=428\ 217(W)=428.22(kW)$$

当用耦合器风量调节等于 57.50m³/s（90%）时，由于风量比等于转速比，电动机输出功

率为

$$P_B = P_g \times i^2 / i_N^3 = 428.22 \times 0.9^2 / 0.97^3 = 380.05(\text{kW})$$

电动机消耗功率为

$$P_B / 0.951 = 399.63(\text{kW})$$

表 4-16　　风量、消耗功率比较

风量比例（%）		100	90	80	70	60
风量 Q （m^3/s）		63.72	57.50	51.78	45.31	38.83
消耗功率（kW）	导流器	450.28	369.61	332.43	290.64	244.03
	耦合器	493.37	380.05	315.74	241.75	177.61
消耗功率之差（kW）		−43.09	−30.02	16.69	48.89	66.42
耦合器节电率（%）		−9.57	−8.12	5.02	16.82	27.22

可见在 90%～100%风量内，用简易导流器调节风量节电；在 80%以下风量时，用耦合器调节风量节电。

某发电厂在 4 号机组（125MW）2 台 G4-73-11No22D 送风机（电动机额定功率 780kW，额定转速 985r/min）、2 台 Y4-73-11No28D 引风机（电动机额定功率 700kW，额定转速 740r/min）上安装了 2 台液力耦合器 YOTC-800 和 2 台液力耦合器 YOTC-1000，运行结果见表 4-17。全年按 6000h 计算，电负荷 120MW 运行时，节电 87 万 kWh/年；电负荷 93MW 运行时，节电 184 万 kWh/年。

表 4-17　　某发电厂液力耦合运行结果

电负荷（MW）	120				93			
炉负荷（t/h）	401		402		313		313	
调节方式	液力耦合器		进口导向器		液力耦合器		进口导向器	
风机号	甲送	甲引	甲送	甲引	甲送	甲引	甲送	甲引
导向器开度（%）	100	100	66	55	100	100	52	54
风机电流（A）	53.2	58	53.3	65	39	49	46	62
电动机转速（r/min）	991	742	991	741	995	746	994	743
风机转速（r/min）	918	583	973	730	821	528	978	733
液力耦合器滑差（%）	7.37	21.43	1.82	1.48	17.49	29.22	1.61	1.35
输入功率（kW）	536.5	553.4	538.9	640	402.7	460.4	468.4	615.4
电动机效率（%）	94	94	94	94	93	93	93	93
风机效率（%）	86.5	74.6	78.36	57.3	81.2	73.5	64.7	47.5
2 台送风机耗电（kW）	1077		1087.8		884		956	
2 台引风机耗电（kW）	1124.4		1258.6		959		1193.7	

液黏调速离合器的最大转速比等于 1，理论上最大传动效率也等于 1（液力耦合器为 0.97～0.98），即

$$\Delta P_{imax}=0.148\frac{P_{Tn}}{i_n^3}=0.148P_{Tn}$$

所以液黏调速离合器最大传动效率比液力耦合器高 2%～3%。

对于液黏调速离合器应按下式计算转矩，即

$$T_N=k\frac{9550P_N}{n}$$

式中 k——安全系数，一般取 1.05；

T_N——液黏调速离合器公称转矩，N·m；

n——电动机额定转速，r/min；

P_N——电动机额定功率，kW。

例如某电厂 135MW 引风机电动机 800kW，743r/min，6000V，97.5A，则

$$T_N=1.05\times\frac{9550\times800}{743}=10\ 797$$

因此应选 YT110 型液粘调速离合器。

该电厂 3 号机组（135MW）配两台送风机和两台引风机，送风机电动机功率 780kW、引风机电动机功率 800kW，分别安装了 2 台 YT80 和 2 台 YT110 型液粘调速离合器。该厂全天约 6h 带 135MW 负荷，约 10h 带 90MW 负荷，约 8h 带 70MW 负荷。试验表明：135MW 运行时，送风机节约电功率 13kW，引风机节约电功率 25kW；90MW 运行时，送风机节约电功率 185kW，引风机节约电功率 150kW；70MW 运行时，送风机节约电功率 230kW，引风机节约电功率 177kW。如果机组年利用小时按 6000h 计算，全年节电 170.7 万 kWh。液黏调速离合器油泵电动机功率为 4kW，年多耗电量 9.6 万 kWh，则每年实际节电 161 万 kWh。

第五节　电磁转差离合器的节能应用

一、电磁转差离合器转速比

电磁转差离合器转速比等于输出轴与输入轴转速之比，即

$$i=\frac{n_2}{n_1}$$

式中 n_2——电磁转差离合器输出轴转速，r/min；

n_1——电磁转差离合器输入轴转速，r/min。

当输出轴转速达到最大时，即 $n_2=n_{2max}$，电磁转差离合器最高转速比为

$$i_N=\frac{n_{2max}}{n_1}$$

对于 YCT 型电磁调速电动机，由于采用实心钢的电枢结构，涡流电阻率高，故此类电磁调速电动机最高转速比较低，$i_N=0.83\sim0.86$。而对于 YCTF 和 YCTD 型电磁调速电动机，$i_N=0.90\sim0.96$。

二、电磁转差离合器调节效率

电磁转差离合器与液力耦合器相同，如果不计其轴承、密封、鼓风等功率损失，其调节效率为

$$\eta_Y=\frac{n_2}{n_1}=i=1-s$$

电磁转差离合器的转差损失 ΔP_i 是由于电枢内的涡流转化为热而损失掉的。转差损失分析原理和计算公式与液力耦合器相同。故

$$P_2 = P_{iN}\left(\frac{n_2}{n_{iN}}\right)^3 = P_{iN}\left(\frac{n_2}{n_1}\right)^3\left(\frac{n_1}{n_{iN}}\right)^3 = P_{iN}\left(\frac{i}{i_N}\right)^3$$

因此电动机输出功率为

$$P_1 = \frac{P_2}{i} = P_{iN}\frac{i^2}{i_N^3}$$

所以液力耦合器转差损失功率为

$$\Delta P_i = P_1 - P_2 = P_{iN}\frac{i^2}{i_N^3} - P_{iN}\left(\frac{i}{i_N}\right)^3$$

【例 4-7】 某电厂加热器疏水最大流量为 $55m^3/h$，最高扬程为 120m，疏水泵选用 YCTD 型电磁调速电动机实现变速调节，电磁转差离合器的最大转速比为 0.90。请选择转速为 2970r/min，效率为 75%的泵的型号与驱动电机容量。并求当流量等于 70%最大流量时，电磁转差离合器的转差损耗。

解 因为电磁转差离合器的最大转速比为 0.90，所以使用电磁调速电动机实现变速调节时，泵的最高转速为

$$n_{2\max} = i_N n_1 = 0.9 \times 2970 = 2673(\mathrm{r/min})$$

选择额定转速为 2970r/min 的疏水泵，需要把实际设计参数换算到产品样本中额定转速下的设计参数，即

$$q_{V\max} = 55(2970/2673) = 61.11(\mathrm{m^3/h})$$
$$H_{\max} = 120(2970/2673)^2 = 148.15(\mathrm{m})$$

计算参数为

$$q_{V,v} = 1.05Q_{\max} = 64.17(\mathrm{m^3/h}) = 0.0178(\mathrm{m^3/s})$$
$$H_v = 1.10H_{\max} = 149.38(\mathrm{m})$$

所需轴功率为

$$P_{sh} = \frac{\rho g q_{V,v} H_v}{1000\eta_i} = 9.81 \times 0.0178 \times 149.38/0.75 = 34.8(\mathrm{kW})$$

考虑到离合器传动效率因此所需电动机功率为

$$P_N = K_f P_g = 1.15 \times 34.8/0.90 = 44.5(\mathrm{kW})$$

可以选择 45kW YCTD 型电磁调速电动机。

但是由于电动机实际经离合器传动到泵轴的转速要降低，故其输出功率将减少，不一定需要原配套电动机 45kW 那么大。而应按实际情况进行电动机容量确定。

泵消耗的最大轴功率为

$$P_{2\max} = \frac{\rho g q_V H}{1000\eta_i\eta_{tm}} = \frac{9.81 \times 1.05 \times 55 \times 1.1 \times 120}{0.75 \times 0.9 \times 3600} = 30.8(\mathrm{kW})$$

考虑到安全余量 $P_N = K_f P_{2\max} = 1.15 \times 30.8 = 35.4$（kW）。

可见可以选用低一等级容量 37kW 的电动机，这样不但降低投资，而且使电动机处于综合经济负载率之下，降低运行费用。

由于 $i = 70\%$，$P_{iN} = P_{2\max} = 30.8\mathrm{kW}$，根据

$$\Delta P_i = P_1 - P_2 = P_{iN}\frac{i^2}{i_N^3} - P_{iN}\left(\frac{i}{i_N}\right)^3$$

得离合器的转差损耗

$$\Delta P_i = 30.8(0.7^2/0.9^3) - 30.8(0.7^3/0.9^3) = 6.21(\text{kW})$$

第六节　变极调速的节能应用

鼠笼式电动机变极时，一般采用“反向法”接线，即每相分成两半，每半称为“半相绕组”。每相的两个半相绕组可采用串联或并联两种不同连接法。这样从少极到多极可以采用△/2Y（△/YY）和 Y/2Y（Y/YY）连接方法，如图 4-4 和图 4-5 所示。为了使变极后电动机的转向不改变，应在变极时把接至电动机的三根电源线对调其中两根。

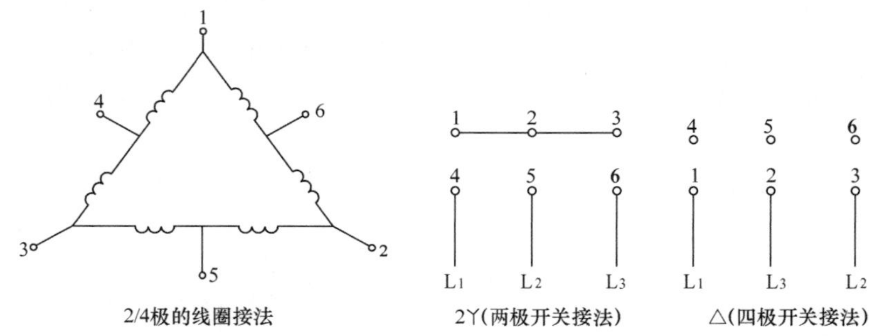

图 4-4　定子绕组△/2Y 接法的双速电动机

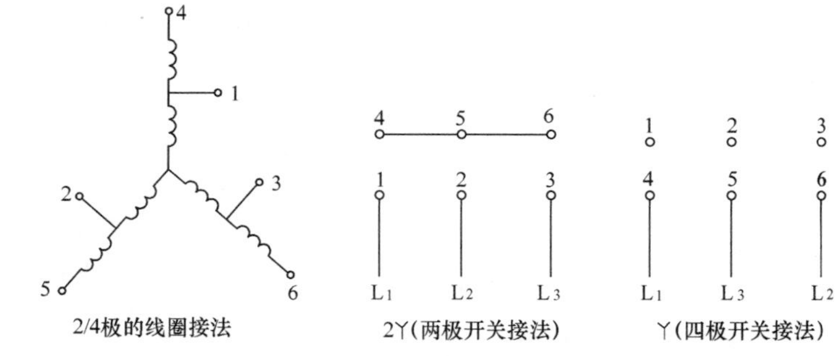

图 4-5　定子绕组 Y/2Y 接法的双速电动机

一、改造后各参数变化情况

在改极改造中，还需知道改造后变极电动机的功率变化情况。

1. 气隙磁密

定子每相电动势 E_1 的表达式为

$$E_1 = \sqrt{2}\pi f_1 w_1 k_{w1} \Phi_0$$

式中　$w_1 k_{w1}$——定子每相绕组的有效匝数；

k_{w1}——定子绕组系数；

w_1——定子每相绕组的匝数；

Φ_0——电动机气隙中的旋转磁场的基波磁通。

主磁场每极主磁通 Φ_0 的表达式为：

$$\Phi_0=\frac{D}{p}lB_\delta$$

式中 D——转子直径；

l——转子绕组的有效长度；

B_δ——气隙中的旋转磁场的基波磁密。

因此基波磁密为

$$B_\delta=\frac{E_1p}{\sqrt{2}\pi f_1w_1k_{w1}Dl}$$

若用加撇的符号表示变极后的量（即多极数的量），则变极后的气隙磁密与原来的气隙磁密之比为

$$\frac{B'_\delta}{B_\delta}=\frac{E'_1p'w_1k_{w1}}{E_1pw'_1k'_{w1}}$$

采用△/2Y 接法，多极时用△接法，少极时用双 Y 接法。其相电动势与双 Y 接法的相电动势之比为 $\frac{E'_1}{E_1}=\sqrt{3}$；双 Y 接法每相两条支路，△接法每相一条支路，所以少极时和多极时每条并联支路的匝数之比为 $\frac{w_1}{w'_1}=\frac{1}{2}$；一般情况下 $\frac{k_{w1}}{k'_{w1}}\approx1$，即忽略绕组系数的变化。

因此，18 极时与 16 极时的磁密之比为

$$\frac{B'_\delta}{B_\delta}=\frac{E'_1p'w_1k_{w1}}{E_1pw'_1k'_{w1}}=\sqrt{3}\times\frac{9}{8}\times\frac{1}{2}\times1=0.974$$

2. 额定转矩

转子的电磁转矩计算公式为

$$M_{em}=\frac{Z_2p}{2\sqrt{2}}\Phi_0I_2\cos\varphi_2=\frac{1}{2\sqrt{2}}DlB_\delta Z_2I_2\cos\varphi_2$$

式中 Z_2——转子槽数；

I_2——转子电流；

$\cos\varphi_2$——转子功率因数。

因此变极后的额定转矩与原来的额定转矩之比为

$$\frac{M'_{emN}}{M_{emN}}=\frac{B'_\delta I'_{2N}\cos\varphi'_{2N}}{B_\delta I_{2N}\cos\varphi_{2N}}$$

如果忽略转子功率因数和转子电流的差别，则

$$\frac{M'_{emN}}{M_{emN}}=\frac{B'_\delta}{B_\delta}$$

因此，18 极时与 16 极时的额定转矩之比为

$$\frac{M'_{emN}}{M_{emN}}=\frac{B'_\delta}{B_\delta}=0.974$$

3. 额定输出功率

额定输出功率等于额定转矩乘以转子的额定角转速，因此

$$\frac{P'_{\mathrm{N}}}{P_{\mathrm{N}}}=\frac{M'_{\mathrm{emN}}\omega'_{\mathrm{N}}}{M_{\mathrm{emN}}\omega_{\mathrm{N}}}$$

由于转子的额定角转速接近于同步角速度，因此

$$\frac{P'_{\mathrm{N}}}{P_{\mathrm{N}}}=\frac{M'_{\mathrm{emN}}\omega'_{\mathrm{N}}}{M_{\mathrm{emN}}\omega_{\mathrm{N}}}\approx\frac{B'_{\delta}p}{B_{\delta}p'}$$

18 极时与 16 极时的额定输出功率之比为

$$\frac{P'_{\mathrm{N}}}{P_{\mathrm{N}}}=\frac{B'_{\delta}p}{B_{\delta}p'}=0.974\times\frac{8}{9}=0.866$$

如果采用 Y/2Y 接法，则 $\frac{E'_1}{E_1}=1$，而其他的都不变，仍以 18/16 极为例，结果将得到

$$\frac{B'_{\delta}}{B_{\delta}}=\frac{E'_1p'w_1k_{\mathrm{w1}}}{E_1pw'_1k'_{\mathrm{w1}}}=1\times\frac{9}{8}\times\frac{1}{2}\times1=0.563$$

$$\frac{M'_{\mathrm{emN}}}{M_{\mathrm{emN}}}=\frac{B'_{\delta}}{B_{\delta}}=0.563$$

$$\frac{P'_{\mathrm{N}}}{P_{\mathrm{N}}}=\frac{B'_{\delta}p}{B_{\delta}p'}=0.563\times\frac{8}{9}=0.50$$

二、变极调速应用

某电厂一台 300MW 机组配备 3 台源江 48P－35IIA 型循环水泵，两台运行一台备用，其驱动电动机为 YL1600-16/2150 单极 16 极（转速 375r/min，简称高速）电动机，近几年该厂实际运行负荷多在 240MW 左右，但是循环水泵只能高速运行，浪费许多电能，因此该厂对该型泵进行叶轮改造，以提高运行效率后，又将单速泵改为 16 极和 18 极（18 极对应低速 334r/min，将原电动机的线圈连接方法 Y 接法改成 2Y/△，16 极时用双 Y 接法，18 极时用△接法）双速泵，同时在对电动机实行叶轮改造和双速改造的基础上，通过试验优化运行方式，灵活调节循环水量，以适应不同季节主机凝汽器供水要求，使机组的排汽真空达到最佳。改造前后循环水泵的性能参数见表 4-18（叶轮改造后称为高效泵）。高效循环水泵运行方式优化试验结果见表 4-19。根据该厂的运行统计资料，高效循环水泵进行双速技术改造后，每年可节电 650 万 kWh。

表 4-18　改造前后循环水泵的性能参数

项目 \ 比较	改前	改后	
	单速	高速	低速
转速（r/min）	375	372	334
流量（m^3/h）	19 500	20 000	17 000
扬程（mH_2O）	26	21	18.5
泵效率（%）	85	88	87

表 4-19　　　　　　　　　　高效循环水泵运行方式优化试验结果

项　目	单位	改双速前	改　　后					
负荷	MW	300	300			240		
运行方式	—	两台高速	2 台低速	1 高 1 低	2 台高速	2 台低速	1 高 1 低	2 台高速
运行区间	—	全年	12 月下旬至 2 月中旬	2 月下旬至 4 月上旬、11 月中旬至 12 中旬	4 月中旬至 11 中旬	12 月下旬至 2 中旬	2 月下旬至 4 月上旬、11 月中旬至 12 中旬	4 月中旬至 11 中旬
运行时间	月	10	2.5	2.5	5	2.5	2.5	5
平均水温	℃	20	14	17	25	14	17	25
平均端差	℃	7	8.5	7.5	6	8.5	7.5	6
泵总流量	m^3/h	38 900	32 500	37 000	41 100	32 500	37 000	41 100
凝器水量	m^3/h	35 900	29 500	33 900	38 000	29 500	33 900	38 000
电机功率	kW	1717+1668	1022+1002	1012+1380	1404+1356	1022+10 002	1012+1380	1404+1356
进出温差	℃	10.11	12.35	10.5	9.55	9.88	8.4	7.64
排汽温度	℃	37.11	34.85	35.0	40.55	32.38	32.9	38.64
排汽压力	kPa	5.35	5.5	5.6	7.6	4.89	5.9	6.9

表 4-20 是上海某发电厂 125MW 机组燃油锅炉双速引风机的试验数据。原引风机配用了型号为 JSQ-700-8，700kW，8 极高压电动机。由于引风机设计参数偏高，余量太大，所以将原单速电动机改绕为 8/10 极双速电动机运行。实际运行表明：锅炉 400t/h 满负荷出力即可采用一台高速一台低速引风机运行方式，与两台单速引风机相比，少耗电 114kW。当锅炉负荷降至 200～300t/h 范围内，两台引风机可全部切换至低速运行，与两台单速引风机相比，引风机耗电减少了 250kW 左右。在负荷为 310～330t/h 范围内引风机节电量最多，其原因是在此负荷区内两台引风机调节风门均已开大，风门节流损失最小。

表 4-20　　　　　上海某发电厂 125MW 机组燃油锅炉双速引风机试验数据

锅炉负荷（t/h）	单速引风机（高速）				双速引风机					节省功率（kW）
	甲		乙		运行方式	甲		乙		
	风门开度（%）	耗电（kW）	风门开度（%）	耗电（kW）		风门开度（%）	耗电（kW）	风门开度（%）	耗电（kW）	
400	45	457	52	418	甲引风机低速 乙引风机高速	48	265	63	496	114
368	44	414	45	420	甲引风机低速 乙引风机高速	51	258	40	426	150
333	40	424	47	386	两台引风机均低速运行	52	276	50	255	279
272	37	385	43	369		50	265	50	235	254
204	32	352	40	345		42	239	45	213	245

第五章 泵与风机节能改造技术

第一节 流量调节特性

一、泵与风机的特性

1. 相似定律

由连续运动方程得

$$q_V = v_m \eta_v A = v_m \eta_v \pi D b \psi$$

$$v_m = \frac{Dn\pi}{60}$$

式中 q_V——体积流量，m^3/s；

η_v——容积效率，实际容积效率约为 0.95 左右；

A——有效断面积（与轴面速度 v_m 垂直的断面积），m^2；

D——叶轮直径，m；

n——叶轮转速，r/min；

b——叶片宽度，m；

v_m——圆周速度，m/s；

ψ——排挤系数，表示叶片厚度使有效断面积减少的程度，排挤系数约为 0.75～0.95。

泵与风机由于转动部件与静止部件之间存在间隙，当叶轮转动时，在间隙两侧产生压力差，因而使部分由叶轮获得能量的流体从高压侧通过间隙向低压侧泄漏，这种损失称为容积损失或泄漏损失，从风机或水泵效率中仅扣除容积损失后的效率就是容积效率。

两台风机或水泵流动相似，是指两台风机或水泵任一对应点上的同一几何尺寸成比例，比值相等，各对应角、叶片数相等，排挤系数、各种效率相等，即

$$\frac{D_2}{D_1} = \frac{b_2}{b_1}$$

$$\psi_2 = \psi_1$$

$$\eta_{v2} = \eta_{v1}$$

因此两台流动相似的水泵或风机的流量比为

$$\frac{q_{V2}}{q_{V1}} = \frac{D_2 b_2 V_2}{D_1 b_1 V_1} = \left(\frac{D_2}{D_1}\right)^3 \frac{n_2}{n_1}$$

式中 q_{V1}、q_{V2}——两台相似的水泵或风机的体积流量，m^3/s；

D_1、D_2——两台相似的水泵或风机的叶轮直径，m；

n_1、n_2——两台相似的水泵或风机的叶轮转速，r/min；

V_1、V_2——两台相似的水泵或风机流体的圆周速度，m/s；

b_2、b_1——两台相似的水泵或风机叶片宽度，m。

同时推导得

$$\frac{H_2}{H_1}=\left(\frac{D_2 n_2}{D_1 n_1}\right)^2$$

式中　H_1、H_2——两台相似的水泵或风机的扬程，m。

由于泵与风机的有功功率为 $P_e=\rho g q_V H$，因此当转速变化时有功功率之比为

$$\frac{P_2}{P_1}=\frac{q_{V2}H_2}{q_{V1}H_1}=\left(\frac{D_2}{D_1}\right)^5\left(\frac{n_2}{n_1}\right)^3$$

式中　P_1、P_2——两台相似的泵或风机的有功功率（或轴功率），W。

对于同一台泵或风机由于几何尺寸相同（即 $D_2=D_1$），且输送相同流体时，排挤系数不变，容积效率变化不大，因此当速度发生变化时有

$$\frac{q_{V2}}{q_{V1}}=\left(\frac{D_2}{D_1}\right)^3\frac{n_2}{n_1}=\frac{n_2}{n_1}$$

$$\frac{H_2}{H_1}=\left(\frac{D_2 n_2}{D_1 n_1}\right)^2=\left(\frac{n_2}{n_1}\right)^2$$

$$\frac{P_2}{P_1}=\left(\frac{D_2}{D_1}\right)^5\left(\frac{n_2}{n_1}\right)^3=\left(\frac{n_2}{n_1}\right)^3$$

可见同一台泵与风机的流量之比与转速比的一次方成正比，扬程之比与转速比的二次方成正比，有功功率或轴功率之比与转速比的三次方成正比。当风机、水泵转速降低以后，其轴功率随转速的 3 次方降低，驱动风机、水泵的电动机所需的电功率亦可大大减少，电动机从电网内吸收的电功率亦可大大减少，因此变速调节是风机和水泵节能的重要途径。很明显当采用变速调节时，其节电量计算公式为

$$\Delta P=P_1-P_2=P_1\left[1-\left(\frac{n_2}{n_1}\right)^3\right] \tag{5-1}$$

当 ΔP 为负值时，表示多用电，ΔP 为正值时，表示节电。

2. 比转速

（1）泵的比转速。当两台泵相似时，其流量、扬程的换算关系为

$$\frac{q_{V2}}{q_{V1}}=\left(\frac{D_2}{D_1}\right)^3\frac{n_2}{n_1} \tag{5-2}$$

$$\frac{H_2}{H_1}=\left(\frac{D_2}{D_1}\right)^2\left(\frac{n_2}{n_1}\right)^2 \tag{5-3}$$

式（5-2）和式（5-3）在设计、选型中比较麻烦，所以可推导出一个包含 q_V、H 在内的综合相似特征数，即比转速，以 n_s表示。将式（5-2）两边平方，式（5-3）两边立方，联立解得

$$\frac{n_2^4 q_{V2}^2}{H_2^3}=\frac{n_1^4 q_{V1}^2}{H_1^3}=\frac{n^4 q_V^2}{H^3} \tag{5-4}$$

将式（5-4）两边开四次方得

$$\frac{n_2\sqrt{q_{V2}}}{H_2^{3/4}}=\frac{n_1\sqrt{q_{V1}}}{H_1^{3/4}}=\frac{n\sqrt{q_V}}{H^{3/4}}=常数 \tag{5-5}$$

式（5-5）表明，几何相似的两台泵在相似运行工况下，其比值 $\frac{n\sqrt{q_V}}{H^{3/4}}$ 必然相等。习惯上将式（5-5）乘以 3.65，并用 n_s表示，称为水泵的比转速，即

$$n_s=3.65\frac{n\sqrt{q_V}}{H^{3/4}} \tag{5-6}$$

式中 q_V——泵的流量，m^3/s；

H——泵的扬程，m；

n——泵的转速，r/min。

因为比转速是以单级单吸叶轮为标准，所以在计算时应注意：如结构是单吸多级（i 为叶轮级数），则扬程应以 H/i 代入，即

$$n_s = 3.65\frac{n\sqrt{q_V}}{(H/i)^{3/4}}$$

如果是双吸单级泵，流量以 $q_V/2$ 代入，即

$$n_s = 3.65\frac{n\sqrt{q_V/2}}{H^{3/4}}$$

利用比转速可以对水泵进行分类，n_s=30～80 为低比转速离心泵，n_s=80～150 为中比转速离心泵，n_s=150～300 为高比转速离心泵。

（2）风机的比转速。由于风机流量和全压的关系为

$$\frac{q_{V2}}{q_{V1}} = \left(\frac{D_2}{D_1}\right)^3\frac{n_2}{n_1}$$

$$\frac{p_2}{p_1} = \left(\frac{D_2}{D_1}\right)^2\left(\frac{n_2}{n_1}\right)^2\frac{\rho_2}{\rho_1}$$

因此

$$\frac{n_2\sqrt{q_{V2}}}{(p_2/\rho_2)^{3/4}} = \frac{n_1\sqrt{q_{V1}}}{(p_1/\rho_1)^{3/4}} \tag{5-7}$$

当两台相似风机进口状态都是标准状态时，即 $\rho_1=\rho_2=\rho$，则式（5-7）可写为

$$\frac{n_2\sqrt{q_{V2}}}{p_{2b}^{3/4}} = \frac{n_1\sqrt{q_{V1}}}{p_{1b}^{3/4}} = \frac{n\sqrt{q_V}}{p_b^{3/4}} = 常数 \tag{5-8}$$

式（5-8）表明，几何相似的两台风机在相似运行工况下，其比值 $\frac{n\sqrt{q_V}}{p_b^{3/4}}$ 必然相等。它反映了相似风机的特征，我们称为风机的比转速，并用 n_y 表示，即

$$n_y = \frac{n\sqrt{q_V}}{p_b^{3/4}}$$

式中 q_V——风机的流量，m^3/s；

p_b——标准状态下（温度 20℃，大气压力为 101 325Pa）风机的全压，Pa；

n——风机的转速，r/min。

比转速有时也称为比转数，它是有因次的，在计算时应注意单位，由于计算比转速时采用 SI 制，对于风机而言，计算的比转速比公制小 5.54 倍（$9.8065^{0.75}$），考虑到目前工程实际中仍沿用公制单位，为便于对照，用括号“（）”注出公制比转速的大小。利用比转速可以对风机和水泵进行相似设计并对其进行分类，n_y = 2.7（15）～12（65）为前弯式离心风机，n_y = 3.6（20）～16.6（90）为后弯式离心风机，n_y=18（100）～36（200）为轴流式风机。

二、泵与风机的性能曲线

1. 泵与风机的性能曲线

理论上可以证明，单位质量流体通过无限多叶轮时，所获得的理论能量为

$$H_{\infty}=A-Bq_{V\infty} \tag{5-9}$$

式中 H_{∞}——单位质量流体通过无限多叶轮时，所获得的理论扬程，m；

A、B——在泵与风机几何尺寸、转速为定值时，均为常数；

$q_{V\infty}$——理论流量，m^3/s。

式（5-9）称风机或水泵的特性方程。在理想情况下，扬程与流量之间的关系是一条直线方程。由于理论推导时假设叶片无限薄并为理想流体，即假定容积效率和排挤系数均为1，因此对于有限数叶片的叶轮，由于轴向涡流的影响，从而使所产生的扬程降低，用滑动系数 ε 进行修正，则

$$H=A'-B'q_V$$
$$A'=A\varepsilon$$
$$B'=B\varepsilon$$

式中 A'、B'——常数。

考虑到实际流体黏性的影响，还要在扬程—流量直线上减去因摩擦、扩散和冲击而损失的扬程；考虑到容积损失对性能曲线的影响，还要减去相应的泄漏量，因此 H-q_V 曲线实际上接近一条向下弯曲的曲线，该曲线称为流量与扬程性能曲线。

而流量与功率的关系式为

$$P=\rho g(A'q_V-B'q_V^2)$$

因此流动功率随流量的变化为一条抛物线的关系，考虑到机械损耗和泄漏量的影响，P-q_V 曲线近似抛物线的关系。

H-q_V 曲线、P-q_V 曲线叫做性能曲线，见图5-1中 P_1-q_V、P_2-q_V 曲线和 H_1-q_V、H_2-q_V 曲线。如果速度变小，则性能曲线下移。

2．管网特性

风机和水泵在使用中常与管网连接在一起，因此管网特性直接影响到风机和水泵的工作。管网特性指的是气体或液体流经管网时，流量与阻力之间的关系。由阻力计算公式进行推导可知，在管网各部件几何尺寸、管网材料、流体密度不变的情况下，管网总阻力与流经管网的流量的平方成正比，即

$$R=\zeta q_V^2 \tag{5-10}$$

式中 R——管网总阻力，Pa；

ζ——管网总阻力系数。

对于水泵

$$R=\Delta H_0+\zeta q_V^2$$

式中 R——泵系统总阻力，m；

ΔH_0——泵系统中的静扬程，m；

ζ——泵系统总阻力系数。

式（5-10）称管网特性方程，所绘制的曲线称管网特性曲线，管网特性曲线是一条通过坐标原点的抛物线。在管网实际运行中，如某一管段阻力改变，就会影响总阻力系数 ζ 值，从而改变管网阻力特性。当 ζ 值增大时，曲线变得陡峭，而 ζ 值减少时，曲线变得平坦，见图5-1中 R_1-q_V、R_2-q_V 曲线。

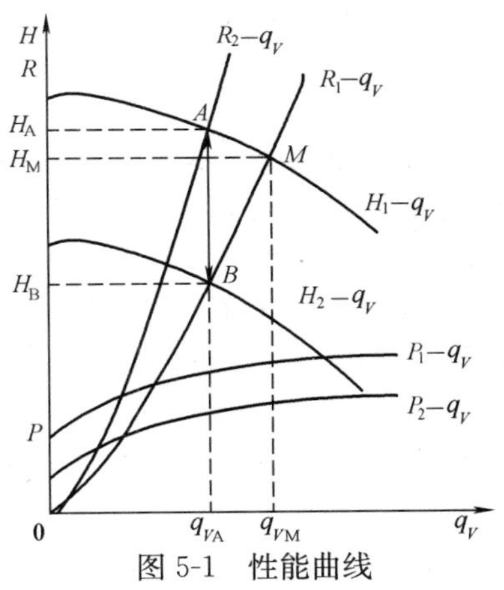

图5-1 性能曲线

风机和水泵在管网中工作，空气或水在风机或水泵中获得能量，其扬程 H、流量 q_V 之间的关系按风机和水泵性能曲线变化。而空气或水通过管网时，其管网总阻力 Δh 和流

量 q_V 之间又要遵循管网特性曲线，因此，风机（水泵）和管网之间必须具备以下关系：通过风机（水泵）和管网的流量完全相等，同时风机（水泵）所产生的扬程要等于管网的总阻力 Δh。要满足上面关系，整个流体系统只能在风机（水泵）特性曲线 $H\text{-}q_V$ 和管网特性曲线 $R=\zeta q_V^2$ 的交点运行。其交点的流量、扬程与总阻力相等，该点称为工作点（如 M 点）。

三、调节与节能

1. 流量调节与运行效率

在泵与风机的各种流量的调节方式中，节流调节最为简单。节流调节是在泵与风机的出口或进口管路上装设阀门或挡板，通过改变阀门或挡板的开度，以改变管路局部阻力，使管路阻力曲线发生变化，从而导致水泵或风机工作点位置的变化。

节流调节虽然简单方便，但是浪费电力最多。因为在节流过程中，泵与风机的特性曲线不变，仅仅是依靠关小闸阀或风门的阻力以减小流量，因此闸阀或风门的阻力损失都相应地增加。在图 5-1 中，阻力特性曲线由 $R_1\text{-}q_V$ 增加为 $R_2\text{-}q_V$ 时（ζ 值增大），泵（风机）的工作点从 M 点移到 A 点，此时流量由 q_{VM} 减小为 q_{VA}，扬程由 H_M 升高为 H_A，这样从轴输出功率计算公式

$$P=\lambda H q_V/\eta$$

式中 λ——比例常数；

η——水泵或风机的总效率。

可知，矩形 $H_A-A-q_{VA}-0$ 比 $H_M-M-q_{VM}-0$ 的面积减少不多，电动机传给风机（水泵）轴上的功率并不像流量减小得那么多，白白地损失在节流过程中。

工作点 A 因关小泵的出口阀门所产生的阻力损失为 ΔH（见图 5-1 中工作点 A 与 B 之间的扬程，$\Delta H=H_A-H_B$），相应的节流损失功率为

$$\Delta P_A=\frac{\rho g q_{VA}\Delta H}{1000}$$

工作点 A 的有功功率为

$$P_{Ae}=\frac{\rho g q_{VA}H_A}{1000}$$

轴功率为

$$P_A=\frac{\rho g q_{VA}H_A}{1000\eta_A}$$

则泵在系统中的可用功率为 $P_{Ae}-\Delta P_A$，泵系统在工作点 A 的运行效率为

$$\eta_{yxA}=\frac{P_{Ae}-\Delta P_A}{P_A}=\frac{H_A-\Delta H}{H_A}\eta_A$$

所以节流调节任一点的运行效率为

$$\eta_{yx}=\frac{H-\Delta H}{H}\eta$$

值得注意的是：水泵只适用于出口管路节流调节，因为在水泵入口管路进行节流调节时，会使泵的吸入管路阻力增加而导致泵进口压强降低，导致泵内产生汽蚀，因此对水泵只能采用出口节流调节。而风机最好是在入口管路上进行节流调节，实践证明，在风机入口管路节流调节时，会引起风机入口气流流场的变化，风机性能曲线也发生变化，从而导致入口管路节流调节的调节效率高于相应流量下的出口管路节流调节的调节效率。

2. 调节方式的节能分析

节流调节到 A 点，工作点 A 的轴功率为

$$P_A=\frac{\rho g q_{VA}H_A}{1000\eta_A}=\frac{\rho g q_{VA}(H_B+\Delta H)}{1000\eta_A}$$

$$=\frac{\rho g q_{VA} H_B}{1000}+\frac{\rho g q_{VA}\Delta H}{1000}+\frac{\rho g q_{VA}(H_B+\Delta H)}{1000}\left(\frac{1}{\eta_A}-1\right)$$

即 A 点轴功率为 B 点有功功率 $\frac{\rho g q_{VA} H_B}{1000}$、阀门节流损失 $\frac{\rho g q_{VA}\Delta H}{1000}$ 和水泵损失 $\frac{\rho g q_{VA}(H_B+\Delta H)}{1000}\left(\frac{1}{\eta_A}-1\right)$ 之和。

如果变速调节泵和风机的流量，管网的总阻力则不变，H_1-q_V 曲线将随着转速 n 的下降，向流量与扬程同时减小的左下方移动，变成 H_2-q_V 曲线，对应的消耗功率曲线 P_1-q_V 也向下移动，变成 P_2-q_V 曲线，如图 5-1 所示工作点 B，在变速调节流量过程中没有节流损失，调节效率最高。泵和风机节约的电力可以从变速前后速度的立方之比估算出来。转速由 n_1 改变为 n_2 时，P 与 n 的关系为

$$\frac{H_2}{H_1}=\left(\frac{n_2}{n_1}\right)^2$$

$$\frac{P_2}{P_1}=\left(\frac{n_2}{n_1}\right)^3$$

式中 P_2——风机或水泵在转速 n_2 时的功率，kW；

P_1——风机或水泵在转速 n_1 时的功率，kW；

H_2——风机或水泵在转速 n_2 时的扬程，m；

H_1——风机或水泵在转速 n_1 时的扬程，m。

当原动机速度由 n_1 减少为 n_2 时，流量由 q_{V1} 降为 q_{V2}，扬程由 H_1 降为 H_2，轴输出功率 P 将以速度 n 的立方大大地减小，节电效果明显。

变速调节流量时，B 点的轴功率为

$$P_B=\frac{\rho g q_{VA} H_B}{1000\eta_B}=\frac{\rho g q_{VA} H_B}{1000}+\frac{\rho g q_{VA} H_B}{1000}\left(\frac{1}{\eta_B}-1\right)$$

B 点的轴功率为 B 点的有功功率 $\frac{\rho g q_{VA} H_B}{1000}$ 和水泵损失 $\frac{\rho g q_{VA} H_B}{1000}\left(\frac{1}{\eta_B}-1\right)$ 之和。若不考虑效率的影响，即 $\eta_A=\eta_B$，则变速调节节省的轴功率为

$$\Delta P=P_A-P_B=\frac{\rho g q_{VA}\Delta H}{1000}+\frac{\rho g q_{VA}\Delta H}{1000}\left(\frac{1}{\eta_A}-1\right)=\frac{\rho g q_{VA}\Delta H}{1000\eta_A}$$

可见节流调节越大，则变速调节节省的功率越多。

第二节 泵与风机驱动电动机的选择

泵与风机的有功功率是单位时间内通过泵或风机的流体实际所得到的功率，设流过叶轮的体积流量为 q_V，扬程为 H，流体的密度为 ρ，则有功功率为 $\rho g q_V H$，泵的有功功率为

$$P_e=\frac{\rho g q_V H}{1000}$$

由于风机的全压为

$$p=\rho g H$$

所以风机的有功功率为

$$P_e = \frac{q_V p}{1000}$$

式中 H——泵的扬程，指单位质量液体通过泵后获得的能量增加值，m；

p——风机的全压，指单位体积气体流过风机时所获得的能量增加值，Pa；

q_V——体积流量，m^3/s；

P_e——泵或风机的有功功率（由于这部分能量被泵或风机的流体所携带，因此又称为泵或风机的输出功率），kW；

ρ——实际状态下的流体或气体密度，kg/m^3。

在一个物理大气压下（1个物理大气压 $p_0=101\ 325Pa$）和标准温度下，淡水 $\rho_{293}=1000kg/m^3$，海水 $\rho_{293}=1024kg/m^3$，空气 $\rho_{293}=1.2kg/m^3$，烟气 $\rho_{473}=0.745kg/m^3$，排粉风机含粉乏气 $\rho_{293}=1.36kg/m^3$。

泵或风机的效率 η_i 等于有功功率 P_e 与轴功率 P_{sh}（轴功率是原动机传给泵或风机轴上的功率，即泵或风机的输入功率）之比，即

$$\eta_i = \frac{P_e}{P_{sh}}$$

因此轴功率为

$$P_{sh} = \frac{\rho g q_V H}{1000\eta_i}$$

或为

$$P_{sh} = \frac{q_V p}{1000\eta_i}$$

由于在泵和风机内存在损耗，所以 $P_e < P_{sh}$，一般水泵效率 η_i 为0.6～0.9，风机效率 η_i 为0.70～0.92。

由于传动装置存在损耗（电动机传动效率 η_{tm} 按表5-1和表5-2取值），所以电动机实际输出功率为

$$P_g = \frac{P_{sh}}{\eta_{tm}} = \frac{P_e}{\eta_i \eta_{tm}}$$

表5-1　　风机电动机传动效率 η_{tm}

传动方式	传动效率 η_{tm}	传动方式	传动效率 η_{tm}
电动机直联传动	1.0	三角皮带传动	0.92～0.95
联轴器传动	0.98	齿轮减速装置	0.95～0.96

表5-2　　水泵电动机传动效率 η_{tm}

类　型	传动方式	效　　率	类　型	传动方式	效　　率
圆柱齿轮	6、7级精度闭式传动	0.98～0.99	减速器	单级圆柱齿轮减速器	0.97～0.98
	8级精度闭式传动	0.97		双级圆柱齿轮减速器	0.95～0.96
	9级精度闭式传动	0.96		单级行星摆线针轮减速器	0.90～0.96
	切制齿开式传动	0.94～0.96		单级圆锥齿轮减速器	0.95～0.96
	铸造齿开式传动	0.90～0.93		双级圆锥—圆柱轮减速器	0.94～0.95
圆锥齿轮	6、7级精度闭式传动	0.97～0.98	联轴器	弹性联轴器	0.99～0.995
	8级精度闭式传动	0.94～0.97		液力联轴器	0.95～0.97
	切制齿开式传动	0.92～0.95		齿轮联轴器	0.99
	铸造齿开式传动	0.88～0.92	皮带	平皮带传动	0.97～0.98
电动机直联传动		1.0		三角皮带传动	0.95～0.96

考虑到原动机泵或风机运转时可能出现的超负荷情况，所以原动机的配套功率 P_N 通常更大些，即

$$P_N = K_f P_g = K_f \frac{P_{sh}}{\eta_{tm}} = K_f \frac{P_e}{\eta_{tm}\eta_i}$$

式中 K_f——电动机容量的富裕系数，风机 K_f 取值见表 5-3，水泵 K_f 取值见表 5-4。

表 5-3 风机驱动电动机容量的富裕系数

电动机功率（kW）	电动机容量的富裕系数	电动机功率（kW）	电动机容量的富裕系数
0.5 及以下	1.5	>5	1.15
>0.5～1	1.4	送风机电动机	1.15
>1～2	1.3	引风机电动机	1.30
>2～5	1.2	排粉机电动机	1.20

注 表中电动机容量的富裕系数取值偏大，只考虑了安全性，没有考虑运行经济性，对于调峰机组来说，电厂送风机、引风机和排粉机电动机的容量富裕系数均可取为 1.08。

表 5-4 水泵驱动电动机容量的富裕系数

水泵轴功率（kW）	<5	5～10	10～50	50～100	≥100
容量的富裕系数 K_f	2～1.3	1.3～1.15	1.15～1.10	1.10～1.05	1.05

如某厂 125MW 机组采用海水直流冷却方式的循环水泵选用 64LKSA-13B 型水泵，出口流量 10 188m³/h，扬程 11.39m，效率 78%，联轴器传动效率 98%，则选用电动机功率应为

$$P_N = K_f \frac{P_e}{\eta_{tm}\eta_i} = K_f \frac{\rho g q_V H}{1000} \frac{1}{\eta_{tm}\eta_i}$$

$$= 1.05 \times \frac{1024 \times 9.81 \times 10\,188 \times 11.39}{1000 \times 3600 \times 0.78 \times 0.98} = 444.78$$

显然电动机额定功率可选用 500kW。

第三节 高效风机与水泵的选用

一、给水泵

供给锅炉用水的泵叫给水泵。给水泵的任务是把除氧器贮水箱内具有一定温度、除过氧的给水，提高压力后输送给锅炉，以满足锅炉用水的需要。由于给水温度高，在给水泵入口处水容易发生汽化，会形成汽蚀而引起出水中断。因此一般都把给水泵布置在除氧器水箱以下，以增加给水泵入口的静压力，避免汽化现象的发生，保证给水泵的正常工作。为了缩短给水泵进水管道的长度，既要尽量使除氧器靠近给水泵，又要防止给水泵因此引起的入口处发生汽化，避免在进水箱和水泵叶轮处产生汽蚀现象，因此大型机组给水泵系统均设置了前置泵，以给主给水泵入口提供较高的入口压力，保证主给水泵正常运行。

给水泵的拖动方式主要有电动机拖动（定速泵加液力联轴器）和专用小汽轮机拖动等。用小汽轮机拖动给水泵的主要优点是：

（1）小汽轮机可根据给水泵的需要采用高转速（转速可从 2900r/min 提高到 5000～7000r/min）变速调节。高转速可使给水泵的级数减少 2～5 级，质量减轻，转轴长度可缩短，从而使挠性转轴改换为刚性转轴，效率提高，可靠性增加。改变给水泵转速来调节给水流量比节流调节经

济性高，并能消除阀门因长期节流而造成的磨损，同时简化了给水泵系统，调节方便。

（2）大型机组电动给水泵耗电量约占全部厂用电量的50%左右，采用汽动给水泵后，可以减少厂用电，使整个机组向外多供3%～4%的电量。

（3）大型机组采用小汽轮机带动给水泵后，可提高整个机组的热效率0.2%～0.6%。

（4）大型电动机加上升速齿轮液力联轴器及电气控制设备比小汽轮机还贵，而且大型电动机的启动电流很大，对厂用电系统的运行不利。

我国125、200、300MW机组所配置的给水泵，因制造时间不同而有三代产品。20世纪70年代早期基本上是第一代给水泵，效率低（约65%～70%），可靠性差，后来在全国范围内对这些水泵进行了全面改造。到了80年中期第二代给水泵已基本定型，如配125MW机组的DG500-180（改进型）全容量泵、DG480-180全容量泵，配200MW机组的DG500-180、DG400-180半容量泵和DG750-180全容量泵，配300MW的DG560-240和DG500-240半容量泵，这些水泵虽然是吸收了国外一些给水泵的结构特点进行设计、制造的，但是由于当时技术条件的限制，这些水泵的效率仍然不够高（约70%～75%），转子刚性差和轴端密封结构不合理，致使运行稳定性差。从80年代初期开始，国内一些水泵制造厂分别引进德国KSB公司、英国WEIR泵公司和法国SUIZER公司的水泵生产技术，在消化吸收的基础上于90年代初期陆续开发出了第三代给水泵，如配125MW机组的FT8G41-I和FK5G32型泵，配200MW机组的DGT750-180、50CHTA/5型泵，配300MW机组的DGT600-240、FK5D32型泵，这些泵的效率都达到了80%以上，运行的可靠性和稳定性也大大提高，见表5-5。

表5-5　国产高效锅炉给水泵与原锅炉给水泵效率比较

机组容量（MW）	高效给水泵						原锅炉给水泵	
	型　号	流量（m^3/h）	扬程（m）	转速（r/min）	效率（%）	生产厂家	型　号	效率（%）
100	DG270-140C	400	1600	2985	79	沈阳水泵厂	DG270-140	69
	100GSB					郑州电力机械厂		
	FK5F32DM	418	1465	4600	80	上海电力修造总厂	DG400-140S	79
125	FK7D32D FK5G32	480	1800	4390	80	上海电力修造总厂	DG500-180 DG480-180	72
	DGT480-180	440	1800	4640	78.5	上海电力修造总厂		
	135TSB					郑州电力机械厂		
200	DG400-180C	400	1950	2985	77.5	沈阳水泵厂	DG400-180 DG500-180	71
	40CHTA/6	400	1965	5290	79	沈阳水泵厂		
	DGT750-180	680	1787	5000	80	上海电力修造总厂		
	200TSB					郑州电力机械厂		
	FK5F32	760	1920	5250	81	上海电力修造总厂		
	FK6F32	410	1946	4950	81			
300	DG750-180	680	1806	6021	81	上海电力修造总厂	DG500-240 DG560-240	71
	DGT560-240	510	2560	6000	81			
	FK4E39	1150	2267	5140	83	上海电力修造总厂		
	FK6D32	647	2381	5410	82.3	上海电力修造总厂		
	FK5D32	610	2412	5845	82	上海电力修造总厂		
	80CHTA/4	1198	2192	5731	82.5	沈阳水泵厂		
	50CHTA/6	575	2560	5925	81.4	沈阳水泵厂		

续表

机组容量(MW)	高效给水泵						原锅炉给水泵	
	型　号	流量(m^3/h)	扬程(m)	转速(r/min)	效率(%)	生产厂家	型　号	效率(%)
600	MDG366	1023	3152	5500	84.7	沈阳透平机械有限公司		
	FK4F4A	2210	2694	5280	84	上海电力修造总厂		
	FK4E39	1183.2	2331.7	5570	85	上海电力修造总厂		
	80CHTA/4	1006	2097	5480	82.5	沈阳水泵厂		
1000	16×16×18-5s tgHDB	1426	3341.4	5658	85.0	日本荏原博泵公司(EBARA)		
	CHTD7/5	1446.7	3097	5749	84.8	上海凯士比泵有限公司(KSB)		

注　DG表示分段式多级锅炉给水泵，DG46-30×5表示卧式单吸多级给水泵、额定流量46m^3/h、单级扬程30m、泵的级数为5。

目前125/135MW机组配备的DG500-180（配YT62型液力耦合器，组成的全容量低速型调速泵）和DGT480-180（全容量高速型调速泵），均是第二代给水泵，存在技术水平低，运行稳定性差，检修工作量大的问题，应分别改造为上海电力修造厂利用伟尔公司（WEIR）技术生产的FT8G41-Ⅰ型和KF5G32型泵，或者改造成郑州电力机械厂新研制的135TSB型泵等。前两种泵采用双壳体筒形结构、整体全抽芯芯包，并采用刚性转子，可在部分汽化状态短暂运行，可以不暖泵而直接启动。采用平衡鼓和大规格推力轴承及小长径比的圆柱形径向轴承，运行安全可靠、维修方便。轴封装置采用无动静接触的迷宫密封，运行可靠、寿命长。后者适合做125MW机组改造成135MW的配套水泵，该泵具有螺旋密封和机械密封联合的密封机构，既解决了机械密封的磨损问题，又避免了螺旋密封在停泵时的泄漏，保证了给水泵的长期稳定运行。采用平衡鼓、平衡盘和推力轴承联合的轴向力平衡机构，推力轴承只承担5%以下的残余轴向推力，有效避免了轴向接触的危险。例如某电厂改造为FT8G41-Ⅰ型后，在同样的流量下单耗下降了0.22kWh/t，运行可靠稳定，振动明显减小。

200MW机组配套的水泵种类比较繁杂，问题也比较多，例如DG500-180、DG400-180、DG450-180、DGT385-185、DG750-180、40CHTA/6型泵等，其效率一般为70%左右，单位电耗大，泵体振动大，内部磨损严重，大轴弯曲，轴封泄漏严重，结构不合理，检修工作量大，运行可靠性差等。建议尽可能改造为第三代全容量调速泵，如采用英国WEIR泵公司技术制造的DGT750-180型调速泵、采用德国KSB公司技术制造的50CHTA/5型调速泵，或者改造成200GSB型泵。例如某电厂两台200MW机组原来配套40CHTA/6型半容量调速给水泵，运行中事故频繁，液力耦合器出现断轴、烧瓦事故。后全部改造成DGT750-180型全容量调速给水泵（配YOT51型液力耦合器），避免了给水泵频繁启停，提高了机组安全性，大大降低了厂用电率。

早期国产300MW机组配套的DG560-240型、DG500-240型半容量调速给水泵，可靠性和经济性存在的较多问题，曾出现过大轴断裂、动静部分碰磨咬死、机械密封件磨损泄漏等故障，且汽动泵组效率低，通常在65%左右，究其原因，除设备设计性能和运行老化因素以外，主要是泵组配套有欠合理：

（1）小汽轮机额定功率远大于给水泵的轴功率，形成大马拉小车情况，致使小汽轮机运行工况点偏离设计工况点，运行效率下降。

（2）配套的给水泵设计扬程偏高，例如某电厂锅炉给水泵设计扬程 2395m，机组在额定工况下运行时锅炉给水所需的扬程仅为 1907m。

解决在役机组配套不合理的途径有：

（1）对小汽轮机实施改造，可以考虑去掉一级叶轮，或者对整个通流部分进行改造。

（2）对给水泵进行改造，可以考虑去掉一级叶轮，或者更换为采用引进技术生产的第三代调速泵组。例如多家电厂采用英国 WEIR 泵公司技术制造的 DGT600-240 型半容量调速给水泵改造成功，其可靠性提高，维护工作量减小，实测效率达 80%以上。

二、凝结水泵

凝结水泵的作用是将汽轮机凝汽器热水井内（热水井的作用是聚集凝结水，有利于凝结水泵的正常运行。热水井贮存一定数量的水，保证机组甩负荷时不使凝结水泵马上断水）的凝结水升压后送至回热系统。凝结水在被送往除氧器时，首先要经过射汽抽气器冷却器、轴封加热器，冷却从凝汽器中抽出的混合气体、射汽抽气器的工作蒸汽和轴封漏气等，这样一方面维持了射汽抽气器冷却器、轴封加热器的正常工作，同时也使凝结水本身受到加热，提高了发电厂的热经济性。然后凝结水再进入低压加热器，由汽轮机低压部分的抽汽对凝结水进行再次加热，充分发挥使用低压抽汽提高回热加热经济性的优势。

凝结水泵所输送的是相应于凝汽器压力下的饱和水，所以在凝结水泵入口易发生汽化，因而凝结水泵安装在热井最低水位以下，使水泵入口与最低水位维持 0.9～2.2m 的高度差，利用该段水柱的静压提高水泵进口处压力，使水泵进口处水压高于其所对应的饱和压力，避免汽化。由于凝结水泵进口是处在高度真空状态下，容易从不严密的地方漏入空气积聚在叶轮进口，使凝结水泵打不上水。所以一方面要求进口处严密不漏气，另一方面在泵入口处接一抽空气管道至凝汽器汽侧（也称平衡管），以保证凝结水的正常运行。

凝结水泵选型及调速运行方式建议如下：

（1）凝结水泵的电动机容量冗余系数不超过 1.2，在保证出力的情况下，电动机配套功率不宜过大，这样可以节约变频器的投资。

（2）建议纯凝机组配置 2×100%容量凝结水泵，变频器为一拖二方式，以利于运行调控，并节省布置空间。热网疏水回除氧器的供热机组，建议配置 3×50%容量凝结水泵，配置两台变频器，且变频器在三台泵之间能切换。

（3）为了充分发挥机组调峰运行时的凝结水泵变速运行节能效果，建议：在保证除氧器上水的情况下，尽量降低凝结水泵出口压力，350～600MW 超临界机组设置为 1.5MPa；600～1000MW 超超临界机组设置为 1.8MPa。降低凝结水泵出口压力的主要方法有：对于没有凝结水辅助调整门的机组，部分开启凝结水调整门旁路门，再通过调节凝结水调整门开度来实现；对于有凝结水辅助调整门的机组，开启凝结水辅助调整门，再通过调节凝结水调整门开度来实现：如若还不行，则开启调整门旁路门和辅助调整门，再通过调节凝结水调整门开度来实现。

三、循环水泵

目前，循环水泵实际性能严重偏离设计性能，主要表现为：①设计扬程偏高，实际运行效率达不到设计值（普遍低于设计值 5 个百分点以上）；②循环水泵设计扬程偏高，实际运行中泵运行在低扬程、大流量区域，若扬程设计偏差过大，将会导致循环水泵电动机过电流。

循环水泵选型综合建议如下：

（1）循环水系统阻力设计计算结果应与实际投产类似机组的实际循环水系统阻力进行对比，尽量接近实际的循环水系统阻力，循环水泵扬程按设计计算值的 80%选取即可。

（2）建议循环水泵按照 2×50%容量配置，至少一台循环水泵能双速运行；经济条件许可的情况下，可以考虑加装变频器实现循环水泵连续调速运行。

(3) 循环水泵的电动机容量冗余系数不超过 1.2 为宜。

四、风机

锅炉送引风机和一次风机也是火力发电厂用电大户，其耗电量之和约占厂用电量的 1/3 左右。过去锅炉送、引风机多采用离心式风机，采用入口导流器调节方式。近几年来国内大型机组开始采用轴流式风机及动叶调节方式。如上海鼓风机厂引进德国 TLT (Turbo-lufttechnik Gmbh) 公司技术生产的 FAF 型送风机、SAF 引风机和 PAF 一次风机等系列动叶可调轴流式风机 (见表 5-6、表 5-7 和表 5-8)；威海豪顿华公司 1994 年引进英国豪顿公司技术生产的 ANN 型动叶可调轴流式送风机、D413 型静叶可调轴流式引风机；沈阳鼓风机厂 20 世纪 80 年代引进丹麦诺文科 (NOVENCO) 公司 Variax 技术生产的 ASN、AST 型动叶可调轴流式送风机和 AST 动叶可调轴流式一次风机；成都电力机械厂 1986 年引进西德 KKK 公司技术制造的 AN 型轴流式风机等 (见表 5-9)。

表 5-6　　部分 FAF 系列动叶可调轴流式送风机性能参数

型　号	转数 (r/min)	流量 (m^3/s)	全压 (Pa)	温度 (℃)	电动机型号	电动机功率 (kW)
FAF17-9.5-1	1480	88.9	4415	40.2	YKK450-4-4W	560
FAF17-10-1	1470	93.76	5135	40	YKK450-4-4	710
FAF18-10.6-1	1480	122.9	5788	20	YKK500-4-4W	1000
FAF18.8-10.6-1	1470	124.1	5968	38	YKK560-4	1120
FAF19-9-1 (300MW 机组用)	1470	132.6	3863	38.1	YKK500-4	800
FAF19-9.5-1	1485	140	4503	38	YKK500-4	900
FAF19-9.5-1	1480	139	4511	38	YKK500-4W	1000
FAF20-10-1	1470	150.5	4119	42.2	YKK500-4	1000
FAF20-10.6-1	1485	139	5908	41.1	YKK560-4	1250
FAF21.1-12.6-1	985	127.8	3854	20	YKK800-6W	800
FAF21.1-12.6-1	985	139.8	4164	20	YKK500-6	800
FAF21.1-13.3-1	985	119.3	4344	20	YKK560-6	1000
FAF22.4-11.8-1	985	157.9	3553	20	YFD500-6	800
FAF22.4-12.6-1	985	131	3727	20	YSOS1000-6	1000
FAF22.4-14-1	980	137.8	4752	20	YKK560-6	1000
FAF22.4-16-1	985	166.9	4707	20	YKK560-6	1000
FAF23.7-12.6-1	985	182	3999	41	YKK560-6	1000
FAF23.7-13.3-1	985	152	4071	20	YSOS1000-6	1000
FAF23.7-13.3-1	985	174.9	4677	41	YKK560-6	1150
FAF23.7-13.3-1	985	192.5	4395	30	YSOS1100-6	1100
FAF23.7-13.3-1	985	175	3630	20	JSZ1600-6	1600
FAF23.7-14-1	985	184.7	4950	20	YKK630-6	1250
FAF23.7-15-1	985	178.6	5275	41.7	YKK630-6	1350
FAF25-12.5-1	985	197	3545	20	YKK630-6	1000
FAF25-18-1	985	188.6	5498	37.4	Y1600-6/1180	1600
FAF26.6-13.3-1 (600MW 机组用)	985	212.2	3583			1100
FAF28-13.3-1 (600MW 机组用)	985	293	3620	41.4	YSFW1600-6	1600
FAF28-14-1 (1000MW 机组用)	985	317.84	4394	20		3150

表 5-7　　部分 SAF 系列动叶可调轴流式引风机性能参数

型　号	转数（r/min）	流量（m^3/s）	全压（Pa）	温度（℃）	电动机型号	电动机功率（kW）
SAF26.6-15-1（300MW 机组用）	985	254	4385	140	YKK630-6	1600
SAF26.6-15-1	985	288	4169	128	YKK1600-6	1600
SAF26.6-15-1	985	281	4187	140	YKK710-6	1800
SAF26.6-15-1	985	278	4385	140	YSOS1800-6	1800
SAF26.6-15-1	985	288	4379	150	YKK1800-6W	1800
SAF26.6-15-1	985	280	4572	142	YKK1800-6W	1800
SAF28-15-1	985	298	3962	133	YKK1600-6	1600
SAF28-15-1	985	320	4499	141	YKK710-2-6W	2000
SAF28-16-1	985	287	4762	121	YKK1800-6W	1800
SAF28-16-1	985	286	4843	120	YKK710-6	1800
SAF28-16-1	985	287	4638	140	YKK2000-6W	2000
SAF28-16-1	985	268	4022	140	YSOW1600-6	1600
SAF28-16-1	985	263	4267	136	YSOS1600-6	1600
SAF28-16-1	985	310	4120	155	YSOS1800-6	1800
SAF28-16-1	985	275	4715	142	YKK1800-6W	1800
SAF28-16-1	985	317	5300	140	YKK2150-6W	2150
SAF28-16-1	985	317	4424	140	YKK1800-6	1800
SAF28-16-1	985	353	4510	135	YKS2240-6	2240
SAF28-16-1	985	286	4770	129	YSOSW1800-6	1800
SAF28-18-1	985	330	5670	130	YSOS2400-6	2400
SAF28-18-1	985	306	5270	129	YKK2400-6W	2400
SAF28-18-1	985	286	5267	128	YKK2400-6W	2400
SAF36.5-26-2（660MW 机组用）	740	444	12 650	130	轴功率 3450kW	

表 5-8　　部分 PAF 系列动叶可调轴流式一次风机性能参数

型　号	转数（r/min）	流量（m^3/s）	全压（Pa）	温度（℃）	电动机型号	电动机功率（kW）
PAF13.3-8-2	1480	41.2	5690	20	YSOF550-4	550
PAF16-12-2	1480	63	12 665	38	YKK560-4	1120
PAF17-12-2	1470	81.2	11 830	38	YKK560-4	1250
PAF17-12.5-2	1485	67.6	13 013	38	YKK560-4	1150
PAF17-12-2	1480	81	11 134	38	YSOF1250-4	1250
PAF18-10-2	1480	116	10 860	41.4	CS-LLD 西屋	1800
PAF19-12.5-2（600MW 机组用）	1470	123	12 826	38.5	YKK710-4	2500

注　对于型号 PAF17-12-2 来说，A 表示轴流，F 表示动叶可调，17 表示叶轮外径的圆整值（dm），12 表示轮毂直径的圆整值（dm），2 表示双级（单级用 1 表示）。在风机的样本和铭牌上常用 m^3/h，在计算设计中均用 m^3/s，应注意单位换算。

表 5-9　　配 300、600MW 锅炉 AN 静叶可调轴流式引风机参数

名　称	参　数			
型号	AN28e6	AN26e6	AN37e6	AN42e6
配备机组（MW）	300	300	600	1000
设计工况风量（m^3/s）	237.3	276	427.2	648.2
设计工况全压（Pa）	3620	7441	4520	4359
进口温度（℃）	124	73		112.6
效率（%）	85.4		87.1	85.9
风机转速（r/min）	730	993	590	585
电动机额定功率（kW）	1800	2600	3300	5800
电动机电压（kV）	6	6	6	6
电动机电流（A）	211	295	390	698
典型应用电厂	淮阴 3、4 号	榆社 3、4 号	沁北 1、2 号	邹县 7、8 号
运行功率（kW）	860～1000	1780～2014	1708～1795	2750～3500
风机单耗（kWh/t）	2.01～2.16	4.06～4.51	0.92～1.78	
风机耗电率（%）	0.57～0.63	1.32～1.42	0.53～0.65	0.55～0.70

注　榆社电厂引风机压头偏高，配置电动机功率也偏大，导致风机单耗是同类型电厂的 2 倍。

FAF、PAF 和 SAF 等系列动叶可调轴流式风机，因为在运行中可以调节动叶片的安装角，其工况范围不是一条曲线，而是一个面，所以流量变化范围大，高效率运行区宽广。进气箱和进气管道、扩压器和排气管道分别通过挠性进气膨胀节和排气膨胀节连接；进气箱和机壳、机壳和扩压器间用挠性围带连接。这种连接方式可防止振动的传递和补偿安装误差和热膨胀冷缩引起的偏差。叶轮轮壳采用低碳合金钢通过多次焊接后成型，强度刚度相当高，比铸件结构质量好。叶片为机翼型扭曲叶片，送风机采用高强度铸铝合金制成，引风机采用钢质叶片。叶片安装角的数值通过输出在机壳外的角度指示机构上显示。

五、水泵和风机参数取值

根据实际情况，确定最大流量 $q_{V_{max}}$ 和最大扬程 H_{max}（或风压 p_{max}），然后分别加上适当的安全余量，作为选用风机和水泵的依据。我国 DL 5000—2000《火力发电厂设计技术规程》规定，给水泵、锅炉引送风机的流量余量为最大流量的 5%～10%，扬程或全压余量为最大扬程（全压）的 10%～15%（当采用三分仓空气预热器时，送风机的风量余量不低于 5%，压头余量不低于 10%；对于两分仓或管箱式空气预热器时，送风机的风量余量不低于 10%，压头余量不低于 20%；而对于引风机，其风量余量不低于 10%，压头余量不低于 20%），即

$$q_V=(1.05\sim1.10)q_{V_{max}}$$

$$H_V=(1.10\sim1.15)H_{max}$$

$$p_V=(1.10\sim1.15)p_{max}$$

式中　q_V、H_V、p_V——计算流量、计算扬程和计算全压。

应当注意在设计规范中：送风机的工作参数是对热力学温度 $T_b=293K$（20℃），大气压力 $p_{am}=101\ 325Pa$，相对湿度为 50%，空气密度为 $\rho_{293}=1.2kg/m^3$ 的干净空气而言；引风机的工作参数是对热力学温度 $T_b=473K$（200℃），大气压力 $p_{am}=101\ 325Pa$，相对湿度为 50%，介质密度为 $\rho_{473}=0.745kg/m^3$ 而言；排粉风机的工作参数是对热力学温度 $T_b=363K$（90℃），大气压力

p_{am}=101 325Pa，相对湿度为50%，介质密度为ρ_{363}=0.972kg/m³而言；水泵设计参数是对热力学温度T=293K（20℃），大气压力p_{am}=101 325Pa，液体密度为ρ_{293}=1000kg/m³而言。

若所输送的流体介质不符合上述状态时，为了按照设计规程来选择风机和水泵，必须根据相似定律对流量、风压、功率进行换算。

送风机换算公式为

$$q_{V_b}=q_V\left(\frac{n_b}{n}\right) \tag{5-11}$$

$$p_b=p_V\frac{\rho_b}{\rho}=p_V\frac{101\ 325}{p_{am}}\times\frac{273+t}{273+20}\left(\frac{n_b}{n}\right)^2 \tag{5-12}$$

$$P_b=P_V\frac{\rho_b}{\rho}=P_V\frac{101\ 325}{p_{am}}\times\frac{273+t}{273+20}\left(\frac{n_b}{n}\right)^3 \tag{5-13}$$

当不知气体密度时，计算式为

$$\rho=\rho_b\frac{p_{am}(273+20)}{101\ 325(273+t)}\approx\rho_b\frac{273+20}{273+t}$$

引风机换算公式为

$$q_{V_b}=q_V\left(\frac{n_b}{n}\right)$$

$$p_b=p_V\frac{\rho_b}{\rho}=p_V\frac{101\ 325}{p_{am}}\times\frac{273+t}{273+200}\left(\frac{n_b}{n}\right)^2$$

$$P_b=P_V\frac{\rho_b}{\rho}=P_V\frac{101\ 325}{p_{am}}\times\frac{273+t}{273+200}\left(\frac{n_b}{n}\right)^3$$

当选择引风机时，如果烟气密度没有精确的数据，则计算式为

$$\rho=\rho_b\frac{p_{am}(273+200)}{101\ 325(273+t)}\approx0.745\times\frac{273+200}{273+t}$$

式中 ρ_b——标准状态下的介质密度，烟气200℃时的平均密度为0.745kg/m³，空气20℃时的平均密度为1.2kg/m³，kg/m³；

t——使用条件下风机进口处的气体温度，℃；

p_{am}——当地大气压力，Pa；

q_V、p_V、P_V、n——送风机、引风机在使用条件下的风量、全压、功率和转速，m³/s、Pa、kW、r/min；

q_{V_b}、p_b、P_b、n_b——制造厂提供的标准状态下的风量、全压、功率和转速，m³/s、Pa、kW、r/min；

ρ——实际输送气体密度，kg/m³。

有时引风机的设计标准状态为热力学温度T_b=413K（140℃），大气压力p_{am}=101 325Pa（760mmHg），空气密度ρ_{413}=0.85kg/m³。这时应在换算公式中用0.85替换0.745，140替换200。

【例5-1】 某电厂125MW锅炉烟气最大流量$q_{V_{max}}=86\times10^4$m³/h，管路中总损失H_{max}=3300Pa，烟气热力学温度T=422K，当地大气压力99 500Pa，试选择引风机（假定风机效率为80%，传动效率98%）。

解 根据DL 5000—2000《火力发电厂设计技术规程》应选两台引风机并联运行，每台计算参数为

$$q_V = 1.05\frac{q_{V_{max}}}{2} = 1.05 \times 86 \times 10^4/2 = 43.43 \times 10^4 (m^3/h) = 120.64(m^3/s)$$

$$p_V = 1.10H_{max} = 1.10 \times 3300 = 3630(Pa)$$

由于引风机的性能曲线表和选择曲线是按标准状态（烟气温度200℃，101 325Pa，烟气密度0.745kg/m³）绘制的，故引风机的计算参数修正为

$$q_{V_b} = q_V = 120.64, \ m^3/s$$

$$p_b = 3630 \times (101\ 325/99\ 500) \times 422/473 = 3298.0(Pa)$$

$$P_N = K_f\frac{q_{V_b}p_b}{1000\eta\eta_{tm}} = 1.1 \times \frac{120.64 \times 3298.0}{1000 \times 0.8 \times 0.98} = 558.2(kW)$$

选用驱动电动机功率为630kW为宜。根据q_{V473}、p_{473}查Y4-73型引风机选择曲线，选用两台Y4-73-116K28型风机，转速960r/min，风量$50 \times 10^4 m^3/h$，风压3298.0Pa，转速730r/min。如果选配YK560-8，800kW、6000V、97.5A、743r/min的驱动电动机，对于长期低负荷运行的锅炉，引风机的驱动动力显然偏大。

【例5-2】 某厂现有Y9-6.3（35）-12No10D型锅炉引风机一台，铭牌参数为$q_{V_b} = 20\ 000m^3/h$、$p_b = 1589Pa$、$n_b = 960r/min$、效率$\eta = 60\%$，配用电动机功率22kW。现用此风机输送20℃的清洁空气，转速不变，联轴器传动效率$\eta_{tm} = 60\%$，求在新工作条件下的性能参数，并核算电动机是否能满足要求。

解 锅炉引风机铭牌参数的基准条件是大气压力101 325Pa、介质温度200℃、介质密度0.745kg/m³，输送20℃的清洁空气，$\rho_b = 1.2kg/m^3$，所以此时工作条件下

$$\rho = \rho_b\frac{273+20}{273+t} = 1.2(kg/m^3)$$

$$q_{V_b} = q_V = 20\ 000(m^3/h) = 5.56(m^3/s)$$

$$p_b = p_V\frac{\rho_b}{\rho} = 1589 \times \frac{1.2}{0.745} = 2559.5(Pa)$$

$$P_e = \frac{q_{V_b}p_b}{1000} = \frac{5.56 \times 2559.5}{1000} = 14.23(kW)$$

选用电动机功率应为

$$P_N = K_f\frac{P_e}{\eta_{tm}\eta_i} = 1.1 \times \frac{14.23}{0.6 \times 0.98} = 26.6(kW)$$

可见应更换成30kW电动机。

第四节 风机与泵的节能改造

电站风机和水泵有些受早期技术条件限制，其设计效率低、可靠性及运行稳定性差，满足不了调峰运行要求，有些风机和水泵虽然是近几年投产运行的，但是由于选型不当，实际运行效率仅仅60%。当风机与泵的实际运行工况与其最佳工况点偏离较远时，可采用下列方法进行技术改造。

一、抽级改造法

对于多级离心泵，当其实际运行流量、扬程大大低于铭牌容量时，往往处于低效区运行，从而造成电能的浪费。对此，可采用抽级改造法，即采取拆掉多余扬程叶轮的办法，来降低其扬

程。在抽掉多余叶轮的同时，应将泵轴相应改短，或在拆掉叶轮的部位装上一个长度与叶轮厚度相同的轴套，以防止抽掉的叶轮发生轴向窜动。叶轮的抽取应间隔进行，而且不能抽掉首级叶轮，以免增大入口阻力，引起汽蚀，并影响出口扬程。

国产300MW机组配置的凝结水泵或者凝升泵扬程普遍偏高，是影响机组热经济性的因素之一。凝结水通过低压加热器进入除氧器，除氧器最大工作压力不超过0.7MPa，进入除氧器的凝结水最大工作压力在1.0MPa左右，现场数据表明凝结水从零米到除氧器克服标高与管道阻力所需压头1.2MPa,那么在凝结水泵或者凝升泵出口的凝结水压头只要达到2.2～2.5MPa即可满足除氧器上水要求，然而不少电厂凝结泵或者凝升泵出口的凝结水压头达到2.7MPa以上，这些富裕的能量只能通过除氧器给水调节阀的节流损失掉。因此，凝结水泵或者凝升泵改造很有必要（目的在于降低凝结泵或者凝升泵出口压头），而且抽级改造法节电效果十分显著。

例如，某发电厂一台300MW机组（3号机组）配置2台凝结水泵，型号为9LDTN-7，七级立式结构，额定扬程为270m，流量为882t/h，电动机型号为YLST500-4，1000kW，1480r/min，一台运行，一台备用。运行中发现凝结水泵七级叶轮扬程太高，凝结水泵出口压力远远大于系统要求，致使除氧器上水主、副调节阀在运行中不能全开，增大了节流损失，浪费了电能。

9LDTN-7凝结水泵首级叶轮设计扬程为46m，后六级设计扬程每级为38m。所以在不改变流量的情况下去掉末一级叶轮（为了减少节流损失，把末一级叶轮的导流壳同时去掉，在此处安装了两边带法兰的短节），降低扬程接近40m，轴功率降低100kW左右，在额定工况下电动机功率下降137.5kW。改造前后试验结果比较见表5-10。

表5-10　　改造前后试验结果比较

项　　目	单　位	改　造　前			改　造　后		
机组负荷	MW	210	260	300	210	240	300
凝汽器压力	kPa	7.26	7.28	7.66	5.55	5.46	7.39
水泵出口压力	MPa	3.20	3.09	2.93	2.82	2.74	2.62
扬程	m	326.8	314.9	299.3	287.0	278.5	266.7
流量	t/h	539.6	673.2	797.7	539.5	626.0	741.2
有功功率	kW	480.6	577.7	650.6	421.9	475.1	538.6
电动机效率	%	94.0	94.0	94.0	94.0	94.0	94.0
电动机功率	kW	805.0	886.9	931.9	706.2	744.6	794.4
电动机电流	A	87.8	95.0	100.4	78.5	83.5	88.3
轴功率	kW	756.7	833.7	876.0	663.8	699.9	746.8
泵效率	%	63.51	69.29	74.27	63.55	67.88	72.13

二、切削叶轮法

由于选型不当或使用情况发生变化，使离心式水泵和风机的容量偏大时，可通过切削叶轮、叶片或更换小叶轮的办法，来降低水泵和风机的使用容量，提高运行效率。具体方法是：当已知实际最大全压（扬程）或流量时，可通过计算得出实际全压或流量下的叶轮外径，然后进行切削，计算式为

$$D'=D\sqrt{\frac{H'_{max}}{H}} \tag{5-14}$$

$$D'=D\frac{q'_{Vmax}}{q_V} \tag{5-15}$$

式中 H、q_V——切割前最大全压和流量，Pa、m^3/s；

H'_{max}、q'_{Vmax}——切割后实际最大全压和流量，Pa、m^3/s。

式（5-14）、式（5-15）就是切割定律，叶片切割后流量为

$$q'_V = q_V\left(\frac{D'}{D}\right)$$

叶片切割后全压为

$$H' = H\left(\frac{D'}{D}\right)^2$$

叶片切割后输入功率为

$$P' = P\left(\frac{D'}{D}\right)^3$$

车削比例为

$$\Delta D = \frac{D - D'}{D}$$

式中 D'——车削后的叶轮外径，mm；

D——车削前原有的叶轮外径，mm；

H'、q'_V、P'——切割后工况点对应的全压、流量、输入功率，Pa、m^3/s、W；

H、q_V、P——切割前全压、流量、输入功率，Pa、m^3/s、W。

为了防止因为车削量过大，使叶轮端部变粗，叶轮与泵壳间的回流损失增大，效率下降太大，其最大允许车削量不得超过表 5-11 规定值。

表 5-11　　最大允许车削量

项　目	数　据					
水泵比转数	60	120	200	300	350	350 以上
最大允许车削比例（%）	20	15	11	9	7	0
效率下降值	每车小 10%效率下降 1%			每车小 4%效率下降 1%		

根据 $\frac{q'_V}{q_V} = \frac{D'}{D}$ 和 $H = H\left(\frac{D'}{D}\right)^2$ 可得

$$\frac{H'}{q'^2_V} = \frac{H}{q^2_V} = 常数$$

即

$$H = \frac{H'}{q'^2_V} q^2_V \tag{5-16}$$

式（5-16）就是切割抛物线方程。

由于叶轮外径车削后，几何尺寸条件受到破坏，所以它们与相似定律是有本质的不同。由于切割公式是近似的，有时会有较大误差，所以在切割时应留有余地，分 2～3 次切割。每次切割应经现场测试核算，以防切割过量致使泵与风机的出力不够。对于离心风机，一般只切割叶片，不切割盖、盘，因为余下的盖、盘将形成一个无叶旋转扩容器，且仍能保持叶轮外径与蜗壳流道间的适当间隙，有利于保持风机的效率，以弥补叶片切割后引起的效率降低。

1. 风机切割

切削叶轮是一种解决风机大马拉小车问题的简单有效的节电方法。例如上海某热电厂220t/h 锅炉的 1 台 G6-30-11NO25.5D 型送风机。切割前风机叶轮直径为 2550mm，设计全风压为 11 500Pa、风量为 125 000m^3/h，转速为 980r/min，电动机容量为 650kW，电动机效率为 93%。

实际满负荷时最大风量和全压分别为105 000m³/h和7350Pa，因此原风机参数过高，应进行叶片切削。实际切割比例（$D-D$）/D=6.08%。

表5-12　　G6-30-11NO25.5D型送风机叶片切割前后数据

项　　目	叶割切割前		叶割切割后			
风机编号	甲	乙	甲	乙	甲	乙
叶轮直径（mm）	2550	2550	2290	2290	2134	2134
调节风门开度（%）	32	30	44	43	66	65
风机电流（A）	49	49.5	41	41	34	33
风量（$\times 10^4 m^3/h$）	10.50	10.40	10.50	10.42	10.59	10.30
全风压（Pa）	11 600	11 650	9500	9550	8043	8055
风门阻力（Pa）	3700	3650	1600	1570	245	263
P_d风机耗电（kW）	441	440	371	371	327	320
风机效率（%）	84.18	83.88	81.94	81.73	79.39	79.02
η_{yx}风机运行效率（%）	52.2	52.5	62.1	62.3	70.1	69.7
减少耗电量（kW）	0	0	70	69	114	120
锅炉负荷（t/h）	220	220	220	220	220	220
η_d电动机效率（%）	93	93	93	93	93	93
锅炉运行氧量（%）	1.4	1.4	1.4	1.4	1.2	1.2

实际上该厂第一次切割后叶轮直径为2290mm，第二次切割后叶轮直径为2134mm。第二次切割后乙风机全压已降至8055Pa，调节风门开度从切割前的30%增大到65%，风门阻力从切割前的3650Pa降为263Pa，风机运行效率从以前的52.5%增加到69.7%，风机少耗功率120kW。具体运行数据见表5-12。切割后虽然风机本身效率降低了，但节流功率减少了，因此风机系统总效率提高了。以第二次切割后为例说明乙风机运行效率的计算方法。风机有功功率为

$$P_e = \frac{q_V p}{1000} = \frac{103\ 000 \times 8055}{3600 \times 1000} = 230.5(\text{kW})$$

考虑到联轴器效率0.98，则轴功率P_{sh}与电动机输出功率P_g的关系为

$$P_{sh} = P_g \eta_{tr} = \eta_d P_d \eta_{tr} = 0.93 \times 320 \times 0.98 = 291.65(\text{kW})$$

风机效率

$$\eta = P_e / P_{sh} = 230.46/291.65 \times 100\% = 79.02\%$$

风门阻力损失功率

$$P_S = \frac{q_V p_s}{1000} = \frac{103\ 000 \times 263}{3600 \times 1000} = 7.5(\text{kW})$$

风机系统输出有功功率为

$$\Delta P = P_e - P_S = 223(\text{kW})$$

风机系统运行效率

$$\eta_{yx} = \frac{\Delta P}{P_D} = \frac{223}{320} \times 100\% = 69.69\%$$

2. 水泵切割

【例5-3】 某输送常温水的单级单吸离心泵在转速2900r/min时的性能参数见表5-13，管路

性能曲线方程为 $H_c=20+78\ 000q_V^2$，m；式中流量 q_V 的单位为 m^3/s，泵的叶轮外径 $D_2=162mm$，水的密度 $\rho=1000kg/m^3$。求：

(1) 此泵系统的最大流量 $q_{V\max}$ 及相应的轴功率 $P_{\max}$；

(2) 为满足实际最大流量为 $0.006m^3/s$，切割后叶轮直径 D' 应为多少？

(3) 采用切割叶轮方式比采用出口节流调节节约多少轴功率？

表 5-13　离心泵的性能参数

项目	数据										
q_V ($\times10^{-3}m^3/s$)	0	1	2	3	4	5	6	7	8	9	10
H (m)	33.8	34.7	35	34.6	33.4	31.7	29.8	27.4	24.8	21.8	18.5
η (%)	0	27.5	43	52.5	58.5	62.5	64.5	65	64.5	63	59

解 (1) 首先把泵的性能曲线和管路性能曲线按相同的比例尺画在同一坐标图上，如图 5-2 所示。则泵的性能曲线 H-q_V 和管路性能曲线 H_c-q_V 的交点即为运行工况点（即图 5-2 中 M），运行工况点的流量即为泵系统的最大流量 $q_{V_{\max}}$。从图 5-2 可以看出，最大流量 $q_{V_{\max}}=0.007\ 9m^3/s$，相应的扬程 $H_{\max}=24.8m$，效率 $\eta=64.5\%$，则轴功率为

$$P_{\max}=\frac{\rho g q_{V_{\max}}H_{\max}}{1000\eta}=\frac{1000\times9.81\times0.007\ 9\times24.8}{1000\times0.645}=2.98(kW)$$

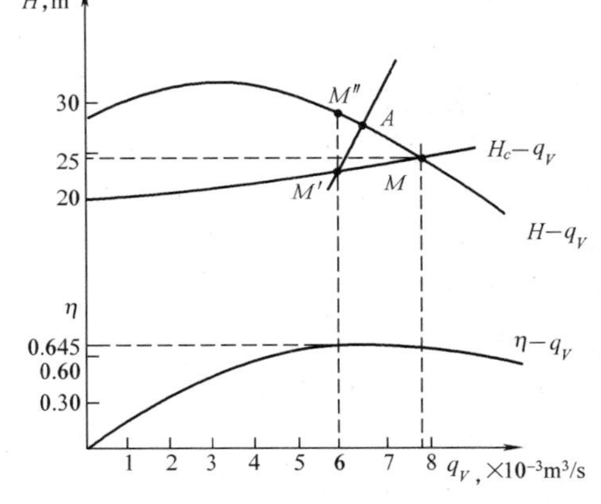

图 5-2　运行工况点

(2) 切割叶轮后泵的性能曲线要向下移动，管路性能曲线不变，切割叶轮后泵的运行工况点必定在管路性能曲线上流量 $q'_V=0.006m^3/s$ 这一点（即图 5-2 中 M'），然而 M' 和 M 点并不是切割前后的对应点，下面需求出在 H-q_V 上（即 $D_2=162mm$ 对应的性能曲线上）与 M' 点的对应工况点。

根据管路性能曲线方程 $H_c=20+78\ 000q_V^2$ 得，$q'_V=0.006m^3/s$ 时，M' 的扬程 H' 为 22.81m，M' 的切割抛物线为

$$H=\frac{H'}{q'^2_V}q_V^2=\frac{22.81}{0.006^2}q_V^2=633\ 611q_V^2$$

在图 5-2 中按相同比例做此切割抛物线，切割抛物线与泵的性能曲线交于 A 点，则 M' 和 A 点是切割前后的相似点，从图 5-2 中可以看出 A 点的流量为 $0.006\ 7m^3/s$，扬程为 28.4m，再由切削定律得

$$D'=D\sqrt{\frac{H'_{\max}}{H}}=162\times\sqrt{\frac{22.81}{28.4}}=145.2(mm) \tag{5-17}$$

$$D'=D\frac{q_{V'_{\max}}}{q_{V_N}}=162\times\frac{0.006}{0.006\ 7}=145.1(mm) \tag{5-18}$$

式 (5-17)、式 (5-18) 求得的结果有出入，这是因为用图解法作图和读数误差产生的，为

了防止切割过多，应取直径最大值，现取 $D'=145.5\text{mm}$。

车削比例为

$$\Delta D=\frac{D-D'}{D}=\frac{162-145.5}{162}\times100\%=10.2\%$$

（3）最后，比较切割叶轮法与出口节流调节法节能效果。节流调节流量为 $0.006\text{m}^3/\text{s}$ 时，泵的性能曲线不变，管路性能曲线变陡，运行工况点是 M''，其 $H''=29.8\text{m}$，$\eta''=64.5\%$，则节流调节时的轴功率为

$$P''_{sh}=\frac{1000\times9.81\times0.006\times29.8}{1000\times0.645}=2.719(\text{kW})$$

切割叶轮法的运行工况点是 M'，其 $H'=22.81\text{m}$，$\eta'=64\%$（由于切割前效率为 65%，切割量为 10.2%，因此效率下降 1%），则切割叶轮后的轴功率为

$$P'_{sh}=\frac{1000\times9.81\times0.006\times22.81}{1000\times0.63}=2.131(\text{kW})$$

所以切割叶轮法比出口节流调节法节约轴功率

$$P''_{sh}-P'_{sh}=0.588(\text{kW})$$

三、更换成节能型水泵或风机

某电厂 2 号汽轮机是北京重型电机厂生产的 N100-90/535 型双缸、冲动、凝汽式汽轮机。配两台 100%容量的 DG400-140S 型给水泵，机组正常运行中，一台给水泵运行，一台给水泵备用。DG400-140S 型给水泵是电动卧式单吸多级分段式离心水泵，该泵共有十级叶片，其额定流量 400t/h，扬程 1535m，转速 2960r/min，出口压力 14.3MPa，水泵效率 79%，水泵轴功率 2116.6kW，电动机型号 YK2300-2/1180，电动机功率 2300kW。

DG400-140S 型给水泵由于生产年代较早，设计制造技术落后，加之设备部件老化，给水泵实际运行效率仅为 67.1%～70.6%；同时机组经常在 50%额定负荷下运行，给水调节门前后压差高达 6～9MPa，造成较大的节流损失；另外 2 号机组 2001 年曾进行了扩容改造，最大工况下的主蒸汽流量增加到 410t/h，原水泵容量满足不了机组最大负荷的要求。

因此必须对原有水泵进行改造，拆除原来的两台 DG400-140S 型电动定速给水泵，安装两台 FK5D32DM 型给水泵和 C046 型液力耦合器组成的电动调速给水泵组。给水泵和耦合器的主要技术规范见表 5-14。

表 5-14　　给水泵和耦合器的主要技术规范

项　目	单　位	参　数	项　目	单　位	参　数
水泵额定流量	t/h	418	耦合器转速	r/min	2985
水泵型式	五级筒体式高速离心泵		耦合器型式	单腔勺管式	
水泵最大流量	t/h	450	输出转速	r/min	4687
水泵扬程	mH_2O		额定传递功率	kW	3200
水泵转速	r/min	4600	调速范围	%	25～100
水泵效率	%	80	额定滑差	%	≤3
水泵轴功率	kW	2086	耦合器效率	%	≥96

FK5D32DM 型给水泵最大运行工况轴功率为 2298kW，设计配套电动机功率为 2500kW。为了降低改造成本，充分利用原有设备，决定仍采用原给水泵的 YK2300-2/1180 型 2300kW 电动机。2 号机给水泵改造为调速给水泵后，锅炉汽包水位通过调节给水泵转速控制。所以可以拆除

原锅炉主给水管道上的主给水调节门，减少了给水的节流损失。改造前后给水泵运行指标对比见表 5-15。按机组平均负荷 70MW、年运行 6000h 计算，给水泵改造后每年可节省电能 148 万 kWh。

表 5-15　改造前后给水泵运行指标对比

项目＼负荷		50MW	70MW	100MW
改前	水泵电流（A）	190	210	240
	水泵单耗（%）	3.44	2.60	2.11
改后	水泵电流（A）	150	180	223
	水泵单耗（%）	2.60	2.20	1.97
	节电率（%）	24.41	15.38	6.63

第五节　汽动给水泵代替电动给水泵改造技术

目前国内 200～400MW 的火电机组的给水泵组也较多地采用了汽动给水泵组，但仍有很多机组选用了 3 台 50%的电动给水泵（2 台运行 1 台备用），从而造成一部分能源的浪费。目前一般采用汽动给水泵替代电动给水泵的方式进行技术改造。

一、电动给水泵与汽动给水泵驱动方式比较

目前，200～300MW 等级机组配套的给水泵驱动方式最常用的是电动和汽动两种，即电动机驱动和给水泵汽轮机驱动。

汽动驱动方式一般是由汽轮机低压抽汽供汽的凝汽式给水泵汽轮机驱动。目前，国内生产的给水泵汽轮机有满足 200～300MW 等级机组 50%容量和 100%容量两种规格，均为凝汽式。正常运行时的汽源为汽轮机低压段抽汽，启动和低负荷时可以采用新蒸汽或高压缸排汽，但是根据实际情况，凡是有多台机组的电厂，由于有辅汽系统，备用汽源基本不用，大部分电厂已经拆除备用汽源和高温汽源系统，包括启停阶段都用给水泵汽轮机直接驱动给水泵，以改变给水泵汽轮机转速来控制给水流量。在非常特殊的工况下用电动给水泵替代汽动给水泵运行。

电动给水泵具有初投资小、设备布置简单、占用场地少的优点，设备可靠性也较好，但其自身耗用电能较多，使厂用电率提高，减少了上网电量，影响了电厂的经济性。

汽动给水泵的初投资较大，但它具有可以增加供电量、便于调节和运行经济的优点。主要有以下优点：

（1）在发电量相同的情况下，增大了输出电量；

（2）对于 200MW 等级及以上机组，可以降低发电净热耗率，提高了机组运行效率；

（3）当电力系统频率变化时，给水泵运转转速不受影响，相对来说，提高了汽动给水泵运转的稳定性；

（4）减少了变压器及其电气设备的投资费用；

（5）给水泵汽轮机内效率在负荷变动较大的情况下下降速度低于液力耦合器的液力效率的下降速度，使机组变工况的经济性高于采用带液力耦合器的经济性，减少年运行费用。

总之，汽动给水泵与电动给水泵的配置方式相比，前者可以达到节能增效的目的。

二、两种汽动给水泵配置方式投资比较

以某火电厂 6 号机组进行电动给水泵改给水泵汽轮机驱动技术改造为例详细介绍。

该电厂 330MW 机组的汽轮机为 ALSTHOM 公司设计，北京北重汽轮电机有限公司引进技

术生产。该机组为亚临界、一次中间再热、三缸两排汽、凝汽式汽轮机。汽轮机采用7级回热抽汽，高压缸有1级排汽，中压缸有3级抽汽，低压缸有3级抽汽。回热系统中设置4台低压加热器，1台除氧器，2台高压加热器。高压给水系统设置3台容量为50%的电动调速给水泵，给水泵组横向并排布置在“0”米层，除氧器及除氧水箱布置在汽机房运转层12.6m平台。3台给水泵组均为前置泵与液力耦合器及主泵为同一电机驱动。给水泵带中间抽头，供锅炉再热器调温用。运行方式为2台运行1台备用，不设汽动给水泵。

给水泵为沈阳水泵厂生产的筒体式CHT系列给水泵，为引进KSB技术生产，后经过技术改进。给水泵型号为CHTC5/6SP-3，进口流量605.9t/h，出口流量559.9 t/h，扬程2298m，轴功率4568kW；驱动方式为电动加液力耦合器调速，消耗的厂用电较高，经统计单机厂用电率在2.6%左右。

该机组改为汽动给水泵有两种配置方案，方案一：1×100%汽动给水泵+2×50%电动给水泵；方案二：2×50%汽动给水泵+1×50%电动给水泵。

从设备价格方面考虑，方案一：1×100%汽动给水泵+2×50%电动给水泵，需要增加100%容量给水泵汽轮机1台、100%容量主给水泵1台，增加部分中、高压给水管道；方案二：2×50%汽动给水泵+1×50%电动给水泵，可利用现有主给水泵和高压给水管道，增加2台50%容量给水泵汽轮机。从土建、热控、电气投资方面考虑，方案一要比方案二费用少。方案一总投资2900万元，方案二总投资3900万元。

从投资角度分析，原有3×50%电动给水泵改为1×100%汽动给水泵+2×50%电动给水泵的改造方案较为适宜。

三、汽动给水泵配置方案对运行方面的影响

我国200～300MW等级的机组，大部分为2台50%容量的汽动给水泵运行，1台富余量较大的30%的电动给水泵备用。如果机组在满负荷运行中，1台汽动给水泵停运，电动给水泵可以立即启动，由于汽动给水泵和电动给水泵有较大的余量，可以基本上不影响带负荷，安全性较好。缺点是：汽动给水泵的容量小，比转速相对较小，相对于100%容量的泵效率低约2%，同时投资相对较多。

100%容量的汽动给水泵配1台50%容量的电动给水泵（2007年，华能汕头电厂将300MW机组3台50%电动给水泵改造成100%汽动给水泵配1台50%电动给水泵），虽然泵效率较高，投资较少，但是安全性较差，一旦汽动给水泵停运，机组上水速度慢，容易造成断水停机，即便处理及时未断水，负荷只能带到60%左右，影响发电量。如果配2台50%容量的电动给水泵，则投资较多。

该电厂300MW等级机组电动给水泵改汽动给水泵后：1台100%容量汽动给水泵，配2台50%容量的电动给水泵。由于2台50%容量的给水泵属于废物利用，投资并不增加，此配置安全性高，投资少，泵效率高。缺点是：汽动给水泵一旦停运，电动给水泵要求同时立即启动，电流冲击大，必须对系统进行合理配置。例如，2台电动给水泵的电源不可在同一段上，同时备用期间电动给水泵的勺管应随时跟踪汽动给水泵负荷，防止汽动给水泵停运后，电动给水泵跟踪速度慢而断水停机。但因为给水泵汽轮机和给水泵的可靠性大幅度提高，故障率很低，因此综合考虑可靠性也不会降低多少。

另外从改造工期来看：配置1台100%汽动给水泵和2台电动给水泵备用的方案，在运行中可以实施大部分工作，停机实施部分工作时相对时间较短，影响发电量较少；2台汽动给水泵运行每1台电动给水泵备用的方案会影响机组运行时间较长。同时两台排汽管，空间布置更加困难。

总之，从运行、布置、工期综合分析，1 台 100%的汽动给水泵运行，2 台电动给水泵备用是最佳方案。

四、300MW 机组电动给水泵改汽动给水泵后经济性比较

以下根据制造厂提供的 300MW 等级的汽轮机热平衡图和现场运行数据，分六个工况用等效热降法进行机组经济性分析、计算后得出的结果见表 5-16。

表 5-16　　电动给水泵改汽动给水泵后系统变化对机组经济性的影响

项　目	TRL	THA	90% THA	80% THA	70% THA	60% THA
发电机端功率（kW）	330 048	330 052	297 265	264 126	231 173	198 046
机组机械损失（kW）	1500	1500	1500	1500	1500	1500
发电机效率	0.988	0.988	0.987	0.986	0.985	0.984
汽轮机内功率（kW）	335 556	335 561	302 680	269 376	236 193	202 766
主蒸汽焓（kJ/kg）	3390.6	3390.6	3390.6	3390.6	3390.6	3390.6
排汽焓（kJ/kg）	2399.8	2324.9	2334.2	2346.8	2361.8	2379.8
主蒸汽量（t）	1002.00	944.0	844.0	738.0	639.0	549.0
主蒸汽等效热降（kJ/kg）	1205.59	1279.68	1291.05	1314.03	1330.66	1329.61
抽汽量（t）	47.00	38.00	35.00	31.00	27.00	24.00
抽汽焓（kJ/kg）	3143.3	3149.1	3152.2	3156.1	3159.8	3162.8
给水泵散热与轴承功率损失（设定值）	0.6%	0.6%	0.6%	0.6%	0.6%	0.6%
给水泵汽轮机排汽焓（kJ/kg）	2503.6	2424.3	2451.0	2463.9	2474.1	2500.0
给水泵汽轮机内功率（kW）	8350.14	7650.7	6817.2	5960.6	5142.8	4418.7
给水泵汽轮机机械损失（设计值）（kW）	143	117	94	81	64	50
汽动给水泵轴功率（kW）	8207	7534	6723	5879.6	5078.8	4368.7
抽汽等效热降（kJ/kg）	34.87	33.17	33.92	33.99	33.72	34.23
影响热耗率（%）	2.978	2.661	2.698	2.655	2.599	2.642
发电机端功率变化（kW）	9828.8	8782.6	8020.2	7012.5	6008.1	5232.3
变压器与线损效率	0.98	0.98	0.98	0.98	0.98	0.98
电动机效率	0.955	0.952	0.949	0.946	0.943	0.94
增速齿轮效率	0.995	0.995	0.995	0.995	0.995	0.995
耦合器机械损失（油泵和轴瓦）（kW）	30	30	30	30	30	30
耦合器鼓风损失（kW）	22	22	22	22	22	22
耦合器容积损失（kW）	22	22	22	22	22	22
耦合器输出转速（运行统计）（r/min）	5200	5100	4800	4600	4300	4000
耦合器输入转速（r/min）	5400	5400	5400	5400	5400	5400
耦合器液力效率	0.96	0.94	0.89	0.85	0.79	0.74

续表

项　　目	TRL	THA	90% THA	80% THA	70% THA	60% THA
电动给水泵轴功率（kW）	8712	7589	6503	5426	4290	3474
汽动给水泵轴功率（kW）	8207	7534	6723	5879.6	5078.8	4368.7
汽动给水泵与电动给水泵轴功率差（kW）	505	−55	−220	−454	−789	−895
汽动给水泵与电动给水泵轴功率差（kW）	424	14	−271	−497	−821	−917
影响热耗（%）	0.153	0.016 7	−0.074	−0.172	−0.341	−0.452
锅炉效率	0.92	0.92	0.92	0.92	0.92	0.92
影响发电煤耗（%）	0.166	0.018 2	−0.080 4	−0.187 0	−0.370 7	−0.491 3
改汽动给水泵后厂用电率计算	5%	5%	5%	5%	5%	5%
按供电煤耗平均值 327g 计算供电煤耗变化（g/kWh）	0.543	0.059	−0.263	−0.611	−1.212	−1.607

通过计算可知：电动给水泵改汽动给水泵后在不同负荷下效益是不同的，负荷越低，煤耗降低越大，在 TRL 工况煤耗反而增加 0.543g/kWh，在 HTA 工况效益几乎为零。低负荷工况煤耗是下降的。负荷越低汽动给水泵相对于电动给水泵越经济。

按年发电 17.5 亿 kWh，平均每年运行 7000h 计算，负荷率为 75.75%（即 250MW），电动给水泵改汽动给水泵后煤耗下降 0.86g/kWh，汽动给水泵优于电动给水泵，每年可节省燃料费 120 万元。

由于电动给水泵改为汽动给水泵后，虽然机组抽汽量增加，降低了机组的发电能力，但是可以利用机组的余量，保持发电量不变，相当于在较短的时间内扩建一台约 8580kW 机组或本机组增容了 8580kW 的容量。在发电量不变的基础上可以每年多供电 0.600 6 亿 kWh，按每千瓦时利润 0.07 元计算，每年可回收 420 万元的回报。

五、200MW 机组电动给水泵改汽动给水泵后经济性比较

1. 改造前状况

华能北京热电有限责任公司 3 号机组（机组为俄罗斯乌拉尔汽轮机制造厂生产的 ПТ-185/220-130-2，额定采暖供热负荷 1172GJ/h），配套 3 台 50%容量的电动调速给水泵。机组正常运行时，2 台电动给水泵运行，另 1 台备用。电动给水泵设计配套功率为 10 200kW（2×5100kW）；实际运行时，在额定供热工况（给水流量最大）下，电动给水泵消耗电功率约为 7228kW（见表 5-17）。为了充分利用初级能源，挖掘锅炉潜力和抽汽余量，提高机组的供电能力，将电动给水泵改造成汽动给水泵。

表 5-17　　2 台电动给水泵并联运行时流量的耗功设计数据

项　目	单　位	额定纯凝工况	额定供热工况	最大纯凝工况
给水泵运行方式		2 台电泵	2 台电泵	2 台电泵
汽轮机电功率	MW	185.0	185.0	220.0
给水流量	t/h	649.47	784.95	778.98

续表

项　目	单　位	额定纯凝工况	额定供热工况	最大纯凝工况
主蒸汽压力	MPa	12.80	12.80	12.80
主蒸汽温度	℃	555.0	555.0	555.0
汽轮机热耗率	kJ/kWh	8853.13	4125.81	8824.60
给水泵电机总功耗	kW	5806.68	7227.83	7165.22
给水泵单耗	kWh/t	8.94	9.21	9.20
给水泵耗电率	%	3.14	3.91	3.26

2. 改造方案

该电厂将3号电动给水泵组改为1台100%容量的汽动给水泵组，原1、2号电动给水泵备用，备用容量100%。

汽动给水泵容量选择原则是能满足锅炉最大蒸发量830t/h的1.05倍即可。根据分析，主给水泵额定容量为880t/h，额定轴功率5950kW，扬程20MPa水柱，效率83%。

驱动给水泵的给水泵汽轮机选用纯凝汽式汽轮机，工作汽源选用汽轮机三段抽汽，该段抽汽为高压缸排汽，在高压缸排汽管上取汽。额定纯凝工况抽汽压力为1.32MPa，抽汽温度272.2℃，抽汽流量41.3t/h。汽轮机的新蒸汽作为备用汽源。在汽轮机组额定纯凝、额定供热和最大纯凝工况下，给水泵汽轮机进汽流量分别为20.16t/h、24.30t/h和24.66t/h。

3. 改造后效益分析

对三段抽汽量增加后的汽轮机变工况性能进行计算。变工况计算的前提：汽轮机主蒸汽压力、主蒸汽温度、供热抽汽参数、发电功率等保持不变，只是增加三段抽汽量导致新蒸汽流量增加后各级段抽汽微小变化和机组热耗率变化，计算结果见表5-18。

表5-18　电动给水泵改为汽动给水泵后变工况计算结果和机组经济指标变化情况

项　目	单　位	额定纯凝工况	额定纯凝工况	额定供热工况	额定供热工况	最大纯凝工况	最大纯凝工况
给水泵配套方式		电动给水泵	汽动给水泵	电动给水泵	汽动给水泵	电动给水泵	汽动给水泵
汽轮机电功率	MW	183.9	183.9	184.1	184.1	217.1	217.1
给水泵汽轮机进汽流量	t/h	0	20.16	0	24.30	0	24.66
主蒸汽流量增加	t/h	0	13.71	0	14.92	0	17.13
最终给水温度	℃	226.3	226.3	236.9	236.9	236.7	236.7
最终给水流量	t/h	649.5	663.2	785.0	799.9	779.0	796.1
三段抽汽压力	MPa	1.32	1.35	1.57	1.60	1.56	1.59
三段抽汽温度	℃	272.2	272.2	283.6	283.6	284.4	284.4
三段抽汽流量	t/h	41.30	42.17	53.11	54.12	50.21	51.31
供热抽汽流量	t/h	0	0	287.72	287.72	0	0
汽轮机热耗率	kJ/kWh	8853.13	9040.04	4125.81	4325.09	8824.60	9018.59
锅炉效率	%	94.0	94.0	94.0	94.0	94.0	94.0
管道效率	%	99.0	99.0	99.0	99.0	99.0	99.0
发电煤耗	g/kWh	325.02	331.88	151.47	158.78	323.97	331.10

续表

项　目	单　位	额定纯凝工况	额定纯凝工况	额定供热工况	额定供热工况	最大纯凝工况	最大纯凝工况
综合厂用电率	%	9.48	6.46	9.21	5.44	9.48	6.31
综合供电煤耗率	g/kWh	359.06	354.80	166.83	167.92	357.90	353.41
锅炉吸热量	kW	486 098	496 360	576 129	587 082	571 962	584 536
发电机输出功率	kW	183 947	183 947	184 145	184 145	217 139	217 139
多供电功率	kW	5554.0		6937.9		6877.0	
1h 多耗煤	kg	1262.1		1347.1		1546.5	
标煤单价	元/t	450		450		450	
1h 多供电能	kWh	5554.0		6937.9		6877.0	
上网电价	元/kWh	0.444		0.444		0.444	
1 天内小时数	h	16		8		0	

电动给水泵改为汽动给水泵后，相同工况（供热量和发电量不变）下的热耗率、发电煤耗均有所上升，但厂用电率下降约 3 个百分点。在额定纯凝、最大纯凝工况下，综合供电煤耗率下降 4g/kWh 左右，额定供热工况下，综合供电煤耗率反而上升 1g/kWh 左右。

热耗率、发电煤耗上升的主要原因是：相同工况下主蒸汽流量相应增加，在节省厂用电、多供电的同时，锅炉燃煤量相应增加，以及辅助设备如送引风机、制粉系统等耗电量微增等。

根据表 5-18 可以计算出，1 年（按 253 天计算）多供电能收入：253×0.444×（16×5554+8×6937.9）=16 217 056（元）

1 年多耗煤费用：253×450×（16×1.262 1+8×1.347 1）=3 525 980.0（元）

1 年内净收入：1621.7 万元−352.6 万元=1269.1 万元

本次改造总投资 2670 万元，投资回收期为 2670/1269.1=2.1（年）。

第三篇 锅炉节能技术

燃料（原煤）经磨煤机磨制成煤粉，由排粉机或一次风机携带经燃烧器送入锅炉，在氧的作用下燃烧并放出热量，产生高温火焰和烟气。高温火焰和烟气的热量通过省煤器、水冷壁、再热器和过热器传递给水、蒸汽，同时烟气经过空气预热器将热量部分传递给空气，离开空气预热器的烟气温度已相当低，经引风机由烟囱排入大气。本篇着重阐述了锅炉结渣及其防治、省煤器磨损及其防治、锅炉燃烧器及其运行方式、提高锅炉燃烧效率措施、燃煤锅炉的经济运行方式、磨煤机和制粉系统改造技术和优化运行、空气预热器改造技术、电除尘器改造技术等。

第六章　锅炉受热面的节能措施

第一节　锅炉炉膛参数的合理取值

炉膛既是燃烧空间，又是锅炉的换热部件，合理的炉膛应满足下列条件：

(1) 具有足够的空间和合理的形状，以便组织燃烧，减少不完全燃烧热损失。

(2) 要有合理的炉内温度场和良好的炉内空气动力特性，既能保证燃料在炉内稳定着火和完全燃烧，又要避免火焰冲撞炉墙，或局部温度过高，防止炉膛水冷壁结渣。

(3) 应能布置足够数量的辐射受热面，将炉膛出口烟温降到允许的数值，以保证炉膛出口以及其后的受热面不结渣。

(4) 结构紧凑，金属耗量少，成本低，安装方便。

描述炉膛热力特性的主要指标是炉膛容积热负荷和炉膛断面热负荷。炉膛容积热负荷是指单位时间、单位炉膛容积内燃料燃烧释放出的热量，用 q_V 表示，单位为 MW/m^3，计算公式为

$$q_V = \frac{B_j Q_{ar,ent}}{3600 V_L}$$

式中　q_V——炉膛容积热负荷，MW/m^3；

B_j——锅炉计算燃料消耗量，kg/h；

$Q_{ar,net}$——燃料收到基低位发热量，MJ/kg；

3600——1kWh=3600kJ；

V_L——炉膛容积，m^3。

对于一定参数、一定容量的锅炉来说，单位时间内燃料在炉内的放热量 $B_j Q_{ar,net}$ 是一定的，因此，q_V 选定后，炉膛容积就确定了。炉膛容积热负荷在一定程度上反映了煤粉和烟气在炉膛内的停留时间和出口烟气被冷却的程度。q_V 过大，炉膛容积过小，煤粉在炉内停留时间短，燃烧可能不完全，同时炉内所能布置的受热面过小，烟气冷却不够，炉膛出口烟温高，可能引起炉膛出口结渣；q_V 过小，炉膛容积过大，炉膛温度过低，对燃烧不利，同时会使辐射与对流受热面分配失衡，甚至省煤器受热面趋近于零，造成锅炉造价和金属耗量增加。在一般情况下，q_V 可按燃料特性来选取，对于固态排渣煤粉炉，q_V 大致在 0.07～0.13MW/m^3 之间（我国锅炉采用的炉膛容积热负荷 q_V 推荐值见表 6-1、表 6-2），锅炉容量越大，q_V 取值越小。挥发分低的无烟煤，不易着火燃烧，q_V 值应取得小些，炉膛容积可大一些，延长燃料在炉内的停留时间。燃用高挥发分、低灰分的优质烟煤时，q_V 值应取得大些。对于易结渣的煤，可以将 q_V 值取得小一些，即锅炉炉膛大一些，煤粉在炉内停留时间长一些，对煤粒燃烧有利，炉膛水冷壁和高温受热面结渣的可能性越小。例如某 800MW 机组技术谈判中要求制造厂加高炉膛 6m，原设计燃烧结渣性较弱的晋中烟煤，现在也可以燃烧结渣性强的神华煤。液态排渣煤粉炉，由于炉内温度高，对燃料的着火燃烧有利，q_V 值应取得比固态排渣煤粉炉大一些，即其炉膛容积 V_L 可比固态排渣煤粉炉炉膛容积 V_L 小一些。

表 6-1　　液态排渣炉炉膛容积热负荷 q_V 推荐值　　MW/m³

煤　种	液态排渣炉开式炉膛	液态排渣炉半开式炉膛
无烟煤	≤0.145	≤0.169
贫煤	0.151～0.186	0.163～0.198
烟煤	≤0.186	≤0.198

表 6-2　　固态排渣炉炉膛容积热负荷 q_V 推荐值　　MW/m³

燃烧方式	切向燃烧		对冲燃烧		W型火焰
机组容量（MW）	300	600	300	600	300
无烟煤贫煤	0.085～0.116	0.082～0.102	0.090～0.120	0.085～0.105	全炉膛容积热负荷 0.090～0.115
烟煤	0.090～0.118	0.085～0.105	0.095～0.125	0.090～0.115	
褐煤	0.075～0.090	0.060～0.080	0.080～0.100	0.075～0.090	

炉膛截面热负荷（也叫炉膛断面放热强度）是指单位时间、单位炉膛横断面积内燃料燃烧释放出的热量，用 q_A 表示，单位为 MW/m²，计算公式为

$$q_A = \frac{B_j Q_{ar,net}}{3600 A_d}$$

式中　q_A——炉膛截面热负荷，MW/m²；

B_j——锅炉计算燃料消耗量，kg/h；

$Q_{ar,net}$——燃料收到基低位发热量，MJ/kg；

A_d——炉膛燃烧区横断面积，m²。

炉膛的大体形状常由炉膛断面热负荷 q_A 和炉膛容积热负荷 q_V 一起来确定。当 q_V 一定时，q_A 若取得大，则炉膛燃烧区横断面积 A_d 就小，炉膛就瘦长些；q_A 若取得小，则炉膛燃烧区横断面积 A_d 就大，炉膛就矮胖些。炉膛断面热负荷反映了燃烧区域的温度水平。q_A 若取得大，就会使燃烧器区域的局部温度过高，容易引起燃烧器区域结渣；q_A 若取得过小，燃烧器区域温度太低，不利于燃料稳定着火。因此，对于低挥发分无烟煤、贫煤，为改善着火条件，q_A 应取得大些；燃烧灰熔点低的煤时，为避免结渣，q_A 应取得小些。煤粉锅炉 q_A 大致在 3～6MW/m² 之间，而且随着锅炉容量的增大而增大，固态排渣炉炉膛断面热负荷 q_A 推荐值见表 6-3。

表 6-3　　固态排渣炉炉膛截面热负荷 q_A 推荐值　　MW/m²

燃烧方式	切向燃烧				对冲燃烧				W型火焰
机组容量（MW）	100	200	300	600	100	200	300	600	
无烟煤贫煤	3.0～4.5	3.7～4.7	4.5～5.2	4.6～5.4	3.0～3.7	3.4～4.1	4.2～5.2	4.6～5.4	下炉膛截面热负荷 1.9～3.0
烟煤	2.8～4.1	3.7～4.7	3.8～5.1	4.4～5.2		3.3～4.0	3.6～5.0	3.8～5.2	
褐煤	2.9～3.4	3.2～3.7	3.3～4.0	3.6～4.5		3.2～3.9	3.2～4.5	3.5～4.8	

燃用不同煤种，同容量锅炉的炉膛容积不同，例如燃用不同煤种的 670t/h 锅炉热力参数见表 6-4。同一容量的煤粉炉中，燃用褐煤的锅炉炉膛比燃用无烟煤的炉膛要大。

表 6-4　　燃用不同煤种的 670t/h 锅炉热力参数

煤　种	容积热负荷（MW/m³）	截面热负荷（MW/m²）	炉膛容积（m³）	炉膛截面积（m²）
褐煤	0.083 2	2.74	5248	158.6
无烟煤	0.089 2	3.05	4548	134.5
烟煤	0.102	3.07	4105	136.0

第二节　锅炉受热面结渣及其防治

一、结渣的危害

在煤粉燃烧过程中，由于火焰中心温度在1000℃以上，形成的灰多呈熔化或软化状态。随烟气一起运动的灰渣粒，由于炉膛水冷壁受热面的吸热而同烟气一起被冷却下来。如果液态的渣粒在接近水冷壁或炉墙以前，已因温度降低而凝固下来，那么它们附着到受热面管壁上时，将形成一层疏松的灰层，这一过程称为积灰。运行中通过吹灰很容易将积灰除掉，从而保持受热面的清洁。但若初始积灰层含有铁、碱金属的氧化物或硫化物时，会形成低熔点的共熔混合物，渣粒以液态或半液态黏附到受热面管壁或炉墙上，形成一层结构紧密、黏附强度大的灰渣层，这种沉积层厚度会逐渐增加，这一过程称为结渣。煤粉炉发生结渣的部位通常在燃烧器布置区域和炉膛出口折焰角处水冷壁，严重时还会在过热器屏及其后的对流管束入口等处发生，有时在炉膛下部冷灰斗处发生结渣。

结渣造成的危害是相当严重的。受热面结渣以后，会使传热减弱（见表6-5），工质吸热量减少，为了保持锅炉的出力只得送进更多的燃料和空气，因而降低了锅炉运行的经济性；炉膛受热面结渣会导致炉膛出口烟温升高和过热蒸汽超温，为了维持汽温，运行中要限制锅炉负荷；燃烧器喷口结渣直接影响气流的正常流动状态和炉内燃烧过程；由于结渣往往是不均匀的，因而水冷壁结渣会对自然循环锅炉的水循环安全性和强制循环锅炉水冷壁的热偏差带来不利的影响；炉膛出口对流管束上结渣可能堵塞部分烟气通道，引起过热器热偏差，同时增加烟道阻力和风机电耗；炉膛上部积结的渣块掉落时，还可能砸坏冷灰斗的水冷壁管，甚至堵塞排渣口而使锅炉无法正常运行；或因冷灰斗水封中水的急剧汽化而引起炉膛负压波动，导致保护动作而MFT。总之，结渣不但增加了锅炉运行和检修工作量，还可能迫使锅炉降低负荷运行，甚至被迫停炉，严重危及锅炉安全经济运行。

表6-5　渣的热导率

名　称	松散渣	松散渣	熔积渣	20G钢
温度（℃）	200	1000	1000	400
热导率（W/mK）	0.07	0.2	0.3	42.3

二、锅炉结渣的预报

影响结渣过程的主要因素是燃煤灰分特性。不同煤种的灰具有不同的成分和熔融特性。如果灰软化温度很高，大于1390℃，管壁上积灰层和附近烟气的温度很难超过灰的软化温度，此时不会发生结渣；如果灰软化温度较低，小于1260℃，灰粒子很容易达到软化状态，就容易发生严重结渣；当灰软化温度处于1260～1390℃时，属于中等结渣。所以通常将煤灰的软化温度ST作为衡量是否发生结渣的主要指标。

实践证明：没有任何一项准则可以完全正确地预报结渣倾向，但任何一项准则都有相当的可靠性。使用煤灰软化温度ST判断结渣倾向性的准确率为83%。煤灰熔融性是表征在规定条件下（将煤灰制成高20mm，底边长7mm的正三角形锥体，置于专用的硅碳管炉中，在一定的气体介质中并以规定的升温速度加热，在加热过程中观察试样形态的变化）随温度提高而使煤灰发生变形、软化、半球和流动的特征物理状态。其中：灰锥尖端开始变圆或弯曲时的温度叫变形温度（或称初始变形温度），用DT表示；灰锥弯曲至锥尖触及托板或灰锥变成球形时的温度，叫做软化温度，用ST表示；灰锥变形至近似半球形即高度等于底长的一半时的温度，叫做半球温度，用 HT 表示；灰锥熔化展开成高度在 1.5mm 以下的薄层时的温度，叫做流动温度，也叫熔化温度，用 FT 表示。

当灰粒低于初始变形温度 DT 时，具有轻微黏结性，会缓慢地形成结渣。而在此温度以下时，受热面上只会形成疏松的干灰沉积。当灰粒处于半球温度 HT 时，将迅速出现大量结渣。因此判别炉膛结渣性可以使用熔融结渣指数 F_s（美国 ASME 标准推荐）这一指标，推荐的熔点结渣指数 F_s（见表 6-9）界限值计算式为

$$F_s = \frac{4DT + HT}{5}$$

式中 DT——初始变形温度，取在氧化性气氛和弱还原性气氛两种测量值中较小值，℃；

HT——半球温度，取在氧化性气氛和弱还原性气氛两种测量值中较高值，℃。

根据西安热工研究院用灰熔点结渣指数对我国 24 个电厂入炉煤质的熔点结渣指数与现场运行情况作了对照研究，发现熔点结渣指数分辨力为 60%。在实际应用中，还使用煤灰碱酸比（B/A）预测燃料结渣性。

$$碱酸比(B/A) = \frac{Fe_2O_3 + CaO + MgO + Na_2O + K_2O}{SiO_2 + Al_2O_3 + TiO_2}$$

式中分母为煤灰中的酸性化合物含量，分子为煤灰中的碱性化合物含量。由于煤灰中的酸性成分（SiO_2、Al_2O_3、TiO_2）比碱性成分的熔点普遍要高些，煤灰中的酸性成分多会使煤灰熔点高，不易结渣。因此可以用碱酸比来衡量煤灰结渣的难易。使用碱酸比来判断灰结渣倾向时，推荐的界限值见表 6-6，使用煤灰碱酸比法判断结渣倾向性的准确率为 69%。

表 6-6 判断灰结渣倾向界限值

软化温度 ST（℃）	碱酸比 B/A	硫分结渣指数 R_s	熔融结渣指数 F_s	结渣倾向
>1390	<0.206	<0.6	>1400	轻微或不结渣
1390～1260	0.206～0.4	0.6～2.6	1250～1400	中等结渣
<1260	>0.4	>2.6	<1250	结渣严重

许多煤中硫分主要以黄铁矿（FeS_2）形态呈现，而由黄铁矿氧化成的 FeO 起着助熔作用（降低灰熔点温度），即增强煤灰结渣性，为了提高灰碱酸比法的准确率，通常使用全硫量进行修正，修正后的碱酸比被称为硫分结渣指数，其计算公式为

$$硫分结渣指数\ R_s = S_{t,d} \times B/A$$

式中 R_s——煤灰的硫分结渣指数；

B/A——煤灰的碱酸比；

$S_{t,d}$——煤中干燥基全硫含量，%。

例如山东某发电厂 1～4 号锅炉为哈尔滨锅炉厂制造的 HG-1025 /18.2-540-PM2 型中间储仓、热风送粉、四角切圆燃烧、自然循环、固态排渣煤粉锅炉。设计燃烧煤种为 $S_{ar}=1.2\%$，$Q_{ar,net}=23\ 003$kJ/kg，DT=1260℃，ST=1420℃，FT=1450℃，根据软化温度 ST=1420℃>1390℃判断该煤种属于不结渣煤，实际上从投产以来的十几年运行情况来看，也一直没有发生锅炉结渣现象，但是自从 2003 年 3 月以来，运行人员相继在巡检中发现 1～4 号锅炉有不同程度的结渣现象，对燃煤进行分析发现煤灰软化温度 ST 均在 1500℃左右，但是入炉煤 S_{ar} 却从过去的 1.1%～1.3%上升到 2.0%左右，可见硫分升高是锅炉结渣的主要原因。

研究表明，煤灰中钙的成分对煤灰熔点温度影响很大，FeO 的助熔作用只及 CaO 的 0.55 倍。因此煤灰的结渣指数 R_s 并不适用于高钙、低渣的次烟煤。

三、防止结渣的措施

防止受热面结渣的主要措施是：

（1）防止受热面附近温度过高，力求使炉膛容积热负荷、炉膛断面热负荷设计合理，从而达到控制炉内温度水平，防止结渣。炉内温度水平高，易使煤中一些易挥发的碱金属氧化物汽化或升华，使碱金属氧化物在受热面上凝结，形成致密的强黏结性灰。烟温增高，煤灰呈熔化或半熔化状态，熔融灰会直接黏附在受热面上。研究表明，炉内温度提高，受热面的结渣性能会呈指数规律上升。对于易结渣煤，在满足着火、燃烧的同时，炉膛容积热负荷应取下限。

（2）堵塞炉底漏风，不使炉膛内空气量过大，或者通过分级配风方式，使炉膛下部燃烧器区域的过量空气系数低于1。抑制燃烧器区域的热负荷，达到平缓炉内烟温分布曲线的作用，以避免炉膛结渣。

（3）炉内假想切圆不宜过大，炉内空气动力场不良是诱发燃烧器区域结渣的直接原因，炉膛假想切圆是影响空气动力场的首要因素。切圆直径稍大，炉内强风环直径也大，对炉子的稳燃有利。但对于低熔点煤，如果直径过大，一次风煤粉气流可能偏转贴壁，以致引起结渣。山东某电厂2号炉自投产以来燃烧器区域一直严重结渣。冷态试验表明，炉内假想切圆过大，贴壁风速最高达7.8m/s。为消除结渣进行了燃烧器改造，将原设计假想切圆ϕ800和ϕ200改为ϕ400和ϕ200，改造后炉内贴壁风速最高4.4m/s，大大减轻了燃烧器区域的结渣状况。

（4）保证空气与燃料的良好混合，防止水冷壁附近形成过多还原性气体。控制合理的炉内过量空气系数，使炉膛过量空气系数不能太低（适当增加总风量），以防止水冷壁等受热面附近出现还原性气氛。氧量过小，则火焰温度相对较高，局部出现的还原性气氛导致熔点较高的Fe_2O_3还原为熔点较低的FeO，大大降低了灰熔点，炉内受热面结渣倾向增加。因此为了防止结渣，应送入足够数量的氧气。

（5）保持合适的煤粉细度和均匀度，煤粉粗时，粗煤粉因惯性作用会直接冲刷受热面，同时粗煤粉燃烧时，燃尽时间延长，火炬拖长，以至火焰中心上移，导致炉膛出口结渣。煤粉太细时，受热面上的沉积物数量会大大增加，同时煤粉变细，会使炉膛温度和投射热流增加。例如某电厂因磨煤机制粉出力的限制，为保证负荷而不得不使煤粉很粗，引起受热面结渣。

（6）及时吹灰除渣，吹灰器是防止炉膛受热面的结渣恶性循环，提高机组可用率和经济性的有效手段。炉膛受热面（如炉膛、对流烟道等）应布置足够数量、能正常投运、型式得当的吹灰器。例如某电厂600MW机组锅炉，由于设计制造的先天性原因，结渣严重，为了解决结渣问题，该厂在掺烧少量的弱结渣性煤的同时，在炉膛上部屏区增设了吹灰器。某电厂130t/h锅炉，采用声波吹灰器，结果因严重结渣而无法运行，只得进行燃烧设备的大改造，其中包括采用常规的蒸汽吹灰器，建议在选用吹灰器时慎用声波吹灰器。

（7）合理选择炉膛出口烟温，在炉膛出口没有布置屏式过热器的锅炉，炉膛出口温度应稍低于灰的开始变形温度DT，一般情况下，在额定负荷时炉膛出口烟温不应超过（DT－100）～（DT－50）℃。若煤灰的软化温度DT与变形温度DT之差不大于50℃，则在额定负荷时炉膛出口烟温就不应超过（ST－100）～（ST－150）℃。当缺乏灰熔点可靠资料时，炉膛出口温度应不大于1150℃。当炉膛出口布置屏式过热器时，屏后烟温应不超过（DT－100）℃或（ST－150）℃。屏前烟温对于弱结渣性煤应不超过1250℃，对于强结渣性煤应小于1100℃，对于一般结渣性煤应小于1200℃。一些试验表明，炉膛出口烟气温度降低50℃，可使结渣速率减少5倍。

（8）不能超负荷运行，当锅炉负荷增加时，送入炉内燃料量增加，导致炉内火焰温度随着负荷的升高而升高（炉膛出口烟温与锅炉蒸发量近似成正比变化），炉内受热面的结渣倾向也逐渐增加，所以禁止锅炉超负荷运行，有时还要降负荷运行。

（9）合理设计燃烧中心的相对高度，火焰中心的位置对炉膛出口烟气温度影响很大。当火焰位置在设计值附近升高（降低）1%时，炉膛出口烟温升高（降低）2～3℃。

（10）选用合适的燃烧器只数和单只功率值。燃烧功率过大，会使燃烧区域热负荷过高而引起结渣，如燃用灰熔点较低的易结渣煤，应选用较小的燃烧器功率。表6-7列举了每台锅炉的旋转燃烧器数目和热功率。表6-8为直流燃烧器的单只热功率及一次风喷口层数。

表6-7　每台锅炉的旋转燃烧器数目和热功率

发电机组功率（MW）	锅炉额定蒸发量（t/h）	主燃烧器的数目和布置		每只燃烧器的出力（t/h）	每只燃烧器的热功率（MW）	燃烧器直径（mm）
		前　墙	前后墙或两侧墙			
—	35	2		3.0	20	
—	75	3～4		3.7～3.0	25～20	
—	130（120）	4	4	3.7	25	850
50	220	4～6	4～6	7.4～3.7	50～25	850
100	410	8～16	8～16	7.4～3.7	50～25	950
200	670	16～24	16～24	11.2～3.7	50～25	1150～1350
300	935	24～36	24～36	15～3.7	75～25	1350
500	1600		24～48	15～5	75～35	1350～1600
800	2500		48～70	18.6～5	80～35	1600
1000	3200		48～70	22.3～5	100～35	1600

注　1. 每台锅炉的燃烧器数目是指额定负荷下运行的数目，实际装设的数目可能更多。

2. 对油、气旋转燃烧器，直径为表中数值的0.71～0.77倍。

表6-8　直流燃烧器的单只热功率及一次风喷口层数

机组功率（MW）	锅炉容量（t/h）	单只一次风口热功率（MW）	每层一次风口个数及一次风层数（个×层）	机组功率（MW）	锅炉容量（t/h）	单只一次风口热功率（MW）	每层一次风口个数及一次风层数（个×层）
12	65（750）	7.0～9.5	4×2	200	670	23.5～41.0	4×（4～5）
25	130（120）	9.5～14.0	4×2	300	1000	23.5～52.0	4×（5～6）
50	220	14.0～23.5	4×（2～3）	600	2000	30.0～65.0	4×（6～8） 8×6（双炉膛）
100～125	410（400）	18.5～29.0	4×（3～4）				

（11）对于旋流燃烧器应注意出口扩展角不应太大，旋流强度不宜过大，防止因出现“飞边”或直接冲墙现象而造成结渣。对于四角布置的直流燃烧器应注意一、二次风的切圆不宜过大，一次风速不宜过低，否则煤粉气流出口着火距离过近，喷嘴易烧损，易结渣。对于旋流燃烧器墙式对冲布置的炉膛，由于燃烧器出口旋转气流的扩展，燃尽或未燃尽的煤粉颗粒可能被甩到侧墙壁面上，引起结渣，因此对燃用严重结渣煤或含硫量较高煤种时，两侧靠边的燃烧器中心到侧墙的距离必须足够大。例如对于300MW机组锅炉，一般该距离为3.3m，燃用严重结渣煤或高硫煤种时，该距离加大到3.5～3.8m。

（12）敷设合适的卫燃带（也称燃烧带），卫燃带往往是炉内结渣的发源地，因为卫燃带表面温度高，并导致整个燃烧器区域温度水平高；另一方面，卫燃带的表面比水冷壁管要粗糙得多，这为灰渣的形成和发展创造了良好的条件。因此确定卫燃带的面积和布置方式时，应兼顾炉内稳燃和结渣问题。一般而言，燃用易结渣的煤时，应尽量少敷设或不敷设卫燃带；对低挥发分的无烟煤等燃烧稳定性差的煤种，不得不在燃烧器区域敷设一部分卫燃带时，应考虑对卫燃带进行分割布置。例如华能某电厂350MW机组锅炉和华能某电厂660MW机组锅炉都在投运初期因卫燃带敷设过多导致严重结渣，危及安全运行，不得不经过几次改造，打掉部分卫燃带，造成很大损失。

（13）设置贴壁风或边界风系统，研究表明，为了防止水冷壁面积结渣，近壁区应符合以下条件：①在距水冷壁面0.3～0.5m处，应控制烟气温度在1000℃左右；②在距水冷壁面0.5m处，氧量平均含量不应小于2.5%。设置贴壁风或边界风系统，可以在水冷壁表面形成一层气膜，降低了壁面附近的还原性气氛和烟气温度，从而达到防止水冷壁结渣的目的。

（14）采用烟气再循环是控制燃褐煤锅炉结渣的有效手段之一。烟气再循环可降低炉内热流和燃烧温度，有利于减少碱金属化合物的升华和SO_3的形成以及灰粒的粘结熔化。

（15）对于易结渣的煤种，采用配煤掺烧是解决玷污结渣的有效方法。不同煤种掺烧时，由于灰成分间的相互作用，可能导致混煤灰熔点以及矿物质偏析情况发生变化，改变混煤的结渣特性。有时两种不结渣或弱结渣的煤混烧后其结渣趋势会加强，而有时两种结渣性强的煤混烧后其结渣趋势又会减弱。但是绝大多数情况是结渣严重的煤掺混高熔点的结晶型煤种，可有效控制锅炉结渣。目前，各发电厂燃料来源比较复杂，经常发生实际用煤与设计煤种不符造成炉膛结焦的现象。因此，燃料管理人员应根据这些特性，对不同煤种进行混配，通过分析研究，将不同煤种掺配后，再经过试验与实践，总结出合理的掺配方式，以达到提高灰熔点、降低灰黏度的目的。

（16）做好燃料供应管理，力争实现定点大煤矿供应，保障煤质相对稳定。运行中实际煤种质量指标如超过表6-9范围时，应进行必要的燃烧特性评价及试验，以确定其安全可靠性，并尽可能进行配煤掺烧。

表6-9　锅炉煤质允许偏离范围

煤种	干燥无灰基挥发分 V_{daf}（%）	收到基灰分 A_{ar}（%）	收到基水分 W_{ar}（%）	收到基低位发热量 $Q_{ar,net}$（%）	灰的变形温度 DT（℃）
无烟煤	−1	±4	±3	±10	−50
贫煤	−2	±5	±3	±10	−50
低挥发分烟煤	±5	±5	±4	±10	−50
高挥发分烟煤	±5	+5，−10	±4	±10	−50
褐煤	—	±5	±5	±7	−50

（17）制造厂应根据设计燃用煤质特性，按照DL/T 831《大容量煤粉燃烧锅炉炉膛选型导则》、JB/T 10440《大型煤粉锅炉炉膛及燃烧器性能设计规范》等进行精心的炉膛造型设计，对燃用结渣性强的煤种，宁可增加投资，也要采取多方面的措施保证锅炉可靠安全运行，避免出现结渣现象。以燃烧神华煤的600MW机组切圆燃烧锅炉为例（见表6-10），炉膛容积热负荷基本上反映了在炉内流动场和温度场条件下燃料及燃烧产物在炉膛内的停留时间，在给定输入热功率（$BQ_{ar,net}$）条件下，炉膛容积热负荷越小，说明锅炉炉膛越大，停留时间越长，对煤粒燃尽越有

利，炉壁结渣的可能性也越小。

表 6-10　　锅炉设计主要参数

项　目	单　位	TD 电厂	石洞口二电厂	珠海电厂	推荐方案
炉膛深×宽度	m	16.94×19.56	16.58×18.82	18.61×21.46	18.14×18.816
炉膛高度	mm	64.63	62.13	54.57	66.692
炉膛容积	m^3	18 476	16 478	18 980	19 546
炉膛容积热负荷	kW/m^3	87.44	91.78	94.72	76.47
炉膛截面热负荷	MW/m^3	4.70	4.719	4.28	4.416
炉膛燃烧器区壁面放热强度	MW/m^3	1.725	1.316	1.784	1.637
上排一次风中心到屏下缘距离	m	20.13	20.00	18.00	23.5
结渣状态		炉膛上部及屏严重结渣	需分层掺烧弱结渣煤	结渣轻，仍需掺烧	结渣轻，但设备成本会有所增加
炉膛短吹灰器	只	88	104	88	100
烟道长吹灰器	只	44	58	30	50

从表 6-10 可知，珠海电厂的炉膛设计特点是断面比较大，炉膛截面热负荷比较低，在现有 600MW 级锅炉中是最低的。采用带动态分离器的中速磨煤机，煤粉细而均匀，使煤粉极易燃尽。此外，煤粉喷嘴外围是向背火侧偏置的（即背火侧出口较向火侧宽）周界风。因此，不仅燃烧效率很高，而且结渣较轻。不难看出，表 6-10 中推荐方案的数据是吸取了正反经验而得出的，比较合理。

第三节　锅炉受热面的高温腐蚀及其防治

水冷壁、过热器、再热器、省煤器和空气预热器统称为锅炉受热面。其中布置在锅炉尾部烟道中的省煤器和空气预热器又称为尾部受热面，布置在炉膛及其出口附近的水冷壁、过热器、再热器称为锅炉高温受热面。

一、受热面的高温腐蚀

1. 高温硫化物腐蚀

（1）高温硫化物腐蚀反应过程。水冷壁泄漏主要是因为超温和高温腐蚀引起爆裂。高温腐蚀主要类型是高温硫化物腐蚀。高温硫化物腐蚀是指高温下金属与硫反应导致的金属腐蚀。水冷壁管烟气侧腐蚀主要由高温硫化腐蚀引起。燃料中的黄铁矿颗粒 FeS_2 在燃烧过程中会产生原子态硫［S］和硫化亚铁 FeS，它对金属具有很强的破坏能力。当水冷壁管温度达到 350℃，在还原性气氛中，［S］会与碳钢中的铁发生硫化反应，即

$$Fe + [S] \longrightarrow FeS$$

尽管碳钢由于高温氧化形成三层连续的由外向内依次为 Fe_2O_3—Fe_3O_4—FeO 的具有保护性的氧化膜，但［S］对金属氧化膜仍具有破坏性，它可能以直接渗透的方式穿过氧化膜，一方面沿金属晶界渗透，与内层的 Fe 继续反应生成 FeS，这样反复循环，致使管壁不断减薄直至爆管，另一方面使氧化膜疏松、开裂，甚至剥落。

煤在燃烧过程中生成的 H_2S 也会破坏保护膜，它透过疏松的氧化铁 Fe_2O_3 层与较致密的磁性氧化铁 Fe_3O_4 层中的 FeO 反应，即

$$FeO + H_2S \longrightarrow FeS + H_2O$$

使保护膜遭到破坏。在还原性气氛中，由于没有过量的氧原子，使 H_2S 继而再与基体铁发生反应，即

$$Fe + H_2S \longrightarrow FeS + H_2$$

硫化亚铁 FeS 缓慢氧化而生成黑色的磁性氧化铁，即

$$3FeS + 5O_2 \longrightarrow Fe_3O_4 + 3SO_2$$

由于碳燃烧消耗大量的氧，近壁处一般是还原性气氛。从上述分析可知，只要近壁处有还原性气氛，硫化物型高温腐蚀就不可避免。

（2）H_2S 对水冷壁高温腐蚀的影响。图6-1是烟气中 H_2S 浓度为 0.12%时腐蚀速度与壁温的关系（材料为 12Cr1MoV）。由图 6-1 可见，腐蚀速度和壁温成指数关系。当壁温低于 300℃时，腐蚀速度很慢或不腐蚀；当壁温在 400～500℃范围内时，每当温度增高 10℃，腐蚀速度平均增加 0.4～0.5g/m^2h；壁温每提高 50℃，腐蚀速度要提高一倍。在这种情况下燃用难着火的含硫量高的贫煤，水冷壁的高温腐蚀更易发生。由于高压以上参数的锅炉管内工质的温度高于 300℃，所以高压以上参数的锅炉容易发生水冷壁的外部腐蚀。

（3）H_2S 产生的原因。引起水冷壁管腐蚀的一个主要因素是烟气中含有 H_2S。它之所以会在烟气中出现是由于煤中的硫在一定条件下随煤燃烧过程而在燃烧区中形成的。烟气中形成硫化氢和煤在燃烧时缺氧有很大关系。实践证明，燃烧器供氧不足时，会使水冷壁附近出现大量的 H_2S。

图 6-2 为 H_2S 浓度与燃烧器过量空气系数的关系。图 6-2 充分表明，当过量空气系数 $\alpha <$ 1.00 时，H_2S 含量急剧增加。同时配风状况差也是高温腐蚀的主要原因。合理配风和强化炉内的湍流混合目的是避免局部出现的还原性气体。由于配风不良，即使供风 $\alpha >$ 1.00，也会在炉壁附近出现很浓的还原性气氛。

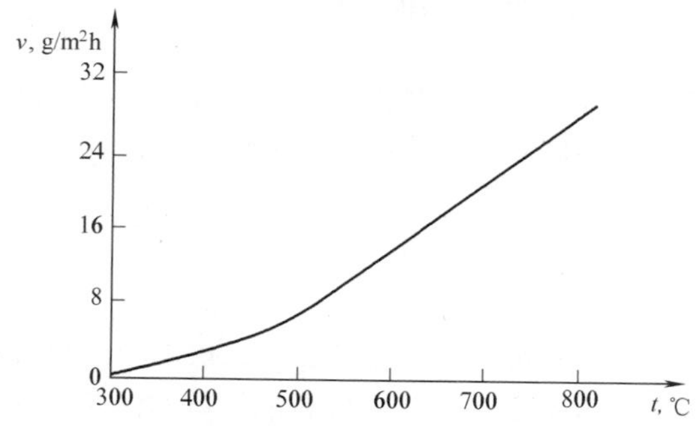

图 6-1 烟气中 H_2S 浓度为 0.12%时腐蚀速度与壁温的关系

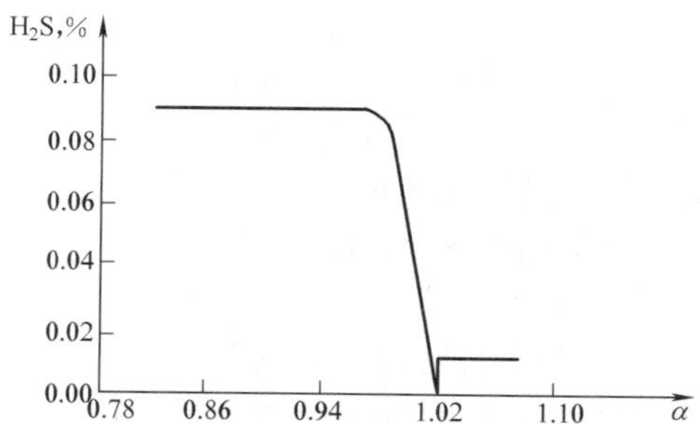

图 6-2 H_2S 浓度与燃烧器过量空气系数的关系

2. 氯化物型高温腐蚀

煤中的氯在其燃烧加热过程中最终以 NaCl 形式释放出来，NaCl 极易与 H_2O、SO_2、SO_3 反应，生成 Na_2SO_4 和 HCl 气体。这是由于 NaCl 可以在水冷壁上发生凝结，凝结的 NaCl 在继续硫酸盐化的同时生成 HCl。由于 HCl 在管壁积灰层内浓度比烟气中的要大得多，HCl 会使氧化膜 Fe_2O_3 发生破坏，并且在 CO 气氛中更甚。反应式为

$$Fe+2HCl \longrightarrow FeCl_2+H_2\uparrow$$

$$FeO+2HCl \longrightarrow FeCl_2+H_2O$$

$$Fe_3O_4+2HCl+CO \longrightarrow FeCl_2+H_2O+2FeO+CO_2$$

$$Fe_2O_3+2HCl+CO \longrightarrow FeCl_2+H_2O+FeO+CO_2$$

HCl不但破坏金属表面的保护膜，同时加速了烟气中其他腐蚀性气体，如H_2S、SO_2、SO_3等的腐蚀。由于反应生成的$FeCl_2$汽化点低，挥发快，使暴露金属直接与HCl反应，加速了腐蚀速度。试验证明氯化物型高温腐蚀在400～600℃时速度最快。随着烟气中氯化氢HCl的体积浓度增加，管壁金属的腐蚀情况也越来越厉害。在烟气中的HCl体积浓度为0.8%时，Fe_2O_3层的完整已经被破坏，而当其浓度达2.0%时，Fe_2O_3和Fe_3O_4层的连续性也被破坏。从上述分析可看出两点规律：一是只要燃料中含有高含量的氯化物（一般认为大于0.35%），即可有明显的氯化物型腐蚀倾向（对于燃煤锅炉，可用煤中氯含量来判别氯化物型腐蚀倾向，煤中氯含量小于0.15%，氯化物型高温腐蚀倾向性低，氯含量在0.15%～0.35%之间，氯化物型高温腐蚀倾向性中，氯含量大于0.35%，氯化物型高温腐蚀倾向性高）；二是近壁处是还原性气氛，就会加剧氯化物型腐蚀速度。

二、高温腐蚀的防治措施

1. 加侧边风

解决高温腐蚀的有效办法是加装贴壁二次风装置，其目的是改变水冷壁高温腐蚀区域的还原性气氛，增加局部含氧量，在水冷壁附近形成一层氧化性气膜，不仅可防止煤粉气流直接冲刷水冷壁，而且改善了水冷壁附近烟气的性质，冲淡烟气中SO_3的浓度，可有效抑制水冷壁管的高温腐蚀。

山东某电厂8号炉是哈尔滨锅炉厂生产的HG-1025/18.2-M型亚临界控制循环锅炉。该炉于1990年11月投入运行，在1994年发现水冷壁高温腐蚀现象，其后几年的大、小修中均发现存在水冷壁高温腐蚀现象，腐蚀严重区域在燃烧器出口气流下游水冷壁上，标高为燃烧器高度区域，腐蚀速度约0.000 15～0.000 2mm/h。对水冷壁管壁垢状物化合物进行成分分析发现，垢状物中含有大量Fe_3O_4和少量的FeO、Fe_2O_3以及含量较高的硫化铁FeS。对8号炉水冷壁附近取烟气样分析，含氧量只有0.4%左右，一氧化碳含量平均达3.5%，最高达10%，H_2S和SO_2每升达几十毫克。由此可以确定8号炉水冷壁高温腐蚀是硫化物型高温腐蚀。解决措施是对腐蚀严重的水冷壁管排采取金属喷涂，加装贴壁二次风等措施，处理后至今未发生类似爆管现象。

2. 合理配风及强化炉内的湍流混合

合理配风及强化炉内的湍流混合的目的是避免出现局部还原性气体。由于配风不良，即使总的过量空气系数大于1，也会在炉壁附近出现很浓的还原性气氛。以某台300MW锅炉为例，虽然其燃烧器供风的过量空气系数大于1，但是炉膛下部的过量空气系数小于1，在壁面附近SO_2、CO和H_2S含量均有增高。由于CO浓度达到10%，H_2S浓度达到0.11%，使得高温腐蚀速度达11mm/年。通过调整及强化各燃烧器混合后，实际上高温腐蚀就减轻了很多。

3. 控制煤粉细度

煤粉细度对高温腐蚀的影响也是不可忽视的。细度大（煤粉较粗）时，火炬拖长，火焰易冲墙，粗煤粉因惯性作用会直接冲刷受热面，煤粉不易燃烧完全，这样有利于高温腐蚀。再者，粗煤粉燃烧温度要比烟温高许多，熔化比例高，冲墙后易引起结渣。特别是在喷嘴给粉不均和燃料燃烧时给风工况受到破坏的情况下，煤粉细度大时的水冷壁的外部腐蚀比煤粉细度小时大得多，因此应严格按规定控制煤粉细度。

山东某电厂NG-410/9.8-M型高温高压自然循环固态排渣煤粉炉，1998年3月进行1号机组小修时，发现后墙水冷壁偏南中层船体燃烧器至三次风喷头处水冷壁大面积严重高温腐蚀，最严重的管壁厚度已减到1.92mm。锅炉水冷壁产生高温腐蚀的原因有两种：一是煤种的因素，该厂乙站燃用的煤主要是淄博贫煤，煤含灰分高，挥发分低，含硫量大，最高含硫量有时达到3.95%，极易产生还原性气氛，煤粉颗粒大，R_{90}达到12%，于是颗粒未燃或未燃尽；二是炉膛动力场不好，使得水冷壁贴壁氧量不足，更加剧高温硫腐蚀现象。后根据试验结果将R_{90}降到8%左右，高温腐蚀现象减轻。

4. 各燃烧器间煤粉浓度要尽量均匀

煤粉喷口煤粉量分配不均匀的状况必然造成炉膛局部缺氧和热负荷不均匀，致使炉膛结渣状况恶化。由于锅炉一般由多台磨煤机供应煤粉，而一次风管又长短不一，弯头数量各不相同，因此各一次风管阻力和煤粉分布就难以保证。尤其气粉混合物通过磨煤机、分离器或弯头等装置时，都会产生不同程度的旋转，这将使得煤粉浓度和颗粒度分布不均匀更加严重。当四角配风、煤粉分配不够均匀时，炉内火焰就会发生偏斜，锅炉火焰偏斜会造成局部热负荷过高，使结垢和腐蚀速度提高，并引起水冷壁超温或磨损爆管。为防止由于风粉分配不当，煤粉浓度不均而引起的高温腐蚀和磨损，应采取下列措施予以减轻：尽可能减少煤粉管道的弯头和长度，并力图使通往各燃烧器的煤粉管道阻力相近；尽量消除煤粉管道内气流的旋转，比较简单的办法是在产生气流旋转的管道上装设十字型的整流装置，这样阻力不大，效果好；对于因弯头而引起煤粉惯性分离所产生的分布不均现象，可用加装导流板予以减轻；应避免周期性地将个别给粉机停掉。

5. 采用新型燃烧器

以往对于燃煤燃烧器的设计过多地偏重于低负荷稳燃和高效，忽略了高温腐蚀问题。采用兼顾稳燃高效和防止高温腐蚀的新型燃烧器是防止高温腐蚀的主要方法。

现在改造比较多是将燃烧器改为浓淡型燃烧器。浓淡型燃烧器是实现煤粉浓淡燃烧的主要设备。浓淡型燃烧器一般分为垂直型和水平型两种，煤粉气流通过离心力被分离成为两股含煤粉量不同的气流，向火侧为煤粉浓度高的气流，背火侧为煤粉浓度低的气流。浓煤粉气流因所需着火热少而加快着火速度，形成高煤粉浓度，高温和较高扰动的三高区利于浓煤粉气流充分稳定的燃烧，淡煤粉气流在背火侧，以补充浓煤粉气流燃烧所需氧气，保证气流不会因补氧不充足产生较多还原性气氛。同时，淡煤粉气流减轻对水冷壁的冲刷，以此来遏止水冷壁高温腐蚀。

6. 采用超音速电弧喷涂技术

采用超音速电弧喷涂技术是防止水冷壁高温腐蚀的有效手段。喷涂45CT材料后，涂层与基体金属表面产生原子扩散，形成冶金结合，提高了涂层的结合强度。涂层材料的膨胀系数与水冷壁管材料接近，使涂层在交变热应力作用下不会脱落，它具有抗腐蚀、抗氧化、耐高温、延展性好、抗冲蚀能力强等特点。某电厂3号炉水冷壁采用超音速电弧喷涂45CT材料后连续运行6800h，涂层完整不剥落，涂层约0.9mm。实践证明，采用超音速电弧喷涂45CT涂层（或3Cr13涂层），起到了较好的防磨防腐效果，可以大大延长水冷壁的使用寿命。

7. 采用高温远红外涂料技术

JHU-4高温远红外涂料固化烧结后，形成黑色的黑化陶瓷，使炉壁黑度（辐射率）由原来的0.35～0.6提高到0.87以上，从而强化了远红外辐射加热，使传递到炉膛内壁的大部分热量转化为远红外线返回炉膛，大大提高锅炉热效率。具有延长炉体寿命（炉体寿命延长1倍）、高温防腐、防止结渣、改善燃烧等功效，适用于电站水冷壁等部位高温防腐。最高工作温度1810℃，使用寿命2年左右，热导率1.2W/（mk)。山东某发电厂于1997年3、7月分别在5、6

号炉大修中采用了 JHU-4 型高温远红外涂料，在燃烧器四周水冷壁表面涂刷该涂料，面积约 $270m^2$。经过多年来运行证明，该涂料对于提高锅炉主汽温、稳定燃烧、防止结渣等方面效果显著。

第四节　锅炉省煤器磨损及其防治

省煤器利用锅炉尾部烟气的热量加热锅炉给水，因此省煤器布置在锅炉的尾部烟道内，属于尾部受热面。省煤器由一些并列的水平蛇形管和进口、出口联箱组成。蛇形管一般由外径为25～57mm 的无缝钢管弯制而成，管壁厚度约为 3～7mm。各蛇形管进口端和出口端分别连接到进口联箱和出口联箱上。省煤器的主要作用是：

（1）吸收高温烟气余热加热锅炉给水，降低排烟温度，提高锅炉热效率，因而节省了燃料。

（2）进入汽包的给水温度提高后，减少给水管道与汽包壁之间的温度差，从而使汽包壁热应力下降，有利于延长汽包的使用寿命。

（3）给水在进入蒸发受热面之前，先在省煤器中进行加热，减少了水在受热面中的吸热量，这就相当于用省煤器取代了部分蒸发受热面。而省煤器受热面（管径较小、管壁较薄）要比蒸发受热面的造价低廉得多，因此可降低投资。

目前，省煤器大多采用光管受热面，但为了减轻飞灰磨损、强化烟气侧换热和使省煤器结构更加紧凑，逐步采用肋片管和膜式受热面的省煤器。

一、省煤器磨损的主要因素

省煤器磨损泄漏事故占四管泄漏事故的 56%左右。省煤器磨损主要是烟气磨损，易于磨损的是迎风面前几排管子，尤以错列管束的第二排最为严重。省煤器管束的最大磨损量的计算公式为

$$E_{max}=aM\mu k_{\mu}T(k_{v}v_{g})^{n}R_{90}{}^{2/3}\left(\frac{1}{2.85k_{D}}\right)^{n}\left(\frac{s_{1}-d}{s_{1}}\right)^{2}$$

式中　E_{max}——管束的最大磨损量，mm；

k_{μ}、k_{v}——考虑飞灰浓度场和烟气速度场的不均匀系数，在 Π 型布置时，分别取$k_{\mu}=1.2$、$k_{v}=1.25$，在管束前烟气作 180°转弯时，分别取 $k_{\mu}=1.6$、$k_{v}=1.6$；

μ——管束计算断面处烟气的飞灰浓度，g/m^3；

k_D——在锅炉额定负荷下的烟气计算速度与平均运行负荷下的烟气速度的比值，对于蒸发量大于或等于 120t/h 的锅炉 $k_D=1.15$，对于蒸发量为 50～75t/h 的锅炉 $k_D=1.35$；

a——烟气中飞灰的磨损系数，可取 $1.4\times10^{-8}mm\cdot s^3/(g\cdot h)$；

M——管材的抗磨系数，对于碳钢管 $M=1$，对于加入合金元素的钢管 $m=0.7$；

v_g——管束间最窄面处的烟气流速，m/s；

T——锅炉的运行时间，h；

$\frac{s_1-d}{s_1}$——考虑到管束节距变化的修正项，对于第一排可不考虑此项；

s_1——横向节距，m；

d——管子的直径，m；

n——大小与灰粒的性质、浓度和粒度等因素有关，一般认为 $n=3.3$，表 6-11 给出了不同研究者对 n 值的试验结果。

表 6-11　　不同研究者对 n 值的试验结果

研究者	古山雪和小村重德	三菱重工	斯洛伐克动力设备研究所	Laitone	岑可法
n 值	3～3.5（v_g=10～20m/s）	3.52（v_g=8～30m/s）	3.8	3.0	3.78（d_p=50μm）
	4.2～4.3（v_g=30～40m/s）				3.30（d_p=50μm）

注　d_p表示灰粒直径。

实际中，并非所有的灰粒都会碰撞到管壁上，有少部分颗粒绕流而过。对于实际磨损量一般采用灰粒碰撞频率因子 η 进行修正，计算式为

$$\eta = k\frac{\rho d_0^2 v}{\mu d}$$

$$E_s = \eta E_{max}$$

式中　v——烟气平均速度，m/s；

d_0——飞灰直径，m；

d——管子的直径，m；

μ——烟气动力黏度，Pas；

ρ——飞灰密度，kg/m^3；

η——灰粒碰撞频率因子，一般情况下 η 为 0.3～0.8。

灰粒碰撞频率因子与飞灰颗粒尺寸的平方和烟气流速成正比。飞灰颗粒越大，烟气流速越高，撞击的可能性越大，不同飞灰直径与碰撞频率因子的关系见表 6-12。

表 6-12　　不同飞灰直径与碰撞频率因子的关系

飞灰直径（μm）	0～5	5～10	10～20	20～30	30～50	50～70	70～100	100～140
碰撞频率	0	0.02	0.08	0.21	0.42	0.85	0.90	0.94

二、防治省煤器磨损的主要措施

省煤器爆管的主要原因是机械磨损和烟气磨损（又称飞灰磨损），其部位多发生在省煤器左右两组的中部弯头、两侧靠近墙壁的弯头、靠近前后墙的几排管子和管卡附近的管子。据统计省煤器泄漏 60%是由于烟气磨损造成的，烟气磨损是造成锅炉四管泄漏的一项重要因素。这是因为省煤器一般布置在尾部烟道和折烟角部位，此处烟气流速较高、漏风较多，烟气中的颗粒（一般每立方米烟气中含飞灰 20～45g）流经受热面时，就会对受热面产生撞击和摩擦，所以容易造成管道磨损泄漏。研究表明，当飞灰颗粒撞击角等于 30°～50°时，磨损最严重。特别是省煤器，由于此处烟气温度已较低，颗粒变硬，磨损更为严重。

（1）适当控制烟气流速，特别是防止局部流速过高。较高的烟气流速有助于提高受热面的传热系数，节省受热面，但阻力损失和受热面金属磨损增加。烟气流速越高，磨损越严重。磨损量约与烟气流速的三次方成正比（管壁的磨损程度与飞灰颗粒的动能和飞灰撞击的频率成正比，而飞灰颗粒的动能与飞灰颗粒的速度成二次方关系，撞击频率与灰粒速度的一次方成正比，因此管壁的磨损量与飞灰颗粒冲击速度成三次方的关系），速度越高，动能也就越大，磨损越严重。

按我国有关规定，管壁最大的磨损速度应小于 0.2mm/年，因此，可以烟气速度（每年运行小时数为 7000h）的计算式为

$$v \leqslant \sqrt[3.3]{\frac{40(T+273)}{7(A_{ar,zs})}}$$

$$A_{ar,zs}=4186A_{ar}/Q_{ar,net}$$

式中 $A_{ar,zs}$——折算灰分；

T——省煤器进、出口平均烟气温度,℃；

v——飞灰速度，假定飞灰速度等于烟气速度，m/s。

例如山东某电厂8号炉省煤器进口平均烟气温度为470℃，折算灰分为4.59%，因此允许烟气速度仅仅为7.92m/s，但是实际烟速高于10m/s，这是该厂省煤器磨损的主要原因。

为了控制烟气流速不超过允许值，建议在尾部烟道加装烟气流速检测仪，运行人员能及时地发现烟道流速情况，及时做出调整，保证烟气流速不超标。省煤器设计烟速最好不超过10m/s；但是如果烟速过低，就会在受热面产生积灰，因此省煤器烟速又不能低于5m/s。降低烟气流速的实际办法有：一是扩大烟道，增加烟气流通面积；二是采用鳍片式省煤器。

(2) 降低飞灰浓度。烟气中飞灰浓度越高，单位时间内灰粒冲击次数越多，磨损越严重。实践证明，飞灰浓度与燃煤中的灰分成正比，当灰分增加10%时，受热面磨损量约增加一倍。灰分越高，飞灰浓度越大，磨损越厉害，因此应降低飞灰浓度。烧多灰燃料的锅炉，磨损严重的主要原因是烟气中飞灰浓度大。因此可以考虑加装沉降式灰斗除尘器、冲击式粉尘除尘器、百叶窗式除尘器，在烟气进入尾部烟道前除去部分飞灰或大颗粒飞灰。

(3) 灰粒的大小、形状、软硬、灰熔点大小等对磨损均有影响。飞灰硬度高、颗粒大且有棱角者，撞击和切削的作用越强，磨损就比较严重。因此应在易于磨损的部位加装防磨材料。省煤器区的磨损往往大于过热器的主要原因是省煤器区的烟温低、灰粒变硬。磨损强度还与总灰量有关，而总灰量取决于燃料灰分和发热量，因此燃用高灰分、低发热量的劣质煤时，省煤器也会发生严重磨损。

(4) 防止“烟气走廊”产生局部磨损。在布置对流受热面时，考虑到管束受热膨胀问题，省煤器蛇形管弯头与炉墙之间留有几十毫米的间隙，此间隙称为烟气走廊。烟气走廊处的流动阻力较小，烟气流速大(大于烟道断面上平均烟气速度)，流量多，灰粒也随之加速(灰粒速度一般略小于烟气流速)，磨损严重。因此，为了避免局部流速的烟气走廊，应保持受热面的横向节距均匀，防止受热面局部堵灰。同时在尾部烟道四周及角隅处设置导流板，防止蛇形管与炉墙间形成“烟气走廊”而产生局部磨损。例如华能某电厂1号炉(英国362MW1160t/h锅炉)省煤器设计为鳍片式，管子规格 ϕ48.3×5mm，管束顺列布置，并在弯头处安装了防磨挡板。经几年运行经验证明，省煤器整体防磨效果较好，但靠后墙两侧弯头部分磨损较为严重。1996年11月，B侧靠后墙1号排上部第一弯头因磨损严重而泄漏。原因：一是设计烟速过高(11.2m/s)；二是省煤器管束靠两侧墙处间隙过大(设计183.5mm)，形成烟气走廊，使得此部位烟速大大高于平均烟气速度，对两侧弯头产生严重磨损。解决措施是在两侧墙弯头处增设防磨护板，以减少烟气直接对省煤器弯头的冲刷和磨损。

(5) 防止烟道漏风。锅炉尾部烟道由于其内部为负压状态，环境空气可能通过空隙进入烟道，改变了烟道内部烟气的流向，使烟气对省煤器、过热器管子进行冲刷，长时间运行后管道磨损泄漏。同时由于烟道漏风量增大，因烟气容积增大流速相应增大，磨损也随之加剧。经验证明，高温省煤器前漏风量增加10%，磨损速度将加快25%。因此必须对尾部烟道漏风进行检查消除，特别是省煤器处，重点检查管道穿墙管、空心梁、人孔门、炉墙、伸缩节等部位，防止外界空气进入尾部烟道造成管道磨损。如四川某热电厂1994年7月省煤器穿墙管的爆漏，就是由于穿墙管在穿墙处密封不严，漏风形成涡流，造成局部磨损。

（6）采用顺列管束。改善受热面结构特性，错列管束要比顺列管束的磨损严重。试验表明：在 $s_1/d=4.25$ 时，错列管子磨损量是顺列布置管束磨损量的一倍。但是顺列布置管束时传热效果差，自吹灰能力差，所以由错列管束改为顺列管束时，应增加受热面，否则排烟温度将要增加20℃左右。

（7）扩大烟道，增加烟气流通面积。扩大尾部烟道有两种方法：一种是向烟道前后扩大；另一种由省煤器四周炉墙分别向外扩大。到底采用哪种方法扩大烟道好，取决于磨损情况和现场改造条件。某电厂 7、8 号炉通过将四周炉墙分别外扩 150mm，烟气流通面积增大 4.4m^2，从而降低了烟气流速，大大减轻了磨损。

（8）在局部磨损严重的部位加装防磨板、护瓦、阻力栅等。由于省煤器的磨损总是带有局部性，所以可以在容易引起磨损的部位装设各种型式的防磨装置，例如对于受磨损严重的弯头可以加装防磨板等。

（9）采用膜式省煤器。膜式省煤器可以使同长度光管的几何受热面增加 1.5 倍以上，除了可以在相同的空间布置更多的受热面之外，另一个显著的优点是整流作用。由于膜式省煤器的管排将整个烟道分割成一系列小的烟气通道，起到了均分烟气流场的作用，从而可以清除或改善局部烟速过高所导致的局部磨损严重现象。在总结国内外膜式省煤器的研究成果和使用情况的基础上，建议膜片采用 3mm（膜片厚度）×58mm（膜片宽度）。例如某电厂锅炉为 HG-670/140-9 型，其尾部烟道内布置两级交叉布置的光管省煤器与管式空气预热器，自 1987 年 10 月投入运行以来，多次发生磨损泄漏。原因是设计烟速高，满负荷时高达12m/s，另外采用错列布置也是磨损严重的重要原因之一。1997 年对省煤器进行改造，采用顺列布置的膜式省煤器，将原 ϕ32×4mm 的 20 号钢管组改成 ϕ38×4.5mm 的 20 号钢管，设计烟气流速为 7m/s。改造后使烟气对管壁的磨损速度降低到原来的 1/2 左右，靠近省煤器管壁的烟气中飞灰浓度降低 1/3 左右，使随烟气流入管间流道的灰粒对金属管壁的冲刷磨损大大减轻。

（10）采用 ϕ32×4mm 或 ϕ38×4.5mm 钢管的螺旋肋片式省煤器。螺旋肋片式省煤器可以比同长度光管的几何受热面增加 4 倍以上，使省煤器的管数大幅度下降，这不仅有利于降低平均烟速，而且由于肋片的保护作用，管束磨损将大大减轻。

（11）采用鳍片式省煤器。试验表明，鳍片管传热性能比光管高 30%以上。在同样的金属耗量下，采用焊接鳍片式省煤器所占据的空间比光管式大约减小 20%～25%，而采用轧制鳍片管可使省煤器的外形尺寸减小 40%～50%。目前在省煤器改造中，鳍片式省煤器被公认为最好改造模式之一。某电厂 1 号炉、某电厂 5、6 号炉都采用了这种改造方式，烟气流速降低 23%收到了良好的防磨效果。

（12）消除机械磨损现象。在安装和检修过程中，如果受热面管子未固定牢或管卡受热变形，受热面管子就会振动，并与管卡相互碰撞摩擦，造成机械磨损，使管壁减薄。这种情况在过热器、再热器和省煤器上都会发生，当水冷壁与相邻部件有撞击和摩擦时，也有可能发生。例如山西某电厂三期直流锅炉的省煤器在 1993、1994 年及 1995 年上半年的两年半的时间里，共泄漏 47 次，主要原因：一是防磨吊卡设计不合理，存在严重的局部机械磨损，由此造成泄漏 18 次；二是防磨护板破损造成弯头磨损爆破泄漏 18 次。

（13）在管壁进行高温喷涂防腐防磨。喷涂工艺一般为氧乙炔粉末喷涂、电弧喷涂和等离子喷涂。由于前一种工艺火焰温度低，材料熔化不完全而使涂层形成较多氧化物，结合强度降低，并且因喷涂速度低，颗粒撞击速度慢而使涂层孔隙率较高。后两种工艺都能形成高结合强度、低孔隙率和极少氧化物的涂层，因此目前为各大喷涂公司在喷涂工艺中采用。目前我国开发出多种价格低廉的耐高温、防腐防磨新材料，使用寿命均可达到一个大修周期，而且防腐防磨效果好。

三、省煤器改造实例

1. 改造的必要性

中国20世纪80年代以前，火电站锅炉省煤器的设计大多采用光管错列布置形式。这种结构，由于烟气流经受热面时呈S形流程，加强了对受热面管的冲刷，提供了高效的传热特征，可使受热面布置在相对较小的烟道空间中，降低了锅炉制造成本。随着我国动力用煤趋向燃用劣质煤的状况，错列布置省煤器原先存在的优点都变成了缺点，这种S形流程会使烟气中含有的大量灰粒分离出来撞向管壁表面，导致严重磨损和堵灰，给电厂安全和经济运行带来极大的隐患。因此必须对老式省煤器进行改造，通过增加省煤器的传热面积，以降低排烟热损失，并解决省煤器局部严重磨损问题。

上海某电厂9号炉改造前原为上海锅炉厂有限公司生产的SG1000/170-M304型1000t/h亚临界、双炉膛UP型直流锅炉，设计煤种灰分为30.13%，燃烧器采用四角切圆布置，制粉系统为钢球磨中间仓储式。9号炉原省煤器采用蛇形光管 $\phi32\times4.5$mm 错列布置，$S_1=100$mm，$S_2=50$mm，蛇形管分上、下两组布置，每组各332排。由于煤种含灰量较高，且管径细，错列布置，烟气分布不均及局部形成烟气走廊等原因，加速了省煤器局部磨损。因检修空间有限，部分弯头无法检修，在省煤器泄漏时只能以封堵管排来解决。由于设备上的原因和锅炉多年运行后漏风增大等情况，排烟温度比设计值高出较多，夏天高达180～190℃，给锅炉安全经济运行带来严重影响，因此该电厂决定于2000年对省煤器进行了改造，将光管省煤器改造成螺旋肋片管省煤器。

2. 省煤器改造方案

由于螺旋肋片省煤器管使省煤器受热面得到扩展，因此不增加空间位置，就能保证吸热量增加，并能有效地降低排烟温度。同时，螺旋肋片省煤器还可以改善气流的冲刷情况，减轻烟速不均现象，避免局部磨损严重，明显地减轻省煤器管的磨损。根据国外资料介绍，ABB-CE公司于1984年对顺列布置的螺旋肋片管和错列布置的螺旋肋片管在实验室作过磨损情况对比实验，采用不同煤种的飞灰以高达30.48m/s的烟速进行试验，其试验结果十分明显：受冲刷磨损最严重的是第2排管，而顺列布置的第2排管磨损速度比错列的第2排管要小25倍；顺列布置的第1排管其磨损速度比错列的第2排管小2～4倍。所以选用螺旋肋片省煤器是理想的。

将1000t/h直流炉改成1025t/h控制循环汽包炉，省煤器改型后的热力参数发生重大改变。螺旋肋片管省煤器的各种设计参数均按改造后的控制循环汽包炉的热力计算数据为准。省煤器悬吊系统仍保持原省煤器悬吊方式，但必须对省煤器悬吊系统和承压部件进行强度校核。

省煤器管径放大，由 $\phi32\times4.5$mm 改为 $\phi42\times5$mm，肋片厚度1.5mm，高度18mm，螺距12mm；错列改为顺列布置，$S_1=108$mm，$S_2=100$mm，横向155排，单级布置。为了防止管束弯头的磨损，采用烟道隔板将管束两端的弯头部分隔于烟道之外，烟道部分为全部带螺旋肋片的直管束。

省煤器进口集箱标高适当下移至23m标高处，在管束下部预设较高的检修空间，以便管排可下放到空间内进行管子更换或检修工作。由于顺列布置相邻两管排间净空较大，更有利于单排管的检修。锅炉光管省煤器与螺旋肋片省煤器结构数据比较见表6-13。

表6-13 锅炉光管省煤器与螺旋肋片省煤器结构数据比较

名　　称	光管省煤器	螺旋肋片省煤器
布置形式	错列	顺列
管径规格（mm）	32×4.5	42×5
横向节距（mm）	100	108

续表

名　　称	光管省煤器	螺旋肋片省煤器
排数	332	155
管子根数	664	310
纵向节距（mm）	50	100
传热面积（m^2）	5335	14 800
总重量（t）	181	223

3. 改造效果

省煤器改造后，取得了如下效果：

(1) 在保证锅炉热力参数衔接的基础上通过合理地选取横向截距和纵向截距，可以降低烟气速度，因而减轻了省煤器的磨损，提高了省煤器使用寿命。

(2) 选用螺旋肋片省煤器扩展了换热面积，强化了传热，一般在相同长度内，螺旋肋片省煤器的受热面积是光管的 2～3 倍，不但节省了钢材，而且明显降低了排烟温度。

(3) 在相同受热面的条件下，省煤器的总高度大约降低 40%，省煤器在烟道内的体积大大减少，扩大了检修空间，便于检修。

(4) 可以避免气流斜向冲刷管束，同时由于管子和肋片的绕流作用，改变了烟尘的速度场、粒度场、浓度场，从而大大降低省煤器的磨损速度。

(5) 螺旋肋片管省煤器所用管子相对比光管少，弯头数和焊口数也大为减少。从 9 号炉改造方案中可看出管子根数从 664 根减少至 310 根，管束弯头为原来的 51.3%，集箱安装焊口数为原来的 46.7%，所以爆漏的概率也会相对减少。总的看来，螺旋肋片省煤器具有费用低、耐磨性好、换热量大、使用寿命长等优点，特别适宜于锅炉改造。

(6) 锅炉出力、排烟温度等各项指标均达到设计要求，改造前后省煤器主要性能比较见表 6-14。

表 6-14　　改造前后省煤器主要性能比较

名　　称	改　造　前	改　造　后
主蒸汽流量（t/h）	994	1025
主蒸汽温度（℃）	541	544
主蒸汽压力（MPa）	16.3	16.7
给水温度（℃）	262	263
省煤器出口水温（℃）	311	317
进风温度（℃）	20	20
排烟温度（℃）	177	129.96
锅炉效率（%）	90.18	92.92

第七章 锅炉燃烧反应和效率

第一节 燃料的燃烧条件及其影响因素

燃料在满足一定温度条件下与氧化剂（氧）发生化学反应并放出强大热量的反应过程叫做燃烧。当燃烧产物中不再含有可燃物质时称为完全燃烧，否则称为不完全燃烧。燃料燃烧所需要的氧化剂一般来自空气，常用燃料中的主要可燃成分为C、H、CO、C_mH_n等。燃烧分为两个阶段进行，即着火阶段和燃烧过程本身。着火是燃烧的准备阶段，由缓慢的氧化状态转变到反应能自动加速到高速燃烧状态的瞬间称为着火。

一、燃烧条件

所谓煤粉燃烧就是把煤磨制成细粉用空气送入炉膛中在悬浮状态下的燃烧。从褐煤到无烟煤的一切煤种都能采用煤粉燃烧。煤粉颗粒由运载它的空气喷入炉膛后，受到炉内火焰、高温烟气的加热，温度升高，开始把水分蒸发掉，然后温度再上升，煤中的挥发物则开始析出，并在颗粒周围燃烧，使煤粉颗粒进一步加热。在析出挥发物后，煤粉颗粒就变成了高温的焦炭颗粒，并进一步燃烧，直到燃尽为止。

任何物质进行燃烧时，必须满足下述三个基本条件：

（1）必须有可燃物质，即物质组成必须有可燃成分。

（2）环境中必须有空气或单独供应氧气。

（3）可燃混合物达到着火温度。

几种可燃物的着火温度见表7-1。

表7-1　几种可燃物的着火温度

名称＼着火温度	空气中（℃）	氧气中（℃）	名称＼着火温度	空气中（℃）	氧气中（℃）
氢（H_2）	580～590	580～590	石油	360～400	
一氧化碳（CO）	644～658	637～658	煤	450～600	
甲烷（CH_4）	650～750	556～700	焦炭	600～700	
乙烷（C_3H_6）	520～630	520～630	高炉煤气	530	
乙烯（C_2H_4）	542～547	500～519	炼焦煤气	300～500	
煤油	275	270	天然气	530	

燃料能否迅速完全燃烧，除了取决于燃料的化学性质和物理性质（如颗粒大小）外，还在于能否提供如下的燃烧条件：

（1）维持相当高的炉温。燃烧快慢与完全程度均与炉内温度有关。炉内温度过低会使燃烧化学反应速度降低，不利于燃烧反应的进行，燃烧不完全，所以炉内温度应高一些。适当高的炉温，不仅可以促使煤粉很快着火，迅速燃烧，而且可以保证煤粉充分燃尽。对于固态排渣煤粉炉而言，炉温也不宜太高，过高的炉温会引起炉膛结渣，从而影响安全经济运行。

（2）供给适量的空气。要达到完全燃烧就必须供应炉膛适量的空气。如果空气供应不足，即过量空气系数过小时，空气中的氧不能及时补充到炭粒表面，燃烧速度就会降低，引起不完全燃烧热损失；但是空气供应过多，会使炉温下降，燃烧速度也会降低，不完全燃烧热损失也相应增加。因此必须根据炉膛出口最佳过量空气系数来维持炉内合适的空气量。

（3）燃料与空气的良好混合。燃料与空气混合是否良好，对能否达到迅速完全燃烧起着很大的作用。煤粉锅炉一般都采用一、二次风组织燃烧。煤粉由一次风携带进入炉膛，煤粉着火后，二次风应以较高的速度喷入炉内与煤粉混合，补充燃烧所需要的空气。同时形成强烈的扰动，冲破炭粒表面的烟气层和灰壳，以强行扩散代替自然扩散，从而提高扩散混合速度，使燃烧速度加快并完全燃烧。

（4）足够的燃烧时间。煤粉由着火到完全燃烧完毕，需要有一定的时间。煤粉从燃烧器出口到炉膛出口一般需要 2～3s。在这段时间内煤粉必须完全烧掉，否则到了炉膛出口处，因受热面多，烟气温度很快下降，燃烧就会停止，从而造成不完全燃烧热损失。

为了保证煤粉燃尽，还应该在炉膛形状、燃烧器的结构和布置等方面采取相应的措施，以促使气流和煤粉充分混合。此外应保持炉内火焰充满度，并设法缩短着火与燃烧阶段所需要的时间。

总之，要保证燃料的良好燃烧，就必须满足燃烧的基本条件，而且最重要的是满足上述四项燃烧条件。

二、燃料的着火温度

煤粉气流经燃烧器进入炉膛后需要吸收一定的热量，使其升高到一定温度后才能着火，此温度称为着火温度。煤的着火温度与挥发分含量有关，挥发物含量高的煤，其挥发物开始析出的温度低，容易着火。由于贫煤和无烟煤的挥发物含量较低，因此它们是较难着火的煤种。着火温度可以反映煤着火的相对难易程度，着火温度高的煤，不易在燃烧室内迅速着火而达到燃烧稳定。因此锅炉燃烧器的设计与锅炉运行的安全性，都要考虑煤的着火温度。燃料的着火温度并不是一个物理常数，它是燃料在规定条件下加热到开始燃烧时的温度，在一定的测试条件下得到的特征值，表 7-2 列出了不同测试条件下各种燃料的着火温度。

表 7-2　燃料的着火温度

测试设备	燃料	着火温度（℃）
固体燃料着火温度测试仪	泥煤	225
	褐煤	250～450
	烟煤	400～500
	无烟煤	700～800
液体燃料着火温度标准测试仪	石油	360～400
	重油	500～600
气体燃料着火温度标准测试仪	高炉煤气	530
	炼焦煤气	300～500
	发生炉煤气	530
	天然气	530

续表

测试设备	燃料	着火温度（℃）
煤粉气流着火温度测试仪	褐煤 $V_{daf}=50\%$	550
	烟煤 $V_{daf}=40\%$	650
	烟煤 $V_{daf}=30\%$	750
	烟煤 $V_{daf}=20\%$	840
	贫煤 $V_{daf}=14\%$	900
	无烟煤 $V_{daf}=7\%$	1000

煤要燃烧必须磨成很细的煤粉，煤粉炉的粉粒直径一般在 100μm 以下。煤粉的运动速度与运载它的气流速度基本上相同，因而煤粉在炉膛中的停留时间很短，约为 1～2s。运载煤粉的空气气流必须与煤粉一起受到加热，当温度升高到比煤的着火温度还要高的时候，煤粉才能着火，因此，煤粉空气混合物的着火温度比煤的着火温度要高。随着煤粉浓度的增大，煤粉的着火温度是降低的。例如某烟煤煤粉浓度为 0.2kg 煤粉/kg 空气，煤粉的着火温度为 620℃，在煤粉浓度为 0.43kg 煤粉/kg 空气时，煤粉的着火温度为 540℃。

测定煤的着火温度的基本原理一般是：取一定细度的煤粉在加入固体氧化剂（如亚硝酸钠）或通入氧气的情况下，按一定速度加热，使煤发生明显的瞬时爆燃或试样温度有明显的急剧上升，然后求出爆燃或急剧升温的临界温度作为煤的着火温度。

三、煤粉燃烧时风量与风速的控制

1. 一次风量

一次风量主要取决于煤质的挥发分含量。当煤质一定时，一次风量是影响煤粉气流着火速度和着火稳定性的主要因素。一次风量主要以顺利地将煤粉送入炉膛和保证煤粉中的挥发分燃烧为原则。一次风量过小，会导致一次风管积粉堵塞，而且析出的挥发分和细粉燃烧由于得不到足够的空气，使反应速度减慢，不利于着火；一次风量越大，煤粉气流加热至着火所需的热量就越多，着火速度越慢，着火推迟，使火焰在炉内的总行程缩短，即燃料在炉内的有效燃烧时间减少，导致燃烧不完全。所以一次风量应根据煤种适当控制，高挥发分煤的一次风量应大些，低挥发分煤的一次风量应适当限制。

一次风率（一次风量占入炉总风量的质量百分比叫一次风率，一次风量通常用一次风率来衡量）的大小涉及需要着火热量（将煤粉气流加热到着火温度所需要的热量）的多少，从而影响到着火的迟早。在确定一次风率时需要考虑两个问题：一是要有一个合适的风粉比，利于稳定燃烧；二是要提供足够挥发分着火燃烧需要的氧气。因此一次风率应主要根据挥发分含量多少来确定，挥发分低的煤，一次风率应小些。表 7-3 列出了不同煤种与不同制粉系统的一次风率推荐范围。

表 7-3　一次风率常见范围

送粉方式	无烟煤	贫煤	烟煤		劣质烟煤		褐煤
			$20\%\leqslant V_{daf}\leqslant30\%$	$V_{daf}>30\%$	$V_{daf}\leqslant30\%$	$V_{daf}>30\%$	
乏气送粉	—	20～25	25～30	25～35	—	20～25	20～45
热风送粉	20～25	20～30	25～40	25～45	20～25	25～30	40～45

2. 一、二次风速

除一次风量外，煤粉气流通过一次风喷口截面的速度（即一次风速）对着火过程也有明显的影响。一次风速不但决定着火燃烧的稳定性，而且还影响着一次风气流的刚度。一次风速过高，则通过气流单位截面积的流量太大，因而会降低对煤粉气流的加热速度，会使煤粉着火推迟，使燃烧不稳，一部分煤粉来不及燃烧就离开了炉膛，增加了不完全燃烧热损失。一次风速过高严重时（如一次风速大于火焰传播速度），在一些偶然因素的影响下可能灭火，或者使煤粉气流直冲对面的炉墙，引起结焦。一次风速过低，不仅会引起着火过早，着火点离喷口太近，使燃烧器喷口过热烧坏，也容易发生空气、煤粉分层，甚至造成煤粉沉积、管道堵塞，并会引起燃烧器附近结渣。一次风速过低，会因为煤粉气流刚性减弱，易弯曲变形，偏斜贴墙，切圆组织不好，扰动不强烈，燃烧缓慢，对稳定燃烧不利。最适宜的一次风速与燃烧器型式和煤种有关。一般挥发分高的煤，因其着火点低，火焰传播速度快，一次风速应高些；挥发分低的煤，则应低些。直流燃烧器的一次风速要比旋转燃烧器的一次风速稍高些。

二次风速对着火稳定性和燃尽过程起着重要影响。二次风速一般要比一次风速高些，这是因为二次风是煤粉气流着火后混入的，由于高温烟气火焰的黏度很大，二次风必须以很高的速度才能穿透火焰，以增强空气与焦炭粒子表面的接触和混合，因此通常二次风是一次风速的 1.5 倍左右。二次风速高，由于各股射流的引射作用，动量小的一次风将向动量大的二次风靠拢，使一、二次风混合提前；二次风速低，一、二次风混合将推迟。从燃烧角度考虑，二次风应在煤粉气流着火后、燃烧迅速发展需要大量氧气时，开始与一次风混合，且宜分批混入。若一、二次风混合太迟，会使着火后的燃烧缺氧，对燃烧过程的迅速发展不利。因此二次风速的高低应根据燃料着火、燃烧发展的需要来确定，即根据燃煤挥发分含量和燃烧器的型式来确定。所以一、二次风速应保持适当的比例关系，不同煤种、不同燃烧器的一、二次风速常见范围见表 7-4 和表 7-5。

表 7-4　旋流式燃烧器的一、二次风速常见范围

燃烧器型式		无烟煤	贫　煤	烟　煤	褐　煤
双蜗壳式旋流燃烧器	一次风速（m/s）	12～16	16～20	20～26	20～26
	二次风速（m/s）	15～22	20～25	30～40	25～35
轴向可动叶轮式	一次风速（m/s）	—	—	10～15	
	二次风速（m/s）	—	—	20～40	

表 7-5　直流式燃烧器（四角布置）的一、二次风速常见范围

项　目		无烟煤	贫　煤	烟　煤	褐　煤
固态排渣煤粉炉	一次风速（m/s）	20～25	20～30	25～35	20～30
	二次风速（m/s）	40～55	45～55	40～55	40～60
	三次风速（m/s）	50～60	55～60	35～45	35～45
液态排渣煤粉炉	一次风速（m/s）	25～30		30	—
	二次风速（m/s）	40～70		50～70	

第二节　锅炉的燃烧化学反应

一、燃烧化学反应

在燃烧计算时，把空气与烟气中的组成气体都当成理想气体，即在标准状态下（0.101 325MPa压力和0℃温度)，1000mol任何气体的体积等于22.4（标准）m^3。如1kmol碳完全燃烧时需要1kmol氧，同时生成1kmol二氧化碳，完全燃烧时所需要的氧（O_2）和生成的二氧化碳（CO_2）同为22.4m^3。

另外，1mol（摩尔）物质含有6.02×10^{23}个分子，1mol物质的质量正好等于其分子量，如CO_2分子量为44.01，则1mol CO_2的质量也为44.01g，因此1kmol CO_2的质量为44.01kg。上述两条规律是燃烧化学反应计算的基础。

1. 碳的完全燃烧反应

碳与氧的化学反应式为

$$C+O_2 \longrightarrow CO_2$$

即一个分子的碳加一个分子的氧生成一个分子的二氧化碳。碳的分子量为12.01，氧的分子量为32，二氧化碳的分子量为44.01。又知在标准状态下1kg分子（1kg分子某物质的质量，其单位为千克，数值为某物质的分子量）的理想气体的体积均为22.4m^3，则$C+O_2\longrightarrow CO_2$中的各项间量的关系式为

$$12.01\text{kgC}+32\text{kg(或}22.4\text{m}^3\text{)}O_2 \longrightarrow 44.01\text{kg(或}22.4\text{m}^3\text{)}CO_2 \quad (7\text{-}1)$$

将式(8-1)中各项除以12.01，得

$$1\text{kgC}+2.667\text{kg(或}1.866\text{m}^3\text{)}O_2 \longrightarrow 3.667\text{kg(或}1.866\text{m}^3\text{)}CO_2 \quad (7\text{-}2)$$

2. 碳的不完全燃烧反应

碳与氧的化学反应式为

$$2C+O_2 \longrightarrow 2CO$$

$$24.02\text{kgC}+32\text{kg(或}22.4\text{m}^3\text{)}O_2 \longrightarrow 56.02\text{kg(或}44.8\text{m}^3\text{)}CO \quad (7\text{-}3)$$

$$1\text{kgC}+1.333\text{kg(或}0.933\text{m}^3\text{)}O_2 \longrightarrow 2.333\text{kg(或}1.866\text{m}^3\text{)}CO \quad (7\text{-}4)$$

3. 氢的燃烧反应

氢与氧的化学反应式为

$$2H_2+O_2 \longrightarrow 2H_2O$$

$$4.032\text{kg}H_2+32\text{kg(或}22.4\text{m}^3\text{)}O_2 \longrightarrow 36.032\text{kg(或}44.8\text{m}^3\text{)}H_2O \quad (7\text{-}5)$$

$$1\text{kg}H_2+7.94\text{kg(}5.556\text{m}^3\text{)}O_2 \longrightarrow 8.94\text{kg(或}11.11\text{m}^3\text{)}H_2O \quad (7\text{-}6)$$

4. 硫的燃烧反应

硫与氧的化学反应式为

$$S+O_2 \longrightarrow SO_2$$

$$32\text{kgS}+32\text{kg(或}22.4\text{m}^3\text{)}O_2 \longrightarrow 64\text{kg(或}22.4\text{m}^3\text{)}SO_2 \quad (7\text{-}7)$$

$$1\text{kgS}+1\text{kg(或}0.7\text{m}^3\text{)}O_2 \longrightarrow 2\text{kg(或}0.7\text{m}^3\text{)}SO_2 \quad (7\text{-}8)$$

5. 其他燃烧反应

$$2CO+O_2=2CO_2$$

$$CH_4+2O_2=CO_2+2H_2O$$

$$C_mH_n+\left(m+\frac{n}{4}\right)O_2=mCO_2+\frac{n}{2}H_2O$$

$$H_2S+\frac{3}{2}O_2=SO_2+H_2O$$

式中　m、n——饱和碳氢化合物的原子数，自然数。

二、燃烧需要的空气量

1. 理论干空气量

1kg（或 $1m^3$）收到基燃料完全燃烧而又没有剩余氧存在时所需要的空气量，称为理论空气量，如果从空气中去掉水蒸气，则称为理论干空气量 V_{gk}^0。理论干空气量可根据燃烧中的可燃元素（碳、氢、硫）的氧化反应进行计算。

根据燃烧化学反应式可知：1kg 碳完全燃料时，需要 2.667kg（或 $1.866m^3$）氧，生成 3.667kg（或 $1.866m^3$）二氧化碳，即

$$C+O_2=CO_2$$

$$12kgC+22.4m^3O_2=22.4m^3CO_2$$

或
$$1kgC+1.866m^3O_2=1.866m^3CO_2$$

或
$$1kgC+2.667kgO_2=3.667kgCO_2$$

1kg 碳不完全燃烧时，需要 1.333kg 氧，生成 2.333kg（或 $1.866m^3$）一氧化碳。

1kg 氢完全燃料时，需要 7.94kg 氧，生成 8.94kg 的水。

1kg 硫完全燃料时，需要 1kg 氧，生成 2kg（或 $1.866m^3$）二氧化硫。

假定 1kg 煤中可燃成分 C、H、S 的质量为 $\frac{C_{ar}}{100}$、$\frac{H_{ar}}{100}$、$\frac{S_{ar}}{100}$kg,则

1kg 煤中碳完全燃烧需要氧 $2.667\times\frac{C_{ar}}{100}$kg(或 $1.866\times\frac{C_{ar}}{100}m^3$)。

1kg 煤中氢完全燃烧需要氧 $7.94\times\frac{H_{ar}}{100}$kg(或 $5.556\times\frac{H_{ar}}{100}m^3$)。

1kg 煤中硫完全燃烧需要氧 $1\times\frac{S_{ar}}{100}$kg(或 $0.7\times\frac{S_{ar}}{100}m^3$)。

1kg 煤中可燃成分完全燃烧共需要氧为

$$2.667\times\frac{C_{ar}}{100}+7.94\times\frac{H_{ar}}{100}+1\times\frac{S_{ar}}{100}(kg)$$

因 1kg 煤本身含有氧 $\frac{O_{ar}}{100}$kg(相当于 $\frac{22.4}{32}\times\frac{O_{ar}}{100}=0.7\frac{O_{ar}}{100}m^3$),因此 1kg 煤完全燃烧共需要从空气中取得的氧量为

$$2.667\times\frac{C_{ar}}{100}+7.94\times\frac{H_{ar}}{100}+1\times\frac{S_{ar}}{100}-\frac{O_{ar}}{100}(kg/kg)$$

即 1kg 收到基煤完全燃烧时需要从空气中取得的理论氧量为

$$1.866\frac{C_{ar}}{100}+5.556\frac{H_{ar}}{100}+0.7\frac{S_{ar}}{100}-0.7\frac{O_{ar}}{100}(m^3/kg)$$

由于氧在空气中的容积份额为 20.938%（≈21%），氧的密度为 $1.429kg/m^3$，因此存在如下平衡关系式，即

$$V_{gk}^0\times0.21\times1.429=2.667\times\frac{C_{ar}^y}{100}+7.94\times\frac{H_{ar}}{100}+1\times\frac{S_{ar}}{100}-\frac{O_{ar}}{100}$$

$$V_{gk}^0=0.0889C_{ar}^y+0.265H_{ar}+0.0333(S_{ar}-O_{ar}) \tag{7-9}$$

所以对于固体和液体燃料，其理论计算的燃烧干空气量为

$$V_{gk}^0=0.0889(C_{ar}^y+0.375S_{ar})+0.265H_{ar}-0.0333O_{ar} \tag{7-10}$$

式中 V_{gk}^0——按收到基燃料成分，由实际燃烧掉的碳计算的理论燃烧所需要的干空气量，m^3（空）/kg（煤）；

S_{ar}、H_{ar}、O_{ar}——燃料收到基硫、氢、氧质量含量的百分数，%；

C_{ar}^{y}——收到基实际燃烧掉的碳含量百分率，实际上 C_{ar}^{y} 与 C_{ar} 相差很小，粗略计算时可以用 C_{ar} 替代 C_{ar}^{y}，%。

式中把 C_{ar}^{y} 和 S_{ar} 合并在一起，是因为 C 和 S 的完全燃烧反应可写成通式 $R+O_2=RO_2$，其中 $R=C_{ar}^{y}+0.375S_{ar}$，相当于 1kg 燃料中的"当量碳量"。而且在进行烟气分析时，它们的燃烧产物 CO_2 和 SO_2 的容积总是一起测定的。

对于气体燃料，其理论计算的燃烧干空气量为

$$V_{gk}^{0}=\frac{1}{21}\left[0.5CO_{ar}+0.5H_{2ar}+1.5H_2S_{ar}+\Sigma\left(m+\frac{n}{4}\right)C_mH_{nar}-O_{2ar}\right] \tag{7-11}$$

式中 V_{gk}^{0}——按收到基成分计算的理论干空气量，m^3/m^3；

CO_{ar}、H_{2ar}、H_2S_{ar}、C_mH_{nar}、O_{2ar}——气体燃料收到基相应成分含量百分率，%；

m、n——饱和碳氢化合物的原子数。

对于气体燃料，如果没有成分分析数据，可根据其发热量，用经验公式估算为

$$V_{gk}^{0}=k_0\frac{Q_{ar,net}}{1000} \tag{7-12}$$

式中 k_0——经验系数，焦炉煤气可取 0.209，高炉煤气、水煤气可取 0.238。

2. 实际空气供给量

燃料在炉内燃烧时，很难与空气达到完全理想混合，如果仅按理论空气需要量给燃料供应空气，必然会有一部分燃料得不到它所需要的氧，而达不到完全燃烧。为了使燃料在炉内能够燃烧完全，减少不完全燃烧热损失，实际给燃料供应的空气量 V_{gk} 比理论空气量 V_{gk}^{0} 多一些，这一空气量称为实际空气供给量，简称实际空气量。实际空气量与理论空气量的比值，称为过量空气系数，即 $\alpha=\frac{V_{gk}}{V_{gk}^{0}}$，因此实际空气量为

$$V_{gk}=V_{gk}^{0}+(\alpha-1)V_{gk}^{0}\ (m^3/kg) \tag{7-13}$$

三、烟气量

燃料燃烧后形成的燃烧产物是烟气，除此之外，燃烧产物中还有灰粒和未燃尽的碳粒，但是灰粒和碳粒在烟气中所占的容积百分比极小，一般在计算烟气容积时都略去不计。在锅炉热力计算和选择引风机时都需要进行烟气容积的计算。烟气容积的大小直接影响烟气速度。烟气速度的大小影响到传热量的大小、烟气的流动阻力和尾部受热面的磨损量。

1. 理论燃烧干烟气量

过量空气系数 $\alpha=1$，燃料完全燃烧，又不计入水蒸气时，1kg 燃料燃烧生成的烟气容积称为理论干烟气量（理论干烟气容积）。根据燃料成分、空气和燃烧化学反应式可知，燃料完全燃烧时，烟气中只含有 CO_2、SO_2、H_2O 三种燃烧产物，以及由空气带入的 N_2，为了计算方便，暂时把理论烟气量分成理论干烟气量和水蒸气两部分分别计算，因此理论干烟气量由三部分组成，即

$$\begin{aligned}V_{gy}^{0}&=V_{CO_2}+V_{SO_2}+V_{N_2}\\&=1.866\times\frac{C_{ar}^{y}}{100}+0.7\times\frac{S_{ar}}{100}+0.8\times\frac{N_{ar}}{100}+0.79V_{gk}^{0}\end{aligned} \tag{7-14}$$

$$V_{CO_2}=1.866\times\frac{C_{ar}^{y}}{100} \tag{7-15}$$

$$V_{SO_2}=0.7\times\frac{S_{ar}}{100} \tag{7-16}$$

$$V_{N_2}=0.8\times\frac{N_{ar}}{100}+0.79V_{gk}^0 \tag{7-17}$$

式中 V_{CO_2}——1kg 燃料中的碳 C_{ar}^y 燃烧生成的 CO_2 容积，m^3/kg；

V_{SO_2}——1kg 燃料中的硫 S_{ar} 燃烧生成的 SO_2 容积，m^3/kg；

V_{N_2}——由 1kg 燃料中的氮 N_{ar} 燃烧生成的 $\frac{22.4}{28}\times\frac{N_{ar}}{100}$ 和理论空气量中的氮 $0.79V_{gk}^0$ 组成，m^3/kg；

0.8——1kg 煤中氮完全燃烧需要氧 $\frac{22.4}{28}=0.8$，m^3；

0.79——氮在空气中的容积份额为 79.062%，近似 79%。

所以对于固体和液体燃料，理论计算的燃烧干烟气量为

$$V_{gy}^0=1.866\times\frac{C_{ar}^y+0.375S_{ar}}{100}+0.79V_{gk}^0+0.8\frac{N_{ar}}{100} \tag{7-18}$$

式中 V_{gy}^0——按收到基燃料成分，由实际燃烧掉的碳计算的理论燃烧的干烟气量，m^3/kg。

对于气体燃料，理论计算的燃烧干烟气量为

$$V_{gy}^0=\frac{CO_{2ar}+CO_{ar}+H_2S_{ar}+\Sigma C_mH_{nar}}{100}+0.79V_{gk}^0+\frac{N_{2ar}}{100} \tag{7-19}$$

式中 V_{gy}^0——按收到基燃料成分，理论计算的干烟气量，m^3/m^3；

CO_{2ar}、CO_{ar}、H_2S_{ar}、C_mH_{nar}、N_{2ar}——按收到基燃料成分，气体燃料相应成分含量的百分率，%。

2. 实际干烟气容积

已知运行锅炉的烟气成分，可以利用下面方法计算实际干烟气容积。

（1）干烟气组分。设在干烟气中的三原子气体、氮气、氧气、一氧化碳各组分的容积百分数分别为 RO_2、N_2、O_2、CO，则干烟气的组成可表示为

$$RO_2+N_2+O_2+CO=100 \tag{7-20}$$

$$RO_2=SO_2+CO_2=\frac{V_{RO_2}}{V_{gy}}\times100=\frac{V_{SO_2}+V_{CO_2}}{V_{gy}}\times100 \tag{7-21}$$

$$O_2=\frac{V_{O_2}}{V_{gy}}\times100 \tag{7-22}$$

$$N_2=\frac{V_{N_2}}{V_{gy}}\times100 \tag{7-23}$$

$$CO=\frac{V_{CO}}{V_{gy}}\times100 \tag{7-24}$$

式中 V_{gy}——每千克燃料燃烧生成的实际干烟气容积，m^3/kg；

V_{RO_2}——二氧化碳和二氧化硫的烟气容积之和，m^3/kg；

V_{O_2}——干烟气中氧气的容积，m^3/kg；

V_{N_2}——干烟气中氮气的容积，m^3/kg。

因此

$$SO_2+CO_2+CO=\frac{V_{SO_2}+V_{CO_2}+V_{CO}}{V_{gy}}\times100 \tag{7-25}$$

（2）实际干烟气容积。设 1kg 燃料中可燃成分 C、H、S 的质量为 $\frac{C_{ar}}{100}$、$\frac{H_{ar}}{100}$、$\frac{S_{ar}}{100}$kg，则 1kg 燃料中硫完全燃烧生成 SO_2 的容积为

$$V_{SO_2}=0.7\times\frac{S_{ar}}{100}$$

1kg 燃料中碳完全燃烧生成 CO_2 的容积为

$$V_{CO_2}=1.866\times\frac{C_{ar}}{100}$$

因此三原子气体的容积为

$$V_{RO_2}=V_{SO_2}+V_{CO_2}=1.866\times\frac{C_{ar}+0.375S_{ar}}{100} \tag{7-26}$$

从碳的燃烧反应方程式可知，无论碳燃烧后全部生成 CO_2 或者是 CO_2 和 CO 同时存在，碳的燃烧产物的总容积是不变的。对 1kg 燃料而言，完全燃烧时有

$$V_{CO_2}=1.866\times\frac{C_{ar}}{100}$$

不完全燃烧时有

$$V_{CO_2}+V_{CO}=1.866\times\frac{C_{ar}}{100}$$

所以

$$V_{SO_2}+V_{CO_2}+V_{CO}=1.866\times\frac{C_{ar}+0.375S_{ar}}{100} \tag{7-27}$$

将式（7-27）代入式（7-25）得实际干烟气容积为

$$V_{gy}=1.866\times\frac{C_{ar}+0.375S_{ar}}{RO_2+CO} \tag{7-28}$$

（3）根据燃烧反应计算实际干烟气量。实际干烟气量仅比理论干烟气量增加了多供的那部分空气（$\alpha-1$）V_{gk}^0，所以实际干烟气量为

$$\begin{aligned}V_{gy}&=V_{gy}^0+(\alpha_{py}-1)V_{gk}^0\\&=1.866\times\frac{C_{ar}^y+0.375S_{ar}}{100}+0.8\frac{N_{ar}}{100}+(\alpha_{py}-0.21)V_{gk}^0\end{aligned} \tag{7-29}$$

式中 V_{gy}——每千克燃料燃烧生成的实际干烟气体积，m^3/kg。

3. 烟气中理论水蒸气容积

烟气中所含水蒸气的容积包括燃料中氢燃烧产生的水蒸气、燃料中水分蒸发产生的水蒸气、空气中的湿分带入的水蒸气。

由氢的完全燃烧反应方程式可得，1kg 燃料中氢完全燃烧生成的水蒸气容积为 $11.1\frac{H_{ar}}{100}$ m^3/kg。

1kg 燃料中水分蒸发形成的水蒸气容积为

$$\frac{22.4}{18}\times\frac{M_{ar}}{100}=1.244\frac{M_{ar}}{100}$$

随理论空气量 V_{gk}^0 带进来的水蒸气容积为

$$1.293V_{gk}^0d_k\times\frac{1}{0.804}$$

式中 0.804——标准状态下水蒸气的密度，$0.804kg/m^3$。

因此，对于固体燃料，理论空气带入的水计算公式为

$$V_{H_2O}^0=1.244\left(\frac{M_{ar}}{100}+8.94\frac{H_{ar}}{100}+1.293V_{gk}^0d_k\right) \tag{7-30}$$

燃用液体燃料时，如果采用蒸汽雾化燃油，则应增加雾化燃油带入的水蒸气容积，其数值为 $\frac{22.4}{18}W_{wh}$，因此，对于液体燃料，理论空气带入的水计算公式为

$$V_{H_2O}^0=1.244\left(\frac{M_{ar}}{100}+8.94\frac{H_{ar}}{100}+1.293V_{gk}^0d_k+W_{wh}\right) \tag{7-31}$$

$$d_k=0.622\times\frac{\frac{\phi}{100}p_{t_0}}{p_0-\frac{\phi}{100}p_{t_0}}$$

式中 $V_{H_2O}^0$——1kg燃料燃烧理论上生成的烟气中所含水蒸气容积，m^3（水蒸气）/kg；

W_{wh}——雾化燃料时蒸汽消耗率，kg/kg；

d_k——空气的绝对湿度，即1kg干空气带入的水蒸气量，简单计算时，d_k可直接取0.01kg/kg（干空气）；

1.293——干空气密度，1.293kg/m^3；

1.244——标准状态下水蒸气的比体积，1.244m^3/kg；

p_0——就地大气压，Pa；

ϕ——按干湿球温度查得的空气相对湿度，%；

p_{t_0}——在t_0温度下的水蒸气饱和压力，Pa。

在0～50℃范围内，p_{t_0}的计算式为

$$p_{t_0}=611.7927+42.7809t_0+1.6883t_0^2+1.2079\times10^{-2}t_0^3+6.1637\times10^{-4}t_0^4$$

因此理论烟气容积为

$$V_y^0=V_{H_2O}^0+V_{N_2}+V_{SO_2}+V_{CO_2} \tag{7-32}$$

$$V_{N_2}=0.8\times\frac{N_{ar}}{100}+0.79V_{gk}^0$$

$$V_{H_2O}^0=1.244\left(\frac{M_{ar}}{100}+8.94\frac{H_{ar}}{100}+1.293V_{gk}^0d_k\right)$$

$$V_{SO_2}+V_{CO_2}=1.866\times\frac{C_{ar}+0.375S_{ar}}{100}$$

4. 烟气中实际水蒸气容积

过量空气系数$\alpha>1$时，燃料完全燃烧，烟气中水蒸气的容积为实际水蒸气容积。实际水蒸气容积比理论水蒸气容积仅仅多出了过量空气所带入的那部分水蒸气，即

$$\begin{aligned}V_{H_2O}&=V_{H_2O}^0+1.244\ (\alpha_{py}-1)\ 1.293V_{gk}^0d_k\\&=1.244\left(\frac{M_{ar}}{100}+8.94\frac{H_{ar}}{100}+1.293V_{gk}^0d_k\right)+1.244(\alpha_{py}-1)1.293V_{gk}^0d_k\\&=1.244\left(\frac{9H_{ar}+M_{ar}}{100}+1.293\alpha_{py}V_{gk}^0d_k\right)\\&=0.111H_{ar}+0.01244M_{ar}+0.0161\alpha_{py}V_{gk}^0\end{aligned} \tag{7-33}$$

对于气体燃料，其计算公式为

$$V_{H_2O}=\frac{1}{100}\left(H_{2ar}+H_2S_{ar}+\frac{m}{2}C_mH_{nar}\right)+\frac{d_q}{0.804}+\frac{1.293\alpha_{py}V_{gk}^0d_k}{0.804} \tag{7-34}$$

式中 d_q——气体燃料的湿度，为每标准立方米干气体燃料中含水蒸气的千克数，kg/m^3。

5. 烟气总容积

1kg燃料在过量空气系数大于1的情况下完全燃烧，其烟气总容积V_y等于实际干烟气容积V_{gy}和实际水蒸气容积V_{H_2O}之和，即

$$V_y=V_{gy}+V_{H_2O}=1.866\times\frac{C_{ar}^y+0.375S_{ar}}{100}+0.8\times\frac{N_{ar}}{100}+(\alpha_{py}-0.21)V_{gk}^0$$

$$+0.111H_{ar}+0.01244M_{ar}+0.0161\alpha_{py}V_{gk}^{0}$$

$$=0.01866C_{ar}^{y}+0.007S_{ar}+0.008N_{ar}+0.111H_{ar}+0.01244M_{ar}$$

$$+(1.016\alpha_{py}-0.21)V_{gk}^{0}$$

$$V_{gk}^{0}=0.0889(C_{ar}^{y}+0.375S_{ar})+0.265H_{ar}-0.0333O_{ar}$$

【例 7-1】 已知 $\alpha_{py}=1.3$，锅炉燃用烟煤，其分析数据如下：收到基碳 $C_{ar}=55.21\%$，收到基氢 $H_{ar}=3.34\%$，收到基硫 $S_{ar}=0.88\%$，收到基氧 $O_{ar}=6.34\%$，收到基灰分 $A_{ar}=25.8\%$，收到基水分 $M_{ar}=0.86\%$，收到基氮 $N_{ar}=0.93\%$，可燃基挥发分 $V_{daf}=29.82\%$，求其完全燃烧后烟气总容积和水蒸气总容积。

解 理论计算的燃烧干空气量为

$$V_{gk}^{0}=0.0889C_{ar}^{y}+0.265H_{ar}+0.0333(S_{ar}-O_{ar})$$

$$=0.0889\times(55.21+0.375\times0.88)+0.265\times3.34-0.0333\times6.34$$

$$=5.611(m^3/kg)$$

完全燃烧后烟气总容积

$$V_{y}=0.01866C_{ar}^{y}+0.007S_{ar}+0.008N_{ar}+0.111H_{ar}+0.01244M_{ar}+(1.016\alpha_{py}-0.21)V_{gk}^{0}$$

$$=0.01866\times55.21+0.007\times0.88+0.008\times0.93+0.111\times3.34$$

$$+0.01244\times0.86+(1.016\times1.3-0.21)\times5.611=7.658(m^3/kg)$$

$$V_{H_2O}=0.111H_{ar}+0.01244M_{ar}+0.0161\alpha_{py}V_{gk}^{0}$$

$$=0.111\times3.34+0.01244\times0.86+0.0161\times1.3\times5.611$$

$$=0.499(m^3/kg)$$

四、燃烧方程式

1. 不完全燃烧方程式

在不完全燃烧的情况下，如果干烟气中含有 CO，干烟气的组成表示为

$$CO_2+SO_2+N_2+O_2+CO=CO_2+SO_2+N_2^k+N_2^r+O_2+CO=100 \tag{7-35}$$

$$N_2=N_2^r+N_2^k$$

式中 N_2^k——随燃烧空气带入的氮容积在干烟气容积中所占的百分数，%；

N_2^r——燃料本身所含氮释放后在干烟气容积中所占的百分数，%。

假定 1kg 燃料燃烧，生成的 CO_2、SO_2、H_2O、CO 所消耗的氧气量分别为 $V_{O_2}^{CO_2}$、$V_{O_2}^{SO_2}$、$V_{O_2}^{H_2O}$、$V_{O_2}^{CO}$ (m^3/kg)，烟气中自由氧容积为 V_{O_2}，因 1kg 燃料本身含有氧 $\frac{22.4}{32}\times\frac{O_{ar}}{100}$ (m^3/kg)，因此 1kg 燃料燃烧所需要的空气中的氧 $V_{O_2}^{k}$ 为

$$V_{O_2}^{k}=V_{O_2}^{CO_2}+V_{O_2}^{SO_2}+V_{O_2}^{H_2O}+V_{O_2}^{CO}-\frac{22.4}{32}\times\frac{O_{ar}}{100} \tag{7-36}$$

从可燃元素碳、氢、硫的燃烧方程可得出如下结论：

1kg 碳完全燃烧生成 1.866m³ 二氧化碳，需要 1.866m³ 氧。

1kg 硫燃烧生成 0.7m³ 二氧化硫，需要 0.7m³ 氧。

1kg 碳不完全燃烧生成 1.866m³ 一氧化碳，需要 0.933m³ 氧。

1kg 氢，生成 8.94kgH_2O，需要 5.556m³ 氧。

则

$$V_{O_2}^{CO_2}=V_{CO_2}$$

$$V_{O_2}^{SO_2}=V_{SO_2}$$

$$V_{O_2}^{CO}=\frac{1}{2}V_{CO}$$

$$V_{O_2}^{H_2O}=\frac{22.4}{4}\times\frac{H_{ar}}{100}$$

因此

$$V_{O_2}^{k}=V_{O_2}^{CO_2}+V_{O_2}^{SO_2}+V_{O_2}^{H_2O}+V_{O_2}^{CO}-\frac{22.4}{32}\times\frac{O_{ar}}{100}$$

$$=V_{CO_2}+V_{SO_2}+\frac{1}{2}V_{CO}+\frac{22.4}{32}\times\frac{8H_{ar}-O_{ar}}{100}$$

由于氧在空气中的容积份额约为21%（20.95%），氮在空气中的容积份额约为79%，而且空气中氧与氮的容积比是固定的，所以可以用空气中氧的容积来表示随燃烧空气带进来的氮的容积，即随燃烧空气带来的氮的容积为

$$V_{N_2}^{k}=\frac{79}{21}V_{O_2}^{k}=\frac{79}{21}\left(V_{CO_2}+V_{SO_2}+\frac{1}{2}V_{CO}+\frac{22.4}{32}\times\frac{8H_{ar}-O_{ar}}{100}\right)\tag{7-37}$$

式中　$V_{N_2}^{k}$——随燃烧空气带来的氮的容积，m^3/kg。

$V_{N_2}^{k}$在干烟气中所占的容积百分数为

$$N_2^{k}=\frac{V_{N_2}^{k}}{V_{gy}}\times100=\frac{79}{21}\left(CO_2+SO_2+\frac{1}{2}CO+\frac{8H_{ar}-O_{ar}}{1.428V_{gy}}\right)\tag{7-38}$$

燃料本身的氮释出后，其容积为

$$V_2^{r}=\frac{22.4}{28}\times\frac{N_{ar}}{100}\tag{7-39}$$

式中　V_2^{r}——燃料本身的氮释出后的容积，m^3/kg。

V_2^{r}在干烟气中所占的容积百分数为

$$N_2^{r}=\frac{V_{N_2}^{r}}{V_{gy}}\times100=\frac{N_{ar}}{1.25V_{gy}}\tag{7-40}$$

将式（7-38）、式（7-40）代入方程（7-35）中，同时用$V_{gy}=1.866\times\frac{C_{ar}+0.375S_{ar}}{RO_2+CO}$置换其中的$V_{gy}$，整理后得

$$RO_2+O_2+0.605CO+\beta(RO_2+CO)=21\tag{7-41}$$

这就是不完全燃烧方程式。当燃料燃烧后的不完全燃烧产物只有一氧化碳时，烟气分析测定的组成与燃料元素组成间必然满足这个关系式。现代锅炉机组烟气中一氧化碳含量一般很小（不超过干烟气的1%～2%），利用奥氏烟气分析仪很难准确测出一氧化碳含量。所以在实践中，常根据公式（8-41），以及烟气分析数据RO_2和O_2，通过计算求得干烟气中一氧化碳含量，即

$$CO=\frac{21-O_2-(1+\beta)RO_2}{0.605+\beta}\tag{7-42}$$

其中β称为燃料特性系数，β仅与燃料性质有关，取决于燃料的可燃元素成分，而与水分和灰分无关。对于固体和液体燃料，由于含氮量相对很少，在β的计算中，N_{ar}通常可以忽略不计。其计算公式为

$$\beta=2.37\times\frac{H_{ar}-0.125O_{ar}+0.038N_{ar}}{C_{ar}+0.375S_{ar}}\tag{7-43}$$

2. 完全燃烧方程式与RO_{2max}

在完全燃烧的情况下，$\alpha>1$，CO=0，代入不完全燃烧方程式，得

$$(1+\beta)RO_2+O_2=21\tag{7-44}$$

或写成

$$RO_2=\frac{21-O_2}{1+\beta}$$

式(7-44)称为完全燃烧方程式。如果燃料燃烧完全，则烟气分析中测得的RO_2和O_2一定满足

完全燃烧方程式。

如果燃烧完全且烟气中又无过量的氧($O_2=0$)，即 $CO=0$ 及 $\alpha=1$ 时，由完全燃烧方程式可知，RO_2的值达到最大，即

$$RO_{2max}=\frac{21}{1+\beta} \tag{7-45}$$

可见 RO_{2max}也是一个表征燃料的特征值，取决于燃料的可燃元素组成。实际运行中，由于烟气中或多或少含有过量氧和一氧化碳，所以三原子气体的含量不可能达到它的最大值。常用燃料的 β 和 RO_{2max}值见表 7-6。

表 7-6　　常用燃料的 β 和 RO_{2max}值

燃　料	β	RO_{2max}	燃　料	β	RO_{2max}
无烟煤	0.05～0.1	19～20	油页岩	0.21	17.4
贫煤	0.1～0.135	18.5～19	重油	0.30	16.1
烟煤	0.09～0.15	18～19.5	天然气	0.78	11.8
褐煤	0.055～0.125	18.5～20	泥煤	0.07～0.08	19.4～19.6

五、过量空气系数的计算

1. 过量空气系数的精确计算

过量空气系数 α 计算公式为

$$\alpha=\frac{V_{gk}}{V_{gk}^0-\Delta V}=\frac{1}{1-\dfrac{\Delta V}{V_{gk}}} \tag{7-46}$$

$$\Delta V=V_{gk}-V_{gk}^0$$

式中　ΔV——过量空气量，m^3/kg。

由于烟气中氧的体积 $V_{O_2}=0.21(\alpha-1)V_{gk}^0$，而 $O_2=\frac{V_{O_2}}{V_{gy}}\times100$，则

$$\Delta V=V_{gk}-V_{gk}^0=(\alpha-1)V_{gk}^0=\frac{V_{O_2}}{0.21}=\frac{O_2}{21}V_{gy} \tag{7-47}$$

式中　O_2——干烟气中含氧量容积百分数，%；

V_{O_2}——干烟气中氧的容积，m^3/kg。

由于固体或液体燃料中含氮量很小，所以燃烧过程中燃料本身释放出的氮可以忽略不计，可以认为烟气中的氮全部来自燃烧所需的空气，于是

$$V_{gk}=\frac{V_{N_2}}{0.79}=\frac{\dfrac{N_2}{100}V_{gy}}{0.79}=\frac{N_2}{79}V_{gy} \tag{7-48}$$

将式(7-47)、式(7-48)代入式(7-46)得

$$\alpha=\frac{1}{1-\dfrac{79}{21}\times\dfrac{O_2}{N_2}}=\frac{1}{1-3.76\times\dfrac{O_2}{N_2}} \tag{7-49}$$

燃料完全燃烧时，将 $N_2=100-(RO_2+O_2)$代入上式得

$$\alpha=\frac{1}{1-3.76\times\dfrac{O_2}{100-(RO_2+O_2)}} \tag{7-50}$$

当不完全燃烧时，烟气分析测得的氧量 O_2包括过量空气中的氧和由于碳不完全燃烧少耗用

的氧两部分。碳不完全燃烧（生成一氧化碳）少耗用的氧在干烟气中所占的份额为 0.5CO。故过量空气中氧在干烟气中所占的份额应为 $O_2-0.5CO$。则此时过量空气中的氧容积为

$$0.21\Delta V=V_{O_2}-0.5V_{CO} \tag{7-51}$$

所以过量空气量为

$$\Delta V=\frac{V_{O_2}-0.5V_{CO}}{0.21}=\frac{O_2-0.5CO}{21}V_{gy} \tag{7-52}$$

而此时氮含量为

$$N_2=100-(RO_2+O_2+CO) \tag{7-53}$$

将式（7-54）、式（7-52）、式（7-53）代入式（7-46）得

$$\alpha=\frac{1}{1-3.76\times\dfrac{O_2-0.5CO}{100-(RO_2+O_2+CO)}} \tag{7-54}$$

这就是过量空气系数的精确计算公式。

2. 过量空气系数简单计算

一般情况下，锅炉正常运行，不完全燃烧产物 CO 很少，可视为完全燃烧。根据完全燃烧方程式可知

$$O_2=21-(1+\beta)RO_2 \tag{7-55}$$

$$RO_2+O_2=21-\beta RO_2 \tag{7-56}$$

将式（7-55）、式（7-56）代入式（7-54）得

$$\alpha=\frac{1}{1-\dfrac{79}{21}\times\dfrac{21-(1+\beta)O_2}{100-(21-\beta RO_2)}}=\frac{21(79+\beta RO_2)}{(79+100\beta)RO_2} \tag{7-57}$$

将式(7-57)同时都除以 $21RO_2$，得

$$\alpha=\frac{\dfrac{79}{RO_2}+\beta}{79\times\dfrac{1+\beta}{21}+\beta}=\frac{\dfrac{79}{RO_2}+\beta}{79\times\dfrac{1}{RO_{2max}}+\beta} \tag{7-58}$$

由于 β 的数值很小，在上式中可忽略不计，则上式可简化为

$$\alpha=\frac{RO_{2max}}{RO_2}=\frac{21}{(1+\beta)RO_2} \tag{7-59}$$

将完全燃烧方程式（7-55）代入式（7-59）得到计算简式为

$$\alpha=\frac{21}{21-O_2} \tag{7-60}$$

【例 7-2】 某火电厂烟煤的成分分析数据如下：$A_{ar}=17.5\%$、$C_{ar}\approx C_{ar}^{y}=63.0\%$、$S_{ar}=1.0\%$、$N_{ar}=1.1\%$、$O_{ar}=8.0\%$、$H_{ar}=3.0\%$、$M_{ar}=5.5\%$、低位发热量 $Q_{ar,net}=23\,470.0$kJ/kg，飞灰可燃物 $C_{fh}=3.0\%$，烟气过量空气系数 $\alpha_{py}=1.235$（烟气氧量 O_{2py} 为 5.0%），$\alpha_{fh}=0.90$，送风温度为 17.0℃、排烟温度为 127.0℃时，机械未完全燃烧热损失 $q_4=0.764\%$。

试计算该烟煤完全燃烧时的理论干空气量、理论烟气量、实际烟气容积。

解 理论干空气量为

$$V_{gk}^{0}=0.088\,9(C_{ar}^{y}+0.375S_{ar})+0.265H_{ar}-0.033\,3O_{ar}$$

$=0.0889\times(63.0+0.375\times1.0)+0.265\times3.0-0.0333\times8.0=6.16(m^3/kg)$

因为 $V_{SO_2}+V_{CO_2}=1.866\times\frac{C_{ar}+0.375S_{ar}}{100}$

$$=1.866\times\frac{63+0.375\times1}{100}=1.183(m^3/kg)$$

$$V_{N_2}=0.8\times\frac{N_{ar}}{100}+0.79V_{gk}^0=0.8\times\frac{1.1}{100}+0.79\times6.16=4.875(m^3/kg)$$

$$V_{H_2O}^0=1.244\left(\frac{M_{ar}}{100}+8.94\frac{H_{ar}}{100}+1.293V_{gk}^0d_k\right)$$

$$=1.244\times\left(\frac{5.5}{100}+8.94\frac{3}{100}+1.293\times6.16\times0.01\right)=0.501(m^3/kg)$$

所以理论烟气容积为

$$V_y^0=V_{H_2O}^0+V_{N_2}+V_{SO_2}+V_{CO_2}$$

$$=0.501+4.875+1.183=6.559\ (m^3/kg)$$

实际烟气容积为

$$V_y=V_y^0+1.0161\ (\alpha_{py}-1)\ V_{gk}^0$$

$$=6.559+1.0161\times\ (1.235-1)\ \times6.16=8.03\ (m^3/kg)$$

第三节 提高锅炉热效率的措施

从能量平衡的观点来看，在稳定工况下，输入锅炉的热量应与输出锅炉的热量相平衡，锅炉的这种热量收支平衡关系，叫做锅炉热平衡。根据热平衡原理，锅炉机组的的输入热量应等于锅炉机组的输出热量。输入热量是指伴随燃料送入锅炉的热量，输出热量包括用于生产蒸汽或热水的有效利用热量和生产过程中的各项热量损失。研究锅炉热平衡的目的在于弄清燃料中的热量有多少被利用了，有多少被损失掉了，以及热损失分别表现在哪些方面和大小如何，以便判断锅炉设计和运行水平，进而寻求提高锅炉经济性的有效途径。锅炉设备在运行中应定期进行热平衡试验，以查明影响热效率的主要因素，作为锅炉技术改造和改进运行操作的依据。在锅炉机组稳定的热力状态下，1kg 燃料带入炉内的热量、锅炉有效利用热量和热损失间有如下关系

$$1=q_1+q_2+q_3+q_4+q_5+q_6$$

式中 q_1——锅炉有效利用热量占输入热量的百分比，%；

q_2——排烟热损失占输入热量的百分比，%；

q_3——可燃气体未完全燃烧热损失的热量占输入热量的百分比，%；

q_4——固体未完全燃烧热损失的热量占输入热量的百分比，%；

q_5——锅炉散热损失的热量占输入热量的百分比，%；

q_6——灰渣物理热损失的热量占输入热量的百分比，%。

锅炉效率即为

$$\eta_{bl}=1-(q_2+q_3+q_4+q_5+q_6)$$

通过测定锅炉的各项热损失 q_2、q_3、q_4、q_5、q_6，计算锅炉效率，这种方法称为反平衡求效率法。

锅炉效率与燃烧效率概念不同，燃烧效率 η_c 表示燃料供给热量中，扣除未燃烧元素所带走的热量（机械不完全燃烧和化学不完全燃烧热损失）后，剩余热量所占百分比，可表示为

$$\eta_c=1-q_3-q_4$$

一、排烟热损失

排烟热损失 q_2是由于锅炉排烟带走了一部分热量造成的排烟热损失。具有相当高温度的烟气离开锅炉，排入大气而不能得到利用，造成排烟热损失。但排烟的热量并非全部来源于输入热量，其中还包括冷空气带入炉内的那部分热量，因此在计算排烟热损失时应扣除这部分热量。

1. 排烟带走的热量

排烟带走的热量为 $Q_2=Q_{gy}+Q_{H_2O}=(V_{gy}c_{py}+V_{H_2O}c_{pH_2O})(T_{py}-t_0)$

$$c_{py}=c_{pCO_2}\frac{RO_2}{100}+c_{pN_2}\frac{100-RO_2}{100}$$

式中 Q_2——排烟带走的热量，kJ/kg；

Q_{gy}——干烟气带走的热量，kJ/kg；

Q_{H_2O}——烟气中水蒸气所含的热量，kJ/kg；

V_{H_2O}——烟气中实际水蒸气容积，m^3/kg；

T_{py}——排烟温度，℃；

c_{pH_2O}——烟气中水蒸气在 T_{py}温度时的平均定压比热容，查表 7-7 选取，一般计算可以取常数 $c_{pH_2O}=1.51$kJ/(m^3·K)；

c_{pCO_2}、c_{pN_2}——二氧化碳和氮气的平均定压比热容，其值可由表 7-7 查得，kJ/(m^3·K)；

c_{py}——干烟气从 t_0～T_{py}温度时的定压比热容，一般计算中 c_{py}可以取 1.38kJ/(m^3·K)；

V_{gy}——实际干烟气容积，m^3/kg；

t_0——空气温度，℃。

表 7-7　气体的定压比热容和灰渣比热容

排烟温度（℃）	c_{pCO_2} [kJ/(m^3·K)]	c_{pO_2} [kJ/(m^3·K)]	c_{pN_2} [kJ/(m^3·K)]	c_{pH_2O} [kJ/(m^3·K)]	c_{pCO} [kJ/(m^3·K)]	c_k [kJ/(m^3·K)]	c_{pfh}、c_{plz}、c_{pcjh} [kJ/(kg·K)]
0	1.599 8	1.305 9	1.294 6	1.494 3	1.299 2	1.318 8	0
100	1.700 3	1.317 6	1.295 8	1.505 2	1.301 7	1.324 3	0.795 5
200	1.787 3	1.335 2	1.299 6	1.522 3	1.307 1	1.331 8	0.837 4
300	1.862 7	1.356 1	1.306 7	1.542 4	1.316 7	1.342 3	0.866 7
400	1.929 7	1.377 5	1.316 3	1.565 4	1.328 9	1.354 4	0.891 8
500	1.988 7	1.398 0	1.327 6	1.589 7	1.342 7	1.368 3	0.921 1
600	2.041 1	1.416 8	1.340 2	1.614 8	1.357 4	1.382 9	0.924 0
700	2.088 4	1.434 4	1.353 6	1.641 2	1.372 0	1.397 6	0.950 4
800	2.131 1	1.449 9	1.367 0	1.668 0	1.386 2	1.411 4	0.963 0
900	2.169 2	1.464 5	1.379 6	1.695 7	1.399 6	1.424 8	0.979 7
1000	2.203 5	1.477 5	1.391 6	1.722 9	1.412 6	1.437 3	1.004 8
1100	2.234 9	1.489 2	1.403 4	1.750 1		1.449 9	1.025 8
1200	2.263 8	1.500 5	1.414 3	1.776 9	1.436 1	1.461 2	1.050 9
1300	2.289 8	1.510 6	1.425 2	1.802 8		1.472 5	1.096 9
1400	2.313 6	1.520 2	1.434 8	1.828 0	1.456 6	1.483 0	1.130 4
1500	2.335 4	1.529 4	1.444 0	1.852 7		1.492 6	1.184 9

2. 排烟热损失计算公式

排烟热损失计算公式为

$$q_2=\frac{Q_2}{Q_r}\times100\%$$

式中 q_2——排烟热损失，%；

Q_r——1kg 燃料带入锅炉的热量，kJ/kg。

对于燃煤锅炉，如果燃料和空气都没有利用外界热量进行预热时，$Q_r=Q_{ar,net}$。

一般情况下，q_2在各种热损失中最大，可以达到 4%～8%。

当燃煤 $Q_r=Q_{ar,net}$时，排烟热损失 q_2可用下列简式计算为

$$q_2=(k_1\alpha_{py}+k_2)\times\frac{T_{py}-t_0}{100},\%$$

式中 k_1、k_2——简化函数，查表 7-8 选取；

α_{py}——排烟过量空气系数，即锅炉排烟处的过量空气系数；

T_{py}——排烟温度，℃；

t_0——送风机送风温度，℃。

表 7-8 简化函数 k_1、k_1选定值

煤 种	k_1	k_2	煤 种	k_1	k_2
无烟煤及贫煤	3.55	0.44	泥煤	3.95	1.6
烟煤	3.54	0.44	重油	3.5	0.5
褐煤	3.62	0.90			

3. 降低排烟热损失的措施

大型锅炉排烟温度每升高 15～20℃，排烟热损失会增加 1%。影响排烟热损失的主要因素是排烟容积和排烟温度。排烟温度越高，排烟容积越大，则排烟热损失就越大。降低锅炉的排烟温度，可以降低排烟热损失，但是要降低排烟温度，就要增加锅炉尾部受热面面积，因而增大了锅炉的金属耗量和烟气流动阻力。另一方面，烟温太低会引起锅炉尾部受热面的低温腐蚀。

(1) 降低排烟容积。排烟容积的大小取决于炉内过量空气系数、锅炉漏风量和煤粉湿度。过量空气系数越小，漏风量越小，则排烟容积越小，排烟热损失有可能减少。但是过量空气系数的减小，会引起可燃气体未完全燃烧热损失和固体未完全燃烧热损失的增大，所以应控制锅炉的过量空气系数，使其保持最佳值。煤的含水量过大，不但要降低炉膛温度，减少有效热的利用，而且还会造成排烟热损失的增加（因排烟容积增加）。燃料含水量每增加 1%，热效率便要降低 0.1%，因此要控制入炉煤湿度。

(2) 控制火焰中心位置，防止局部高温。正常运行时，一般应投下层燃烧器，以控制火焰中心位置，维持炉膛出口正常的烟温。针对煤种变化选择适当的一次风温，在不烧坏喷口的前提下尽量提高一次风温，对降低排烟温度和稳定燃烧均有好处。要根据煤种变化合理调整风粉配合，及时调整风速和风量配比，避免煤粉气流冲墙，防止局部高温区域的出现，减少结渣的发生。

(3) 保持受热面清洁。灰垢的热导率约为钢板热导率的 1/450～1/750，可见积灰的热阻是很大的。锅炉在运行中，受热面积灰、结渣等会使传热减弱，促使排烟温度升高，锅炉受热面上的积灰厚 1mm 时，锅炉热效率就要降低 4%～5%。因此，锅炉在运行中应注意及时地吹灰打渣，经常保持受热面的清洁。

(4) 减少漏风。排烟过量空气系数每增加 0.1，排烟热损失将增加 0.5%。炉膛及烟道中的

烟气压力低于大气压力，在运行中，外界空气将会从不严密处漏入炉膛及烟道中，使炉膛温度降低，排烟量增加，其结果造成锅炉排烟热损失和引风机电耗增大，锅炉效率降低。炉膛漏风还会使炉膛温度降低，对燃烧不利。因此减少炉膛、烟道漏风，是降低排烟热损失的另一有效途径。

(5) 保障省煤器的正常运行。一般地讲，省煤器出口水温增高 1%，则烟气温度降低 2～3℃。锅炉如果省煤器停运，将多消耗燃料量 5%～15%。

二、可燃气体未完全燃烧热损失

1. 可燃气体未完全燃烧热损失的计算

可燃气体未完全燃烧热损失 q_3 也称化学不完全燃烧热损失，是由于烟气中含有一氧化碳等可燃气体造成的未完全燃烧热损失。由于大型煤粉锅炉基本上是完全燃烧，所以 q_3 很小，一般不超过 0.5%。对于燃油锅炉，可燃气体未完全燃烧热损失比较大，一般为 1%～3%。该项热损失由排烟中的未完全燃烧产物（CO、H_2、CH_4、C_mH_m）的含量决定。由于 $1m^3$ 一氧化碳的发热量为 12 636kg/m^3、氢的发热量为 10 798kg/m^3、甲烷为 35 820kg/m^3、C_mH_m 为 59 079kg/m^3。所以这些可燃气体成分未能放出燃烧热而造成的热量损失占输入热量的百分率，按下式计算为

$$q_3=\frac{V_{gy}}{Q_r}(126.36CO+358.18CH_4+107.98H_2+590.79C_mH_m)\times 100\% \tag{7-61}$$

式中 V_{gy}——每千克燃料燃烧生成的实际干烟气体积，m^3/kg；

q_3——可燃气体未完全燃烧热损失，%；

126.36、358.18、107.98、590.79——$1m^3$ 的一氧化碳、甲烷、氢气、重碳氢化合物的发热量的 1/100，kJ/m^3。

当考虑固体未完全燃烧热损失对可燃气体未完全燃烧热损失的影响时，其修正公式为

$$q_3=\frac{V_{gy}}{Q_r}(126.36CO+358.18CH_4+107.98H_2+590.79C_mH_m)\times\left(1-\frac{q_4}{100}\right) \tag{7-62}$$

在计算式（7-62）中乘以 $\left(1-\frac{q_4}{100}\right)$，是因为有固体未完全燃烧热损失存在时，每千克燃料中只有 $\left(1-\frac{q_4}{100}\right)$ kg 燃料参与燃烧并生成烟气，因此应对生成的干烟气容积用 $\left(1-\frac{q_4}{100}\right)$ 进行修正。

如果手头没有上述一些数据，可以采用下列经验公式

$$q_3=0.032\alpha_{py}CO\times 100\% \tag{7-63}$$

2. 降低可燃气体未完全燃烧热损失的措施

(1) 保障空气与煤粉充分混合。影响可燃气体未完全燃烧热损失的主要因素是燃料性质、过量空气系数。一般在燃用挥发分高的燃料时，由于很快挥发出大量可燃气体，这时如果混合条件不好，可燃气体不能及时得到氧气，就容易出现不完全燃烧，这就是挥发分高的燃料本来是好烧的，但化学未完全燃烧热损失却比较大的原因所在。

(2) 控制过量空气系数在最佳值。如果空气供应不足，氧量表读数小，二氧化碳表读数大，燃烧不完全，产生一氧化碳，将会造成不完全燃烧损失，在尾部烟道可能发生可燃物再燃烧；如果空气供应过多，氧量表读数大，二氧化碳表读数小，不仅使炉温降低引起燃烧不完全，还将使排烟带走的热损失增大，同时送、引风机的耗电量也增大。由于过量氧量的相应增加，将使燃料中的硫形成三氧化硫，烟气露点也相应提高，从而使空气预热器发生腐蚀。所以应控制过量空气系数在最佳值。使实际排烟氧量控制在最佳氧量的±0.5%范围内。

(3) 进行必要的燃烧调整。锅炉运行期间，为适应负荷变化，常需要对运行参数做必要的调整。锅炉燃烧的优劣与运行操作人员技术水平有很大关系。为了避免由于操作不当对热效率的影

响，并及时根据负荷变化进行实时准确调整，最好采用机炉协调控制方式。以蒸汽压力为调整依据，及时调节送粉量、送风量和引风量，进行必要的燃烧调整，改善燃烧条件，从而使锅炉一致处于较佳的热效率状态。

(4) 提高入炉空气温度。为了提高锅炉效率并改善煤的着火和燃烧条件，供燃烧用的空气首先在空气预热器中利用烟气余热加热到一定的温度。保障空气预热器正常运行，可以提高入炉空气温度，有利于缩短煤的干燥时间，促进挥发分尽快挥发燃烧，并可提高炉膛温度，加强辐射传热。着火性能好的燃料，热风温度可选得低些。对于液态排渣炉，热空气温度要高些（一般为380～430℃），以利于造渣和流渣。燃油或燃气炉所要求的预热空气温度较低，一般为200～300℃。燃煤流化床锅炉通常不需要干燥原煤，所以热空气温度较低，为180～200℃。一般入炉空气温度增加50℃，可使理论燃烧温度增高15～20℃，节约燃料1.3%～2%。

为了燃料迅速着火，热风温度当然高一些好，但高到一定数值后，对强化燃烧帮助不大，反而要增加过多的空气预热器受热面并增加尾部受热面布置困难，因此只要能保证燃烧着火和稳定燃烧，热风温度不必取得太高，表7-9列出了锅炉的热风推荐温度与煤粉气流的着火温度。

表 7-9　　热风推荐温度与煤粉气流的着火温度

燃料	无烟煤 $V_{ar}=4\%$	贫煤 $V_{ar}=14\%$	重油 天然气	烟煤、洗中煤		褐煤 $V_{ar}=50\%$	
				$V_{ar}=40\%$	$V_{ar}=20\%$	热风干燥	烟气干燥
热风温度（℃）	380～430	330～380	250～300	280～350		350～380	300～350

(5) 注意锅炉负荷的变化。运行时锅炉负荷降低，则炉温降低，着火区的温度也降低，煤粉的着火稳定性将变差，尤其是那些挥发分低或灰分高的煤，或颗粒较粗的煤粉，其火焰容易在低温烟气中逐渐扩散以至熄灭。这样不但着火变得困难，而且容易形成大量不完全燃烧热损失。锅炉负荷低到一定程度时，煤粉气流燃烧稳定性变差，需要投入易燃的燃料（如油），提高煤粉着火燃烧的稳定性，否则容易灭火。

(6) 控制好一、二次风混合时间。煤粉气流着火后放出大量的热量，炉温迅速升高，火焰中心的温度可达1500℃左右，因燃烧速度很快，一次风中的氧很快耗尽。由于煤粒表面氧量不足将会限制燃烧过程的发展，因此应及时供应二次风。一般在煤粉气流着火后，燃烧过程发展到迫切需要氧气时，是一、二次风混合的最有利时机。二次风加入的时间过早，混合提前，等于加大一次风量，使着火热增加，着火推迟；混合过晚，当炽热焦炭急需空气时，未能及时供氧，也会降低燃烧速度，造成不完全燃烧热损失。因此在运行操作上要合理地调整好一、二次风混合时间。由于二次风比炉温低得多，为了不降低燃烧中心区的温度，在燃烧挥发分较低的煤时，二次风应该在煤粉气流着火后随着燃烧过程的发展分期分批送入。

三、固体未完全燃烧热损失

1. 固体未完全燃烧热损失的计算

固体未完全燃烧热损失 q_4，也称机械未完全燃烧热损失，主要是由锅炉烟气带出的飞灰和炉底放出的炉渣中含有未燃尽的碳所造成的，以及中速磨煤机排出石子煤的热量损失，即

炉渣损失 $$\frac{337.27A_{ar}\alpha_{lz}C_{lz}\times100\%}{Q_{ar,net}\ (100-C_{lz})}$$

飞灰损失 $$\frac{337.27A_{ar}\alpha_{fh}C_{fh}\times100\%}{Q_{ar,net}\ (100-C_{fh})}$$

漏煤损失 $$\frac{337.27A_{ar}\alpha_{lm}C_{lm}\times100\%}{Q_{ar,net}\ (100-C_{lm})}$$

炉渣损失指未燃尽的燃料与渣在一起，一同排入灰斗所造成的损失。飞灰损失指未燃尽的燃料与灰在一起，随烟气排出，经电除尘时，大部分落下，小部分随烟气从烟囱排出，所造成的损失。漏煤损失指链条炉中未能完全燃烧的煤漏入灰斗造成的损失，煤粉炉中没有该项损失。未完全燃烧热损失计算式为

$$q_4=\frac{337.27A_{ar}}{Q_{ar,net}}\left(\frac{\alpha_{fh}C_{fh}}{100-C_{fh}}+\frac{\alpha_{lz}C_{lz}}{100-C_{lz}}\right)\times100\%+\frac{B_{sz}Q_{ar,sz}}{BQ_r}\times100\% \tag{7-64}$$

式中　337.27——碳的发热量为 33 727kJ/kg 的 1/100；

A_{ar}——煤的收到基灰分含量百分率，%；

C_{fh}、C_{lz}——分别为飞灰中碳的含量（飞灰可燃物）和炉渣可燃物含量百分率，%；

α_{fh}、α_{lz}——分别为飞灰、炉渣占燃料总灰分的份额，%；

B——锅炉燃料消耗量，kg/h；

B_{sz}——中速磨煤机废弃的石子煤量，kg/h；

$Q_{ar,sz}$——石子煤的实测低位发热量，kJ/kg。

机械不完全燃烧热损失是仅次于排烟热损失的锅炉热损失，固态排渣煤粉炉 q_4 约为0.5%～5%。

对于燃油锅炉，一般灰分很少，可以忽略不计。如果必须计算时，其固体未完全燃烧热损失为

$$q_4=\frac{337.27\mu V_{gy}}{Q_r}\times100\% \tag{7-65}$$

式中　μ——锅炉排烟中碳的浓度，g/m³。

2. 降低固体未完全燃烧热损失的措施

影响固体未完全燃烧热损失的主要因素是燃料性质和运行人员操作水平。

(1) 煤中含灰分、水分越少，q_4越小。

(2) 适当增大过量空气系数，对碳的燃尽有利，因此可减少 q_4。但是过量空气系数过大，会降低炉内温度水平，且使排烟容积增大，导致排烟热损失增大，因此运行中，要选择最佳的过量空气系数。

(3) 合理调整和降低煤粉细度，理论研究表明：煤粉完全燃烧所需要的时间与煤粉颗粒直径的 1～2 次方成正比。造成 q_4 损失的主要是煤粉中存在大颗粒的粗粉，细而均匀的煤粉容易实现完全燃烧。挥发分高的煤粉，因其着火与燃烧的条件较好，煤粉可适当粗些；反之，对挥发分低的煤，其煤粉应细些。煤粉细度可以通过改变通风量或粗粉分离器出口套筒高度来调节。

(4) 合理组织炉内空气动力工况，炉膛中煤粉是在悬浮状态下燃烧的，空气与煤粉的相对速度很小，混合条件很不理想。为了能使煤粉与补充的二次风能充分混合，除了二次风应具有较高的速度外，还应合理组织好炉内空气动力工况，促进煤粉和空气的混合。合理组织炉内空气动力工况，可以改善火焰在炉内的充满程度（火焰所占容积与炉膛几何容积之比称为火焰充满程度），实践证明，火焰并未充满整个炉膛。充满程度越高，炉膛的有效容积越大，可燃物在炉内实际停留时间越长。另外通过燃烧器的结构设计以及燃烧器在炉膛中的合理布置，可以组织好炉内高温烟气的合理流动，使更多的烟气回流到煤粉气流的着火区，增大煤粉气流与高温烟气的接触周界，以增强煤粉气流与高温烟气之间的对流换热，这是改善着火性能的重要措施。

(5) 运行中根据煤种变化，使一、二次风适时混合，保持火焰不偏斜，维持适当炉温，可减少 q_4。

四、散热损失

1. 散热损失的计算

散热损失 q_5，是由于运行中锅炉内部各处的温度均高于外部温度，使一部分热量散失到空气中造成的散热损失，即锅炉炉墙、金属结构及锅炉范围内管道（烟风管道及汽水管道、联箱等）等向四周环境中散失的热量占总输入热量的百分率。

当锅炉在非额定蒸发量下运行时，由于锅炉外表面的温度变化不大，锅炉总的散热量也就变化不大；但对于1kg燃料的散热量 Q_5 却有明显的变化，可近似地认为散热损失与锅炉运行负荷成反比变化，因此散热损失 q_5 计算公式为

$$q_5 = q_{5,e}\frac{D_e}{D}$$

式中 D_e——锅炉的额定蒸发量，t/h；

D——锅炉效率测定时的实际蒸发量，t/h；

q_5——锅炉散热损失，%；

$q_{5,e}$——额定蒸发量下的散热损失（见图7-1），%。

额定负荷下的锅炉散热损失计算式为

$$q_{5,e} = 5.82\ (D_e)^{-0.38}$$

式中 D_e——锅炉的额定蒸发量，t/h。

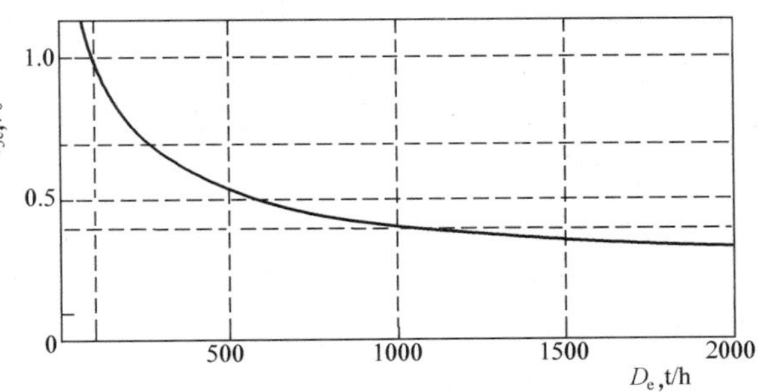

图7-1 额定负荷下的锅炉散热损失曲线

2. 降低散热损失的措施

影响散热损失的主要因素是锅炉容量、负荷、相对表面积（以一台300MW机组为例，需要保温的面积在30 000m^{2}以上）和环境温度。锅炉容量小、负荷小、相对表面积大、周围空气温度低，则散热损失就大。如果水冷壁和炉墙等结构严密、紧凑，炉墙和管道的保温良好，锅炉周围空气温度高，则散热损失小。对于大型锅炉 q_5 一般小于0.5%。

加强保温是减少散热损失的有效措施。锅炉炉墙和热力管网的温度总是比环境温度高，所以部分热量就要通过辐射和对流的方式散发到周围空气中去，造成锅炉的散热损失。同时热量散失又使炉膛温度降低，影响燃烧，使不完全燃烧热损失增大，从而使锅炉热效率降低。因此应采用先进的保温材料，尽量减少散热损失。因此凡是表面温度超过50℃的传热体均应进行保温，特别是应注意对阀门法兰等处的保温工作，有脱落和松动的保温层应及时修补。

五、灰渣物理热损失

1. 灰渣物理热损失的计算

灰渣物理热损失即炉渣、飞灰与沉降灰排出锅炉设备时，所带走的显热占输入热量的百分率，其计算公式为

$$q_6 = \frac{A_{ar}}{Q_r}\left[\frac{a_{lz}\ (t_{lz}-t_0)\ c_{lz}}{100-C_{lz}} + \frac{a_{fh}\ (T_{py}-t_0)\ c_{fh}}{100-C_{fh}} + \frac{a_{cjh}\ (t_{cjh}-t_0)\ c_{cjh}}{100-C_{cjh}}\right]\times 100\%$$

式中 q_6——灰渣物理热损失，%；

t_{lz}——由炉膛排出的炉渣温度，当不直接测量时，固态排渣煤粉炉取800℃，火床炉取600℃，液态排渣火室炉取煤灰的熔化温度+100℃，℃；

t_{cjh}——由烟道排出的沉降灰温度，可取为沉降灰斗上部空间的烟气温度，℃；

c_{fh}、c_{lz}、c_{cjh}——飞灰、炉渣和沉降灰的比热容，按表7-7查取，kJ/(kg·K)。

飞灰、炉渣和沉降灰的比热容也可按下列公式计算为

$$c=0.71+0.000\,502t$$

式中 c——飞灰（或沉降灰或炉渣）的比热容，kJ/kgK；

t——排烟温度（或沉降灰温度或炉渣温度），℃。

对于燃油和燃气锅炉：$q_6=0$。

2. 降低灰渣物理热损失的措施

影响灰渣物理热损失主要因素是燃料灰分、排渣量的大小和温度高低。由于飞灰含量很小，可以认为影响灰渣物理热损失的主要因素是排渣量和排渣温度。锅炉排渣量和排渣温度主要与锅炉的排渣方式有关，固态排渣的渣量较小，液态排渣的渣量较大。液态排渣炉的排渣温度要比固态排渣炉的排渣温度高得多。

六、提高锅炉效率的其他措施

(1) 严格控制汽水品质。一般自来水中含有大量的溶解气体和硬度盐类。如果锅炉给水未加软化处理、除盐处理或处理不当，锅炉汽水品质较差，会使锅炉受热面的金属内壁造成腐蚀和结垢现象，结垢使热阻增大，影响传热，降低锅炉热效率，增加煤耗。水垢的热导率约为钢板热导率的1/30～1/50，如果受热面上结1mm厚水垢，锅炉燃料消耗量要增加2%～3%。

(2) 防止漏水冒汽。热力管道及法兰、阀门填料处，容易产生漏水、冒汽现象，使有效利用热量减少。锅炉补给水量增加，也会降低锅炉热效率。

七、锅炉燃料消耗量

1. 实际燃料消耗量

实际燃料消耗量是指单位时间内锅炉实际耗用的燃料量，一般简称燃料消耗量，用符号 B 表示，即

$$B=\frac{Q_b}{\eta_{bl}Q_r}=\frac{1}{\eta_{bl}Q_r}[G_b(h_b-h_{fw})+G_{rh}(h_{rhr}-h_{rhl})+G_{bl}(h_{bl}-h_{fw})+G_{ss}(h_{fw}-h_{ss})+G_{rs}(h_{fw}-h_{rs})+G_{fy}(h_{zy}-h_{fw})]$$

式中 B——锅炉的燃料消耗量，kg/h。

对于大容量燃煤锅炉，一般根据入炉煤计量进行计算，它是计算发电煤耗的基础。

2. 计算燃料消耗量

计算燃料消耗量是指考虑机械不完全燃烧热损失 q_4 的存在，在炉内实际参与燃烧反应的燃料消耗量，用符号 B_j 表示。由于1kg入炉燃料只有 $\left(1-\frac{q_4}{100}\right)$ kg燃料参与燃烧反应，所以它与燃料消耗量 B 存在的关系为

$$B_j=\left(1-\frac{q_4}{100}\right)B$$

两种燃料消耗量各有不同的用途，在进行燃料输送系统和制粉系统计算时要用燃料消耗量 B 来计算，但在计算空气需要量及烟气容积时需要用计算燃料消耗量 B_j 来计算。

【例7-3】 某电厂一台1000t/h燃煤锅炉，根据热效率试验求得输入热量 $Q_{ar,net}=21\,000$kJ/kg，锅炉总有效利用热量 $Q_b=2.65\times10^9$kJ/h，排烟热损失 $q_2=6.50\%$，化学不完全燃烧热损失 $q_3=0.30\%$，机械不完全燃烧热损失 $q_4=1.50\%$，散热损失 $q_5=0.20\%$，灰渣物理热损失 $q_6=0.08\%$，试求燃料消耗量 B 和计算燃料消耗量 B_j。

解 根据反平衡法计算锅炉效率为

$$\eta_{bl}=1-6.50\%-0.30\%-1.50\%-0.20\%-0.08\%=91.42\%$$

燃料消耗量为

$$B=\frac{Q_b}{\eta_{bl}Q_r}=\frac{2\ 650\ 000\ 000}{0.914\ 2\times 21\ 000}=138.0\ (t/h)$$

计算燃料消耗量为

$$B_j=\left(1-\frac{q_4}{100}\right)B=(1-1.5\%)\times 138.0t/h=136.0(t/h)$$

第八章　燃煤锅炉的经济运行

第一节　锅炉氧量与漏风控制

一、过量空气系数

过量空气系数大小直接影响炉内燃烧的好坏和排烟热损失的大小。运行中准确、迅速地测定它，是监督锅炉经济运行的主要手段。如果燃料一定，根据燃烧调整试验可以确定对应于最佳过量空气系数下的三原子气体含量 RO_2 的数值，运行中保持这样的 RO_2 数值就可以使锅炉处在经济工况下。

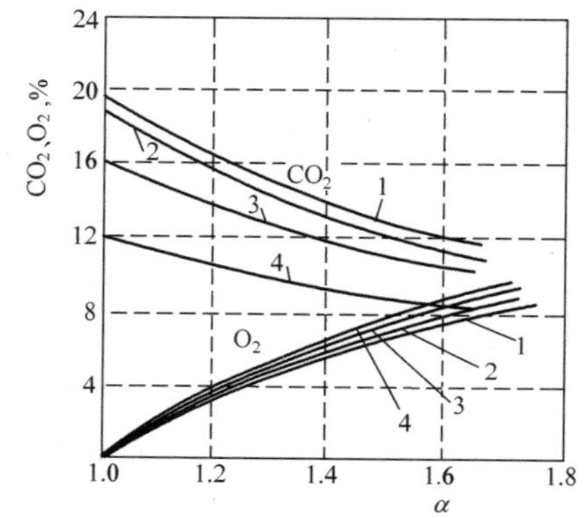

图 8-1　烟气中 CO_2 和 O_2 的含量与过量空气系数 α 的关系

1—无烟煤；2—褐煤；3—重油；4—天然气

对于一定的燃料，RO_{2max} 为一定值，只要利用烟气分析测定出烟气中三原子气体 RO_2 或 CO_2 含量，就可以计算出测量处过量空气系数 α。然而电厂中燃用的煤种是经常变动的，当燃料成分改变时，特征值 RO_{2max} 也发生变化。因此尽管运行中继续维持原来的 RO_2 值，而实际上过量空气系数已经改变。这说明用 RO_2（或 CO_2）数值来监测过量空气系数受燃料种类的牵制很大，相同的 RO_2 值，对于不同的燃料却表征不同的过量空气系数值，如图 8-1 所示。

根据图 8-1 曲线可以看出，燃料种类的变化对于 α 的影响很小，因此目前电厂采用磁性氧量计或氧化锆氧量计来测量烟气中的含氧量 O_2，用于监督运行中的过量空气系数，一般要求炉膛出口氧量 4% 左右，CO_2 值为 15%～16%。通常燃煤锅炉炉膛出口最佳过量空气系数 α 为 1.20～1.25，燃油锅炉炉膛出口最佳过量空气系数 α 为 1.10～1.20。过去锅炉控制盘上一般安装 CO_2 表，根据烟气中的 CO_2 值来调节风量。烟气中的 CO_2 值与 O_2 值是互成反比例关系的，二者之间的关系式为

$$CO_2\text{表读数}=\frac{21-\text{炉膛出口氧量表读数 }O_2}{1.1}$$

CO_2 值（或炉膛出口氧量）每变化 1%，锅炉效率变化 0.35%，煤耗变化 0.35%。因此应针对不同的负荷、煤种合理配风。

如果空气供应不足，氧量表读数小，二氧化碳表读数大，燃烧不完全，产生一氧化碳，将会造成不完全燃烧损失；如果空气供应过多，氧量表读数大（二氧化碳表读数小），燃烧生成的烟气量增多，烟气在对流烟道中的温降减小，使排烟温度升高。排烟量增大和排烟温度升高，使排烟热损失 q_2 变大。某锅炉省煤器出口氧量对排烟温度的影响如图 8-2 所示。

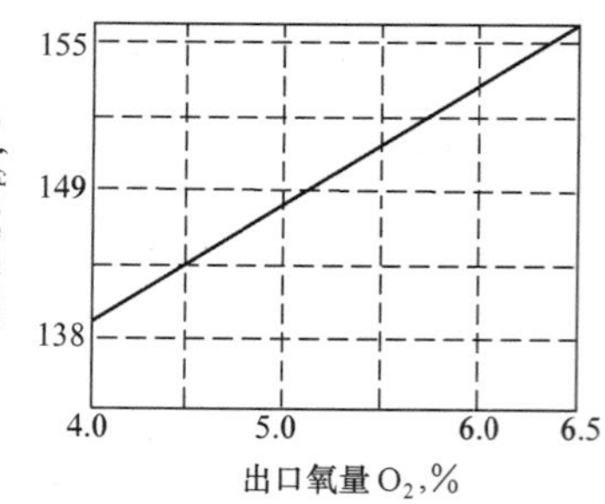

图 8-2　省煤器出口氧量对排烟温度的影响

二、最佳过量空气系数

如果空气供应过多，一方面，排烟量和排烟温度都增大，使排烟热损失 q_2 变大；另一方面，在一定范围内 α 增大，由于供氧充分，炉内气流混合扰动好，有利于燃烧，使燃烧损失（q_3＋q_4）减小。因此，存在一个最佳的过量空气系数 α_{zj}，可使损失之和（q_2＋q_3＋q_4）最低，锅炉效率最高。最佳的 α_{zj} 可通过燃烧调整试验来确定，运行中应根据最佳的过量空气系数 α_{zj}（O_2 量）来控制炉内送风量。过量空气系数 α 过小或者过大都会使锅炉效率降低。某电厂 670t/h 锅炉进行了燃烧需用氧气量试验，结果见表 8-1。实际运行过程中的过量空气系数 α 由测量烟气中的过量氧量来获得，即通过 DAS 上的氧量指示值，从试验结果上看，锅炉左右两侧 DAS 氧量控制在 5%时，锅炉的热效率最高，此时对应的过量空气系数 α 为 1.32。

表 8-1　670t/h 锅炉氧气量确定试验结果

项　　目	结　　果			
省煤器出口氧量（%）	6.5	6.0	5.1	4.0
过量空气系数	1.448	1.40	1.320	1.235
飞灰可燃物（%）	5.03	6.2	4.89	7.29
修正后机械不完全燃烧热损失（%）	2.31	2.62	2.5	3.74
排烟温度（℃）	156	155	140.5	138
修正后锅炉效率（%）	89.11	89.12	90.92	90.32

在一台确定的锅炉中，过量空气系数 α 的大小与锅炉负荷、燃料性质、配风工况等有关。锅炉负荷越高，所需 α 值越小，一般负荷在 75%以上时，最佳的 α_{zj} 无明显变化；但当负荷很低时，由于形成炉内旋转切圆有最低风量的要求，故最佳的 α_{zj} 增大；煤质差（如燃用低挥发分煤）时，着火、燃尽困难，需要较大的 α 值；若燃烧器不能做到均匀分配风、粉，则锅炉效率降低，而且最佳的 α_{zj} 值要大一些。通过燃烧调整试验可以确定锅炉在不同负荷、燃用不同煤质时的最佳过量空气系数。对于不同的锅炉，额定负荷下的炉膛出口最佳过量空气系数 α_{zj} 见表 8-2。若锅炉没有其他缺陷的限制，应按所 α_{zj} 对应的氧量值控制锅炉的送风量。

表 8-2　炉膛出口最佳过量空气系数 α_{zj}

燃 烧 方 式	燃　　料	最佳过量空气系数 α_{zj}
固态排渣煤粉炉	无烟煤、贫煤	1.25
	烟煤、褐煤	1.20
液态排渣煤粉炉	无烟煤、贫煤	1.15～1.20
	烟煤、褐煤	1.10～1.15
燃油炉、燃气炉	重油、天然气、石油气	1.15
链条炉	无烟煤、贫煤	1.50
	烟煤、褐煤	1.30
抛煤机炉	无烟煤、贫煤	1.60
	烟煤、褐煤	1.40

表 8-3 中列出了一些 300MW 级及以上锅炉运行氧量值的控制范围。由表 8-3 可见，表中运行氧量值较高，这是因为锅炉运行氧量值一般测量的是烟道氧量，而不是炉膛氧量。同时表 8-3

中数值表示，所有锅炉在低负荷下运行，过量空气系数都维持较高。这是因为：第一，最佳过量空气系数 α_{zj} 随负荷降低而升高；第二，低负荷时炉温低、扰动差，需增大风量以维持不致太差的炉内空气动力场、稳定燃烧等。

表 8-3　　某些 300MW 级及以上锅炉运行氧量值的控制范围

锅炉等级（MW）	负荷（MCR）			
	100%	80%	60%	50%
660	3.5	3.5	4.2	5.4
600	3.6	4.0	5.0	6.8
500	4.6	5.4	7.0	
300	4.3	5.8	6.4	6.9

三、过量空气系数的计算

任何大型锅炉都装有氧量表，并根据其指示值来控制送入炉内空气量的多少。在控制氧量时必须明确氧量表在锅炉烟道的安装地点，因为在炉内相同送风量的情况下，氧量值沿烟气流动方向是变化的。通常认为煤粉的燃烧过程在炉膛出口就已经结束，因此，真正需要控制的氧量值应该是相应于炉膛出口的，但由于那里的烟温太高，氧化锆氧量计无法正常工作，所以大型锅炉的氧量测点一般安装于低温过热器出口或省煤器出口的烟道内。由于烟道漏风，这里的氧量与炉膛出口的氧量有一个偏差。以安装于省煤器出口的情况为例，应按以下公式进行修正，即

$$\alpha=\alpha_{sm}-\Sigma\Delta\alpha$$

式中　α——炉膛出口过量空气系数；

α_{sm}——省煤器出口过量空气系数；

$\Sigma\Delta\alpha$——炉膛出口至省煤器出口烟道各漏风系数之和。

我们常说的烟气含氧量采用省煤器（对于存在多个省煤器的锅炉，采用高温省煤器）后的氧量仪表指示，对于锅炉省煤器出口有两个或两个以上烟道，烟气含氧量应取各烟道烟气氧量的算术平均值。我们常说的锅炉氧量一般是指炉膛出口氧量，炉膛出口过量空气系数是锅炉运行的重要指标。

【例 8-1】 某 300MW 锅炉炉膛出口的最佳过量空气系数 $\alpha_{zj}=1.2$，过热器、再热器、省煤器的漏风系数分别为 0.015、0.018、0.020，则在氧量测点处应控制的氧量为

$$O_{2,sm}=\frac{21(\alpha_{sm}-1)}{\alpha_{sm}}=\frac{21\times(1.2+0.015+0.018+0.02-1)}{1.2+0.015+0.018+0.02}=4.2(\%)$$

而在炉膛出口处应控制的氧量为

$$O_{2,1}=\frac{21(\alpha_1-1)}{\alpha_1}=\frac{21\times(1.2-1)}{1.2}=3.5(\%)$$

所以在正常漏风情况下，氧量表的数值应控制为 4.2%而不是 3.5%。此例说明，氧量表的控制值与炉膛出口至氧量表测点的烟道漏风状况有关。运行监督氧量值时，必须保证锅炉的漏风工况正常，否则，当烟道漏风增加时，控制的氧量值也应增大。对于本例，在漏风增大的情况下，若仍习惯按氧量 4.2%调节风量，就会使炉膛实际送风量偏小。

一般锅炉的炉膛、各对流受热面的烟道总是在负压下运行，锅炉中烟气的压力略低于大气压力，在炉膛和烟道结构不十分严密的情况下，会有空气从炉外漏入炉内，从而使烟气沿烟气流程

的过量空气系数 α 不断增大。

某一级受热面的漏风量 ΔV 与理论空气量 V^0 之比 $\Delta\alpha$，称为该级受热面的漏风系数，并可表示为

$$\Delta\alpha=\frac{\Delta V}{V^0}$$

对于任一级受热面来说，其漏风系数与进口过量空气系数 α'、出口过量空气系数 α'' 有如下关系，即

$$\Delta\alpha=\alpha''-\alpha'$$

漏风系数与锅炉结构、安装及检修质量、运行操作情况等有关。在设计锅炉时，炉膛和各烟道的漏风系数一般可按经验数据选取。额定负荷下锅炉各烟道的漏风系数见表 8-4。

表 8-4　　额定负荷下锅炉各烟道的漏风系数

烟道		漏风系数
火室炉	固态排渣煤粉炉膛具有膜式水冷壁及金属护板	0.05
	固态排渣煤粉炉膛，具有砖墙及护板	0.07
	固态排渣煤粉炉膛，无金属护板	0.1
	液态排渣煤粉炉膛、燃油炉膛燃气炉膛，具有金属护板	0.05
	液态排渣煤粉炉膛、燃油炉燃气炉膛，无金属护板	0.08
机械及半机械化火床炉膛		0.1
手烧火床炉膛		0.3
烟道	钢制烟道每 10m	0.01
	砖砌烟道每 10m	0.05
屏式过热器		0

烟道		漏风系数
对流过热器		0.03
再热器		0.03
直流锅炉的过渡区		0.03
省煤器 $D>50$t/h，每级		0.02
旋风除尘器洗涤除尘器		0.05
省煤器 $D\leqslant50$t/h，每级	钢管式	0.08
	铸铁式，有护板	0.1
	铸铁式，无护板	0.2
管式空气预热器	$D>50$t/h，每级	0.03
	$D\leqslant50$t/h，每级	0.06
回转式预热器	$D>50$t/h	0.2
	$D\leqslant50$t/h	0.25
电除尘器	$D>50$t/h	0.1
	$D\leqslant50$t/h	0.15
板式空气预热器每一级		0.10

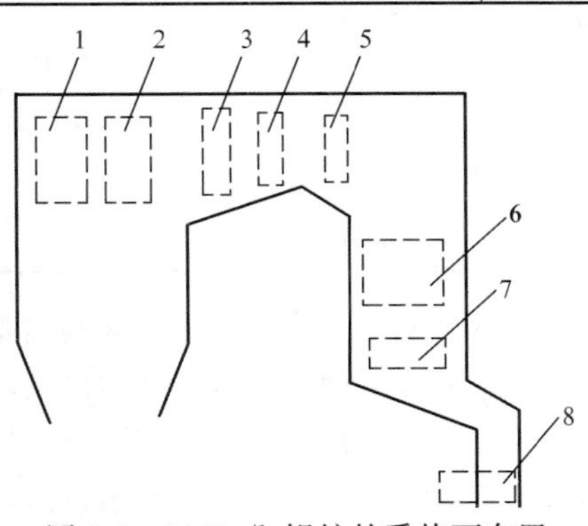

图 8-3　1000t/h 锅炉的受热面布置

1—前屏过热器；2—后屏过热器；3—中温再热器；4—高温再热器；5—高温过热器；6—低温过热器；7—省煤器；8—空气预热器

【例 8-2】 某 1000t/h 锅炉的受热面布置如图8-3所示，该锅炉为亚临界压力中间再热自然循环汽包锅炉，炉膛的前墙及两侧墙前半部的上部布置有壁式再热器，炉膛上部设有前屏和后屏过热器，炉膛的漏风系数为 0.05，炉膛出口过量空气系数为 1.20。顺着烟气流动方向，中温再热器烟道的漏风系数为 0.02，高温再热器至转向室的漏风系数为 0.03，低温过热器、省煤器和回转式空气预热器的漏风系数分别为 0.022、0.018 和 0.12，求各受热面出口的过量空气系数。

解　因为壁式再热器、前屏和后屏过热器均在炉膛内，所以计算炉膛出口以后的受热面不包括壁

式再热器、大屏和后屏过热器。各受热面漏风系数和出口的过量空气系数见表8-5。

表8-5　　各受热面漏风系数和出口的过量空气系数

受热面名称	漏风系数	出口过量空气系数
炉膛	0.05	1.20
中温再热器	0.02	1.22
高温再热器至转向室	0.03	1.25
低温过热器	0.022	1.272
省煤器	0.018	1.29
空气预热器	0.12	1.41

【例8-3】 低温过热器出口前、炉膛出口后共包含低温过热器、高温再热器至转向室、中温再热器三个受热面，三个受热面漏风系数合计为

$$0.022+0.03+0.02=0.072$$

因此低温过热器出口的过量空气系数等于炉膛出口过量空气系数，即

$$1.20+0.072=1.272$$

根据统计计算，炉膛漏风系数每增加0.1～0.2，排烟温度将升高3～8℃，锅炉效率降低0.2%～0.5%，引风机电耗增加2kW/MW。

四、炉膛及制粉系统漏风

经过空气预热器的风量我们通常叫做有组织风量。空气预热器出口侧过量空气系数 α_{zz} 与炉膛漏风系数 $\Delta\alpha_{lf}$、制粉系统漏风系数 $\Delta\alpha_{zf}$（见表8-6）和炉膛出口过量空气系数 α 之间的关系为

$$\alpha=\alpha_{zz}+\Delta\alpha_{lf}+\Delta\alpha_{zf}$$

表8-6　　各种制粉系统漏风系数推荐值

磨煤机		储仓式漏风系数		直吹式漏风系数
		烟气下行干燥管	空气下行干燥管	
球磨机	320/580	0.35	0.30	0.25
	350/700	0.30	0.25	0.20
	380/790	0.25	0.20	0.15
中速磨		—		0.20
风扇磨，具有干燥管		—		0.30

对于正压直吹式制粉系统，密封风量 $\Delta\alpha_{mf}$ 进入制粉系统相当于制粉系统漏风系数 $\Delta\alpha_{zf}$。在运行中控制 α 不变的情况下，炉膛漏风系数 $\Delta\alpha_{lf}$ 和制粉系统漏风系数 $\Delta\alpha_{zf}$ 均是以冷的空气取代部分热空气进炉膛，使理论燃烧温度降低，煤着火条件变差。若漏风点在炉膛上部，有可能使燃烧区缺风，影响燃尽，或者导致炉膛出口附近烟温降低，屏的吸热减少，出现汽温偏低现象；若漏风在炉底，则会抬高火焰中心，使飞灰中的可燃物增加。

冷空气漏入制粉系统，对制粉过程和锅炉燃烧过程都将产生不利的影响。磨煤机后的漏风，使排粉风机风量增大，因而使排粉风机电流和功率增大。当排粉风机电流超限时，迫使磨煤机出

力降低，同时也使进入锅炉的一次风率（乏气送粉）或三次风率（热风送粉）不正常地升高。磨煤机前的漏风，则使干燥剂入口温度降低。为保持磨煤机出口温度，需开大热风门同时关小再循环风门，恢复干燥剂入口温度，或者减少给煤量提升磨煤机出口温度。前者使锅炉的一次风率增大，后者则使磨煤机出力降低，磨煤单耗上升。

炉膛和制粉系统漏风（不论磨煤机前漏风还是后漏风）均会使排烟温度升高。当 $\Delta\alpha_{1f}+\Delta\alpha_{zf}$ 增大时，通过空气预热器的有组织的风量减少。空气预热器的风量减少、风速降低致使传热系数下降，空气预热器吸热量减少，引起排烟温度的升高。图 8-4 是漏风系数对排烟温度的影响，其中炉膛及制粉系统漏风系数增加前排烟温度为 130～160℃，送风温度为 20～60℃，空气预热器漏风系数为 0.10～0.30。试验表明，制粉系统漏风系数每增加 0.01，排烟温度升高 1.3℃，二者基本上为线性关系。

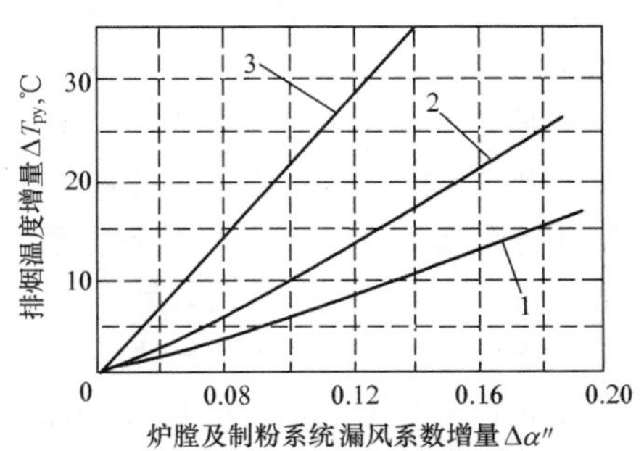

图 8-4 漏风系数对排烟温度的影响
1、2、3—空气预热器传热量分别为 1450、1850、2560kJ/kg

第二节 锅炉排烟温度控制

一、排烟温度的定义

燃料燃烧后会产生大量烟气，从锅炉尾部排出的烟气温度叫排烟温度。一般是指锅炉末级受热面即空气预热器出口处的烟气温度，用摄氏温度℃来表示。对于锅炉末级受热面出口有两个或两个以上的烟道，排烟温度应取各烟道烟气温度的算术平均值。

二、排烟温度对经济性的影响

排烟温度越低，排烟损失越小，但是在设计中要降低排烟温度必须增加锅炉尾部受热面，这就需要增加投资和金属消耗量。如果排烟温度过低，达到烟气露点温度，则烟气中的二氧化硫会凝结在空气预热器的壁面上，形成低温腐蚀。当燃用含硫量多的燃料时，这种低温腐蚀更加剧烈。排烟温度的高低应通过技术经济比较来确定，对于大容量的锅炉，额定排烟温度一般要在 110～160℃之间。

排烟温度升高会使排烟焓增加，排烟损失增大。排烟温度每升高 1℃，使锅炉效率降低 0.05%～0.065%。因此应及时对空气预热器及受热面吹灰，保持较高的锅炉吹灰器完好率和投入率，防止受热面结渣和积灰。

三、影响排烟温度的因素

影响排烟温度的因素很多，通常有锅炉负荷、煤种、炉内燃烧情况、炉膛和制粉系统漏风、尾部受热面积灰、给水温度、送风温度、炉膛出口过量空气系数、尾部受热面积和运行操作等因素有关，它们之间既相互联系，又单独作用。

1. 煤质

煤的低位发热量越低，收到基水分含量越大，排烟温度越高。其综合影响可用折算水分 W_{ZS} 来分析，当 W_{ZS} 增加时，意味着低位发热量 $Q_{ar,net}$ 减少，而收到基水分 M_{ar} 增加，将使燃煤量 B 增加，烟气量增加，使烟气在对流区中的温降减少，最终使排烟温度升高。计算表明：排烟温度与 $4187\times M_{ar}/Q_{ar,net}$ 近似呈线性关系，一般 $4187\times M_{ar}/Q_{ar,net}$ 每增加 0.1，排烟温度就会升高 0.6℃左右。

灰分增加，硫分增加，都会使尾部受热面积灰玷污加重，使传热减弱，从而使排烟温度升高。

2. 炉膛出口过量空气系数

炉膛出口过量空气系数增加具有三方面的作用：一方面使通过空气预热器的空气量增加，从而增加空气预热器的传热量，降低排烟温度；另一方面使流过对流受热面的烟气量增加，导致排烟温度升高；第三方面如果送风量过大，炉膛温度偏低（炉膛吸热与温度成四次方减少），则排烟温度升高。三者作用总的结果使排烟温度稍微升高一些，降低锅炉运行的经济性。经计算：炉膛出口过量空气系数每增加 0.1，排烟温度升高 1.3℃左右。某厂420t/h自然循环锅炉的试验表明：其空气预热器入口氧量由 9.0%降到 6.0%时，排烟温度降低约 6℃。

3. 漏风

漏风包括炉膛漏风、制粉系统漏风和烟道漏风。炉膛漏风主要指炉顶密封、看火孔、人孔门及炉底密封水槽处漏风。制粉系统漏风指备用磨煤机风门、挡板处漏风。在炉膛出口过量空气系数一定的情况下，炉膛漏风、制粉系统漏风由于不经过空气预热器直接进入炉膛，当炉膛漏风、制粉系统漏风增加时，导致进入空气预热器空气量减少，流速降低，传热系数和传热量下降，最终导致排烟温度升高。计算表明：炉膛漏风和制粉系统漏风总系数与排烟温度近似呈线性关系，一般漏风总系数每增加 0.01，排烟温度就会升高 1.3℃左右。例如某厂420t/h自然循环锅炉的制粉系统总计漏冷风量为 86.5t/h，相当于锅炉总风量的 15.70%，而制粉系统设计漏冷风量为锅炉总风量的 5.09%，计算结果表明，制粉系统增加的漏冷风量，使排烟温度升高约 16℃。

在大修和小修中应安排锅炉本体及制粉系统的查漏和堵漏工作，特别是炉底水封槽和炉顶密封及磨煤机冷风门处。在运行中随时关闭各看火孔、门等，经验表明，这一措施可降低排烟温度 2℃左右。

4. 受热面积灰

受热面积灰使烟气与受热面之间的传热热阻增加，传热系数降低。锅炉受热面积灰将导致锅炉吸热量降低，烟气放热量减少，空气预热器入口烟温升高，从而导致排烟温度升高。

空气预热器堵灰，一方面使预热器的有效传热面积减少；另一方面使堵灰处的烟气速度降低，而其他处的烟气速度迅速提高，二者都将使烟气的放热量减少，排烟温度升高。实践表明，受热面积灰可影响排烟温度 10℃左右。

如果锅炉结渣严重，大渣块不定期落下，使冷灰斗的水与热渣相遇产生大量蒸汽，破坏炉内燃烧工况，特别是在低负荷时，由于火焰本身就很脆弱，所以更容易造成锅炉非正常灭火。

5. 送风温度

对于露天布置的锅炉来说，冷空气温度随环境温度变化很大，使空气预热器进口温度也随之变化，这样使送风温度变化明显影响到空气预热器传热温差和传热量。经计算在 0～40℃范围内，冷空气变化 1℃，排烟温度将同向变化 0.55℃左右。在夏季空气预热器入口风温高，空气预热器传热温差小，烟气的放热量就少，从而使排烟温度升高。冬季，排烟温度可能会低于露点，为了防止预热器低温腐蚀，必须投入暖风器，来提高排烟温度。

6. 排粉机出力低

在相同的负荷条件下，单台排粉机出力降低，增加了排粉机的运行台数，上层排粉机的投运，升高了炉膛火焰的中心，使排烟温度升高。

实践证明，对于 300MW 机组，在负荷 180MW 以下时，保持两台排粉机运行对降低排烟温度有显著的效果，停 C 排粉机前后效果对比见表 8-7。

表 8-7　　停 C 排粉机前后效果对比

排粉机运行方式	A 排运行 B 排运行 C 排运行 D 排备用	A 排运行 B 排运行 C 排备用 D 排备用
机组负荷（MW）	190.0	191.4
A 侧排烟温度（℃）	140.62	134.45
B 侧排烟温度（℃）	143.44	137.15
平均排烟温度（℃）	142.03	135.80

7. 磨煤机出口温度低

磨煤机出口温度低，不仅降低煤粉仓内煤粉的温度，而且使排粉机的入口温度降低，同时使进入炉膛的风煤混合物温度降低，燃烧延迟，排烟温度升高。磨煤机出口温度每提高 5℃，可以降低排烟温度 2℃左右。但是考虑到制粉系统的安全，应将磨煤机出口温度限制在一定温度之下。

在磨煤机入口前掺入的部分冷风比例越大，磨煤机出口温度控制得就越低，流过空气预热器的风量降低，引起排烟温度升高。因此，在保证炉膛不结焦和制粉系统安全的前提下，可适当提高一次风风粉混合物的温度，减少冷风的掺入量。

对于乏气送粉锅炉，停运 1 台磨煤机，排烟温度将升高 4～5℃。这是因为磨煤机运行时，热风用量大而冷风用量小，磨煤机进口热风混合温度可达 240℃甚至更高。而停用磨煤机后，热冷风混合温度规定不超过 100℃，因此在排粉机风压不变的情况下，冷风量将显著增加。

8. 排粉机出口风压高

正常运行工况下，高温火焰中心应该位于炉膛断面几何中心处，而在实际运行中，如果负荷及其他条件不变，排粉机出口风压过高，风速过大，将使进入炉膛的煤粉上移，即炉膛的火焰中心上移，排烟温度升高。对于 300MW 机组锅炉排粉机出口风压应限制在 4kPa 以内，在相同条件下，排粉机出口风压每降低 0.2kPa，排烟温度降低约 2℃。

炉膛火焰中心高度对提高再热汽温影响大，对排烟温度影响也很大。在机组低负荷时，如果再热汽温偏低，可以停运两个最下层给粉机，并将一次风挡板关闭。这样做既可使炉膛火焰中心高度上移，又可减少炉膛通风量。从而既可提高再热汽温，又可降低排烟温度。如果在定压低负荷运行时，再热汽温较低，而排烟温度仍然很高，为了保障再热汽温，通常设法提高火焰中心高度，如投上层火嘴，或增加风量、风速，这样做当然对降低排烟温度不利。对于 300MW 机组，再热汽温每降低 1℃，发电煤耗增加 0.08g/kWh；排烟温度每降低 1℃，发电煤耗减少 0.17g/kWh。因此在运行中，要通过调整试验统筹兼顾。

9. 煤粉过粗

煤粉过粗，达不到经济细度，导致炉膛着火延迟，使火焰中心升高，排烟温度升高。

10. 负荷变化

机组负荷增加，燃料量增加，各级受热面出口烟气和工质温度增加，炉膛出口烟温随之增加，所以锅炉排烟温度随负荷的增减而增减，表 8-8 列出了某台 670t/h 燃煤锅炉排烟温度随负荷变化的情况。

表 8-8　　670t/h 燃煤锅炉排烟温度随负荷变化的情况（空气预热器入口温度 30℃）

负　荷		100%	70%	50%	30%
排烟温度（℃）	定压运行	136	125	112	96
	滑压运行	136	126	110	98

11. 给水温度

当给水温度降低时，把每千克工质从给水温度一直加热到过热蒸汽出口温度所需要的热量增加，为维持锅炉负荷不变，势必要增大燃料消耗量，而且燃料消耗量的增加与单位工质吸热量的增加成正比例。燃料消耗量增加就要使炉膛出口烟温升高，烟气流量增大，过热器和再热器吸热量增加，此时过热器和再热器内的蒸汽流量仍与给水温度变化前相等，因此过热蒸汽和再热蒸汽温度升高，迫使减温水流量增加。

在烟气流经省煤器时，燃料量的增加引起省煤器入口烟温增加，这倾向于使省煤器出口烟温升高。但给水温度的降低又使省煤器的传热温差及传热量增大，并使省煤器出口烟温降低。因此，省煤器出口烟温和排烟温度究竟如何变化，取决于整个受热面布置及热量分配，有的锅炉排烟温度降低，有的锅炉排烟温度则升高，不能一概而论。但在设计给水温度±20℃范围内，一般情况下，给水温度每升高1℃，排烟温度将升高0.31℃左右。

12. 省煤器受热面

锅炉尾部受热面不足，排烟温度就会超过设计值。在实际应用中，经常会出现省煤器受热面不足、排烟温度过高的问题。例如某电厂HG670/140-WM10型单汽包、自然循环、固态排渣煤粉锅炉，自1989年11月投运以来，排烟温度经常在160～180℃之间，超过设计排烟温度15～35℃（设计排烟温度为145℃）。经试验测试分析，原单级布置的光管省煤器受热面积不足是排烟温度过高的主要问题。

为此提出了四种省煤器改造方案：

（1）全部采用光管省煤器。在原有光管省煤器上增加同规格（ϕ32×4mm）蛇形管四管圈，增加面积2120m^2，省煤器总面积达3746m^2。

（2）改为鳍片管式省煤器。鳍片管式省煤器采用ϕ32×4mm管子，横向管排数19.5排，纵向管排数40排。选用鳍片规格为：矩形鳍片、高度30mm、厚度3mm，与直管段等长。所加鳍片的总面积2883m^2，其光管部分面积为2810m^2，总换热面积为5693m^2。

（3）改为螺旋肋片管式省煤器。螺旋肋片管式省煤器采用ϕ32×4mm管子，在其外面绕焊高13mm、厚1.2mm、节距10mm的螺旋肋片。横向管排数19.5排，纵向管排数24排。所加肋片的总面积5022m^2，其光管部分面积为1349m^2，总换热面积为6371m^2。

（4）在原有光管省煤器上增加部分螺旋肋片管式省煤器。增加一管圈螺旋肋片管式省煤器，保持原横向管排数仍为23.5排，纵向管排数由原来的24排增加到32排，新增加的螺旋肋片管横向节距仍为128mm，纵向节距由原来省煤器的32.3mm增加到47mm。该方案增加省煤器面积2843m^2，总换热面积为4469m^2。

以上省煤器四种改造方案各种技术参数比较见表8-9。考虑到2号炉检修周期短、资金有限，电厂采用了施工方便的第四种方案，改造后排烟温度平均降低22℃。

表8-9　省煤器四种改造方案各种技术参数比较

项　　目	单　位	方案1	方案2	方案3	方案4
锅炉排烟温度	℃	145	145	145	145
管径×厚度	mm	ϕ32×4	ϕ32×4	ϕ32×4	ϕ32×4
肋高×肋厚×节距	mm		25×3	13×1.2×10	13×1.2×10
横/纵管排数	排	23.5/56	19.5/40	19.5/24	23.5/32
横/纵向节距	mm	128/32.3	155/32.3	155/47	128/32.3（47）
总传热面积	m^2	3746	5693	6371	4469

续表

项　目	单　位	方案1	方案2	方案3	方案4
总传热系数	W/m²℃	65.36	40.43	37.4	38.2
换热量	kJ/kg	1152	1083	1121	1109
省煤器总质量	t	124.8	106.7	66.7	80.3
省煤器增加质量	t	71.3	53.2	13.2	26.8
进/出口烟温	℃	430/335	430/335	430/335	430/335
进/出口水温	℃	235/270	235/270	235/270	235/270
平均烟速	m/s	8.4	7.9	8.15	8.4 (8.7)
平均水流烟速	m/s	1.445	1.73	1.73	1.445
布置方式	—	错列、逆流	错列、逆流	错列、逆流	错列、逆流

四、排烟温度程控装置

影响锅炉排烟温度和烟气露点温度的因素主要有两点：一是煤种变化，二是外界气温变化。当煤种变化时，锅炉烟气成分将会变化，从而引起烟气露点温度变化。由于燃料供应方面的原因，有时煤种变化范围比较大，主要是硫含量和水分含量的变化。如果锅炉排烟温度不能相应变化以适应煤种变化的要求，则锅炉运行的经济性将会变差或低温腐蚀加剧。以前，通常是在锅炉设计时靠放大排烟温度设计裕量来考虑这一因素的。

外界气温在冬、夏季会相差30℃左右，对锅炉效率的影响为0.90%。一般在锅炉设计时取环境温度为20℃，运行时部分电厂冬季投运蒸汽暖风器，将外界风温提高一定幅度后再送入锅炉，而夏季将蒸汽暖风器解列。上述设计和运行中考虑煤种变化和外界环境温度变化的方式都比较简单，效果也不尽如人意。因此如果根据锅炉运行中煤种的实际情况，实时计算相对应的烟气酸露点的温度，并在运行中控制空气预热器冷端壁温稍微大于其对应的烟气酸露点温度，就可保证锅炉在控制低温腐蚀的前提下达到最低的排烟温度。

空气预热器冷端壁温取决于锅炉的排烟温度和进风温度，对于1台已经运行的锅炉，进风温度和排烟温度形成一定的对应关系，所以根据季节控制进风温度，便可以实现控制锅炉排烟温度，进而控制空气预热器冷端壁温的目的。

对于环境温度影响的考虑，可以将锅炉的排烟温度设计值对应的进风设计温度高于当地最高环境温度。这样在任何环境温度下，锅炉排烟温度都可以处于可控状态且能够实现在有效控制低温腐蚀的前提下保证机组运行的经济性。我国各地的最高环境温度一般低于40℃，最低温度一般为－10℃，所以锅炉进风设计温度可取40℃。并且要求，在环境温度－10～40℃时，暖风器能将进风加热到40℃。只要在锅炉运行中，能将进风温度控制在40℃左右，便能适应环境温度的变化，使锅炉在控制低温腐蚀的前提下达到最好的运行经济性。

上海发电设备成套设计研究所开发出了电站锅炉排烟温度程控装置，首台产品于2002年8月在山东某电厂（6号机组300MW）一次调试成功，电站锅炉排烟温度程控装置控制原理如图8-5所示。

暖风器汽源取自2个抽汽孔：机组在50%负荷以上运行时，用低压缸抽汽口抽汽；机组在负荷小于50%及启动时，由于汽轮机滑压运行，低压缸抽汽口抽汽压力低于0.16MPa，所以要使用厂用辅助蒸汽。锅炉运行中，由计算机根据烟气成分计算烟气酸露点温度，调节暖风器疏水电动阀开度，改变暖风器出口风温，进而控制空气预热器冷端壁温和锅炉排烟温度。投运程控装置后，运行效果得到改善（见表8-10）。

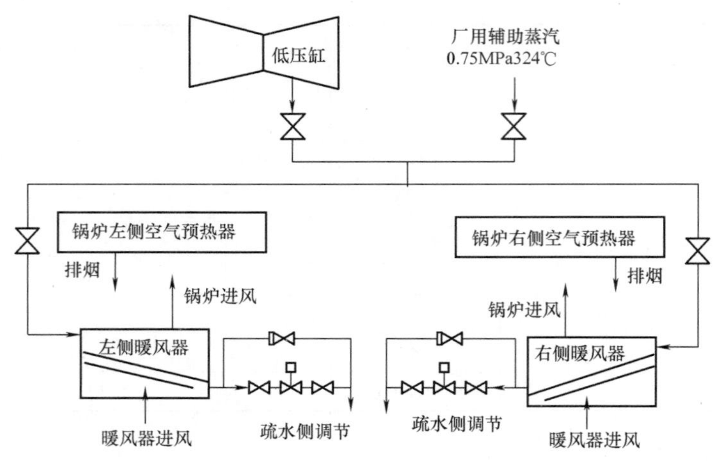

图 8-5　电站锅炉排烟温度程控装置控制原理

表 8-10　　电站排烟温度程控装置的经济性对比

环境温度（℃）	不带控制的传统暖风器系统			排烟温度程控系统				
	锅炉进风温度（℃）	锅炉排烟温度（℃）	空气预热器冷端壁温（℃）	锅炉进风温度（℃）	锅炉排烟温度（℃）	空气预热器冷端壁温（℃）	暖风器疏水温度（℃）	煤耗降低（g/kWh）
−15	20	130	85	20	130	85	90	0
3	34	140	96	20	130	85	68	0.84
20	48	148	108	20	130	85	50	1.68

注　本例是改造项目，锅炉原进风设计温度为 20℃。

第三节　飞灰含碳量的监测与控制

一、飞灰含碳量的定义

飞灰含碳量习惯上叫做飞灰可燃物含量（简称飞灰可燃物），是指飞灰中碳的质量占飞灰质量的百分比（测点为空气预热器出口处）。炉渣可燃物是指炉渣中碳的质量占炉渣质量的百分比。飞灰可燃物（炉渣可燃物）除与燃料性质有关外，很大程度上取决于运行人员的操作水平，与过量空气系数、炉膛温度、燃料与空气的混合情况有关。监督检查时以测试报告或现场检查为准，煤粉炉的飞灰可燃物一般控制在 4%以下，流化床锅炉的飞灰可燃物一般控制在 8%以下。

飞灰可燃物的测量有的厂已采用连续采样分析装置，其飞灰可燃物为在线测量装置分析结果的算术平均值。但大多数厂仍由化学试验人员定期采样化验分析，所以计算飞灰可燃物时，应根据每班飞灰可燃物数值，求得算术平均值。

飞灰可燃物和炉渣可燃物决定了机械不完全燃烧热损失，但是由于炉渣的数量很小，不足总灰量的 10%，所以炉渣可燃物的影响很小。燃煤的挥发分越高，灰分越少，煤粉越细，排烟携带的飞灰和锅炉排除的炉渣含量就越少，由它所造成的机械未完全燃烧热损失就越少，锅炉效率就越高。安装高质量的飞灰可燃物在线监测装置和煤质在线监测装置，可以使运行人员根据煤质和飞灰可燃物的大小及时调整一、二次风的大小和比例，调整最合理的煤粉细度，进一步降低飞灰可燃物。

二、飞灰含碳量对经济性的影响

一座装机容量 1000MW 的火电厂，一年原煤消耗量约 300 万 t，按灰分含量为 27%计算，年灰渣产生量 81 万 t。如果燃烧不完全，灰渣中残存 2%的可燃物，则有 1.62 万 t 纯碳未能利用，因而锅炉热效率将受到影响。灰渣影响锅炉热效率的主要因素是机械未完全燃烧热损失，机械未完全燃烧热损失中由于从烟气带出的飞灰含有未参加燃烧的碳所造成的飞灰热损失，其计算公式为

$$q_4=\frac{337.27A_{ar}\alpha_{fh}C_{fh}\times100\%}{Q_{ar,net}\ (100-C_{fh})}$$

飞灰可燃物每降低 1%，锅炉效率约提高 0.3%。但是具体到一台机组，必须根据设计资料进行计算得到飞灰可燃物对机组经济性的影响幅度。

【例 8-4】 已知 125MW 机组锅炉的设计炉膛出口氧量为 4%，飞灰可燃物 $C_{fh}=4\%$、排烟温度为 149℃、基准温度 20℃，设计燃煤收到基灰分 $A_{ar}=23\%$，收到基低位发热量 $Q_{ar,net}=21\ 000$kJ/kg，飞灰占燃料总灰分的份额 $\alpha_{fh}=0.90$。则

$$q_4=\frac{337.27\times23\times0.90C_{fh}\times100\%}{21\ 000\times(100-C_{fh})}=\frac{29.551C_{fh}}{100-C_{fh}}(\%)$$

对 q_4 求导得

$$q_4'=\frac{29.551\times(100-C_{fh})-29.551\times(-1)}{(100-C_{fh})^2}(\%)$$

在飞灰可燃物 $C_{fh}=4\%$时，则

$$q_4'=\frac{29.551\times\ (100-C_{fh})\ +29.551}{(100-C_{fh})^2}=0.311\ 0\ (\%)$$

即飞灰可燃物每升高 1%时，锅炉效率降低 0.311%，发电煤耗平均增加 1.019g/kWh。

三、飞灰可燃物含量高的原因

飞灰含碳量与燃料性质、燃烧方式、炉膛结构、锅炉负荷，以及司炉的操作水平有关。本节将结合某电厂 DG1025/18.2-Ⅱ4 型亚临界压力、单炉膛、一次中间再热的自然循环汽包锅炉进行说明。该厂燃用煤种为晋中贫煤，采用 4 台 350/600 钢球磨中间储仓热风送粉系统。燃烧器为逆时针旋转的四角切圆直流摆动式燃烧器，采用双切圆布置方式，假象切圆分别为 $\phi700$ 和 $\phi500$。自机组投产以来，飞灰可燃物含量平均值在 25%以上，直接影响着机组的经济运行，其主要原因是：

1. 锅炉设计不合理

研究表明，燃用贫煤的锅炉假象切圆一般应在 $\phi1000$ 以上，炉膛断面热负荷 q_A 推荐值为 5.2MW/m^2。而该厂的假象切圆为 $\phi700$ 和 $\phi500$，炉膛断面热负荷 q_A 为 4.397MW/m^2。这说明设计炉膛热负荷过低，炉膛断面尺寸过大，导致燃烧强度不够，而且切圆小造成炉膛火焰充满度不好，最终出现燃烧不稳定、燃烧不完全，这是飞灰可燃物含量高的主要原因。

2. 燃烧器布置不合理

燃用挥发分低的贫煤时，着火比较困难，为强化着火，燃烧器一般采用集中布置。而该厂燃烧器分上、下两大组布置，一、二次风喷口间隔排列，自上而下共有 5 层一次风口、8 层二次风口和 2 层三次风。对燃用贫煤的锅炉，这种布置方式很不合理，因为上下距离太大不利于集中燃烧，出现燃烧不稳、燃烧不完全是必然结果。

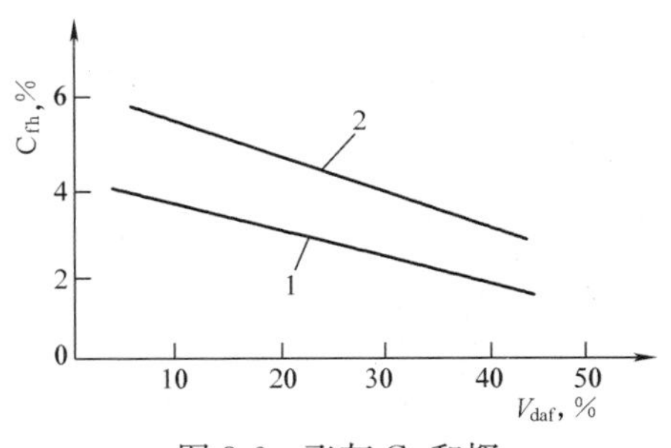

图 8-6 飞灰 C_{fh}和挥发分 V_{daf}的关系

3. 煤粉过粗

煤粉细度越细，燃尽度越高，机械未完全燃烧热损失越小。该厂燃用的煤种干燥无灰基挥发分 V_{daf}一般在 15%左右，相应的煤粉细度应在 $R_{90}=2+0.5nV_{daf}\approx10\%$，一般不能超过 12%。而该厂

实际煤粉细度在20%以上，其燃烧面积较小，燃烧不完全，导致飞灰可燃物含量较高。

4. 运行调整不当

当炉膛过量空气系数减少时，煤粉颗粒接触到的氧减少，碳的氧化速度减慢，煤粉燃尽程度降低，煤粉发生不完全燃烧，机械不完全燃烧热损失 q_4 增大；同时，空气量的减少，在还原性与半还原性气氛下，炉膛结渣的可能性增大，使得煤粉颗粒的比表面积减少，燃烧不充分，机械不完全燃烧热损失 q_4 增大。

一般当炉膛出口的过量空气系数控制在合适的范围内时，煤粉在炉膛内燃烧有充分的空气供应，飞灰可燃物能保持在相对稳定的范围内。但若炉内严重缺氧或氧量过大时，飞灰可燃物有时甚至会成倍增加。如果锅炉总送风量过多，将使排烟带走的热损失增大；另外，总风量偏高还降低了炉膛温度，使燃烧反应速度降低，造成锅炉飞灰含碳量升高。

（1）该厂高负荷时氧量控制过小，低负荷时氧量控制过大，这对燃烧的稳定性和安全性都有较大的影响。

（2）虽然该厂一次风总风压正常情况下控制在3.5kPa不变，但是经常是同一层给粉机转速不一样。各层的给粉机转速也不一样。造成转速高的给粉机出粉浓、风速低；而转速低的给粉机出粉稀、风速高。使炉膛内发生火焰偏斜，局部氧气过量，局部缺氧燃烧。

（3）二次风压的控制往往随负荷的变化而变化。高负荷时风压高，低负荷时风压低，导致二次风速变化。二次风速过高或过低都会使一、二次风混合不良，影响燃烧。

5. 煤质变化

煤种变化，煤质也随着变化，而运行人员的燃烧调整不及时，势必造成飞灰可燃物含量升高。特别是挥发分影响最大，煤的挥发分含量越低，飞灰可燃物含量越高（见图8-6），图8-6中的1、2分别代表2台不同容量的煤粉锅炉。

挥发分对煤的燃烧很重要，挥发分含量高，着火温度就低，即煤容易着火，着火速度快，煤易燃尽，燃烧热损失较小，燃烧稳定。这是因为挥发分析出后，煤表面呈多孔性，与助燃空气接触机会增多，因此挥发分多的煤容易燃尽，飞灰可燃物降低。相反，挥发分少的煤着火温度高，煤粉进入炉膛后，加热到着火温度所需要的热量比较多，时间比较长，着火速度慢，也不容易燃烧完全，飞灰可燃物增加。

6. 磨煤机出口温度

磨煤机出口温度提高，即煤粉气流初温度提高，煤粉所需着火热减少，加热煤粉颗粒着火时间缩短，着火点离喷燃器近，着火也更稳一些，利于低负荷稳定燃烧。由于着火提前，使整个燃烧有效行程增加，相当于延长了燃烧时间，更利于燃尽。而磨煤机出口煤粉温度及热风温度偏低，使煤粉气流的初温较低，着火过迟，导致飞灰可燃物含量增加。

7. 制粉系统的运行方式

70%负荷时，仅改变制粉系统运行方式，由B、C磨运行调整为A、B磨运行，其飞灰可燃物下降约为1%，而灰渣中可燃物上升1.2%，这是由于煤粉在炉内行程增加，停留时间增加，利于煤粉燃尽。

四、降低飞灰可燃物含量的措施

仍以该厂DG1025/18.2-Ⅱ4型锅炉为例说明之。

1. 燃烧器改造

（1）A层燃烧器底部加蒸汽射流，以增强一次风射流刚性，减少落粉。

（2）在底层二次风以下粉刷1.5m的反射涂料，弥补炉膛热负荷的不足，强化底部燃烧，降低炉渣可燃物含量。

(3) 将燃烧器的燃烧温度由500℃提升到600～650℃，缩短着火距离，稳定燃烧。

(4) 将所有燃烧器的喷口角度普遍上倾3°～5°，并且增加了1.5m稳燃带，使稳燃带增加到3.0m。

2. 制粉系统调整

(1) 煤粉过粗的主要原因是制粉风量偏大，经过试验，在保证制粉系统出力和正常运行的情况下，将制粉风量由原来的88 000m^3/h降低到82 000m^3/h。

(2) 重新调整粗粉分离器挡板角度，根据试验数据，最后确定挡板角度在21°～24°之间。

(3) 将再循环门开度调整在30%左右，通过这些方面的调整，最终将煤粉细度控制在10%～13%范围内。

3. 提高热风温度

对于挥发分低的煤种，需要煤粉细一些，并提高燃烧温度水平，以利于煤粉的燃尽。而提高燃烧温度水平的有效措施，则是提高热风温度。锅炉飞灰可燃物含量随着热风温度的增高而降低。因此将热风温度从320℃提高到360℃是需要的。

4. 燃烧调整

(1) 燃烧器改造后，将底部A、B层一次风速由原来的22m/s提高到25m/s，增强了一次风射流刚性。同时，在正常运行过程中将底部二次风挡板开度提高到90%以上，减少落粉现象。

(2) 240MW负荷以上，将A层给粉机转速维持在400～450r/min，以增强一次风速；240MW负荷以下，为稳定燃烧，将A层给粉机转速维持在500～600r/min运行。

(3) 240负荷以上，氧量控制在4%左右；240MW负荷以下，氧量控制在5%～7%。

该厂通过采用上述措施，炉渣可燃物含量由26.6%下降到13.5%，炉渣可燃物含量降低了13.1%。飞灰可燃物含量由调整前的10.4%下降到4.8%，飞灰可燃物含量降低了5.6%。按炉渣可燃物含量每降低1%，锅炉效率提高0.046%计算，降低发电煤耗率1.97g/kWh；按飞灰可燃物含量每减少1%，锅炉效率提高0.31%计算，降低发电煤耗率5.67g/kWh。二者合计降低发电煤耗7.64g/kWh。

五、飞灰含碳量的在线检测

锅炉飞灰含碳量是影响火力发电厂燃煤锅炉燃烧效率的重要指标。传统测量飞灰含碳量是采用化学灼烧失重法，这是一种离线的实验室分析方法，由于采样工作量大，采集的数据量小，取样代表性差，而且分析时间滞后，难以及时反映锅炉燃烧工况，不能真正起到指导锅炉运行的作用，因而锅炉运行人员无法实时控制飞灰的含碳量。

连续准确测量飞灰含碳量，将有利于实时监测锅炉燃烧情况，有利于指导锅炉燃烧调整，提高锅炉燃烧效率。所以国内外工程人员都在致力于飞灰含碳量在线检测的研究开发，一般采用微波测量技术、红外线测量技术和放射线测量技术。红外线测量技术是利用红外线对飞灰中碳粒反射率不同的原理进行测量的，按实际标定的反射率直接得出测量结果。丹麦、荷兰和英国有多家公司生产此产品，如丹麦制造的RCA-2000型连续飞灰含碳量分析仪，测量时间大约3min，测量相对误差不大于0.5%。该方法中由于颗粒中的含碳量的反射信号不是严格按比例变化，并且受煤种的变化而变化，因此测量精度很难保证。

放射线测量技术是把飞灰看成是由2类物质组成的混合物，一类是高原子序数物质（如Si、Al、Fe、Ca、Mg等），一类是低原子序数物质（如C、H、O等）。低能γ射线与物质相互作用的主要机理是光电效应和康普顿散射效应。当飞灰中含碳量低时，光电效应较强而康普顿散射效应较弱；反之则光电效应较弱而康普顿散射效应较强。因此通过核探测器记录的反散射γ射线强度的变化就可以测量出飞灰中含碳量。黑龙江省科学技术物理研究所进行了相关的技术开发，样品的试验测量精度为0.5%。但是，由于其射线对人和环境有害，因此限制了它的应用。

微波测量技术是根据飞灰中碳的颗粒对特定波长微波能量的吸收和对微波相位的影响这一特性而设计的，它采用微波喇叭天线与石英管配套的结构，通过检测微波功率衰减量来获得石英管中飞灰的含碳数值。研究表明，当飞灰中含碳量高时，微波能量损耗就大，也就是说，当飞灰含量变化时，微波衰减随之变化，这样只要测出微波能量的损耗就可方便地算出飞灰中碳的含量微波测量技术是目前研究最多，测量精度最高，测量速度最快的测量方法。主要产品有：深圳赛达力电力设备有限公司生产的MCM-Ⅲ型飞灰测碳仪，测量精度为0.5%；澳大利亚CSIRO矿产和工程公司开发的微波测碳仪，测量精度在0.08%～0.28%之间，测量时间小于3min；南京大陆中电科技股份有限公司开发的WBA型电站锅炉飞灰含碳量在线检测装置。微波测量技术和其他测量方法一样均存在测量腔堵灰问题，最新的解决方案是把烟道作为测量腔直接对飞灰进行测量，但是由于烟道对于微波发射设备而言是一个大空间，这时微波不仅仅是保持直线穿过烟道空间，同时还有很大部分的能量向通道两端逸散掉了，于是接收端所测到的能量衰减就不完全是由灰样吸收微波能量所造成的，而且逸散掉的能量与烟气含灰量和烟气流场密切相关，要精确测量飞灰而不堵腔必须首先解决该问题。因此加强对烟道式飞灰微波测量系统的研究开发很有必要。在新的测量仪器没有研究开发出来前，电厂要加强对现有测量仪器的维护，主要做到发现问题及时解决，现有的飞灰测量仪还是能够发挥一定的运行指导作用的。

1. 飞灰含碳量在线检测装置介绍

南京大陆中电科技股份有限公司开发的WBA型电站锅炉飞灰含碳量在线检测装置采用微波谐振测量技术。该装置根据飞灰中未燃尽的碳对微波谐振能量的吸收特性，分析确定飞灰中碳的含量，能实时、在线、准确地测量锅炉飞灰含碳量，效果良好。

该装置工作过程如下：系统采用无外加动力、自抽式动态取样器，自动等速地将烟道中的灰样收集到微波测试管中并自动判别收集灰位的高低。当收集到足够的灰样时，系统对飞灰含碳量进行微波谐振测量。测量信号经过现场预处理后传送到集控室，再经主机单元做进一步变换、运算和存储，并在真空荧光屏上显示含碳量的数值及曲线。已分析完的灰样根据主机程序中的设置命令或手动控制状态，可以自动排放回烟道或者送入收灰容器，以便于实验室分析化验，然后进行下一次飞灰的取样和含碳量的测量。该装置由五个部分组成：飞灰取样器、微波测试单元、电控单元、主机单元、电缆及气路单元。装置采用两套独立的飞灰取样和微波测量系统，而共用一套电控和主机处理系统的结构（见图8-7）。

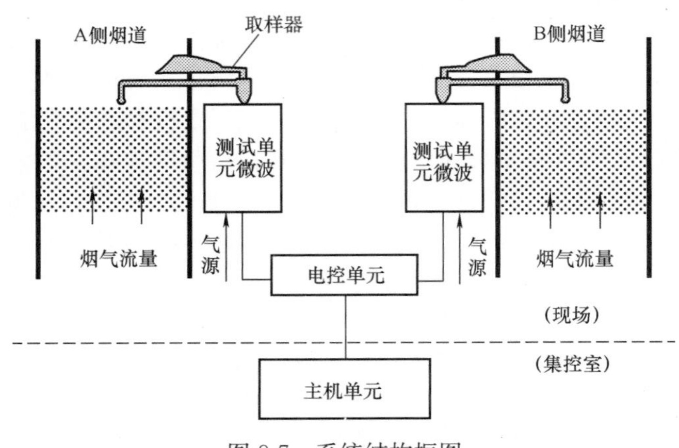

图8-7 系统结构框图

（1）飞灰取样器。飞灰取样器由吸嘴、取样管、喷射管、压力调节管、旋流集尘器、静压管等部件组成。飞灰取样器利用锅炉运行时烟道负压在喷射管的喉部形成真空，由于取样器吸嘴处和喷射管喉部存在压力差，烟气便会沿着取样管流动，当烟气流动到旋风分离器（在旋流集尘器中）时，飞灰颗粒和空气分离，飞灰颗粒落入微波测试管，而空气则由喷射管进入烟道。当锅炉负荷调整时，烟道内的压力发生相应变化，飞灰取样器的喷射管喉部压力也跟随改变，使得取样管吸嘴处的动静压保持平衡，保证了装置能自动跟踪锅炉烟道流速的变化而保持等速取样状态。

（2）微波测试单元。微波测试单元由微波源、隔离器、微波测量室、微波检测器、振动器、灰位探测器、气动组件、加热器、前置处理电路等组成。在微波测量室中对飞灰灰样进行微波测量分析，测量完的飞灰根据程序设置或手动操作命令返回烟道或装入收灰容器，而测量数据则由前置处理电路处理后发送给主机单元。

（3）电控单元。电控单元由控制操作器、电源变换箱、专用接线端子及机柜等组成，完成系统手动操作功能、现场处理单元的电源分配以及信号的转接工作。

（4）主机单元。主机单元由工业微处理器、A/D 模块、D/A 模块、DIO 隔离模块、模量隔离模块、工业级电源、专用键盘、真空荧光显示器、机箱等组成，实现对现场信号的采集、处理，以及人机接口界面的实现。

（5）气源。气路由现场仪用气源管道通过金属硬管传输到每个测试箱附近，同装置配备的金属软管相连接，要求气源压力不小于 0.6MPa，供气量不小于 $0.3m^3/min$。采用高温压缩空气对测试管路进行吹扫，这样可将测试管内的飞灰吹入烟道。这种吹扫是在每一个测量周期进行的，因此测试管内无残留飞灰存在，实践证明这些措施可以有效防止测试灰路的堵塞或黏结。

（6）性能指标。性能指标如下：

1）测量范围：0～15%（含碳量）。

2）测量精度：±0.4%（含碳量在 0～6%时），±0.6%（含碳量在 6%～15%时）。

3）测量周期：2～6min。

4）历史数据：保留 1 年。

2. 飞灰含碳量在线检测装置功能

（1）实现飞灰的等速取样。装置采用无外加动力、自抽式飞灰取样器，实现对烟道飞灰的连续等速采样。

（2）实时、平均、历史含碳量数值及曲线显示。装置采用真空荧光显示器，通过操作主机面板上不同的功能键可以查看飞灰含碳量的实时数值和曲线、平均数值和曲线、历史数值和曲线。

（3）系统报警及状态指示。当检测到系统有故障或者检测的飞灰含碳量数值超过报警设定值时，装置会给出报警指示；当系统处于强行吹扫或装置留灰时，装置会给出相应的指示。

（4）灰样保留。根据程序设置或电控箱内手操开关的状态，装置自动将微波分析后的灰样装入微波测试箱外的收灰桶内，提供了收取灰样的接口，方便实验室人员随时取灰和校验。

（5）该装置采用一拖二方式，一套在线检测装置能同时实现双烟道飞灰含碳量的同步测量，具有较高的经济性。

3. 飞灰含碳量在线检测装置的应用

首台 WBA 型电站锅炉飞灰含碳量在线检测装置于 2000 年 7 月在山东某电厂 8 号亚临界一次中间再热控制循环锅炉（1025t/h）上投运。飞灰取样点的位置选在位于空气预热器出口、除尘器入口的垂直段上，此处烟气分布均匀，能够保证所取灰样的连续性和均匀性。

在机组稳定负荷下，进行不同炉膛氧量条件下的飞灰含碳量测试。飞灰采样设在飞灰含碳量在线检测装置之后的水平烟道上，飞灰样品采用网络布点法等速取样获得。以网络布点等速取样法测得的飞灰含碳量作为标准值。并与飞灰含碳量在线检测装置的读数进行比较，以此鉴定飞灰含碳量在线检测装置的精度，见表 8-11。

表 8-11 飞灰含碳量在线检测装置测试结果

测试工况		负　荷（MW）	炉膛氧量（%）	飞灰含碳量标准值（%）	在线装置读数（%）	测量精度（%）
甲侧烟道	第一工况	263	3.8	5.58	5.81	0.23
		260	3.8	5.74	6.09	0.35
甲侧烟道	第二工况	261	4.9	3.18	3.40	0.22
		261	4.8	3.73	3.92	0.19
甲侧烟道	第三工况	258	6.0	1.86	1.83	−0.03
		256	6.0	1.74	1.92	0.18
乙侧烟道	第一工况	263	4.0	3.50	3.68	0.18
		260	4.1	3.75	3.61	−0.14
乙侧烟道	第二工况	261	5.2	1.88	1.83	−0.05
		261	5.1	1.67	1.86	0.19
乙侧烟道	第三工况	258	6.3	1.52	1.60	0.08
		256	6.2	1.33	1.49	0.16

该装置测量精度高，能够在线反应飞灰含碳量数值，有利于指导运行人员正确调整风煤比，提高锅炉燃烧控制水平，降低飞灰含碳量。实践证明，飞灰含碳量平均至少降低 0.5%。按年利用小时为 5000h，实际燃煤的低位发热量 23 800kJ/kg，飞灰可燃物每降低 1%，锅炉效率增加 0.31%，发电煤耗降低 1.02g/kWh 计算，每降低 0.5%的飞灰含碳量，年减少天然煤耗量为

$$5000\times300\times1.02\times0.5\times10^{-3}\times29\ 308/23\ 800=942\ (t/年)$$

第四节　基于 CO 浓度的锅炉燃烧控制技术

目前国内电站煤粉锅炉燃烧最优控制是以保证合适的过量空气系数为原则。锅炉的燃料量变化时，相应地改变送风量，以保持合适的过剩空气系数，减少锅炉未完全燃烧损失和排烟热损失，使锅炉运行于最佳燃烧工况。

一、氧量测控存在的问题

（1）氧量测量缺乏代表性。氧化锆氧量测量仪器一般都会安装在一个烟气流速比较平稳、均匀的地方（如空气预热器进出口位置）。但从锅炉的运行实际来看，一般锅炉烟道的截面积都比较大，烟气又缺少大规模的混合，气体的分层现象比较突出，如图 8-8 所示。而通常在烟道截面上氧量测点的个数有限，不具有全面性和代表性。

对一台 600MW 机组的锅炉，此处的烟道截面积很大，尺寸约为 14m×6m，在这个矩形烟道里，烟气成分的分布是很不均匀的，尤其是排烟氧量，而此处的氧量分布平均浓度是运行控制人员所关注的，对于氧化锆测量仪器只能通过增加仪器数量来实现多点测量，以求得平均浓度分布。

（2）受背景气体的干扰。锅炉的炉膛、各对流受热面的烟道总是在负压下运行，在炉膛及烟道的结构不十分严密的情况下，会有空气从炉外漏入炉内，从而使烟气流程的过量空气系数不断增大。有数据表明，1 台典型的燃煤锅炉，烟气中 CO 含量为 300μL/L，若空气漏入量为 10%，CO 含量降低至 273μL/L，CO 含量的相对变化量仅为 9%；同样对于排烟氧量来说，如果烟气中氧量为 5%，若空气漏入量为 10%，则氧量将增加至 6.45%，氧量的相对变化量高达 29%。

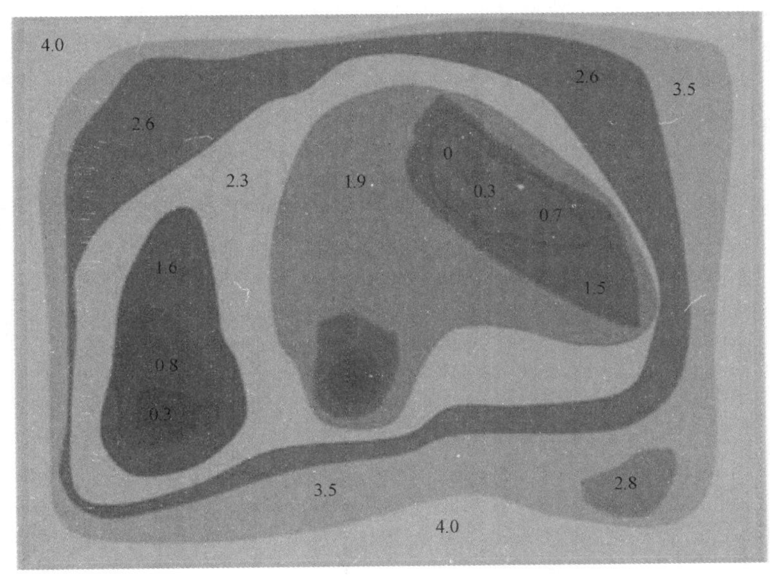

图 8-8 锅炉烟道内氧量浓度分布截面模拟图（%）

因此，如果烟道有漏风现象，那么对氧量的测量影响较大。因此，利用氧量来控制锅炉燃烧存在一定的局限。因为氧的含量即使足够，也容易出现混合不好的状况，使得燃烧不充分，导致锅炉中产生 CO、H_2、CH_4 等气体。一般来说，H_2 和 CH_4 的含量都比较小，可以忽略不计，但 CO 含量稍高，可以监测，并用于控制和调整锅炉的燃烧情况。

(3) 单一控制氧量的不全面性。锅炉在实际运行中，由于各种因素的影响，燃料不可能达到完全燃烧，烟气中将会含有 CO、H_2、CH_4 等可燃气体；造成不完全燃烧的原因是多方面的，其中主要因素有空气供给不足、燃料与空气混合欠佳、燃烧产物热分解等。其中的 H_2 及 CH_4 等气体的含量极微，可忽略不计，但存在一定的 CO 成分。单纯测量氧量值，无法得知炉内不完全燃烧程度，而烟道气中 CO 含量则是炉内燃烧程度的直接反映。

(4) 氧量表存在一定误差。在火电厂锅炉燃烧的控制上面，氧量信号燃烧控制系统一般通过检测氧的含量来进行。这种检测系统中的氧量分析仪，测量上容易存在误差，从而影响测量控制的结果。

造成误差的原因有：①氧量表由于漏风、零位漂移等原因不能反映烟气中的真实氧量值；②烟道中烟气成分分布的不均匀特点；③锅炉燃用煤质变化太大、太频繁；④直接接触测量介质，受粉尘冲刷、易磨损、不耐腐、部件易出故障、使用寿命短，而且氧量表需要定期维护和定期标定。

国内燃煤发电锅炉均是通过 O_2 量来监测燃烧，而氧量准确测量是困扰火力发电厂技术人员的老大难问题，运行人员在锅炉实际燃烧控制时，由于各种原因，一般会控制较大的过量空气系数，则实际表现是氧量偏大，这样便造成锅炉机组运行不经济，体现在风机单耗增大，厂用电率增大，烟气量过大，排烟损失增大，锅炉效率降低。对于 300MW 机组，锅炉排烟氧量每变化 1 个百分点，影响锅炉效率 0.35 个百分点。

二、CO 浓度的燃烧控制的优越性

1. 烟气中 CO 含量可用于表征锅炉的燃烧效率

大量的试验数据证明，如果燃烧空气量不足，烟气中会包含大量的未燃尽产物（CO 和未燃尽碳等），随着空气量的继续降低，未燃尽产物，特别是烟气中 CO 含量会迅速增加，此时，燃烧不完全，造成燃料浪费，燃烧效率降低；相反，如果空气量充分，烟气中 CO 含量随之迅速减少，燃料燃烧完全，燃烧效率提高。但是，燃烧所需的空气量并不是越多越好，空气量过剩不仅会耗费更多的厂用电（风机耗能增加），增加排烟损失和降低燃烧温度，进而导致燃烧效率下降。通过国外多年研究表明，机组最佳燃烧工况时，锅炉中烟气的 CO 含量不受负荷、燃料等因素的影响，总保持在一个恒定的范围内。

由图 8-9（a）可以看出，当过量空气增加超过了所需的合理配比数值（理想值）时，CO 数值几乎保持为一个较低的不变值。当没有足够的 O_2 可供完全燃烧时，CO 浓度很快上升，过量空气系数减少。如图 8-9（b）所示，随着锅炉负荷的提高，不同类型锅炉完全燃烧所必需的氧量反而降低；图 8-9（a）同时也说明不论锅炉负荷如何变化，烟气排放中 CO 含量控制值可以不受负荷变化的影响。

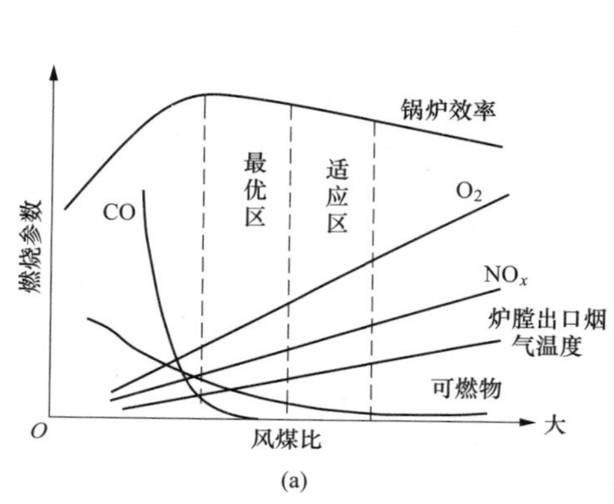

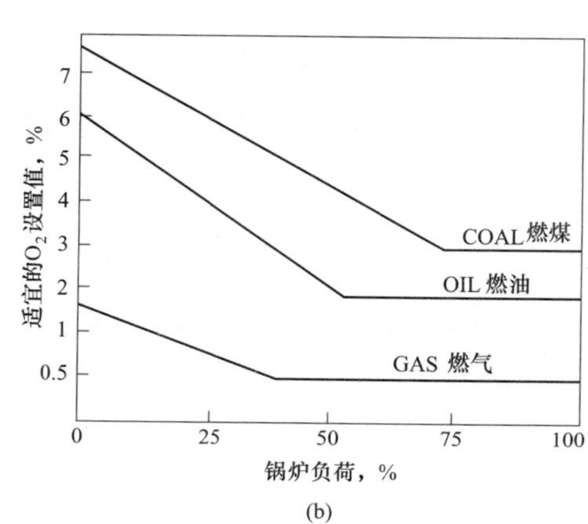

图 8-9 CO 和 O_2 的关系

（a）氧量与 CO、可燃物的关系；（b）不同燃料下氧量与负荷的关系

采用兼顾 CO 和 O_2 的燃烧控制新策略用于燃烧的控制，即通过检测烟气中的 CO 含量并兼顾 O_2 的含量来进行送风量的调整。将 CO 浓度值控制在最佳燃烧控制带（50～300μL/L）以内，动态微调氧量值，通过控制器的输出调整送风动叶开度，以确定最佳的送风量，指导运行人员调整燃烧，使设备达到最优的燃烧效率，同时污染物排放也得到了有效控制。

2. 控制烟气中 CO 含量可预防水冷壁发生高温腐蚀

高温腐蚀是指处于高温烟气环境中的炉内水冷壁管，在具有较高管壁温度时所发生的锈蚀现象。一般发生高温腐蚀的最重要的内在条件是燃煤中存在 S、K、Na 等物质，在燃烧器区域的高温环境使燃煤中矿物质成分挥发出来，烟气中的腐蚀性气体 SO_2、SO_3 与 H_2S 含量较高，从而致使高温硫腐蚀产生。

此外，燃烧器区域内碳氢燃料和空气的预混燃烧，由于 CO 的生成速率很快，在火焰区 CO 浓度迅速上升到最大值，使得该区域还处于还原性气氛，还原性气氛导致灰熔点温度的下降和在管壁凝结速度的加快，破坏水冷壁表明的氧化膜，从而引起受热面的腐蚀。因而由炉内高温气流的剧烈扰动所引发的水冷壁的高管壁温度、煤粉火焰贴墙以及水冷壁壁面附近的高还原性气氛则构成了高温腐蚀的外部条件。研究表明，当水冷壁附近 O_2 浓度不大于 2%，CO 浓度大于 0.5%（折合 1 000 000×0.5%＝5000ppm＝5000μL/L），将构成大型锅炉水冷壁发生高温腐蚀的重要条件。

3. 控制烟气中CO含量有助于减少锅炉氮氧化物（NO_x）排放

锅炉燃烧产生的氮氧化物（NO_x）有以下三种来源：燃料型NO_x、热力型NO_x和快速温度型NO_x。在燃用挥发分较高的烟煤时，燃料型NO_x和热力型NO_x含量较多，快速型NO_x极少。氧气浓度越高，生成量也越大。NO_x的生成除了与燃料本身有关外，还与燃烧温度、煤粉管浓度均匀性、燃料与空气混合状况等因素有关。

运行人员对燃烧所需氧量的控制与调整是降低NO_x排放浓度的有效措施之一，但仅用氧量控制燃烧有可能出现这样的情况：氧量过低使得煤粉在缺氧环境下燃烧，抑制了NO_x的生成，但造成烟气飞灰含碳量及CO排放浓度大幅上升；氧量过高并高于燃烧合理配比的要求，CO排放浓度大幅减小，在这种情况下，N和O将化合生成NO_x，增加锅炉NO_x排放。因此在实际运行中需兼顾烟气CO和O_2的含量，通过实时检测到的烟气CO浓度，作为调整氧量控制值的依据，进而优化调节送风量，可以在一定程度上减少NO_x的生成。

三、CO浓度的燃烧控制技术

国外锅炉工作者们很早就开展了CO参与燃烧控制的研究，早在1971年Anson等人就开始研究监测CO作为燃烧效率的主要控制参数，这项技术能更准确地优化燃烧，提高负荷变动工况下的控制效果。近年来，国内实践已经证实通过监测CO控制燃烧有助于减少NO_x的含量和提高锅炉效率。

在火电厂锅炉CO信号的测量当中，当前可用的仪器非常少，一般都是使用激光分析仪。激光分析仪最简单的形式是由一个激光器、光学透镜、检测器及电子设备组成。激光器发射红外光，光学透镜聚焦激光使其通过被测气体，集中到检测器上，电子设备将检测器信号转译成代表气体浓度的信号。常用的型号是挪威某公司生产的Laseer Gas Ⅱ，它可以在烟道、管道、烟囱等地方连续性检测气体的成分，实用性比较强，同时测量的性能也比较优越。它的测量原理主要是利用红外单线吸收光谱学技术，因为每种气体都只吸收一个特定波长的红外线，可以在监控当中起到作用。激光分析仪有以下测量优点：

（1）无需烟气采样预处理，直接测量被测介质；

（2）分析仪几乎不用标定；

（3）测一条线（无数点），代表性好；

（4）非接触性测量。在高粉尘、高温、高压、腐蚀性气体条件下工作，而且使用寿命长；

（5）精度高，稳定性好，不受背景气体干扰。

使用激光分析仪，一方面，不需要对烟气进行一个采样的预处理，节省工作时间，提高测量效率，从而为提高火电厂的运行效率提供帮助；另一方面，激光分析仪不会受背景气体的干扰，在测量方法上面的优势使测量CO比测量O_2更能直接反应锅炉的一个燃烧情况，同时测量的结果也更加精准。

CO测点安装位置一般采用两种方法：①像大唐托克托电厂，将激光分析仪安装在7号300MW锅炉左右过热器/再热器烟气调节挡板竖直烟道上；②结合电厂脱硝超低排放改造，在SCR入口加装CO监测测点。

图8-10（a）这种传统的控制策略是建立在给定函数关系上的被动送风，仅仅根据锅炉负荷这个参数作为炉膛配风的参考，一旦燃料发生变化，这种控制策略无法及时进行调整，而此时不合理的配风可能会威胁到锅炉的稳定运行。由于锅炉的风量控制是根据锅炉负荷指令而计算出的理论空气流量来进行的，因此还必须经氧量偏置进行修正，才能与运行过程中煤质和负荷的变化相适应，进一步保证最佳风煤比，使煤粉在炉膛中能完全燃烧，保证燃烧的经济与安全。

鉴于传统风量控制策略的局限性，本项目设计一种改进型的送风控制系统，如图8-10（b）

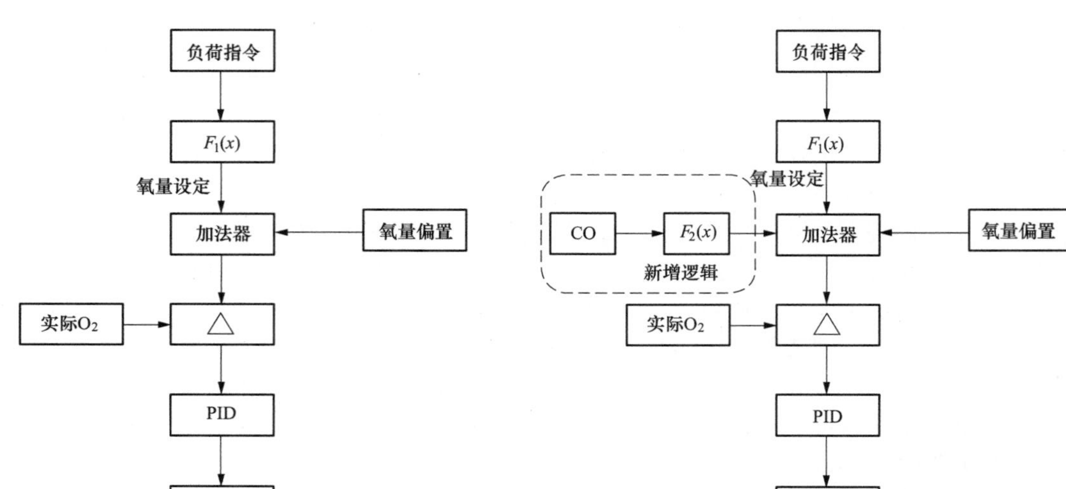

图 8-10 机组总风量控制策略示意图
（a）原有传统型；（b）改进型

所示。它在保留传统风量控制系统的同时，引入基于 CO 燃烧控制带的模糊控制方式，并通过加法器并于氧量定值回路。每台锅炉的 CO 在 50～300μL/L 燃烧控制带内总能确定一个最佳燃烧控制带区域，而该区域对应的燃烧效率最佳。其控制原则以 O_2/CO 最佳值为指标，寻找最佳的风煤比。在每个采样周期测量 CO 含量增量，根据 CO 变化量和上一周期输出控制量决定本次控制量。通过对机组进行燃烧调整试验，目的在于确定该机组的 CO 最佳燃烧控制带区域，并检验在各负荷工况下，改进型总风量控制系统投运的效果。

目前，为了控制锅炉飞灰可燃物含量，对锅炉烟气中 CO 含量需要加以控制，CO 的理想浓度不允许超过 200μL/L，在调整过程中，经过总结，目前普遍采用以下两种控制方法，这两种方法的优、缺点分析如下：

方法 1：将锅炉底层的二次风门解除自动，保持在较大开度，例如 AB 层、BC 层、CD 层，一般开至 60%以上，有时开至 80%左右，同时限制上层二次风门开度，以维持二次风差压满足要求，此方法可在负荷平稳时有效控制 CO 浓度，且对燃烧器摆角的高低没有限制，可以根据汽温调整的需要将燃烧器摆角摆到较高位置。这种调整方法也有明显的缺点：①在负荷波动时，CO 还是会超限；②由于二次风门手动开大，为了保证二次风差压，就需要增大锅炉送风量，不利于锅炉烟气中 NO_x 的控制。

方法 2：将燃烧器摆角摆至较低位置，一般在 40%左右，不超过 50%。经过观察，这种方法对于降低烟气 CO 含量非常有效，并且就算负荷波动，CO 含量也很少超标。同时，采用这种调节方法可以适当减少锅炉送风量，有利于对 NO_x 的控制，同时减少了送风机的电耗。这种调整方法的缺点是：对再热汽温的影响较大，负荷波动时再热汽温会大幅下降，即使负荷稳定了也需要较长时间再热汽温才能回复到额定值，降低了机组的经济性。

总之，以上两种方法都能有效的控制烟气 CO 含量，值班员应根据锅炉负荷、制粉系统运行方式等条件合理选择，保证 CO 含量的最低化和锅炉再热汽温的最高化。

综合上述分析，总结出我们以后应该采取的燃烧调整方法，主要有以下几点：

(1) 增加氧量可以有效地降低 CO 的浓度，在高负荷时或是变负荷时将氧量加 0.2～0.4 个偏置，可以有效地控制 CO 浓度，但增加氧量后 SCR 入口 NO_x 值会升高约 10mg/m³。

(2) 高负荷 CO 浓度较大时，开大 CCOFA 二次风（紧凑布置燃尽风）挡板对于降低 CO 浓度效果明显，但 CCOFA 二次风挡板开大后锅炉的再热汽温度下降较多，因此在调整时两者需要兼顾。

(3) 磨煤机运行情况对于 CO 浓度的影响也较大，当磨煤机有隔层运行情况时 CO 浓度容易超标，因此建议尽量减少磨煤机隔层运行方式，在磨煤机隔层运行时尽量减少最上和最下层磨煤机的出力，让煤粉浓度尽量集中。

(4) 在机组低负荷时将六层 SOFA 风门（多层分离燃尽风）的开度控制在 50%～60%，同时让 CCOFA 风门开度在 25%左右，BC、CD、DE、EF 二次风门开度在 10%～15%，一般可以保证 CO 浓度不超标，又能让再热汽温不低，NO_x 排放浓度也不高，如果 CO 浓度超标可以再适当开大 BC 二次风门开度，使其在 30%左右。

四、烟气中 CO 浓度监测结果分析

某电厂 300MW 锅炉烟气中 CO 浓度监测结果如图 8-11 所示。

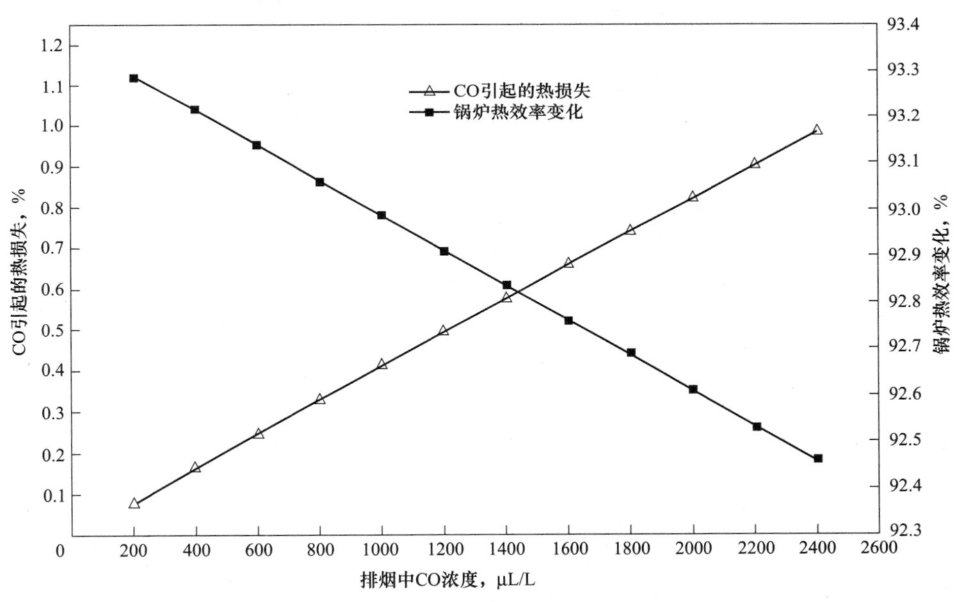

图 8-11 排烟中 CO 浓度变化对锅炉热效率影响趋势分析

图 8-11 是 1025t/h 锅炉保持其他参数不变，仅改变排烟中 CO 浓度，以观测其对锅炉运行经济性的影响，该工况中锅炉负荷为 300MW。可见，随着排烟中 CO 浓度由 200μL/L 增大至 2400μL/L，CO 引起的热损失由 0.078%增长至 0.99%，对应锅炉热效率由 93.29%降低至 92.46%，导致供电煤耗上升约 3.0g/kWh。同时，排烟中 CO 浓度与飞灰可燃物含量并无绝对对应关系，也就是说，飞灰可燃物含量小并不意味着烟气中 CO 浓度小，限于 CO 监测设备及手段，诸多电厂难以察觉 CO 引起的热损失。

此外，根据同类型电站锅炉多次尾部烟道和壁面气氛测量结果对比，当排烟中 CO 浓度达到 500μL/L 以上时，冷灰斗至燃尽风之间近水冷壁局部区域 CO 浓度高达 10 万μL/L 甚至更高，若燃煤含硫量较高，势必引起水冷壁高温腐蚀问题，威胁机组长期安全稳定运行。

经过燃烧优化调整试验，不同标高下水冷壁近壁面还原性气氛测量结果见表 8-12 和表 8-13。

表 8-12　300MW 电负荷下近壁面还原性气氛测量结果　μL/L

300MW		A 侧			中间点			B 侧		
		O_2	CO	H_2S	O_2	CO	H_2S	O_2	CO	H_2S
前墙	F 层燃烧器上	0	22 096	0	0.03	10 000	0	0.03	10 000	0
后墙		21.09	0	13.2	1.59	2716	0	0.88	724	10.6
前墙	F 层燃烧器	0	70 500	188	0.05	89 285	0	0.25	129 825	0
后墙		1.01	1021	13.5	11.39	0	17	2.18	564	32
前墙	D 层燃烧器	21.01	2	2.7	1.55	4910	40	20.16	0	3.9
后墙		1.21	2340	6.71	6.58	0	32	6.13	0	40.5
前墙	B 层燃烧器	9.5	349	37.4	0.8	4704	41	1.97	2501	38.8
后墙		0.55	3616	52.9	2.76	86	47.3	2.58	34	44.2

表 8-13　240MW 电负荷下近壁面还原性气氛测量结果　μL/L

240MW		A 侧			中间点			B 侧		
		O_2	CO	H_2S	O_2	CO	H_2S	O_2	CO	H_2S
前墙	F 层燃烧器上	0	22 273	0	19.8	7	4.9	0	23 639	0
后墙		0.21	14 494	19.5	0.8	3106	24.7	20.8	30	15.5
前墙	F 层燃烧器上	0.73	2342	31.4	17.65	9	9.5	0	17 596	0
后墙		0.97	1819	31.7	7.11	241	29.6	0.54	7080	19.2
前墙	D 层燃烧器	20.79	220	22.1	0	29 154	0	20.8	121	12.5
后墙		2.49	293	38.2	10.64	89	24	7.92	77	27.7
前墙	B 层燃烧器	10.56	185	7.1	0.53	6333	0.9	0.6	4855	16.5
后墙		2.45	78	43.8	2.13	93	43	3.8	178	37.1

相比之下，在 F 层燃烧器及其以上区域个别测点 CO 浓度较大，所幸全炉膛所有测点 H_2S 浓度均较小。可见，目前锅炉各负荷下排烟中 CO 整体较小，水冷壁壁面气氛相对较好。从长期运行安全稳定运行角度看，建议严格控制入炉煤含硫量，使其收到基全硫 $S_{t,ar} \leqslant 1.0\%$，锅炉所配备的净烟气 CO 浓度测点较为准确，实际运行中以该测点为参考，使净烟气中 CO 浓度不大于 200μL/L。

4 号机组锅炉低氮燃烧系统改造后不同锅炉负荷下排烟中 CO 浓度平均值为 100μL/L，工况（300MW+105t/h 供热）达到最大，也仅为 186μL/L，CO 引起的热损失为 0.078%，对锅炉热效率影响较小。即使如此，CO 对机组运行经济性和安全性的影响不可轻视，建议严格控制入炉煤含硫量，使其收到基全硫 $S_{t,ar} \leqslant 1.0\%$，4 号锅炉所配备的净烟气 CO 浓度测点较为准确，实际运行中以该测点为参考，使净烟气中 CO 浓度不大于 200μL/L。

300MW 机组通过投运改进型总风量控制系统后，平均供电煤耗约降低 1.1g/kWh，平均 NO_x 排放含量降低 50mg/m^3，预估每年最少能节省燃料费 260 万元，节省电量 100 万元，而每台炉仅需 180 万元，系统投入的成本半年就能收回（按每台炉安装 8 套来计，包括 2 套 2900L 激光分析仪和 6 套 2700L 抽取式 CO、O_2 双参数测量装置）。

第九章 锅炉设备的节能改造技术

第一节 气泡雾化油枪在煤粉锅炉上的应用

近几年，随着电力建设的迅速发展和社会用电结构的变化，电网的峰谷差日益增大。机组的频繁启停、调峰，使得电厂锅炉点火用油大幅度增加，据统计，到2005年年底全国装机容量5.08亿kW，其中火力发电机组（包括热电）约占75.6%，火力发电厂年度用油达1600万t（包括燃油锅炉、燃气轮机用油），其中锅炉点火启动、稳燃用油约750万t，锅炉点火启动用油约占60%，锅炉稳燃用油约占40%。如何降低锅炉点火用油已经成为电厂降低发电成本的一个重要措施。大部分煤粉锅炉的点火油枪为传统的机械（压力）雾化技术，机械雾化式油枪通过分油嘴、旋流片、雾化片将油自身的压力转化为液体的雾化能量，通过与静止空气的剪切、破碎、挠动使油破碎成为细小的油滴，达到燃油雾化的目的。该油枪雾化设施简单，成本低。缺点是雾化颗粒大，燃油颗粒直径在100μm以上，燃尽时间长，燃烧效率低，燃烧温度低等。同时雾化效果受压力和压力场的制约，油压高、压力场强的地方雾化颗粒小，反之，雾化颗粒偏大，雾化均匀性差。

1. 华能某电厂油枪规范及其现状

该电厂1、2号锅炉由上海锅炉厂设计制造，型号为SG-420/13.7-M418A型超高压、中间再热、自然循环、固态除渣、单汽包燃煤锅炉，Π型露天布置，膜式水冷壁，中间储仓式制粉系统，乏气送粉。锅炉采用四角切圆燃烧，燃烧器是直流燃烧器，每角布置三层一次风喷口、四层二次风喷口，从下而上依次为1 212 122（1、2分别表示一次风喷口、二次风喷口）。四角燃烧器在炉内形成ϕ800和ϕ200两个顺时针假想切圆。

每台炉共布置8只油枪，上下双层油枪布置，每层四支。上层4只油枪布置于中层二次风口内，原设计为简单机械雾化式喷嘴，自动电子点火方式，油枪设计压力3.43MPa，配有ϕ2.8的小孔雾化片，单支出力1800kg/h（实际运行一般为1200kg/h）；下层4只油枪布置于燃烧器预燃室内，油枪设计压力3.43MPa，配有ϕ1.8的小孔雾化片，单支出力800kg/h（实际运行一般为500kg/h）。油枪的进退由电动机构带动，点火装置采用高能点火直接点燃油枪。燃烧0号轻柴油，油枪和管道吹扫采用本机组4段抽汽来汽（压力0.6MPa，见图9-1）。图9-1中吹扫（燃油）手动门在正常运行时处于全开状态，只有当快关电磁阀故障时，才关闭吹扫（燃油）手动门，使

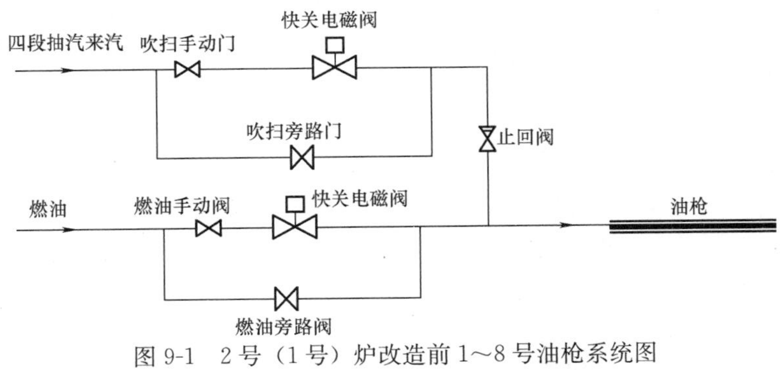

图9-1 2号（1号）炉改造前1～8号油枪系统图

用吹扫（燃油）旁路门。快关电磁阀由运行人员远程控制开启。止回阀用于防止来油回到吹扫管路中。一期2台125MW机组，油枪共配套3台供油泵，型号40YD40×10，燃油泵出力10m³/h，扬程400m，转速2950r/min，电动机功率30kW，电动机额定电流56.9A。

原有油枪存在以下缺点：

（1）油枪为压力机械式雾化，雾化效果不好，油滴大，燃烧不完全，点火期间不能投电除尘，不完全燃烧物多，致使烟囱冒黑烟，达不到环保要求。

（2）油枪油压大，出力大，锅炉点火投油时间长，点火启动燃油多。

（3）油枪设计不合理，油枪经常卡涩，进出不畅。当锅炉不是满负荷运行时，蒸汽吹扫压力低，造成油枪积炭，堵塞油枪口，使油枪不能可靠投用，增加维修工作量和维修费用。

（4）调节性能不理想，不能满足现在机组频繁快速启停的要求。

由于锅炉启停比较频繁，锅炉点火用油和助燃用油较多，改造前每年每台机组烧油150t左右，锅炉冷态点火启动一次需要12～15t油左右，燃油费用相当大。

2. 气泡雾化式油枪原理及其特点

近几年我国开发出了一种节油型新油枪——气泡雾化式油枪（如北京神雾公司生产的WDH350型气泡雾化油枪），气泡雾化原理是将气体（蒸汽或者压缩空气）与燃油低速注入到喷嘴出口形成气泡流，气泡运动到喷嘴出口爆破，形成液雾。由于气泡的表面膜远小于液柱或液膜的厚度，所以雾化所需能量小，雾化的粒度很细。气泡的爆破雾化主要靠克服液体的表面张力。实践证明，气泡雾化机理完全适用于锅炉点火油枪和助燃油枪。雾化气源只需要0.4～0.60MPa、温度在160℃以上的蒸汽（或压缩空气），油压只要0.5～0.70MPa。气泡雾化有以下特点：利用压缩空气的高速气流将燃料油直接击碎，雾化颗粒度小（40～60μm），颗粒均匀；雾化效果基本不受黏度大小的影响，黏度使用范围宽；雾化颗粒很小，油滴在极短时间内蒸发气化，使油枪在正常燃烧过程中直接燃烧气体燃料，燃烧完全，在整个锅炉启动过程中不冒烟，燃烧效率达99.0%；喷嘴不堵塞，燃烧器不结焦；油枪的流量调节范围大；可以直接点燃煤粉，气泡雾化式油枪燃烧形成的高温火焰，使进入一次室的浓相煤粉颗粒温度急剧升高，释放出大量的挥发分迅速着火燃烧，然后由已着火燃烧的浓相煤粉在二次室内与稀相煤粉混合点燃稀相煤粉，实现了煤粉的分级燃烧，燃烧能量逐级放大，大大减少煤粉燃烧所需要的能量。WDH型气泡雾花喷嘴直接装在一次风煤粉喷嘴里，由于其雾化细，火焰温度高，抗风干扰能力强，能用少量的油点燃煤粉，油枪的流量小。山东临沂电厂、里彦电厂、沾化电厂、南定电厂等均改为气泡雾化油枪，投资约是等离子点火的三分之一。

3. 改造方案和实施

（1）油枪改造。改造可以充分利用原有设备及系统，炉前燃油操作系统更改较小。原有的油枪吹扫逻辑不变，燃油母管和支管未动。使用油枪燃油来油管后的燃油手动阀作为手动油压调节门，使小油枪雾化压力保持在0.5～0.7MPa，通过控制油压压力可以调整油枪燃烧情况和油枪出力。燃油调节阀后安装就地压力表，用于监视和控制油压。油管道出口接出燃油金属软管，燃油金属软管接至小油枪进油管口。

油枪和油枪推进器的位置和形式保持不动。仅仅改造下层油枪，上层油枪不改动并废弃，点火与助燃全部使用下层油枪。将下层油枪改造为空气气泡雾化油枪，将下层油枪位置上倾15°，伸出预燃室80mm，喷嘴火焰正好处于一次风粉包覆之中，投粉后风粉混合物被气泡雾化油枪引燃。油泵改为40YD×4，燃油泵出力10m³/h，扬程160m，转速2900r/min，电动机功率15kW，电动机额定电流29.4A。油枪出力为120～200kg/h。

（2）压缩空气系统改造。油枪雾化气源来自二期检修压缩空气，在锅炉四周加装压缩空气环型母管，从母管分别接出支管供油枪雾化使用。安装压缩空气手动调节阀作为小油枪雾化空气压力调节阀。调节阀为快速雾化电磁阀。电磁阀后接止回阀，防止来油回到压缩空气管中。止回阀与小油枪之间接出就地压力表，用于监视压缩空气压力。

在锅炉2号角处安装一只DN50止回阀，做压缩空气总阀门。止回阀出口接出空气软管，空气软管接至小油枪空气接口。改造后的小油枪吹扫、雾化介质改为压缩空气，从原蒸汽吹扫支管根部割断，原蒸汽吹扫支管管口封堵。再使小油枪和新加装的四角压缩空气接通，如图9-2所示。在点火一次风门、点火给粉机出口法兰处加石棉板和2mm铁板封堵。

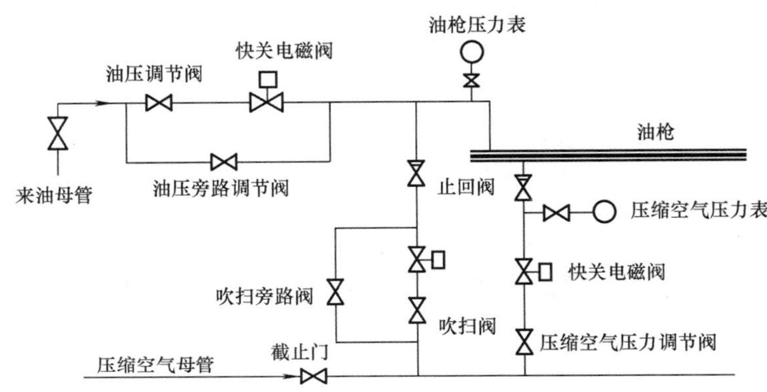

图9-2 改造后1号炉5号油枪系统图

4. 点火注意事项

(1) 气泡雾化枪在投用时尽可能保持雾化气压稳定，如果从吹扫或伴热系统接雾化汽源，往往会遇到压降大、压力不足的麻烦。

(2) 投粉时控制给粉机转速和一次风的煤粉浓度，给粉机转速不宜过大，控制在150r/min左右，随着炉膛温度升高，可逐步增加转速，以提高炉膛温度。

(3) 空气雾化压力一般在0.4～0.6MPa左右，油枪燃油压力略高于空气压力0.1MPa左右，以使油枪燃烧在最佳调整状态为准。

(4) 锅炉点火需要粉仓有2～3m粉位，便于点火初期及时投粉。

(5) 锅炉运行时，炉前燃油系统应保持连续运行，以保证事故用油。

(6) 在使用气泡雾化油枪前，必须对雾化蒸汽先进行充分的疏水，否则积水将造成油枪熄火。可提前开启雾化汽门或吹扫汽门，这样既可疏水，又可对油枪预热。

(7) 油枪安装调整应注意，既要保证雾化伞能将一次风喷嘴罩住，又能保证油枪点燃后的火焰不燃烧燃烧器喷嘴。

5. 经济和社会效益分析

(1) 有利环保。改造前锅炉点火启动由于燃油燃烧不完全，电除尘器不能正常投入运行，改造气泡雾化油枪后，锅炉燃烧正常后，电除尘器即可投入运行，减少了锅炉点火过程中烟尘的排放。

(2) 系统简单。原燃油系统压力为3.43MPa，油枪改造后系统油压只需0.5～0.7MPa即可，增加了燃油系统安全稳定性。每台锅炉只需配4支油枪，作为锅炉点火和助燃用，系统简单，减少了日常维护工作量和维护费用。

(3) 节约厂用电，增加发电量。原压力雾化油泵电动机30kW，现改为15kW。一期2台125MW机组，共3台油泵，1台运行，2台备用，一年运行7000h，一期2台机组每年可节约厂用电10万kWh。

（4）节省了点火时间。改造前的机组点火启动方式是单独依靠油枪热量来提升炉温的，当预热器达到一定温度后提供热风开始制粉，粉仓粉位和炉温到达一定值后才能安全投粉，直至炉膛煤粉能完全稳定燃烧后退出油枪，在此点火过程中双层共 8 支油枪的投用时间约为 6h。油枪改造后的机组点火启动方式是：在机组启动准备时间内利用输粉机从 1 号炉向 2 号粉仓输粉至启动粉位，启动时只投用下层 4 支压缩空气雾化小油枪，由于其稳定、高温燃烧，保证 10min 后即可投下层 4 只一次风，这样利用油枪和燃煤的热量来快速提升炉温，一段时间后 2 号机组就可利用自身热风进行制粉，保障一次风的供粉，直至炉膛煤粉能完全稳定燃烧后退出油枪。在此点火过程中 4 支小油枪的投用时间约为 4h，这样油枪改造使机组从点火时间上节约了 2h。

（5）节油效果显著。油枪改为气泡雾化油枪后，WDH 气泡雾化点火油枪直接装在一次风煤粉喷嘴里，油枪的发热量全部用于煤粉气流的升温上，因此油枪的容量可以比放置在二次风喷嘴中的油枪小得多。所以锅炉点火投四只油枪即可，而且流量大为减小。同时燃油雾化颗粒细，火焰组织好，火焰发亮发白温度高，燃烧完全，燃烧效率高。因此改造后锅炉冷态滑参启动烧油在 9t 左右，比原油枪锅炉启动少烧油约 15t。综合比较油枪改造后节油在 30%～50%左右。

第二节　等离子点火装置在煤粉锅炉上的应用

等离子点火是一种完全不同于油、气点火的方式，自 20 世纪 70 年代国外科学家就提出了等离子无油点火这一概念，苏联、美国、澳大利亚和我国等科技人员对此进行了卓有成效的研究开发工作，苏联在 1986 年就将等离子点火列为该国动力部的五年计划（1986～1990），1995 年 11 月哈萨克斯坦动力科学院在陕西某电厂先后进行过 5 次试验，均因设备损坏而失败。1999 年 3 月俄罗斯新西伯利亚动科院在广东某电厂进行过等离子点燃贫煤的工业试验，没有成功。1997 年，澳大利亚太平洋公司研制出容量为 50kW 的等离子点火煤粉燃烧器，并已在某电厂 300MW 机组投运，但是该产品只适用于挥发分在 25%以上的烟煤，而且需要采用氮气做等离子体以保护电极避免烧损，同时必须采用精细煤粉，因此该套设备加之制氮机、精细粉磨煤机等价格昂贵，且不能烧贫煤和无烟煤。我国从 20 世纪 70 年代中期开始，清华大学、华中工学院、哈尔滨锅炉厂等单位都曾进行过长期的研究，虽然在淮北电厂和潍坊电厂点燃过少量烟煤，但后来没有继续研制成功的工业产品。1997 年龙源电力集团烟台龙源公司开始研究开发等离子点火装置，并于 2000 年 2 月在某电厂 220t/h 锅炉上成功点燃了挥发分 11%的贫煤，在世界上首次利用等离子点火技术实现了贫煤锅炉无油启动和稳燃。

一、工作原理

在一定条件下，气体会被电离形成含有正负带电离子的等离子体。这些粒子正负电荷数值相等，对内为良导体，对外为中性，其内部有着 4000℃以上的高温。等离子点火便是让煤粉颗粒通过该等离子体，在 10^{-3}s 内迅速释放出挥发物，并被破裂粉碎，从而使煤粉迅速点燃。等离子体内含有大量的化学活性粒子，如原子（C、H、O）、原子团（OH、H_2、O_2）、离子（OH^-、H^+、O^-）和电子等，它们可加速热化学转换，促进燃料完全燃烧。同时，煤粉通过高温等离子体时有 $C+H_2O \longrightarrow CO+H_2$ 化学变化，再造挥发分，使挥发分比通常情况下提高 20%～80%，这对于点燃煤粉特别是贫煤，强化燃烧有着特别重要的意义。

等离子点火装置由 6 部分组成：整流变压器、等离子发生器、直流电源、点火燃烧器、辅助系统和控制系统，如图 9-3 所示。直流电源包括整流变压器，将三相 380V 电源整流成 460V、300A 左右的直流供给等离子发生器，用于产生等离子体。功率元件采用三相全桥控晶闸管整流功率组件，功率组件最大输出为 1200A、1600V。平波电抗器用于消除整流脉冲，交流接触器用于装置自动合闸和保护分闸。

点火燃烧器与一般的煤粉燃烧器有所区别，它除了要有一般煤粉燃烧器的功能外，还要求它能使通过点火燃烧器的煤粉充分地与等离子体电弧混合，这样才能使煤粉深度裂解，完成再造挥发分的过程。点火燃烧器与等离子发生器配套使用，点燃煤粉并使煤粉充分燃烧。其燃烧机理为：一定浓度的煤粉在一次风的携带下通过燃烧器前送粉管内的均流装置进入燃烧器，进入中心筒的煤粉在通过撞击式浓淡分离器时浓度得到重新分配，煤粉向中央聚集并通过等离子发生器产生的高温等离子弧得到迅速加热，在极短时间内产生分解、挥发分再造和燃烧等过程。被分离出的一次风夹带浓度极小的煤粉在内壁流过，未通过中心筒的一次风在外壁通过，对中心筒壁起到一定的冷却和保护作用。在中心筒外通过的风粉混合物在通过第二级浓淡分离器时被分离，浓粉向中央聚集后被中心筒喷出的高温火焰点燃。通过这种多级燃烧方式，可以最大点燃 12t/h 粉量。其结构见图 9-4。DLZ-200 型等离子发生器配套的点火燃烧器运行参数为：

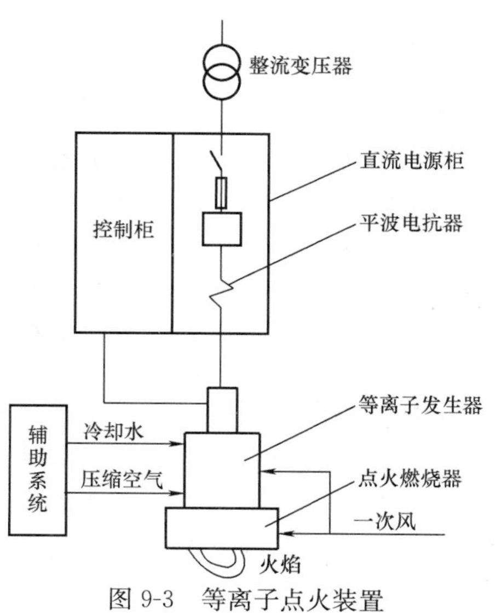

图 9-3　等离子点火装置

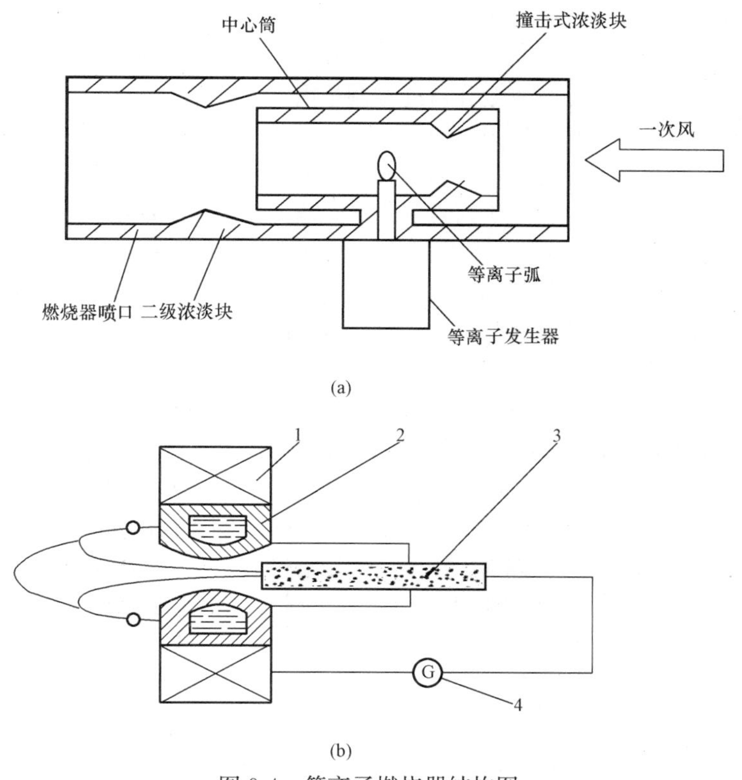

图 9-4　等离子燃烧器结构图

(a) 等离子燃烧器点火示意图；(b) 等离子发生器工作原理

1—线图；2—阳极；3—阴极；4—电源

一次风速：贫煤18～22m/s，烟煤22～28m/s。

粉量：贫煤1.5～5t/h，烟煤2～6t/h。

风温：贫煤≥100℃，烟煤常温。

风粉比例：贫煤0.3～0.6，烟煤0.3～0.6。

由于等离子点火不同于传统的油枪点火方式，油枪着火后会形成一个较大的火炬区，煤粉有较充分的点燃时间，而等离子点火是利用等离子体的高温火核区点燃煤粉。相对油枪的火炬区，火核区温度高，区域面积较小，如何保证额定出力的煤粉在通过火核区的瞬间被点燃是一个难题。如果进粉量少，煤粉浓度低，不能形成稳定的燃烧区，同时达不到设计出力要求；反之，煤粉浓度高，会造成燃烧区的温度降低和缺氧，不利于点燃煤粉，同时造成局部积粉。因此，等离子点火燃烧器采用分级进粉的方式，一级进粉通过高温火核区被点燃后再点燃二级进粉，可以根据出力要求，设计为多级进粉，由一级进粉燃烧后依次点燃以后各级进粉。

控制系统由主机（PLC）、液晶显示触摸屏（CRT）及数据总线构成。DLZ-200型等离子发生器启、停、运行、保护的控制程序全部由安装在电源柜内的下位机Simens S7-200PLC完成。运行人员可以通过日本Digital公司生产的GP-577R-TC41-24VP型号的CRT对整个等离子点火装置进行监视和操作，上位机（PLC-S7-300）对各电源柜进行监视和控制。

辅助系统由冷却水和压缩空气的供给系统组成。压缩空气系统的作用是给等离子发生器供应空气，以产生空气等离子体。冷却水系统的作用是冷却阳极等设备。为了防止等离子发生器烧损，冷却水和压缩空气系统都安装了检测开关。检测到的开关量信号送到等离子发生器的控制系统中。当冷却水流量和空气压力均满足时，控制系统才允许启动等离子发生器；当冷却水流量或压缩空气压力离要求值过远时，控制系统自动停止等离子发生器，并向运行人员报警。冷却水和压缩空气系统所需的阀门和仪表均安装在就地控制柜内。

等离子发生器由线圈、阴极、阳极组成。其中阳极是一单拉法尔喷管结构，其电子的接受面为抗氧化、高导电和高导热的合金材料，以承受高温电弧冲击。阴极极头为经过渗透处理的石墨棒，其烧损形状较规则，工作也稳定，而且氧化消耗速度仅是单纯使用没有经过渗透处理的石墨棒的1/3（苏联采用银棒作阴极极头，价格昂贵；如果单纯使用没有经过渗透处理的石墨棒，氧化消耗速度太快，而且烧损形状不规则，引起电压波动较大；铜质阴极极头的主要问题是铜表面氧化后的氧化物导电性差，造成断弧）。在一定输出电流条件下，当阴极被直线电机驱动前进同阳极接触后，系统处在短路状态，当阴极被直线电机驱动缓慢离开阳极时产生电弧，电弧在线圈磁场的作用下被拉长。压缩空气在电弧的作用下，被电离为高温等离子体，为点燃煤粉创造了良好的条件。等离子发生器可以产生功率为50～150kW的等离子体，连续可调。所需电源参数：380VAC，250kVA；燃煤的干燥无灰基挥发分$V_{daf}>10\%$；一次风温>20℃，一次风速18～28m/s。所需压缩空气压力参数：0.12MPa≤p≤0.3MPa；流量≥100m^3/h。压缩空气既是产生等离子体的介质，又是等离子体的载体。压缩空气压力过高，起弧过程中容易吹断电弧，尤其在使用碳棒极头时，空气压力过高，碳棒消耗加快并且极头烧损不规则度加剧；压缩空气压力过低，空气量不足，不易起弧，并且弧短。同时压缩空气必须是经过除油、净化处理过的洁净气体。因为等离子点火装置的阳极受等离子体冲刷，如果空气载体含油将导致阳极污染，生成的绝缘物附着在阳极的导电面上，影响装置的正常工作，因此空气需经除油处理。

等离子发生器所需冷却水参数为除盐水0.4MPa≥p≥0.15MPa，流量≥8m^3/h，冷却水压力不能低于0.1MPa。因为工作过程中，阴阳极和线圈的温度较高，水质差则容易结垢，影响换热。

装置运行后，无需特别的维护，只需在装置每运行100h后及时更换阴极电子枪头。电子枪头更换非常方便，熟练的操作者在5min内即可完成。

二、现场应用

山东某发电厂1号炉是哈尔滨锅炉厂70年代初制造的HG-220/9.8-Ⅰ型单汽包自然循环、固态排闸煤粉锅炉。制粉系统为热风送粉钢球磨中间储仓式，燃烧器为四角切圆直流燃烧器，一次风集中布置。设计煤种为淄博贫煤，燃烧煤质工业分析见表9-1。

表9-1　　燃烧煤质工业分析

序号	M_{ad}（%）	V_{ad}（%）	A_{ad}（%）	FC_{ad}（%）	$Q_{ar,net}$（kJ/kg）	R_{90}%	Fc
1	1	12.06	25.22	61.72	24 016	8.5	1.053
2	0.45	11.86	23.45	64.24	24 085	12	0.974
3	1.24	12.48	21.85	64.43	24 591	11	1.213

注　Fc是清华大学等研究单位提出的判别煤的着火性能的"通用着火特性指标"，$Fc=\frac{(V_{ad}+M_{ad})^2 FC_{ad}}{10\ 000}$，Fc≤0.5为极难燃煤，0.5<Fc≤1.0为难燃煤，1.0<Fc≤1.5为准难燃煤，Fc>1.5为易燃煤。

1999年12月在1号机组大修中，四角主燃烧器下部各布置一套DLZ-200等离子点火燃烧器，并向上倾斜3.5°，便于直接引燃上层主燃烧器。一次风管由总风箱单独引出四路273×8管道给等离子点火煤粉燃烧器供粉，每台等离子点火煤粉燃烧器单独增加了给粉机，给粉机的控制也在操作盘上完成。等离子点火煤粉燃烧器单台出力2～4t/h，每只等离子点火装置价格约80万元。锅炉点火或低负荷稳燃时，投入等离子使用；锅炉正常运行时，等离子退出运行。2000年2月，1号炉实现了第一次燃煤机组等离子无油点火冷态启动。

启动过程中，煤粉浓度控制在0.55kg/kg左右，等离子点火煤粉燃烧器在冷、热风送粉情况下均能很好地燃烧，火焰温度1200～1400℃，且燃烧稳定。等离子点火装置运行数据见表9-2。实践证明，该装置在较宽的风粉比例（0.3～0.6）下和较低的风温情况下，均能可靠地点火和稳定地燃烧。

表9-2　　等离子点火装置运行数据

点火器功率	煤粉温度	热风风压	热风温度	一次风压
120kW	35℃	2100Pa	32℃	1550Pa
一次风温	一次风量	一次风速	给粉机转速	煤粉浓度
267℃	2391Nm³/h	25m/s	700r/min	0.55kg/kg

在锅炉启动点火初期，未投主煤粉喷嘴前，采用2号炉供给的热风送粉，只点燃2、3、4号3只等离子点火煤粉燃烧器。启动点火初期给粉机调节器开度为30%～40%，点火一次风管内流速为20～24m/s，从表9-3可以看出，3只等离子点火煤粉燃烧器投入运行时，燃用干燥无灰基挥发分为16.85%的贫煤时，燃烧效率为83.96%，作为启动阶段煤粉燃烧效率是比较高的。

表9-3　　煤粉燃烧效率试验结果

项　目	单　位	数　值	项　目	单　位	数　值
收到基水分	%	5.43	烟气CO含量	mg/L	160
收到基灰分	%	24.91	飞灰可燃物	%	31.50
收到基挥发分	%	11.62	炉渣可燃物	%	17.0
干燥无灰基挥发分	%	16.68	化学不完全燃烧热损失	%	0.56
收到基低位发热量	kJ/kg	22 675	机械不完全燃烧热损失	%	15.48
煤粉细度	%	11.1	燃烧效率	%	83.96
烟气含氧量	%	18			

三、投资及经济效益分析

（一）直接经济效益

以某台600MW机组前后墙燃烧锅炉为例，等离子设备投资费用约650万元。

机组在试运期间要经过锅炉吹管、整定安全阀、汽轮机冲车、机组并网、电气试验、锅炉洗硅运行、机组带大负荷运行等许多阶段，此期间由于锅炉无法投运磨煤机或无法完全断油运行，因此要耗费大量的燃油。一般情况下，1台600MW机组试运期间燃油消耗量约为5000t以上。如果在机组试运初期投入等离子煤粉点火系统，将可以使整个试运期间的燃油消耗控制在1000t以内，因此会产生巨大的经济效益。

（1）按常规方法试运所需燃油耗费的计算。

燃油消耗5000t，燃油价格0.4万元/t，燃油耗费为0.4×5000 ＝ 2000（万元）。

（2）机组改装为等离子无油点火装置进行试运所需费用的计算。

1）燃油耗费。

燃油消耗800t，燃油价格0.4万元/t，燃油耗费为0.4×800 ＝ 320（万元）。

2）燃煤耗费。

原煤消耗8000t，原煤价格0.05万元/t，原煤耗费为0.05×8000t ＝ 400（万元）。

3）耗电费用。

设计煤种发热量22 800kJ/kg，原煤消耗41 800kJ/kg×4000t/22 800kJ/kg＝7333t，制粉单耗25kWh/t，等离子燃烧器耗电20kWh/t，厂用电价格为0.4元/kWh，耗电费用8000×（20＋25）×0.4 ＝144 000元≈14.4万元。

经过以上计算可知，在每台机组试运期间投用等离子无油点火装置，可为电厂节约投资：2000－320－400－14.4－650 ＝615.6（万元）。

（二）间接经济效益

按照常规的试运方法，机组在试运期间要长期低负荷运行，此期间锅炉纯烧油或油煤混烧，为避免未燃尽的油滴沾污电极，此时锅炉电除尘器无法正常投入，大量烟尘直接排放到大气中，给环境带来严重的污染，同时烟气中的粉尘会对锅炉引风机叶片造成磨损，这些均给电厂带来间接的经济损失。

在机组试运期间投入等离子煤粉点火系统，电除尘器可以在锅炉启动及低负荷期间正常投入，可大大减少粉尘的排放，避免了环境污染，给电厂带来显著的社会效益和经济效益。

四、等离子点火装置存在的问题

（1）煤种适应性差。等离子的点火能量受到设备限制，只适用于燃用褐煤及烟煤的锅炉。

（2）等离子发生器阴极头使用寿命短。在等离子点火装置中，阴极头属于关键部件，但是目前阴极头的使用寿命最长为100h左右，一般在运行50～70h后就需要更换。

（3）等离子喷口结焦问题。等离子燃烧器不同于普通煤粉炉的燃烧器，它是在燃烧器内将煤粉逐级点燃，因此，必然在燃烧器内形成一个高温区，如果燃烧器壁面附近的温度超过所燃煤的流化温度，就容易引起燃烧器结渣。此外，等离子燃烧器内筒前壁温度（靠近等离子发生器插入端）应控制在100℃以下，后壁温度应控制在150℃以下。在运行中，内筒前壁温度大部分时间在90℃左右，但短期高达110℃ ，应防止出现这种情况。

第三节　声波吹灰器的应用

现代的声波吹灰技术的提出和发展始于20世纪70年代的欧洲，1978年进入美国市场，90

年代引入我国，并开始在电站和石化锅炉上试验性地使用，近年来逐步得到推广应用。

一、声波吹灰器的工作原理

声波吹灰器主要由压缩气源、电子控制器和声波发生器组成。其工作原理是：空气经过过滤器净化后，在电磁阀的控制下将压缩空气的能量由声波发生器转变为声能，调制成声波，以声波的方式向外传递。声波激烈而快速变化的振动会对结垢受热面上附着的积灰分离，当具有一定频率和强度的声波（通过某种声波转换机构将气能转换成声能）在积灰空间内振动，可形成一个声场，有效破坏粉尘颗粒之间、粉尘与积灰壁之间的黏结力，使颗粒物处于疏松流化状态，脱离其附着表面，随烟气被带走或在重力的作用下落下被收集，从而达到清灰的目的；对于受热面上原已结成片（块）状的灰渣和硬灰垢，将在声波的作用下，尤其是在极高的加速度外力的作用下，从受热面断裂、剥离，落入灰斗或被烟气带出烟道，达到吹灰的目的。

声波吹灰是非接触性吹灰，是以交变的、快速的、急剧的、反复的波动形式传递能量。波的传播过程就是振动的传播过程，也就是能量的传递过程。对于简谐振动，单位体积中介质的机械能为：$e=\rho A^2\omega^2$。其中：ρ 为介质密度，A 为振动振幅，ω 为角频率。由此可见，介质中的能量密度和振幅的平方、频率的平方、介质的密度都成正比。在介质密度一定的情况下，介质中的能量密度取决于两个关键因素，即声波振幅和声波频率。这两个因素也是声波能够吹灰的关键。声波振幅越高，声波的作用就越强。但声波的振幅也有一定的限度，振幅太高，声波将泄漏，会对环境产生噪声污染。声波频率也是如此，声波频率太高，则声波波长变短，声波的绕射能力就差，声波衰减就快。但是如果频率小于 60Hz，声波将可能破坏固体结构以及机械连接装置。所以，声波振幅和声波频率是衡量声波吹灰效力的两大要素。在一定范围里，声波强度和声波频率的值越高，则声波吹灰的效力越强。

二、声波吹灰器的特点

声波吹灰器是一种防止灰尘在工业设备上集灰、板结的低频、高能喇叭。其是通过利用声波使粉尘颗粒产生振动并从设备表面脱落的原理来清灰。一般情况下，声波吹灰器可以分为固定频带声波吹灰器和可调频高声强声波吹灰器。

1. 固定频带声波吹灰器

固定频带声波吹灰器的工作原理是利用电动机带动一个旋转的阀门，反复开通和关断气流的喷口，使喷出的气流断续而成为声波。固定频带声波吹灰器一般输出一组由低频率声波（20～400Hz）和次声波（20Hz 以下）组成的频率带声波。次声波在声强较小的情况下仍能取得较好的除灰效果，因而在锅炉对流受热面、锅炉烟道及其他不易触及的区段上应用更广泛。

例如，对于 75Hz、147dB 的声波，在距声源 1m 处的有效清灰范围是 4.5m，在 12m 处依然有效；而对于 230Hz、147dB 的声波，在距声源 1m 处的有效清灰范围是 1.4m，在 6m 处依然有效。事实说明了声波频率越高，声波衰减越快。在多个喇叭同时发声的重叠声场中，有效范围还可以增大。一般情况，固定频带声波吹灰器的发射声功率为 2000～4000W，通过距离衰减后到喇叭出口的声压级仅能达到 150dB，有效吹扫半径为 12m。

固定频带声波吹灰器要求的压缩空气压力为 0.4～0.8MPa，流量为 1.2～2.5m^3/(min・台)，这种参数要求是现场所常备的，无需另加专用设备，比蒸汽吹灰器要求的蒸汽减压系统要简单和经济。

固定频带声波吹灰器通常要求的气源主输气管为 $\phi57\times4$mm，每台的支管为 $\phi32\times3.5$mm；材料为无缝碳钢管，无需特别保温处理，因此输气管路比蒸汽吹灰器要求的蒸汽管线和保温条件要简单。

2. 可调频高声强声波吹灰器

可调频高声强声波吹灰器由压缩空气源、高声强发生器、电磁阀、专业指数型号筒等组成。

压缩空气经过过滤器净化后，在电磁阀的控制下将压缩空气的能量由声波发生器转变为声波，再通过专业号筒传至锅炉积灰表面。高声强发生器由磁钢、驱动线圈、动环、静环和喇叭组成，通过控制动环的运动，调制通过动、静环组件的气流，产生声波。

可调频高声强声波吹灰器的发射声功率为10 000～30 000W，最大可达50 000W，通过距离衰减后到炉内的声压级大于160dB，有效吹扫半径可达15m。声波频率为10～10 000Hz范围内调节，输出某一频率声波。比固定频带声波吹灰器发声功率大，有效作用距离远。

与传统的蒸汽吹灰器比较，声波吹灰器具有如下特点：

（1）声波吹灰器不存在清灰死角问题。由于蒸汽吹灰器的蒸汽流必须直接作用于受热面才能得到效果，而锅炉内各种管道、管束、漏斗、斜面的存在，大大限制了蒸汽喷嘴的活动范围，所以尽管设计了伸缩、旋转等复杂的运行方式，仍难以覆盖整个炉体所有积灰区域。而声波吹灰器的作用范围取决于其发声功率和强度，由于声波具有反射、衍射、绕射的特性，无论受热面管排如何布置，只要在声波有效作用范围内，声波总可以清除管排间及管排背后的积灰，除灰彻底，这是蒸汽吹灰器不能实现的。

（2）声波吹灰器是预防性的吹灰方式。一般单台声波吹灰器1次工作时间为15～30s，停运30～120min，如此循环反复，可连续保持受热面清洁，有效保持甚至提高锅炉热效率、降低排烟温度。而蒸汽吹灰是待灰形成一定的厚度后，再进行吹扫清除，即便是三天吹一次灰，也间隔了72h。声波吹灰器能够保持烟道内表面或催化剂的连续清洁，最大限度、最好地利用了催化剂对脱硝反应的催化活性。

（3）经试验和现场测试证明声波吹灰器对催化剂没有任何的毒副作用，蒸汽吹灰方式由于湿度的影响，长期的运行可使催化剂失效，对催化剂有产生腐蚀和堵塞的危险。

（4）声波吹灰器对催化剂没有磨损，可延长催化剂的使用寿命，是非接触式的清灰方式，可降低SCR的维护成本。而蒸汽吹灰方式依靠机械的蒸汽冲击力来实现清灰，高速的蒸汽流夹杂着粉尘，对催化剂的表面磨损非常厉害，导致催化剂的使用寿命缩短，维护成本变高。

（5）无受热面机械损伤。声波清灰虽然也是以空气或蒸汽为工作介质，但其原理不是依靠这些介质直接作用于受热面，而是以其为动力，通过特殊的声能转换机构将气能转换为声能，并将这个低频高强的能量辐射到积灰空间，从而达到清灰的目的。所以不存在对设备的冲刷磨损，可以说，声波清灰器是属于本质安全型的设备，从根本上解决了因吹灰而爆管的隐患。

（6）故障率极低。因为蒸汽吹灰纯属机械传动，易磨损，吹灰杆长期受热变形易卡死，机械故障率很高，因此维护工作量特别大，需经常更换传动部件和喷嘴。声波清灰器由于没有需要调整的机构，也没有运动或不稳定的结构，不存在发生运行机械故障的可能性；并且选用的是耐高温、耐腐蚀、耐磨损的优质材料，其寿命可以与锅炉本体相比拟，经过正确安装，合理使用，声波清灰系统的运行是长期可靠的，通称为免维护型设备。同时，运行中不需要维护和检修，只是在长期停炉后再次投用时需要进行正常的维护和检修，要将输气管路吹扫干净，清洗过滤器及进行必要的设备维护，不需要设置专门人员进行日常的维护和管理，运行费用低。

但是，声波吹灰器虽然具有上述优点，但也存在两点不足：

（1）对湿灰无效，仅适用于干松灰。

（2）能量较小，吹灰强度不高，无法清除黏结性很强的积灰和已经结渣的积灰。

三、设备安装需注意的问题

声波吹灰器设备系统安装示意见图9-5。系统主要包括喇叭、声波转换器、电磁阀、空气过滤器、气源管路、控制线路等。在设备的安装过程中，除管路、控制电缆等要符合规范外，还要特别注意考虑以下问题。

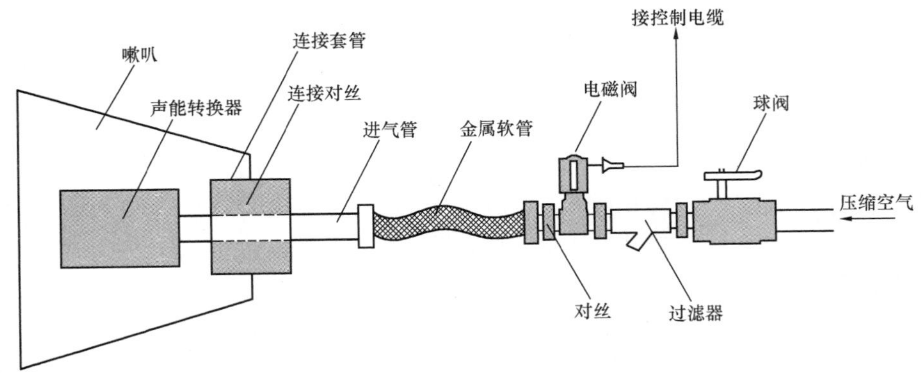

图 9-5　声波吹灰器示意

(1) 充分考虑锅炉的热胀冷缩问题。如果吹灰设备与压缩空气管路刚性连接，锅炉的热胀冷缩可能会导致吹灰设备的损坏和管路及管路元件的变形和损坏。鉴于此，设备安装过程中在管路中增加了波纹管，很好地解决了这个问题。

(2) 设备投运前要用压缩空气对管路进行吹扫。管路中残留的杂质和焊渣如果进入吹灰设备，会影响设备的正常运行并可能对设备造成损伤。

(3) 压缩空气进入设备前要确保不含有液态水。液态水可以通过吹灰设备进入到锅炉，一定程度上能影响锅炉的燃烧工况；另外，液态水残留在吹灰设备中，会增加设备本身锈蚀的可能性，缩短设备的运行寿命。因此，提供的压缩空气源的疏水就非常必要。

四、在低温受热面上的应用

深圳沙角 B 电厂 1、2 号锅炉是日本 IHI（石川岛播磨重工株式会社）公司引进美国福斯特威勒公司技术生产的单汽包亚临界自然循环、一次中间再热锅炉，采用正压直吹制粉系统、前后墙对冲燃烧方式，最大连续蒸发量（MCR）为 1070t/h，配 350MW 发电机组，锅炉型号 IHI-FW SR 型，1987 年投运。配备德国克莱得蒸汽吹灰器系统，共配置 48 台长、短吹灰器。其中：短吹灰器 20 台用于炉膛区域，长吹灰器 28 台用于水平烟道和竖井烟道，采用两侧墙布置；后竖井烟道为再热器布置区域（又称为尾部受热面），配置长吹灰器 10 台，其中 8 台（23～26 号 L/R）吹灰器用于再热器水平管圈吹灰。为了降低排烟温度，再热器区域平均每三天就进行了一次全面吹灰。由于吹灰频率的明显增加，吹灰蒸汽及吹灰器备品备件的消耗明显增大，同时再热器受热面管因吹灰蒸汽吹损减薄的现象也十分严重。再热器区域 23～26 号 R/L 每对吹灰器吹灰蒸汽流量分别约为 11.5、7.5 、10.5、9.5t/h，吹灰时间为 8min。23～26 号 R/L 蒸汽吹灰器全面吹灰一次，需耗过热蒸汽约 5.2t，以每天为一个吹灰周期，每年运行 300 天（7200h）计算，23～26 号 R/L 蒸汽吹灰器年吹灰耗汽约 780t，按 100 元/t 算，费用约合 15.6 万元。而且 23～26 号R/L 蒸汽吹灰器维护工作量较大，每年维护更换备件费用约 1 万元。二者合计 16.6 万元。

2006 年，采用 14 台 DSK-5 型固定频带声波吹灰器安装在锅炉尾部受热面再热器布置区域，替代原蒸汽吹灰器。DSK-5 型声波吹灰器主要参数：发声频率 30～2100Hz，炉内声压级大于 153dB（声波吹灰器正前方 1m 处），炉外声压级小于等于 85dB。耗气量 1.2～2.4m^3/min，供气压力 0.4～0.6MPa，耐温极限 1100～1200℃。声波吹灰器投入时耗气量为 156m^3/h，每 2 台声波吹灰器为 1 组，每 4min 下一组开始喷吹，即 14 台声波清灰平均耗气量为 156m^3/h。电厂杂用压缩空气气价为 0.07 元/m^3，以每年 7200h 计，年运行费用 7.8 万元。

半年后对再热器的清洁情况进行了检查，加装声波吹灰器区域的受热面积灰明显比无声波吹灰部位要少。

综合考虑，不考虑声波吹灰器投用后锅炉效率的变化，不考虑避免爆管的潜在收益，每年投入声波吹灰器的收益约为：16.6-7.8=8.8（万元）。

五、在脱硝工程上的应用

江苏国华太仓发电有限责任公司2×600MW机组烟气脱硝环保工程，采用日立造船波纹板式催化剂，每台锅炉配2个SCR反应器，反应器尺寸15m×10m×10m，催化剂有3层，2用1备，每个反应器装设9台固定频带声波吹灰器，第1层4台，第2层5台。SCR反应器高尘布置，在省煤器和空气预热器之间，烟气温度310～400℃，烟气含尘量10～36mg/m^3，烟气平均流速5～6m/s，远离进、出口的转角处流速仅2m/s。灰分中CaO含量偏高，最高达28%。声波吹灰器的运作：1号、2号喇叭每隔110s响10s，随后3号、4号喇叭每隔110s响10s，依次规律循环。机组2005年12月投运，SCR运行压差一直维持在200Pa左右。2006年4月底，SCR反应器离线内部检查，催化剂非常干净，反应器内任何一边都没有灰尘堆积现象。

六、在脱硫工程上的应用

河南裕中能源发电有限公司2×300MW机组烟气脱硫环保工程，每台GGH的原烟气出口安装1台蒸汽吹灰器，同时配有高压（入口压力10MPa）水洗系统。蒸汽吹灰器每隔1h运行一次，如此循环往复。当GGH两侧烟气压差（设计为415Pa）较高（约3个月）时，便启动在线高压水洗系统。但运行期间发生多次GGH堵塞事故，每次堵塞时GGH的实际烟气压差均达到了1500Pa左右。2010年，该公司在每台机组GGH原烟气入口安装了2台ENSG-30000-125型可调频高声强声波吹灰器，该吹灰器发声功率可达30 000W，发声频率在10～8000Hz间任意调节，炉内最大声压级大于160dB，驱动气体压力0.2～0.3MPa，有效吹扫半径15m。每台声波吹灰器吹扫一次需要120s，2台声波吹灰器以1200s左右间隔交叉运行。原来的蒸汽吹灰器改为每天吹扫一次（1h），间或采用高压水洗系统辅助清灰。改造后，GGH两侧烟气压差稳定在500Pa以下。

第四节　干排渣技术的应用

锅炉燃烧排除的渣在锅炉冷渣斗排出口的温度约850℃，其冷却方式主要有两种：风冷和水冷。采用干式风冷式排渣机除渣叫干排渣方案。采用水浸式刮板捞渣机的除渣系统为水冷式除渣方案。干式风冷式排渣机是利用炉内负压就地吸风，进风量约为锅炉总燃烧风量的1%，一方面，冷空气吸收热炉渣的显热，升温到300～400℃送入锅炉炉膛，由于冷空气回收了渣的热量，提高了锅炉效率；同时冷空气将850℃的炉渣在传送中冷却，使炉渣温度降到100～200℃，进入碎渣机，经后续输渣设备（机械或气力输送系统）送至渣仓储存，整个过程可不需要冷却水，无废水排放。水浸式刮板捞渣机将锅炉排除的渣经冷却水冷却、粒化后，将渣冷却到60℃由刮板捞渣机连续捞出，并经过捞渣机的倾斜段脱水，使渣的含水率为30%，然后直接排入渣仓储存，由自卸汽车输送至灰场。

1985年，意大利MAGALDI公司发明并研制开发了MAC干式排渣系统，并在Pietaficta电站2×35MW燃煤机组锅炉上首次采用风冷式干排渣钢带机。目前这项技术已在日本、美国、印度、智利、西班牙、希腊等国家的电厂使用，意大利已有90%的电厂除渣采用该项技术，其投运效果良好，在世界火电厂除渣领域受到认可和好评。河北三河电厂2×350MW机组是我国第1个引进意大利MAGALDI公司MAC风冷干式除渣设备及系统的燃煤火电工程项目。该干式除渣系统于1999年12月投入运行，取得了令人满意的效果。2000年后，国内制造单位在引进MAC

风冷式干排渣技术上自主研制开发了钢带式排渣机除渣技术，并将其成功应用于国内火电机组改造或新建工程中。2007年，由国网北京电力建设研究院和华能集团公司联合研发的国产大容量风冷式干排渣技术取得突破性进展，并首先在华能上安电厂300MW亚临界燃煤汽包锅炉和华能伊敏电厂500MW超临界燃煤直流锅炉上应用，取得了良好的节能效果。目前，干排渣技术已成为我国600MW机组定型设计方案。

一、干排渣工作原理

燃煤电厂固态排渣锅炉排出的高温炉渣经过渣斗（或渣井）、液压关断门（正常运行时常开）后落到钢带式排渣机输送钢带上，并随缓慢移动的输送钢带一起移动，钢带式排渣机两侧壁和排渣机头尾部设有进风口，利用炉膛负压就地吸入冷空气。含有部分未完全燃烧的可燃物炉渣在下落过程中在输送钢带上进一步燃烧，并与吸入的冷空气进行逆向热交换，直接被冷空气冷却成为冷渣。冷空气可被加热到250～400℃，高温炉渣温度可由600～850℃降到200℃以下，甚至可低于100℃。引风的同时也将炉渣的热量回收并带入炉内，冷却后的干渣经一级或二级破碎后，由斗式提升机或气力输送系统输送至渣仓储存，然后装车外运。风冷式排渣的工作原理见图9-6。

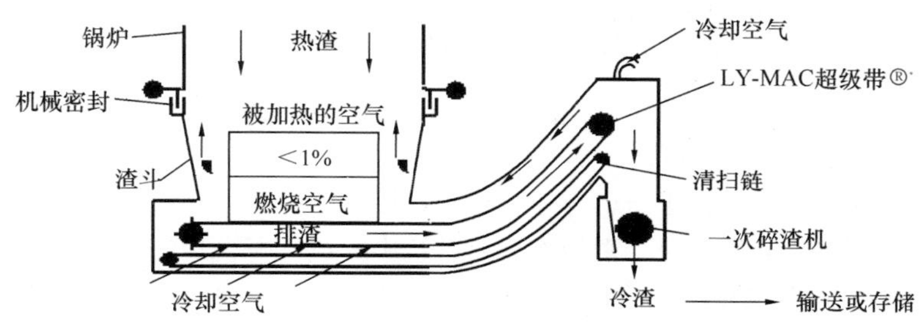

图9-6 风冷式排渣的工作原理图

干式排渣方案的特点如下：

（1）利用锅炉负压吸入外界风对炉渣进行冷却，系统无需用水，节约了大量水资源。

（2）钢带输渣机的传动轴承设置在设备机壳外部，易于拆除检修，维护方便。

（3）钢带输渣机机壳结构紧密，渣不会向外泄漏，无环境污染。

（4）提高了炉渣的综合利用价值。钢带输渣机排出的渣为干渣，干渣中的氧化钙未被破坏，可直接用于建筑材料，如铺路、造砖等，提高了干渣的综合利用价值，可为发电厂增加一定的经济效益。

（5）干式排渣系统结构简单，布置方便，可节省大量空间。干式排渣系统克服了水力除渣系统环节多、设备多、占地多的缺点。系统运行环境好，无灰水侵蚀磨损，维护及检修工作量小。

（6）钢带输渣机运行速度低，磨损小，使用寿命长（寿命在50 000h以上），运行平稳，不会出现湿排渣系统链条磨损快、掉链、断链、箱体磨损、锈蚀等问题。

（7）减少了锅炉的热量损失。其冷却用风直接和热渣接触，渣中未完全燃烧的碳在输送钢带上继续燃烧，燃烧后的热量和热渣中所含的热量，由风带入炉膛，减少了锅炉的热量损失，在不影响锅炉燃烧的前提下，可在一定程度上提高锅炉的效率。

（8）储存和运输方便。干式排渣机排出的渣不需要湿式排渣系统的后处理设备，节约投资，减少了运行费用。

二、干排渣系统构成

干排渣系统由炉底排渣装置、钢带式输渣机、碎渣机、中间渣仓、螺旋输送机、双套管正压输送系统、储渣仓、渣仓卸料机构、液压系统、电气与控制系统组成。干排渣系统组成及工作流程如图 9-7 所示。

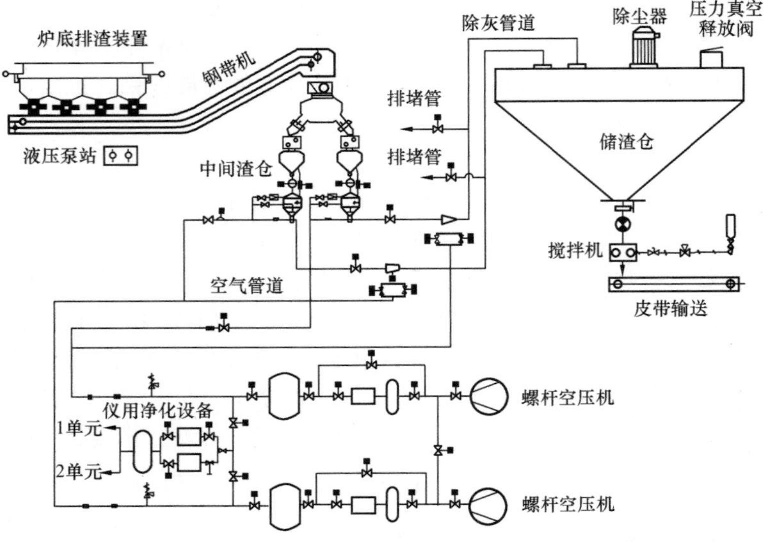

图 9-7 干排渣系统组成及工作流程图

该系统能实现灰渣的收集、送出、冷却、粉碎、提升、存储、卸料功能。达到灰渣干式排放的要求，使灰渣的排放与输送在一个密闭连续的系统中完成。每台炉配置 1 台风冷式排渣机，设备可连续运行。每台排渣机出力保证不低于锅炉 BMCR 条件下的最大产渣量，并留有余量。

干式排渣机与锅炉出渣口用一个过渡渣斗相连，渣斗底部设有液压关断门，允许干式排渣机故障停运 4h 而不影响锅炉的安全运行。过渡渣斗下方布置风冷式钢带排渣机，钢带排渣机的关键部件是传送带，它由不锈钢丝编成的椭圆形网和不锈钢板组成，空气通过板间间隙进入，使传送带上的炉渣燃烧并冷却。传送带由 ϕ800 不锈钢驱动鼓驱动，带速很低，仅 7～40mm/s。尾部的转向鼓设有自动气力张紧装置，以保证传送带的张力。为了冷却传送带上的炉底渣并使其继续燃尽，在传送带下和排渣机头部设有进风管，利用炉内负压就地吸风，进风量约为锅炉总燃烧风量的 1%，以保持炉风温度为 400℃左右，回收了渣的热量，提高了锅炉效率。同时将 850℃的炉渣在传送中冷却，温度降到 100℃左右，冷渣进入碎渣机，进一步破碎后经斗式提升机送至渣仓贮存。贮存在渣仓中的干渣可经干灰卸料器装入干灰罐车送至综合利用用户，也可经湿式双轴搅拌机加湿搅拌后装入自卸汽车送至综合利用用户。整套系统采用程序自动控制，贮渣仓卸渣采用就地手动控制，各设备设有就地启停按钮。

1. 过渡渣斗

过渡渣斗是指锅炉水冷壁下联箱水封插板以下，包括水封槽在内至钢带输渣机上槽体之间的钢结构部分。渣斗采用独立支撑方式，渣斗容积可满足锅炉 MCR 工况下 4h 排量。过渡渣斗内设耐火材料和保温材料，与排渣机间采用波纹板连接，有利于过渡渣斗和排渣机受热后的膨胀。过渡渣斗与锅炉之间的密封采用水封槽。水封槽采用不锈钢制作，正常运行时，由进水管连续不断地向其中供水。

2. 关断门

每个渣斗配套 1 台关断门，安装在渣斗出口，采用对开结构，由液压驱动，频繁开启时灵活可靠。其主要功能是在后续系统检修时关闭出口。另外，为进行继续燃烧试验，拟采用“交替排渣方式”延长炉渣在渣斗内高温区的停留时间，使炉渣进一步燃烧后排入钢带。

3. 炉底排渣装置

该装置为辅助设备，设置在锅炉贮渣斗与钢带输渣机之间，主要用于拦截200mm以上的大焦块，有预冷却、预破碎的功能。它由隔栅、挤压头、箱体、驱动液压缸和摄像监视系统等部分组成。200mm以上的渣块首先落到隔栅上，得到预冷却。通过摄像监视系统控制水平移动的齿形挤压头将其破碎。挤压头部件采用液压驱动，其液压驱动装置开关灵活，起到了隔离门的作用。隔栅、挤压头采用耐高温、耐磨材料，热变形较小。

4. 钢带输渣机

钢带输渣机是干排渣系统的主要设备，安装在炉底排渣装置出口。输渣机由输送钢带组件、拖链刮板组件等组成，其关键部件是传送带，它由不锈钢丝编成的椭圆形网和不锈钢板组成。输渣机的过渡段连接着倾斜的中间段，可将炉渣提升到指定高度。在输送钢带下部安装拖链刮板，可将从输送钢带缝隙中落下的细灰送到钢带输渣机的出口处。钢带输渣机的壳体上布置有可调节的进风口，通过程序调节进风量，可控制进入炉膛内部的空气温度，提高了锅炉效率。进入输送机内部的冷风不仅有散热降温的作用，还可让炉渣中尚未燃尽的碳进一步燃烧，使炉渣更加符合综合利用的要求。钢带及拖链刮板张紧采用液压张紧方式，压力源和液压破碎机使用一套，并设置有蓄能装置。输渣机连续工作，出力可调，能适应锅炉不正常燃烧时排渣的要求。输渣机头部有良好的可调节风冷系统，并设有过载保护、断链停车保护装置，事故信号送至主控室，输渣机进渣口部位有渣温检测装置。

5. 一级碎渣机

一级碎渣机主体结构为单辊形式。辊齿板、颚板齿形采用优化结构设计，增大了碎渣机入口容积，有较好的吃大渣能力，出口破碎后的渣粒径小于15mm，工作温度小于500℃。一级碎渣机采用特殊耐热、耐磨合金钢材料，具备较高的耐磨性能和高温热强度，并能保持一定的金属韧性，使用寿命较长，且更换方便。除安装有力矩限制器对驱动电机进行保护外，还有卡阻报警装置。一旦出现卡阻，辊齿停止转动后，自动控制系统报警，并且程序设置令辊齿进行正反转交替动作三次，排除卡阻，或令辊齿停止转动，以便工作人员打开钢带机头部人孔，检查碎渣机齿辊，排除异物。出现卡堵后可短时间（30min以内）迅速排除，不会影响系统正常运行。一级碎渣机内设置筛分、分选装置，粒径小的灰渣直接进入二级碎渣机，可减少一级碎渣机的负荷，有利于延长一级碎渣机的使用寿命。整机设计有移动脚轮，与上下法兰连接采用快装结构，可满足快速整体更换的要求。

6. 二级碎渣机

二级碎渣机选用双辊碎渣机。其出口破碎后的炉渣粒径小于等于3mm，破碎比为5～6，工作温度小于300℃。该设备运行稳定、噪声低、耐磨件更换方便，按1运1备设计，进一步提高了运行可靠性。其出口缓冲渣斗设置格栅筛板，拦截5mm以上的大颗粒。

7. 斗式提升机

斗式提升机有链条式和胶带式两大类。斗式提升机是通过挂在链条或胶带上的料斗将进入斗式提升机底部的物料掏取后提升至顶部，经离心力从出料口抛出的输送设备。

斗式提升机配置了断链（带）保护器，保护器安装于尾轴上并随轴转动。当斗式提升机因过载运转、卡堵等原因使尾轴转速异常时，控制柜报警并自动停机，以确保安全。斗式提升机驱动装置上装设逆止器，防止突然断电导致装有物料的料斗反向运动而造成设备损坏。

三、干渣（风冷式）系统与传统的湿渣（水冷式）系统方案比较

为方便比较，外界条件暂按下列资料选取：

（1）按新建2台600MW机组；

（2）每台机组渣量按 15t/h 计；

（3）湿渣系统冷却水采用闭式循环，零排放；

（4）干渣、湿渣均按全部综合利用考虑；

（5）机组年运行小时按 6000h 计。

2×600MW 机组除渣方案技术经济比较见表 9-4。

表 9-4　　2×600MW 机组除渣方案技术经济比较

方　　案	干式排渣方案	湿式除渣方案
除渣设备对锅炉排渣结焦的适应性（神府煤特点：灰熔点低，ST=1160℃，属于易结焦性煤。）	渣井相对于锅炉排渣口偏心布置，从三河电厂一期燃用神府煤的运行情况来看，适应性较好，在其他工程上渣井设大渣挤轧器，可处理、缓解渣结焦的问题	湿式捞渣机有 1.8m 水深，适应性好
对灰渣结垢的适应性（当灰中 CaO 含量为 6%，属于严重结垢性）	无此问题	捞渣机溢流水—回水系统和渣仓析水元件易结垢
系统特点	环节少，系统简单	环节多，回水系统较复杂
系统可靠性	技术成熟，从三河电厂一期和其他电厂的运行情况来看，对该煤种适应性好。系统设备可靠性高	技术成熟，较可靠
对锅炉运行的影响	干式排渣机用空气冷却热渣，排渣机内无水，运行安全可靠，并可回收热量，提高了锅炉效率 0.1%～0.25%	湿式捞渣机用水冷却热渣，对于易结焦的煤种，大块渣掉入冷却水中，热渣遇水发生爆炸，易造成事故
系统消耗淡水量	0	20.8m^3/h
系统耗电量	510kW	1300kW
检修维护费用	较低	较高
除渣设施对布置条件的要求	较高	较高
渣的综合利用	锅炉机械未燃烧损失降低，渣中含碳量减少。且底渣为干渣，活性 CaO 含量高，综合利用价值较高，将来的潜在经济效益较好	底渣为湿渣，渣接触水后活性 CaO 破坏，渣中含水、含碳量高，综合利用价值不高
除渣设施占地	小	较大
系统设备的工作场地环境	场地整洁干净	稍差（过滤水池需定期清灰，渣仓顶皮带回程粘渣带渣，造成托辊磨损和场地需经常打扫）
工程投资	2320 万元	1590 万元
工程方案费差值	−730 万元	基准
年运行费差值	−161 万元	基准

通过表 9-4 比较可知：干式排渣方案耗水量明显低于湿式除渣方案，2 台 600MW 机组年节水 124 800m^3，干式排渣方案初投资低于湿式除渣方案，两者初投资相差 730 万元。且干式排渣方案运行环境好，运行费用低，占地面积小；干渣综合利用条件好，无废水排放，对环境的污染

较小；回收炉底残渣余热，有利于提高锅炉效率，降低煤耗。总之，干式排渣方案总体技术性能指标优于湿式除渣方案。

四、干排渣技术应用情况

华能某发电厂1、2号机组为超临界直流燃煤机组（500MW），锅炉由俄罗斯波道尔斯克奥尔忠尼启泽机械制造厂制造。锅炉为单炉膛、全悬吊、“T”形炉结构，燃烧伊敏的褐煤，煤种低位发热量为11 786kJ/kg、灰分为12.09%。原设计锅炉燃烧后的灰渣经密封水降温后由4台螺旋式捞渣机捞出后直接进入渣沟，并通过灰渣泵排至脱水仓脱水后经浓缩机浓缩，脱水后的灰渣通过皮带送到露天矿的回填坑，浓缩后的水经过供水泵、冲渣水泵后再次排入除渣系统。为简化除灰系统并实现节能降耗，此发电厂于2005年6月、2006年5月分别将1、2号炉原水力除渣系统改造为以钢带式输渣机为主的干式除渣系统。

（一）干除渣系统

干除渣系统由炉底排渣装置、钢带式输渣机、碎渣机、中间渣仓、螺旋输送机、双套管正压输送系统、储渣仓、渣仓卸料机构、液压系统、电气与控制系统组成。从干渣机出口到渣仓的管线布置距离约560m、爬高约30m。炉底排渣装置安装在锅炉渣斗与钢带式输渣机之间，其入口设计有液压破碎机，可对100mm以上的大渣拦截、预破碎。钢带式输渣机安装在炉底排渣装置出口，主要功能是连续接受和送出高温炉底渣，并在输送过程中使炉底渣进一步燃烧和冷却，其连续最大输送能力为8t/h，钢带行走速度为0.4～4m/min。一级破碎机为单辊形式，出口破碎后的渣粒径小于15mm。二级破碎机为双辊形式，出口破碎后的渣粒径小于3mm。

由于输送距离较长，为了满足机械式输渣系统或负压气力输送系统等输送距离的要求，所以选用双套管正压气力输送系统来实现远距离输渣。由于干渣的磨损大且粒径较粗、透气性好难于输送，每台炉设计了2套（1用1备）独立的双套管输渣系统。干排渣设备及正压气力输送系统的控制系统采用上位机—PLC—现场总线结构，上位机采用工业控制计算机，所有现场信号都传送到上位机，进行显示、分析、统计和打印。

（二）改造前后的经济性对比

1. 节省电费

该电厂2×500MW机组原水力除渣系统采用闭式循环，系统由脱水仓、浓缩机、螺旋式捞渣机、灰渣泵、供水泵、冲渣水泵等组成。改造后系统由螺杆空压机、渣仓卸料机构、一级碎渣机、二级碎渣机、钢带机、液压泵站等组成。除渣系统改造前，2×500MW机组原水力冲渣系统仅1台灰渣泵，其额定功率就高达450kW且连续运行，2×500MW机组水力冲渣系统总用电负荷为598.9kW。而改造后，干除渣系统功率最大的是螺杆空气压缩机，仅1台运行，额定功率为110kW，2×500MW机组干除渣系统总用电负荷为289kW，改造后每年节约电200万kWh。河北三河电厂2×350MW机组改造后每年节约电182万kWh。

2. 节约检修费

干除渣改造前单台机的水力除渣系统每年的检修费用约70万元，改造后1套干除渣系统每年维护费按40万元计算，每年每台系统可节省检修维护费用30万元。

3. 降低炉渣可燃物

该发电厂燃用当地褐煤，渣的可燃物含量非常高，能够在关断门和干式排渣机上继续燃烧。改造后炉底渣中未完全燃烧可燃物的质量分数由20%～30%减少到7%～14%，这也是锅炉提效的主要原因。

4. 提高了锅炉效率

采用干式排渣技术，钢带式排渣机灰渣的冷却风量小于锅炉总进风量的1%，影响锅炉热效率幅度不大。对该电厂来说，当锅炉满负荷状态，炉底进风温度为100℃时，随着炉底漏风系数从0.01增加到0.04，锅炉效率从91.28%呈直线下降到91.18%；但是当炉底进风温度为260℃时，随着炉底漏风系数从0.01增加到0.04，锅炉效率从91.35%呈直线上升到91.42%。大修实测该电厂锅炉效率提高了0.73个百分点（没扣除大修效率提高值）。河北三河电厂2×350MW机组锅炉效率则提高了0.38个百分点。

5. 节水

该电厂2×500MW机组采用钢带式排渣机和斗式提升机提升至渣仓的除渣系统年节水约198万t；河北三河电厂2×350MW机组年节水约72万t。

（三）运行中出现的问题

（1）锅炉在点火初期，在炉底液压门处要密切观察有无油燃烧情况；在煤油混烧时，则应关闭液压门，防止油污粘在钢带机上。

（2）在检修后要及时清理锅炉内及干除渣系统内的杂物，否则会对一次碎渣机及二次碎渣机造成卡涩，损坏设备。

（3）由于煤质差异，锅炉燃烧时有时会结焦，结焦的渣硬度较大不宜破碎，易造成二级碎渣机故障，所以在二级碎渣机选型时应增加其功率。同时由于渣密度较大，输渣管弯头易磨损。

五、干排渣技术对锅炉效率的影响

在吸收热炉渣中大部分热量、锅炉喉部辐射热量和炉渣中未完全燃烧可燃物再燃烧产生的热量等三部分热量后，钢带式排渣机冷却风被加热成250～400℃的热风进入炉膛并参与燃烧过程。因未完全燃烧可燃物再燃烧有助于降低未完全燃烧热损失，由此提高的锅炉效率与渣中未完全燃烧可燃物质量分数密切相关。意大利MAGALDI公司曾在意大利Monfalcone电厂2×160MW机组上进行实验。1号炉安装MAGALDI公司的MAC干式除渣系统，2号炉为常规湿式除渣系统，实验表明：钢带式排渣机排出的渣含碳质量分数仅为湿式排渣机的25%。采用钢带式排渣机后，对于不同的煤种，渣中未完全燃烧的碳质量分数降低趋势基本是一致的。理论计算认为：当锅炉排渣量约6t/h、穿过锅炉喉部的底渣温度850℃、锅炉喉部面积为20m^{2}和穿过锅炉喉部的渣中未完全燃烧碳的质量分数为10%条件下，且钢带式排渣机冷却风量不超过锅炉总燃烧风量的1.0%～1.5%时，锅炉效率可提高0.25%～0.38%。

从燃烧方面看，对锅炉效率的影响还取决于钢带式排渣机冷却风风量和冷却风入炉温度。当炉渣冷却风吸热量一定时，冷却风风量越大，风温就低。当冷却风温度接近二次风的热风温度时，在入炉总燃烧空气量保持不变的情况下，冷却风作为燃烧所需空气从炉底送入，经过空气预热器的冷空气量相应减少，锅炉的排烟温度提高，从而降低了锅炉效率。从锅炉热量平衡的角度分析，存在着一个影响锅炉效率变化趋势的炉渣冷却风温转折点，如果冷却风进入炉膛的温度显著低于转折点温度，将会造成炉膛整体温度下降，需多消耗一些燃料，以致锅炉效率降低；如果冷却风进入炉膛的温度高于转折点温度，会造成炉膛整体温度上升，在维持吸热量不变的前提下，燃料消耗量减少，锅炉效率提高。

但是在实际应用中，除了燃用褐煤的锅炉外，一般情况下会因采用干排渣设备而降低锅炉效率0.5个百分点。由于经过空气预热器后进入炉膛的二次风温度通常为340～360℃，因此只有保证由锅炉底部进入炉膛的风温不低于340～360℃时，才能保证锅炉效率不下降。实际上随着冷却风量的增加，进入锅炉的冷却风温会迅速下降，一般会从风门全关的200℃降低到风门全开的210℃左右，锅炉效率因此下降0.5个百分点。

第十章 磨煤机的经济运行

第一节 筒式钢球磨煤机的经济运行

一、钢球磨煤机的结构与工作原理

筒式钢球磨煤机简称球磨机。它的主体是一个直径2～4m、长3～10m的大圆筒，圆筒内层是由锰钢制成的波浪形护板（又称护甲，以增强抗磨性和把钢球带到一定的高度）。在筒体内装有占筒体容积20%～30%的钢球，钢球直径一般为30～60mm。筒身两端是架在大轴承的空心轴颈，两个空心轴颈的端部各连接着一个倾斜45°的短管，其中一个是热风和原煤的进口，另一个是气粉混合物的出口，如图10-1所示。

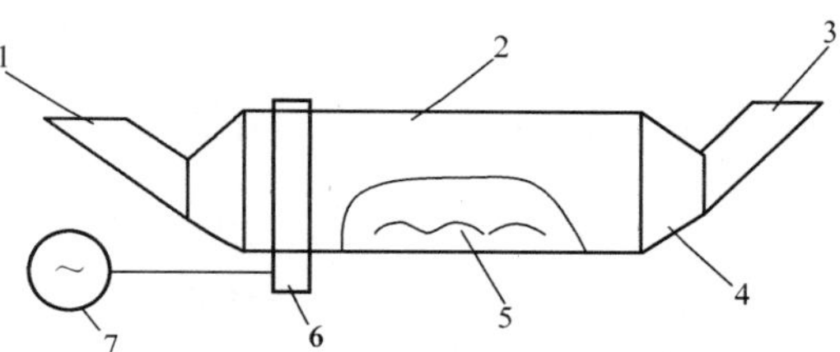

图10-1 筒式钢球磨煤机
1—煤和热风进口管；2—磨煤机筒体；3—气粉出口管；4—端盖；5—护板；6—齿轮；7—电动机

电动机经减速装置带动圆筒转动，钢球则被提升到一定高度，然后落下，将煤击碎，所以球磨机主要是靠撞击作用将煤制成煤粉，同时也有钢球的挤压和研磨、钢球与护板间的碾压等。由圆筒一端进入筒内的热空气，一面对煤和煤粉进行干燥，一面将制成的煤粉由圆筒另一端送出。因此进入磨煤机的热空气叫做干燥剂，干燥剂在筒内的流速为1～3m/s，速度越大，带出煤粉越粗，但磨煤机出力增大。球磨机的优点是：煤种适应性强，几乎能磨制各种煤，尤其适合磨制其他类型磨煤机不宜磨制的煤种，如硬度大、磨损性强的无烟煤或高灰分或高水分的劣质煤等；单机容量大，适用于大容量的锅炉机组；对煤中杂质(如铁件、硬石块、木块等)的敏感性差，工作可靠性高；能在运行中补充钢球，可长期连续工作，延长了检修周期。缺点是：单台设备耗用钢材多，设备笨重，初投资高；运行噪声大；煤粉均匀性差；电耗高，低负荷运行不经济。

沈阳重型机器厂于1988年从法国引进了BBD型双进双出钢球磨煤机的设计、制造技术，并在引进法国BBD型双进双出磨煤机和美国D型双进双出磨煤机设计、工艺、检验、试验技术的基础上，开发了拥有自主知识产权的MGS型双进双出磨煤机，共有8个系列规格，可以装备200～1000MW火电机组。MGS型双进双出钢球磨煤机与BBD型基本相似，在料位控制、螺旋绞笼、旁路风预干燥等方面做了一些改进，并可供选用三种类型的粗粉分离器，即径向分离器、轴向分离器、动态分离器。

二、临界转速与最佳工作转速

若筒体转速太低，钢球随筒体转动而上升形成一个斜面，当斜面上的钢球的离心力小于钢球自重时，钢球就沿斜面滑落下来，撞击作用很小；如果筒体转速很高，由于作用到钢球及煤粒上的离心力很大，离心力大于其重力，以至于球与煤不再脱离筒壁，而随筒体一起旋转，也就失去了磨煤作用。产生这种状态的最低转速称为临界转速。假定钢球与筒壁间没有相对运动，根据在临界状态下钢球所受离心力与重力相等的条件，可得到筒体的临界转速关系式为

$$\frac{G_g}{g}\frac{(2\pi R n_{lj}/60)^2}{R}=G_g$$

由此可得

$$n_{lj}=\frac{30}{\sqrt{R}}=\frac{42.3}{\sqrt{D}}$$

式中　G_g——钢球的重力；

R——筒体内半径，m；

g——重力加速度，g 为 9.81m/s^2；

D——磨煤机筒体内径，m；

n_{lj}——磨煤机筒体临界转速，r/min。

很明显，筒体的工作转速应小于临界转速。磨煤机筒体内钢球有最大提升高度时的转速，称为筒体的最佳工作转速。这时的钢球具有最大的冲击能，落下后对煤的撞击作用最强。以紧贴筒壁的最外层钢球的工作条件为例，当它们具有最大提升高度时，理论上可以导出与此相应的筒体转速

$$n=\frac{32}{\sqrt{D}}=0.756n_{lj}$$

由于实际工作转速受传动装置速比的限制，不可能恰好等于最佳工作转速，国内和苏联制造的球磨机 $\frac{n}{n_{lj}}=0.74\sim0.80$。

三、钢球填充系数与最佳填充系数

球磨机内装载的钢球量通常用钢球容积占筒体容积的百分比来表示，称为钢球填充系数或钢球充满系数或填充率或装载系数，其计算公式为

$$\Psi=\frac{G}{\rho_{gq}V}$$

$$V=\frac{\pi}{4}D^2L$$

式中　G——钢球装载量，t；

V——磨煤机筒体容积，m^3；

L——磨煤机筒体的长度，m；

ρ_{gq}——钢球的堆积密度，t/m^3，一般情况下，ρ_{gq} 取 4.9t/m^3。

球磨机内装载的钢球量少了，对煤的撞击作用就会减弱；当磨煤机通风量和煤粉细度不变时，随着钢球装载量从较少的数值开始增加，单位时间内钢球的撞击次数增加，磨煤机出力和功率相应增加，磨煤机单位电耗也有所增大；但是当钢球装载量增加到一定限度后，由于钢球充满系数过大使钢球下落的有效高度减小，撞击作用减弱，许多钢球就会做一些无用功，磨煤机出力增加的程度减缓，而磨煤机功率仍然按原变化速度增加，磨煤机单位电耗显著增大。因此磨煤机存在一个钢球最佳装载量，相应的填充系数称为最佳填充系数，其计算公式为

$$\Psi_{zj}=\frac{0.12}{\left(\frac{n}{n_{lj}}\right)^{1.75}}=\frac{0.12}{\left(\frac{n\sqrt{D}}{42.3}\right)^{1.75}}$$

式中　Ψ_{zj}——钢球最佳填充系数。

当单位电耗最小时（在同样煤粉细度下）的钢球装载量称为最佳钢球装载量。最佳钢球装载量经验值计算公式为

$$G_{zj}=\rho_{gq}\frac{0.12}{\left(\frac{n\sqrt{D}}{42.3}\right)^{1.75}}V$$

式中 G_{zj}——最佳钢球装载量，t。

四、球磨机的通风量

磨煤机内磨好的煤粉，需要一定的通风量将其带出。球磨机筒体内的通风量直接影响燃料沿筒体长度方向的分布和磨煤出力。当通风量很小时，燃料大部分集中在筒体的进口端。而钢球的分布基本上是均匀的，因而在筒体的出口端，由于燃料很少，钢球的能量没有被充分利用，很大一部分能量消耗在金属的磨损和发热上。同时因为筒内风速不高，从筒体带出的仅仅是少量的细煤粉，部分合格的煤粉仍留在筒内被反复磨制，致使磨煤机出力降低。随着通风量的增大，燃料沿筒体长度方向的推进速度加快，分布逐渐均匀。由于筒内通风速度加大，磨煤出力增加，磨煤机单位电耗相应降低。但是，过分地增加通风量，部分不合格的粗粉也被带出，使粗粉分离器回粉量增大，又返回磨煤机再磨，在系统内造成无益的循环，致使通风量单位电耗及制粉电耗增大。由此可知，在一定的通风量下可以达到磨煤机单位电耗和通风量单位电耗之和为最小，这个通风量称为最佳通风量，以 $q_{V,zj}$表示。它的大小与煤的种类、分离器后煤粉细度、球磨机的筒体容积以及钢球充满系数等有关。应当指出，筒体的通风量和筒体转速间是有一定联系的，这两个因素对于燃料在筒体长度方向分布的影响是相同的。就是说，筒体通风量和转速同时增加或者单个地增加，都能使燃料更快地充满到整个钢球容积中去。综合大量试验，球磨机的最佳通风量可按如下经验公式计算，即

$$q_{V,zj}=\frac{38V}{n\sqrt{D}}(1000\sqrt[3]{K_{VTI}}+36R_{90}\sqrt{K_{VTI}}\sqrt[3]{\Psi})\left(\frac{101.3}{p}\right)^{0.5}\ (\mathrm{m^3/h})$$

式中 K_{VTI}——用苏联全苏热工研究院（ВТИ）的测定方法，测得的燃煤可磨性系数，我国原煤的 K_{VTI}多在 0.8～2.0 之间；

n——磨煤机筒体转速，r/min；

R_{90}——粗粉分离器后的煤粉经济细度，%；

p——当地大气压，kPa；

V——磨煤机筒体容积，m^3；

D——磨煤机筒体直径，m。

五、球磨机的磨煤出力

燃料在球磨机内被研磨的同时又受到干燥，所以磨煤机的出力有两个，即磨煤出力（B_m）和干燥出力（B_g）。

磨煤出力是指单位时间内，在保证一定煤粉细度的条件下，磨煤机所能磨制的原煤量。

干燥出力是指磨煤系统在单位时间内，能将多少煤由最初的水分 M_{ar} 干燥到所要控制的煤粉水分 M_{mf}。

煤粉水分一般控制范围为

$$M_{mf}=(0.5\sim1.0)M_{ad}$$

当然磨煤机的实际出力只能有一个，但它在运行中同时受磨煤条件和干燥条件的限制。磨煤机出力最终取决于二者中最小者。影响磨煤机出力的因素很多，但主要因素有三个方面：

（1）磨煤机的结构特性，例如筒体长度与筒体直径之比及筒体内衬板的结构型式等。

（2）磨煤机的运行参数，例如磨煤机转速、钢球充满系数以及磨煤机的通风量等。

（3）被磨制原煤的特性，主要是可磨性和原煤的水分。

由于影响磨煤出力的因素复杂，因此磨煤机出力只能凭借经验公式近似地计算，然后通过试验校验。球磨机的出力 B_m可按如下经验公式确定，即

$$B_m = \frac{0.11D^{2.4}Ln^{0.8}K_{hj}K_{ms}\Psi^{0.6}K_{km}K_{tf}}{\sqrt{\ln\frac{100}{R_{90}}}}$$

$$K_{km} = K_{VTI}\frac{S_1S_2}{S_g}$$

$$K_{VTI} = 0.0149HGI + 0.32$$

对于锥型磨煤机 $$D = \sqrt{\frac{V}{0.785L}}$$

式中 B_m——磨煤机的碾磨出力，t/h；

D、L——磨煤机筒体的内径和长度，m；

V——锥型磨煤机容积，m^3；

n——磨煤机筒体的工作转速，r/min；

K_{hj}——护甲形状系数，对于波形和梯形护甲，$K_{hj}=1.0$，对于齿形护甲，$K_{hj}=1.1$；

K_{km}——工作燃料的可磨性系数；

R_{90}——粗粉分离器后的煤粉在筛孔为 90μm 筛子上的剩余量占总筛粉量的百分比，%；

K_{VTI}——按 SD328 测得的可磨性指数；

S_1——工作燃料的水分对可磨性系数的修正系数；

K_{ms}——考虑到护甲和钢球磨损使出力降低的修正系数，$K_{ms}=0.9$；

S_2——原煤质量换算系数，即将水分为 M_{pj}时的磨煤机出力换算到收到基水分 M_{ar}的原煤质量的换算系数；

Ψ——钢球填充系数；

K_{tf}——考虑到实际通风量对磨煤机出力的影响系数，按磨煤机实际通风量 $q_{V,tf}$与最佳通风量 $q_{V,zj}$之比$\frac{q_{V,tf}}{q_{V,zj}}$来确定，$K_{tf}$与$\frac{q_{V,tf}}{q_{V,zj}}$的关系见表 10-1；

S_g——进入磨煤机的原煤粒度修正系数，按筛孔为 5mm×5mm 筛子上的剩余量 $R_{5.0}$来确定，S_g与 $R_{5.0}$的关系见表 10-2。

表 10-1　K_{tf} 与 $q_{V,tf}/q_{V,zj}$ 的关系

$q_{V,tf}/q_{V,zj}$	0.4	0.5	0.6	0.7	0.8	0.9	1.0	1.1	1.3	1.4
K_{tf}	0.66	0.76	0.83	0.89	0.95	0.975	1.0	1.025	1.04	1.07

表 10-2　S_g与 $R_{5.0}$的关系

$R_{5.0}$（%）	5	10	15	20	25	30	35	40
S_g	0.85	0.92	0.96	1.0	1.03	1.05	1.07	1.08

其他辅助计算式为

$$S_1=\sqrt{\frac{M_{max}^2-M_{pj}^2}{M_{max}^2-M_{ad}^2}}$$

$$M_{max}=1+1.07M_{ar}$$

$$M_{pj}=\frac{M_m+3M_{mf}}{4}$$

$$M_m=\frac{M_{ar}(100-M_{mf})-100(M_{ar}-M_{mf})\times 0.4}{(100-M_{mf})-(M_{ar}-M_{mf})\times 0.4}$$

$$S_2=\frac{100-M_{pj}}{100-M_{ar}}$$

式中 M_{pj}——磨煤机筒体内燃料的平均水分，%；
M_{ar}——燃料收到基水分，%；
M_m——磨煤机入口燃料水分，%；
M_{ad}——燃料干燥基水分，%；
M_{max}——燃料最大水分，%；
M_{mf}——煤粉水分，%。

六、磨煤机消耗功率

钢球磨煤机消耗的功率计算公式为

$$P_M=\frac{Ln}{\eta_{cd}\eta_{dj}}(0.122D^3\rho_{gq}\Psi^{0.9}K_{hj}K_{fu}+1.86Ds)$$

式中 η_{cd}——磨煤机传动装置效率，对于低速电动机无减速箱齿轮传动，η_{cd}为0.92，对于一级减速箱齿轮传动，η_{cd}为0.865，对于两级减速箱的摩擦传动，η_{cd}为0.885，对于低速电动机无减速箱的摩擦传动，η_{cd}为0.955；
η_{dj}——电动机效率，取0.92；
s——筒体壁厚（包括护甲），约为筒体直径的1/40，m；
P_M——钢球磨煤机消耗的功率，kW；
K_{fu}——考虑到燃料种类和钢球装载系数Ψ的修正系数。

对于无烟煤

$$K_{fu}=0.84+0.5\Psi$$

对于褐煤、贫煤和烟煤

$$K_{fu}=1.3765-4.1582\Psi+16.33\Psi^2-21.079\Psi^3$$

根据上式可知，球磨机的能量消耗在空负荷和满负荷时相差不大，这是因为球磨机的功率主要消耗于转动筒体和提升钢球，而与煤的多少关系不大。随着磨煤机出力的增加，磨煤机单位电耗E_m❶减小，所以球磨机满负荷运行时最为经济，而低负荷或变负荷运行是不经济的，这是球磨机的显著特点。

七、钢球配比

(1) 钢球材质的改进。

---

❶ 磨煤机单位电耗E_m简称磨煤机单耗，是指磨煤机将1t煤磨成合格煤粉时所耗用的电量，单位是kWh/t煤，E_m的计算式为

$$E_m=\frac{P_M}{B_M}$$

目前，燃煤火电厂钢球磨煤机一般用普通钢球，即高铬铸铁（含铬12%左右）钢球。这类钢球的缺点是：其表层硬度 HRC 约 42～46，芯部硬度 HRC 约 37～40，钢球的耐磨性较差并且差异大，钢球的磨损速度快，且在磨损过程中直径减小很快，从而使钢球的级配发生了较大的偏离，由此造成煤粉细度较差或煤粉产量降低。使用普通高铬钢球的磨煤机一般每磨制 1t 煤，钢球的磨损量为 300～350g，个别的磨煤机甚至更高。如果使用小直径磨球，小直径钢球磨损到失效的时间会很短，从而造成频繁地停机清理废球，因此小直径钢球难以在火力发电厂推广应用。

中南大学机电工程学院和西安热工研究院最新试验表明：钢球采用铬锰钨系抗磨铸铁新材料，可以有效降低钢球的磨损。新材料的主要化学成分为碳 2.4%，铬碳比大于 5，铬、锰、钨、硅合计 21%，磷 0.08%，硫 0.06%，金相组织为回火马氏体加碳化物。碳化物为铬、锰、钨复合碳化物，其显微硬度 HV＞ 1600，远高于石英的 HV 为 1200，磨球表层硬度 HRC＞60，浇口及中心部位硬度 HRC＞ 58。用这种材料制成的磨球具有耐磨性极高，磨损均匀，性价比优于其他钢球等特点。

（2）钢球配比的优化。

根据破碎定律，被破碎的物体所产生的表面积与它所受到的应力成正比。因此，磨煤过程中煤受钢球砸击时，如针对一个钢球和一块煤而言，无疑钢球越重（直径越大），砸击力越强，效果越好。但在磨煤机中煤料个数是无数的，而钢球对煤砸击时是点接触，如果用很大的钢球砸击，虽然砸击有力但砸击面有限；如果将大球做成同样质量的小球，砸击和研磨面就增多了。

根据：

$$S = 4\pi r^2$$

$$m = \frac{4\pi r^3 \rho}{3}$$

式中 S——钢球的表面积，m^2；

r——钢球半径，m；

m——钢球质量，kg；

ρ——钢球密度，kg/m^3。

如一个直径 d＝60mm 钢球，可算出质量约 882g，表面积 0.011 304m^2；而一个直径 d ＝ 30mm 钢球，可算出质量约 110g，表面积 0. 002 826m^2。若将同一质量 d＝ 60mm 的钢球换成 d＝30mm的钢球，钢球数量则是原来的 8 倍，即砸击点为原来的 8 倍，研磨面则是原来的 2 倍。显然，使用一定数量的小球能有效地增加钢球对煤的砸击面和研磨面，有利于煤的破碎与磨制。同时小球填补了大球之间空出的较大空隙，大球砸击时会随机碰撞小球，又使小球能更有利地传递大球的砸击力，并增强对煤料的碰撞和研磨。试验证明，对钢球磨煤机，当其他参数相对固定，只有球径变化时，其出力与钢球直径的平方根成反比，即

$$F_1 / F_2 = (d_2 / d_1)^{1/2}$$

式中 F_1——钢球直径为 d_1时磨煤机出力；

F_2——钢球直径为 d_2时磨煤机出力。

普通钢球由于耐磨性较差，因此一般采用大直径钢球，装球直径一般为 30、40、50、60mm 四种钢球，装球质量比一般采用 $m_{40}:m_{50}:m_{60} = 3:4:3$ 或 $m_{30}:m_{50}:m_{60} = 1:1:1$。

由于新材料钢球耐磨性好，因此可以适当增加小球数量，经实验室多次试验与研究得出，新材料钢球采用直径 20、25、30、40、50、60、70 7 种规格按一定比例装球可以获得最佳效果。为了达到降低磨煤机单耗又能保证制粉出力的目的，应考虑保证钢球总研磨面，故以小直径钢球为主，30mm 及以下钢球数量占 60%～ 65%，40～ 70mm 的钢球数量只占 40%～35%，这样既兼顾了大球对煤块的砸击，又兼顾了小球增加研磨总表面积的效果，总装球质量则根据具体情况按

普通钢球装载量（或磨煤机制造商推荐的最佳装球量）约 2/3 执行。

例如，湖南某电厂二期 2×600MW 燃煤机组（即 3 号和 4 号机组）直吹式制粉系统中配置的 BBD4060 双进双出球磨机，每炉配置 6 台磨煤机（按设计煤种为五运一备，因实际煤质与设计煤质相差大，高负荷或满负荷时燃用实际煤种要投 6 套制粉系统）。设计单台磨煤机出力 60t/h，最大钢球装载量 80t；其配套电机功率为 1400kW。实际燃烧煤种为 55% 湖南地方无烟煤掺混 45%外省煤（河南、贵州等地优质煤），混煤发热量约 13～ 19mJ/ kg，灰分 30% ～ 55%。对 3 号锅炉 D 磨煤机（每炉 6 台磨煤机编号分别为 A、B、C、D、E、F）按少球磨煤技术（新材料钢球采用直径 20、25、30、40、50、60mm 6 种规格，30mm 及以下钢球数量占 65%，40～60mm 的钢球数量只占 35%）初装新材料磨球 40t，其余磨煤机参考磨煤机制造厂建议初装普通磨球 72t，以后根据煤质及运行情况补加相应钢球。1 年多的试用中，经湖南电力试验研究院测试证明，6 台磨煤机出力及煤粉细度等均可满足生产要求。600MW 负荷时，3 号 D 磨煤机运行电流约 90 A，其他磨煤机运行电流约 130A。对停运的磨煤机进行内部检查，3 号 D 磨煤机钢球磨损均匀（保持圆形）无破球，球耗约 90g/t（煤）其余磨煤机普通球耗约 257g/t（煤）；新材料磨球耐磨性远优于普通磨球，球磨机每运转 1000h，磨球直径仅减小 1.2mm，可以实现 1 年清理 1 次废球。同时，在长期不补加磨球的情况下，可以保证球磨机内正常工作的小球数量，稳定磨球级配，进而稳定煤粉细度和出力等生产指标。另外，球磨机的衬板磨损情况与其他球磨机一致，无磨损加快迹象。表 10-3 是湖南电力试验研究院在机组负荷 540MW 时 6 套制粉系统运行中的 A、B、D 磨煤机运行参数对比表。

表 10-3　A、B 磨煤机（普通磨球）与 D 磨煤机（新材料磨球）运行情况对比

项　目	A 磨煤机		B 磨煤机		D 磨煤机	
	额定出力	最大出力	额定出力	最大出力	额定出力	最大出力
电流（A）	127.2	129.5	131.4	132.5	89.5	92.0
功率（kW）	1124	1144	1161	1170	791	813
给煤量（t/h）	55.4	63.6	55.9	64.8	56.8	64.2
制粉出力（t/h）	55.4	63.6	55.9	64.8	56.8	64.2
煤粉细度（R_{90}/ %）	6.84	7.84	7.08	7.64	6.28	7.36
磨煤单耗（kWh/t）	20.28	18.0	20.76	18.06	13.80	12.66

山东某电厂 700MW 机组燃烧贫煤，配备 5 台 420/650 钢球磨煤机，原设计装球直径 30、40、50、60mm 四种钢球，其中直径 40～60mm 的钢球质量配比为 70%，直径 30mm 的钢球质量配比为 30%，装球总质量 90t，制粉出力 56～59t/h，煤粉细度 3%～4%。但是由于钢球直径以大球为主，在装球总质量相同的条件下，若钢球的平均直径增大，则钢球的个数和表面积就减少，磨煤的作用点和作用面积也随着减少，导致磨煤机耗电率高达 1%。为此该厂改用铬锰钨抗磨铸铁的小钢球，调整钢球配比后，新装球的直径为 25、30、40、50、60、70mm 六种钢球，其中直径 30mm 及以下的钢球配比为 60%，装球总质量 60t，装球总量减少 33%。在保持制粉出力 56～59t/h，煤粉细度 3%～4%条件下，每台磨煤机运行功率从调整前的 1300kW 降到了 940kW。

总之，火电厂使用铬锰钨抗磨铸铁磨球后，球磨机的装球质量可减少 30% 以上，球磨机电耗可降低 20%～30%，球磨机的磨球消耗可降低 60%～80%，从而实现火电厂球磨机的大幅度节能降耗。

铬锰钨抗磨铸铁磨球磨损均匀，失圆率、碎球率极低。磨球直径每1000h仅减小0.52～1.20mm，可以实现1年清理1次废球，大大减少了清理废球的工作量。

第二节 中速磨煤机的经济运行

近几年来，我国的中速磨煤机的可用系数、运行系数逐年提高。随着大容量火电机组的不断投运，中速磨煤机的使用越来越多。中速磨煤机初期投资费用小，磨煤电耗低，低负荷运行时，单位耗电量增加不多，中速磨煤机已成为大型火电机组配备磨煤机的首选方案。

一、中速磨煤机结构与原理

发电厂常用的中速磨煤机有四种结构形式：辊—盘式、辊—碗式、球—环式和辊—环式磨煤机。中速磨煤机型式各异，但其基本工作原理大体相似。原煤都是从上部经中心管送入，在离心力作用下被甩到两组相对运动碾磨部件之间，在压紧力作用下受到挤压与碾磨作用而被粉碎成粉。磨成的煤粉在碾磨间旋转产生的离心力作用下，被甩至磨煤室四周的风环处。作为干燥剂的热空气从磨盘周围的风环吹入磨煤机，将煤粉吹起、干燥，并将煤粉吹送到上部的粗粉分离器。煤粉经过分离后，合格的煤粉被干燥剂携带经煤粉管路送至燃烧器，不合格的粗煤粉重新落回到旋转磨盘（环）上继续碾磨。

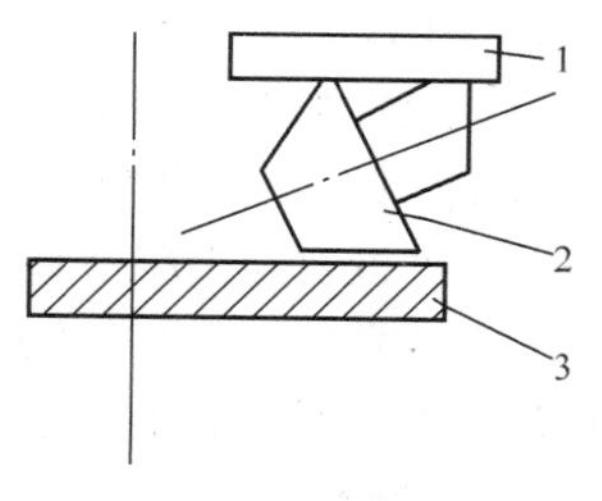

图10-2 平盘辊式中速磨煤机
1—弹簧；2—磨辊；3—磨盘

1. 辊—盘式

辊—盘式，通常称为平盘辊式中速磨煤机，如图10-2所示。它的下部是可转动的圆形平磨盘，两只锥形磨辊靠弹簧压力（或液力—气动）压在磨盘上，其转动轴线与平磨盘成15°夹角，随磨盘原位转动。煤在平磨盘和锥形磨辊间被碾磨成煤粉。一般一台平盘磨煤机上装有2～3个磨辊。为了防止原煤在旋转平盘上未经碾磨就被甩到风环室，在平盘外缘设有挡圈。挡圈还能使平盘上保持适当的煤层厚度，提高碾磨效果。

2. 辊—碗式

辊—碗式，通常称为碗式中速磨煤机（过去也称雷蒙磨煤机），由上海重型机械厂引进美国燃烧工程公司（CE）技术生产，如图10-3所示，近代碗式中速磨煤机用浅碗型磨盘和锥形磨辊（即RP型磨），三只锥型磨辊靠液压或气压压紧在磨盘上，随磨盘原位转动。小型碗磨用弹簧对磨辊加压。热风通过固定的风环吹入磨煤机。

HP型碗式磨煤机是美国ABB-CE公司于20世纪80年代中期开发出来的产品，是RP型磨煤机改进型取代产品。上海重型机器厂继1981年从ABB-CE公司引进RP系列中速磨煤机技术后，又于1989年从ABB-CE公司引进HP系列中速磨煤机技术，并已有许多HP型磨煤机的业绩。2004年8月又从美国ALSTOM POWER INC公司引进了HP1163～HP1303磨煤机和动态分离器的制造技术，可以为50～1000MW等级火电机组配套。RP型磨煤机和HP型磨煤机的结构基本相似，主要区别为：

(1) RP型磨煤机采用的传动装置是蜗轮蜗杆；HP型磨煤机的传动装置采用伞形齿轮，传动力矩大。因此HP型磨煤机提高了传动效率和设计使用寿命。

(2) RP型磨煤机磨辊长度大，直径小；HP型磨煤机磨辊长度小，直径大。因此HP型磨煤机提高了辊套磨损的均

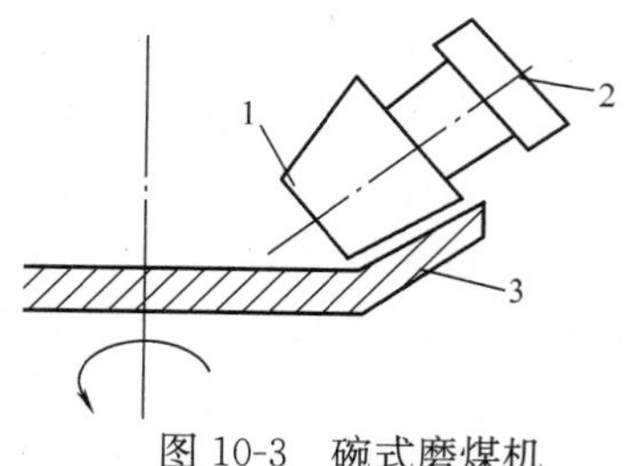

图10-3 碗式磨煤机
1—压紧机构；2—磨辊；3—磨盘

匀性和使用寿命。根据试验可知 HP 型磨煤机使用的磨辊和磨环寿命均在 10 000h 以上。

(3) RP 型磨煤机风环结构为固定型；HP 型磨煤机风环结构为随磨碗一起旋转的动风环。因此 HP 型磨煤机提高了风速的均匀性，减少了石子煤的排放量。

(4) RP 型磨煤机加载方式为液压加载；HP 型磨煤机加载方式为外置式弹簧变加载。因此 HP 型磨煤机简化了结构，可靠性提高，减少了维护工作量。碗式磨煤机由于采用相对较低的风环流速，磨煤机阻力较低，为 3.5～5.5kPa，磨煤机尺寸越大，阻力越大，石子煤在适当提高风环流速的情况下可以达到给煤量的 0.1%。另外 RP 系列磨煤机的特点是对高水分煤种有良好的适应性，对水分高达 45%～50%的褐煤也可进行磨制。但 RP 系列磨煤机对煤种的适应性差，对煤中“三块”特别敏感，不适应高灰分煤种。碾磨部件磨损速度快，且磨损不均，磨损后期辊套形状极度失真，沿磨辊母线有效磨碎长度变小，磨辊和磨盘间隙变大，对煤层失去碾磨能力，影响后期的出力，石子煤排放量大。

例如某电厂 HP983 磨煤机实测风环面积为 1.14m^2，根据磨煤机日常出力 50t/h 时的通风量 100t/h 计算（磨煤机进口温度 160℃），磨煤机风环处的上升气流速度仅为 30m/s，石子煤排放量达 355kg/h 左右。如果磨煤机进口温度达到设计值 260℃，风环处的气流速度也只有 37m/s。但从目前运行情况看，要达到设计值 260℃的进口风温运行较困难，磨煤机风环处上升气流速度明显较低，这是造成磨煤机石子煤量大的主要原因。为此，该厂在内风环处用材质为 16Mn 钢、宽度 40mm、厚度 15mm 的挡风环分成 8 等份焊接于风环上，将磨煤机风环截面积减小 30.8%。采用这一措施后，风环处上升气流速度比原来提高 13m/s，结果石子煤排放量减少到 187～247kg/h 之间，而且石子煤中的发热量也有很大下降（石子煤中的发热量在 4100～4700kJ/kg 之间），减少了石子煤的热损失。

3. 球—环式

球—环式，通常称为中速球磨机，为英国拔伯葛公司生产，如图 10-4 所示，下部磨盘上有弧形槽道（下磨环），十个左右的大钢球置于其中，上部是带有弧形槽道的上磨环，它们相互配合的剖面图形恰似英文字母“E”，所以也称 E 型磨煤机。

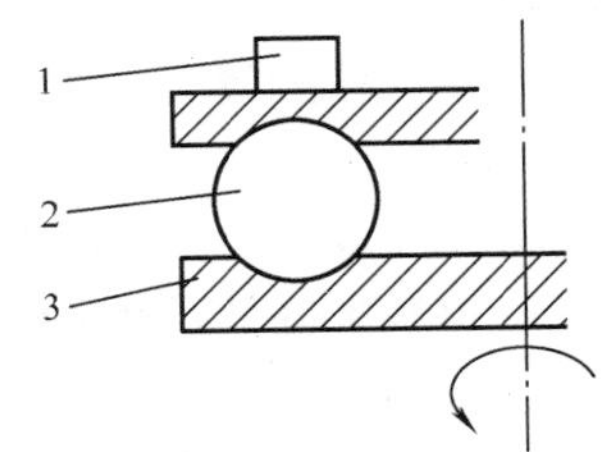

图 10-4 E 型磨煤机
1—压紧机构；2—钢球；3—磨盘

在 E 型磨煤机内，煤在上下磨环和自由滚动的大钢球之间被碾碎。为了在长期工作中磨煤机出力不致受钢球磨损的影响，E 型磨煤机都采用弹簧或液压或气压等加载系统，通过上磨环对钢球施加一定的压力。中小容量 E 型磨煤机由弹簧加载，大容量 E 型磨煤机由液压—气动加载。这种加载装置可在碾磨部件使用寿命期内自动维持磨环上的压力为定值，从而降低碾磨部件磨损对磨煤机出力和煤粉细度的影响。钢球在下磨环的带动下沿环形轨道回转的同时，也不断改变其自身的旋转轴线而形成滚动，因此，钢球在其工作寿命期内能始终保持圆球形。

与辊式中速磨煤机相比，E 型磨煤机因为没有磨辊，不需要考虑磨辊穿过机体外壳的密封及磨环和钢球的润滑，所以 E 型磨煤机一般采用正压运行方式。

4. 辊—环式

辊—环式，通常称为轮式磨煤机（如 MPS 型磨煤机和 MBF 型磨煤机），MPS 型辊式磨煤机最早是由德国 DBW 公司于 20 世纪 50 年代研制开发的。如图 10-5 所示。MPS 型磨煤机下部磨环上有弧形槽道，三只形如轮胎的磨辊靠弹簧压在其上。磨辊尺寸大，且其边缘近于球状，三只磨辊固定在相距 120°角的位置上，磨辊的轴线是固定的，所以 MPS 型磨煤机的磨煤出力高于其他中速磨煤机。

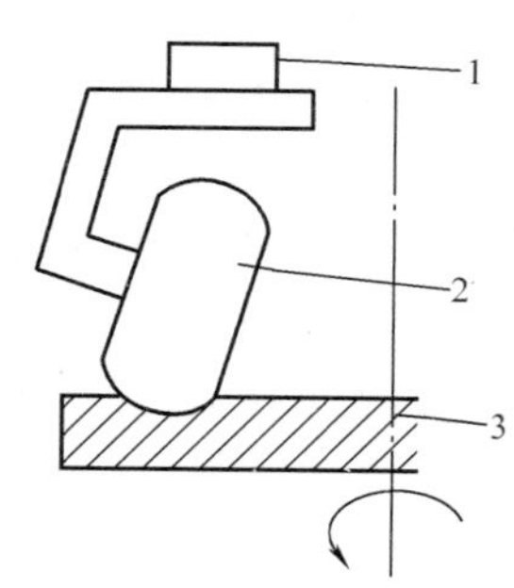

图 10-5 MPS 型磨煤机
1—压紧机构；
2—磨辊；3—磨环

MPS 型磨煤机的碾磨压力是通过弹簧和三根拉紧钢丝绳直接传递到基础上的，弹簧的压力靠液压加压系统提供，所以，MPS 型磨煤机更容易大型化。MPS 型磨煤机由于采用相对较高的风环流速，磨煤机阻力较大，为 5.0～7.5kPa，石子煤量一般为 0～50kg/h。MPS-225 摆辊型磨煤机可与 300～600MW 火电机组配套。MPS 为德文磨煤机、摆辊式、磨盘的缩写，225 是磨环滚道直径（cm）。

1985 年，沈阳重型机器厂引进了德国拔盾葛（Babcock）公司 MPS 磨煤机技术。2003 年长春发电设备总厂引进德国拔伯葛（Babcock）公司 MPS-HP-Ⅱ型磨煤机专有技术，该技术是德国 MPS 磨煤机第三代最新产品，其特点是提高了碾磨压力和磨盘转速，采用了液压变加载反作用力系统，磨煤机性能得以提高。

MBF 型磨煤机为美国福斯特. 惠勒（Foster Wheeler）公司于 1975 年开发出来的产品，MPS 型磨煤机和 MBF 型磨煤机结构基本相同，主要区别是 MBF 型磨煤机主体中无磨辊上面的压力托架、弹簧和加载弹簧架，减少了磨煤机中受磨损的部件。MBF 型磨煤机每个磨辊配有单独的加压载荷装置，使得磨辊对煤和磨盘施加合理的磨煤压力。MPS 型磨煤机和 MBF 型磨煤机的工作原理相同。原煤由磨煤机上部中心的落煤管进入磨煤机，落到磨盘中间，在离心力的作用下原煤被甩到磨辊下被磨碎，热风由磨盘下的热风室通过风环进入磨煤机，并将煤粉一边干燥一边带入分离器，不合格的粗粉落回磨煤机重磨，合格的煤粉进入锅炉燃烧。

例如某电厂 MPS190 型磨煤机采用固定式机械加载过程，其加载力根据磨煤机最大负荷要求设定，设定后就固定不变了。这种加载设计对于带基本负荷运行的锅炉机组比较经济，可使磨煤机基本上在额定出力工况范围内运行，但相应的主要缺点就是运行中的加载力不可调，当负荷变动大时，其影响较大。为此，该厂改进了液压系统的功能，以计算机自动变加载方式取代原加载力固定不变的加载方式，使磨煤机的加载力可随给煤量大小而进行实时调整，以适应磨煤机内煤层厚度的不断变化，从而控制磨煤机出口煤粉细度在较小范围内波动，磨煤机始终处于最佳状态运行，并大大降低了磨煤机低负荷运行时的振动。根据该厂统计，1 台 300MW 机组的 4 台磨煤机在变加载方式下运行，每炉每年可节电 117.7 万 kWh。

二、影响中速磨煤机工作的主要因素

影响中速磨煤机工作的因素很多，主要有以下几个方面：

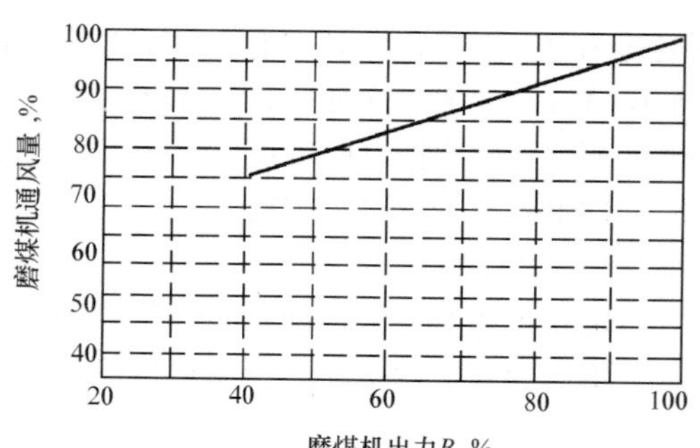

图 10-6 轮式磨煤机的通风量与出力的关系

（1）转速。中速磨煤机的转速要在保证尽可能小的能量消耗下得到最佳磨煤效果的同时，使磨煤机的碾磨部件有适当长的使用寿命。转速太高，离心力过大，煤来不及磨碎就通过碾磨部件，大量粗粉来回循环致使制粉电耗增加；而转速太低，煤磨得过细，又将使磨煤电耗和金属磨损增加。因此中速磨煤机也存在一个最佳转速，部分中速磨煤机推荐采用的最佳转速 n_{zj}（r/min）为

平盘磨煤机

$$n_{zj}=\frac{60}{\sqrt{D}}$$

碗式磨煤机

$$n_{zj}=\frac{110}{\sqrt{D}}$$

E 型磨煤机

$$n_{zj}=\frac{115}{\sqrt{D}}$$

式中　D——磨盘或磨环的直径，m。

（2）通风量。通风量的大小主要影响磨煤出力和煤粉细度。通风量大，虽可提高磨煤机出力，但煤粉将变粗；反之，通风量小，煤粉虽然变细，但限制了磨煤机出力。因此，中速磨煤机应维持一定的风量。轮式磨煤机的通风量按图 10-6 确定，碗式磨煤机（RP 磨煤机）的通风量按图 10-7 确定，即

$$\frac{q_{V,\ tf}}{q_{V,\ e}}=\left(0.6+0.4\frac{B_m}{B_e}\right)\times 100\%$$

式中　$\frac{q_{V,tf}}{q_{V,e}}$——磨煤机的实际通风量与额定出力时的通风量的比值，%；

$\frac{B_m}{B_e}$——磨煤机的出力与额定出力的比值，%。

球环磨煤机的通风量按图 10-8 确定，图中磨煤机出力的 100%数值为磨煤机的设计额定出力，通风量允许波动范围为±10%。

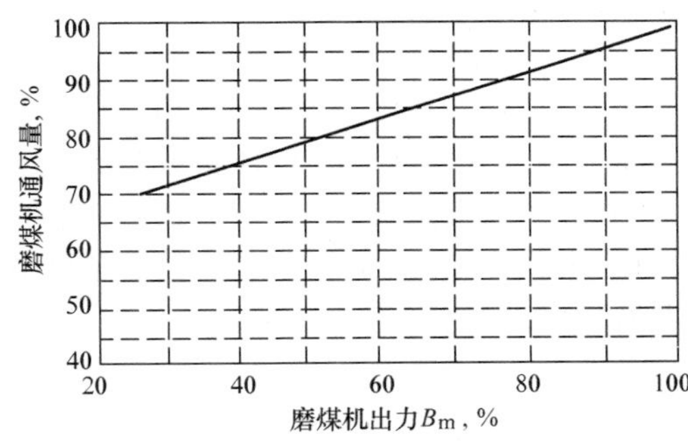

图 10-7　碗式磨煤机的通风量与出力的关系

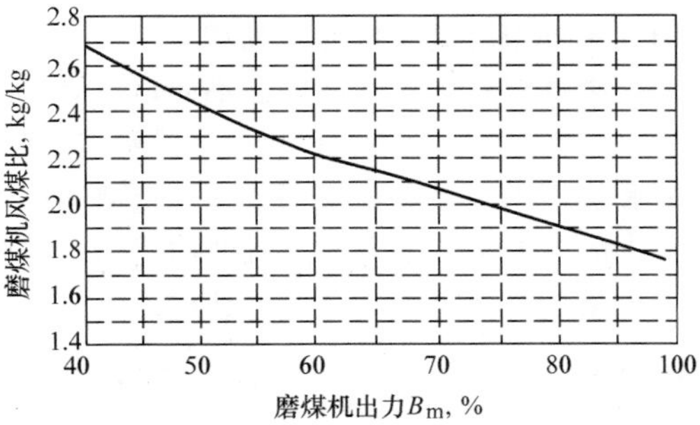

图 10-8　球环磨煤机的通风量与出力的关系

（3）风环风速。合理的风环气流速度应能保证在一定煤粉细度下的磨煤出力，并尽量减少随难以磨碎的杂物一同排出的石子煤（还未磨碎的小煤块）的数量。通风量确定后，风环气流速度可通过调整风环间隙将其控制在一定范围内。

球环磨煤机风环风速在 100%出力下为 75～90m/s，当风煤比（干燥剂量与给煤量之比）较大时，风环风速取低限，否则取高限。碗式磨煤机在任何出力下，风环风速不得低于 40m/s。如果磨煤机最低出力按 40%、最低通风量按 75%考虑，则满负荷时的风环风速应为 55m/s 以上。轮式磨煤机的风环风速设计在 100%通风量时为 75～85m/s，当风煤比较大时，风环风速取低限，否则取高限。

（4）碾磨压力。碾磨压力是指碾磨部件磨辊或钢球对与之相接触的煤及煤粉单位接触面积上的平均作用力。碾磨压力主要来自弹簧、液压缸或其他压紧装置的压紧力，其次是磨辊或钢球及上磨环的自重力，前者是可以调节的。碾磨压力过大，将加速碾磨部件的磨损，过小又将导致磨煤机出力降低、煤粉变粗，因此，运行中要求碾磨压力保持一定。随着碾磨部件的磨损，碾磨压力相应减小，因此运行中需要随时进行调整。

（5）煤质。中速磨煤机主要依靠碾压方式磨煤，对硬煤和磨损性强的煤比较敏感，因此适用于磨制烟煤和贫煤。负压下运行的小型辊磨，由于受干燥能力限制，一般要求原煤水分不宜超过15%。对于E型磨煤机和MPS型磨煤机，在适当高的热风温度下，可磨制水分为20%～25%的原煤。另外，中速磨煤机要求煤的灰分不大于30%，哈氏可磨性系数HGI应大于50。

三、国产中速磨煤机的设计

（1）磨煤机的防爆设计。为了达到磨煤机的国际生产标准或最新美国标准，设计的煤粉系统部件必须承受344kPa的压力，以抗御可能发生的爆炸压力。无论是上海重型机器厂生产的引进美国的RP和HP磨煤机，还是沈阳重型机器厂生产的引进德国的MPS磨煤机，其承压能力均能满足国际生产标准或最新美国标准。

（2）磨煤机的加载方式设计。ABB-CE公司设计的RP磨煤机最早采用弹簧变加载技术，但是由于大型弹簧制造水平跟不上大型磨煤机的发展，因此ABB-CE公司选择液压变加载技术来增强碾磨力，并在RP863、RP943、RP1003磨煤机上均采用液压变加载技术。但实际运行后发现，随着液压缸和电磁阀等的磨损，磨煤机的故障不断增多。根据ABB-CE公司统计，RP磨煤机故障中有60%是由液压变加载系统引起的。由于液压变加载系统的一系列缺点，ABB-CE公司认为弹簧变加载技术比液压变加载技术更优越。经过一系列的研究和试验，并随着弹簧制造水平的提高，生产出了刚度更大的弹簧。在新设计的HP磨煤机上全部采用弹簧变加载技术。国内引进的HP磨煤机都具有外置式弹簧变加载系统。该系统具有结构简单、较低的荷载、平稳的运行、较低的检修率、较高的可靠性和较少的附加动力等优点。

四、各种中速磨煤机的特性对比

中速磨煤机对煤种的适应性不如钢球筒式磨煤机广泛，但在其适用的煤种范围内，具有金属耗量少（结构紧凑，占地面积小），投资省，磨煤电耗小，磨制出的煤粉均匀性指数较高，金属磨耗低和噪声小等优点，特别适宜变负荷运行，因此，在煤种适宜的条件下，优先选用中速磨煤机是合理的。但是，中速磨煤机结构复杂，需要严格地定期检修维护，此外在排放的石子煤中难免夹带少量的合格煤粒，需另行处理。各种中速磨煤机的特性对比见表10-4。

表10-4　各种中速磨煤机的特性对比

项　　目	RP（HP）型	MPS型	E型
风环结构	带斜叶片的风环和缝隙式风环相间	斜叶片的风环	缝隙式风环
风环设计速度（m/s）	40～50	75～85	约90
有效碾磨金属量（kg/t）	22	62	90～100
金属利用率（%）	20	50	60
磨煤电耗（kWh/t）	较高，7～8	最低，5.5	6～7
通风电耗（kWh/t）	低，6.85	8.65	高，11.5
碾磨件寿命	<8000h，最短	>8000h，居中	>8000h，最长
适合煤种	$K_e\leqslant1.0$	$K_e\leqslant2.0$	$K_e\leqslant3.5$
煤粉细度R_{90}	8%～25%	20%～40%	10%～39%
满出力风煤比（kg/kg）	1.5	1.15	1.75

HP 型中速磨煤机和 MPS 型中速磨煤机相似之处是：

（1）磨煤机采用变加载，磨煤机出力大小可自动、随时地进行调整。机组调峰时，避免磨煤机的频繁启动，运行操作方便，利于延长耐磨件寿命。

（2）磨辊与磨碗衬板无直接金属接触，可空载启停，启动力矩小，停机时磨碗中的存煤便于清除干净。

（3）对煤中木块、石块、铁块比较敏感，容易磨损，不适用磨制高硬度、高水分和低挥发分的煤种。

（4）运行可靠性相对钢球磨煤机差，运行维护工作量大，需要设立备用磨煤机。

但二者也存在差别：

（1）HP 型中速磨煤机结构相对简单，机器的体积较小，机体振动较大，石子煤排放量较少；MPS 型中速磨煤机结构相对复杂，机器的体积较大，机体振动较小，石子煤排放量较大。

（2）HP 型中速磨煤机采用外置式弹簧加载装置，结构简单，维修方便，成本低；MPS 型中速磨煤机采用液压储能器变加载技术。

（3）HP 型中速磨煤机的磨辊可翻出检修，磨辊更换可以直接在机器上进行，减少停机时间；MPS 型中速磨煤机的磨辊要吊出检修，检修时间相对长一些。

若将磨煤机的使用寿命规定为 8000h，则各种中速磨煤机所适应的煤种为：E 型磨煤机适用于磨损指数 $K_e \leqslant 3.5$ 的煤种，RP 型磨煤机适用于 $K_e \leqslant 1.0$ 的煤种，堆焊辊套 RP 型磨煤机适用于 $K_e \leqslant 2.6$ 的煤种，HP 型磨煤机适用于 $K_e \leqslant 3.5$ 的煤种，MPS 型磨煤机适用于 $K_e \leqslant 2.0$ 的煤种。虽然 E 型磨煤机适宜研磨磨损指数比较大的煤种（它的研磨部件寿命较长），但运行电耗大，而且由于直径大，向大型化发展受到限制。应当指出，在磨制煤种的 $K_e \leqslant 1$ 时，无论选用哪种中速磨煤机，其研磨部件的寿命都较高。但在检修方面，RP 型磨煤机更换一套研磨件要 75～80h，而 MPS 型磨煤机和 E 型磨煤机需要 100～120h。RP 型磨煤机具有检修方便的优势，因此当 $K_e \leqslant 1$ 时，应优先选用 RP（HP）型磨煤机。当煤的磨损指数 $1.0 < K_e < 2.0$ 时，因为 MPS 型磨煤机运行电耗低，应优先选用 MPS 型磨煤机。

第三节　风扇式磨煤机的经济运行

一、风扇式磨煤机结构与原理

风扇式磨煤机因其外形与离心式风机相似而得名，它是由工作叶轮和蜗壳外罩组成，如图 10-9 所示。

叶轮上装有 8～12 个由耐磨钢（如锰钢）制成的厚叶片，称为冲击板。蜗壳内装有耐磨护甲，磨煤机出口为粗煤粉分离器。原煤和干燥剂从入口引入，煤块与飞快旋转的叶轮撞击，依靠机械力及热力作用被粉碎。煤粉被热空气干燥后带入分离器进行粗粉分离，蜗壳下方设有活门，以便排放石子煤及金属杂物。机械力包括叶轮对煤粒的撞击、煤粒与叶片表面的摩擦、运动煤粒与蜗壳上护甲的撞击以及煤粒之间的撞击作用等；热力作用表现在磨煤机内，煤粒是被数量较大且有较高相对速度的高温干燥介质所干燥的。干燥的结果使煤粒表面塑性降低，易于破碎，甚至在干燥过程中就有部分煤粒自行

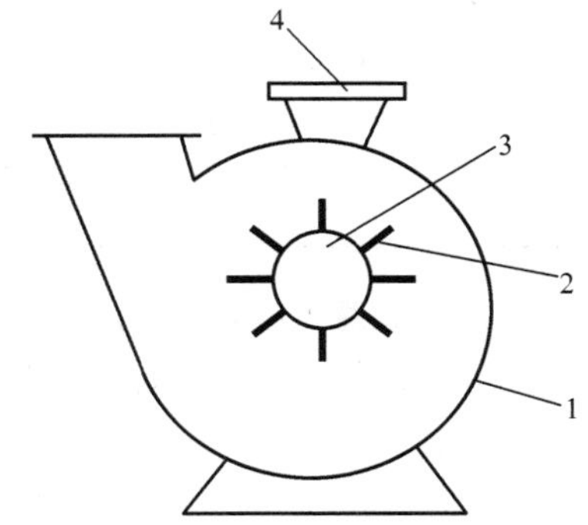

图 10-9　风扇式磨煤机
1—蜗壳；2—叶片；3—叶轮；4—燃料出口

破碎，这个过程又叫脆裂。

风扇式磨煤机的特点是：煤在风扇式磨煤机中始终处于悬浮状态，干燥能力强，而且磨煤机入口具有抽吸力，可抽取一部分炉烟，以提高干燥剂温度，因此风扇式磨煤机适宜磨制水分大的褐煤及烟煤；风扇式磨煤机具有磨煤和通风的双重作用，磨煤的同时还能产生1500～2000Pa的风压，可以直接吹送煤粉进入炉膛燃烧，可以省去排粉机，使锅炉燃烧系统大为简化；结构简单紧凑，金属耗量小，磨煤电耗低；但是由于风扇式磨煤机工作转速高，冲击板和护甲磨损较严重，磨出的煤粉也较粗，所以风扇式磨煤机不宜磨制硬煤、强磨损性煤及低挥发分煤，而且风扇式磨煤机运动中叶轮磨损严重，检修周期短。风扇式磨煤机有S型和N型两个系列，两者在结构上的主要差别在于其蜗壳张开度大小不同，张开度是指蜗壳与叶轮之间最大间隙与叶轮半径的比值。S型磨煤机的张开度小，N型磨煤机的张开度较大，后者是为适应原煤水分蒸发成水蒸气后在蜗壳内能有合适的环向流速将煤粉输送出蜗壳。S型系列磨煤机适合磨制$M_{ar}<35\%$的烟煤，N系列磨煤机适合磨制$M_{ar}>35\%$的褐煤。

二、风扇式磨煤机出力

根据德国EVT公司经验，风扇式磨煤机碾磨出力计算式为

$$B_m = B_0 \frac{f}{100} \frac{100 - M_{mf}}{100 - M_{ar}}$$

式中 B_0——按煤粉计的磨煤机基本出力，t/h，按所选磨煤机型号由表10-5查取；

f——磨煤机碾磨出力系数，可查有关设计规程；

B_m——风扇式磨煤机按原煤计的碾磨出力，t/h。

表10-5 风扇式磨煤机煤粉基本出力及磨煤机型号对能耗的修正系数

S型风扇式磨煤机型号	基本出力B_0(t/h)	磨煤机型号修正系数K_2	S型风扇式磨煤机型号	基本出力B_0(t/h)	磨煤机型号修正系数K_2
S2.15	2.0	1.1	S20.60	20	0.95
S3.15	3.2	1.1	S32.60	32	0.95
S5.10	4.6	1.0	S40.50	40	0.92
S6.10	5.5	1.0	S50.50	50	0.92
S8.10	6.9	1.0	S60.45	60	0.90
S9.10	9	1.0	S70.45	70	0.90
S10.75	9.2	0.98			

三、风扇式磨煤机电耗

风扇式磨煤机功率消耗计算式为

$$P = K_1 K_2 e_0 B_0 \frac{f}{100}$$

式中 e_0——在出力系数f和煤粉细度R_{90}下生产每吨煤粉的能耗，kWh/t，由图10-10确定；

K_1——煤可磨性系数对于能耗的修正系数，由图10-11确定；

K_2——磨煤机型号对能耗的修正系数，由表10-10查取。

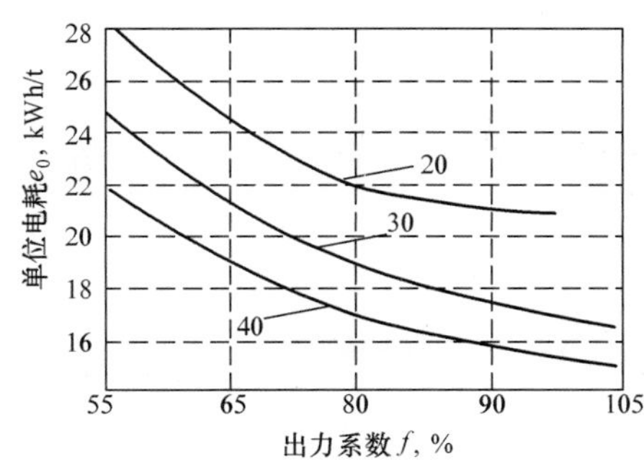

图 10-10 S型风扇式磨煤机出力系数和能耗的关系

20 —R_{90}=20%；30 —R_{90}=30%；40 —R_{90}=40%

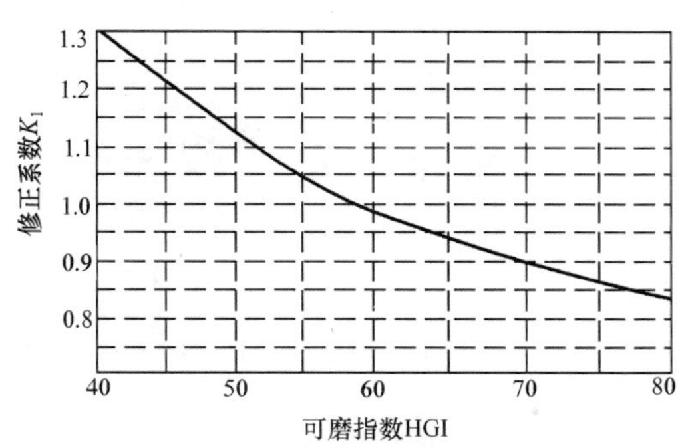

图 10-11 可磨性对能耗修正系数

磨制原煤的单位能耗

$$E=\frac{P}{B_m}$$

对于风扇式磨煤机的煤粉细度建议如下：

烟煤

$$R_{90}=V_{daf}$$

褐煤

$$R_{90}=V_{daf}+10 \text{（锅炉容量大于或等于 410t/h）}$$

褐煤

$$R_{90}=V_{daf}+5 \text{（锅炉容量小于 410t/h）}$$

第十一章　煤粉分离器与制粉系统的节能措施

第一节　煤粉分离器的结构与效率

电站煤粉分离器分为粗粉分离器和细粉分离器。

一、粗粉分离器

干燥剂自磨煤机中带出的粉粒实际上是粗细不等的。此外，为了保证干燥、降低制粉电耗和其他一些原因，往往带出的煤粉中不可避免地会有一些不利于完全燃烧的大颗粒煤粉。因此，在磨煤机后一般都装有粗粉分离器，它的作用是使较粗的粉粒被分离出来，送回磨煤机继续磨细，使通过分离设备的煤粉细度都合乎锅炉燃烧的要求。粗粉分离器的另一个作用是可以调节煤粉细度，以便在运行中当煤种改变或磨煤出力（或干燥剂量）改变时能保证一定的煤粉细度。

制粉系统中所用的粗粉分离器是利用重力、惯性力和离心力的作用把较粗的煤粉分离出来的。中速磨煤机上的粗粉分离器一般和磨煤机组成一体，分离器位于磨煤机上部，由内外两个锥体组成。中间储仓式制粉系统中的粗粉分离器是轴向型分离器，由两个内外锥体组成，磨煤机与粗粉分离器是分开的。粗粉分离器主要有离心式粗粉分离器和回转式粗粉分离器两种形式。

1. 离心式粗粉分离器

当携带煤粉的气流作旋转运动时，粗煤粉在离心力的作用下会脱离携带气流而被分离出来。旋转越强，分离出来的粗煤粉就越多，气流携带走的煤粉就越细。分离器中是利用气流通过折向挡板或分离器部件本身的旋转来形成气流的旋转运动。显然，运行中改变挡板的角度或旋转部件的转速就可改变气流的旋转强度，借此来调节煤粉的细度。

图 11-1 所示为国内应用最多的配用钢球磨煤机的离心式粗粉分离器。它由内锥体、外锥体、回粉管和可调折向挡板等组成。由磨煤机出来的气粉混合物以 15～20m/s 的速度自下而上从入口管进入分离器。在内外锥体之间的环形空间内，由于流通截面扩大，其速度逐渐减低至 4～6m/s，最粗的煤粉在重力作用下首先从气流中分离出来，经外锥体回粉管返回磨煤机重磨。带粉气流则进入分离器的上部，经过沿整个圆周装设的切向挡板产生旋转运动，借离心力使较粗的粉粒进一步分离落下，由内锥体底部的回粉管返回磨煤机。气粉混合物则由上部出口管引出。

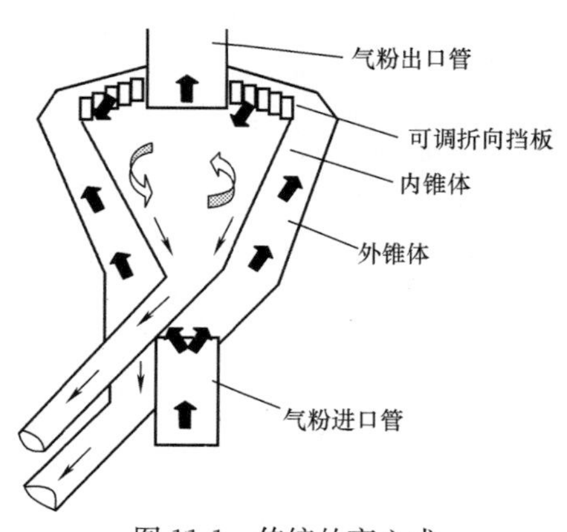

图 11-1　传统的离心式粗粉分离器

分离器后引出的气粉混合物中还有一些较粗的粉粒，被分离出的回粉中也会带一些细粉，这种现象无论对磨煤机或锅炉的工作都是不利的。为了减少回粉中细粉的含量和气粉混合物中粗粉的含量，以提高分离效率，采用改进型粗粉分离器（见图 11-2），取消内锥体的回粉管，代之可以上下活动的回粉锁气器装在分离器内。由内锥体分离出来的回粉达到一定量时，锁气器打开使回粉落到外锥体中，从而使其中的细粉又被吹起。这样一方面可使入口气流增加撞击分离，另一方面也使内锥体回粉在锁气器出口受到入口气流的吹扬，再次进行分离，减少回粉中夹带的细粉，提高分离器的效率，增加制粉系统出力，降低电耗。

离心式粗粉分离器结构比较复杂，阻力也较大。但分离器后煤粉较细，而且颗粒比较均匀，煤粉细度调节幅度较宽。

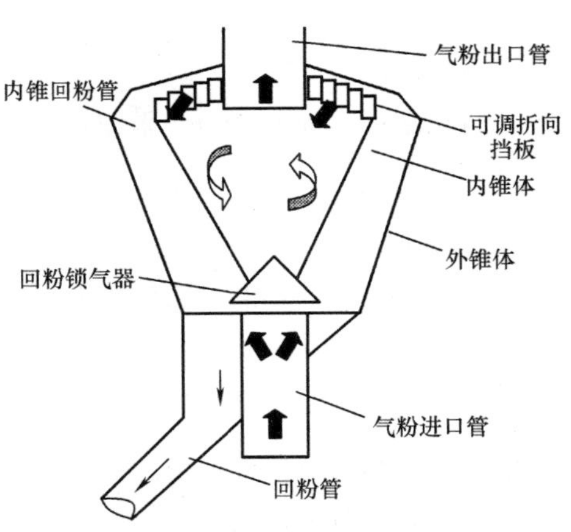

图 11-2 改进型的离心式粗粉分离器

2. 回转式粗粉分离器

图 11-3 为回转式粗粉分离器。分离器上部有一个用角钢或扁钢做叶片的转子，由电动机驱动它旋转。气粉混合物进入分离器下部，因流通截面扩大，气流速度降低，在重力作用下粗粉被分离。在分离器上部，气流被转子带动旋转。粗粉受到较大离心力作用再次被分离，沿筒壁下落经回粉管返回磨煤机重磨。当气流沿叶片间隙通过转子时，煤粉颗粒受到叶片撞击又有部分粗粉被分离。改变转子的转数可调节煤粉细度。转速越高，分离作用越强 ，气流带出的煤粉就越细。分离器下部还装有切向引入的二次风，可使回粉再次受到吹扬，减少回粉中夹带的细粉，提高分离效率。

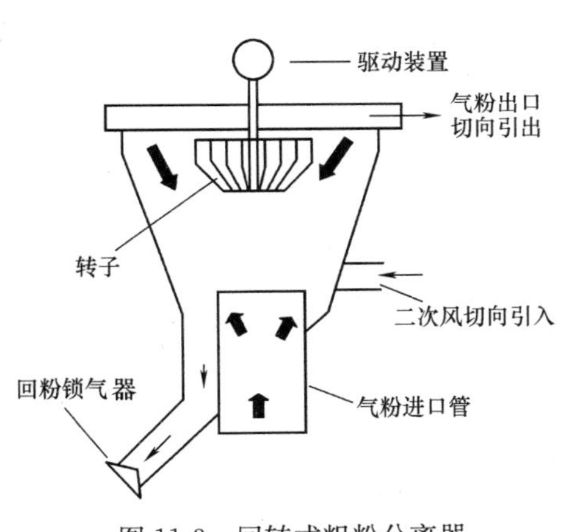

图 11-3 回转式粗粉分离器

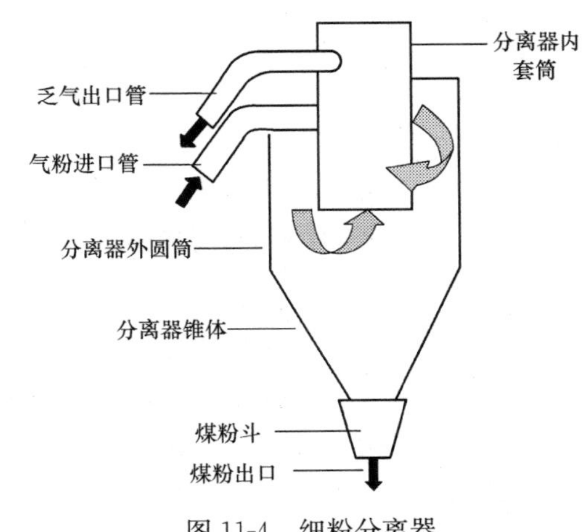

图 11-4 细粉分离器

二、细粉分离器

在中间储仓式制粉系统中，把煤粉从制粉系统的乏气中分离出来是靠细粉分离器（旋风分离器）来完成的。

细粉分离器如图 11-4 所示。自粗粉分离器来的气粉混合物切向进入分离器外圆筒的上部，一面旋转运动，一面向下流动。煤粉颗粒受离心力作用被甩向四周，沿筒壁落下。当气流转折向上进入内套筒时，借助惯性力再次分离出煤粉。分离出的煤粉经下部煤粉斗和锁气器进入煤粉仓。分离后的干燥剂（乏气），由出口管引出送往排粉机。

三、粗粉分离器性能计算

1. 粗粉分离器效率

粗粉分离器效率又称粗粉分离器的综合效率，定义为细粉带出率 η_f 和粗粉带出率 η_c 之差。细粉带出率 η_f 表示分离器出口的合格细粉粉量占分离器入口的合格细粉粉量的百分比，即

$$\eta_f=\frac{(100-R''_{90})A}{(100-R'_{90})B}\times 100\% \tag{11-1}$$

粗粉带出率 η_c 表示粗粉分离器出口的不合格粉量占分离器入口的不合格粉量的百分比，即

$$\eta_c=\frac{R''_{90}A}{R'_{90}B}\times 100\% \tag{11-2}$$

所以粗粉分离器效率的计算公式为

$$\eta_{cf}=\eta_f-\eta_c=\frac{(100-R''_{90})A}{(100-R'_{90})B}\times 100\%-\frac{R''_{90}A}{R'_{90}B}\times 100\% \tag{11-3}$$

式中 η_{cf}——粗粉分离器效率，%；

A——粗粉分离器出口粉量，t/h；

B——粗粉分离器入口粉量，t/h；

R'_{90}——粗粉分离器入口煤粉的细度值，%；

R''_{90}——粗粉分离器出口煤粉的细度值，%。

由质量平衡方程得

$$R_{90,\ hf}(B-A)+R''_{90}A=R'_{90}B \tag{11-4}$$

因此可以导出

$$\frac{A}{B}=\frac{R_{90,\ hf}-R'_{90}}{R_{90,\ hf}-R''_{90}} \tag{11-5}$$

式中 $R_{90,hf}$——回粉细度，%。

将式（11-5）代入粗粉分离器效率的计算公式（11-3）为

$$\eta_{cf}=\frac{(100-R''_{90})(R_{90,\ hf}-R'_{90})}{(100-R'_{90})(R_{90,\ hf}-R''_{90})}\times 100\%-\frac{R''_{90}(R_{90,\ hf}-R'_{90})}{R'_{90}(R_{90,\ hf}-R''_{90})}\times 100\% \tag{11-6}$$

综合效率越高，表明分离器效果越好，性能也越好。

2. 粗粉分离器循环倍率的计算

循环倍率定义为粗粉分离器进口粉量 B 与出口粉量 A 之比，即

$$K_{cf}=\frac{B}{A}=\frac{A+B_{hf}}{A}=1+\frac{B_{hf}}{A} \tag{11-7}$$

式中 B_{hf}——分离器的回粉量，t/h。

循环倍率表明了气流从分离器中每带出 1kg 合格煤粉，在磨煤机内循环的煤粉量。根据物料平衡关系

$$BR'_{90}=AR''_{90}+B_{hf}R_{90,\ hf} \tag{11-8}$$

所以粗粉分离器循环倍率的计算公式可以写为

$$K_{cf}=\frac{B}{A}=\frac{R_{90,\ hf}-R''_{90}}{R_{90,\ hf}-R'_{90}} \tag{11-9}$$

因此粗粉分离器效率

$$\eta_{cf}=\frac{(100-R''_{90})(R_{90,\ hf}-R'_{90})}{(100-R'_{90})(R_{90,\ hf}-R''_{90})}\times 100\%-\frac{R''_{90}(R_{90,\ hf}-R'_{90})}{R'_{90}(R_{90,\ hf}-R''_{90})}\times 100\%$$

$$=\frac{100(R'_{90}-R''_{90})}{(100-R'_{90})(R'_{90}K_{cf})}\times 100\% \quad (11\text{-}10)$$

式中 K_{cf}——粗粉分离器循环倍率。

粗粉分离器循环倍率是反映粗粉分离器和磨煤机之间再循环粉量之比的指标。K_{cf}越大，分离器效率越低，磨煤机的电耗和金属磨损也越大。实践证明，粗粉分离器循环倍率有个最佳值。粗粉分离器循环倍率的推荐值见表 11-1。

表 11-1　粗粉分离器循环倍率的推荐值

煤　　种	钢球磨煤机	中速磨煤机、风扇磨煤机	煤　　种	钢球磨煤机	中速磨煤机、风扇磨煤机
无烟煤	3.0	—	褐煤	1.4	4
半无烟煤、贫煤	2.2	7	页岩、铲采泥煤	—	4
烟煤	—	2.5～3.5			

注　德国 KSG 公司 K_{cf}推荐值为褐煤 2～2.8，烟煤 2.5～3.5。

四、细粉分离器效率

细粉分离器效率定义为细粉分离器出口粉量占入口粉量之比，其效率的计算公式为

$$\eta_{xf}=\frac{B''}{B'}=\frac{R''_{90}-R_{90,\ fq}}{R_{90}-R_{90,\ fq}}\times 100\%=\frac{R''_{90}}{R_{90}}\times 100\% \quad (11\text{-}11)$$

式中 η_{xf}——细粉分离器效率，%；

$R_{90,fq}$——乏气中的煤粉细度，其值很小，可以忽略不计，%；

B''——细粉分离器出口粉量，t/h；

B'——细粉分离器入口粉量，t/h；

R_{90}''——粗粉分离器出口煤粉的细度值，即细粉分离器入口煤粉细度，%；

R_{90}——细粉分离器出口煤粉细度，%。

第二节　煤粉细度的选择

一、煤粉细度的定义

煤粉细度是指经过专用筛子筛分后，余留在筛子上的煤粉质量占筛分前煤粉总质量的百分数，以 R_x 表示。其中下标 x（μm）表示筛子的筛孔内边长。煤粉细度的表示方法为

$$R_x=\frac{a}{a+b}\times 100\% \quad (11\text{-}12)$$

式中 a——筛子上面剩余煤粉质量；

b——通过筛子的煤粉质量；

R_x——煤粉细度，%。

R_x 越大，表示在筛子上面的煤粉越多，煤粉越粗。我国采用的筛子规格及煤粉细度表示方法列于表 11-2 中。

表 11-2　常用筛子规格及煤粉细度表示方法

筛号（每厘米长的孔数）	6	8	12	30	40	60	70	80
孔径（筛孔的内边长，μm）	1000	750	500	200	150	100	90	75
煤粉细度表示法	R_{1000}	R_{750}	R_{500}	R_{200}	R_{150}	R_{100}	R_{90}	R_{75}

电厂锅炉煤粉细度通常用30号和70号筛子，即用R_{200}和R_{90}表示煤粉细度，数值越大，煤粉越粗。筛上剩余的煤粉量越少，则说明煤粉磨得越细，R_x越小。

二、煤粉细度调节系数

煤粉细度调节系数是指粗粉分离器进口、出口煤粉细度之比，它表示粗粉分离器对煤粉细度的调节能力，ε_{cf}越大，对细度的调节能力越大，一般应使其接近于5。粗粉分离器细度调节系数的计算公式为

$$\varepsilon_{cf}=\frac{R'_{90}}{R''_{90}} \tag{11-13}$$

式中 ε_{cf}——粗粉分离器细度调节系数；

R'_{90}——粗粉分离器入口煤粉的细度值，%；

R''_{90}——粗粉分离器出口煤粉的细度值，%。

三、煤粉均匀性系数

煤粉细度是指分离器出口的煤粉细度，即成粉细度R_x，它是反映粗粉分离器性能最直观的指标，其值由煤种的经济细度决定。煤粉细度R_x和煤粉粒度x之间的关系反映了煤粉中颗粒的分布规律，它可以用Rosin-Rammler方程来表示，即

$$R_x=100e^{-bx^n} \tag{11-14}$$

式中 R_x——煤粉细度，%；

b——反映煤粉细度程度的常数；

x——颗粒尺寸，μm；

n——煤粉的均匀性指数，反映煤粉粒径分布的指数，取决于制粉设备的形式。

当$n>1$时，煤粉中不会存在大量的最细和最粗的颗粒，即颗粒分布比较均匀。n值越大，煤粉颗粒越均匀，燃烧经济性越好。一般球磨机、中速磨煤机等制粉系统，n多在0.8～1.3之间。配离心式粗粉分离器的制粉设备，$n=1.1$；配双流惯性式粗粉分离器的制粉设备，$n=1.0$；配单流惯性式粗粉分离器的制粉设备，$n=0.8$；配动静态（配旋转式）粗粉分离器的制粉设备，$n=1.2$。

对式（11-14）两边取双对数得到

$$\lg\ln(100/R_x)=\lg b+n\lg x \tag{11-15}$$

煤粉均匀性系数是指分离器出口煤粉的颗粒均匀程度，其计算公式为

$$n=\frac{\lg\ln\frac{100}{R_{x1}}-\lg\ln\frac{100}{R_{x2}}}{\lg x_1-\lg x_2}=\frac{\lg\ln\frac{100}{R_{200}}-\lg\ln\frac{100}{R_{90}}}{\lg200-\lg90}=\frac{\lg\ln\frac{100}{R_{200}}-\lg\ln\frac{100}{R_{90}}}{0.346\,8} \tag{11-16}$$

式中 R_{90}、R_{200}——分离器出口所取粉样的细度值，%。

四、不同粒径下的煤粉细度换算

不同粒径下的煤粉细度换算公式为

$$R_{x2}=100\left(\frac{R_{x1}}{100}\right)^{\left(\frac{x2}{x1}\right)^n} \tag{11-17}$$

式中 x_1、x_2——煤粉颗粒尺寸，μm；

R_{x1}、R_{x2}——不同粒径下的煤粉细度，%；

n——煤粉的均匀性系数。

五、经济细度的确定

煤粉越细，单位质量的煤粉表面积越大，加热升温、挥发分的析出着火及燃烧反应的速度越快，在锅炉中容易点火、燃尽所需时间短，飞灰可燃物降低，机械未完全燃烧热损失 q_4 降低，锅炉效率增加。反之较粗的煤粉虽可使磨煤机电耗 q_d 减少，但是不可避免地会使炉内机械未完全燃烧热损失增大。随着煤粉细度值的增大，机械未完全燃烧热损失 q_4 逐渐增加，而磨煤机电耗 q_d 则逐渐减少。所以磨煤时应选用一个合适的细度。上述各项损失之和 $q=q_4+q_d$ 为最小时的细度最为经济，此时的细度称为煤粉的经济细度，见图 11-5。

在设计时，一般采用经验公式确定煤粉的经济细度。

固态排渣煤粉炉燃用烟煤时，煤粉的经济细度为

$$R_{90}=4+0.5nV_{daf} \tag{11-18}$$

固态排渣煤粉炉燃用贫煤时，煤粉的经济细度为

$$R_{90}=2+0.5nV_{daf} \tag{11-19}$$

固态排渣煤粉炉燃用无烟煤时，煤粉的经济细度为

$$R_{90}=0.5nV_{daf} \tag{11-20}$$

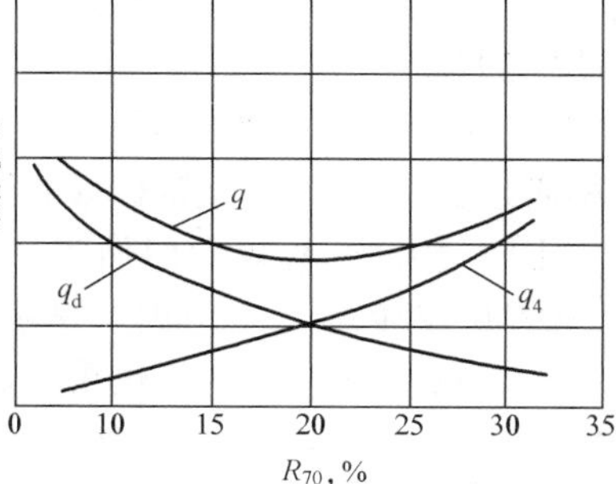

图 11-5 煤粉经济细度的确定

燃用高灰分低热值烟煤（$A_d=30.01\%\sim40.00\%$，$Q=15.51\sim17.00$MJ/kg）时，煤粉的经济细度为

$$R_{90}=5+0.35V_{daf} \tag{11-21}$$

当燃用褐煤及油页岩时，煤粉的经济细度为

$$R_{90}=35\%\sim50\%\text{(挥发分高取大值，挥发分低取小值)} \tag{11-22}$$

式中 V_{daf}——运行煤种的干燥无灰基挥发分，过去用可燃基 V^r 表示，二者数值相等；

n——煤粉的均匀性系数。

W 火焰锅炉在燃用 V_{daf} 不大于 12%的煤种时，飞灰可燃物含量大于 8%，影响机组运行的经济性和飞灰的综合利用。当大幅度地降低煤粉细度后（R_{90} 从 10%降至 4%左右），飞灰可燃物从 8%～15%减少到 6%左右。在对众多类似的工作进行总结后，W 火焰锅炉的建议煤粉细度为

$$R_{90}=0.5nV_{daf} \tag{11-23}$$

注意上述所有经济细度公式均适用于单机容量 300MW 及以上机组，对于 200MW 以下机组，R_{90} 要在上述基础上适当下降。例如某 300MW 固态排渣煤粉炉配离心式分离器，烟煤干燥无灰基挥发分等于 30%，其煤粉的经济细度为

$$R_{90}=4\%+0.5\times1.1\times30\%=20.5\%$$

如果是 125MW 锅炉，则其煤粉的经济细度应下调 10%，即为 18.5%。

六、煤粉细度的影响因素与调节

1. 影响煤粉细度的因素

影响煤粉细度的因素很多，主要包括：

（1）燃料的燃烧特性。挥发分高、发热量高的燃料一般容易燃烧，煤粉可粗一些；燃用挥发分低的煤，为了有利于着火和燃尽，煤粉应磨得细一些。

（2）磨煤机和分离器的性能。性能好的磨煤机和分离器可使成粉的均匀性好，即使煤粉粗一些也能燃烧的比较完全。

（3）燃烧方式。对于燃烧热负荷很高的锅炉，如液态排渣炉、旋风炉，煤粉可适当粗一些。

（4）锅炉负荷。在锅炉低负荷运行时，由于炉膛温度低，为了稳定燃烧工况，需要将煤粉磨得细一些；而在锅炉高负荷运行时，则煤粉可磨得粗一些。

2. 煤粉细度的调节

煤粉细度的调节，可以通过改变通风量或粗粉分离器挡板开度来调节。减少磨煤机通风量，可以使煤粉变细，反之，煤粉变粗。当增大磨煤机通风量时，应适当关小粗粉分离器折向挡板开度，以防止煤粉过粗。开大粗粉分离器折向挡板开度，或提高粗粉分离器出口套筒位置，可使煤粉变粗，反之变细。关小折向挡板开度及降低出口套筒位置后，粗粉分离器的回粉量增多，因此应适当减小给煤量。

3. 煤粉细度对经济性的影响

煤粉细度对锅炉的运行经济性影响很大，例如某300MW机组在保持煤粉均匀性和燃烧技术不变的情况下，用同一种煤专门做了“煤粉细度对锅炉飞灰含碳量的影响”试验，结果见表11-3，当煤粉比较细R_{90}<14%时，煤粉细度对锅炉飞灰可燃物的影响较小；当煤粉细度R_{90}>15%时，飞灰可燃物迅速增大，煤粉细度对锅炉飞灰可燃物的影响显著。因此为了提高锅炉燃烧的稳定性和经济性，应严格控制煤粉细度。

表11-3　　煤粉细度对300MW机组锅炉飞灰可燃物的影响

平均细度（%）	飞灰含碳量（%）	平均细度（%）	飞灰含碳量（%）
29.7	2.38	18.3	1.11
25.3	1.97	13.5	0.75
20.8	1.55	10.4	0.78

七、煤粉细度优化实例

1. 高挥发分锅炉

江苏某电厂2台SG-440/13.7-M771型一次中间再热、固态排渣、超高压锅炉（汽轮机型号C135-13.2/0.981/535/535），每台锅炉配2台低速钢球磨煤机、热风送粉、中间储仓式制粉系统。设计煤种干燥无灰基挥发分V_{daf}为23%，低位发热量$Q_{ar,net}$为20 916kJ/kg，较核煤种干燥无灰基挥发分V_{daf}为19%，低位发热量$Q_{ar,net}$为19 333kJ/kg。在燃用接近设计煤种的情况下，煤粉细度R_{90}为18%～19%，飞灰含碳量为3%～5%。随着煤炭市场紧张，电厂开始燃用干燥无灰基挥发分V_{daf}低于19%的东北煤种，飞灰含碳量猛增到16.9%。为此该厂开始对东北煤种进行了燃烧特性试验。

（1）调整粗粉分离器切向挡板开度。对1、2号锅炉甲制粉粗粉分离器挡板进行调整，保持制粉系统风量不变，调整结果见表11-4。

表11-4　　粗粉分离器挡板调整前后结果

项　目	1号炉甲		2号炉甲	
	调整前	调整后	调整前	调整后
挡板开度（°）	35	30	40	35
煤粉细度（%）	20.77	19.24	18.88	16.91
飞灰可燃物（%）	16.9	15.9	16.9	15.7

随着粗粉分离器挡板开度减小，飞灰可燃物从16.9%降到15.7%。当粗粉分离器挡板开度

降低到一定程度后，煤粉细度不再降低，反而由于阻力的急剧增加而使细度增大，煤粉变粗，因此不再降低挡板角度。

（2）调整通风出力。在调整粗粉分离器挡板开度基础上，调整排粉机入口门开度和再循环门开度，改变制粉通风量，控制排粉机电流。通过排粉机入口门开度和再循环门开度，飞灰可燃物下降了5%，结果见表11-5。

表11-5　　调整通风出力前后结果

项　　目	1号炉甲		2号炉甲	
	调整前	调整后	调整前	调整后
排粉机电流（A）	44	40	43	40
煤粉细度（%）	19.24	10.75	16.91	13.16
飞灰可燃物（%）	15.9	10.92	15.7	10.01

（3）其他调整。将一次风混合温度提高到190～200℃，比设计值高30～40℃，并逐渐关小一次风压力冷风门。

1、2号炉煤粉细度降低、一次风温提高后，开始调整二次风的配比方式，1号炉配风试验结果见表11-6（2号锅炉试验规律与1号炉相同）。

表11-6　　1号炉配风试验结果

项　　目	数　　值						
负荷（MW）	135	130	110	130	135	115	108
一次风压（kPa）	2.5	2.47	2.4	2.4	2.3	2.3	2.38
二次风压（kPa）	0.5	0.5	0.5	0.5	0.5	0.5	0.5
OFA层（%）	50	50	100	100	60	50	78
CT层（%）	50	50	60	60	60	55	55
BC层（%）	50	60	55	40	80	80	80
AA层（%）	40	50	50	55	50	45	45
氧量（%）	4.1	4.2	7.5	5.8	5.7	7.7	7.5
飞灰（%）	10.46	9.65	11.07	9.86	9.12	7.77	7.59
制粉系统运行	甲	甲	甲	甲	甲、乙	甲	甲

试验采用均等、倒塔、束腰、凸腰等四种配风方式，无论是单磨运行还是双磨运行，采用凸腰配风方式的飞灰含碳量最低。1号锅炉飞灰含碳量降到7.59%，2号锅炉飞灰含碳量降到9.08%。

可见通过对东北煤种燃烧特性试验，1、2号炉煤粉细度由19%降至14%以下后，飞灰含碳量从17%下降到8%，每天节约原煤量204t。

2. 低挥发分锅炉

实践证明：降低煤粉细度的综合经济性是显著的，由于锅炉热效率提高所带来的效益大于因磨煤机电耗和钢球消耗量增加而提高的制粉成本。三个燃用低挥发分煤种电厂按照传统煤粉细度公式确定煤粉细度，比较优化后按照$R_{90}=0.5nV_{daf}$确定煤粉细度，所产生的经济效益见表11-7。在比较中，取电价0.3元/kWh，钢球价格2000元/t，原煤价格200元/t，燃料量按300MW机组锅炉130t/h选取，煤粉的均匀性系数取$n=1.0$，而且在经济分析中，还没有考虑由于飞灰可燃物下降而使飞灰品质提高所产生的效益。

表 11-7 降低煤粉细度试验结果及经济性比较

电厂	燃煤种类	V_{daf} (%)	$R_{90}1$ (%)	$R_{90}1$ 实测 (%)	磨煤电耗 E_m1 (kWh/t)	钢球消耗 K_m1 (g/t)	$R_{90}2$ (%)	$R_{90}2$ 实测 (%)	磨煤电耗 E_m2 (kWh/t)	钢球消耗 K_m2 (g/t)
湛江电厂	晋东南无烟煤、贫煤混	15.0	11.5	11.4	17.0	150	7.5	5.14	20.00	205
德州电厂	阳泉贫煤	14.0	11.0	12.5	13.6	150	7.0	8.60	14.80	177
珞璜电厂	松藻无烟煤	11.5	9.75	8.6	30.0	150	6.0	5.40	32.60	178.5
电厂	优化前锅炉效率实测 (%)	优化前锅炉效率实测 (%)	锅炉效率差 (%)	因效率增加降低费用 (元/h)	磨煤电耗增加 ΔE_m (kWh/t)	钢球消耗 ΔK_m (g/t)	磨煤电费增加 ΔB_E (元/h)	钢球费用增加 ΔB_K (元/h)	费用增加总值 ΔB (元/h)	总收益 (元/h)
湛江电厂	91.46	92.68	1.22	317.2	3.0	55	117.0	14.3	131.3	185.9
德州电厂	87.23	87.62	0.39	101.4	1.2	27	46.8	7.0	53.8	47.6
珞璜电厂	89.34	90.32	0.98	254.8	2.6	28.5	101.4	7.4	108.8	146.0

注 $R_{90}1$ 表示按 $4+0.5nV_{daf}$ 计算值，$R_{90}2$ 表示按 $0.5nV_{daf}$ 计算值；E_m1 表示优化前磨煤电耗实测数据，E_m2 表示优化后磨煤电耗计算数据；K_m1 表示优化前钢球消耗取值，K_m2 表示优化前钢球消耗计算值；$\Delta E_m=E_m2-E_m1$，$\Delta K_m=K_m2-K_m1$；$\Delta B_E=\Delta E_m\times130\times0.3$，$\Delta B_K=\Delta K_m\times130\times2000\times10^{-6}$；磨煤电耗 E_m2 按 $E_m2/E_m1=\ln(100/R_{90}2)^{0.5}/\ln(100/R_{90}1)^{0.5}$ 计算得出，钢球消耗 K_m2 按 $K_m2/K_m1=\ln(100/R_{90}2)^{0.5}/\ln(100/R_{90}1)^{0.5}$ 计算得出。

对于在役火电机组，降低煤粉细度运行的主要障碍在于制粉系统出力能否满足机组在满负荷下长期连续运行。因为降低煤粉细度必然会导致磨煤机出力下降，这一问题一般可通过制粉系统的优化调整来解决。对于燃用低挥发分煤粉锅炉通常配备钢球磨煤机，调整其钢球装载量，使其达到额定值是十分有效的手段。此外通过试验确定不同直径钢球的比例，也是有效手段之一。

降低煤粉细度后，有必要对锅炉燃烧状况作适当调整。因为细煤粉的着火会提前，若处理不当，有可能因着火距离过近而烧坏燃烧器喷口。

第三节　钢球磨煤机制粉系统优化改造

我国的火力发电机组，大多数采用了钢球磨煤机中间储仓式制粉系统。采用钢球磨煤机的优点是：安全可靠，适应可磨性低、水分高的煤运行维护简单。但也有其缺点：设备金属耗量大，初投资费用高；能耗高，磨制每吨煤粉耗电达 26～37kWh；不宜低负荷运行，必须采用中间煤粉仓的复杂系统。近几年来随着装机容量的增加以及机组安全性的提高，钢球磨煤机中间储仓式制粉系统存在的问题显得尤为突出。目前滚筒式钢球磨煤机存在诸多问题：磨煤机出力不足、长期低负荷运行，制粉电耗较高；漏粉现象较普遍、堵磨现象时有发生；煤粉细度不合理，出力较大时引起煤粉过粗，严重影响炉内燃烧，易引起高温腐蚀、结渣、烟温偏差以及燃尽度差等问题，煤粉过细又使得制粉电耗增加；系统配置不合理，尤其是粗粉分离器选型不能与系统相匹配

(如选用 D4250 型分离器)，使得回粉量大，细度不易调整，系统出力不足，效率低；自动控制能力差、运行操作繁琐；磨煤机不能在最佳状态下运行（如存煤量、通风量、装球量等)，体现在磨煤机出力小、排粉机通风量大、风压高、制粉单耗大。因此，通过制粉系统的调整试验，对其进行有计划的改变可控参数及控制方式，全面测试制粉系统运行参数，从经济性、安全性方面比较试验结果，确定制粉系统最佳经济运行方式，使制粉系统始终处于最佳状态。另外，通过对现有制粉系统进行部分设备改造，减少漏风，提高分离器效率，使整个制粉系统经济、安全运行。

一、300MW 机组钢球磨煤机制粉系统

制粉系统在现代煤粉锅炉中，已成为锅炉燃烧设备共同组成的不可分割的燃烧系统的重要部分。在设备选型，确定机组投运后，为了提高锅炉机组经济运行，必须进行锅炉燃烧调整试验，以改善运行方式并进行必要的设备改进，而制粉系统试验是锅炉机组调整试验的主要内容，是整个燃烧调整的基础。

山东沿海某电厂 300MW 机组锅炉是由东方锅炉厂设计制造的 DG 1025/18.2-Ⅱ4 型亚临界压力、中间再热、自然循环汽包炉。锅炉设计燃用蒙西烟煤（设计煤质低位发热量 $Q_{ar,net}$＝21.34MJ/kg，干燥无灰基挥发分 V_{daf}＝29.2%)，四角切圆燃烧，尾部烟道设有两台回转式空气预热器及两台静电除尘器，中间储仓式制粉系统配四台 DTM350/700 型钢球磨煤机。制粉系统主要设计参数见表 11-8。每台锅炉配备两台 ANN-2180/1000N 型动叶可调轴流式送风机和两台 D413-1884-631 轴流式引风机。采用乏气送粉、钢球磨煤机、中间储仓式制粉系统。

表 11-8　制粉系统主要设计参数

名　称	型　号	数量（台）	备　注
给煤机	MSD63A 型	4	出力 5～80t/h
磨煤机	MTZ350/700 型	4	额定出力 35t/h
细粉分离器	HWCBY/CBZΦ3500 型	4	介质流量 119 587m³/h
粗粉分离器	HW-CB-1-Φ4700 型	4	进出口设计流速 18～20m/s
排粉风机	5-36N020D	4	风量 125 677m³/h
磨煤机筒体直径	—	—	3.5m
磨煤机筒体容积	—	—	67.35m³
磨煤机筒体转速	—	—	17.57r/min

由于种种原因，制粉系统制粉单耗一直在 33.0kWh/t 左右，可见该炉制粉系统耗能偏大，必须进行改造。

1. 制粉系统综合治理前试验

(1) 给煤机特性试验。给煤量测试，在不同的给煤机转速下测量刮板行进速度，并用光电转速表测量给煤机电动机实际转速，同时测量煤层厚度，并取一段长度的原煤进行称重，确定给煤机转速与给煤量的关系，给煤机出力试验结果见表 11-9。

给煤量 B 计算式为

$$B=\frac{mv}{1000L}$$

式中　B——给煤量，t/h；

m——所取的刮板上固定长度的一段原煤的质量，kg；

v——给煤机实测刮板速度，m/h；

L——所取的刮板上原煤段的长度，m。

表 11-9　　给煤机出力试验结果

序　号	项　　目	单　位	数　据
1	给煤机链条周长	mm×mm	200×88
2	给煤机宽度	mm	630
3	煤层厚度	mm	350
4	给煤机链条转一周时间 100r/min		11′53″56
5	给煤机链条转一周时间 200r/min		6′8″88
6	给煤机链条转一周时间 300r/min		4′8″38
7	给煤堆积密度	t/m^3	0.85
8	A 给煤机出力（100r/min）	t/h	16.63
9	A 给煤机出力（200r/min）	t/h	32.18
10	A 给煤机出力（300r/min）	t/h	47.79

（2）排粉机入口风量标定。在 2～3 种风速下利用皮托管对乏气靠背管等的流量系数进行标定，并确定了系统通风量。靠背管流量系数为 0.881，在系统正常运行状态下，系统通风量为 126 794.69m^3/h。

（3）粗粉分离器分离效率测试及阻力测试。对 A 粗粉分离器进行了效率及阻力测试，维持系统原有的运行状态，分离器挡板开度为 30%，结果见表 11-10。

表 11-10　　A 粗粉分离器效率及阻力测试结果

序　号	项　　目	单　　位	来　　源	数　　据
1	A 磨煤机电流	A	表盘	72.6
2	A 排粉机电流	A	表盘	61.7
3	A 排粉机出口压力	Pa	表盘	4.3
4	A 排粉机入口压力	Pa	表盘	−8694
5	A 回风门开度	%	表盘	37
6	A 排粉机入口流量	t/h	表盘	168
7	A 磨煤机入口温度	℃	表盘	202
8	A 磨煤机出口温度	℃	表盘	62
9	A 磨煤机入口负压	Pa	表盘	−733
10	A 磨煤机出口负压	Pa	表盘	−1807
11	A 磨煤机出入口差压	Pa	表盘	1168
12	A 粗粉分离器出口负压	Pa	表盘	−2890
13	A 再循环风门开度	%	表盘	79.3
14	A 给煤机转速	r/min	表盘	243
15	A 排粉机出入口温度	℃	表盘	65.9/49.8
16	A 粗粉分离器入口静压	Pa	实测	−2354

续表

序号	项目	单位	来源	数据
17	A 粗粉分离器出口静压	Pa	实测	−3187
18	A 回风管流速	m/s	实测	17.31
19	A 排粉机回风量	m^3/h	实测	126 794.69
20	A 磨煤机粗粉分离器入口煤粉细度 R_{90}	%	实测	42.8
21	A 磨煤机粗粉分离器出口煤粉细度 R_{90}	%	实测	28.2
22	A 磨煤机粗粉分离器回粉管粉细度 R_{90}	%	实测	90.0
23	A 制粉系统煤煤粉细度 R_{90}	%	实测	33.2
24	A 粗粉分离器循环倍率		实测	1.31
25	A 粗粉分离器分离效率	%	实测	45.50
26	A 粗粉分离器阻力	Pa	实测	850

(4) 试验期间煤质特性及煤粉细度。由于煤炭市场变化，煤质偏离了原设计煤质，因此必须按现有煤质确定制粉系统运行参数，试验期间入炉煤工业分析见表 11-11。

表 11-11　入炉煤工业分析

项目	全水分 M_t	水分 M_{ad}	灰分 A_{ad}	挥发分 V_{daf}	固定碳 FC_{ad}	全硫 $S_{t,ad}$	高位热量	低位热量	煤粉细度 R_{200}	煤粉细度 R_{90}
单位	%	%	%	%	%	%	MJ/kg	MJ/kg	%	%
实际	10	3.4	16.73	31.69	54.56	0.66	26.11	23.34	9.4	32.8
设计	7.5	1.07	27.61	29.82	41.50	0.94		21.34		20

(5) 磨煤机装球特性曲线（钢球装载量与电流关系试验）。从磨煤机空载开始到装球量达到设计值的 90%止，每加一次钢球记录磨煤机电流和磨煤机内的钢球量，试验进行 6 个工况，加球直径为 $\phi60$ 一种。在 A、C 两台磨煤机上进行，取平均值，试验数据见表 11-12。

表 11-12　磨煤机装球特性试验数据

项目	数据						
实际装球量（t）	0	10	20	30	40	50	60
磨煤机电流（A）	36.5	43	49.4	57.6	71.2	83.5	90.5

2. 改造前基本运行工况

制粉系统优化改造前主要运行参数及分析见表 11-13。从改造前运行数据来看，制粉系统单耗偏高，仍有较大的节能潜力，通过设备改造及优化运行参数，可以将制粉单耗控制在 30kWh/t 煤以下。

表 11-13　制粉系统优化改造前主要运行参数及分析

序号	项目	单位	数据	分析
1	磨煤机空转电流	A	63	装球量 45t，偏小
2	磨煤机带负荷电流	A	70～73	
3	A 磨煤机入口温度	℃	190～200	

续表

序　号	项　　目	单　位	数　据	分　　析
4	A 磨煤机出口温度	℃	60～62	偏低，限制干燥出力
5	A 磨煤机出入口差压	Pa	1100～1800	
6	A 给煤机给煤量	r/min	220～270	转速偏低 20%
7	A 排粉机电流	A	61.7	制粉系统运行
8	A 排粉机出口压力	kPa	4.2～4.4	偏高
9	一次风管道风速	m/s	35～39	偏高
10	A 排粉机入口风量	m^3/h	126 795	系统风量偏高 20%
11	再循环风门开度	%	40～80	再循环风量明显偏大
12	煤粉细度 R_{90}	%	32～40	偏大
13	煤粉细度 R_{200}	%	8～10	偏大
14	粗粉分离器挡板开度	%	30	偏小
15	A 粗粉分离器分离效率	%	45.50	分离效果差，影响系统出力
16	A 粗粉分离器阻力	Pa	850	偏大
17	制粉系统稳定出力	t/h	40	偏小
18	制粉系统单耗	kWh/t	33.23	偏大

3. 制粉系统的综合改造

（1）根据摸底试验中发现的设备存在的问题。对系统进行检查和消缺，解决制粉系统漏风，包括磨煤机本体漏风以及系统中的锁气器、人孔门、系统中的风门等处的漏风。加强对输粉绞笼的维护，完善运行管理制度，防止出现冒粉及自燃现象。

（2）甩钢球。原钢球只有 $\phi60$、$\phi40$ 两种大球，通过试验应该增加小球，并且加球种类的最佳比例为 $\phi60:\phi40:\phi30=4:3:3$，以保证磨煤机内的钢球充满系数，初步加钢球 58t，以备修后进行优化调整试验。

（3）粗粉分离器折向挡板消缺。粗粉分离器的挡板开度较乱，内外不一致，设法消除挡板存在的缺陷，保证挡板开度内外一致，整体开度一致并调整为 50°。

（4）粗粉分离器改造。原分离器结构存在较大的问题，特别是在内筒结构方面，当分离器挡板开度减小（如开度调到 30%左右）时，增加了气流短路的机会，使得煤粉细度难以控制，均匀性差，分离效率低。

粗粉分离器改造后，外部做防磨处理；将内锥体改为封闭结构，采用 8mm 厚的 16Mn 钢板制作锥体，外部做防磨处理；粗粉分离器采用二次携带方式的入口环形导流器，外部做防磨处理，防磨层厚度为 15～20mm。目的增加气流携带煤粉的能力，减小回粉中合格煤粉的含量，增加系统出力。

改造后，粗粉分离器的煤粉不存在短路现象。分离器挡板开度可调到 40%～60%，降低分离器的阻力，同时降低系统通风量。将煤粉细度 R_{90} 控制在 30%以下，R_{200} 控制在 6%以下。

4. 制粉系统运行方式优化

（1）提高磨煤机入口温度。治理前，磨煤机出口温度控制偏低，使得干燥出力低，根据煤质的分析来看磨煤机出口温度控制在 66～71℃范围内，不影响安全运行，这样可适当提高系统出力。

调整方式，可提高磨煤机入口温度大于200℃。通过增加给煤量，控制磨煤机出口温度不超温，保持磨煤机出入口差压不低于1800Pa，这样可提高制粉系统的出力，降低磨煤单耗。

(2) 降低排粉机出口风压。从试验来看目前排粉机的节能潜力相比之下最大，主要问题是排粉机出口风压过高（约4.3kPa）和一次风速高（35～39m/s）。一次风速高不但增加了电耗，而且使得管道磨损严重，同时风量过大引起煤粉细度变粗，均匀性差。再循环风量过大，大量的低温风在磨煤机内循环，对提高系统出力不利，大大增加了排粉机的电耗。

调整方式：控制排粉机出口压力为3.5～3.8kPa，一次风速可控制在30m/s左右。关小再循环风门开度，增加系统热风量，再循环风门开度可控制在10%左右。

(3) 提高给煤机转速。目前状态下制粉系统稳定出力为40t/h，通过设备改进及优化调整，在装球量不增加的情况下，提高给煤机转速，使其稳定在300r/min，提高制粉系统的稳定出力达到45t/h。

(4) 确定经济煤粉细度。对于固态排渣煤粉炉燃用烟煤时，煤粉的经济细度为

$$R_{90}=4\%+0.5nV_{daf}=4+0.5\times1.1\times31.69\%=21.4\%$$

因此原煤粉细度（32.8%）明显偏大，应减小使其接近21.4%，考虑到运行实际情况，取25%为宜。

(5) 确定最佳钢球装载量。最佳填充系数为

$$\Psi_{zj}=\frac{0.12}{\left(\dfrac{n\sqrt{D}}{42.3}\right)^{1.75}}=\frac{0.12}{\left(\dfrac{17.57\sqrt{3.5}}{42.3}\right)^{1.75}}=0.1866$$

最佳钢球装载量为

$$G_{zj}=\rho_{gq}\Psi_{zj}V=4.9\times0.1866\times67.35=61.6$$

优化前钢球装载量45t明显偏低，最佳钢球装载量取60t为宜。

(6) 降低系统风量。根据磨煤机最佳通风量公式计算为

$$\begin{aligned}q_{V,zj}&=\frac{38V}{n\sqrt{D}}(1000\sqrt[3]{K_{VTI}}+36R_{90}\sqrt{K_{VTI}}\sqrt[3]{\Psi_{zj}})\left(\frac{101.3}{p}\right)^{0.5}\\&=\frac{38\times67.35}{17.57\sqrt{3.5}}\times(1000\sqrt[3]{1.01}+36\times25\sqrt{1.01}\times\sqrt[3]{0.1866})\\&=118362\end{aligned}$$

原磨煤机通风量126 795m³/h，显然偏大，致使煤粉太粗。磨煤机通风量取118 000m³/h为宜。

(7) 优化改造后运行参数。制粉系统优化改造后，其最佳运行参数见表11-14。

表11-14　制粉系统优化运行参数

序号	项目	单位	数据
1	磨煤机装球量	t	60
2	磨煤机空转电流	A	90
3	磨煤机带负荷电流	A	105
4	磨煤机入口温度A	℃	200～250
5	磨煤机出口温度A	℃	66～71
6	磨煤机出入口差压	Pa	1800～2000
7	给煤机给煤量A	r/min	300

续表

序　号	项　　目	单　位	数　据
8	排风机出口压力 A	kPa	3.5～3.8
9	排粉机入口风量 A	m^3/h	118 000
10	再循环风门开度	%	＜10
11	煤粉细度 R_{90}	%	25
12	粗粉分离器挡板开度	%	55
13	制粉单耗	kWh/t	26.0

5. 改造效果

（1）粗粉分离器效率提高。在维持磨煤机、排粉机优化运行状态下，进行粗粉分离器效率试验，试验结果表明分离效率明显提高，从原分离效率为 45.5%提高到 61.8%。

原挡板开度为 30%，改造后挡板开度为 40%～50%，阻力由原来的 850Pa 降低到 600Pa，经济性得到显著提高。

（2）系统出力得到提高，磨煤机单耗降低。改造前给煤机转速在 220～270r/min，磨煤机出力在 34～43t/h。通过磨煤机优化装球及优化运行方式，提高磨煤机入口温度及出入口差压，磨煤机出力得到明显的提高，给煤机转速为 320～350r/min，磨煤机出力为51～55t/h,磨煤机出力平均提高 30%以上。

（3）制粉单耗降低。减小再循环风门开度，开度控制在 10%以内，关小回风门，控制排粉机出口压力在 3.5～3.7kPa，排粉机电流明显下降。根据实际运行结果，排粉机排粉单耗从 16.15kWh/t 降到 13.28kWh/t，磨煤单耗从 17.08kWh/t 降到 12.70kWh/t。

（4）降低一次风速，减轻管道磨损。降低系统通风量，排粉机入口风量由原来的 126 000m^3/h 降低到 118 000m^3/h，同时并不影响磨煤机出力，给煤机转速在 320～350r/min 可稳定运行。这对降低一次风速，减轻一次风管道磨损起到重要作用。

6. 建立优化运行专家系统

为了充分发挥优化改造的成效，使制粉系统稳定运行在最佳状态，可以利用微机，采用制粉系统综合因数建立制粉系统优化运行专家系统。

用制粉系统综合因数，来评价制粉系统在一定时期内运行的经济性，与传统的制粉单耗相比较，能够综合考虑影响机组经济性的主观因素与客观因素，能够科学地反映制粉系统设备的健康状态与运行质量。综合因数 E_x 是制粉系统单耗高低的综合反映。在机组原有一次信号的情况下通过性能试验综合测试各种参数与制粉单耗的关系，从而定义此因数 E_x。E_x 的最佳值定义为 100，当 $E_x=100$ 时制粉单耗基本达到最低，制粉系统运行方式最优。在一般情况下存在 $E_x<100$，E_x 越接近于 100，表明机组的健康状况与运行质量越好。

综合因数 E_x 可定义为：$E_x=f\ (n_iX_i)$

其中 n_i 为性能常数，通过试验和理论分析确定 X_i 参数对制粉单耗影响的权重百分数；X_i 为影响制粉单耗主要因素，包括：排粉机出口压力（X_1）；再循环风门开度（X_2）；给煤量（给粉机转速）（X_3）；磨煤机入口热风温度（X_4）；磨煤机出口风温（X_5）；近路风门开度（X_6）；磨煤机电流（磨煤机装球量）；排粉机运行台数（不同负荷下）；回风门开度；回风量；磨煤机入口负压；磨煤机出口负压；磨煤机出入口差压；粉仓粉位；粉仓温度；给粉机转速；一次风压；四角对称性等。

每套制粉系统的综合因子 E_{xj}（j＝A、B、C、D，分别指四套制粉系统）为

$$E_{xj}=n_1X_1+n_2X_2+n_3X_3+n_4X_4+n_5X_5+n_6X_6+\cdots+n_mX_m$$

通过微机实时监控，使 E_x 接近于100，这就是制粉系统优化运行专家系统的基本原理。

二、410t/h 锅炉制粉系统优化调整

1. 制粉系统优化调整前情况

山东中部某热电有限公司 NG-410/9.8-M4 型高压自然循环固态除渣锅炉，设计燃料为淄博贫煤，采用中间储仓式、热风送粉制粉系统，配 DTM320-580 型钢球磨煤机和M5-29No20D排粉机。制粉系统设备参数如下：

制粉系统通风量 75 260m³/h，煤粉细度 $R_{90}=12\%$，磨煤机出力 32.956t/h，最大装球量 55t，排粉机出力 94 420m³/h，风压 11 035Pa，干燥无灰基挥发分 15.88%，收到基低位发热量 20 910kJ/kg。

制粉系统优化调整前，首先进行原始工况试验，4 个工况试验得出制粉系统出力平均 33.37t/h，制粉单耗 28.86kWh/t，制粉系统通风量 99 000m³/h，三次风量 55 000m³/h。粗粉分离器挡板指示 35°，煤粉细度 $R_{90}=13\%$，干燥无灰基挥发分 12.5%，钢球装载量 33.75t。

2. 制粉系统优化调整试验

（1）粗粉分离器挡板调整试验。根据燃煤干燥无灰基挥发分 12.5%得知，煤粉细度 R_{90} 最好为 10%左右。粗粉分离器挡板调整前指示 35°，煤粉细度 $R_{90}=13\%$。将粗粉分离器挡板调整至 32°，煤粉细度 R_{90} 降至 10.62%。最后确定粗粉分离器挡板开度调整至 32°为宜。

（2）制粉系统通风量试验。根据最佳通风量公式，计算得到制粉系统通风量最好为 78 500m³/h。在粗粉分离器挡板开度不变的情况下，维持磨煤机钢球装载量 33.75t，磨煤机电流 58A，在保证磨煤机压差和出口温度等参数正常情况下，逐渐关闭冷风门，通过调整排粉机入口挡板改变制粉系统通风量。此试验共进行了 6 个工况，主要试验数据见表 11-15。随着通风量的减少，制粉出力相对增加，制粉单耗降低，但降低到一定值后（通风量过小），随着通风量的降低，只能带出细粉，部分合格的煤粉仍留在磨煤机内被磨制成更细的煤粉，致使制粉出力下降，制粉单耗增加。通风量增加，制粉出力一般是增加的，但通风量过大，把不合格的煤粉带走，经粗粉分离器后又回到磨煤机，造成无益的循环，致使排粉机电流增大，导致制粉单耗增加；同时过高的通风量使制粉系统内风速增大，而金属的磨损与风速的三次方成正比，因此加剧了制粉系统的磨损。在通风量为 81 223m³/h 时制粉单耗最小，因此确定制粉系统通风量最佳值为81 200m³/h。

表 11-15　　制粉系统通风量试验数据

项　目	单　位	各　工　况　数　值					
给煤量	t/h	32.8	33.35	33.66	31.54	31.49	22.76
制粉风量	m³/h	101 032	92 463	81 223	73 758	70 638	60 448
煤粉细度	%	11.52	12.66	9.03	8.74	7.94	3.3
磨煤单耗	kWh/t	17.15	16.93	16.41	17.23	16.92	24.15
排粉单耗	kWh/t	12.19	11.55	10.95	11.23	11.13	13.35
制粉单耗	kWh/t	29.34	28.48	27.36	28.47	28.06	34.50

（3）钢球装载量试验。在经过优化调整的风量下，根据磨煤机电流逐渐增加钢球装载量，试验结果见表 11-16。从试验结果看，随着钢球装载量的增加，制粉出力逐步增加，当钢球装载量

大于37t时，再增加钢球，出力反而下降，同时随着钢球装载量的增加，钢球在磨煤机内所占空间增大，导致磨煤机出入口压差增大，增加煤量容易造成磨煤机堵煤。在钢球装载量36.75t，磨煤机电流64A时，运行稳定，制粉单耗低，因此确定磨煤机最佳钢球装载量为36.75t。

表 11-16　　钢球装载量试验结果

项　目	单　位	各　工　况　数　据					
磨煤机电流	A	58	62	64	66	66	67
钢球装载量	t	33.75	34.75	36.75	38.25	38.25	39.75
给煤量	t/h	33.66	33.87	36.0	34.8	34.9	34.7
制粉风量	m^3/h	81 223	82 873	82 200	80 232	80 181	81 904
煤粉细度	%	9.03	9.91	10.81	10.36	10.2	10.8
磨煤单耗	kWh/t	16.41	17.35	16.67	18.02	17.97	18.44
排粉单耗	kWh/t	10.95	10.58	10.2	10.4	10.37	10.55
制粉单耗	kWh/t	27.36	27.95	26.87	28.41	28.33	28.99

3. 优化调整结果

钢球装载量由33.75t增加到36.75t，制粉风量由99 000m^3/h降低到82 200m^3/h，磨煤机单耗降低了0.12kWh/t，排粉机单耗降低了1.85kWh/t，制粉出力增加2.6t，使总制粉单耗降低了1.97kWh/t。

优化调整后，冷风门在运行中可以关闭（调整前是开启的）。冷风门作为制粉系统停运以及非正常工况的临时调节门，它的开启人为地造成制粉系统漏风，不仅影响锅炉运行的经济性，而且增大了炉内燃烧的扰动，降低了炉膛温度，对燃烧的稳定性不利。

第四节　中速磨煤机制粉系统优化改造

中速磨煤机制粉系统的优化要以制粉系统的优化试验为基础。为了说明中速磨煤机制粉系统的优化过程，本节以某300MW机组为例说明。机组3号磨煤机型号为ZGM95，标准碾磨出力38t/h，磨煤机磨盘转速26.4r/min，通风阻力不大于5740Pa，磨煤机额定空气流量17.93 kg/s，磨煤机磨煤电耗量6～10kWh/t。

1. 优化试验内容

（1）磨煤机入口测风装置的标定。磨煤机通风量对磨煤机的运行性能影响较大，通风量用磨煤机入口的风量测量装置测量，并在表盘显示。在很多情况下，表盘风量往往不够准确，有必要重新进行标定。标定试验在煤种稳定，负荷稳定在290MW时进行。

（2）煤粉分配特性及摸底试验。为便于对比分析，在制粉系统调整试验之前，首先对运行工况下磨煤机煤粉分配特性进行测量。在240MW负荷下，挡板开度和加载力保持固定，当磨煤机出力39t/h、通风量为65 000m^3/h时，分离器调节挡板开度为55°，加载压力为15MPa，各角煤粉分配特性见表11-17。从煤粉筛分结果可以看出各角煤粉分配是比较均匀的。系统优化前的3号磨煤机单耗为8.31kWh/t。

表 11-17　　调整前运行工况下运行参数

项　　目	1 号一次风道	2 号一次风道	3 号一次风道	4 号一次风道	煤粉细度平均值
煤粉细度 R_{90}（%）	19.55	19.79	22.07	18.61	20.01
煤粉细度 R_{200}（%）	2.42	2.58	0.80	2.46	2.06
通风量（m^3/h）	65 000				
分离器调节挡板开度	55°				
磨辊加载压力（MPa）	15				
3 号磨煤机单耗（kWh/t）	8.31				

（3）制粉系统通风量试验。在 240MW 负荷下，挡板开度和加载力保持固定，改变制粉系统通风量，对制粉系统进行调整，测试磨煤机煤粉细度、制粉单耗等参数，寻找制粉系统最佳通风工况。在实际测试过程中，因一次风速不能过低，制粉系统通风量试验工况表盘通风量为 55 000m^3/h以上，磨煤机出力为 40t/h 左右，分离器挡板开度为 45°。改变磨煤机 3 个不同的通风量，测试磨煤机各项运行性能参数，试验结果见表 11-18。

表 11-18　　3 号制粉系统通风量试验结果

项　　目	通风量（m^3/h）		
	65 000	60 000	55 000
磨煤机给煤量（t/h）	39.2	39.2	39.2
磨煤机单耗（kWh/t）	6.30	6.01	6.17
煤粉细度 R_{90}（%）	16.03	15.63	15.46
煤粉细度 R_{200}（%）	1.20	0.42	0.44
煤粉均匀系数 n	1.10	1.35	1.33

磨煤机通风量决定磨煤机风环的风速。风环风速越大，就可以携带更多、更大的煤粉颗粒，使石子煤量减少。同时，在磨煤机出力不变时，改变通风量相当于改变了风煤比，对锅炉燃烧和制粉系统运行都有影响。试验过程中，随着通风量的增加，煤粉细度 R_{200}、R_{90} 增加，但变化不大，均能满足燃烧要求，制粉单耗在通风量为 60 000m^3/h 时最低。

（4）分离器挡板特性调整。在 240MW 负荷下，加载力保持固定，保持通风量和给煤量不变，对分离器挡板特性进行测试，试验结果见表 11-19。

表 11-19　　分离器挡板特性试验结果

项　　目	分离器挡板开度		
	40°	45°	50°
磨煤机通风量（m^3/h）	60.8	60	58.5
磨煤机给煤量（t/h）	38	39.2	38
磨煤机单耗（kWh/t）	6.36	6.01	5.83
煤粉细度 R_{90}（%）	12.88	15.63	16.03
煤粉细度 R_{200}（%）	1.09	0.42	0.83
煤粉均匀系数 n	0.99	1.35	1.20

试验过程中，随着分离器挡板开度的增加，煤粉细度增加；但磨煤机单耗随着分离器挡板开度的增加而降低。

（5）磨辊加载压力试验。磨辊加载压力对煤粉细度和磨煤机功耗有一定影响，试验时保持磨煤机出力、分离器挡板开度和通风量不变，改变磨煤机 3 个不同的加载力，测试磨煤机各运行性能参数，求得满足磨煤出力所需的加载压力。试验时煤粉细度应在合适的范围内。不同加载压力下对制粉电耗和煤粉细度进行比较，见表 11-20。

表 11-20　液压加载力和煤粉细度关系

项　目	液压加载力（MPa）		
	16	14	13
磨煤机给煤量（t/h）	38	38	38
磨煤机单耗（kWh/t）	5.83	5.35	5.27
煤粉细度 R_{90}（%）	13.79	15.65	16.48
煤粉细度 R_{200}（%）	0.83	0.43	0.83
煤粉均匀系数 n	1.10	1.34	1.22

改变加载力可以改变煤粉细度。试验过程中，随着加载力的增加，此时煤粉细度减少，能满足燃烧要求，而制粉单耗随着加载力增加而增大。

（6）出力特性试验。试验时保持分离器挡板开度和加载力不变，在不同出力条件下，制粉单耗和煤粉细度试验数据见表 11-21。从表 11-21 可以看出，随着出力的增加，制粉单耗明显降低，煤粉细度也随着下降。

表 11-21　制粉单耗与煤粉细度试验结果

项　目	磨煤机出力（t/h）		
	42	36	30
磨煤机单耗（kWh/t）	5.35	5.91	6.45
煤粉细度 R_{90}（%）	17.65	16.42	16.72
煤粉细度 R_{200}（%）	0.43	1.27	0.25
煤粉均匀系数 n	1.31	1.09	1.51

（7）最大出力试验。根据磨煤机出口温度、磨煤机压差及石子煤排量，将磨煤机调整到可能的最大出力，见表 11-22。在磨煤机接近最大出力时，制粉系统稳定运行 1h 以上，在此期间磨煤机出口温度没有明显下降，石子煤排量小于磨煤机额定出力的 5‰，说明制粉系统能够在该出力下稳定运行。

表 11-22　磨煤机最大出力试验结果

磨煤机最大出力（t/h）	煤粉细度 R_{90}（%）	煤粉细度 R_{200}（%）	煤粉均匀系数 n	磨煤机单耗（kWh/t）
53	18.0	0.20	1.60	4.59

2. 优化结果

根据优化试验，得到优化运行参数见表 11-23。

表 11-23　　优化运行参数

磨煤机出力 (t/h)	煤粉细度 R_{90} (%)	煤粉细度 R_{200} (%)	分离器调节挡板开度	磨辊加载压力 (MPa)	磨煤机给煤量 (t/h)	通风量 (m^3/h)	磨煤机单耗 (kWh/t)
42	17.65	0.43	50°	14	38	60 000	5.35

从制粉系统优化试验结果可看出，同优化前相比，制粉单耗明显降低。煤粉细度完全能够满足设计要求。经测试，制粉系统 3 号磨煤机单耗调整前为 8.31kWh/t，调整后为 5.35kWh/t。若锅炉按燃煤量 150t/h、年运行 7000h、电费 0.4 元/kWh 计算，则制粉系统调整后可节约厂用电 124.3 万元。

优化前，由于通风量偏大，造成了通风单耗增大。经调整，分离器挡板开度 50°，加载力降至 14MPa，煤粉细度仍有调节余地，飞灰及大渣含碳量均明显降低，提高了锅炉运行经济性。

第五节　风扇磨煤机制粉系统优化改造

一、风扇磨煤机制粉系统干燥出力不足的主要原因

我国已经投产运行的磨制褐煤的风扇磨煤机制粉系统，无论大中小型，普遍存在干燥出力不足的问题，其主要表现为磨煤机出口温度过低，达不到设计要求，一般约低 20～40℃。造成褐煤风扇磨煤机制粉系统干燥出力不足的主要原因如下：

（1）燃用煤种与设计煤种水分偏差较大。

（2）制粉系统漏风过大，漏风系数远超过设计值，由于大量冷空气漏入制粉系统，必然降低系统的干燥出力。漏风较大的部位为给煤机、磨煤机入口、高温炉烟的冷风门、磨煤机入口门上的伸缩式连接管和高温炉烟抽烟口等。

（3）部分制粉系统设计中，高温炉烟管道与热风管道接口布置不当，限制了高温烟气流量，使抽炉烟量不够或烟温低，所以干燥出力明显不足。

（4）制粉系统管道设计中，管道内介质流速选得偏高，致使系统阻力增大，抽炉烟量减少。

（5）制粉系统中部分设备和管道未敷设保温层，系统散热损失增大。计算表明，若分离器外表面不敷设保温层，由于散热损失加大会使分离器出口干燥剂温度降低 15～20℃。

二、提高风扇磨煤机制粉系统干燥出力的主要措施

（1）选择具有代表性的设计煤种和较核煤种，以保证制粉系统在煤种变化时有较好的适应能力。

（2）制粉系统设计中合理地选取有关数据，特别是对干燥出力影响较大的参数，如磨煤机出口温度、煤粉水分以及制粉系统的漏风系数等。

（3）合理选择干燥剂，由于褐煤水分大、挥发分高，所以应选择高温烟气（约 1050℃）＋热风（约 280℃）＋低温烟气（约 160℃）三介质组成的干燥剂。这种干燥方式有如下好处：一是热风和炉烟混合后，降低了干燥剂的氧气浓度，有利于防止高挥发分褐煤煤粉发生爆炸；二是含氧量低的热风和炉烟混合物作为一次风送入炉膛，可以降低炉膛燃烧器区域的温度水平，燃用低灰熔点褐煤时可以避免炉内结渣，并且减少 NO_x 的生成；三是在煤种水分变化较大时，改变高、低温炉烟的比例，可以满足煤粉干燥的需要，而一次风温和一次风比例仍保持不变，减轻了燃煤水分变化对炉内燃烧的影响。

（4）合理选取管道内介质流速，降低系统阻力，从而提高制粉系统干燥剂流量，减少磨煤机入口漏风量和再循环风量。

（5）改进设备，提高管路和风门的密封性，防止或减少冷风漏入。

（6）减少制粉系统的散热损失，高温烟气管道内衬不宜采用耐火砖和保温砖的结构，这种结构易超温，不但维修量大，散热损失大，而且使用寿命也短。采用耐热合金钢管或内衬耐热陶瓷外敷保温层的结构比较好。

（7）为了提高风扇磨煤机磨制高水分煤种的适应能力，可以在磨煤机前面安装一个干燥竖井，从炉内抽取1000℃的烟气与热风混合作为干燥剂，这样，风扇磨煤机可以磨制收到基水分大于30%的高水分褐煤。同样为了提高风扇磨煤机磨制高磨损指数的煤种，可以在磨煤机前安装一级锤式碎煤机。有资料表明，这样磨煤机在磨制含有较多石英矿物质的褐煤时，可以提高磨煤出力40%。

三、提高风扇磨煤机制粉系统干燥出力的实例

1. 问题分析

某发电厂共装4台200MW机组，锅炉系哈尔滨锅炉厂生产的HG-670/140型煤粉锅炉，每台锅炉配6台S45.50型风扇磨煤机。制粉系统设计参数为通风量125 000m^3/h，磨煤机出力45t/h，磨煤机出口风压1597Pa，磨煤机出口温度120℃，高温炉烟温度1036℃，低温炉烟温度167℃，热风温度275℃，干燥介质混合温度427℃，煤粉水分$M_{mf}<10\%$，煤的收到基成分分别为$C_{ar}=31.3\%$，$H_{ar}=2.16\%$，$O_{ar}=8.82\%$，$N_{ar}=0.56\%$，$S_{ar}=0.28\%$，$A_{ar}=32.88\%$，$M_{ar}=24\%$。

存在的问题：原设计为热炉烟、热风、冷炉烟三介质混合干燥，其中冷炉烟为调温风。机组投产后，由于设备缺陷及管理不当，制粉系统漏风相当严重，漏风量达50%以上，加之锅炉燃用煤种变化，煤种水分大于设计值，造成磨煤机干燥出力不足，采用热炉烟和热风混合干燥仍达不到设计的一次风温度，而当冷烟风机停运时，会造成热烟气沿冷烟管道倒流，使冷烟管道过热、冷烟风机轴承超温、锅炉热损失增大、运行环境恶劣等不良现象。由于冷烟长时间不能使用，电厂将冷烟风机及部分烟道拆除。同时电厂对制粉系统漏风进行了综合治理，使制粉系统的漏风基本保持在磨煤机通风量的30%左右，磨煤机的干燥能力明显增强，磨煤机出口温度达140℃左右。当煤种水分较少时，热风门全开，磨煤机出口温度仍高于150℃，使磨煤机出口温度无法调节。因此，必须对制粉系统再次改造，增加调温风。

2. 改造措施

根据现场情况，有三种介质可以作为调温风。第一种是用冷烟作调温风。将原有的冷烟系统恢复，而原有的冷烟系统只保留了和抽炉烟管道连接处一段冷烟管道，其余已全部拆除，要想恢复需要重新安装冷烟风机、干式除尘器等，投资大，而且运行操作复杂，运行费用高（比温风调节运行费用每年多100万元）。第二种是用冷风作调温风。冷风来自风扇磨煤机入口冷风门，风扇磨煤机入口冷风门是当风扇磨煤机停机检修时开启，以冷却风扇磨煤机用的，正常情况只是全关，不能作调整用。用冷风作调温风，虽然磨煤机出口温度可以达到设计值，但磨煤机入口干燥介质温度仍然处于超温状态，使入口干燥段长期过热烧损，并会使排烟温度升高，锅炉效率降低，所以此方案不能作为长期调温使用。第三种是用温风作调温风。温风的来源为低温段空气预热器出口，风温约为160℃左右，在低温段空气预热器出口风箱上开口取风，只需用一段风道与原冷炉烟系统遗留的风道连接。调风管道的直径可以与热风道直径相同，中间加装调整挡板控制风量。既利用了原来的风道、改造工作量小、投资少，又可达到调温的目的。

用温风作调温风改造前，对制粉系统按实际煤种进行了热力计算，采用抽热炉烟和温风混合为干燥介质，抽热炉烟量可达59.9%，温风量为40.1%，制粉系统含氧量为12.4%。证明改造后制粉系统是安全的。

3. 改造后效果

改造后锅炉机组的热工自动控制系统投入稳定，运行人员操作简单，运行效果好。风扇磨煤机出口温度可以控制在110℃左右，实测磨煤机出口氧量在14.0%～15.3%，热风门开度为30%～43%，温风门开度为3%～23%。

运行情况证明，加装温风调节是控制一次风温较好的一种方式，改造工作量小，施工简单，投资少，操作简单，运行费用低，满足了制粉系统调温的要求，为其他同型机组的制粉系统调温提供了经验。

第十二章　空气预热器节能改造技术

第一节　空气预热器积灰及其防治

空气预热器影响锅炉运行经济性的主要问题是漏风率、低温腐蚀和积灰。

一、空气预热器积灰原因

由于空气预热器冷端的温度较低，当冷端的烟气温度低于烟气的露点温度时，烟气中的蒸汽就会凝结，造成黏聚积灰。露点是指蒸汽开始凝结的温度，烟气中纯水蒸气的露点为40～50℃。煤中的硫分在燃烧时产生SO_2，一部分转化为SO_3。当烟气温度低于200℃后，SO_3开始与水蒸气结合成硫酸蒸汽。由于硫酸的沸点远高于水，因此尽管烟气中硫酸的含量较低，一般仅为0～50mg/L，但是已经使烟气露点显著提高。硫酸蒸汽含量越高，酸露点温度越高。当烟气中含有15～30mg/L的SO_2时，硫酸蒸汽的露点为120～150℃，这就很容易造成黏聚积灰。空气预热器积灰有两种：第一种是松散积灰，第二种是黏聚积灰。松散积灰是由于烟气中含有大量的飞灰，当烟气流过空气预热器的受热面时烟气中的飞灰沉积在空气预热器的受热面上，这种积灰称为松散积灰。空气预热器积灰后传热能力变差，空气预热器的阻力增加，漏风量增大，引风机和送风机的电耗增加，这时必须对空气预热器进行吹灰。

黏聚积灰是由于烟气中的酸蒸汽在低温受热面上凝结，其生成物黏聚在金属表面上，形成酸性黏聚积灰，即

$$xCaO \cdot yAl_2O_3 \cdot SiO_2 + (x+3y)H_2SO_4 \longrightarrow xCaSO_4 + yAl_2(SO_4)_3 + SiO_2 + (x+3y)H_2O$$

$$3Fe + 4H_2SO_4 + 2O_2 \longrightarrow FeSO_4 + Fe_2(SO_4)_3 + 4H_2O$$

$$Fe_3O_4 + 4H_2SO_4 \longrightarrow FeSO_4 + Fe_2(SO_4)_3 + 4H_2O$$

$$Fe_2O_3 + 5Fe + 8H_2SO_4 \longrightarrow H_2 + 4FeSO_4 + Fe_2(SO_4)_3 + 7H_2O + FeS$$

发生黏聚积灰后，用蒸汽吹灰器吹不掉，必须用碱性水清洗，因此空气预热器一般装有水清洗装置。

由于吹灰用的蒸汽冷凝成的水或烟气中的水凝结成水渗到积灰层形成水泥状物质，也会使空气预热器形成黏聚积灰。

由于黏聚积灰发生在锅炉的尾部受热面，而尾部受热面区段的烟气和管壁温度都较低，因此黏聚积灰又称之为低温玷污。

研究表明，当灰沉积物中硫酸盐平均含量为25%，受热面上硫酸沉积率为1mg/s时，运行1000h后，受热面上灰沉积物厚度可达5～6mm。

在空气预热器的烟气出口段，沉积的硫酸溶液溶解管壁上的氧化膜和金属铁，并与飞灰进一步反应生成酸性黏结性灰，还会引起积灰硬化，使烟气阻力剧增，增加风烟系统的电耗。严重时，就会造成通道全部堵死。

腐蚀与堵灰往往是相互促进的，堵灰使传热减弱，排烟温度升高，锅炉效率下降。而且在一定温度时，管壁上沉积的灰又能吸收SO_2，这将加速腐蚀过程。一旦空气预热器受腐蚀泄漏后，便会发生漏风，漏风使烟温进一步降低，加速了腐蚀和堵灰过程，形成恶性循环。

在锅炉启动和停炉过程中，空气预热器冷端壁面温度较低，有时达到水的露点，甚至更低，使金属表面结露，积灰量增加。此时，烟气量较少，烟气流速较低，进一步使积灰加重。若启停过程中投油稳燃，处于煤油混燃阶段，燃烧不充分时产生的油垢将在受热面上黏结，也会促进积灰过程的加剧。

二、减轻和防止空气预热器积灰的措施

（1）采用燃料脱硫装置，除去部分硫，减少 SO_3 的形成机遇。

（2）低温腐蚀主要发生在空气预热器冷端，因而冷端受热面可以使用耐腐蚀材料，如 COR-TEN 钢和搪瓷材料等。COR-TEN 钢是一种低合金高强度钢，耐硫酸腐蚀性能比不锈钢强得多。搪瓷传热元件的耐蚀性能是 COR-TEN 钢的 5～6 倍，一般用于燃油和燃烧含硫量特高煤种的锅炉空气预热器。

（3）在烟气入口转弯处加导流板，在预热器最上端设置防磨受热面。

（4）提高空气预热器受热面温度是防止烟气在受热面上结露，避开低温腐蚀和减缓空气预热器玷污的最有效手段之一。采用热风循环和加暖风器等方法均可减轻积灰。

受热面在任何工况下和任何季节时，只要保持受热面壁温不低于允许值，受热面的低温腐蚀和积灰将相对减轻。国内外的锅炉制造厂根据实践经验总结出了不同燃烧方式时，受热面允许的最低温度和燃料含硫量的关系曲线，如图 12-1 和图 12-2 所示。

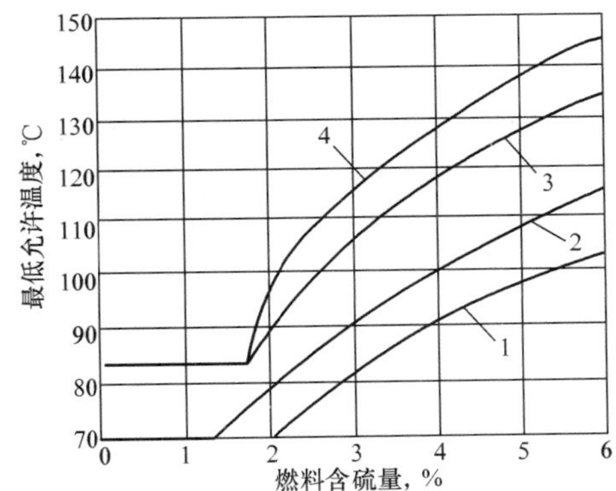

图 12-1　管式空气预热器受热面的最低允许壁温

1—煤粉炉；2—烟煤抛煤炉；3—燃油炉；4—烟煤链条炉

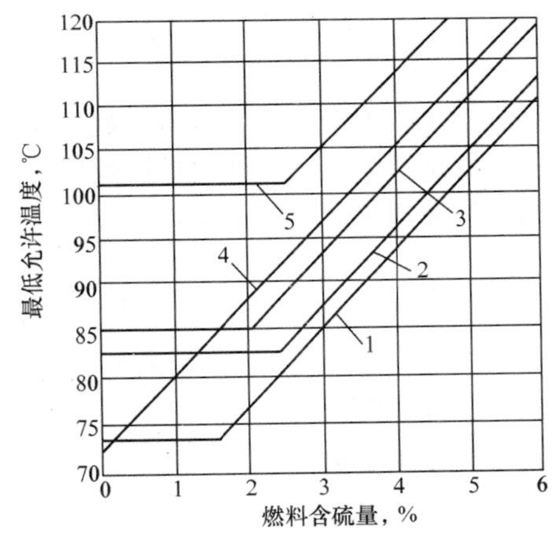

图 12-2　回转式空气预热器受热面的最低允许壁温

1—低挥发分烟煤煤粉炉；2—高挥发分烟煤煤粉炉；3—不含钒燃油炉；4—燃气炉；5—含钒燃油炉

（5）提高排烟温度虽然可以使空气预热器冷端受热面金属壁温上升，缓解冷端受热面的低温腐蚀和堵灰，但是都以增加排烟损失、降低锅炉效率为代价。实践证明，提高排烟温度与使用前置式热管空气预热器两种方法联合起来比较理想。因为热管空气预热器将烟气和空气隔开，烟气侧温度高而且稳定，不易结露。例如，把空气预热器排烟温度提高到 160℃，然后再利用热管空气预热器把烟气从 160℃冷却到 130℃，这样既能防止预热气低温腐蚀和积灰，又能防止排烟损失增加和漏风率回升。

（6）目前吹灰一般基于操作规程定期进行或基于经验判断不定期进行，这就可能造成吹灰过频或不及时。吹灰过频不仅会浪费吹灰介质和增加费用，而且还增加了吹灰装置的损耗和维护费用；吹灰不及时，会造成预热器堵塞，降低锅炉出力甚至被迫停机。因此在运行中能在线监测受热面的积灰程度，并根据需要进行吹灰操作，对提高锅炉的经济性和安全性十分必要。

锅炉烟气侧阻力一般可分为3类：摩擦阻力（气流在等截面的直通道中流动时的阻力，其中包括纵向冲刷管束在内的阻力）、局部阻力（由于改变通道的形状或方向而引起的阻力）和横向冲刷管束的阻力。而回转式空气预热器的主要阻力是摩擦阻力，对于一般的烟气动力的计算，可以不考虑热交换的修正，摩擦阻力计算公式为

$$\Delta p=\rho z\frac{v^2}{2} \tag{12-1}$$

式中 v——烟气流速；

ρ——烟气密度；

z——阻力系数；

Δp——空气预热器烟气压降。

令 A 为受热面有效烟气流通截面积，则得到下式

$$\Delta p=\rho z\frac{(vA)^2}{2A^2} \tag{12-2}$$

可见空气预热器烟气压降与空气预热器的积灰程度（z 和 A）、烟气密度和烟气流量（vA）有关。令 $\lambda=\frac{z}{A^2}$，并对式（12-2）进行变化得到

$$\lambda=\frac{z}{A^2}=\frac{2\Delta p}{(vA)^2\rho} \tag{12-3}$$

当锅炉积灰程度加重时，阻力系数 z 变大，烟道截面积 A 变小，积灰程度指数 λ 变大，反之，积灰程度指数 λ 变小。因而可以根据积灰程度指数 λ 间接地反映受热面积灰状态。

根据锅炉原理中介绍的有关计算方法，可以导出 λ 的计算式为

$$\lambda=K\frac{\Delta p}{B_j^2V_yG_y(T+273)}$$

式中 V_y——烟气容积；

B_j——计算燃料量；

G_y——烟气质量；

T——烟气温度；

K——常数。

烟气温度 T 和烟气压降 Δp 可直接由DCS实时数据获得；计算燃料量 B_j除需要DCS实时数据外，还需要燃煤的工业分析数据、烟气分析数据；烟气质量 G_y和烟气容积 V_y的计算除了需要过量空气系数外，还需要燃煤的元素分析数据。根据多组工业分析数据和元素分析数据，利用回归法求得工业分析数据与元素之间的关系式。例如参考文献［20］通过大量试验数据得到山西煤 $H_{ad}=0.0131V_{ad}+0.000116\boldsymbol{Q}_{gr,ad}$；$S_{ad}=0.16A_{ad}-0.0274FC_{ad}$；$N_{ad}=0.000038\boldsymbol{Q}_{gr,ad}$；$C_{ad}=0.00236\boldsymbol{Q}_{gr,ad}-0.22H_{ad}+3.96N_{ad}+0.89S_{ad}$；$O_{ad}=[100-(M_{ad}+A_{ad}+S_{ad}+N_{ad}+C_{ad}+H_{ad})]\%$。山西官地煤实测结果：$M_{ad}=1.05\%$，$A_{ad}=18.95\%$，$V_{ad}=13.99\%$，$FC_{ad}=66.02\%$，$\boldsymbol{Q}_{gr,ad}=28\ 030.6kJ/kg$，$C_{ad}=71.58\%$，$H_{ad}=3.43\%$，$O_{ad}=2.64\%$，$N_{ad}=1.16\%$，$S_{ad}=1.19\%$。则计算得

$$H_{ad}=(0.0131\times13.99+0.000116\times28\ 030.6)\times100\%=3.43\%$$

$$S_{ad}=(0.16\times18.95-0.0274\times66.02)\times100\%=1.22\%$$

$$N_{ad}=(0.000038\times28\ 030.6)\times100\%=1.07\%$$

$$C_{ad}=(0.00236\times28030.6-0.22\times3.43+3.96\times1.07+0.89\times1.22)\times100\%=70.72\%$$

$$O_{ad}=[100-(1.05+18.95+1.22+1.07+70.72+3.43)]\%=3.56\%$$

由于O元素计算集中了各项分析误差，所以计算结果准确性较差。

假定大修后空气预热器清洁状态积灰程度指数用 λ_0 表示，并设定实测积灰程度指数 $\lambda\geq(1.2\sim1.4)\lambda_0$ 时开始自动吹灰。实践证明，基于上述模型建立的空气预热器实时吹灰装置是可靠的。

（7）蒸汽吹灰是控制积灰形成速度的有效方法，但由于回转式空气预热器的受热面通道间隙较小，采用蒸汽吹灰器吹灰很难清除干净，造成堵灰时必须采用水冲洗的方法加以清除。当采用水冲洗方法难以奏效时，应在停炉后进行清灰。

（8）正确设计布置吹灰装置，合理确定吹灰时间。

华能某电厂两台350MW燃煤机组于1998年11、12月相继投产，锅炉是英国Babcock锅炉厂制造，采用一次中间再热、单炉膛、平衡通风自然循环汽包炉。空气预热器采用受热面回转三分仓容克式空气预热器，受热面积32 752m^2。2000年冬季由于空气预热器严重堵灰，导致机组被迫停机临检。堵灰现象是：在锅炉运行中，首先发现一次风压、二次风压开始有摆动现象。之后摆幅逐渐加大，且呈现周期性变化。摆动周期为79s，而空气预热器正常运转速度为0.75r/min，旋转一周的时间正好80s，恰好吻合，这说明空气预热器有部分堵塞现象。

堵灰原因：通过计算烟气总容积 $V_y=6.1074\text{m}^3/\text{kg}$，水蒸气容积 $V_{H_2O}=0.61\text{ m}^3/\text{kg}$，空气预热器附近烟道处负压平均值为200Pa，实测当地大气压102 130Pa，因此烟道内的烟气分压力为

$$p_y=102130-200=101930\ (\text{Pa})$$

烟气中水蒸气的分压力为

$$p_{H_2O}=p_yV_{H_2O}/V_y=101930\times0.61/6.1074=10180.6\ (\text{Pa})$$

由水蒸气压力表可查得烟气中水的露点 t_{0n} 为43.7℃，而烟气中硫酸蒸汽的烟气露点为

$$t_{ld}=t_{0n}+\sqrt[3]{S_{ZS}}\times\frac{\xi}{1.05^{a_{fh}A_{zs}}}=43.7+\sqrt[3]{0.1015}\times\frac{125}{1.05^{(0.9\times5.95)}}=88.6\ (℃)$$

2000年冬季由于多方面原因造成暖风器泄漏，暖风器被迫停运，当时送风机入口温度最低曾降至−21℃，负荷250MW时排烟温度只有71℃（设计值121℃），此时空气预热器冷端壁面的金属温度为

$$t_b=\frac{\text{排烟温度}\times X+\text{空气温度}\times Y}{X+Y}$$

式中 X、Y——烟气侧受热面与空气侧各占总受热面的份额。

烟气冲刷165°，因此

$$X=165/360=0.458$$

空气冲刷150°，因此 $Y=150/360=0.417$

$$t_b=\frac{\text{排烟温度}\times X+\text{空气温度}\times Y}{X+Y}=\frac{71\times0.458+(-21)\times0.417}{0.458+0.417}=27.2\ (℃)$$

空气预热器冷端壁面的金属温度不但比硫酸蒸汽露点温度低61.4℃，而且比烟气中水蒸气露点温度低16.5℃，大量的硫酸蒸气和水蒸气开始凝结，烟气中大量的SO_2直接溶解于水膜中，形成亚硫酸溶液。烟气中大量的灰分沉积在壁面上，与水和酸液黏结在一起发生化学反应，结成硬块，持续低温天气使得受热面积灰日趋严重，将大部分空气预热器堵死。

该厂采用以下措施后，空气预热器堵灰现象基本消除。

（1）在冬季，根据送风机入口温度及时投入锅炉暖风器运行，使空气预热器入口冷风温度维

持在 12～90℃范围内。

（2）运行中加强对空气预热器出、入口一次风、二次风及烟气差压的监视工作，当发现空气预热器出、入口一次风、二次风及烟气差压有异常变化时，应加强吹灰措施。吹灰时，吹灰蒸汽应保持足够的过热度，避免湿蒸汽经吹灰器进入空气预热器从而加剧堵灰。当发现空气预热器积灰时，可以利用停机机会对空气预热器进行水冲洗，水冲洗后空气预热器必须彻底干燥（如利用锅炉余热或投入暖风器烘干）以防止空气预热器再次投运后发生受热面腐蚀。

（3）对暖风器系统进行改造，加强对暖风器系统的维护，保证其正常投入。

第二节　空气预热器漏风与自动跟踪调整装置

一、回转式空气预热器的密封结构

回转式空气预热器漏风将使空气直接进入烟道被引风机抽走排向大气，使送、引风机的电耗都增大。当漏风过大超过了风机的负荷能力时，会造成燃烧风量不足，以致被迫降低锅炉负荷，直接影响锅炉的安全经济运行。目前我国已投产的回转式空气预热器，运行一年后其漏风率增大许多，一般高达 20%，达不到 15%的设计要求。为了减少漏风量，回转式空气预热器装设了各种密封装置。

回转式空气预热器密封按照密封元件的放置位置分为径向密封、轴向密封、环向密封三种。径向密封是转子端面与静止外壳的上下扇形隔板（即通常所说的扇形板）之间的密封，其作用是防止空气穿过转子端面与扇形板之间的密封区漏入烟气通道，径向密封分为冷端径向密封和热端径向密封。轴向密封是沿着整个转子高度（即轴向）装设的密封，其密封片可以装设在转子外圆筒外面，也可以固定在外壳圆筒上。环向密封又分为外环向密封和内环向密封。外环向密封元件装设在转子外圆筒圆周的上下端，其作用是防止空气通过转子外圆筒的上下端面漏入外圆筒与外壳之间的环向空隙，然后再沿环向空隙漏入烟气侧。内环向密封又称中心筒密封，密封元件装设在转子中心筒圆周的上下端，其作用是防止空气通过转子中心筒的上下端面漏入烟气侧。

二、空气预热器的漏风计算

回转式空气预热器主要由筒形转子和外壳组成，转子是运动部件，外壳是静止部件，动静部件之间肯定有间隙存在，这种间隙就是漏风的渠道。空气预热器同时处于锅炉岛风烟系统的进口和出口，其中空气侧压力高，烟气侧压力低，二者之间存在压力差，这就是漏风的动力。由于压差和间隙的存在造成的漏风称为直接漏风；另一种漏风叫做结构漏风，又叫做携带漏风，是由于转子内具有一定的容积，当转子旋转时，必定携带一部分气体进入另一侧。其中，直接漏风是空气预热器的主要漏风，占漏风总量的 75%～85%，而携带漏风占其中的 15%～25%。

1. 携带漏风

虽然转子内放置着大量的传热元件，但总有些剩余容量（蓄热板间的空气容量），当转子旋转时，残留在蓄热板间的空气随着转子的运动进入烟气中，转子旋转越快，携带漏风量越大。携带漏风的计算公式为

$$Q_{xd}=\frac{n}{60}\times\frac{\pi}{4}H\ (D^2-d^2)(1-y)$$

式中　Q_{xd}——携带漏风量，m^3/s；

D——空气预热器的转子内径，m；

d——中心筒直径，m；

n——转子转速，r/min；

y——蓄热板金属所占转子容积的份额，一般为0.87～0.94，转子直径越大，份额越大；

H——转子高度，m。

由上式可知，携带漏风是由转子自身结构引起的，减少的可能性很小，主要取决于转子转速，转速越低，携带漏风量越少。随着时间的延长，传热元件的磨损增加，蓄热板金属所占转子容积的份额 y 值会略有减少，形成的携带漏风量略有增加。

2. 直接漏风

直接漏风是由空气侧与烟气侧的压差引起（空气侧压力高，烟气侧压力低），由于回转式空气预热器本身的机械转动，所以动静部件之间肯定留有间隙。当有压差作用时，就会存在漏风。在三分仓空气预热器中，压力高的一次风，同时向二次风和烟气侧漏风，压力较高的二次风也会向烟气侧漏风，空气预热器的直接漏风量用公式表示为

$$Q_{zj}=KA\sqrt{\frac{\rho\Delta p}{Z}}$$

式中 Q_{zj}——直接漏风量，m^3/s；

K——阻力系数，一般为0.65；

A——漏风间隙面积，m；

Δp——计算处的烟气、空气间的压差，Pa；

ρ——进出口气体的平均密度，kg/m^3；

Z——密封道数，对于传统的单密封预热器，$Z=1$。

由上式可以看出，减少漏风最有效的方法是增加密封道数；其次是减少漏风面积 A，可通过调整安装最小间隙来实现；然后是减少烟气、空气间的压差。

(1) 密封道数对漏风的影响。

如果在其他条件不变的情况下，将空气预热器密封结构从单密封改造为双密封，则其直接漏风量可用公式表示为

$$Q_{zj}=KA\sqrt{\frac{\rho\Delta p}{2}}\Big/\left(KA\sqrt{\frac{\rho\Delta p}{1}}\right)=\sqrt{\frac{1}{2}}=70.7\%$$

其直接漏风量降低约为100%－70.7%＝29.3%

(2) 烟气、空气间的压差对漏风的影响。

空气预热器冷端空气、烟气压力差比热端的大，预热器漏风的主要来源是冷端。为了定量了解空气预热器的冷端空气、烟气压差变化对漏风的影响，专门进行了试验。试验时，保持400t/h燃煤锅炉机组电负荷稳定在125MW，锅炉总风量不变，调节燃烧器各个小风门开度，使空气预热器进口风压为1.6、1.75、2.0kPa，在各工况下测定空气预热器热力参数及漏风率。空气预热器冷端空气、烟气压差对漏风率的影响见图12-3。

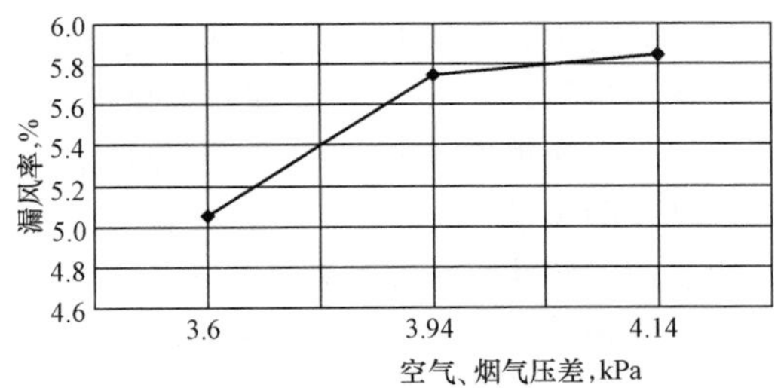

图12-3 400t/h燃煤锅炉机组空气预热器冷端空气、烟气压差对漏风率的影响

(3) 直接漏风的主要部位。

通常，发生直接漏风的区域主要有以下部位：转子上部热端径向密封片和扇形板之间，转子侧面轴向密封片和轴向圆弧板之间，转子下部冷端径向密封片和扇形板之间，转子中心筒上、下

固定密封盘和中心密封片之间，扇形板和轴向圆弧板侧面和两端的静密封区域，转子上、下部T字钢和旁路密封片之间（烟气、空气旁通）等。

三、漏风率高的危害

空气通过空气预热器漏入烟气侧后，可以造成送风机、一次风机、引风机的电耗增加。当漏风超过送风机的负荷能力时，会使燃烧风量不足，导致锅炉的机械、化学燃烧损失增加，严重时会导致一次风的送粉能力下降，降低机组出力；当漏风超过引风机的负荷能力时，会使炉膛负压维持不住，迫使锅炉降负荷运行。空气预热器的漏风也使得锅炉排烟中的过量空气系数增大，使排烟损失增加，锅炉热效率降低，带来严重的低温腐蚀，到达一定程度后，会造成叶轮积灰，进而威胁机组的安全。据统计，300MW机组空气预热器的漏风率每增加1个百分点，一次风机、引风机厂用电合计增加约0.01个百分点，将使机组煤耗增加0.166g/kWh。

四、传统密封技术引起漏风率大的主要原因

（1）密封调节是靠冷态对三大密封间隙的预留来完成的，但是由于转子在运行时随温度的变化而发生不规则的蘑菇变形，冷态调整的密封间隙在热态发生了变形。

（2）三项密封设计不合理，运行一段时间后磨损严重。

（3）密封间隙预留值与实际值偏差较大，无法达到最佳密封状态。

（4）转子存在晃动，密封间隙出现无规律的变化。

（5）中心筒密封及上下轴部密封无法自补偿转子的摆动，漏风较大。

（6）传热元件腐蚀堵塞严重，流通截面减少，流动阻力增加，空气预热器上下进出口压差增大，造成漏风进一步增大。

（7）空气预热器本体以外的部位如烟风道、伸缩节等处漏风。

五、回转式空气预热器漏风防治措施

减轻回转式空气预热器漏风、腐蚀的主要措施是：

（1）回转式空气预热器的密封结构应能跟踪受热元件仓格的热变形。

（2）进行密封系统改造，径向和轴向采用多重密封。

（3）采用密封间隙自动跟踪调整装置，开发高性能高可靠性的密封间隙自动跟踪调整装置。

（4）低温段受热元件采用耐腐蚀的钢板制造，波纹板采用防积灰的形式。

（5）正确计算露点温度，适当选择排烟温度。

（6）回转式空气预热器应装设蒸汽吹灰器和水清洗系统。

（7）运行中，应加强对排烟温度、引风机和送风机电流、一次风机电流、炉膛氧量（或空气预热器进出口氧量）、负压的监视。如果排烟温度不正常地偏低，炉膛负压提不起来，而送、引风量和风机电流很大，则说明空气预热器漏风较为严重，应及时对密封装置的间隙进行调整或检修，以减少漏风量。

六、间隙自动跟踪调整装置

控制回转式空气预热器的漏风，主要通过对空气预热器热端扇形板与转子径向密封片之间的间隙进行动态跟踪和自动调整，达到大幅度降低占漏风总量60%左右的热端径向漏风的目的。

1. 蘑菇状变形与径向漏风的形成

回转式空气预热器转子变形示意图如图12-4所示。由于烟气自上而下流动，冷空气自下而上流动，所以受热面的上部温度比下部温度高。由于转子在高温侧（热端）热端膨胀量大于低温侧（冷端）膨胀量，再加上转子本身的重量，转子就产生了蘑菇状变形，导致动静部分间隙在锅炉运行时比安装时更大，使密封间隙增大（300MW机组达25～30mm），从而形成一个大的三角漏风区。同时，空气预热器的空气侧与烟气侧之间有相当大的压差，因此正压的空气就会通过预热器动、静部分之间的间隙漏入负压的烟气中。运行实践证明，受热面蘑菇状变形引起热端扇形板与径向密封片间隙过大，而引起的漏风量占空气预热器漏风量的30%～50%，因此必须严格控制扇形板与径向密封片之间的间隙。间隙过大，漏风量增大；间隙过小，摩擦阻力增加，严重时可能发生卡涩现象。

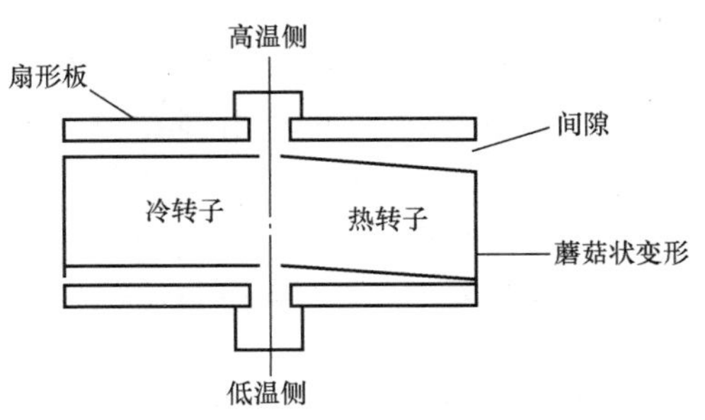

图12-4 转子变形示意图

2. 间隙自动跟踪调整装置的工作原理与特点

回转式空气预热器一般装设间隙自动跟踪调整装置（或叫漏风自动控制装置，或叫密封自动控制装置），间隙自动跟踪调整装置一般由可弯曲扇形板、传感器、带千斤顶的机械传动和电气控制装置等部分组成。电动机通过三通齿轮箱、减速器后，再经三通齿轮箱同时控制两只千斤顶。两只千斤顶同步调节，保证扇形板同步移动，防止倾斜使漏风量增大。漏风控制系统能在不同运行工况下，将密封间隙控制在最小值，使漏风量达到最小。我国20世纪80年代初开始研究空气预热器漏风控制系统，例如上海锅炉厂1988年与702研究所联合研制成功的国产容克式空气预热器漏风自动控制系统LCS，首批安装在某电厂，经过调试，空气预热器漏风率减少了1.3%左右。但是随着时间的推移，LCS系统存在的部分缺陷逐渐暴露出来。其一，扇形板提升传感器限位开关失灵，造成扇形板提升过度，引起空气预热器扇形板两侧静密封被损坏；其二，空气预热器扇形板热膨胀方向及热膨胀量与扇形板加力装置热膨胀方向及热膨胀量不一致，造成扇形板提升杆密封座卡死，或密封座碎裂，因而导致系统LCS系统停止使用。目前，上海锅炉厂有限公司吸取经验教训，已对其性能和结构进行了改进。

南京某公司于1996年研制成功ZD/LCS-1型空气预热器漏风自动控制装置。该装置采用非接触式的声波传感器。锅炉在正常运行时，空气预热器仓内由于烟气和空气的高速流动，会发出一定的噪声，此处称为背景噪声。当扇形板密封面与转子径向密封片之间的间隙为零时，两者之间会发生金属摩擦声。实测证明，背景噪声频率低、声强（分贝数）较小，而金属摩擦声频率高、声强大，两者之间有显著的差异。因此通过声波传感器及相关的选频放大电路，可以判别出扇形板与转子径向密封片之间是否产生摩擦及摩擦程度。鉴别出密封间隙的相对零点后，控制系统控制传动机构带动扇形板上移至设定的距离（1.25mm），使控制扇形板与径向密封片之间的平均间隙在1.25mm左右，完成漏风控制的任务。

该装置还采用电流传感器。如果控制系统发生故障，控制电动机带动传动机构将扇形板压得过深，使扇形板与径向密封片之间产生严重摩擦，从而导致转子主电动机的电流增大，引起保护动作，提升扇形板，或产生报警。同时如果空气预热器转子正常停转或故障停转，空气预热器转子主电动机的电流值会超出上下限值，从而触发控制系统保护动作，提升全部扇形板。

ZD/LCS-1型空气预热器漏风自动控制装置的工作原理是：当漏风控制装置投运后，控制系统能随工况的变化自动调整径向密封间隙，并使之保持在1.25mm。安装在每块扇形板旁的声波传感器能实时监测空气预热器仓内的各种噪声，当监测到扇形板与径向密封片之间有金属摩擦声时，自动将扇形板上提1.25mm。电流传感器实时监测空气预热器转子主电动机的电流变化。当转子停转，或因故障电流越限时，自动保护系统动作，将扇形板提至安全状态或自由状态，并发出报警信号。

装置处于自动状态时，由计算机自动监测扇形板的位置，当满足下列触发条件时，对密封间隙自动进行一次调整。

（1）当烟气温度明显变化后，延迟适当的时间后进行密封间隙调整。

（2）当摩擦声强和转子电流大于设定值时，自动将扇形板提升 1.25mm。

（3）两次间隙调整的时间间隔大于 24h 时，自动调整一次。

（4）当面板循环检测按钮按过后，对相关的扇形板位置进行一次调整。

装置处于手动状态时，计算机不介入控制过程。操作人员可通过手动操作柜上的下压/提升按钮控制扇形板的移动。操作时，需观察扇形板位置指示器上的扇形板当前所处的位置，不能越限。

装置控制参数为径向密封间隙 1.25mm，控制精度 0.125mm，数据采集处理周期 50ms，执行机构提升下降速度 2mm/s，执行机构轴向额定作用力 150kN（QWL 螺旋千斤顶最大提升力 150kN），两个相同的 180W、750r/min、双向转动的三相异步电动机。

3. 间隙自动跟踪调整装置的应用

首台 ZD/LCS-1 型空气预热器漏风自动控制装置于 1996 年 2 月安装在山东中部某电厂 5 号锅炉（额定蒸发量 922.3t/h，最大 1025.7t/h）上，该锅炉为上海锅炉厂引进美国 CE 公司技术专利设计制造。原锅炉配有一套上海某公司生产的空气预热器漏风自动控制装置。由于扇形板变形等原因，其螺旋千斤顶顶不上去，并伴有很大的摩擦碰撞声，经多次改进没法排除故障，因此停用该漏风自动控制装置。并于 1995 年 12 月拆除原漏风自动控制装置，新安装了 ZD/LCS-1 型空气预热器漏风自动控制装置。5 号锅炉回转式空气预热器主要设计参数见表 12-1。

表 12-1　　5 号锅炉回转式空气预热器主要设计参数

序　号	项　目	单　位	数　值
1	空气预热器转速	r/min	1.15
2	进口烟气温度	℃	362（MCR）
3	出口烟气温度	℃	135（修正后，MCR）
4	电动机功率	kW	18.5
5	定子电压	V	380
6	电动机转速	r/min	1500
7	电动机型号		Y180M-4B3
8	空气预热器漏风率	%	9
9	转子内径	m	10.33
10	转子高度	m	2.378
11	换热面积	m^2	22 700

1996 年 6 月山东某研究所在空气预热器出口、入口烟道上，分别布置烟气取样点，用烟气分析仪测量烟气成分（CO_2、SO_2、O_2），测试结果见表 12-2。可见空气预热器漏风率从原来的平均 15.9%（虽然设计漏风率很低）降至 11.62%，平均降低了 4.28%。有效地降低了送、引风机的电耗。

表 12-2　　空气预热器漏风率测试结果

项目	单位	投运前 A 侧	投运前 B 侧	投运后 A 侧	投运后 B 侧
负荷	MW	299.2	299.2	298.0	298.0
RO_2（入）	%	16.55	16.03	15.84	14.98
RO_2（出）	%	14.14	13.55	14.06	13.24
漏风率	%	15.31	16.50	11.40	11.83

第三节 回转式空气预热器双密封改造技术

空气预热器改造一般有三个目的：

(1) 防止低温腐蚀、积灰。低温腐蚀产物和煤灰相黏结，逐渐堵塞烟气通道，使烟风阻力增大，漏风加速，影响锅炉安全经济运行。

(2) 防止磨损。管式空气预热器由于其结构特点，飞灰对空气预热器入口端产生磨损穿孔，引起漏风。

(3) 减少漏风。管式空气预热器由于低温腐蚀或磨损，使空气预热器管子腐蚀穿孔，造成漏风；回转式空气预热器受热变形，密封间隙变大而漏风。

由于前两个目的容易得到满足，而对于回转式空气预热器漏风则是电厂多年想解决而未解决的问题，本节将主要阐述这个问题。

一、VN 技术

某工程有限公司是一家合资企业，它引进豪顿公司 VN（Vertical 表示垂直布置，N 表示不可调密封）技术生产空气预热器，并采用 VN 技术对中国许多电厂空气预热器进行了改造。许多空气预热器更换后的漏风率已降到 5%～6%，而且在每个大修间隔中漏风率的增加不超过 1%～2%。在每次的锅炉大修后，通过对密封系统的重新调整、维护，空气预热器的漏风率又可降低到改造初期的水平。

VN 空气预热器具有以下几个特点：

(1) 垂直布置，气流逆流分布，安装完成之后密封系统无需调节，从而保证连续的低漏风率，提高了空气预热器运行的可靠性，降低了运行和检修成本。

(2) 转子用钢板制成，焊接在由低碳钢制成的中心筒上。中心筒由一个底部的推力轴承和一个顶部的导向轴承支撑。顶部导向轴承允许转子驱动在不同温度情况下进行热膨胀。底部的推力轴承和一个顶部的导向轴承都是用油浴润滑的，取消了传统的油系统和油管路。

(3) 中心驱动，噪声小，转子不偏斜，维修方便，并可使轴向密封连续。我国的回转式空气预热器大都采用周边传动，周边传动是通过转子外围销轴组成的传动围带与固定在外壳上的传动装置上的大齿轮相咬合而驱动的，其优点是转矩小、易启动、减速器速比小。但是，周边传动的缺点不容忽视：①围带圆度难以保证，造成运转不平稳，具有冲击声；②轴向密封片被围带分成上下两段，密封效果不好；③在热态运行时，由于大齿轮对围带的径向推力，造成转子偏斜，随着运行时间的延长，偏斜越来越严重，造成旁路密封和径向密封间隙增大。

(4) 径向和轴向为多重密封，把所有径向和轴向密封条的数目增加了一倍，任何时候在扇形板和轴向板之间范围内至少保持有两个密封条（见图 12-5），以形成迷宫密封的效果，这一“双密封”设计减少了空气向烟气侧的泄漏，从而使漏风率大幅度下降。VN 空气预热器的低漏风率主要不是依靠密封条和密封挡板的接触来达到的，因而不会由于密封条的磨损而引起漏风率的显著增加。

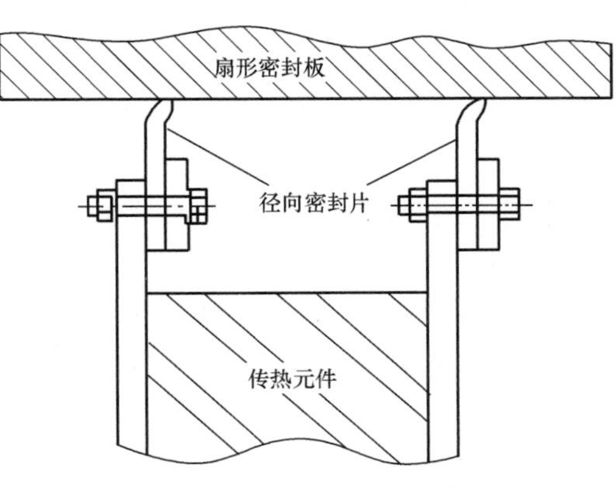

图 12-5 双密封示意图

(5) 换热元件安置在开口的元件盒内，元件盒安置在转子中，安装方便。同时可以更有效地利用转子有效换热面积，达到更好的换热效果。

（6）元件盒的设计是上下对称的，在使用相当时间后，若发现部分热端换热元件有磨损，用户可将换热元件进行上下更换，从而又大大增加了换热元件寿命。

（7）使用了高性能换热元件，具有较高的换热效率。换热元件一般采用DU双皱纹型和CU波纹板型。DU型换热元件传热效率高，阻力小，且具有较好的可清洗性，可用蒸汽吹灰或水冲洗来清除正常情况下堵灰。CU型换热元件传热效率仅次于DU型，但其可清洗性优于DU型。在空气预热器堵灰严重的情况下，最好选择CU型换热元件。

（8）为避免堵灰，空气预热器的清洗装置配备吹灰和水冲洗两种功能。每台空气预热器配备两台半伸缩式组合清洗装置（简称吹灰器），一台布置在烟气的入口侧，一台布置在烟气的出口侧，在工作时，电动机驱动清洗装置沿转子的径向运行，并且清洗装置的运行使得在转子旋转时，吹灰和水冲洗喷嘴可覆盖整个转子，使空气预热器的阻力可以在长期运行中得到保证。

（9）由于密封不可调，空气预热器的设计使转子和转子外壳产生最大变形时保持最小的密封间隙，这使得空气预热器的密封系统设计与安装显得尤为重要。

二、改造方案

通过豪顿公司制造空气预热器的经验以及对减少和稳定漏风率的研究与开发实践，目前主要采用三种改造方案。这些改造方案充分抓住了回转式空气预热器实际运行中出现的关键问题。

1. 方案一——密封改造

利用豪顿公司的VN技术改造原有的空气预热器密封系统，降低空气预热器的漏风及减少漏风的增加，以提高空气预热器的热力性能。

改造内容包括重新设计扇形板（增加空气侧或烟气侧扇形板的宽度）以形成双密封，并使密封间隙达到最小，固定焊接冷、热端扇形挡板；重新设计轴向密封挡板，固定焊接轴向密封挡板，轴向密封改为双层密封；更换所有径向、轴向密封条，内外环向密封条及轮毂密封。

在方案一的情况下，由于豪顿华工程有限公司没有对换热元件进行更换，因此豪顿华公司无法对空气预热器的热力性能及空气预热器的阻力进行保证。由于烟气或空气端流通面积的减少，导致烟气或空气的压力降增加，热力性能变差。通过计算，方案一实施后，空气预热器的漏风率可从18%降至10%左右，在锅炉的一个大修期内，漏风率将会控制在12%以内（通常情况下一个大修期内漏风率增加不会超过2%）。某电厂5号锅炉主要设计参数为额定蒸发量410t/h、过热蒸汽压力9.8MPa、过热蒸汽温度540℃、排烟温度166.7℃、燃料消耗量50.34t/h、空气预热器漏风系数0.20，改造前甲、乙侧空气预热器漏风率实测分别为35.3%和47.0%。2000年9月黄台发电厂采用了豪顿华工程有限公司第一方案对2台空气预热器进行密封系统改造后空气预热器漏风率实测分别为9.47%和11.19%，经过修正后空气预热器漏风率分别为8.14%和8.96%。

2. 方案二——局部改造

在方案一的基础上，用豪顿公司独有的中心驱动装置替换原有的围带式周边驱动装置（即环向驱动，用一布置在空气预热器上部主轴中心传动减速箱取代原周边驱动齿轮机构及其减速箱），并用进口轴承更换原来的导向轴承和底部轴承。这种方案可以大大消除转子的晃动给空气预热器带来的影响，以维持改造后的空气预热器能够继续长期稳定地运行。

在方案一的基础上增加了驱动装置和上下轴承的改造，对于漏风率的改善与方案一相似。由于改造后的中心驱动装置的特点，提高了传动系统的可靠性，使得空气预热器的运行安全性大大提高。同时由于中心驱动取消了周边传动齿轮，可使空气预热器的轴向密封条保持完整，降低空气预热器的漏风率。

局部改造的另一方案是：在方案一的基础上更换换热元件，提高热交换性能。某电厂 3 号炉（300MW）系东方锅炉厂生产的 DG1025/18.2-II6 型亚临界压力、一次中间再热、自然循环、冷一次风机正压直吹式、固态排渣煤粉锅炉，1995 年 10 月投运，配套空气预热器采用美国 CE 公司技术设计的三分仓容克式空气预热器，采用周边驱动装置，全部换热元件分别装在 24 个仓内，间隙采用自动跟踪调整装置。设备自投运以来，漏风率一直在 20%左右。因此该厂决定对空气预热器进行局部改造，驱动装置仍采用周边驱动方式，取消了空气预热器间隙自动跟踪调整装置，一次风与烟气侧冷热端扇形板加宽，形成双密封，将轴向密封、径向密封、中心筒轮毂密封均重新设计更换，更换为 VH 换热元件。改造后进行了性能测试，漏风率降到 10.53%。

3. 方案三——整体改造

完全采用豪顿公司 VN 技术设计制造的空气预热器，整体更换现有的旧空气预热器，将漏风率降到最低程度，使整个锅炉系统运行更加安全和经济。同时，由于采用了豪顿公司的高效换热元件，空气预热器的整体质量大为减轻。另外，可动部件的减少使得电厂对于空气预热器的检修工作量大大减轻。此方案中的中心驱动装置和上下轴承均为高质量的进口部件。这一改造包括：为了适应新的密封转子设计，更换所有换热元件；所有扇形板和轴向挡板进行重新设计和调整，以达到合适的密封间隙；完全使用 VN 密封设计，对转子的结构进行改造；对所有的密封条和密封件进行设计和更换。

采用此方案，豪顿华工程有限公司不仅保证漏风率，同时保证对于更换后的空气预热器的其他热力性能包括出口风温、排烟温度和阻力等。更换后的空气预热器漏风率下降最大，豪顿华工程有限公司保证三分仓空气预热器改造后漏风率可降至 7%以下，二分仓空气预热器改造后漏风率可降至 6%以下。在锅炉的一个大修期内，漏风率增加不超过 1%。某电厂 2 号炉（125MW）配备上海锅炉厂制造的 2 台空气预热器，回转直径为 6.2m，受热面积共 37 000m^2。由于投产时间长（1983 年 8 月投产）等原因，空气预热器受热面腐蚀和堵塞严重，漏风较大，为此 1999 年 10 月利用大修机会将其 2 台空气预热器整体更换为豪顿 VN 空气预热器。根据试验，更换后空气预热器漏风率为 4.05%，满足设计值 4.9%的要求（见表12-3）。

表 12-3　　空气预热器改造前后性能参数

序号	项　　目	改造前运行参数	改造后运行参数	序号	项　　目	改造前运行参数	改造后运行参数
1	电负荷(MW)	125	125	11	空气预热器出口氧量(%)	7.30/7.0	5.22/5.58
2	空气预热器漏风率(%)	18.4/20.6	4.11/4.14	12	炉渣可燃物含量(%)	1.56	1.59
3	环境空气温度(℃)	30.0	16.0	13	飞灰可燃物含量(%)	8.16	3.68
4	空气预热器出口空温(℃)		354.8	14	送风机电流(A)	59/56	46/46
5	空气预热器入口烟温(℃)	350.0	372.0	15	引风机电流(A)	78/77	65/71
6	排烟温度(℃)	189.5	141.8	16	引风机挡板开度(%)	100/100	50/50
7	热风温度(℃)	272.5	354.8	17	排烟热损失(%)	9.287	6.566
8	空气预热器烟侧阻力(kPa)	1.1	1.1	18	机械不完全燃烧热损失(%)	3.444	1.52
9	空气预热器空侧阻力(kPa)		0.65	19	其他热损失(%)	0.6	0.6
10	空气预热器进口氧量(%)	4.5/3.8	4.5/4.87	20	锅炉效率(%)	86.669	91.314

注　根据豪顿公司漏风率计算公式：漏风率$=0.885\times\frac{\text{空气预热器出口氧量}-\text{入口氧量}}{21-\text{空气预热器入口氧量}}$。

总之通过改造、降低漏风率所得到的好处是：空气向烟气的漏风率从 18%左右降低到 10%

以下（方案一和方案二），或6.0%以下（方案三）；引风机和送风机的功耗降低；漏风率随时间的增加在3～4年的周期内不超过2%（方案一和方案二），或不超过1%（方案三）；通过减少进入电除尘器的烟气量，提高了电除尘器的性能。

三、山东沿海某电厂空气预热器改造

山东沿海某电厂Ⅰ期工程两台125MW机组的空气预热器是上海锅炉厂制造的，采用二分仓回转式空气预热器（主要设计参数见表12-4），原设计漏风率是15%，经多年运行，高温烟气、飞灰的腐蚀磨损以及空气预热器吹灰效果差，致使漏风率不断增大，实际测试的漏风率接近20%，这也是目前国内普遍存在的问题。漏风率增大降低了锅炉效率，严重影响发电成本。为解决这一难题，该厂2000年4月引进英国豪顿公司的先进技术，采用方案一对空气预热器的密封系统进行了全面改造。

表12-4　　回转式空气预热器主要设计参数

序号	项　目	单　位	数　值	序号	项　目	单　位	数　值
1	热段受热面积	m^2	22 230	7	电动机功率	kW	7.5
2	冷段受热面积	m^2	3170	8	定子电压	V	380
3	受热总面积	m^2	25 400	9	电动机转速	r/min	720
4	空气预热器转速	r/min	1.5	10	电动机型号		Y160L-8
5	空气预热器进口风温度	℃	25	11	空气预热器漏风系数		0.15
6	空气预热器出口风温度	℃	320				

1. 径向密封改造

由于空气预热器热端扇形板磨损、变形，造成密封间隙偏大，因此割除原空气预热器热端扇形板，更换成新的加宽扇形板，并调整就位。取消原有的调节螺栓，然后将冷热端扇形板全密封焊接在外壳上端盖内侧，消除直接漏风。使径向密封由单密封变成双密封结构。增加12道径向密封片，使热端径向密封仓格由12格改为24格，形成多道密封。

径向密封热端调整后间隙（烟气侧）为5、5、5mm；径向密封冷端调整后间隙（空气侧）为1、3.5、8mm。

2. 轴向密封改造

将原轴向弧形板（固定在外壳圆筒内侧）调整就位，取消原有的调节螺栓，密封焊接在外壳圆筒内侧，使其与空气预热器外壳形成完整密封的结构，消除二次漏风。在两道轴向密封之间增加一道轴向密封，使原有的12道轴向密封增加到24道轴向密封，形成双密封结构，以降低轴向漏风。

轴向密封调整后间隙为7（烟气侧）、5mm（空气侧）。

3. 中心筒密封改造

改进中心筒密封结构，在中心筒内增加迷宫式密封，并更换原密封结构填料（内填硅酸铝材料），消除中心筒漏风。将原来的填料弹性压板装置改为不锈钢波形膨胀节，并进行全周满焊密封，彻底根除中心筒密封因填料吹损后大量漏风的问题。

外环向密封上部间隙6mm，外环向密封下部间隙3mm。

4. 更换密封条

拆除空气预热器原所有径向、轴向、环向等碳钢密封条，更换新型密封条，根据设计值，调整所有密封间隙。豪顿公司的密封条为弹性好强度高耐硫酸腐蚀的考登钢（COR-TEN钢）

材质。

5. 其他工作

对空气预热器烟风道、膨胀节各漏风部位进行了焊补。全部工作结束后，清理空气预热器传热元件，冷态试运情况良好。

6. 测试结果与经济效益分析

空气预热器改造后于 2001 年 8 月由山东电力研究院进行漏风测试。试验时机组负荷 125MW，锅炉暖风器停用，负荷波动不大于 5MW，主气温度波动小于 5℃，主汽压力波动小于 0.5MPa。试验期间的煤种尽量接近设计值并保持稳定。根据国家标准 GB 10184《电站锅炉性能试验规程》的有关规定，在空气预热器出口、入口烟道上，分别布置烟气取样点，用烟气分析仪测量烟气成分（CO_2、SO_2、O_2）。测试结果见表 12-5。

表 12-5 空气预热器漏风测试结果

项目名称	单位	结果	项目名称	单位	结果
机组电负荷	MW	125	A 空气预热器入口 RO_2 量	%	13.33
主汽流量	t/h	392	B 空气预热器入口 RO_2 量	%	13.11
主汽压力	MPa	13.33	A 空气预热器出口 RO_2 量	%	11.82
主汽温度	℃	535	B 空气预热器出口 RO_2 量	%	11.41
给水温度	℃	238	A 空气预热器入口过量空气系数		1.372 5
空气预热器入口风温	℃	31	B 空气预热器入口过量空气系数		1.3963
送风温度	℃	27.6	A 空气预热器出口过量空气系数		1.547 5
大气压力	Pa	100 900	B 空气预热器出口过量空气系数		1.601 8
A 空气预热器入口氧量	%	5.7	A 空气预热器漏风系数 $\Delta\alpha$		0.175
B 空气预热器入口氧量	%	5.96	B 空气预热器漏风系数 $\Delta\alpha$		0.206
A 空气预热器出口氧量	%	7.43	A 空气预热器漏风率 K	%	11.5
B 空气预热器出口氧量	%	7.89	B 空气预热器漏风率 K	%	13.4

改造后的空气预热器实际测试漏风率降至 12.5%左右，减少了送风机和引风机的电耗。

第四节 回转式空气预热器柔性接触密封改造技术

回转式空气预热器作为一套转动机械，它的动静结构之间总会存在一定的间隙，这就使存在压差的空气预热器烟风侧之间产生漏风（主要是空气进入烟气侧），进而造成送、引风机电流的增加和锅炉效率的下降，严重影响电厂的经济效益。

大型空预器直接漏风占总漏风的 70%～80%，径向漏风占直接漏风量的 70%～80%。且转子直径越大，此比例越大。所以，降低径向漏风是减少空预器漏风的关键。

一、柔性接触式密封技术

2008 年，北京华能达电力技术应用有限责任公司开发的柔性接触式密封装置通过了中国电力企业联合会组织的科技成果鉴定。柔性接触式密封装置见图 12-6。密封滑块采用自润滑合金，密封装置安装在径向转子格仓板上，在未进入扇形板时，柔性接触式密封滑块高出扇形板 5～10mm。当柔性接触式密封滑块运动到扇形板下面时，合页式弹簧发生形变。密封滑块与扇形板接触，形成严密无间隙的密封系统。当该密封滑块离开扇形板后，合页式弹簧将密封滑块自动弹

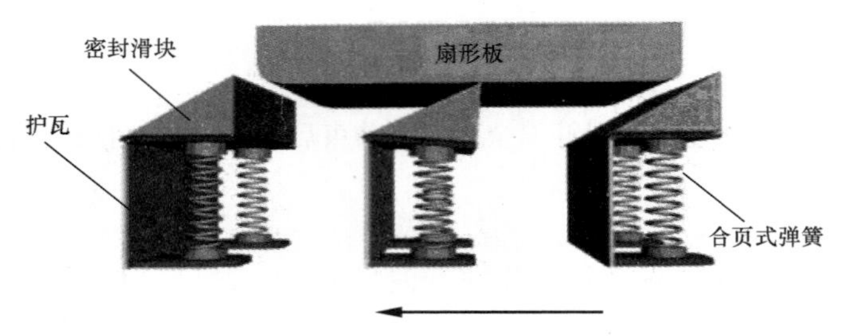

图 12-6　柔性接触式密封装置

起，以此循环进行。

二、柔性接触式密封的特点

与双密封技术相比，柔性接触式密封有以下特点：

（1）采用合页弹簧技术，允许空气预热器的转子在热态运行状态下有一定的端面变形。此外，转子在热态变形下，还会产生更大的端面变形和扭曲变形，柔性接触式密封技术能够很好地弥补转子的变形缺陷。

（2）柔性接触密封与扇形板接触力很小，密封块本身材质为自润滑合金，在高温下干摩擦系数为 0.2，所以在运行中密封接触造成的阻力对驱动电机的电流影响很小，增加不超过 2A。采用这种改造不会对转子驱动系统和转子结构受力产生影响。

（3）采用柔性接触式密封技术，不会形成密封间隙，密封效果好。由于扇形板与径向密封滑块之间没有间隙，则没有气流通过，也就避免了烟气冲刷磨损的问题，从而保证密封系统长期稳定运行。空气预热器在热态下，圆端面和圆周椭圆度均有不同幅度的变形问题存在，这种密封技术也可以自动补偿这样的变化。

（4）检修工艺简化。柔性接触式密封系统采用工厂化生产，车间组装成单个密封元件，对原有转子的椭圆度、两端面的平行度、平面度及转子转动跳动量要求降低，大大简化了现场安装的工艺程序。

（5）故障率低。传统空气预热器密封采用减小密封间隙的方法来减少漏风，当负荷变化剧烈或有其他异常工况时，易造成空气预热器卡涩或电机电流摆动大。柔性接触式密封采用弹簧技术，硬密封间隙可放大，减少了卡涩现象发生。

（6）改造工作量小。柔性接触式密封改造不需要对空预器外壳、转子结构等进行变动，简化了现场施工的工艺程序。

三种密封方式改造方案对比见表 12-6。

表 12-6　　三种密封方式改造方案对比

项　目	柔性接触式密封技术	双密封技术	漏风自动控制装置
漏风率	9%以下	10%以下	10%以上
工作量/施工期	组件工厂化生产，工作量小，20 天	现场对全部蓄热元件进行改造，工作量大，40～50 天	改造工作量小，20 天
改造后负面影响	增加 52Pa 的烟气阻力	易积灰，换热面减少 1.5%	易发生传动、测量故障
维护工作量	大修期间进行调整	不需调整，大修更换密封片	定期维护及检修传动装置
抗磨抗腐性	采用自润滑合金材料，抗磨抗腐性好	采用考登钢，抗磨抗腐性较好	抗磨抗腐性较差，易卡涩

根据对比分析，一般电厂主张采用柔性接触式密封或双密封技术进行改造。

三、材料设计

柔性接触式密封滑块采用一种高科技材料——自润滑合金，此种材料在高温无润滑脂的条件下，可以达到很低的摩擦系数，具有耐磨损、耐高温、摩擦系数小、安装方便及更换组件快捷的优点。该材料的主要性能指标为：密度 7.54g/m^3；硬度 80～300HB；干摩擦系数 0.05～0.20；抗压强度 355MPa；抗弯强度 275MPa；适用速度 0.3～2.5m/s；适用温度－30～550℃；年磨损量（圆周处）0.36mm；弹性模量 1.83×10^{5}MPa；切变模量 8.04×10^{4}MPa。

接触式密封技术的另一核心技术是弹簧，该弹簧材料为 inconel X-750，是以 Al、Ti、Nb 强化的镍基合金，是 inconel 合金系统中早期发展的应用广泛的合金之一。合金在 980℃以下具有良好的强度、抗腐蚀和抗氧化性能，而且也有较好的低温性能，成形性能也较好，能适应各种焊接工艺。

四、柔性接触式密封装置的应用

（一）设备现状

某发电公司 1 号机是引进德国西门子技术生产的 350MW 汽轮发电机组，锅炉为美国 FW 公司生产的亚临界、中间再热、自然循环、平衡通风、固态排渣、双拱单炉膛、W 型火焰煤粉炉。每台炉配两台 ABB2-29.0-VI-SM 三分仓回转式预热器，空气预热器主要技术参数见表 12-7。该公司 1 号炉于 2001 年投入商业运行，在经过长周期运行后，漏风率超过设计值，为 15%左右。为此进行了柔性接触式密封装置的改造。

表 12-7　原空气预热器主要技术参数

序号	项　目	单　位	参　数
1	锅炉负荷	t/h	1188
2	空气预热器型号	—	ABB2-29.0-VI-SM
3	空气预热器驱动方式	—	围带
4	转子隔仓数	格	36
5	转子转速	r/min	0.96
6	换热元件厚度/高度	mm（热端）	0.45/1067
		mm（冷端）	0.756/559
7	转子直径、径向隔板高度	mm	10 311/2908

（二）改造实施过程

（1）调整冷、热端扇形板到合理位置，并按新的设计方案进行扇形板静密封的维修及部分更换工作，将扇形板调节在某一合理位置。

（2）热端径向、冷端径向固定密封片修复，并按厂家设计要求调整。

（3）柔性接触式密封系统安装在转子隔仓板上，在热态运行中柔性接触式密封滑块高出扇形板 10～15mm。

（4）将轴向原固定式密封片拆除，更换为考登钢、厚度为 2mm 的密封片。

（5）拆除并更换所有的旁路密封片。拆除密封片时，采用气焊切割螺栓。为了避免转子运转时的晃动对旁路密封效果的影响，冷、热端旁路密封片的顶部到 T 型钢下端保持 19～25mm 的距离。

（三）改造后效果

密封改造前，1 号锅炉空气预热器的平均漏风率为 15.5%左右，进行柔性接触式密封改造后，空气预热器的漏风率平均为 8.1%（见表 12-8），降低了 7.4 个百分点。

表 12-8　　1 号炉改造后空气预热器漏风率测试结果

序号	项　目	单　位	改造前参数	改造后参数
1	试验负荷	MW	320	320
2	炉膛负压	Pa	－50	－30
3	预热器入口氧量（左/右）	%	2.59/2.65	1.75/2.33
4	预热器出口氧量（左/右）	%	5.22/5.36	3.29/3.83
5	预热器漏风率（左/右）	%	15.06/16.0	8.25/8.04

（1）一般情况下，空气预热器漏风率下降 1 个百分点 ，可提高锅炉效率 0.04 个百分点，发电煤耗降低 0.15g/kWh。按改造后空气预热器的漏风率为 7.4 个百分点、标准煤单价 800 元/t、机组年利用小时 6000h 计算，则锅炉效率提高 0.3 个百分点，可减少煤耗＝$0.15\times10^{-6}\times7.4\times350\times10^{3}\times6000\times800$＝1 864 800（元）。

（2）引风机电流从原来的 200A 降低到 170A，送风机电流从原来的 100A 降低到 90A，年节约电能约 374.1 万 kWh，节省电费 149.6 万元。

二者合计 336.08 万元，每台炉投资 250 万元，不足一年即可收回投资。

空气预热器采用柔性接触式密封技术改造后，目前运行平稳，密封效果好，漏风率大幅下降，具有很好的节能效果，经济效益明显。

第十三章 电除尘器改造技术

第一节 电除尘器设计计算

一、电除尘器设计计算

1. 电场风速

电场风速是指电除尘器在单位时间内处理的烟气量与电场断面的比值，即

$$v=\frac{q_V}{S} \tag{13-1}$$

式中 v——电场风速，m/s；

q_V——被处理的烟气流量，m^3/s；

S——电场截面积，m^2。

烟气在电除尘器内的电场风速视电除尘器规格大小和被处理的烟气特性而定，一般在0.6～1.5m/s范围内，并尽可能选取0.8～1.2m/s。在处理烟气量一定的条件下，虽然从多依奇效率公式看，电场风速与除尘器的效率无关，但对具有一定尺寸的收尘极板面积的电除尘器来说，过高的电场风速不仅使电场长度增长，电除尘器整体显得细长，占地面积加大，而且会引起已经沉积在收尘极上的粉尘产生二次飞扬，降低除尘效率。反之，过低的风速必然需要大的电场断面，这样烟气沿断面的分布较难达到均匀，所以电场风速选择应适当。

2. 收尘极板的间距

根据多依奇效率公式

$$\eta=1-e^{-\frac{A}{q_V}w}$$

若除尘器的处理烟气量为一定值，则当Aw值为最大时，电除尘器具有最高的除尘效率。而对于具有一定收尘空间的除尘器来说，Aw是极板间距的函数，所以当$\frac{d(Aw)}{db}=0$时，Aw有极大值。经过一系列推导，可以得到极板间距应为250mm。根据实践和试验，采用300～400mm宽极板间距，可以增大绝缘距离，抑制电场反电晕，获得较好的除尘效率。

3. 粉尘驱进速度

根据多依奇效率公式，当被处理的烟气量和要求的除尘效率不变时，粉尘驱进速度值越大，则所需的收尘极板面积越小。例如w为0.13m/s和0.065m/s的电除尘器，在处理相同烟气量和达到相同除尘效果的情况下，其除尘器的体积几乎相差一倍。对于电厂锅炉的电除尘器，影响w的因素虽然很多，但实际上煤的含硫量和粉尘颗粒的直径是影响w值的主要因素。煤的收到基含硫量越大，粒度越大，粉尘驱进速度也应越大。一般情况w=6.0～9.0cm/s，常取7.5cm/s。

4. 收尘极面积

电除尘器工作时的实际条件（如烟气特性、风量、驱进速度和气流分布等）与设计工况可能存在差异，所以在设计电除尘器时，必须考虑一定的储备能力。目前，一般通过采用增大收尘极面积的方法来保证电除尘器的储备能力。设计时按式（13-2）计算所需要的收尘极面积，即

$$A=k_b\frac{q_V}{w}\ln\frac{1}{1-\eta} \tag{13-2}$$

式中 A——所需要的收尘极面积，m^2；

η——除尘器要求的除尘效率，%；

w——粉尘驱进速度，m/s；

q_V——被处理的烟气量，m^3/s；

k_b——储备系数，一般取 1.0～1.3。

5. 电场数

沿气流流动方向将各室分为若干段，每一段有完整的收尘极和电晕极，并配备相应的一组高压电源装置，称每个独立段为一电场。电除尘器一般设有 3 个电场或 4 个电场。

6. 电场断面积

初定电场断面积公式为

$$S=\frac{q_V}{3600v} \tag{13-3}$$

式中 S——电场断面积，m^2；

q_V——被处理烟气量，m^3/h；

v——电场风速，m/s。

由于进气烟箱一般设置 2 个，所以极板有效高度为

$$h=\sqrt{\frac{S}{2}}$$

当高度小于 8m 时，应以 0.5m 为一级进行圆整；当高度大于 8m 时，应以 1m 为一级进行圆整。

电场有效宽度为

$$B=Z\times 2b$$

其中 $Z=\frac{S}{2bh}$ 并进行圆整。

最后确定除尘器的实际断面积为

$$S_s=Bh \tag{13-4}$$

7. 电场长度

在一个电场中，沿气流方向一排收尘极板的长度（即每排极板第一块极板的前端到最后一块极板末端的距离）称为单电场长度。沿气流方向各个单电场长度之和，称为电除尘器的总电场长度，简称电场长度。

单电场长度 l 按式（13-5）确定，即

$$l=\frac{A}{2nZh} \tag{13-5}$$

式中 n——电场数；

h——极板有效高度，m；

l——单电场长度，m；

Z——电除尘器通道数。

上述单电场长度 l 计算值按每块极板的名义宽度 0.5m 的倍数进行圆整，单电场长度一般选择 3.5～4.5m。

电除尘器的总电场长度 L 为

$$L=n\,l \tag{13-6}$$

8. 线型选择

目前常用的线型主要有管钢芒刺线、锯齿线、星形线等。放电特性最好的是管钢芒刺线，工

况电流密度可达0.3～0.4mA/m，适合于粉尘浓度高的电场，对增加粉尘荷电很有好处。但电场分布不均匀，在阴极线对应的极板的投影处出现了一定范围的死区。锯齿线的放电特性介于芒刺线和星形线之间，锯齿线电流密度一般选择为0.2～0.35mA/m，而星形线电流密度一般选择为0.15～0.25mA/m。

9. 供电设备容量

整流器的额定电压 u_2 按除尘器极间距的大小选取3～3.5kV/cm，对于高浓度、宽极距、低比电阻和长芒刺的情况选下限，反之选上限。整流器的额定电流 i_2 按除尘器单区收尘面积的大小选取0.2～0.4mA/m^2，对于高浓度、高比电阻和星形线的情况选下限，反之选上限。并参考供电设备的额定电压和电流系列等级，选择最接近的一挡上限参数作为供电设备的额定容量。表13-1列出了不同极距下推荐选用的整流器额定电压和使用的抽头电压。

表13-1　　不同极距下推荐选用的整流器额定电压和使用的抽头电压

项　目		数　值								
同性极距2b（mm）		280	300	320	350	400	420	450	500	600
额定电压	3kV/cm	42	45	48	53	60	63	68	75	90
	3.5 kV/cm	49	53	56	61	70	74	79	88	105

二、电除尘器设计实例

某厂100MW火电机组固态排渣炉（410t/h）配套的电除尘器，煤质成分和发热量见表13-2，灰的粒度分布见表13-3，灰及烟气性质见表13-4。要求除尘效率≥98%，允许本体漏风率≤5%。

表13-2　　煤质成分和发热量

项目	C_{ar}（%）	H_{ar}（%）	O_{ar}（%）	N_{ar}（%）	S_{ar}（%）	A_{ar}（%）	M_{ar}（%）	V_{daf}（%）	$Q_{net,ar}$（kJ/kg）
数值	52.41	3.81	4.73	0.91	1.46	31.60	5.58	14.61	20 486

表13-3　　灰的粒度分布

灰的粒度（μm）	<3	3～5	5～10	10～20	20～30	30～40	40～50	>50
%	2.57	0.99	3.01	6.85	5.20	14.89	21.25	45.24

表13-4　　灰及烟气性质

项　目	数　值	项　目	数　值
烟气温度（℃）	150	烟气露点（℃）	100
烟气量（m^3/h）	700 000	烟气含尘浓度（g/m^3）	30
灰的比电阻（25℃，Ω·cm）	5.21×10^{10}	灰的比电阻（150℃，Ω·cm）	7.56×10^{11}

（1）电场风速。考虑到灰的高比电阻、粒度小等因素，选取电场风速为 v=1.02m/s，电晕线选择管钢芒刺线。

（2）收尘极板的间距。考虑到宽极板间距能有效减少高比电阻粉尘产生的反电晕，另外也可减轻设备重量，减少造价，所以选取400mm极板间距（同极性极距），2b=0.4m。

（3）粉尘驱进速度。w 值取7.5cm/s。

（4）本体结构形式。根据经验，除尘效率为98%时可选3电场，除尘效率为99.5%时可选4电场，该例选取双室3电场的结构形式，n=3。

（5）收尘极面积。计算公式为

$$A = k_b \frac{q_V}{w} \ln \frac{1}{1-\eta} = 1 \times \frac{700\ 000}{3600 \times 0.075} \ln \frac{1}{1-0.98} = 10\ 142.3(\text{m}^2)$$

（6）初定电场断面积。初定电场断面积公式为

$$S = \frac{q_V}{3600V} = \frac{700\ 000}{3600 \times 1.02} = 190.6(\text{m}^2)$$

极板有效高度为

$$h = \sqrt{\frac{S}{2}} = \sqrt{\frac{190.6}{2}} = 9.8\ (\text{m})$$

圆整得 $h=10$m。

（7）电场有效宽度。通道数为

$$Z = \frac{S}{2bh} = \frac{190.6}{0.4 \times 10} = 47.7$$

进行圆整得 $Z=48$。

电场有效宽度为

$$B = Z \times 2b = 48 \times 0.4 = 19.2(\text{m})$$

（8）实际断面积。除尘器的实际断面积为

$$S_s = B\,h = 19.2 \times 10 = 192(\text{m}^2)$$

（9）电场长度。单电场长度为

$$l = \frac{10\ 142.3}{2 \times 3 \times 48 \times 10} = 3.52(\text{m})$$

按每块极板的名义宽度 0.5m 的倍数进行圆整，取 $l=3.5$m。

总电场长度为

$$L = n\,l = 3 \times 3.5 = 10.5(\text{m})$$

（10）整流器参数。电除尘器运行所需要的最高工作电压为

$$u_2 = b \times 3.5 = 20 \times 3.5 = 70(\text{kV})$$

取整流器的额定电压 $u_{2e}=70$kV。

电除尘器运行所需要的最大电晕电流为

$$i_2 = 0.4 \times \frac{A}{2n} = 0.4 \times \frac{10\ 142.3}{2 \times 3} = 676.2(\text{mA})$$

取整流器的额定电流 $i_{2e}=0.7$A。

所以可以选择 GGAJ02D 型-0.7A/70kV 高压供电设备 6 台，也可选上一挡 GGAJ02D 型－0.8A/72kV高压供电设备 6 台。

第二节　电除尘器电场改造实例

东北某发电有限责任公司 3 号机组是国产第一台优化 600MW 汽轮发电机组。锅炉蒸发量为 2008t/h，锅炉尾部配有 4 台有效截面积 228m^2 的卧式双室三电场静电除尘器。设计处理烟气量为 866 900m^3/h，设计除尘效率 98%。设计电场烟气流速为 1.056m/s，极板宽为 480mm，极板高度为 1265mm。放电极线第一电场为锯齿线，第二、三电场为星形线，同极间距为 300mm。灰斗有 48 个，灰斗加热方式为蒸汽加热。设计煤种是鹤岗烟煤，煤中含硫 0.13%。常温下，粉尘比电阻为 $2.82\times10^{10}\,\Omega\cdot\text{cm}$；在 100℃时，粉尘比电阻为 $1.74\times10^{13}\,\Omega\cdot\text{cm}$。

一、存在的问题

1. 阴极线断线

线型、结构设计不合理，安装工艺不佳，是阴极线断线的主要原因：振打锤偏重，落体加速度大，是造成阴极线断线的另一重要原因。特别是第一电场的锯齿线断线更为严重，仅 1996 年一年时间里就发现 4 台除尘器断线数量达 400 根。

2. 烟气量不均

由于入口烟道内挡板的存在，造成电除尘器内的烟气分配极不均匀，有入口挡板时各电场的烟气流量偏差见表 13-5。烟气量不均直接影响到电场内烟气流速的大小。

表 13-5 有入口挡板时各电场的烟气流量偏差

电除尘器	1A	1B	2A	2B	3A	3B	4A	4B
烟气流量偏差（%）	－12.60	＋2.65	－6.5	＋16.47	＋20.45	－8.21	－3.34	－8.9

3. 气流分布不均

停炉检查发现，电场内的气流分布极不均匀，电除尘器入口烟箱的气流分布板出口侧四周气流偏大，中间气流偏小。各台电除尘器的进气量分配不均，加剧了电场内的气流分布不均匀。电除尘器烟气气流分布不均时，流速高处二次扬尘情况严重，造成除尘效率下降，在流速低处所增加的除尘效率远不足以弥补流速高处效率的降低，因而总效率降低。

4. 阳极板夹板脱落

阳极板下端耳板采用断续焊接。在振打清灰过程中，焊缝逐渐产生疲劳裂纹而脱落。运行时脱落的阳极板左右摇摆，使高压电源柜输出电压加不上去，电压一高，电场就短路。

5. 灰斗无低料位计

由于排灰时间固定，经常造成灰斗排空、潮气返入灰斗，使灰受潮结块，排灰不畅。由于灰斗无低料位计，无法实现高料位排、低料位停的合理运行方式。灰斗堵塞是影响电除尘器正常运行的主要因素之一。如果灰堆积至电晕极和收尘极，会造成两极短路。

6. 空气预热器和除尘器本体漏风

由于漏风，造成电除尘器的 1～3 电场经常发生阴阳极板线间结渣，在电场阴阳极板线之间形成灰柱渣块。这些渣块在电场运行时，对电场短路放电。

7. 保温箱电加热器问题

电除尘器在冬季时保温箱的温度只有 40～50℃，远达不到设计值 95～105℃，原因是保温箱加热器的功率偏小（1500W/台）。

8. 振打周期不合适

电除尘器除尘效率的高低与阴阳极振打周期有着密切关系，如果调整不当，会造成粉尘的二次飞扬，除尘效率下降。电除尘器投运初期，按照制造厂家提供的振打方案，不是最佳振打方案，影响到除尘效率。

9. 煤中含硫量低

煤的含硫量对电除尘器的除尘效率影响很大。当煤的收到基含硫量高于 1.5%时，烟气中 SO_3 可起到调质作用，增强飞灰的表面导电性，电除尘器得以良好工作；而当收到基含硫量低于 1.0%时，烟气中 SO_3 调质作用减弱，含硫量越低，电除尘器反电晕程度越强烈，收尘难度越大。该发电有限责任公司燃用的鹤岗烟煤的 S_{ar} 仅为 0.13%，大大增加了电除尘器的收尘难度。

10. 煤中灰分含量高

鹤岗烟煤的收到基灰分 28.10%，偏高，导致除尘器入口烟气含尘浓度过高。电场中粉尘粒子数量的增多，抑制了电晕电流的产生，使尘粒不能获得足够的电荷，从而使除尘效率下降。

11. 粉尘比电阻高

粉尘比电阻值是影响电除尘器性能最主要因素。通常当比电阻值在 10^4～10^{11} Ωcm 范围内时，粉尘能在极板上形成粉尘层，是电除尘器运行最理想的区域。而鹤岗烟煤产生的粉尘比电阻高达 1.74×10^{13} Ω·cm，当粉尘到达集尘极时，电荷难以中和，易产生反电晕现象，使集尘极附近电场强度减弱，除尘效率显著降低。

二、采取的措施

(1) 将 4 台电除尘器的 8 个第一电场的阴极线更换成结构应力较小的管状芒刺线，共更换阴极线 36 480 根。

(2) 将第一电场的阴极振打锤重量由原来的 4.5kg 减小到 3kg，共更换振打锤 464 个。

(3) 取消 1 号和 4 号电除尘器出、入口挡板，减小烟气不平衡量，改造后测试结果见表 13-6。

表 13-6　无入口挡板时各电场的烟气流量偏差

电除尘器	1A	1B	2A	2B	3A	3B	4A	4B
烟气流量偏差（%）	−4.39	+4.66	−11.74	+11.50	+11.6	−8.0	−2.4	−2.9

(4) 将电除尘器第一层分布板中间部分开孔面积加大，增加电除尘器第一层气流分布板开孔率，使其开孔率从 40%增大到 50%。

(5) 对阳极板进行加固。将耳板和阳极板用螺栓连接，并点焊死。

(6) 安装高料位计和低料位计。高料位计的作用是防止灰斗灰位过高，埋住阴阳极。低料位计的作用是让灰斗中始终保持一定量的灰，形成灰封，防止漏风，以免出现二次飞扬。

(7) 电除尘器截面积一旦确定，运行中保证尽量低的烟气量是提高电除尘器运行效率的有效途径。改造回转式空气预热器，使其漏风率由 20%降低到 6.8%。堵塞除尘器本体的工艺孔和吊装孔，减少本体漏风。

(8) 对四台除尘器的 120 台保温箱电加热器进行了改造，由原来设计的 1500W/台改为 3000W/台，冬季保温箱温度可达到 100℃。并对保温箱体密封进行了改进，解决了冬季保温箱温度低而降低除尘效率的问题。

(9) 采用改变振打周期、记录其高压柜的输出功率的方法来选取合适的振打周期。取 2 个状况较好的电场，首先调整高压柜的输出功率为最大，记录其振打周期。每更换 1 次振打周期，记录 1 次高压柜输出参数，从中选取电晕功率较大的一组振打周期。在西安热工院的指导下最后确定最佳振打周期为：阴极为连续振打；阳极为一电场振打 2.5min 停 3.5min，二电场振打 2.5min 停 30min，三电场振打 40min 停 40min。

经过上述改造后，电除尘器除尘效率由原来的不足 98%提高到 98.5%，说明改造是成功的。随着环保要求的提高，电除尘器的效率必须满足 99.0%以上，显然 3 号锅炉电除尘器效率不能满足这一要求，因此还必须进行如下改造：

(1) 将同极距由 300mm 改为 400mm，有效遏制高比电阻引起的反电晕现象，以提高对高比电阻粉尘的除尘效率。

(2) 将现有三电场供电改为四电场供电。经过上述两项改造后，除尘效率可从 98.5%提高到 99.2%。

(3) 电除尘器末电场出口设置槽型板。电除尘器末电场粉尘具有颗粒细、黏性大的特点，设计时考虑在末电场出口处垂直气流方向设置迷宫型槽型板，对可能逃逸的细颗粒粉尘作最后的捕集。当烟气绕流穿过槽型板时，荷电粉尘在电场力和惯性力的作用下向槽型板聚集，靠静电力作用黏附在槽型板上。大量试验和运行工况证明：槽型板具有改善电场气流均匀性、捕集二次扬尘、阻挡细颗粒粉尘逃逸等功能，可使除尘效率至少提高0.05%。

（4）在烟道中加装烟气导流板，以保证烟气均匀流入除尘器。在除尘器入口烟箱内设置多孔板作为气流分布装置，并通过气流分布模拟试验确定最佳的气流分布板型式，在保证气流均布的同时使系统的阻力最小。

经过上述四项改造，最终除尘器除尘效率可从98.5%提高到99.5%以上。

由于电除尘器电场是瞬息万变的，它随锅炉燃烧排出烟气的性质、浓度、温度、粉尘、流量等因素的变化而变化，为使电除尘器能有比较理想的除尘效果，除了必须满足锅炉燃烧烟气工况条件的除尘器本体外，还要求高压供电设备有较高的自动跟踪能力和良好的控制特性，能够及时跟踪电场的变化，输出最佳电晕功率。目前许多电厂的高压控制柜的控制器改造为微机控制电压自动调整器，故障停机次数大大减少，除尘效率大大提高，值得推广。微机控制电压自动调整器能在确保电除尘器本体设备稳定运行的情况下，自动处理电场内部出现的火花、闪络及拉弧等现象，最大限度输出有效的电晕功率。除此之外，控制系统还能对电场内部可能的缺陷如过流、负载短路、负载开路、偏励磁、晶闸管短路等发出报警信号或终止程序运行，最大限度消除反电晕现象，提高了电除尘器的效率。

第三节　电除尘器节能控制技术

一、电除尘器节电基本条件

电除尘器节电是指在满足机组烟尘排放浓度达标的前提下，采用先进的技术，通过运行优化调整降低电除尘器电耗。电除尘器的节电运行优化和技术改造首先应保证烟尘排放浓度满足国家标准（GB 13223）的要求。因此，在满足以下条件时应进行电除尘器的节电工作。

（1）电除尘器设计有裕度，且除尘器设备运行良好，如：除尘器振打清灰效果良好；气流分布均匀；除尘器内极板、极线状态良好，无损坏、无变形等。保证机组实际运行烟尘排放浓度低于环保要求排放值。

（2）机组在低负荷下运行。

（3）锅炉燃用煤质变化使烟尘条件向有利于除尘和排放浓度的方向转变，如：处理的烟气量、烟气温度、煤的含硫量、灰分、灰成分、比电阻、粒度等。

（4）电除尘器电场内出现严重的反电晕现象，电除尘器在节电的运行方式下可以同时提高除尘效率。

（5）电除尘器运行耗电率在0.3%以上，通过节电运行优化应控制在0.2%以下。

（6）电除尘器电控运行方式和参数存在可调的方式和空间。

二、电除尘器运行理论能耗

根据斯托克斯定律，一个球形尘粒在运动过程中所受到的摩擦阻力 F 为

$$F=6\pi\xi a\omega$$

式中　F——尘粒运动时介质的阻力，N；

ξ——空气的动力黏度，标准状态下空气的动力黏度为 1.79×10^{-5} Pa·s；

a——尘粒半径，m；

ω——荷电尘粒驱进速度，一般为0.06～0.1m/s。

当荷电尘粒向收尘极板运动经过的距离为 d 时，所消耗的功为

$$W_0 = F \cdot d = 6\pi\mu a\omega \cdot d$$

火电厂飞灰粒径分布通常为10～30μm，假设尘粒直径为10μm，向着收尘极板运动所经过的平均距离d=80mm，荷电尘粒的驱进速度ω=0.1m/s，则可以得到收尘所消耗的功为

$$W_0 = 6 \times 3.14 \times 1.79 \times 10^{-5} \times 10/2 \times 10^{-6} \times 0.08 \times 0.1 = 1.35 \times 10^{-11}\,(\mathrm{J})$$

电站锅炉产生的烟气含尘质量浓度一般为10～40g/m³，假定烟气含尘质量浓度c为20g/m³，尘粒密度ρ为1g/cm³，则单位烟气量中的尘粒数量为

$$N = \frac{c}{\frac{4}{3}\pi a^3 \rho} = \frac{20 \times 10^6}{\frac{4}{3} \times 3.14 \times (5 \times 10^{-6})^3 \times 1} = 3.82 \times 10^{10}\,(\text{个}/\mathrm{m}^3)$$

因此，使1m³烟气中尘粒全部分离需要的能量为

$$W = W_0 N = 1.35 \times 10^{-11}\mathrm{J} \times 3.82 \times 10^{10} = 0.52\mathrm{J}$$

因为300MW火电机组锅炉产生的烟气量Q约为150万m³/h，则从这些烟气量中分离出全部尘粒所需的功率为

$$P = WQ/3600 = 0.52 \times 1\,500\,000/3600 = 217\ (\mathrm{W})$$

因此从理论上讲，分离300MW锅炉烟气量中的全部尘粒只需要217W那样很小的功率，这只是理想状态，实际上由于煤种因素（粉尘比电阻）、粉尘粒径、电晕线肥大、二次扬尘、气流分布不均，以及除尘器供电特性的影响，电除尘器运行消耗的能量会远高于理论值，出现这种情况的主要原因是火花跟踪方式下电能利用率极低。例如一般300MW锅炉电除尘器实际消耗的电功率约为500～1000kW。

电除尘器在实际运行过程中，用于高压收尘的电能消耗可分为4类：①用于粉尘的荷电与捕集的电能，称为“有效”电能，如粉尘的荷电与捕集；②对粉尘的荷电与捕集起破坏作用的电能，称“反效”电能，如反电晕、二次扬尘等；③介于上述两者之间的电能称为“无效”电能，如电晕放电过程中，没有用于粉尘的荷电与捕集的多余电荷等，这部分属于浪费的电能；④从380V AC动力电源转换为脉动直流负高压输出所消耗的电能称为同有能耗（转换效率）。电除尘器实际运行过程中，有效、反效、无效电能与固有电能是交织在一起的。实际上，在总的电能消耗中。有效电能的比例很小，而反效、无效电能和固有电能占了绝大部分。因此，通过先进的技术措施，提高有效电能比例，降低反效、无效电能和固有电能比例，可使电除尘器提高除尘效率，降低烟尘排放质量浓度，降低电能消耗。

三、节电的主要方法

1. 电除尘器高压电源节电的主要调整方法

电除尘器是采用高压静电除尘原理，将含尘气体中的粉尘收集起来，使洁净气体排出。因此电除尘器的关键设备是高压电源。高压电源首先是380V、50Hz交流电，经晶闸管控制进入变压器初端，升压（70kV）后经硅整流器整流送到电除尘器内，见图13-1。晶闸管是供电的主要控制器件，它的开、断时间决定了高压电源送入电除尘器电能的大小，即决定了供电功率的大小。它一般随除尘器状况和烟尘条件而调整变化。

由于电除尘器设计有裕度，实际运行时烟尘排放浓度低于环保要求的排放值，或者电除尘器运行在低负荷下；或者处理烟气量、烟气温度、煤的含硫量、灰分、灰成分、比电阻、粒度等烟尘条件发生改变。因此高压电源具有很大的节能潜力，主要的节电方法是：

（1）高压电源采用停部分电场（或停供电区）的运行方式。

（2）降低高压电源的运行参数。

（3）高压电源采用间歇供电运行方式。

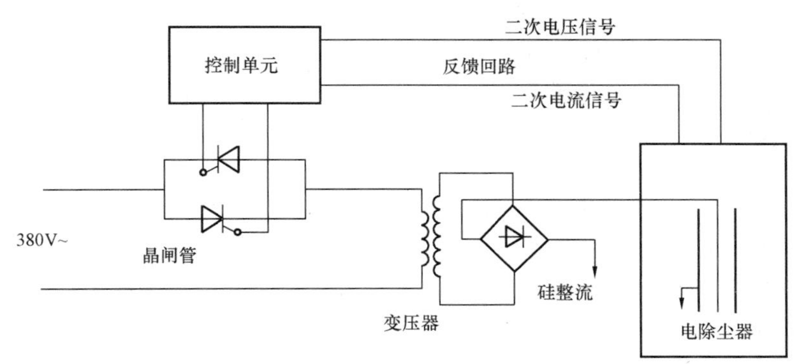

图 13-1 电除尘器高压电源主回路图

(4) 利用上位机控制系统，可调整运行方式和参数。

(5) 通过优化调整试验和完善控制程序，使其控制系统能依据燃煤和机组负荷变化自动切换控制方式。

2. 低压电器设备节电方法

低压电器节电主要体现在灰斗电加热上，若将灰斗电加热改为蒸汽加热，则可节约部分电耗，如：600MW 机组灰斗电加热额定功率约为 250kW，而电厂蒸汽的能耗是较低的。同时对振打周期的合理调整控制，不仅可以提高除尘效率，而且也可以节电。

四、节电改造

1. 烟尘排放浓度达标时的电控改造

(1) 新投运机组电除尘器配备的可控硅控制高压电源一般均具备丰富的调节手段，高压控制器可不再进行改造，除尘器节电工作的重点宜放在运行优化调整试验方面和上位机优化控制。

(2) 对未配备依据烟尘连续监测信号进行节电智能控制的上位机系统或未配备依据燃煤和机组负荷变化进行节电运行控制的上位机控制系统，应进行系统升级或改造。

(3) 对于早期投运的不具备间歇供电运行方式功能，或不具备各种供电方式自动转化功能的控制器，宜进行高压控制器改造。

2. 烟尘排放浓度基本达标的除尘器电源改造

这时一般不需要对除尘器进行大规模的改造，可对前级电场进行新型电源改造，以提高除尘效率；并进行运行优化调整试验和上位机控制系统优化，以达到节电效果。新型电源是指采用对电除尘器更能提供有效供电的电源，主要包括：三相电源、高频电源、中频电源、恒流源等；它们可以提供更高的运行二次电压和适中的二次电流，增强了烟尘的荷电和收集，使除尘效率得到提高，并使其他电场可以更好地采用间歇供电达到节电的效果。同时也可以采用预荷电等新技术进行电除尘器改造。

3. 烟尘排放浓度未达标时的除尘器改造

(1) 除尘器超标严重则需对其进行彻底的整体改造，改造技术可根据各自烟尘排放要求、烟气及烟尘具体特性、场地空间、运行成本等因素综合对比，确定采用电除尘器、电袋复合除尘器及布袋除尘器改造等技术。

(2) 在采用电除尘器改造时，宜尽量增加电场数和增大比集尘面积（结合考虑投资和运行成本），在保证除尘效率和排放浓度的情况下，可增大电除尘器的调整范围，有利于节电。

(3) 在电除尘器的前级电场宜优先采用新型电源，配备节能控制系统。做好运行优化调整试验和上位机控制系统优化，以达到提效节电效果。

（4）在电除尘器改造中建议结合实际情况采用目前的新技术。如：预荷电技术、烟气调质技术、移动电极技术等。

五、节能改造案例

以江苏某发电公司6号（300MW）机组电除尘器电控节能改造为例。该发电公司6号机组配置了2台双室四电场电除尘器，2005年9月6号机组达标投产时，江苏电科院对除尘器总体效能进行了试验，测试除尘效率为99.73%，粉尘排放质量浓度小于75mg/m^3，除尘器高压电场总电晕功率为P_y=822.7kW，除尘器虽然满足了环保要求，但电除尘捕集粒子该机组由于原设计电除尘器在运行中参数较高、能耗较大，控制系统在运行过程中无法对二次电压进行调节，故给节能运行调整带来极大的不便。

6号锅炉电除尘器电源控制部分由4台GGAJ02-1.4/7.2型微机自动控制高压供电装置（高压控制柜）和2台DKPLC-JJ2型低压控制柜组成。高压控制柜的控制部分采用DJ-96型控制器。受当时技术水平限制，电场供电采用持续直流供电方式，为了使除尘器的除尘效率尽量高，烟尘排放质量浓度尽量低，往往工作在火花整定方式下，使其运行中的二次电压U_2尽量接近火花闪络电压，二次电流I_2尽量大。因此，除尘器处在一种“大功率高能耗”的工作方式下。随着科技进步，电源脉冲供电技术在电除尘高压供电方式上得到开发应用，它是在理论分析和借鉴国内外先进技术的基础上发展起来的一种新型除尘器电源供电技术。该供电方式能够大幅度减少电除尘器运行过程中无效和反效电能的消耗，能够在提高或保证除尘效率的基础上，实现电除尘器的节能运行，降低电除尘器的运行电耗。该电源供电技术主要是利用了晶闸管元件SCR的开关作用和整流二极管的单向导电性，使380V交流电经过SCR调压，再经过高压变压器升压、硅整流后，直接送到电除尘器本体，作为电除尘器的基础直流电压。同时，利用电除尘器系统回路固有电容C、整流变压器回路固有电感L，回路损耗电阻R，构成RLC振荡回路，在整流变压器低压端产生脉冲，然后升压整流后形成脉冲电压。这种脉冲供电方式主要由基础电压调节电路、脉冲产生电路、保护电路、脉冲幅值调节电路等组成，工作原理如图13-2所示。通过改变电路参数，即可改变脉冲的幅值和振荡频率，将脉冲电压与基础直流电压叠加，就形成了脉冲供电。根据部分工程应用实例，采用脉冲供电方式后，电除尘器出口烟尘排放有了不同程度的下降，降幅约为10%～50%；同时，电除尘总的运行能耗与常规高能耗供电方式相比电能消耗大幅度下降，降幅约为40%～70%。

该发电公司采用国电南京自动化股份有限公司DKZ-2B型脉冲电源供电装置，进行电除尘节能控制系统改造。采用如下改造方案：

（1）将原有的高压、低压控制柜拆除，更换为节能型高、低压合一电源控制柜。

（2）原有的PLC控制柜拆除，原有的变压器、电除尘配电柜、母线桥均保持原装。

（3）在集控室安装一套上位机系统，实现下位机在集控室的远程监控、启停及参数设置等工作。

（4）电除尘器运行优化调整。电除尘器电控改造完成后，对电除尘器进行运行优化调整试验。

DKZ-2B型脉冲电源控制装置有三种控制方式：火花跟踪运行方式、间隙供电方式、脉冲供电方式。

（1）火花跟踪运行方式：用于高粉尘浓度下，尤其是工况条件恶劣、除尘效率低的场合。通过提高火花率的整定值，来加强粉尘的荷电率，使除尘效果有明显改善。

（2）间隙供电方式：用于高比电阻粉尘，克服反电晕；或运行工况较好，排尘浓度较低的场合。在保证排尘浓度的条件下，能够节电运行。

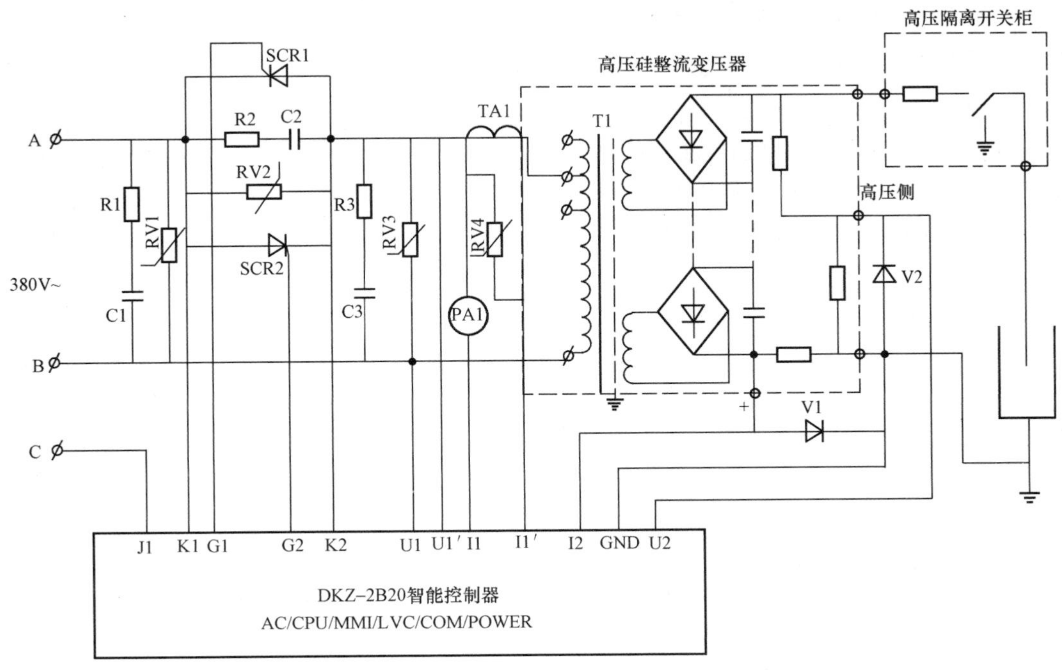

图 13-2 DKZ-2B 型脉冲电源工作原理

（3）脉冲供电方式：电除尘器与硅整流变压器等效为电容与电感，控制系统通过对每个半波晶闸管导通角的合理控制，充分利用供电电源正弦波的脉冲特性及变压器和本体的储能特点，使高压电源输出脉冲幅度、宽度及基准电压灵活可变的脉冲供电波形，大幅度减少了电除尘器运行过程中无效和反效电能的消耗，在提高或保证除尘效率的基础上实现电除尘器的节能运行。

六、改造后效能分析

为验证改造效果，待机组运行稳定后，江苏电科院对该发电公司 6 号机组电除尘器再次进行了性能试验及能耗测试。试验时机组满负荷（300MW）出力，没有进行吹灰、排污等工序；同时，电除尘器投运正常，高低压供电系统均正常运行。本次试验测得除尘器效率为 99.75%，试验中电场运行参数及电晕功率记录见表 13-7。

表 13-7 改造后电场运行参数及电晕功率

参数	61 号 1 室				61 号 2 室			
	一电场	二电场	三电场	四电场	一电场	二电场	三电场	四电场
二次电压 U_2（kV）	38.5	44.1	36.5	42.7	52.6	63.6	42.3	46.2
二次电流 I_2（mA）	309.5	282.8	261.5	277.8	267.8	219.8	247.0	313.5
P_{yi}（kW）	11.9	12.5	9.5	11.8	14.1	14.0	10.4	14.5
参数	62 号 1 室				62 号 2 室			
	一电场	二电场	三电场	四电场	一电场	二电场	三电场	四电场
二次电压 U_2（kV）	51.6	47.3	38.4	39.0	42.5	44.3	41.5	40.0
二次电流 I_2（mA）	298.8	283.8	262.5	231.3	312.8	301.5	253.8	190.3
P_{yi}（kW）	15.4	13.4	10.1	9.0	13.3	13.4	10.5	7.6

改造后电除尘高压电场总电晕功率 $P_{\Sigma y}=\sum P_{yi}$(kW)=191.4kW；与改造前相比，改造后电晕功率降低的数值 $\Delta P=P_y-P_{\Sigma y}=822.7-191.4=631.3$(kW)；降幅 $f=\frac{\Delta P}{P_y}=\frac{631.3}{822.7}=76.74\%$，节能效果十分显著。经改造后，除尘器除尘效率不仅比改造前略有提高，满足严格的环保要求；同时，大大降低了电除尘的电耗。按照机组年利用小时为 6000h 来计算，1 年可节约电量 378.8 万 kWh；按照现行平均上网电价 0.4 元/kWh 计算，则改造后每年为企业增加利润 151.5 万元。本次改造工程总投资为 131 万元，投资回报期不到 1 年，其经济效益十分可观。

第四篇 汽轮机节能技术

来自锅炉的具有一定压力和温度的蒸汽，经过主汽阀和调节汽阀进入汽轮机内，依次流过一系列环形安装的喷嘴、静叶栅和动叶栅，在汽轮机中膨胀做功，将其热能转换成推动汽轮机转子旋转的机械能，通过联轴器驱动发电机发电。做完功的蒸汽排入凝汽器内，蒸汽的汽化潜热被由冷却泵输送来的冷却水吸收，使排汽凝结成水后再由凝结水泵抽出，经低压加热器、除氧器加热除氧后，由给水泵经高压加热器送至锅炉作为锅炉给水，循环工作。本篇主要讲述汽轮机的经济运行、凝汽器的运行监督和汽轮机设备方面的节能改造等。

第十四章 汽轮机的经济运行

第一节 汽轮机的滑压运行

汽轮机定压运行的进汽调节方式主要有节流调节和喷嘴调节两种方式。所有进入汽轮机的蒸汽都经过一个或几个同时启动的节流阀，但锅炉保持汽压、汽温不变。当汽轮机发出额定功率时，节流阀完全开启；当汽轮机发出低于额定功率时，节流阀开度减小。这种通过改变节流调节阀开度大小调节进入汽轮机蒸汽流量的方式叫做节流调节。节流调节的汽轮机在低负荷时，调节阀开度很小，蒸汽节流损失很大，由于节流阀后蒸汽压力降低，进入汽轮机的蒸汽可用焓减少，使得机组运行经济性有明显下降。

多数汽轮机采用改变第一级喷嘴面积的方法调节进汽量，称为喷嘴调节。喷嘴调节时，锅炉维持蒸汽参数不变，依靠调节汽门顺序开启或关闭来改变蒸汽流量和机组负荷。每个调节汽门控制一组喷嘴，根据负荷的多少确定调节汽门的开启数目。由于蒸汽经过全开的调节汽门基本上不产生节流，只有经过未全开的调节汽门才产生节流，因此在低负荷运行时，其运行效率下降较节流调节汽轮机为少。过去承担电网基本负荷的大型汽轮机，多设计为喷嘴调节定压运行，机组投运后长期在高负荷下运行，具有较高的热效率。随着电力事业的发展，电网容量增大，更大机组的投入，这样原设计承担基本负荷的单元机组也需要承担调峰任务，在调峰期间采用定压运行热效率很低。

为了保持节流调节在设计工况下效率较高的优点，同时又避免节流调节在部分负荷下节流损失大的缺点，近几年大功率汽轮机往往采用滑压调节。所谓滑压调节是指单元制机组中，汽轮机所有的调节阀均全开（或开度不变），随着负荷的改变，调整锅炉燃料量、空气量和给水量，使锅炉出口蒸汽压力（蒸汽温度保持不变）和流量随负荷升降而增减，以适应汽轮机负荷的变化。汽轮机的进汽压力随外界负荷增减而上下“滑压”，故也称滑压运行或变压运行。相对滑压调节而言，节流调节和喷嘴调节统称为定压调节或定压运行。

一、几种滑压运行方式

大容量汽轮机调峰时，采用滑压运行方式在安全性和负荷变化灵活性上，都优于定压运行方式。一定条件下，滑压运行方式的经济性也优于定压运行方式。采用滑压降负荷工况运行，使超临界机组在50%～30%容量的范围内的经济性提高1%～3%。根据汽轮机进汽调节汽门在负荷变动时开启的方式不同，滑压运行方式又分三种方式：纯滑压运行方式、节流滑压运行方式和复合滑压运行方式。

1. 纯滑压运行方式

不论是按节流调节还是喷嘴调节设计的机组，采用纯滑压运行方式时，在整个负荷变化范围内，所有的调节阀均处于全开位置，完全依靠锅炉调节燃烧改变锅炉出口蒸汽压力和流量以适应负荷变化。这种变化操作简单，维护方便，并可以提高低负荷下机组的热效率，具有较高的经济性。但是从汽轮机负荷变化信号输入锅炉，到新蒸汽压力改变有一个时滞，即不能对负荷变化快速响应。对于中间再热机组，由于再热器和冷段导汽管的热惯性，负荷变动时，低压缸有明显的功率延滞现象，通常依靠高压调速门动态过开的方法来补偿，但此时调速汽门已全开，没有调节手段，故此方法难于适应负荷的频繁变动的工况。另外，调速汽门长期处于全开状态，易于结垢卡涩，故需要定期手动活动调速汽门。

2. 节流滑压运行方式

为了弥补纯滑压运行时负荷调整速度慢的缺点，可采用节流滑压运行方式，即在正常运行情况下，汽轮机调速汽门不全开，尚留有5%～15%的开度（保持一定的节流），当负荷急剧升高时，开大节流汽门应急调节，以迅速适应负荷变化的需要，待负荷增加后，蒸汽压力上升，调节阀重新恢复到原位。负荷突然降低时，也可关小调节汽门加以调节，待锅炉燃烧状况跟上后，再将调节阀重新恢复到原位，这就可避免锅炉热惯性对负荷迅速变化的限制。显然，这种运行方式由于调速汽门经常处于节流状态，存在一定的节流损失，降低了机组的经济性。

3. 复合滑压运行方式

复合滑压运行方式又称喷嘴滑压调节，是将滑压与定压相结合的一种运行方式。在高负荷区域内（如80%～95%额定负荷以上）进行定压运行，用启闭调节汽门来调节负荷，汽轮机组初压较高，循环热效率较高，且偏离设计值不远，相对内效率也较高；较低负荷区域内（如在80%～95%与25%～50%额定负荷之间）仅关闭1～2调节阀，其余调节阀均全开，进行滑压运行。这时没有部分开启汽门，节流损失相对最小，整个机组相对内效率接近设计值。负荷急剧增减时，可启闭调节汽门进行应急调节。在滑压运行的最低负荷点之下（如25%～50%额定负荷）又进行初压水平较低的定压运行，以免经济性降低太多。复合滑压运行方式是目前调峰机组最常用的一种运行方式，它使机组在所有变负荷区域内都有较高的热经济性。现代大机组通常都采用这一运行方式，如我国某电厂的300MW机组（锅炉由瑞士苏尔寿SULZER公司制造、汽轮机由法国电气机械CEM公司制造）就采用这种调节方式，当负荷在额定负荷的91%～26%区域内为滑压运行，而在91%以上和26%以下分别以18.5MPa和5MPa定压运行。

二、机组滑压运行的优点

1. 机组滑压运行的热经济性

滑压运行机组高压缸在低负荷时的相对效率高于定压运行机组，这是因为滑压运行时所有调节阀全开，机组节流损失小，且末级的排汽湿度降低，湿汽损失相应减小，从而提高了机组尤其是高压缸的内效率。

滑压运行时，由于温度保持不变，进入机组的蒸汽容积流量近似不变，因此当负荷降低时，蒸汽在喷嘴通道内和喷嘴出口的流速也近似不变，保证了设计的空气动力特性和汽轮机内效率。

同时，由于变压运行时蒸汽的流量、压力基本上与负荷变化呈线性关系，各级温度，包括高压缸排汽温度在工况变化时保持不变或略有升高（定压运行时，高压缸排汽温度随着负荷的减少而降低，每1kg蒸汽在再热器内吸热量增大，使得在低负荷时要保证再热汽温不变，增加了困难）。在不同负荷下每1kg蒸汽在再热器内吸热量几乎不变，这就保证了再热器蒸汽温度，从而改善了低负荷时机组的循环热效率。

此外，滑压运行机组在部分负荷下的锅炉给水压力降低，用变速给水泵就可降低给水泵电耗。随着机组初压力设计值升高，给水泵功率越来越大，超高压机组给水泵功率占主机组发电功率2%左右，亚临界压力机组占3%～4%，超临界压力机组占5%～7%。对于300MW机组在50%负荷情况下，滑压运行时给水泵输入功率仅为定压运行的55%，可节电2000kW。因此，低负荷时给水泵电耗的减少将给滑压运行机组的热经济性带来明显的好处。

例如国产200MW机组低负荷时，各种运行方式的煤耗量见表14-1。

表 14-1　　国产 200MW 机组的煤耗量　　t/h

运行方式 \ 锅炉产汽量	305	360	420	480	540	610
定压运行	39.36	45.18	50.28	56.12	61.84	68.09
二阀滑压运行	39.45	45.16	51.10	55.87		
三阀滑压运行	38.37	44.67	49.75	55.70	61.66	68.09

又如国产 125MW 机组在 80%额定负荷以上时采用定压运行，80%额定负荷以下，三个调节汽门全开滑压运行经济性为好。根据试验数据计算，50%额定负荷下运行时，定压运行的供电煤耗为 370.5g/kWh，而滑压运行的供电煤耗为 356.8g/kWh；但在 80%以上负荷时，定压运行的平均供电煤耗为 336.9g/kWh，而滑压运行的供电煤耗为 342.4g/kWh。

2. 机组滑压运行的安全性

滑压运行机组在部分负荷下，蒸汽压力降低，但蒸汽温度基本不变，因此当负荷变化时，尤其是机组启、停时，汽轮机各部件的金属温度变化小，减少了热应力和热变形，提高了机组运行的可靠性，缩短了机组的启、停时间，增加了机组调峰调频的能力。

各级温度，包括末级排汽温度在工况变化时都保持较高温度不变，不仅减少了湿汽损失，而且减轻了叶片的侵蚀。

滑压运行时，锅炉受热面、主蒸汽管道及汽轮机进汽部分，在部分负荷时处于较低的压力下工作，从而改善了上述各部件的工作条件，延长了所有承压部件的使用寿命。

一般说，额定压力越高，变压运行经济性越好。当主蒸汽压力低于 13MPa 且不具备变速给水泵时就难以保证变压运行的经济性。

三、机组滑压运行的缺点

（1）变压运行时，随着负荷降低机组循环效率明显下降，这主要是由于初压降低使得机组蒸汽可用焓减少的缘故。变压运行的经济性取决于压力降低使循环效率的降低和汽轮机内效率的提高、给水泵耗功减少以及再热汽温升高而使循环效率提高等各项因素的综合，不能简单地认为变压运行一定比定压运行经济。

（2）变压运行是靠主蒸汽压力的变化来调节负荷的，而压力调节比较迟缓，所以不宜担任电网一次调峰任务。这是因为当机组随负荷增大时，锅炉以加强燃烧来提高主蒸汽压力，但此时锅炉压力提高要储蓄一部分热量，这样就增加了迟延时间。

采用定—滑—定复合运行方式前，应先根据机组性能进行有关的调整试验，通过安全和经济比较后，再确定高、低负荷定压运行的压力，并绘制出该区每个负荷点的变压运行曲线，以求得低负荷运行时的安全性和经济性。

第二节　汽轮机的经济运行措施

汽轮机组经济运行措施包括管理措施、优化运行措施和技术改造。对于技术改造措施，在本书各章节都有大量篇幅介绍，本节不再重复。

一、管理措施

（1）积极开展指标竞赛活动。将指标列为个人（班组）绩效的重要组成部分，指标分数同个人（班组）的收入挂钩，以激发员工的积极性和主动性，使各项生产指标压红线运行，确保机组经济运行。

（2）建立耗差分析系统，实时显示机组的各项参数及指标情况，便于运行人员及时进行分析调整，确保机组在经济方式下运行。

（3）强化对标和技术监督工作。每月召开月度对标分析例会，要求与设计值、创优值和标杆电厂先进值对标。各部门按规定汇报节能降耗基础工作开展情况，汇报解决影响机组能耗的具体措施；同时，对主要指标建立电子档案，以便运行人员和管理人员进行“日跟踪、周对比、月总结”，使节能技术监督工作进入经常化、制度化、规范化的管理轨道。

二、主要辅机的优化运行

1. 优化辅汽系统运行方式

某发电公司冬季厂房采暖用汽和锅炉暖风器用汽量很大，往年最高用汽量在120t/h，采暖期平均用量为60t/h，造成供电煤耗升高10g/kWh左右。根据这一情况，首先对输煤系统三、四、五段及相应的转运站和筛碎楼的采暖系统进行了改造，取得了较理想的效果，疏水温度由以前的120～130℃降到了70℃左右，提高了采暖蒸汽利用率15%以上，消除了疏水的闪蒸损失，提高了疏水回收率；其次是严格控制了锅炉暖风器用汽量，根据煤质含硫量严格控制排烟温度，考虑到冷风加压后有5～10℃的温升，排烟温度的控制在以往按冷风与排烟温度的平均值控制基础上降低2～3℃，并保证暖风器用汽得到充分的凝结，从而减少了暖风器用汽量，又使锅炉排烟温度有所降低，取得了双重的效果。冬季排烟温度比同期降低了3.6℃左右，使供电煤耗降低了0.65g/kWh；三是根据按质用能的原则，在满足用户需要的前提下降低辅汽压力，辅汽设定压力由以往的0.7MPa降为目前的0.5MPa左右。通过采取上述措施，采暖期辅汽用量平均只有60t/h，比历史同期降低了25t/h，使供电煤耗降低了5g/kWh。

2. 循环水泵优化运行

对于循环水系统宜采用扩大单元制供水系统，每台机组设2台循环水泵，循环水母管之间需设联络门，实现不同季节、不同负荷下循环水泵优化运行，如：夏季1台机组2台循环水泵运行；春、秋季2台机组3台循环水泵运行；冬季1台机组1台循环水泵运行。对于每台机组设2台循环水泵，应优先采用至少1台循环水泵具备高低速功能的方案。在2台循环水泵运行时，当机组负荷减至80%额定负荷时，可以停止1台循环水泵。某公司循环水泵的额定功率为1600kW，实际运行时消耗的功率为1400kW，因此冬季采用单机单台循环水泵运行方式少耗的厂用电量为170万kWh。另外，在冬季或非高温季节采用单机单台循环水泵运行方式，还可以优化其他运行参数，如降低凝结水的过冷度，提高机组的热经济性和安全性等。

循环水系统优化运行应该以机组的运行真空为最佳值作为衡量依据，即运行真空未达到最佳值，不应采用循环水泵变速运行来节约厂用电。

3. 开式水泵优化运行

由于开式水泵均是串接在循环水泵后，相当于循环水的升压泵。循环水泵在设计时其扬程就很高了，可以不再增压，循环水即可达到每个辅机系统，为适应季节变化时机组开式冷却水流量的不同需求，开式冷却水泵节电可以采取如下措施：

（1）开式冷却水泵双速改造，在春秋季节低速运行，降低开式水泵电耗。只有在夏季三个月高温时，高速运行。

（2）将2台机组的开式水系统进行联络。联络后，不仅机组启停过程中可以在不开循环水泵的情况下给启停机组提供开式冷却水；而且，在循环水温较低时，可考虑使用1台开式水泵供给2台机组开式冷却水。国电菏泽发电厂300MW机组就采用该种模式。

（3）在非高温季节时开式泵停运。由于开式水泵均是串接在循环水泵后，相当于循环水的升压泵。在冬天，当循环水温度降至20℃以下时，开式水泵可以停运，而将开式水泵的进出口隔离阀保持开启，即可维持各被冷却介质的温度在允许范围。如某电厂300MW机组的开式水泵的额定功率为150kW，实际运行功率是135kW，一年按120天停运开式水泵的条件计算，一年少耗的厂用电量为135×24×120＝39（万kWh）。

为了节省厂用电，开式泵停运时，循环水通过开式泵会造成一定安全隐患问题，建议电厂对开式水泵增加一个旁路。冬季循环水泵直供开式冷却水时，冷却水可通过旁路进入汽轮机冷油器和闭式水冷却器。

4．真空泵优化运行

在2台真空泵运行时，当机组负荷减至90％的额定负荷时，可以停止1台真空泵。

应根据机组情况，经过试验确定真空泵的运行方式。如盘山发电公司1台600MW亚临界机组配有3台水环式真空泵。其中1、2号真空泵电机功率为160kW，3号真空泵电机功率为110kW。试运行以来一直是2台真空泵运行，1台备用。为了节约厂用电，进行了1台真空泵运行的试验，结果为：运行1台真空泵完全可以保证机组真空的要求，这样1台机组可以停运1台160kW真空泵，每年可以节电100万kWh。

5．开停机时给水泵节能运行

300MW及以上容量的火电机组配备2台50％锅炉额定容量的汽动给水泵和1台50％锅炉额定容量的电动给水泵。机组正常运行中，2台汽动给水泵并列给锅炉供水，电动给水泵作备用；机组启动、停运及事故处理过程中，采用1台电动给水泵给锅炉供水，负荷带至50％额定负荷后才切换为汽动给水泵给锅炉供水。因为电动给水泵容量大（电动给水泵电机功率为5500kW），耗电量较高，冷态启动需要10h才能带到150MW，电动给水泵耗电量约38 000kWh。为了节约厂用电，可以在机组开停机时采用邻机提供的辅助汽源冲转给水泵汽轮机，用汽动给水泵上水。冷态启动需要消耗0.7MPa、270℃蒸汽60t，节约了启动时的能源费用。

滑参数停机时，也可以采用汽动给水泵上水。机组停运过程中，及时进行汽动给水泵辅助汽源的疏水暖管工作，厂用汽源倒为邻机供给，维持厂用母管压力正常。机组负荷滑降至30％左右时，缓慢切换汽动给水泵用汽为辅助汽源供给，电动给水泵未运行，节约厂用电约27 500kWh。大唐国际张家口发电厂300MW机组实现冷态停机全程汽泵上水，节约了大量的厂用电。

部分660MW火电机组配备2台50％锅炉额定容量的汽动给水泵和50％锅炉额定容量的电动前置泵，电动前置泵串联在汽动给水泵前。前置泵电动机功率仅为560kW。因此660MW机组冷态开机时，在能满足锅炉上水的情况下，在除氧器水质合格情况下，可以使用前置泵上水，以节约能源。

三、汽轮机的优化运行

汽轮机的优化运行是以机组优化调整试验为基础的经济运行，本节以320MW国产机组为例进行说明。某电厂320MW机组原是N300-16.7/538/538亚临界、一次中间再热、单轴、双缸、双排汽、凝汽式国产机组，经过增容后容量增加到320MW。

（1）试验目的和内容。试验的主要目的是通过优化试验，寻找汽轮机的最佳运行方式（最佳定、滑压运行方式），降低汽轮机运行热耗，最终降低供电煤耗，且又能满足电网对升降负荷速率的要求。

试验的主要内容：在机组为320、300、270、240、210、190、170MW负荷工况下，进行定、滑压试验，每个负荷点定滑多个压力点，以获得机组不同负荷下的最佳定滑压曲线（最佳主蒸汽压力和主调门开度）。

（2）试验系统的隔离。试验系统为独立的热力系统，与试验无关的其他系统必须与试验系统隔离，隔离清单如下：主蒸汽、再热蒸汽、抽汽系统等的管道和阀门疏水；高、低压加热器危急疏水至凝汽器；关闭1～3号高压加热器连续排气门；关闭冷段再热蒸汽至辅汽电动门、调节门；试验期间关闭凝汽器补水手动门，试验后恢复；试验期间停止锅炉连续排污；（解列连排运行）试验期间关闭（关小）除氧器排氧门，试验后恢复；关闭辅汽至除氧器电动门等。

（3）优化试验结果。凝结水流量作为试验基准流量，采用除氧器进口处安装的流量孔板测量；过热减温水和再热减温水流量采用现场安装的标准流量孔板测量。优化试验结果见表14-2。

表 14-2　　优化试验结果

项目名称	单　位	320MW	320MW	300MW	270MW	270MW
主蒸汽压力	MPa	17.085	17.048	16.813	14.649	16.763
主蒸汽流量	t/h	980.0	969.7	939.3	838.5	828.7
发电机端电功率	kW	310 425	310 528	301 739	270 864	269 595
厂用电率	%	6.658	6.447	5.993	5.485	5.347
高压缸效率	%	82.594	82.577	81.237	82.255	80.674
中压缸效率	%	90.539	90.522	90.504	90.313	90.432
试验热耗率	kJ/kWh	8144.9	8101.2	8184.1	8275.9	8221.2
试验发电煤耗率	g/kWh	302.2	300.6	303.7	306.2	304.2
试验供电煤耗率	g/kWh	323.8	321.3	323.1	323.9	321.3
一、二类修正后热耗率	kJ/kWh	8092.1	8076.3	8139.2	8175.2	8132.7
一、二类修正后发电煤耗率	g/kWh	300.3	299.7	302.0	302.5	300.9
一、二类修正后供电煤耗率	g/kWh	321.7	320.3	321.3	320.0	317.9
项目名称	单　位	240MW	240MW	240MW	210MW	210MW
主蒸汽压力	MPa	13.864	14.570	16.686	13.033	16.754
主蒸汽流量	t/h	735.7	724.4	722.7	634.4	637.3
发电机端电功率	kW	240 187	237 825	240 219	210 237	209 608
厂用电率	%	5.198	6.085	5.220	6.258	5.315
高压缸效率	%	80.076	80.124	77.308	80.001	76.867
中压缸效率	%	90.283	89.852	90.260	89.783	89.760
试验热耗率	kJ/kWh	8244.3	8251.7	8172.3	8296.8	8246.1
试验发电煤耗率	g/kWh	306.2	306.4	303.5	308.1	306.2
试验供电煤耗率	g/kWh	322.9	326.3	320.2	328.7	323.4
一、二类修正后热耗率	kJ/kWh	8206.6	8193.8	8156.4	8248.6	8171.2
一、二类修正后发电煤耗率	g/kWh	304.8	304.3	302.9	306.3	303.4
一、二类修正后供电煤耗率	g/kWh	321.5	324.0	319.6	326.8	320.5
主蒸汽压力	MPa	12.250	13.301	15.920	12.107	14.416
主蒸汽流量	t/h	571.9	573.3	566.7	510.1	508.8
发电机端电功率	kW	189 209	189 801	189 773	170 421	170 445
厂用电率	%	5.897	5.871	6.135	6.494	6.504

续表

项目名称	单位	190MW	190MW	190MW	170MW	170MW
高压缸效率	%	79.007	76.922	75.360	76.477	75.121
中压缸效率	%	89.860	89.438	89.566	89.369	89.526
试验热耗率	kJ/kWh	8353.8	8350.4	8275.1	8387.9	8323.8
试验发电煤耗率	g/kWh	310.2	310.1	307.3	311.5	309.1
试验供电煤耗率	g/kWh	329.7	329.4	327.4	333.1	330.6
一、二类修正后热耗率	kJ/kWh	8314.8	8304.7	8244.7	8366.9	8302.9
一、二类修正后发电煤耗率	g/kWh	308.8	308.4	306.2	310.7	308.3
一、二类修正后供电煤耗率	g/kWh	328.1	327.6	326.2	332.3	329.8

在270MW负荷工况下，当主蒸汽压力由16.763MPa降低到14.649MPa时，机组高压缸效率由80.674%上升到82.255%，机组热耗率由定压运行时的8132.7kJ/kWh上升到8175.2kJ/kWh。

在240MW负荷工况下，当主蒸汽压力由16.686MPa降低到13.864MPa时，机组高压缸效率由77.308%上升到80.076%，机组热耗率由8156.4kJ/kWh上升到8206.6kJ/kWh。

在210MW负荷工况下，当主蒸汽压力由16.754MPa降低到13.303MPa时，机组高压缸效率由76.867%上升到80.001%，机组热耗率由8171.2kJ/kWh上升到8248.6kJ/kWh。

在190MW负荷工况下，当主蒸汽压力由15.920MPa降低到12.250MPa时，机组高压缸效率由75.360%上升到79.007%，机组热耗率由8244.7kJ/kWh上升到8314.8kJ/kWh。

在170MW负荷工况下，当主蒸汽压力由14.416MPa降低到12.107MPa时，机组高压缸效率由75.121%上升到76.477%，机组热耗率由8302.9kJ/kWh上升到8366.9kJ/kWh。

第十五章　给水的回热系统的经济性

第一节　高压加热器设计计算

一、电厂热力系统

图 15-1 是凝汽式汽轮机发电厂的 25MW 机组热力系统简图。燃料在锅炉中燃烧，给水在锅炉中加热成蒸汽，经管道送入汽轮机内做功，从汽轮机出口排入凝汽器，被冷却水冷却后排汽（或称乏汽）冷凝成主凝结水，又被凝结水泵升压送入低压加热器加热，再送入除氧器。从除氧器流出的给水由给水泵升压至高压力，经高压加热器加热后流向锅炉，形成循环。

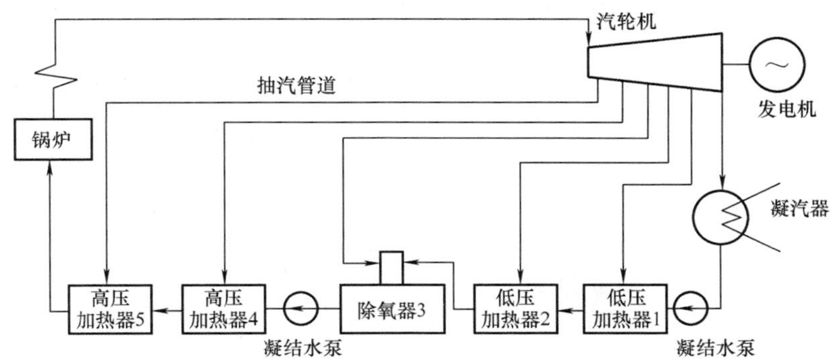

图 15-1　25MW 机组热力系统简图

发电厂锅炉给水的回热加热是指从汽轮机某中间级抽出一部分做过功的蒸汽（称为抽汽），送到给水加热器中对主凝结水和锅炉给水进行加热，称为回热过程，与之相应的热力循环和热力系统称为回热循环和回热系统。加热器是回热循环过程中加热锅炉给水的设备。加热器按水压分为低压加热器和高压加热器，一般加热凝结水的加热器，处于凝结水泵出口压力下工作，称为低压加热器（简称低加）；加热给水泵出口给水的加热器，处于给水泵后高压力下工作，称为高压加热器（简称高加）。加热器可以提高电厂热效率，节省燃料，并有助于机组安全运行。给水回热系统由低压加热器、除氧器和高压加热器等组成，如果某超高压汽轮机组采用四台低压加热器、一台除氧器、三台高压加热器，称为八级回热系统。回热加热设备的编号方法，在电厂中往往按凝结水泵后的流向顺序编号，例如图 15-1 所示的五级回热系统中，1～2 号为低压加热器，3 为除氧器，4～5 号为高压加热器；也有反向编号的，即与抽汽段对应编号。

二、高压加热器设计计算

为了说明方便、直观，举例说明高压加热器的设计计算方法。

【例 15-1】 某一单纯凝结段高压加热器，立式 U 形管，传热管材为 20 号碳钢，管子规格为 $\phi16\times2.5$mm，给水压力 $p_{fw}=14.7$MPa，给水流量 $G=80$kg/s，给水进口温度 $t_1=200$℃，给水进口焓为 $h_1=852.37$kJ/kg，给水出口温度 $t_2=225$℃，查饱和水性质表给水出口焓为 $h_2=966.88$kJ/kg，抽汽压力 $p_s=3.0$MPa，抽汽温度 $T_1=400$℃，查过热蒸汽性质表得抽汽焓 $h'_1=3232.50$kJ/kg，根据 p_s查饱和水性质表得抽汽对应的饱和温度 $T_s=234$℃，根据 T_s查饱和水性

质表得疏水出口焓 $h'_2=1009.10\text{kJ/kg}$。

解 （1）加热器中的传热量为

$$Q=G(h_2-h_1)$$

式中 Q——传热量，kW；

G——给水流量，kg/s；

h_1——给水进口焓，kJ/kg；

h_2——给水出口焓，kJ/kg。

本例 $Q=G\ (h_2-h_1)\ =80\times\ (966.88-852.37)\ =9160.8$

（2）核算蒸汽需要量 D 为

$$D=\frac{Q}{(h'_1-h'_2)\eta}$$

式中 h'_1——加热器蒸汽进口焓，kJ/kg；

h'_2——加热器疏水出口焓，kJ/kg；

η——考虑加热器外表面在环境中的散热系数，一般可取 0.98～0.99，对小型高压加热器可取 0.97。

当高压加热器由两级以上串联时，疏水由压力高的向压力低的高压加热器逐级疏出，上级疏水进入本级高压加热器壳体内因压力降低而闪蒸形成扩容蒸汽，它减少了进入本级高压加热器的抽汽量，计算中需计入此上级疏水焓降 $\Delta h'_D$ 及其疏水量 $q_{m,D}$，$\Delta h'_D$ 为

$$\Delta h'_D=h'_{2D}-h'_2$$

式中 h'_{2D}——上级疏水进入本级高压加热器时的焓，kJ/kg。

此时高压加热器的蒸汽需要量 D 为

$$D=\frac{Q-q_{m,D}\Delta h'_D}{(h'_1-h'_2)\eta}$$

式中 $q_{m,D}$——上级疏水量，kg/s。

本例 $D=\dfrac{Q-q_{m,D}\times\Delta h'_D}{(h'_1-h'_2)\eta}=\dfrac{9160.8-0}{(3232.5-1009.10)0.98}=4.20(\text{kg/s})$

（3）对数平均温差为

$$\Delta t_m=\frac{t_2-t_1}{\ln\dfrac{t_s-t_1}{t_s-t_2}}$$

式中 t_s——加热蒸汽饱和温度，℃；

t_2——给水出口温度，℃；

t_1——给水进口温度，℃。

对应的给水平均温度为

$$t_{fw}=t_s-\Delta t_m$$

如果要求计算精度低，给水平均温度也可以采用算术平均法求得，即

$$t_{fw}=\frac{t_1+t_2}{2}$$

本例对数平均温差为

$$\Delta t_m=\frac{t_2-t_1}{\ln\dfrac{t_s-t_1}{t_s-t_2}}=\frac{225-200}{\ln\dfrac{234-200}{234-225}}=18.81$$

给水平均温度为

$$t_{fw}=t_s-\Delta t_m=234-18.81=215.19$$

（4）汽至壁的传热分系数 α_1 为

对于竖管束（立式）

$$\alpha_1=0.000\,918\,7B\left[\sqrt[4]{\frac{r}{l(t_s-t_w)}}\right]$$

对于水平管束（卧式）

$$\alpha_1=0.000\,589\,4B\left[\sqrt[4]{\frac{r}{nd_1(t_s-t_w)}}\right]$$

式中 α_1——汽至壁的传热分系数，kW/m²℃；

r——汽化潜热，kJ/kg，按饱和温度由汽水性质表查得；

t_w——汽侧管壁温度，℃；

l——竖管束在汽侧两隔板间的平均高度，m；

d_1——管子外径，m；

n——水平管束在蒸汽侧沿垂直方向的管子平均排数，它是指管子外表的凝结液膜垂直流经过的管排数；

B——对应 t_M 的液膜系数，查表15-1。

其中蒸汽液膜（蒸汽与管外壁面相接触，壁面温度低于蒸汽饱和温度，蒸汽便会凝结成水，在壁面上形成一层液膜）平均温度 t_M 为

$$t_M=\frac{t_s+t_w}{2}$$

汽侧管壁温度 t_w 为

$$t_w=t_s-0.4\Delta t_m$$

表15-1 **液膜系数 B**

t_M,℃	B	t_M,℃	B	t_M,℃	B	t_M,℃	B
0	1210	100	2200	200	2430	300	2100
20	1480	120	2300	220	2410	320	1950
40	1710	140	2370	240	2400	340	1740
60	1910	160	2400	260	2300	360	1440
80	2070	180	2420	280	2210		

本例汽侧管壁温度为

$$t_w=t_s-0.4\Delta t_m=234-0.4\times18.81=226.48$$

蒸汽液膜平均温度为

$$t_M=\frac{t_s+t_w}{2}=\frac{234+226.48}{2}=230.24$$

液膜系数 $B=2405$

根据抽汽压力 $p_s=3.0$MPa，查饱和水汽化潜热 $r=1793.19$kJ/kg

如果选定竖管束在汽侧两隔板间的平均高度 $l=0.5$m，则

$$\alpha_1 = 0.000\,918\,7B\sqrt[4]{\frac{r}{l(t_s - t_w)}} = 0.000\,918\,7 \times 2405 \times \sqrt[4]{\frac{1793.19}{0.5(234-226.48)}}$$
$$= 10.325$$

（5）壁至水的传热分系数 α_2 为

$$\alpha_2 = 0.000\,023\frac{\lambda_1}{d_2}Re^{0.8}P_r^{0.4}$$

$$P_r = \frac{1000\mu\, c_p}{\lambda_1}$$

$$Re = \frac{d_2 w}{\gamma}$$

$$w = \frac{GV}{\frac{\pi}{4}d_2^2 N}$$

式中 G——给水流量，kg/s；

α_2——壁至水的传热分系数，kW/m²℃；

λ_1——管内水热导率，W/m℃ ，可根据平均给水温度从汽水性质表 15-2 中查得；

d_2——管子内径，m；

Re——雷诺数；

c_p——水的比定压热容，kJ/kg℃；

μ——水动力黏度，kg/ms，可根据平均给水温度从汽水性质表 15-2 中查得；

w——给水流速，m/s；

γ——管内运动黏度，m²/s，可根据平均给水温度查汽水性质表 15-2；

V——管内水比体积，m³/kg，查汽水性质表 15-2；

N——每个行程内管数，对于铜管或碳钢管，在选择每个行程内管数时必须保证管内给水流速在 1.85～2m/s，一般不允许超过 2m/s，对于不锈钢管可适当放宽到 2.5m/s 以内；

P_r——普朗特数，也可根据平均给水温度从汽水性质表 15-2 中查得。

在高压加热器设计计算时，壁至水的传热分系数 α_2 可简化为

$$\alpha_2 = 0.001\,163C\,d_2^{-0.2}w^{0.8}$$

$$C = 1190 + 21.5t_{fw} - 0.045t_{fw}^2$$

式中 C——给水温度系数。

表 15-2 **饱和水的热物理性质**

水温（℃）	水压力（kPa）	水密度（kg/m³）	水焓（kJ/kg）	比定压热容（kJ/kg℃）	热导率（W/m℃）	动力黏度（10^{-6}kg/ms）	运动黏度（10^{-6}m²/s）	普朗特数 P_r	水比体积（m³/kg）
0	0.610 8	999.776	−0.04						0.001 000 22
1	0.656 6	999.851	4.17						0.001 000 15
2	0.705 5	999.908	8.39						0.001 000 09
5	0.871 8	999.970	21.01						0.001 000 03
8	1.072 0	999.882	33.60						0.001 000 12

续表

水温（℃）	水压力（kPa）	水密度（kg/m³）	水焓（kJ/kg）	比定压热容（kJ/kg℃）	热导率（W/m℃）	动力黏度（10^{-6}kg/ms）	运动黏度（10^{-6}m²/s）	普朗特数 P_r	水比体积（m³/kg）
10	1.227 0	999.747	41.99	4.193	0.587	1300	1.30	9.29	0.001 000 25
15	1.703 9	999.167	62.94						0.001 000 83
16	1.816 8	999.013	67.13						0.001 000 99
17	1.936 2	998.847	71.31						0.001 001 16
18	2.062 4	998.669	75.50						0.001 001 33
19	2.195 7	998.479	79.68						0.001 001 52
20	2.336 6	998.278	83.86	4.182	0.603	1000	1.00	6.94	0.001 001 73
25	3.166 0	997.116	104.77						0.001 002 89
28	3.778 2	996.300	117.30						0.001 003 71
30	4.241 5	995.710	125.66	4.179	0.618	797	0.80	5.39	0.004 241 5
31	4.491 1	995.401	129.84						0.004 491 1
32	4.753 4	995.084	134.02						0.004 753 4
33	5.028 8	994.758	138.20						0.005 028 8
34	5.318 0	994.424	142.38						0.005 318 0
35	5.621 6	994.081	146.56						0.005 621 6
40	7.375	992.249	167.45	4.179	0.632	651	0.656	4.30	0.007 375 0
50	12.335	988.03	209.26	4.181	0.643	544	0.551	3.54	0.012 335 3
60	19.920	983.14	251.09	4.185	0.654	463	0.471	2.98	0.001 017 11
70	31.162	977.66	292.97	4.190	0.662	400	0.409	2.53	0.001 022 85
80	47.360	971.64	334.92	4.197	0.670	351	0.361	2.20	0.001 029 10
90	70.109	965.11	376.94	4.205	0.676	311	0.322	1.94	0.001 036 15
100	101.325	958.12	419.06	4.216	0.681	279	0.291	1.73	0.001 043 71
110	143.26	950.7	461.31	4.229	0.684	252	0.265	1.56	0.001 051 87
120	198.54	942.9	503.72	4.245	0.687	230	0.244	1.42	0.001 060 63
130	270.12	934.6	546.31	4.263	0.688	211	0.226	1.31	0.001 070 02
140	361.36	925.8	589.10	4.285	0.688	195	0.211	1.21	0.001 080 06
150	475.97	916.8	632.15	4.310	0.687	181	0.197	1.14	0.001 090 78
160	618.04	907.3	675.47	4.339	0.684	169	0.186	1.07	0.001 102 23
170	792.02	897.3	719.12	4.371	0.681	159	0.177	1.02	0.001 114 46
180	1000.3	886.0	763.12	4.408	0.677	149	0.168	0.970	0.001 127 52
190	1255.2	876.0	807.52	4.449	0.671	141	0.161	0.935	0.001 141 51
200	1555.1	864.7	852.37	4.497	0.665	134	0.155	0.904	0.001 156 50
210	1908.0	852.8	897.73	4.551	0.657	127	0.149	0.881	0.001 172 60
220	2320.1	840.3	943.67	4.614	0.648	122	0.145	0.864	0.001 189 96
230	2797.9	827.3	990.27	4.686	0.639	116	0.140	0.853	0.001 208 72

续表

水温（℃）	水压力（kPa）	水密度（kg/m³）	水焓（kJ/kg）	比定压热容（kJ/kg℃）	热导率（W/m℃）	动力黏度（10^{-6}kg/ms）	运动黏度（10^{-6}m²/s）	普朗特数 P_r	水比体积（m³/kg）
240	3348.0	813.6	1037.60	4.770	0.628	111	0.136	0.846	0.001 229 09
250	3977.6	799.2	1085.78	4.869	0.618	107	0.134	0.842	0.001 251 29
260	4694.0	783.9	1134.94	4.986	0.603	103	0.131	0.848	0.001 275 64
270	5505.1	767.8	1185.23	5.126	0.590	99.4	0.129	0.860	0.001 302 50
280	6419.1	750.5	1236.84	5.296	0.575	96.1	0.128	0.883	0.001 332 39
290	7444.8	732.1	1290.01	5.507	0.558	93.0	0.127	0.916	0.001 365 95
300	8591.7	712.2	1345.05	5.773	0.541	90.1	0.127	0.958	0.001 404 06
310	9869.7	690.6	1402.39	6.120	0.523	86.5	0.125	1.00	0.001 447 98
320	11 290	666.9	1462.60	6.586	0.508	83.0	0.124	1.07	0.001 499 50
330	12 865	640.5	1526.52	7.248	0.482	79.4	0.124	1.19	0.001 561 47
340	14 608	610.3	1595.47	8.270	0.460	75.4	0.124	1.35	0.001 638 72
350	16 537	574.5	1671.94	10.08	0.437	70.9	0.124	1.64	0.001 741 12
360	18 674	528.3	1764.17	14.99	0.399	65.3	0.124	2.38	0.001 895 90
370	21 053	448.3	1890.21	53.92	0.348	56.0	0.125	6.95	0.002 213 56
374.15	22 120.0	315.36	2107.4	∞	0.238	45.0	0.143	∞	0.003 17

本例 t_{fw}＝215.19℃，查饱和水性质表 15-2 得管内水比体积 $v=0.001\ 181\ 1$m³/kg，管内给水运动黏度 $\gamma=0.147\times10^{-6}$m²/s，管内水导热率 $\lambda_1=0.652\ 5$W/m℃，水动力黏度 $\mu=124.5\times10^{-6}$kg/ms，水比热容 $c_p=4.582\ 5$kJ/kg℃，因此普朗特数为

$$P_r=\frac{1000\mu\ c_p}{\lambda_1}=\frac{1000\times124.5\times10^{-6}\times4.582\ 5}{0.652\ 5}=0.874\ 4$$

选定管子规格为 $d_0/d_i=0.016\text{m}/0.011\text{m}$，每行程内管子数量 $N=520$ 根，则管内流速

$$w=\frac{GV}{\frac{\pi}{4}d_2^2N}=\frac{80\times0.001\ 181\ 1}{\frac{\pi}{4}0.011^2\times520}=1.91$$

（由于 $1.85<w<2.0$，所以选取的 $N=520$ 是合理的）

雷诺数 $Re=\frac{d_2w}{\gamma}=\frac{0.011\times1.91}{0.147\times10^{-6}}=142\ 925.2$

$$C=1190+21.5t_{fw}-0.045t_{fw}^2$$
$$=1190+21.5\times215.19-0.045\times215.19^2=3732.8$$

壁至水的传热分系数为

$$\alpha_2=0.001\ 163Cd_2^{-0.2}w^{0.8}$$
$$=0.001\ 163\times3732.8\times0.011^{-0.2}\times1.91^{0.8}=17.95$$

或根据原始公式得

$$\alpha_2=0.000\ 023\frac{\lambda_1}{d_2}Re^{0.8}P_r^{0.4}$$
$$=0.000\ 023\times\frac{0.652\ 5}{0.011}\times142\ 925.2^{0.8}\times0.874\ 4^{0.4}=17.20$$

（6）金属的热导率。管壁金属的热导率 λ 随温度有些变化，表 15-3 中列出一些常用的管壁金属的热导率。在实际计算中为了方便，对一种金属往往选取一个固定值，高压加热器的管子温度常在 200℃左右，在高压加热器设计计算时，可取此温度作为传热计算时的温度，来选取热导率 λ。

表 15-3　　管壁金属的热导率　　W/(m·℃)

材料	温度（℃）						推荐热力计算用的参考值
	20	100	200	300	400	500	
低碳钢	50	50.7	48.6	46.1	42.3	38.9	49
不锈钢	16.3	16.3	17.6	18.8	21.4	22.2	17
黄铜管	117	117.2					117
铜镍管	46.1	52.1	58.4	70.2	83.1		58

（7）总传热系数。以管子外径为基准的总传热系数 K，按圆壁计算为

$$K=\frac{1}{\dfrac{1}{\alpha_1}+\dfrac{\delta}{\lambda}+\dfrac{1}{\alpha_2}\times\dfrac{d_0}{d_2}+R\times\dfrac{d_0}{d_2}}$$

$$\delta=\frac{d_1-d_2}{2}$$

式中　K——总传热系数，kW/m^2℃；

δ——管子厚度，m；

λ——金属的热导率，kW/m℃；

R——污垢热阻，m^2℃ /kW。

给水加热器运行一段时间后，壁面会附积一些污垢，在传热计算时必须考虑污垢热阻 R。对于给水加热器的凝结段，管内给水侧的最小污垢热阻 R 取 0.000 035 222m^2℃ / W，此值适应于各种管子材料。

对于本例选取热导率

$$\lambda=0.049$$

管子壁厚

$$\delta=\frac{0.016-0.011}{2}=0.002\ 5$$

污垢热阻

$$R=0.035\ 222$$

总传热系数为

$$K=\frac{1}{\dfrac{1}{10.325}+\dfrac{0.002\ 5}{0.049}+\dfrac{1}{17.95}\times\left(\dfrac{0.016}{0.011}\right)+0.035\ 222\times\left(\dfrac{0.016}{0.011}\right)}=3.57$$

（8）基本传热公式为

$$Q=K\Delta t_{\mathrm{m}}A$$

式中 Q——传热量，kW；

Δt_m——对数平均温差，℃；

A——传热面积，m^2。

传热面积为

$$A=\frac{Q}{K\Delta t_m}=\frac{9160.8}{3.57\times 18.81}=136.42$$

（9）管子平均长度。工程计算与实际之间存在一定的误差，考虑到堵管等因素，应留有裕量，实际取用传热面积应比计算传热面积增加10%左右。则管子平均长度L为

$$L=\frac{1.1A}{\pi N d_1}=\frac{1.1\times 136.42}{\pi\times 520\times 0.016}=5.75$$

（10）实际传热面积为

$$A=N\pi d_1 L=520\times\pi\times 0.016\times 5.75=150.3$$

（11）蒸汽过热度对传热系数的影响。单纯凝结段的高压加热器进入的加热蒸汽常常是过热蒸汽，它进入壳内的初期阶段，部分仍为过热蒸汽，部分冷却为饱和蒸汽，然后才全部冷却为饱和蒸汽。过热蒸汽温度高，但它的传热系数低；饱和蒸汽温度低，但它的传热系数高。所以两者的传热效果相差并不大，并且饱和蒸汽的凝结放热占总传热量的绝大部分，蒸汽的过热度的传热量很小，影响更小，有过热度的蒸汽传热效果比全部饱和蒸汽的传热略有提高，但影响极微，在热力计算中可忽略不计。

第二节 高压加热器的投入与停用

一、高压加热器投入和停用

高压加热器投入前，必须检查抽汽管道止回阀、进汽阀、安全阀的动作情况，检查并试验疏水调节装置、高压加热器旁路保护装置等动作正确。

冷态启动时，在机组达到一定负荷后再投入高压加热器。冷态启动的高压加热器进水一般为给水泵来的除氧水，水温一般在160℃左右。高压加热器本体为常温，所以冷态启动可先通蒸汽进行暖机，微开抽汽阀让蒸汽进入本体，对本体及阀门进行预热，蒸汽压力缓慢上升，在壳体内汽压达到除氧压力时停留3h以上。高压加热器本体被升高到接近给水泵出口水温，然后再投入水侧。给水投入后再由低压到高压逐渐开大抽汽阀至全开，开启过程应缓慢，以保持给水出口温度的升温率不大于5℃/min，以免产生热冲击而引起很大的温度应力，导致管口泄漏、筒体法兰结合面张口等。

高压加热器热态启动，是指短时停运（3h以内）或水侧未停，仅停汽侧情况下，启动高压加热器。此时可先投入水侧后，再逐级缓慢投入蒸汽。

在机组正常运行情况下检修高压加热器时，应根据制造厂或汽轮机运行规程调整负荷，按抽汽压力由高到低逐个的停用。即逐渐关闭高压加热器的进汽阀，控制给水温度变化率不大于2℃/min，直至壳体内压力消失后再停给水。

机组正常运行情况下，当高压加热器水位计、疏水管或连接法兰等发生故障，需停用高压加热器而又可以在短时间内恢复运行时，可以单停汽侧而不停水侧，此时应注意：逐渐关闭进汽阀，控制给水温度变化率不大于2℃/min；切断上一级高压加热器来的疏水，开启放水阀，将汽侧疏水放尽。

高压加热器随机停运时，由于随着负荷的下降，各台高压加热器之间的压差减小，疏水流通可能不畅引起高压加热器水位升高。为了防止产生这种情况，可事先打开疏水旁路阀，把疏水引入扩容器等低压容器，再排至地沟。

甩负荷及事故停运时，应立即切断给水，同时要快速关闭抽汽阀门，即给水进、出口阀与抽汽阀联动，防止切断给水以后蒸汽继续进入壳体，引起高压加热器内剩水的升温和超压。切断给水可避免抽汽消失后给水快速冷却管板引起管口焊缝产生热应力。

二、高压加热器投入率低的原因

（1）自20世纪70年代末开始，我国自行设计制造的125MW和200MW机组大量投入运行，由于当时设计、制造工艺的限制和运行、维护上的不足，造成高压加热器事故停运率高，等待检修的时间长。

（2）早期生产的高压加热器及其附加的外置式疏水冷却器或过热蒸汽冷却器质量问题较多，容易发生管束泄漏等故障。

（3）在运行上，高压加热器投入和停止的操作不能按规程执行，以及长期低水位甚至无水位运行是引起管束泄漏的两个非常重要的因素。

（4）疏水系统和水位调节系统等设计不完善和设备性能存在缺陷，造成运行操作上的困难。

（5）由于加热器汽侧或水侧的阀门关闭不严，加热器无法完全隔离，不能在机组运行的状况下进行加热器的检修，因而等待检修的时间长。

三、提高高压加热器投入率的措施

高压加热器投入率每降低1%，使N100机组发电煤耗增加0.019%，使N125机组发电煤耗增加0.023%，因此提高高压加热器投入率意义重大。

（1）要规定和控制高压加热器启停中的温度变化率，防止温度急剧变化。冷态启动或工况变化时，温度变化率一般应限制在38℃/h，当温度突变50℃/h，管板上的最大集中应力约为300MPa，已接近管板材料的屈服极限。在加热器启动时，温度尚未达到给水温度之前，可打开给水出口旁路阀，按选定的温升速率监视加热器的温升。当达到给水温度并且稳定后，再打开给水出口阀以免发生水击。

（2）维持正常运行水位，保持高压加热器旁路阀门的严密性，使给水温度达到相应值。

（3）要注意各级加热器的端差和相应抽汽的充分利用，使回热系统处于最经济的运行方式。

（4）在加热器启动时，应保持加热器排气畅通。将加热器内非凝结气体排出，是保证加热器正常工作的重要条件。加热器内如有非凝结气体聚集，不但会降低加热器效率，而且还会加快部件的腐蚀。监视加热器的端差，可以判断排气是否畅通。但是当加热器超负荷、管束泄漏或结垢时也会引起终端差增大，应予具体分析对待。

（5）避免加热器超负荷运行。加热器在超负荷工况运行时，蒸汽和给水都会加大加热器的工作应力，缩短加热器的使用寿命。如两台并联的加热器一台停运时，另一台将会严重的超负荷，这种工况应当避免。

（6）当加热器长时间停运时，应在完全干燥后在汽侧充入干燥的氮气，以防止停运后的腐蚀，延长加热器的使用寿命。

四、运行监督

1. 加热器运行监督参数

运行中必须注意监视高压加热器的如下参数：

（1）进、出加热器的水温。

（2）加热器汽侧疏水水位的高度。

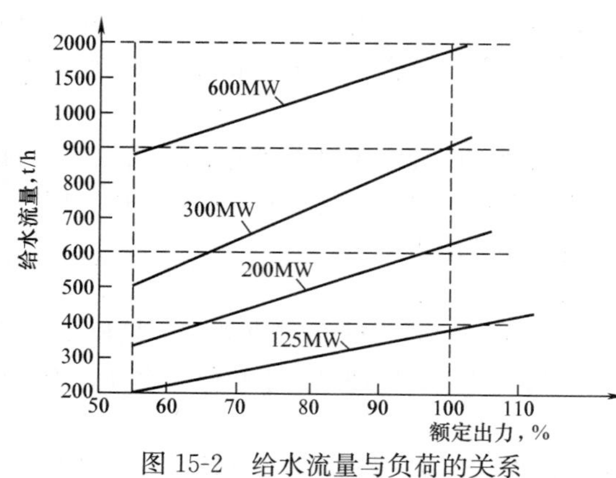

图 15-2 给水流量与负荷的关系

（3）加热蒸汽的压力、温度和被加热水的流量。图 15-2 为给水流量与负荷之间的关系曲线。

（4）加热器端差，对于表面式加热器，其端差不得超过 5～7℃。

（5）加热器水位，防止无水位或高水位运行。

（6）给水压力。

（7）低压加热器因设备运行压力低、温度低、设备故障率低。又因为利用机组低压力抽汽加热给水，比利用高一级压力抽汽加热给水的经济性要高得多，因此保障低压加热器正常运行至关重要，低压加热器投入率应不低于 99%。

2. 高压加热器运行注意事项

高压加热器运行中必须注意如下事项：

（1）抽汽管上的阀门在运行中应总是开着的，防止积累空气而影响传热和寿命。

（2）监视处于关闭状态的给水旁路阀是否泄漏。对于不同的给水系统，可根据旁路阀后的温度测点或对照高压加热器出口水温与下一级高压加热器入口水温之间的差异来检查。当发现由于给水旁路阀不严而使高压加热器出口水温下降时，应及时消除旁路阀的泄漏。

（3）注意负荷与疏水调节阀开度的关系，当负荷未变，而疏水调节阀开度加大时，管束就可能出现轻度泄漏。

（4）定期检查并试验疏水调节阀、给水自动旁路装置、危急疏水阀、抽汽止回阀、进汽阀的连锁装置。

（5）定期冲洗水位计，并防止出现假水位。

3. 低压加热器运行注意事项

低压加热器运行必须注意如下事项：

（1）低压加热器投运前，先检查各附件，例如疏水调节的自动装置应调好，玻璃水位表应安装正确，电动疏水泵已做好启动准备等。检查蒸汽管道上的抽汽止回阀是否灵活可靠动作。

（2）当需要在机组运行中投入低压加热器时，应先通主凝结水，再通蒸汽。启动过程是按水的流向次序依次启动。先启动低压加热器水侧，打开水室顶上的放气旋塞，然后缓慢地完全开启进水阀门，在放气旋塞中冒出水以后，即把旋塞关闭，完全开启出水阀门，然后关闭旁通阀门。

（3）运行期间，定期检查疏水水位。监视加热器的出水口和相邻压力较高的加热器进水口前的主凝结水的温度，这两点水温如果不等，表明旁通阀门不严密，或没有把它关严，应设法消除这些现象。

（4）应严密监视主凝结水的含氧量不超过规定，主凝结水的含氧量标准见表 15-4。

表 15-4 主凝结水的含氧量标准

锅炉压力（MPa）	凝结水溶氧量（mg/L）	锅炉压力（MPa）	凝结水溶氧量（mg/L）
3.8～5.8	≤0.05	12.7～15.6	≤0.04
5.9～12.6	≤0.05	15.7～18.3	≤0.03

第三节 低压加热器疏水不畅的原因与处理对策

一、疏水情况

国产引进型300MW和600MW机组汽轮机低压加热器普遍存在7、8号低压加热器疏水不畅问题，7、8号低压加热器为共壳体复合式，整体安装在凝汽器喉部内。5～8号低压加热器疏水采用逐级自流方式，即5号低压加热器疏水自流到6号低压加热器，6号低压加热器疏水自流到7号低压加热器，7号低压加热器疏水自流到8号低压加热器，8号低压加热器疏水自流到凝汽器，各级低压加热器危急疏水排至凝汽器。低压加热器疏水系统如图15-3所示。汽轮机低压缸上对应的抽汽管道直接接至加热器的蒸汽进口，抽汽之间的汽侧压差就成为逐级自流的驱动力。

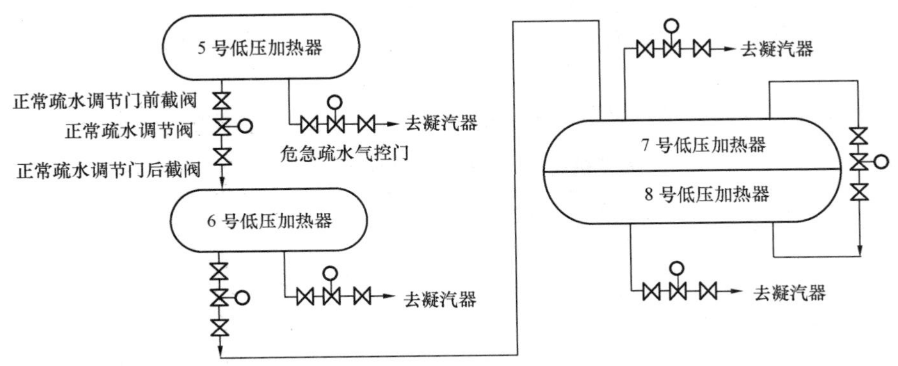

图15-3 低压加热器疏水系统简图

每台低压加热器均附设水位显示、自动调节和报警装置，低压加热器疏水设计要求机组在正常工况下运行，通过自动控制正常疏水调节阀以使低压加热器水位保持在零位。而危急疏水仅在加热器发生泄漏或是低压加热器正常疏水调节阀不能正常工作的情况下参与调节；或机组在低负荷运行工况下，危急疏水只有待负荷降至30%以下才参与调节打开。大型机组低压加热器水位设计逻辑如表15-5所示，正常运行情况下，低压加热器正常疏水调节阀、危急疏水调节阀在“自动”位置，水位给定值“0～20mm”。当低压加热器水位超过高Ⅱ值时，危急疏水调节阀自动参与调节，将水位调整到正常范围之内。

表15-5　　大型机组低压加热器水位设计逻辑

机组容量（MW）	低压加热器	正常水位（mm）	低水位报警值（mm）	高Ⅰ值（mm）	高Ⅱ值（mm）
300	5、6号	0	−38	+38	+88
	7、8号	0	−38	+38	+88
600	5、6号	0	−80	+80	+120
	7、8号	0	−90	+90	+130

许多大型国产机组自投产开始，7号低压加热器疏水不能正常至8号低压加热器，运行中需开启危急疏水门，才能保证7号低压加热器水位正常。大量疏水排凝汽器，增加厂凝汽器的热负荷，造成了热量损失，同时，造成了7、8号低压加热器出口凝结水温度低于设计值，使四级、五级、六级高能级抽汽量的增加，影响机组的经济性。由于7、8号低压加热器疏水不畅，造成

机组热耗升高约 10kJ/kWh。

国内亚临界 300MW 机组低压加热器疏水不畅的现象最早出现在山东石横电厂，该电厂 300MW 机组 7 号低压加热器正常疏水管路进 8 号低压加热器的接口，布置在 8 号低压加热器的垂直对称轴上，比 8 号低压加热器的水平对称轴提升了 1.9m；在 8 号低压加热器汽侧壳体上面，布置了约 1m 高的垂直疏水管段，由于疏水发生汽化而失去虹吸作用，无法回收该管段对应的压差；7 号低压加热器内设疏水冷却段，疏水冷却段所设的强化换热导流板增加了疏水流动阻力。当机组负荷降至额定负荷的 70%时，由于 7、8 号低压加热器疏水压差只有 38.9kPa，仅 7 号低压加热器正常疏水出口至 8 号低压加热器进口高差提升了 1.9m 后，疏水压差已经难以克服正常疏水调节阀与两侧隔离阀及疏水管道的阻力；致使 7 号低压加热器无法正常疏水，出现疏水不畅的现象。

二、疏水不畅的原因

（1）7、8 号低压加热器设计汽侧压差较小。7、8 号低压加热器设计汽侧压力差：在 100%负荷时为 40～55kPa；在 75%负荷时为 30～35kPa；在 50%负荷时为 20～25kPa。比较几种不同负荷下 7、8 号低压加热器的抽汽压力（见表 15-6），可以明显看到，随着负荷的降低，7、8 号低压加热器汽侧压差逐渐减小，机组低负荷运行时，2 个加热器之间的压差更小。

表 15-6　大型机组 7、8 号低压加热器设计参数

机组容量（MW）	负荷（MW）	7 号低压加热器汽侧		8 号低压加热器汽侧		7、8 号低压加热器汽侧压差（kPa）
		压力（kPa）	温度（℃）	压力（kPa）	温度（℃）	
300	300	67.3	88.9	19.4	59.4	47.9
	225	50.3	81.5	14.7	53.6	35.6
	150	34.8	72.6	10.4	46.7	24.4
600	600	100	106.2	45	78.6	55
	450	76		35		41
	300	52	110.3	25	64.6	27

注　7 号低压加热器汽侧压力实际上就是第 7 级抽汽压力，其他类推。

（2）正常疏水管路标高提升过高，造成疏水水位差较大。7 号低压加热器正常疏水管路出口至 8 号低压加热器进口，疏水管路整体提升高度达 3m 左右。虽然后期设计的 7 号低压加热器正常疏水进 8 号低压加热器的接口移位到 8 号低压加热器的水平对称轴上，比 8 号低压加热器的垂直对称轴位置降低约 1.9m，但仍有 1m 高的水位差。

（3）正常疏水管系阻力大。7、8 号低压加热器疏水管路较长，不仅有疏水水平段，还有疏水垂直段；疏水弯头较多，很大程度上增加了疏水管道阻力。一般情况下，7 号低压加热器正常疏水管系共设置 7～9 个 90°弯头，疏水管路长 10～20m，大大增加了正常疏水的阻力。

（4）7 号低压加热器疏水阀门口径偏小。

综合以上分析可见，由于 7、8 号低压加热器设计汽侧压力差较小，加之正常疏水管路及其附件布置得不合理及疏水阀门口径偏小，正常运行中，7、8 号低压加热器汽侧压差很难克服疏水阻力，造成 7 号低压加热器正常疏水不畅。

三、疏水系统改造措施

（1）加疏水手动旁路阀。开封电厂扩建 1 号机组采用的是东方—日立超临界一次中间再热、单轴、三缸四排汽、冲动双背压凝汽式汽轮机，型号为 N600-24.2/566/566，额定出力 600MW。低压回热系统设置 4 台东方汽轮机厂生产的卧式 U 形管换热器。其中 7、8 号低压加热器安装在凝汽器喉部内。低压加热器设计逻辑和设计参数见表15-5和表15-6。1号机组自2008年投产以来，7A低压加热器至8A低压加热器水位偏高，正常疏水调节阀全开，7A危急疏水调节阀开度一般也在50%以上。7A～8A低压加热器疏水不畅，导致6号低压加热器疏水也不畅，6号低压加热器正常疏水调节阀全开，危急疏水调节阀一般也要开30%～50%。经过实际测量，发现7、8号低压加热器疏水管路总长11.1m，管道90°弯头共计8个。在600MW负荷时，7、8号A低压加热器抽汽压力差实际为48.1kPa，7、8号B低压加热器抽汽压力差实际为44.1kPa；350MW负荷时，7、8号A低压加热器抽汽压力差实际为41.2kPa，7、8号B低压加热器抽汽压力差实际为38.7kPa。分析认为，7、8号低压加热器疏水管道阻力大是低压加热器水位异常的主要原因。利用1号机组2009年停机机会，在7A～8A低压加热器正常疏水调节阀处安装一$\phi76\times4.5$mm的旁路管道，让部分疏水不通过弯曲的正常疏水，而直接排至8A低压加热器。从改造情况看，弯头减少3个，管程减短4.5m，并且减少了流经正常疏水调节阀阀门处的阻力。1号机组加装旁路阀后彻底解决了低压加热器疏水不畅的问题，正常运行中，旁路阀基本保持全开，正常疏水调节阀开度一般不超过70%。7A低压加热器疏水通畅后，6号低压加热器疏水再未出现正常疏水调节阀全开、危急疏水调节阀开启的情况，提高了机组低压回热系统运行的经济性，也保证了机组的安全运行。改造后7、8号低压加热器疏水系统如图15-4所示。

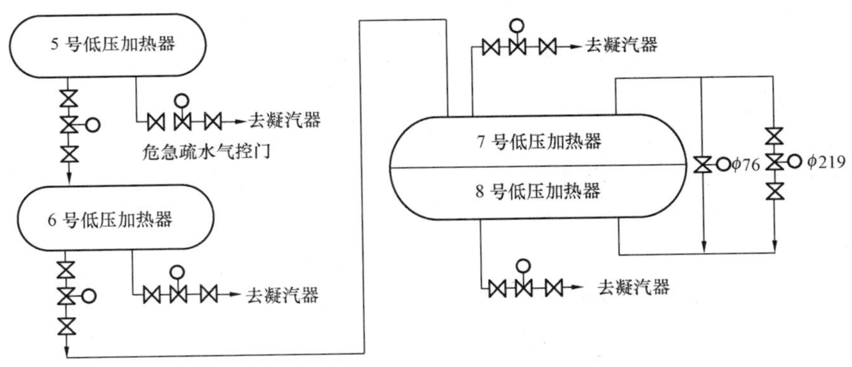

图15-4 改造后7、8号低压加热器疏水系统

马鞍山某电厂660MW超临界机组系哈尔滨汽轮机厂生产的CLN660-24.2/566/566型汽轮机。回热系统采用三高四低一除氧。7号低压加热器正常疏水管路整体布置在汽机房6.9m凝汽器水室上部，疏水管路总体提升高度约2.3m，经过疏水调节阀，导入8号低压加热器。设计在600MW负荷时，7、8号低压加热器抽汽压力差为42kPa；300MW负荷时，7、8号低压加热器抽汽压力差为22kPa。自投产以来，7号低压加热器疏水不能正常疏至8号低压加热器，运行中需开启事故疏水门，才能保证7号低压加热器水位正常。为此，该厂在7、8号低压加热器壳体上部从7号低压加热器疏水出口处和8号低压加热器疏水进口处对以前的疏水调整门加装一个手动旁路门，该手动门运行期间保持部分开度后不需要进行调整，7号低压加热器水位还是靠以前的疏水调节阀进行控制。改造后疏水管路的提升高度由原来的2.3m降低至1.3m，既增大了整个疏水管径，又有效降低了疏水水位差及疏水管系阻力。在机组运行期间先调整7号低压加热器疏水旁路门开度，确保在75%额定负荷时正常疏水调整门的开度在50%左右，然后保持疏水旁路门的开度不变。经过以上调整后，机组在各运行工况下7号低压加热器均可以正常疏水。改造后疏水系统见图15-5。

（2）增大疏水管径。华电潍坊发电有限公司3、4号机组从试运行到投产一直存在着7、8号

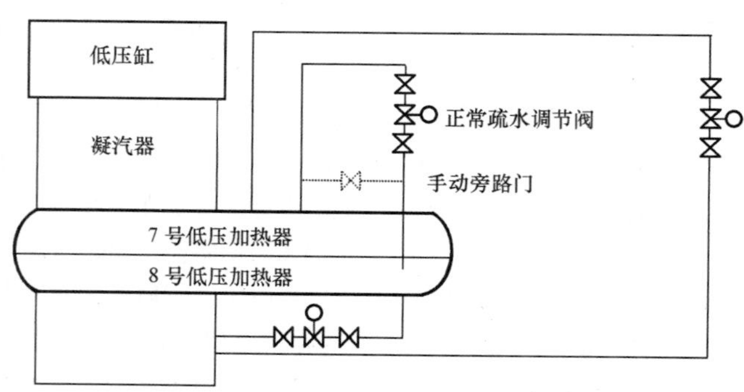

图 15-5　7 号低压加热器疏水系统（改造前为实线图，改造后仅加了虚线部分）

低压加热器正常疏水无法逐级自流的现象。机组在 THA 工况下，7、8 号低压加热器的疏水压差达不到设计压差 46.69kPa，实际只有 31kPa 左右，且存在 6、7 号低压加热器抽汽温度超温现象，以上情况均造成疏水困难，无法实现低压加热器的正常疏水。从现场情况来看，管线布置复杂、管径偏细，存在爬坡和 U 形弯，造成管线沿程和局部阻力损失过大。疏水仅靠抽汽压差的作用无法克服系统阻力，造成疏水不畅。被迫开启 7 号低压加热器危急疏水门来保持低压加热器水位。改造方案为：

1）将原来的 7、8 号低压加热器的疏水管段拆除，将 7 号低压加热器疏水出口和 8 号低压加热器的疏水入口各截留 150mm 的直管长度。

2）将原疏水调节阀前管径为 ϕ194×5mm 的管道更换为 ϕ273×7mm 管道；将原疏水调节阀后疏水管径为 ϕ219×9mm 的管道更换为 ϕ325×8mm 管道。则管道阻力减少 2.58kPa。

3）将疏水调门前 DN175、后 DN195 闸阀拆除，则管道阻力减少 0.3kPa。当然最好是将现场应用 FISHER 公司生产的直径 200mm 直通式调节阀更换成通流能力大一倍的疏水球阀，可降低阻力 2～3kPa，但该项目实施费用较高，且工期长。

（3）降低疏水管道高度差。华能威海电厂 3 号机组为国产引进型 N300-16.7/538/538、亚临界、一次中间再热、两缸两排汽、凝汽式汽轮机，回热系统选用美国福斯特—惠勒公司设计制造的 U 形管卧式表面式加热器。其中 8 号低压加热器疏水无法通过正常疏水管路排出，汽侧水位完全依靠危急疏水调节阀周期性动作而勉强维持在－188～168mm 之间。在低负荷工况时，7 号低压加热器疏水也出现异常现象。200MW 负荷下，如将危急疏水调节阀设置在手动关闭状态，则只有在正常疏水调节阀开度达到 98%以上时，汽侧水位才能在高出正常值 103mm 的位置保持稳定。

从图 15-6 看出，8 号低压加热器正常疏水引出管高出至凝汽器疏水引入管 2850mm，也就是 8 号低压加热器疏水的引入、引出管高差压头为 28.5kPa。同时，在 8 号低压加热器疏水引出管及疏水调节阀附近有两个较大的“U”形弯头（如图 15-6 所示），上部“U”形弯头由于直接连接于凝汽器上，因而积存空气可及时抽出，但下部在“U”形弯头处形成了水封，加之疏水冷却段入口又完全淹没在疏水之中，导致低压加热器启动过程中疏水冷却段腔室上部的空气无法排出，在管道内形成了局部气阻，直接影响到低压加热器疏水管路上虹吸的形成。由图 15-6 可知，7 号低压加热器的疏水引出点低于至 8 号低压加热器疏水引入点 2540mm，为此，要使疏水顺利排出，必须保证有大于 25.4kPa 的压差。改造方案为：①需在正常疏水引出管的最高点加装一只 DN6 针形阀作为抽真空门引至凝汽器喉部（见图 15-7），在机组启动前将该阀打开，抽出疏水冷却段腔室上部的空气，以帮助在管道中建立虹吸。②根据现场条件，将 7 号～8 号低压加热器疏水引入管高度降低 800mm，就可以提高压差 8kPa。

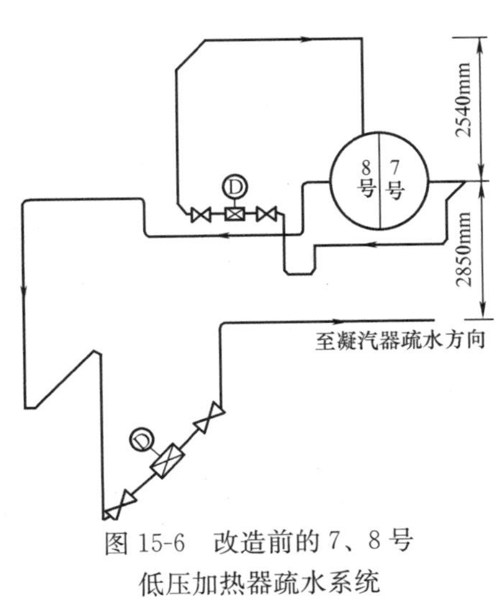

图 15-6 改造前的 7、8 号低压加热器疏水系统

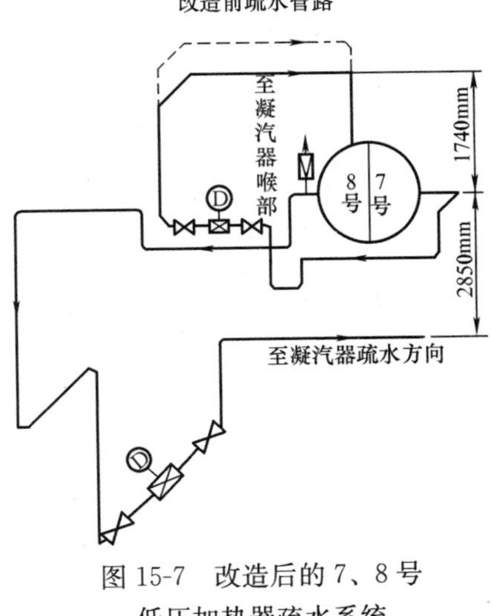

图 15-7 改造后的 7、8 号低压加热器疏水系统

7、8 号低压加热器疏水系统改造后，7、8 号低压加热器汽侧水位在不同负荷下均能稳定在正常水位线±38mm 的范围之内，200MW 负荷时 7 号低压加热器正常疏水调节阀开度由原来的 98%降至 42%。

徐州彭城电厂一期工程为 2×300MW 引进型机组，7、8 号低压加热器疏水系统改造前的系统图与威海电厂基本一样，7 号低压加热器正常疏水接口，设在 8 号低压加热器壳体的顶部，增加了疏水水位差和管道阻力；选用阀芯升降式疏水调节阀，其流道曲折、局部阻力大，尤其是直通式调节阀的流道呈“S”形，局部阻力更大；为了使调节阀具有良好的可调性，调节阀的通径尺寸比接管小 1 级，增加了调节阀的局部阻力。只是具体设计参数稍微有些不同，如 7 号低压加热器的疏水引出点低于至 8 号低压加热器疏水引入点不是 2540mm，而是 1900mm；在 300MW 工况下，7 号低压加热器的汽侧压力为 0.067 1MPa，8 号低压加热器的汽侧压力为 0.021 2MPa，压差只有 0.045 9MPa。改造方案为：

1）由于正常疏水调节阀的功能是调节疏水流量，对严密性要求不高，在机组运行期间，调节阀损坏也可以推延至机组检修或停机时维修，无需设置随时准备检修的隔离阀。因此，电厂将 7 号低压加热器正常疏水调节阀尽量布置在 7、8 号低压加热器之下的凝汽器壳体上，并取消了调节阀两侧的检修隔离阀。

2）将阀芯升降式调节阀换成了旋转式可调球阀，球阀的球芯通径与阀后管道同通径，为了减少管道阻力，阀前管道通径也与阀后管道相同。球阀的球芯与阀座是面接触，与阀芯升降式调节阀相比，不仅关闭时严密性高，而且在发生磨损的情况下，球芯与阀座在边缘处的间隙对球阀的可调性影响无几，球阀的适用性好。

3）将 7 号低压加热器正常疏水进 8 号低压加热器的接口，移至水平对称轴处，调整疏水接口位置后，除了疏水水位差降低约 1900mm 外，还减少了疏水管道的沿程和局部阻力，可使 7 号低压加热器疏水不畅的问题得到改善。

7 号低压加热器正常疏水系统改造后，管道布置见图 15-8。与改造前相比，7 号低压加热器正常疏水管道只设 1 个球阀，连接弯头由 6 个减至 3 个，取消 2 个异直径过渡段，管道布置更加短捷、顺畅，疏水管道的阻力下降幅度较大。因此，机组在较大的负荷范围内运行时，7 号低压加热器能够正常疏水。

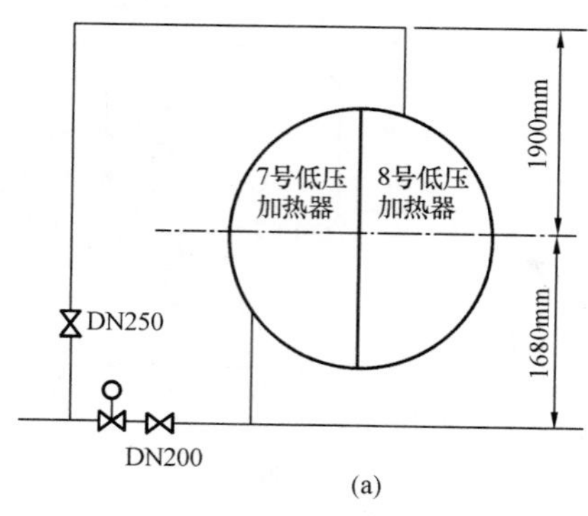

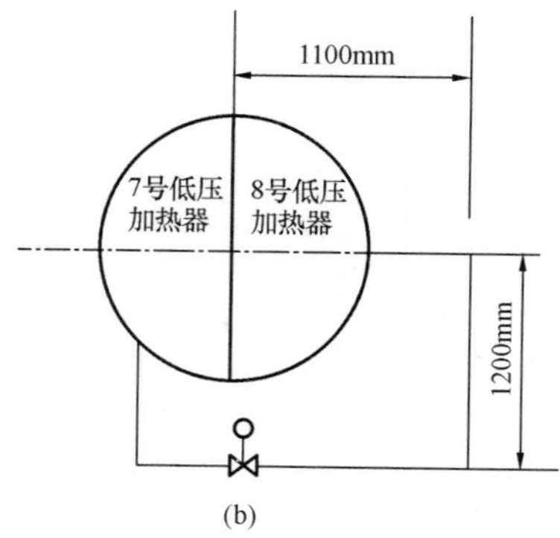

图 15-8　7 号低压加热器正常疏水系统

（a）7 号低压加热器疏水改前图；（b）7 号低压加热器疏水改后图

第十六章　汽轮机通流部分的节能改造

第一节　汽轮机通流部分节能改造分析

一、改造的必要性

早期投入的国产大型汽轮机运行效率较低，主要表现在四个方面：一是早期设计热耗率较国际先进的汽轮机设计热耗率存在 200～300kJ/kWh 的差距。主要原因是当时叶型落后（如苏联 20 世纪 50 年代老型线），二次流损失大，汽封结构不合理（齿数少），级间漏汽大，通流部分效率低。对于该项差距，可以进行通流部分改造，使汽轮机通流效率提高 5%以上，彻底消除由于技术落后存在的能耗差距，保持设备的先进性。二是机组的设计热耗率与考核试验的热耗率也存在 200～300kJ/kWh 的差距。主要原因是由于当时设计、计算条件的限制，在计算准确度上存在一定的误差，加上加工制造设备、安装工艺落后，如叶型加工精度不够、通流尺寸及动静间隙偏差较大，实际通流面积与设计通流面积不符等。我国多年来主要是针对该项差距，通过大修机会精修叶片，严格控制通流面积，重新调整级组的焓降分配等，取得了显著的节能效果，但仍有很大的局限性。三是轴封漏汽的影响。国产大机组由于汽封安装的间隙大、运行磨损等原因，使轴封漏汽量超过设计值，有时高达 150%以上，机组热耗增大。进口机组多采用先进的结构和材质的汽封，使轴封漏汽量大大减小。四是机组的考核性热耗值与实际运行值存在 300～400kJ/kWh 的差距。该项差距主要与主蒸汽运行参数、机组负荷率、运行状况、运行管理水平以及运行设备老化效率降低等因素有关。可通过管理型节能，使运行热耗率尽量接近试验状态下的热耗率。

另外，老机组还存在热膨胀不畅、启动和运行灵活性差等问题。随着大型汽轮机组的引进、消化、吸收，工艺和设备的进步，计算机和计算技术的进步，高新技术、最新研究成果逐步得到应用，制造质量得到保证。因此，用现代的设计技术分析我国早期设计制造的汽轮机组，找出其存在的问题，通过更换具有先进通流特性的隔板、转子等通流部件，仅保留起支撑作用的外缸，使早期性能落后的机组具备了当前较为先进的汽轮机性能。

改造的目的是提高机组通流效率，降低热耗率；提高机组运行灵活性，适应调峰运行；适当增加机组容量（约增加 10%），提高出力；消除缺陷，延长寿命，提高机组运行的安全可靠性。实践证明，通过汽轮机的技术改造，可以使汽轮机的通流效率普遍提高 5%，出力提高 10%，整机煤耗下降 15～18g/kWh。根据统计，各类型机组通流部分改造后的技术指标见表 16-1。

表 16-1　　各类型机组通流部分改造后的技术指标

项目 类型	高压缸效率 （%）	中压缸效率 （%）	低压缸效率 （%）	热耗率 （kJ/kWh）
330MW	83.8	91.2	88.2	7946
220MW	86	92.5	88	8148
135MW	83	92	85.5	8173
110MW	88.7	—	83	8834

二、改造技术

汽轮机通流部分改造时必须遵循的原则：

（1）改造工作以提高汽轮机通流部分的效率、降低热耗为主要目标。

（2）汽轮机本体改造保持现有热力系统不变，热力系统参数基本保持不变。保持各抽汽、排汽等管道接口位置，汽轮机与发电机连接方式和位置、现有的汽轮机基础位置等不变。

1. 提高汽轮机通流效率的技术措施

对于早期100～300MW机组，可采用如下技术措施以提高汽轮机的通流效率：

（1）采用成熟的高效叶型如“后加载”叶型，可使级效率提高约1.5%。“后加载”叶型突出的特点是：叶片表面最大气动负荷在叶栅流道的后部（传统叶片则在前部）；吸力面、压力面均由高阶连续光滑曲线构成（不是圆弧）；叶片前缘小圆半径较小且具有更好的流线形状，在来流方向（攻角）大范围变化时仍保持叶栅低损失特性；叶片尾缘小圆半径较小，减少尾缘损失，从而提高了叶型效率。“后加载”叶型在来流方向上由－30°～＋30°的变化范围内都可保持低损失，而老叶型的这一范围约为－20°～＋20°，这就使得新设计的机组通流部分在负荷变化范围很大时仍有较高的效率，对机组参加调峰运行非常有利。

（2）采用三维设计方法构造弯扭联合成型叶片，可使级效率提高约1.5%。

1970年前，以气动力学实验为基础，动、静叶片叶型主要通过吹风实验来确定。汽轮机设计以平均截面上一维流动的手工计算（传统设计）为主，动、静叶片广泛采用直叶片和简单扭转叶片。1980年，二维流场计算气动力学逐步代替传统设计，叶片按较为复杂的造型规律扭转，汽轮机效率提高1.5%。20世纪90年代，完全三维设计概念开始应用，其突出代表是弯扭联合成型中片，见图16-1。

直叶片

扭曲叶片

弯扭叶片

图16-1 叶片型式

完全三维设计概念及其优越性已被世界公认，几乎所有知名汽轮机厂家都在大力开发与应用。弯扭叶片在叶根产生一个径向负压梯度，在叶顶产生一个径向正压梯度，汽道两端壁附面层在压力梯度的作用下被吸入主流而减薄，使端壁二次流减弱，损失下降，提高了汽轮机的效率，但叶片加工困难，成本较高。不过随着制造工艺水平的提高，加工成本的降低，弯扭叶片将得到越来越广泛的应用。例如杭州某发电有限责任公司4号机组原中压缸前几级静叶片为直叶片，后几级为简单规律的扭曲叶片。改造时将中压缸所有的隔板静叶片更换成弯扭联合成型叶片。通过设计计算，采用弯扭叶片后，使级效率提高1.5%～2%。

（3）取消隔板的加强筋，采用窄叶片或分流叶片弱化二次流，可使级效率提高约1%。传统的高压隔板采用加强筋结构以满足隔板结构强度、刚度要求。由于加强筋结构本身的流动效率低及加工、安装误差的影响，导致高压级效率偏低。例如杭州某发电有限责任公司4号机组高压缸第2～9级隔板叶片采用分流叶栅结构，使高压缸通流效率提高2%以上。原4号机组高压缸所有级（第2～9级）隔板静叶均采用窄叶片加强筋结构，但是由于加强筋数目多，且与叶型不匹配

(与叶型常常对不齐)，造成静叶栅损失大大增加。用分流叶栅结构替代窄叶片加强筋结构，既可有效地保证隔板强度，又使得蒸汽的流动效率获得很大程度的提高。

(4) 采用薄出汽边（0.3～0.6mm)，可使级效率提高约0.7%。

(5) 调节级采用子午收缩喷嘴，可使级效率提高约0.5%。例如杭州某发电有限责任公司4号机组调节级喷嘴采用了子午面收缩技术，使级效率提高1.52%。子午面收缩是一种全三维设计概念，其主要优点是降低静叶栅通道前段的负荷，减少叶栅的二次流损失，使得改造后的调节级效率达到75%。

(6) 改进汽封结构，增加汽封齿数，动叶顶部尽可能采用可退让汽封，可使级效率提高约1.5%。

(7) 光滑子午面通道，可使级效率提高约0.5%。

2. 提高机组调峰能力的技术措施

由于过去的机组在设计时，一般重点考虑机组的带基本负荷能力和经济性，基本不考虑调峰能力，这是我国大部分机组的一个致命的缺陷，在今后改造中调峰能力应作为重点提出。为了满足两班制调峰要求，改造中至少采用如下技术措施：尽量采用实心轴、高窄法兰；动静叶栅由轴向密封改为径向密封，增大机组轴向间隙，使高中压缸差胀不成为限制运行的条件；低压汽封把原转子上镶汽封结构，改造为斜平齿结构，使低压差胀允许值增大；减少调节级处大轴上槽沟或增大过渡圆角，减小应力集中等新技术。保证机组在80%以上负荷停机6～8h后，能迅速启动到满负荷。

三、几种典型机组的通流部分改造效果

1. 100MW机组通流部分改造情况

全国约149台早期100MW非再热机组，主要问题是低压缸和高压缸调节级通流效率低，叶片型线损失大。低压缸全部工作在湿汽区，末级排汽湿度（94%）比200MW机组（86%）约大8%（1%的湿度约影响级效率1%）。而高压缸存在的问题是双列调节级焓降大（为205kJ/kg)，占高压缸总焓降的23%，可使缸效率降低2%～3%，机组热耗增加84～125kJ/kWh。

100MW汽轮机改造前主要设计参数见表16-2。改造后试验额定工况为110MW时热耗达到8854～9050kJ/kWh，高压缸效率平均85%，低压缸效率平均81%。

表16-2　100MW汽轮机改造前主要设计参数

制　造　厂	苏联LMZ		哈尔滨汽轮机厂		北京汽轮电机有限责任公司
型号	BK-100-6	BK-100-7	51-100-2	N-100-90/535	N-100-90/535
主汽压力（MPa）	8.82	8.82	8.82	8.82	8.82
主汽温度（℃）	535	535	535	535	535
调节级形式	单列	单列	双列	双列	双列
高压缸压力级数（级）	19	19	14	14	14
低压缸压力级数（级）	2×5	2×5	2×5	2×5	2×5
回热级数（级）	6	7	6	7	7
设计热耗率（kJ/kWh）	9167	9084	9201	9251	9254
试验热耗率（kJ/kWh）	9276～9352	9192～9289	9335～9460	9435～9502	9420～9504
实测低压缸效率	73%～76%				
实测高压缸效率	83%～85%				

例如，山东某电厂2号机是由北京汽轮电机有限责任公司（原北京重型电机厂）生产的N100-90/535型汽轮机，由于当时设计计算水平及加工工艺的限制，以及机组老化等原因，试验热耗率修正值高达9500kJ/kWh，高压缸效率仅为80.58%，比设计值86.16%低5.21%。热耗高的主要原因是调节汽门节流损失大（原设计带额定负荷时，1、2、3号调节汽门应全开，而实际运行带额定负荷时，3号调节汽门仅开50%）、通流部分动静间隙偏大（蒸汽泄漏量增大）等。

改造方案是更换高压汽缸，更换高压转子、低压转子，双列调节级改为单列级，高压缸压力级增加级数。改造前后主要技术数据见表16-3。2号机改造后高压缸效率87.75%，低压缸效率80%～84%，热耗率为8841.34kJ/kWh，比保证值8855.08kJ/kWh低13.74kJ/kWh。

表16-3　　100MW机组通流部分改造前后主要技术数据

项　　目	单位	改造前原设计值	改造后新设计值	改造后试验值
型　　号		N100-90/535	N（C）100-90/535	N（C）100-90/535
额定功率	MW	100	110	110
额定转速	r/min	3000	3000	3000
额定汽压	MPa	8.82	8.826	8.83
额定汽温	℃	535	535	535
低压缸排汽压力	kPa	4.9	5.0	5.0
额定冷却水温	℃	20	20	20
额定功率时蒸汽流量	t/h	370	380	380
汽轮机内效率	%	86.1		87.41
热耗率	kJ/kWh	9254.1	保证值8855.08	修正后8831.33

2.125MW机组汽轮机通流部分改造情况

125MW汽轮机是上海汽轮机厂于1966年自行完成设计并开始制造的，早期投产的125MW机组在我国较多，全国约140余台（1969年9月第一台投运），汽轮机（型号为N125-13.24/550/550）高压缸通流效率低，叶型损失大，热耗高，启停灵活性差。改造前试验热耗率统计为8623kJ/kWh（前34台首批机组热耗率高达8792kJ/kWh）。改造后经参数修正时热耗率为8196kJ/kWh，降低了427kJ/kWh。改造前后主要技术数据见表16-4。

表16-4　　125MW机组通流部分改造前后主要技术数据

项　　目	单位	改造前设计值	改造前试验值	改造后设计值	改造后试验值
额定功率	MW	125	125	137.5	137.5
额定转速	r/min	3000	3000	3000	3000
额定汽压	MPa	13.24	13.24	13.24	13.24
额定汽温	℃	550	550	535	535
低压缸排汽压力	kPa	4.9	4.9	4.9	4.9
高压缸通流效率	%	80.0	76.0	83.7	81.3
中压缸通流效率	%	89.0	85.5	93.1	92.5
低压缸通流效率	%	82.4	80.0	88.0	88.4
额定功率时蒸汽流量	t/h	380	380	398	398
热耗率	kJ/kWh	8500	修正后8623	保证值8114	修正后8196

例如，山东某电厂有5台上海汽轮机厂20世纪70年代自行设计制造的超高压中间再热冷凝式125MW机组，存在的主要问题是：叶型损失大、效率低；通流子午面不光滑顺畅，特别是中压缸后段和整个低压缸呈明显的阶梯形通道，容易产生脱流，加大了通流损失；部分级动叶顶部无围带，增加了泄漏损失等；动静叶片匹配不佳，叶片来流功角偏大等。平均实测热耗高达8706.6kJ/kWh，比国际水平8234kJ/kWh高479.6kJ/kWh，折合煤耗16.36g/kWh，具体参数见表16-5。改造目标是机组额定出力为137.5MW，最大连续出力145.8MW，额定给水温度239.3℃，汽轮机在额定工况下其热耗不大于8164.35kJ/kWh，在高压加热器全部切除工况下保证热耗8350.4kJ/kWh，并消除机组存在的缺陷，如汽缸跑偏、高中压外缸变形、严密性差、隔板变形、通流面积不均、末级叶片水蚀严重等问题，提高机组的安全性和可靠性，并能适应两班制运行和调峰要求。

表16-5　某电厂5台125MW机组通流部分改造前后技术数据平均值

项　目	单位	改造前设计值	改造前试验值	改造后设计值	改造后试验值
额定功率	MW	125	125	137.5	137.5
额定转速	r/min	3000	3000	3000	3000
额定汽压	MPa	13.24	13.24	13.24	13.24
额定汽温	℃	550	550	535	535
低压缸排汽压力	kPa	4.9	4.9	4.9	4.9
高压缸通流效率	%	78.49	74.76（75.26、73.88、74.5、73.7、76.48）比国际水平低8.2～9.2	83.7	83.3
中压缸通流效率	%	88.58	87.01（86.14、88.46、87.5、86.8、86.17）比国际水平低4～6	93.1	90.5
低压缸通流效率	%	84.59	80.0　比国际水平低8	88.0	88.39
额定功率时蒸汽流量	t/h	380	380	396.2（398）	398
热耗率	kJ/kWh	8583	8862.78（实测8926.6、8836.4、8831.6、8879.4、8839.9，修正后8739.7、8715.9、8639.1、8798.2、8640.0）	保证值 8164.35	修正后 8189.4

该厂改造主要工作内容是：

（1）高、中压缸内外缸，通流部分，高、中压转子及其附件全部更换。低压部件除保留内外缸外，其他所有部件（包括转子、隔板、汽封等）全部更换。

（2）叶型设计采用三元流设计技术以减少叶型损失，高压5～8级、中压1～10级叶片为扭叶片，静叶全部采用斜置叶片。

（3）采用日本东芝技术设计的高效斜置喷嘴以减少二次流损失。

（4）低压前4级为自带围带叶片。末级叶片采用马刀型静叶，提高根部的反动度，次末级叶片采用蜂窝汽封，加强去湿效果，减少对叶片的水蚀。

（5）顶部采用多重汽封齿减少漏汽，高压隔板围带处由原2只平齿改为4～6只高低齿，调节级增加了一道径向汽封以减少漏汽。

（6）高中压外缸法兰加厚减窄，改为高窄法兰结构，取消了法兰加热装置。

（7）机组滑销系统进行了改进，1、2号轴承座与外缸的连接采用定中心梁结构，彻底解决了机组膨胀不畅和汽缸跑偏问题。

（8）低压隔板全部采用内外环焊接隔板，解决变形问题。

（9）更换高、中压导汽管及中、低压联通管。

（10）更换前轴承座、中轴承座和轴承座内轴承及其 3 号轴瓦。

（11）整体更换 1～5 级抽汽止回阀，加装各抽汽管道补偿器。

（12）配合本体通流改造，同时进行汽轮机调节系统改电液调节系统（DEH）的工作，改造后的 DEH 系统主要功能有自动同期控制（DAS）、机组协调控制（CCS）、主蒸汽压力控制（TPC）、多阀控制功能、超速保护功能、参数监视功能等。

试验结果表明，机组额定出力达到 137.5MW，蒸汽流量 398t/h（设计值 396.2t/h），并在此工况下能安全稳定运行。机组改造后高压缸效率 5 台机组平均比修正前提高了 8.54%，中压缸效率提高了 3.5%，低压缸效率提高了约 8%，机组改造后热耗比修正前降低了 527kJ/kWh，折合煤耗约 18g/kWh。改造后最大连续进汽量 423.6t/h，机组最大出力达到 148MW。

3.200MW 机组汽轮机通流部分改造情况

国产三排汽 200MW 汽轮机设计于 20 世纪 60 年代初期，哈尔滨汽轮机厂、东方汽轮机厂和北京汽轮电机有限责任公司制造过这种机型，在役国产 200MW 机组约 150 台（东方汽轮机厂研制的首台 200MW 汽轮机于 1976 年投运，哈尔滨汽轮机厂研制的首台 200MW 汽轮机于 1972 年 5 月投运）。设计主蒸汽压力和再热蒸汽压力为 12.75MPa/2.1MPa，设计主蒸汽温度和再热蒸汽温度为 535℃/535℃。主要问题是通流效率低（叶片型线是 50 年代苏联设计叶型，汽动热力性能差，效率低；通流子午面不光滑，特别是中压缸后段与低压缸呈明显的阶梯形，加大了通流损失；动静叶匹配不佳，功角损失大；隔板汽封的间隙偏大、端轴封漏汽量偏大等），启停灵活性差、主油泵推力瓦磨损、高中压缸膨胀不畅等。机组改造前的参数修正后的平均统计热耗为 8540～8790kJ/kWh，具体参数见表 16-6、表 16-7。改造后热耗下降 4.5%，降低煤耗约 12～14g/kWh。

表 16-6　　三排汽 200MW 汽轮机改造前缸效率值

缸别		HP（%）	IP（%）	LP（%）	热耗率（kJ/kWh）
通流效率（%）	原设计值	86.65	91.26	84.91	8358.5
	国内实测值	80～82	89～91.8	76～81.5	8540～8790
	国际水平	89～90	90～93	89.6	8100
	与国际差值	7～10	2～3	8～13	440～690
	改造目标值	85	91.5	85	8156

表 16-7　　200MW 汽轮机改造前热耗率指标

厂名机号	陡河电厂 5 号汽轮机	陡河电厂 6 号汽轮机	荆门电厂 4 号汽轮机	焦作电厂 1 号汽轮机	邢台电厂 4 号汽轮机	秦岭电厂 5 号汽轮机
制造厂	哈尔滨汽轮机厂	哈尔滨汽轮机厂	哈尔滨汽轮机厂	东方汽轮机厂	东方汽轮机厂	东方汽轮机厂
投产日期	1983.12	1984.12	1979.11	1985.12	1985.12	1983.6
试验日期	1984.12	1989.9	1982.2	1987.12	1987.9	1988.1
试验热耗率（kJ/kWh）	8882.2	8822.6	8700	8871	9176	8747
修正后耗率（kJ/kWh）	8738.1	8752.6	8553.6	8789.7	8552	8680.8

例如，山东某电厂4号汽轮机是由北京汽轮电机有限责任公司生产的N200-130/535/535型超高压、中间再热、三缸三排汽型汽轮机。改造主要方案是不更换转子主轴、汽缸，改造高、中、低压通流部分，更换高压缸、中压缸动叶片、叶轮、隔板和喷嘴组，更换低压缸动叶片、隔板和导流环。4号汽轮机改造后热耗率为8183.16kJ/kWh，比保证值高27.27 kJ/kWh；三个缸的效率比保证值低，但接近于设计值，改造前后主要技术数据见表16-8。

表16-8　　200MW机组通流部分改造前后主要技术数据

项　目	单　位	改造前原设计值	改造后新设计值	改造后试验值
额定功率	MW	200	220	220
主汽门前蒸汽额定压力	MPa	12.75	12.749	12.749
再热蒸汽压力	MPa	2.1	2.39	2.39
主汽门前蒸汽额定温度	℃	535	535	535
再热汽门蒸汽额定温度	℃	535	535	535
额定背压	kPa	5.21	5.3	5.3
额定冷却水温	℃	20	20	20
额定功率时蒸汽流量	t/h	610	626	626
高压缸效率	%	86.65	85.46	85.09
中压缸效率	%	91.26	92.84	91.43
低压缸效率	%	84.91	87.03	86.33
热耗率	kJ/kWh	8358.51	保证值8155.89	8183.16

4.300MW机组汽轮机通流部分改造情况

早期国产四排汽300MW汽轮机是20世纪60年代末期设计，70年代中期开始投产的产品。由于技术水平的限制和缺乏大型机组设计、制造和安装经验，存在叶片损失较大，子午流道不光滑，各类汽封间隙过大，汽封齿数较少，结构不合理，增大漏汽损失，通流效率低，热耗高（比国外机组热耗高400～500kJ/kWh），膨胀不畅，启停灵活性差等问题。300MW机组改前实测高压缸效率76%～83%，中压缸效率86%～89%，低压缸75%～80%，热耗率8500～8750kJ/kWh。三个缸全部改造热耗率可下降7%左右，汽轮机改造前后主要参数见表16-9。

表16-9　　国产四排汽300MW汽轮机改造前后主要参数（三个缸全部改造）

项　目	单位	改造前原设计值	改造前试验值	改造后设计值	改造后试验值
额定功率	MW	300	300	330	330
主汽门前蒸汽额定压力	MPa	16.17	16.17	16.17	16.17
再热蒸汽压力	MPa	3.11	3.11	3.17	3.17
主汽门前蒸汽额定温度	℃	550或535	550或535	535	535
再热汽门蒸汽额定温度	℃	550或535	550或535	535	535
额定功率时蒸汽流量	t/h	960	960	990	990
高压缸效率	%	82.3或83.4	76～83	85.6～87	79.5～80
中压缸效率	%	88.9或89.7	85.6～88.6	92.5～93	86～89.5
低压缸效率	%	83.8或83.1	75～80	88.0	78～81
热耗率	kJ/kWh	8331或8432	8500～8750	保证值：7953	8270～8487

例如，山东某电厂 300MW 汽轮机通流部分改造前机组运行热耗高，缸效率低。通流部分改造主要措施是高压缸部分的第 2～10 级静叶采用高效后加载层流叶型，出汽边厚度 0.38mm，第 2～10 级隔板采用焊接隔板，第 2～10 级动叶采用平衡扭曲叶型，叶顶汽封增加到 4 齿，调节级动静叶型线采用高效叶型，提高级效率；中压缸第 1～6 级静叶采用高效后加载层流叶型，出汽边厚度 0.38mm，第 1～6 级隔板采用焊接隔板，第 1～10 级动叶采用平衡扭曲叶型；低压缸第 1～6 级静叶采用高效后加载层流叶型，第 1～4 级隔板采用焊接隔板，光滑子午流道，低压内缸采用双层缸结构，低压隔板汽封及端汽封采用铜汽封。改造后机组热耗降低了 309.62kJ/kWh，热耗率并没有达到设计值，主要原因是低压缸效率较低。改造前后试验结果见表 16-10。

表 16-10　　某电厂 300MW 汽轮机通流部分改造前后试验结果

项　目		单位	试验值	设计值	试验值与设计值的偏差	影响热耗
改造前	高压缸效率	%	77.331	85.5	−8.169	134.21
	中压缸效率	%	90.443	91.1	−0.667	16.01
	低压缸效率	%	83.487	88	−4.513	117.34
	一类修正后热耗率	kJ/kWh	8751.77	—	—	
	一、二类修正后热耗率	kJ/kWh	8720.56	8005.33	+715.23	
改造后	高压缸效率	%	81.79	85.5	−3.71	60.95
	中压缸效率	%	91.74	91.1	+0.64	15.36
	低压缸效率	%	80.02	88	−7.98	207.48
	一类修正后热耗率	kJ/kWh	8544.54	—	—	
	一、二类修正后热耗率	kJ/kWh	8442.15	8005.33	+436.82	

第二节　国产引进型 300MW 汽轮机组系统优化改造

国产引进型 300MW 汽轮机组，是 20 世纪 80 年代初我国引进美国西屋公司汽轮机制造技术，分别由上海汽轮机有限公司和哈尔滨汽轮机有限公司通过消化、吸收该技术后，经优化和改进设计生产制造的机组，从而缩小了我国大型火电机组在设计、制造方面与国际水平的差距。由于设计、制造、安装、运行与维护等方面的因素，在实际运行中不同程度地暴露出一些问题，影响到机组运行的安全和经济性。同期日本三菱公司也引进西屋公司技术制造了 300MW 级汽轮机组，据 2000 年度公布的各项技术指标，国内进口已投运的日本三菱公司机组（350MW），平均负荷率 69.95%，非计划停运 4.09h，等效强迫停运率 0.08%，厂用电率 4.19%，补水率 0.8%，凝汽器真空度 94.84%，锅炉效率 93.49%，供电煤耗率 323.3g/kWh。与其相比较，国产引进型 300MW 汽轮机组平均负荷率 76.93%，但补水率高出 2.4 个百分点，厂用电率高出 1.07 个百分点，凝汽器真空度低 0.69 个百分点，锅炉效率低 1.39 个百分点，供电煤耗率高出 23g/kWh。由此可见，国产引进型 300MW 机组实际运行各项技术指标与同类型先进的进口机组相差很大，影响发电企业的直接经济效益。不同类型汽轮机经济性能见表 16-11。

表 16-11　　不同类型汽轮机经济性能

机组类别	高压缸效率（%）	中压缸效率（%）	低压缸效率（%）	设计热耗率（kJ/kWh）	试验热耗率（kJ/kWh）
苏制 300MW 超临界	82.7	93.0	86.2	7901	8264.6
进口 350MW 亚临界	87.1	93.5	87.5	7905	7900
引进石横 300MW 亚临界	85.57	94.0	85.3	8080.5	8319.1
国产邹县 300MW 亚临界	83.4	89.3	80.5	8269	8525

一、存在的主要问题

根据原国家电力公司西安热工研究院《国产引进型 300MW 机组运行情况及存在问题调查报告》(1998 年 10 月)，国产引进型 300MW 机组存在如下问题：

1. 热力系统及辅机设备不尽完善

据统计，不同时期投产的部分国产引进型机组与国内同类型进口机组的考核试验结果表明，国产引进型机组的试验热耗率比设计值高出 200kJ/kWh，经各种修正之后，试验热耗率比修正结果热耗率相差高 200kJ/kWh 左右；而进口同类型机组试验热耗率与设计或经各种修正后的热耗率则十分接近，有的机组试验热耗率不经任何修正甚至比保证值还低，相比之下，说明国产引进型 300MW 机组热力系统设备不尽完善。

另一方面，机组考核试验是严格按照有关试验规程，按设计热力系统进行严格隔离之后，在基本无汽水损失、无补水运行条件下得到的结果，仅反映机组在验收试验条件下的经济水平。而实际运行不可能在试验的条件下运行，显然实际运行比试验结果要差，两者之间的差距与热力系统和辅助设备是否完善以及能否在设计条件下运行有关。

目前，机组实际运行中，存在问题最多且最为普遍的是疏水系统，不同电力设计院设计的 300MW 汽轮机组根据热力系统管道布置，疏水系统的疏水阀门为 60～80 个。由于疏水阀门前、后差压大，机组启、停后阀门出现不同程度的内漏，机组启停次数越多，这些阀门内漏的几率越大，且越漏越严重，出现门芯吹损、弯头破裂、疏水扩容器焊缝开裂故障。既危及机组运行安全可靠性，又严重影响经济性。据有关电厂试验表明，疏水系统工质内漏造成凝汽器热负荷增大，影响真空 1～2kPa，影响机组功率 2%～4%，真空和机组功率下降两者使发电煤耗率上升 5～7g/kWh，且每年更换阀门及维护费用约为 100 万元。

主要存在以下问题：

(1) 热力系统大量蒸汽短路至凝汽器，工质有效能的利用不尽合理。绝大部分机组 7、8 号低压加热器疏水不能按设计逐级回流，均走辅助调整门，直通凝汽器。

(2) 设备及热力管道疏水系统设计冗余系统多，且控制方式设计不合理，易出现内漏，既影响安全经济性，又增加检修工作量。

(3) 冷端系统及设备不完善，凝汽器真空度偏低，真空严密性达不到规程要求。

(4) 给水温度偏低或过高，偏离最佳设计值。

(5) 辅机选型、配套和系统设计不合理，运行方式不合理，导致运行单耗大、厂用电率增大。

(6) 高、低压加热器运行水位不正常，加热器上下端差大，有的机组上下端差竟达到 20℃左右。

2. 汽轮机本体设计存在不足

国产引进型 300MW 汽轮机，是 20 世纪 80 年代初美国西屋公司汽轮机制造产品，其技术指标是 70 年代初的国际先进水平，投产后运行中普遍出现的问题是：

（1）各监视段超压，如果限制压力，机组出力不足，达不到设计出力。

（2）高压缸排汽温度高，效率偏低，在额定参数和负荷下，高压缸排汽温度比设计值高15～25℃，高压缸效率比设计值（87%左右）低 3～6 个百分点。

（3）各段抽汽温度偏离设计值，以 5、6 段抽汽温度最为突出，汽轮机 5、6 段抽汽温度设计值分别为 233、140℃左右，实际运行为 260、160℃左右。

（4）高、中压转子高温段和结构应力集中区过度冷却，转子内外及轴向温差大，产生附加温度应力，对转子寿命造成损伤。

（5）上下汽缸温差大，由于测点位置设计不当，机组运行时，温差不能反映实际值。上、下缸温差大是汽缸发生变形，内缸螺栓易松弛或断裂，结合面出现漏汽严重的重要原因。

（6）高、中压缸各平衡盘及两端部汽封漏汽量较大，以中压缸进汽平衡盘汽封漏汽量尤为突出，一般为再热蒸汽流量的 4%～5%，比设计值大 2～3 个百分点。

上述问题可影响机组发电煤耗率 6～8g/kWh。

3. 机组运行方式及参数控制不合理

机组运行无论额定负荷或低负荷运行，其参数控制是否合理，甚至启停运行方式，均影响到机组运行的安全、经济性。另外，机组主、辅设备选型及系统设计，均考虑有一定的富裕容量，但机组实际运行状态下设计富裕量过大，如何根据机组的实际运行工况，充分合理地利用辅助设备性能，直接影响到机组经济效益的发挥。

主要存在以下问题：

（1）额定负荷运行时，主要控制指标偏离设计值较大。

（2）汽轮机进汽调节有节流调节（单阀）或喷嘴调节（顺序阀）两种方式，采用哪种方式最能充分发挥机组效益，与机组实际性能和运行工况有关。即使采用同一种调节方式，选用不同的运行参数，经济性亦存在一定差异，如何根据机组状况，选择最佳控制方式和参数问题亟待解决。

（3）机组小指标考核、竞赛有关规定或现行运行有关规定不尽合理。

（4）没有结合机组状况和实际运行工况，针对配套辅机设计富余量过大，确定经济运行方式。

由于上述问题影响，机组发电煤耗率偏高 3～5g/kWh。

二、优化改造措施及效果

国产引进型 300MW 汽轮机组，经上海汽轮机有限公司和哈尔滨汽轮机有限公司采用不同的技术路线优化改进设计后，存在一定的差异。即使同一公司的产品，也有不同型号产品。各设计院的系统设计，辅助设备选型、管道走向及连接方式、设备布置相关位置，安装水平、运行与维护，电厂在电网中所处的地理位置，地区气象条件等亦存在较大差异，所以不同电厂机组存在的问题既有普遍性，也有特殊性。要根据机组的实际运行状况对机组进行整体或局部的诊断试验，综合各种因素分析相互之间的影响关系，确定存在的问题，判断产生问题的原因，经技术经济性比较，提出切实可行的完善的改进方案，使存在的问题得到彻底解决，大幅度提高机组的经济性能。主要技术措施和效果为：

（1）完善优化热力系统，合理利用工质有效能量。改进后的热力系统，能完全满足机组在任何工况下运行或启、停的操作要求。

（2）全面改造热力管道和设备的疏水系统，取消冗余系统，优化连接方式。可取消排至本体疏水扩容器的疏水管数量 30%以上，正常疏水到凝汽器的热负荷减少 60%左右。能完全满足机组在任何工况下运行或启停时疏水和暖管要求，并能防止汽轮机进水，迅速排除设备及系统管道的不正常积水。

（3）完善改进配套辅机性能，合理调整辅机（如凝结水泵和循环水泵）的运行方式，厂用电率下降，厂用电率<5%。

（4）完善改进汽轮机本体监视测量系统，对本体设计结构进行改进，重点解决正常运行中高压缸上下缸温差大、汽缸变形、法兰螺栓松弛或断裂、结合面漏汽等问题。

（5）重新核算和设计高、中压缸通流面积，更换部分级静叶，调整抽汽参数，重点解决高压缸调节级和1、2级抽汽口压力高，高压缸实际出力偏小问题。使高压缸调节级和1、2段抽汽口压力不超过设计要求值。

（6）改进和完善通流部分径向汽封结构及间隙值。

（7）根据计算和测量汽缸与转子的静变形结果，完善和改进汽封结构，合理调整汽封径向间隙。

（8）合理的改进和完善通流部分径向间隙和安装检修工艺，重新调整和改进高、中压缸夹层蒸汽流量。

（9）合理调整配套辅机和回热系统设备性能，根据不同的负荷工况，确定最佳运行方式和控制参数。

（10）根据改进后的设备和系统，补充和完善机组在各种工况下的运行方式及操作措施。

实施改进技术措施后，机组在实际运行条件下，试验和运行效果表明，在额定工况下可达到以下技术指标：

（1）提高了汽轮机高压缸内效率，高压缸效率大于或等于84%，中压缸真实效率大于或等于90%。

（2）相同参数及阀位下，运行机组功率增加大于或等于2%。

（3）汽耗率小于或等于3.2kg/kWh。

（4）机组运行热耗率小于或等于8300kJ/kWh。

（5）减少不正常疏水量50%左右，补水率减少，机组补水率为1.5%。

（6）凝汽器真空严密性试验，真空下降率小于或等于0.2kPa/min。

（7）上下汽缸温差在各种工况下均在40℃以内。

（8）高、低压加热器运行水位稳定，上下端差接近设计值，最终给水温度能控制在280～282℃范围内。

（9）机组实际发电煤耗率（汽动泵运行）310～315g/kWh，实际供电煤耗率325～330g/kWh。

（10）运行操作及控制方式得到改进，使机组在调峰运行时处于最佳运行工况，提高了机组低负荷调峰运行时的经济性和安全性。在相同负荷下，机组正常运行工况结果与机组在隔离条件下的试验结果比较，二者煤耗率相差小于1%。

三、优化改造实例

针对引进300MW机组投产后存在的问题，2002年10月山东某电厂进行了2号300MW机组（汽轮机型号N300-170/537/537）系统优化改造，投资费用主要在汽轮机本体，约占总费用的3/5左右。优化改造前存在的主要问题是（以5阀全开试验结果为例）：

（1）高压缸排汽参数高，达到3.88MPa、344.46℃，分别比设计值高出0.22MPa、23.41℃。高压缸效率75.74%，比设计值低9.86个百分点。

（2）调节级效率低，调节级做功份额占高压缸功率的18%左右，调节级效率比设计值低

13.14 个百分点，严重影响高压缸效率和机组出力。调节级效率低的主要原因：一是调门节流大，另一方面调节级动叶叶顶及叶根汽封径向间隙设计偏大和汽封结构不合理，漏汽量大。

(3) 中压缸实际效率低，实际效率为 87.25%，比设计值低 4.7 个百分点。

(4) 高压缸夹层漏向中压缸第 1 级动叶入口蒸汽漏汽率大。设计漏汽量为 19.93t/h，占再热蒸汽流量的 2.64%，实际漏汽量为 30.54t/h，比设计漏汽率大 1.39 个百分点。

(5) 低压缸 5、6 段抽汽温度高，设计值分别为 230.25℃、143.23℃，实际温度分别为 267.20℃、193.10℃，分别高出设计值 36.95℃、49.87℃。

(6) 高压缸、中压缸上下缸温差大，下缸温度高于上缸温度（即负温差状态）。在启、停过程中，中压缸中部上、下缸温差高达 74℃，主要原因是高压缸夹层汽流方向影响与设计不符，另外，调节门进汽顺序设计，使低负荷时仅下半缸进汽，汽缸负温差加剧。其危害一是导致汽缸产生变形，并易造成汽缸螺栓断裂或松弛，汽缸结合面产生严重漏汽；二是造成中压转子高温段过度冷却，转子内外温差大，易在转子表面结构应力集中部位产生表面裂纹。

(7) 7 号低压加热器疏水不能正常自流至 8 号低压加热器，疏水直达凝汽器，既增大了凝汽器热负荷，造成凝汽器压力上升，又加大了 8 号低压加热器抽汽量，影响机组出力和经济性。

(8) 1、2 号高压加热器上端差大，给水温度偏低，锅炉过热器、再热器减温水量合计达 159.79t/h，并没有经过高压加热器，降低了回热效果。

(9) 凝结水泵电耗大，凝结水泵扬程偏高（5VWO 工况凝结水泵出口压力 2.84MPa，而除氧器水位调节门后压力 1.75MPa，压差达 1.09MPa），除氧器给水调节门、辅助调节门开度仅有 50%～60%，调节门节流阻力太大，电耗上升 15%左右。

(10) 热力系统存在多余管路和设备，尤其是疏水系统阀门、管道多。冗余系统和设备不仅增加了系统及设备的维修费用及工作量，更重要的是若这些设备及系统出现故障将影响到机组的安全性和经济性。

优化改造措施：

(1) 更换高压持环，原持环体存在变形且螺栓分布、紧力均不合理，结合面漏汽严重，更换高压持环和固定螺栓，所有螺栓材质由原来的 WR26 改为 20Cr1MoVNbTiB；拆卸原高压持环中的 1～10 级隔板并装入新持环体内。

(2) 消除 5、6 抽汽腔室结合面变形，将原冷紧螺栓改为热紧螺栓，并增大紧力。5、6 段抽汽温度比设计值高的原因是：一方面结合面螺栓紧力不足并易松弛；另一方面 5、6 段抽汽腔室结合面变形间隙较大。

(3) 更换调节级喷嘴，原喷嘴设计不合理且冲蚀损坏严重，更换全部喷嘴组为新型喷嘴。

(4) 改进调节级汽封结构，提高调节级效率。将原单齿镶嵌式汽封改为多齿可退让式汽封，径向间隙由 2.5mm 改为 1mm。

(5) 在汽轮机高压缸夹层下半挡汽环处加装活动汽封，将原 20mm 间隙缩小到 3～5mm，改善夹层汽流流动，消除高压缸前部高温段上下缸温差大问题。

(6) 温度测点改造，原设计在高压缸排汽口断面、中压缸排汽口与 4 段抽汽口断面、中压缸中部断面设计安装了 3 对上下缸温度测点，然而实际情况表明，只有中压缸中部断面一对测点才能较为准确地反映出上下缸温差变化情况，其他汽缸缸温测点不能准确反映上、下缸温差状况。为了能对汽缸易出现温差大的部位进行有效的监控，增加了高压内缸调节级断面上缸温度测点，与原该截面下缸测点构成一对上下缸温差监测点，在高压外缸前部高温段增设一对上下壁温的测点。

(7) 采用布莱登汽封技术，减少高压缸、中压缸通流和轴封漏汽量，优化时在下列部位采用布莱登汽封：高压进汽侧平衡盘（5道）、高压排汽侧平衡盘（3道）、中压侧平衡盘（2道），共计10道。各平衡盘间隙控制标准是：闭合时汽封间隙为0.45～0.6mm，张开时汽封间隙为1.5～1.8mm。

（8）减小主、再热蒸汽的管道疏水管径，原设计主蒸汽管有5根$\phi76\times8$mm的疏水管，且疏水管的位置离高压旁路较近，主、再热蒸汽总疏水量高达175t/h，疏水量过大，极易引起扩容器超压。将主蒸汽三通前的高压疏水管取消，三通后的两根疏水管合为1根$\phi76$的疏水管，并由原接入本体疏水扩容器改接至高压加热器危急疏水扩容器，有效地减轻了本体扩容器的热负荷。将原高压加热器危急疏水扩容器上的给水泵汽轮机汽封减温器疏水，以及A、B给水泵汽轮机低压主蒸汽阀后的疏水改接至本体扩容器。

（9）主机轴封系统优化，在设计时，汽轮机轴封分三路供汽，一路是通过主蒸汽，一路是冷再热蒸汽，另一路是辅助蒸汽。当机组负荷高时，机组轴封采用自密封。每一个回路的调整门都设计有旁路门，其目的是当有一路出现故障时，仍然有另外两路可供轴封。如果任一路调整门故障，则可用旁路门，但是几年轴封运行从未使用过冷再热蒸汽或主蒸汽的供汽，却因供汽的调整门长期内漏影响机组的经济性，因此，可取消主蒸汽和冷再热蒸汽至轴封的汽源，简化主机轴封系统，保证可靠投用，减少漏点；轴封疏水由孔板式改为自动疏水器式；将原来半流量轴封加热器改为全流量轴封加热器，降低轴封加热器的节流。

（10）主汽门、调节门门杆一挡漏汽改至中压主汽门前，充分利用高品位蒸汽。

（11）取消凝结水收集水箱，轴封加热器疏水加装1台多级水封，疏入凝汽器，避免漏真空。

（12）取消辅助蒸汽疏水箱，在原疏水管路上加装自动疏水器，原疏水直接排入凝汽器。

（13）完善各高压加热器，解决给水温度偏低的问题；7～8号低压加热器正常疏水管道重新布置，减小系统阻力，实现正常疏水。

（14）取消除氧器启动循环泵及系统，增加除氧水箱底部加热汽源，改善除氧器启动性能并提高启动速度，降低厂用电。

（15）取消一级叶轮，降低凝结水泵扬程50m，维持流量不变，减少凝结水泵电耗，功率下降了100kW左右。

（16）取消给水泵汽轮机高压汽源，汽动给水泵汽源在设计时采用2个独立的汽源供汽：一路是高压汽源，由主蒸汽供给；一路是由四段抽汽来的正常供汽。给水泵汽轮机高压汽源在运行中很少使用，主要是因为汽动给水泵在低负荷蒸汽流量低时，可以采用停1台汽动泵或启动电动泵运行方式。取消给水泵汽轮机高压汽源，可以简化EH油系统，原给水泵汽轮机高压主汽门和高压调门使用EH油源，漏点多，已经多次出现伺服阀漏油的现象。取消给水泵汽轮机高压汽源，又可同时取消为高压汽源热备用而设的2根$\phi76$常开的疏水管。取消给水泵汽轮机高压汽源，可以避免给水泵汽轮机后汽缸排汽温度高的问题，高压汽源的温度太高，蒸汽流量小，会引起给水泵汽轮机后汽缸排汽温度增高。

（17）凝汽器补水改为喉部补水，原凝汽器补水是接至疏水扩容器上的，存在两方面问题：一是容易引起扩容器过负荷，二是引起凝结水溶解氧超标。将机组补水由底部改至凝汽器喉部，并加了一组喷头可在凝汽器内除氧，可有效降低凝结水的溶氧量。例如当凝汽器补水量为70t/h时，凝结水溶解氧为180μg/L，改造后正常补水时凝结水溶解氧降至40μg/L。

（18）将设备及系统至凝汽器的疏水管数量减少50%。引进型300MW机组设备及系统至凝汽器的疏水管数量约70根，且存在疏水内漏问题。对排向凝汽器的疏水，按疏水点位置和作用不同，进行科学合理的优化，热力系统和本体疏水经优化后，疏水管数量相对减少约50%，疏水阀门数量相对减少约40%，热损失和阀门内漏减少。

（19）主给水系统简化改造。目前锅炉主给水系统太复杂（见图 16-2），启动中操作麻烦，按图 16-3 所示，把其中的启动小旁路移到某一台电动给水泵的出口处做炉上水及点火初期用，减少了一个电动阀和一个止回阀，可节约电能 60kW。

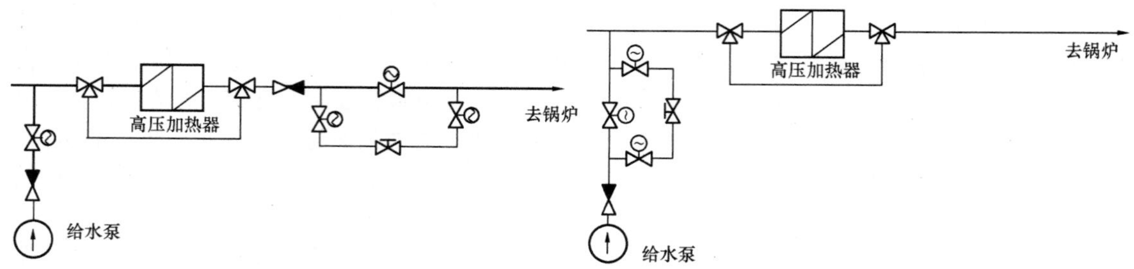

图 16-2　改造前锅炉主给水系统

图 16-3　改造后锅炉主给水系统

2 号机大修后性能试验表明：在相同初、终参数下（同取锅炉效率 92%，管道效率 99%），改造前 5VWO 工况的热耗率为 8765.97kJ/kWh，改造后 5VWO 工况的热耗率为 8531.52kJ/kWh，降低了 234.46kJ/kWh，折合发电煤耗分别为 328.40g/kWh 和 319.61g/kWh，发电煤耗降低了 8.78g/kWh。优化前后性能试验结果见表 16-12。

表 16-12　　2 号机组优化前后性能试验结果

项　目	单位	设计值	优化改进前			优化改进后		
工况		设计	5VWO1	5VWO2	300MW	5VWO1	5VWO2	300MW
负荷	MW	300	287.56	285.47	299.43	285.18	288.19	298.12
阀位	%		5	5	5+18.75%	5	5	6+37.0%
主蒸汽压力	MPa	16.65	16.85	16.62	16.65	16.67	17.02	16.73
主蒸汽压力热耗修正系数	—	1.000 0	0.999 3	1.000 1	1.000 0	1.000 0	0.998 6	1.000 0
主蒸汽温度	℃	537.00	536.98	538.88	537.53	538.51	538.46	541.45
主蒸汽温度热耗修正系数	—	1.000 0	1.000 0	0.999 4	1.000 0	0.999 5	0.999 6	1.000 0
再热蒸汽温度	℃	537.00	536.84	539.45	539.36	533.22	533.52	537.03
再热汽温度热耗修正系数	—	1.000 0	1.000 0	0.999 4	1.000 0	1.001 0	1.000 9	1.000 0
再热汽压损	MPa	9.99	6.62	6.58	6.62	7.67	7.70	7.74
高压缸排汽压力	MPa	3.66	3.74	3.70	3.88	3.51	3.54	3.69
高压缸排汽温度	℃	321.05	338.29	340.78	344.46	329.24	327.36	337.12
调节级压力	MPa	11.88	11.84	11.68	12.35	11.76	12.00	12.49
调节级温度	℃	490.55	493.33	495.24	500.96	490.48	489.89	501.42
高压缸效率	%	85.6	75.68	75.69	75.74	78.61	78.65	78.44
调节级效率	%	63.73	52.03	52.49	50.59	64.16	64.51	62.54
中压缸进汽压力	MPa	3.29	3.49	3.46	3.63	3.24	3.27	3.41
中压缸进汽温度	℃	537	536.84	539.45	539.36	533.22	533.52	537.03
中压缸排汽压力	MPa	0.82	0.88	0.87	0.91	0.84	0.85	0.88
中压缸排汽温度	℃	336.82	346.78	349.23	348.89	345.65	345.74	348.55
中压缸效率	%	91.95	87.38	87.50	87.25	88.57	88.46	88.44

续表

项　目	单位	设计值	优化改进前			优化改进后		
低压缸进汽压力	MPa	0.82	0.88	0.87	0.91	0.84	0.85	0.88
低压缸进汽温度	℃	336.82	346.78	349.23	348.89	345.65	345.74	348.55
低压缸排汽压力	kPa	5.39	11.47	11.32	10.92	6.30	6.91	7.00
5 段抽汽温度	℃	230.25	262.0	263.80	267.20	265.45	266.02	267.90
6 段抽汽温度	℃	143.23	190.20	192.30	193.10	193.82	194.68	196.17
凝结水泵入口压力	kPa	5.39	11.47	11.32	10.92	6.30	6.91	7.0
凝结水泵出口压力	MPa	1.73	2.82	2.84	2.76	2.65	2.65	2.61
凝汽器压力	kPa	5.39	11.47	11.32	10.92	6.30	6.91	7.0
实测给水流量	t/h	893.79	842.27	815.65	871.49	788.74	815.44	854.73
给水压力	MPa	19.82	18.52	18.29	18.49	18.19	18.61	18.43
给水温度	℃	272.40	267.91	267.27	270.45	277.25	277.73	280.40
过热减温水流量	t/h	28.57	103.47	113.29	109.63	127.52	127.52	130.48
再热减温水流量	t/h	0.00	43.81	45.78	50.16	12.27	3.29	13.93
计算主蒸汽流量	t/h	922.14	940.35	923.49	975.23	913.4	939.94	976.7
IP-HP 漏汽率	%	2.64	4.03	4.03	4.03	2.86	2.86	2.86
轴封加热器进水温度	℃	34.32	50.45	50.33		37.49	39.38	
轴封加热器出水温度	℃	35.80	53.16	52.88		42.11	44.02	
轴封加热器出水温升	℃	1.48	2.70	2.55		4.62	4.64	
除氧器温升	℃	34.90	39.47	39.27		36.46	36.44	
3 号高压加热器温升	℃	27.95	28.24	28.38		30.03	29.62	
3 号高压加热器上端差	℃	−0.02	3.06	3.03		−1.00	−0.60	
3 号高压加热器下端差	℃	5.55	12.67	7.90		14.45	14.70	
2 号高压加热器温升	℃	41.00	35.30	35.32		39.69	39.87	
2 号高压加热器上端差	℃	−0.05	5.53	5.41		−3.62	−3.39	
2 号高压加热器下端差	℃	5.50	14.85	14.65		15.46	19.74	
1 号高压加热器温升	℃	30.80	38.99	38.68		32.15	32.51	
1 号高压加热器上端差	℃	−1.63	10.13	9.93		−2.86	−2.41	
1 号高压加热器下端差	℃	5.50	12.76	11.99		7.37	7.69	
试验汽耗率	kg/kWh	3.07	3.27	3.24	3.26	3.20	3.26	3.28
试验发电煤耗率	g/kWh	302.7	339.44	338.83	337.99	320.39	322.31	324.75
试验热耗率	kJ/kWh	8080.03	9060.84	9044.61	9022.16	8552.25	8603.62	8668.75
热耗总修正系数	—	1.000 0	1.032 9	1.032 3	1.026 9	1.006 0	1.009 3	1.008 7
功率总修正系数	—	1.000 0	0.974 8	0.976 4	0.968 7	0.998 3	0.990 8	0.990 7
设计参数下电功率	MW	300.01	294.98	292.36	309.09	285.68	289.08	300.90
设计参数下主汽流量	t/h	922.14	928.24	927.02	976.01	913.86	919.28	976.2
设计参数下汽耗率	kg/kWh	3.07	3.15	3.17	3.16	3.20	3.18	3.24
设计参数下热耗率	kJ/kWh	8080.0	8769.46	8762.49	8786.24	8514.04	8548.99	8594.55
设计参数下煤耗率	g/kWh	302.70	328.53	328.26	329.15	318.96	320.27	321.97

注　300MW 全开阀门数量为 5VWO+18.75%。

采用布莱登汽封的直接效果测量数据为：改进前后中压缸进汽平衡盘漏汽率（平衡盘漏汽量占再热蒸汽流量的百分比）由 4.03%降低到 2.86%，对于 5VWO 工况，漏汽量由 32.22t/h 下降到 22.88t/h，降低了 31%。当然高压缸效率和低压缸效率提高值也与布莱登汽封有直接的关系。

高压缸效率改进前平均值为 75.70%，改进后平均值为 78.57%，提高了 2.87%；中压缸效率改进前平均值为 87.38%，改进后平均值为 88.49%，提高了 1.11%。

改进后 1～3 号高压加热器温升均有所提高，上端差普遍减小。

第三节 布莱登汽封的应用

汽轮机高压端轴封称为高压轴封，低压端轴封称为低压轴封，装在隔板汽封槽中的汽封称为隔板汽封。不论轴封还是隔板汽封，其结构及外形大同小异，阻汽原理一致。轴封和隔板汽封统称为汽封。高压轴封的作用是减少高压汽缸向外漏汽；低压轴封的作用是防止空气漏入低压缸；隔板汽封的作用是维持隔板前后的压力差。

机组在运行或启动过程中，由于汽缸、隔板及汽封体受热不均匀，内外存在温度梯度而产生变形，使转子与汽封齿局部径向间隙减少，引起摩擦。静子部件受热不均匀造成变形，导致局部间隙变小，引起摩擦。而机组在启动过程中经过临界转速时，转子的大幅振动又加剧了汽封与转子的摩擦，可见，汽封最大磨损产生在机组启停时过临界转速时刻。

传统汽封的设计是通过汽封弧块背部的板弹簧，使汽封能够在与转子碰磨时产生退让，尽可能减轻汽封与转子的摩擦力，减少汽封的磨损程度。而事实上，由于汽封板弹簧的性能恶化、氧化皮的卡涩，汽封往往是卡死在汽封体的凹槽内，根本无法退让，只能刚性地与转子摩擦。内缸、汽封体、隔板体的受热不均匀，造成变形，导致局部间隙变小，引起转子摩擦。特别是转子过临界转速时振动加大，从而造成动静摩擦，因此，传统汽封的磨损是难以避免的。传统汽封采用高低齿曲径式结构，利用许多依次排列的汽封齿与轴之间较小的间隙，形成一个个的小汽室，使高压蒸汽在这些汽室中的压力逐级降低，来达到减少蒸汽泄漏的目的。传统汽封的每圈汽封环分成 6～8 块，每个汽封的背部装有平板弹簧片，弹簧片将汽封块压向汽轮机转子，使得汽封齿与转子轴向间隙保持较小值，通常为 0.75mm。

由于传统汽封结构原理上的缺陷，汽轮机在检修或安装时，现场工作人员往往人为地把汽封径向间隙调整过大（这个间隙约放大 0.2mm），以防止动静部件碰磨，这无疑使机组在正常运行中蒸汽漏汽量增加，减少了做功，降低了机组的热效率。

在运行中，由于汽封的磨损，造成汽轮机通流间隙的增大，使汽轮机效率降低。根据实践经验，汽封漏汽损失一般占全部通流热效率损失的 80%以上，因此汽封的好坏对机组运行效率影响很大。为了减少汽封漏汽，国内外开发出许多新型汽封，如布莱登汽封（即可退让汽封）、蜂窝汽封、刷子汽封和王常春汽封等。

1. 布莱登汽封的原理

布莱登汽封是美国布莱登工程公司（BRANDON ENGINEERING INC.）于 1989 年完成的一项专利技术，众多运行实践已经证明，布莱登汽封是一项高效节能、安全可靠、先进成熟的技术。1995 年，布莱登汽封首次在我国河南首阳山电厂 2 号机组（200MW）应用成功，之后在我国逐步推广开来。

与传统汽封相比，布莱登汽封的主要区别是在工作机理上。在结构上布莱登汽封与传统汽封除了汽封弧段上有差别外，汽封体等其他部件基本相同，汽封弧段的材质也与传统迷宫式汽封相同均为 15CrMoA。布莱登汽封将传统的六等份汽封环结构改为四等份结构，并取消原汽封背部的板弹簧，取而代之的是在每圈汽封特定弧段端面处，加装了四只美国进口布莱登螺旋式弹簧。自由状态下，在弹簧力的作用下汽封弧块是处于张开状态而远离转子的（见图 16-4）；机组启动时，初期进入的蒸汽量少，相应进入汽封弧块背部的蒸汽量也少，作用于汽封弧段背部的关闭力就小，这时汽封块在开启力的作用下，各汽封弧段相互推开，整体向汽封体退让，离开转子，直至汽封贴到汽封体上（汽封退让间隙为 2～3mm），使汽封齿与转子的径向间隙保持在较大状态，避免了转子与汽封齿的碰磨。

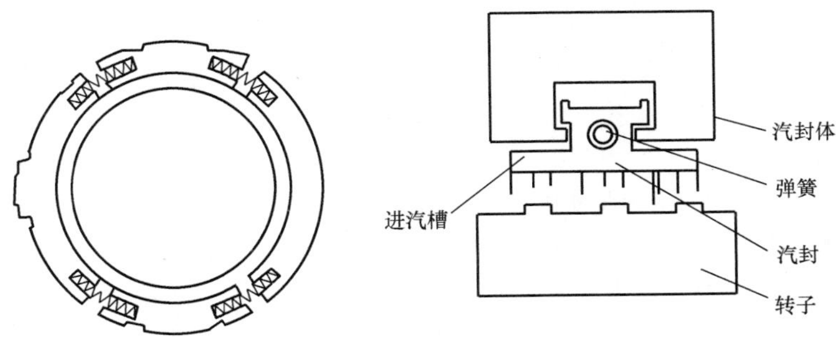

图 16-4 自由状态下的布莱登汽封

随着进入汽轮机蒸汽流量的增加，通过进汽槽进入汽封弧块背部的蒸汽流量和压力也增加，作用在每圈汽封弧块背部的蒸汽压力逐步增大，当这一压力足以克服弹簧应力和摩擦阻力时，汽封弧块开始逐渐关闭，直至处于工作状态，并始终保持与转子的最小间隙值（0.25～0.5mm）运行（见图 16-5）。停机时，随着蒸汽流量的减小，在弹簧力的作用下，汽封弧块远离转子，使汽封与转子的径向间隙达到较大值，间隙约 3mm 左右（最大值为汽封退让间隙与机组正常运行时的汽封径向间隙之和），有效地避免了机组启停过程中因汽封间隙问题而与转子产生碰撞，提高了机组启停过程中的安全性。

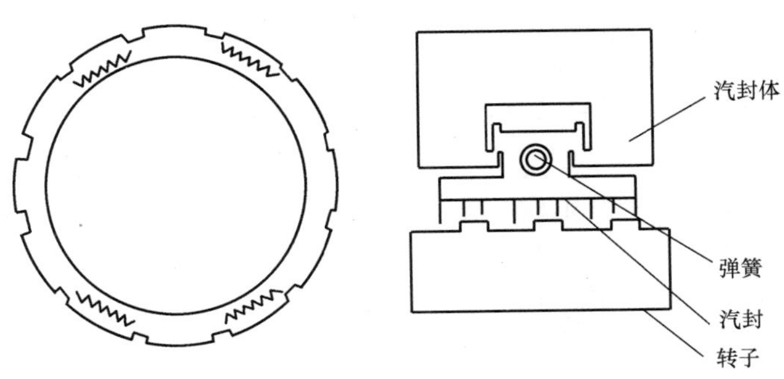

图 16-5 工作状态下的布莱登汽封

布莱登汽封在机组启动时，蒸汽流量在 2%设计流量下开始关闭，在约 28%设计流量下完成关闭。在停机时，蒸汽流量减少到 2%，汽封全部张开。这样，布莱登汽封通过汽封弧段的自动开启和关闭，实现了在机组启动过程中汽封径向间隙的可调，在机组正常运行中汽封径向间隙保持在较小的范围内。

2. 布莱登汽封的安装方法与要求

（1）清理各级隔板、汽封套的安装槽道，要求槽道光滑、平整、无毛刺。

（2）对号安装各汽封弧段上的调整块，注意汽封弧段应对号放置，严禁放错。

（3）装上弹簧片，保证弧段上的调整块凸肩贴紧定位面。

（4）以隔板和汽封套的中分面为基准，划出并加工汽封弧端的加工余量，应注意此时各弧段应贴紧，保证 0.05mm 塞尺不入。

（5）钳工修刮，保证弧段端面低于中分面 0.03～0.05mm，整圈汽封间的总间隙为 0.1～0.2mm。

（6）安装各汽封弧段及上半压板。

（7）安装各级汽封、隔板，吊入转子，测量通流间隙，测试各汽封齿的径向工作间隙，要求在 0.3～0.55mm 范围内，不合格应拆下调整垫片，进行磨削或加减垫片，直至合格为止。

（8）清缸复装，将各汽封圈的弹簧片取出，对号安装各圈上的螺旋弹簧，并在汽封和隔板的安装槽上涂二硫化钼粉或干石墨粉，然后装入汽封圈。

3. 布莱登汽封的安全性

布莱登汽封设计径向工作间隙为 0.3～0.55mm，在运行中，依靠汽轮机体内蒸汽压力的作用而与转子保持较小的间隙运行。当机组因突发事故，引起转子振动超标时，保护系统会立即跳闸，切断本体通流供汽，汽缸压力随即降低，布莱登汽封失去蒸汽关闭压力，在端部弹簧应力作用下瞬时张开，避免了与惯性巨大、高速旋转振动的转子碰磨，从而避免弯轴、抱死等重大恶性事故的发生。例如 2003 年 5 月 31 日，河南某电厂 2 号机由于润滑油管路喷泄断油，至使该机 1～10号瓦乌金全部烧毁。事故导致低压缸所有的全部传统汽封齿磨平，高、中压缸的叶顶汽封同时磨损严重，低压转子、电机转子、励磁机转子均有不同程度的弯曲和转子裂纹，只有高、中压转子和高、中压汽封（布莱登汽封）没有任何弯曲、裂纹和碰磨。事故恢复中，没更换一块高、中压汽封，高、中压转子也无须任何修复。避免了高、中压部分的事故进一步恶性化、扩大化。

4. 布莱登汽封的经济性

汽封间隙的减小无疑能够提高机组运行的经济性。一般电厂高、中压轴封或隔板汽封大修前平均汽封间隙为 0.9～1.3mm，采用布莱登汽封后，汽封径向间隙可以调到 0.4～0.5mm 范围内，比传统汽封间隙大大减少，漏汽相应减少，使得功率增加。对于隔板而言，不仅漏汽减少，提高了级效率，而且减少了漏汽对进入下一级汽流流场的扰动，进一步提高了级效率和整机效率。实践证明，布莱登可调式汽封改造的典型结果是机组热效率提高 1%以上，机组出力增加 1.5%。

江西某发电厂 2 号机组是哈尔滨汽轮机厂制造的 N210-12.7 /535/535 型超高压、中间再热、三缸二排汽冷凝式汽轮机，原来采用梳齿形迷宫式汽封。该机在安装投产后汽封间隙本身就偏大，运行中两端轴封漏汽相当严重，危害着机组的安全性和经济性。1999 年上半年利用大修机会，应用布莱登可调式汽封对该机进行改造。改造部位包括高、中压缸前后端汽封 41 圈、隔板汽封 20 圈，高、中压缸所有改造的汽封环全部换新。调整高、中压缸前后端汽封，隔板汽封径向间隙为 0.45～0.55mm，汽封环弧段退让间隙为 2.9mm，汽封改造后试验结果见表 16-13。

表 16-13　200MW 机组汽封改造后（大修）试验结果

项　目	设计值	工况一	工况二	工况三	工况四
试验电功率（MW）	210	200（定压）	180（定压）	160（定压）	140（定压）
高压缸修前内效率（%）	84.57	78.64	75.59	73.44	72.36
高压缸修后内效率（%）		80.35	77.67	74.95	73.56

续表

项 目	设计值	工况一	工况二	工况三	工况四
本次大修高压缸内效率提高值（%）		1.71	2.08	1.51	1.2
上次大修高压缸内效率提高值（%）		0.63	0.61	0.54	0.51
汽封改造高压缸内效率提高值（%）		1.08	1.47	0.97	0.69
中压缸修前内效率（%）	88.94	80.29	80.52	80.34	80.58
中压缸修后内效率（%）		83.84	83.26	83.54	83.62
本次大修中压缸内效率提高值（%）		3.55	2.74	3.2	3.04
上次大修中压缸内效率提高值（%）		1.42	1.35	1.38	1.4
汽封改造中压缸内效率提高值（%）		2.13	1.39	1.82	1.64
大修前热耗率（kJ/kWh）	8392.4	8916.84	9061.91	9121.14	9212.53
大修后热耗率（kJ/kWh）		8582.25	8763.18	8817.08	8912.54
本次大修热耗率下降值（kJ/kWh）		334.59	298.73	304.06	299.95
上次大修热耗率下降值（kJ/kWh）		269.34	228.35	235.67	223.65
汽封改造热耗率下降值（kJ/kWh）		65.25	70.38	68.39	76.34
大修前机组效率（%）	42.36	40.37	39.73	39.47	39.08
大修后机组效率（%）		41.95	41.08	40.83	40.39
本次大修机组效率提高值（%）		1.58	1.35	1.36	1.31
上次大修机组效率提高值（%）		1.26	0.78	0.74	0.69
汽封改造机组效率提高值（%）		0.32	0.57	0.62	0.62

注 布莱登汽封改造一般是在机组大修中进行，改造所提高的缸效率往往隐藏在大修效果中，因此只能根据以往大修效率提高值，来综合判断布莱登汽封改造效果。

从表16-13可知，汽封改造为布莱登可调汽封后，在200MW工况下高压缸内效率提高了1.08%，中压缸内效率提高了2.13%，热耗率下降了65.25kJ/kWh，发电煤耗降低了2.4g/kWh。

同时，由于布莱登汽封在运行中无磨损，汽封间隙不会增大，机组的经济效果就具有持久性。

5. 汽封漏汽的减少，避免油中含水

某些类型机组油中含水现象的根本原因是轴封蒸汽外溢严重，而轴封蒸汽外溢很大程度是由于轴封间隙过大，致使轴封漏汽量增加所致。

目前，国内机组均以不同形式参与调峰运行，启停频繁，汽封因此难免磨损而间隙增大，造成轴封漏汽油中含水现象严重。布莱登汽封能够有效避免或减少这一现象。

上海某电厂11号机是引进型300MW中间再热机组，给水泵是沈阳水泵厂生产，配套上海汽轮机厂制造的6000kW给水泵汽轮机驱动，该给水泵汽轮机自投运以来，润滑油箱中含水现象一直很严重，后来达到每天不得不在给水泵汽轮机油箱底部放水，最多时每天放水达到10kg。

1993年12月，该给水泵汽轮机第一次大修揭缸后，发现高、低压轴封磨损严重，有的汽封齿几近磨平，因此全部更换新的原型式汽封。大修后机组运行一段时间，又恢复到原来油中含水情况。1998年12月，该机第二次大修时更换了布莱登汽封，经过一段时间跟踪检查，油中含水现象彻底消失。

总之布莱登汽封具有可靠性、经济性。由西安热工研究院负责实施的《国产引进型 300MW 机组节能降耗措施研究》的重大科研成果，就是减小机组通流漏汽，布莱登汽封是该项科研成果本体节能降耗改造最为重要的措施之一。

当然目前布莱登汽封也存在问题，即布莱登汽封在正常运行中可能会出现不闭合现象。如 2011 年某电科院进行的国产 CC100/N135 和 CC250/300 机组布莱登汽封改造前后试验得出，高压缸效率提高不到 1%，过桥汽封漏汽量减少仅 1/6。经分析是：冲动式汽轮机级间压差小，一旦实际运行时各汽封腔室内压力偏离设计值较大，容易产生闭合状态不佳现象；另外，弹簧孔加工质量问题、弹簧孔不同心、汽封加工问题、汽封安装问题、水质不合格造成弹簧卡涩、仿造弹簧及各段弹簧互换等问题，均会造成汽封不闭合现象。

第四节　蜂窝汽封的应用

20 世纪 90 年代初，美国航天科学家在研究航天飞机液体燃料蜗轮泵的密封问题时，试验发现蜂窝状的汽封可产生很好的密封效果，于是蜂窝式汽封便开始在航天飞机、飞机发动机及燃气轮机上推广应用。

1. 工作原理及结构

蜂窝汽封是在静子密封环的内表面上由规整的蜂巢菱形状的正六面体的小蜂窝孔状的密封带状物构成，其材料是由厚度仅为 0.05～0.15mm 的 Hastelloy—X 海斯特镍基耐温薄板在特殊成型设备上制成的正六面体网格型材，再经过特殊焊接设备焊接而成。根据汽封环尺寸制成的蜂窝带在真空钎炉中通过高温真空钎焊技术（1050～1200℃高温焊接）焊接在母体汽封环（汽封环材质为 15CrMoA）上，而形成了蜂窝式密封，见图 16-6。

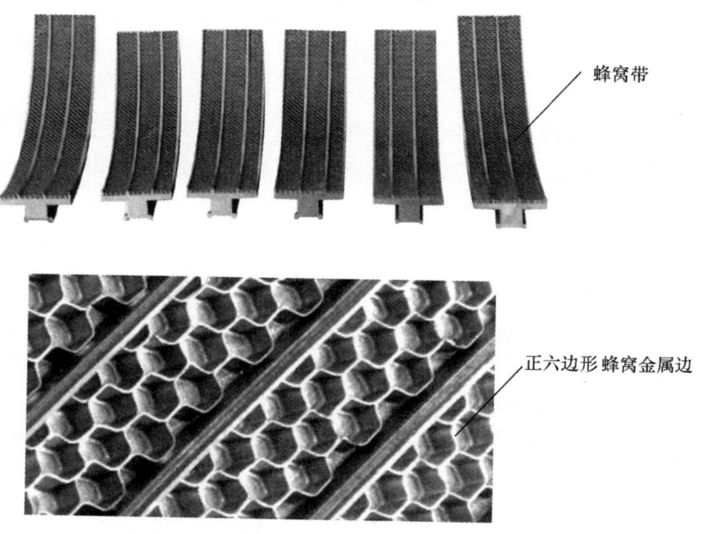

图 16-6　蜂窝汽封

蜂窝汽封的密封机理是：当蒸汽漏入蜂窝带时，在每个蜂窝腔内产生蒸汽涡流和屏障，从而有很大的阻尼，使蒸汽泄漏量减少。另外，无数个蜂巢棱状的正六边形小孔（芯格）的综合阻滞作用，致使进入密封腔室内的压力汽流能量迅速耗散，并在蜂窝孔端部与轴径表面的缝隙间由轴高速旋转而产生一层汽膜直接阻止汽流的轴向流动，以上两种阻尼相叠加产生了较强的阻尼，使湍流阻尼作用更强，汽流速度降低更大，从而达到良好的密封效果。

蜂窝汽封的结构特点是，将传统汽封低齿车削，由较宽的蜂窝密封带取代，蜂窝是由六边形孔连片组成，六边形单边尺寸为0.8、1.6、2.5、3.2、3.6、4.0、4.2mm，蜂窝深度为1.6～6mm，蜂窝对边距为0.8～4.2mm。

2. 技术特点

就汽轮机组的各缸而言，高压缸、中压缸和低压缸均可安全应用蜂窝汽封。就通流部分的轴端密封、隔板内密封和叶顶密封部位而言，均可安全使用蜂窝汽封。与普通的梳齿汽封相比，蜂窝式汽封具有以下优点：

(1) 密封效果好。蜂窝汽封退让仍采用传统汽封的背部板弹簧结构，所以安装间隙一般取传统汽封径向间隙设计值的上限。与传统的高、低齿结构汽封相比，由于蜂窝汽封的齿数量相对增加很多，从而密封效果大大提高。在同样的压力和间隙的条件下，蜂窝汽封比梳齿式迷宫汽封可减少30%～50%以上的泄漏损失，具有明显的经济效益。

(2) 运行寿命长。2003年10月，哈尔滨汽轮机厂在模拟试验机上就蜂窝式汽封做破坏性试验、结果表明，蜂窝式汽封的使用寿命为铁素体疏齿式汽封的2.5倍。

(3) 对轴径表面的损伤程度低。汽封由于仍采用原传统汽封退让结构，在启动过程中可能会产生碰磨，但由于蜂窝材质是优质合金钢，材料软，不会对转子产生大的影响。用蜂窝式汽封对轴径表面的损伤程度仅为铁素体梳齿式汽封的1/6，不会伤轴而危及转子的安全。因此蜂窝式汽封可以由传统汽封径向间隙0.75mm降低到0.5mm以内。

(4) 转子运行稳定性好。由于产生的蒸汽阻尼相当于1层汽垫，有助于减少轴振。蜂窝式密封对转子振动幅度的影响为铁素体梳齿式汽封的1/2。即蜂窝式汽封的结构模式更利于转子的稳定运行。

(5) 在低压叶顶处应用，具有一定的除湿排水效果，可有效避免水击现象发生。

蜂窝式汽封目前存在的问题是：

(1) 蜂窝带如果选用不锈钢材质，则使用寿命短，很难保证一个大修期的安全使用。

(2) 若蜂窝带焊透率不达标，则蜂窝带易局部脱落。吉林某电厂就发生了蜂窝带脱落事故。

(3) 目前蜂窝汽封的经销厂家多，产品品质良莠不齐，湖南某电厂就发生了蜂窝汽封脱落造成低压叶片损毁的事故。

3. 改造案例

国电九江发电厂1号机组为N135-135/535/535型汽轮机，是进行通流部分改造后的超高压、中间再热、凝汽式机组，首次投入运行于1983年。投产20余年来，高、中、低压缸轴封漏汽的问题一直困扰着电厂专业技术人员，也极大地影响机组的安全、经济运行。

为此，2006年5月，在1号机组大修期间，将高压后轴封最外四圈、中压后轴封最外三圈，低压前后轴封后各四圈迷宫式梳齿汽封改造为FW蜂窝式汽封。为了验证改造后的效果，特请江西省电力试验研究院进行热效率试验。

进行蜂窝汽封改造后：改造后热耗降低了150.88kJ/kWh，其中汽缸效率提高，降低热耗146.3kJ/kWh。轴端改造，轴端漏汽（气）在设计范围内，降低热耗4.58kJ/kWh，相当降低煤耗0.3g/kWh。主蒸汽流量降低了1.181t/h，漏汽量减少了0.16%，真空提高了3.26kPa，相当降低煤耗6.52g/kWh（这里没有扣除大修效果降低煤耗约4g/kWh）。

4. 经济效益分析

以300MW机组为例，改造投资费用150万元，改造后高压缸效率提高2%～3%，中压缸效率提高1%～2%，折合煤耗降低约2g/kWh。

第五节　接触式汽封的应用

汽轮机级间蒸汽泄漏使得机组内效率降低，高压缸汽封间隙每增加 0.05mm，将使级效率下降 0.4%～0.5%。漏汽损失占级总损失的 29%，对机组运行效率影响很大。

为了减少漏汽损失，提高机组安全性和经济性，国内外有关部门对传统汽封进行改造和设计，已陆续出现了两种接触式汽封。

一、工作原理及结构

接触式汽封主要有刷子汽封和王常春汽封两种类型。

1. 刷子汽封

刷子汽封最早由美国 TurboCare 公司开发。刷子汽封的刷子是由鬃毛式的高温镍合金丝 Haynes25 组成。每厘米长的汽封刷子中有细钢丝 2400 根以上。如此致密的钢丝阻断了工质的泄漏，每根钢丝一端固定，丝长为 7～10mm。刷子汽封和迷宫式汽封的汽封齿不同之外就在于鬃毛刷子有良好的弹性，而梳齿式汽封的齿是刚性的。它们与转子相碰磨时，刷子不易被磨掉，而汽封齿只要和转子碰上就很快磨掉。刷子具有良好的弹性才能保证机组运行的安全，刷子的弹性和细钢丝长度、直径、倾角有关，特别和长度有关。

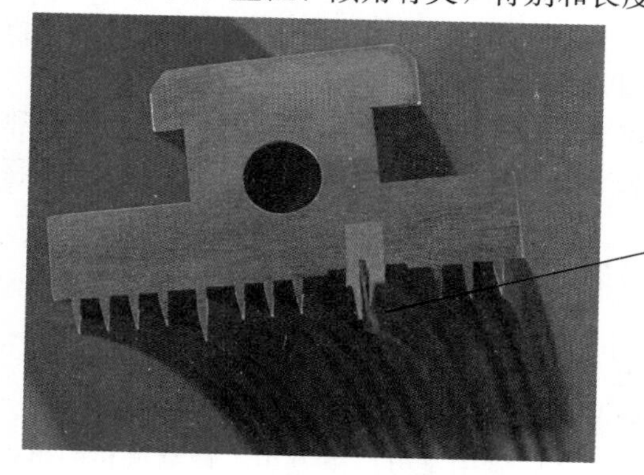

图 16-7　刷子汽封

刷子汽封的密封原理：机组冷态时，鬃毛的尖端刚好离开转子，并具备一定的间隙；运行时其间隙在热膨胀和蒸汽压差作用下闭合；鬃毛与转子表面轻微接触，其弹性可追踪转子的径向偏移，从而达到密封作用，见图 16-7。

2. 王常春汽封

王常春汽封的汽封齿为复合材料，耐磨性好，具有自润滑性。它是在原汽封圈中间加工出一个 T 形槽，将 4～6 块接触式汽封齿（简称接触齿，也称作浮环）装入该槽内。王常春汽封环背部弹簧产生预压紧力，使汽封齿始终与轴接触。这种汽封实际上是用可磨性材料代替传统曲径汽封的低齿部分，而不改变原有的汽封环背部结构，见图 16-8。王常春汽封最适合低压汽封，一般用于轴封，增加接触片 1～2 道。

王常春汽封的密封原理：这种浮环结构组环后内径略小于轴径，后边用弹簧支撑，使其有给进量。机组在安装及运行时，浮环结构和轴面轻微接触，起到密封作用。

王常春汽封体材料为 15CrMoA。接触式汽封齿材料为石墨基复合材料，接触齿背部弹簧材料为 GH2136。

图 16-8　王常春汽封

二、汽封的特点

1. 刷子汽封

刷子汽封的特点是：

（1）刷式汽封具有较高的耐高温、耐磨损、耐疲劳性能，同时具有良好的抗振性和热塑性，当其与转子发生碰磨时，能经过弹性退让而不至于与转子产生硬摩擦，因此刷子对轴面产生的伤害较小，而且能有效地避让碰磨带来的振动。

(2) 刷式汽封是接触式零间隙汽封，适应转子瞬间径向运动，有效减少了级间泄漏带来的损失，密封效果较好。

(3) 由于金属丝紧密相压，因此通过细钢丝间的工质极少，刷子汽封的漏汽量是梳齿式（或迷宫式）汽封的1/10～1/20。

(4) 结构简单，安装、维修、更换方便，汽封刷子与转子之间正压力不大，摩擦时不易产生大量的热。

刷子汽封在国外已有超过100台机组的应用业绩，其中韩国有超过50台的应用实例，包括200、350、500MW和800MW机组。丹东电厂已经在高、中压缸上应用。这100台机组的刷子汽封就是在布莱登汽封的基础上安装了刷子。而我国使用的刷子汽封是在传统迷宫式汽封上安装了刷子。

刷子汽封目前存在的问题是：

(1) 刷毛脱落，据说此问题目前已得到解决，但由于其应用范围小，尚未得到明确证实。

(2) 刷毛倒伏，当应用于汽轮机高、中压部分时，由于刷子前后压差过大，导致刷毛倒伏。如山东某电厂例行大修时发现刷毛大量倒伏，于是停止使用。为了防止刷毛倒伏，目前已经开发出一种带压力平衡腔的刷子汽封。

(3) 刷毛、前后板及汽封本体为三体组合结构，易产生松脱及变形，对机组安全运行造成很大隐患。

(4) 为了有效地保护转子，轴面需要高强度粒子喷涂，来保护轴不被磨损，其施工难度大，造价高。

2. 王常春汽封

王常春汽封的特点如下：

(1) 王常春接触式汽封齿使用一种耐高温复合材料，可以使汽轮机动静间隙调整至0～0.10mm。但由于“接触”，开机时易产生振动。

(2) 王常春接触式汽封密封齿与转轴表面接触，可实现无间隙运行，大幅度减少了漏气量。

(3) 王常春接触式汽封齿背部设有单独的板式弹簧压力系统，具有自动跟踪、自动补偿功能。

(4) 采用具有自润滑性能的特种复合材料，摩擦系数0.03，耐高温700℃，耐腐蚀。

王常春汽封目前存在的问题是：

(1) 汽封齿的给进量在轴高速旋转时，很快被消耗掉，最终形成的间隙已接近于机组安装的标准间隙，使其长期使用效果减弱。

(2) 浮环弹簧弹力在运行时很难控制，常出现弹力不是过大就是过小。弹力小时，浮环结构不能闭合，起不到密封作用；弹力大时，易引发机组振动。

(3) 材料易出现老化、形变、脆裂等情况。

三、经济效益分析

(1) 为了减少真空系统严密性，2007年8月华能上安电厂对东方汽轮机生产的300MW汽轮机，进行低压缸王常春接触式汽封改造。为了安全起见，改造时仅改造前后各2圈低压轴封（前后两端各4圈，每间隔1圈老轴封更换1圈王常春轴封），每圈投资约3万元。改造后，真空系统严密性由300Pa/min下降到110Pa/min左右，真空提高0.23kPa，煤耗降低0.51g/kWh左右。

(2) 贵州某发电厂1号汽轮机是哈尔滨汽轮机厂生产的N300-16.67/537/537（73B型）、亚临界、中间再热、双缸双排汽凝汽式汽轮机，其中高、中压部分采用合缸，高压缸双层结构，高中压进汽布置在高中压缸中部。高中低压缸实际运行效率比设计值低得多，特别是低压缸，设计相对内效率为 91.56% ，但机组实际运行中其低压缸相对内效率只有 85%～87%，比设计值低 5%以上。高中低压缸汽封原设计为普通梳齿式汽封、轴封，从安全运行的角度考虑，间隙调整在中上限。如果将间隙调整到下限，将会因为间隙小，以致运行中易卡涩；并且原汽封材料较硬，一旦与转子发生摩擦，往往会使转子损伤，同时易诱发机组振动。2008 年该电厂采用刷子汽封和王常春接触式汽封，对通流部分进行改造。

低压缸汽封叶顶和隔板共七级，第一隔板是固定的，不方便改成刷封，因此隔板共改 6 级（除第一级隔板），共 12 圈；末级和次末级叶顶汽封也是固定在缸上的，所以改造第一到第五级叶顶汽封，共 10 圈；全部改造为刷子汽封 22 圈。

中压后轴封 4 圈，中压进汽平衡环汽封 2 圈，高压进汽平衡环汽封 5 圈，高压排汽平衡环汽封 3 圈，高压后轴封 4 圈，将低压缸两端轴封共 6 圈，共计 24 圈改为王常春接触式汽封。

改造后，汽轮机发电热耗明显下降，节能效果好。试验表明，改造前 1 号机组发电热耗率为 8273.2kJ/kWh，改造后低压缸效率较大修前明显上升 4.2%，中压缸效率较大修前上升 1.5% ，高压缸效率较大修前上升 1.2%。改造后热耗率为 7927.4kJ/kWh，比改造前下降了 348.8kJ/kWh，发电标准煤耗降低 6g/kWh（包括大修效果 4g/kWh）。改造后运行各项指标良好，此改造简单，节能效果和经济效益显著，具有很好的推广价值。

第六节　调节级喷嘴优化改造技术

蒸汽流过变截面的喷嘴汽道之后体积膨胀，压力降低，流速增加，然后按一定的喷射角度进入动叶片中做功。汽轮机的喷嘴通常根据调速汽门的个数成组布置，这些成组喷嘴称为喷嘴弧段。每一个调速汽门控制一组喷嘴的进汽量，并用来调整汽轮机的进汽量。因此，这些成组喷嘴又称调节级喷嘴。

1. 固体粒子腐蚀原理

导致汽轮机效率降低的主要因素及其所占的比例如图 16-9 所示。对于大型汽轮机，在机组的效率总损失中，仅调节级喷嘴腐蚀一项影响汽轮机效率就高达 39%。调节级喷嘴腐蚀主要是固体粒子腐蚀。固体粒子是锅炉、加热器及蒸汽管道内表面的铁素体合金在高温高压蒸汽作用下形成的四氧化三铁。这种脆性氧化物在某一点形成，积累到一定程度后，在机组启停或变负荷过程中，在温度瞬变的作用下剥落下来，形成无数的尖角硬粒子，随汽流经过汽轮机从而磨蚀其通流部分的零部件——主要是调节级喷嘴。

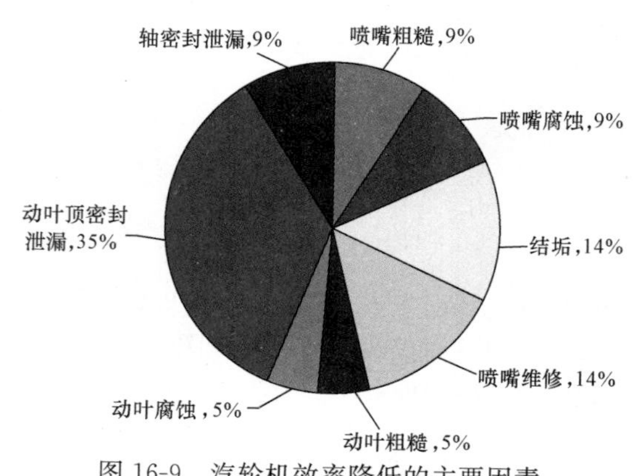

图 16-9　汽轮机效率降低的主要因素

2. 调节级喷嘴损坏案例

早期制造的国产引进型 300MW 汽轮机，调节级喷嘴的外形结构及安装尺寸是相同的。调节级喷嘴使用后有两个共同问题：一是由于结构原因，调节级效率太低，设计效率 71 %，实际效率仅 50%左右；二是喷嘴材质等级低（一般为 1Cr12W1MoV 或 1Cr12Mo5），导致调节级喷嘴出汽边易损伤，见图 16-10，一般在机组投产后，两三个大修周期左右就会出现。

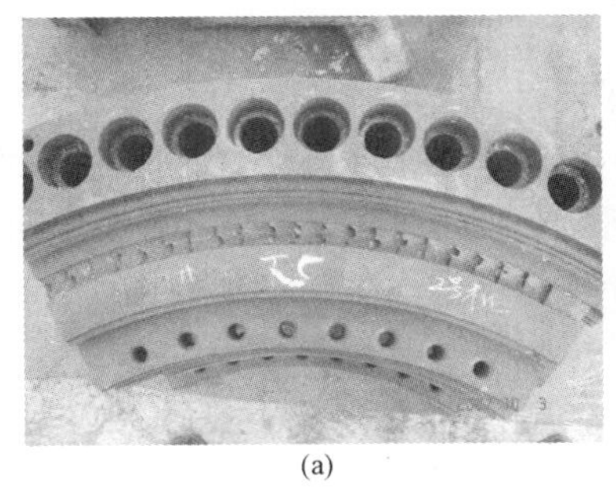

(a)

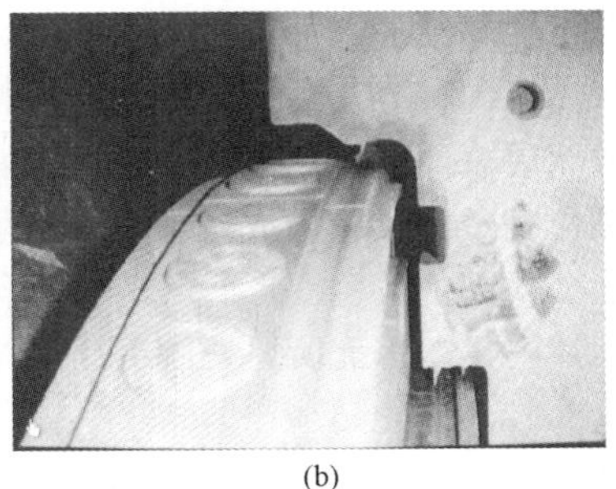

(b)

图 16-10 调节级喷嘴出汽边损坏

（a）调节级喷嘴出汽边损坏；（b）调节级 1 道叶顶汽封及 2 道叶根汽封

某电厂亚临界 300MW 机组于 1998 年 2 月投运。汽轮机配 2 个主汽门—蒸汽室组件，高、中压缸每侧各 1 个，每一蒸汽室有 1 个主汽阀和 3 个调节阀。单列调节级叶片采用整体围带并用附加围带连接成 6 组，叶片材质为 1Cr12Mo5，未采用表面强化处理。机组投运初期单阀方式运行，1 年后改为顺序阀运行，启动时高压调节阀 GV1、GV2 同时开启，然后其余 4 组阀门按 GV4、GV5、GV6、GV3 顺序依次开启。2003 年以后因煤质恶化，汽压不稳定，改为单阀方式运行。该机组从 1998 年 2 月投产运行 9 年，其间分别于 2000 年、2003 年进行过两次 A 级检修，2007 年 8 月进行第三次 A 级检修，汽轮机本体解体后检查发现高压缸调节级喷嘴出汽边已损坏，受损的叶片出汽边内侧明显削薄。调节级喷嘴共有 48 个通道，均分成 6 组，损伤的喷嘴有 3 组，其中上缸 2 组、下缸 1 组，对应的调节阀编号为 GV6、GV5、GV4。

由于 2003 年下半年开始燃用的煤质急剧恶化，造成机组运行中频繁出现熄火、跳机事件，受热面磨损严重而导致多次停炉抢修。锅炉、加热器及蒸汽管道内表面的铁素体合金在高温高压蒸汽作用下形成的四氧化三铁增多，导致固体粒子腐蚀加剧。

高压进汽从两侧分别经过左右两个主汽门后通过 6 个高压调节汽门进入汽轮机，其中与 TV1 对应的调门按与主汽门的距离较近顺序依次为 GV1、GV3、GV5，布置在汽轮机左侧（炉侧）；与 TV2 对应的调门按与主汽门的距离较近顺序依次为 GV2、GV4、GV6，布置在汽轮机右侧（电侧），由于离心力的作用，进入汽轮机的固体颗粒电侧多于炉侧，且颗粒度大，在每一侧经远端调节汽门进入汽轮机的固体颗粒量多于近端调节汽门，按这个规律受到损坏较严重的应该依次为 GV6、GV5、GV4 对应的调节级喷嘴，该结论与实际情况吻合。

3. 调节级喷嘴损坏的危害

（1）安全性方面的隐患是首要问题，因为汽流沿周向不平衡，容易造成蒸汽不稳定切向分力的增大，使轴承的稳定性降低，严重时会导致高压转子失稳，产生较大的低频振动，引起汽流激振。汽流激振时对汽轮机转子动叶片极为有害，严重时导致机组振动增大和叶片损坏。

（2）机组运行的经济性下降，因为汽流流向偏离正常工况，导致调节级动叶片做功能力下降，级效率降低，影响到机组的运行工况和效率。

4. 解决调节级喷嘴腐蚀的措施

解决调节级喷嘴腐蚀主要有 3 种方案：

（1）减少通过通流部分的颗粒量。这里可采取的方法主要有两方面：一方面电厂可定期化学清洗锅炉管道的结垢；另一方面，锅炉制造厂可采取抑制这种会剥落的氧化层形成的工艺方法。例如，可先对锅炉管道进行化学清洗后，再进行铬酸盐处理，使锅炉管道的内表面形成一层渗铬层，减少氧化层的形成。这种方法同时可减少电厂进行化学清洗的次数。

（2）对汽轮机易磨蚀的部件进行表面处理。一般采用硼化物扩散涂层和等离子碳化铬喷涂两种涂镀方法。采用这两种方法可使部件抗固体粒子腐蚀率提高 20～30 倍，这两种方法各有优缺点。硼化物扩散涂层表面硬度更大，抗蚀性更好，但由于必须在高温（一般在 900℃以上）下由不锈钢母材与硼化物蒸汽反应而成，反应后必须进行热处理来恢复部件的强度和韧性，由此产生的内部应力可能会使部件发生变形。等离子碳化铬喷涂虽然不存在应力变形问题，但由于工艺限制，很难处理叶片内弧。综上所述，解决高压调节级喷嘴腐蚀宜采用出汽边内弧进行硼化物扩散涂层的措施。

（3）改进调节级喷嘴型线，减小其前半部分曲率，适当增大动静间隙。为了提高调节级喷嘴叶片的使用寿命，将喷嘴材质提高等级，将 1Cr12Mo5 材质更换为 1Cr12W1MoV；或者将 1Cr12W1MoV 更换成等级更高的 2Cr11Mo1VNbN 材质，其效果较好。目前，上海汽轮机厂和北京龙威发电技术服务有限公司均在更换新型高压喷嘴方面有大量的业绩。新型高压喷嘴针对不同的汽轮机，降低了喷嘴面积，尽量使机组满负荷时在阀点位置运行，减少了调节门节流损失，提高了调节级效率，并兼顾提高材料的强度等级，以防止喷嘴损伤后带来的安全问题。

5. 调节级喷嘴的通流面积问题

国产引进型 300MW 及以上容量机组存在的一个主要问题是——配汽机构与机组容量不匹配，表现在调节级通流面积偏大，造成调门压损过大或机组无法在额定压力下运行。

根据气体状态方程，进入汽轮机的流量可由公式近似表示为

$$G = CAp_0\sqrt{\frac{1}{RT_0}}$$

式中 C——可认为基本不变，常数项；

A——调节级面积，m^2；

p_0——调节级前压力，Pa；

R——气体常数；J/(kg·K)；

T_0——调节级前的绝对温度，K。

假设进入汽轮机的流量不变（即功率近似不变），根据上式可知：如果 $A\uparrow$，则 $p_0\downarrow$，产生以下两种结果：

（1）当主蒸汽压力维持在额定压力时，如果 $p_0\downarrow$，即关小调节门开度，则调节门压损必然过大；

（2）当维持较低的调节门压损时，如果 $p_0\downarrow$，即尽量开大调节门开度，则主蒸汽压力必然下降。

两种结果都会极大影响机组经济性，应重新调整通流面积，可采取减少调节级喷组数，或减少单个喷嘴的面积等方式。

6. 新喷嘴更换案例

某电厂一台 300MW 机组投资 200 万元进行了高压喷嘴更换。通过以下喷嘴改造措施，可以有效提高调节级效率，进而提高高压缸效率，降低机组热耗。

（1）适当缩小喷嘴组出口面积。随着我国电力工业的发展，300MW 汽轮机组在电网中的角色已由带基本负荷机组向调峰机组转变，负荷率也呈现逐步下降的趋势。在新形势下，300MW 机组的喷嘴组出口面积过大将对机组的经济性产生不利影响，在部分负荷工况尤其是 70%及以下负荷工况时，过大的喷嘴组出口面积将导致调节级效率、高压缸效率及机组的循环热效率显著下降。因此，在保证机组出力能力的前提下，合理设计并适当缩小喷嘴组出口面积，以达到减少

阀门节流损失、提高调节级效率，提高机组循环热效率，改善机组低负荷运行工况的经济性的目的。

该电厂原高压调节级喷嘴组的节圆直径为 ϕ1061.3，流通名义面积为 201.69cm² （上海汽轮机厂 F156 机型设计名义流通面积为 201.69cm²，H156 机型设计名义流通面积为 198.54cm²），调节级喷嘴出汽边高度为 22.9mm。改造后的喷嘴流通名义面积从 201.69cm²降到 195cm² （可以结合实际减少到 196、190、185cm²），以减少调节级喷嘴的节流损失。改造后的调节级喷嘴见图 16-11。

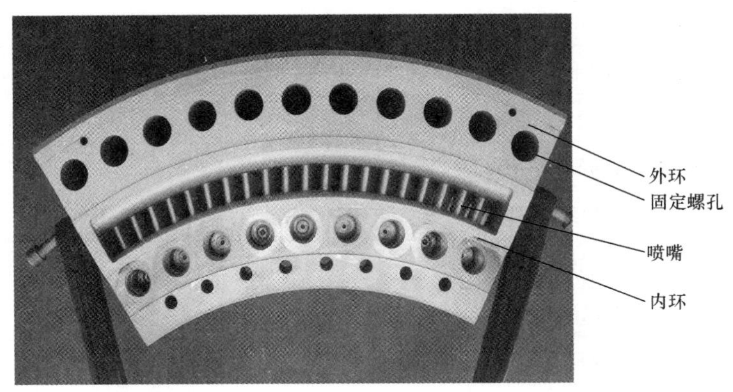

图 16-11 改造后的调节级喷嘴弧段

（2）优化喷嘴组叶片型线及子午面收缩型线。优化喷嘴组叶片型线，改善调节级动、静叶片的气动载荷分布，减少叶栅通道的二次流损失；优化子午面收缩型线及通道收缩比，降低静叶通道前段的负荷，减少叶栅的二次流损失。

（3）增加叶顶汽封齿道数。新喷嘴叶片数及安装结构不变，但将叶顶汽封齿数由原设计的 1 道增加至 3 道，同时减小调节级叶顶及叶根汽封的径向间隙：中间 1 道径向间隙调整至 1.2±0.10mm ，两侧的两道调整至 1.2±0.05mm。叶根两道汽封的径向间隙调整至 1.2±0.05mm；汽封齿的安装结构仍采用原镶嵌式结构；在喷嘴组水平中分面上增加 π 型密封键，减少喷嘴组中分面处弧段之间的漏汽损失。各汽封密封片、锁紧片、填片等附件材料，与机组原设计相同，材质均为 1Cr13-2。通过上述措施保证蒸汽以正确的方向最大程度地进入动叶通道做功，以减少漏汽损失，提高效率。

（4）采用高性能等级材质，改进喷嘴组汽道加工工艺。调节级喷嘴组的材质由原来的 1Cr12Mo5 改为 1Cr12W1MoV 锻件，以提高材质机械性能和使用寿命。并优化喷嘴组汽道加工工艺，应用紫铜电极电溶解加工喷嘴汽道，改善汽道加工精度及抗固体颗粒冲蚀的能力。

调节级喷嘴组改造前后的数据见表 16-14，改造后提高调节级喷嘴效率 12 个百分点以上，高压缸效率提高 2 个百分点，机组煤耗下降 1g/kWh 左右。

表 16-14　调节级喷嘴组改造前后对照表

序　号	名　　称	改进前	改进后
1	额定主蒸汽门前压力(MPa)	16.7	16.7
2	额定主蒸汽流量(t/h)	990	990
3	最大主蒸汽门前压力(MPa)	17.5	17.5

续表

序　号	名　　称	改进前	改进后
4	最大主蒸汽流量(t/h)	1025	1025
5	加工	EDM	EDM
6	调节级喷嘴数	21×6	21×6
7	调节级喷嘴组材料	1Cr12Mo-5	1Cr12W1MoV
8	叶顶汽封片两侧数量(道)	1	2
9	叶顶汽封片中间数量(道)	0	1
10	中间叶顶汽封径向间隙(mm)	—	1.2±0.05
11	两侧叶顶汽封径向间隙(mm)	2.5±0.10	1.2±0.05
12	叶根汽封片数量(道)	2	2
13	叶根汽封径向间隙(mm)	2.5±0.10	1.2±0.05
14	冷却孔阻汽汽封(道)	1	1
15	冷却孔阻汽汽封径向间隙(mm)	2.5±0.10	2±0.05
16	叶顶、叶根汽封结构形式	镶片式	镶片式
17	喷嘴组弧段中分面Π型键	无	1×2个
18	调节级效率	设计值70% (实测值50%)	基准工况实测值 ≥62%

第七节　大型汽轮机低压缸排汽通道优化改造

一、汽轮机排汽真空降低的原因分析

华北电力大学和沈阳电力高等专科学校研究发现：国产引进型300、600MW汽轮机低压缸排汽通道存在如下问题：

(1) 排汽缸的扩压管为单层，背弧扩张角太大，不能配合内弧起到扩压作用，扩压能力差。

(2) 低压排汽缸端壁不全是垂直方向的，上半缸还向内倾斜了10°角，倾斜的上半缸对排汽起到近似迎面阻截的作用，明显增加了上半缸排汽的阻力，使得低压叶栅的流场不均匀，下半缸流量较大。

(3) 汽轮机排汽冲向排汽缸端壁，排汽通道有效面积呈一个薄的圆环形状，通道面积相应变小，增加了排汽压力损失。

(4) 在凝汽器喉部中安装了7号低压加热器、8号低压加热器、抽汽管道及喉部支撑管，使排汽有效面积减小。

(5) 连接低压缸两个汽口的凝汽器喉部，在其中部又设置了一个大圆筒，内有7号、8号低压加热器。圆筒的迎风面又将沿汽缸侧壁下来的汽流折向端壁。因此在每个排汽口对应的两个排汽角处，就形成了最强大的排汽流。

这5项原因造成低压排汽在凝汽器内的排汽流场分布极不合理，引起凝汽器铜管热负荷不均匀，相当于减少了凝汽器的有效换热面积，降低了凝汽器的传热效率，导致汽轮机排汽真空

降低。

扩压管设计为单层是为了简化结构，这既缩短了排汽缸的制造周期，又降低了机组的制造成本。如果增加导流环，其成型有难度，焊接工作量大。

上半缸端壁的倾斜作用，一是使上部汽流折向汽缸夹层，二是有利于排汽缸的刚度。

7、8号低压加热器合在一个圆筒内，放在喉部，这两段抽汽管变得最短。如果将这两个低压加热器移出来，至少有两根较粗的抽汽管穿出排汽缸。为了吸收膨胀，这些抽汽管在喉部内部及外边都要绕弯，而且两个低压加热器还要占据一定的空间位置。可见，这两个低压加热器移出来也是不合适的。

所以非常有必要对该型汽轮机排汽通道进行改进，这也是节能降耗最直接、最有效的手段。如果采用某种技术，将入口速度过高区域的蒸汽分流到中心区域，不仅可以减小这些区域管束的汽阻，还可以提高中心区域的蒸汽入口速度，增加凝汽器的有效换热面积和总体传热系数。这样机组的排汽压力将会得到明显降低。

二、排汽通道的优化

解决汽轮机低压缸排汽通道问题的主要措施是在原结构中安装不锈钢导流装置，使其出口蒸汽速度分布合理，减少排汽涡流，改善了冷却管束热负荷分配，提高了传热系数。实际运行和试验证明，排汽压力有明显降低，机组效率提高。同时可以延长喉部支撑管和上排冷却管寿命，具有很大的推广价值。

加装不锈钢导流装置的关键是安装位置，大型汽轮机凝汽器喉部高约5m，内有5层ϕ112的框架撑管支撑，各层之间仍由这种撑管连接，相互垂直的撑管正好可以安装不锈钢导流装置。

因此，结合实际，可以在汽轮机低压缸喉部的框架支撑管上安装导流装置。通过螺栓和卡子进行固定，在凝汽器喉部内拼接组成流线形结构，优化了排汽流场。试验证明，凝汽器喉部流场速度不均匀度降低了33.4%。

虽然在排汽通道上增加导流板，有增加阻力的负面影响，但试验结果证明：在没有安装导流装置前，排汽通道的损失系数为1.288；安装一组导流装置后，排汽通道的损失系数为1.298。由此可见，排汽通道在改造以后，其损失系数只略有增加，这不会引起更多的能量损失，喉部加上导流板以后其能量损失系数变化不大。这说明导流板的采用，扩大了有效通流面积，又有使阻力减小的积极作用。

三、效益分析

安装导流板后，经过对比试验，凝汽器真空可提高0.3kPa左右。近几年，在有关科研部门的参与下，该技术得到升级换代，凝汽器真空可以提高0.8kPa左右。

该技术总投资仅为75万元，不到半年即可收回投资。近期，在国家能源局综合升级改造项目评审中，认可节能量为0.2g/kWh。

四、应用案例

该技术最早于1999年在铁岭发电厂3号机组（1993年投产的300MW机组）实施。以后陆续在铁岭发电厂1号机组（2000年12月）、铁岭发电厂4号机组上（2002年1月）推广应用。2002年6月，由西安热工研究院电站运行技术中心做了铁岭发电厂4号机组（N300-16.7/537/537亚临界中间再热机组，凝汽器N-15770，背压5.39kPa）安装导流板前后的性能对比试验。在其他全部条件不变的前提下（循环冷却水入口温度为20℃、流量为28 162m^3/h,），安装导流板系统装置前，当蒸汽负荷为100%时，凝汽器压力为7.05kPa；安装导流板后，凝汽器压力降低到6.53kPa，真空升高了0.52kPa。如果蒸汽负荷率为90%时，真空可升高0.37kPa；如果蒸汽负荷率为80%时，真空可升高0.27kPa。

山东潍坊发电厂 2 号机是由东方汽轮机厂生产的 N300-16.7/537/537 型汽轮机组，2002 年进行了机组通流部分改造，扩容到 330MW。配用凝汽器为 N-16300-1 型，由上海电站辅机厂生产，循环冷却水系统配有 3 台沈阳水泵厂生产的 1200HKT-B 型斜流泵。该凝汽器为单壳体、对分、双流程、表面式结构，横向安装。汽轮机低压缸排汽和给水泵汽轮机排汽进入凝汽器。凝汽器喉部装有 1、2 号组合式低压加热器和汽机旁路的第三级减温减压装置，汽轮机 5～8 号抽汽管亦布置在喉部接颈内。

该机组长期存在凝汽器真空偏低的问题，尤其是夏季此现象更为严重，影响机组效率和带高负荷运行。为了解决这个问题，利用 2005 年机组小修的机会在汽轮机低压缸排汽通道至凝汽器入口的通道内安装了 GH-300-5 型蒸汽导流装置，使汽轮机排汽更加顺畅地进入凝汽器，以达到提高凝汽器的换热性能，从而提高凝汽器真空的目的。

为了测试低压缸排汽通道优化改造对汽轮机排汽压力的影响，2005 年 1 月、5 月中旬分别进行了改造前、后 2 号机凝汽器性能试验。由于循环水温度、循环水流量、凝汽器热负荷对背压影响较大，为了便于比较，需要将试验测得的凝汽器背压统一修正到设计的循环水温度和循环水流量，并将凝汽器热负荷修正到改造前试验热负荷。试验结果见表 16-15。

表 16-15　　改造前、后 2 号机凝汽器性能试验结果

项　目		单　位	改造前	改造后	前后数据差
原始数据	汽轮机负荷	MW	306.813	300.131	
	循环水入口水温	℃	10.42	25.72	
	循环水温升	℃	11.205 5	11.822	0.616 5
	凝汽器真空	kPa	97.161	90.969 5	
	大气压力	kPa	101.62	99.764	
	凝汽器压力（绝对压力）	kPa	4.459	8.794 5	
	循环水流量	kg/s	8320.826	8170.253	1.8%
	凝汽器热负荷	kW	390 317.16	403 547.73	13 230.57
	凝汽器端差	℃	9.244	5.797	−3.447 5
	总体传热系数	$W/(m^2 \cdot ℃)$	1704.34	2338.56	634.22
修正数据	修正到设计流量和入口温度时的端差	℃	7.172	6.302	−0.87
	修正到 20℃循环水入口水温时的凝汽器压力	kPa	6.52	6.149	−0.371
	修正到 30℃循环水入口水温时的凝汽器压力	kPa	11.011	10.428	−0.583

改造后凝汽器端差下降了约 0.87℃，凝汽器总体传热系数提高了 634.22 $W/(m^2 \cdot ℃)$。修正之后凝汽器压力在循环水入口水温为 30℃时凝汽器压力降低 0.583kPa。根据东方汽轮机厂提供的本机组低压缸排汽压力对功率的修正曲线，可查得排汽压力由 11.011kPa 降低到 10.428kPa，对应的热耗率降低 0.6%左右，按年利用 5500h，发电煤耗率 310g/kWh，则每年从

节煤的角度带来的收益：

年节约标准煤为

$$T=330\times1000\text{kW}\times5500\text{h}\times0.6\%\times310\times10^{-6}\text{t/kWh}=3375.9\text{t}$$

如果按每吨标准煤 700 元计算，则年节约资金：

$$M=700\times3375.9=236.3(\text{万元})$$

排汽通道优化改造，可以明显降低机组排汽压力，提高机组经济性，节能降耗效果显著。

第十七章 汽轮机凝汽器的经济运行与改造

第一节 凝汽器的作用和特性

一、凝汽设备的作用

凝汽设备主要由凝汽器（又称凝结器、冷凝器等）、冷却水泵（或称循环水泵）、凝结水泵及抽气器等组成，其中凝汽器是最主要的组成部分。在现代大型电站凝汽式汽轮机组的热力循环中，凝汽设备起着冷源的作用，其主要任务是将汽轮机排汽凝结成水并在汽轮机排汽口建立与维持一定的真空度。凝汽设备的任务是：

（1）凝汽器通过冷却水与乏汽的热交换，把汽轮机的排汽凝结成水。

（2）凝结水由凝结水泵送至除氧器，经过回热加热作为锅炉给水继续重复使用。

（3）不断地将排汽凝结时放出的热量带走。

（4）不断地将聚集在凝汽器内的空气抽出，在汽轮机排汽口建立与维持高度的真空度。

（5）凝汽设备还有一定的真空除氧作用。

（6）汇集和贮存凝结水、热力系统中的各种疏水、排汽，能够缓冲运行中机组流量的急剧变化、增加系统调节稳定性。

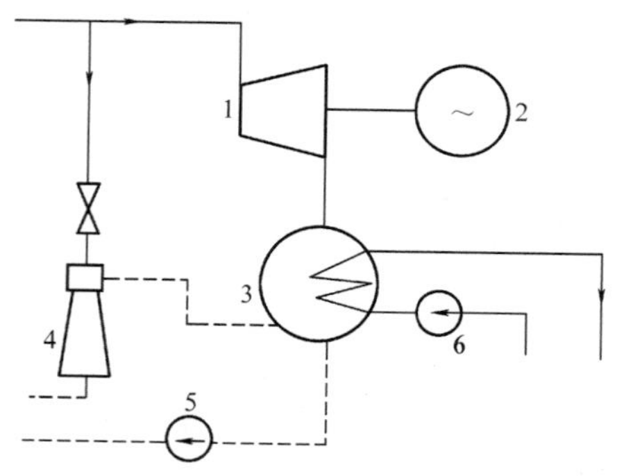

图 17-1 凝汽设备的原则性系统
1—汽轮机；2—发电机；3—凝汽器；4—抽气器；5—凝结水泵；6—冷却水泵

图 17-1 为简单的凝汽设备原则性系统。冷却水泵抽来的具有一定压力的冷却水（地下水、地表水或海水），流过凝汽器的冷却水管。汽轮机的排汽进入凝汽器后，蒸汽凝结成水时放出的热量被由冷却水泵不断送来的冷却水带走，排汽凝结成水并流入凝汽器底部的热水井，然后由凝结水泵送往加热器和除氧器，送往锅炉循环使用。抽气器不断地将凝汽器内的空气抽出以保持高度真空。

优良的凝汽设备应满足以下要求：

（1）凝汽器具有良好的传热性能。主要通过管束的合理排列、布置、选取合适的管材来达到良好的传热效果，使汽轮机在给定的工作条件下具有尽可能低的运行背压。

（2）凝汽器本体和真空系统要有高度的严密性。凝汽器的汽侧压力既低于壳外的大气压力，也低于管内的水侧压力。所以如果水侧严密性不好，冷却水就会渗漏到汽侧，恶化凝结水水质；如果汽侧严密性不好，空气将漏入汽侧，恶化传热效果。

（3）凝结水过冷度要小。具有过冷度的凝结水将使汽轮机消耗更多的回热抽汽，以使它加热到预定的锅炉给水温度，增大了热耗率。同时，过冷也会使凝结水的含氧量增大，从而加剧了对管道的腐蚀。因此现代汽轮机要求凝结水过冷度不超过 2℃。

（4）凝汽器汽阻、水阻要小。蒸汽空气混合物在凝汽器内由排汽口流向抽气口时，因流动阻力使其绝对压力降低，常把这一压力降称为汽阻。汽阻的存在会使凝汽器喉部压力升高，凝结水过冷度及含氧量都增加，引起机组的热经济性降低和管子的腐蚀。对大型机组汽阻一般为 2.7×10^{-4} MPa。水阻是冷却水在凝汽器冷却管中的流动阻力和进出管子及进出水室时的局部阻力之和。水阻的大小对冷却水泵选择和管道布置都有影响，应通过技术经济比较来确定。

（5）抽气设备功耗要小。与空气一起被抽出的未凝结蒸汽量应尽可能地小，以降低抽气器耗功。通常要求被抽出的蒸汽空气混合物中，蒸汽含量不超过 2/3。

（6）凝结水的含氧量要小。凝结水含氧量过大将会引起管道腐蚀并恶化传热。一般要求高压机组凝结水含氧量小于 0.03mg/L。现代大型凝汽器，除了合理布置管束和流道以尽量减少汽阻，从而减少凝结水含氧量外，还设有专门的除氧装置，以保证凝结水含氧量在规定值以下。

（7）凝汽器的总体结构和布置方式应便于清洗冷却水管、便于运输和安装等。例如国产首台 600MW 机组凝汽器装配好后，无水时的重量达 1343t，高约 15m，这种庞然大物必须便于运输安装。国产首台 600MW 机组凝汽器冷却管长达 14.792m，管子总根数则多达 30 300 根，这样多而细长的管子清洗工作只有由自动清洗系统承担。

二、凝汽器的结构和作用

凝汽器是一种固定板管壳式换热器，凝汽器管侧（或称冷却水侧）包括冷却管、管板、水室等，凝汽器壳侧（或称汽侧）属于真空容器。凝汽器可分为混合式与表面式两大类。在混合式凝汽器中，蒸汽与冷却水直接混合，这种凝汽器结构简单，成本低，但其最大的缺点是不能回收凝结水，所以现代汽轮机都不采用混合式凝汽器，全部采用表面式凝汽器。

在表面式凝汽器中，冷却工质与蒸汽冷却表面隔开互不接触。根据所用的冷却工质不同，又分为空气冷却式和水冷却式两种。水冷却式凝汽器是最常用的一种，由于用水做冷却工质时，凝汽器的传热系数高，又能在保持洁净的和含氧量极小的凝结水的条件下，获得和保持高度真空，因此现代电站汽轮机中主要采用水冷却式凝汽器，只有在严重缺水地区的电站，才使用空气冷却式凝汽器。

表面式凝汽器结构见图 17-2。凝汽器外壳通常呈椭圆形或矩形，两端连接着形成水室的端盖 5 和 6，端盖与外壳之间装有管板，管板上装有很多冷却水管，使两端水室相通。冷却水从进口进入水室 8，经冷却水管进入另一端水室 9，转向从出口流出。汽轮机排汽从排汽进口进入凝汽器冷却水管外侧空间，通常称为汽侧，并在冷却水管外表面凝结成水，凝结水汇集到热水井后由凝结水泵抽出。冷却水在凝汽器中要经过一次往返后才排出，这种凝汽器称为双流程凝汽器；若不经过往返而从另一端直接排出则称为单流程凝汽器。在缺水地区还可以采用三流程或四流程等多流程凝汽器。

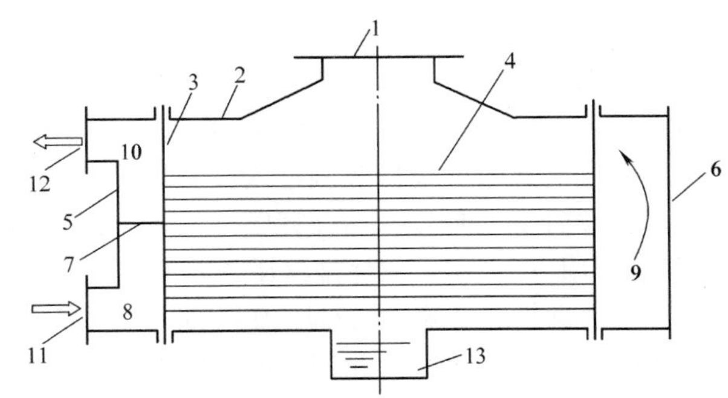

图 17-2 表面式凝汽器结构

1—排汽进口；2—凝汽器外壳；3—管板；4—冷却水管；5、6—水室的端盖；7—水室隔板；8、9、10—水室；11—冷却水进口；12—冷却水出口；13—热水井

汽轮机排汽在凝汽器内的凝结过程基本上是等压过程，其绝对压力取决于蒸汽凝结时的饱和温度，此温度决定于冷却水温度（大致为 0～30℃）以及冷却水与蒸汽之间的传热温差（一般约为 10～20℃）。考虑到大气压力下蒸汽的饱和温度为 100℃，因此凝汽器是在远低于大气压力下及较高真空条件下工作的。既然凝汽器要在真空条件下工作，所以必须利用抽气器在凝汽器开始

工作时将其壳侧空气抽出以建立真空，并且将凝汽器工作过程中从真空系统不严密处漏入的空气以及夹带在汽轮机排汽中的空气不断地抽出，以维持真空。

凝汽器中真空的形成主要原因是由于汽轮机的排汽被冷却成凝结水，其比体积急剧缩小。例如在绝对压力为4kPa时蒸汽的体积比水的体积大3万多倍。当排汽凝结成水后，体积就大为缩小，使凝汽器内形成高度真空。凝汽器内真空的形成和维持必须具备三个条件：凝汽器铜管必须通过一定的冷却水量；凝结水泵必须不断地把凝结水抽走，避免水位升高，影响蒸汽的凝结；抽气器必须把漏入的空气和排汽中的其他气体抽走。

我国设计制造的主要类型凝汽器的主要特性见表17-1。

表17-1　我国设计制造的主要类型凝汽器的主要特性

项　目	单位	N-6815-1	N-15300-1	N-16800-1	N-36000-1
配置对象	—	N100-90（8.82）*	N300	N300	N600
压力 p_k	kPa	4.9	5.21	4.9	4.5/5.5
冷却面积 A	m²	6815	15 527	16 800	18 000×2
冷却水温 t_1	℃	20	20	20	20
冷却水流量	t/h	15 420	40 000	37 000	67 700
汽轮机排汽量 D_{zq}	t/h	257	566.9	575.4	1100.5
冷却管根数	根	10 336	21 792	19 732	5610×8
冷却管材	—	HA177-2	主凝区HSn70-1 空气区B30	钛管（海水）	主凝区为加砷锡黄铜管，空气区B30
冷却管规格	mm	ϕ26×1	ϕ25×1	ϕ25×0.5	ϕ25×1
冷却水阻	kPa	47.7	39.2	58.82	62.4
干质量	t	152.7	327	322	820

*　90（8.82）表示新蒸汽压力为90at或8.82MPa，1at=0.098 066 5MPa。

三、凝汽器压力

凝汽器压力是凝汽器壳侧蒸汽凝结温度对应的饱和压力，但是实际上凝汽器壳侧各处压力并不相等。所谓凝汽器压力是指蒸汽进入凝汽器靠近第一排冷却管管束约300mm处的绝对压力（静压），用 p_k 表示，也叫凝汽器计算压力。凝汽器进口压力是指凝汽器入口截面上的蒸汽绝对压力（静压），用 p'_k 表示，或称排汽压力，又称汽轮机背压。大型凝汽器的压力通常采用真空计测量，目前有的机组已采用绝对压力表测量，测点布置在离管束第一排冷却管约300mm处，如图17-3所示。通常情况下，我们常把凝汽器压力看成排汽压力。

凝汽器计算压力为

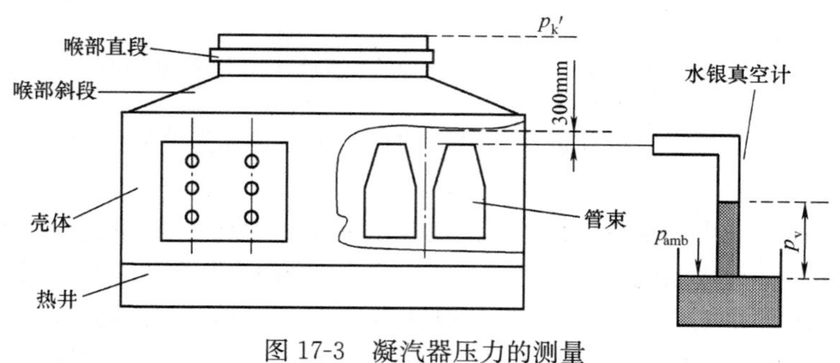

图17-3　凝汽器压力的测量

$$p_k = p_{am} - p_v \tag{17-1}$$

式中 p_v——真空计所示的凝汽器真空值，Pa；

p_{am}——气压计所示水银柱高度，Pa；

p_k——凝汽器计算压力，Pa。

凝汽器真空等于当地大气压力减去凝汽器排汽压力值。真空每降低 1kPa，或者近似地说真空度每下降一个百分点，热耗约增加 1.05%。真空度是指凝汽器的真空值与当地大气压力比值的百分数，即

$$凝汽器真空度 = \frac{凝汽器的真空值(kPa)}{当地大气压力(kPa)} \times 100\%$$

【例 17-1】 某凝汽器水银真空表的读数为 710mmHg，大气压力计读数为 750mmHg，求凝汽器内的绝对压力和真空度各为多少？1mmHg=133.322Pa。

解 凝汽器内的绝对压力为

$$\begin{aligned} p_k &= p_{am} - p_v \\ &= (750 - 710) \times 0.1333 = 5.332(kPa) \end{aligned}$$

$$\begin{aligned} 真空度 &= \frac{凝汽器的真空值(kPa)}{当地大气压力(kPa)} \times 100\% \\ &= \frac{710 \times 0.1333}{750 \times 0.1333} \times 100\% = 94.7\% \end{aligned}$$

凝汽器压力的高低是受许多因素影响的，其中主要因素是汽轮机排入凝汽器的蒸汽量、冷却水的进口温度、冷却水量。

排汽压力越低，机组效率越高，因此只有使进入汽轮机的蒸汽膨胀到尽可能低的压力，才能增大机组的理想焓降，提高其热经济性。图 17-4 为一次中间再热亚临界机组热效率与排汽压力的关系。该汽轮机新蒸汽压力 p_0=16.67MPa，新蒸汽和再热蒸汽温度 $t_0 = t_r$=537℃，再热压力 p_r=3.665MPa，机组容量 300MW，可以看出，若没有凝汽设备，汽轮机的最低排汽压力是大气压，循环热效率 η_t 只有 37.12%，而当排汽压力为 5kPa 时，η_t=45.55%，两者之差的相对值 $\Delta\eta_t/\eta_t$ 达 18.5%，因此，降低排汽压力对提高经济性的影响是十分显著的。

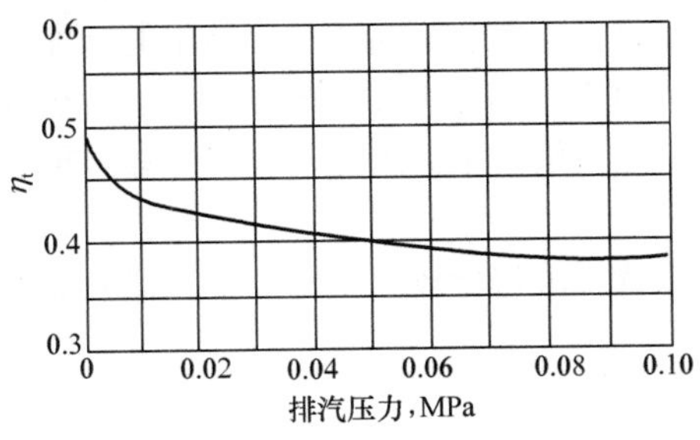

图 17-4 一次中间再热亚临界机组的热效率与排气压力的关系

汽轮机的排汽压力也不是越低越好，它有一个最佳值，这个最佳值主要受两方面因素的影响。一方面，降低排汽压力需要增大凝汽器的冷却面积，增加冷却水量，进而增大厂用电率和运行费用。因此，机组排汽压力降低时，虽然使汽轮机的理想焓降增大，机组功率相应增大，但凝汽设备所消耗的功率也同时增大，这就会出现在某个排汽压力下，汽轮机因真空的提高而增加的功率等于或小于凝汽器设备所增大的能量消耗，因此，继续降低排汽压力就会得不偿失。另一方面，排汽压力降低时，其体积急剧增大，汽轮机排汽部分的尺寸将显著增大，末级叶片高度也相应增大，使机组结构复杂。若使末级尺寸不变，则势必增大末级排汽余速损失，这样降低排汽压力所得到的效益也就被抵消了。因此近代汽轮机的设计排汽压力一般在0.0029～0.0069MPa的范围内，而不采用更低的数值。

四、双背压凝汽器

背压是指汽轮机排汽压力，根据低压缸排汽压力，凝汽器可分为单背压和双背压凝汽器。双背压是指汽轮机有两个不同的排汽压力，这样的汽轮机，被称为双背压汽轮机，相对应的，这样的凝汽器被称为双背压凝汽器。当两路循环水同时进入一个壳体，并从另外一个壳体排出时，由于循环水上下游温度不同，造成凝汽器两个壳体的温度不同，从而形成了一高一低两个背压。这就是双背压凝汽器的工作原理。双背压凝汽器是在原单背压凝汽器的基础上发展起来的一种新型凝汽器。

300MW 机组凝汽式汽轮机设计有单一背压值，与其配套的凝汽器也仅有单一设计值，被称为单背压凝汽器。而 600MW 凝汽式汽轮机与其配套的凝汽器有单一背压设计值，也有两个背压设计值。双背压凝汽器与单背压凝汽器在相同的冷却水量和冷却表面的前提下，双背压凝汽器的平均背压比常规背压凝汽器的背压相对低一些。

大型汽轮机一般是三缸四排汽汽轮机，设有四台凝汽器，每两台一组，两台低背压凝汽器为一组，两台高背压凝汽器为一组，分别布置在低压缸的下方。不同的背压是由凝汽器不同的循环水进水温度来形成的，循环水管道为串联布置，从两台低背压凝汽器进入。出水进入两台高背压凝汽器排出后进入虹吸井。也就是说每组凝汽器的水侧是双进双出的。每组凝汽器只是壳体是整体的，正常运行中可半边解列进行清洗。双背压凝汽器的工作过程见图 17-5：凝汽器正常工作时，冷却水由低压侧的两个进水室进入，经过凝汽器低压侧壳体内冷却水管，流入低压侧另外两个水室，经循环水连通管水平转向后进入高压侧靠的两个水室，再通过凝汽器高压侧壳体内冷却水管流至高压侧两个出水室并排出凝汽器，蒸汽由汽轮机排汽口分别进入高、低压凝汽器并迅速分布在换热管全长上，通过管束间的通道使蒸汽全面地同管壁进行热交换而凝结成水。低压侧的凝结水借高度差流到高压侧凝结水的分配盘上，在那里与高压侧的凝结水混合后从淋水盘小孔流下，再由高压侧蒸汽加热凝结水，进一步减小了过冷度，然后由低压侧热井排出。部分未凝结的空气和蒸汽沿管束通道进入空气冷却区再次进行热交换，最后少量气汽混合物经抽气管由抽真空设备抽出。

双背压凝汽器较之单背压凝汽器有 3 大优点：

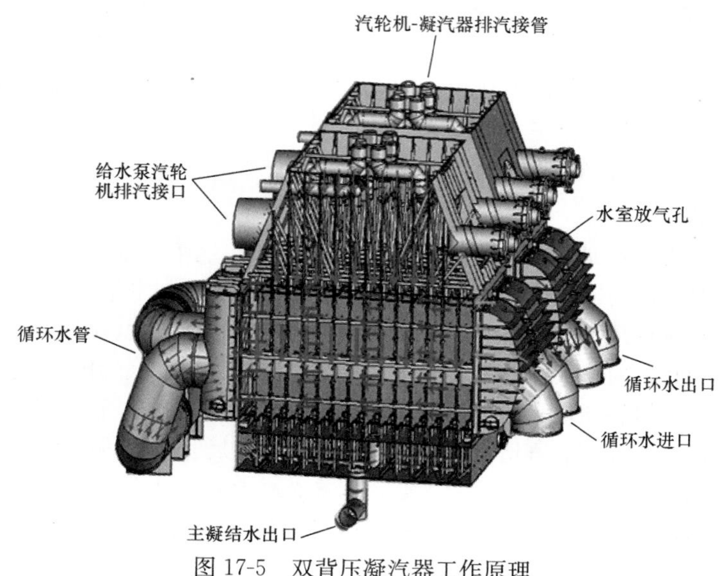

图 17-5　双背压凝汽器工作原理

（1）提高了汽轮机的经济性。与单背压凝汽器相比较，双背压凝汽器以凝结相同量的蒸汽而使用相同的冷却水流量和冷却面积，却可以获得较低的平均背压，因此汽轮机低压缸的焓降就增大了，从而提高了汽轮机的经济性。

（2）减少了冷却水量。在较低的平均背压下运行，在与单背压相同的热负荷下，要求减少冷却水量，而冷却管内流速和水阻是相同的，这样就节省了凝汽器、泵和电动机的最初投资及安装价格。

（3）减少了冷却表面积。当使用相同的冷却水量，双背压凝汽器就可以减少冷却表面积。若考虑单背压与双背压的平均背压相同，采用 $\phi 28$ 的铜管，结果是冷却表面积相差约 10%，见表 17-2。

表 17-2　　单背压与双背压凝汽器计算举例

项　目	单背压凝汽器	双背压凝汽器
背压（kPa）	4.9	4.4/5.39（平均 4.9）
热负荷（kW）	746 990	745 132
管内流速（m/s）	2	2
温升（℃）	9.46	4.71/4.71
循环水量（m^3/s）	18.89	18.89
计算面积（m^2）	34 670	14 495/16 029

第二节　凝汽器的工程热力计算

一、热平衡方程

根据传热学理论，假定不考虑凝汽器与外界大气之间的换热，则排汽凝结时放出的热量等于冷却水带走的热量，其热平衡方程式为

$$Q=D_{zq}(h_s-h_c)=K\Delta t_m A=D_w(t_2-t_1)c_p \tag{17-2}$$

可近似地认为　　$h_c=4.1868t_c$

可近似地认为　　$(h_s-h_c)=520\times 4.1868$

式中　Q——凝汽器热负荷，kW；

D_{zq}——凝汽器蒸汽负荷，即汽轮机排汽进入凝汽器的蒸汽量，kg/s；

D_w——进入凝汽器的冷却水量，kg/s；

h_s——汽轮机排汽的焓值，kJ/kg；

h_c——凝结水的焓，kJ/kg；

t_c——凝结水的饱和温度；

K——总传热系数，kW/m^2℃；

Δt_m——对数平均温差，℃；

A——冷却面积，m^2；

t_2——冷却水出口温度，℃；

t_1——冷却水进口温度，℃；

c_p——冷却水比定压热容，kJ/kg℃，可根据冷却水平均温度 $\frac{2t_1+10}{2}$ 查得，在低温范围内一般淡水计算取 $c_p=4.1868$kJ/kg℃；

D_{zq}（h_s-h_c）——蒸汽凝结成水时释放出的热量，kJ/s；

$K\Delta t_m A$——通过冷却管的传热量，kJ/s；

D_w（t_2-t_1）c_p——冷却水带走的热量，kJ/s。

从式（17-2）可以看出

$$\Delta t = t_2 - t_1 = \frac{D_{zq}(h_s - h_c)}{D_w c_p} = \frac{520 D_{zq}}{D_w} \tag{17-3}$$

所以当 D_{zq}降低或 D_w增加时，Δt 减小，蒸汽温度 t_s减小，即凝汽器压力 p_k降低了，真空提高，反之亦然。

令
$$m = \frac{D_w}{D_{zq}}$$

则
$$\Delta t = \frac{520 D_{zq}}{D_w} = \frac{520}{m} \tag{17-4}$$

式中 m——凝结 1kg 排汽所需要的冷却水量，称为冷却倍率。

当冷却水量 D_w在运行中保持不变时，则冷却水温升 Δt 与凝汽器蒸汽负荷 D_{zq}成正比关系。m 越大，Δt 越小，凝汽器就可以达到较低的压力。但是 m 值增大，消耗的冷却水量和冷却水泵的电耗也将增大。现代凝汽器的 m 值通常在 50～100 范围内。一般在冷却水源充足、单流程、直流供水时，选取较大值；水源不充足、多流程、循环供水时，选取较小值。冷却水的温升一般在 5～12℃。在运行中，降低 Δt，或降低排汽压力，主要依靠增加冷却水量 D_w来实现的。

二、对数平均温差

冷却水在流过凝汽器管束时，不断吸收由管壁传来的蒸汽汽化潜热而升温，蒸汽的温度因不凝结气体和流动阻力的存在，随着凝结过程的进行而不断降低。这两者造成了传热温差沿冷却面的变化。但在凝汽器的大部分区域内，即主凝结区内，蒸汽的饱和温度与凝汽器入口压力下的饱和温度 t_s相差不大，可以近似地认为蒸汽温度等于凝汽器入口压力下的饱和温度 t_s。现在研究微元换热面 dS 中的传热变化规律，冷却水温度由入口的 t_1升高到出口时的 t_2，在 dS 中蒸汽温度为 t_s，冷却水温度为 t_w，两者之间的传热温差为

$$\Delta t_x = t_s - t_w \tag{17-5}$$

对该式微分，并考虑到蒸汽温度不变，则有

$$d(\Delta t_x) = dt_s - dt_w = -dt_w \tag{17-6}$$

通过微元换热面 dS 的传热量为

$$dQ = K_x \Delta t_x dS \tag{17-7}$$

如果忽略散热损失，可以认为蒸汽放出的汽化潜热 dQ 完全被冷却水吸收，假设冷却水在 dS 中温度升高了 dt_w，于是

$$dQ = D_w c_p dt_w \tag{17-8}$$

所以

$$d(\Delta t_x) = -dt_w = -\frac{dQ}{D_w c_p} = -\frac{K_x \Delta t_x dS}{D_w c_p} \tag{17-9}$$

即

$$\frac{d(\Delta t_x)}{\Delta t_x} = -\frac{K_x dS}{D_w c_p} \tag{17-10}$$

假定传热系数在整个换热面上保持不变，$K_x = K$，对上式积分得

$$\int_{\Delta t'}^{\Delta t_x} \frac{d(\Delta t_x)}{\Delta t_x} = -\frac{K}{D_w c_p}\int_0^{S_x} dS \tag{17-11}$$

即

$$\ln\frac{\Delta t_x}{\Delta t'}=-\frac{K}{D_w c_p}S_x \tag{17-12}$$

$$\ln\frac{\delta t}{\Delta t'}=-\frac{K}{D_w c_p}A \tag{17-13}$$

$$\Delta t_x=\Delta t\,\mathrm{e}^{-\frac{KS_x}{D_w c_p}} \tag{17-14}$$

$$\delta t=\Delta t\,\mathrm{e}^{-\frac{KA}{D_w c_p}} \tag{17-15}$$

式中 Δt——换热面始端（即 $S=0$，流体入口处）的传热温差；

δt——在换热面终端，($S_x=A$ 时）的传热温差；

Δt_x——在换热面 S_x时的传热温差；

K——传热系数。

由于 $\Delta t_x=\Delta t\,\mathrm{e}^{-\frac{KS_x}{D_w c_p}}$，而且整个换热面上的平均传热温差为

$$\Delta t_m=\frac{1}{A}\int_0^A\Delta t_x\mathrm{d}S \tag{17-16}$$

则

$$\Delta t_m=\frac{\Delta t'}{KA/(D_w c_p)}(\mathrm{e}^{-\frac{KA}{D_w c_p}}-1) \tag{17-17}$$

由于 $\delta t=\Delta t\,\mathrm{e}^{-\frac{KA}{D_w c_p}}$，$\ln\frac{\delta t}{\Delta t'}=-\frac{K}{D_w c_p}A$，则

$$\Delta t_m=\frac{\Delta t'}{KA/(D_w c_p)}(\mathrm{e}-\frac{KA}{D_w c_p}-1)=\frac{\Delta t'}{\ln\frac{\delta t}{\Delta t'}}\left(\frac{\delta t}{\Delta t'}-1\right)=\frac{\delta t-\Delta t'}{\ln\frac{\delta t}{\Delta t'}}$$

$$=\frac{(t_s-t_2)-(t_s-t_1)}{\ln\frac{t_s-t_2}{t_s-t_1}}=\frac{t_2-t_1}{\ln\frac{t_s-t_1}{t_s-t_2}}=\frac{\Delta t}{\ln\frac{\Delta t+\delta t}{\delta t}} \tag{17-18}$$

这就是电站凝汽器设计计算中广泛采用的平均温差计算公式，即

$$\Delta t_m=\frac{t_2-t_1}{\ln\frac{t_s-t_1}{t_s-t_2}} \tag{17-19}$$

排汽温度可通过拟合公式比较精确地计算出来，即

$$p_k=9.81\times10^{-6}\times\left(\frac{t_s+100}{57.66}\right)^{7.46}\text{(MPa)}$$

式中 t_s——p_k对应的蒸汽饱和温度,℃，查汽水热力性质表；

t_1——冷却水进口温度，根据电厂所在地区的年度平均气温确定，一般北方地区为10～15℃，中部与南方为20～25℃；

t_2-t_1——冷却水温升 Δt ,℃；

t_s-t_2——传热端差 δt,℃，一般在3～10℃，对多流程凝汽器取5℃，单流程凝汽器取7℃。

由于式（17-19）中含有对数项，所以这个平均传热温差常称为对数平均温差。又根据 $K\Delta t_m A=D_w(t_2-t_1)c_p$得

$$\Delta t_{m}=\frac{t_{2}-t_{1}}{\ln\frac{t_{s}-t_{1}}{t_{s}-t_{2}}}=\frac{\Delta t}{\ln\frac{\Delta t+\delta t}{\delta t}}$$

所以

$$\frac{\Delta t}{\ln\frac{\Delta t+\delta t}{\delta t}}=\frac{4.187D_{w}\Delta t}{KA}$$

$$\ln\frac{\Delta t+\delta t}{\delta t}=\frac{KA}{4.187D_{w}}$$

则

$$e^{\frac{KA}{4.187D_{w}}}=\frac{\Delta t+\delta t}{\delta t} \tag{17-20}$$

因而

$$\delta t=\frac{\Delta t}{e^{\frac{KA}{4.187D_{w}}}-1}=\frac{\frac{520D_{zq}}{D_{w}}}{e^{\frac{KA}{4.187D_{w}}}-1} \tag{17-21}$$

$$A=\frac{D_{w}c_{p}}{K}\ln\frac{\Delta t+\delta t}{\delta t} \tag{17-22}$$

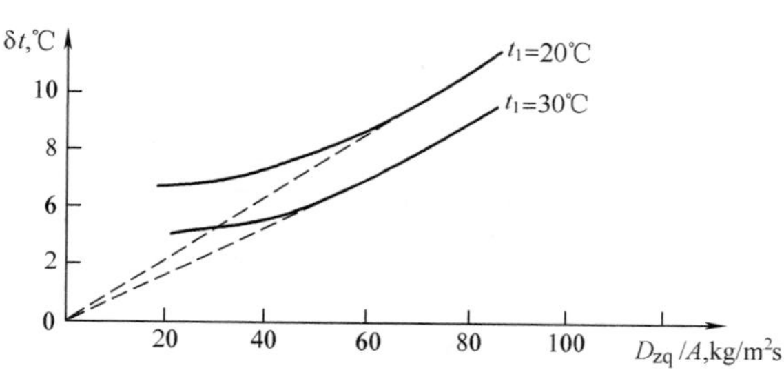

图 17-6 端差 δt 与 D_{zq}/A 及 t_1 的关系

可见 δt 与 D_w 的关系比较复杂，当 K 值和冷却水量 D_w 保持不变时，δt 与蒸汽负荷 D_{zq} 成正比关系，见图 17-6 中虚线所示。对于正常运行的凝汽器（冷却管无堵塞、真空系统严密），端差 δt 可用下面的经验公式计算，即

$$\delta t=\frac{n}{31.5+t_{1}}(d_{n}+7.5) \tag{17-23}$$

$$d_{n}=\frac{3600D_{zq}}{A} \tag{17-24}$$

式中 d_n——凝汽器单位面积的蒸汽负荷（也叫凝汽器比蒸汽负荷），kg/m²h，即单位时间内在单位面积上冷凝的蒸汽量；

n——表示凝汽器清洁程度和严密性的系数，可用在设计条件下的 t_1、d_n 和 δt 值代入式（17-23）求得，通常 $n=5\sim7$。清洁度越高，严密性越好，则系数 n 的数值越小；

A——凝汽器的冷却面积，m²；

t_1——冷却水进口温度，℃；

D_{zq}——进入凝汽器的排汽量，kg/s。

又由于排汽饱和温度

$$t_{s}=\delta t+t_{2}=\delta t+\Delta t+t_{1} \tag{17-25}$$

所以

$$t_{s}=\frac{n}{31.5+t_{1}}\left(\frac{3600D_{zq}}{A}+7.5\right)+\frac{520D_{zq}}{D_{w}}+t_{1} \tag{17-26}$$

可见，对于运行正常的凝汽器，如冷却水量 D_w 保持一定，则排汽饱和温度 t_s 与冷却水进口温度 t_1 和蒸汽负荷 D_{zq} 之间存在着固定关系。而对应于每一排汽饱和温度 t_s 值均可在水蒸气表上查得相应的排汽压力 p_k。所以当冷却水量 D_w 保持不变时，对应的每一冷却水进口温度 t_1 值均可得到凝汽器压力 p_k 与凝汽量之间的关系曲线，这些曲线称为凝汽器的热力特性曲线，凝汽器的压力与凝汽量、冷却水进口温度、冷却水量之间的变化关系称为凝汽器的热力特性。N75 型汽轮机配用的 N05 型凝汽器的热力特性曲线见图 17-7，它是在同一冷却水量12 390t/h下，对应不同的冷却水进口温度进行计算的。

应当指出，上述关系是在假定 D_w 保持不变时，传热系数 K 不变的条件下得出的，实际上 K 在 D_w 不变时也与 D_{zq} 和 t_1 有关。实践证明，当 D_{zq} 变化不大时，K 值几乎保持不变，但在 D_{zq} 小于设计值较多时（冷却水量保持不变），K 值将开始随之明显降低，而且降低的速度越来越快（原因是低负荷时真空区扩大，漏入的空气量增加所致），最后能把由蒸汽负荷减小带来的凝汽器压力的降低因素抵消掉，即凝汽器压力不再继续随蒸汽负荷减小而降低。这时 δt 将不再随蒸汽负荷 D_{zq} 的减小而减小，而是维持不变（见图 17-5 实线）。

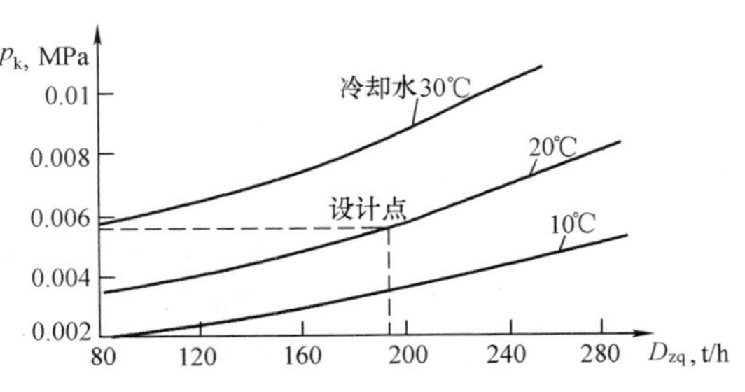

图 17-7　N05 型凝汽器的热力特性曲线

另外，从式（17-25）可知，当冷却水温升 Δt 减小时，凝汽器端差 δt 增大，δt 和 Δt 成反比。但是从式（17-21）表面上看，好像 δt 和 Δt 又成正比，怎样理解这一矛盾现象呢？实际上式（17-3）说明，冷却水流量 D_w 与冷却水温升 Δt 成反比，当冷却水温升 Δt 减小时，说明冷却水流量 D_w 增加，而对于一定的凝汽器，其 K 和 A 基本不变，所以 $e^{\frac{KA}{4.187D_w}}$ 值随着 D_w 增加而减小。由于 D_w 与 Δt 变化速率相等，而 e（e≈2.718）又大于 1，因此 $e^{\frac{KA}{4.187D_w}}$ 值减小幅度远大于 Δt 减小幅度，导致凝汽器端差 δt 最终增大。当然如果冷却水流量 D_w 不变，随着运行时间的累计，凝汽器管子脏污，必然引起凝汽器的总传热系数 K 减小，致使 $e^{\frac{KA}{4.187D_w}}$ 值减小。另一方面，凝汽器的总传热系数 K 减小，导致冷却水温升 Δt 减小，但总的结果是凝汽器端差 δt 最终增大。也就是说式（17-25）和式（17-21）是一致的，并不矛盾。

三、总传热系数

大型凝汽器管子成千上万，由于汽轮机排汽口处蒸汽的速度分布本来就不均匀，加上凝汽器喉部几何特性和装设在喉部内的各种设备（如低压加热器、抽汽管道等）和零部件对排汽流速的影响，使得流向凝汽器管束各区域和各汽道甚至每一根冷却管的蒸汽流速极不均匀。在蒸汽流向管束内部深入流动的过程中，一方面蒸汽不断凝结，气流速度程度不同地不断减少；另一方面蒸汽夹带不可凝结的空气含量在真空条件下也程度不同地不断增加，这两种变化因素对冷却管蒸汽侧凝结放热强度有显著影响，管束各区域的冷却管甚至每一根冷却管的传热系数都是不相同的。凝汽器冷却水从进水接管进入水室后，流向管板面上各冷却管的流速显然不可能是均匀的，这就决定了各冷却管水侧的对流放热系数各不相同。因此要准确计算凝汽器的总传热系数几乎是不可能的事情，一般采用理论分析和经验公式相结合的计算方法。经验公式形成的方法是：对于清洁管子，在一定的冷却水入口温度、管子直径和冷却水流速下，测定凝汽器的基本平均传热系数 K_0。以此为基准，根据上述条件中的某一条件改变时所得到的试验结果，逐一对这个基本平均传热系数进行相应的修正，从而得到凝汽器的总平均传热系数。美国传热学会公式和别尔曼公式计算的总平均传热系数的偏差都在±1%左右，因而在工程计算中得到广泛应用。

1. 美国传热学会公式

美国传热学会（heat exchanger institute）颁布的（HEI—1995）《表面式蒸汽冷凝器规程》中，规定凝汽器总传热系数公式为

$$K=\xi_c\beta_t\beta_m K_0 \tag{17-27}$$

$$K_0=C\sqrt{v_w} \tag{17-28}$$

式中 K——凝汽器总传热系数，kW/m²℃；

K_0——基本传热系数，kW/m²℃，基本传热系数是用壁厚1.24mm，海军黄铜制作的新管子，在冷却水入口温度 $t_1=21$℃时，测定的平均传热系数，基本传热系数可查表17-3，也可以根据式（17-28）求得；

v_w——冷却管内流速，m/s；

C——取决于冷却管外径的计算系数，见表17-4；

β_t——冷却水入口水温 t_1 修正系数，见表17-5；

β_m——冷却管材料和壁厚的修正系数，见表17-6；

ξ_c——清洁系数，根据冷却水质条件以及对冷却管材料的影响适当选取，见表17-7。

表 17-3　基本传热系数 K_0 取值　kW/m²℃

冷凝管外径（mm）	管内水流速度（m/s）					
	1.0	1.2	1.4	1.6	1.7	1.8
18	2.743 0	3.004 8	3.245 6	3.469 7	3.576 4	3.680 1
22	2.717 0	2.976 3	3.214 8	3.436 8	3.542 5	3.645 2
26	2.691 0	2.947 8	3.184 0	3.403 9	3.508 6	3.610 4
30	2.665 0	2.919 4	3.153 3	3.371 0	3.474 7	3.575 5
34	2.639 0	2.890 9	3.122 5	3.338 1	3.440 8	3.540 6
38	2.613 0	2.862 4	3.091 7	3.305 2	3.406 9	3.505 7
冷凝管外径（mm）	管内水流速度（m/s）					
	1.9	2.0	2.1	2.2	2.3	2.4
18	3.781 0	3.879 2	3.975 0	4.068 5	4.160 0	4.249 4
22	3.745 1	3.842 4	3.937 3	4.030 0	4.120 5	4.209 2
26	3.709 3	3.805 6	3.899 6	3.991 4	4.081 1	4.168 9
30	3.673 4	3.768 9	3.862 0	3.952 8	4.041 7	4.128 6
34	3.637 6	3.732 1	3.824 3	3.914 3	4.002 2	4.088 3
38	3.601 8	3.695 3	3.786 6	3.875 7	3.962 8	4.048 0

表 17-4　HEI 公式中的计算系数 C 取值

冷却管外径（mm）	16～19	22～25	28～32	35～38	41～45	48～51
计算系数 C	2.747	2.706	2.665	2.623	2.582	2.541

表 17-5　HEI 公式中冷却水入口水温修正系数 β_t 取值

t_1（℃）	0.0	1.0	2.0	3.0	4.0	5.0	6.0
β_t	0.669	0.685	0.702	0.719	0.735	0.752	0.768

续表

t_1（℃）	7.0	8.0	9.0	10.0	11.0	12.0	13.0
β_t	0.785	0.802	0.818	0.834	0.850	0.866	0.883
t_1（℃）	14.0	15.0	16.0	17.0	18.0	19.0	20.0
β_t	0.899	0.914	0.930	0.946	0.963	0.976	0.989
t_1（℃）	21.0	22.0	23.0	24.0	25.0	26.0	27.0
β_t	0.999	1.008	1.017	1.026	1.033	1.040	1.047
t_1（℃）	28.0	29.0	30.0	31.0	32.0	33.0	34.0
β_t	1.052	1.058	1.063	1.068	1.074	1.079	1.083
t_1（℃）	35.0	36.0	37.0	38.0	39.0	40.0	41.0
β_t	1.088	1.092	1.096	1.101	1.106	1.110	1.115
t_1（℃）	42.0	43.0	44.0	45.0	46.0	47.0	48.0
β_t	1.118	1.122	1.125	1.129	1.133	1.136	1.140

表 17-6　　HEI 公式中冷却管材料和壁厚的修正系数 β_m 取值

冷却管材料	冷却管壁厚（mm）								
	0.5	0.6	0.7	0.8	0.9	1.0	1.1	1.5	2.0
HSn70-1	1.030	1.025	1.020	1.015	1.009	1.007	1.001	0.987	0.965
HA177-2	1.032	1.020	1.020	1.015	1.009	1.004	0.993	0.977	0.955
BFe30-1-1	1.002	0.990	0.981	0.970	0.959	0.951	0.934	0.905	0.859
BFe10-1-1	0.970	0.965	0.951	0.935	0.918	0.908	0.885	0.849	0.792
碳钢	1.000	0.995	0.981	0.975	0.969	0.958	0.935	0.905	0.859
TP304 TP316 TP317	0.912	0.899	0.863	0.840	0.818	0.798	0.759	0.712	0.637
TA1、TA2	0.952	0.929	0.911	0.895	0.878	0.861	0.828	0.789	0.724

表 17-7　　清洁系数 ξ_c 取值

项　　目	清洁系数 ξ_c 取值
直流供水和清洁水	0.80～0.85
循环供水和化学处理水	0.75～0.80
脏污冷却水或可能形成矿物沉淀水	0.65～0.75
具有连续清洗的凝汽器	0.85
新铜管(运行铜管)	0.85(0.80～0.85)
新钛管(运行钛管)	0.90(0.85～0.90)
新不锈钢管(运行不锈钢管)	0.90(0.80～0.90)

2. 别尔曼公式

苏联在 1982 年颁布的《火力和原子能电厂大功率汽轮机表面式凝汽器热力计算指示》中规定，采用别尔曼公式计算凝汽器总传热系数，其公式为

$$K = 4.07\xi_c\xi_m\Phi_w\Phi_t\Phi_z\Phi_\delta \tag{17-29}$$

$$\Phi_w = \left(\frac{1.1 v_w}{\sqrt[4]{d_2}}\right)^x$$

$$\Phi_t = 1 - \frac{b\sqrt{\xi_c \xi_m}}{1000}(35 - t_1)^2$$

$$\Phi_z = 1 + \frac{Z-2}{15}\left(1 - \frac{t_1}{45}\right)$$

$$b = 0.52 - 0.0072 g_s$$

式中 ξ_c——冷却管的清洁系数，对于直流供水方式且水中矿物质含量较小时，$\xi_c=0.80\sim0.85$，在循环供水时，$\xi_c=0.75\sim0.80$，当水质不清洁时取 $\xi_c=0.65\sim0.75$；

ξ_m——冷却管材料和壁厚的修正系数，对于壁厚为 1mm 的黄铜管为 1.0，铝黄铜管为 0.96，B5 铜镍合金管为 0.95，B30 铜镍合金管为 0.92，不锈钢管为 0.85；

Φ_w——冷却管内流速的修正系数；

x——计算指数，$t_1 \leqslant 26.7$℃时，$x=0.12\xi_c\xi_m(1+0.15t_1)$；当冷却水温 $t_1>26.7$℃时，取 $x=0.6\xi_c\xi_m$；

v_w——冷却管内流速，应根据管材、水质、供水方式等因素进行经济技术比较后确定，一般为 1.5～2.5m/s；

d_2——冷却管内径，mm；

g_s——凝汽器蒸汽负荷与冷却面积之比，即凝汽器比蒸汽负荷，一般在 11～14g/m²s 范围内，g/m²s；

b——凝汽器比蒸汽负荷修正系数，我国许多设计人员为了减少设计过程中的计算步骤直接取 $b=0.42$；

Φ_t——冷却水进口温度修正系数，当 $t_1>35$ 时，$\Phi_t=1+0.002(t_1-35)$；

Φ_z——冷却水流程数的修正系数，当冷却水流程数 $Z=2$ 时，$\Phi_z=1$；

Φ_δ——考虑凝汽器蒸汽负荷变化的修正系数。

Φ_δ用于考虑凝汽器变工况计算时的蒸汽负荷的修正，当凝汽器在额定蒸汽负荷 D_{zq}降至$D'_{zq}=(0.9-0.012t_1)D_{zq}$的变工况范围内运行时，$\Phi_\delta=1$；当凝汽器蒸汽负荷进一步降低，即 $D''_{zq}<(0.9-0.012t_1)D_{zq}$时，则

$$\Phi_\delta = \frac{D''_{zq}}{(0.9-0.012t_1)D_{zq}}\left[2 - \frac{D''_{zq}}{(0.9-0.012t_1)D_{zq}}\right] \tag{17-30}$$

例如，当 $t_1=20$℃时，则

$$D'_{zq} = (0.9-0.012t_1)D_{zq} = 0.66D_{zq}$$

就是说当凝汽器的蒸汽负荷大于或等于 66%额定蒸汽负荷时，$\Phi_\delta=1$；但当凝汽器的蒸汽负荷进一步降低，比如降低至 50%额定蒸汽负荷时，则

$$\Phi_\delta = \frac{0.5D_{zq}}{(0.9-0.012\times20)D_{zq}}\left[2 - \frac{0.5D_{zq}}{(0.9-0.012\times20)D_{zq}}\right] = 0.941$$

可见，采用别尔曼公式计算总传热系数时，要预先假定 D'_{zq}或 D''_{zq}值，通过逐步逼近方法最终确定总传热系数。而且别尔曼公式的使用有条件为冷却水温≤45℃，冷却管内流速 1～2.5m/s。别尔曼公式的主要特点是考虑了影响传热系数的各种因素和各种因素之间的关系，因此计算量大。采用别尔曼公式计算的总传热系数总比采用 HEI 公式大 5%左右，但基本接近。因此建议采用 HEI 公式计算总传热系数，既简单，又准确。

四、凝汽器的冷却面积

根据热平衡方程式，凝汽器的冷却面积为

$$A=\frac{D_{zq}(h_s-h_c)}{K\Delta t_m} \tag{17-31}$$

式中 A——凝汽器的冷却面积，m^2。

在实际产品设计计算中，要在计算冷却面积 A 的基础上考虑堵管裕量系数 n，此时实际采用的冷却面积为

$$A'=(1+n)A$$

一般允许在10%的堵管情况下仍能维持额定负荷，因此

$$A'=1.1A$$

五、冷却水管根数和有效长度

冷却水管总根数计算公式为

$$N=\frac{4}{\pi}\times\frac{D_wZ}{\rho_w v_w d_2^2} \tag{17-32}$$

$$D_w=mD_{zq}$$

式中 D_w——进入凝汽器的冷却水量，kg/s；

m——凝汽器的冷却倍率，一般在50～120，其具体数值应通过技术经济比较确定；

D_{zq}——凝汽器的负荷，kg/s；

Z——冷却水流程数；

ρ_w——冷却水密度，对于淡水冷却水密度可取 $\rho_w=1000kg/m^3$；

v_w——冷却管内冷却水流速，m/s，冷却管内冷却水流速在1.5～2.5m/s范围内，对于铜合金管一般可在1.8～2.2m/s之间选取，对于不锈钢管和钛管可以选得高一些；

d_2——冷却管内径，m。

冷却水流速的选择应考虑下述一些因素：

(1) 冷却水流速选得高一些，可使总平均传热系数增大，这样可以提高凝汽器真空或减少凝汽器冷却面积，但与此同时却增大了凝汽器的水阻，增大了冷却水泵的耗功。例如冷却水流速从1.8m/s提高到2m/s，可使传热系数提高5.5%，而水流阻力损失则增加16%，因此应通过具体的技术经济比较来综合考虑总平均传热系数和水阻的变化。

(2) 若冷却水中固形物含量高，流速应选高一些，否则管内壁易被沉积物覆盖，使传热系数急剧降低。如若黄铜管表面覆盖有0.5mm的污垢，则管壁的导热热阻约为清洁铜管的22倍，总热阻增加1.66倍，总平均传热系数约减少40%。所以对于不清洁的冷却水，为了避免污垢的沉积，水流速不低于2m/s。

(3) 凝汽器的水阻随流程数目的增大而增加，因而通常单流程凝汽器的冷却水速可以取得比多流程的高一些。

(4) 每一种管材都有一个最大允许流速，这是从使用寿命考虑的。水速过低，不仅传热系数下降，而且容易形成悬浮物的沉积，加速管材腐蚀。

冷却水流程数的选择主要取决于冷却水情况和凝汽器结构两方面。对于冷却水不充足地区的小型凝汽器，通常可选择多流程；而对冷却水充足地区的大型凝汽器，一般选择单流程。循环倍率取大值，流程数就可以取小些，冷却面积选得大一些，流程数也可以取小些。关于冷却水流程数与凝汽器结构因素之间的关系，可以通过下面公式变换推导出来。

因为

$$N=\frac{4}{\pi}\times\frac{D_wZ}{\rho_wv_wd_2^2}$$

$$A=\frac{D_{zq}(h_s-h_c)}{K\Delta t_m}$$

所以

$$Z=\frac{\pi N\rho_wv_wd_2^2}{4mD_{zq}}=\frac{\pi N\rho_wv_wd_2^2(h_s-h_c)}{4mKA\Delta t_m} \tag{17-33}$$

式（17-33）表明，在其他参数变化范围很小的情况下，冷却水流程数随冷却倍率和冷却面积增大而减小。

冷却水管有效长度计算公式为

$$L=\frac{A}{\pi d_1N} \tag{17-34}$$

式中 L——冷却水管有效长度，m；

d_1——冷却管外径，m。

六、管板面积

管板面积 S 计算公式为

$$S=\frac{\pi}{4}\times\frac{d_1^2N}{\psi} \tag{17-35}$$

式中 ψ——冷却管在管板面上排列的充满系数，大型凝汽器的 ψ 一般为0.25左右，充满系数可根据管子的排列方式选择，见表17-8。

表17-8　充满系数

管子布置	充满系数
管束带状排列、侧向进汽	0.25～0.32
管束径向排列、侧向进汽	0.21～0.22
侧向和向心进汽	0.32～0.39

七、冷却水阻

冷却水阻是指冷却水从凝汽器进水接管起至出水接管的整个流动过程中发生的阻力，因此冷却水阻主要包括三部分：冷却水流在冷却管内产生的摩擦损失（冷却管摩擦阻力），它取决于冷却管内的流速和冷却管内径，基本上与冷却管内的流速的1.75次方成正比，与内径的1.25次方成反比；冷却水自水室空间流入冷却管及自冷却管流入水室时产生局部损失（进出水室阻力），主要取决于冷却管内的流速和流程数；冷却水自进水接管流入水室空间以及自水室空间流入出水接管时产生局部损失（冷却管端部阻力），主要取决于接管内的流速和管端部结构情况。

苏联和中国采用下列经验公式计算冷却水阻，即

$$\Delta H_c=Z(bcLv_w^{1.75}+0.135v_w^{1.50})\times 9.81 \tag{17-36}$$

式中 ΔH_c——冷却水阻，通常双流程凝汽器的水阻不大于60kPa，单流程凝汽器的水阻不大于40kPa；

L——冷却水管有效长度，m；

b——取决于冷却管内径的修正系数，可按表17-9取值；

c——取决于冷却水平均温度 t_w 的修正系数，当 $t_w=20$℃时，修正系数 $c=1$，其他温度时，修正系数 $c=1+0.007$（t_w-20）。

表 17-9　　修正系数 b 取值

冷却管内径 d_2（m）	0.016	0.018	0.020	0.024	0.026	0.028
b 值	0.123	0.10	0.086	0.072	0.068	0.064

冷却水平均温度 t_w 可以取进出口温度的算术平均值。

八、汽阻

在凝汽器的冷却管外空间内（常简称汽侧或壳侧），蒸汽、空气混合物在向抽气口流动的过程中，由于流动阻力的存在引起凝汽器绝对压力逐渐降低，凝汽器入口绝对压力 p_k 与抽气口绝对压力 p_{k2} 之差，被称为凝汽器的汽阻 Δp_k。

汽阻的大小取决于凝汽器的结构参数（如凝汽器的几何尺寸、管子排列方式、抽气口位置等）和流动特性。凝汽器的汽阻主要由三部分组成：管束进口截面处的阻力、主管束区阻力和空气冷却区的阻力。蒸汽在进入管束后，速度降低，部分动能转变为压力能，使压力有所回升，因而管束入口截面的汽阻通常不大。它和进入第一排管束时的汽流速度有关，速度越大，汽阻越大。在冷却水入口温度一定的情况下，凝汽器入口所能达到的真空取决于汽阻的大小。但是对于汽阻的精确计算很困难，一般采用经验公式计算。我国一般采用下列半经验公式计算汽阻，即

$$\Delta p_k = 0.492 \times 10^{-3}\left(\frac{D_{zq}\sqrt{v''}}{Ld_1\sqrt{N}}\right)^{2.5} \tag{17-37}$$

式中　N——冷却水管总根数；

L——冷却水管有效长度，m；

v''——凝汽器入口处的饱和蒸汽的比体积，m^3/kg；

D_{zq}——凝汽器负荷，kg/s；

d_1——冷却管外径，m；

Δp_k——凝汽器汽阻，kPa。

运行数据表明，老式凝汽器的汽阻高达 0.9kPa 左右，而近代大型凝汽器的汽阻仅仅0.133～0.40kPa，一般不超过 0.66kPa。

九、凝汽器的工程热力计算实例

【例 17-2】 假定设计一台电站 N05 型凝汽器（配 N75-90 型汽轮机），原始数据如下：凝汽器的蒸汽负荷 $D_{zq}=198.8$t/h，凝汽器压力 $p_k=5.4$kPa，汽轮机排汽焓 $h_s=2290$kJ/kg，冷却水进口温度 $t_1=20$℃，冷却水流量 $D_w=12\ 390$t/h（循环倍率为 62.3），流程数 $Z=2$，冷却管内流速 $v_w=2.2$m/s，冷却管材料铝黄铜，冷却管规格为 $\phi25\times1$mm（即外径 $d_1=0.025$m，内径 $d_2=0.023$m），清洁系数 $\xi_c=0.80$。试确定凝汽器参数，并计算凝汽器的蒸汽负荷 $D'_{zq}=79.5$t/h 时的温升 $\Delta t'$、端差 $\delta t'$ 和总传热系数 K'。

解　1. 首先按别尔曼公式计算额定工况

根据给定的凝汽器压力 $p_k=5.4$kPa，查得饱和温度为 34.25℃，取凝结水过冷度为 1.0℃，于是凝结水温度为

$$t_c = 34.25 - 1.0 = 33.25$$

因此凝结水焓 $h_c=139.2$kJ/kg。

冷却管的清洁系数 $\xi_c=0.80$，查得冷却管材料和壁厚的修正系数 $\xi_m=0.96$。

因为

$$x=0.12\times0.8\times0.96\times(1+0.15\times20)=0.369$$

所以冷却管内流速的修正系数为

$$\Phi_{w}=\left(\frac{1.1v_{w}}{\sqrt[4]{d_{2}}}\right)^{x}=\left(\frac{1.1\times2.2}{\sqrt[4]{23}}\right)^{0.369}=1.038$$

预先假定凝汽器比蒸汽负荷 $g_s=13.5\text{g/m}^2\text{s}$，则

$$b=0.52-0.0072\times13.5=0.42$$

冷却水进口温度修正系数为

$$\Phi_{t}=1-\frac{0.42\sqrt{\xi_{c}\xi_{m}}}{1000}(35-t_{1})^{2}$$

$$=1-\frac{0.42\times\sqrt{0.8\times0.96}}{1000}\times(35-20)^{2}=0.9172$$

冷却水流程数的修正系数 $\Phi_z=1$，蒸汽负荷修正系数 $\Phi_\delta=1$（额定工况），则总传热系数为

$$\begin{aligned}K&=4.07\xi_{c}\xi_{m}\Phi_{w}\Phi_{t}\Phi_{z}\Phi_{\delta}\\&=4.07\times0.8\times0.96\times1.038\times0.9172\times1\times1\\&=2.975(\text{kW/m}^2\text{℃})\end{aligned}$$

$$D_{zq}=198.8(\text{t/h})=55.22(\text{kg/s})$$

$$D_{w}=12390(\text{t/h})=3441.67(\text{kg/s})$$

凝汽器热负荷为

$$Q=D_{zq}(h_{s}-h_{c})=55.22\times(2290-139.2)=118767.2(\text{kW})$$

冷却水温升为

$$\Delta t=t_{2}-t_{1}=\frac{Q}{D_{w}c_{p}}=\frac{118767.2}{3441.67\times4.187}=8.24$$

冷却水出口温度为

$$t_{2}=t_{1}+(t_{2}-t_{1})=20+8.24=28.24$$

对数平均温差

$$\Delta t_{m}=\frac{8.24}{\ln\frac{34.25-20}{34.25-28.24}}=9.54$$

冷却面积为

$$A=\frac{D_{zq}(h_{s}-h_{c})}{K\Delta t_{m}}=\frac{118767.2}{2.975\times9.54}=4184.7$$

由此得凝汽器比蒸汽负荷为

$$g_{s}=\frac{D_{zq}\times10^{6}/3600}{A}=\frac{198.8\times10^{6}/3600}{4184.7}=13.2(\text{g/m}^2\text{s})$$

与假定值 13.5 相差约 2%，不必重复再算。

Z 个流程的冷却水管根数为

$$N=\frac{4}{\pi}\times\frac{D_{w}Z}{\rho_{w}v_{w}d_{2}^{2}}=\frac{4}{\pi}\times\frac{3441.67\times2}{1000\times2.2\times0.023^{2}}=7534.4(\text{根})$$

取 $N=7540$ 根。

冷却水管有效长度为

$$L=\frac{A}{\pi d_{1}N}=\frac{4103.0}{3.14\times0.025\times7540}=6.93$$

因此冷却面积为

$$A=4184.7\times\frac{7540}{7534.4}=4187.8$$

端差为

$$\delta t=\frac{\Delta t}{e^{\frac{KA}{c_{p}D_{w}}}-1}=\frac{8.24}{e^{\frac{2.975\times4187.8}{4.187\times3441.67}}-1}=6.00$$

减小端差 δt 可以降低排汽的饱和蒸汽温度，提高真空。但减小端差就要增大凝汽器的冷却面积，使其造价提高。所以设计时，端差 δt 不宜太小，常取 $\delta t=3\sim10$℃，多流程凝汽器取偏小值，单流程取偏大值。

冷却水管内实际水流速为

$$v_{w}=\frac{4}{\pi}\times\frac{D_{w}Z}{\rho_{w}Nd_{2}^{2}}=\frac{4}{\pi}\times\frac{3441.67\times2}{1000\times7540\times0.023^{2}}=2.2$$

$$t_{w}=\frac{20+28.24}{2}=24.12$$

$$c=1+0.007\times(24.12-20)=1.03$$

$$d_{2}=0.023$$

$$b=0.072$$

冷却水阻为

$$\begin{aligned}\Delta H_{c}&=Z(bcLv_{w}^{1.75}+0.135v_{w}^{1.50})\times9.81\\&=2\times(0.072\times1.03\times6.93\times2.2^{1.75}+0.135\times2.2^{1.50})\times9.81\\&=48.7(\text{kPa})\end{aligned}$$

由于凝汽器处蒸汽饱和温度为 34.25℃，所以蒸汽比容 $v''=26.6\text{m}^3/\text{kg}$，则凝汽器汽阻为

$$\begin{aligned}\Delta p_{k}&=0.492\times10^{-3}\left(\frac{D_{zq}\sqrt{v''}}{Ld_{1}\sqrt{N}}\right)^{2.5}\\&=0.492\times10^{-3}\left(\frac{55.22\times\sqrt{26.6}}{6.93\times0.025\sqrt{7540}}\right)^{2.5}=0.77(\text{kPa})\end{aligned}$$

根据别尔曼公式计算变工况：蒸汽负荷 $D'_{zq}=79.5\text{t/h}=22.08\text{kg/s}$ 时，冷却水流量 $D_{w}=12\,390\text{t/h}=3441.67\text{kg/s}$，冷却面积 $A=4187.8\text{m}^2$，冷却水进口温度 $t_1=20$℃，冷却管的清洁系数 $\xi_{c}=0.80$，冷却管内流速 $v_{w}=2.2\text{m/s}$，冷却管材料和壁厚的修正系数 $\xi_{m}=0.96$，冷却管内流速的修正系数 $\Phi_{w}=1.038$，冷却水进口温度修正系数 $\Phi_{t}=0.917\,2$，冷却水流程数的修正系数 $\Phi_{z}=1$，$D'_{zq}=22.08$ (kg/s) $=0.4D_{zq}<(0.9-0.012\times20)D_{zq}=0.66D_{zq}$，则

$$\begin{aligned}\Phi_{\delta}&=\frac{D''_{zq}}{(0.9-0.012t_{1})D_{zq}}\left[2-\frac{D''_{zq}}{(0.9-0.012t_{1})D_{zq}}\right]\\&=\frac{22.08}{(0.9-0.012\times20)\times55.22}\times\left[2-\frac{22.08}{(0.9-0.012\times20)\times55.22}\right]\\&=0.845\end{aligned}$$

总传热系数为

$$
\begin{aligned}
K &= 4.07\xi_c\xi_m\Phi_w\Phi_t\Phi_z\Phi_\delta \\
&= 4.07\times0.8\times0.96\times1.038\times0.9172\times1\times0.845 \\
&= 2.515
\end{aligned}
$$

冷却水温升为

$$\Delta t' = \frac{D'_{zq}(h_s - h_c)}{D_w c_p} = \frac{22.08\times(2290-33.25\times4.1868)}{3441.67\times4.1868} = 3.30$$

冷却水出口温度为

$$t_2 = t_1 + (t_2 - t_1) = 20 + 3.30 = 23.30$$

端差为

$$\delta t' = \frac{\Delta t}{e^{\frac{KA}{c_p D_w}} - 1} = \frac{3.30}{e^{\frac{2.515\times4187.8}{4.187\times3441.67}} - 1} = 3.06$$

蒸汽温度为

$$t'_s = t_1 + \Delta t' + \delta t' = 20 + 3.30 + 3.06 = 26.36$$

蒸汽压力为

$$p'_k = 3.5$$

2. 按美国传热学会公式计算额定工况

根据外径 $d_1 = 0.025$m，查表 17-3 得 $C = 2.706$；根据水温 $t_1 = 20$℃，查表 17-4 得 $\beta_t = 0.989$；根据铝黄铜管材，取 17-5 表中壁厚 1.0mm 的海军黄铜冷却管的修正系数 $\beta_m = 1.0$。

凝汽器总传热系数为

$$
\begin{aligned}
K &= C\xi_c\beta_t\beta_m\sqrt{v_w} \\
&= 2.706\times0.80\times0.989\times1.0\times\sqrt{2} \\
&= 3.027
\end{aligned}
$$

其他各项计算同上述别尔曼公式计算过程。

3. 再按美国传热学会公式计算变工况

变工况计算时，总传热系数公式仍采用

$$K = C\xi_c\beta_t\beta_m\sqrt{v_w}$$

但是采用别尔曼公式计算中的凝汽器蒸汽负荷变化的修正系数，即

$$K' = C\xi_c\beta_t\beta_m\Phi_\delta\sqrt{v_w}$$

$$\Phi_\delta = 0.845$$

$$K' = C\xi_c\beta_t\beta_m\Phi_\delta\sqrt{v_w} = 3.027\times0.845 = 2.558$$

冷却水温升 $\Delta t' = 3.30$℃，则端差为

$$\delta t' = \frac{\Delta t}{e^{\frac{KA}{c_p D_w}} - 1} = \frac{3.30}{e^{\frac{2.558\times4187.8}{4.187\times3441.67}} - 1} = 2.99$$

第三节　凝汽器真空的运行监督

凝汽器运行的热力性能对汽轮机组的经济性影响很大，衡量凝汽器运行热力性能的主要指标是凝汽器压力（真空）、凝结水的过冷度和含氧量。凝汽器压力升高或过冷度增加会导致煤耗增加，而凝结水含氧量增加将会使热力系统管道、低压加热器等遭受腐蚀。此外凝汽器真空过低，不仅增大了机组热耗，还会危及机组的安全。因为真空降低时，汽轮机的排汽温度也随之上升。

汽轮机排汽温度升高，有可能使低压缸等部件膨胀，或引起汽轮机低压轴承座轴承中心偏移，导致汽轮机组振动，影响机组的安全运行。同时还可能减小低压端轴承间隙，容易导致汽封片的磨损，严重时可能引起大轴弯曲。排汽温度过高，还可能引起凝汽器管板胀口松弛，造成冷却水漏入凝结水，影响锅炉安全。在额定负荷条件下，真空度每提高1%，热耗约降低1.05%，因此凝汽器真空是影响机组供电煤耗的主要因素。汽轮机若要经济运行，应使汽轮机保持在最有利的真空度下工作。监督检查时，一般要求考核期闭式循环机组真空度平均值应不低于92%，开式循环机组真空度平均值应不低于94%，背压机组不考核，循环水供热机组仅考核非供热期。

凝汽器真空度与冷却水入口温度、冷却水量、凝汽器清洁度、凝汽器严密性及负荷等指标有关。正常情况下影响凝汽器真空度变化的原因有：

(1) 负荷变化引起汽轮机排汽量变化。

(2) 冷却水进水温度变化。正常季节变化，冷却水温也自然变化。

(3) 冷却水量变化。在相同负荷下，若凝汽器冷却水出口温度上升，即冷却水进、出口温差增大，说明凝汽器冷却水量不足，应增开一台冷却水泵。

一、凝汽器真空恶化原因

凝汽器真空度下降分为急剧下降和缓慢下降。

1. 真空度急剧下降的原因

凝汽器真空度急剧下降又称凝汽器事故性真空破坏，产生急剧下降的原因有：

(1) 冷却水泵工作突然失常，冷却水中断。若冷却水泵电动机电流和冷却水泵出口压力到零，可以认为冷却水泵跳闸，此时应立即启动备用冷却水泵。如果两台水泵均处于运行状态同时跳闸，可在水泵尚未倒转前强行合闸一次。当重合闸无效时，迅速将负荷减到零，打闸停机。如果冷却水泵出口压力和电动机电流摆动，通常是冷却水泵入口水位过低、滤网堵塞等所致，此时应尽快采取措施，提高水位或清除杂物。此外冷却水泵止回阀损坏、冷却水管爆破、冷却水泵运行方式不合理、冷却水泵可调导叶失调等，都能导致真空急剧下降。冷却水系统故障的主要现象是冷却水温升增加。

(2) 抽气设备工作失常。如抽气设备故障、射水泵入口压力低、射水抽气器喷嘴堵塞或损坏、进汽滤网阻塞、射水泵漏空气、抽气器的冷却器疏水失灵，或者是真空泵冷却水温度高、真空泵汽水分离箱水位低，或者是因为射汽抽气器汽侧隔板短路导致冷却器冷却水量不足，或者是因为射水抽气器工作水温过高影响抽气效率等，都会引起凝汽器压力升高。如果抽气器出口压力和电动机电流降到零，说明射水泵或真空泵跳闸；如果射水泵压力和电流下降，说明射水泵本身故障或水池水位过低。此时应启动备用射水泵和射水抽气器，水位过低时应补水至正常水位。

(3) 凝汽器水位升高或满水引起真空下降。水位表指示最大，高水位报警信号灯亮，说明凝汽器满水。凝汽器满水一般是由于凝汽器气管子泄漏严重，大量冷却水进入汽侧，或者是凝结水泵故障停泵，凝结水泵工作失常（如出力不足、入口滤网堵塞等）。此时应立即开大水位调整阀并启动备用凝结水泵，必要时可将凝结水排入地沟，直到水位恢复正常。另外加热器水侧泄漏、水位计或者水位变送器工作不正常等也会引起凝汽器水位升高。

凝汽器在运行中是不允许冷却水漏入汽侧空间的，即使是微小的泄漏也将使凝结水质变坏，引起机、炉有关设备结垢。若严重泄漏，则会造成凝结水位升高，凝汽器真空恶化而停机。如果凝汽器冷却水管渗漏不严重，则在凝结水质基本合格的情况下不必立即停机，可采用往冷却水里加锯末子的方法临时将漏点堵住，暂时维持机组运行，待有机会停机时再将漏点找出，用特制的紫铜棒将漏管堵塞。对双侧进水的凝汽器，可在保持机组运行状态下处理冷却水管泄漏故障。处理方法是将机组负荷降至1/2，轮流进行半侧停水，确定漏水侧。但在停止冷却水之前，要首先将停水侧通往抽气器的空气阀关闭，防止未冷却的蒸汽进入抽气器，影响抽气器的正常工作。当泄漏侧确定后就可在运行中进行半侧检修。检查冷却水管泄漏的方法可用烛光法，也可用肉眼直观法，因为泄漏的冷却水管两端一般不流水或流得很少，而不漏水的管子两端流水较多。

如果凝结水质不合格，凝结水硬度增加，则应停止泄漏的凝汽器，严重时则要停机处理。

（4）机组真空系统突然发生空气大量渗漏。如汽轮机低压轴封中断或真空系统管道破裂或阀门零件破裂损坏等。如果轴封供汽压力到零或者出现微负压，则说明是轴封压力调节器失灵，或者调节阀阀芯脱落或者汽封系统进水。此时应开启轴封调节器旁路阀，检查除氧器是否满水（轴封汽源来自除氧器），如果满水，要迅速降低其水位，倒换轴封的备用汽源。此外如果低压加热器或除氧器投用时，内部空气未放尽，或者抽汽管使用前空气未放尽，经低压加热器漏入凝汽器，或者破坏真空门、凝汽器汽侧放水门或通向凝汽器的其他阀门误开，都会引起大量空气漏入。

对于上述问题处理不及时，将会迫使机组停运。因而要求在岗运行人员做到对每台运行设备心中有数，迅速发现和消除设备的故障点，确保安全、经济生产。

2. 真空度缓慢下降的原因

凝汽器真空产生缓慢下降的原因有：

（1）老机组的凝汽器在结构上比较落后，管束排列方式不尽合理，使得凝汽器的严密性和整体传热性较差，在运行中容易出现真空偏低的情况。

（2）真空系统出现漏点，漏入真空系统的空气量增加。空气量增加一方面直接使真空下降，另一方面降低了凝汽器的传热效果，使真空进一步下降。真空系统出现泄漏的现象是真空系统严密性降低，凝汽器端差增大。当这种现象不明显时，可以通过真空严密性试验来确认。真空缓慢下降，往往是在真空系统原有的严密性条件下，又额外的漏入空气所致。所以运行人员要从有过什么操作、运行方式，有过什么变化去找线索。如果启动低压加热器后发生真空下降，则可能是加热器汽侧放水阀未关或抽汽管到地沟疏水阀未关等造成的。如果对装有凝汽器补水箱的机组，若水位过低，空气将从补水管进入凝汽器，此时应立即关闭凝汽器补水阀，将水箱补至正常水位。总之，引起真空缓慢下降的原因较多，要针对不同的情况，采取相应的方法进行处理。

（3）凝汽器清洁系数降低，凝汽器清洁系数降低不但引起凝汽器端差增大，而且使冷却水温升减小。凝汽器清洁系数降低的主要原因是：胶球清洗装置运行不正常；胶球质量不满足设计和使用要求；冷却水品质不合格，冷却管内表面结垢或堵塞冷却管；在蒸汽品质差的情况下长期运行，使冷却管外表面形成硅酸盐垢；凝汽器长期在低真空、高排汽温度工况下运行，加速传热管内结垢。例如，凝汽器设计清洁系数一般为0.8～0.85，但国产引进型300MW机组凝汽器实际平均运行清洁系数为0.60左右，仅此一项影响真空1.1kPa。

（4）冷却水泵工作不正常（如冷却水泵入口处法兰和盘根漏气，进水滤网堵塞及出水管虹吸破坏等），使冷却水流量连续地减少，或是有些机组配备两台冷却水泵，夏季水温高时两台泵运行，其他季节水温低时一台泵运行，冷却水量可能不足。冷却水流量不足的现象是：同一负荷下凝汽器冷却水进出口温差增大。处理方法是：根据情况调整水泵盘根密封水、清理滤网、拧紧法兰螺栓以及堵塞出水管漏气，并投入冷却水系统的辅助抽气器，恢复出水管虹吸作用，当这些操作均无效时，就要增开一台冷却水泵。

（5）冷却水进口水温度高，通常发生在夏季，采用循环供水系统更容易产生这种情况。冷却水进口温度t_1对凝汽器真空的影响很大，在其他条件相同的情况下，凝汽器进口冷却水温度t_1越高，则凝汽器出口冷却水温度t_2越高，因而排汽温度t_s也越高，所以凝汽器内的真空值就越低。进入凝汽器的冷却水温度在直流供水系统中完全由自然条件决定，随季节而变化。如采用江、河或湖泊供水，t_1可取为10～15℃，此时$t_2=t_s-(6\sim10)$℃。采用循环供水方式，冷却水温度主要由大气温度和水塔冷却性能决定的，t_1可取为20～25℃，此时$t_2=t_s-(6\sim10)$℃。如果冷却设备的喷嘴损坏、堵塞、配水不均匀，冷却水量不足，填料老化、堵塞，除水器变形、阻力增加，淋水装置或配水槽道等工作异常，冷却塔淋水面积不足、冷却塔结构设计不合理，都会引起冷却水进口温度升高，凝汽器真空降低。

（6）射水抽气器工作水温升高，射水抽气器工作水温升高的原因一般是由于工业水压力降低或补水阀误关引起的，从而降低抽气器的效率，造成真空缓慢下降。处理方法是开启工业水补水，降低抽气器工作水温度。比如一台机组夏季运行，同一工业水源分别向冷油器和射水池内补水。当工业水压力降低时，冷却水倒入工业水系统，使射水池水温升高，真空缓慢下降。所以应找出工业水压力下降的原因，提高工业水压力，恢复真空。

（7）凝汽器水管或冷却水管入口堵塞，冷却水进水门开度过小或误关，凝汽器二次滤网堵塞，导致冷却水量减少。

（8）凝汽器热负荷增加，凝汽器热负荷是指凝汽器内蒸汽和凝结水传给冷却水的总热量，包括主机和给水泵汽轮机排汽、汽封漏汽、加热器疏水等热量。在冷却条件不变的情况下，冷却水温升增加，凝汽器端差增加，从而引起饱和温度上升，则凝汽器真空相应下降。以国产200MW机组为例，热负荷增加5%，真空下降1.4kPa。凝汽器热负荷的增加直接导致冷却水温升增大，传热端差增大，机组真空降低。凝汽器热负荷增加的主要原因是：机组老化，汽耗增加，低压缸排汽量增加；汽动给水泵组效率降低，给水泵汽轮机排汽量增加；高、低压加热器危急疏水进入凝汽器；疏放水系统阀门泄漏引起高品位的蒸汽直接进入凝汽器；与凝汽器汽侧相连的阀门（包括低压旁路）不严，尤其是主蒸汽、再热蒸汽的疏水阀，一、二级旁路阀等阀门内漏，引起高品位蒸汽直接进入凝汽器；机组负荷增加，排汽量增加；回热系统工作不正常，如加热器停用，使排汽量增加；汽轮机高、中压缸汽封，包括动、静叶汽封和轴封，由于汽封结构、机组振动和安装质量等因素造成汽封磨损，汽封径向间隙增大，导致级间漏汽量增加，致使机组通流部分效率下降，低压缸排汽量增加，凝汽器热负荷上升。

（9）机组负荷变化。漏气量随机组负荷的减小而增大，因为在低负荷时，处于真空状态下工作的区域增大，使漏气范围扩大。例如，汽轮机空转时，真空会一直延伸到调节级，此时漏入的空气量大为增加。试验证明，汽轮机负荷降低一半，将使漏入空气量增加30%～40%。但由于影响的因素太多，漏气量难于精确计算，大型凝汽器容许的漏气量G_{lk}（g/s）可按下列经验公式进行估算为

$$G_{lk}=\frac{D_{zq}}{25}+2 \tag{17-38}$$

式中 D_{zq}——汽轮机排入凝汽器的蒸汽量，kg/s；

G_{lk}——大型凝汽器容许的漏气量，g/s。

该式计算出的漏气量一般比实际运行数值大3倍左右，所以该应验公式一般只用于设计过程中选择抽气设备的容量。

二、提高真空的主要措施

当凝汽器真空度急剧下降时，汽轮机应立即减负荷，并通过对事故现象进行分析，采取有效措施，消除缺陷。当真空下降至87kPa时，应发出报警信号，并及时汇报领导，设法恢复真空；当真空下降至87kPa时仍继续下降，则每下降1.33kPa时应降负荷20MW；真空下降到停机值时，保护未动作，应进行事故停机。由于真空降到一定数值时，真空降低使轴向位移过大，造成推力轴承过负荷而损坏；真空降低使叶片因蒸汽流量增大而造成过负荷；真空降低使排汽缸温度

升高，汽缸中心线变化易引起机组振动加大。所以为了不使低压缸安全门动作，确保设备安全，当真空降到一定数值时需要紧急停机。

提高真空的主要措施是：

（1）降低冷却水入口（对于闭式循环冷却系统机组的冷却水，又叫做循环水）温度。冷却水入口温度是指进入汽轮机凝汽器前的冷却水温度，是关系到汽轮机运行经济性的一个重要小指标。

如果冷却塔长期护理不当，会造成冷却塔效率过低，使出塔水温过高，引起真空过低影响热耗。当冷却水入口温度在规定范围内时，冷却水入口温度每降低 1℃，真空度可提高 0.3%～0.5%，煤耗降低 0.3%～0.5%。因此应加强对冷却塔维护，清理水池和水塔的淤泥和杂物，疏通喷嘴，更换损坏的喷嘴和溅水碟，修复损坏的淋水填料。

（2）适当增加冷却水量。当负荷不变时，冷却水温升增大，表明冷却水量不足。温升增大将引起排汽温度升高，真空降低，此时应增加冷却水量，从而降低真空。但是增加冷却水量，水泵的耗电量也同时增加，需要通过试验确定其经济冷却水量。国产引进型 300MW 机组循环冷却水流量偏小是一个较为普遍的问题，差值一般在 10%～30%。通常，当水温为 20℃，冷却水流量偏小 15%时，凝汽器真空将下降约 0.5kPa。

冷却水流量不足主要有运行和设备两个方面的原因。

1）造成冷却水流量不足的运行原因：一是由于凝汽器冷却水出口蝶阀开度偏小，冷却水管道阻力增加，导致流量减小；二是凝汽器冷却管堵塞或者脏污引起流量下降；三是吸入水位降低导致流量下降；四是动叶可调的冷却水泵未根据运行工况及时调节叶片角度到合理位置。

2）造成冷却水流量不足的设备原因：由于冷却水泵叶轮老化、磨损，或设计性能不佳。应对冷却水泵系统进行测试，明确原因后对冷却水泵实施技术改造。

（3）加强凝汽器的清洗。通常采用胶球在运行中连续清洗凝汽器法、或运行中停用半组凝汽器轮换清洗法、或停机后用高压射流冲洗机逐根管子清洗等方法，以保持凝汽器钛（铜）管清洁，提高冷却效果。

（4）保持凝汽器的胶球清洗装置经常处于良好状态。根据冷却水水质情况确定运行方式（如每天通球清洗的次数和时间），保证胶球回收率在 95%以上。

（5）维持真空系统严密。应在停机时对凝汽器喉部以下进行真空系统灌水检漏，消除喉部管道接头、水位计连通接头、凝结水泵轴端密封装置、汽轮机低压轴封等处的漏点。检查清理喷嘴，保证其抽气效率。

（6）查清凝汽器热负荷增加的原因，降低凝汽器热负荷。降低凝汽器热负荷的途径如下：

1）选用合理的汽封结构，严格控制升、降负荷率，特别是控制启、停机过程中的负荷变化率以降低机组振动幅度，大修中合理调整汽封间隙，提高汽轮机通流效率，减少低压缸的排汽量。

2）优化疏水系统，合并减少疏水阀门，合理利用有效能，是降低凝汽器热负荷的根本途径。

3）加强疏水阀门的检修和运行管理，减少阀门内漏。

4）提高汽动给水泵组运行效率，减少给水泵再循环阀泄漏量，减小给水泵汽轮机汽耗率。

5）加强运行管理，保证正常疏水渠道畅通。合理调整加热器水位保护和疏水调节阀定值，保证加热器正常疏水。

三、真空分析方法

凝汽器真空（凝汽器压力）对应于凝汽器中饱和蒸汽温度 t_s，而

$$t_s = t_1 + \Delta t + \delta t = t_2 + \delta t$$

这表明，凝汽器真空是由冷却水入口温度 t_1、冷却水温升 Δt 和端差 δt 决定的。所以，一旦发现凝汽器真空降低，就可以通过温升 Δt 和端差 δt 的变化情况来判断真空下降的原因。

1. 汽水温度对比法

这种方法简便易行，直观可靠。影响凝汽器运行性能的因素有真空严密性、抽气设备性能、冷却水流量、冷却水温度、冷却管清洁系数等。由于现场条件限制，冷却水流量和冷却管清洁系数不便于在现场测量，所以通过绘制凝汽器汽、水温度变化曲线（即汽水温度对比法）监督凝汽器运行特性不失为一种行之有效的方法。汽水温度对比法的分析过程是：定期测取运行工况下的冷却水进口温度 t_1、冷却水出口温度 t_2、凝汽器压力下的饱和温度 t_s和凝结水温度 t_c，然后像图 17-8 那样与设计工况下的冷却水进口温度 t_1、冷却水出口温度 t_2、凝汽器压力下的饱和温度 t_s和凝结水温度 t_c（实线）进行比较，以判断真空是否正常。

如图 17-8 中虚线（运行工况测量值）所示的 A-B 直线斜率比正常值增大，则说明冷却水温升增高，这通常说明是冷却水量减小的结果。若运行直线段 B-C 斜率增大，则说明传热端差增大，在同样运行条件下，端差增大说明凝汽器换热情况恶化，这通常是由于管侧表面污垢增厚或壳侧不凝结气体积存所造成的，而后者则可能是真空系统严密性下降或抽气器工作失常所致。若直线段 C-D 的斜率增大，则说明凝结水的过冷度增大，这一般是系统严密性下降、热井水位过高或抽气设备工作不正常引起壳侧不凝结气体增多的结果。

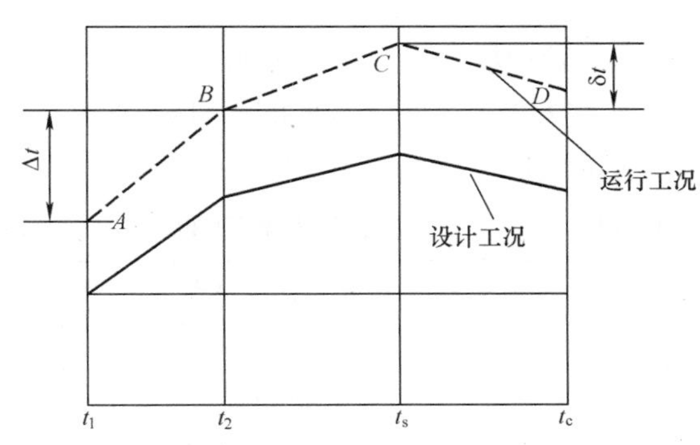

图 17-8　汽水温度对比法

利用汽水温度对比法，关键是看运行直线段的斜率变化与设计工况比较。如果斜率不变，只是在设计工况直线段基础上平行地上升或下降，则只能说明是由冷却水入口温度或者是凝汽器的蒸汽变化而引起了真空的正常升高或下降，而并非凝汽器本体工作性能缺陷。这时需进一步检查冷却水系统，包括闭式循环的冷却塔性能，以及可能影响凝汽器热负荷增加的疏水、排汽状况，采取措施降低凝汽器附加热负荷，改善真空，提高热经济性。

2. 端差分析法

传热端差 δt 的大小决定于凝汽器的构造、管子内外表面的清洁度、冷却水管内冷却水的流量和流速、冷却水入口温度、进入凝汽器的蒸汽流量、真空系统的严密性等。凝汽器在实际运行中，虽然负荷和冷却水条件都相同，但冬季与夏季相比，往往是冬季的端差要比夏季大。因为冬季冷却水入口温度要比夏季低，凝汽器内真空值升高，真空系统漏气量增大，影响了冷却水管的传热效果，因此传热端差增大。

在冷却水量 D_w不变的情况下，凝汽器蒸汽负荷 D_{zq}上升，传热端差 δt 增大，这是因为在单位冷却面积和单位时间内热交换增强的结果。当凝汽器冷却表面污脏时，管壁随着污垢和有机物的增长而加厚，影响了汽轮机排汽和冷却水的热交换，也使凝汽器端差增加。真空系统不严密或抽气器工作失常，也使凝汽器内空气量增多，在冷却表面上形成空气膜，影响热交换的进行，使端差增大，凝汽器真空变坏。若凝汽器内的部分冷却水管被堵塞，则相当于减少了凝汽器的传热面积，也会使传热端差增大。

由上述分析可知，传热端差 δt 的变化标志着凝汽器运行状况的好坏，因而端差 δt 可作为判别、分析凝汽器运行状态的依据。凝汽器在运行中端差越小，表明其运行情况越好。

第四节 火电机组真空系统治理实例

一、真空系统治理的必要性

山东甲发电厂4号汽轮机是由上海汽轮机厂引进国外技术生产的亚临界、中间再热、单轴、双缸双排汽、凝汽式汽轮机，额定功率为300MW，最大功率为328MW，给水系统配有一台50%容量的电动给水泵和一台100%容量的汽动给水泵，给水泵汽轮机与主机共用一台凝汽器。额定工况下，汽轮机排汽量为601.182t/h，给水泵汽轮机排汽量为35.852t/h。凝汽器是单壳体双流程表面式凝汽器，型号为N-17 650-6，设计背压为0.004 9MPa，设计冷却水温20℃，设计冷却水流量36 500m^3/h，允许最高冷却水温33℃，允许最高背压0.018 6MPa。该机组于1997年11月投运以来，凝汽器真空发生过较大的变化。投产初期，凝汽器接颈开裂泄漏为主要原因，1998年以后系统漏点多、冷却水冷却效果差、疏水放汽系统阀门内漏等问题长期影响着凝汽器真空。山东甲发电厂300MW机组投产以来的真空变化情况见表17-10，真空从投产初期的96kPa降到了目前的91kPa左右。

表17-10 山东甲发电厂300MW机组投产以来的真空变化情况

日 期	负荷（MW）	真空（kPa）	A循环水温度（℃）		B循环水温度（℃）		低压缸排汽温度（℃）	端差（℃）
			进	出	进	出		
1998.02	258	96.2	13.2	26.9	13.2	26.5	37.7	11
1998.07	256	91	29	35	29	36	41	5.6
1999.07	252.5	91.3	27.7	35.7	28	36	39.5	3.7
1999.12	287.5	94	13.5	25.6	12.8	25	35	10
2000.03	252	94.3	15	28	14	27	35	8
2000.07	290	89.8	31	39	31	39	43	4
2001.08	249.8	91.2	29.5	37	30.5	37.2	42	4.8

山东乙发电厂5号机为DH-600型双背压凝汽式机组，两台给水泵汽轮机和主机共用一台凝汽器，于1997年1月投运。凝汽器设计规范为：型号N-36000型，设计压力4.5/5.5kPa，冷却水温20℃，管束清洁系数0.85，冷却水管管径$\phi25\times1$mm，冷却水管根数44 880，冷却面积18 000/18 000m^2，冷却水量67 700t/h，冷却水管长度10 400mm。自投运以来，其凝汽器真空一直达不到设计值，试运期间满负荷下只有92kPa，比设计值低4kPa。移交生产后，随着设备的磨损，真空越来越低，到1998年机组带400MW负荷时真空只有90kPa，严重影响机组的安全经济运行，5号机组真空治理前运行数据见表17-11。

表17-11 5号机组真空治理前运行数据

时 间	负荷（MW）	凝汽器真空 A/B（kPa）	排汽温度 A/B（℃）	循环水进出水温度（℃）	凝结水温度（℃）	凝汽器端差（℃）
1997.5.17	600	−93.2/−93	45/45	25/38	43	7
1997.5.19	554	−93/−92	44/44	23.8/35.2	42.6	8.8
1997.11.11	488	−95/−92	40/47	21/32	45	8/15
1998.4.7	557	−92/−90	42/53	20/29.4	49	12.6/23.6
1998.6.17	346	−92/−89.5	39.7/44.6	25.82/30.5	43.34	9.4/14.1
1998.7.17	389	−90.7/−86.3	42.7/51.4	25.8/30.5	48.2	12.2/20.9

二、真空系统治理方法

影响凝汽器真空的因素很多，应根据影响凝汽器真空因素综合分析，才能找出问题所在，并采取针对性的修正措施。

1. 真空系统检漏

为查找真空系统泄漏点，甲发电厂多次利用停机机会进行凝汽器高水位注水检漏和使用氦质谱检漏仪对真空系统全面检查，对于漏点采用环氧树脂或工业修补剂进行堵漏处理。随着真空系统泄漏点的处理，空气漏入量逐渐减少。

(1) 高水位注水检漏。按制造厂规定，甲发电厂 4 号机的凝汽器高水位注水检漏位置在膨胀节以上 300mm 处，但是排汽缸的其他部位仍然无法检查到。经过计算，在不影响凝汽器承重极限的情况下决定提高注水水位，位置选在膨胀节以上 1000mm 处，对查出的漏点进行了消除。

(2) 氦质谱检漏仪。乙发电厂曾四次利用氦质谱检漏仪对整个真空系统进行全面检漏，共查出漏点 108 个，发现比较大的漏点经常有：低压汽缸前后轴封、给水泵汽轮机轴封、低压缸防爆膜、人孔门、给水泵汽轮机汽缸防爆膜、排汽蝶阀、真空泵端部盘根等。利用机组大、小修对泄漏点均逐步进行消除。

2. 凝汽器膨胀节改造

甲发电厂 4 号机由于设计及安装不合理，凝汽器接颈膨胀节处缺少加强筋板，强度不足，膨胀节护板上下均焊死导致膨胀不畅等，致使凝汽器膨胀节经常发生开裂现象，尤其在开停机时更加频繁，几乎每次开停机都出现开裂，导致机组真空下降，真空仅能维持在 89kPa 左右，对机组的安全运行构成威胁。为解决这个问题该厂对膨胀节进行了改造，彻底消除了膨胀节开裂造成的泄漏。

3. 轴封系统改造

(1) 轴封供汽系统改造。甲发电厂 4 号机低压汽缸轴封蒸汽温度设计为 121～177℃的微过热蒸汽，蒸汽流经凝汽器内的冷却器降温后、通过 Y 形滤网进入轴封环形供汽腔室，但是运行中轴封排污管道上的排污门经常会有汽水间断地向外喷出，这表明进入轴封腔室内的不是微过热蒸汽，而是饱和蒸汽，不能有效地起到密封作用。造成这种情况的原因是低压轴封减温器喷水调节阀内漏、排污门内漏、母管至凝汽器一段管道无保温等。针对这些问题在停机期间进行处理，开机后，开滤网排污门不再有水喷出，这表明轴封汽中带水问题得到了解决。

乙发电厂 5 号机低压汽缸轴封蒸汽温度设计为 200～250℃（压强 30～35kPa）的微过热蒸汽，蒸汽流经凝汽器内的冷却器降温后进入轴封环形供汽腔室。将轴封压力提高到 70kPa 进行试验，四个低压环形供汽腔室压强在 58～68kPa，但大气侧不向外冒汽，停运轴封加热器风机，仍观察不到蒸汽冒出。卸掉四个轴封环形供汽腔室的压力表后，均发现大量的水从压力表管喷出。这表明轴封供、回汽积存疏水是影响四个低压轴封效果的重要因素。针对试验结果，对轴封供、回汽系统进行如下改造：

1) 减少凝汽器内轴封供汽冷却器的冷却面积，将减温器后疏水分离器的疏水引至凝汽器外部装设调整门，再疏至凝汽器；增加疏水调节的灵活性，解决轴封蒸汽带水的问题。

2) 将轴封回汽的疏水改为连续疏水方式，解决轴封进、回汽疏水不畅的问题。

(2) 轴封加热器改造。甲发电厂 4 号机轴封供汽进入汽封腔室后，一部分经汽封齿节流后排入凝汽器，另一部分与漏入汽封腔室的外界空气一起排至轴封加热器，最后由轴封加热器风机排出。轴封加热器真空设计要求不低于 6kPa，由于种种原因，实际的轴封加热器长时间在微正压下运行，因此造成轴封回汽不畅，致使漏入汽封腔室的空气沿轴向流入凝汽器。用氦质谱检漏仪测定，此处的空气漏量很大，而汽封间隙经大修调整也在正常范围内，汽封间隙不是造成泄漏的主要原因。经分析认为轴封加热器风机出力不足和吸入口止回阀不严密是主要原因，遂对风机重新进行了选型，由原来的卧式改为立式，加大了风机的排风量。另外对吸入口止回阀进行修研处理，提高了其密封性能。风机放水管由对空排放改为进入疏水U形管汇入凝汽器，既减少了空气泄漏，又回收了工质。改造后，用氦质谱检漏仪对低压缸轴封重新进行了测量，漏气量降低很多，效果是非常明显。

乙发电厂5号机组原设计轴封加热器疏水通过单级U形水封进入凝汽器，单级U形水封的总高度为10.6m。为验证其密封效果，在5号机U形水封管上加装了连续注水管。运行中通过该管向U形水封管注水试验，发现凝汽器真空可提高1.5～2kPa，由此判断该U形水封管存在漏汽现象。对此将该密封改为多级U形水封，改后多级水封的总高度为12.3m，彻底解决了轴封漏汽的问题。

4. 疏水系统治理

甲发电厂4号机疏水系统阀门（主汽疏水，再热疏水，高、低封加热器事故疏水，抽汽疏水等）内漏严重，这部分漏入的蒸汽使得凝汽器热负荷增加，机组真空下降，热耗上升，机组的经济运行受到很大考验，因此必须下大力气来治理阀门内漏。

乙发电厂5号机原设计在机组启动时开启的给水泵汽轮机高压汽源疏水、高压导汽管疏水、主汽阀座疏水直接进入凝汽器。但在实际启动中，这些高压阀门开关几次便再很难严密关闭，使正常运行时部分高温高压蒸汽泄漏入凝汽器。为了减少凝汽器的热负荷，提高凝汽器的安全性，将上述高温高压疏水改至管道疏水扩容器，同时将原疏水扩容器进行适当扩容增大，必要时喷水减温。

5. 凝汽器清垢

凝汽器铜管结垢使传热系数降低，真空下降，这是凝汽器真空低的常见原因。造成结垢的原因主要是循环水浓缩及水质差。通过调查发现：甲发电厂4号机凝汽器循环水温升低（凝汽器A侧为8～10℃，B侧为7～8℃），凝汽器循环水进出口压差大（凝汽器A侧为0.05MPa，B侧为0.07MPa），所以确认凝汽器冷却水管有脏污和不同程度的结垢现象，且B侧较之A侧严重。4号机小修打开水室后发现凝汽器管板和铜管脏污严重，而且B侧进水室管口塞有大小不等的石块和碎填料。对其进行了高压水冲洗去污后，B侧循环水温升上至8～9℃，循环水进出口压差下降至0.04MPa左右。由此可见，机组运行中必须保证循环水处理合格，保证胶球冲洗装置的正常工作，这是防止凝汽器铜管结垢的有效手段。

乙发电厂5号机组在400MW负荷下，两台循环水泵运行，用标准玻璃杆温度计测定进、出水温差为9～10℃，而端差达13～14℃。1998年大修中发现A、B凝汽器铜管内严重结垢，垢层厚度在0.1～1.0mm不等，垢的化学成分经化验为碳酸盐。凝汽器结垢使端差增大，也是真空低的重要原因。对于结垢情况较为严重的B凝汽器采用酸洗方法清洗，对于结垢情况较轻的A凝汽器采用高压水枪进行逐根清洗。

6. 完善胶球清洗系统

通过试验情况分析，乙发电厂5号机组原配胶球泵的型号偏小，球收不上来，胶球质量差（如椭圆、变形、密度不均匀等），造成收球率低。胶球装置投入不正常，致使凝汽器铜管迅速结垢影响真空。针对该问题，更换了胶球泵，使用质量好的胶球；同时加强胶球清洗系统的管理，提高胶球的收球率，胶球的收球率目前达到了97%。

7. 冷却塔治理

甲发电厂4号机组建有一座淋水面积为5500m^{2}的双曲线自然通风冷却塔，机组在正常运行中，冷却塔淋水层水柱现象比较严重，这极大地降低了循环水的冷却效果。停机进塔检查时发现，配水层喷头脱落现象非常严重，循环水雾化效果差。造成喷头脱落的原因有两个方面：一是喷头三通安装质量差，固定不牢靠；二是除水器无有效的固定措施，造成大面积滑脱，进而砸坏喷头。针对这种情况采取以下措施：改进喷头的安装工艺，加箍不锈钢条，同时用镀锌铁丝把原来每组除水器连接成串，增加除水器的抗气流冲击能力，从而大大降低除水器的脱落几率。4号机冷却塔经过小修改造后，在同负荷、同环境温度、同开一台循环水泵条件下，循环水温降由原来的8～9℃升至9～10℃，而且修后投运以后，水塔淋水层没有再出现水柱现象，可见采取的措施是得力的。

8. 真空泵更换

乙发电厂5号机组配三台并联运行的真空泵。其中一台为2BE353型，设计吸入压力和抽干空气量分别为3.5kPa和51kg/h；另两台为2BE303型，设计吸入压力和抽干空气量分别为4.9kPa和57kg/h。试验测得20℃水温下，两台2BE303型真空泵的实际能力分别为5.1kPa、57kg/h和10.25kPa、57kg/h，2BE353型真空泵的实际能力为3.8kPa、51kg/h。2BE303型真空泵的吸入压力显然与主机排汽压力A侧4.4kPa、B侧5.4kPa的要求不匹配。

另外根据日本600MW机组真空严密性试验得到的真空下降值与漏气量经验数值：当严密性下降值为0.399、0.533kPa/min时，漏气量分别为170、220kg/h，显然上述三台真空泵的抽气量太小，不能满足实际运行要求。对此将两台2BE303型真空泵更换为两台武汉水泵厂生产的2BE403型真空泵，该型泵设计性能为3.5kPa、91kg/h。正常情况下运行两台2BE403型真空泵即可满足要求，另外一台2BE353型真空泵作为备用或启动用。

9. 合理开启冷却水泵台数

乙发电厂5号机凝汽器设计20℃水温下，满负荷运行过水量67 700m³/h。为了判断凝汽器冷却水量是否达到设计要求，合理制定冷却水泵的运行方式，分别按三泵、两泵并列运行进行凝汽器冷却水量的测量试验，用超声波流量计在凝汽器的进水直管段上进行测量，试验测得三泵、两泵并列运行时凝汽器过水量分别为70 509m³/h和49 038m³/h。根据实测两种工况下的凝汽器过水量，按照凝汽器设计要求，当冷却水进、出凝汽器温升超过10℃时，必须开启三台冷却水泵，以建立最佳凝汽器真空。

10. 降低真空泵进水温度

常规下真空泵设计进水温度为15℃，在进水温度小于或等于15℃时，真空泵效率达到或超过额定值。当工作水温度提高后，真空泵的实际工作效率降低，凝汽器真空就会下降。在治理前乙发电厂5号机真空泵进水温度经常在40℃左右，严重影响了真空泵的工作效率。大修中将真空泵进出水管与循环水冷却系统相接，将真空泵进水温度降到10℃左右，真空泵的真空度上升了6kPa，机组真空上升了1kPa。

三、真空治理效果

1. 甲发电厂4号机真空治理效果

通过对甲发电厂4号机的真空治理，在负荷245MW时，真空每分钟下降值为100Pa，机组实际真空基本接近或好于设计值，真空值和真空严密性试验数据和运行参数分别见表17-12和表17-13。

表17-12　　甲发电厂4号机真空系统严密性试验

时　间 (min)	真空泵入口 气动门状态	机组负荷 (MW)	凝汽器真空 (kPa)	排汽温度 (℃)
0	停真空泵	245	92.6	40/41
2	全　关	245	92.4	40/41
3	全　关	245	92.2	41/42
4	全　关	245	92.1	41/42
5	全　关	244	91.9	42/43
6	全　关	243	91.7	42/43
7	全　关	243	91.7	42/43

表 17-13　　甲发电厂 4 号机的真空治理后实际真空与设计真空比较

负荷（MW）	低压缸排汽温度 A（℃）	低压缸排汽温度 B（℃）	循环水进口温度（℃）	循环水出口温度（℃）	实际真空值（kPa）	设计真空值（kPa）
245	37.9	37.5	22	35	94.2	94.8
265	36.6	36.6	19.2	33	95.5	95.4
251	32.8	32	14	27.3	97.2	96.8
299	38.7	39.7	18	34.3	94.8	94.2

2. 乙发电厂 5 号机真空治理效果

乙发电厂 5 号机真空治理后，凝汽器真空的真空严密性得以大幅度提高，在 596MW 负荷时，A、B 凝汽器真空分别达到了 95.4kPa 和 93.8kPa，真空严密性分别从原来的 1167Pa/min 和 883Pa/min 下降到 496Pa/min 和 410Pa/min，基本达到设计要求和有关规定，治理前后真空变化情况见表 17-14。虽然乙发电厂 5 号机真空治理效果显著，但是离 270Pa/min 的要求还很大，还有许多工作要做。

表 17-14　　乙发电厂 5 号机治理前后真空变化情况

时间	负荷（MW）	A/B 凝汽器真空（kPa）	A/B 排汽温度（℃）	进口循环水温（℃）	出口循环水温（℃）	循泵运转台数	真空泵运转台数	A/B 凝汽器严密性（kPa/min）	实际水温对应的设计真空值（kPa）
治理前	581	93.0/89	40.8/50	20	36	3	3	1.167/0.883	96.7/95.7
	372	91.0/88	41/48	27	37.5	3	3	1.053/0.604	94.5/92.81
	372	95.8/95.8	33/34	22	29	3	2		96.0/94.7
治理后	590	94.12/93.5	39/41	24	34	3	2		95.46/93.99
	600	94/93	40/41	25	35.4	3	2		95.12/93.9
	596	95.45/93.8	37/40.5	24	34	3	3	0.496/0.41	95.46/93.99
	232	96.1/96.0	32/32.2	21	26	2	2		

第五节　凝汽器的脏污及其清理方法

运行中凝汽器性能的优劣是由平均总传热系数的高低评定的。而决定传热系数的诸因素中，冷却水入口温度是由自然条件决定的，难以进行人工调整；而管子材料和壁厚是由凝汽器结构决定的，在运行中也无法改变。所以日常凝汽器性能管理就只剩下冷却面清洁和冷却水量调配（冷却水量决定冷却管内水流速）两项内容了，本节主要讨论凝汽器的脏污及其清理方法。凝汽器的脏污程度主要取决于冷却水水质、冷却水供水方式及季节、供水系统工作条件、冷却管材料性质以及清污方式等。

按凝汽器脏污本身的性质可分为两大类。

一、机械脏污

1. 机械脏污的产生

机械脏污是指冷却管和管板被木片、杂草、泥沙、贝壳、鱼虾、海带等机械性地弄脏或堵塞。机械脏污的特点是逐渐地积累堆积，其危险性在于可能很快地覆盖管板表面，大量地堵塞冷却管，从而导致汽轮机事故停机，这可能是由于在汛期滤网破裂，或是蓄水设施事故而产生的后果。

2. 机械脏污的防治和清除

（1）安装改造一次滤网。预防凝汽器脏污的有效方法是安装滤网。在冷却水用量不大的蓄水池中，可以安装钢条制成的网眼大小不同的若干排固定式滤网。现代大型电站冷却水在引水设施中一般安装旋转滤网，由电动机通过减速器使之低速转动。一般并列安装若干滤网，以便顺序检修。在引水设施的进口处还要安装网眼较大的防污栅，以保护旋转滤网不被漂浮的异物所损坏。

例如，某电厂 1 号机为 N300-16.7/537/537 亚临界、中间再热、单轴两缸两排汽冷凝式汽轮机，机组的冷却水采用珠江水直流冷却，先经过拦污栅将大块垃圾拦截，再经过一次滤网深过滤，并经过冷却水泵升压到二次滤网，送入凝汽器和其他冷却器。但是一次滤网在设计方面存在缺陷，该一次滤网为 1976 年设计的 XKZ-4000 型，网板间的密封性差，不少垃圾通过网板进入冷却水中，网板刚性差，易变形，一次滤网每年平均压弯 20 多块，因此导致一次滤网不能有效拦截冷却水中的大量有机悬浮物，致使凝汽器入口处的二次滤网的网孔被堵塞，造成二次滤网因前后压差升高而被压垮损坏。冷却水质和水量难以满足设计要求，致使机组真空偏低。

因此该厂对原来一次旋转滤网系统进行改造，采用 XWC-Ⅱ型一次旋转滤网（见图17-9）。改造后，冷却水质得到根本性的改善，冷却水量提高了，凝汽器真空显著提高（由改造前的 91.6kPa 提高到改造后的 94.5kPa）。由于网板从平板网板改为半弧形网板，可以使进入滤网的垃圾从底部被带到地面，然后被冲洗水冲至专用垃圾笼里，有效地防止了垃圾附在滤网正面上，避免造成滤网前后压差大而压弯滤网。

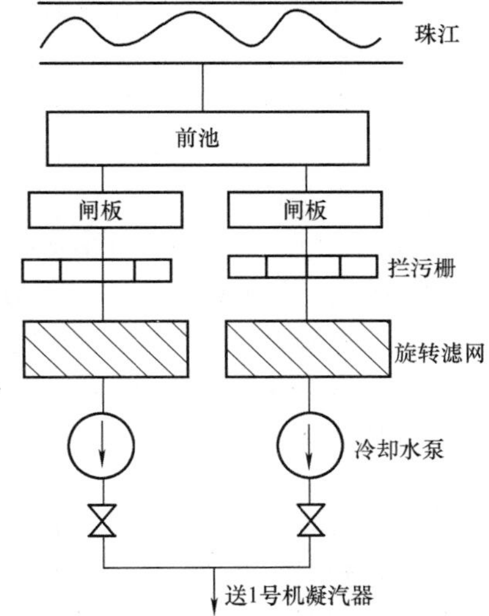

图 17-9 XWC-Ⅱ型一次旋转滤网系统流程

（2）设置冷却水二次滤网。在采用开式循环的电厂，由于近年来河流、湖泊污染程度的日益加重，冷却水中夹带大量杂物。在采用闭式循环的北方地区，冬季时间长，气温低，冷却塔中的淋水填料会因结冻而破碎，破碎后的填料碎片进入冷却水系统，从而阻塞冷却管及凝汽器水室，影响胶球清洗装置的正常运行，故应设置冷却水二次滤网。

（3）机械清理。由于冷却水水质欠佳或者二次滤网运行质量的缺陷，造成凝汽器水室杂物堆积，杂物卡在冷却管内使胶球无法正常运行或者使冷却水流量降低。对于已经滞留在冷却管内和管板面上的机械脏污，简单的方法是掀开水室上的人孔门或打开凝汽器的两侧端盖，采取人工办法用长杆软钢丝刷或高压水射流清除脏污物；对于对分式凝汽器，可在汽轮机低负荷时采用半侧清理、半侧运行方式清除脏污。

高压水射流清洗时应注意：

1）合理选择清洗喷嘴类型，考虑因素包括喷嘴小孔排数、每排小孔数量、小孔直径、小孔角度、射流速度等。

2）严格控制清洗水工作压力，一般情况下，清洗水工作压力应为 25～40MPa，最大不超过管材屈服极限的 0.67 倍。

3）喷嘴移动速度不应大于 0.25m/s，且保持匀速。

4）每根冷却管往复清洗一次，且往复过程应改变喷嘴相位。

5）采用钢丝编织胶管，要求能耐压 40MPa。

（4）反冲洗。现代大型电站凝汽器广泛采用冷却水反冲洗方法清除机械脏污物。凝汽器反冲洗就是使凝汽器冷却水以相反方向流过冷却管的清洗方法。通常，中、小型凝汽器具有对分式水室，大型凝汽器具有两个或两个以上的独立水室。因此可利用阀门的切换，轮流地通过对分式水室的一半或一个独立水室进行冷却水的反冲洗，实现在汽轮机组带负荷条件下的凝汽器清洗。反冲洗水量应控制在 60%～80%额定冷却水流量。由于冷却水流量减少，要适当地降低汽轮机组的负荷，降低多少要根据具体运行条件以及运行时最低真空值和最高排汽温度的限制要求而定。

（5）化学清洗。当结垢是油垢、淤泥或黏土等黏着物时，可采用 2%苛性钠（氢氧化钠）溶液灌满凝汽器水侧，然后用低压蒸汽把溶液加热到 50～60℃，加热温度不能过高，否则将使管子或法兰因受热而损坏。清洗时间应根据黏着物厚度与性质而定，一般应持续 6～24h。

二、生物脏污

生物脏污又称生物污染，是指活的微生物、贝类生物或水藻类附着在冷却管内和管板表面上。众所周知，在合适的温度下，细菌和藻类能够繁殖，引起附着微生物层厚度增长。在脏污冷却水中，广泛衍生着菌胶团和丝状菌，当冷却水中含有铁时，能观察到铁细菌的发展，繁殖很快。在冷却水中含有硫酸盐时，能出现硫菌和硫酸钠还原菌，这些都将加剧冷却管的腐蚀。生物脏污的特点是逐渐地繁殖生长，其危险性在于附着在管道表面上极其难于清除。特别是海滨电站，由于沿海的海水中含有大量附着海生物的孢子和幼体，随水流进入电厂冷却水系统，在设施表面附着生长、繁殖。

例如，某电厂一条海水管道运行仅仅一年，其管径就被海生物附着堵塞了四分之一。实践证明海生物附着污染的盛期在不同海域的时间不同，渤海、黄海北部、黄海南部沿海为 6～9 月，厦门、湛江沿海为 4～11 月。这期间海虹、海带更容易附着在输水管道上，迅速繁殖堵塞管道，因此必须采取有效措施进行防治。防治和清除生物脏污的方法有三种：加氯法、干燥法、半面清洗法或胶球清洗法。

1. 加氯法

加氯法是我国电厂普遍采用的方法，它可以采用季节性连续大剂量投放（有时可使排水中活性氯含量达到 2mg/kg），适用于整个管道防污，防污范围广，而且不需要在减负荷的条件下进行。但它有如下缺点：一次性投资大，需要建立加氯车间及配套设施；氯在常压下极易挥发成气体且毒性大，在运输、贮存和使用过程中对人类和环境潜在威胁大；加入 1t 氯可产生盐酸 1.03t，所生成的盐酸是稳定的化合物，排入大海不可避免地要造成公害。

2. 干燥法

利用干燥法清理生物脏污在国外大型电站凝汽设备上得到广泛的应用。干燥法的基本原理是，附着在凝汽器冷却管上的大多数微生物将在 40～60℃时死亡，并在空气中变干。目前采用干燥法的简单操作程序是：将对分式凝汽器的一半放水、停运，汽轮机排汽温度上升，此时通过适当地降低汽轮机负荷，保持该排汽温度在容许的极限值内。由于排汽热量的作用，生物脏污物被烤干、结垢并龟裂，从冷却管表面脱落下来，并用水冲走。在这种操作程序中如果向冷却管内吹进 60～70℃温度的热空气（电热器加热），则干燥速度将明显增加，可在 25～30h 内完成。

3. 电解海水（盐水）制氯

电解海水（盐水）制氯是日本从 20 世纪 60 年代首先研究发展的，我国从 70 年代才开始这项工作的研究。直到 90 年代初，我国大型电解海水（盐水）制氯装置一直依靠进口，例如大亚湾电厂进口美国的电解装置，宁波北仑港电厂进口日本的电解装置。从 90 年代中期，国产大型电解海水（盐水）制氯装置才开始在青岛电厂、威海电厂、秦皇岛电厂陆续投运。电解海水（盐水）制氯的特点是：电解工作在密闭的容器内进行，安全可靠；操作简单，不需要专门的值班员，采用定期巡视方式；控制有效氯残余浓度在0.02mg/L（ppm）左右，不会对环境和鱼类造成危害。

4. 半面清洗法

对分式凝汽器可在不停机的情况下停用一半运行一半，对停用的半面进行清洗，称为凝汽器的半面清洗。凝汽器的半面清洗应在汽轮机低负荷下进行，并做好预防增加负荷的措施。

运行中凝汽器乙侧半面隔离查漏或清洗的操作步骤如下（见图17-10）：

（1）适当降低机组负荷，一般把机组负荷降至1/2左右。

（2）关闭停用一侧汽侧空气阀11（即凝汽器乙侧至抽气器的空气阀）。

（3）对于母管制的机组设法增加运行一侧（甲侧）冷却水量。对于非母管制机组应将冷却水泵切换至甲泵运行。

（4）关闭凝汽器两侧冷却水入口管之间的联络阀3。

（5）关闭停用一侧凝汽器进、出电动门2、7，并手动关紧。

（6）开放凝汽器乙侧冷却水出口管上的排气阀9。

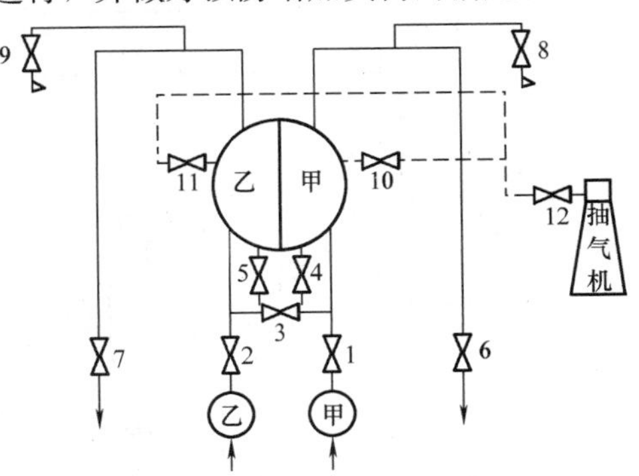

图17-10 凝汽器半面清洗系统

1、2—甲乙循环水泵出口水阀；3—甲乙循环水泵出口管联络阀；4、5—凝汽器排水阀；6、7—凝汽器冷却水出口阀；8、9—凝汽器出口排气阀；10、11—凝汽器空气阀；12—抽气器空气阀

（7）打开停用侧入口水室的放水门5放水。

（8）凝汽器水侧放完水后，真空稳定正常时，打开人孔门，进行查漏或清洗。

运行中凝汽器半面隔离查漏或清洗时，要特别注意凝汽器的真空变化，根据凝汽器真空值带相应的负荷。因为凝汽器半面隔离，只是隔离了水侧和抽气侧，而汽侧是无法隔离的，依然是真空状态，因而一旦人孔门打开，而且冷却管破漏或管子胀口处泄漏，空气就会从泄漏处进入凝汽器汽侧，引起真空下降。一旦真空下降较大时，应启动辅助抽气器维持凝汽器真空，必要时应再度降低汽轮机负荷。

由于凝汽器半面的冷却水停止，此时凝汽器内的蒸汽未能被及时冷却，所以抽气器抽出的不是空气和蒸汽的混合物，而是未凝结的蒸汽，从而影响了抽气器的效率，使凝汽器真空下降，所以凝汽器半面清洗时，应先将该侧的空气门关闭。

清洗工作完毕后，安装好凝汽器的两侧端盖，关闭凝汽器停用侧冷却水室排水阀，缓慢开放停用侧凝汽器冷却水出口阀，当凝汽器内充满水后关闭停用侧冷却水出口管排气阀，缓慢开放凝汽器两侧冷却水入口联络阀和抽气器入口空气阀，待凝汽器真空升高后再提高机组负荷。

三、胶球清洗装置的运行

凝汽器的胶球清洗是指在运行的凝汽器的冷却水中投入一定数量的胶球，使它们连续地在冷却管内循环通过，对冷却管内壁起着清洗作用。20世纪50年代初由德国人Taprogge（塔布诺格）首次研制成功胶球清洗装置，并在随后的几十年内获得广泛应用。我国在1958年开始胶球清洗技术的试验、研究及推广。实践证明，采用胶球清洗系统，可降低凝汽器的端差，提高真空度，如1台50MW机组凝汽器采用胶球清洗系统后，端差由原来的11℃下降到6～7℃，全年节约标准煤

1500t。可以实现不停机、不减负荷清洗凝汽器，保证机组满发。又如某电厂1台125MW机组，过去每年要进行20～25次干洗，每次减负荷30～40MW，历经7～8h，现在不必减负荷清洗，每年多发电550万kWh。采用胶球清洗系统后，可以使单元机组效率提高1%～2%。

（一）胶球清洗装置工作原理

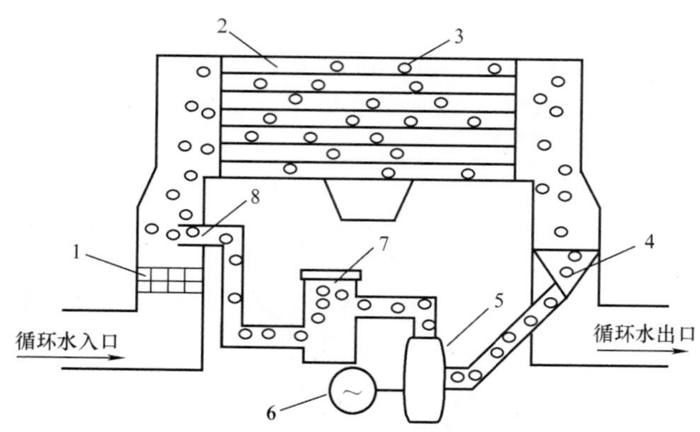

图17-11　胶球自动清洗系统
1—二次滤网；2—凝汽器冷却管；3—胶球；4—收球网；5—胶球泵；6—电动机；7—加球室；8—注球管

凝汽器胶球清洗装置的主要设备有胶球泵、装球室、收球网，在冷却水进口管道上、胶球投入处之前的冷却水还安装有二次滤网，如图17-11所示。胶球泵是将胶球从冷却水出口管道的收球网中重新送入凝汽器的动力，一般采用离心泵。由于胶球在运行一段时间以后，必然会有丢失和磨损，所以需要进行添加或全部更换成新的胶球，这一工作在装球室内完成，一般采用立式圆锥形装球室。收球网实际上就是一种安装在凝汽器冷却水出口管中的水箅子，能把跟随冷却水一起流出来的胶球回收。一般100MW以下机组采用固定式圆锥形收球网，100MW以上机组采用活动式蝴蝶形收球网。

清洗时，把海绵球填入装球室，启动胶球泵，胶球便在比冷却水压力略高的压力水流带动下，经凝汽器的进水室进入铜管（或钛管）进行清洗。由于胶球输送管的出口朝下，所以胶球在冷却水中分散均匀，使各铜管的进球率相差不大。胶球把铜管内壁抹擦一遍，流出铜管的管口时，其自身的弹力作用使它恢复原状，并随水流达到收球网，被胶球泵入口负压吸入泵内，重复上述过程，反复清洗。

虽然在冷却水泵进口装设有拦污栅、回转式（旋转式）滤网等设备，但仍有许多杂物进入凝汽器，这些杂物容易堵塞管板、铜管，也会堵塞收球网，这样不仅降低了凝汽器的传热效果，而且有可能会使胶球清洗装置不能正常工作。为了使进入凝汽器的冷却水进一步得到过滤，在凝汽器冷却水进口管上装设二次滤网。二次滤网本身属于冷却水系统的设备，但由于它与胶球清洗装置的运行效果关系很大，所以有时也将二次滤网看作胶球清洗装置的一部分。利用二次滤网能将进入胶球清洗装置的冷却水进行净化，排除机械杂草、水生物或污物，为投入胶球装置创造良好的条件，保证凝汽器安全、经济运行。

（二）凝汽器胶球清洗装置收球率低的原因

凝汽器胶球清洗装置收球率是指统计期内，每次胶球投入，正常运行30min后，收球15min，实际收回胶球数与投入胶球数比值的百分数，简称收球率，即

$$胶球收球率=\frac{统计期内收回胶球数量}{统计期内投入胶球数量}\times 100\%$$

胶球回收率高表示装置系统运行正常，单位时间内通球数多，因而清洗效果好，一般认为统计期内，收球率应高于90%（行业标准规定收球率不小于90%为合格，不小于95%为良好，不小于98%为优秀）。

凝汽器胶球清洗收球率低的原因包括：

（1）活动式收球网与管壁不密合，引起跑球。

(2) 固定式收球网设计不当，下端弯头堵球，或者是收球网脏污堵球。

(3) 收球网两侧出水管不对称，管道阻力有差异，造成两侧水量不一致，影响收球效果。

(4) 凝汽器进口水室存在涡流、死角，胶球聚集在水室中；冷却管伸出管板过多或管壁有局部压痕等。

(5) 管板检修后涂保护层，使管口缩小，引起堵球。

(6) 新球较硬或过大，不宜通过铜管。

(7) 胶球比重太小，停留在凝汽器水室及管道顶部，影响回收；或者是因为冷却水没有充满凝汽器水室，在水室顶部形成空气层，部分相对密度较小的胶球漂浮在水室水面，不参与循环。

(8) 在管束中已经形成较厚的污垢，再加上管束内沉积物垢下腐蚀，给胶球清洗装置的运行带来很大的困难，胶球容易在凝汽器管束内滞留和堵塞。

(9) 由于冷却水水质变差，一旦冷却水进口处的拦污设施（如一次旋转滤网、二次滤网等）损坏，冷却水中污物会大量涌入，把凝汽器管板、水室堵塞，导致胶球清洗装置无法正常投入运行，并直接威胁到电厂的安全、经济运行。

(10) 胶球清洗装置存在质量问题，或者是设备老化，造成一部分设备无法正常使用。

(11) 清洗阀、出口阀和胶球泵的关停次序和时间对收球率也有影响。

(12) 冷却水压力低、流速小，胶球穿越铜管的能量不足，堵在管口。例如有的机组设计工况下冷却水泵为双泵运行，但是在冬、秋、春三季水温低，为了节电，往往采用单泵运行，这样每年有三分之二的时间为单泵运行。这时凝汽器管束内的冷却水流速仅略大于1m/s，部分流速偏低的区域可能还达不到1m/s，造成胶球在凝汽器管口或管中滞留。

(三) 提高胶球回收率的方法

收球率低不仅造成补充胶球量增大，而且有可能堵塞冷却管和收球网，而且清洗效果差。为了提高收球率，可采取下列措施。

(1) 专人维护。制定合理的操作规程，设专人定期进行维护。

(2) 堵死角。对凝汽器水室内的死角、盲孔或涡流区，加装流线型导流板或孔径不大于7mm的球面网罩，减少水室内的旋涡和串缝，以免胶球滞留。

(3) 堵狭缝。在双流程凝汽器中，进出口水室内的流程隔板与水室端盖及管板的衔接处，往往因制造或检修不当留下一道狭缝，部分冷却水便从进口水室通过这道狭缝流到出口水室，胶球便有可能随这股串流的水流向狭缝并被卡住。当缝深大于0.5d（d为湿球直径）、缝宽在0.3～1.0d时，容易产生积球。国内曾发生上百个胶球被卡在狭缝上的事例，因此在检修凝汽器时应注意将狭缝堵住。

(4) 正确安装。在直流供水的冷却水系统中，胶球泵入口管的标高应低于收球网网底位置；装球室应尽量接近胶球泵；收球网内壁要光滑不卡球，且装在冷却水出水管的垂直管段上；如果收球网两侧出水管不对称，造成两侧出水量不一致，可以将收球网旋转一定角度，以保证水流对称分布。当以海水为冷却水时，二次滤网宜稍靠近凝汽器冷却水进口，以缩短二次滤网至凝汽器间冷却水管长度，减少海生物在此段管道中寄生和繁殖的数量，从而减少凝汽器管和收球网被堵塞的机会。

(5) 合理设计。在胶球清洗管路系统设计时应尽量减少弯头，严格执行管道焊接工艺，不允许出现焊口错位、破口不打毛刺便焊接等现象。应采用曲率半径较大的90°弯头，管路要平直简短；胶球清洗系统中的阀门开启和关闭应灵活方便，阀门不卡球；要正确选择阀门，不合适的闸阀往往在阀芯的槽道中积球或把球切坏，根据运行经验，建议采用球阀不易切球。

(6) 二次滤网完好。冷却水泵入口处的拦污栅、一次旋转滤网虽然能够清除大部分杂物，但仍有部分杂物漏入。为了使进入凝汽器的冷却水进一步得到过滤，在凝汽器循环水进口管上装设了二次滤网，对二次滤网的要求既要过滤效果好，又要水流阻力损失小（在设计工况下，二次滤网的水阻应不大于4900Pa）。因此对冷却水二次滤网，必须定期排污、清理，保持网面清洁，防止杂物堵塞凝汽器铜管和收球网。若二次滤网是自动控制的，务必调整好，以保证动作的及时性和准确性。建议有条件的电厂，可加装具有安全可靠、体积小、反冲洗能力强、便于维修等特点的EDF型二次滤网。

（7）合理地选换胶球。在设计或运行时，必须对胶球的规格、性能、质量和供货验收标准提出严格的要求，不能使用任意胶球。胶球应耐磨、质地松软和有弹性，胶球的气孔应均匀、吸水性强。干态胶球球径应一致，在水温5～45℃运行时，球径涨大应小于2mm，以后保持稳定。运行中如果凝汽器脏污严重，应先采用软一点、小一点的胶球，保证胶球畅通无阻，然后再改用稍硬一点、稍大一点的胶球，这样既能保证较高的收球率，又能取得良好的清洗效果。

（8）制定合适的清洗时间。胶球清洗时间应根据具体机组，针对不同水质制定不同的清洗时间和清洗频次。制定的原则是：在间隔时间内，冷却管内不会形成坚实的污垢附着物或藻类物质。有的电站每天清洗一次，每次15～30min；也有的电站每周清洗一次，每次30min。建议胶球清洗每天一次，一次保证30～60min。

（9）定期检查胶球。及时补充和剔除磨损到最小直径以下或失去弹性的胶球。运行中发现胶球循环速度降低时，应检查胶球输送系统的工作情况，发现问题及时处理。运行中应注意凝汽器端差的变化，定期测算凝汽器的清洁系数，以检查胶球清洗效果。投运胶球数量取单侧凝汽器单流程管子根数的8%～14%。

（10）保证冷却水母管压力（提高冷却水流速）。胶球清洗装置的正常运行是以冷却水达到一定压力为前提的。当电站拥有的汽轮机机组较多、冷却水母管压力偏低时，应在投球清洗前增开冷却水泵台数；如果冷却水母管原设计压力就低，则只能关小非清洗机组冷却水进口阀门，以提高清洗机组的冷却水进口压力。

（11）注意凝结水水质的变化。胶球清洗装置投入运行前，若已发现冷却管泄漏，则应予以更换或堵塞。胶球清洗装置投入运行后，应注意凝结水水质是否有恶化现象，因为胶球可能把已经堵塞的泄漏处重新擦开；如果凝结水水质恶化，则应采取堵漏措施，或从装球室中加入湿木屑，暂时将泄漏处堵住，然后酌情采取其他措施。

（12）装置可靠。对胶球清洗装置质量低劣或已经老化陈旧的设备，确实无法正常运行或不能达到使用效果的，应该进行改造或更换。

（13）减少误操作。电气控制信号和热工控制信号最好分离，控制过程一目了然，操作方便，便于维护和监管。

（14）清理杂质。对老机组，水室中垢片、锈片以及一切杂质必须清理干净，否则水室的杂物和脱落的碎物可能会造成凝汽器管和收球网堵塞。

第六节　大型凝汽器改造技术

我国20世纪90年代以前，大型凝汽器一般为单背压双流程式凝汽器，凝汽器排管采用外围带状式或卵状式两种，卵状式（也叫钟罩式）排管方式见图17-12（a），向心式排管方式见图17-12（b）。冷却管管材一般采用海军黄铜（HSn70-1A），由于采用苏联60年代的设计思想，而且计算方法落后，不能进行管束排列优化，造成上述两种管束均未能形成明确的进汽通道和排汽通道，整个管束热负荷分布不均，总体传热系数低、汽阻大、运行背压不理想、凝结水过冷度大、含氧量高。另外，机组运行几年后，冷却管腐蚀破坏严重，堵管换管频繁，泄漏严重，当堵管超过设计余量时，造成冷却管换热面积不够，从而导致换热面积不足，直接影响到凝汽器的经济性和安全可靠性。

一、早期大型凝汽器存在的问题

（1）凝汽器背压不理想、凝结水冷却度过大、含氧量高。外围带状式或卵状式排管不合理，整个管束热负荷分布不均匀，蒸汽流场不平衡。由于蒸汽流至热井表面时已有较大压损，使此处蒸汽饱和温度低于凝汽器背压下的饱和温度。同时又没有足够的蒸汽流至热井表面，对凝结水回热，从而导致凝汽器凝结水冷却度过大，相应引起含氧量高的问题。

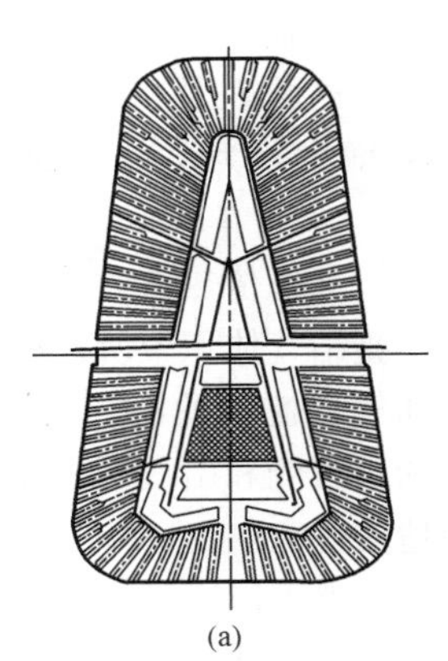

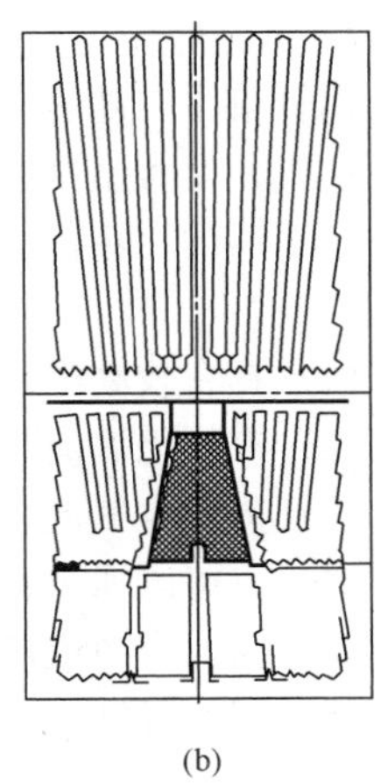

(a)　　(b)

图 17-12　原有的排管结构

（a）卵形排管；（b）向心排管

（2）冷却管断裂。老式凝汽器管束设有支撑隔板，中间管板间距较大，虽然通过计算使管子的固有频率避开了汽轮机转动频率，但引起冷却管振动的汽流诱激振动因素却依然存在。尤其是在冬天高负荷低水温的恶劣情况下，管子固有频率与激振频率发生共振，造成冷却水管振动损坏。根据美国热交换管凝汽器标准计算，老式凝汽器冷却管中间跨距过长，不能满足涡流激振要求。

（3）海军黄铜抗腐蚀性较差，抗冲蚀性较差，易磨损。冷却管在铜管进口端的一小段上，由于冷却水通流截面的突变，产生强烈紊流、涡流的不稳定流动，使铜管表面剪切力增大，保护膜剥落，造成冲蚀磨损。如果水室结构及排管方式不合理，则有可能加剧冲蚀的可能。

（4）氨蚀严重。对于亚临界和超临界压力机组，为减少给水对碳钢材料的冲蚀，往往对电厂汽水回路中的水进行处理，并加氨提高给水的 pH 值，这样就导致对铜管的腐蚀，使铜管在高压高温水中与水中的氨作用而溶解于水中，并会析出附着于汽轮机叶片等重要部件上，引起汽水回路中铜的沉积。

（5）堵管严重。老式凝汽器大多已运行 20 年以上，凝汽器管束受高速汽流冲蚀损坏严重，运行时经常堵管，当堵管超过设计余量时，将造成冷却管换热面积不足。

二、改造的必要性

早期设计的凝汽器铜管已接近使用寿命，随着堵管数量的增加以及铜管表面结垢导致整体换热效果恶化，引起热经济性下降。已经老化的凝汽器铜管及胀口处泄漏频繁，且查漏困难，造成凝结水硬度经常超标，给水水质超标，使锅炉受热面结垢腐蚀严重，已严重影响到运行的经济性和安全性，对凝汽器的全部改造是必要的。如果简单地抽出铜管换上其他耐腐蚀管子（如不锈钢等），而其他部件诸如端管板、中间支撑板等部件不做变动是行不通的，主要原因是：

（1）由于新管的机械性能与老管存在差异，使新管子与原管板的公差配合往往存在问题，造成管子缺少过盈量而不能胀管。

（2）中间隔板的间距需要调整，否则新管在管材、管径、壁厚等方面改变后，中间隔板间距不变将可能引起管子振动。

（3）由于换管前通常已抽、堵了大量管子，虽然换管后原换热面积恢复了，但是新抗腐蚀管的热导率一般比原管低，所以凝汽器的总体换热系数降低了，如果不采取有效措施将不能保持凝汽器原有的热力性能。

（4）简单地换管，由于仍维持原管束排列方式，因而不能解决或改善凝汽器其他方面的性能，如含氧量、过冷度等。

三、凝汽器改造技术

1. 管排的优化

在管束中，随着蒸汽的不断凝结，蒸汽空气混合物的容积流量和速度都不断下降，而混合物中的空气相对含量则急剧增加，这两个因素导致了局部放热系数和蒸汽负荷率不断降低，使热负荷分布不均匀、蒸汽流动阻力增大，为了减少或消除上述现象，合理的管束排列应具有以下特点：

（1）具有较高的传热系数，选择传热系数较高的管子。

（2）汽侧无涡流现象，不凝结气体积聚所造成的影响最小。

（3）蒸汽空气混合物向抽气口流动的沿程通道应短而直，以最大限度地减小主凝结区的汽阻。这一点可以通过在管束的进汽侧和出汽侧设立相应的蒸汽通道来实现，蒸汽通道要顺应排汽的流动方向，避免汽流急剧地改变方向。

（4）不使凝结水过冷，这一点可以通过在管束中间或两侧留有适度的自由通道，以便使部分刚进入凝汽器的蒸汽和凝结水直接到达底部，加热凝结水，消除过冷度，提高热经济性。

（5）要使不凝结气体积聚所造成的影响最小，提高空气冷却区的传热效果，必须使凝汽器的空气冷却区的蒸汽空气混合物流速足够高（但汽流速度不应超过 50m/s），以排除冷却表面上的不凝结气体。

（6）力求避免刚进入管束的蒸汽与来自管束其他部分的含空气较多的蒸汽相混合。防止蒸汽不经过主凝结管束而直接进入空气冷却区或蒸汽空气混合物不经过空气冷却区而直接到抽气口。为此，可在汽侧合理设置挡板。

（7）管束中布置引水板，以避免上部管束流下来的凝结水增加下部管束外侧的水膜厚度，并进一步冷却而产生过冷。但引水板的位置和方向，应符合汽流流动规律，以减小水阻。

（8）凝结水和蒸汽空气混合物应分开从不同地点引出，且它们沿冷却管轴线距离应该大一些，以减小过冷度。

以上要求，通常在凝汽器设计中只能在不同程度上给予满足，对各种因素进行不同的考虑，可以得到不同的管束型式，但是各种管束的最终目标是减小汽阻，减小过冷度，提高凝汽器的除氧能力。

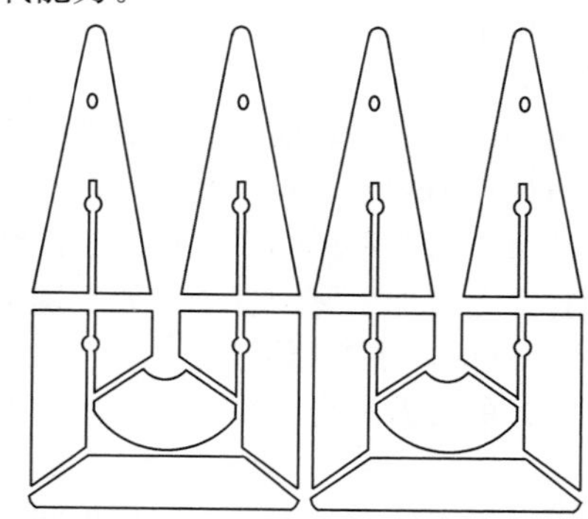

图 17-13 BD-TP 双山峰式管束排列图

双山峰式排管排列见图 17-13，其主要优点是：

（1）两山峰形管束排列顺汽流方向的汽流直而短，蒸汽在管束中流速低、汽阻小。

（2）抽空气通道的布置与管束排列形状一致，使蒸汽从管束四周进汽，每一冷却管束热负荷分布均匀，传热系数高。

（3）空冷区结构先进，蒸汽—空气混合物在空气冷却区沿冷却水管向抽气口纵向流动，与管内冷却水进行强逆流换热，使混合物中蒸汽充分凝结，降低了汽—气混合物出口温度，改善了抽气设备的工作条件。

（4）蒸汽流程在凝汽器内的分配最佳，无涡流区，蒸汽通道中的蒸汽流速度几乎保持恒定，从而保证了凝汽器具有良好的综合性能。Tepee 两山峰形管束布置的凝汽器，热负荷均匀性好，使得每一根冷却管都能沿长度方向接受蒸汽凝结，也就使得经过每一根冷却管的循环水进行充分热交换，所以，Tepee两山峰形管束布置的凝汽器设计端差小，且与实际运行端差较为吻合。Tepee两山峰形管束布置的凝汽器设计端差及实际运行端差一般都在3℃左右。

（5）凝汽器壳体布置4组管束，增大了凝汽器回热通道数，既使每一组管束进汽均匀，传热系数提高，又使热井中凝结水得到了有效回热。

（6）凝汽器排管汽阻小，热负荷分布均匀，流场平稳，蒸汽涡流区少，主凝结区无明显的空气积聚，基本消除过冷度，除氧效果理想，总体传热系数比HEI标准高15%～30%，总体换热效率高，在相同的凝汽器换热面积下，背压低于HEI标准预测值。

东方汽轮机厂采用德国巴克-杜尔公司（BALCKE-DVRR公司）的“Tepee（双山峰）”模块式排管技术对早期凝汽器进行改造，主要设计特点是：抽空气管分两路，直接抵空抽区，为彻底抽出不凝结气体，空抽区除布置一DN45通孔外，中间支撑隔板孔也由原来的DN25.2增加到DN26.6，以便不凝结气体被迅速抽走；增加了蒸汽凝结成水后的疏水挡板，采用双层多孔板，以保证管束不被腐蚀和凝结水顺流排走；设置三条蒸汽通道，汽流速度均匀，中间无反流，取消了淋水盘除氧装置，汽流可直接下流到热水井，均匀一致的蒸汽流型有助于提高凝结水的回热效果，可降低凝结水的过冷度，提高了凝结水除氧效果；增加了中间管板，解决了振动引发的激振问题。

2. 管材选取

国内凝汽器目前广泛采用黄铜管和铜镍管，而国外广泛采用不锈钢管和钛管。

不锈钢管凝汽器与铜管凝汽器相比，具有如下优点：

（1）抗冲蚀性好，能抗蒸汽带水滴在高速中的冲击腐蚀。

（2）抗氨腐蚀性能好。

（3）耐水侧冲击腐蚀强。

（4）可在给水回热系统采用无铜离子系统，且pH值可提高，以减少腐蚀产生率。

（5）可提高冷却水流速，一般为2.3m/s，最高达3.5m/s，因此既可提高总体传热系数，又可减少冷却管内杂质沉积。

（6）选用不锈钢复合板做端管板，与不锈钢管之间的连接可采用胀接加密封焊，达到管子与管板连接无泄漏。

（7）铜管凝汽器使用寿命不足20年，而不锈钢凝汽器使用寿命长达30年以上，可省掉换管和减少维护工作量。

虽然不锈钢管热导率比铜管低，但是由于采用较薄壁厚和较高管内水速，致使不锈钢管凝汽器总体换热效果基本相当或稍微减少。

各种管材所允许的冷却水悬浮物和含砂量，见表17-15。

表17-15　　国产不同材质凝汽器管所适应的水质及允许流速

管材	溶解固形物(mg/L)	Cl^-(mg/L)	悬浮物和含砂量(mg/L)	允许流速(m/s)		相对导热性能
				最低	最高	
H68A	<300,短期<500	<50,短期<100	<100	1.0	2.0	1.82
HSn70-1A	<1000,短期<2500	<150,短期<400	<300	1.0	2.2	1
HSn70-1B	<3500,短期<4500	<400,短期<800	<300	1.0	2.2	
HSn70-1AB	<4500,短期<5000	<2000	<500	1.0	2.2	
BFe10-1-1	<5000,短期<8000	<600,短期<1000	<100	1.4	3.0	0.85

续表

管材	溶解固形物(mg/L)	Cl^-(mg/L)	悬浮物和含砂量(mg/L)	允许流速(m/s)		相对导热性能
				最低	最高	
HAl77-2	<3500，短期<4000	<2000，短期<25 000	<50	1.0	2.0	0.91
HAl77-2A	1500～海水			1.4	2.0	
BFe30-1-1	<3500，短期<4000	<20 000，短期<25 000	<1000	1.4	3.0	0.51
TP316/TP316L	不限	<1000	<1000	1.4	3.5	0.28
Ti(TA)	不限	不限	<1000	不限，最佳	2.3	0.29

注 HAl77-2 只适合于水质稳定的清洁海水，所谓短期是指一年中连续运行不超过 2 个月。根据 GB/T 5234，取消了 B30 和 B10 牌号，改用 BFe30-1-1 和 BFe10-1-1 表示。

四、凝汽器改造方法

1. 凝汽器改造内容

凝汽器改造要受到较多的外部边界条件的限制，在改造中不应改变原凝汽器的各个接口。凝汽器改造项目主要包括：改变中间管板间距以及管束排列方式；更新冷却管、水室、端管板、壳体内部支撑部件和抽空气管路；采用不锈钢管或钛管代替铜管以解决铜管腐蚀泄漏问题。在改造中，应设法减少更换成不锈钢管对传热性能的影响，以改善凝汽器综合性能。

2. 凝汽器改造步骤

（1）切断冷却水管与水室的连接，现场铺设支架、铁轨、脚手架；拆除前后水室端盖，松开管板与侧板、喉部、热水井的连接。

（2）将旧管束切断分成几部分从凝汽器壳体内移出。

（3）凝汽器壳体内部清理，新端板、中间管板壳体内就位，管孔找中心。

（4）凝汽器壳体内部焊接、穿管、胀管、翻边，安装前后水室盖板。

（5）凝汽器壳侧灌水试验，水侧防腐，重接冷却水系统。

五、单背压凝汽器改造实践

1. 凝汽器现状

潍坊发电厂 2 号机组原为 N300-16.7/537/537 型，经过通流部分改造，型号改为 N330-16.7/537/537 型。配用的凝汽器为 N-16300-1 型，循环冷却水系统配有 3 台 1200HKT-B 型斜流泵。该凝汽器为单壳体对分、双流程表面式，冷却面积为 16 300m^2，冷却水量为 32 000t/h，冷却管材料：冷凝区铜管材质为 HSn70-1A，空冷区铜管材质为 B30，采用地表水作为循环冷却水的补充水。机组在运行过程中主要存在下列问题：

（1）机组自 1993 年投产以来，水源地水质逐年恶化，循环水中的含盐量及氯离子含量成倍增加。

（2）改造前频繁出现铜管泄漏问题，被迫进行封堵，堵管总数达到 386 根，致使凝汽器的换热面积不断减小，换热效果变差。

（3）凝汽器冷却管束结构布置不合理，相对落后，不能形成明确的进汽通道和排汽通道，管束中设置了数量较多的各种导流板，导致管束中局部出现涡流现象，导流板附近形成了停滞区，整个管束热负荷分布不均，总体传热系数低，汽阻大，凝汽器真空为 93.5kPa，相对于设计值明显偏低。同时由于换热效果较差，造成夏季两台真空泵运行，增加了电耗。

2. 改造方案

鉴于凝汽器存在的问题已经严重影响到了机组的安全经济运行，因此必须对凝汽器加以改造，以达到整体性能改善的目的。在保留原凝汽器外壳、与其他设备连接方式、支撑方式不变的前提下，对凝汽器冷却管排管方式、管材材质及中间管板间距进行了整体优化。

(1) 管束排列方式的选择。采用德国巴克—杜尔公司先进的“Tepee（双山峰）”排管方式。改造后增大了凝汽器的蒸汽通道面积，使蒸汽进入管束时具有低的流速，蒸汽能直接进入管束内层，自由流向热井，汽阻减小，回热通道增大，凝结水过冷度减小，背压降低，使凝汽器达到最佳真空。

(2) 冷却管材的选择。虽然不锈钢管的导热系数仅为铜管的55%左右，但是更换后的不锈钢管壁较薄，一般仅为铜合金管的50%～71%，冷却管材料和壁厚（铜管壁厚1mm，不锈钢为0.6～0.7mm）的修正系数β_m则由1.0降低为0.8（更换前后冷却管外径的计算系数C和冷却水温修正系数β_t不变，）；换成不锈钢管后，由于阻力小，冷却水流速相对提高，当管内流速从2m/s升高到2.3m/s时，传热系数增加到1.07倍；不锈钢管腐蚀产物较少，管壁光滑，不易沾污，不锈钢管内清洁系数从0.85增加到0.90；不锈钢管壁热阻只占总热阻的2%～5%；由于铜管凝汽器的设计存在3%左右的面积余量，所以不锈钢管凝汽器在冷却面积上是能够满足设计要求的。同时在设计新的凝汽器时可以采用较高的流速，而且旧机组的凝汽器铜管换成不锈钢管后，由于阻力变小，冷却水流速相对提高，所以不锈钢凝汽器总传热系数不一定比铜合金管低，有时甚至还略好一点。在实际改造中，采用不锈钢冷却水管，按照循环水质选用管材材质：主凝结区壁厚为0.5mm，外围及空冷壁厚为0.7mm的TP316L不锈钢直管替代原铜管；端管板选用不锈钢复合板，提高端管板的抗腐蚀性能，冷却水管头和端管板间采用胀接＋氩弧焊接的链接方式，杜绝冷却管端口发生的泄漏。

(3) 中间支撑管板间距的确定。调整中间支撑管板间距的主要目的是避免冷却管发生振动。通常引起凝汽器冷却管夹振动的主要原因有：①冷却管夹固有频率与扰动频率接近，发生共振；②冷却管夹受到高速汽流的诱振作用，使冷却管产生大振幅，相互碰撞磨损。为避免冷却管的振动损坏，改造中对冷却管的最大许用跨度进行了计算，并对冷却管固有频率进行校核。在实际改造中，改变中间支撑隔板间距，增加中间隔板数量。在蒸汽侧通过安装适当的挡汽板及挡水板等附件阻止蒸汽流，达到高效的传热和除氧效果，以期望保持小的凝汽器端差和凝结水过冷度。在凝汽器内部通过简洁固定链接和支撑，保证凝汽器在运行过程中不发生振动。

3. 改造前后性能比较

2号机组凝汽器经过改造后，运行情况良好，凝汽器性能得到明显改善。大修前后分别进行了热力试验，试验的结果如表17-16所示。

表17-16　凝汽器改造前后运行情况对比

工况	功率(MW)	凝汽器热负荷(GJ/h)	凝汽器端差(℃)	修正流量、温度和热负荷后端差(℃)	凝结水过冷度(℃)	循环水温升(℃)	修正流量、温度和热负荷后循环水温升(℃)	运行清洁系数	总体传热系数[W/(m²·℃)]	修正流量、温度后总体传热系数[W/(m²·℃)]	修正流量、温度和热负荷后凝汽器压力(kPa)
设计值	330.0	1414.79	4	≤4	0	10.60	≤10.60	0.85	3115.28	3115.28	5.39
改造前工况	330.02	1740.07	8.57	8.05	2.12	14.14	13.07	0.58	3688.24	2208.48	7.82
改造后工况1	319.13	1588.98	2.82	2.97	0.87	13.74	10.52	0.97	3405.44	3240.81	5.17
改造后工况2	317.60	1601.81	3.10	3.23	1.18	13.86	10.52	0.93	3258.63	3099.14	5.24

从表 17-16 中的数据可以看出，改造后的两个工况，试验参数修正后凝汽器的端差平均值为 3.10℃ ，比改造前的 8.05℃下降了 4.95℃；循环水温升为 10.52℃ ，比改造前的 13.07℃下降了 2.55℃；凝汽器压力为 5.21kPa，比改造前的 7.82kPa 下降了 2.61kPa。热耗约降低 1.5%，即 119.07kJ/kW h，发电煤耗也相应降低 4.86g/kWh，按机组年平均运行时间 7000h 计算，年可节约标准煤约 11 226t。

六、单背压凝汽器改造成双背压凝汽器

从双壳体、双流程表面式凝汽器的结构上说，完全有条件改造成两个独立的凝汽器，可以双背压运行，只要把联通水室隔开，且外围的循环水管稍做改造，再把两个凝汽器中间的平衡孔堵上，就可把两侧凝汽器从“并联”运行的单背压方式改成“串联”运行的双背压方式。

对于单流程表面式凝汽器，改造成双背压凝汽器就比较复杂。例如邹县发电厂 1 号机组 300MW 凝汽器（型号：N-15300-I 型）由上海电站辅机厂生产，于 1985 年投入运行，换热管（共 21 792 根）由三种材料组成，顶部为不锈钢，牌号为 1Crl8Ni9Ti，空冷区为白铜管，牌号为 B30，其余为黄铜管，牌号为 HSn70-1。凝汽器经过多年的运行，凝汽器存在真空偏低、铜管泄漏等问题。单背压改造成双背压凝汽器后真空提高了 3kPa。采用的改造方案为：

（1）采用 TP316L 不锈钢管代替铜管，以解决凝汽器铜管腐蚀减薄以致泄漏的问题；采用新型并经优化的 Tepee 排管方式代替原排管方式，该方式下蒸汽流动通道大而广泛，汽流直而短，蒸汽在管束中流速低、汽阻小，从而可显著改善凝汽器性能。

（2）凝汽器由单流程单背压改为双流程双背压，凝汽器的前、后水室重新制作，全部更换。为减少水室涡流区，改善凝汽器水室布水的均衡性，更换凝汽器前、后水室为全新的同弧型水室，重新适配凝汽器进、出循环水接口管道。

第七节　凝汽器抽空气管道加装冷却装置

在我国无论是南方还是北方地区，无论是单机容量大还是容量小的火电机组，都普遍存在着机组凝汽器真空低的问题。而真空对热经济性的影响又特别大，并已成为影响机组热经济性提高的重要因素。从热力学观点看，火电机组凝汽器真空下降 1%，发电热耗就上升 1%，发电效率降低 1%。有些机组抽真空系统的的工作水温高达 30℃以上，而工作水温的设计值一般是 20℃，工作水温高的主要原因是：

（1）抽真空设备与工作介质的摩擦而产生的热量，引起工作水温升高。

（2）抽空气管道内的水蒸气因为有凝结过程放出的汽化潜热。

（3）冷却水采用了温度较高的循环水，而不是温度较低的工业水。

一、技术原理

抽空气管道的阻力就是凝汽器抽空气口的压力与抽吸室的压力之差。在凝汽器抽空气系统中，从凝汽器抽出的气、汽混合物中有 2/3 是水蒸气，1/3 是空气。可见，抽空气管道的阻力主要是水蒸气的流动阻力和空气的流动阻力，其中因水蒸气质量是空气质量的 5～8 倍，因此水蒸气的流动阻力占绝大部分。如果使抽空气管道中的水蒸气凝结，则该管道内流动的只有空气，空气的比重远小于水蒸气，则气体的流动阻力会大大降低。在抽真空装置抽吸能力不变的情况下，假定原抽吸能力为每小时 $100m^3$ 的气、汽混合物，现通过凝结 70%左右的水蒸气，通过抽吸装置的流量仍为 $100m^3$ 的气体，则可以从凝汽器内抽出的气、汽混合物 $300～400m^3$，大大改善了凝汽器真空。另外，抽真空设备的工作水温对其抽吸能力影响特别大，从表 17-17 中可以看出，水温在 25～30℃之间时，每变化 1℃影响机组平均出力为 300kW 以上。

表 17-17 抽真空设备的工作水温对排汽压力和机组功率的影响

工作水温（℃）	21.01	21.69	22.01	22.51	23.35	25.02	29.98
排汽压力（kPa）	4.50	4.61	4.66	4.75	4.90	5.21	6.31
机组功率（kW）	0	−158	−240	−364	−588	−1034	−2638

二、系统构成

凝汽器抽空气管道加装冷却装置是在靠近凝汽器一侧的抽空气管道上加装冷却器，把蒸汽凝结并疏出，以减少蒸汽在水箱中的凝结放热，使工作水温降低，提高了抽真空设备的抽吸能力，见图 17-14。其中 1、2 手动门为真空冷却器入口手动门，3、4 门为冷却器旁路手动门。冷却装置投入退出时应十分注意阀门的操作顺序，确保抽空气管道中气体的流动连续性。投入时应先开启 1、2 号入口手动门，然后关闭 3、4 旁路手动路门；退出时应先开启 3、4 旁路手动门，然后关闭 1、2 号入口手动门。

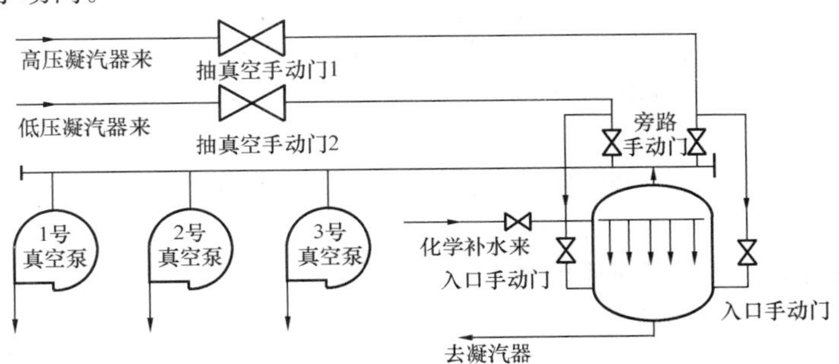

图 17-14 凝汽器抽空气管道冷却装置布置

冷却装置的工作原理是：采用一部分化学补充水在冷却器内雾化，与凝汽器来的气汽混合气体进行换热，使混合气体内的水蒸气凝结，并与雾化水一起经冷却器底部疏出，进入凝汽器热井。气汽混合物管道以切向方式进入冷却器，使混合气体沿冷却器罐体内壁螺旋式旋转并与雾化水逆流接触，混合气体内的水蒸气在冷却器内充分凝结，剩余的空气从冷却器顶部流出，经下游的气汽混合物管道进入抽真空设备。

三、经济效益

抽空气管道冷却装置在提高凝汽器真空上具有极其明显的效果：

(1) 在机组运行时，从凝汽器中抽出的气汽混合物进入冷却器，使气汽混合物中的水蒸气凝结成水并疏出，这样就减少了蒸汽在工作水（如射水箱）中的凝结放热，使工作水温降低，提高了抽真空设备的抽吸能力。

(2) 由于将蒸汽凝结，在气汽混合物管道入口压力与吸入室压力差不变的情况下，势必会增加真空泵抽出的空气量，从而提高了凝汽器的真空。

(3) 回收了大量的蒸汽和水，大大降低了真空泵的腐蚀结垢，同时还可以消除真空泵的振动。

该冷却器具有体积小、投资少、换热效率高、无端差、免维护的优点，可以使用 20 年以上，使用该技术可提高凝汽器真空 0.2～0.4kPa。

四、应用案例

该技术最早应用于内江白马电厂 200MW 汽轮机上，以后逐渐在 300、600MW（如安徽平圩电厂、内蒙古岱海电厂）机组上推广应用。淮北电厂 300MW 机组，2006 年采用华北电力大学科技开发服务中心的该项技术后，真空大约提高了 0.2 个百分点。若真空提高 1%，按可降低煤耗

1%计算，则发电标准煤耗按340g/kWh，若机组的年平均运行小时按6000h计算则，年节约标准煤为：340×0.2×1%×10^{-6}×6000×350 000=1428t。

每吨标准煤按700元人民币计算，一年可为电厂节省700×1428=99.96（万元）。同时回收了部分工质，大约每年节约除盐水1240t。

盘山发电公司2×600MW亚临界火电机组，抽真空装置采用的是水环式真空泵，从凝汽器抽出的蒸汽空气混合物，混合物中的蒸汽将水环真空泵的工质水加热，影响水环真空泵的性能。为了保证水环真空泵的性能，需要补充冷水，以降低工质水的温度，因此耗水量大。为此，该电厂在凝汽器抽空气管道上加装冷却装置，使蒸汽空气混合物中的蒸汽在进入水环真空泵之前凝结，水环真空泵的工作能力大大提高，使凝汽器的真空提高，增加汽轮机的发电量，也将节约大量冷却水。改造后机组真空提高0.6kPa，热耗率降低1.2%，夏季该装置运行时间为全年的60%，全年平均可降低供电煤耗约2.2g/kWh。

2010年10月，山东国电石横电厂4号机组（300MW）由山东泓奥电力科技有限公司安装了凝汽器真空提高系统，于2011年4—11月运行，运行情况良好，真空比改造前提高了0.66Pa，对应机组平均煤耗减少了1.3g/kWh。

第八节　双背压凝汽器抽真空系统节能改造

一、双背压凝汽器抽真空管路连接方式

根据连接方式的不同大型汽轮发电机组凝汽器抽真空管路，大致可以分为以下几种布置型式：

（1）分列布置型。高、低压凝汽器分别配备2套100%容量的水环式真空泵组，2只凝汽器的抽空气管路完全独立，4台真空泵采用2运2备的运行方式，称为分列布置型（见图17-15）。北仑电厂从日本东芝公司进口的4台600MW机组就是采用这种分列布布置的连接方式。这种分列布置型式的好处是高、低压凝汽器抽空气系统互不干扰，确保凝汽器内积聚空气能被顺利抽出。缺点是4台真空泵的投资较多，占用的场地较大，运行耗电量大。

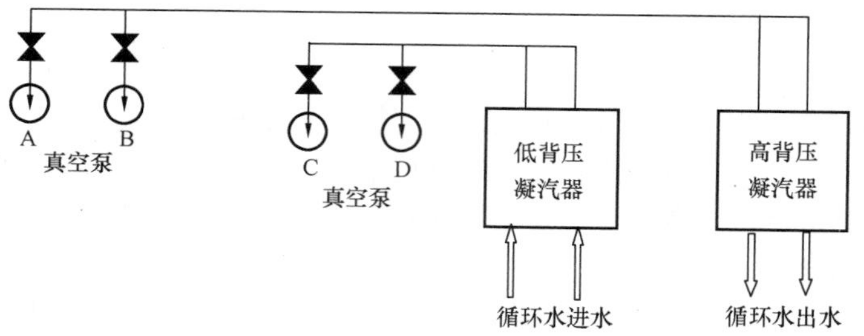

图17-15　分列布置方式

（2）串联布置型。串联布置型式是指高、低压凝汽器的空气抽出管路采用串联方式，即高压凝汽器的2根抽空气管进入低压凝汽器内，与低压凝汽器的抽空气管路汇合后，经抽空气母管去3台50%容量的水环式真空泵，见图17-16。浙江国华浙能发电有限公司B厂5、6号1000MW超超临界汽轮机就采用这种布置型式。这种布置方式的抽空气管路大多布置在凝汽器内部，穿出凝汽器之后的管路布置极为简单，可以减少设备投资和所需场地。这种连接方式存在的缺点是：气体依靠压差由高压凝汽器流向低压凝汽器，增加了低压凝汽器的抽气负荷，对低压凝汽器气体的抽出可能产生不利影响。因此必须在高压凝汽器抽空气管路上设置1只孔径合适的节流孔板，用以

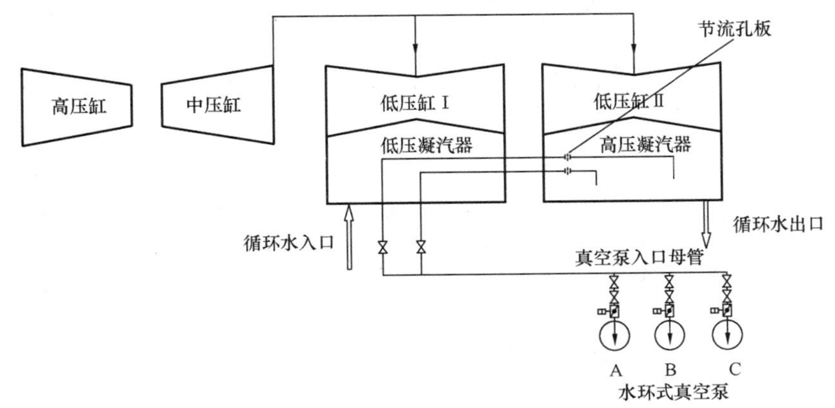

图 17-16 抽空气管路串联布置型式

对高压凝汽器抽出气（汽）混合物进行节流，实现高、低压凝汽器抽出气（汽）流量的合理分配。

（3）并联布置型。这种布置方式往往采用 2 台真空泵的配置型式，即从高、低压凝汽器内分别接出 2 根抽空气管路，汇合成 1 根母管后进入真空泵组，见图 17-17。北仑发电厂 2 号机组双背压凝汽器上采用了这种布置方式。其优点是改善了低背压凝汽器抽气堵塞现象，比分列布置型式节省 1 台真空泵，管路连接较为简单。但是在冬季，且真空严密性好的情况下，也必须 2 台真空泵运行，损失了 1 台真空泵厂用电；而且，高、低压凝汽器抽真空系统共用 1 根母管，由于抽气口压力不一致，将导致抽气母管在低背压侧抽气口的压力达不到设计抽气口压力，使低压侧抽吸力不够。该连接系统好比扬程不一样的 2 台离心泵并联，其必然导致扬程高的泵将扬程低的泵“憋住”，致使低背压（低扬程）凝汽器内部的空气抽吸量不够，漏入的空气没有及时抽出，导致空气分压力增大，真空偏低。

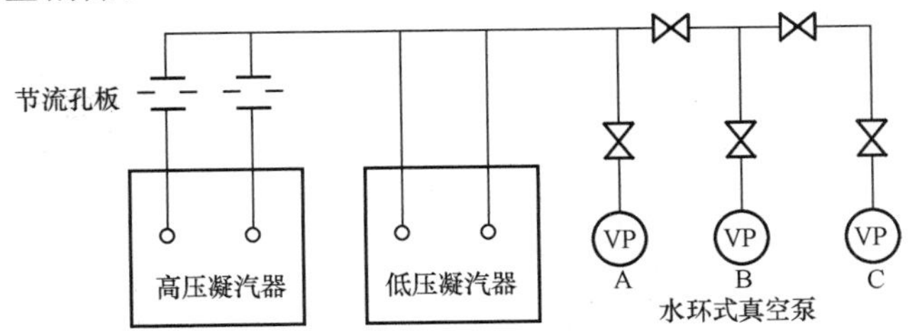

图 17-17 抽空气管路并联布置型式

（4）分列并联式布置型，也叫单抽式布置型。凝汽器高压侧和低压侧中间没有抽气连通管，高压凝汽器设专一抽空气管道，与低压凝汽器抽空气管道采用并联连接的抽气系统，由高、低压两凝汽器各自引出的抽气管道分别接到抽气母管上，再由抽气母管连接到 3 台抽气设备上，中间设有联络门。为了防止高压凝汽器过度抽气，一般仍保留高压凝汽器抽气管道上的节流孔板，见图 17-18。采用这种方法后，在机组各类凝汽变工况运行条件下，都能够保证低压凝汽器内的不凝结气体不受压制地抽出，可以实现双背压凝汽器的设计功能；在真空严密性好的情况下，冬季可以实现一台真空泵运行。这是双背压凝汽器抽空气管路最佳布置方式。

二、双背压凝汽器抽真空系统改造

（一）串联布置方式改为分列并联方式

1. 改造前存在的问题

浙江国华浙能发电有限公司 B 厂 5、6 号机组为上海汽轮机有限公司采用德国西门子公司技

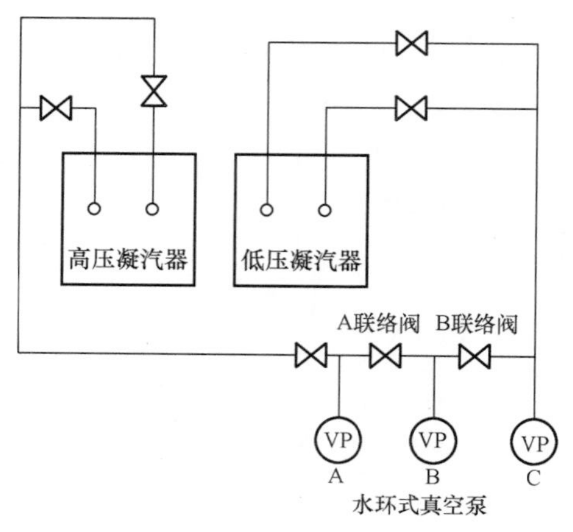

图 17-18　分列并联式布置型

术生产的 1000MW 超超临界汽轮机（型号 N1000-26.25/600/600），配套上海电站辅机厂生产的 N-54000 型单流程、双背压、表面式凝汽器，3 台真空泵为鹤见真空工程（上海）有限公司生产的 EVMA 250 型水环式真空泵，循环冷却水为国内首家采用海水淡化水。5、6 号机组均于 2009 年下半年投入商业运行。该电厂双背压凝汽器抽真空系统的空气管路连接方式属于串联布置型，2 只凝汽器的抽空气管通过 2 根 $\phi219 \times 6$mm 的管道串联在一起，见图 17-17 所示。每台机组配置 3 台水环式真空泵，正常运行时可 2 运 1 备或 1 运 2 备。在循环水温度为设计值 24.5℃ 时，高、低压凝汽器设计压力分别为 6.7kPa 和 5.7kPa。但是 2 台机组在机组性能考核试验时发现：各负荷工况的高、低压凝汽器压力数值十分接近，差异在 0.1kPa 左右，由此表明机组的双背压凝汽器已失去其设计工作特性。表 17-18 中给出了 5 号机组性能考核试验期间的凝汽器相关试验数据。

表 17-18　　5 号机组性能考核试验期间的凝汽器相关试验结果

参数名称	单位	THA（1）试验	THA（2）试验	TMCR（放空气）	700MW（放空气）	500MW（放空气）
发电机输出功率	kW	1 046 143	1 032 202	1 048 059	704 544	542 650
大气压力	kPa	101.88	101.31	101.34	101.51	101.83
低压凝汽器压力	kPa	5.87	7.25	6.11	4.63	4.50
高压凝汽器压力	kPa	5.93	7.41	6.16	4.56	4.44
高、低压凝汽器压差	kPa	0.06	0.15	0.05	−0.06	−0.06
凝汽器循环水进口温度	℃	23.05	27.71	22.63	15.53	14.79
凝汽器循环水出口温度	℃	31.94	36.67	31.63	22.47	20.51
高压凝汽器端差	℃	3.82	2.99	4.87	9.02	10.52
低压凝汽器端差	℃	8.46	7.86	9.52	12.26	13.13

在表 17-18 中，THA（1）和 THA（2）试验的高压凝汽器端差为 3～4℃，而低压凝汽器的端差约为 8℃，即低压凝汽器的传热性能要明显差一些。表 17-18 中 TMCR 和 700、500MW 工况试验时，循环水温度是逐步降低的，为使试验背压接近设计值，采用往凝汽器内放入空气的方法来抬高凝汽器压力数值。从端差数据来看，两只凝汽器的端差都呈现出逐步升高的情况，而低压凝汽器的端差始终比高压凝汽器大 3℃左右，反映出低压凝汽器确实存在空气抽出受阻的问题。

2. 改造方案

该电厂把串联布置方式改造成分列并联式布置方式，见图 17-18。低压凝汽器抽气口位置保持不变，把高压侧和低压侧中间的连通管去掉，在高压凝汽器喉部打孔，高压凝汽器的抽空气管路直接穿出凝汽器外壁，接至真空泵组，采用并联连接的抽气系统，由高、低压两凝汽器各自引出的抽气管道分别接到抽气母管上，再由抽气母管连接到 3 台抽气设备。由此实现高、低压凝汽器抽空气管路的单独抽吸。在原有设备基本不变的情况下，仅需增加高压凝汽器单独抽真空管道、1 只手动隔离阀，以及用于真空泵切换操作的 2 只气动隔离阀。必要时也可在高压凝汽器 2

个抽空气分管路上各增设1只手动隔离阀，以满足循环水单侧隔离时的抽真空要求。采用分列并联方式改造后，真空泵可采用如下运行方式，并设置相应的运行控制逻辑：

（1）正常运行时，真空泵A、C分别对低压凝汽器、高压凝汽器抽真空，B泵为备用，真空泵出口母管联络阀（2只气动隔离阀）全关。以实现单台真空泵抽单台凝汽器真空，相互独立且互不干扰，自然形成双背压。

（2）当1台运行真空泵故障时，备用泵B自启，并同时连锁开启故障泵侧的联络阀。待故障泵消缺后恢复正常运行方式。

（3）如采用单泵运行方式，2只联络阀自动开启。

对于分列并联方式中的中间联络阀是否打开，某1000MW机组进行了相关试验。

（1）正常两台真空泵运行，中间联络阀打开。此种运行方式下因高、低压凝汽器的抽气管道阻力相近，而两管之间存在着压力差，又是汇集到同一母管后与抽气设备相连接，就难免会在两管之间出现“排挤现象”，致使低压凝汽器中的气体无法排尽，效果不太好。如果A、C泵运行，联络阀全部打开，两台泵并联运行，则高、低背压凝汽器的真空都较低，后者真空比前者平均低1kPa。

（2）正常两台真空泵运行，中间联络阀关闭。即高压凝汽器的抽气管道单独连接到A真空泵（B泵备用），低压凝汽器的抽气管道单独连接到C真空泵（B泵备用）。两抽气管道相互独立，互不影响，彻底消除了两抽气管道的“排挤现象”。使真空泵的工作效率得到提高，真空较好。

上述两种运行方式下真空数据见表17-19。

表17-19　中间联络阀运行状态对真空的影响

负荷（MW）	中间联络阀状态	大气压（kPa）	循环水进水温度（℃）	循环水出水温度（℃）	高压侧绝对压力（kPa）	低压侧绝对压力（kPa）	差值（kPa）	抽气方式
1000	打开	99.9	22	22	5.4	5.2	0.2	并联
1000	关闭	99.9	22	22	5.4	3.9	1.5	单轴

为保证两台凝汽器之间的有效隔离，提高机组效率，运行人员应根据真空泵的运行方式，按表17-20手动完成两台凝汽器的有效隔离。

表17-20　联络阀开关位置对应状态

真空泵运行情况	入口联络阀开关位置
A、B、C真空泵运行（真空系统刚启动时）	A联络阀开启，B联络阀开启
一台运行真空泵跳闸或某凝汽器真空低联动备用泵时	连锁开启A联络阀、B联络阀
A、B真空泵运行，真空泵C备用	A联络阀关闭，B联络阀开启
A、C真空泵运行，真空泵B备用	A联络阀关闭，B联络阀关闭
B、C真空泵运行，真空泵A备用	A联络阀开启，B联络阀关闭

3. 改造后节能分析

实施以上改进方案后，彻底消除了该电厂1000MW发电机组低压凝汽器压力不合理升高的现象，凝汽器恢复至设计值的双背压状态运行。运行数据表明，低压凝汽器压力比高压凝汽器压力降低1kPa左右，机组的高、低压凝汽器平均背压降低0.5kPa，由此使机组供电煤耗率下降幅度在1g/kWh左右。

（二）并联布置方式改为分列并联方式

某发电有限公司1台超临界660MW汽轮机为四缸四排汽机组，配备N40000-1型凝汽器。凝汽器型式为双背压、双壳体、单流程、表面式。凝汽器抽空气管道现场布置采用并联方式，设计循环水温度为 20℃，高、低背压凝汽器设计压力分别为 4.4/5.4kPa，设计端差为 5.321/4.96℃。自机组投运以来，一直是单真空泵运行，双背压凝汽器运行背压差在 0.3kPa 左右（见表 17-21），远小于设计值（1kPa），双背压凝汽器的经济优势一直没有发挥出来。

表 17-21　　N40000-1 型凝汽器部分运行参数

序号	负荷（MW）	循环水进水温度（℃）	循环水出水温度（℃）	高背压真空（kPa）	低背压真空（kPa）	背压差（kPa）
1	532.4	29.37	38.38	92.84	92.93	0.09
2	385.2	26.65	37.40	93.54	93.74	0.2
3	609.5	21.60	32.0	95.52	95.89	0.37

经试验和检查，确认原设计的真空泵抽空气系统布置不合理而引起机组低背压值偏低。现场实际抽气管路的布置为：高、低背压凝汽器抽气分别引出 2 根管道，接入 1 根抽气母管，然后接入并联的 3 台真空泵。后将 1 号真空泵、2 号真空泵空气管分别与高压侧、低压侧连接，取消母管连接或与母管用截门阻断，3 号真空泵为高、低压侧备用泵。由此可使高、低压侧真空差值提高 1.5kPa，端差降低 3℃。改造前后抽真空系统连接方式如图 17-19 所示。

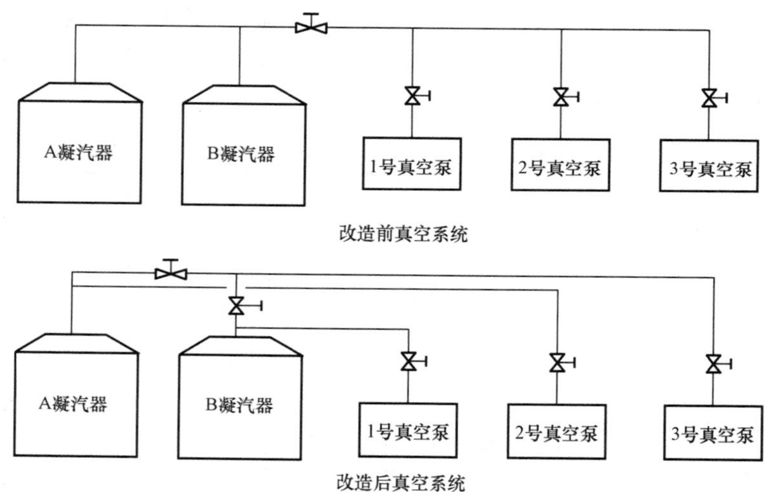

图 17-19　并联布置真空系统改造前、后示意图

如果 1 号真空泵故障，开启 3 号备用真空泵；如果 1 号或 3 号真空泵故障，开启中间联络阀，由 2 号真空泵承担抽吸双背压凝汽器的任务，为 1 号或 3 号真空泵留出检修时间；如果 2 号或 3 号真空泵故障，同样开启中间联络阀，由 1 泵承担抽吸双背压凝汽器的任务；如果 1 号或 2 号真空泵故障，同样由 3 号真空泵承担双背压凝汽器的抽吸任务，但此时中间联络阀不开启。

第十八章　冷却水系统经济运行与改造

第一节　自然通风冷却塔塔芯部件的节能改造

按通风方式分，冷却塔有自然通风冷却塔、机械通风冷却塔、混合通风冷却塔。采用循环冷却系统的火力发电厂多采用自然通风冷却塔，仅个别电厂采用机械通风冷却塔。自然通风冷却塔的塔筒几乎都被做成双曲线形，其作用是创造良好的空气动力条件，减少通风阻力，将湿热空气排至大气层，减少湿热空气回流，因而冷却效果较为稳定。

自然通风冷却塔结构见图 18-1。冷却塔的主要功能是完成被冷却介质（水）和冷却介质（空气）之间的热交换。实际上，冷却塔的工作原理是：将热水通过配水管、喷溅装置喷淋成水滴状或薄膜状，由上而下流动，空气由下而上流动，水滴喷洒在散热材料（填料）表面时与空气接触，热水与通入的冷空气之间产生热交换作用，空气带走水中的热量，经冷却后的水落入水池内，然后再回到所需设备利用。塔芯部件是指填料、除水器和配水系统（如喷溅装置）。

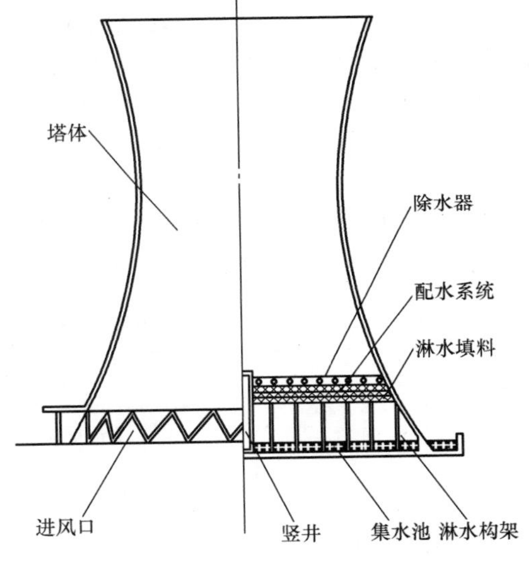

图 18-1　自然通风冷却塔结构图

一、除水器改造

1. 改造前状况

早期除水器弧片的材质有玻璃钢、PVC 塑料及改性聚丙烯等。20 世纪 80 年代初，火电厂的自然通风冷却塔大多数采用聚丙烯（PP）材料的除水器，如 HU-270/50 型，这种除水器弧片间距为 50mm，高度为 270mm。受当时生产条件的限制，这类除水器弧片的上、下边均无卷边；在塔内高温（相对环境温度而言）、高湿条件下，长期运行后弧片产生严重变形，不但影响除水效果，而且增加了冷却塔的通风阻力。由于聚丙烯有受热后容易变形及易燃等缺点，此后除水器弧片改用玻璃钢（FRP）材质，应用广泛的玻璃钢除水器如 BO-160/45 型和 BO-145/42 型。玻璃钢材质易于手工制作，强度稍高，耐腐蚀不易变形，并抗老化；但质脆，碰撞易于折断，而且玻璃钢除水器难以机械加工成型，产品质量难以保证。另外，玻璃钢弧片在高温、高湿条件下容易发生水解剥离，有阻燃性能差等问题，会影响到除水效果和冷却塔通风。

20 世纪 90 年代，国内生产厂对除水器的材质及生产工艺进行了改进，采用聚氯乙烯（PVC）和改性聚丙烯材料，对除水器上、下边卷边，一次挤塑成型，提高了除水器的组装刚度，保证了除水器弧片长期使用不变形，除水效果好，通风阻力小，提高了冷却塔热力性能的稳定性。改性聚丙烯柔韧性较好，较能经受碰撞，其强度虽较低，但形变并不显著。

山东华能某电厂 1 台东方汽轮机厂生产的 300MW 亚临界汽轮机（N300-16.67/537/537），配备一座 5500m^2 自然通风冷却塔。冷却塔主要参数为：淋水面积 5500m^2，水塔总高度 114.7m，进风口高度7.73m，顶部直径54.59m，喉部直径48.50m，干球温度28.9℃，湿球温度25.8℃，相对湿度79%，大气压力1000.8hPa，冷却水量32 923.8t/h，蒸发损失水量494.99t/h，风吹损失水量33.22t/h，出塔水量32 395.59t/h，淋水密度5.99t/(m^2·h)，冷却水温差9.64℃，出塔水温31.47℃。除水器弧片采用玻璃钢材料（FRP），除水器型号为BO-160/45型，放置在配水槽上部。

经过多年的运行，部分除水器弧片已发生变形，有的发生水解现象，通风阻力大，影响到除水效果。在除水器处风速为1.08m/s、进塔水量28 455t/h时，该电厂冷却塔的原除水器除水效率为74.19%，飘滴损失水量36.723t/h。所以该电厂更换了除水器。

2. 除水器的选择

为了提高除水器的除水效率，21世纪初，西安热工研究院设计出SO-180/42型双波高效率除水器。经测试，在塔内风速为1m/s时，除水器的除水效率可达90%；而相同条件下，BO-160/45型单波除水器的除水效率约为88%。各种除水器除水效率见表18-1。

常用的除水器按形状分为波形和弧形两种类型。在一定的风速条件下，相同规格的波形和弧形除水器的除水效率和通风阻力数值没有明显差异，但波形除水器耗材较少，得到广泛应用。自然通风冷却塔较常用的除水器有BO-160/45型、BO-180/42型及BO-160/50型。

除水器片材的组合方式分为片距相切、片距脱开和片距交错3种形式。片距脱开式比相切式虽然节省材料，但除水效率和通风阻力值均比相切式差；交错式片距的除水效率比相切式稍高，两者的阻力基本相同，而材料消耗比相切式增加较多。根据有关试验研究资料以及对除水器的除水效率、通风阻力及材耗3个主要指标进行综合分析，片距相切式波形除水器较好。

表18-1　　不同型号的除水器除水效率测试结果

型　号	不同风速下的除水器除水效率平均值（%）		
	1.2m/s	1.6m/s	2.0m/s
BO-177/45	80.8	89.5	93.5
BO-160/50	78.3	86.0	96.1
BO-160/45	78.8	87.3	96.3
BO-145/42	79.9	89.4	95.5
S-154/42	80.3	90.6	96.0
SO-180/42	94.2	96.7	98.2

从表18-1试验结果可以看出，在相同水量、相同风速工况条件下，SO-180/42型双波除水器的除水效率最高。改进后采用SO-180/42型双波除水器，弧片材质为聚氯乙烯（PVC），不易变形和老化。因此该电厂冷却塔的除水器全部更换为SO-180/42型双波除水器，除水器组装尺寸1000mm×500mm×500mm（长×宽×高）。为了检修方便，除水器吊挂在两配水槽之间。

3. 改造后除水效果

冷却塔采用SO-180/42型双波除水器，数量是4250m^2。根据槽式配水的实际情况，除水器应吊挂在配水槽之间，而不应放在配水槽上部，吊挂布置可以很方便地处理喷溅装置的堵塞情况。改造后，冷却塔除水效果见表18-2。

表 18-2　　SO-180/42 型双波除水器性能测试结果

项　　目	A 循环水泵低速、C 循环水泵高速并联运行
干球温度（℃）	30.93～30.02
湿球温度（℃）	26.24～25.38
大气压力（hPa）	995
进塔水温（℃）	39.07～38.65
出塔水温（℃）	30.79～30.24
进塔水量（t/h）	31 589
除水器处风速（m/s）	1.13
除水器阻力（Pa）	2.32
飘滴损失水量（t/h）	2.60
除水效率（%）	98.3

可见改造后，除水效率实测达到 98.3%，比原装 BO-160/45 型玻璃钢单波除水器除水效率提高了 24.11 个百分点，每小时可节约飘滴损失水量 34.123t。机组按年运行 6000h 计算，全年可节水 204 756t（对于节水量也可以按表 18-3 计算）。虽然 SO-180/42 型双波除水器阻力增加了 1.08Pa，但出塔水温仅升高 0.05℃，因此对冷却塔的出塔水温影响甚微。

表 18-3　　4 号冷却塔节水量计算表

项　　目	夏季工况	其他季节
冷却水量（t/h）	32 923.8	21 949（按夏季工况三分之二折算）
无除水器飘滴损失水量（%）	0.5	0.5
无除水器飘滴损失水量（t/h）	164.62	109.75
原装 BO-160/45 除水器除水效率（%）	74.19	74.19
原装 BO-160/45 除水器除水量（t/h）	122.13	81.42
SO-180/42 双波除水器除水量（t/h）	161.82	107.88
更换除水器后多余的除水量（t/h）	39.69	26.46
机组运行时间（h）	2400	3600
全年节水量（t）	2400×39.69+3600×26.46=190 512	

二、淋水填料改造

1. 改造前状况

仍以山东华能某电厂二期 4 号机组 5500m^2 自然通风冷却塔为例。冷却塔改进前为差位正弦波淋水填料（PVC），填料组装块尺寸 1000mm×500mm×500mm（长×宽×高）。组装分两层，每层高度 500mm，组装块上下交错布置，填料组装高度 1m。实测冷却能力值为 87.62%，低于设计值 12.38 个百分点。对原安装的差位正弦波填料：

$$热力性能\ \Omega=1.43\lambda^{0.64}$$

式中　Ω——冷却数；

λ——汽水比。

阻力性能　$\Delta p/\rho=9.81A_0 v_c^{mo}$

$$A_0=1.9379\times10^{-4}q^2+2.9448\times10^{-2}q+0.832$$

$$m_0 = -8.2281 \times 10^{-4} q^2 + 5.6078 \times 10^{-3} q + 2.00$$

式中 Δp——淋水填料阻力，Pa；

ρ——进塔空气密度，kg/m^3；

v_c——淋水填料处风速，m/s；

q——淋水密度，$t/(m^2 \cdot h)$。

在常用气水比工况条件下，实测冷却数和设计冷却数计算见表18-4。依据《工业冷却塔测试规程》（DL/T 1027—2006）规定，对4号冷却塔进行冷却能力测试，实测冷却能力数据见表18-5。

表18-4　在常用气水比工况条件下实测冷却数和设计冷却数比较

常用气水比		0.5	0.6	0.7
实测冷却数方程式	$\Omega=1.43\lambda^{0.64}$	0.918	1.031	1.138
设计冷却数方程式	$\Omega=1.81\lambda^{0.61}$	1.186	1.325	1.456

表18-5　一机三泵并联运行时4号冷却塔实测冷却能力数据

序号	干球温度（℃）	湿球温度（℃）	相对湿度（%）	进塔水量（t/h）	进塔风速（m/s）	进塔水温（℃）	出塔水温（℃）	冷却幅高（℃）	气水比	冷却数	实测冷却能力（%）
1	26.06	19.22	52.4	28 455	1.07	39.39	28.23	9.01	0.816	1.228	87.61
2	26.20	19.33	52.4	28 455	1.06	39.41	28.31	8.97	0.814	1.220	87.03
3	27.32	19.23	46.4	28 455	1.05	39.75	28.32	9.09	0.805	1.245	87.88
4	27.46	19.60	47.9	28 455	1.07	39.67	28.36	8.76	0.814	1.256	88.86
5	26.93	19.10	47.5	28 455	1.04	39.89	28.39	9.29	0.793	1.239	86.94
6	27.54	19.52	47.1	28 455	1.04	39.68	28.43	8.92	0.795	1.250	87.53
平均	27.42	19.33	48.95	28 455	1.055	39.63	28.34	9.01	0.806	1.240	87.64

注　大气压力为1012hPa。

从表18-5中可以看出，4号冷却塔在常用气水比工况条件下，实测冷却数比设计冷却数低22%左右，折合出塔水温32.61℃，比设计出塔水温高1.14℃。从表18-5中可以看出，实测冷却能力为87.64%，未达到设计要求，应进行改造。

2. 淋水填料的选择

为了确定改造方案，选用了三种方案进行计算比较，见表18-6。方案一是采用1.5m组装高度的斜折波淋水填料，计算出塔水温为31.14℃，低于原出塔温度（32.61℃）1.47℃；方案二是采用1.5m组装高度的双斜波淋水填料，计算出塔水温为31.37℃，低于原出塔温度1.2℃；方案三是采用1.5m组装高度的S波II型淋水填料，计算出塔水温为31.31℃，低于原出塔温度1.30℃。经过表18-6中的计算表明，选用斜折波淋水填料，其热力效果最好。

表18-6　三种方案改造前后节能量比较

设计工况	改造前	方案一	方案二	方案三
大气压力（hPa）	1000.8	1000.8	1000.8	1000.8
干球温度（℃）	28.9	28.9	28.9	28.9
湿球温度（℃）	25.8	25.8	25.8	25.8

续表

设计工况	改造前	方案一	方案二	方案三
计算出塔水温（℃）	32.61	31.14	31.37	31.31
计算塔风速（m/s）	1.03	1.0	0.98	0.99
真空度（%）	90.102	90.825	90.713	90.744
真空值（kPa）	90.174	90.898	90.786	90.817
真空值提高（kPa）	0	1.049	0.937	0.968
机组降低煤耗率（g/kWh）	0	2.906	2.596	2.681

早期的冷却塔淋水填料组装高度多为1m，要提高冷却塔的冷却效果，有两种途径：一种是增加淋水填料组装高度，由原设计的1m高度增加到1.25m或1.5m，使热水散热面积增大，但是会直接影响到喷头水滴的溅散均匀性，使部分填料局部不能发挥散热作用；另一种是不改变淋水填料组装高度，缩小淋水填料板间距，增加填料板数量，使热水散热面积增大。对于前一种途径，由于早期已设计定型，增加淋水填料组装高度有难度。后一种途径既不影响喷头水滴溅散的均匀性，又可提高冷却塔的热力效果，因此得到广泛应用。由于4号冷却塔淋水填料组装高度本身就是1.5m，因此淋水填料组装高度保持不变。

改造方案：拆除差位正弦波淋水填料，更换为斜折波淋水填料，填料块尺寸为1250mm×500mm×500mm（长×宽×高），淋水填料组装块为3层，层间交错布置，搁置在原铸铁托架上，淋水填料组装高度为1.5m。

3. 改造后冷却效果

改造后在设计工况下，出塔水温31.06℃，比改造前降低了1.55℃；改造后冷却能力达到102.3%，比改造前提高了14.66个百分点。改造后实测冷却能力数据见表18-7。

表18-7　A循环水泵低速C循环水泵高速并联运行时4号冷却塔实测冷却能力数据

序号	干球温度（℃）	湿球温度（℃）	相对湿度（%）	进塔水量（t/h）	进塔风速（m/s）	进塔水温（℃）	出塔水温（℃）	冷却幅高（℃）	气水比	冷却数	实测冷却能力（%）
1	30.02	26.24	74.4	31 589	0.97	38.71	30.75	4.51	0.659 9	1.614 3	101.3
2	30.12	26.16	73.3	31 589	0.98	38.87	30.70	4.54	0.664 8	1.635 2	102.6
3	30.41	26.22	72.0	31 589	0.97	38.90	30.79	4.57	0.659 5	1.614 2	101.2
4	30.39	26.01	70.9	31 589	0.98	38.99	30.68	4.67	0.668 2	1.606 7	102.0
5	30.17	25.44	68.6	31 589	0.99	38.91	30.32	4.88	0.674 9	1.624 7	103.1
6	30.16	25.38	68.3	31 589	0.99	38.80	30.24	4.86	0.675 9	1.635 7	103.8
平均	30.21	25.91	71.25	31 589	0.98	38.86	30.58	4.67	0.667 2	1.621 8	102.3

注　大气压力为99 500Pa。

三、喷溅装置改造

1. 改造前状况

仍以山东华能某电厂二期4号机组5500m² 自然通风冷却塔为例。冷却塔改进前采用TP-Ⅱ型喷溅装置，在设计进塔水量32 924t/h工况条件下，部分配水槽产生溢流。夏季运行时，溢流的水直接下落到淋水填料上，造成全塔配水不均匀，直接影响了冷却塔的夏季出力。部分喷溅装置底盘掉落，冷却水无法喷洒成水滴进行冷却。

2. 喷溅装置的选择

改进后冷却塔仍采用TP-Ⅱ型喷溅装置，更换时喷头口径按原设计尺寸不变，全塔共装喷溅装置3780套，其中：喷头口径ϕ38的708套，口径ϕ36的1368套，口径ϕ32的712套，口径ϕ30的728套，口径ϕ28的264套。喷溅装置间距1.25mm，3372套TP-Ⅱ型喷溅装置装配在配水槽上，408套TP-Ⅱ型喷溅装置装配在ϕ133的配水管上。

3. 改造后冷却效果

经过上述三项内容的改造，在5—9月气象参数条件下运行，机组真空提高0.68～0.77kPa，平均降低煤耗2g/kWh。改造前、后冷却塔性能试验数据见表18-8。

表18-8　改造前、后冷却塔性能试验数据

时间	5月		6月		7月		8月		9月	
状态	改前	改后	改前	改后	改前	改后	改前	改后	改前	改后
出塔水温（℃）	24.44	22.51	29.02	27.37	31.38	29.63	30.47	28.87	24.28	22.35
塔内风速（m/s）	1.05	1.01	1.03	1.0	1.05	1.02	1.06	1.03	1.09	1.06
凝汽器真空（kPa）	92.87	93.63	92.01	92.70	90.86	91.57	91.54	92.25	93.34	94.10
改造后真空提高值（kPa）	0.76		0.69		0.71		0.68		0.76	

第二节　冷却塔进风优化改造技术

在冷却塔内，循环水经过塔内填料向下流动，空气因塔内外的空气密度差产生压差，被源源不断地送入塔内，从下部沿逆水流方向从塔的上部流出，空气与循环水在塔内完成热交换，使循环水的温度降低。

一、自然通风冷却塔受侧风的影响

冷却塔的设计并不考虑外部侧风的影响。在无自然风状态下，空气从进风口四周均匀进入，穿过雨区、填料层、除水器层，通过塔筒排出。当有自然风时，原来的均匀进风会受到破坏，产生不均匀进风。随着自然风速的增大，这种不均匀性也相应增加。即在冷却塔迎风面风速增大的同时，两侧进风量会受到侧风影响而减小。由于塔中间没有挡风板的存在，会形成穿堂风，背风面受到相对侧面较大的影响。侧风对于冷却塔产生如下影响：

（1）侧风使得冷却塔的有效冷却面积减少。在侧风的作用下，冷却塔内存在气流“死区”，这一“死区”将极大地影响换热效果。风力越大，“死区”的影响范围越大。实验表明，塔内进口区存在回流旋涡，使得此处的填料不起作用，因而相当于减少了塔的有效冷却面积。该区域约占到总塔的1/8。以5000m^{2}冷却塔为例，旋涡区约为1240m^2，因此对于冷却塔的正常工作有巨大影响。

（2）侧风会造成塔内的流动阻力增加，使得进风量减少。

（3）在塔内出口区也存在旋涡。在侧风的作用下冷空气就会侵入塔内，形成旋涡。塔顶风速越大，旋涡区越大，流动阻力越大。白俄罗斯国家科学院专家研究认为，旋涡区约占整个水塔内部空间的1/3。

（4）侧风会造成塔内气流分布不均匀，在四周区域内甚至存在负的速度区。

国外对多个冷却塔的研究表明，当自然风速小于1.0m/s时，自然风对冷却效率的影响较小；当自然风速大于3.0m/s时，自然风对冷却效率的影响变得很大，应采取相应的措施消除侧风的影响。

二、冷却塔空气动力涡流调节装置的作用

为了降低外界侧风对自然通风逆流湿式冷却塔的影响，可采用进风优化技术，在冷却塔底部

进风口周围每间隔一定距离安装一道宽 6～7m，高度略低于进风口的空气动力涡流调节装置（简称导风板）。由于导风板的存在，相当于冷却塔进风口外移了 6～7m，也相当于把干扰区外移，使干扰区远离塔筒。同时由于导流板的整流作用，把来自于四面八方的风都整流成最适宜于冷却塔工作的风向，然后进入冷却塔，增大冷却塔的进风量，提高冷却塔的冷却效果。采用导风板后，将发生以下变化：

（1）冷却塔周边进风均匀度明显提高。

（2）冷却塔周边进入水塔的空气（水平）区域扩大，一般超过了入风口高度，有的达到入风口高度的 2 倍以上。

（3）冷却塔进风量提高 5%～35%。

（4）在冷却塔内部形成稳定的旋转上升气流，使空气较深且均匀地穿透冷却塔内部，减少冷却塔内的旋涡区间。

白俄罗斯国家科学院 1993 年发明了发电厂冷却塔空气动力涡流调节装置并申请了专利，1997 年在白俄罗斯明斯克第四热电站 4 号机组上进行了工业试验，获得成功。安装空气动力涡流调节装置后，冷却塔冷却效率提高 9.1 个百分点。2001—2006 年，白俄罗斯对 21 台 250～300MW 机组的冷却塔进行了改造，改造后冷却塔出入口水温差增加了 1.3℃，单位发电煤耗降低 0.5～1g/kWh。该技术 2001 年被介绍到中国，国内一些机构和院校陆续开始研究该项目。2009 年 1 月，国内第一台由白俄罗斯国家科学院提供技术设计、哈尔滨宇神科技有限公司安装的冷却塔空气动力涡流调节装置，在天津杨柳青电厂 300MW 机组 6 号冷却塔投入运行。该涡流调节装置在国内被称为进风优化装置。安装涡流调节装置不改变冷却塔内部结构，可以在冷却塔运行工况下完成施工。

三、工程实践

1. HT 电厂工程简介

实施冷却塔进风优化技术改造的 HT 电厂所在地区属暖湿带半湿润大陆气候，年平均气温为 13.5℃，以 7 月最高，1 月最低，全年盛行西南风和东北风。HT 电厂 7、8 号机组的装机容量均为 300MW，冷却塔的填料面积为 6500m^2，填料为塑料复合波淋水填料，均匀布置。7、8 号塔的塔型完全相同，差别主要在于 8 号塔加装了导风板。根据电厂 2001 年度记录的该冷却塔进塔和出塔平均水温显示：在春秋季多风季节循环水温仅为 10～12℃，而在少风的季节可达到 21℃，这充分说明了环境侧风对冷却塔的性能有很大影响。2004 年底，HT 电厂完成了 8 号机组冷却塔进风优化改造，见图 18-2。

(a)

(b)

图 18-2 冷却塔导风板安装效果图

（a）安装前；（b）安装后

导风板采用钢骨架制作，外衬彩钢板，中间采用发泡技术充实，以减轻导风板的质量，增加它的强度。导风板依据先进的空气动力学原理，设计成光滑的翼形结构，以减少风阻，增加进风的均匀性。

加装导风板后，形成了多个曲面光滑的翼型通道来整流侧风，可使侧风下冷却塔内的空气流场得到改善，减小大风对冷却塔侧面进风的影响，增强了塔内的换热性能。

2. YLQ 电厂工程简介

YLQ 电厂现总装机容量 1200MW，其中三期工程装有两台（5 号、6 号）300MW 亚临界、中间再热、单轴双缸双排汽、单抽式凝汽式汽轮机组。5 号、6 号机组各配用 1 台 N-17990-1 型凝汽器和 1 座 5000m^2 自然通风冷却塔，冷却塔由华北电力设计院设计，于 1999 年投入商业运行。根据 2007 年（全年）的运行数据，在平均负荷基本一致（5 号机比 6 号机平均负荷高 2.5MW，按实际负荷计算，负荷差小于 1%）的条件下，6 号冷却塔比 5 号冷却塔出口水温高 1.97℃。影响发电机组的效率。决定投资 600 万元对 6 号冷却塔进行技术改造。

2008 年，引进白俄罗斯科学院发明的冷却塔空气动力涡流装置。合同目标值是出塔水温降低 1 ℃以上。2008 年完成安装。6 号机组冷却塔周边等距离地安装了 76 道导风板，每道导风板高、宽为 6m×6m。导风板采用钢骨架制作，外衬彩钢板，中间无实物填充。

四、改造前后的性能比较

1. 对于 HT 电厂

为了比较 7 号冷却塔与采用进风优化的 8 号冷却塔的运行状况，从机组 DCS（分布式控制系统）数据库中查出了 2 台机组 2006 年的运行数据 从 2006 年运行的月平均值来看（8 号机组 2 月停运，因此数据采用 3—12 月的），7 号冷却塔和 8 号冷却塔大致在相同的工况下运行，包括相同的负荷、循环水流量等。

该电厂 2005 年 5 月的累计负荷为 7442.2MW，比 2004 年高出 655.2MW。2005 年 5 月的平均真空为－93.2kPa，2004 年 5 月的平均真空为－93kPa，比 2004 年 5 月稍高。但是 2005 年机组的循环水泵耗电量减少了 9.28%。也就是说，在 2005 年负荷较高，耗电量较少的情况下，比 2004 年同期的真空稍好。2005 年 5 月冷却塔的平均效率为 51.5%，2004 年为 47.5%，2005 年 5 月的效果较好。

为了分析改造前后冷却塔的整体性能，采用冷却塔的冷却温差这一指标来评价冷却塔性能。

冷却塔的冷却温差是指冷却塔的进水温度 t_1 与出水温度 t_2 之差，即

$$\Delta t = t_1 - t_2$$

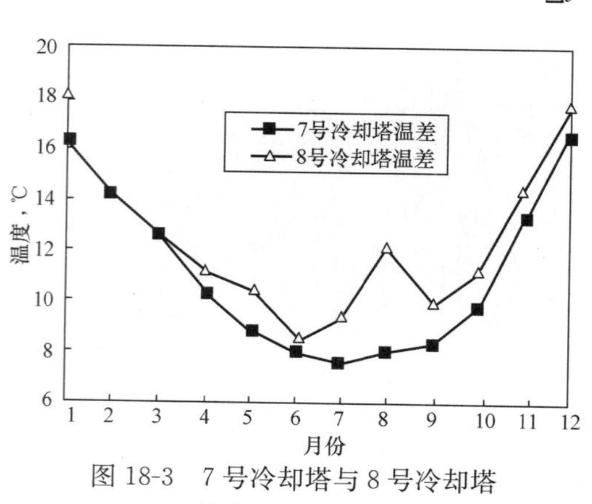

图 18-3　7 号冷却塔与 8 号冷却塔进出口温差比较

对于电厂冷却塔而言，冷却温差越大，在同样的汽轮机热负荷下所需的冷却水流量就越小，对减小输送循环水的管道、泵等部件的投资，以及减少功耗非常有利。在冷却塔入口水温相等时，冷却温差越大，就意味着冷却水温度越低，冷却塔的冷却效果就越好。

从图 18-3 可知，改造后，8 号冷却塔的冷却温差要比 7 号冷却塔的冷却温差大，说明 8 号冷却塔的冷却效果要好于 7 号冷却塔，也说明有导风板时冷却塔的冷却效果要好于无导风板的。尤其在 8 月，8 号冷却塔比 7 号冷却塔的温差增幅约 5℃。环境温度较低时，进冷却塔水温低，温

差增幅也小，特别是在 3 月时仅为 0.1℃。因而可看出夏季时导风板的效果比冬季时更明显。这是因为夏季所需的循环水量较大，冷却塔的抽力也较大，进入冷却塔内的空气量增多，进入冷却塔的风速较大，导风板对进风的诱导作用更加明显，因而对冷却塔冷却性能的改善越大。同时冷却塔在冬季时的冷却效果已经很好，冷却塔内空气的温度也很低，此时导风板的诱导效果不大。

2. 对于 YLQ 电厂

改造后，空气动力涡流装置对提高冷却塔周向进口风速均匀性具有明显的作用。2009 年 7 月，西安热工研究院对项目进行了测试，测试结果如下：

(1) 6 号冷却塔周向进风口风速均匀性误差值为 1.003m/s，而 5 号冷却塔周向进风口风速均匀性误差为 1.854m/s，二者相差 0.841m/s，从而说明：6 号冷却塔安装空气动力涡流装置后，冷却塔周向进风口风速比未安装空气动力涡流装置均匀。

(2) 冷却塔安装空气动力涡流装置后，可降低出塔水温 1.07℃，取得了明显的热力效果。

2009 年 8 月，白俄罗斯国家科学院热质交换研究所对项目进行了测试。测试结论为：

(1) 在环境自然风基本一致的条件下，冷却塔外部可俘获空气的区域，从 6m 增加到 18m，增大了冷却塔的进风量，提高了冷却塔的冷却效率。

(2) 6 号冷却塔安装空气动力涡流装置后，冷却效率提高了 3.5%～6%，冷却塔出口水温较改造前多降低 1.3～1.6℃。

根据 YLQ 电厂 2008 年和 2009 年度实际运行报表，1—8 月，6 号冷却塔 2009 年与 2008 年同期比较，出塔水温平均值降低 2.45℃。6—8 月降低 0.41℃。1—8 月在流量基本一致的条件下，6 号冷却塔出入口水温差提高了 2.17℃，6—8 月提高了 1.43℃，8—12 月提高了 1.0℃。

五、改造后经济效益分析

(1) 对于 HT 电厂。

通过对冷却塔运行性能的分析，采用进风优化技术后，导风板可均匀塔内通风，削弱了外界侧风的不利影响，从而改善了冷却塔的冷却效果，提高了冷却塔的冷却效率，循环水的温度将降低 1～2℃，发电厂煤耗将因此降低 1g/kWh 左右。

(2) 对于 YLQ 电厂。

自然通风冷却塔空气动力涡流装置能够有效提高冷却塔的效率。测试表明：安装空气动力涡流装置后，能减少环境风对冷却塔热力效果的不利影响，能利用环境风的部分动能，使冷却塔周向进风均匀性明显提高，可俘获空气的区域增大，从而增大了冷却塔的进风量，提高了冷却塔的冷却效率。

随着环境风速加大，安装空气动力涡流装置（与没有安装该装置的冷却塔相比）可使冷却塔出塔水温降幅增大。6 号冷却塔安装空气动力涡流装置后，降低了冷却塔出口水温 1℃以上。根据长时间的实际生产数据分析，出塔水温平均降低 1.77℃，年节约标准煤 2140t。按 2009 年标准煤为 700 元/t 计算，年降低发电燃料成本 150 万元。

2009 年 10 月，上海吴泾第二发电厂 2 号冷却塔（600MW）安装了空气动力涡流调节装置，该装置采用了钢筋混凝土导风板，投资 1000 多万元（如果采用钢骨架结构，仅需要 800 万元），使用效果很好，无须另外防腐，使用寿命长。

第三节 循环水供热改造技术

20 世纪 60 年代，苏联就在凝汽式汽轮机上进行低真空运行，利用循环水供热，背压可提高到 59～78kPa，冷却水出口温度可达 80～90℃。20 世纪 70 年代，长春发电厂对 12MW 机组进行了低真空运行，排汽压力提高到43kPa，冷却水出口水温达到80℃，1台机组可供热11.96GJ/h，发电煤耗为378g/kWh，发电煤耗比纯凝汽工况降低40%以上，一个采暖期可节约标煤1.5万t。

一、低真空循环水供热原理

汽轮机低真空循环水供热的原理是降低凝汽器的真空度，提高汽轮机的排汽温度，将凝汽器的循环水直接作为采暖用水为热用户供热，实现汽轮机低真空循环水供暖的目的。简言之就是把热用户的散热器当作冷却设备使用。机组本体无大的改造，只是将凝汽器循环水系统略加修改，增设管路及热水泵等设备，并与外部热水网相连接，在机组运行时，使循环水出口温度升高到60～70℃。循环水经凝汽器加热后，由热网泵将升温后的热水注入热网。为满足供热能力，在凝汽器出口之后加装尖峰热网加热器，利用减压减温后的新蒸汽或其他汽源加热热网水。

凝汽式机组改为低真空运行时，通常都是在冬季低真空运行，而在其他季节恢复纯凝工况运行。在热负荷较大的情况下，为保证热网循环水温度，可在热网系统设置热网加热器，利用抽汽加热热网循环水，这样既保证低真空安全运行，又使热网循环水达到供热温度的要求。汽轮机改为低真空供热后，热用户实际上就成为热电厂的“冷却塔”，汽轮机的排汽余热可以得到有效利用，避免了冷源损失，大大提高了热电厂能源的综合利用率。

将纯凝机组或抽凝机组在采暖期改成低真空运行，使用循环水供热。一般在考虑安全的前提下，将排汽压力提高到30～40kPa（凝汽器真空约从95kPa降到70kPa），同时将冷却循环水量减少，从而使循环水出口温度由30～35℃提高到65～70℃。循环水不再去冷却塔，而是用热网泵送到各热用户，供居民采暖，回水一般为50～55℃。循环水经暖气片冷却后回到凝汽器吸收乏汽热量，再送入热网连续循环运行。循环水供热实际上用暖气片作为冷却塔使用。

使用循环水供热的方法简单易行，改造难度也不大，投资省，但是降低真空度提高背压会对机组的功率、安全性和凝汽器产生一定的影响。比如低真空运行时，背压升高，理想焓降减少，蒸汽的膨胀做功能力减少，使发电功率减少10%～20%；另外由于背压升高，排汽温度升高，凝汽器部件的热膨胀量增大，可能会造成管束与管板的膨胀接口因膨胀不同而破坏密封性，甚至使汽轮机后轴承升高，从而影响汽轮机发电机组对中，以致加大机组振动值。同时此时的凝汽器已经变为供热的循环水加热器，因此需要另行设计改造，以满足强度和换热的要求。不过当排汽压力为50kPa以下时，对整个设备不会产生太大的影响。

二、改造案例一

1. 改造方案

2004年下半年，济宁东郊热电厂附近新增60万m^2的居民住宅，冬季急需采暖，而该厂原供热管线是蒸汽管道，随着供热需求的增加，蒸汽现已满负荷运行。为了满足附近居民住宅采暖需求，该厂对原C12-4.9/0.98单抽机组进行了循环水系统供热改造。改造前，排向凝汽器的乏汽量约40～46t/h，而且凝汽器的真空度都保持在90%以上，此时排汽压力为4.9～10kPa，排汽温度为33～47℃，而循环水温度在35℃以下，这样低品位热能虽然极大，却没有利用的价值，只有被冷却塔排放。采用降低真空（一般规定真空度在80%以下称为低真空）提高背压的方法，可提高循环水出口温度，对外供热。为了满足供暖热水为60～70℃的要求，汽轮机排汽压力从原来的10kPa提高到40kPa左右。改造方案如下：

（1）原循环水系统进行改造，其循环水供暖系统原理图如图18-4所示。

（2）原循环水凝汽器出口至冷却塔管道处加装截断阀门，保证循环水供热改造后循环水不窜入冷却塔。

（3）凝汽器水侧压力由0.1MPa升到0.2MPa，为了预防热网突然解列等特殊情况对凝汽器

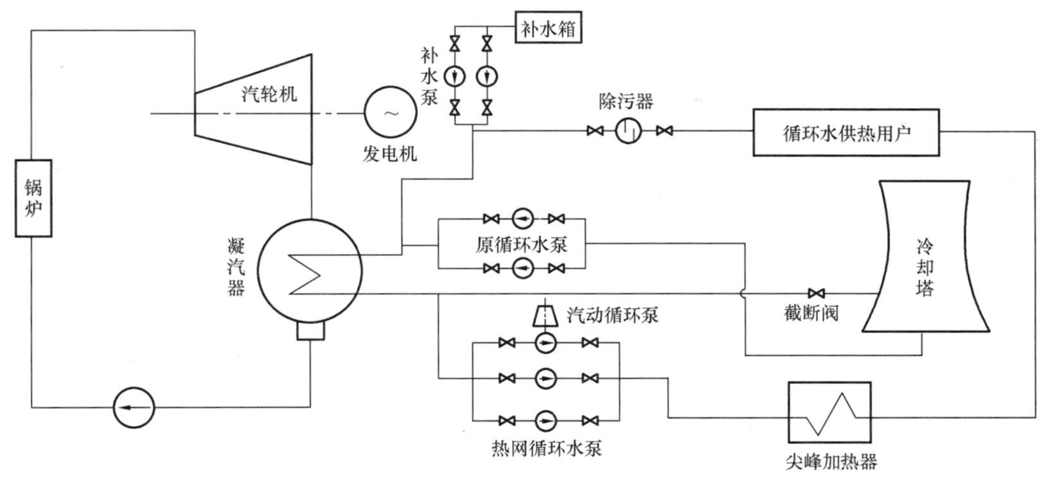

图 18-4 循环水供暖系统原理图

承压带来的冲击危险，因此需要采用对凝汽器水室和水室盖板加筋板的方式进行加固处理；另外需要在热用户回水管路上加装安全阀，保证回水压力不超过 0.25MPa。当回水压力超过 0.25MPa时，安全阀排放，同时取自回水母管上的压力信号，自动启动原循环水系统，热网循环水系统自动关闭。

（4）建设循环水供热站：包括安装 3 台热网循环水泵（循环水泵入口安装在凝汽器出口侧，防止凝汽器超压）。其中循环水泵流量 1431t/h、扬程 81m，电机功率 450kW（2 台）。相同流量和压力的汽动循环水泵一台。

（5）循环水供热设计热网供水温度为 65℃，热网回水温度为 55℃，为使循环水供热能满足寒冷天气及尖峰负荷供热要求，使供热温度调节更加灵活，安装尖峰加热器 1 台，汽动循环泵汽轮机排汽进入尖峰加热器加热循环水，尖峰加热器凝结水补入循环水供热系统，凝结水为除盐水改善了循环水水质，避免了供热系统及凝汽器铜管结垢。寒冷天气热网供水温度低于 65℃；一般天气热网供水温度低于 60℃，尖峰加热器投入运行。

（6）循环水供热回水管道加装除污器，保证了凝汽器的清洁。为保证循环水远端用户供热循环畅通，温度稳定，对各供热片区加装平衡节流阀，使流量均匀、回水温度一致。

（7）在初寒和末寒期，供热所需热量较小，循环水热量散不出去，导致排汽温度升高，排汽温度不易控制。为解决排汽过热问题，在凝汽器排汽口加装 3 组除盐水自动喷水降温装置，以降低排汽温度。

（8）需在交换站内安装一套软化水处理装置（1 台凝结水箱和 2 台补水泵），专门用于循环水补水，补水泵采用变频控制，以便控制补水压力恒定。

（9）为了解决排汽温度升高引起铜管结垢的问题，有的电厂将循环水改为较为洁净的软化水，但供热成本大大降低。因为供热循环水在密闭的管道和用户暖气内循环，水不会被污染，同时由于回水管路有除污器，而且还定期用胶球清洗装置对凝汽器进行清洗，因此凝汽器铜管的结垢问题并不会恶化。因此一般情况下不采用软化水，而是在循环水系统加装加药装置，通过计量泵加入补充水管道中进入循环水供暖系统，使采暖循环水的 pH 值控制在 8～9 的范围内，可达到非常良好的防垢效果。

（10）原系统中冷油器、冷风器所用冷却水为循环水，循环水温度提高以后，已不能作为冷油器、冷风器的冷却水，因此改用工业水。

2. 原机组技术参数

原机组的技术参数为：

型号：C12-4.9/0.98；

新蒸汽压力：4.9MPa；

新蒸汽温度：435℃；

抽汽压力：0.98MPa；

设计排汽温度：37.5℃；

设计排汽压力：6.5kPa；

循环泵2台：电机功率160kW，流量1800t/h，扬程17m。

原机组设计工况通流部分参数列在表18-9中。

表18-9　　汽轮机组设计工况通流部分参数

级段	1	2	3	4	5	6	7	8	9	10	11	12	13	14
流量（t/h）	97.7	96.0	96.0	96.0	47.6	47.6	47.6	47.6	45.40	45.40	45.40	45.40	43.65	43.65
压力（MPa）	2.14	1.67	1.22	0.98	0.47	0.34	0.25	0.18	0.12	0.082	0.055	0.033	0.017	0.006 5
温度（℃）	354	328	296	273	222	194	167	138	107	94.3	83.6	71.0	56.5	37.5
内效率	0.64	0.70	0.74	0.78	0.73	0.81	0.82	0.84	0.84	0.86	0.84	0.82	0.80	0.62
内功率（kW）	3739	1261	1584	1133	654	697	696	701	743	709	692	818	908	967
反动度（%）	15.1	7.39	−4.16	15.54	16.43	12.01	12.52	14.35	15.17	22.17	27.10	28.92	36.82	65.8

表18-10　　凝汽器参数及对功率的影响计算表

工况	排汽压力（kPa）	排汽温度（℃）	排汽干度（%）	排汽焓（kJ/kg）	凝结水焓（kJ/kg）	少发电量（%）
1	6.5	37.5	91	2364	157.6	0
2	10	47	92.1	2406	191.8	4.42
3	20	60	94	2476	251.4	12.3
4	30	70	95.3	2528	289.3	17.9
5	40	76	96.1	2556	317.6	20.9
6	50	81	97	2584	340.6	23.9

3. 改造后经济性分析

机组改为循环水供热后，根据分析，对凝汽器参数及功率的影响计算结果见表18-10。凝汽器排汽压力为每降低5kPa，机组功率减少2.25%。在新蒸汽压力为4.9MPa、新蒸汽温度为435℃、新蒸汽焓为3281.1kJ/kg的条件下，当机组冷凝工况运行时，工业抽汽量为0，发电负荷为12MW，机组进汽量为53.82t，排汽量为43.86t，排汽压力30kPa，见表18-10中第4种工况。计算出：

机组用于发电的焓降为：3281.1−2528=753.1（kJ/kg）

机组用于循环水供热的焓降为：2528−289.3=2238.7（kJ/kg）。

(1) 低真空运行对发电机负荷影响造成的经济损失。

当排汽压力30kPa、排汽温度70℃时，电负荷影响17.9%，损失电负荷为

$$12\times17.9\%=2.1\ (\text{MW})$$

按每个采暖期135天，上网电价0.4元/kWh，计算电量经济损失为

$$0.21\text{万 kW}\times 24\times 135\times 0.4=272.2\ (\text{万元})$$

(2) 供热循环泵增加的电能损耗造成的经济损失。

改用供热循环泵运行后，原 160kW 循环水泵停运，当供暖 60 万 m^2 时，启用 1 台汽动或 450kW 电动供热循环泵，还有 1 台 11kW 变频补水泵，在此按电动供热循环泵运行核算对耗电量的影响为

$$(450+11-160)\times 10^{-4}\times 24\times 135\times 0.4=39.0(\text{万元})$$

(3) 循环水供热产生的热费效益。

循环水供热改造后每小时的供热量为

$$43.86\times 10^{3}\times 2238.7=98\ 189\ 382(\text{kJ/h})=98.2\text{GJ/h}$$

按热用户每平方米建筑面积采暖期平均需功率 50W 热指标，热损 3%计算，可供的采暖面积为

$$98.2\times 10^{9}\times 97\%/(50\times 3600)=529\ 189(\text{m}^2)=52.9\text{万 m}^2$$

按每平方米实用面积（实用面积按建筑面积的 70%计算）收取热费 25 元，一个采暖期所收热费为

$$529\ 189\text{m}^2\times 70\%\times 25=9\ 260\ 808(\text{元})=926.1\text{万元}$$

(4) 节水效益。

原循环水系统补水量为 1800×3%＝54（t/h），循环水供热改造后补水量为 30t/h，每小时节水 24t，水价按 2 元/t 计算，每个采暖期节约资金为

$$24\times 24\times 135\times 2=155\ 520(\text{元})=15.6\text{万元}$$

(5) 综合以上因素，每年可多增加效益为

$$926.1+15.6-272.2-39.0=629.9(\text{万元})$$

(6) 投资回收期。

进行循环水供热改造总投资额为 1500 万元，因此静态投资回收期为 1500/629.9＝2.4（年）

4. 节能分析

1 年中，某热电厂只有冬季 11 月 15 日到次年的 3 月 20 日供暖。锅炉热效率为 82%，给水温度 150℃，则每吨蒸汽所消耗的标准煤量为

$$(3281.1-150\times 4.187)/(29\ 308\times 0.82)=0.110\ 4(\text{t})$$

改造前后采暖期机组运行参数见表 18-11。

表 18-11　　改造前后一个采暖期机组运行参数

指标	机组进汽		机组发电		机组运行小时 (h)	机组供汽		平均排汽温度 (℃)	循环水平均温度（℃）		循环水供热量 (GJ)
	流量 (t/h)	累计 (t)	负荷 (MW)	累计 (MWh)		流量 (t/h)	供汽量 (t)		进口	出口	
改造前	67.55	201 297	14.17	42 230.8	2980	12.30	366 53	39	16	29	148 871
改造后	62.4	174 538	10.20	28 526.2	2796	13.32	37 232.6	66	52	60	288 398

(1) 改造前机组能耗分析。

一个采暖期机组累计进汽量为 201 297t，因此采暖期机组发电、供热所消耗的标准煤为

$$201\ 297\times 0.110\ 4\text{t}=22\ 223.2\text{t}$$

蒸汽供热压力为 0.65MPa，温度 245℃，每吨蒸汽的热焓值为 2.95GJ，1 个采暖期蒸汽总供热量为

$$36\ 653\times 2.95=108\ 126.4(\mathrm{GJ})$$

热分摊比为 $108\ 126.4\times 10^3/[201\ 297\times(3281.1-150\times 4.187)]=0.203$

供热标准煤耗率为 $22\ 223.2\times 10^3\times 0.203/108\ 126.4=41.72\mathrm{kg/GJ}$

发电标准煤耗率为 $22\ 223.2\times(1-0.203)/42\ 230.8=0.419\ 4\mathrm{kg/kWh}$

（2）改造后机组能耗分析。

1 个采暖期机组供热、发电所耗标准煤为 174 538×0.110 4t=19 269.0t

1 个采暖期蒸汽总供热量为

$$37\ 232.6\times 2.95=109\ 836(\mathrm{GJ})$$

循环水供热量为 288 398GJ，1 个采暖期机组总供热量为

$$109\ 836+288\ 398=398\ 234(\mathrm{GJ})$$

热分摊比为

$$398\ 234\times 10^3/[174\ 538\times(3281.1-150\times 4.187)]=0.860$$

供热标准煤耗率为

$$19\ 269.0\times 10^3\times 0.860/398\ 234=41.61(\mathrm{kg/GJ})$$

发电标准煤耗率为

$$19\ 269.0\times(1-0.860)/28\ 526.2=0.094\ 6(\mathrm{kg/kWh})$$

改造后 1 个采暖期机组发电节约标准煤量为

$$28\ 526.2\times(0.419\ 4-0.094\ 6)=9265.3(\mathrm{t})$$

通过以上分析，说明循环水供热改造后，在机组工业抽汽量、凝结水量、机组进汽流量等参数差别不大的相近运行工况下，改造后比改造前每采暖期多增加毛利润 500 多万元，发电节约标准煤 9000 多 t。此例说明，通过降低凝汽机组真空，提高排汽温度，利用循环水供热来降低冷源损失是非常成功的。此改造比较简单，设备可以安全稳定运行，特别是节能效果显著，经济效益非常可观。

三、改造案例二

山东华能某电厂 150MW 汽轮机为哈尔滨汽轮机厂生产的超高压中间再热抽汽凝汽式机组，低压缸双流，通流级数为 6 级。其采暖抽汽从中、低压缸联通管接出，压力为 0.23MPa，额定抽汽量为 210t/h。由于电厂供热面积持续增长，供暖汽量缺口越来越大，所以 2009 年 9 月该电厂将 1 台 150MW 机组（7 号机组）进行低真空改造供热。为实现机组高背压供热，低压缸通流部分进行了改造，去掉低压后三级隔板、动叶；末三级安装假叶根（保证叶轮动平衡）；重新设计末级、次末级隔板、动叶和叶轮；末级叶片长度为 450mm。机组改造前后的技术规范对比如表 18-12 所示。

表 18-12　　机组改造前后的主要技术规范

名　称	改造后	改造前
额定功率（抽汽/冷凝，MW）	116/135	115/150
额定进汽量（抽汽/冷凝，t/h）	484/431.8	480/459.63
最大功率（MW）	148.89	157

续表

名　称	改造后	改造前
工业抽汽量（额定/最大，t/h）	60/100	60/100
工业抽汽压力（MPa）	0.981	0.981
工业抽汽温度（℃）	342.4	341.1
采暖抽汽量（额定/最大，t/h）	95/160	210/240
采暖抽汽压力（MPa）	0.23	0.23
采暖抽汽温度（℃）	192.2	190.8
排汽压力（抽汽/冷凝，kPa）	40.0/7.0	2.9/5.39
额定给水温度（抽汽/冷凝,℃）	250.2/244.1	249.4/247.2
级数	1C+5P+10P+2×5P（26级）	1C+5P+10P+2×6P（28级）
热耗率（冷凝，kJ/kWh）	8661.85	8224.5

1. 改造方案

（1）更换凝汽器。由于该电厂热网一级主管网压力较高，所以机组能否实现低真空运行的另一个重要因素就是凝汽器的改造。通用凝汽器的水侧耐压一般只有0.4MPa，而一级主管网的回水压力就达到了0.6MPa，在热网循环泵故障情况下，主管网压力可超过0.8MPa。因此，凝汽器的水侧设计耐压必须满足热网事故状态下，保证凝汽器及机组的安全。

将凝汽器、收球网全部拆除，更换为哈尔滨汽轮机厂有限责任公司设计的型号为N8900-6型新凝汽器，将收球网（包括内部全部组件）更换为上海丰庆机电设备工程有限公司生产的1.4MHQWF型旋摆自锁式收球网；更换凝汽器出、入口阀门及相应的出、入口管道。水室涂刷防腐漆，加装阴极保护镁块48块；凝汽器入水、排水管道与500供热管道接口增加相应的管道阀门。

（2）更换末级叶片。

为了校核机组的安全性，经过多次热力计算和强度校核，结论是只要去掉末级叶片后进行低真空供热运行，即使是在最恶劣的工况下，机组各部分也是安全的。

将低压转子更换了末级、次末级叶片及相应的隔板；倒数第三级去掉叶片，增加导流环；将2×6级低压转子改造成2×5级低压转子；现场测调间隙，并进行复装就位。

（3）更换胶球清洗装置。

改造后凝汽器进出水系统均工作在热网水压力下，为保证安全，连接在凝汽器进出水管道上的所有管道、阀门、管件、胶球清洗装置等均应更换为PN1.6以上耐压等级，并要求阀门密封性能良好。

2. 经济效益分析

为了验证实际改造效果，在机组实施低真空供热改造前后分别进行了机组的供热工况性能试验，改造前后主要经济指标见表18-13。

表 18-13　　改造前后主要经济指标

参　数	单　位	改造后		改造前
		额定采暖抽汽量工况	最大采暖抽汽量工况	采暖抽汽 204t/h
发电机功率	kW	125 595	123 473	128 000.9
主蒸汽温度	℃	539.717	535.921	536.455
主蒸汽压力	MPa	13.411	13.537 1	13.325 2
主蒸汽流量	kg/h	483 458.9	486 627.7	491 551
凝汽器真空	kPa	72.266	76.679	98.277
排汽压力	kPa	29.701	25.432	3.723
给水温度	℃	244.787	243.973	242.073
给水压力	MPa	15.243 6	15.388 6	15.219 2
给水流量	kg/h	467 975	476 549.7	489 424
过热器减温水流量	kg/h	15 483.9	10 078	2127
再热器减温水流量	kg/h	11 357.4	9679	0
采暖抽汽压力	MPa	0.204 8	0.141 7	0.150 7
采暖抽汽温度	℃	184.868	167.877	182.454
采暖抽汽流量	kg/h	122 213	174 791	204 264
供热回水温度	℃	64.25	69.015	
循环水进水温度	℃	52.203	52.79	—
循环水出水温度	℃	67.54	64.721	—
循环水流量	t/h	8603.97	8666.93	—
试验热耗率	kJ/kWh	3794.537	3839.47	6213.572

从表 18-13 可以看出：在供热工况下，高背压供热比改造前的经济性有了较大的提升，额定采暖抽汽量工况下的热耗率只有 3794.5kJ/kWh，远低于改造前的 6213.6kJ/kWh；在主蒸汽流量接近的情况下，改造后供热能力有了大幅提升，相当于供热流量增加了 140t/h。

3. 改造后带来的问题

（1）纯凝工况运行时，两侧排汽温度偏差大，有时达十几摄氏度。并且机组在高背压工况下运行时，不能停止采暖抽汽，否则排汽温度偏差大。随着负荷上升，低压缸右侧排汽温度也升高，影响机组的安全运行。

（2）纯凝工况运行时，改造后机组热耗率升高较大，试验热耗率从改造前的 8669.31kJ/kWh 升高到 9390.06kJ/kWh，经过二类修正后的热耗率从改造前的 8530.04kJ/kWh 升高到 9422.20kJ/kWh。热耗率升高的重要原因是改造后低压缸效率变差造成的。

4. 改造建议

针对 150MW 机组高背压改造后采暖供热工况节能效果显著、非采暖季节经济性恶化这种两极分化的状况，可以采取两套转子互换的方案来提高机组全年运行的经济性。低压缸采用双背压双转子互换，即采暖供热期间使用动静叶片相对减少的高背压转子，非采暖期使用原纯凝低背压转子。

以上 150MW 机组，原低压转子为 2×6 级，在进入采暖期前更换为高背压的 2×4 级转子和相应的隔板，排汽背压提升至30～40kPa，对应排汽温度提高至65～75℃，利用循环水供热。当采暖期结束后，再换回2×6级动叶的纯凝转子，相应级隔板恢复，即完全恢复至纯凝机组原设计状态，汽轮机排汽背压同时恢复至5.4kPa，这样可以保证机组在供热期和非供热期运行都具有较好的经济性。机组采用这种优化措施，需要再订做一套原纯凝机组的低压转子，改造的成本增加；液压螺栓可以解决两套转子互换时，低压转子与高中压转子和发电机转子连接的技术难题。

2011年华电十里泉电厂在140MW机组上实施并投运该项目。即在供热运行工况时使用新设计的动静叶片级数相对减少的高背压低压转子，凝汽器运行高背压（30～45kPa），对应排汽温度提高至80℃左右，进行循环水供热；在非采暖期，再将原纯凝转子和末级、次末级隔板恢复，排汽背压恢复至4.9kPa，完全恢复至原纯凝机组运行工况。该项目目前供热面积为600万m^2左右，根据计算，每个供热季机组发电热耗可降至3684kJ/kWh，发电煤耗降至139.5g/kWh，与改造前的纯凝工况相比，每个供热季实际可节约标准煤约3.6万t。综合全年供热、纯凝工况下加权平均发电煤耗为249.6g/kWh。

第四节 循环水系统的经济运行

循环水系统消耗的电能约占电厂总发电量的1.0%～1.5%。闭式循环冷却水系统一般设置两台容量不小于机组最大冷却水量110%的循环水泵；开式循环冷却水系统应根据系统布置计算确定是否需要设置升压水泵，当需要设置时，应设两台容量不小于机组最大冷却水量110%的升压水泵。高温季节循环水温度高，汽轮机真空较低，会影响机组的正常出力，为提高真空，可以增开一台循环水泵来增加循环水量。由于多种原因，目前电厂循环水系统处于粗调或不调的状况，不能实现经济运行。

一、全速循环水泵并联经济运行

1. 全速循环水泵并联经济运行的数学模型

目前我国的循环水泵基本上有三种：轴流泵、离心泵和混流泵。单元制时，利用两台容量相同或不等的泵通过切换、启停来满足负荷的要求；母管制（把多台机组循环水泵的出口用母管连接起来）时，则通过增开或停用泵的台数来满足负荷或环境变化。

无论采用哪种运行方式，在一定的循环水温下，增加循环水量ΔD_w，一方面会使机组背压减小，汽轮机真空提高，从而增加功率ΔP_g；另一方面，又会使循环水泵的功耗增加ΔP_p。并联运行的循环水泵经济运行是指：当循环水入口温度和汽轮机排汽量一定时，通过增加或停用循环水泵台数，使汽轮机组增发的功率和循环水泵多消耗的功率之差达到最大，即使所获得的净效益$\Delta P=\Delta P_g-\Delta P_p\longrightarrow\Delta P_{max}$最大，使得机组获得最大净效益的真空就是最佳真空，其对应的水量为最佳循环水流量见图18-5。循环水流量对机组功率和泵电耗的影响基本过程。

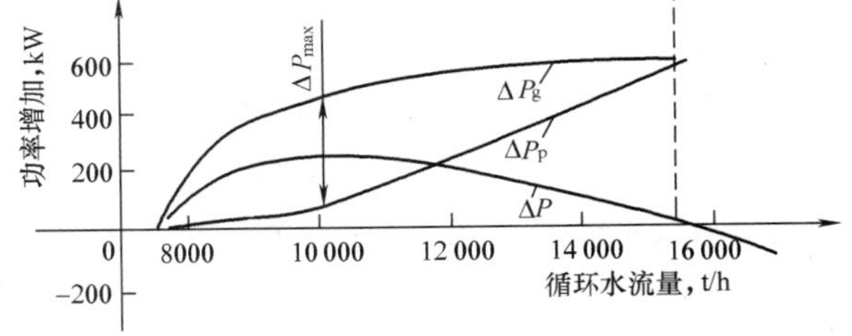

图18-5 最佳循环水流量的确定

（125MW机组10℃，80%负荷，排汽量224t/h）

当循环水流量增加太多时，循环水温升变化幅度变小，对真空的影响随之减弱，会使循环水泵的电耗增加抵消机组出力的增加值。过大的冷却水量还可能出现净效益为负值的情况，因此，全速循环水泵并联经济运行的数学模型为

$$\Delta P=\sum_{i=1}^{m}\Delta P_{gi}-\sum_{i=1}^{n}\Delta P_{pi} \tag{18-1}$$

式中　m——汽轮机运行台数；

n——增加的循环水泵运行台数；

ΔP_{gi}——第 i 台汽轮机的微增出力；

ΔP_{pi}——因增加第 i 台循环水泵所多消耗的功率；

ΔP——机组净收益。

当循环水入口温度和汽轮机排汽量一定时，功率的差值只随着循环水流量 D_w 而变化，为了求得 ΔP 的最大值，对式（18-1）求一阶导数并令此导数为零，即

$$\frac{d}{d\Delta D_w}\left(\sum_{i=1}^{m}\Delta P_{gi}-\sum_{i=1}^{n}\Delta P_{pi}\right)=0 \tag{18-2}$$

$$\frac{d}{d\Delta D_w}\sum_{i=1}^{m}\Delta P_{gi}-\frac{d}{d\Delta D_w}\sum_{i=1}^{n}\Delta P_{pi}=0 \tag{18-3}$$

对其进行数学变化得

$$\frac{d}{dD_w}\sum_{i=1}^{m}P_{gi}-\frac{d}{dD_w}\sum_{i=1}^{n}P_{pi}=0 \tag{18-4}$$

根据机组的具体情况，将循环水泵的电耗和汽轮发电机出力随流量的变化关系式代入式（18-4）求解，即可确定最佳的循环水流量。

2. 循环水泵功率增加与真空的关系

循环水泵功率与流量有一定关系，制造厂一般提供功率-流量曲线，电动机效率也是由制造厂提供的，不同的输出功率，效率不同，从而可以求得循环水泵功率。当然最好通过现场试验求得功率与流量的曲线和不同流量下的循环水泵功率。在一定温度下，循环水泵功率与循环水流量 D_w 可描述为

$$P=A+BD_w+CD_w^2+DD_w^3 \tag{18-5}$$

例如某电厂循环冷却水系统，其阻力 H 与水量 D_w 的关系用抛物线表示具有足够的精度 $H=H_0+bD_w+cD_w^2$

则循环水所获得的有效功率为

$$P_e=\frac{\rho gD_wH}{1000} \tag{18-6}$$

考虑到水泵效率 η_i 和电动机效率 η 后，则电动机实际耗功为

$$P_p=\frac{\rho gD_wH}{1000}/(\eta_i\eta)=A+BD_w+CD_w^2+DD_w^3 \tag{18-7}$$

真空与汽轮机组增发的功率的关系较复杂，华东地区有关研究所曾对闵行、闸北等电厂的125MW机组做过准确的系统试验研究，通过真空特性试验得出的结论为：机组功率增加和真空变化关系为一直线关系，而在特高真空下，当真空提高到一定程度后再继续提高就无法使负荷增加。试验表明，125MW机组功率增加和真空 p_k 关系可描写为

$$\Delta P_g=a-bp_k(p_k\geqslant 6.0\text{kPa}) \tag{18-8}$$

$$\Delta P_g=c+dp_k^2(p_k<6.0\text{kPa}) \tag{18-9}$$

实际上，汽轮机制造厂都提供汽轮机背压对功率的修正曲线，完全可以根据修正曲线拟合出

二次曲线方程，因此 $\frac{\mathrm{d}}{\mathrm{d}D_{\mathrm{w}}}\sum_{i=1}^{m}\Delta P_{gi}\left(即\frac{\mathrm{d}}{\mathrm{d}D_{\mathrm{w}}}\sum_{i=1}^{m}P_{gi}\right)$ 是可以计算的。相对而言，现场真空特性试验得出的机组功率增加与真空变化的关系，能反映汽轮发电机组制造和安装等实际因素，比较准，但它对试验的要求较高。

3. 蒸汽饱和温度与真空的关系

我们知道

$$\Delta t=\frac{D_{zq}(h_{s}-h_{c})}{D_{w}c_{p}}\approx\frac{520D_{zq}}{D_{w}}$$

$$\delta t=\frac{\Delta t}{e^{\frac{KA}{4.187D_{w}}}-1}=\frac{520D_{zq}}{D_{w}(e^{\frac{KA}{4.187D_{w}}}-1)}$$

式中 D_{w}——循环水流量；

D_{zq}——凝汽器蒸汽负荷。

又由于排汽饱和温度为

$$t_{s}=\delta t+\Delta t+t_{1}=t_{1}+\frac{520D_{zq}}{D_{w}}+\frac{520D_{zq}}{D_{w}(e^{\frac{KA}{4.187D_{w}}}-1)} \tag{18-10}$$

对应的排汽压力为

$$p_{k}=9.81\times10^{-6}\times\left(\frac{t_{s}+100}{57.66}\right)^{7.46} \tag{18-11}$$

将式（18-10）代入式（18-11）可知，汽轮机排汽压力又是循环水流量的函数。可以对 p_{k} 求导，即

$$\frac{\partial P_{g}}{\partial D_{w}}=\frac{\partial P_{g}}{\partial p_{k}}\frac{\partial p_{k}}{\partial D_{w}}$$

汽轮发电机组功率增加和真空（也就是说机组功率与排汽压力有关）变化关系比较复杂，用电子计算机可非常方便地进行导数计算和数据处理。为了简单，在现场完全可以通过试验进行二次曲线或多次曲线拟合，求得其表达式。凝汽器特性也可通过试验求得。

4. 全速循环水泵并联经济运行实例

华能某电厂 1 号汽轮机为美国通用电气公司（GE）制造，汽轮机的主要技术规范见表 18-14，循环水泵主要技术规范见表 18-15，凝汽器主要技术规范见表 18-16。

表 18-14　汽轮机的主要技术规范

项目	单位	数据	项目	单位	数据
机组型号	N352-17.46/538/538		再热蒸汽温度	℃	538
额定功率	MW	352	再热蒸汽压力	MPa	3.07
主蒸汽流量	t/h	1085	再热蒸汽流量	t/h	878
主蒸汽压力	MPa	17.46	排汽压力	kPa	4.9
主蒸汽温度	℃	538	回热级数	级	8
高压缸排汽压力	MPa	3.31	热耗率	kJ/kWh	7980

表 18-15　　循环水泵主要技术规范

项目	单位	数据	项目	单位	数据
型式	立式混流泵×2		电动机功率	kW	1200
流量	m^3/h	23 040	电动机电压	V	6000
扬程	m	14.3	电动机电流	A	160.8
循泵效率	%	88	循泵转速	r/min	295

表 18-16　　凝汽器主要技术规范

项目	单位	数据	项目	单位	数据
型式	双通道双流程表面冷却式		循环水入口温度	℃	19.5
循环水流量	m^3/h	40 000	循环水出口温度	℃	28.57
冷却面积	m^2	19 210	凝汽器端差	℃	4
管材	—	钛	管内流速	m/s	2.3
管子根数	根	21 100	循环方式	—	开式
管子规格	mm	ϕ25.4×0.6	凝汽器压力	kPa	4.9

在不同季节下，也就是在当地循环水温度处于较低、通常、较高三种条件下，在不同的负荷条件下，循环水为一机二泵和一机一泵时，实测循环水泵流量、电耗、相应凝汽器背压、机组功率增量，试验结果见表 18-17～表 18-19。

表 18-17　　循环水温为 9℃ 时的试验数据

试验负荷	MW	175		262.5		350	
运行方式	—	单泵	双泵	单泵	双泵	单泵	双泵
循环水流量	m^3/h	23 308	26 966	16 565	23 897	23 518	30 793
凝汽器背压	kPa	4.43	3.49	5.96	4.86	6.73	5.49
机组微增出力	kW	−982.5	0	−247.5	0	−2485.5	0
循环水泵功耗	kW	1123	2404	1123	2404	1123	2404
机组净增功率	kW	−2105.5	−2404	−1370.5	−2404	−3608.5	−2404

表 18-18　　循环水温为 20℃ 时的试验数据

试验负荷	MW	175		262.5		350	
运行方式	—	单泵	双泵	单泵	双泵	单泵	双泵
循环水流量	m^3/h	22 490	28 340	22 130	28 240	22 440	28 360
凝汽器背压	kPa	5.90	5.42	8.18	7.22	10.23	8.87
机组微增出力	kW	−3527.1	−2696	−6915	−4886.3	−9336.4	−6836.7
循环水泵功耗	kW	1122.8	2318	1130.7	2332.8	1114.2	2332
机组净增功率	kW	−46 499	−5014	−8045.7	−7219.1	−10 450.6	−9168.7

表 18-19　　循环水温为 28℃时的试验数据

试验负荷	MW	175		262.5		350	
运行方式	—	单泵	双泵	单泵	双泵	单泵	双泵
凝汽器背压	kPa	6.25	5.42	8.23	6.81	8.03	9.57
机组微增出力	kW	−4132	−2696	−7020	−4019.9	−5292.7	−8123.3
循环水泵功耗	kW	1012.8	2380.4	990.7	2370	2363.5	1012
机组净增功率	kW	−5144.8	−5076.4	−8010.7	−6389.9	−7656.2	−9135.3

根据试验结果，并对温度用内查法计算，可得到在 350、262.5、175MW 工况下，循环水温度为 9、15、20、25、28、33℃时的最佳运行背压见表 18-20，相应的循环水泵运行方式见表 18-21。循环水泵采用最佳运行方式，对机组的经济性影响在 0.04%～0.85%。

表 18-20　　不同循环水温度下的最佳运行背压　　kPa

循环水温度（℃）	9	15	20	25	28	33
350MW 背压	5.49	4.42	8.87	8.46	8.03	11.58
262.5MW 背压	5.96	3.73	7.22	6.86	6.81	9.98
175MW 背压	4.43	3.49	5.90	5.78	5.42	8.56

表 18-21　　不同循环水温度下的最佳循环水泵运行方式

循环水温度（℃）	9	15	20	25	28	33
350MW 背压	双泵	双泵	双泵	双泵	双泵	双泵
262.5MW 背压	单泵	双泵	双泵	双泵	双泵	双泵
175MW 背压	单泵	单泵	单泵	单泵	双泵	双泵

二、变速循环水泵并联最优化运行

1. 变速循环水泵并联最优化运行的数学模型

各电厂受到所配循环水泵容量、台数、恒速等参数的限制，循环水流量调节手段单一，仅能通过增开和停用循环水泵台数进行经济运行，难以实现最优化运行。例如某些情况多开一台水泵流量太大，而少开一台水量又太小，从而造成功率损失。将循环水泵电动机进行变频改造，根据机组负荷和真空的变化，实时调节转速，从而调节循环水流量，就会节约大量厂用电。

根据

$$D_{zq}(h_s - h_c) = D_w(t_2 - t_1)c_p$$

可以得到

$$\Delta t = t_2 - t_1 = \frac{520D_{zq}}{D_w}$$

可见只要知道排汽流量 D_{zq}，就可以很方便地根据凝汽器的进出口水温，求得循环水流量 D_w。排汽流量可以通过机组监视段压力的测量取得，这样计算所得的循环水流量稳定、可靠。这种方法求得的循环水流量叫做实际流量。用这种方法测得的流量解决了超声波流量计要求管内充满水、无汽泡、管壁不能有厚的结垢、管路要有 10D 左右的长度的直管段等问题，测量精度也能满足要求。

循环水流量的控制可以分为闭环控制和开环控制。开环控制是通过对循环水系统的多个工况点的试验，确定水泵不同转速下对应的循环水量，控制循环水流量尽可能地接近理想流量（即在最佳真空下，$\Delta P=\Delta P_{max}$时通过试验确定的理想流量），就是我们所要求的。由于循环水出口温度受端差影响，因此应引入端差反馈，才能精确地实现流量调节。

2. 变速循环水泵并联最优化运行实例

华能某电厂125MW机组（1号机组），主汽压力13.24MPa、主汽温度535℃、主蒸汽流量382.6t/h、排汽压力4.9kPa、热耗率8499kJ/kWh。甲循环水泵流量12 600m³/h、扬程13m、转速370r/min；乙循环水泵流量10 810m³/h、扬程11.39m、转速370r/min。电动机型号YL600-16/1730、功率600kW、电压6000V、电流86.5A、转速370r/min、功率因数0.75。采用6kV/6kV高—高电压源型美国罗宾康变频器对其中一台循环水泵（甲泵）进行变速调节。变频器参数为：型号PERFECTHARMONY、标准功率735kW（配800kVA干式变压器）、输入电压6000V、输出电压0～6000V、输入电流100A、输出电流0～100A、输入频率50Hz、输出频率0～120Hz。变频器采用自动控制，循环水流量与机组负荷、循环水进口温度有直接关系，通过夏季、春季和冬季三个不同季节下的试验可以测定最佳循环水流量与不同机组负荷、循环水进口温度之间的对应关系。根据实时采集的机组负荷、排汽量和循环水进、出口温度计算出实际循环水流量，并跟踪试验确定的理想循环水流量，来调节变频器的输出频率和电动机转速。控制系统实时监测机组负荷和循环水温，计算出循环水量理想值和循环水泵转速，通过水泵进行自动控制。

通过试验并辅以计算，凝汽器在一般脏污程度和较好的严密性条件下，机组不同负荷和不同循环水温度时达到最佳真空条件下的水温和水量（理想流量）关系见表18-22。

表18-22　不同负荷和不同循环水温度时的理想流量　t/h

负荷 \ 水温（℃）	5	10	15	20	25	30
100%	10 800	12 500	14 350	16 500	17 550	18 350
70%	7500	9350	11 300	13 300	15 600	16 400

将大量试验数据绘制成曲线图（见图18-6），能直观地表现出最佳循环水流量的连续变化情况：在5～20℃范围内，随负荷的增加，循环水流量接近成正比的增加，但是在25℃以上水温范围内，理想流量的增量越来越小。可以将大量试验数据汇总成数据库，也可以将试验数据回归成数学表达式，从而成为追踪理想流量的依据。

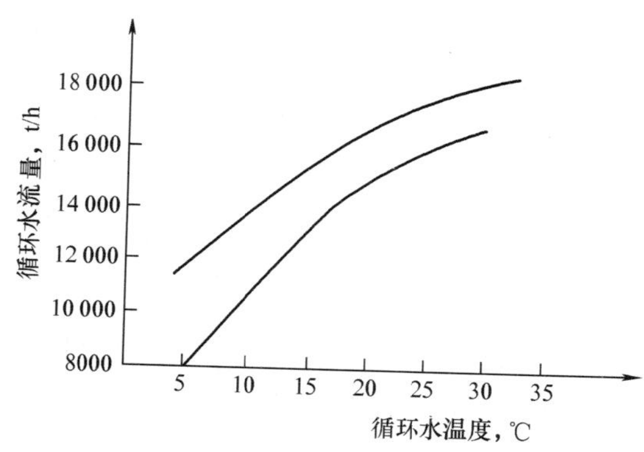

图18-6　最佳循环水流量与温度的关系

通过循环水泵变频改造和自动控制，在水泵容量范围内可根据机组负荷和循环水温度自动跟踪理想流量，节能效果显著。改造前后节能效果见表18-23。

在夏季满负荷时，开一台泵，即使甲泵全速运转，其循环水流量也不足；但在冬季条件下，

87.5MW 负荷时，转速在 300r/min 时就可满足要求。而 1 号机组年平均负荷为 80MW，所以变频运行节电显著，全年节电约 85 万 kWh。

又如某电厂 300MW 机组，根据设计资料从低压缸排汽压力对出力的修正曲线上提取数据，经多项拟合得到机组功率与排汽压力的关系，再通过凝汽器变工况计算得到排汽压力与冷却水流量的关系，进一步拟合，最终得到机组功率和循环水流量的关系。在某个低压排汽量下，且冷却水初温为 20℃时，拟合得到机组功率和冷却水流量两者关系为

表 18-23　改造前后节能效果

项　目	单位	改造前					变频优化后			
海水潮位	—	高					高			
水泵运行		仅甲泵运行				双泵运行	仅甲泵运行		双泵运行	
甲循泵转速	r/min	370	370	370	370	370	300	330	360	310
负荷	MW	125	125	87.5	87.5	125	87.5	125	125	87.5
大气压力	kPa	102.02	100.8	102.37	100.31	100.79	102.37	102.02	100.79	100.79
真空	kPa	97.85	92.35	99.1	92.8	93.5	98.35	97.33	93.4	95.3
循泵进水温度	℃	4.8	25.0	4.9	25.1	25.0	4.9	4.8	25	25
甲泵电耗	kW	553.5	576	571.2	595.5	606+454	318.7	428.4	570+451	342+452
实际循环水量	t/h	11 646	13 419	11 886	13 093	17 525	7887	10 490	17 403	15 754
理想循环水量	t/h	10 391	17 550	7493	15 603	17 550	7493	10 391	17 550	15 603

注　实际循环水流量通过热平衡计算得到。

$$P_g = -0.0259D_w^4 + 0.734D_w^3 - 7.933D_w^2 + 39.412D_w + 222.269 \tag{18-12}$$

式中　D_w——冷却水流量，kg/s；

P_g——机组功率，MW。

根据厂家提供的冷却水泵特性曲线经过拟合得到单泵运行叶片角度为-4°时，冷却水泵功率 P_p 与冷却水流量之间的关系式为

$$P_p = -0.0157D_w^3 + 0.168D_w^2 - 0.608D_w + 1.664 \tag{18-13}$$

式中　P_p——冷却水泵功率，MW。

对于多台冷却水泵并联情况，根据扬程不变流量叠加的原则，并联后的功率由多台水泵对应流量的功率叠加得到。

在上述模型中冷却水流量是未知量，为此必须建立水力特性方程组来进行求解。冷却水系统的静扬程和管道阻力损失是由冷却水泵的扬程来提供的。在建立管道阻力特性时应遵循如下原则：流经串联管路各管段的流量相等，其阻力损失为各管段阻力损失之和；流经并联管路各管段的阻力损失相等，其流量为各管段流量之和。

在上述模型中还应给出约束条件，例如凝汽器顶端流体不汽化、冷却水泵稳定运行（冷却水最大流量）和满足其他用水的最小冷却水流量等（可以通过试验或计算得到），从而完成模型的全部建立，利用该模型对该厂 300MW 机组 3 种常见负荷、6 种不同冷却水初温和进口水位工况进行了优化计算，计算结果列于表 18-24 中。

表 18-24　　300MW 机组冷却水系统优化结果

负荷（MW）	水初温（℃）	水位（m）	理想负荷（MW）	循泵运行台数	泵流量（m/s）	叶片角度（°）
300	6.6	15.58	300.57	1	6.477	0
	9.5	15.78	300.34	1	7.088	+2
	16.0	16.92	299.38	1	7.798	+4
	20.9	19.43	297.89	1	8.062	+4
	24.2	20.86	296.19	2	4.664	−4
	27.5	22.69	294.15	2	4.832	−4
257	6.6	15.58	258.42	1	5.789	−2
	9.5	15.78	258.22	1	6.506	0
	16.0	16.92	257.41	1	7.798	+4
	20.9	19.43	256.18	1	8.062	+4
	24.2	20.86	254.72	1	8.120	+4
	27.5	22.69	252.73	2	4.820	−4
210	6.6	15.58	211.96	1	5.320	−4
	9.5	15.78	211.79	1	5.815	−2
	16.0	16.92	211.06	1	7.232	+2
	20.9	19.43	210.03	1	8.062	+4
	24.2	20.86	208.79	1	8.120	+4
	27.5	22.69	207.00	1	8.133	+4

第五节　热泵供热技术的应用

一、吸收式热泵的性能

经过汽轮机做功后的蒸汽冷凝成凝结水，再经回热后进入锅炉，锅炉产生的蒸汽在汽轮机中做功，在这个热媒的循环过程中，需要放出大量的冷凝热。冷凝热的主要特点如下：

（1）品位低。排汽压力为 3.5～9.6kPa，冷凝水温度为 25～40℃，其冷却水温比大气环境高 10℃左右。

（2）数量大。汽轮机组发电效率为 40％左右，而纯凝汽工况下排入大气的冷凝损失达 43％～60％，且相对稳定。

如果将纯凝汽式机组改为抽汽供热机组后，冷凝损失仍然有 20％；如果采用热泵技术对该冷凝热进行回收，则可以增加 17％的供热输出，全厂热效率可达到 75％以上。火电厂中热泵供热技术是将汽轮机排入凝汽器的部分或全部低温热能通过热泵转变到合适温度后的热能，然后向用户供给热量，以此实现将低温热源的热能转变为高温热源的热能。热泵机组是以高品质能源（电能、高温高压蒸汽、高温热水）为驱动热源，水为换热介质，溴化锂溶液为吸收剂，利用水在真空中的闪蒸吸热，回收利用低温热源的热能（如循环水），制取所需要的高温热源，实现从低温向高温输送热能的设备。根据驱动能量的不同，热泵主要分为电动压缩式热泵和吸收式热泵。表 18-25 为吸收式热泵与电动压缩式热泵性能比较。

表 18-25　　吸收式热泵与电动压缩式热泵性能比较

项　目	吸收式热泵	电动压缩式热泵
热水出口温度	一般可达 90℃，最高 98℃	一般不超过 60℃，最高 80℃
热泵耗电量	30MW 热泵组耗电 30kW	30MW 热泵组耗电 7500kW
运行稳定性	基本属于静态运行设备	压缩机高速运转
运行噪声	静态运行，噪声低	高速运转，噪声大
维修量	运行部件不需要更换润滑油，设备维修量极少	压缩机要定期更换润滑油
配电设施	用电量极少，配电设备投资小	需要高电压启动，配电设备投资大
制冷剂添加	负压运行，溶液无需调加	高压运行设备，冷媒定期补充
环境影响	溴化锂对环境无任何影响	制冷剂造成温室效益
运行费用	运行费用低，回收周期短	耗电量巨大，运行费用高
使用寿命	静态换热设备，寿命 25 年	高速运转设备，运行寿命 15 年

从表 18-25 比较可以看出，离心式热泵热水进出口温度不能满足热网供热要求，而且耗电量巨大，厂用电系统需做很大改动，因此电厂宜采用吸收式热泵组。

二、热泵的构成与原理

溴化锂吸收式热泵的工艺流程见图 18-7。溴化锂吸收式热泵机组主要由热交换器、发生器（或称浓缩器）、冷凝器（或称再热器）、吸收器（加热器）、蒸发器组成。从吸收器出来的溴化锂稀溶液通过溶液泵升压后流经换热器时被从发生器出来的高温溴化锂浓溶液加热，然后进入发生器，在发生器中被驱动蒸汽加热至沸腾，其中的水分逐渐蒸发，溴化锂稀溶液浓度不断提高，变成浓溶液，冷剂蒸汽（即溴化锂溶液浓缩产生的高温二次蒸汽）被送往冷凝器。

发生器出来的冷剂蒸汽经挡液板将夹杂的液滴分离后进入冷凝器，在冷凝器中与供热供水换热，冷剂蒸汽释放热量凝结成冷剂水。积聚在冷凝器下部的冷剂水经 U 形液封喷入蒸发器内，U 形液封可防止冷凝器中的蒸汽直接进入蒸发器。冷剂水进入真空蒸发器后，由于压力降低，利用水在负压状态下沸点降低的原理，首先闪蒸出部分低压冷剂蒸汽。低温热源（余热水）在放出热量后温度降低，流出热泵机组。由于蒸发器采用喷淋式换热器，喷淋量要比蒸发量大许多倍，因此大部分冷剂水聚集在蒸发器的水盘内，然后由冷剂水泵升压后送入蒸发器的喷淋管中，经喷嘴喷淋到管簇外表面上，在吸取了流过管簇内的低温热源进水的热量后，蒸发成低压冷剂蒸汽。低压冷剂蒸汽经挡液板将夹杂的液滴分离后进入吸收器，被均匀喷淋在吸收器管簇外表的溴化锂浓溶液吸收，溴化锂浓溶液在吸收冷剂蒸汽时放出冷剂蒸汽的凝结热，加热流经吸收器传热管内的热媒水，使其温度升高后流出吸收器。溴化锂浓溶液在吸收冷剂蒸汽后浓度越来越低，形成溴化锂稀溶液，稀溶液聚集在吸收器底部，再由溶液泵送到发生器，如此循环，完成余热热量的提取过程。

供热回水（热媒进水）在流经吸收器管簇时吸收了低压冷剂蒸汽携带的热量，从而保证了吸收过程的不断进行，同时供热回水的温度得到提升，并在流经冷凝器管簇时被冷剂蒸汽进一步加热，达到设计要求温度后经热网循环泵送至各热力站。低温热源进水在蒸发器管簇内流过时，热量被管外的冷剂水闪蒸时带走，温度降低。供热回水不但吸收了驱动蒸汽的热量，而且通过热泵带走了低温热源的部分热量，通过制冷剂的不断循环，最后将低温热源的热量送入高温热源后，制取所需温度的供热供水（热媒出水）。这也是溴化锂吸收式热泵供热节能的主要原因之一。

三、热泵供热技术在湿冷机组上的应用

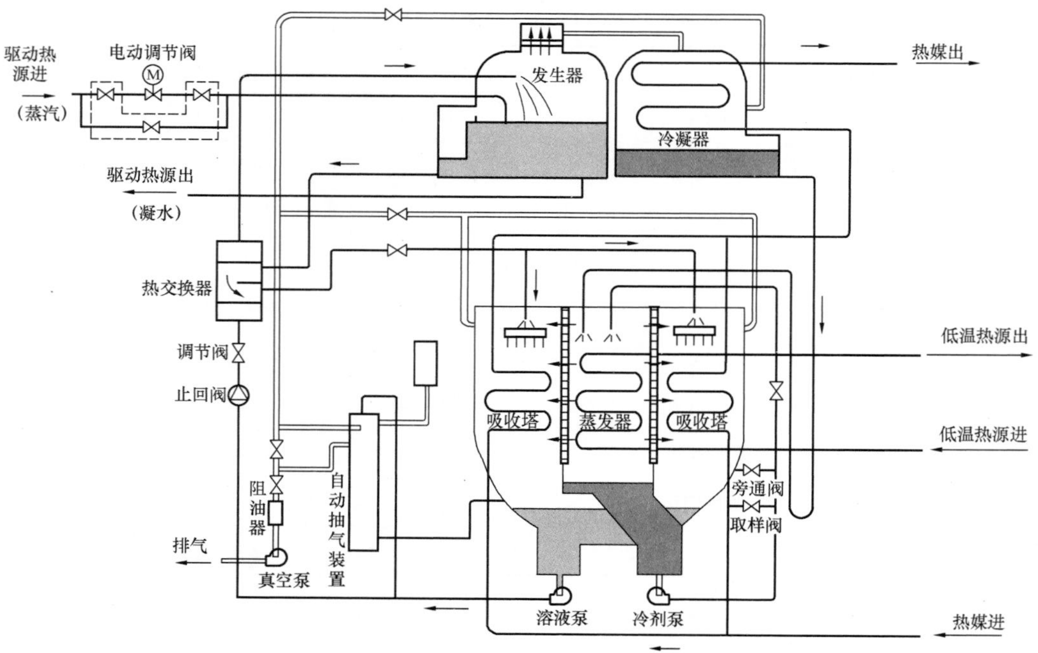

图 18-7 溴化锂吸收式热泵的工艺流程

我国应用热泵供热技术较早的电厂是山西国阳新能股份有限公司发供电分公司第三热电厂（以下简称第三热电厂）。

1. 发电系统

其发电系统包括：3 台 DG-150/9.8-1 型煤粉锅炉，额定蒸发量为 150t/h；1 台 YG-270/9.8-M 型煤粉锅炉，额定蒸发量为 270t/h；2 台 C35-8.83/0.785 抽汽冷凝式汽轮机组，额定功率为 35MW，额定主蒸汽流量为 220t/h，额定抽汽量为 120t/h；1 台 C60-8.83/0.785 抽汽冷凝式汽轮机组，额定功率为 60MW，额定主蒸汽流量为 340t/h，额定抽汽量为 170t/h。第三热电厂参与改造的机组为 2 台 C35-8.83/0.785 型汽轮机（8.83MPa，535℃），按照实际运行工况，2 台汽轮机最大抽汽为 390t/h，除去各种工业用汽（电厂自身供热、生活用汽、新景矿工业用汽、坡头小学供热用汽等）约 40t/h，实际能够向阳泉矿区居民供热用抽汽约为 350t/h。原供热面积为 452.3 万 m^2。

2. 溴化锂吸收式水源热泵机组

2009 年第三热电厂采用 6 台 30MW 溴化锂吸收式高温热泵，回收冷凝热 72MW，可增加供热面积 102.6 万 m^2。溴化锂吸收式水源热泵供热流程见图 18-8。单台溴化锂吸收式水源热泵机组设计条件如下：

型号：XRI5-40/30-3000(60/90℃)；

余热水进水温度：40℃；

余热水出水温度：30℃；

余热水流量：1032t/h；

余热水水质：余热水为电厂冷却水；

热媒水进水温度：60℃；

热媒水出水温度：90℃；

热媒水流量：860t/h；

热媒水水质：热媒水为集中供热回水；

冷凝热提取量：$r=\frac{(40-30)\times4.182\times1032\times1000}{3600}=11\ 988$（kW）≈12MW；

制热性能系数COP（定义为热泵的制热量与消耗功率之比，能效比率）>1.67；

电机功率：≤30kW；

抽汽蒸汽：0.5MPa；

抽汽流量：24.8t/h；

凝结水温度：95℃；

抽汽转化为热的效率设为99.5%；

单位面积供热负荷 $q=70\text{W/m}^2$；

供热面积 $S=\frac{r}{q}=\frac{12\text{MW}}{70\text{W/m}^2}=17.1$（万 m^2）。

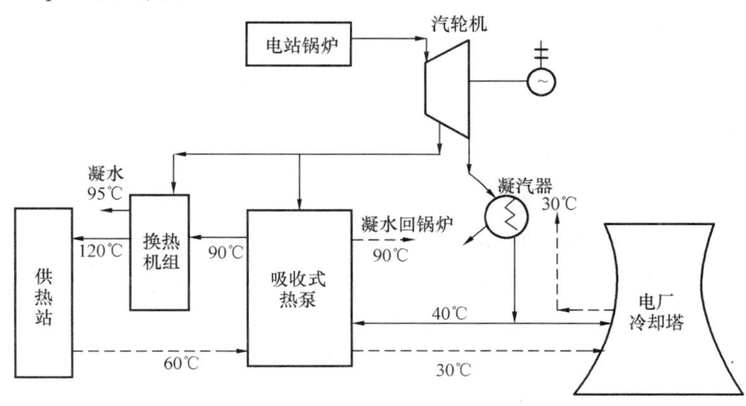

图18-8 热泵供热工艺流程

3. 热泵机组在设计工况条件下节煤节水分析

在没有采用溴化锂吸收式水源热泵机组时，原热水循环总流量为860×6t/h=5160t/h，供热由60℃加热到120℃所需热量为

$$860\times6\times1000\text{kg/h}\times(120-60)\times4.182\text{kJ/kg}=1\ 294\ 747\ 200\text{kJ/h}=1294.75\text{GJ/h}$$

采用溴化锂吸收式水源热泵机组，供热由60℃加热到90℃所需热量。6台热泵机组需要抽蒸汽流量约6×24.8=148.8（t/h），消耗热量为

$$148.8\times1000\text{kg/h}\times2400\text{kJ/kg}=357\ 120\ 000\text{kJ/h}=357.12\text{GJ/h}$$

式中 2400kJ/kg——抽汽在冷凝热热泵中的工作焓差。

热水由90℃加热到120℃所需热量为

$$6\times860\times1000\text{kg/h}\times(120-90)\times4.82\text{kJ/kg}=647\ 373\ 600\text{kJ/h}=647.37\text{GJ/h}$$

在采用溴化锂吸收式水源热泵机组后，应节省热量为

$$(1294.75\text{GJ/h}-357.12\text{GJ/h}-647.37\text{GJ/h})\times11.67=173.8\text{GJ/h}$$

节约标准煤量为

$$173.8\times1\ 000\ 000\text{kJ/h}/(29\ 308\text{kJ/kg})=5930.1\text{kg/h}$$

每年一个采暖期节约标准煤量为5930.1kg/h×151×24h=21 490 682kg=21 491t

4. 实际运行后热泵机组的节煤分析

2010 年 11 月至 2011 年 3 月，热泵机组运行 5 个月，回收冷凝热成效显著，既缓解了该厂的供热压力，又收到了显著的经济效益。下面主要从经济性方面进行分析。

（1）5 个月回收的冷凝热能。

供暖期间的运行方式为 4 台热泵运行，2 台热泵备用。这是由于热媒水系统流量所限，增加热泵，效果已不太大，以及考虑热泵机组的维修和备用，采取了此运行方式。4 台热泵 1 月份的平均参数见表 18-26。

表 18-26　　　　热泵平均参数表

项目	余热水			热媒水			抽汽参数		
	进水（℃）	出水（℃）	流量（t/h）	进水（℃）	出水（℃）	流量（t/h）	压力（MPa）	温度（℃）	凝水温度（℃）
南供热系统	39	29.9	940	61	89.4	806	0.32	153.5	71.8
	39	30.3	935	62	89.5	854	0.35	153.7	71.8
北供热系统	39.6	30.6	919	62	88.4	810	0.30	153.7	64.9
	39.4	30.2	928	62.7	89.6	842	0.32	153.7	67.9

根据参数计算，4 台热泵每小时回收冷凝热为 140.244GJ/h。5 个月共回收冷凝热为 50.8 万 GJ，折算成标准煤，共节约标准煤 17 333.2t。

（2）影响汽轮机真空增加的标准煤：在热泵运行期间，1、2 号机组真空降低 3kPa。根据运行经验，汽轮机真空每降低 1kPa，发电标准煤耗增加 2.5g/kWh，1、2 号机组带满负荷运行，一个采暖季多消耗标准煤量为 2.5g/kWh×2×35 000kW×24×151h＝634.2（t）。

（3）5 个月共节约标准煤 17 333.2－634.2＝16 699（t）。

可见实际上 5 个月的采暖期节煤量仅为理论值的 77.7%。

四、吸收式热泵供热技术在空冷机组上的应用

1. 改造前概况

内蒙古某热电厂 2×340MW 机组，汽轮机为哈尔滨电站设备集团公司生产的亚临界、一次中间再热、双缸双排汽、直接空冷、抽汽凝汽式供热机组，配备额定蒸发量为 1176t/h 亚临界参数、自然循环褐煤锅炉。单机额定抽汽 250t/h，双机设计供热负荷 360MW，2 台机组最大抽汽设计供热面积为 800 万 m^2，而地区配套热网项目的设计最大供热面积已达到 990 万 m^2，为此，根据现有直接空冷机组的实际情况，热电厂投资近 1 亿元装设了热泵供热装置。对空冷岛排汽系统进行改造，利用抽汽作为驱动热源，使用溴化锂吸收式热泵机组回收部分乏汽余热，并将其转换为可供城市热网的热能，提高供水温度，降低供热成本及发电能耗，同时满足供热面积不断增加的需求。

2. 改造方案

传统的供热模式是 1 级加热模式（即设置 1 级热网换热器加热），热泵供热技术则是采用热泵和热网换热器 2 级加热模式，利用热泵回收 2 台机组乏汽的部分冷凝余热（约 117.3MW），热网 55℃回水经 1、2 号机组抽汽驱动热泵加热至 80℃，再经热网循环泵升压进入 1、2 号机组公用的热网加热器，将热网水加热至 104℃，达到城市采用要求的水温再接至城市供热管网。300MW 直接空冷机组热泵供热系统如图 18-9 所示。

3. 供热系统的主要设计计算

供热系统主要设计参数见表 18-27。

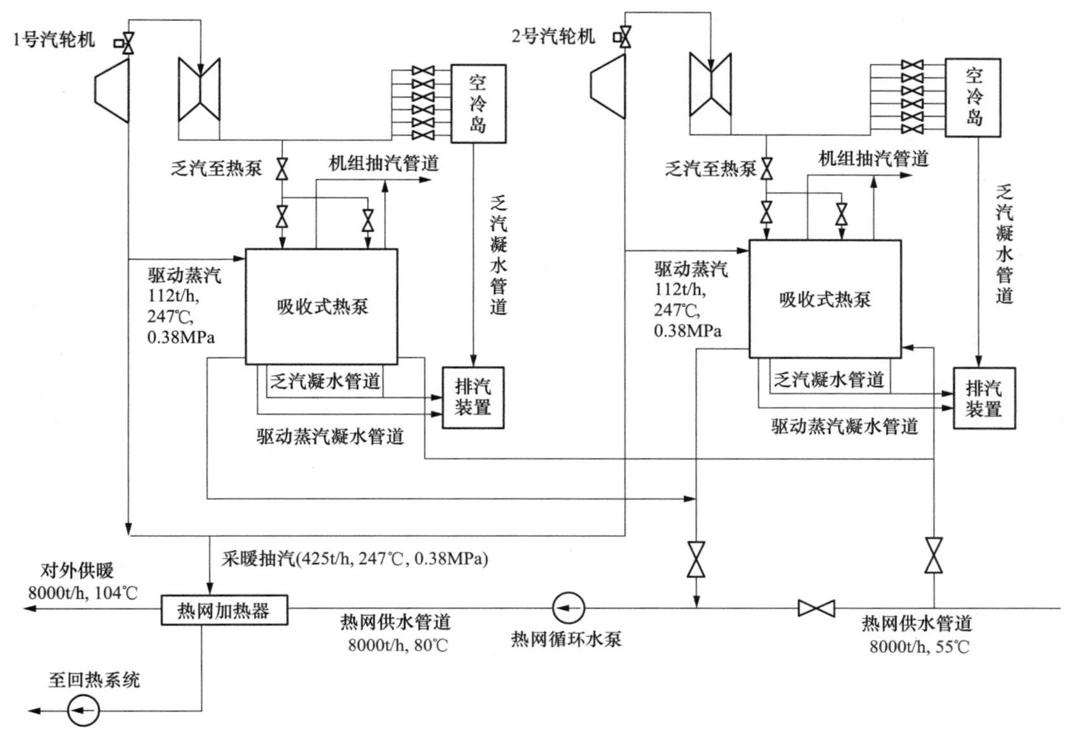

图 18-9 某电厂 300MW 直接空冷机组热泵供热系统

表 18-27 **供热系统主要设计参数**

项目		数值	项目		数值
采暖热指标（W/m²）		57	汽轮机排汽	压力（kPa）	9
供热面积（万 m²）	原设计	800		温度（℃）	43.8
	新增	205		流量（t/h）	380
抽汽参数	压力（MPa）	0.42	热网循环水	回水温度（℃）	55
	温度（℃）	249		压力（MPa）	1.7
单机抽汽量（t/h）	额定	400		流量（t/h）	8000
	最大	600	制热性能系数 *COP*		1.67

循环水吸热量 $Q_{吸}$ 计算公式：

$$Q_{吸}=G_1(i_2-i_1)/3600$$
$$=8000\times(335.89-231.68)/3600=231.58(\mathrm{MW})$$

式中 $Q_{吸}$——循环水吸热量，MW；

G_1——循环水流量，t/h；

i_1——热网循环水回水（1.7MPa、55℃）焓，取值 231.68kJ/kg；

i_2——热网循环水供水（1.25MPa、80℃）焓，取值 335.89kJ/kg。

循环水流量为 8000t/h 时，吸热量 $Q_{吸}=231.58\mathrm{MW}$。

驱动蒸汽的放热量 $Q_{放}$ 计算公式：

$$Q_{放}=G_2(i_4-i_3)/3600=112\times(2959.01-230.16)/3600=84.90(\mathrm{MW})$$

式中 $Q_{放}$——驱动蒸汽的放热量，MW；

G_2——驱动蒸汽流量，t/h；

i_4——0.38MPa、247℃蒸汽焓，取值 2959.01kJ/kg；

i_3——9kPa、55℃凝结水焓，取值 230.16kJ/kg。

驱动蒸汽流量为 112t/h 时，驱动蒸汽的放热量 $Q_{放}$＝84.9MW

可利用的总热量 $Q_{总}=Q_{吸}-Q_{放}$＝231.58－84.9＝146.68（MW）

如设备效率以 80%计，则有效利用热量：

$$Q_{有效}=146.68\text{MW}\times 80\%=117.3\text{MW}$$

供热量 $Q_{供}=Q_{总}COP$＝146.68MW×1.67＝245MW

按照采暖热指标 57W/m² 计算，新增供热面积 $F=Q_{有效}$(MW)/57(W/m²)＝117.3MW/57(W/m²)＝205（万 m²）

项目完成后，每年可节约标煤 66 900t，增加供热面积 205 万 m²，能够满足外网供热负荷的增长需求。

第五篇

燃煤电厂节能综合升级和灵活性改造技术

第十九章　燃煤电厂整体节能综合升级技术

燃煤火力发电厂综合效率较低，不足50%，消耗大量的煤炭和燃油，产生的大量热排入水体、二氧化碳和飞灰排入大气，造成严重的环境污染和能源浪费。开展深度节能技术改造是提高机组效率，减少污染的重要手段。燃煤电厂深度节能技术分为三大部分：公用系统节能综合升级技术、锅炉系统节能综合升级技术和汽机系统节能综合升级技术。本章详细地介绍了公用系统各项节能综合升级技术的原理、特点、优缺点，以及应用案例、应用方案和应用效果。

第一节　亚临界机组参数提升技术

目前国内300～600MW级亚临界机组仍为主力机型，受到机组参数的限制，通过常规的节能改造方法已很难再进一步降低其煤耗率，高能耗低效率的亚临界机组可能会面临着随时被关闭的危险。利用超超临界改造技术，并辅以二次再热，提高亚临界机组的参数，可以大幅降低亚临界机组的供电煤耗率，提升煤电企业竞争力。常规超临界机组汽轮机典型参数为24.2MPa/566/566℃，常规超超临界机组典型参数为25～26.25MPa/600/600℃，提高汽轮机进汽参数（如机侧蒸汽压力大于27MPa，温度为600℃/610℃）可直接提高机组效率，使高能耗的亚临界机组获得新生。

一、亚临界参数升级改造方法

蒸汽参数主要是指蒸汽的压力和温度。用来驱动汽轮机的单位流量蒸汽压力和温度越高，携带的能量越大，而做功后的压力和温度越低，则带走的无用能量（焓）就越小，这样蒸汽可能的做功能量（理想焓降）就越大；在能量相同的情况下，压力和温度越高，可能用来做功的能量比例就越大，无法做功而不得不被放弃的能量比例就越小（即熵值越小）。这就是蒸汽的基本热力性质。因此，为了提高单位流量蒸汽的做功能力和做功效率，应当尽可能地提高进入汽轮机的新蒸汽的压力和温度，同时尽量降低做功后乏汽的压力和温度。

提高蒸汽参数（蒸汽的初始压力和温度）、采用再热系统、增加再热次数，都是提高机组效率的有效方法。常规亚临界机组的典型参数为16.7MPa/538/538℃，其发电效率约为38%。常规超临界机组的主蒸汽压力一般为24MPa，主蒸汽和再热蒸汽温度为538～560℃；常规超临界机组的典型参数为24.1MPa/538℃/538℃，对应的发电效率约为41%。超超临界机组的主蒸汽压力为25～31MPa及以上，主蒸汽和再热蒸汽温度为580～600℃及以上。常规超临界机组的热效率比亚临界机组高2%～3%，而超超临界机组的热效率比常规超临界机组高4%以上。

在超超临界机组参数范围的条件下，主蒸汽温度每提高10℃，机组的热耗率可下降0.25%～0.30%；再热蒸汽温度每提高10℃，机组的热耗率可下降0.16%～0.20%，即提高蒸汽的温度对提高机组热效率更有益。例如600℃/600℃方案比580℃/580℃方案的热效率约可相对提高0.92%，比580℃/600℃方案的热效率约可相对提高0.56%。

主蒸汽压力提高1MPa，机组的热耗率可下降0.13%～0.15%。常规超临界机组的典型参数为24.1MPa、538℃/538℃，对应的发电效率约为41%。超超临界机组的主蒸汽压力为25～31MPa及以上，主蒸汽和再热蒸汽温度为580～600℃及以上。常规超临界机组的热效率比亚临界机组高2%～3%，而超超临界机组的热效率比常规超临界机组高4%以上。压力提高使过程线在焓熵图上向左移动，汽轮机末级湿度增大，末级动叶片的水蚀趋于严重。低压缸的排汽湿度最大不应超过

12%。若蒸汽参数选择 28.0MPa、580℃/600℃，汽机背压 4.9kPa 时，排汽湿度将达到 10.7%。在主蒸汽温度/再热蒸汽温度 600℃/600℃、主蒸汽压力大于 30MPa 条件下，若不采用二次再热，汽轮机末级的湿度已超出设计规范。因此我国超超临界压力选择机侧主蒸汽压力为 25MPa。

亚临界参数升级改造方法是：

1. 亚临界机组有限提升温度（10℃左右）

通过主蒸汽管道、再热蒸汽管道校核计算，保证主蒸汽管道、再热蒸汽管道强度符合要求。根据各工况下锅炉受热面实际壁温与限值，核算锅炉管壁不超温，临河电厂 300MW 机组实施该方案，汽轮机进口参数由 16.67MPa、537℃/537℃提高到 17.5MPa、545℃/547℃。主、再热蒸汽管道、给水管道不改造，主要改造内容包括：

（1）低温过热器水平段增加一个管圈，面积增加 16%；低温过热器垂直段增加一个管圈，面积增加 100%。

（2）延长大屏过热器管屏长度 500mm，大屏过热器面积增加 5%。

（3）更换水平烟道高温过热器材料，由 12Cr1MoVG 更换为 SA213-T91。

（4）更换水平烟道斜坡区域高温再热器材料，并将纵向节距由 120mm 改为 70mm。

2. 亚临界改为高温亚临界参数

通过主蒸汽管道、再热蒸汽管道校核计算，确定管材更换范围。锅炉热力性能校核计算，确定过热器、再热器受热面材料局部更换内容等，温度提高到超临界机组的蒸汽温度（温度提升到 566℃，压力维持不变）。

大唐 TKT 电厂 4 号机组投资 2.2 亿元，更换 4 号 600MW 机组锅炉部分材料，如更换屏式过热器（含出口集箱）、高温过热器（含出口集箱）、高温再热器（含出口集箱）受热面，并将热面材质进行升级，材质最高等级由 T91 升级到 TP347HFG，再热热段管材全部升级为 P91 材质，增加低温省煤器回收烟气余热。同时进行了通流部分改造：①取消原喷嘴室，进汽腔室与内缸为一体结构；②调节级喷嘴为滑入式结构，装配在内缸上；③过桥汽封与内缸为整体结构，汽封圈装配在内缸上，取消 BDV 阀；④在中压进汽处增加隔热罩，以减小高压外缸变形，隔热罩带 4 个中压进汽插管，与外缸装配；⑤低压部分保持原级数不变，除保留低压外缸和低压转子主轴以外，更换了低压动叶、低压内缸、低压导流环、低压隔板以及全部附属部件；⑥低压内缸采用了斜置的持环结构，利用了斜置持环对于中分面的压力，在一定程度上达到了自密封作用。

改造完成后，锅炉主、再热汽参数温度由原设计的 541/541℃提高到 571/569℃，汽机主蒸汽温度均由 538℃提高至 566℃，机组额定出力由 600MW 增容至 620MW。锅炉过热减温水下降约 100t/h，再热减温水量降至 0t/h，锅炉热效率达到 93.32%（设计保证值 93.09%）。经参数修正后机组热耗率为 7751.47kJ/kWh，比改造前低约 510kJ/kWh；高压缸效率为 88.3%，中压缸效率为 92.5%，低压缸效率为 89.7%。改造后供电煤耗率为 299.3g/kWh，比改造前低约 20g/kWh。

3. 亚临界机组改为超临界机组

更换给水泵、给水管道、锅炉水冷壁、主蒸汽管道、再热蒸汽管道，过热器、再热器受热面改造（更换材料、增加受热面）、高压加热器改造。亚临界机组改为超临界机组。这种方法实际上不符合国家的电力政策的，实际上，这种方法表面是关停小火电，但又在旧址上新建燃煤锅炉，存在政策空白。

2019 年 8 月 10 日，华润电力徐州电厂 3 号机组（320MW 亚临界燃煤纯凝机组）完成国内首台亚临界升级为超临界机组改造，原机侧主蒸汽设计压力 16.7MPa 保持不变，机侧主蒸汽温度和再热蒸汽温度均由 538℃提高到 600℃，极大程度地保留了原有锅炉、高压加热器、给水泵系统，设计供电煤耗 287g/kWh，在夏季工况汽轮机单阀运行期间，机组供电煤耗达到 302g/kWh，汽轮机热耗率 7760kJ/kWh。

二、超临界改造方案

亚临界机组改为超临界机组由于技术复杂，投资大，仅适用于 600MW 级及以上容量的亚临界机组。本节以西门子技术生产的某 660MW 亚临界机组为模型介绍其改造方案。原一次再热亚临界汽轮机 THA 工况下主蒸汽参数为 16.7MPa、538℃/538℃，给水温度为 249.2℃，主汽门前蒸汽流量 1885.68t/h，热耗率为 7908.08kJ/kWh，全厂毛效率 41.58%。其热力系统如图 19-1 所示。给水泵驱动方式为小汽机汽动式，与除氧器共用汽源。亚临界机组改为超临界机组有两种方案：①常规改造方案，锅炉给水泵由专用的给水泵汽轮机驱动；②高压轴驱动给水泵方案，不设专用的给水泵汽轮机，锅炉给水泵由前置机驱动。

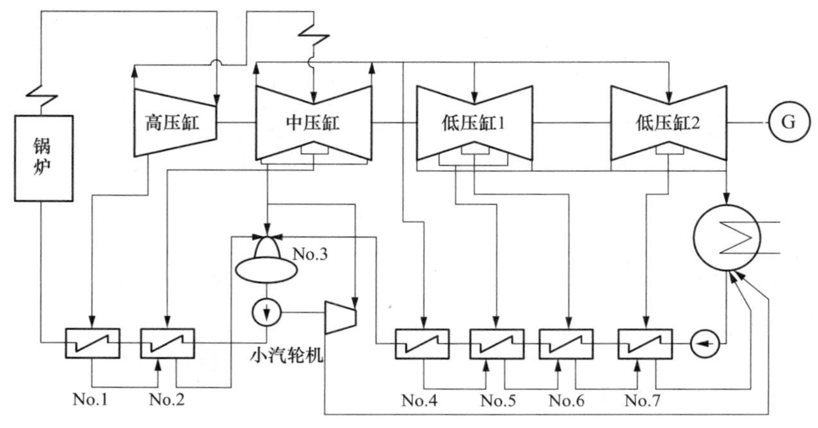

图 19-1 某 660MW 亚临界机组热力系统图

1. 常规改造方案

常规改造的内容包括：将原亚临界锅炉拆除，新建一座超超临界锅炉，同时新增一台前置超超临界背压机（简称前置机），与原机组分轴布置；新增一台 200MW 等级小发电机；增加一级高压加热器（简称 0 号高压加热器），汽源为前置机排汽；原亚临界汽轮机的通流重新设计，其高压缸配汽方式取消调节级，采用节流配汽。机组扩容至 860MW，主蒸汽参数为 31MPa、600℃/566℃/538℃。全机为超超临界、双轴、二次再热、五缸四排汽、纯凝汽式汽轮机。常规方案中锅炉给水泵由给水泵汽轮机驱动，小汽机与除氧器共用汽源，设置独立凝汽器，其热力系统如图 19-2 所示。

该方案中主蒸汽经过锅炉过热器进入超超临界背压机做功，排汽分为三部分，一部分进入 0 号高加加热最终给水，第二部分进入锅炉一次再热器后进入原亚临界机组，第三部分进入背压抽汽式汽轮机（简称 BEST 透平）取代原 1、2、3 号高压加热器抽汽及除氧器抽汽，BEST 透平的作用是解决土建及布置问题，高压加热器随 BEST 机组一起布置，并且 BEST 透平热效率高，其分流部分流量，使得进入原亚临界机组的流量不至于增加很大。新增的超超临界背压机、BEST 透平和小发电机同轴布置，称为前置机，与原亚临界汽轮机串接且分轴布置，更换 3 台全容量新高压加热器与 0 号高压加热器一起布置在前置机房内，减少原汽轮机主厂房荷载。给水泵可以和前置机组同轴，也可根据场地情况单独布置，并设置单独凝汽器。为了尽可能缩小低压部分改造范围，二次再热温度仍和原机组一致取 538℃，整个机组参数为 31MPa、600℃/566℃/538℃，容量根据情况可增容至 860MW。

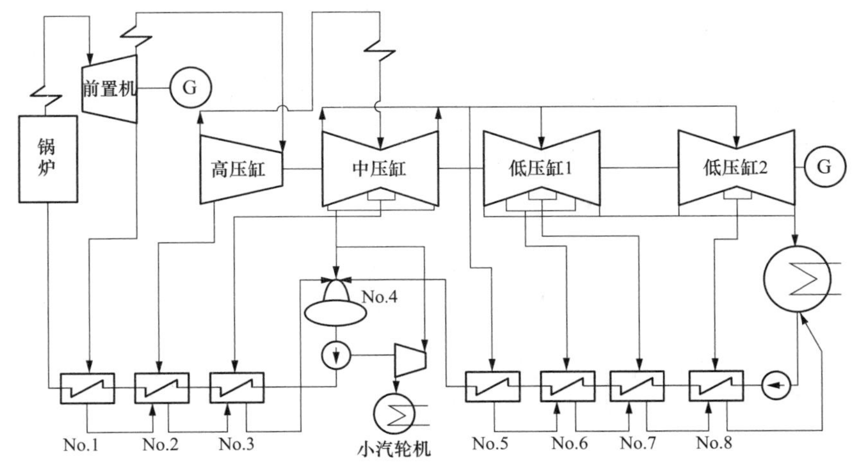

图 19-2 常规改造方案超超临界机组热力系统图

此方案选用单设给水泵汽轮机及配套凝汽器，将其布置于前置机房；对四大管道、疏水系统管道、旁路系统管道、抽汽系统管道、闭式水系统管道等进行相应地改造；对锅炉的磨煤机、给煤机、各大风机进行增容或直接替换，对炉后环保设施进行超低排放改造；核算输煤、除灰系统容量，进行相应的增容，核算精处理系统及制水系统容量，改造后水质要求要达到超超临界机组的要求。

采用背压式汽轮机的主要特点：

（1）采用背压式汽轮机各级段抽汽温度低，高压加热器传热温差小，可提高机组经济性。

（2）大机不设抽汽口，抽汽对通流部分的扰动小，大机缸效率提高。

（3）若驱动给水泵，背压式汽轮机较给水泵汽轮机效率高。

（4）进入背压式汽轮机这部分蒸汽未进行再热，影响机组经济性。

（5）背压式汽轮机效率较大机高压缸或中压缸效率低。经初步测算，背压式汽轮机设计效率大于87%～88%时，机组才具有一定的经济性，否则，经济性将变差。

2. 高压轴驱动给水泵方案

高压轴驱动给水泵方案与常规改造方案的区别在于给水泵由前置机主轴（简称高压轴）驱动，其他方面完全一样，其热力系统如图 19-3 所示。在前置机机头侧，高压轴通过联轴器、齿轮箱和调速装置与给水泵相连，设置方式如图 19-3 中“泵组”部分所示。为了尽量吸收启停时的轴向位移，联轴器使用齿形联轴器。泵组与前置机的连接属于刚性连接。

机组参数提高到超超临界后，工质的比容仅为亚临界参数时的 55%左右。若保持原功率不变，进入汽轮机的容积流量偏低，级内叶栅损失和级间漏汽损失相对增大，将使得相对内效率降低。因此超超临界机组扩容至 860MW，可以保证前置机效率较高，同时使下游各机所发功率与改造前变化不大，使机组相对内效率处于较高水平。

三、亚临界改造成超临界机组后参数变化情况

1. 一次、二次再热蒸汽参数的选取

采用二次再热技术，在锅炉侧原有受热面的基础上增加二次再热受热面，再热吸热量越多，受热面的布置上也就越困难，也将提高锅炉和汽轮机蒸汽管道的改造成本，因此不宜将再热汽温设置得太高。与提高工质再热温度所带来的收益综合考虑后，将一次、二次再热蒸汽温度设定为 566、538℃。

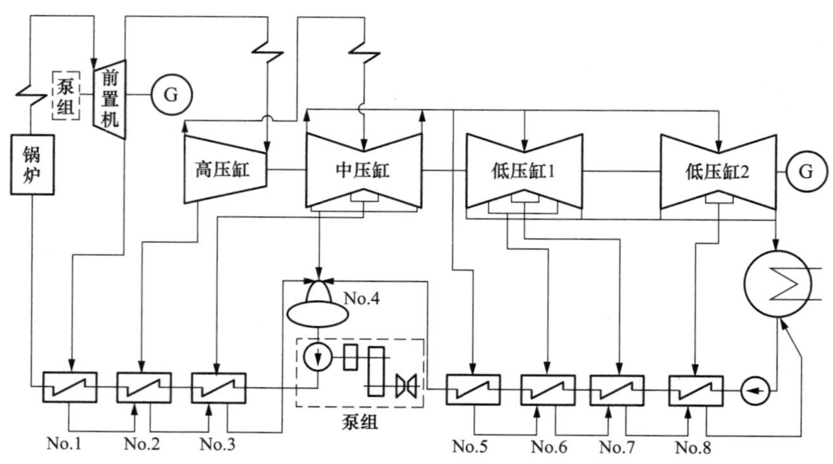

图 19-3　高压轴驱动给水泵方案热力系统图

对于二次再热机组，一次再热蒸汽压力约为主蒸汽的 31%，二次再热蒸汽压力约为一次再热蒸汽压力的 28%，取一次再热蒸汽压力变化范围 8～11.6MPa，二次再热蒸汽压力 2.0～2.9MPa。其一、二次再热蒸汽压力变化和全厂毛效率的对应关系如图 19-4、图 19-5 所示。

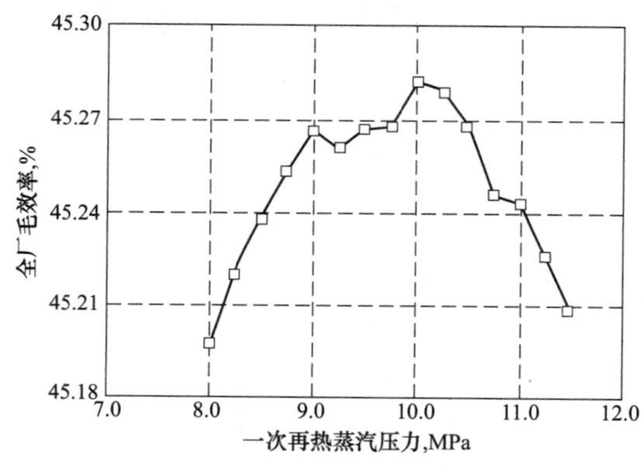

图 19-4　一次再热压力与全厂毛效率变化关系

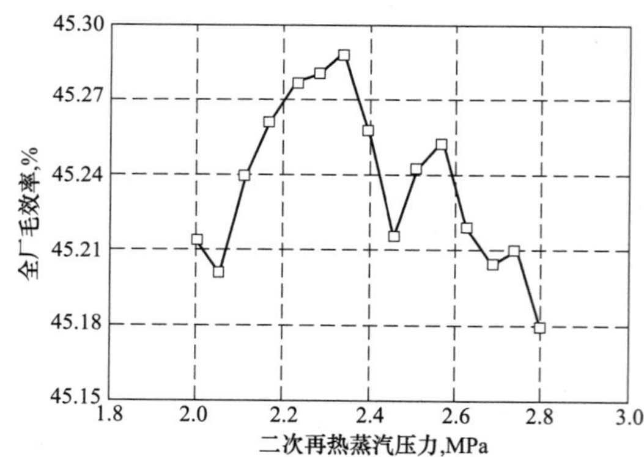

图 19-5　二次再热压力与全厂毛效率变化关系

从图 19-4、图 19-5 可以看出，一次、二次再热蒸汽压力取 10.0、2.34MPa 时，使得效率最高，故使用此参数作为改造后机组的蒸汽参数。

2. 主蒸汽流量变化

由表 19-1 数据可知，改造后机组相比原亚临界机组，主蒸汽流量增加了约 26.8%，工质在锅炉中的吸热量增加了 21.8%。常规改造方案中的主蒸汽流量略大于高压轴驱动给水泵方案，这是因为在常规改造方案中，用于驱动小汽轮机的蒸汽为 4 段抽汽，其之后的做功过程均在小汽机中完成。小汽机效率一般低于主汽轮机，约为 80%，这部分工质如果继续在主汽轮机中做功，其膨胀效率可以达到 89%～90%，故常规改造方案相对节能效果差，汽耗量较大。

3. 低压缸与小汽轮机排汽

原亚临界机组将小汽机排汽引入主凝汽器，由于排汽管道存在流动阻力，导致小汽机背压较大，这降低了其循环效率。在常规改造方案中，小汽轮机设置独立凝汽器，其循环水与主机循环水系统并联，当循环倍率相同时，结果表明小汽轮机排汽压力略低于低压缸排汽压力。这种方式与将排汽引入主凝汽器相比，可以使机组热耗率降低 2kJ/kWh。

表 19-1 改造前后机组重要参数对比

参数	主蒸汽流量（t/h）	主蒸汽吸热量（MW）	一次再热蒸汽吸热量（MW）	二次再热蒸汽吸热量（MW）	低压缸排汽流量（t/h）	小汽轮机排汽流量（t/h）
原亚临界机组	1885.68	1212.28	227.29	—	1204.92	52.24
常规方案	2394.0	1248.82	209.58	196.57	1283.4	130.21
高压轴驱动给水泵方案	2389.68	1346.39	209.21	196.22	1409.8	—
参数	低压缸排汽压力（kPa）	小汽轮机排汽压力（kPa）	最终给水温度（℃）	汽轮机热耗率（kJ/kWh）	锅炉效率（%）	全厂毛效率（%）
原亚临界机组	5.0	5.7	249.2	7908.08	91.80	41.58
常规方案	5.0	4.8	315.2	7401.57	93.50	45.25
高压轴驱动给水泵方案	5.0	—	315.4	7381.56	93.50	45.37

常规改造方案中，低压缸排汽流量远小于高压轴驱动给水泵方案。较低的排汽流量对主凝汽器冷却面积的布置是有利的，且排汽流量相比原亚临界机组增加不多，在改造中可以只更换低压部分的转子，保留外缸从而节约成本。但是，常规改造方案需要增加小汽轮机、独立凝汽器、循环水管道、抽汽设备等，使改造成本增加，同时也给设备的布置带来额外的困难。

4. 机组参数变化

对汽轮机组进行热平衡计算时机组功率均为 860MW，各辅机效率、主蒸汽管道、再热蒸汽管道以及各抽汽管道压损均依照工程上常见的数值进行估取。值得说明的是，高压轴驱动给水泵方案中给水泵效率取为 85%，额定工况下，常规改造方案中给水泵汽轮机相对内效率 80%、高压轴驱动给水泵方案中的齿轮箱与调速装置效率为 95%。除给水泵驱动方式不同之外，诸如主汽轮机各级效率、蒸汽参数、各加热器端差等其他参数均保持不变。经过计算，原机组与两种改造方案下超超临界机组的重要参数见表 19-1。表 19-1 中所示，两种方案均可使汽轮机热耗率下降约 500kJ/kWh，全厂毛效率提高近 4 个百分点。常规改造方案与高压轴驱动给水泵方案相比，热耗增加了约 20kJ/kWh，其原因为：①给水泵汽轮机效率小于主汽轮机，在输出给水泵所需轴功时，常规方案效率更低、能耗更大。小汽轮机效率每升高 1%，对应热耗差距将缩小约 3kJ/kWh。②常规方案中，低压缸和小汽轮机排汽流量之和大于高压轴驱动给水泵方案的排汽流量，这意味着常规方案的冷源损失大于高压轴驱动给水泵方案。

两种方案各工况下的汽轮机热耗率如图 19-6 所示。其中 90%负荷定压运行时热耗较高的原因有以下两点：①依靠主汽门的节流来改变功率，其过程中节流损失较大。②因为主蒸汽压力没有改变，所以给水泵耗功与额定负荷时相差不多。故 90%负荷下定压运行时，机组的热耗率高于 80%、70%下滑压运行的热耗率。当 60%额定负荷滑压运行时，主蒸汽压力降低至 18.34MPa，循环热效率大幅下降，即使给水泵耗功减少，尚不足以弥补循环热效率下降所带来的影响，故机组热耗升高明显。

四、结论

（1）无论在额定负荷还是部分负荷下，常规改造方案的汽轮机热耗率均高于高压轴驱动给水泵方案。在实际运行中，虽然高压轴驱动给水泵方案中给水泵组使用的调速装置在低转速时效率会存在一定程度的下降，但影响不大，如新型高效行星齿轮型液力耦合器额定转速时效率为

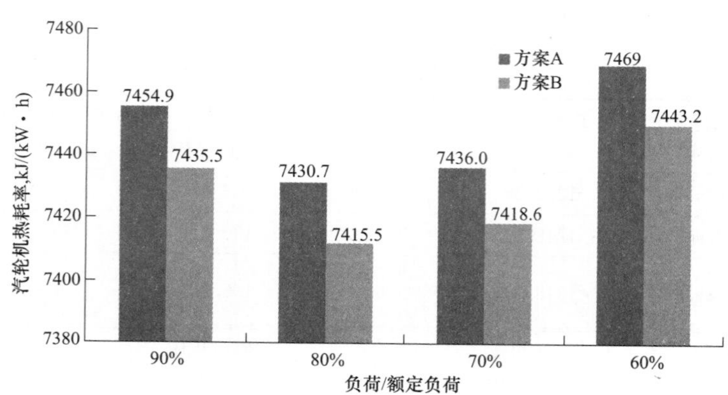

图 19-6　不同负荷下的汽轮机热耗率对比

94%，60%转速时效率为 90%。而且采用高压轴驱动给水泵方案，机组在低负荷下运行时，不会存在小汽轮机进口蒸汽压力低而需要切换热源的问题。但是，在机头侧连接给水泵及传动装置，给前置机轴向推力的平衡带来了困难，也可能对整个轴系的稳定性产生不良影响。

（2）亚临界机组通过超超临界改造，可以使汽轮机热耗率下降约 500kJ/kWh，全厂毛效率提高近 4%，可以降低供电煤耗率约 26g/kWh。其中高压轴驱动给水泵的方案比常规方案热耗降低约 20kJ/kWh，可见超超临界改造技术是降低亚临界机组供电煤耗率的有效手段。

（3）在部分负荷下，仍表现出良好的节能潜力，具有对负荷变化良好的适应性。如 60%额定负荷下对比原机组，仍可以使汽轮机热耗率下降约 440kJ/kWh。部分负荷下，高压轴驱动给水泵的改造方案热耗率仍低于常规改造方案，所以仅从热力系统节能的角度考虑，采用高压轴驱动锅炉给水泵的方案更有利。

（4）常规方案改造的原则是保证机组汽轮机主厂房基础不做改动，原主厂房基础荷载只减不增；维持机组冷却塔、烟囱等不变，只对内部相关设施（冷却塔填料等）进行升级改造；最大程度考虑设备利旧，可以最大程度地减少投资。

第二节　二次再热技术发展与应用

世界上第一台二次再热机组于 1956 年诞生，原理是在常规一次再热的基础上，将汽轮机排汽二次进入锅炉进行再热。汽轮机增加超高压缸；超高压缸排汽为冷一次再热，超高压缸排汽经过锅炉一次再热器加热后进入高压缸；高压缸排汽为冷二次再热，其经过锅炉二次再热器加热后进入中压缸。其设计蒸汽参数一般为 34MPa、610℃/570℃/570℃，容量为 88MW。目前，德国共投运了 11 台二次再热超（超）临界机组，具有代表性的是 Mannheim 电厂 7 号二次再热机组，锅炉为单烟道塔式炉，机组发电容量为 465MW，供热容量为 465MW，蒸汽参数为 25.5MPa、530/540/530℃。二次再热技术是公认的一种可以提高煤电机组效率的有效方法。但是由于金属材料的性能限制、制造水平的制约及市场环境的影响，二次再热技术的发展比较缓慢。在我国，《煤电节能减排升级与改造行动计划（2014—2020 年）》将二次再热发电技术列为推进示范技术，从此，二次再热发电技术在我国得到快速发展。目前国内已投运的二次再热机组有国电泰州电厂 2 台（1000MW-31MPa/600/610/610℃）、华能安源电厂 2 台（660MW-31MPa/600/620/620℃）、华能 LW 电厂 2 台（1000MW-31MPa/600/620/620℃）等机组。

二次再热技术是以采用两次中间再热的蒸汽朗肯循环为基本动力循环的发电技术，其典型特征是超高压缸和高压缸出口工质分别被送入锅炉的高压再热器和低压再热器进行再热，在整个热力循环中实现了两次再热过程。相比一次再热机组，二次再热机组锅炉增加了1级再热回路，而且比一次再热机组设计更多的回热级数，锅炉给水温度也显著升高，提高发电循环的平均吸热温度；另外，二次再热机组通常选择更高的主蒸汽压力，与同温度水平的一次再热机组相比，发电效率提升更大。以31MPa、566℃/566℃/566℃二次再热机组为例，其相比传统的24.2MPa、566℃/566℃一次再热机组的效率可提高2～3个百分点，可降低供电煤耗率10g/kWh左右。

一、机组参数

为了论述方便，本节主要以华能LW电厂6、7号机组为例。华能LW电厂6、7号机组锅炉为1000MW等级二次再热超超临界参数变压运行直流锅炉，型号为HG-2752/32.87/10.61/3.26-YM1。锅炉出口蒸汽参数为32.87MPa/605/623/623℃。锅炉热力主要设计参数见表19-2。锅炉热效率性能保证值为94.65%，与较早投产的YH电厂1～4号一次再热机组锅炉热效率设计值93.65%相比，锅炉经济性提升明显。

表19-2　锅炉热力计算结果

项　　目	设计煤种							校核煤
	BMCR	BRL	THA	75% BMCR	50% BMCR	30% BMCR	高加切除	BMCR
主蒸汽流量（t/h）	2752.0	2623.4	2517.0	2026.6	1351.1	810.6	2128.9	2752.0
主蒸汽出口压力（MPa，g）	32.87	31.98	30.79	25.17	17.12	10.41	26.82	32.87
主蒸汽出口温度（°C）	605	605	605	605	605	605	605	605
高压再热蒸汽流量（t/h）	2412.4	2341.8	2256.7	1838.6	1247.2	759.0	2111.3	2412.4
高压再热汽进口压力（MPa，g）	11.012	10.691	10.323	8.455	5.769	3.509	10.068	11.012
高压再热汽进口汽温（°C）	424.0	424.0	424.8	427.4	432.3	437.2	443.2	424.0
高压再热汽出口压力（MPa，g）	10.612	10.302	9.949	8.150	5.563	3.383	9.718	10.612
高压再热汽出口汽温（°C）	623	623	623	623	623	623	623	623
低压再热蒸汽流量（t/h）	2093.4	2028.8	1965.1	1617.7	1116.6	691.8	2117.0	2093.4
低压再热汽进口压力（MPa，g）	3.449	3.336	3.235	2.657	1.814	1.092	3.539	3.449
低压再热汽进口汽温（°C）	440.9	440.7	441.7	446.4	447.4	450.8	458.1	440.9
低压再热汽出口压力（MPa，g）	3.259	3.152	3.057	2.510	1.712	1.029	3.347	3.259
低压再热汽出口温度（°C）	623	623	623	623	623	623	623	623
给水压力（MPa，g）	36.77	35.76	34.43	28.10	19.07	11.59	29.89	36.77
给水温度（°C）	329.3	327.2	324.6	310.5	285.3	255.8	192.6	329.3
总燃煤量（t/h）	377.2	363.8	351.6	295.4	210.0	128.0	373.3	355.3
总烟气量（t/h）	3860.5	3715.2	3597.9	3063.5	2403.9	1563.9	3531.2	3854.6
再循环烟气量（t/h）	408.0	392	389	328	337	245	178	368
总风量（t/h）	3151.1	3030.3	2933.3	2509.9	1903.6	1238.4	3079.2	3186.5
炉膛出口过量空气系数	1.15	1.15	1.15	1.18	1.26	1.36	1.15	1.15
未计入热损失（%）	0.30	0.30	0.30	0.30	0.30	0.30	0.30	0.30
总热损失（%）	5.12	5.12	5.13	5.43	5.46	5.63	4.92	4.98
锅炉热效率（%）	94.88	94.88	94.87	94.57	94.54	94.37	95.08	95.02
计算按低热效率（%）	94.88	94.88	94.87	94.57	94.54	94.37	95.08	95.02

注　g表示相对压力。

汽轮机采用上海汽轮机厂超超临界二次中间再热凝汽式汽轮机，采用超高压缸、高压缸、中压缸和二只低压缸串联布置，型号为N1000-31/600/620/620。蒸汽参数31MPa/600℃/620℃/620℃。汽轮机的主要性能参数见表19-3。二次再热机组汽轮机外形如图19-7所示。

表19-3　　汽轮机主要性能参数

项目名称	内　容
机组型式	超超临界、二次中间再热、五缸四排汽、单轴、凝汽式
汽轮机型号	N1000-31/600/620/620
额定工况净输出功率（MW）	1000.000
TRL工况净输出功率（MW）	1000.000
TMCR工况净输出功率（MW）	1036.529
VWO工况净输出功率（MW）	1062.899
主蒸汽压力（MPa）	31.04（TMCR）/31.89（VWO）
主蒸汽温度（℃）	600.0
超高压缸排汽压力（MPa）	11.01（TMCR）
超高压缸排汽温度（℃）	425.8（TMCR）
一次再热热段蒸汽压力（MPa）	10.35（TMCR）
一次再热热段蒸汽温度（℃）	620.0
高压缸排汽压力（MPa）	3.51（TMCR）
高压缸排汽温度（℃）	443.3（TMCR）
二次再热热段蒸汽压力（MPa）	3.16（TMCR）
二次再热热段蒸汽温度（℃）	620.0
主蒸汽流量（t/h）	2671.82（TMCR）/2751.98（VWO）
一次再热蒸汽流量（t/h）	2365.30（TMCR）
二次再热蒸汽流量（t/h）	2040.44（TMCR）
低压缸排汽压力（kPa）	4.80（额定）/9.10（夏季）
配汽方式	全周进汽（无补汽阀）
额定转速（r/min）	3000
热耗率（kJ/kWh）	7053.0（TMCR）
给水回热级数（级）	10（4高加+1除氧器+5低加）
超高压缸（含门损）效率（%）	89.43
高压缸（含门损）效率（%）	92.19
中压缸（含门损）效率（%）	92.95
低压缸（含湿汽及排汽损失）效率（%）	89.18
超高压缸通流级数（级）	15
高压缸通流级数（级）	2×13
中压缸通流级数（级）	2×13
低压缸通流级数（级）	2×2×5

二、二次再热机组主要技术

1. 蒸汽参数选取

蒸汽参数的合理选取是二次再热机组高效、经济运行的基本保障。提高主蒸汽参数可以提高

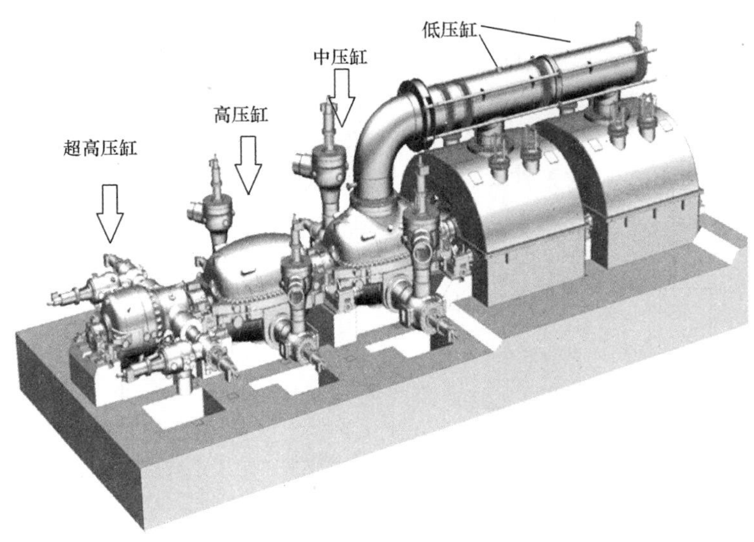

图 19-7 二次再热机组汽轮机外形图

机组的效率，但是，受材料性能的限制和投资成本的约束，选取过高的主蒸汽参数会给整个机组的安全性和经济性带来不利影响。美国 20 世纪 50 年代投运的二次再热机组就存在此问题。经过多年的发展，主蒸汽压力 30～33MPa，主蒸汽温度 600℃，一、二次再热蒸汽温度 600～620℃，被认为是在当前材料水平和制造能力下比较合理的二次再热机组参数取值。

业内普遍接受的研究结论为：在真正意义的超超临界机组（深度超超临界机组或称为高效超超临界机组：国际上通常把主汽压力在 27MPa 以上或主蒸汽温度、再热蒸汽温度在 593℃及其以上机组定义为超超临界机组，通常也称为高效超临界机组。之所以这样定义是因为这个参数是锅炉、汽轮机能够使用现代超临界机组用钢，超过这个参数高温高压部件就必须采用改进或新开发的耐热钢种）参数范围的条件下，即主蒸汽压力大于 27MPa，主蒸汽温度高于 600℃时，主蒸汽压力每提高 1MPa，机组热耗率可降低 0.13%～0.15%；但是当压力达到 30MPa 以上时，汽轮机效率的提高幅度越来越小。例如 27.5MPa/700℃/720℃/720℃ 二次再热机组热效率比 35MPa/700℃/720℃/720℃从 52.5%提高到 53%。

预计相比常规超超临界机组（机侧蒸汽压力为 25MPa），真正意义的超超临界机组可降低供电煤耗率 1.5～2.5g/kWh。该技术适用于新建 660、1000MW 超超临界机组的设计优化。根据某机组实测的性能修正曲线：在设计参数附近，汽轮机主蒸汽压力提高 1MPa，热耗率降低约 0.17%；再热蒸汽温度每提高 10℃，热耗率降低约 0.18%。这与上述研究结论基本吻合。如果采用二次再热循环，则超超临界机组热耗率可降低 1.4%～1.6%。

2. 回热系统优化

二次再热机组回热级数的选取、回热系统的优化是二次再热机组系统层面的关键技术之一。回热系统的设计与机组容量及主参数的选取密切相关，百万等级一次再热机组多采用 8 级抽汽回热系统，即 3 台高压加热器（简称高加）+1 台除氧器+4 台低压加热器（简称低加）。

在给水温度一定的情况下，增加抽汽回热级数并合理分配各级给水焓升，可以提高机组循环效率。二次再热机组回热级数一般选择 10 级，即 4 台高加+1 台除氧器+5 台低加；二次再热机组较一次再热机组回热级数增加 2 级，可使机组热耗率下降 0.3%。随着回热级数的增加，相应的回热抽汽点的选取，高压加热器、低压加热器端差的设计等问题均需要深入全面的考虑。

与常规机组相比，二次再热机组再热抽汽段的过热度很高，如不采取有针对性的措施，则会严重影响机组的经济性，目前通常通过在一次再热和二次再热后的首段抽汽（即二段和四段抽汽）设置外置式蒸汽冷却器（见图 19-8）解决该问题。设置外置式蒸汽冷却器用于加热高加出口的最终给水，从而提高机组经济性。研究指出带外置蒸汽冷却器的机组效率较传统机组提高 0.16%～0.2%。LW 电厂并联设置外置蒸汽冷却器，将给水温度提升至 330℃，降低汽机热耗率 15kJ/kWh。

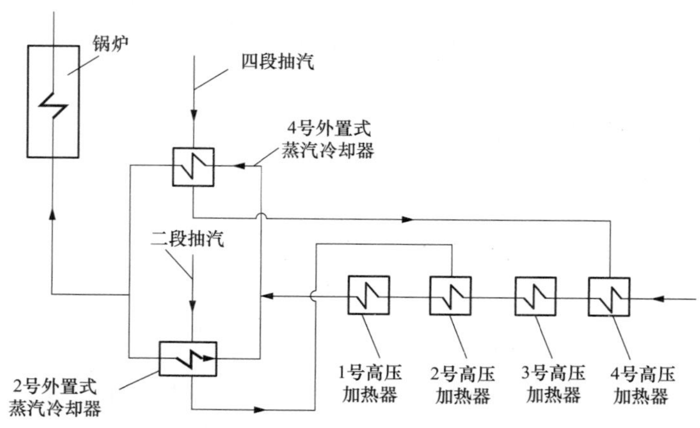

图 19-8　外置式蒸汽冷却器系统

3. 管道优化布置

管道系统优化主要是指四大管道优化，四大管道包括：主蒸汽管道、再热热段蒸汽管道、再热冷段蒸汽管道及高压给水管道。四大管道的设计对火电厂的安全经济运行具有十分重要意义。主蒸汽管道从过热器出口集箱接出 2 根后，2 路主管道在汽轮机机头分成 4 路分别接入布置在汽轮机机头的 4 个主汽门，在靠近主汽门的 2 路主蒸汽主管道上设有相互之间的压力平衡连通管。再热冷段管道由高压缸排汽口以双管接出，2 路合并成单管后直至锅炉前分为 2 路进入再热器入口联箱。再热热段管道由锅炉再热器出口联箱接出 2 根后，2 路分别接入汽轮机左右侧中压联合汽门，在靠近中压联合汽门的 2 路管道上设有相互之间的压力平衡连通管。给水管道按工作压力划分为低压给水管道、中压给水管道、高压给水管道。从除氧器水箱出口到前置泵进口管道，称为低压给水管道；从前置泵出口到锅炉给水泵入口管道，称为中压给水管道；从给水泵出口到锅炉省煤器的管道，称为高压给水管道。

二次再热机组管道的优化布置也是系统层面的关键技术之一。相对于一次再热机组，二次再热机组多了 1 级再热再膨胀过程，导致整个循环系统的流量响应慢于传统机组。因此需要通过合理的优化布置，缩短管道长度，提高机组的流量响应特性，提升机组运行的灵活性。此外，二次再热机组的主管道也由传统的“四大管道”变为“六大管道”，管道效率对机组效率的影响更为显著，管道热损失不容忽视。设计单位通常依据设计规范对管道效率取值。在百万等级一次再热机组的设计中，管道效率设计值多取 98%～99%。例如，YH 电厂 1～4 号二次再热机组的管道效率设计值为 98%，中电平圩电厂 5、6 号机组的管道效率设计值为 99%。LW 电厂 6 号机组的管道效率设计值为 99.4%。

在二次再热机组的高温蒸汽管道设计中，综合考虑管道投资和节能效果的优化思想得到了继承。降低再热压损的主要手段包括：优化管道管径，合理选择流速；优化厂房布置，尽量缩短管道长度；选择局部阻力更小的管件，例如使用弯管代替弯头，采用 Y 型三通等。早期，我国超超临界机组的四大管道设计基本上全部使用弯头设计，采用弯管设计的项目非常少。对于1000MW机组来说，采用弯头优化设计的热耗率为7295kJ/kWh，发电煤耗率为270.08g/kWh；而采用弯管优化设计的热耗率7291kJ/kWh，发电煤耗率为269.95g/kWh，二者相差0.13g/kWh。没有进行四大管道优化设计的热耗率为7309.8kJ/kWh，发电煤耗率为270.64g/kWh。因此，对于新建机组应通过适当增大管径、减少弯头、尽量采用弯管和斜三通等低阻力连接件等措施，降低主蒸汽、再热、给水等管道阻力。机组热效率提高0.1%～0.2%，可降低供电煤耗率0.3～0.6g/kWh。

目前，投产的百万等级二次再热机组一次再热系统压损设计值均为6%，二次再热系统压损设计值均为10%。LW电厂主汽及再热系统压损优化：主蒸汽管道压损由5%优化至4.00%，降低热耗率4kJ/kWh；一级再热系统压损由9%优化至6.42%，降低热耗率10kJ/kWh。

4. 烟气再循环技术化

烟气再循环是通过将引风机（或省煤器）后的部分烟气送回炉内，实现汽温调节。二次再热机组锅炉再热汽温调节很少采用蒸汽侧调温方式，主要原因是喷水减温会降低机组的热效率，从而违背二次再热机组的设计初衷。为保证低负荷时再热汽温的调节需要，多数二次再热机组锅炉的汽温调节以烟气再循环为主，并辅以烟气挡板，其中，烟气挡板的主要作用是调整一次再热器和二次再热器之间的热量分配，这一点是二次再热机组锅炉与一次再热机组锅炉的主要区别所在。另外，烟气再循环可以布置在省煤器后，也可以布置在引风机后。

实际工程中，华能安源电厂采用从省煤器后抽取烟气的烟气再循环方式，该方式优势是结构相对简单，初投资少，且不影响锅炉效率，其技术难点是烟气再循环风机等设备的防磨。目前，安源电厂结合现场运行情况，通过在烟气再循环风机关键部位增加陶瓷防磨片等措施，大大减轻了循环烟气对风机叶片的磨损，效果显著。LW电厂1000MW二次再热机组采用从引风机后抽取烟气的烟气再循环方式，该方式优点是汽温调节能力突出，不存在风机磨损等问题，但这种方式会造成流经空气预热器的烟气量偏大，若优化设计不够，锅炉排烟温度会显著升高，造成锅炉效率降低，必须对其进行系统优化，降低排烟温度。对此，LW电厂通过增加空气预热器的旁路烟道，在其中布置与回热器并联的高、低压低温省煤器系统，通过高、低压低温省煤器吸收旁路烟道的热量，并最终通过排挤回热抽汽的方式实现了该部分热量的充分利用。

LW电厂的上述处理方式是二次再热机组系统层面协同优化的典型案例。从运行数据可知，在烟气再循环调温时，可通过上述系统将除尘器前的烟气温度降至100～110℃（无空气预热器旁路烟道系统时，该温度将高达130～140℃），摒除了除尘器后抽烟气的烟气再循环方式的弊端，在实现调温的同时，保证了机组的热效率，节约标准煤耗率2.5～3g/kWh。

5. 凝结水参与一次调频技术

国外二次再热机组全部带基本负荷，基本不参与调频和调峰。但在我国目前国情条件下，二次再热机组不可避免地要参与调频和调峰，经济有效的调频方式对于二次再热机组发挥其高效节能的优势至关重要。目前，国内二次再热机组的汽轮机基本采用全周进汽节流调节，因此，凝结水参与一次调频技术应是二次再热机组提高负荷响应速率的有效手段。

但是，由于凝结水系统中都加装了低压省煤器，运行中部分凝结水加热采用烟气余热替代低压抽汽，因而低压回热系统蓄能量降低，机组调频能力进一步下降。同时，由于低压省煤器的投用，单位凝结水量在低压回热系统的吸热也大幅下降，其单位凝结水量的调频能力也随之下降。这样，相比一次再热机组，二次再热机组（含低压省煤器）因其凝结水在低压回热系统中总吸热量和单位吸热量都不同程度的下降，凝结水参与一次调频技术的最大能力下降了约30%，而单位凝结水量的调频能力也下降了约20%。受此影响其动态持续时间大幅缩短，其动态响应速度

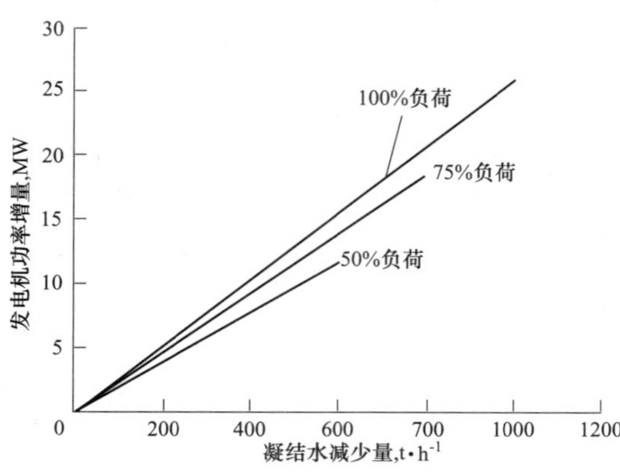

图 19-9　LW 电厂凝结水参与一次调频的能力

也略有降低。因此，对于二次再热机组，应采用高温省煤器给水量调节、低温省煤器凝结水量调节、外置式蒸汽冷却器给水量调节、凝结水量调节、高压调节阀节流等多个手段协同调频技术。LW 电厂凝结水参与一次调频的能力如图 19-9 所示。

6. 二次再热

提高参数是二次再热机组提高效率的有效途径，与一次再热机组相比，可降低供电煤耗率 8.0～10.0g/kWh。目前，二次再热机组效率的提高以系统优化和设备优化为主。31MPa，600℃/620℃/620℃等级的二次再热机组已基本达到了现在材料水平的极限，短期内再提高参数必须采用价格昂贵的镍基合金材料，经济效益较差。随着国内二次再热机组的大量投运，二次再热技术的不断积累和进步，通过二次再热系统和设备的优化是近期提高二次再热机组效率的主要手段。长远来看，超高参数的二次再热机组仍然是未来发展的重要方向，我国亦有“国家 700℃超超临界燃煤发电技术创新联盟”持续推进技术开发。日本 MHPS 也公布了其 1000MW/700℃等级二次再热机组技术开发思路及其机组纵剖面。二次再热技术与 700℃技术的融合是未来火电机组的重要发展方向。

三、二次再热机组试验验证

针对 LW 电厂二次再热机组投产后的性能考核试验结果进行分析，并与一次再热机组（南京金陵电厂一次再热机组，锅炉型号为 HG-3100/27.46-YM3，汽轮机型号为 N1030-26.25/600/600）进行对比。汽轮机性能试验均按照《汽轮机性能试验规程》（ASME PTC6）进行，热耗率考核工况分别为 THA（滑压）工况和 TMCR 工况，试验时 LW 电厂机组高、低压旁路省煤器及余热回收系统均投运。锅炉性能试验均按照《锅炉机组性能试验规程》（ASME PTC 4.1）进行。根据试验测得的汽轮机热耗率、锅炉热效率及厂用电率，采用反平衡计算方法得到机组供电煤耗率。一、二次再热机组整体性能试验验证结果见表 19-4。由表 19-4 可见，二次再热机组的汽轮机热耗率及厂用电率接近设计值，锅炉热效率高于设计值，机组供电煤耗率优于设计值，达到了 266.18g/kWh，发电效率达到 48.12%。一次再热机组的供电煤耗率比二次再热机组低 15.42g/kWh，约降低了 5.5%。

表 19-4　　一、二次再热机组整体性能试验验证结果

项　目	一次再热超超临界对比机组		LW 二次再热超超临界机组	
	设计值	试验值	设计值	试验值
试验工况	THA（滑压）*		TMCR（高、低压旁路省煤器及余热回收系统投运）	
主蒸汽压力（MPa）	25.18*/26.25（TMCR）	25.48	31.04	30.67
主蒸汽温度（℃）	600.0	597.4	600.0	603.2
一次再热热段蒸汽温度（℃）	600.0	596.3	620.0	614.6
二次再热热段蒸汽温度（℃）			620.0	612.1
一次再热压损（%）	8.0	6.5	6.0	6.42

续表

项目	一次再热超超临界对比机组		LW二次再热超超临界机组	
	设计值	试验值	设计值	试验值
二次再热压损（%）			10.0	8.2
超高压缸效率（%）			89.43	89.53
高压缸效率（%）	90.75	90.14	92.19	91.60
中压缸效率（%）	93.41	93.49	92.95	91.97
低压缸效率（%）	88.21	87.56	89.18	88.66
发电机输出功率（MW）	1030.0	1024.5	1068.0	1060.2
汽轮机热耗率（kJ/kh）	7318.0	7316.1	7061.8	7087.8
锅炉热效率（%）	94.0	94.05	94.65	95.30
管道效率（%）	98	98**	99**	99**
厂用电率（%）	4.24	3.81	3.97	4.09
发电煤耗率（g/kWh）	271.1	270.8	256.16	255.29
供电煤耗率（g/kWh）	283.0	281.6	266.75	266.18
实际运行供电煤耗率（g/kWh）	276.5		266.5	

* 性能保证工况为THA滑压工况，此为该工况下主蒸汽压力设计值；

** 管道效率设计值原为99.4%。

二次再热能够进一步提高机组的热效率，并通过回热系统优化，较常规百万机组可以有效降低发电煤耗率8～15g/kWh。

汽轮机设备增加一个超高压缸，汽轮机结构更加复杂、轴系加长。各项因素集中在投资与效益的平衡。现有蒸汽参数的二次再热机组的经济性得益为3.5%左右，但机组的造价要高10%～15%，电站投资要增加7%～10%。

LW工程机组发电效率不小于48%，比当今世界最好的二次再热发电机组效率高约1个百分点以上，比国内常规超超临界一次再热机组平均效率高约2.2个百分点。机组设计标准发电煤耗率256.16g/kWh，比当今世界最好水平低6.2g/kWh。

第三节　变频总电源（辅机统调动力源）技术

火力发电厂在进行设计时，辅机选型往往都按最大负荷选择并留有一定的裕量。而在实际运行时，由于偏离设计工况点，辅机运行效率一般均较设计值低，造成电能损耗，尤其是当火电机组参与调峰后，由于辅机效率偏低产生的电能损耗严重。火电机组调峰运行，相关定速运行的辅机（如风机、泵等）通过调整出口挡板或出口阀门来适应调峰需要，造成辅机系统的节流损失。随着调峰深度增大，该节流损失增大。因此，在条件允许的情况下，部分辅机采用调速运行，降低节流损失并提高其运行效率，往往可以产生比较好的节能效果。

一、变频总电源（辅机统调动力源）技术的意义

目前已在电厂应用并且产生比较好的节能效果的调速手段主要有两种：小汽轮机驱动和电动机加装变频器。电动机加装变频器最大的缺点在于使用寿命短，电压等级越高设备可靠性越低，而且变频谐波对电网以及电机有一定的影响。因此可以考虑采用变频总电源（或称辅机统调动力

源）的形式，通过小汽轮机驱动频率可调的小发电机产生与需求运行频率相等的电能，继而带动各辅机（如一次风机、送风机和引风机、循环水泵、凝结水泵等）运行。这样不但可以提供可靠的工作电源，而且可以较大幅度降低厂用电率，尤其在机组深度调峰或低负荷运行时效果更明显。另外，我国大多数电网调度是控制各个机组的发电机出口功率，并以上网电量来结算的。采用变频总电源技术可以在发电机出口功率不变的情况下，增加汽轮机的进汽量来满足变频发电机的用汽要求，这样就可以避免机炉主要辅机对厂用电的影响，最大限度地减少厂用电率，增加实际上网电量，因此，变频发电机减少 15MW 的厂用电量，相当于同等情况下多向电网出售了 15MW 的电量，如果电价足够高，煤价足够低，变频总电源技术可以带来一定的收益。

二、变频总电源（辅机统调动力源）技术的实施

1. 变频总电源（辅机统调动力源）的技术方案

针对华能 WH 电厂 6 号 660MW 超超临界机组，进行了辅机变频总电源改造。在 6 号汽机房附近建设独立的厂房，分 2 层布置。小汽轮机（统调动力源汽轮机也称小汽轮机）采用上海汽轮机厂有限公司制造的型号为 ND（Z）89/84/06，冲动式、低压、单轴、变转速凝汽式汽轮机。小汽轮机无回热抽汽系统，并配备独立的凝汽器、凝结水泵、循环水泵及轴封系统。小汽轮机启动汽源接自 6 号机组辅汽联箱，辅汽供汽管道与四段抽汽供汽管道在各自的电动门后通过三通并接，经一根母管接至低压主汽阀（LPSV）、低压调节阀（LPCV）后供小汽轮机做功；高压汽源（补充汽源）来自 6 号机组的再热冷段，经供汽电动、高压主汽阀（HPSV）、高压调节阀（HPCV）后供小汽轮机做功。小汽轮机排汽经过独立的凝汽器由循环水冷却后汇集在热井，凝结水由凝结水泵增压后送至 6 号机组的主凝汽器，使工质得以回收循环利用。

发电机为北京北重汽轮电机有限责任公司生产的 QF-25-2 空气冷却型、三相、隐极式频率可调同步发电机，额定功率 25MW，最大功率 26MW，额定电压 6kV，经发电机出口断路器分别给 6kV 风机 A 段和 B 段母线供电。发电机频率为 35～50Hz(2100～3000r/min)，可在此频率范围内带动该机组的三大风机运行，还可与该机组 6kV 厂用电系统并网运行，运行方式灵活。其系统流程如图 19-10 所示，变频总电源设备参数见表 19-5。

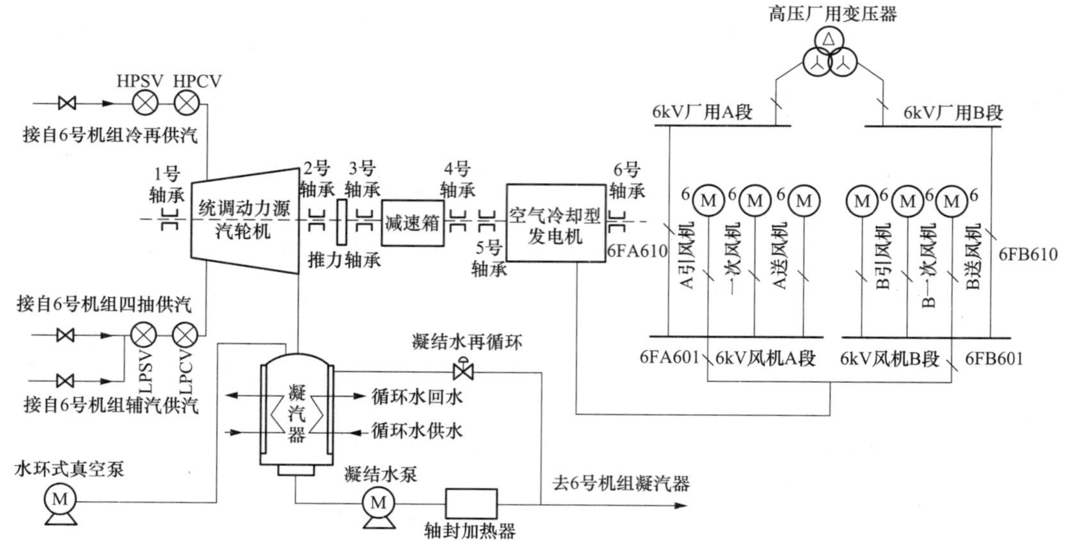

图 19-10　6 号机组变频总电源的系统流程

表 19-5　　660MW 机组变频总电源设备参数

小汽轮机		变频发电机		
型号	ND（Z）89/84/06	型号	QF-25-2	
			50Hz	35Hz
小汽轮机额定功率（MW）	14	视在功率（MW）	31.25	15
额定进汽流量（t/h）	60.85	额定功率/最大功率（MW）	25/26	12/13
额定进汽压力（MPa）	1.055	发电机转速（r/min）	3000	2100
额定进汽温度（℃）	378	发电机频率范围（Hz）	50	35
额定工况整机内效率（%）	≥85	功率因数	0.8	0.8
转速（r/min）	2800～6000	额定电压（kV）	6.3	4.4
设计背压（kPa）	5	额定电流	2864	1964
减速齿轮箱额定输入功率（MW）	18.2	效率（%）	97.89	97.84
减速齿轮箱减速比	1.8	冷却方式	空冷	
减速齿轮箱效率（%）	≥98	励磁方式	无刷励磁	

变频总电源汽轮发电机组主要由小汽轮机、减速齿轮箱、变频发电机构成。减速齿轮箱的变速比为 1.795，即当小汽轮机的转速为 5385r/min 时，对应的发电机转速为 3000r/min，此时为定速运行。当辅机系统需要变频运行时，只需在小汽轮机控制系统（MEH）设定目标值，降低小汽轮机转速，则发电机就会在对应的频率段运行，提供与三大风机运行（如一次风机、送风机和引风机）频率一致的可靠电源，保证风机稳定运行。考虑到风机需要可靠的电源，连续变频调节会不稳定，在一定负荷段对应合适的频率即可达到节能的目的，因此 6 号机组根据风机运行的负荷段对应的频率分为 44、47、50Hz 三段运行。统调动力源汽轮发电机组启动前，6 号机组带负荷稳定运行，6kV 厂用 A 段和 B 段母线供电，联络开关 6FA610、6FB610 合闸，6kV 风机 A 段和 B 段母线并网开关 6FA601、6FB601 分闸，三大风机通过 6kV 厂用供电。此时，使用 6 号机组辅助蒸汽冲转小汽轮机空负荷启动，统调动力源小汽轮机定速 5385r/min 后，便可以启动小汽轮机发电机同期装置与 6kV 厂用 A 段和 B 段母线先后并网。并网成功后，统调发电机逐渐升负荷，6kV 厂用相应降负荷，在此过程中维持锅炉风机稳定运行。6kV 厂用负荷降至最低后，断开开关，完全由统调动力源小汽轮机发电机带动三大风机运行，即统调动力源汽轮机发电机孤网运行。此后可根据机组负荷和风机运行功率，在 MEH 手动选择频段 50Hz→47Hz→44Hz 降频运行。机组升负荷后，再次手动选择频段 44Hz→47Hz→50Hz 升频段运行。另一种运行方式为统调动力源汽轮发电机组并网运行后，6kV 厂用只有一段退出运行，保留另一段的联络开关合闸(拉手运行)。当统调动力源汽轮发电机组有超出锅炉风机所需要的电能时，反送至电网供电，使之运行更加灵活。6 号机组负荷与小汽轮发电机组变频运行方式见表 19-6。

表 19-6　　小汽轮发电机组变频运行方式

负　　荷	频率（Hz）	运行方式
340MW 以下	50	与 6kV 厂用并网运行，负荷控制
350～400MW	44	孤网运行，转速控制
400～500MW	44、47 孤网运行	孤网运行，转速控制
600～660MW	47	孤网运行，转速控制

辅机变频总电源用于驱动主要三大风机辅机（引风机、送风机和一次风机）。目前 WH 电厂 6 号机组装配的一次风机和送风机均为豪顿华工程公司制造的动叶可调的轴流式风机，一次风机型号为 ANT-1960/1400F，送风机型号为 ANN-2520/1400N。引风机为成都电力机械厂制造的静叶可调轴流式风机，型号为 HA46036-8Z。其中一次风机和送风机均采用定速电机驱动，引风机装有变频器。在进行环保改造、低压省煤器改造和暖风器改造的条件下，现有送风机和一次风机可以满足运行需求，引风机需进行改造以适应运行需求。

辅机变频总电源的驱动小汽轮机汽源采用主汽轮机四段抽汽（低压气源），以辅汽作为启动汽源，以冷段再再热蒸汽作为备用汽源（高压汽源）。小汽轮机排汽进入单独的小凝汽器。如果辅机统调动力源故障，则切回高压厂用变压器带三大风机。

2. 变频总电源的驱动小汽轮机选型

小汽轮机通过定传动比减速齿轮箱带动变频发电机，发电机输出额定 6kV 电压，直接带引风机、送风机、一次风机，三大风机轴功率见表 19-7。由表 19-8 看出，采用该方案小汽轮机输出功率为 6.94～16.5MW，小汽轮机进汽流量为 38.9～80.2t/h。

表 19-7　　三大风机轴功率

项目	引风机			送风机			一次风机		
	TB 工况	BMCR 工况	660MW	TB 工况	BMCR 工况	660MW	TB 工况	BMCR 工况	660MW
风机入口体积流量（m^3/s）	460	418	386	223	196	192.5	116	80.2	73.8
风机入口质量流量（kg/s）	423.2	388.7	358.9	258.0	234.6	230.4	134.2	96.0	88.34
风机入口温度（℃）	102	102	102	30	20	20	30	20	20
风机入口工质密度（kg/m^3）	0.92	0.93	0.93	1.157	1.197	1.197	1.157	1.197	1.197
风机入口全压（Pa）	−7000	−6500	−6000	1.157	1.197	1.197	−688	−529	−527
风机入口静压（Pa）	−7184	−6653	−6131	−729	−607	−602	−688	−529	−527
风机入口动压（Pa）	184	153	131	−729	−607	−602			
风机出口全压（Pa）	3000	2700	2300	4114	3427	3396	16 730	12 855	12 075
风机出口静压（Pa）	2803	2535	2158	4058	3382	3356	16 678	12 829	12 035
风机全压升（Pa）	10 100	9284	8372	4843	4034	3998	17 418	13 384	12 584
风机静压升（Pa）	9986	9188	8289	4787	3989	3954	17 366	13 358	12 562
风机出口风温（℃）	113.8	112.9	111.9	34.9	23.8	23.7	46.5	32.4	31.6
风机全压效率（%）	88.18	87.68	86.69	84.8	87.7	87.8	86.0	86.0	86.5
风机轴功率（kW）	5268.77	4425.99	3727.76	1273.57	901.56	876.55	2349.4	1248.1	1073.6
风机转速（r/min）	990	990	990	990	990	990	1490	1490	1490
电机额定功率（kW）	5700			1400			2500		

表 19-8　　小汽轮机输出功率及进汽流量

项目名称	BMCR	660MW	500MW	330MW
1 台引风机轴功率（kW）	4426	3728	2769	1794
1 台送风机轴功率（kW）	901	877	421	242
1 台一次风机轴功率（kW）	1248	1074	968	729
机械轴功率合计（kW）（各 2 台风机）	13 151.3	11 358	8316	5530
变频发电机效率（%）	97.9	97.9	97.9	97.9
齿轮箱传递效率（%）	98	98	98	98
小汽轮机内效率（%）	83.0	85.0	83.0	81.0
小汽轮机所需功率（kW）	16 515.1	13 927.5	10 443.1	6944
小汽轮机进汽压力（MPa）	1.242	1.205	0.940	0.659
小汽轮机进汽温度（℃）	377.0	378.0	385.4	392.5
小汽轮机进汽焓（kJ/kg）	3213.7	3213.7	3234	3254
小汽轮机排汽压力（kPa）	5	5	5	5
小汽轮机排汽焓（kJ/kg）	2426	2426	2485	2554
调节门节流损失（%）	5	5	5	5
5℃温降引起的管道效率（%）	99	99	99	99
小汽轮机进汽流量（kg/s）	22.29	18.79	14.8	10.8
小汽轮机进汽流量（t/h）	90.2	67.7	53.4	38.9

（1）小汽轮机选型计算

$$P_{fj}=\frac{P_e}{\eta_i}=\frac{Q_{fmj}\Pi_{fj}}{1000\rho_i\eta_i}=\frac{Q_{fjv}\Pi_{fj}}{1000\eta_i}$$

式中　P_e——风机的有功功率，kW；

P_{fj}——风机的轴功率，kW；

Π_{fj}——风机的全压，Pa；

Q_{fjv}——风机的体积流量，m^3/s；

Q_{fjm}——风机的体积流量，kg/s；

ρ_i——风机介质密度，kg/m^3；

η_i——风机的全压效率，%。

因此 BMCR 工况下的引风机轴功率

$$P_{fj}=\frac{Q_{fj}\Pi_{fj}}{1000\eta_i}=\frac{418\times 9284}{1000\times 0.8768}=4425.99(\text{kW})$$

以此类推，可以求得 BMCR 工况下的 1 台送风机、一次风机的轴功率分别为 901.56kW 和 1248.1kW，合计为 6576.65kW。因此，BMCR 工况下三大风机功率应为 $2P_{fj}=2\times 6576.65=13\ 151.3$(kW)

$$小汽轮机所需功率(kW)P=\frac{13\ 151.3}{0.979\times0.98\times0.83}=16\ 515.1(kW)$$

式中 0.83——BMCR 工况下小汽轮机效率为 83%；

0.979——BMCR 工况下变频发电机效率为 97.9%；

0.98——BMCR 工况下齿轮箱传递效率为 98%。

选定最大功率为 17.8MW；660MW 工况小汽轮机输出的功率为 13 927kW，因此额定功率确定为 14MW。结合 660MW 超超临界机组的四段抽汽参数和现场实际情况，小汽轮机汽源取高压汽源来自汽轮机再热器出口。小汽轮机的有关选型如下：

型式：单出轴、单缸、单流、单轴、凝汽式、蒸汽外切换；

运行方式：变参数、变功率、变转速；

额定功率：14MW，最大连续功率（高压汽源）：17.8MW；

小汽轮机高效点功率：14MW 时保证效率≥85%；

低压汽源参数：额定进汽压力：1.205MPa，温度 378℃；

高压汽源参数：进汽压力 5.735MPa，温度 371℃；

额定排汽压力：6kPa；

调速范围：60%～100%，旋转方向：时针旋转（从机头向泵看）；

与发电机连接方式：减速齿轮箱。

（2）小汽轮机的蒸汽参数。

选用纯凝小汽轮机型号：ND(Z) 14-89/84/06 型，额定转速 5385r/min，进汽压力 1.205MPa，进汽温度 378℃，排汽压力 5kPa。

THA 供热工况下，小汽轮机进汽参数：

$p_1=1.205$MPa，$t_1=378$℃，$h_1=3213.7$kJ/kg

排汽参数：$p_2=5$kPa，$h_2=2426$kJ/kg

考虑到小汽轮机进汽调节汽门有 5%的节流损失和 5℃温降（即管道效率取 99%），则小汽轮机所需要的进汽功率为

$$P_{jq}=\frac{P}{(1-5\%)\times0.99}=\frac{16\ 515.1}{(1-5\%)\times0.99}=17\ 559.9(kW)$$

蒸汽在小汽轮机内为三大风机轴功率做功：

$$P_{jq}=Q_m(h_{m1}-h_{m2})$$

式中 P_{jq}——小汽轮机所需要的进汽功率，kW；

Q_m——小汽轮机进汽量，kg/s；

h_{m1}——小汽轮机进汽焓值，kJ/kg；

h_{m2}——小汽轮机排汽焓值，kJ/kg。

$$因此小汽轮机进汽量\ Q_m=\frac{P_{jq}}{h_{m1}-h_{m2}}=\frac{17\ 559.9}{3213.7-2426}=22.29(kg/s)=80.2(t/h)$$

三、经济效益分析

根据 WH 电厂 6 号机组热平衡图及表 19-7 列的小汽轮机的进汽流量，对风机驱动方式改造后的主汽轮机进行 THA、75%THA、50%THA 变工况计算。计算的前提：主蒸汽压力、主蒸汽温度、高压缸效率、中压缸效率、低压缸效率、发电机输出功率等保持不变，只是增加了小汽轮机用汽导致新蒸汽流量增加后各级段抽汽量变化和汽轮机热耗率、机组发电煤耗率、供电煤耗

率、部分辅机消耗功率以及新增辅助设备消耗功率的变化。

因此，在THA660MW工况下，主机增加的上网电功率

$$\Delta N = 2P_{fj}\eta_{lg}\eta_{fd} = 11\,358 \times 0.883\,8 \times 0.989\,7 = 10\,092.3(\text{kW})$$

式中 ΔN——主机增加的上网电功率，kW；

η_{lg}——主汽轮机低压缸效率，%；

η_{fd}——主发电机效率，%，这里取98.97%。

因此主机每小时供电量 $N_g = 635\,250 + 10\,092.3 = 645\,342(\text{kW})$

设因小汽轮机进汽而增加的主蒸汽流量值为 ΔQ(t/h)，则

$$\Delta Q(h_1 - h_2) = Q_m(h_{m1} - h_{m2})$$

式中 ΔQ——主蒸汽流量增加值，kg/s或t/h；

Q_m——小汽轮机进汽量，kg/s或t/h；

h_1——主汽轮机主蒸汽焓值，kJ/kg；

h_2——主汽轮机排汽焓值，kJ/kg；

h_{m1}——小汽轮机进汽焓值，kJ/kg；

h_{m2}——小汽轮机排汽焓值，kJ/kg。

在THA660MW工况下，主蒸汽流量增加值

$$\Delta Q = \frac{Q_m(h_{m1} - h_{m2})}{h_1 - h_2} = \frac{67.7 \times (3214 - 2426)}{3490 - 2558} = 53.7(\text{t/h})$$

汽轮机热耗率增加值 $\Delta q = \dfrac{\Delta Q q}{Q_1}$

式中 Δq——主汽轮机热耗率增加值，kJ/kWh；

Q_1——主汽轮机主蒸汽量，kg/s或t/h；

q——主汽轮机热耗率，kJ/kWh。

在THA660MW工况下，汽轮机热耗率增加值

$$\Delta q = \frac{\Delta Q q}{Q_1} = \frac{53.7 \times 7358.3}{1793.1} = 220.4(\text{kJ/kWh})$$

发电煤耗率 $$g_f = \frac{220.4 + 7358.3}{29.308 \times 0.939\,1 \times 0.99} = 278.1(\text{g/kWh})$$

供电煤耗率 $$g_g = \frac{278.1}{1 - 0.022\,2} = 284.5(\text{g/kWh})$$

改造后供电煤耗率升高 $\Delta g_g = 284.5 - 280.6 = 3.9(\text{g/kWh})$

每年多耗煤量 $\Delta B = 3.9\text{g/kWh} \times 660\,000\text{kW} \times 1500\text{h} \times 10^{-6} = 3861(\text{t})$

比较的基准条件为，三大风机均采用电动机驱动，其中引风机采用变频调速运行的方式，考虑环保和节能改造后风机功率的增加。改造后各工况下机组参数及经济效益见表19-9。

其中平均负荷为(660×1500＋500×4000＋330×2000)/7500＝484(MW)。

年发电量为484 000kW×7500h＝363 000万kWh。

改造后厂用电率降低＝(1.53×1500＋1.48×4000＋1.52×2000)/7500＝1.50个百分点。

每年多供电增加收益＝(245.2×1500＋481.2×4000＋162.8×2000)/7500＝349.1(万元)。

供电煤耗率升高＝(3.9×1500＋1.50×4000＋1×2000)/7500＝1.85g/kWh。

每年多消耗标煤＝(3861×1500＋3000×4000＋660×2000)/7500＝2548.2(t)。

多支出2548.2×700元＝178.4万元，年净收益349.1－178.4＝170.7(万元)。

改造总投资7500万元，投资回收期43.9年。

表 19-9　　改造后各工况下机组参数及指标变化

项目名称	THA		75%THA		50%THA	
	改前	改后	改前	改后	改前	改后
发电机输出功率（kW）	660 000		500 000		330 000	
主机背压（kPa）	4.6	4.6	4.6	4.6	4.6	4.6
主机排汽焓（kJ/kg）	2558	2558	2558	2558	2558	2558
主蒸汽压力（MPa）	25.00	25.00	18.45	18.45	12.23	12.23
主蒸汽温度（℃）	600.0	600.0	600.0	600.0	600.0	600.0
主蒸汽流量（t/h）	1793.1	1830.6	1297.7	1324.2	845.3	861.7
主蒸汽焓（kJ/kg）	3490	3490	3551	3551	3551	3551
主汽轮机低压缸效率（%）	88.38	88.38	90.22	90.22	91.82	91.82
小机进汽焓（kJ/kg）	3214	3214	3234	3234	3254	3254
小机排汽焓（kJ/kg）	2426	2426	2485	2485	2554	2554
小机进汽流量（t/h）	—	67.7	—	53.4	—	38.9
主机增加的上网功率（kW）	—	10 092	—	7425.4	—	5025
主机供电量（kW）	635 250	645 342	480 050	487 475	313 995	319 020
每年厂用电量（万 kWh）	3712.5	2198.7	7980	5010	3201	2196
厂用电率（%）	3.75	2.22	3.99	2.51	4.85	3.33
厂用电率降低（百分点）	基准	1.53	基准	1.48	基准	1.52
每年多供电量（万 kWh）	基准	1513.8	基准	2970	基准	1005
每年多供电增加收益（万元）	基准	245.2	基准	481.2	基准	162.8
	349.1					
主蒸汽流量增加值（t/h）	基准	53.7	基准	40.3	基准	27.4
主机锅炉效率（%）	93.91	93.91	93.1	93.1	92.8	92.8
主机管道效率（%）	99.0	99.0	99.0	99.0	99.0	99.0
改造后热耗升高（kJ/kWh）	基准	220.4	基准	153.2	基准	149.7
汽轮机热耗率（kJ/kWh）	7358.3	7578.7	7442.2	7595.5	7643.6	7793.3
发电煤耗率（g/kWh）	270.1	278.1	275.5	281.2	283.9	289.4
改造后发电煤耗升高（g/kWh）	基准	8.0	基准	5.62	基准	5.50
供电煤耗率（g/kWh）	280.6	284.5	286.9	288.4	298.4	299.4
改造后供电煤耗率升高（g/kWh）	基准	3.9	基准	1.5	基准	1.0
每年多耗煤量（t）	基准	3861	基准	3000	基准	660
每年多耗煤增加支出（万元）	基准	270.3	基准	210	基准	46.2
	178.4					
每年总收益（万元）	170.7					

注　本章所有机组计算经济效益时，计算条件为：上网电价 0.412 元/kWh，发电成本 0.25 元/kWh，标煤单价 700 元/t，考虑 THA 工况年运行时间 1500h，75%THA 工况年运行时间 4000h，50%THA 工况年运行时间 2000h。

四、不同看法

对于电厂实施变频总电源项目，也存在不同意见。反对者认为：

(1) 变相上马了一台小火电，项目采用纯凝式小机组带大机组厂用电，直接违背国家基本国策和能源政策。如果履行正常的立项手续的话是通不过环境影响评价和节能评估的。

(2) 600～1000MW 超超临界汽轮发电机组，无论汽轮机相对效率、循环效率、发电机效率、机械效率等，均比 10～30MW 的小汽轮发电机组高得多，采用这种方式降低厂用电率，很明显不是节能而是多耗能。

(3) 表面上是三大风机耗电率为 0，实际上三大风机耗电率是仍然存在的（如果不变频运行，耗电率反而会升高）。电厂统计出来的厂用电率是虚的，不是耗电的真实情况，一旦将三大风机耗电率统计进入厂用电率，供电煤耗率增加得会更多。

(4) 变频总电源项目新增加了一套管道系统，管道效率为 99%，阀门节流阻力损失为 5%（来汽调节阀节流损失、小汽轮机的调门阀节流损失），小汽轮机效率 83%，齿轮箱传递效率 98%，变频发电机效率 97.5%，因此，上述各环节串联起来的综合效率仅为 74.58%。而改造前，大汽轮机效率 90%，发电机效率 98.95%，综合效率为 89.17%，比变频总电源项目高出近 15 个百分点。

(5) 变频总电源项目设计是三大风机根据负荷变频调速运行，一旦变频总电源驱动小汽轮机系统出现问题，立即切换到原 50Hz 厂用电母线上。但是实际上由于低频电流瞬间切换到 50Hz 厂用电母线上，给原有厂用电母线上带来扰动，会导致其他辅机跳闸，因此，为了提高整台机组的运行可靠性，变频总电源驱动小汽轮机只能工频运行，原期望的变频节电效果成为泡影。

第四节 背压小汽轮机驱动异步发动机技术

一、改造的必要性

华能某电厂三期 2 台 CNL600-24.2/566/566 汽轮机，三期热网首站供热系统设置两套热网循环水系统，即居民区热网和矿区热网供、回水系统。原居民区热网和矿区热网分别由两台 400kW 和 700kW 的电动热网循环水泵供热，在 2014 年分别将居民区热网和矿区热网一台电动循环水泵改造成汽动循环水泵。但是电厂三期机组供热网首站蒸汽品质较高，参数为 0.6～0.9MPa、300℃左右的蒸汽需通过减温减压降至参数为 0.4MPa、200℃的蒸汽后送入热网加热器换热，因此蒸汽通过减温减压后能量损失较大；同时高品质的供热蒸汽还有 77t/h 的富裕量，直接进入加热器，存在热源损失。

通过计算，蒸汽若通过多级背压汽轮机做功从 0.6～0.9MPa 降至 0.13MPa，温度由 300℃降到 149℃，1t/h 蒸汽可以获得约 80kW 有效功率，77t/h 蒸汽约可以获得 6160kW 的有效电功率，汽轮机排汽用于加热器换热。综合考虑热网冬季运行安全，本次改造增加 2 台 2500kW 汽轮机拖动 2500kW 的异步发电机发电。

因此在保证供热安全的前提下，通过异步发电热功联产改造，将高品质蒸汽通过工业汽轮机做功拖动异步电机发电，异步电机发出的电为 6kV 厂用系统提供电源，从而降低厂用电，实现供热能源分级利用。

二、改造方案

本次改造是在保证电厂热网首站供热安全的前提下，利用高品质蒸汽与热网加热器之间的压差，将参数为 0.6～0.9MPa、300℃左右的蒸汽通过工业汽轮机做功拖动异步发电机发电，发出的电并入 6kV 厂用系统，参数为 0.13MPa、149℃的乏汽送入热网加热器换热，从而实现供热能源分级利用，同时降低厂用电率。

两台工业汽轮机排汽直接排入矿区热网 2 号加热器和居民区热网 1 号加热器（加热器进汽参数 200℃、0.4MPa），矿区热网 1 号加热器和居民区热网 2 号加热器（加热器进汽参数 380℃、0.4MPa）作为备用加热器。在供暖初、末期运行矿区热网 2 号加热器和居民区热网 1 号加热器，可以满足矿区热网和居民区热网运行（此时矿区热网回水温度约为 60℃，供水温度约为 80℃；居民区热网回水温度约为 50℃，供水温度约为 80℃）。

高寒期根据热网负荷需要，必要时投入矿区热网 1 号加热器和居民区热网 2 号加热器运行，两台加热器供汽来自三期机组供热网首站蒸汽（0.4MPa、300℃），此时根据两个热网水出口温度（一般需要达到 100℃）匹配两个热网 4 台加热器加热水量，保证热网出口水温能够满足热网用户要求。供热能源分级利用改造系统如图 19-11 所示。

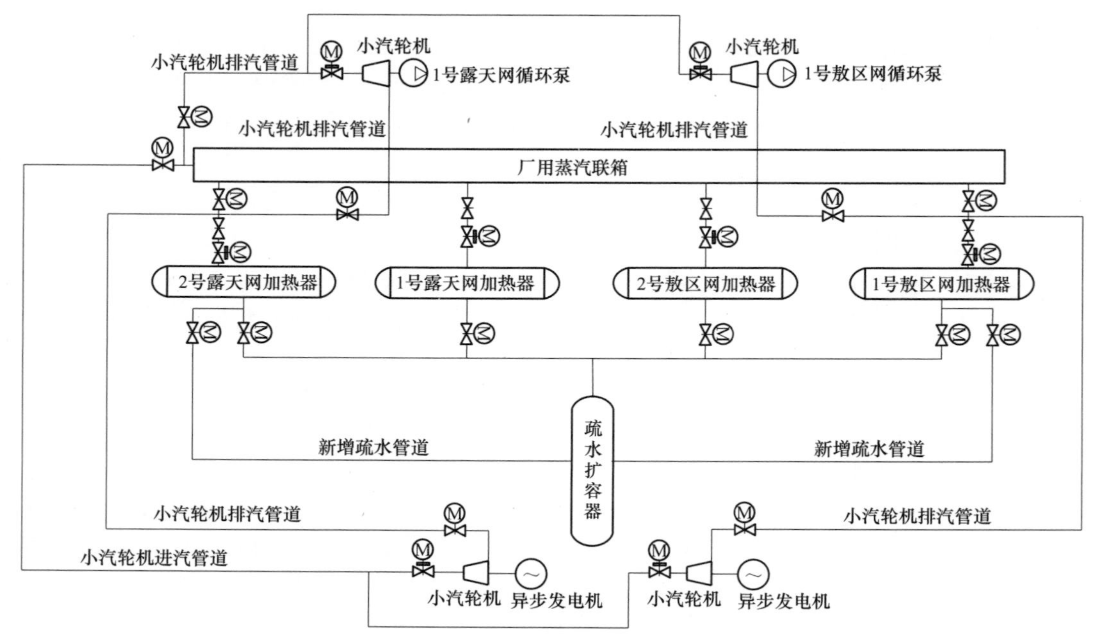

图 19-11　供热能源分级利用改造系统

改造的主要内容包括：项目扩建热网首站厂房，汽轮机、异步发电机、润滑油站基础安装，汽轮机、异步发电机、润滑油冷却系统安装，布置和安装工业汽轮机供汽管路和排汽管路，布置和铺设异步发电机电缆及桥架，布置和安装工业汽轮机、异步发电机、油站相应的热工测点、模件、电缆等，并入三期机组 6kV 厂用段开关柜等。总投资约 800 万元，其中 2 台工业汽轮机及油站等设备费用 215 万元，2 台异步发电机设备费用 72 万元。

改造后计算发电功率 5000kW，按照负荷调整，蒸汽压力降低，发电按 80%计算，日发电量 10 万 kWh，月节电量 300 万 kWh，一个采暖期 8 个月发电量达 2400 万 kWh，全厂厂用电率降低 0.15 个百分点。

按照每度电价为 0.412 元计算，则一个采暖期获得收益约 989 万元，本次改造费用约为 800 万元，因此本次改造在 1 个多采暖周期即可收回投资成本。从财务指标看，按该方案实施改造，项目全部投资内部收益率较大，投资回收期短，项目的工程经济效益指标均较理想，并符合国家有关规定，具有较强的财务盈利能力。

第五节 尾水发电技术

为了充分利用火力发电厂循环水排水尾能，一些火力发电厂在循环水排水口安装小型水轮发电机，充分利用其水头及流量进行循环水排水尾能发电，增加主机供电量。

一、尾水发电站的意义

对于大型滨海电厂来讲，取排水工程一般均采用海水直流循环，循环水取自大海，排水也排向大海。电厂循环水系统具有水量大的特点，尾水发电正是利用了这一特点，在循环水排水口安装小型水轮发电机，充分利用其水头及流量进行循环水排水尾能发电，所发电力接入主机厂用电系统，降低了厂用电率。这种尾能利用属能量回收型节能项目，提高了机组的经济性，同时也符合循环经济的要求。

近几年来，采用直流供水系统的大型火力发电厂安装投运的尾水回收发电站有：江西省的丰城电厂一期装机 4×630kW，年平均发电量 1155 万 kWh；江西省的丰城电厂二期装机 3250kW，年平均发电量 1490 万 kWh；湖北省的黄石火电厂装机 2×500kW，年平均发电量 598 万 kWh；湖北省的阳逻电厂装机 4×630kW，年平均发电量 1420 万 kWh；湖北省的襄樊火电厂装机 3×500kW，年平均发电量 670 万 kWh；湖北省的鄂州火电厂装机 4×2MW，年平均发电量 4510 万 kWh。尾水回收发电取得了良好的经济效益。

二、尾水电站系统设计

根据滨海电厂循环水排水口特点，存在可利用的贯流尾能，为了进一步做到能源的综合利用，充分利用电厂循化水排水尾能，某电厂 2×1000MW 机组在循环水排水口处设置 2 台 50%的轴伸贯流式水轮发电机组，利用排水尾能发电，装机容量达 2×670kW，并于 2012 年投入使用。

1. 设计原则

（1）在循环水排水工程中，尾水发电系统代替一般性排水消能设施。排水尾能利用的设计，必须满足主体工程的排水要求，以不影响主体工程正常运行为原则。

（2）工艺系统配置的水轮发电机组，应设置排水旁路，发出来的电接入主体工程的厂用电系统。

2. 尾水发电系统流程

某电厂循环水系统为单元制，采用以海水为水源的直流供水系统。2 台机组共用 1 座循环水泵房，每台机组配 3 台 33%容量循环水泵，1 条 DN3800 循环水压力排水管，1 座虹吸井，1 条 3.6m×3.6m 单孔钢筋混凝土排水沟。

循环水排水经虹吸井后的排水沟汇入至尾水发电机房前池，再经过水轮发电机房，最后流入大海。循环水尾能发电系统流程如图 19-12 所示。循环水尾能发电系统流程为：循环水压力排水管→虹吸井→排水沟→水轮发电机组前池→排水尾能发电机组→大海。

3. 尾水发电装机容量

虹吸井堰后水位超过 3.0m 时，虹吸井出流状态将从自由出流过渡到淹没出流，堰后水位上升将导致循环水泵功率损耗增加，但同时也会增加尾水发电的收益；经计算分析，在冷端允许的情况下，在一定范围内通过适当增加循环水泵扬程可提高尾水发电的收益，进而提高全厂运行的经济性。经计算，尾水发电厂房前池水位约 3.0m 时，循环水泵增加的电耗与尾水发电产生的电量相当；当前池水位超过 3.0m 时，循环水泵增加的电耗将高于尾水发电产生的电量。因此，前池水位确定为 3.0m。通过计算，尾水发电装机容量按照 1400kW 配置。

夏季、春秋季时虹吸井设计堰上水位为 4m，冬季为 3.83m，可利用水头为 3.0m，夏季、春

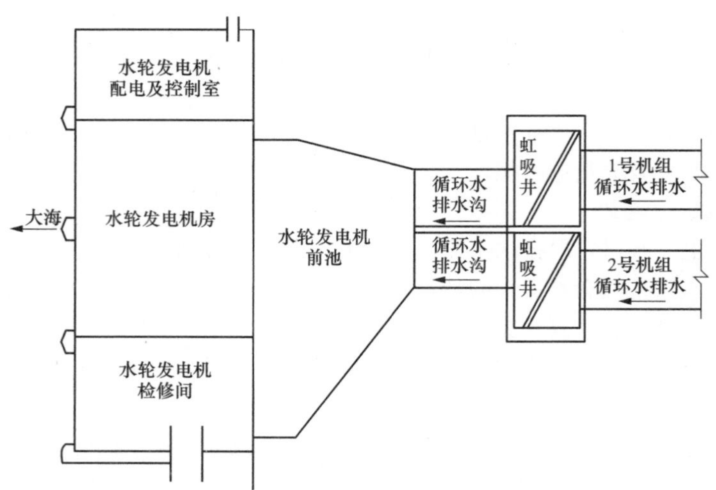

图 19-12 循环水尾能发电系统流程图

秋季循环冷却水量为 59.30m³/s，冬季循环冷却水量为 44.98m³/s，具体参数见表 19-10。

表 19-10 循环水排水参数

项目	夏季	春秋季	冬季	1%高潮位	97%低潮位
月份	7～9	5、6、10、11	1～4，12		
潮位（m）	0.3	0.1	−0.1	2.74	−2.36
流量（m³/s）	59.3	59.3	44.98	59.3	44.98
虹吸井堰后水位（m）	4	4	3.83	4.10	3.83
前池水位（m）	3.47	3.47	3.53	3.41	3.43
排水沟水阻（m）	0.53	0.53	0.3	0.69	0.40
可利用水头（m）	3.17	3.37	3.63		

某电厂循环水流量大、变化幅度小，且可利用水头在 3.0m 以上，水轮机额定水头为 2.92m，总流量为 60m³/s。根据以上参数电厂安装 2 台额定出力为 746kW 的轴伸贯流机组的水轮机，型号为 GD008-WZ-260，并配 2 台额定容量为 837.5kVA 的水轮发电机组，型号为 SFW670-10/1180，利用循环水的尾能进行发电。

4. 尾能利用系统布置

从原有的循环水排水沟道消能出口前的闸门井位置开始，取消闸门井及其下游沟道和排水口，设置进水前池、轴伸贯流式水轮发电机房、接尾水部分，共同组成尾能利用系统。

为保证在任何情况下，尾能利用系统都不影响主体机组排水，即正常情况下，主体机组排水通过尾能水轮发电机组。水轮发电机检修或事故时，排水应照常进行，因此在尾能系统中，设置旁路及溢流堰，旁路为一斜坡流道并与尾水连接。在水轮机入口处，每台水轮机前设闸门控制，溢流堰也设闸门。当循环水排水量大于水轮发电机组进水流量时，多出的部分可通过溢流堰溢流至旁路；当主体工程的火电机组正常运行而水轮发电机组停机时，还可打开溢流堰上的闸门使水流直接进入旁路，保证循环水排水通畅。旁路采用一侧单旁路布置，即排水发电厂房中间布置 2 台水轮发电机，在 2 台水轮发电机的一侧设旁路，旁路流道顶板采用梁板结构。

5. 尾能发电控制系统

某电厂水轮发电机出口额定电压为10.5kV，接入主体工程的脱硫10kV母线，与主体工程的厂用电母线并联运行。

2台水轮发电机组控制系统采用DCS远程控制站的控制方式，可实现无人值守，通过冗余通信方式与机组DCS实现通信，在机组集控室内实现对2台水轮发电机组的监视、控制、报警和故障停机处理。

三、尾水发电对环境的影响分析

应用尾水发电系统后，循环水排水走向和排水量均不变化，因此，尾水发电系统的应用不会影响温排水范围和温升。同时排水尾能将被最大限度地回收利用，可最大限度地缓解排水对岸底的冲刷，降低排水对附近岸滩的影响。

目前，直流供水系统的排水消泡仍是难题，造成此现象的主要原因为在虹吸井溢流堰前后水位差较大，自由出流的海水跌落过程中，大量空气被带入水中，形成大量泡沫。应用尾水发电系统后，虹吸井出流状态将从自由出流变成淹没出流，从而避免产生跌水，避免泡沫的发生。

四、经济分析

按照设计利用小时为6000h计算，2台发电机组年发电量可达约804万kWh，相当于节约标准煤804万kWh×1.229t/(万kWh)＝988.1t，年售电收入331.2万元，减少灰渣和粉尘排放量约436.4t，具有一定的环保和经济效益。

工程投资概算为土建500万元，两台尾水发电机组各投资600万元，总计1700万元，静态投资回收期为5.1年。

第六节　凝结水一次调频技术

一、快速增加负荷的方法

1. 各种增加负荷方法的反应时间

单纯依靠调整燃料量来改变机组负荷过程非常缓慢，为提高机组负荷响应速率，必须采用有效的调节方法。主要的调节方法包括：①改变给水流量（直流锅炉增加给水流量，汽包锅炉减少给水流量）；②增加减温喷水量；③开启汽轮机高压进汽调节阀；④增加燃料量；⑤开启补汽调节阀；⑥节流（凝结水节流、高加抽汽节流、除氧器抽汽节流、低加抽汽节流）；⑦设置旁路（汽轮机旁路、过热器或再热器的蒸汽旁路、高加旁路）。各种快速增加负荷的方法对时间的相应规律如图19-13所示。

由于涉及机组安全经济问题，上述个别增加负荷的方法是不能采用的。这些方法中的凝结水节流和低加抽汽节流对负荷的调节作用显著，同时不会对主汽压力造成太大影响，既能快速调节负荷又不会增加安全隐患，被越来越多的电厂所重视。目前，国内绝大多数汽轮发电机组是通过高压调节阀节流来实现蓄能的。由于对蒸汽的节流是一种不可逆的损失，因此造成机组运行经济性的下降，对于采用节流调节方式的汽轮机来说，这种下降更为显著。

2. 节流调节的经济性

目前，国内大多数上汽-西门子600～1000MW超超临界机组采取相同的运行方式，即运行中高压调门开度随负荷不同控制在30%～40%之间，以便及时响应电网调度。图19-14中给出了某电厂上汽-西门子1000MW超超临界机组不同调门运行方式下热耗率变化趋势，可以看到，与阀门全开滑压运行方式相比，热耗率平均升高约30kJ/kWh甚至更高。

WH电厂660MW超超临界汽轮机高压调节门采用节流调节，为了满足电网一次调频和

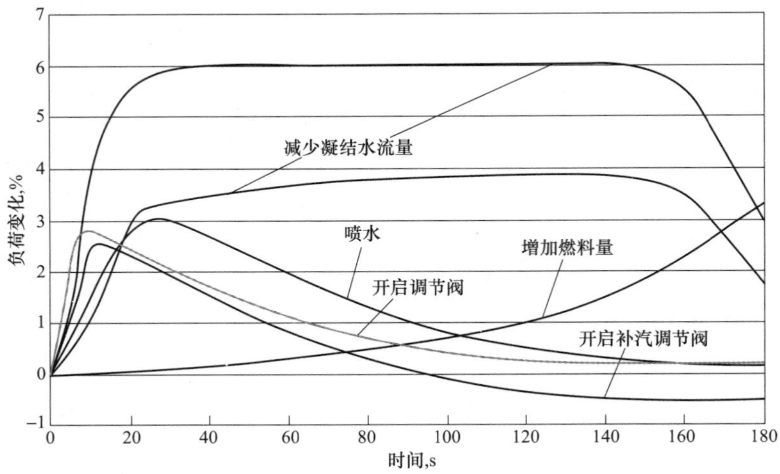

图 19-13 各种快速增加负荷的方法对时间的相应规律

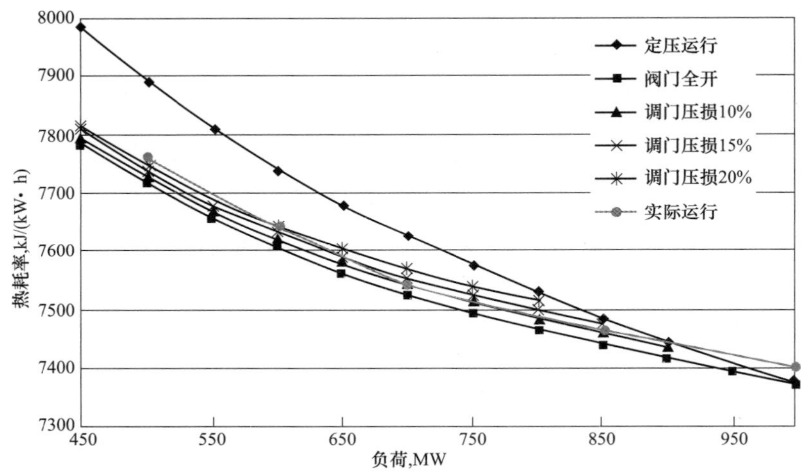

图 19-14 1000MW 机组基于凝结水节流的高调门经济运行

AGC 调节需要，运行中高调门开度一般控制在 27%～38%之间（负荷越低开度越小），见表 19-11，在 340MW 时 1、2 号调节阀开度仅仅 27%，相比高调门全开状态下有高达 2.4g/kWh 的煤耗率差异，可见高压调门的运行方式对经济性的影响十分可观。高调门节流损失大，机组经济性差。

表 19-11　　WH 电厂汽轮机运行优化试验数据

项目名称	610MW		480MW		340MW	
1 号调节阀开度（%）	36 电厂方式	100	31 电厂方式	100	27 电厂方式	100
2 号调节阀开度（%）	36 电厂方式	100	31 电厂方式	100	27 电厂方式	100
补汽阀开度（%）	0	0	0	0	0	0
主蒸汽压力（MPa）	24.46	22.50	20.11	17.34	15.46	12.41
主蒸汽温度（℃）	599.8	601.6	600.5	600.8	596.0	591.9
高压缸排汽压力（MPa）	5.211	5.176	4.078	4.040	2.954	2.932

续表

项目名称	610MW		480MW		340MW	
高压缸排汽温度（℃）	363.9	369.9	366.7	374.6	368.4	372.9
再热蒸汽压力（MPa）	4.85	4.82	3.80	3.76	2.74	2.72
再热蒸汽温度（℃）	596.6	595.6	586.5	600.1	593.0	592.5
中压缸排汽压力（MPa）	0.529	0.528	0.423	0.423	0.314	0.313
中压缸排汽温度（℃）	277.2	277.1	273.6	284.4	281.7	282.4
低压凝汽器压力（kPa）	4.086	3.915	3.445	3.522	3.701	3.711
最终给水温度（℃）	287.5	287.4	272.6	272.1	252.8	252.6
6 号低加进口凝结水流量（t/h）	1123.5	1114.0	888.8	871.8	644.4	637.2
再热减温水流量（t/h）	0	0	0	0	0	0
最终给水流量（t/h）	1685.4	1671.9	1298.2	1270.4	910.6	901.0
主蒸汽流量（t/h）	1685.4	1671.9	1298.2	1270.4	910.6	901.0
发电机输出功率（MW）	609.72	609.89	479.55	479.13	344.03	343.60
高压缸效率（%）	85.57	89.53	83.10	89.39	79.44	89.31
中压缸效率（%）	93.42	93.42	93.37	93.38	93.47	93.41
试验热耗率（kJ/kWh）	7503.0	7461.5	7568.4	7514.2	7741.4	7688.2
修正后热耗率（kJ/kWh）	7500.9	7468.3	7578.0	7540.9	7747.4	7682.7
节能效果（g/kWh）	1.2		1.4		2.4	

西门子技术的超超临界机组无调节级采用节流调节的全周进汽方式，增加了高压缸的效率，使机组在额定负荷时具有较高的经济性，另外由于全周进汽无任何附加汽隙激振，提高了机组轴系的稳定性。但在满足电网调频时，全周进汽的节流调节方式尚存不足，即高压调门任何情况下必须保持一定程度的节流，为一次调频（负荷的快速反应）储备一定的裕量，从而引起机组经济性的下降，如 5%的节流将使热耗率上升 12～20kJ/kWh。

二、凝结水一次调频技术

1. 凝结水一次调频技术原理

为此西门子公司提出了多种快速处理负荷变化的措施，如增加补汽阀、增大锅炉减温水喷水量的方法来增加功率等。由于这些方法和措施仅在负荷调整阶段投入使用，而在机组正常稳定运行阶段则完全退出，因此对机组经济性的影响微乎其微。一般对于燃煤机组，燃料添加的变化不能在几秒内改变输出功率，燃料量的变动在 2～3min 内才会影响功率的输出。而采用增加补汽阀和增大锅炉减温水喷水量与开大高压调门相同，均是锅炉的储备的热容量，虽然能够快速的提升负荷，但其只能维持短暂的时间。另外，从目前国内已投产的配有补气阀的 600～1000MW 等级上海汽轮机-西门子公司机组的运行情况来看，补汽阀的投入会造成机组振动增大，同时投用几次后补汽阀会产生泄漏，反而导致机组正常运行情况下热耗率的大幅上升，因此多数机组目前已不再使用。

1992 年，Siemens（西门子）公司在节流调节汽轮机上提出并实现了凝结水节流的蓄能利用方法，并在其 DCS 系统 SPPA-T3000 的 PROFI 机组协调优化控制组件中嵌入了 COT（凝结水节流）模块，实现了凝结水节流的负荷辅助调节。在其公布的资料中宣称，该系统可以提高 4%～6%的机组负荷，且高压调节阀可以处于全开状态，以减少机组的节流损失使机组获得更高的运行效率。

凝结水节流调频技术是基于“全滑压、改变凝结水流量”的变负荷控制策略，在机组变负荷时，汽轮机运行中高压调节阀可保持较大开度，利用除氧器、凝汽器等容器储水能力，改变凝结水泵出口调节门开度（或凝结水泵转速），通过改变凝结水流量，进而快速改变中低压抽汽量（如 4～8 段抽汽），使得进入汽轮机低压缸做功的蒸汽量发生变化，引起低压缸做功，使机组在燃料响应落后的情况下，暂时获得或释放部分机组的负荷，进而快速响应电网的调峰和 AGC 调频要求，如图 19-15 所示。

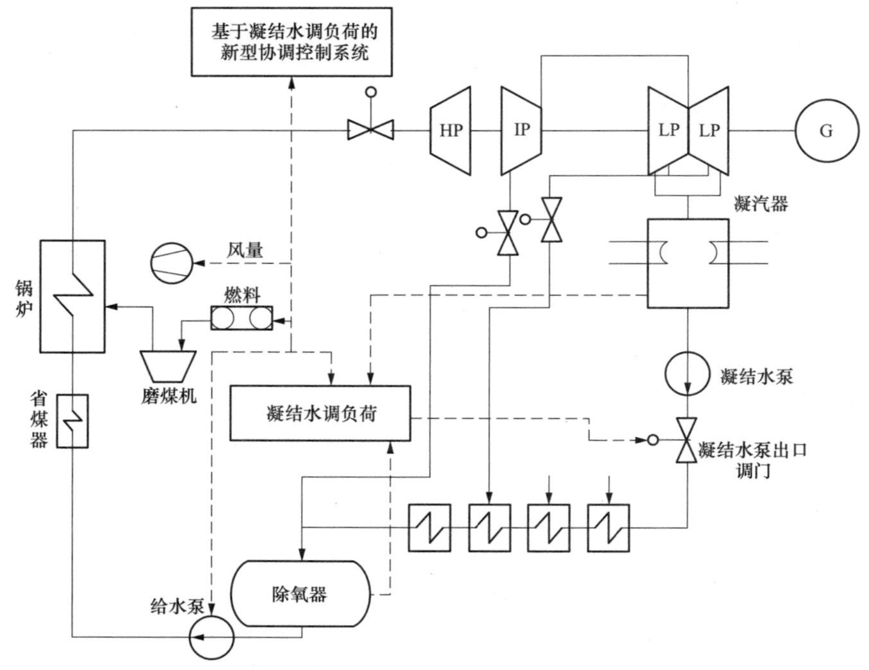

图 19-15 凝结水节流参与一次调频的热力系统示意图

若要求加负荷时，关小凝结水泵出口调节阀门（简称凝泵出口调门），减小凝结水流量，从而减小低压加热器的抽汽量，使原本的低压加热器抽汽进入汽轮机末级透平做功，增加蒸汽做功的量，短时间内机组的发电功率就可以得以增加；与此同时，凝汽器水位上升，除氧器水位下降。反之，若要求机组负荷下降时，将凝泵出口调门开大，使凝结水流量增多，低压加热器从汽轮机中的抽汽量也相应地增多，而流经汽轮机中继续做功的蒸汽量将减少，短时间内机组的发电功率就可以得以减小；与此同时，凝汽器水位下降，除氧器水位上升。

凝结水减少量与机组出力增加值呈线性关系，且随出力系数的变化幅度不大，可满足：

$$\delta P = K\delta F_{cw}$$

式中 K——比例系数，MWh/t，由试验确定，K=0.015～0.03；

δP——机组出力增加值，MW；

δF_{cw}——凝结水减少量，t/h。

例如当凝结水节流变化量为 1110t/h 时，负荷变化量为 18.0MW，得到比例系数 $K=\frac{18}{1110}=0.0162$(MWh/t)。

660MW 超超临界汽轮发电机组通常采用三高四低一除氧的回热加热系统，凝结水流量与机组出力变化之间的关系试验结果见表19-12，根据表19-12得到凝结水变负荷能力曲线，如图19-16所示。从试验结果可以看出，最大流量变化达到676t/h，实现负荷变化2.31%，平均负荷响应时间约10s。从拟合结果可以看出，WH电厂6号机组每100t/h凝结水流量变化折合机组负荷变化约1900kW，与同类机组变负荷能力相当。按机组凝结水流量上限500t/h计算，实际可实现辅助机组变负荷能力约9.6MW，相当于额定负荷的1.45%，变负荷潜力巨大。

表19-12　　凝结水变负荷能力试验结果汇总

负荷（MW）	凝结水流量变化量（t/h）	负荷变化		负荷响应时间（s）
		（MW）	（%）	
420	158.45	3.72	0.89	8
	450.54	9.69	2.31	8
510	198.13	3.72	0.89	11
	464.74	8.70	2.07	18
600	289.22 手动调节	3.05	0.51	12
	676.45 手动调节	13.87	2.31	10
	424.88 变频调节	7.04	1.17	14
	584.17 变频调节	11.55	1.93	11

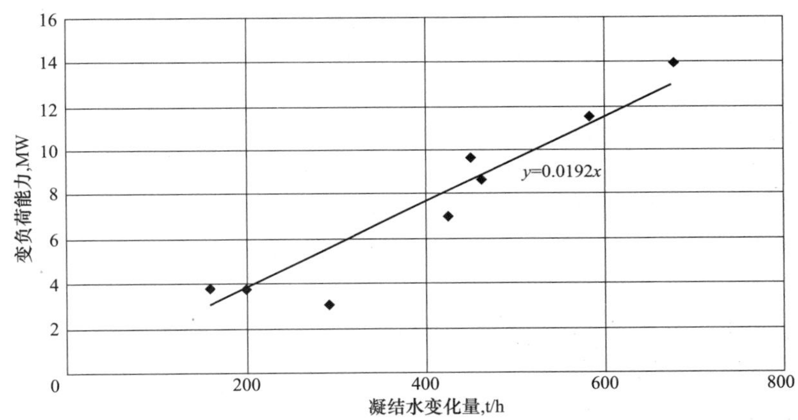

图19-16　某660MW机组凝结水变负荷能力曲线

从图19-16可以看出，660MW机组在不同负荷条件下，每100t/h凝结水流量变化可实现机组负荷变化幅度约为1900kW，随着负荷的降低略有降低。大部分机组实际变负荷能力与该实验结果类似，每100t/h凝结水流量变化可实现机组负荷变化幅度相差不大，基本上在1600～2000kW之间。

从反应时间来看：当凝结水节流瞬时，抽汽流量暂时没有变化，加热器蓄能增加。蓄能增加将表现为壳侧饱和蒸汽容积增加，加热器水位下降，控制系统将关小疏水调门，维持水位，进而壳侧压力升高，蒸汽流量减少。这样从凝结水流量变化到加热器抽汽量变化的动态时间，实际上取决于加热器水位的调节时间，这一过程为10～20s。

660MW机组除氧器长约35.9m，直径约为3.96m，除氧器中心线以下的有效容积约250m^3，当给水流量保持不变，凝结水流量减少700t/h时，该有效容积能够满足约20min的水位持续下降。

该机组单个凝汽器长约 11.2m，宽约 6m，凝汽器运行时的正常水位 1000mm，距喉部的有效空间约 $70m^3$。当给水流量保持不变，凝结水流量减少 700t/h 时，该有效容积能够满足约 6min 的持续上升时间。

当给水流量保持不变，凝结水流量减少 700t/h 时，除氧器能够满足至少约 8min 的水位持续下降，而凝汽器能够满足至少 6min 的持续上升。目前国内对一次调频的时间要求约为 3min，故除氧器和凝汽器的有效容积能满足一次调频的要求，而无需增设额外的系统外储水箱。

2. 改造的具体方案

（1）一次调频指令。保留原一次调频指令运算回路，增加 1 个死区限制判断回路，保留原汽机调门实现一次调频的功能，但增加负荷限制，即在一定时间、负荷量范围内参与动作，其他范围由凝结水一次调频完成。经过一次调频优化控制服务器协调，输出控制 DEH，并协调各系统之间的关系，实现“预先”升功率和热负荷上升后升功率之间的协调等功能。一次调频降负荷时与上述过程相反，原理相同。

原协调控制系统原则上不动，仅进行优化和部分修改，以满足实际热负荷（增加）的需求。参考原 DCS 协调控制逻辑，为了增加调频响应前沿速度，充分考虑锅炉蓄热，利用给水压力控制的前馈，加速负荷响应速度。

（2）凝结水流量控制。凝结水控制系统是该“一次调频”控制的核心，由于凝结水流量和功率之间有一定非线性关系，所以控制中应按预定函数关系通过减少凝结水流量，实现被动减少回热抽汽流量，这部分“回热”蒸汽将使汽轮机增加实际输出功率，达到快速增加负荷的目的。

具体方案是将除氧器水位主调节门与副调节门断开，副调节门为凝结水流量调节，在一次调频期间，其指令改为调频指令，由一次调频运算回路产生，按一定曲线控制流量“减少”，达到快速升负荷满足一次调频的需求。

在一次调频的凝结水变频调节期间，要设立凝结水流量控制下限，以防止凝结水流量小于最小值。同时应保证最小流量控制回路投入使用，防止凝结水泵气蚀等危险工况发生。

（3）除氧器水位控制。“一次调频”信号启动时，首先将除氧器水位控制改为单冲量水位控制，即采用补水控制除氧器水位。在投入凝结水一次调频功能时，除氧器的相关保护必须投入。

除氧器水位在允许的范围内自主变动，而不是维持在不变的定值。调节过程中可能会出现凝结水量和除氧器水位的大幅快速变化，但除氧器水位的波动幅度通过后台凝结水变负荷指令的逻辑限速和限幅保证在允许的控制范围内，除氧器水位正常范围为 1970～2250mm。

3. 凝水一次调频的经济效益

根据清华大学热能工程系在 600MW 级机组上，实现凝结水一次调频后的试验表明：在 400、450、500MW 工况下比原来滑压曲线（为了满足考核而采用的较高压力的滑压曲线），其高压缸效率分别提高 1.42%、1.20%和 0.99%．对应降低发电煤耗率约 1.77g/kWh、1.26g/kWh 和 0.9lg/kWh。上海外高桥第二发电有限责任公司在 900MW 超临界机组试验结果表明，在 850MW、650MW 和 450MW 工况下，采用凝结水一次调频后，发电煤耗率分别下降 1.0g/kWh、1.67g/kWh 和 1.20g/kWh。

当然上述结论是基于汽轮机高压调节门开度 100%的情况下，如果高压调节门不是全开，则节能效果显著下降。华能 YH 电厂在 1000MW 超超临界机组上实施凝结水一次调频改造后，由凝结水节流响应 AGC 变化后，可以开大汽轮机高压调节门开度，降低高压调节门的节流损失，从而降低热耗率和供电煤耗率，在机组在 750MW 负荷时，原来高压调节门开度 45%，主汽压力损失为 4.3%；改造后高压调节门开度 65%以上时，主汽压力损失为 1.5%，可平均降低机组供电煤耗率约 0.6g/kWh（600MW 负荷时供电煤耗率降低 1.31g/kWh，700MW 负荷时供电煤耗率降低 0.55g/kWh，800MW 负荷时供电煤耗率降低 0.37g/kWh，900MW 及以上负荷时供电煤耗率无明显降低）。

WH 电厂 660MW 机组实施凝结水一次调频前，高压调节阀开度一般控制在 27%～38%之间，实施后高压调节阀开度在 40%左右。实际试验测试，高压调节阀开度提高至少 3 个百分点，最大提高 6.3 个百分点，高压缸效率在不同负荷下提高 1～3 个百分点，发电煤耗率降低 0.5～1.4g/kWh。若按年均负荷率 75%计算，同时考虑调频过程等非稳态工况下的效益损失，则采用凝结水调频技术的年均节能效益应在 0.6g/kWh 以上，年因节煤收益 152.5 万元。整个工程的总投资约为 150 万元（主要是试验费用），改造工程的静态投资回收期不足 1 年（不考虑获得“两个细则”方面的收益）。

第二十章　锅炉系统节能综合升级改造技术

随着发电技术的发展，国内投运了大批超（超）临界机组，目前，锅炉本体存在的主要问题是再热汽温偏低、排烟温度偏高和受热面爆管。而超（超）临界锅炉受热面爆管主要是管材选择问题；排烟温度偏高又引出低温省煤器和空气预热器改造及其低温腐蚀问题。锅炉侧存在节能潜力的辅机设备和系统主要是风烟系统和制粉系统。本章详细地介绍了锅炉系统节能升级技术，特别是有关锅炉受热面治理，以及风烟系统和制粉系统的各项节能技术的原理、特点、应用方案和效果。

第一节　大型超（超）临界锅炉受热面的治理

超临界压力锅炉蒸汽参数为主汽压力大于 22.1MPa，超超临界压力锅炉蒸汽参数为主汽压力大于 27MPa 或主再热汽温在 580℃以上。1980 年由美国电力研究所（EPRI）召开的有关各种蒸汽参数机组经济性的讨论会上，BBC（ABB）公司提出采用 31MPa、566/566℃这一档参数的机组为最经济；CE 公司提出 31MPa、583/552/566℃这一档参数机组的发电成本为最低廉，并且将进一步发展参数为 31MPa、566/579/593℃的机组，以期望提高 2%的热效率。日本电源开发公司提出采用 31MPa、641/593/593℃这一档参数机组，以期望比现有的超临界压力机组（24.11MPa、538/538℃）的热效率提高 6%～7%。因此各国都开始大力发展超超临界机组。某电厂 660MW 超超临界机组国产锅炉为 HG-2001/26.15-YM3 型一次中间再热直流锅炉，其典型的主要设计参数见表 20-1。

表 20-1　　HG-2001/26.15-YM3 型超超临界锅炉主要设计参数

名称	BMCR	TRL	75%THA	50%THA	40%THA
	定压	定压	滑压	滑压	滑压
主汽流量（t/h）	2001.38	1906.07	1297.73	845.26	675.98
主蒸汽出口压力（MPa）	26.15	26.04	19.09	12.62	10.29
主蒸汽出口温度（℃）	605	605	605	605	605
给水温度（℃）	297.8	294	270.6	246.2	234.2
再热蒸汽流量（t/h）	1686.94	1601.77	1125.24	748.95	604.11
再热蒸汽出口压力（MPa）	5.867	5.562	3.910	2.585	2.072
再热蒸汽出口温度（℃）	603	603	603	603	603
再热蒸汽进口压力（MPa）	6.067	5.751	4.044	2.675	2.144
再热蒸汽进口温度（℃）	380.9	371.8	366.9	372.8	375
空气预热器进口风温（一/二次）（℃）	26/23	26/23	26/26	26/36	26/42
空气预热器出口风温（一/二次）（℃）	353/331	349/328	323/307	296/283	286/274
排烟温度（℃）	122	121	108	99	93
总风量（含漏风）（t/h）	2216.86	2138.18	1759.22	1335.39	1125.72

续表

名称	BMCR	TRL	75%THA	50%THA	40%THA
	定压	定压	滑压	滑压	滑压
总煤量（t/h）	236.71	228.31	166.41	113.5	92.7
炉膛截面热负荷（MW/m^2）	4.162	4.014	2.92	1.986	1.617
效率（%，按高位发热值）	89.64	89.66	89.45	89.28	88.93
效率（%，按低位发热值）	94.25	94.27	94.05	93.87	93.50
保证效率（%，按低位发热值）		93.90			

多家华能电厂安装了该类型锅炉机组，投入商业运行后，主要存在两方面问题：①低负荷下再热汽温偏低；②氧化皮脱落爆管。在100%负荷和50%负荷下的再热汽温统计情况分别见表20-2。

表20-2　　电厂主再热汽温在不同负荷下的偏低情况统计

电厂	负荷	主汽温度（℃）			再热汽入口温度（℃）			再热汽温度（℃）			再热器减温水量（t/h）
		设计值	实际值	差值	设计值	实际值	差值	设计值	实际值	差值	
FZ锅炉	100%	605	601.9	−3.1	375	358.0	−17	603	595.1	−7.9	0
	50%	605	593.8	−11.2	372.8	353.6	−19.2	593	565.9	−27.1	0
WH锅炉	100%	605	606.1	1.07	371.8	366.1	−5.74	603	587.1	−15.9	
	50%	605	594.8	−10.2	372.8	367.8	−5.03	590	572.3	−17.7	0
YK锅炉	100%	605	598	−7	350	345	−5	603	594	−9	2.2
	50%	605	598	−7	325	320	−5	603	587	−16	0

一、再热汽温偏低问题

选取不同制造厂生产的同等容量等级锅炉参数（如FZ电厂二期2×660MW哈锅锅炉、JGS电厂二期2×660MW东锅锅炉和SDK电厂二期2×660MW上锅锅炉）进行对比，上述电厂机组锅炉炉膛尺寸及热负荷值见表20-3。

表20-3　　660MW级锅炉炉膛尺寸及热负荷

电厂	锅炉型号	炉膛宽度（m）	炉膛深度（m）	炉膛高度（m）	炉膛断面积（m^2）	断面热负荷（MW/m^2）	容积热负荷（kW/m^3）
WH电厂	HG-2001/26.15	19.268	19.230	68.250	370.524	4.338/2.004	78.25/36.15
FZ电厂	HG-2042/26.15	19.268	19.230	68.250	370.524	4.228/2.004	74.86/35.48
JGS电厂	DG2000/26.15	22.162 4	15.456 8	65	342.560	4.65/2.22	80.75/38.48
SDK电厂	SG-2037/26.15	18.816	18.816	66.67	354.042	4.452/2.48	76.88/42.85

注　断面热负荷和容积热负荷中数据分别为BMCR工况值和50%负荷工况值。

【例20-1】 已知锅炉炉膛宽度为19.268m，炉膛深度为19.230m，炉膛容积V为20 542m^3，燃煤收到基低位发热量Q_{net}为23 570kJ/kg，BMCR工况下炉膛断面热负荷q_F为4.338MW/m^2，求炉膛容积热负荷q_V以及燃料消耗量。

解　炉膛断面积F=炉膛宽度(m)×炉膛深度(m)=19.268×19.230=370.524(m^2)

$$炉膛输入热功率P(MW)=炉膛断面热负荷q_F(MW/m^2)/炉膛断面积F(m^2)$$
$$=4.338\times370.524=1607.33(MW)$$
$$炉膛容积热负荷q_V(kW/m^3)=炉膛输入热功率P(kW)/炉膛容积V(m^3)$$
$$=1607.33\times10^3/20\ 542=78.25(kW/m^3)$$
$$燃料消耗量B=炉膛输入热功率P(kW)\times3600(kJ/kWh)/Q_{net}(kJ/kg)$$
$$=1607.33\times10^3\times3600/23\ 570=245\ 498(kg/h)$$

在满负荷工况下，四个电厂主汽温度基本上达到或接近设计值，但在50%负荷时FZ、WH电厂存在再热汽温严重偏低现象。比较这四家不同制造厂生产的同等容量等级锅炉参数，可以发现FZ电厂、WH电厂锅炉的炉膛宽度和深度均分别为19.268m和19.230m，炉膛高度为68.250m。FZ电厂锅炉炉膛容积为20 927m^3，辐射受热面为9989m^2；WH电厂锅炉炉膛容积为20 542m^3，辐射受热面为9970m^2；而JGS电厂二期锅炉炉膛宽度和深度分别为22.162 4m和15.456 8m，炉膛容积为19 722m^3，炉膛辐射受热面积为7507m^2。SDK电厂二期锅炉炉膛宽度18.816m，炉膛深度18.816m，炉膛高度为66.67m。上述四个电厂中，FZ、WH电厂三期锅炉炉膛高度与JGS、SDK电厂二期锅炉相比较高，在BMCR和50%负荷工况下的断面热负荷和容积热负荷相比，FZ、WH电厂三期锅炉热负荷较低，但热负荷的差异并不大，热负荷应不是导致汽温偏低的主导因素。

选择不同制造厂家生产的超超临界锅炉（如WH三期2×660MW哈锅锅炉、JGS电厂二期2×660MW东锅锅炉和SDK二电厂二期2×660MW上锅锅炉），在50%负荷下再热汽温统计见表20-4。

表20-4　电厂主再热汽温在50%负荷时再热汽温偏低情况

电厂机组	50%负荷下主汽温度（℃）			50%负荷下再热汽入口温度（℃）			50%负荷下再热汽温度（℃）			50%负荷下出口汽温（℃）
	设计值	实际值	差值	设计值	实际值	差值	设计值	实际值	差值	低温再热器设计值
FZ电厂5号	605	593.8	−11.2	372.8	353.6	−19.2	593	565.9	−27.1	514
WH电厂5号	605	594.8	−10.2	372.8	367.8	−5.03	590	572.3	−17.7	511
JGS电厂3号	605	602.2	−2.8	333	343.3	10.28	603	605.1	2.13	
SDK电厂4号	605	604.1	−0.9	373	374.8	1.8	603	600.7	−2.3	508

从表20-4可以看出，50%负荷下，FZ锅炉再热蒸汽入口温度设计值为373℃左右，其在低温再热器出口蒸汽温度设计值为514℃，较SDK电厂锅炉数值高6℃，但是FZ电厂锅炉在50%THA工况下末级再热器出口蒸汽温度设计值为593℃，而在TRL工况下再热蒸汽出口温度均为603℃；JGS电厂、SDK电厂二期锅炉在50%THA及以上工况下再热蒸汽出口温度均为603℃。相同容量的机组锅炉在50%负荷工况下再热蒸汽出口温度的设计参数相差10℃，说明FZ电厂三期锅炉低温再热器受热面积原始设计不足。

在进行低温再热器受热面积增容之前，FZ电厂进行相应的燃烧调整：在锅炉实际运行过程中，可根据负荷情况及时调整燃烧器摆角或投入上层燃烧器，以改变火焰中心高度，从而提高再热汽温。例如FZ电厂6号锅炉在三个不同工况下主再热汽温见表20-5，试验时二次风配风方式为均等配风，尾部再热器侧和过热器侧烟气挡板处于全开位置。试验发现，在50%负荷时，主、再热汽温分别与设计值相差41.4、51.14℃。值得注意的是：由于此次摸底试验燃烧器摆角幅度较小，燃烧器向上摆动13°对再热汽温的提升作用不足3℃。

表 20-5　　FZ 电厂 6 号锅炉在不同负荷下主再热汽温情况

试验内容	负荷（MW）	主汽温（℃）		再热汽温（℃）		高缸排汽温度（℃）		运行氧量（%）
		设计值	实际值	设计值	实际值	设计值	实际值	实际值
满负荷摆角水平	657.81	605	603.74	603	584.04	375	362.45	2.9%
满负荷上摆 13°	659.5	605	603.87	603	584.12	375	365.15	2.9%
75%负荷摆角水平	494.22	605	588.31	603	578.50	366.9	353.28	4.9%
50%负荷摆角水平	328.83	605	563.60	593	541.86	372.8	338.12	6.25%
50%负荷上摆 13°	329.24	605	575.77	593	544.42	372.8	343.88	5.965%

要从根本上解决再热蒸汽温度偏低的问题，必须增加立式低温再热器受热面。针对 FZ 电厂三期，具体改造方案是：由于立式低温再热器位于转向室前端，前后均有较大空间，因此在降低管内工质流速的情况下增加立式低温再热管流程。具体是增加两圈立式低温再热器面积，由原来的一根管直接引出变为一根管在转向室中三个流程引出。立式低温再热器受热面积由原来的 $2008m^2$ 增加到 $5064m^2$，可以增加 $3056m^2$ 的立式低温再热器的受热面面积，从而提高再热器汽温。每台锅炉再热器受热面增容投资约 848 万元（需增加 ϕ63.5×4 的 SA213T91 的管子约 150t，按每吨材料采购、加工、制造费一起合计 4.5 万元/t 钢材，共 675 万元；现场焊接费用 173 万元）。

改造后，燃用目前运行煤种，通过调整立式低温再热器的受热面积可使再热器出口汽温在高负荷下提高 10℃，低负荷下提高 16℃，锅炉的排烟温度，锅炉效率基本不变，将原来本被省煤器多吸收的热量改由被现在的低温再热器吸收，但机组循环效率因再热器出口汽温的提高得到提高，机组发电煤耗率下降，机组经济性提高。

按同类机组的耗差分析计算，平均再热器汽温减低 10℃，影响发电煤耗约 0.7g/kWh，通过推荐方案改造后，能够在高负荷下提高再热器汽温 10℃，在低负荷下提高再热器汽温 16℃，平均按 12℃计算，可以降低煤耗率 0.84g/kWh。同时锅炉可用率每年按 8000h 计算，单台机组全年平均负荷率按 75% 计算，全年可以节约标准煤 3326.4t 标煤，每年可以节约成本 232.8 万元，投资回收期为 3.6 年。

在尾部转弯烟道处增加立式低温再热器受热面的改造方案在 FZ 电厂 6 号锅炉上进行。增加立式低温再热器受热面的改造图如图 20-1（双点划线部分为增加的再热器受热面，其余部分为原有再热器受热面）所示。增加立式低温再热器受热面面积后，试验得到的 6 号锅炉在不同负荷下的再热汽温见表 20-6。

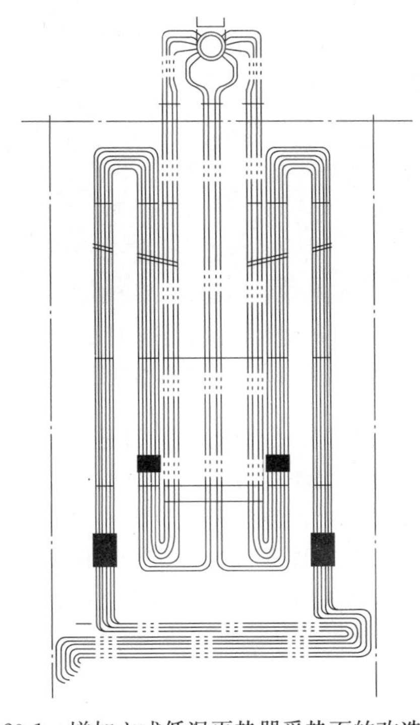
图 20-1　增加立式低温再热器受热面的改造方案

锅炉在进行受热面改造后，各负荷工况下通过调节烟气挡板、燃烧器摆角和 AA 风摆角，再热汽温均能达到设计值，各级受热面壁温无超温现象，且各负荷工况下再热减温水的投入量基本为 0。

表 20-6　　FZ 电厂 6 号锅炉改造后的再热汽温情况

参　数	数　据			
负荷（MW）	660	510	400	330
左侧主蒸汽出口温度（℃）	602.7	602.4	602.2	599.3
右侧主蒸汽出口温度（℃）	598.7	603.4	605.2	605.7
左侧热再热蒸汽出口温度（℃）	602.3	598.2	600.8	600.1
右侧热再热蒸汽出口温度（℃）	602.3	602.3	604.4	601.8
再热减温水质量流量（t/h）	0.84	1.45	0.30	0.32

二、氧化皮脱落问题

1. 氧化皮形成机理

FZ 电厂三期 2×660MW 机组投产了 HG-2042/26.15-YM3 型超超临界一次中间再热变压运行直流锅炉。再热器为两级，即低温再热器（一级再热器）和末级再热器（高温再热器）。其中，低温再热器布置于尾部烟道的前竖井中，立式低温再热器共 72 排，每排 12 圈管子，材质采用了 SA-213T91 材质；末级再热器布置在水平烟道内，末级再热器共 70 排，每排 11 圈管子。末级再热器材质采用了 TP347H、S30432（Super304H）、TP310HCbN（HR3C）3 种材质，规格为 ϕ63.5×4mm（外 3 圈）或 ϕ60×4mm（外数第 4～11 圈）。其中末级再热器入口侧前下弯头部位之前的 11 圈管屏上部均采用了约 9.5m 长度的 TP347H，前下弯头部位最外圈采用了 TP310HCbN，从外往里数第 2、3 圈为 S30432，第 4～11 圈为 TP347H。末级再热器出口侧管屏基本上均为 S30432、TP310HCbN。

图 20-2　6 号锅炉末再入口侧 TP347H 氧化皮（长条状氧化皮典型照片）

但是 6 号锅炉自投产后，再热汽温在 500MW 负荷以上时基本能够达到设计值 603℃；在 330MW 负荷时，再热汽温基本在 565.9℃，远低于设计值。另外还存在末级再热器氧化皮大面积剥落问题。再热器管氧化皮一般为条状片状，如图 20-2 所示。停机后，分别对 5、6 号锅炉末级再热器、末级过热器、后屏过热器进行氧化皮堆积磁性检测，锅炉末级过热器氧化皮磁性检测均未发现氧化皮堆积，但末级再热器存在较为严重的氧化皮堆积情况。

氧化皮是如何形成的呢？超超临界机组蒸汽参数高，高温蒸汽与金属管壁内表面发生化学反应生成氧化皮是不可避免的。在氧化过程中，金属的氧化是通过氧离子和金属离子的扩散来进行的，金属氧化的本质涉及正负离子的扩散。

从热力学角度来讲，在 450～700℃的温度范围，高温水蒸气是强氧化剂，锅炉管内壁产生蒸汽氧化现象是必然的，因为铁与水反应，生成 $Fe(OH)_2$，饱和后，在一定温度范围转化为 Fe_3O_4，其电化学过程为

$$3Fe + 4H_2O(g) = Fe_3O_4 + 4H_2\uparrow$$

此反应在钢表面形成 Fe_3O_4 氧化膜，并随同有氢析出。奥氏体不锈钢与高温蒸汽反应发生

后，以原始表面为基点向两侧生成较薄的氧化物，主要以水侧为主。进而金属本体中的 Fe 向外扩散，氧离子向内渗入，反应持续进行，逐渐形成以 Fe_3O_4 为主，及少量 Fe_2O_3 的富 Fe 和 O 垢外层，如图 20-3 所示。外层为棒状型粗颗粒结构，并含有一定量的空穴。

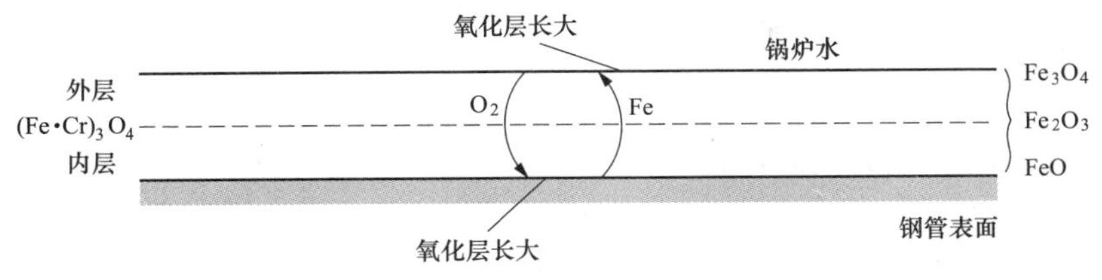

图 20-3　氧化皮生长过程示意图

从脱落的氧化皮内壁观察，内壁存在内外两层氧化皮，外层灰白颜色为 Fe_3O_4 和 Fe_2O_3 的混合物。内层为 FeO，内外层界面处有一薄层，该层富 Cr，为 $(Fe·Cr)_3O_4$ 致密氧化膜。外层的氧化皮在机组负荷波动、温度变化等情况下极易脱落。而致密氧化膜并不是不脱落，只是延缓了氧化皮（Fe_3O_4 和 Fe_2O_3）的产生，随着时间的增长，致密氧化膜以下的基体相应发生 Cr 的贫化，在温度、压力剧烈波动情况下也会脱落。

2. 氧化皮产生的原因

（1）锅炉参数。在实际运行中，我们发现高温受热面管材因氧化皮剥落而引起管子堵塞发生爆管的情况主要集中在超（超）临界参数锅炉中，而亚临界参数锅炉则较少有因为氧化皮剥落引发的爆管事故发生。首先，由亚临界参数到超（超）临界参数，蒸汽参数的提高一方面使得锅炉受热面工作条件变得更加恶劣，尤其是锅炉过热器和再热器的管外烟气温度很高，管内工质温度也很高，就要求这些受热面相比亚临界机组要采用更高性能的金属材料，如奥氏体合金钢等材料，而此类合金钢的特点是热膨胀系数大，导热系数小，引起管圈的热应力增大，并且要求更高的焊接工艺，焊接缺陷容易导致这些材料发生应力集中而产生剥落；另一方面，由于锅炉参数的提高，使得管内工质与管壁内侧发生氧化反应的温度环境进一步提高。根据金属氧化皮生成规律可知温度越高，相应材料生成的氧化皮厚度越厚。所以超（超）临界机组锅炉高温受热面管内氧化情况必然要比亚临界机组锅炉严重。

其次，由于超（超）临界参数锅炉普遍采用直流运行方式，因此汽温响应速度加快，在工况发生变化，进行燃烧调节时，汽温变化要比汽包锅炉敏感得多；而一般汽包炉由于热惯性较大，汽温波动相对来说比较平缓，对氧化皮造成的温变应力就相应要小得多，所以虽然有氧化皮的存在，但不容易发生剥落。超（超）临界锅炉由于汽温响应比较敏感，由热偏差的原因导致的管壁超温，使管内氧化情况更加恶化。

再次，由于启停过程中，超（超）临界机组的升温降温速率要比有汽包的亚临界锅炉快得多，从而使得氧化皮在这个过程中经受较大的温变应力，非常容易造成应力过大发生剥落。尤其是在启动初期的低负荷期，对应的工作压力也较低，使得工质的饱和温度也相对较低，随着压力的变化，温度变化非常明显，氧化皮剥落也更容易发生。同时由于此时蒸汽流量小，若发生氧化皮剥落，则在管径较小的管圈内不容易将剥落的氧化皮带走，从而造成氧化皮积聚，引发超温爆管。

结合实际得到的研究数据和运行情况来看，亚临界机组锅炉高温受热面也存在内壁氧化皮增长的情况，但是由于参数水平的不同，管圈结构规格与超临界机组锅炉方面的差异，运行方式的不同以及汽温特性和对热偏差的敏感性方面的区别，使得亚临界机组锅炉高温受热面管圈内壁生成的氧化皮不容易发生剥落。

（2）温度和时间的共同作用。在受热面管材基本选定的情况下，相应的材料影响因素即已确定。那么影响管壁氧化皮生成的因素主要就是管材所在的运行工况，其中最主要的就是管材所处的工作温度和氧化时间。

氧化膜的生长遵循塔曼法则：$d^2=Kt$（d 为氧化皮的厚度，K 为与温度有关的塔曼系数，t 为时间），氧化膜的生长与温度和时间有关。锅炉蒸汽温度越高，壁内氧化膜的厚度越厚，但正常运行中并不大量剥落，其剥落原因主要归咎于机组启停或温度大幅波动所产生的温差热应力，因此启、停炉工艺控制非常关键。经验说明，氧化层剥离特别容易在机组停用后再启动时发生。

随着运行时间的增加，金属氧化皮厚度不断地增加。当受热面管材金属壁面超温后，氧化皮生成速度会大大增快。蒸汽侧氧化皮的形成增大了传热阻力，使得传热效果下降，金属壁面温度升高，而金属温度的升高又进一步加剧了氧化皮的生成，形成恶性循环。因此在实际运行期间，温度和运行时间的共同作用体现了高温受热面管壁氧化皮的基本规律，这两个因素是研究氧化规律的核心所在。

（3）管材材质影响。我国百万等级的超超临界锅炉对流受热面常用金属材料为12Cr1MoV、T22、T23、T91、T92、TP347H、Super304H 和 TP310HCbN，末级过热器和再热器一般采用 Super304H 和 TP310HCbN。三大锅炉厂早期生产的 600MW 等级的超超临界锅炉的用材为12Cr1MoV、T91、Super304H 和 TP310HCbN。

1）SA-213T91 材料。T91 钢（我国牌号为 10Cr9Mo1VNb）是美国国立像树岭实验室和美国燃烧工程冶金材料实验室合作研制的新型马氏体耐热钢，它是在 9Cr1MoV 钢的基础上降低含碳量，严格限制硫、磷的含量，添加少量的钒、铌元素进行合金化。SA-213T91 线膨胀系数一般（12～13）$\times10^{-6}$(1/℃)，T91 材料使用条件必须满足两个指标：①管壁温度小于 590℃；②管内蒸汽温度小于 570℃。超过 T91 使用条件的受热面管采用 TP347HFG 材料。

2）SA-213TP347H 材料。SA-213TP347H 管材（我国牌号为 1Cr19Ni11Nb）早期在超临界机组已经发生过多起氧化皮大面积剥落事故，例如 XT 电厂 4 号炉 DG1900/25.4-Ⅱ1 锅炉对流受热面过热器在 578℃汽温运行 3300h 即发生氧化皮剥落引起超温爆管事故；ST 电厂 3 号炉（东锅 600MW 超临界锅炉 DG1900/25.4-Ⅱ2）运行 18 000h、TC 二期 4 号炉（东锅 600MW 超临界锅炉 DG1900/25.4-Ⅱ2）运行 21 279h 的高压过热器和高压再热器发生了氧化皮剥落现象；YL 电厂三期 5 号炉（东锅 600MW 超临界锅炉 DG1900/25.4-Ⅱ2）运行 6430h 的高温过热器发生氧化皮大面积剥落爆管事故。上述案例是部分早期投产的电厂锅炉 TP347H 受热面氧化皮发生剥落引起的。由于早期对 TP347H 管材的抗蒸汽氧化能力认识不到位，当氧化皮剥落发生时未能系统总结材质和温度的匹配关系，没能提出根本解决问题的有效措施，使得许多机组仍然在大量使用 TP347H 管材。TP347H 是 ASME 标准中的成熟钢种，为铬镍铌奥氏体不锈钢。由于该钢是用铌稳定的奥氏体钢，故其具有较好的抗晶间腐蚀性能，较高的持久强度，良好的组织稳定性和抗氧化性能，此外还具有良好的弯管和焊接性能；其综合性能优于 TP304H。但由于合金元素较多，与 TP304H 一样，容易产生加工硬化，使切削加工较难进行。该钢在低于 850℃的空气介质中具有稳定的抗氧化性能。在 650℃时，TP347H 钢管的蒸汽抗氧化性大大优于 SA-213T91、HCM12A，SA-213T23，且优于 TP304H；相同条件下的氧化腐蚀深度仅为 T91 的 30%、HCM12A 的 54%、T23 的 65%左右。TP347H 抗氧化能力虽然优于 T91，但是其线膨胀系数要比后者大［TP347H 线膨胀系数一般为（18～19）$\times10^{-6}$(1/℃)］，所以氧化皮生成量虽然少，但反而容易剥落。

3）Super304H材料。Super304H是由日本住友金属株式会社和三菱重工在TP304H的基础上，通过降低Mn含量上限，加入约3%的Cu、约0.45%的铌和一定量的N，而得到很高的许用应力的一种新型的奥氏体不锈钢锅炉管。Super304H钢在650℃的蒸汽抗氧化性试验表明：Super304H钢管在该温度下的抗氧化性大大优于SA213-TP304H和TP347H，相同条件下Super304H的氧化腐蚀深度仅为TP304H的一半左右（为TP347H的67%左右）。抗氧化性和热蚀性与相同晶粒度的细晶粒的TP347HFG钢管接近。从YH电厂、TZ电厂的运行情况来看，这些超超临界锅炉的三级过热器、四级过热器、末级再热器屏入口段没有TP347H奥氏体钢材质，整个管屏均为Super304H、HR3C两种奥氏体钢组成，锅炉运行至今，没有产生大面积氧化皮剥离现象，说明Super304H材料从抗氧化性方面是满足锅炉安全运行要求的。

4）TP347HFG材料。TP347HFG是与TP347H成分相同，而加工制造、处理工艺不同的铬镍铌奥氏体不锈钢。日本住友金属株式会社针对TP347H存在的问题进行了改进，采用新的、较高的固溶处理温度的热处理工艺，使得TP347H的晶粒大大地细化。室温、高温力学性能与TP347H基本相同。由于该钢是用铌稳定的奥氏体钢，且晶粒明显细化，持久强度比ASME规范的规定值高约20%，焊接性能、疲劳性能大大优于常规的TP347H钢管，且具有较好的抗晶间腐蚀性能、良好的组织稳定性和更优异的抗氧化及剥离性能，此外还具有良好的弯管性能；其综合性能明显优于TP347H。

细晶粒的TP347HFG钢在650、700℃蒸汽抗氧化试验表明：其蒸汽抗氧化性大大优于常规的TP347H钢管，且晶粒越小，抗氧化性越好；相同条件下的氧化腐蚀深度约为TP347H的一半。因此，目前在超临界机组改造中，根据受热面管材管内蒸汽温度和管材使用壁温（平均壁温）来衡量，当蒸汽温度高于570℃，壁温高于595℃，使用TP347HFG来替代原来使用的T91管材，末级过热器和末级再热器原则上不再使用TP304H及TP347H材料。如国华太仓电厂7、8号炉采用该材料改造后，再也没有发生因氧化皮剥落而发生爆管事故。目前对于新建超超临界机组，考虑到高温受热面管内蒸汽侧氧化问题，一般在招投标中明确要求高温受热面不采用TP347H材料，如泉州神福鸿山电厂新增2台1000MW超临界机组，三级高温受热面均采用Super304H和HR3C，以提高高温受热面抗蒸汽侧腐蚀，自投产以来，从没有发生过因氧化皮剥落而爆管的现象。

5）S30432材料。国产S30432材料性能相当于进口Super304H材料，其各项指标可以参照进口Super304H材料。S30432材料是目前国内研发的超超临界发电机组锅炉过热器和再热器用材之一，为了进一步提高这类材料的抗蒸汽氧化性能，通常采用内壁喷丸处理的方法使其内表面及亚表层产生加工硬化以促进Cr元素的扩散，从而促使管壁内表面在机组运行初期就形成一层结构致密的Cr_2O_3保护膜。

在同一温度下，TP347H材料氧化皮生成速度为T91的30%，Super304H材料氧化皮生成速度为T91的20%，而TP347HFG材料氧化皮生成速度为T91的15%，三种不锈钢材料中，TP347HFG材料抗氧化能力最强。由于TP347HFG材料晶粒度更细，且晶粒度相对均匀，从目前已使用几年的超临界机组看，其氧化皮剥落表现为更细小的碎片，该类氧化皮较易被蒸汽带走，不存在氧化皮积累导致爆管事故发生的风险。

3. 氧化皮剥落的影响因素

氧化膜是否剥落的两个必须同时具备的基本条件如下：①厚度值是否达到临界值，临界值随管材、温降幅度和速度等的不同而不同；②母材基体与氧化膜或氧化膜之间的应力（恒温生长应力或温降引起的热应力）是否达到临界值（与管材、氧化膜的特性、温降幅度和速度等有关）。这两个条件相互之间存在一定的影响，氧化层剥落的容许应力随氧化层厚度的增加而减小。

高温蒸汽下管材形成不同的氧化层，由于各氧化层的微观组织结构不尽相同，所以体现出不同的稳定性和保护能力。一般情况下，内层氧化皮结构紧密，性质稳定，在没有外力作用（例如敲击管壁）时通常不脱落。而外层氧化皮结构疏松，最不稳定，最容易发生剥落。奥氏体不锈钢锅炉管长期运行后，在管内壁形成氧化皮，氧化皮的成长存在边界效应，即随时间推移氧化皮将达到临界厚度，剥落的临界厚度由于管材和规格，以及运行工况和温度变化幅度而不同，一般在0.05mm和0.1mm左右。此后氧化皮开始剥落，产生剥落的原因主要是由于运行工况的条件，如温度、压力变化以及材料等因素造成的。经验表明，氧化皮与母材的热膨胀系数不同、氧化皮的剥落容易在负荷变化速率快及锅炉启停等条件下发生。

由于氧化皮与基体之间热膨胀系数的不同，在升温或者降温的温变过程中，还会产生径向热应力，有关手册所列的过热器、再热器管材钢（TP304H、TP347H）的线膨胀系数一般为$16\times10^{-6}\sim20\times10^{-6}$(1/℃)，而所形成的氧化皮主要成分如$Fe_3O_4$、$Fe_2O_3$和$FeO\cdot CrO_3$则分别为$9.1\times10^{-6}$(1/℃)、$14.9\times10^{-6}$(1/℃)和$5.6\times10^{-6}$(1/℃)。基于此，当管材温度发生一个波动$\Delta T$时，由于基体金属的膨胀系数大，而氧化层的膨胀系数小，就会造成金属基体与氧化层的热变形的不同。所以沿径向根据温度的变动膨胀或者收缩时，金属基体与氧化层二者之间就会产生沿径向的推力或者拉力。该应力逐渐使得金属基体和氧化层在相邻界面形成一个塑性变形区。热应力主要集中于该塑性变形区，相应的温度波动越大，塑性变形区就越大。而基体与氧化物之间的热膨胀系数相差越大，温差越大，所形成的塑性变形区就越大，剥落的风险也就越大。

当炉管内壁氧化皮生长到一定厚度后，在机组停机等管外壁较大幅度降温过程中，或机组运行工况大幅变化时，管壁金属与氧化皮之间及氧化皮（Fe_3O_4、Fe_2O_3以及含铬氧化物等）各层之间因膨胀系数差异所产生的过大热应力是导致氧化皮发生脱落的最主要因素，氧化皮越厚、温度变化越剧烈，则氧化皮脱落的倾向越大。

氧化皮脱落和烟气及蒸汽温度的变化速率、系统压力变化速率有关。机组在升降负荷、制粉系统的切换过程中会造成温度和压力的波动，尤其在机组启动和停止、停炉冷却期间温度和压力的变化更为剧烈。温度和压力的波动均会造成氧化皮和基材结合面应力产生，该应力超过氧化皮的附着力氧化皮即脱落。

在超（超）临界机组锅炉高温受热面改造中，用TP347HFG材料替代原TP347H材料在国内已有大量案例，如太仓某电厂2台630MW超临界机组锅炉、沧东某电厂2台660MW超临界机组锅炉、定州某电厂2台660MW机组锅炉和珠海某电厂2台600MW超临界机组锅炉等国内至少20台超临界机组高温受热面出口段，为解决氧化皮脱落问题，末级过热器和末级再热器相关S23和TP347H管材已经升级到TP347HFG材质。管材升级改造后没有再发生氧化皮剥落堵塞爆管事故。

综上所述，从同类型机组使用TP347H材料和没有使用TP347H材料的情况看，使用TP347H材料的机组氧化皮问题比较突出，从TP347H材料的性能来看，超（超）临界机组氧化皮堵塞爆管的主要原因也是使用了该材料，FZ、WH电厂的5、6号机组的末级再热器等大量使用了TP347H材料，该管材抗氧化能力较差，且管内氧化皮膨胀系数和金属基体膨胀系数差别较大，氧化皮较易剥落。考虑到该金属所形成的氧化皮剥落较硬且呈大片剥落，易堵塞受热面下弯头，导致超温爆管。末级再热器受热面有必要进行改造，从提高抗蒸汽侧腐蚀的角度选择管材，更换所有TP347H材料，以消除氧化皮堵塞爆管的隐患。有三种材料可供选择，即Super304H（进口）+内壁喷丸，S30432（国产）+内壁喷丸和TP347HFG（国产），见表20-7。为了进一步提高这类材料的抗蒸汽氧化性能，通常采用内壁喷丸处理的方法使其内表面及亚表层产生加工硬化，以促进 Cr 元素的扩散，从而促使管壁内表面在机组运行初期就形成一层结构致密的 Cr_2O_3 保护膜。其中，末级再热器 TP347H 材料升级改造为 Super304H(进口)＋内壁喷丸的方式更成熟、更可靠。

表 20-7　660MW 机组末级再热器管材升级改造预算

序号	内容		材料	数量	材料及加工费单价（元/t）	小计（万元）
1	管子	方案 1	Super304H 材料（进口）＋内壁喷丸	79（t）	200 000	1580
		方案 2	S30432 材料（国产）＋内壁喷丸	79（t）	150 000	1185
		方案 3	TP347HFG	79（t）	105 000	829.5
2	现场管子焊口			770（个）	1300	100
3	现场保温密封脚手架			1（项）	200 000	20
4	管夹、防磨罩、密封板、吊耳、定位块、扁钢及其他附件			1（项）	600 000	60
5	合计	方案 1	Super304H 材料（进口）＋内壁喷丸			1760
		方案 2	S30432 材料（国产）＋内壁喷丸			1365
		方案 3	TP347HFG			1009.5

注　高温再热器入口段管屏数量 70 排，单排需要更换的 TP347H 质量约为 982.8kg，合计质量为 68 796kg。管子质量已经考虑 15%管材偏差余量。

FZ 电厂的 5 号机组的末级再热器等采用 Super304H 更换了原来立式低温再热器受热面的 TP347H 材料，改造后再也没有发生氧化皮剥落爆管问题。其经济效益可以从两方面计算：

(1) 爆管造成停机过程和重新启动过程燃料、水汽、电力等损失，以及检修成本，其直接经济损失超过 100 万元。

(2) 爆管一次的抢修按 6 天计算，平均负荷为 70%，则减少的发电量为：$66\times0.7\times24\times6=6653$ 万 kWh，利润按 0.162 元/kWh(电价 0.412 元/kWh，发电成本 0.25 元/kWh)计算，约 1077.8 万元。

因此，再热器每年至少减少一次爆管，可节约费用 1177.8 万元左右，不用两年即可收回投资。

第二节　受热面的低温腐蚀及其防止

排烟温度直接影响锅炉热效率。排烟温度过高，排烟热损失越大，锅炉热效率越低，不但经济损失增加，而且对环境产生热污染；排烟温度过低，燃料中的硫元素燃烧产物会对换热设备产生酸腐蚀，造成设备运行费用增加，可靠性降低。因此经济排烟温度应略高于烟气的露点温度，以免锅炉尾部受热面（如空气预热器、低温省煤器等）和风机（如引风机、增压风机等）处在最大腐蚀速率上，又能更多地回收烟气余热。

一、低温腐蚀原理

燃料中的硫在燃烧中生成 SO_2，少部分（0.5%～4%）与氧反应进一步转化成 SO_3，随着烟气流动的 SO_3 又与水烟气中的水蒸气反应生成硫酸蒸汽，因此烟气中含有水蒸气和硫酸蒸汽。

当 SO_3 生成硫酸蒸汽的正反应与硫酸蒸汽分解为 SO_3 和 H_2O 的逆反应达到动态平衡时，烟气中的硫酸蒸汽浓度便会固定下来。如果锅炉受热面的壁温低于露点温度（烟气中硫酸蒸汽开始凝结的温度），水蒸气和硫酸蒸汽就会聚集在管子表面上，与碱性灰发生反应，也与金属发生反应，使金属发生低温腐蚀。反应式如下：

$$Fe_2O_3+6H^++3SO_4^{2-}\longrightarrow 2Fe^{3+}+3H_2O+3SO_4^{2-}$$

$$Fe+2H^++SO_4^{2-}\longrightarrow Fe^{2+}+H_2+SO_4^{2-}$$

$$4Fe+8H^++4SO_4^{2-}\longrightarrow FeS+3Fe^{2+}+4H_2O+3SO_4^{2-}$$

$$Fe_2O_3+5Fe+7H_2SO_4\longrightarrow H_2+7H_2O+FeS+4FeSO_4+Fe_2(SO_4)_3$$

沉积的硫酸聚集在飞灰的颗粒上形成酸性污物即酸垢，对管材进行腐蚀。此类型腐蚀一般发生在低温省煤器和空气预热器低温段上，此处的烟温比较低。研究表明当壁温大于 200℃时，SO_3 和水蒸气反应很少，基本不腐蚀碳钢，但是当温度小于 110℃以后，SO_3 则全部反应生成 H_2SO_4 蒸汽。含有 H_2SO_4 蒸汽的烟气流过低于露点的受热面时，H_2SO_4 蒸汽在其上凝结成酸液；在低于露点温度 20～45℃时，腐蚀速度达到最大值。露点随烟气中的硫酸浓度的降低而降低，当烟气中的硫酸蒸汽浓度为零时，烟气露点即为水露点，为 40～50℃。但是只要烟气中含有硫酸蒸汽，哪怕含量极微（通常只不过十万分之几），也会使烟气露点大大提高到 100℃以上，从而引起蒸汽凝结。

发生低温腐蚀后，使受热面腐蚀穿孔而漏风；由于腐蚀表面潮湿粗糙，使积灰堵灰加剧，结果排烟温度升高，锅炉热效率下降；由于漏风及通风阻力增大，使引风机厂用电增加，严重时会影响锅炉出力。

运行中应使受热面金属温度比烟气露点温度高 10～20℃，以便减轻低温腐蚀。通常大型锅炉的排烟温度比小型锅炉低些，电站锅炉的排烟温度一般设计在 120～150℃范围内，很少采用低于 120℃的排烟温度。由于锅炉排烟温度随锅炉负荷的增减而增减，同时空气预热器入口壁温及尾部受热面的烟速也随负荷的变化而变化，导致锅炉在低负荷下，其尾部受热面烟温和空气预热器入口壁温，较满负荷工况都有较大的降低。表 20-8 列出了 1025t/h 锅炉尾部受热面烟温变化情况。因此长时间的低负荷运行，会使低温腐蚀和尾部烟道的堵灰加剧。

表 20-8　　空气预热器入口壁温和排烟温度随负荷变化情况

负　荷	100%	70%	50%	30%
排烟温度（℃）	133	122	110	94
空气预热器入口壁温（℃）	61	57	54	47

二、烟气露点的计算

对于锅炉的烟气露点温度，国内外有大量的研究结果，由于锅炉的烟气结露问题复杂、研究价值大，因此研究人员众多，研究结论差别很大。对于同一种烟气成分，应用不同公式进行计算所得到的烟气露点温度差别很大。一般来讲，烟气露点温度与燃料中的水分含量、硫含量、氢含量、灰分含量、发热量、炉膛燃烧温度、过量空气系数等因素有关，但这些因素的影响幅度不同，所以计算中会忽略部分因素的影响。

根据苏联 1973 年标准（根据苏联全苏热工研究所 BTИ 在试验基础上整理而成），含硫烟气的露点一般采用下列经验公式计算：

$$t_{ld}=t_{0n}+\sqrt[3]{S_{zs}}\times\frac{\xi}{1.05^{a_{fh}A_{zs}}}(℃)$$

式中 S_{zs}——收到基燃料折算硫分,%，折算公式为 $S_{zs}=\dfrac{S_{ar}\times 4187}{Q_{net,ar}}$。

A_{zs}——收到基燃料折算灰分,%，折算公式为 $A_{zs}=\dfrac{A_{ar}\times 4187}{Q_{net,ar}}$。

ξ——折算系数，当炉膛出口过剩空气系数 $\alpha=1.15\sim1.25$ 时，$\xi=121$；当 $\alpha=1.4\sim1.5$ 时，$\xi=129$；计算时可取 $\xi=125$。

a_{fh}——飞灰份额，对煤粉炉 $a_{fh}=0.9$。

t_{ld}——烟气露点，或称酸露点,℃。

t_{0n}——烟气中水蒸气露点,℃。在烟气为一个大气压时，烟气水蒸气露点温度和水蒸气含量的关系见表 20-9。烟气中的水蒸气含量很容易由燃料燃烧计算获得，一般为10%～14%，纯水蒸气的露点温度为 40～50℃。粗略计算时，t_{0n}可取 50℃。

表 20-9　　烟气水蒸气露点和水蒸气含量的关系

水蒸气含量（%）	1	5	10	15	20	30	50
水蒸气露点（℃）	6.7	32.3	45.6	53.7	59.7	68.7	80.9

计算烟气露点的另一公式是日本电力工业中心研究所提出的，即

$$t_{ld}=20\lg V_{SO_3}+K_M(℃)$$

式中 V_{SO_3}——烟气中 SO_3 的容积份额（体积比）,%；（美国 CE 空气预热器公司建议烟气中 SO_2 的转化率为 2%，即烟气中 SO_2 的 2%体积含量转化为 SO_3）

K_M——水分常数。

当烟气中水分的容积份额为 5%时，$K_M=184$；水分的容积份额为 10%时，$K_M=194$；水分的容积份额为 15%时，$K_M=201$。对于其他水分的容积份额，$K_M=161+33.5\lg V_{H_2O}$。

这与另一烟气露点公式基本一致，该公式为

$$t_{ld}=186+20\lg V_{H_2O}+26\lg V_{SO_3}$$

式中 V_{H_2O}——烟气中 H_2O 的容积份额,%。

【例 20-2】 已知 $\alpha_{py}=1.25$，锅炉燃用烟煤，其分析数据如下：收到基碳 $C_{ar}=52.94\%$，收到基氢 $H_{ar}=3.31\%$，收到基硫 $S_{ar}=0.91\%$，收到基氧 $O_{ar}=8.4\%$，收到基灰 $A_{ar}=18.17\%$，收到基水 $M_{ar}=15.47\%$，$N_{ar}=0.8\%$，干燥无灰基挥发分 $V_{daf}=36.23\%$，求其完全燃烧后烟气总容积、水蒸气总容积、水蒸气含量、低位发热量和烟气漏点。

解 (1) 烟气总容积、水蒸气总容积、水蒸气含量。

为了简化计算，假定 $C^y_{ar}=C_{ar}$，则理论计算的燃烧干空气量为（标况）

$$\begin{aligned}V^0_{gk}&=0.0889\,C^y_{ar}+0.265\,H_{ar}+0.0333(S_{ar}-O_{ar})m^3/kg\\&=0.0889\times(52.94+0.375\times0.91)+0.265\times3.31-0.0333\times8.4\\&=5.334(m^3/kg)\end{aligned}$$

完全燃烧后烟气总容积（标况）：

$$\begin{aligned}V_y&=0.01866C^y_{ar}+0.007S_{ar}+0.008N_{ar}+0.111H_{ar}+0.01244M_{ar}+(1.016\alpha_{py}-0.21)V^0_{gk}\\&=0.01866\times52.94+0.007\times0.91+0.008\times0.8+0.111\times3.31\\&\quad+0.01244\times15.47+(1.016\times1.25-0.21)\times5.334\\&=7.215(m^3/kg)\end{aligned}$$

完全燃烧后水蒸气总容积（标况）：

$$
\begin{aligned}
V_{H_2O} &= 0.111H_{ar} + 0.01244M_{ar} + 0.0161\alpha_{py}V^0_{gk} \\
&= 0.111\times 3.31 + 0.01244\times 15.47 + 0.0161\times 1.25\times 5.334 \\
&= 0.667(m^3/kg)
\end{aligned}
$$

水蒸气含量＝0.667/7.215＝9.2％

查表 20-9，得到水蒸气露点 $t_{0n}=43.5$(℃)

(2) 低位发热量。

$$
\begin{aligned}
Q_{net,ar} &= 338.71C_{ar} + 1048.48H_{ar} + 108.72(S_{ar} - O_{ar}) - 46M_t \\
&= 338.71\times 52.94 + 1048.48\times 3.31 + 108.72\times(0.91 - 8.4) - 46\times 15.47 \\
&= 19\,875.8(kJ/kg)
\end{aligned}
$$

实际上该煤的低位发热量化验值为 20 350kJ/kg，与估算值接近。以下计算采用低位发热量化验值。

(3) 烟气露点。

1) 根据苏联公式计算：

$$收到基燃料折算硫分\ S_{zs}=\frac{0.91\%\times 4187}{20\,350}=0.187\%$$

$$收到基燃料折算灰分\ A_{zs}=\frac{18.17\%\times 4187}{20\,350}=3.738\%$$

$$
\begin{aligned}
烟气露点\ t_{ld} &= t_{0n}+\sqrt[3]{S_{zs}}\times\frac{\xi}{1.05^{a_{fh}A_{zs}}} \\
&= 43.5+\sqrt[3]{0.187}\times\frac{125}{1.05^{(0.9\times 3.738)}}=104.2(℃)
\end{aligned}
$$

2) 根据日本公式计算

1kg 燃料中的硫 S_{ar} 燃烧生成的 SO_2 容积（标况）

$$V_{SO_2}=0.7\times\frac{S_{ar}}{100}=0.7\times\frac{0.91}{100}=0.00637(m^3/kg)$$

$$容积份额\ V_{H_2O}(\%)=\frac{V_{H_2O}}{V_y}=\frac{0.667}{7.215}=9.24\%$$

$$容积份额\ V_{SO_2}(\%)=\frac{V_{SO_2}}{V_y}=\frac{0.00637}{7.215}=0.088\%$$

$$容积份额\ V_{SO_3}(\%)=2\%\quad V_{SO_2}(\%)=2\%\times 0.088\%=0.0018\%$$

$$
\begin{aligned}
t_{ld} &= 20\lg V_{SO_3}+161+33.5\lg V_{H_2O} \\
&= 20\lg 0.0018+161+33.5\lg 9.24=138.5(℃)
\end{aligned}
$$

根据另一公式

$$
\begin{aligned}
t_{ld} &= 186+20\lg V_{H_2O}+26\lg V_{SO_3} \\
&= 186+20\lg 9.24+26\lg 0.0018=133.9(℃)
\end{aligned}
$$

计算表明根据上述三种计算公式求得的烟气露点温度差别很大，前一公式明显比其他两个公式低，但苏联推荐的公式应用最广泛，也比较接近实际。

三、低压省煤器低温腐蚀的设计方案

根据多家电厂实际煤质计算，实际煤种水露点为 40～50℃，烟气露点为 90～135℃。低压省煤器一般把烟气温度降低到 85～95℃，进入低压省煤器低温段的凝结水温度为 70.0℃左右，低于硫酸的露点温度，烟气中的硫酸蒸汽将冷凝沉积在低压省煤器的冷端受热面上引起低温腐蚀，因此，解决传热管低温腐蚀是首要难题，是必须解决的关键技术之一。

(1) 排烟温度的选择。烟气通过低压省煤器时，烟气温度低于烟气露点，灰表面的温度与烟气温度相同，此时 SO_3 不光在金属壁冷凝，而且同时在粉尘表面冷凝，粉尘对 SO_3 进行物理吸附和化学吸附。而此处烟气含尘浓度高，一般为15 000～25 000mg/m³ 或更高，比表面积可达2700～3500cm²/g，因而总表面积很大，为 SO_3 的凝结和吸附提供了良好的条件，这样就减少了对管壁的腐蚀。另外灰中的碱性氧化物也会和 SO_3 反应生成盐，这也会减少对管壁的腐蚀。

携带 SO_3 粉尘又很容易被电除尘器除去，通常情况下，灰硫比（D/S）>100，烟气中的 SO_3 去除率可达到90%以上，使下游烟气露点大幅度下降，从而大大减轻了尾部设备的低温腐蚀，具有良好的环境效应。

排烟温度的降低主要从低温腐蚀、工程经济性和电除尘器效率三个方面进行考虑。低于烟气露点运行可以获得更多的烟气余热，也可以因为烟气流量降低而提高除尘器效率，但是进一步降低排烟温度需要付出的代价较高，会增加换热器成本和换热器阻力，造成厂用电的增加。如果现有煤种烟气露点为104℃，排烟温度选择为90℃，则可以确保安全性，同时保证了一定的传热温压，经济性较好。另外，又充分降低烟尘的比电阻，提高除尘效率，降低除尘器改造费用。

（2）壁温的选取。

1）图20-4是API（美国石油协会）及CE（美国燃烧工程）公司推荐的冷端平均壁温导则，折线以上为运行温度范围，该导则专门针对Corten钢及类似的钢种如ND钢或搪瓷。从图中可以看出当硫含量小于1.5%时，冷端平均壁温可以保持在68.3℃左右，如果低温区使用的是耐硫酸腐蚀钢，含硫量为0.9%，所以运行壁温在70.0℃左右是安全的。

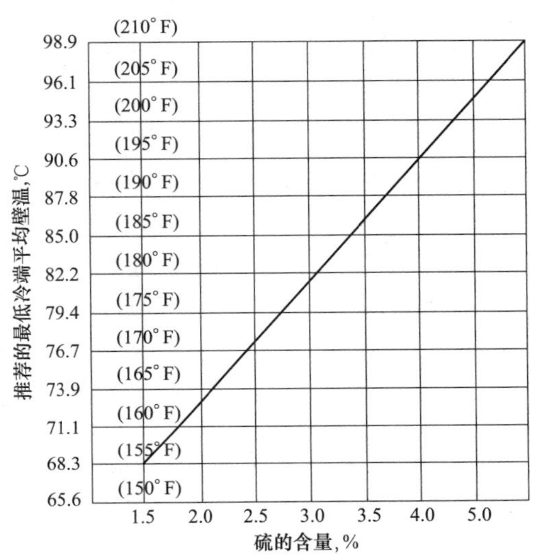

图20-4 燃煤锅炉冷端平均壁温导则

2）西安交通大学热能所在内蒙古某600MW机组上对五种材料进行了实炉低温腐蚀试验，结果如图20-5所示，可以看出入口水温在65℃以上时ND钢的腐蚀速率很低。

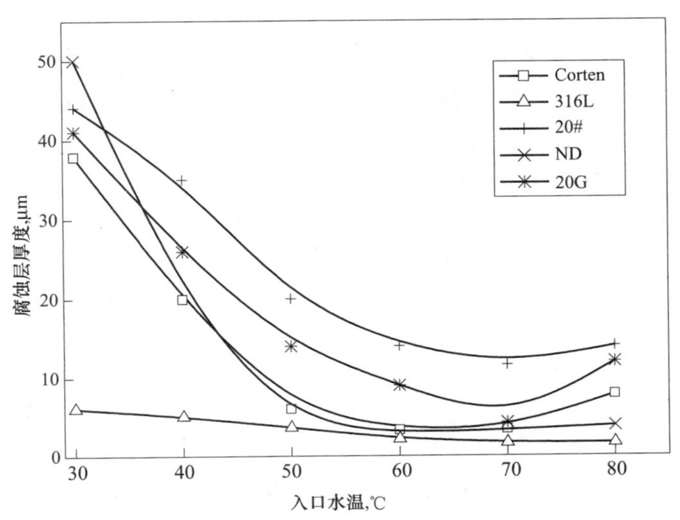

图20-5 五种材料的入口水温与腐蚀层厚度之间的关系

3）中科院金属研究所联合上海成套设计院进行了旨在确定设备使用寿命和合理选择传热管金属材料的锅炉烟气低温腐蚀模拟试验研究。根据试验结果，确定选用 ND 钢和 Corten 钢，在设备预期 10 年的寿命周期内，传热管金属壁温控制在大于 65±1℃，烟气余热回收装置的运行是安全可靠的。

4）回转式空气预热器的冷端金属壁温计算公式如下：

$$T_b = T_k + (T_y - T_k)(\alpha_y H_y)/[(\alpha_y H_y) + (\alpha_k H_k)]$$

式中 T_b——回转式空气预热器的冷端金属壁温,℃；

T_k——空气温度,℃；

T_y——烟气温度,℃；

α_y——烟气侧放热系数，W/(m^2·℃)；

α_k——空气侧放热系数，W/(m^2·℃)；

H_y——烟气侧换热面积，m^2；

H_k——空气侧换热面积，m^2。

由于回转式空气预热器的结构特殊性，一般 α_y 和 α_k 近似相等，H_y 和 H_k 相等，所以，上式演变为

$$T_b = T_k + \frac{1}{2}(T_y - T_k)$$

对于锅炉回转式空气预热器冷端，T_k 就是进风温度，T_y 就是锅炉排烟温度。例如某电厂 6 号锅炉的排烟温度、进风温度及空气预热器冷端壁温的设计值见表 20-10。

表 20-10　空气预热器设计冷端平均壁温　℃

项　目	BMCR	THA	75%THA	50% THA
排烟温度	128.0	128.0	126.0	115.0
平均进风温度	20.0	20.0	30.0	35.0
空气预热器冷端壁温设计值	74.0	74.0	78.0	75.0

由此可见，设计院对冷端温度的控制是在 74.0℃以上的。如果低温省煤器入口水温控制在 75℃及以上是安全可靠的。

四、防止低温腐蚀的具体措施

造成低温腐蚀的根本原因是燃料中含硫量过多、燃烧过程负荷降低，以及管壁温度低等，因此要防止或减轻低温腐蚀，可采取以下措施：

（1）进行燃料脱硫或烟气脱硫，减少三氧化硫含量，但成本高。

（2）控制炉内燃烧温度不要太高，如采用分级燃烧或循环流化床燃烧技术。

（3）减小烟气中的过剩空气量。烟气中的过剩氧量越多，就会增加三氧化硫的生成量。

（4）设法提高空气预热器的壁温，使其高于烟气露点，如采用热风再循环、加装暖风器等。

热风再循环就是将空气预热器出口热空气引一部分送入送风机入口，或用再循环风机引一部分热空气到空气预热器入口的方法。此法易于实现，投资低；但是由于进入空气预热器的风温升高，空气预热器传热温差减小，结果使排烟温度升高，锅炉效率下降，所以在运行经济性方面很不合算。

利用汽轮机低压抽汽加热空气预热器进口空气的热交换器，称为暖风器。蒸汽暖风器安装在送风机出口与空气预热器入口之间，故又称前置式空气预热器。加装暖风器使进入空气预热器的空气温度升高，空气预热器壁温升高，从而防止低温腐蚀。在环境温度较低时将暖风器投运，在

环境温度较高时将暖风器解列。采用暖风器后，使空气预热器的传热温差减小，锅炉排烟温度升高，锅炉效率下降。

（5）预热器采用耐腐蚀材料，如玻璃管、搪瓷管、不锈钢管和耐腐蚀的低合金钢等。

采用玻璃管空气预热器，是防止低温腐蚀的措施之一。玻璃管空气预热器，是以能耐一定高温并能承受一定温差变化的硅硼玻璃管为传热元件所组成的空气预热器。目前，一些锅炉采用的玻璃管空气预热器，是由低温段钢管空气预热器改造成的。玻璃管本身不怕腐蚀，空气经玻璃管后温度升高，在进入上一段钢管空气预热器时，由于烟气、空气温度均已较高，使管壁温度高于烟气露点，避免了低温腐蚀在钢管空气预热器中的出现。由于玻璃管空气预热器，不是借助于提高进口空气温度来防止低温腐蚀，所以不会引起排烟温度升高。同时由于积灰、堵灰现象减轻，传热效果有所改善，排烟温度还可能有所下降，而且通风阻力降低，厂用电量也随之下降。实践证明，对于小型锅炉，低温段空气预热器由钢管改为玻璃管来防止低温腐蚀，比采用热风再循环、加装暖风器的经济效益都要好。

（6）低压省煤器运行过程中，传热管磨损量较大，因此防磨是个很重要的问题，主要考虑以下几个措施：

1）增加传热管壁厚，延长寿命。

2）采用H形翅片换热管，H形翅片换热管相比其他换热管，防磨性能较好。由于翅片焊在管子不易积灰的两侧，而气流笔直地流动，气流方向不改变，翅片不易积灰。同时翅片中间留有缝隙，可引导气流吹扫管子翅片上的积灰。

3）采用顺列布置，顺列布置虽然换热能力较差，但是防磨性能较好。

4）在换热器前加装两排假管，研究表明，换热器磨损最严重的是前两排，因此加装两排假管可以有效防止换热管磨损。

5）对烟道内烟气流动进行模拟，得到烟气冷却器进、出口及冷却器内部的烟气流场分布，合理增设导流板，保证烟道内流场均匀，避免局部严重磨损。

6）合理控制烟气流速。烟气流速越大，设备的自清灰能力越强，但同时加重了设备的磨损和压降。对于布置在除尘器之前的烟气冷却器，一般满负荷烟气流速控制在10m/s左右。既兼顾烟气自清灰能力，又兼顾磨损和压降。

7）增加尾部受热面的吹灰装置，试验确定设置声波吹灰器，增加吹灰次数，可有效控制积灰。推荐半伸缩蒸汽吹灰器与声波吹灰器联合使用，平时采用声波吹灰器连续吹灰，当压差有升高趋势时，及时投运蒸汽吹灰器。

8）烟气冷却器低温段管子可以选择双相不锈钢2205合金，双相不锈钢2205合金是由22%铬、2.5%钼及4.5%镍氮合金构成的复式不锈钢，该类钢兼有奥氏体和铁素体不锈钢的特点，与铁素体不锈钢相比，塑性、韧性、导热系数更高。与奥氏体不锈钢相比，强度高且耐晶间腐蚀和耐氯化物应力腐蚀有明显提高。在许多介质中应用最普遍的2205双相不锈钢的耐腐蚀性由于普通的316不锈钢。

9）烟气冷却器高温段管子可以选择耐腐蚀性稍差的ND钢。高温段一般要求烟气有10℃的过热度，而且烟气中的浆液液滴被前级受热面阻挡，H_2SO_3、HCl、NHO_3等均处于气态，腐蚀性很小，只有H_2SO_4处于液态，且经过湿法脱硫、湿式除尘器后，SO_3含量非常少，因此低温段材料选用耐硫酸腐蚀即可，高温段选择价格低廉的ND钢便成为首选。ND钢的企业代号是09CrCuSb，是目前最理想的耐硫酸低温露点腐蚀的钢材，被广泛应用于高含硫烟气中的省煤器、空气预热器和热交换器。对于运行一段时间后的高温段ND钢出现腐蚀问题，可以将高温段材料升级为316L不锈钢，以此提高烟气冷却器的寿命。

10）低低温省煤器低温段和高温段全部采用氟塑料管材。氟塑料是部分或全部氢被氟取代的链烷烃聚合物，氟塑料耐腐蚀耐高温耐低温，化学性能极稳定，抗蚀好，彻底解决了金属烟气换热器的低温腐蚀问题；但是它换热性能差，因此低低温省煤器模块多，体积大。低低温省煤器耐高温，长期安全使用温度为−80～250℃，装置在系统中可实现全工况无障碍投入和停运，不影响电厂安全生产；因此应控制每年不超过 1 次超过 200℃，以免高温老化，防止设备提前报废。氟塑料烟气换热器具有以下特点：优异的耐腐蚀性能，对烟气成分及酸露点温度无要求；换热管表面光滑，不积灰，不结垢，易清理；薄管壁，换热性能良好，体积小；柔性疲劳强度高，经久耐用。

第三节　低压省煤器与凝结水供暖风器系统的应用

某电厂 5、6 号锅炉是引进日本三菱技术设计和制造的 HG-2001/26.15-YM3 型超超临界、一次中间再热、变压运行单炉膛煤粉直流炉，该锅炉采用 MPS 中速磨煤机，直吹式制粉系统、CUP 墙式切圆燃烧方式。5、6 号锅炉设计燃用大同混煤，实际燃用秦皇岛海运煤。额定工况下锅炉设计进风温度为 20℃，修正后排烟温度为 122.0℃，实际运行年平均排烟温度接近 124.6℃，最高月份平均温度达到 136.8℃。排烟温度高对机组的安全性及经济性产生了较大的影响。主要表现在以下几个方面：

（1）锅炉效率较低，排烟温度每升高 15～20℃，锅炉效率降低 1%，锅炉在提高效率方面有较大的潜力。

（2）排烟温度升高，使烟气量增大、电场击穿电压下降、粉尘比电阻增大，这些都会导致除尘器效率下降。

（3）排烟温度升高，使得风机、除尘器工作环境恶化，影响机组安全性。

另外，国内火电厂大多数都进行了超低排放，包括炉内低氮燃烧改造、烟气深度脱硝改造、除尘器深度改造、脱硫深度改造等。炉内低氮燃烧改造会造成锅炉排烟温度不同程度升高，而烟气脱硝、脱硫深度改造和除尘器深度改造都对进口烟气温度有一定的要求。因此，通过合理的手段降低排烟温度不但能够回收烟气余热，还能为环保改造提供便利条件。

一、低压省煤器与凝结水供暖风器系统

WH 电厂 5 号锅炉（660MW）除了存在上一节提到的排烟温度高外，还存在空气预热器堵塞问题。由于安装了 SCR 脱硝装置，因为氨逃逸造成空气预热器发生不同程度的堵塞，其阻力 Δp（空气预热器压差）增加 1000～2000Pa，忽略电机和风机效率的微小变化，引风机电功率增加值：

$$\Delta W = \Delta p Q_V / 3600$$

式中　Δp——空气预热器阻力增加值，kPa；

Q_V——烟气流量，m^3/h；

ΔW——引风机电功率增加值，kW。

按照空气预热器阻力增加 $\Delta p = 1500$Pa，烟气流量 $Q_V = 2\ 988\ 000 m^3/h$（标态、干基，6% O_2）考虑，引风机电功率增加值：

$$\Delta W = 1.5 \times 2\ 988\ 000 / 3600 = 1245(\text{kW})$$

按照上网电价 0.412 元/kWh、年运行小时 7500h 计算，每年因风机电耗量增加而导致的电耗损失达 384.7 万元。多项工程证明，利用低压省煤器出口热水或者凝结水加热暖风器，低压省煤器出口烟温选择 90℃，提高暖风器出口风温至 70℃，提高空气预热器出口烟温至 160℃以上，

可以大大缓解预热器硫酸氢铵（硝酸氢铵）腐蚀堵塞问题，同时提高锅炉效率约 0.3 个百分点。

电厂采用了“低压省煤器与凝结水供暖风器系统”改造方案，如图 20-6。增设暖风器系统及低压省煤器系统，提高空气预热器进口空气温度至 70℃，并降低排烟温度。由于空气预热器进口空气温度升高，锅炉排烟温度升高，经计算升高至 164℃，因此低压省煤器系统将排烟温度降低到 90℃，低压省煤器回收的烟气余热加热凝结水。加热后的凝结水一部分通过暖风器加热空气，另外一部分送回凝结水系统。方案中的循环泵为两台离心泵，一运一备。

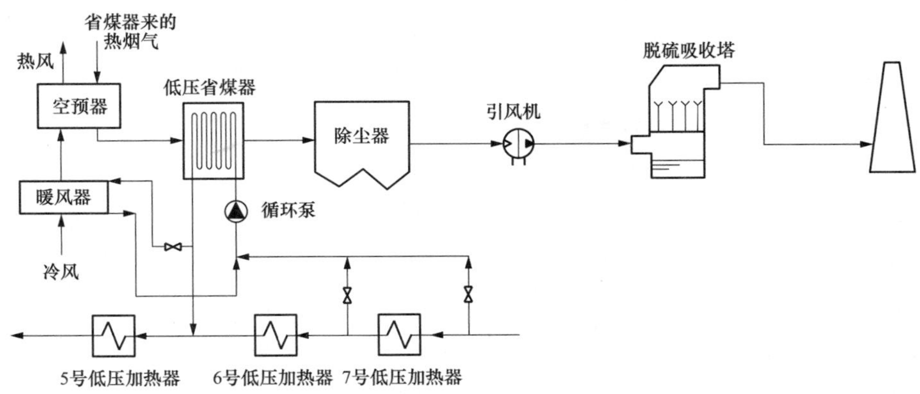

图 20-6 低压省煤器与凝结水供暖风器系统图

低压省煤器与凝结水供暖风器系统设计基本参数见表 20-11，改造方案如下：利用低压省煤器加热后的凝结水将空气预热器入口风温加热至 70℃，排烟温度升高至 164℃。低压省煤器将除尘器入口温度降至 90℃。受热面布置于空气预热器与除尘器之间的水平烟道内，7 号低压加热器入口与 6 号低压加热器入口混合至 70℃取水，5 号低压加热器入口回水。

表 20-11 低压省煤器与凝结水供暖风器系统设计参数

项　　目	THA
型式	烟气-水换热器
烟气流量（Nm^3/h）	2 188 600
热收回功率（kW）	63 704.4
进口排烟温度（℃）	164
出口排烟温度（℃）	90
凝结水进口水温（℃）	73.5
凝结水出水温度（℃）	130
换热器个数（水平烟道数量）	4
单个换热器尺寸（m×m×m）	7.9×6.2×4.8
翅片管型式	H 型翅片管
管束材质	ND 钢
4 台省煤器总换热面积（m^2）	84 201
抽取凝结水水量（t/h）	489.9
换热器本体循环水量（t/h）	915.8
换热器内烟气流速（m/s）	10.0

续表

项　　目	THA
烟气侧压降（Pa）	420
换热器内水侧流速（m/s）	0.78
水侧压降（MPa）	0.15
整个系统水侧压降（MPa）	0.25
低压省煤器循环泵	泵额定流量 950m³/h，扬程 40m，电机为变频调速三相异步电动机，电机额定 160kW，功率因数 0.9，效率 93.8%

二、低压省煤器进出口水温的选择

WH 电厂 5 号汽轮机采用八级抽汽。1、2、3 级抽汽分别供给三台高压加热器，4 级抽汽供给除氧器，5、6、7、8 级抽汽分别供给四台低压加热器。低压加热器具体技术参数见表 20-12。

表 20-12　　低压加热器技术参数（THA）

项　　目	8 号低加	7 号低加	6 号低加	5 号低加	除氧器
壳侧设计抽汽压力（MPa）	0.019	0.066	0.260	0.577	1.242
壳侧设计抽汽温度（℃）	0.938 8（干度）	0.997 3（干度）	197.2	283.0	383.0
凝结水流量（t/h）	1221.4	1221.4	1221.4	1375.9	1792.5
凝结水进口温度（℃）	35.7	55.1	84.2	124.5	152.6
凝结水出口温度（℃）	55.1	84.2	124.2	152.6	186.6
给水端差（℃）	2.8	2.8	2.8	2.8	0
疏水端差（℃）	—	—	—	5.6	0

低压省煤器取水点、回水点一般为 7 号低压加热器出口与 6 号低压加热器入口混合至 70℃取水，回水至 5 号低压加热器入口。低压省煤器进出口水温的选择主要考虑以下几个方面的因素。

（1）THA 工况 8 号低压加热器入口水温为 35.7℃，水温太低，低于水露点温度，一旦凝结必将伴随着大量的水析出，此时 SO_3 和其他酸蒸汽就会溶入水中，极易发生低温腐蚀，无法作为入口取水点；7 号低压加热器入口水温为 55.1℃，水温太低，而烟气中的 SO_2、HCl、NO_x、HF 等的露点温度为 55℃（需要增加 5℃的裕量），因此也容易发生低温腐蚀，无法作为入口取水点；6 号低压加热器入口水温为 84.2℃，水温太高，也无法作为入口取水点；因此只能将 8 号低压加热器入口（或将 7 号低压加热器入口）与 7 号低压加热器出口（6 号低压加热器入口）取水混合至 70℃作为取水点。

（2）低压省煤器并联入系统，如图 20-7 所示。THA 工况除氧器入口水温为 152.6℃，水温太高，无法作为回水点；只能将回水点位置布置在 5 号低压加热器入口。

综上所述，低压省煤器取水点、回水点方案为 8 号低压加热器入口与 7 号低压加热器出口混合至 70℃取水，5 号低压加热器入口回水。

设计中低压省煤器入口水温在烟气露点以下，易引起低温腐蚀，且为了保证所有工况下系统的可靠性，壁温低于烟气露点的受热面选用耐低温腐蚀钢 ND 钢来制作，其余用碳钢制作。当入口水温较低时，需要增设热水再循环系统，将出口热水与进口冷水混合，使实际进口水温达到 70℃，避免低温腐蚀，增强系统的可靠性。

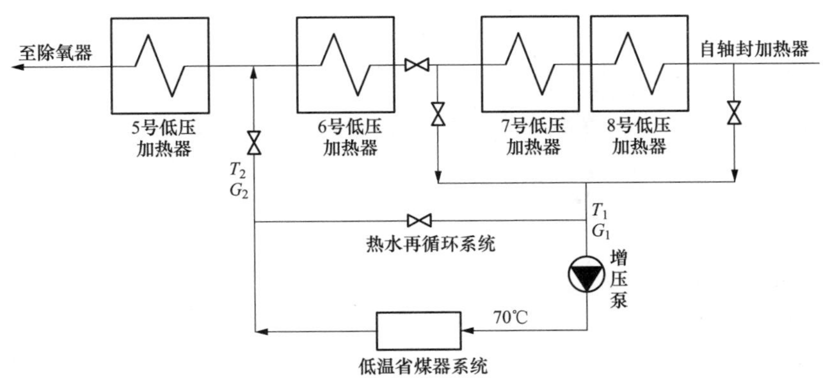

图 20-7 低压省煤器系统

由于锅炉排烟温度和 5 号低压加热器入口水温处于变化之中，低压省煤器吸收的热量也将不断发生变化，此时抽取的凝结水量可以根据出口水温及出口排烟温度由电动阀门来调节。

三、低压省煤器再循环水量的选择

为了保证壁温，低压省煤器系统增加了热水再循环系统，如图 20-8 所示，低负荷工况运行，当 7 号低压加热器入口与 7 号低压加热器出口混合水温 T1 无法到达 70.0℃时，打开热水再循环调阀，利用再循环泵，将低压省煤器出口的热水引回到出口，使得低压省煤器入口水温达到 70.0℃，防止低温腐蚀。

再循环水量 G_2 的确定如下：

$$G_2=\frac{70.0-T_1}{T_2-T_1}G_1$$

式中 T_1——7 号低压加热器出入口混合凝结水温度，℃；

T_2——低压省煤器出口凝结水温度，℃；

G_1——7 号低压加热器出入口混合凝结水流量，t/h；

G_2——热水再循环水量，t/h。

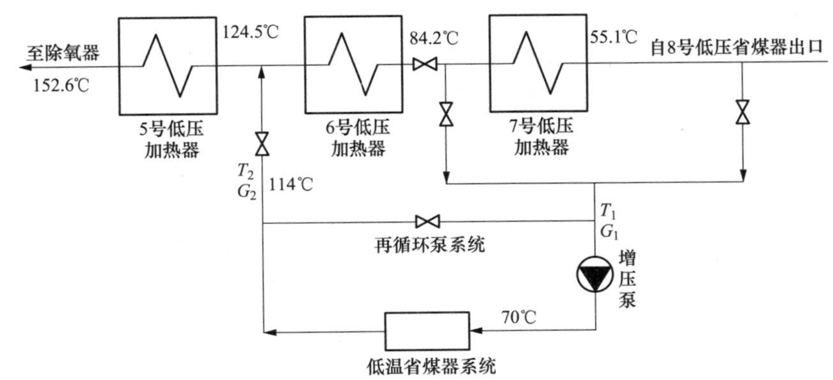

图 20-8 低压省煤器再循环系统图

在偏离额定负荷时，热水再循环水量应大于 0。机组 THA 工况下负荷为 660MW，7 号低压加热器出入口混合凝结水温度 $T_1=72$℃，低低温省煤器出口凝结水温度 $T_2=132$℃，低低温省煤器入口凝结水温度 $T_3=82$℃，7 号低压加热器出入口混合凝结水流量 $G_1=1221.4$t/h；则热水

再循环水量

$$G_2=\frac{82-72}{132-72}\times 1221.4=204(\mathrm{t/h})$$

因此，则选择一级低省循环泵额定流量300t/h，满足系统要求。

THA工况除氧器入口水温为152.6℃，水温太高，无法作为回水点；只能将回水点位置布置在5号低压加热器入口，此处设计温度为124.5℃，与低低温省煤器设计回水温度114℃最为接近。

综上所述，低低温省煤器取水点、回水点方案为8号低压加热器出口与7号低压加热器出口混合至70℃取水，5号低压加热器入口为回水。

由于锅炉排烟温度和5号低压加热器入口水温处于变化之中，低低温省煤器吸收的热量也将不断发生变化，此时抽取的凝结水量可以根据出口水温及出口排烟温度由电动阀门来调节。

由于8号低压加热器出口水温为55.1℃，7号低压加热器出口水温为84.2℃，低省前混合后的水温为75℃，低省设计出口水温为114℃。假定凝结水量为1（设计额定工况时抽取凝结水量为833.6t/h，热水再循环流量为0），8号低压加热器出口凝结水量占比为x，7号低压加热器出口凝结水量占比为y，则存在如下关系：

$$x+y=1$$

$$55.1x+84.2y=75\times 1$$

求解上述方程组可以得到：$x=31\%$，$y=69\%$。

也就是说在额定工况下，8号低压加热器出口水流量约为30%，7号低压加热器出口口水流量约为70%。

实际上，对运行参数进行观察后可以看出锅炉满负荷的情况下7号低压加热器出口水温接近于设计值75℃，因此8号低压加热器出口调门不参与水温调节。一级低压省煤器系统投用期间，正常工况下8号低压加热器出口至一级低省电动闸阀全关，7号低压加热器出口至一级低省电动闸阀全开。

四、5号锅炉改造后节能效果

1. 锅炉节煤量

节煤量按照累年平均气温计算，即一次风暖风器进口空气温度18.4℃，二次风暖风器进口空气温度15.4℃计算。THA工况下低压省煤器从7号低压加热器入口与6号低压加热器入口取水混合至70℃取水，回水点位于5号低压加热器入口，回水温度为124.5℃。经计算节省发电煤耗率Δb_s=2.77g/kWh(机组平均发电煤耗278.1g/kWh)。与原工况相比，在保持发电功率与抽汽量不变的情况，6号低压加热器抽汽流量减少37.7t/h，7号低压加热器抽汽流量减少13.7t/h，8号低压加热器抽汽流量增加0.9t/h，由于发电量增加而导致的凝汽器进气量减少8.8t/h，总的凝汽器进气量增加41.7t/h。增设低压省煤器后由于排汽量增加将导致真空降低。凝汽器进气量增加41.7t/h，导致发电煤耗率增加约0.37g/kWh。因此，增设低压省煤器后年平均发电煤耗率降低2.40g/kWh。THA工况下空气预热器进口的一次风温和二次风温升高至70℃，经计算锅炉效率相对升高0.21%，节省发电煤耗率0.58g/kWh。暖风器投入使用后，原有暖风器冬季四个月不再投入使用，节省发电煤耗率约0.82g/kWh。全年折合降低发电煤耗率为2.77－0.37＋0.58＋0.82/3 ＝3.25(g/kWh)。

75%THA工况下低压省煤器从7号低压加热器入口与6号低压加热器入口取水混合至70℃取水，回水点位于5号低压加热器入口，回水温度为132℃。经计算节省发电煤耗率Δb_s＝2.23g/kWh。与原工况相比，在保持发电功率与抽汽量不变的情况，5号低压加热器抽汽流量减少 5.8t/h，6 号低压加热器抽汽流量减少 14.5t/h，7 号低压加热器抽汽流量减少 3.4t/h，8 号低压加热器抽汽流量增加 0.2t/h，由于发电量增加而导致的凝汽器进气量减少 4.3t/h，总的凝汽器进气量增加 19.2t/h。增设低压省煤器后，由于排汽量增加将导致真空降低。凝汽器进气量增加 19.2t/h，导致真空度变差，发电煤耗率增加约 0.21g/kWh。因此，增设低压省煤器后年平均发电煤耗降低 2.02g/kWh。75%THA 工况下空气预热器进口的一次风温和二次风温升高至 67.5℃，经计算锅炉效率相对升高 0.19%，节省发电煤耗率 0.53g/kWh。暖风器投入使用后，原有暖风器冬季四个月不再投入使用，节省发电煤耗率约 0.85g/kWh。全年折合降低发电煤耗率 2.83g/kWh。

50%THA 工况下低压省煤器从 7 号低压加热器入口与 6 号低压加热器入口取水混合至 70.8℃取水，回水点位于 5 号低压加热器入口，回水温度为 130℃。经计算节省发电煤耗率 Δb_s= 1.41g/kWh。与原工况相比，在保持发电功率与抽汽量不变的情况，5 号低压加热器抽汽流量减少 4.4t/h，6 号低压加热器抽汽流量减少 6.6t/h，7 号低压加热器抽汽流量减少 0t/h，8 号低压加热器抽汽流量减少 0t/h，由于发电量增加而导致的凝汽器进气量减少 2.3t/h，总的凝汽器进气量增加 8.7t/h。增设低压省煤器后由于排汽量增加将导致真空降低。凝汽器进气量增加 8.7t/h，导致真空度变差，发电煤耗率增加约 0.14g/kWh。因此，增设低压省煤器后年平均发电煤耗率降低 1.27g/kWh。50%THA 工况下空气预热器进口的一次风温和二次风温升高至 65.6℃，经计算锅炉效率相对升高 0.16%，节省发电煤耗 0.44g/kWh。暖风器投入使用后，原有暖风器冬季四个月不再投入使用，节省发电煤耗率约 0.93g/kWh。全年折合降低发电煤耗率 2.02g/kWh。

三种负荷工况下综合分析，全年折合降低发电煤耗率 2.70g/kWh。

2. 运行费用

运行费用考虑三个方面：一个是增加低压省煤器后引风机耗电量的减少，一个是增加暖风器后送风机和一次风机的耗电量增加，一个是增加增压泵后水泵耗电量增加。对风机出力的影响采用年平均排烟温度 124.6℃计算，负荷采用平均负荷率 75%。

烟气年平均排烟温度从 124.6℃降低到 90℃后，体积流量减少 9.5%，引风机功率降低 9.5%，约 600kW；增设低压省煤器后，引风机功率增加约 244kW；二者抵消一部分，合计为 356kW。增压泵的功率增加为 91.4kW。由于阻力增加而引起的一次风机功率增加约 35.9kW，送风机功率增加约 144.2kW。综上可知，增设暖风器和低压省煤器系统后，电耗降低 356－91.37－35.9－144.2＝84.5(kW)，年增加电收益 84.5kW×7500h×0.75×0.412 元/kWh＝19.58 万元。增设低压省煤器后的节能效果和效益如表 20-13 所示前数第 1 列数据（方案 1)。

表 20-13　　增设低压省煤器的节能效果和效益

项　　目	方案 1	方案 2
受热面本体净增加阻力（Pa）	320	640（320＋320）
整个系统水侧压降（MPa）	0.25	0.35
空气预热器入口风温/一次风暖风器出口空气温度（℃）	70	56
空气预热器排烟温度/进口排烟温度（℃）	164	162
除尘器入口温度/出口排烟温度（℃）	90	102
二级低省排烟温度（℃）	—	70
增压泵耗功增加（kW）	91.37	99.1
引风机减少功率（kW）	356	－157.4

续表

项　目	方案1	方案2
一次风机耗功增加（kW）	35.9	28.3
送风机耗功增加（kW）	144.2	167.5
风机及增压泵年减少费用（万元/年）	19.58	−31.12
降低煤耗率（g/kWh）	2.70	4.06
年节煤量（t）	10 166.3	14 981.1
标煤单价（元/t）	700	700
年节煤收益（万元/年）	711.64	1048.68
年总收益（万元/年）	731.22	1017.56
年维护费用（万元）	37.62	103.98
年净收益（万元）	693.6	913.58
静态总投资（万元）	2500	5900
投资收回期（年）	3.6	6.5

注　本效益分析没有考虑空气预热器阻力减小带来的电耗降低的收益。

第四节　两级低压省煤器与烟气余热供暖风器系统的应用

一、低压省煤器受热面布置方案的选择

低压省煤器受热面布置的选择有以下几个方案：

（1）纯低压省煤器系统：低压省煤器传统设计方案即采用该方案，如图20-9所示。在原有系统的烟道内设置低压省煤器，将排烟温度由较高的132℃降低到90℃，实现深度降低排烟温度的节能改造；低压省煤器回收的烟气余热加热凝结水。该方案单台增压泵（或称凝升泵）的功率为37kW，两台增压泵的功率为74kW（一运一备）。

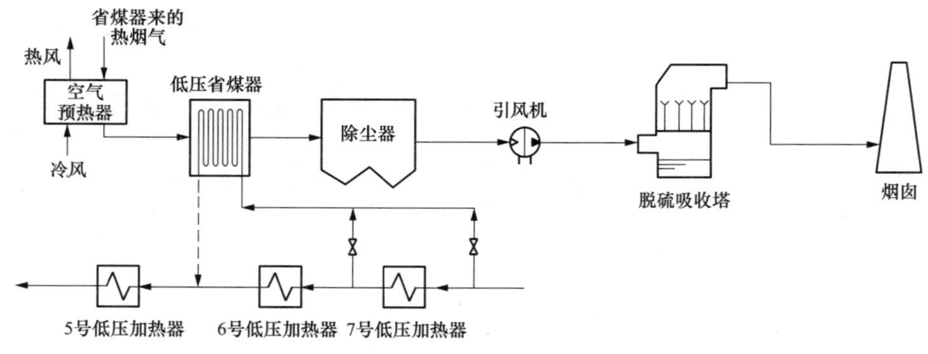

图20-9　纯低压省煤器系统图

利用低压省煤器回收的烟气余热加热凝结水，减少汽轮机抽汽，提高电厂效率；烟气温度降低后，可以提高除尘器效率。该系统设备发生故障时能够解列，不影响机组正常运行。该方案系统简单，运行经验丰富，后期维护方便，因此，曾得到广泛应用。该方案全年折合降低发电煤耗率1.81g/kWh，节煤效果一般。

(2) 低压省煤器与凝结水供暖风器系统：增设暖风器系统及低压省煤器系统（见图 20-6），提高空气预热器进口空气温度至 70℃，并降低排烟温度。由于空气预热器进口空气温度升高，锅炉排烟温度升高（经计算升高约 20℃），由低压省煤器系统将排烟温度降低到 90℃，低压省煤器回收的烟气余热加热凝结水。加热后的凝结水一部分通过暖风器加热空气，另外一部分送回凝结水系统。增设低压省煤器与凝结水供暖风器系统后的节能效果见表 20-13 第 2 列数据（方案 1），节煤效果较好。

(3) 两级低压省煤器与烟气余热供暖风器系统：低压省煤器受热面分两级布置，一级受热面（一级低压省煤器）布置于除尘器之前，将烟气温度降至 120℃左右，由于排烟温度及管壁温度在烟气露点以上，可以避免低温腐蚀与黏性积灰，排烟温度降低后可以延长除尘器寿命；二级受热面（二级低压省煤器）布置于引风机之后脱硫塔之前，将排烟温度进一步降低到 90℃或更低，如图 20-10 所示。

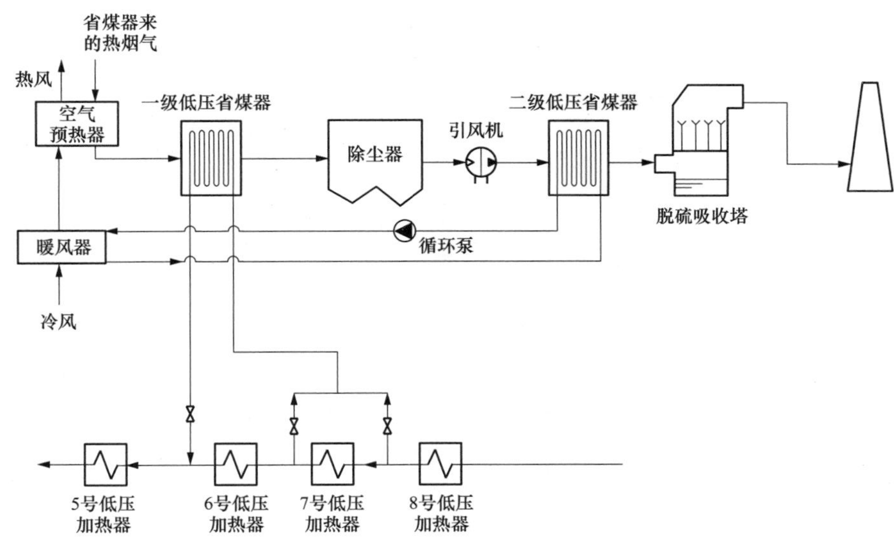

图 20-10 方案 3 两级低压省煤器与烟气余热供暖风器系统图

由于此时烟尘含量极低，可以避免堵灰，也可以将烟温降到烟气露点以下。但受热面分为两部分，系统过于复杂庞大，除尘器前后烟道均需要改造，一级受热面积灰磨损问题突出，且除尘器前烟温降至烟气露点以上，对除尘效率的提高极其有限。二级低压省煤器由于存在严重的黏性积灰、腐蚀风险，只能采用氟塑料制作，氟塑料具有酸渗透性，因此二级低压省煤器闭式循环系统的过流部件均采用不锈钢 304 制作。增设两级低压省煤器与烟气余热供暖风器系统后的节能效果见表 20-13 第 3 列数据（方案 2），节煤效果最好。

二、两级低压省煤器与烟气余热供暖风器系统方案设计

1. 两级低压省煤器与烟气余热供暖风器系统方案设计参数

某电厂 6 号锅炉（660MW）采用了“两级低压省煤器与烟气余热供暖风器系统”改造方案，如图 20-10 所示。两级低压省煤器与烟气余热供暖风器系统设计基本参数见表 20-14，一级低压省煤器入口水取自 6 号低压加热器入口，仅排挤参数较高的 6 段抽汽和 5 段抽汽，加大节煤量。利用二级低压省煤器（又称低低温省煤器）吸收的热量加热暖风器出口空气温度至 70℃，并降低排烟温度。

表 20-14　　6 号炉两级低压省煤器与烟气余热供暖风器系统设计参数

名　　称	类型/规格
1. 一级低压省煤器设计参数	
型式	烟气-水换热器
烟气流量（m^3/h）	547 150（单烟道，共 4 个烟道）
BMCR 工况热回收功率（MW）	12.746（单烟道，共 4 个烟道）
BMCR 工况烟气进口温度（℃）	162
BMCR 工况烟气出口温度（℃）	101.8
凝结水进口温度（℃）	84.2
凝结水出口温度（℃）	132
凝结水流量（t/h）	926
换热设备本体阻力（Pa）	100
BMCR 工况烟气侧压降（Pa）	495
整个系统水侧压降（MPa）	0.2
布置方式	双管圈顺列逆流布置
低压省煤器数量	4 台
单个换热器外形尺寸（长×宽×高，m×m×m）	8×5.9×4.8
换热器烟气流速（m/s）	9
换热管及鳍片材质/壳体材质	ND 钢/Corten 钢
一级低压省煤器循环泵	泵额定流量 $300m^3/h$，扬程 40m，电机额定功率 55kW，电流 98.5A，功率因数 0.9，效率 94.3%
2. 二级低压省煤器设计参数	
换热管束材质	氟塑料（PFA）烟气换热器
型式	立式
烟气流量（Nm^3/h）	2 250 000
BMCR 工况热回收功率（MW）	31.7
BMCR 工况烟气进口温度（℃）	107
BMCR 工况烟气出口温度（℃）	70
凝结水进口温度（℃）	42.5
凝结水出口温度（℃）	88
凝结水流量（t/h）	590
BMCR 工况烟气侧压降（Pa）	490
水侧压降（MPa）	0.15
布置方式	垂直悬挂
低低温省煤器数量	2
换热管束规格（mm）	$\phi 8\times 0.75$
总换热面积（m^2）	19 920
换热器烟气流速（m/s）	4.65
换热管及鳍片材质/壳体材质	不锈钢/碳钢衬玻璃鳞片
单个烟道换热模块组数	5
二级低压省煤器循环泵	泵额定流量 $700m^3/h$，扬程 40m，电机额定功率 132kW，变频，电流 241.2A，功率因数 0.9，效率 94.3%

2. 两级低压省煤器与烟气余热供暖风器系统方案设计方案

4 台一级低压省煤器受热面布置于空气预热器与除尘器之间的水平烟道内，将烟气温度由162℃降低至101.8℃；在二次风机出口与一次风机出口风道增设2台一次风暖风器和2台二次风暖风器，提高空气预热器入口空气温度。二级低压省煤器设置在引风机和脱硫系统之间的烟道上，吸收的热量将一、二次风温度分别加热至56、70℃。考虑引风机有5℃的温升，将烟气温度从107℃降低至70℃。二级低压省煤器由于存在严重的黏性积灰风险，只能采用氟塑料制作，氟塑料具有酸渗透性，因此二级低压省煤器闭式循环系统的过流部件均采用不锈钢304制作。方案3中的一、二级低温省煤器的循环水泵均为两台离心泵，一运一备。

二级低压省煤器由于低温腐蚀，存在严重的黏性积灰风险，只能采用氟塑料制作，氟塑料具有酸渗透性，因此二级低压省煤器闭式循环系统的过流部件均采用不锈钢304制作。低低温省煤器采用双管圈H型翅片管顺列逆流布置，7号低压加热器入口与7号低压加热器出口水混合至70℃取水，5号低压加热器入口回水。

低压省煤器回收的烟气余热加热凝结水，减少汽轮机抽汽，提高电厂效率；烟气温度降低后，可以提高除尘器效率。低低温省煤器是独立的控制系统，该系统设备发生故障时能够解列，不影响机组正常运行。

一级低压省煤器入口水温设计在酸露点以下，易引起低温腐蚀，且为了保证所有工况下系统的可靠性，壁温低于酸露点的受热面选用耐低温腐蚀钢ND钢来制作，其余用碳钢制作。当入口水温较低时，需要增设热水再循环系统，将出口热水与进口冷水混合，使实际进口水温达到70℃，避免低温腐蚀，增强系统的可靠性。

由于锅炉排烟温度和5号低压加热器入口水温处于变化之中，低压省煤器吸收的热量也将不断发生变化，此时抽取的凝结水量可以根据出口水温及出口排烟温度由电动阀门来调节。

为解决6号机组非停后，冬季暖风器防冻措施，在本次主体改造后增加一台板式换热器，引入原暖风器的汽源，在暖风器进水母管上引一路水进入板式换热器，在机组非停后，二级低压省煤器循环水系统继续运行，投运板式换热器，使其持续给二级低压省煤器循环水加热，可保证非停情况下，暖风器内水不冻。

3. 二级低压省煤器的出口烟温的设计

二级低压省煤器的出口烟温设计值为70℃，主要有三方面的考虑：经济性、污染物扩散和烟囱防腐。

（1）低压省煤器出口烟温越高，烟气对烟囱和省煤器本体的腐蚀风险越低，污染物的扩散能力越强，但机组的能耗也越高，因此低压省煤器出口的排烟温度应在确保烟囱安全和污染物扩散的前提下尽可能的低。

（2）湿法脱硫后的烟气携带饱和水蒸气，带GGH的烟气温度一般为50℃，具有强烈的腐蚀性，使得烟囱的运行工况恶化，腐蚀加剧，影响机组的安全性。而且饱和湿烟气进入烟囱后会导致严重的“冒白烟”现象，造成视觉污染，对污染物扩散也不利，气象条件差时会形成明显的“烟囱雨”，因此将烟囱入口问题提高到50℃以上，可以降低烟气腐蚀性和改善“冒白烟”现象。

（3）对于烟囱入口排烟温度，可以借鉴国内外的控制经验，德国曾经规定烟囱入口烟温不低于72℃，日本规定烟囱入口烟温不低于92℃，我国对此尚无明确规定，但在引进回转式GGH时推荐烟囱入口烟温为80℃。

（4）湿式脱硫或除尘器后的烟气水露点为50℃左右，SO_2、HCl、NO_x、HF等酸性气体的露点温度为55℃，考虑到5℃的裕量后，烟囱出口的烟气温度必须大于60℃，才能保证不会有大量的酸凝结。由于烟囱本身的散热温降按照标准计算约为12℃，因此烟囱的入口温度应该在

72℃以上时，既安全又经济。

本工程由于带有一定的试验性质，初定为二级低压省煤器的出口温度为70℃，运行结果发现腐蚀较为严重。建议后来的类似工程中的二级低压省煤器的出口温度设计为75℃为宜。

二级低压省煤器来水取自暖风器出口循环水，通过调节循环泵（增压泵）变频器的频率来调节二级低压省煤器内的水流量，可调节二级低压省煤器的出口烟温。

三、低压省煤器对后续设备的影响

1. 对设备的腐蚀

设计时尽可能使低压省煤器设备远离电除尘器，使 SO_3 与粉尘有足够的时间结合。这样在除尘器中，烟温已降至烟气露点以下，结露的 SO_3 会与粉尘中的碱性物质中和，而这些粉尘最终都被除尘器脱除，从而不会对除尘器下游设备产生腐蚀。引风机的防腐主要为风机壳体及静止部位采用涂层防腐，风机叶片及转动部位由于涂层会被磨损，因此不进行防腐，采用定期更换或者定期返厂检修措施。由于低压省煤器在降温过程中 SO_3 去除率可达到90%左右，可大大降低烟气对引风机的腐蚀，目前国内机组加装低压省煤器时，若燃煤含硫量较低，对除尘器、引风机基本不进行单独处理，且到目前为止还未了解到因为加装低压省煤器而腐蚀的案例。

2. 系统阻力影响

增设低压省煤器后，年平均排烟温度从124.6℃降低至90℃，使得除尘器入口体积流量减少9.5%，引风机的功率下降约9.5%。烟气流量降低后，烟气流过换热器本体至除尘器进口的烟道、除尘器内部、除尘器出口至引风机的烟道、引风机至脱硫塔的烟道、脱硫塔内部的阻力均会减小为原来的81.9%，因此可抵消部分受热面本体带来的阻力（根据经验，减小约100Pa）。

3. 对除尘器的影响

余热回收装置安装在电除尘器之前，一方面可以将电除尘器入口烟气温度降低至烟气露点以下，粉尘表面吸附水蒸气和其他化学导电物质，形成一层导电薄膜，飞灰比电阻由 $10^{11}\Omega\cdot cm$ 以上降低到 $10^{9}\Omega\cdot cm$ 以下，飞灰比电阻进入最适合电除尘工作的范围内，大大提高了静电除尘器效率。

比电阻是衡量飞灰导电性能的一个重要指标，对除尘效率影响很大。除尘效率与比电阻变化关系如图20-11所示。研究表明电除尘中粉尘比电阻的最佳除尘效率区间为 $10^{4}\sim10^{11}\Omega\cdot cm$，而电厂烟气中的飞灰比电阻一般都超过 $10^{11}\Omega\cdot cm$，因此使飞灰比电阻降低至最佳的除尘效率区间内，对提高电除尘的除尘效率有重要的意义。

影响粉尘比电阻的因素很多，温度起着重要的作用。比电阻 ρ 与温度 T 的关系如图20-12所示，有2个极值点。其原因是，当温度较低（60℃以下）时，烟气中的水分子均匀分布于飞灰颗

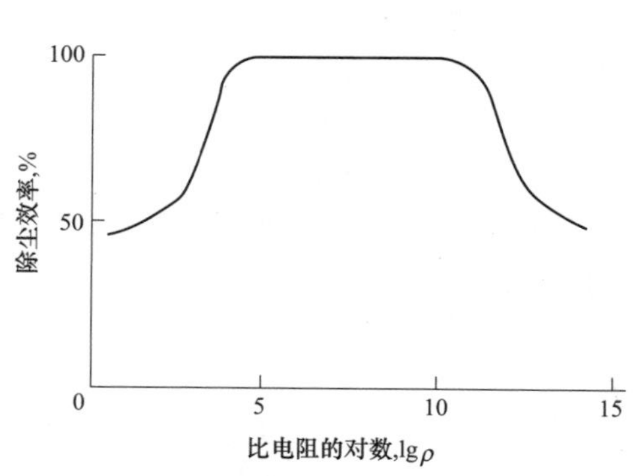

图20-11　除尘效率与比电阻变化关系

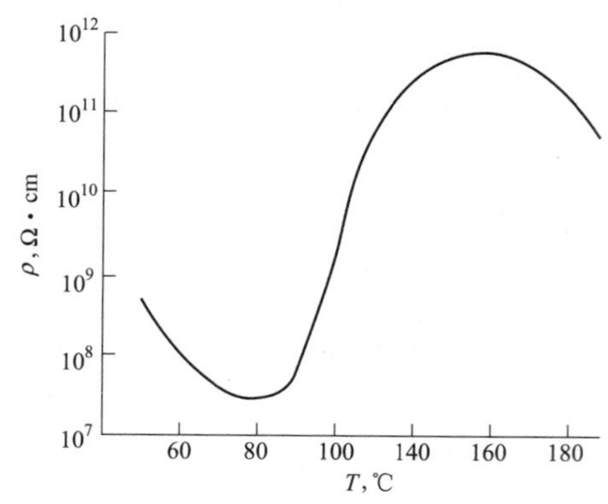

图20-12　比电阻与烟温的关系

粒内部。当颗粒温度升高时，内部水分子开始向外蒸发扩散，在颗粒表面形成一层液膜，飞灰比电阻明显下降，并在温度60～100℃范围内出现最低值。当温度继续升高，颗粒表面的液态水分开始汽化，飞灰比电阻急剧上升。根据不同研究结果，飞灰颗粒中的水分在150～180℃范围内才能挥发殆尽。此后随温度再升高时，体积导电机理起主导作用。由于飞灰颗粒属非晶体结构，随温度升高，其活化程度不断增大，颗粒内部的电子或离子导电过程加剧，比电阻急剧下降。峰值比电阻处于温度150～180℃的范围。

另一方面，烟气在进入除尘器前温度降低，使得其进入除尘器的烟气体积也相应减小，从而达到更高的除尘效率。当烟气温度从改造前的128℃（401K）降低到102℃（375K）时，烟气体积将降低1－(375/401)＝6.5%。也就是说一级低压省煤器将使烟气体积缩小6.5%。由于烟气体积缩小，其后面的电除尘器工作负荷将降低6.5%，电除尘器入口烟气量由830m^3/s降到776m^3/h；除尘效率得以提高。除尘效率约提高0.08个百分点。

四、改造后节能效果

两级低压省煤器与烟气余热供暖风器系统理论计算的平均节煤量（发电煤耗率降低值）为4.06g/kWh，见表20-16。实际上，发电煤耗率平均降低3.93g/kWh，增设两级低压省煤器与烟气余热供暖风器系统后的年总收益见表20-15。

表20-15　　根据试验结果计算系统节煤量计算

项　目	660MW	600MW	500MW
一级低压省煤器入口烟温/空气预热器 出口烟温（℃）	153	151.9	147.1
一级低压省煤器出口烟温（℃）	100.8	101.3	101.6
一级低压省煤器入口水温（℃）	82.2	81.1	80.1
7号低压加热器出口取水温度（℃）	75.3	73.4	70
一级低压省煤器出口水温（℃）	130.1	131.1	131.2
抽取凝结水水量（t/h）	620.9	519.4	413.9
二级低压省煤器入口烟温（℃）	109.7	109.3	108.4
二级低压省煤器出口烟温（℃）	90.5	87.6	88.6
一次风暖风器入口风温（℃）	41.5	40.3	42.1
一次风暖风器出口风温（℃）	63.5	64.6	61.1
二次风暖风器入口风温（℃）	31.9	31.1	33.1
二次风暖风器出口风温（℃）	64.2	66.5	67.4
空气预热器入口氧量（%）	2.41	2.53	4.62
空气预热器出口氧量（%）	3.32	3.51	5.69
锅炉效率提高（%）	0.250	0.275	0.338
节煤量（g/kWh）	3.64	3.59	3.75
替代暖风器节煤量（g/kWh）（暖风器投运时间为四个月）	0.82	0.85	0.93
发电煤耗率降低值（g/kWh）	3.91	3.87	4.06

改造后试验结果如下：660MW负荷下一级低压省煤器将烟温从153℃降低至100.8℃，降低煤耗2.94g/kWh。二级低压省煤器将烟温从109.7（烟温升高到109.7℃是因为引风机工作引起8℃左右的温升）降低至90.5℃，一次风温升高至63.5℃，二次风温升高至64.2℃，提高锅炉效率0.250%，总节煤量为3.64g/kWh。

600MW 负荷下一级低压省煤器将烟温从 151.9℃降低至 101.3℃，降低煤耗 2.82g/kWh。二级低压省煤器将烟温从 109.3 降低至 87.6℃，一次风温升高至 64.6℃，二次风温升高至 66.5℃，提高锅炉效率 0.275%，总节煤量为 3.59g/kWh。

500MW 负荷下一级低压省煤器将烟温从 147.1℃降低至 101.6℃，降低煤耗 2.79g/kWh。二级低压省煤器将烟温从 108.4 降低至 88.6℃，一次风温升高至 61.1℃，二次风温升高至 67.4℃，提高锅炉效率 0.338%，总节煤量为 3.75g/kWh。

根据两级低压省煤器改造后的试验数据来看，三个负荷工况发电煤耗率实际降低＝(3.64×1500＋3.59×4000＋3.75×2000)7500＝3.64(g/kWh)，考虑到冬季暖风器替代辅汽而产生的 0.29g/kWh 节煤量，低压省煤器与暖风器联合系统产生的总节煤量为 3.93g/kWh。节煤量低于预期值（可研预算值 4.06g/kWh）的主要原因是空气预热器改造效果好于预期，一级低压省煤器入口烟温 153℃低于设计值 162℃；且试验时环境温度远高于设计环境温度 15.4℃，脱硫塔入口烟温不需要降低至 70℃就可以将暖风器出口风温升高至 70℃左右，因此吸收的余热较少。年节煤收益 998.6 万元，总投资 5500 万元，静态收回期 5.5 年。

第五节　空气预热器换热元件改造

空气预热器换热元件改造，一般有两种方法：①更换为新型传热能力强的热端传热元件，②增加预热器有效高度。部分空预器传热元件高度为 2m 左右，可加高至 2.2～2.3m，少数电厂尝试把传热元件加高至 2.4m，但要防止阻力上升。例如 SD 电厂 2 号机组为 600MW 国产亚临界空冷机组传热能力，为了降低锅炉排烟温度，投资 170 万元进行了回转式空气预热器增容改造，其方案是：空气预热器换热元件总高为 1680mm，其中冷端层为 300mm，中间层为 1000mm，热端层为 380mm。根据原空气预热器结构，热端换热元件上有 150mm 高预留空间，原热端换热元件高 380mm 装于高 459mm 的盒中，热端空间高度为 631mm；更换所有的热端元件及盒，换热元件高度由原 380mm 增到 560mm，板型由 HE 变为换热效率更高的新板型——HE4，HE4 板型每对由两块形状相同的定位板组成，槽口相互交叉。HE4 板型的主要优点是扰动及混合强烈，故传热效率高，相对阻力小，单位体积受热面大，综合经济性好。通过改造后性能试验，由于排烟温度降低导致供电煤耗率减小 0.3g/kWh；同时，高负荷送风机功率由改前的 314.7kW 降低到改后 300kW；中负荷送风机功率由改前的 181.2kW 降低到改后 136.5kW；低负荷送风机功率由改前的 102.3kW 降低到改后 35.5kW。通过改造，中、低负荷送风机功耗明显降低，效率都得到了较大提高，厂用电率下降 0.026 个百分点。

一、设备改造前简介

1. 主设备简介

WH 电厂 5、6 号机组锅炉是 HG-2001/26.15-YM3 型超超临界、一次中间再热、变压运行、固体排渣、单炉膛燃煤直流炉，锅炉原来配置主轴垂直布置、三分仓、回转式再生空气预热器，预热器型号为 32-VI(T)-2000-SMR，转子名义直径为 ϕ13 552mm，一次风开口为 50°，转子采用 48 仓全模式结构，转子转向为顺转，即先加热一次风再加热二次风，传热元件总高度为 2000mm，其中热端传热元件采用 DU3 板型，材料采用 Q215-A. F，高度为 1000mm，传热元件抽取方式为上抽；冷端换热元件采用 DFC 板型，高度为 1000mm，采用静电加工方式的抗腐蚀大波纹搪瓷钢板制成，其厚度不小于 1.0mm，传热元件抽取方式为侧抽，转子无预留传热元件安装空间。原配空气预热器技术参数见表 20-16。

表 20-16　　原配空气预热器第一次改造前后设计技术参数

名　　称	原配预热器设计数值	第 1 次改造后设计数值	第 2 次改造后设计数值
型式、型号和尺寸	32-VI(T)-2000-SMR	32-VI(T)-2050-QMR	33-VI(T)-2200-QMR
每台锅炉的空气预热器数量（台）	2	2	2
热端传热元件材质	Q215-A. F	Q215-A. F	Q215-A. F
热端传热元件的板型	DU3	FNC	FNC
热端传热元件高度（mm）	1000	1050	150mm（新供） 1050mm（利旧）
冷端传热元件材质	搪瓷钢板	搪瓷钢板	搪瓷钢板
冷端传热元件板型	DFC	DFC	DFC
冷端传热元件高度（mm）	1000	1000	1000
预热器转子高度（mm）	2000	2050	2200
预热器转子转速（r/min）	0.9	0.9	0.9
出口烟气温度（℃）（BMCR 修正前/后）	127/122	127/122	127/122
入口空气温度（℃） （BMCR 一次风/二次风）	23/23	23/23	23/23
一次风/二次风出口温度（℃）（BMCR）	322/306	322/306	322/306
转子名义直径（mm）	ϕ13 552	ϕ13 552	ϕ15 000

2. 排烟温度高的主要原因

自机组投产后存在排烟温度高的情况，比设计值高出 19.7℃。主要原因是空气预热器热端蓄热元件原设计换热能力较差。影响预热器排烟温度的主要参数有：炉底漏风、换热元件的传热性和预热器受热面积等。

(1) 炉底漏风对排烟温度的影响。如果炉底除渣系统漏风大于设计值，则通过预热器的风量会减少，致使排烟温度升高，此项对排烟温度的影响较大，炉底漏风每升高 1%，排烟温度会上升 2℃左右。图 20-13 为典型工程炉底漏风对排烟温度的修正曲线。

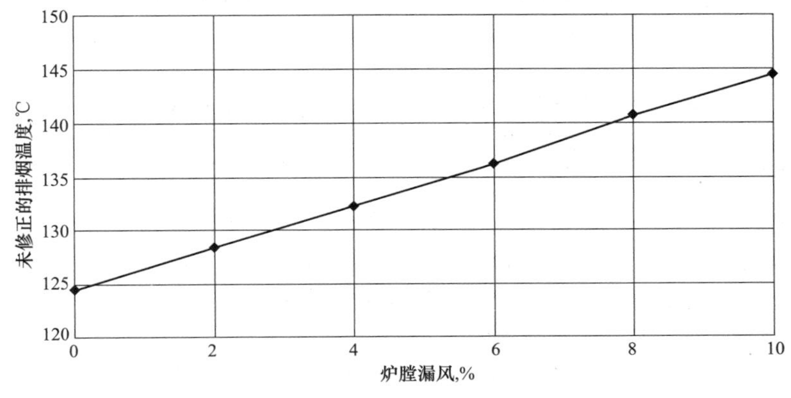

图 20-13　未修正的排烟温度与炉底漏风关系曲线

(2) 冷端搪瓷元件对换热的影响。本工程由于是脱硝预热器，冷端必需采用了搪瓷传热元件，搪瓷传热元件对换热效果会有一定的影响。原热端传热元件是 DU3 板型，传热效果稍差一些。

（3）预热器受热面积对换热的影响。本工程对脱硝系统对预热器的换热性能影响的经验不足，选用的换热面积偏小。实际上，运行一段时间后很多传热元件被堵塞，形成了换热死区，减少了换热面积，影响了换热效果，导致排烟温度升高。

为此WH电厂先后进行了两次空气预热器改造：一是更换热端传热元件板型，二是增加预热器有效高度。

二、更换换热元件板型，增加受热面高度

第一次改造并不彻底，主要内容是更换换热元件板型，同时酌情增加受热面高度。具体施工内容如下：

（1）将预热器热端烟道一侧的保温和护板拆除一小部分，然后拆除热端转子径向密封片（保留），再将原热端元件盒吊装取出。

（2）将新的FNC板型的传热元件装入扇形仓内，并控制安装质量，如有元件盒与扇形仓隔板间缝隙大的，需用圆钢或扁钢进行封堵。

（3）将原先拆下的热端转子径向密封复原，并恢复壳体及保温。

改造方案是：将热端原有DU3板型传热元件改为FNC板型，高度从1000mm加高到1050mm。由于FNC板型传热元件的传热性能要好于DU3，DU3板型传热元件实物如图20-14所示，FNC板型传热元件实物如图20-15所示。因此改造后可提高预热器整体的换热能力，降低锅炉排烟温度。改造后型号变为32-VI(T)-2050-QMR，主要设计参数见表20-16。预热器热端传热元件改造前后运行结果见表20-17。

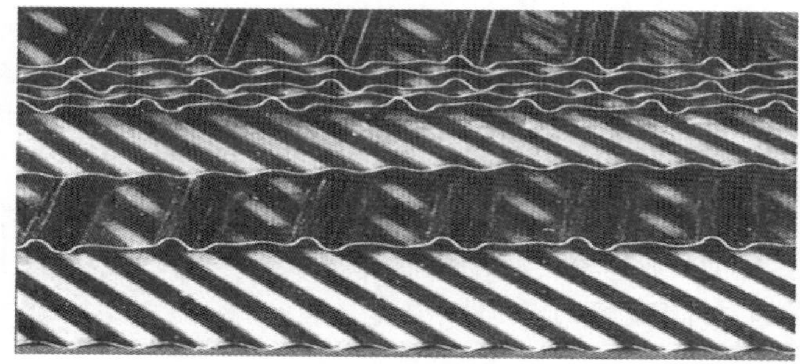

图20-14 DU3板型传热元件实物

图20-15 FNC板型传热元件实物

表20-17 空气预热器热端传热元件更换前后运行数据对比

BRL工况下	6号预热器改前	6号预热器第一次改后	6号预热器第二次改后
实际负荷（MW）	670.7	674.0	659.8
空气干球温度（℃）	17.3	25.2	19.0
入口一次风温（℃）	19	31.4	22.4
入口二次风温（℃）	10.5	22	13.2
出口一次风温（℃）	326.9	343.3	
出口二次风温（℃）	297.9	320.3	
一次风机入口温度（℃）	19.8	25.1	
送风机入口温度（℃）	17.3	25.2	19.0

续表

BRL 工况下	6 号预热器改前	6 号预热器第一次改后	6 号预热器第二次改后
一次风机出口温度（℃）	30.0	37.2	32.1
送风机出口温度（℃）	21.1	29.0	23.0
入口烟温（℃）	364.1	357.6	361.4
出口排烟温度（℃）	140.9	132.5	121.4
烟气阻力（Pa）	1020	1350	1032
干烟气热损失（%）	5.37	4.55	4.42
实测锅炉热效率（%）	92.90	94.24	93.96
修正后的排烟温度（℃）	142.6	129.0	122.1
修正后锅炉热效率（%）	93.55	93.94	94.18
烟气侧效率（%）	63.4	69.1	69.6

改造后排烟温度修正值下降了 13.6℃，但仍比设计值高 4.7℃。改造后锅炉热效率（修正后）提高了 0.39 个百分点，达到 93.94%，稍微优于保证值（93.9%），见表 20-18。660MW 超超临界机组锅炉效率每提高 1 个百分点，供电煤耗率可下降 2.97g/kWh，改后锅炉效率提高了 0.39 个百分点，表示供电煤耗率下降了 1.16g/kWh。

【例 20-3】 已知 BRL 工况下空气预热器改造前的保证的进风温度 $t_0^b=20℃$，实测送风机入口温度 $t_0=17.3℃$，实测排烟温度 $t_{py}=140.9℃$，空气预热器进口实测烟气温度 $t_{ky}=364.1℃$，求修正后的排烟温度和烟气侧效率

解

排烟温度修正值：

$$t_{py}^b=\frac{t_0^b(t_{ky}-t_{py})+t_{ky}(t_{py}-t_0)}{t_{ky}-t_0}=\frac{20\times(364.1-140.9)+364.1\times(140.9-17.3)}{364.1-17.3}=142.6(℃)$$

式中 t_0^b——保证的进风温度，℃；

t_0——实测风机入口温度，℃；

t_{py}^b——换算到保证进风温度时的排烟温度，℃；

t_{py}——实测排烟温度，℃；

t_{ky}——空气预热器进口实测烟气温度，℃。

$$烟气侧效率\ \eta_y=\frac{t_{ry}-t_{py}^b}{t_{ry}-t_{rk}}=\frac{364.1-142.6}{364.1-14.7}=63.4\%$$

式中 t_{ry}——空气预热器实测进口烟气温度，℃；

t_{py}^b——修正后的排烟温度，℃；

t_{rk}——空气预热器实测进口空气温度，可近似地取一二次风入口温度平均值，℃。

随着 SCR 系统投运时间的增加，机组效率逐渐下降，NH_3 逃逸率增加，导致堵塞概率增加。若要进一步提高热风温度，降低空气预热器的排烟温度，提高锅炉效率，需要对空气预热器进行进一步改造。

三、增加转子直径

为尽可能多地降低机组排烟温度，同时提高流通面积，降低阻力提高机组稳定性，WH 电厂对空气预热器进行了第二次改造。第二次改造后空气预热器的设计参数见表 20-17，空气预热器

改造方案如下：

拆除原有空气预热器外壳，增加转子直径及受热面积，空气预热器放大型号，由 32-VI(T)-2050-QMR 放大为 33-VI(T)-2200-QMR。转子直径由 ϕ13 552mm 增加到 ϕ15 000mm，直径增加 1448mm，增加换热面积，提高空气预热器的换热性能，降低排烟温度。新增热端防磨层换热元件，板型为 FNC，高度为 150mm；中间层换热元件采用 FNC 板型，元件高度 1050mm（只供缺少的元件盒，其他利旧）；冷端换热元件板型为 DFC，元件高度为 1000mm（只供缺少的元件盒，其他利旧）。

新供设备如下：模式扇形仓改造材料、转子径向密封、热端防磨层传热元件及元件盒、中间层传热元件及元件盒（只供缺少的元件盒，其余利旧）、冷端传热元件及元件盒（只供缺少的元件盒，其余利旧）、转子外壳、冷端连接板及中心桁架加固材料、热端连接板及中心桁架加固材料、扇形板、静密封（除热端静密封卷筒外零件）、轴向密封和旁路密封、固定水清洗和消防装置、预热器保温及外护板等设备。其他设备和材料为利旧。

四、空气预热器改造效果

在锅炉相同运行工况下，空气预热器换热元件清洁，吹灰器能够正常投运，改造前后的性能参数见表 20-18。从表可以看出，在与改造前（第一次改造后）工况相同的条件下，改造后排烟温度从 129℃（修正后）下降到 122.1℃，下降了 6.9℃，烟气侧阻力减少 175Pa，锅炉效率从 93.94%提高到 94.18%，提高了 0.24 个百分点，供电煤耗率下降 0.71g/kWh 左右，年可收益 0.71g/kWh×484MW×7500h×700 元/t＝180 万元，项目总投资约 1000 万元，静态回收期 5.6 年。

第六节　空气预热器的博瑞通柔性密封技术

一、空气预热器漏风原因和危害

空气预热器在运行中难免会存在漏风问题，空气预热器漏风对机组存在如下影响：

（1）冷空气漏入，空气预热器受热面会因烟气中的水分冷凝析出而低温腐蚀（硫酸氢氨），加剧漏风，部分受热面因结露而堵塞。

（2）空气预热器漏风，导致一次风压降低，而为了维持一次风压，只好增大一次风机挡板开度，增加了一次风机和送风机的出力。一次风和二次风大量地漏到烟气中，增加了引风机的出力，造成厂用电上升。

（3）空气预热器漏风造成空气短路，锅炉整体效率降低，煤耗增加。

（4）空气预热器漏风严重时会造成锅炉供风不足，出黑烟，或者造成机组满负荷运行时引风机调节余量不足，影响机组出力，出力下降等现象。

空气预热器的漏风主要由直接漏风和携带（间接）漏风两部分组成，占空预器漏风量 80%左右的是由烟、空气压差引起的直接漏风。回转式空气预热器的一次风压比二次风和烟气侧的风压高的很多，加上转子与外壳之间的间隙存在，因此不可避免地存在一次风向二次侧和烟气侧的直接泄漏以及二次风向烟气侧的漏风。直接漏风是由轴向漏风、周向漏风、径向漏风三部分组成。其中，径向漏风占总漏风量的 60%～70%。另外由于转子转动，必然会将仓格中的少量空气带入烟气中而形成携带漏风。

由于回转式空气预热器自身变形，引起密封间隙过大。装满传热元件的空气预热器转子处于冷态时，扇形板与转子端面为一间隙很小的平面。而当空气预热器运行时，转子处于热态，热端转子径向膨胀大于冷端转子；同时由于中心轴向上膨胀，加上自重下垂，使转子产生蘑菇状变形，扇形板与转子端面密封的外缘间隙，在热态时比冷态时增大很多，形成三角状的漏风区。

针对回转式空气预热器的结构特点，各电力企业普遍采用先进的密封技术进行改造，取得了很好的节电效果。空气预热器密封技术有常规的密封技术和柔性密封技术等多种技术可供选择。宜根据空气预热器结构特点、运行状况、存在问题等情况选择最适宜的密封技术，达到密封效果佳，又节约成本。

二、博瑞通柔性密封技术

1. 博瑞通柔性密封技术原理与特点

博瑞通是美国博瑞通公司产品，采用的是最新一代的柔性密封技术。密封片主要材料为300系列不锈钢合金，具有耐高温、耐腐蚀、耐磨的特点，密封效果良好且可长期保持，寿命远高于同类产品，在国内外空气预热器密封改造业绩良好。博瑞通空气预热器柔性密封片如图20-16所示。

图 20-16　博瑞通空气预热器柔性密封片

周向密封采用了独特的双层互锁设计，密封效果远远优于普通的周向密封片。径向密封是开发的最新一代产品，此产品结构上更加可靠，增加了双层保护，可以在恶劣的工况下保持良好的工作状态。径向密封采用特殊材料设计，此材料经多年验证耐高温，耐强腐蚀，耐摩擦。径向密封是一种高性能自调节密封产品，特殊的材料使得此产品在高温下具有自动延展功能，能够保持与密封表面的接触。

径向密封产品具有独特的三层设计，不但起到保护作用，还可以起到柔性的风挠流作用，提高了密封效果。当密封边缘确实发生磨损时，可轻松调节径向密封产品，无需更换，因此可以降低维护成本，提高设备生产率。

径向密封技术是经过工业使用验证的专利产品，专为电厂锅炉空气预热器设计，提高锅炉效率及机组运行可靠性。应用证明，该产品密封效率和其运行寿命超过市场上任何类似密封产品。

采用博瑞通技术和产品改造后的锅炉空气预热器密封系统，无论锅炉负荷如何变化，在一个大修周期内，空气预热器漏风率始终保持在4%～7%范围内，产品保证寿命15年。空气预热器漏风率降低后，可有效降低风机耗电率，真实反映锅炉排烟温度。

2. 博瑞通柔性密封技术实施案例

某电厂HG-3100/27.46-YM3超超临界锅炉，配套哈尔滨锅炉厂生产的34-VI(T)-2050SMR空气预热器，该预热器为主轴垂直布置，烟气和空气以逆流方式换热。空气预热器配有两套驱动电机，主、辅电机都采用变频器控制启动，上中心驱动。空气预热器转子由18个模件块36个仓格组成，在每个模件块中间有径向隔板将模件块仓格一分为二，每个仓格对应角度为10°，双密封布置结构。空气预热器原设置有径向、轴向和旁路三向密封系统，热端径向密封系统可实现在运行状态下，热端扇形板能自动跟踪转子热变形的功能，使热端径向密封间隙能维持在较小的范围，减小热端径向漏风量。

电厂将空气预热器三向密封改造成博瑞通柔性接触式密封，改造费用 278 万元。冷态工况下，扇形板与密封片完全接触。该密封片为新型金属材料，在温度升高到 100℃以上时，强度下降，降低摩擦时的阻力，减少空气预热器卡跳的可能，提高了设备可靠性，减少漏风量。

厂家负责安装、调试所有工作，测量空气预热器转子的水平度、垂直度、转子的椭圆度并调整；热端、冷端按 36 分仓隔仓，径向柔性密封片间隔一道隔板安装（每台空气预热器共改造 18 道热端、冷端密封片）；冷、热端安装双层互锁的旁路密封片；轴向密封组件安装；根据老密封片的磨损情况，制定合理的密封片间隙值，将所有的密封片安装、调整到位，调整好密封间隙。同时在冷端径向设置记录标尺，通过标尺记录运行中转子实际沉降值，通过二次调整，将径向密封片间隙调小。

（1）空气预热器进行柔性接触式密封改造后，空气预热器运行平稳，电流、振动在厂家设计标准内。

（2）西安热工院提供的锅炉修后测试结果显示，机组 1000MW 工况，A/B 侧空气预热器漏风率由 9.3%降低到 5.25%～5.38%。

（3）改造后，锅炉三大风机耗电率下降 0.26～0.28 个百分点。

1000MW 锅炉空气预热器漏风率每变化 1 个百分点，影响供电煤耗率 0.17g/kWh，漏风率平均下降 3.99 个百分点，按机组负荷率 75%计算，则年节省标煤：

$$3.99\times0.17\text{g/kWh}\times1\,000\,000\text{kW}\times7500\text{h}\times75\%\div1\,000\,000=3815.4(\text{t})$$

节约费用 3815.4t×700 元/t=267.1 万元，投资回收期 1.04 年。

第七节 汽动引风机的应用

目前国内运行的 300～1000MW 等级火电机组的引风机通常采用电动机驱动，风机及电机容量增大后带来了厂用电增加、启动电流大等问题。并且大容量锅炉引风机多采用静叶可调轴流式，叶片焊接在轮毂上，通过调整静叶角度改变风机曲线，在向低负荷调整时会带来一定的节流损失。

汽轮机驱动的引风机具有运行安全，结构紧凑，自动化程度高，节能效果显著等特点，是一种比较优化的能源利用方式。可以彻底解决引风机启动时电流过大对厂用电的冲击，提高电厂的运行指标品质，同时也可以通过汽轮机的变速调节，有效提高引风机在低负荷工况运行下的效率，使风机在不同负荷下保持高效率等优点。引风机采用汽轮机驱动方案，可将蒸汽的热能直接转化为机械能，减少能量转换环节和能量损失，提高了热能的利用效率，可以明显降低厂用电率，但汽轮机热耗率会有所增加，汽水管路有所复杂。另外，国内汽轮发电机组当四阀全开工况下机组通流能力是夏季工况时的 1.05 倍左右，采用汽动风机后可以增加主蒸汽的流量，扣除引风机的用汽量后，仍可以发满铭牌功率，而且可以增加供电量，获得较大的供电收益，这就为引风机汽动驱动奠定了基础。

本节以华能某电厂超超临界 1000MW 机组为例，介绍汽轮机驱动引风机的技术方案和经济性。该厂锅炉为 DG3000/26.15-Ⅱ超超临界锅炉，保证效率 93.84%，汽轮机为东方汽轮机厂生产的 N1000-25/600/600 超超临界汽轮机，保证热耗率为 7343kJ/kWh。

一、引风机设计和运行参数

华能某电厂 DG3000/26.15-Ⅱ超超临界锅炉配备 2 台静叶可调引风机，其设计规范见表 20-18。

表 20-18　　引风机设计规范

项　目	内　容	项　目	内　容
风机型式	轴流式	风量（m^3/s）	810.9
控制方式	静叶可调	全压（Pa）	10 789
风机型号	HA47 436-8Z	电机功率（kW）	7900
数量（台）	2	转速（r/min）	850

二、汽动引风机的汽源选择

驱动辅机的小汽轮机供汽压力在0.5～5MPa之间，温度在200～400℃之间，排汽压力（凝汽式）在3～7kPa之间。汽源有2种：一种是来自辅汽系统或者低温再热器出口；另一种来自汽轮机高压缸排汽，例如某电厂660MW机组汽动引风机进汽采用低温再热器出口和高压缸排气两路汽源，在高负荷时用低再出口汽源驱动引风机，可保证运行的经济性。在低负荷时则采用两路汽源，以降低小汽轮机排汽温度，以实现机组运行的安全性。

引风机在锅炉侧，如果驱动引风机的小汽轮机排汽进入凝汽器，排汽管道的成本较高，因此可配置独立的凝汽器。如果送风机、一次风机也选用汽轮机驱动，可在锅炉侧配置公用的凝汽器。另外，也可以采用背压式汽轮机，将排汽排入除氧器或者低压加热器汽侧。引风机在机组试运行初期或者正常运行中的启动初期都是最先投入使用的，而凝汽式汽轮机要投入使用，需通过以下3个途径来解决真空和汽源的问题。

（1）设计1台30%容量的电力驱动的启动引风机，1台100%容量的汽轮机驱动引风机，在汽动引风机运行后，停运电动引风机。

（2）对于扩建机组或者配备有启动锅炉的机组，可以利用辅汽提供给驱动引风机的汽轮机。给驱动引风机的汽轮机配置独立的凝汽器，在机组启动前先给独立凝汽器建立真空。

（3）采用背压式汽轮机，将排汽排入除氧器或者低压加热器汽侧，既不用凝汽器，也不用建立真空。通过以上途径，可以解决机组在试运阶段真空系统不完善不能启动以及启动初期没有蒸汽的问题。

汽动引风机的汽源有两路：一路取自低温再热器入口（高压缸排汽），另一路取自低温再热器出口。机组启动初期，在没有邻机供汽的情况下，汽动引风机不具备启动带负荷条件，需要启动电动引风机作为风烟系统吹扫、锅炉点火的首要条件。当机组负荷上升至40%负荷时，首台汽动引风机并入风烟系统与电动引风机同时出力，负荷至60%负荷时，两台汽动引风机完全并入风烟系统，电动引风机退出。由此可以看出，在没有邻炉汽源的情况下，汽动引风机的应用依然对电动引风机具有一定的依赖性。

三、汽轮机型式的选择

引风机的汽轮机驱动改造有凝汽式和背压式两种不同选择。凝汽式小汽轮机驱动引风机改造，可采用汽动给水泵相同的模式，以中压缸排汽为汽源，蒸汽在小汽轮机内膨胀做功排至凝汽器。由于引风机远离主汽轮机，凝汽式方案排汽如果选用与给水泵相同的方式排至主机凝汽器，排汽管道直径很大，现场布置十分困难，故要求小汽轮机自带凝汽器，这样，增大了小汽轮机系统和运行管理的复杂性。

背压式以高压缸排汽为汽源，蒸汽在小汽轮机内膨胀做功排至除氧器。背压式小汽轮机的排汽压力较高、比容较小，要求排汽管道的直径较小，现场布置没有困难，由于引风机的汽轮机功率较小，其排汽可被除氧器100%消纳。

凝汽式和背压式两种不同方案在热经济方面也有所差别，凝汽式的汽源为经过中间再热之后的中压缸排汽，循环效率相对较高；背压式尽管其排汽热能在除氧器内全部被利用，但这部分蒸汽未经中间再热，故系统的循环效率稍低。另外，背压式的进汽压力高、容积流量小，小汽轮机的效率低于凝汽式。因此，背压式方案的经济性不及凝汽式。对于有供热任务的电厂，选择背压式小汽轮机也是经济可行的，其排汽参数需控制在低压供热参数范围内，排汽可对外供热。

四、汽轮机驱动引风机的方案

选择汽轮机驱动引风机一般有三种方案可以选择：

方案一：增设小汽轮机，小汽轮机为纯凝式，由主机四抽供汽，采用下排汽模式，排汽进入单独的小凝汽器，小汽轮机凝结水通过小凝结水泵回到主机主凝汽器。循环水与主厂房循环水系统相连接，如图 20-17 所示。风机依靠辅助汽源启动，不设置电动启动风机。

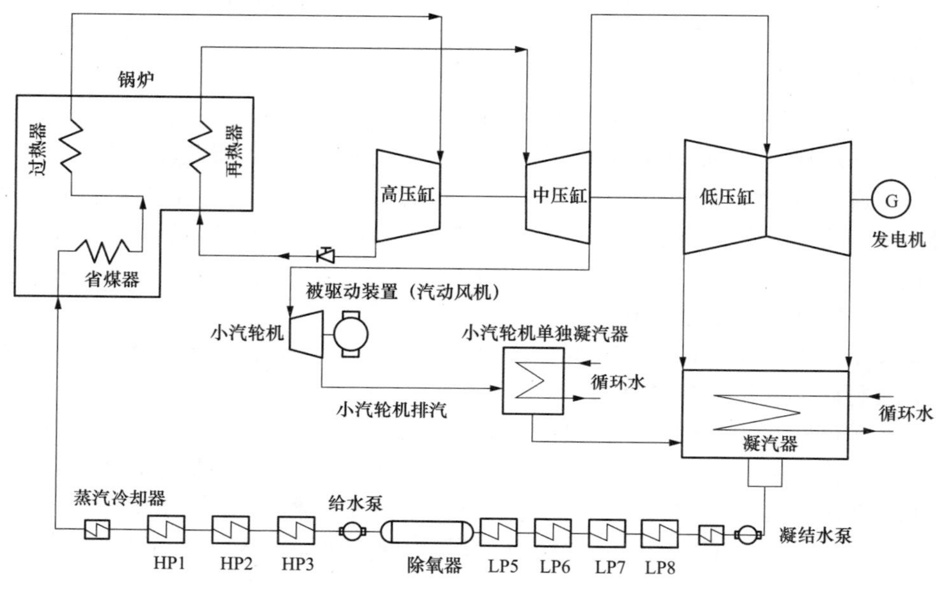

图 20-17　小汽轮机驱动引风机方案一

例如 HM 电厂 1000MW 机组上采用方案一，采用凝汽式小汽轮机驱动引风机。能够满足上述风机参数要求的汽轮机可以采用纯凝式汽轮机或背压式汽轮机。如果采用背压式小汽轮机，单机对应引风机 BMCR 工况蒸汽用汽量经计算接近 100t/h（两台引风机接近 200t/h）。经向主机厂家技术咨询，高压缸排汽最大抽汽超过 170t/h 时，汽轮机通流需进行修改优化，高压缸末三级动静叶片强度超限，需加强加宽；锅炉受热面也需进行调整。此外，若采用引风机汽轮机排汽作为除氧器正常运行加热汽源之一，因为其汽量较大、压力较高，主机的抽汽回热系统需要重新优化设计，对应的辅机如高、低压加热设备也可能修改。而纯凝式汽动引风机的汽轮机汽源可采用四抽蒸汽和辅助蒸汽，用汽量不到背压式的 1/3，小汽轮机排汽可以排入单独的凝汽器，用循环水将排汽冷却成凝结水回收工质。表 20-19 为纯凝式小汽轮机设计选型参数。从表 20-19 中可看出，纯凝式汽轮机汽源采用再热器前或再热器后蒸汽，对应引风机 TB 点下其最大蒸汽用量不超过 43t/h，额定负荷下不超过 26t/h，主汽轮机完全可满足两台汽动引风机的抽汽量要求。考虑到背压式汽动引风机方案引起主机、辅机的修改变化较大，以及除氧器的运行控制和施工进度等问题，HM 电厂引风机驱动采用了纯凝式汽轮机选型方案，纯凝式小汽轮机最大连续功率 11MW，额定进汽压力 1.09MPa，额定进汽温度 387.4℃。

表 20-19　　纯凝式小汽轮机的选型参数

序号	主机工况	TB 工况	VWO	TRL	THA	75%THA	50%THA
1	蒸汽压力（MPa，a）	1.155	1.155	1.125	1.09	0.83	0.566
2	蒸汽温度（℃）	387	387	387.4	387.4	384.8	385.5
3	蒸汽流量（t/h）	42.3	26.6	25.1	23.8	16.3	9.8
4	背压（kPa，a）	5.7	5.7	5.7	5.7	5.7	5.7
5	相对内效率（%）	74.5	80.4	80.2	79.5	69.5	66.8
6	输出功率（kW）	8135	5503	5156	4844	2745	1474
7	排汽量（t/h）	42.3	26.6	25.1	23.8	16.3	9.8

注　a 表示绝对压力。

方案二：增设小汽轮机，小汽轮机为纯凝式，由主机四抽供汽，采用下排汽模式，排汽进入单独的小凝汽器，其凝结水回到主机主凝汽器，每台机组各设置一台电动启动风机。

方案三：增设小汽轮机，小汽轮机为背压式，由主机冷段供汽，排汽至 6 号低压加热器，每台机组各设置一台电动启动风机。YH 电厂 3 号 1000MW 机组采用了引风机驱动汽动背压机，其主要技术规范见表 20-20。

表 20-20　　3 号 1000MW 机组汽动引风机背压机的主要技术规范

引风机汽轮机型号	B6.2-5.3/0.26
引风机汽轮机型式	单缸、单轴、冲动式、上排汽、背压式
运行方式	变参数、变功率、变转速
额定工况进汽压力（MPa）/温度（℃）	4.8 /470
额定工况功率（kW）	6158
额定工况转速（r/min）	4894.5
额定工况进汽量（t/h）	45.8
额定工况排汽压力（MPa）	0.28
额定工况汽耗（kg/kWh）	7.437
配汽方式	喷嘴配汽
通流级数	I 单列调节级+6 级压力级
回热系统	无
汽轮机旋转方向	顺时针方向（从机头向机尾看）
引风机旋转方向	逆时针方向（从汽轮机向引风机看）

五、汽轮机驱动引风机的能耗

采用汽动引风机后，厂用电率从 4.22%降低到 3.10%，供电煤耗率从 288.89g/kWh 降低到 288.06g/kWh。年节标准煤量 4564.8t，年收益 319.5 万元。不同负荷下的主汽轮机热耗和发电成本见表 20-21。

表 20-21　　两种方案在不同负荷下的主汽轮机能耗对比

负　荷	电动引风机		汽动引风机	
	主汽轮机热耗（kJ/kWh）	发电煤耗率（g/kWh）	主汽轮机热耗（kJ/kWh）	发电煤耗率（g/kWh）
100%THA（1500h）	7343	271.13	7416	273.83
75%THA（4000h）	7451	275.12	7514	277.45
50%THA（2000h）	7692	284.02	7759	286.49
平均发电煤耗率		276.70		279.12
平均厂用电率（%）	4.219		3.103	
平均供电煤耗率（g/kWh）	288.89		288.06	
年节标煤量（t）	基准		4564.8	

另外，采用汽动引风机理论计算厂用电降低 1.116%，年发电量＝100×1500＋75×4000＋50×2000＝550 000(万 kWh)，发电成本为 0.25 元/kWh，每年获得多售电收益：550 000 万 kWh×1.116%×(0.412－0.25)元/kWh＝994.4 万元。采用汽轮机驱动的项目总投资为 2700 万元，投资回收期 2.7 年。

第八节　动叶可调轴流式送风机节能改造技术

一、送风机调节效率的分析

一般在锅炉风机容量设计时，单侧风机运行时具备带 75%负荷运行的能力，这主要是从机组运行的安全性出发的；所以当双侧风机运行，机组带满负荷时，送引风机仍有 30%以上的裕量（对于送风机风量设计裕量为 10%，风机压力裕量为 10%～20%；对于引风机风量设计裕量为 10%，风机压力裕量为 20%；而驱动电机选择则是在此基础上再取 20%的动力裕量），动叶或静叶开度一般为 50%～60%。这就为风机的变频调速节能改造造就了巨大的潜力，即使在机组满负荷运行时，也有 30%的节电率。对于大型机组的动叶可调轴流送风机进行变频改造，很多专家认为没有必要，他们的观点是动叶可调轴流风机效率相比静叶可调和离心风机效率高，而且高效运行区宽，实施变频改造后节能差。实际上，对于动叶可调轴流送风机进行变频改造，效果不差于引风机变频改造，这一结论被国电费县电厂、国电蚌埠电厂的改造实例所证实。

锅炉风机的风量与风压的富裕度以及机组的调峰运行导致风机的运行工况点与设计高效点相偏离，从而使风机的运行效率大幅度下降。一般情况下，采用动叶或静叶调节的送风机，在两者偏离 10%时，效率下降 8%左右；偏离 20%时，效率下降 20%左右；而偏离 30%时，效率则下降 30%以上。可见，锅炉送风机的用电量中，很大一部分是因风机的调节方式不当而被调节风门消耗掉。

风机风量的调节有多种方式，传统采用进出口挡板调节，其结构简单，但调节过程中效率比较低，尤其在低负荷时，主要的能量都消耗在挡板上，严重影响系统的效率。对于静叶或动叶调节的风机虽然总体效率得以提高，在开度比较大 85%以上时，静叶和动叶对系统的影响比较小，但是到开度调节到 60%以下后，其效率下降也比较大。在风机调节的性能比较中，几种调节对应的效率一风量曲线如图 20-18 所示。从图 20-18 中可知，当风机处于额定负荷和接近额定负荷运行时，风机的效率最高达到额定效率；反之当风机处于轻负荷运行时，风机的效率很低，节流损失很大。

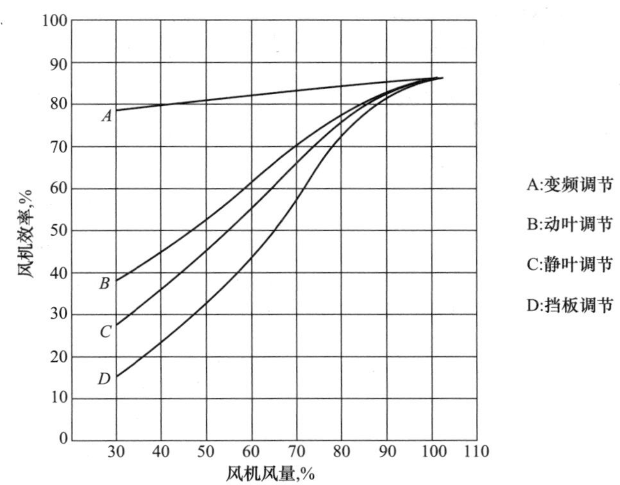

图 20-18 几种调节方式特性曲线

二、送风机降速或双速改造

动叶调节轴流式风机与离心式和静叶调节轴流风机相比，其最大优点是调节性能好，风机在较大流量变化范围内效率基本不变，只有在低负荷时（负荷低于 80%）效率才显著降低。若因送风机选型过大，送风机就会在小开度低效率区运行。为提高送风机运行效率，降低耗电率，可考虑降一级转速（增加电动机极对数）运行。若送风机电动机降一级转速后无法满足机组满负荷运行的需要，则可将电动机改为双速电机，风机在大部分负荷下处于低速挡运行。对已投运的送风机，只有在 6 极及以上极数（1000r/min 以下）的电机才可实施，因由 4 极（1500r/min）改 6 级（1000r/min）时，不但转速下降太多，改造难度和费用较大，而且功率因数下降也较多，往往难以满足风机系统整体节能的要求。送风机降速或双速改造技术适合于送风机运行效率低且与烟风系统不匹配机组。SD 电厂 2 号 600MW 机组送风机为动叶可调轴流式风机，风机型号为 ANN-2660/1400N，所配电动机型号为 YKK630-6，额定功率为 1120kW，改造前挡板开度不到 60%，统计的耗电率约在 0.11%。送风机具有一定的节能空间。为此电厂投资 130 万元进行双速改造，将送风机电机原 6 级改造为 6 级/8 级，转速由原来的 1050r/min 降为低速 750r/min，风机耗电率降低 0.02 个百分点。

某电厂 330MW 亚临界机组配套送风机由上海鼓风机厂生产，型号为 FAF-23.7-13.3-1 型动叶调节轴流式风机。送风机设计参数见表 20-22。机组投运后一直存在送风机运行效率低，耗电率高的问题。为了确定改造方案，电厂进行了满负荷试验，试验结果见表 20-23。与 TB 点相比，送风机平均风压裕量达到$\frac{4329-1613.8}{1613.8}=168.2\%$，平均风量裕量达到$\frac{194-123.3}{123.3}=57.3\%$，风机最高运行效率仅为 70.95%，比设计值低 15.6 个百分点，说明风机选型参数存在问题。

表 20-22 送风机设计参数

项　目	数　据	项　目	数　据
TB 设计风量（m^3/s）	194	电机型号	JSZ1600-6
TB 风机总压力（Pa）	4329	电机额定功率（kW）	1600
转速（r/min）	990	电机额定电压（V）	6
风机效率（%）	86.5	电机额定电流（A）	187

表 20-23　　机组满负荷时送风机实测值

项　　目	数　　据		
机组负荷（MW）	330		
实测锅炉蒸发量（t/h）	1019.5		
风机编号	A 侧	B 侧	平均
实测风机流量（m^3/s）	116.3	129.0	122.65
实测风机压力（Pa）	1519.2	1654.2	1586.7
换算 BMCR 风机流量（m^3/s）	116.9	129.7	123.3
换算 BMCR 风机压力（Pa）	1508.4	1719.1	1613.8
运行效率（%）	71.7	70.2	70.95

由于风机风量和风压裕度过大，电厂投资 36 万元进行降容降速改造。送风机转速从 990r/min 降低为 745r/min，改造前后送风机电机设计参数和运行数据见表 20-24。改造后，机组平均负荷为 230MW，节电率平均 32%，年节电量约 116.25 万 kWh，耗电率从 0.213%降低为 0.145%，降低了 0.068 个百分点，风机效率从 71%提高到 85%。

表 20-24　　改造前后送风机电机设计参数

项　　目		改造前	改造后	节电率（%）
送风机电机设计参数	电机型号	JSZ1600-6	JSZ900-8	
	电机额定功率（kW）	1600	900	
	电机额定电压（V）	6	6	
	电机额定电流（A）	187	107.2	
	转速（r/min）	990	107.2	
2 台送风机运行功率（kW）	负荷 200MW	421.5	288	31.7
	负荷 228MW	486	331	31.9
	负荷 241MW	512.5	342	33.3
	负荷 260MW	552	366	33.7
	负荷 295MW	582.3	456	21.7

三、600MW 机组动叶可调轴流式送风机变频改造

1. 国电某发电有限公司 2×600MW 机组现状

国电某发电有限公司一期工程为 2×600MW 机组，每台锅炉主要风机配置有两台引风机、两台送风机，正常方式为同时运行。引风机为静叶可调轴流式风机、送风机均为动叶可调轴流式风机。送风机及其配套电机技术参数见表 20-25。

表 20-25 动叶可调轴流式送风机及电机参数

送风机本体			
型号	FAF26.6-15-1	型式	动叶可调轴流式
风量（m^3/s）	250.2-215.0	全压（Pa）	5060～4246
转速（r/min）	985	数量及容量	2×50%
效率（%）	87.36	调节方式	液压动叶调节
调节范围	−30°～+15°		
送风机电机			
型号	YKK630-6	额定功率（kW）	1500
额定电压（kV）	6	额定电流（A）	176
转速（r/min）	992	效率（%）	94

600MW 机组锅炉送风机存在问题如下：风机容量大，连续运行时间长；设计时风机就有一定的裕度，而电机配置裕量就更大；动叶调节的调节品质相对差，损失大；发电利用小时数偏低，且长期处于较低负荷运行，平均功率为 432MW(72%)。而低负荷时风机动、动叶调节固有的节流损失，导致送风机的运行效率低下，造成能源的浪费，另外高速旋转情况下，也会对风机叶片、挡板等部件造成磨损。为了节能降耗、提高机组调节性能，电厂将送风机动叶调节改为变频调速控制。

2. 送风机变频改造方案与控制逻辑

根据每台机组两台风机并联运行的工艺要求，以及考虑系统的安全性，所有风机配置的变频器采用一台变频器拖动一台风机的自动切换方案如图 20-19 所示（虚线部分为新增加部分）。

变频器一次回路由 4 个高压真空断路器 QF、QF1、QF2、QF3 组成。6kV 电源经高压真空断路器 QF、高压真空断路器 QF2 到高压变频装置，变频装置输出经高压真空断路器 QF3 送至电动机，电动机变频运行；6kV 电源还可经高压真空断路器 QF，高压真空断路器 QF1 直接启动电动机，电动机工频运行。QF1 与 QF2、QF3 电气闭锁，保证任何时候不能同时合闸。风机变频运行时 QF、QF2、QF3 三断路器处于合闸状态，工频断路器 QF1 分闸状态；风机工频运行时 QF、QF1 两断路器处于合闸状态，变频断路器 QF2、QF3 分闸状态。高压真空断路器 QF 为原有设备。每套高压变频装置主要配置为：控制柜一台、功率模块柜一台、干式变压器柜一台、自动旁路柜一台。

锅炉风机具体运行方式和控制逻辑如下：

（1）正常运行方式：两台风机变频运行，动叶全开，风机变频自动调整，工频联锁备用。变频自动调整（或手动调整）。高压真空断路器 QF、QF2、QF3 运行；高压真空断路器 QF1 联锁热备用。

（2）变频器故障期间运行方式：两台风机工频运行，变频停运，两台风机动叶在自动调整（或手动调整）；或者一台风机变频运行，另一台风工频运行，变频和动叶只能一个投自动或全手动运行。高压真空断路器 QF、QF1 运行；高压真空断路器 QF2、QF3 跳闸停运，变频器停运，风机动叶调节自动关至负荷对应位置，工频自动启动风机（合 QF1 断路器），调整炉膛负压正常，风量正常。

（3）变频器故障动作方式：风机变频跳闸，工频自动联锁启动。变频器故障前：风机变频运行，高压真空断路器 QF、QF2、QF3 运行，高压真空断路器 QF1 联锁热备用。变频器故障时：

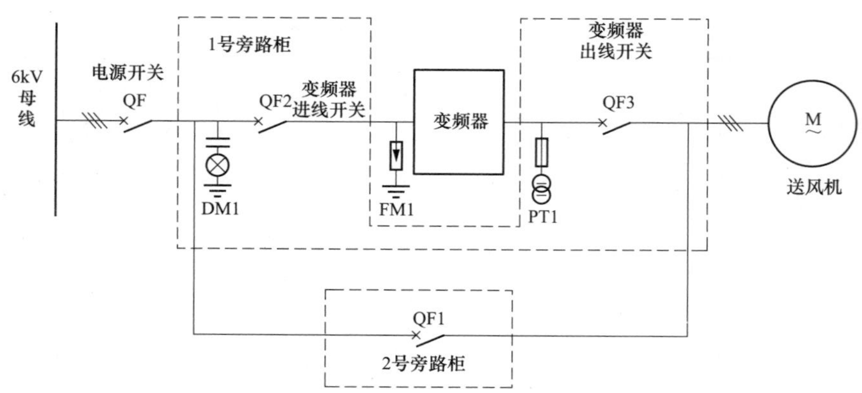

图 20-19　送风机一拖一变频带工频旁路方案

风机变频器跳闸，高压真空断路器 QF2、QF3 跳闸。变频器故障后：风机工频运行，高压真空断路器 QF、QF1 运行，高压真空断路器 QF2、QF3 停运，变频器停运转检修。

（4）风机 RB 动作逻辑：变频器重故障时跳开 QF2。机组 DCS 收到重故障报警时将跳开 QF3 后，在 30s 内风机未工频启动（QF1 合闸）或变频器重故障且炉膛负压达±1800Pa，将联跳 QF 断路器，送、引风机单侧联锁跳闸，触发 RB。

3. 国电某发电有限公司改造后节能效果

一台送风机变频改造后的节能分析结果见表 20-26，按照 320MW 运行 4h、370MW 运行 8h、470MW 运行 7h、530MW 运行 3h、600MW 运行 2h，平均功率为 430MW，与实际负荷情况接近。

表 20-26　　一台送风机节能分析结果

负荷	320MW 负荷时风机功率（kW）		370MW 负荷时风机功率（kW）		470MW 负荷时风机功率（kW）		530MW 负荷时风机功率（kW）		600MW 负荷时风机功率（kW）	
运行方式	工频	变频	工频	变频	工频	变频	工频	变频	工频	变频
运行功率	290	146	370	187	400	238	474	345	570	428
节约功率	144		183		162		130		142	
节电率（%）	49.7		49.5		40.5		27.4		24.9	

改造前送风机耗电率＝400×2×100%/470 000＝0.17%；改造后送风机耗电率＝238×2×100%/470 000＝0.10%

平均节电率＝(49.7%×4＋49.5%×8＋40.5%×7＋27.4%×3＋24.9%×2)/24＝42.0%。

24h 节约电量：$W_{天}=144\times4+183\times8+162\times7+130\times3+142\times2=3848$（kWh）

按照一年运行 7000h 计算：$W_{年}=W_{天}\times\frac{7000}{24}=3848\times\frac{7000}{24}$

$$=1\ 122\ 333(\text{kWh})=112.2(\text{万 kWh})$$

按照机组电价 0.412 元/kWh，发电成本 0.25 元/kWh 计算，一年送风机变频创收：112.2×(0.412－0.25)＝18.2(万元)。变频改造投资 200 万元。投资回收期约 11 年。

四、1000MW 机组动叶可调轴流式送风机变频改造

1. 轴流式送风机变频改造方案

某发电公司 2×1000MW 机组锅炉是由东方锅炉厂制造的超超临界、直流、前后墙对冲燃烧

方式锅炉，型号为DG3033/26.15-Ⅱ2。每台机组配两台上海鼓风机厂生产的FAF28-14-1型动调轴流送风机，风机及配套电机参数见表20-27。

表20-27 动叶可调轴流式送风机及电机参数

送风机本体			
型号	FAF28-14-1	型式	动叶可调轴流式
风量（m^3/s）	397（TB）/331.5（BRL）	全压（Pa）	5703（TB）/1564（BRL）
转速（r/min）	990（TB）/990（BRL）	数量及容量	2×50%
效率（%）	86.8（TB）/87.4（BRL）	调节方式	液压动叶调节
调节范围	−25°～+13°	风机轴功率（kW）	2468（TB）/1564（BRL）
送风机电机			
型号	YKK710-6	额定功率（kW）	2600
额定电压（kV）	10	额定电流（A）	180
转速（r/min）	995	效率（%）	96

改造前送风机耗电率平均为0.23%（平均负荷70%），改造后送风机耗电率降为0.07%，节电率约70%。本项目采用可靠性较高的进口品牌变频器，一拖一自动旁路配置，提高了送风机变频改造后的可靠性，确保改造后系统的安全稳定运行。

2. 送风机变频器冷却系统

高压变频器对运行环境温度通常要求在0～40℃，环境粉尘含量低于950μL/L。过高的温度会造成变频器温度过热保护而跳闸，粉尘含量过高导致变频器通风滤网更换清洗维护量过高，增加维护费用。因此，采用何种冷却方式和系统结构至关重要。

对于大型变频器，其冷却系统一般采用空-水冷方式，以节约运行费用。变频设备由大功率电力电子元件组成，对设备本体散热要求较高。两台变频器发热量按照变频器额定总功率4%计算（变频器效率为96%）为=2×2600kW×4%=208kW，空调的最小设计裕度为1.25倍，则两台变频器需要空调的热交换功率不小于260kW，1台10匹分体式电空调的输入功率约7.35kW，其制冷量25kW，因此若采用普通电空调约需11台10匹空调，不仅配电室面积大，空调运行消耗的电能造成运行成本高。以每台空调2.5万元计算，空调总投资27.5万元。

为保证设备节能稳定运行，采用空-水冷方式进行冷却。按每台变频器的最大散热功率104kW设计，并根据房间的空间尺寸，考虑到极限运行情况下的发热量和交换效率的因素，计算空-水冷却装置的设计裕度为1.1倍。即热交换装置功率不小于114kW，实际选用的热交换装置功率为120kW。那么，1台一次风机2台变频器需配置4台60kW的空-水冷却装置，初步投资15万元，冷却水源引至厂内工业冷却水。同时每台机配备10匹分体式空调作为紧急备用。空-水冷系统的应用不仅降低了用电成本而且使得室内冷空气形成闭式循环，保证室外的灰尘无法进入，大大提高变频器本身使用寿命。空-水冷系统图如图20-20所示。

采用空-水冷却后变频器室内的温度得到有效控制，冷却总耗电功率仅为17.2kW，能耗水平大大降低。按年运行7500h，电价0.412元/kWh计算，空-水冷年耗电量为17.2kW×7500h=129 000kWh，而空调制冷方案年耗电量为7.35×11×7500=606 375kWh，则采用空-水冷年耗电量可节省477 375kWh，折合约19.67万元。

通过对以上两种冷却系统方式的分析、比较，在设备选型、功能、维护等指标进行综合对比，各项指标的数据对比情况汇总见表20-28。可见，采用空-水热交换装置方式具有良好的综合

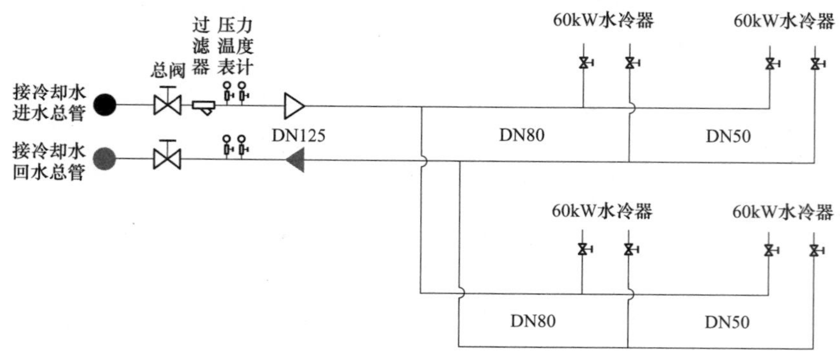

图 20-20　空-水冷系统图

性价比优势，可节约大量的投资成本和运行费用。

表 20-28　2×2600kW 送风机变频器室冷却方式比较

序号	项　目	数　据	
1	冷却方式	空调制冷	空-水冷却器
2	变频器额定散热功率（kW）	208	200
3	额定冷却功率（kW）	260	240
4	设计裕度	1.25	1.1
5	设备安装数量	11 台	4 套
6	初投资（万元）	27.5	15+2.5
7	平均无故障运行时间（h）	10 000	50 000
8	冷却电耗指标（kW）	80.85	17.2
9	年耗电量（万 kWh）	60.64	12.90
10	年运行电费（万元）	24.98	5.31
11	年节省电费（万元）	—	19.67
12	环境温度/变频器室室温（℃）	25/25	25/28
13	冷却器进水压力/冷却器回水压力（MPa）	—	0.30/0.25
14	冷却器进水温度/冷却器回水温度（℃）	—	27/30
15	变频器功率柜温度/变频器变压器柜温度（℃）	25/45	28/57

第九节　吹灰汽源改造

一、采用单一水平低温再热器出口汽源

1. 采用单一水平低温再热器出口汽源方案

WH 电厂每台 660MW 锅炉共布置 130 台各类型吹灰器，其中炉膛布置 76 只 V04 型墙式吹灰器，上炉膛屏区、水平烟道、低温过热器区布置有 44 只 PSL-SL 型长伸缩式吹灰器，省煤器

区布置有 6 只 PSB-SB 半伸缩式吹灰器，每台炉空预器布置 4 只双介质吹灰器。吹灰器采用上海克莱德贝尔格曼机械公司产品，所有吹灰器的汽源来自锅炉分隔屏过热器的出口集箱，蒸汽经减压后送往吹灰器，共有一个蒸汽减压站。吹灰管路系统由吹灰汽源减压站、流量检测报警装置、疏水装置、管道及弯头、仪表、管道和弯头支吊架及导向装置、吹灰器固定件及密封件等组成。蒸汽吹灰汽源主要考虑吹灰介质的压力和温度两个参数，要求到达吹灰枪头时的蒸汽必须有一定的压力和过热度，各吹灰器吹灰汽源压力设计参数见表 20-29～表 20-31，上海克莱德贝尔格曼机械公司吹灰器产品推荐蒸汽工作压力为 0.8～1.5MPa，推荐蒸汽工作温度为 350～400℃，蒸汽过热度要求≥80℃，吹灰器允许使用的负荷条件见表 20-32。

表 20-29　　660MW 锅炉吹灰器设计数据

项　目	单位	技术数据
吹灰器制造厂		上海克莱德贝尔格曼机械公司
炉膛配备的吹灰器型式		伸缩式
炉膛配备的吹灰器长度	m	0.3
炉膛配备的吹灰器台数	台	76
对流受热面配备的吹灰器型式		伸缩式
对流受热面配备的吹灰器长度	m	9.6
对流受热面配备的吹灰器台数	台	50
空气预热器配备的吹灰器型式		伸缩式
空气预热器配备的吹灰器长度	m	～6
空气预热器配备的吹灰器台数	台	4
每台锅炉配备的吹灰器总数	台	130
供吹灰器的蒸汽来源及参数		锅炉分隔屏出口集箱
减压站配用减压阀的制造厂		进口
减压站配用减压阀的型式		气动
减压站配用减压阀的公称直径	mm	DN50
减压站配用减压阀的入口侧蒸汽压力	MPa，g	26.91
减压站配用减压阀的出口侧蒸汽压力	MPa，g	3.1
减压站配用减压阀的供汽量	t/h	20
减压站配用安全阀的公称直径	mm	DN50
烟温探针的型式		伸缩式
减压站后管道规格	mm	ϕ114×6
减压站后管道材质		20G
吹灰器汽源引出管道规格	mm	ϕ76×14
吹灰器汽源引出管道材质		12CrMoV

表 20-30　　WH 电厂 660MW 机组设计吹灰器汽源压力列表

项目名称	单位	最大值	最小值
V04 型炉膛吹灰器			
推荐蒸汽工作压力	MPa	1.5	0.8
推荐蒸汽工作温度	℃	350.0	350.0
PSL-SL 长伸缩式吹灰器			
推荐蒸汽工作压力	MPa	1.0	1.5
推荐蒸汽工作温度	℃	400.0	400.0
PSB-SB 半伸缩式吹灰器			
推荐蒸汽工作压力	MPa	1.5	0.8
推荐蒸汽工作温度	℃	350.0	350.0

表 20-31　　WH 电厂 660MW 机组运行吹灰汽源参数

工　况	BMCR	75%THA	50%THA
分隔屏过热器出口压力（MPa）	29.75	21.25	14.69
分隔屏过热器出口温度（℃）	503.0	480.0	460.0
分隔屏过热器出口比焓（kJ/kg）	3101.9	3152.6	3195.2
饱和温度（℃）	403.2	372.1	340.7
过热度（℃）	99.8	107.9	119.3

表 20-32　　吹灰器允许使用的负荷条件

应用部位	负荷			负荷变化率	
	35%ECR 以下	50%ECR 以下	50%ECR 及其以上	低于 2%/min	2%/min 及其以上
炉膛吹灰器	×	×	○	○	×
四过	×	×	○	○	×
三过	×	×	○	○	×
二过	×	○	○	○	×
一过	×	○	○	○	○
一再	×	○	○	○	○
省煤器	×	○	○	○	○
空气预热器	○	○	○	○	○

注　○代表可以使用；×代表不可以使用。

当前锅炉运行中吹灰器汽源来自分隔屏过热器出口蒸汽，如图 20-21 所示，BMCR、75%THA、50%THA 工况吹灰汽源参数如表 20-31 所示，很明显分隔屏过热器汽源无论是出口压力还是温度和过热度，均不满足吹灰器厂家推荐参数要求。吹灰时，投入的吹灰器多，消耗的蒸汽量多，从机组周统计吹灰器蒸汽用量投入情况（见表 20-33）可知，每周总吹灰消耗蒸汽量约为 804.3t，折合到每小时消耗蒸汽量为 4.8t。

表 20-33 WH 电厂 660MW 机组吹灰器每周运行情况统计表

吹灰器类型	投入数量（台/周*）	吹扫时间（s/台）	总吹扫时间（h）	耗汽量（kg/min）	总耗汽量（t）
炉膛	76×0.5×7	150	11.1	65	43.2
过再热器	44×0.5×7	780	28.6	137	235.0
省煤器	6×1×7	545	6.4	137	52.3
空气预热器	4×6×7	900	42.0	188	473.8
总计					804.3

* 是指每周投入的台数，等于总天数（7 天）乘以每天投入吹灰台数（0.5 表示两天吹一次；1 表示每天吹一次；6 表示每班 2 次，一天 6 次）。

以 660MW 机组 75%THA 工况为例，实际吹灰过程中，分隔屏过热器蒸汽通过减压站，蒸汽压力由 21.25MPa 降为 2MPa 以下，压差超过 19MPa，而且随着负荷的升高压差将更大，因此阀门泄漏不可避免。由此导致分隔屏过热器蒸汽利用品质的降低，蒸汽的做功能力大大降低，阀门泄漏使得机组经济性降低。同时由于个别吹灰器提升阀不严密，还会使得蒸汽一直吹某一受热面，增加了枪管自身泄漏和四管泄漏的可能性。为此提出选择低温再热器出口蒸汽作为吹灰汽源方案，如图 20-22 所示。考虑吹灰器对汽源的要求，低温再热器出口蒸汽参数（见表 20-34）最与厂家推荐蒸汽参数匹配，可满足机组 50%THA 工况以上吹灰需要。过热器进出口蒸汽压力过高，而其他再热器出口蒸汽温度过高，因此只有利用低温再热器出口蒸汽吹灰最为经济。

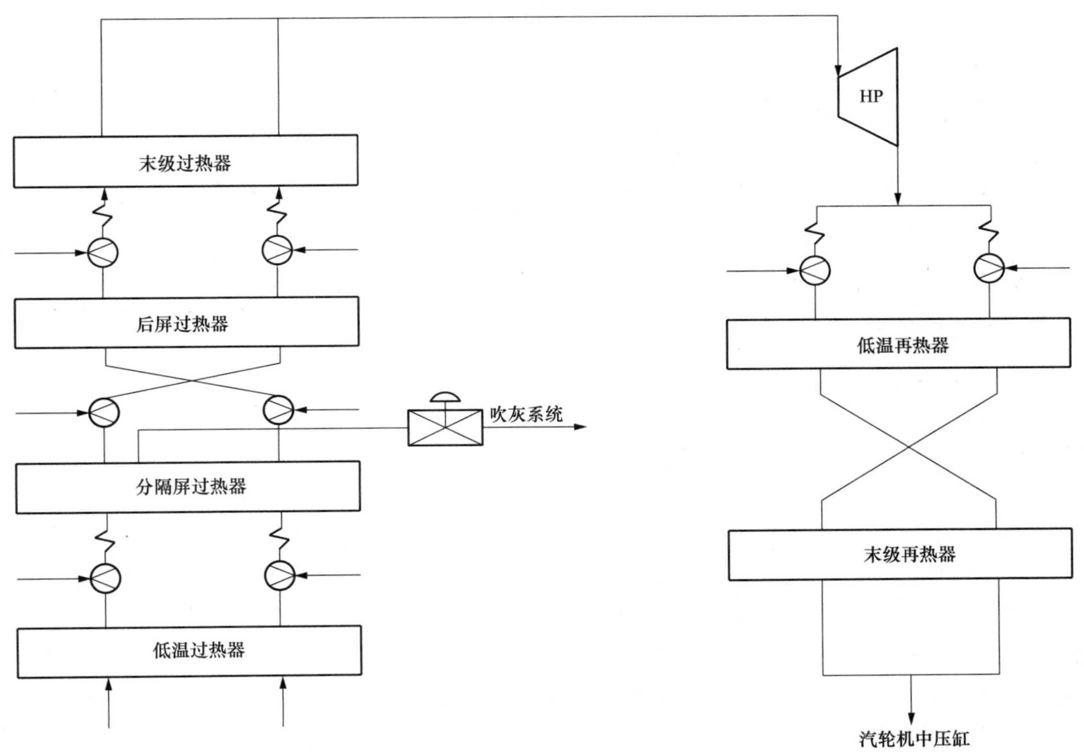

图 20-21 原运行中吹灰器汽源位置

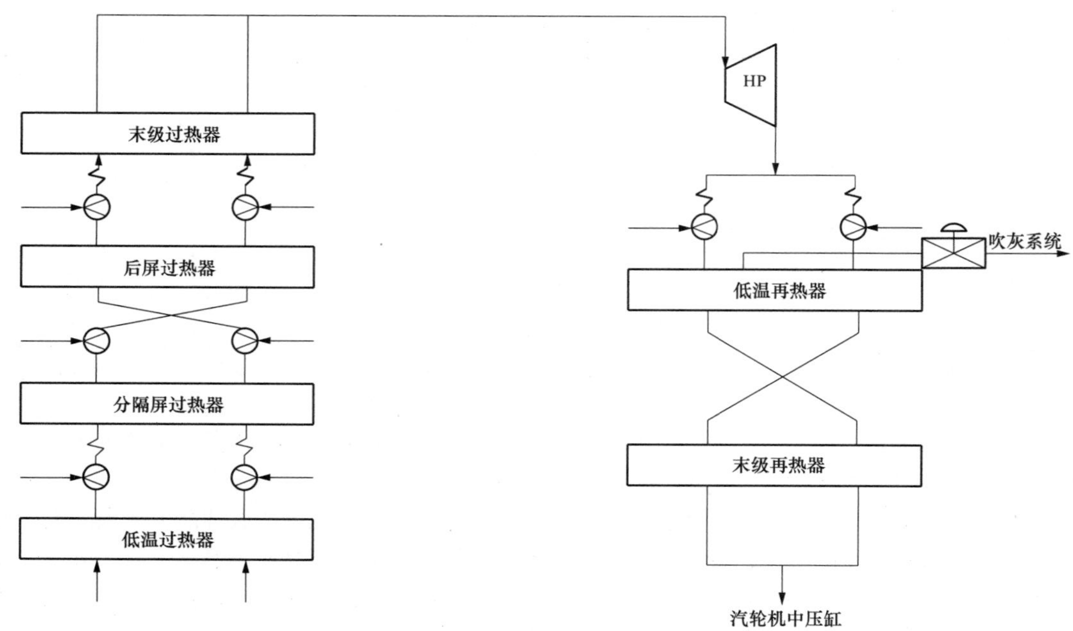

图 20-22　改造后吹灰器汽源位置（低再出口）

表 20-34　　水平低温再热器出口参数的比较

工　况	BMCR	75%THA	50%THA
水平低温再热器出口压力（MPa）	6.067	4.044	2.675
水平低温再热器出口温度（℃）	461	456	445
水平低温再热器出口比焓（kJ/kg）	3328.5	3344.2	3337.9
水平低温再热出口器饱和温度（℃）	276.3	251.0	227.6
水平低温再热出口过热度（℃）	184.7	205.0	217.4
立式低温再热器出口压力（MPa）	6.067	4.044	2.675
立式低温再热器出口温度（℃）	514	518	511
末级再热器出口压力（MPa）	5.867	3.91	2.585
末级再热器出口温度（℃）	603	603	590

2. 采用单一水平低温再热器出口汽源的经济性

选择低温再热器出口蒸汽为吹灰汽源，B-MCR 工况时，蒸汽压力只有 6.07MPa（461℃），不到分隔屏汽源的 25%，吹灰差压只有 4.07MPa，不到分隔屏汽源的 15%。汽源优化后，阀门的工作条件得到显著改善，泄漏的可能性大为减少，运行可靠性将大幅提高，同时相同吹灰汽量条件下，机组经济性将得到提高。机组吹灰器耗汽量折合到单位运行小时为 4.8t，利用变工况计算法分析吹灰器汽源取自水平低温再热器与汽源取自分隔屏过热器间的经济性差别见表 20-35。将吹灰汽源改至水平低温再热器出口，较吹灰器汽源取自分隔屏过热器出口，在 100%THA、75%THA、50%THA 工况下，汽轮机热耗率平均降低 4.35kJ/kWh，发电煤耗率平均降低 0.16g/kWh，年节煤量 533.5t，按标煤单价 700 元/t 计算，年节煤收益 37.3 万元，3 年内即可收回投资，选择低温再热器出口蒸汽作为吹灰器汽源，从压力匹配角度，完全满足吹灰器吹灰要求，同时使用低品质的蒸汽代替高品质的蒸汽，使得机组经济性得到提高。

表 20-35　　吹灰汽源优化后机组经济性分析

工　况	THA	75%THA	50%THA
吹灰器汽源	水平 低温再热器	水平 低温再热器	水平 低温再热器
发电机功率（MW）	660.0	495.0	330.0
主蒸汽压力（MPa）	24.95	18.44	12.23
主蒸汽温度（℃）	600.0	600.0	600.0
主蒸汽流量（t/h）	1802.1	1306.6	851.7
再热蒸汽压力（MPa）	5.13	3.81	2.56
再热蒸汽温度（℃）	600.0	600.0	600.0
再热热段蒸汽流量（t/h）	1521.0	1125.3	749.2
水平低温再热器压力（MPa）	6.07	4.04	2.68
水平低温再热器温度（℃）	461.0	456.0	445.0
吹灰器蒸汽流量（t/h）	4.8	4.8	4.8
汽轮机热耗降低（kJ/kWh）	1.9	3.7	7.5
运行小时数（h）	1500	4000	2000
发电标准煤耗率变化值（g/kWh）	0.07	0.14	0.28
发电煤耗率平均降低值（g/kWh）		0.16	
吹灰器汽源改造投资（万元）		100	
节煤总量（t/a）		533.5	
标煤价格（元/t）		700	
节能收益（万元）		37.3	

二、采用低温再热器进出口混合汽源

1. 采用低温再热器进出口混合汽源方案

河北 ZD 电厂 3 号机组选用 SG-2080/25.4-M969 型超临界参数直流锅炉，装有长吹灰器 38 只，短吹灰器 96 只，空气预热器 4 只，吹灰汽源取自后屏过热器出口，蒸汽温度 516℃，压力 25.9MPa，经减压站降低到 2.0MPa 以下使用，造成高质量的能源消耗过高。吹灰器采用上海克莱德贝尔格曼机械公司产品，上海克莱德贝尔格曼机械公司产品推荐吹灰器蒸汽工作压力为 0.8～1.5MPa，推荐蒸汽工作温度为 350～400℃，蒸汽过热度要求≥80℃。根据吹灰器厂家的蒸汽设计参数要求，吹灰汽源可以选择质量较低的再热蒸汽，再热蒸汽由低温再热器和末级再热器两部分组成，末级再热器温度偏高，过热度更高，宜选低温再热蒸汽，低温再热蒸汽参数见表 20-36。从低温再热蒸汽参数看，低温再热器进、出口压力均满足吹灰器蒸汽压力设计要求。

表 20-36　　低温再热蒸汽参数

序号	项　　目	BMCR	THA	75%ECR	50%ECR	高加全切
1	低温再热器进口压力（MPa）	4.60	4.06	3.50	2.37	4.22
2	低温再热器进口温度（℃）	318	317	293	293	314
3	低温再热器进口过热度（℃）	59.2	65.7	50.4	71.8	60.41
4	低温再热器出口压力（MPa）	4.41	3.89	3.35	2.27	4.05
5	低温再热器出口温度（℃）	478	471	466	464	475
6	低温再热器出口过热度（℃）	221.8	222.3	225.9	245.1	223.9

减压站后管道规格为 ϕ114×6mm，材质 20G，根据 DL/T715《火力发电厂金属材料选用导则》规定“20G 应用范围壁温≤425℃的蒸汽管道”，而低温再热器出口温度>425℃，如果选用低温再热器出口作为吹灰汽源，则需要将原 20G 材质管道全部升级，或者使用喷水减温器把蒸汽温度降低到 425℃以下。如果选用低温再热器进口作为吹灰汽源，则蒸汽过热度不满足要求；如果利用压力匹配器（即蒸汽喷射式混合器），将进出口蒸汽按比例混合，即可满足要求。压力匹配器结构包括 4 部分：喷嘴、引吸室、混合室、扩压管。其工作原理是高压驱动蒸汽（一次蒸汽）通过喷嘴后绝热膨胀，压力降低，直到压力低于被引射的低压蒸汽（二次蒸汽）的压力，由于压差作用，被引射的低压蒸汽被吸至引吸室，两股气流在混合室内混合，经扩压管增压到用户所需要的压力。ZD 电厂 3 号锅炉选用压力匹配器技术参数见表 20-37，混合及减压后相关蒸汽参数见表 20-38。

表 20-37　　压力匹配器技术设计参数

序号	项　　目	参　　数
1	接口工称直径（mm）	ϕ114×6
2	工称压力（MPa）	6
3	最高工作温度（℃）	500
4	材质	12Cr1MoVG
5	外形尺寸（mm）	1800×800×500
6	压力匹配器后管材质	20G

表 20-38　　混合及减压后相关蒸汽参数

序号	项　　目	BMCR 定压	THA 定压	75%ECR 滑压	50% ECR 滑压	高加全切
1	低温再热器进出口混合压力（MPa）	4.19	3.696	3.325	2.157	3.85
2	低温再热器进出口混合温度（℃）	398	378	368	368	399
3	减压至 2MPa 时蒸汽温度（℃）	380.9	360.4	354.7	364.8	381.8
4	减压至 2MPa 时蒸汽过热度（℃）	168.5	148	142.3	152.4	169.4

原有吹灰控制系统和设备不动，新增加的控制系统与原有的吹灰汽源和管路并联（在减压站出口以手动闸阀关闭），DCS 和 PLC 内部增加吹灰汽源控制选择功能，以保证再热器汽源无法满足要求时随时启用原吹灰系统。从锅炉低温再热器进口管道引出一路蒸汽作为高压驱动蒸汽引入压力匹配器喷嘴，从低温再热器出口连接管道引出一路蒸汽进入匹配器混合室，混合后的蒸汽经

减压阀调整后，接入原吹灰蒸汽减压站出口母管。核算系统最大总阻力为0.3MPa，50%负荷下压力仍能满足吹灰器设计最大压力要求。

2. 采用低温再热器进出口混合汽源的经济性

河北ZD电厂3号锅炉投运一次吹灰器蒸汽总耗量为240 413.3kg，根据西安热工研究院测试，在75%负荷下，改造后供电煤耗率降低0.493g/kWh，年节约标准煤1790t。

减压阀前后蒸气压差越小，能源损失越小，阀门运行越可靠，检修维护费用可降低。

采用压力匹配器方案，解决了低温再热器进口蒸汽过热度不足，出口蒸汽温度过高，原管道材质受限的难题。

第十节 邻机蒸汽加热启动技术

一、锅炉本体启动系统情况

超临界锅炉的本体启动系统是超临界机组的一个重要组成部分。由于超临界锅炉没有固定的汽水分离点，在锅炉启动过程中和低负荷运行时，给水量会小于炉膛保护及维持流动稳定所需的最小流量。启动系统的主要功能就是完成冷态、热态清洗，在锅炉启动、低负荷运行及停炉过程中，建立并维持炉膛内的最小给水流量，以保护炉膛水冷壁，满足机组启动及低负荷运行的要求，同时最大可能地回收启动过程中的工质和热量，提高机组的运行经济性。

超临界锅炉本体启动系统包括：启动汽水分离器、贮水箱、再循环泵（BCP）、大气式扩容器、疏水箱、水位控制阀等。在锅炉启动处于循环运行方式时，饱和蒸汽经汽水分离器分离后进入顶棚过热器，疏水进入贮水箱。来自贮水箱的一部分饱和水通过锅炉再循环泵（启动循环泵）和再循环流量调节阀回流到省煤器入口，与高压加热器的给水混合，进行再循环。循环流量调节阀控制再循环流量，贮水箱水位控制阀控制贮水箱的水位。来自贮水箱另一部分饱和水通过贮水箱水位控制阀至大气式扩容器。大气式扩容器疏水进入疏水箱，经过锅炉启动疏水泵将疏水送到凝汽器以回收工质。

锅炉负荷小于25%BMCR的最低直流负荷时，启动系统为湿态运行，分离器起汽水分离作用，分离出来的过热蒸汽进入过热器，水则通过水连通管进入分离器贮水箱，通过再循环系统再循环。当机组处于启动初期的汽水膨胀阶段时，贮水箱中的水由两只水位控制阀（WDC阀，也即分离器贮水箱疏水调节阀）排入锅炉扩容系统，锅炉负荷达到25%BMCR后，锅炉运行方式由再循环模式转入直流运行模式，启动系统也由湿态转为干态，即分离器内已全部为蒸汽，它只起到一个中间集箱的作用。

为保证锅炉受热面的清洁，对首次启动或停运时间超过150h以上的机组应当进行锅炉水清洗。锅炉水冲洗分为冷态清洗和热态清洗两个大的阶段。锅炉清洗主要目的是清洗沉积在受热面上的杂质、盐分和腐蚀生成的氧化铁等。直流锅炉的冷态清洗是指在锅炉点火前，用除盐水或凝结水冲洗包括低压加热器、除氧器、高压加热器、省煤器、水冷壁、汽水分离器在内的水汽系统。锅炉冷态清洗结束，水质合格，满足点火要求后，投入燃油系统，锅炉点火，缓慢的进行升温升压工作，随着水温和水压的逐渐提高，水中的杂质含量逐渐升高，由于水中的溶解物在190℃时达到最大，当给水温度上升到190℃时，即可进行锅炉热态清洗，去除污垢。热态清洗完毕，水质合格后，即可进行下一步启动工序。

（1）冷态清洗：机组冷态启动时，锅炉要首先进行冷态冲洗。冷态冲洗过程中，启动给水泵，并随着水冷壁温的升高逐步提高给水温度，要求通过省煤器和炉膛水冷壁的流量为25%BMCR，水温约80℃左右。当省煤器入口的清洗水Fe含量小于100μg/L，pH值为9.3～9.5，氢电导率小于 1μS/cm 时，冷态清洗结束，可点火升温升压进行热态清洗。清洗后的炉水通过水位控制阀排入扩容器，经扩容后的疏水进入疏水箱，然后通过疏水泵后的管道排出系统外的水处理装置。

（2）热态清洗：锅炉冷态清洗结束后，锅炉点火。当启动汽水分离器入口温度达到 190℃左右时锅炉进行热态清洗。热态清洗的流量约为 25%BMCR，循环清洗时一般控制启动循环泵管路的循环量为 18%BMCR，如水质太差可减小启动循环泵的流量。此阶段的清洗水部分经扩容器扩容形成蒸汽排至大气外，剩余的全部排至凝汽器，持续时间为 49h（首次热态冲洗时间）。分离器出口的清洗水 Fe 含量小于 50μg/L、氢电导率≤0.50μS/cm 时，热态清洗结束。

二、邻机蒸汽加热启动技术概述

经过长时间停炉后，锅炉再启动时，要经历冷态冲洗、热态冲洗等过程。在锅炉启动过程中，首先进行冷态冲洗，冷态冲洗完成后，锅炉点火加热冲洗水进行热态冲洗。冷态清洗时锅炉上水温度为 80℃，热态清洗要求给水温度 190℃，因此传统上锅炉冷态冲洗完成后需要进行锅炉点火，采用的方法一般是等离子点火或少油启动点火，同时启动送风机使通风量维持一定风量；锅炉点火后，工质温度逐渐升高，当分离器有蒸汽发生时，便将相应的阀门投入自动运行，调整燃油控制阀以及主蒸汽压力调节阀等，使锅炉升压，将压力控制在要求的范围内，进行热态清洗，监测循环水的水质，合格后便可进行汽机冲转。查询汽机冷态启动曲线可知，从锅炉点火到机组并网约需 12h。

国内锅炉的邻机加热启动系统最先在上海外高桥三期（2×1000MW）工程安装并成功实现了运行。据有关资料介绍，外高桥三期锅炉未设置等离子点火装置，通过 2 号高压加热器将除氧器来的给水由 120℃加热到 270℃左右，以节约点火用油。邻机加热系统全名是邻机蒸汽加热启动系统，顾名思义是指并列运行的两台直流机组，互相利用邻机的蒸汽加热本机待启动机组的给水的热力系统，因锅炉不需点火，从而减少了锅炉启动初期加热本体的燃油、燃煤消耗量。该技术的主要思路是采用蒸汽替代燃油和燃煤，对锅炉进行整体预加热，使锅炉在点火时已处于一个“热炉、热风”的热环境。该启动方法的系统简单，实施容易，所增加的费用远低于等离子点火等其他省油方法。采用这种启动方式后，锅炉在启动过程所需的燃油强度大为降低，燃油过程大大缩短，从而使总体耗油量下降一个数量级以上。另外，该技术不仅将锅炉由原来的冷态启动转为热态启动，并且使风烟系统的运行条件更优于热态启动，极大改善了锅炉的点火和稳燃条件，显著提高了锅炉的启动安全性。常见的邻机加热系统有以下两种：除氧器加热启动系统和高压加热器加热启动系统。

（1）除氧器加热启动系统。锅炉热态冲洗要求的水温为 180～190℃，该温度下的饱和压力为 1.255MPa，此时可利用邻机辅汽联箱供汽在本机除氧器内直接将给水加热到热态清洗温度。常规辅助蒸汽采用母管制设计，两台机组辅助蒸汽系统相连，因此该系统只需核算辅汽到除氧器的管道规格和蒸汽量要求。图 20-23 是某电厂采用除氧器加热启动系统的示意图。

（2）高压加热器加热启动系统。如果锅炉热态冲洗要求的温度较高受除氧器加热水温能力限制，需高压加热器参与系统加热，才能满足锅炉热态冲洗要求。即锅炉给水先经除氧器加热，再经高压加热器系统加热提升温度，以达到锅炉热态冲洗较高温度要求。图 20-24 是某电厂 2×1000MW 机组工程采用高压加热器加热启动系统的示意图。采用邻机低温再热蒸汽抽汽加热本机 2 号高压加热器给水。由于直流炉对水质要求较严格，为了保证锅炉受热面内表面清洁，对停运时间较长（一般超过 150h 以上）的机组应进行锅炉清洗。锅炉清洗包括冷态清洗和热态清洗冲洗，流量为 25%BMCR 锅炉蒸发量。除氧器在启动阶段辅汽加热蒸汽压力按 0.15MPa.a，除氧器出水温度为 110℃，此温度能够满足冷态清洗水温要求。通过邻机再热蒸汽加热本机 2 号高

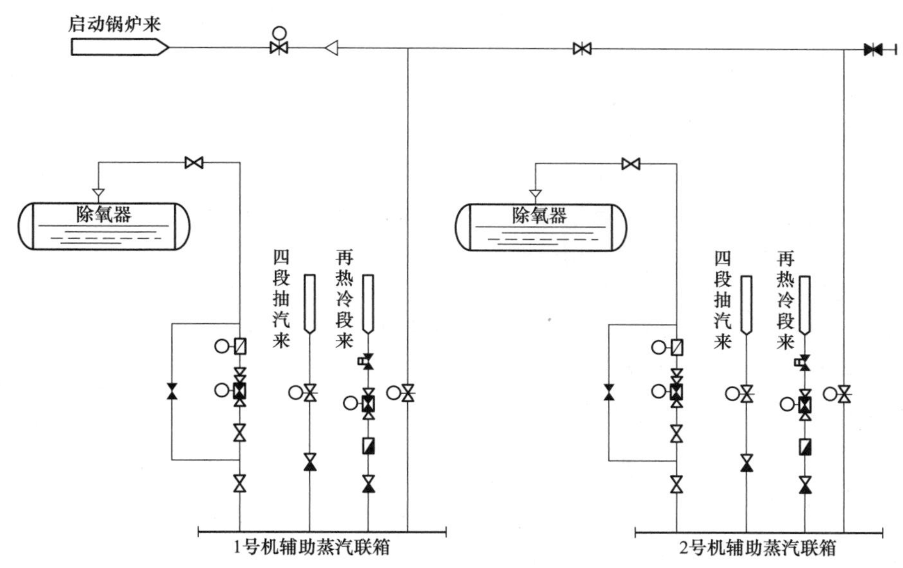

图 20-23 除氧器加热启动系统

压加热器给水，获得 200℃左右的水温，可满足锅炉热态清洗的最佳水温要求。

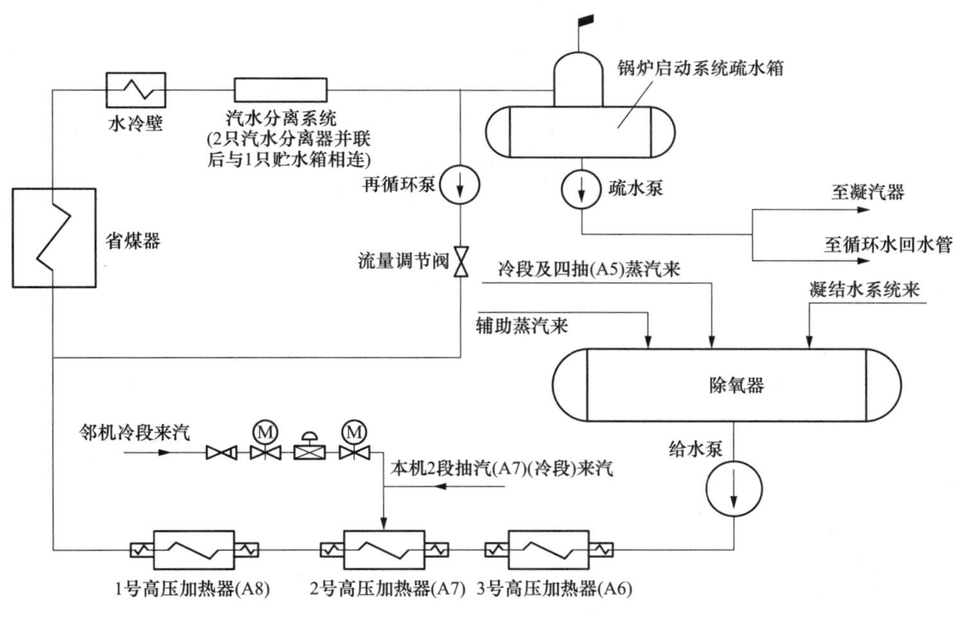

图 20-24 高压加热器加热启动系统

三、660MW 机组采用邻机蒸汽采用高压加热器加热启动系统

1. 高压加热器加热启动系统方案

WH 电厂以三期 2 台 660 超超临界机组的冷段再热蒸汽分别作为邻机的 2 号高压加热器的启动用汽源。即在 5、6 号机组之间增加中压蒸汽母管，分别从 5、6 机组冷段再热蒸汽至辅汽联箱的管路上引出蒸汽管道至中压蒸汽母管（DN377×16），为了保证机组的运行安全，在引出管道上分别安装带气动执行机构的止回阀和电动闸阀。在中压蒸汽母管上分别引出蒸汽管道至 5、6

号机组的 2 号高压加热器蒸汽入口管道，作为机组启动时锅炉给水的加热蒸汽，在引出管道上分别安装电动压力调整阀（DN350）及电动闸阀，电动闸阀用于正常运行时的隔离，压力调整阀用于调节邻机蒸汽压力适应本机启动时给水出水温度需求。将经过除氧器加热后的给水进一步加热至 200℃，以满足锅炉的冲洗需要。

为了充分的利用加热蒸汽的热能，将 2 号高压加热器启动加热蒸汽的疏水排入除氧器。在 2 号高压加热器正常疏水电动门前，新增加一路 2 号高压加热器疏水至除氧器的管路（疏水管道 $\phi194\times8$），接入除氧器的备用接口，用以回收机组启动阶段邻机加热时 2 号高压加热器的疏水。疏水管路分别安装电动闸阀、气动调节阀、逆止阀及手动闸阀。2 号高压加热器的疏水依靠压力差流向除氧器，利用气动调节阀控制水位在正常范围内。每台机组设置电动闸阀 2 台、抽汽止回阀 1 台、压力调整阀 1 台。具体系统如图 20-25 所示。

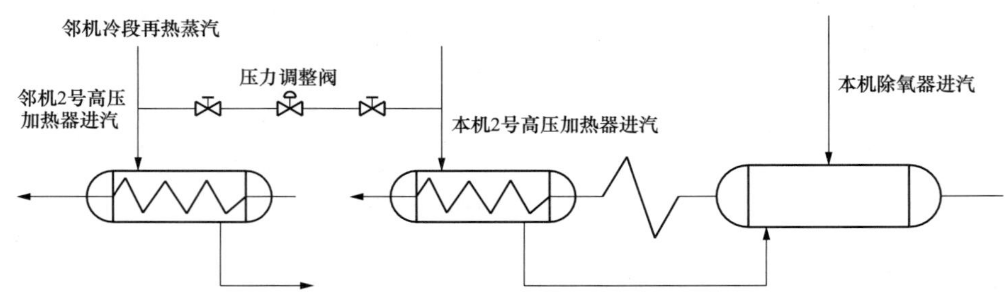

图 20-25　邻机蒸汽加热启动系统图

机组启动时主给水流量约为 25%BMCR 主给水流量，热态冲洗时温度约为 200℃，除氧器出口温度约为 80℃。在此条件下进行加热蒸汽流量计算，计算结果见表 20-39。

表 20-39　邻机加热蒸汽流量计算

项目名称	工况 1	工况 2	工况 3
邻机运行状态	THA	75%THA	50%THA
启动给水流量（t/h）	476.5	476.5	476.5
2 号高加进水温度（℃）	80	80	80
2 号高加进水焓（kJ/kg）	336.9	336.9	336.9
2 号高加出水温度（℃）	200	200	200
2 号高加出水焓（kJ/kg）	852.8	852.8	852.8
邻机来汽压力（MPa）	5.53	4.115	2.756
邻机来汽温度（℃）	363.2	368.6	375.1
邻机来汽焓（kJ/kg）	3094.0	3138.9	3180.4
疏水温度（℃）	205.6	205.6	205.6
疏水焓（kJ/kg）	879.1	878.6	878.1
进汽流量（kg/s）	30.831	30.212	29.660
进汽流量（t/h）	111.0	108.8	106.8

由表 20-40 看出，在本机启动热态冲洗阶段，邻机来汽流量约为 110t/h。

2. 高压加热器加热启动系统经济性

设置邻机蒸汽加热启动系统是为了在无需锅炉点火的情况下，通过该系统将锅炉给水加热至锅炉热态清洗要求的温度，以便缩短启动时间，达到节油、节煤、节电的目的。该技术的总体思路是采用蒸汽替代燃油或燃煤对锅炉进行整体预加热，使锅炉在点火时已处于一个“热炉、热风”的热环境。

WH电厂三期660MW超超临界机组采用邻机蒸汽加热启动后，主要收益包括两方面：改造后，机组启动过程中延迟锅炉点火引起的风机等辅机耗功减小而带来的节电收益；改造后，机组启动过程中减少燃煤或燃油带来的节能收益。

锅炉启动过程中引、送风机风量在30%～50%BMCR之间，风机的消耗功率以实测机组在50%THA工况下的耗功计算。机组冷态启动时，从点火到并网约需7h（改造前点火7h，冲转1h，并网至断油2h；改造后点火4h，冲转1h，并网至断油2h），整体启动时间节约了3h。单台机组一次启动收益计算结果见表20-40。

表20-40　　机组一次冷态启动收益计算

项目名称	实测值	计算值
引风机功率（kW/h）	1505.0×2	1576.7×2
送风机功率（kW/h）	251.0×2	278.2×2
一次风机功率（kW/h）	745.0×2	742.0×2
磨煤机功率（kW/h）	400.0	408.0
锅炉主要辅机总功率（kW/h）	5402	5602
节油量（t/h）（等离子点火）	0	
节煤量（t/h）	10.7	
电价（元/kWh）	0.412	
煤价（元/t）	700	
节煤收益（万元/h）	0.749	
锅炉主要辅机节电电费（万元/h）	0.230 8	
等离子电耗（万元/h）	0.013 2	
等离子汽耗费用（万元/h）	0.10	
每小时总节约启动成本（万元/h）	1.093	
节省时间（h）	3.0	
启停一次总收益（万元）	3.28	

注　本表效益数据依据电流计算功率得出。

一般情况下，在不采用邻炉加热启动时，从锅炉点火到热态冲洗结束所需时间为180min，锅炉点火初期给煤机平均耗煤量22t/h（煤的发热量为23 000kJ/kg），热态冲洗所需要耗煤66t左右；采用等离子点火方式耗油量为0（对于设计小油枪点火的机组，还应考虑耗油量。一般情况下，每根点火油枪的设计流量为0.08t/h，共计6根油枪，热态冲洗耗油量：0.08t/h×6×3h＝1.44t），每台引风机、送风机、一次风机及磨煤机电流按照170、30、80、44A，厂用电系统电压 6.3kV，功率因数 0.85 进行计算，三大风机耗和磨煤机总耗功率 5602×3＝16 806(kWh)。

锅炉热态冲洗期间需从邻机抽取 110t/h×3h＝330t 的蒸汽，运行机组要将每千克 80℃的饱和水加热到 200℃的饱和水，需要吸收（3094－879）＝2215kJ 的热量，330t 蒸汽共需吸热 730 950kJ 热量，锅炉效率 94%，折算成发热量为 23 000kJ/kg 的煤，大约使邻机多耗煤 730 950kJ/23 000(kJ/kg)/94%＝33.8t。每小时节标煤量（66－33.8)/3＝10.7t/h。

利用邻机加热完成热炉冲洗，考虑到机组等离子系统电耗 320kW，等离子汽耗费用 1000 元/h，每次启动可节省：10.7×700 元/t＋(5602kW＋320kW)×0.412 元/kWh＋1000 元/h＝1.093 万元/h。

由表 20-40 看出，采用邻机蒸汽加热启动后，机组一次冷态启动总节约成本 3.28 万元。每次冷态启动可节约标煤约 32.2t，节省厂用电约 17 766kWh，达到了预期效果。

四、1000MW 机组采用高压加热器加热启动系统方案

1. 高压加热器加热启动系统方案

PQ 电厂一期装机容量为 2×300MW，二期装机容量为 2×1000MW，每台 1000MW 机组设一台压力为 0.8～1.3MPa，温度为 240～360℃的辅助蒸汽联箱。二期工程 3、4 号机组的辅助蒸汽联箱用一根辅助蒸汽母管连接。二期工程辅助蒸汽母管同时与一期辅汽母管引接，不设置启动锅炉，以节约资金和提高机组运行的经济性。

1000MW 机组给水系统的高压加热器采用双列布置，设置 6 台卧式、U 形管、双流程高压加热器。改造前的 2 号高压加热器汽侧系统如图 20-26 所示。从本机组冷段过来的低温再热蒸汽经一个气动止回阀后分为两路，分别经过一个气动止回阀和电动阀后接至本机 2A、2B 号高压加热器，2 号高压加热器正常疏水通过一个手动隔离阀、气动调节阀和手动隔离阀后流向对应的 3 号高压加热器汽侧，在 2 号高压加热器汽侧水位高或者系统未调试正常的情况下，经过一个气动调节阀和手动隔离阀流向汽机侧的高压疏水扩容器。

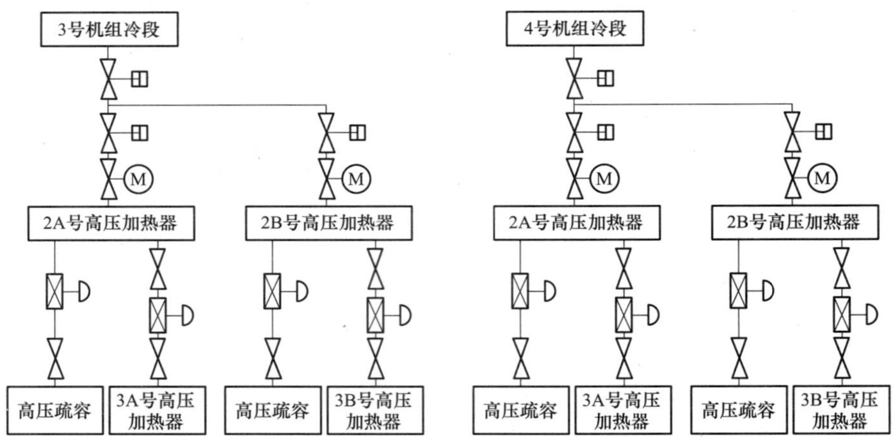

图 20-26 改造前的 2 号高压加热器汽侧系统图

PQ 电厂二期工程采用了如下邻机加热方案：在 2 段抽汽进 2 号高压加热器的进口管道上增设一路蒸汽加热管道，首先利用邻近机组的辅助蒸汽，将除氧器里的水从常温、常压加热到 0.2MPa、120℃的饱和水，饱和水经汽动给水泵升压后，经过 3 号高压加热器，再送往 2 号高压加热器，继续加热至 200～210℃左右，然后经过 1 号高压加热器送到锅炉，实现锅炉不点火工况下的冷、热态冲洗。

2号高压加热器的加热蒸汽来自邻近机组的低温再热蒸汽。邻近机组的低温再热蒸汽经一个电动闸阀和一个止回阀后分为两路，分别接至本机组2A、2B号高压加热器，支路上分别设置一个具有中停功能的电动闸阀以及一个气动调节阀，以便对进入高压加热器的蒸汽流量进行调节，从而控制高压加热器的初始温升速率。在2号高压加热器正常疏水管道上各增加一路疏水管路，经手动隔离阀、气动疏水调节阀、手动隔离阀以及止回阀后接入除氧器。2号高压加热器的疏水在系统未调试正常的情况下，可通过2号高压加热器危机疏水管道流向汽机侧的高压疏水扩容器，在系统调试正常后，则通过增设的2号高压加热器正常疏水至除氧器管道，依靠压力差流向除氧器。

同时从一期到二期辅助蒸汽母管的电动截止阀后引接一路蒸汽管路至二期临机加热蒸汽母管，在3、4号机组均停运工况下，可由一期供汽来实现3或4号锅炉不点火进行热态清洗的目的。改造后邻机加热系统工艺流程如图20-25所示。

2. 高压加热器加热启动系统经济性

机组设置邻机加热系统以后，给水将以200～210℃左右的温度供到锅炉，锅炉可以在不点火工况下实现投运锅炉炉水循环泵热态清洗，既节约了能源，又缩短了机组启动的时间，且系统操作简便、可控性比较好。根据经验统计，1000MW机组的冷态启动，锅炉热态清洗时间一般需要4～6h，采用邻机加热方案后可节省启动时间约2h，PQ电厂3、4号锅炉燃油系统配有3层24支简单机械雾化油枪，用于锅炉点火和低负荷助燃，单个油枪耗油量为1400kg/h。热态清洗按照仅投入AB层8只油枪计算，则启动一次可以节约燃油22.4t，按照7000元/t的燃油单价计算，则在投入邻机加热情况下，锅炉启动一次可以节约燃油费用15.68万元，其经济性是比较可观的。

该启动方式还可带来其他一系列的隐性效益。如将锅炉由原来的冷态启动转为热态启动，使烟风系统的运行条件更优于热态启动，改善了锅炉的点火和稳燃条件；缩短机组点火时间，可减少燃油的燃烧时间，减少油烟黏结在空预器等尾部受热面而危及锅炉安全的可能性；可以尽早投运电除尘器，对环保工作有一定的改善；机组启动阶段的排烟温度可以得到提高，可以降低空气预热器结露和堵灰的概率，减少SCR脱硝系统在启动阶段可能出现的低温结露、堵灰、催化剂中毒以及未燃尽烟灰的黏附甚至二次燃烧的威胁等，提高了锅炉的启动安全性等。

3. 高压加热器加热启动系统投运注意事项

该系统仅在机组启动阶段投运，所有的隔离阀前有存在积水的可能性，如果设计的疏水点比较少，极易造成水击，因此邻机加热系统投退过程要注意密切监视现场系统、管道有无异常振动和泄漏，特别是邻机加热系统投运时必须对供汽母管进行彻底疏水，充分的暖管完成后再关闭疏水门，避免出现管道水击情况，必要时应根据现场实际情况增设多路疏水管路。

可根据水质情况适当提前投入邻机加热系统，投入过程中控制给水温度与贮水箱温度温差小于50℃，保证给水温升率控制在3℃/min之内，并加强就地设备的巡视，注意监视邻机加热管道壁温变化情况，发现管道振动等情况时立即减少加热汽量。

当投入邻机加热系统时，应密切监视运行机组的高压缸排汽压力，轴向位移及推力轴承温度等运行参数，当邻机加热用抽汽量大时可能会导致再热器超温，视情况应及时投入再热器减温水。

当投入邻机加热系统时，应密切监视给水系统的给水流量和温度，以保证高压加热器的通水量，防止2号高压加热器断水干烧而损坏2号高压加热器，任何时候2号高压加热器出口给水温度不得超过极限温度300℃。

邻机加热蒸汽投入后，注意邻机一、二段监视段压力差值不得超限，否则控制本机2号高压加热器进汽电动门的开度，防止邻机高压缸末级叶片过负荷。

邻机加热系统投退过程注意保持一期、二期辅汽联络母管至邻机加热系统各电动门关闭严密，特别在邻机组处于停运状况下，应打开邻机组2号高压加热器汽侧疏水门，密切监视邻机组2号高压加热器汽侧的温度情况，避免出现由于系统隔离不严导致临近机组2号高压加热器超压损坏事故。

设置邻机加热启动系统后，为确保机组安全运行，应增加以下联锁与保护：冷再热蒸汽逆止阀、邻机加热蒸汽电动门在本机汽轮机跳闸、发电机跳闸、OPC（超速保护器）动作时，邻机加热启动系统联锁关闭。根据汽轮机厂设计说明，当邻机一段、二段抽汽压力差值大于2.614MPa时，邻机加热启动系统报警。

五、1000MW机组采用除氧器加热启动系统方案

1. 除氧器加热启动系统方案

某电厂1000MW超临界机组采用除氧器加热启动系统，锅炉厂要求的热态清洗水温为180～190℃，因此由邻机辅助蒸汽（工作汽源为邻机四抽，汽源压力1.03MPa、温度395℃）系统供汽至本机除氧器。

冷态清洗时锅炉上水温度为80℃，因此除氧器中给水需由20℃升高到80℃，按邻机THA工况四抽经辅汽联箱来汽1.03MPa、395℃计，所需邻机加热蒸汽流量约为65t/h。热态清洗时，虽然通过省煤器和炉膛水冷壁的流量要求25%BMCR，其中启动循环泵流量维持在20%BMCR左右，从除氧器至省煤器入口最大补水量保持在（5%～8%）BMCR。因此，在除氧器内需将8%BMCR(210t/h）流量的温度由20℃提高到180～190℃。如由邻机THA工况下四抽供汽，蒸汽参数为1.03MPa、395℃，而1.03MPa对应的饱和温度为181.1℃，因此除氧器内能加热给水到约181.1℃，满足锅炉热态清洗温度要求，此时所需邻机蒸汽约72t/h。如采用邻机冷段经辅汽系统供汽，冷段蒸汽经调节阀后的参数为1.255MPa、309℃，给水由20℃加热到190℃，所需邻机蒸汽约78t/h。

综上所述，采用邻机加热系统，热态清洗时需要邻机的最大辅助蒸汽量约78t/h。

计算出加热蒸汽耗量后，需对邻近汽轮机供邻机加热所用蒸汽的抽汽能力进行核算。对于配置汽动给水泵、汽动引风机机组，核算除回热抽汽、给水泵汽轮机及引风机汽轮机用汽外，机组能供给厂用的蒸汽量，此工况下汽轮机仍能带额定负荷。对于本例1000MW纯凝机组，除回热抽汽、给水泵汽轮机及引风机汽轮机用汽外，冷段抽汽量90t/h，四段抽汽110t/h。根据上面论述，邻机加热系统热态清洗时需要邻机提供的辅助蒸汽量约78t/h，考虑启动时小机用汽和轴封系统等必用汽量，启动期间总共从邻机来汽不超过100t/h，因此汽轮机具有供邻机加热所用蒸汽的抽汽能力。

2. 除氧器加热启动系统经济性

比较基准是不设邻机蒸汽加热，锅炉采用等离子点火技术。锅炉热态清洗时需本炉点火启动，当水冷壁温度达到规定值时，通过控制燃料量，维持给水温度在一定欠焓条件运行。锅炉采用等离子点火技术，启动点火到30%BMCR负荷期间的平均耗煤量约63.95t/h，启动清洗过程中煤耗稍低，约32t/h，则16.5h耗设计煤量约528t。设计煤种低位发热量为20 153kJ/kg，则锅炉热态清洗耗煤量折合为363t标煤。标煤价按700元/t计算，则因耗煤产生的运行费用为25.41万元。

此外，锅炉点火前，三大风机均已投用，锅炉点火时等离子装置投用，假设提前1h开始投入（时间合计为17.5h），则从锅炉启动点火至热态清洗完毕将消耗的电量为：5000×17.5＝87 500(kWh)，本工程发电成本按0.412元/kWh考虑，则因耗电产生的运行费用为3.61万元。

则采用方案一每台机组锅炉热态清洗产生的运行费用为：25.41＋3.61＝29.02(万元)。

设置除氧器加热启动系统后，锅炉热态清洗时不需要本炉点火启动，通过邻机供汽加热启动系统。本台机组启动热态清洗期间加热蒸汽消耗量折算为供热量约3950GJ，相当于136t标准煤。总运行费用为：136×0.07＝9.52(万元)。

因此锅炉热态清洗过程中，设置邻机蒸汽加热系统相比等离子点火加热系统，每次机组启动节省运行费用：

29.02－9.52＝19.5(万元)

每年每台机组按启动2次计算，年39万元，邻机蒸汽加热系统投资约100万元，投资回收期2.56年。

第二十一章　汽轮机系统节能综合升级改造技术

早期投产的机组当四阀全开工况下机组通流能力是夏季工况时的1.03～1.05倍，以600MW等级机组为例，受限于当时设计水平及加工制造能力，为弥补发电能力的欠缺，往往设计时将通流进一步放大，导致机组的实际进汽能力达到铭牌工况的1.08～1.1倍。在当前电力市场严重饱和的情况下，机组运行区间多集中在75%负荷及以下，严重偏离当初的通流设计基准点，加之设计理念老旧，机组效率大幅下滑，直接影响机组在部分负荷下的运行经济性。另外，与其配套的辅机动力也是额定出力的1.2倍左右，这样一来，在低负荷运行工况下，不但汽轮机效率低下，主要辅机运行效率更低。如何保障主机和辅机的宽负荷经济性就成为节能的重点。本章详细地介绍了汽机系统节能综合升级技术，特别是低负荷下各项节能技术的原理、特点、优缺点，以及应用方案和效果，包括汽机本体、主要辅机及其配套设备和系统。

第一节　闭式冷却水泵调速技术

电厂常见的闭式冷却水泵的运行方式为：2台闭式冷却水泵一用一备，转速常年不变。但是闭式冷却水泵的运行流量随季节和系统负荷的变化而变化，目前采用闭式冷却水泵出口阀门开度来控制水泵的流量。这种流量控制方式存在的问题是管网的阻力损失大，阀门节流损失大。为了减少阀门节流损失，减少电能消耗，电厂广泛采用的方法是将闭式冷却水泵电机加装变频器、永磁调速器或改成双速泵。

一、闭式冷却水系统

闭式冷却水（简称闭式水或闭冷水）系统是为机组辅助设备提供冷却水源，其主要作用是给各转动机械提供润滑冷却或给冷油器提供冷却水，还给发电机提供定子内冷水，以保证汽轮机、锅炉、发电机的辅助设备及其系统的正常运行。闭式水系统是一个闭式回路，用开式循环冷却水进行冷却。闭式水系统用户包括：主机冷油器、真空泵冷却器、小汽轮机冷油器、汽泵前置泵机械密封冷却水、汽动给水泵机械密封冷却水、凝结水泵轴承及密封冷却水、凝结水泵电机空冷器冷却水、低加疏水泵轴承冷却水、发电机氢气冷却器、发电机定子冷却器、发电机密封油装置冷却器和氢气干燥器冷却水等。闭式水系统采用除盐水作为冷却工质，可减少对设备的污染和腐蚀，使设备具有较高传热效率。

闭式冷却水经过闭式冷却水泵（简称闭式泵）升压后，进入板式换热器冷却，然后从闭式冷却水母管进入各设备的热交换器吸热，再返回闭式循环冷却水泵入口，形成闭式循环冷却水系统。来自凝结水泵的凝结水作为膨胀水箱的补水。膨胀水箱内设有液位控制开关，在系统正常运行时控制液位调节阀的开度，来维持水箱的正常运行水位。

系统基本流程为：除盐水→膨胀水箱→闭式泵→板式换热器→闭式水用户→闭式泵进口。闭式冷却水系统简图如图21-1所示。

二、闭式冷却水泵电机改为双速

闭式冷却水泵电动机改为双速后，在冬季时使用低转速运行，节约厂用电，该技术适合于各级容量机组。

大唐某电厂2号630MW机组原闭式冷却水泵设计扬程偏高，实际运行时严重节流，为了降

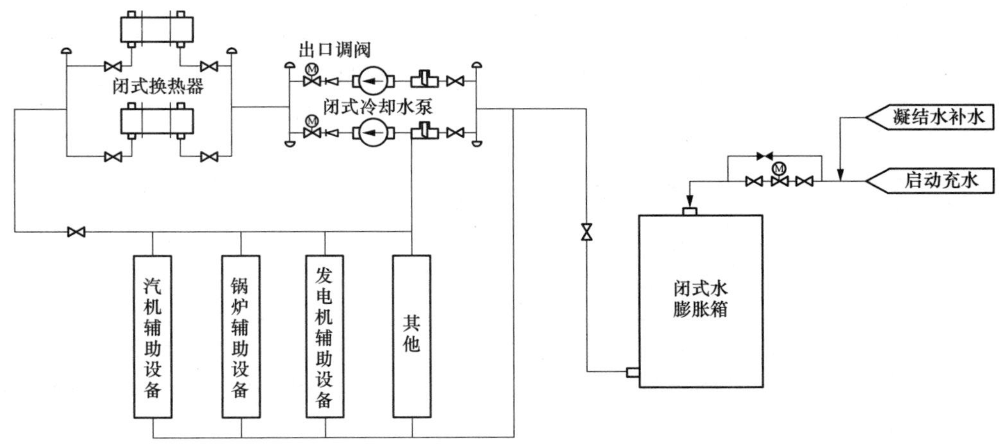

图 21-1 闭式冷却水系统简图

低扬程，提高水泵运行效率，将两台机组各选择一台闭式冷却水泵电动机进行双速改造（将原 6 极绕组改为 6/8 极双速绕组）。改造后闭式冷却水泵电动机功率由 330kW 降到 130kW，每小时节电约 200kWh，全年闭式冷却水泵低速运行约 9 个月，降低厂用电率约 0.036 个百分点，年节电约 260 万 kWh。

三、闭式冷却水泵变频改造

1. 变频改造方案

某 660MW 超超临界机组闭式冷却水系统包括 2 台 100%容量的闭式冷却水泵（简称 A 泵和 B 泵）、2 台 100%容量的板式换热器、1 只膨胀水箱及连接管道阀门辅助设备。闭式循环冷却水为除盐水，取自膨胀水箱。机组正常运行时闭式冷却水泵一台运行、一台备用，当运行闭式冷却水泵故障跳闸时或闭式泵出口母管压力下降到规定值时，备用泵自动投入。660MW 汽轮发电机组一般配备 560kW 或 400kW 的电动机，闭式冷却水泵参数见表 21-1。

表 21-1　　660MW 机组闭式冷却水泵参数

序号	参数名称	闭式冷却水泵	
1	型式	离心泵	
2	电厂	山东某电厂	福建某电厂
3	流量（m^3/h）	2500	2900
4	扬程（MPa）	0.44（44m）	0.50
5	转速（r/min）	1480	1495
6	泵效率（%）	84	83.5
7	泵轴功率（kW）	367.5	518
8	电机型号	YKK400-4	YKK450-4
9	额定频率（Hz）	50	50
10	额定功率（kW）	450	560
11	额定电压（V）	6000	6000

续表

序号	参数名称	闭式冷却水泵	
12	额定电流（A）	53.4	68
13	电机效率（%）	93.9	90
14	功率因数	0.863	0.906
15	500MW 时实际运行电流（A）	47.3	48.1
16	闭式泵耗电率（%）	0.085	0.10

由于闭式冷却水泵选用额定功率为 560kW 驱动的三相电动机，其额定电流为 63A，正常运行方式为出口节流调节。由于设计裕度较大，正常运行时出口调阀开度仅 20%，节流损失巨大，正常运行时电流 45A 左右。因此必须进行节能改造。节能改造方案有 4 种。

方案 1：考虑两台机组闭式冷却水母管制方式。优点是成本低，单台机组可靠性加强；缺点是逻辑设计复杂，两台机组容易互相干扰，且节能效果不理想。

方案 2：考虑更换小容量电动机。优点是改动小，容易实现；缺点是旧的电动机处置浪费，且在跳闸联启时可能不能满足闭冷水用户需求。

方案 3：考虑变频"一拖二"方式，即变频器输出端控制两个互锁断路器，分别控制两台闭式冷却水泵电动机分合闸。此方案优点是运行操作灵活，两台泵都能保证良好的调节性能和较低的节流损失；缺点是对变频器可靠性要求较高，若出现变频器故障，则事故扩大到机组跳闸。

方案 4：为减少两台闭式冷却水泵均安装变频器的巨大成本，按单机组一台闭式冷却水泵"一拖一"，另外一台保持工频方式备用。此方案灵活多变，造价适中，在可靠性和安全性方面又不逊色，缺点是控制逻辑稍复杂。

综上考虑选用方案 4，即按单机组一台闭式冷却水泵"一拖一"，另外一台保持工频方式备用。变频-工频手动切换系统成套方案设计，变频-工频手动切换之间存在机械/电气互锁逻辑，不能同时闭合，并且变频器输出隔离开关和旁路隔离开关的机械位置可通过窥视窗口目视确认。卖方应提供变频-工频手动切换联锁方案。其中带变频器工作电动机结构如图 21-2 所示。

变频装置本体是变频改造的核心内容，对其要求更要严格，要保证安装、投运变频器装置后对原电机绝缘水平不会破坏，且不加任何改动可直接应用。根据闭式泵运行特点和与之配套的电动机参数选择合适的进口变频器，福建某电厂 660MW 机组闭式冷却水泵变频器采用日立成套生产的 DHVECTOL-HI00710/06 高压变频器，系统最高电压 7.2kV，额定容量 750kVA，变频器效率 98.5%。变频器直流滤波回路应使用能够耐受发热及电流冲击的电力电容器，若使用电解电容器，使用寿命至少达到 15 年以上。6kV 主电源故障时，变频器在 10s 内不停机，10s 内主电源重新受电，装置系统应无需运行人员的任何干预自动恢复正常工作。当母线电压在 −35%～+10%时，变频器能满载输出。当母线电压降低至额定电压 65%时，变频器进入瞬时停电再启动过程，以保证系统连续运行。断电后再启动初始化时间为 0。变频装置具备瞬时停电再启动功能，失电 10s 内实时监控和跟踪电机的电压、电流、转速及相位，复电时准确地输出对应的波形，回复到失电前的转速，避免对设备继续运行造成任何影响。

整个变频系统采用离心式冷却风机，强迫风冷并提供故障报警；变频器空气滤网应能在运行中安全拆卸进行清扫。当 1 台冷却风机发生故障时，仍然能够满足额定运行要求。冷却风机及空气滤芯故障时能够在线维修和更换。风机故障的信号和风机电源的空气开关的辅助接点接入 DCS 报警回路。

变频器冷却风机采用1∶1备用方式，当1台冷却风机发生故障时，仍然能够满足额定运行要求，且报警节点接入DCS报警回路。即使两台冷却风机同时故障也不会立即跳闸，如果故障不消失而单元或变压器温度超过允许值后，变频器动力电源和控制电源分开供电，控制电源采用两路直流110V，两路电源互为备用，内部无扰自动切换。

在原电机上加装变频装置后，闭式冷却水泵改造后可以通过频率调节、出口门调节、再循环门调节三种手段。控制策略当三者均投入自动时，优先顺序依次为频率调节、出口门调节、再循环门调节，当三者有手动项目时，手动偏差指令随时优先于其他项目，其他项目的优先顺序不变。

正常运行时保持B闭式冷却水泵变频运行，出口阀保持全开状态，利用频率控制闭冷水压力，备用A泵保持长期备用，为防止B泵跳闸A泵联锁启动后闭冷水母管压力超过1.0MPa，正常运行保持A泵备用状态下出口阀25%左右开度。

2. 改造效果

电厂为减少节流损失，三期闭冷水系统按照母管制方案进行第一次改造，即正常运行时由一台机组的单台闭式冷却水泵供应两台机组的闭冷水。通过SIS系统采集的改造前母管制闭冷水系统运行数据见表21-2。

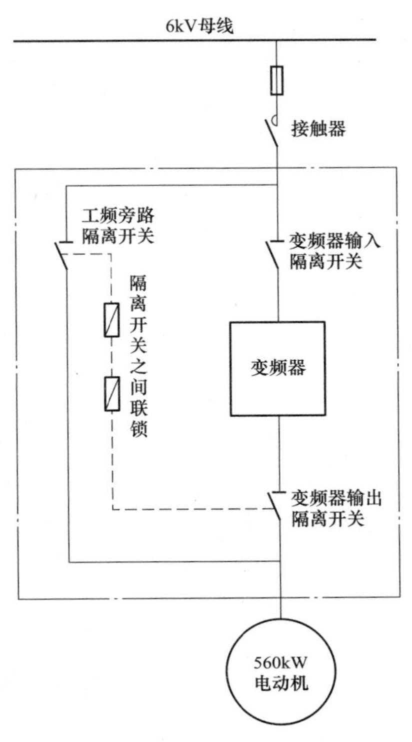

图21-2 一拖一带工频旁路结构图

表21-2 660MW机组母管制闭冷水系统（变频改造前）运行数据

机组负荷（MW）	定子温升（℃）	闭冷水压力（MPa）	闭冷水温度（℃）	闭式泵电流（A）	闭式泵出口开度（%）	闭式泵功率（kW）
300	43.1	0.95	38.2	48.0	60.625	451.9
350	45.4	0.95	38.0	48.7	60.65	458.5
400	47.5	0.95	37.8	48.3	60.65	454.7
450	50.6	0.95	38.0	48.2	60.65	453.8
500	53.0	0.95	37.6	48.1	60.65	452.9
550	54.9	0.95	38.1	47.9	61.95	451.0
600	57.2	0.95	38.5	49.1	62.925	462.3
660	60.2	0.95	40.7	49.0	64.85	461.3
平均						455.8

由于电动机裕度足够，第二次改造仅增加了变频器而没有更换电动机。改造后由于不用考虑节流损失，不采用母管制，因此改造后采用单元制闭冷水系统，使用SIS系统采集变频改造后机组闭冷水系统相关数据具体见表21-3。利用表21-2、表21-3数据可以算出闭式冷却水泵变频改造后每小时节电量=455.8−343.8=112(kW)，节电率=112/455.8=24.6%。

表 21-3　　660MW 机组母管制闭式冷却水系统变频改造后数据

机组负荷（MW）	定子温升（℃）	闭冷水压力（MPa）	闭冷水温度（℃）	闭式泵电流（A）	闭式泵出口开度（%）	闭式泵功率（kW）
300	48.2	0.95	37.2	32.0	100	301.3
350	50.0	0.95	37.7	32.0	100	301.3
400	51.7	0.95	38.5	34.4	100	323.9
450	53.3	0.95	38.5	34.4	100	323.9
500	55.1	0.95	38.6	35.2	100	331.4
550	56.4	0.95	39.0	39.3	100	370.0
600	57.2	0.95	38.2	39.8	100	374.7
660	57.6	0.95	39.0	45.0	100	423.7
平均						343.8

根据平均负荷为 484MW，闭式泵变频节电率为 24.6%，年节电量 84.0 万 kWh，按照上网电价 0.412 元/kWh 计算，每年节电收益 13.0 万元，闭式冷却水泵变频改造项目投入成本 130 万元，需 10 年就能收回成本。

第二节　凝结水泵的深度变频调速技术

一、凝结水系统

华能某电厂目前 1000MW 机组采用上海汽轮机厂设计制造的一次中间再热、单轴、四缸四排汽、双背压、凝汽式汽轮机，型号为 N1000-26.25/600/600，每台机组配备 2 台 100%容量的凝结水泵，1 台运行，1 台备用。2 台立式、筒袋式结构的凝结水泵均为苏尔寿公司产品，型号为 BDC500-510D3S，配备电机功率为 2700kW。汽轮机和凝结水泵技术参数见表 21-4。凝结水系统的主要作用是将凝结水升压后送入除氧器，同时还向汽动给水泵、凝结水泵提供密封水，向低压旁路、高低压疏水扩容器、辅汽供轴封加热器等提供减温水，向闭式冷却水系统、真空泵、发电机定冷水等系统提供补给水，凝结水系统如图 21-3 所示。这些用户对凝结水压力的要求按其重要性可分为以下 3 类。

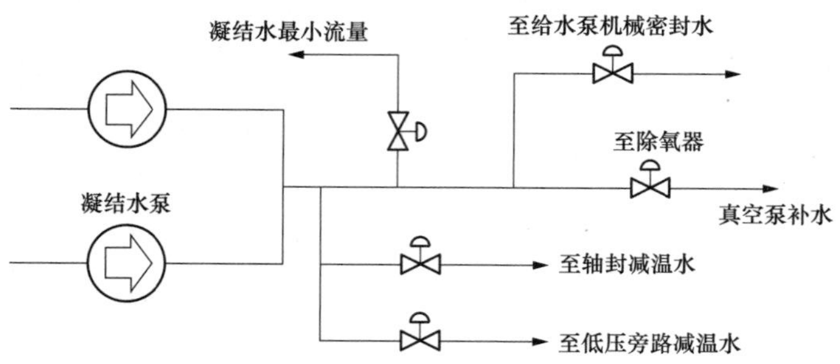

图 21-3　凝结水系统图

（1）凝结水作为给水泵的密封水，其压力降低能否满足运行要求，则显得至关重要。

（2）低旁减温水为凝结水，在机组启停及异常工况时，凝结水压力需满足低旁减温要求。

（3）其他用户对凝结水压力无特殊要求。

由以上分析可知，保证汽泵密封水的供给是凝结水压力降低的最大制约因素。

表 21-4　　汽轮机和凝结水泵技术参数

汽轮机主要参数	铭牌工况	凝结水泵主要参数	铭牌工况	经济运行工况
铭牌功率（MW）	1000	水泵入口水温（℃）	30.6	30.6
额定主汽压力（MPa）	26.25	介质比容（m^3/kg）	0.001	0.001
额定主汽温度（℃）	600	水泵入口压力（kPa）	15	15
额定再热蒸汽压力（MPa）	5.35	水泵出口压力（kPa）	3.10	3.13
额定再热蒸汽温度（℃）	600	扬程（m）	316	319
主蒸汽额定进汽量（t/h）	2733	水泵转速（r/min）	1490	1490
再热蒸汽额定进汽量（t/h）	2274	水泵出口流量（t/h）	2215	1840
高压缸排汽温度（kPa）	362.9	必须汽蚀余量（m）	−0.112	−0.812
额定排汽压力（kPa）	4.4	水泵效率（%）	81.5	82.5

注　表中压力为绝对压力。

二、凝结水泵深度变频改造

1. 凝结水泵深度变频改造方案

在凝结水系统原设计方案中，凝结水泵全负荷段均保持工频定速运行，除氧器水位完全依靠上水调阀进行节流调节，因此凝结水泵工频运行时不仅能耗大，而且长时间运行还存在阀门磨损、管道振动大等系统安全问题。2007 年电厂对 A 凝结水泵进行变频改造（B 凝结水泵保持工频备用）。改造后正常运行时，一台凝泵变频运行，另外一台凝泵工频备用。但是考虑到汽动给水泵密封水取自凝结水杂用水一路，而凝结水压力的变化对汽动给水泵的安全运行可能会产生不利影响，所以第一次变频改造后，500MW 负荷时凝结水管路压力由原来工频运行时 3.6MPa 降低至 2.0MPa。但是由于原系统设计汽动给水泵密封水取自凝结水杂用水，汽动给水泵要求密封水泵入口压力为 0.8～1.5MPa，因此凝结水母管压力无法进一步降低；汽轮机低压旁路减温水也取自凝结水杂用水，原逻辑设计减温水压力低于 1.6MPa 时，低压旁路阀将无法自动开启。正是由于这些原因，除氧器上水调门仍未实现全开，依然存在节流损失，可见第一次变频改造并未达到最佳状态。

汽动给水泵主泵轴端密封方式为迷宫式密封，前置泵采用机械密封，主泵及前置泵的密封冷却水均采用凝结水。凝结水泵深度变频后低负荷时凝结水压力将无法满足给水泵密封冷却的需要，由于受汽动给水泵密封水供水压力等因素的影响，导致凝结水上水主阀并未完全开足，限制了变频节能的潜力。因此需要对此凝结水进行升压。

2012 年，为进一步提高凝结水泵变频的节能效果，电厂在原有变频改造的基础上，对凝结水泵再次进行深度变频改造，改造方案如下：

（1）在凝结水系统中的杂用水管路上增加两台汽动给水泵密封水单级升压泵，正常时一台运行，另一台备用，汽泵密封水完全由密封水升压系统来提供。

（2）修改并完善机组控制和保护逻辑，以满足机组在各种异常工况下，对除氧器水位、汽动给水泵密封水的调节要求。

（3）正常运行时保持除氧器上水主调门全开，除氧器水位完全由凝泵变频器来控制。

2. 凝结水泵深度变频控制逻辑修改

由于增加了密封水升压系统来满足汽动给水泵密封水压力，故机组相关控制逻辑修改如下：

（1）当两台凝结水泵运行或者汽动给水泵密封水系统异常（密封水泵全停或密封水泵出口压力均低于 1.75MPa）时，立即切除凝结水泵变频液位控制模式，凝结水泵变频控制将切换为压力控制，迅速提升凝结水泵出口压力至规定值，而同时除氧器上水主调阀控制至预设阀位（凝泵工频运行时对应的开度），并切至手动方式，5s 后再切为水位自动控制模式，用上水主调门来控制除氧器水位。

（2）机组在运行过程中，出现任一低旁开启、低旁后温度高于 100℃或两台凝结水泵同时运行，上述任一条件满足时，凝结水泵变频自动提升至工频转速，同时除氧器上水主阀由全开短暂超驰关至对应负荷下的阀位开度。

3. 凝结水泵深度变频控制策略

凝结水泵深度变频在控制策略上进行分段控制，以满足并保证机组各工况下对凝结水的需求。

机组启停阶段，除氧器上水主阀处于手动关闭状态；除氧器上水辅阀保持节流状态，控制除氧器水位。凝泵变频控制凝结水母管压力。若低压旁路开启或低压旁路后温度大于 100℃，凝结水泵变频强制提升至工频转速。

机组负荷小于 300MW 时，主阀保持手动关闭状态，除氧器上水辅阀控制除氧器水位，凝结水泵变频投自动控制，在无强制提升工频转速条件下，变频器控制凝水压力为 1.2MPa。

机组负荷在 300～480MW 时，除氧器上水主阀投入自动控制，主阀开度按设定曲线开启；除氧器上水辅调在手动全关状态，凝结水泵变频控制除氧器水位。

机组负荷大于 480MW 时，除氧器上水主阀保持自动控制，除氧器上水主调全开，除氧器上水辅阀手动全关状态，凝结水泵变频控制除氧器水位。

三、密封水升压泵参数的确定与布置

1. 密封水升压泵流量和压力

（1）流量。现场用手持式流量计实测单台机组 2 台汽动给水泵密封水流量，确定单台机组 2 台汽动给水泵共需密封水流量约 14t/h。考虑到迷宫式密封可能存在的长期运行磨损，间隙变大而造成密封水流量增加的实际情况，选用单台密封水升压泵流量为实测值的 1.5 倍。

（2）压力。根据给水泵厂家说明书要求，考虑到机组低负荷时凝结水泵出口压力接近 0.9MPa，结合目前给水泵正常运行时密封水泵入口的实际压力，并考虑一定裕量，选择升压泵的压力为 1.1MPa。

2. 密封水升系统的布置

每台机组配备 2 台密封水升压泵，一用一备。设置在汽机房 0m，并列布置，设置旁路。2 台升压泵入口设置母管。水源取自机组凝结水杂用母管，出口母管接至汽动给水泵密封水滤网组入口，如图 21-4 所示。

结合泵制造厂选型手册，最终选用密封水升压泵流量为 22t/h，压力为 1.1MPa。系统中每台升压泵配置再循环管路，旁路系统配备止回阀。当 2 台升压泵都停运时，凝结水杂用水可以通过 2 台升压泵进出口管路、旁路系统同时向汽动给水泵供密封水，系统安全可靠。

四、凝结水深度变频优化改造

如果单纯从变频改造结果来看，增设升压泵似乎取得了较大的成果，但是进一步观察也发现其有明显的缺点和不足。即为了保证汽动给水泵的稳定运行，在凝结水泵深度变频改造中增加了密封水升压系统。随着该升压系统的投运，不仅增加了设备投资及检修、运行的维护成本，而且大大增加了系统的复杂性，尤其是控制逻辑变得更为复杂，特别是汽动给水泵的安全运行更多取决于密封水升压系统是否稳定上，从而增加了系统的运行风险，导致机组安全可靠性下降。

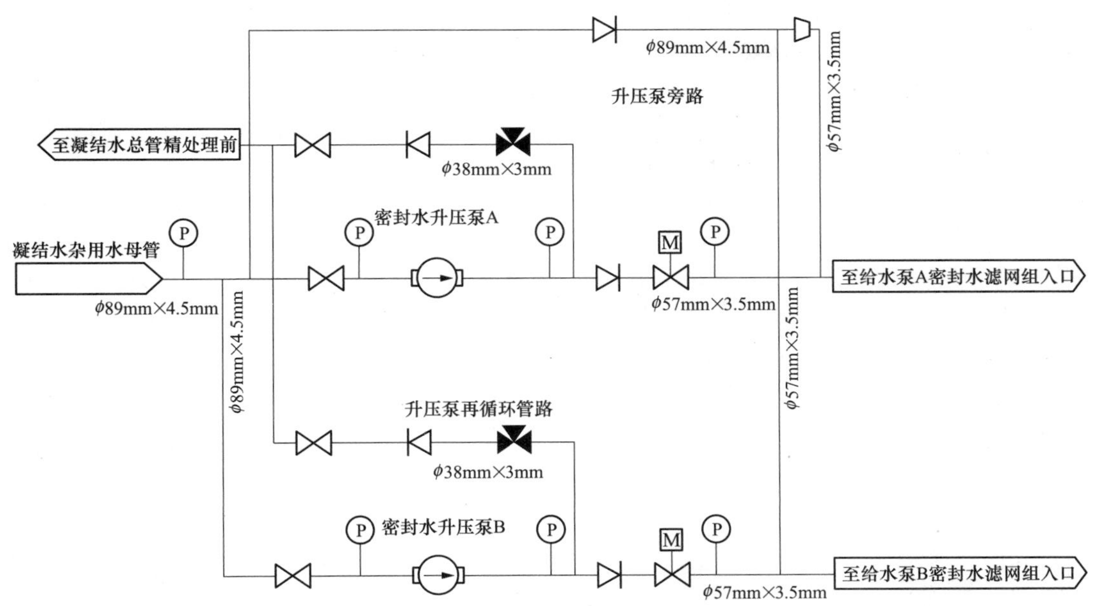

图 21-4　汽动给水泵密封水升压泵系统

电厂汽动给水泵轴端采用迷宫式密封形式，其设计的基本工作原理并非是将泵体内的高温给水完全密封，而是首先将泄漏的部分高温给水经过迷宫密封的卸荷腔室由管道引回至前置泵入口，然后再将剩余的高温给水与注入的密封水混合降温后排入辅汽联箱疏水扩容器中，最终回收至凝汽器热井中，这也正是运行维护说明书中要求将密封水回水温度控制在50℃的原因，密封水工作原理如图 21-5 所示。因此，电厂汽动给水泵正常运行时，其密封水采取控制回水温度的调节方式，有别于以往比较常见的调节密封水与卸荷腔差压的控制策略。

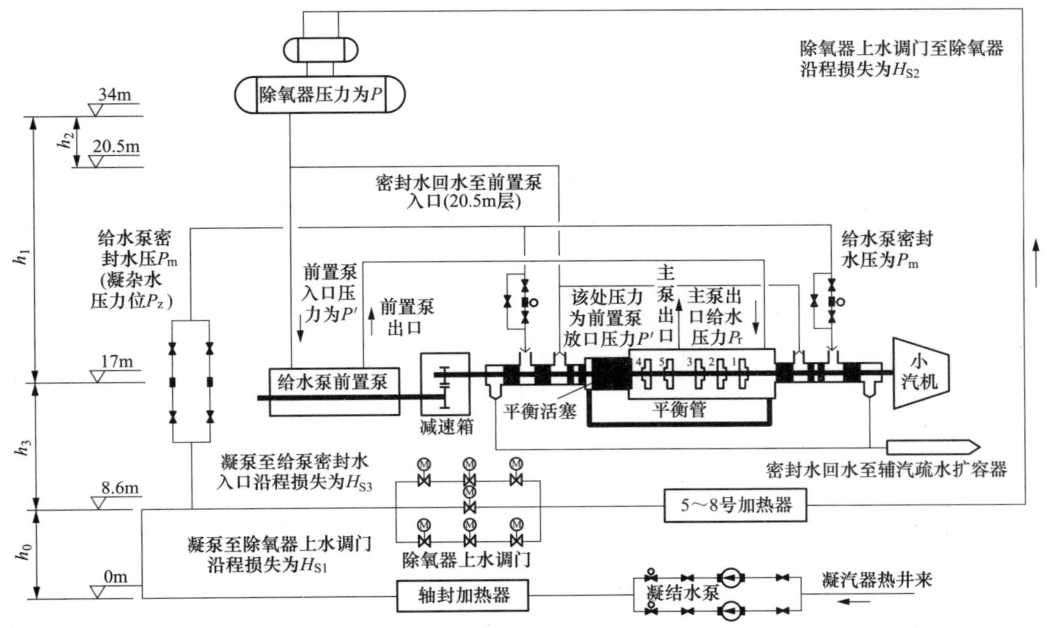

图 21-5　汽动给水泵密封水工作原理

根据汽动给水泵轴端密封的原理可以得出，只要满足除氧器正常上水要求即可满足汽泵密封水的压力需求。在凝结水泵深度变频的情况下，即使汽泵密封水升压系统停运，凝结水压力也可以满足汽泵密封水需求，并且还有一定的安全裕度。因此，汽动给水泵密封水升压系统停运或取消从理论上讲是完全可行的，而且这样可以将密封水升压系统与凝结水系统的控制关系彻底断开，这不仅使控制逻辑变得更加简单，也使得凝结水系统本身得以优化，从而更增加了机组运行的安全可靠性。

为了验证取消密封水升压系统的可行性，在机组不同负荷工况下停运密封水升压泵相关试验数据见表 21-5。在各种负荷下，凝结水泵变频全程控制除氧器水位，尝试将 2 台密封水升压泵均停运，测试是否能满足汽动给水泵运行要求。

表 21-5　机组不同负荷工况下的试验数据

机组负荷（MW）	状态	凝结水母管压力（MPa）	凝结水流量（t/h）	凝结水泵电流（A）	凝结水泵转速（r/min）	除氧器上水主阀开度（%）	汽动给水泵密封水回水温度（℃）	凝泵耗电率（%）
500	凝泵工频	3.63	1076	184	1490	13.2	50	0.32
	凝泵变频升压泵运行	2.03	1027	86	1149	17.3	50	0.15
	凝泵变频升压泵停运后	1.10	1021	46	895	100	50	0.08
600	凝泵工频	3.60	1216	194	1490	15.0	50	0.28
	凝泵变频升压泵运行	2.07	1195	99	1175	20.6	50	0.16
	凝泵变频升压泵停运后	1.30	1192	63	977	100	50	0.09
700	凝泵工频	3.55	1363	204	1490	17.2	50	0.25
	凝泵变频升压泵运行	2.15	1371	117	1217	24.3	50	0.15
	凝泵变频升压泵停运后	1.40	1350	78	1041	100	50	0.10
800	凝泵工频	3.45	1575	219	1490	19.5	50	0.24
	凝泵变频升压泵运行	2.21	1581	138	1264	28.4	50	0.20
	凝泵变频升压泵停运后	1.60	1584	108	1144	100	50	0.12
900	凝泵工频	3.36	1776	228	1490	23.8	50	0.22
	凝泵变频升压泵运行	2.24	1736	158	1306	32.3	50	0.15
	凝泵变频升压泵停运后	1.80	1707	133	1216	100	50	0.13
1000	凝泵工频	3.23	1855	240	1490	28.4	50	0.21
	凝泵变频升压泵运行	2.37	1893	180	1362	34.4	50	0.16
	凝泵变频升压泵停运后	2.0	1895	168	1303	100	49	0.15

为保证在凝结水上水调门全开试验期间的机组安全稳定运行，试验小组协调相关人员做了以下试验前准备工作：

(1) 将所试验机组凝结水泵低水压联锁保护退出，要求运行人员在低负荷期间加强凝结水泵出口压力的监视，记录凝结水泵运行中最低压力，以便为检修修改联锁定值提供依据。

(2) 在凝结水压力较低时，注意观察低压轴封母管温度，不允许超过 200℃，如果低压轴封母管温度超过 200℃，调整无效时，可以手动关小上水调门，直到温度恢复。

(3) 将凝结水压力低跳低压旁路保护退出。

(4) 在凝结水泵频率变化时，联系检修机务与电气测量凝结水泵与电机振动情况，如果振动超标应及时调整上水调门开度或调解凝结水泵频率，使泵或电机脱离共振点。

(5) 如果凝结水泵自动调节品质差或其他原因需退出凝结水泵自动，应及时联系检修热工人员，期间运行操作人员应手动调整除氧器水位。

此次试验最低负荷降至 500MW 以下，通过试验可以看出，负荷下降过程中凝结水泵变频转速、电流、出口母管压力没有出现明显波动，汽动给水泵密封水供水和低压轴封母管温度正常。通过上述试验，进一步验证了分析结论的正确性和取消密封水升压系统的可行性。

这里必须提一下凝结水降压后汽轮机低压旁路开启解决方案：供汽轮机低压旁路减温水的凝结水压力低于 1.60MPa 时，低压旁路将发关闭信号，低压旁路无法自动开启，事故状态时必须手动开启，给运行操作带来安全隐患。解决方案是取消减温水压力对低压旁路自动开启的约束，当低压旁路开启时凝结水泵能超驰到工频泵运行。

凝结水泵深度变频后凝结水管道压力进一步降低，不同凝结水泵控制方式下的参数对比如表 21-5 所示。从表 21-5 可以看出，凝结水泵采取变频方式后电流下降明显，但是由于受汽轮机低压旁路及汽动给水泵供水要求制约，除氧器主阀并未完全开启，而采取深度变频方式后，除氧器主阀完全开启，节流损失降到最低，凝结水泵电流和转速得到进一步下降，节能效果显著。凝结水泵深度变频后，在 480～1000WM 工况，实现除氧器上水门全开方式运行。凝结水泵电流最低降低至 46A 左右。不同工况下，与工频凝结水泵比较，节约电流 72～138A；与变频运行比较，节约电流 11～40A。在 80%负荷时凝结水泵耗电率在工频运行时为 0.24%，在凝结水泵变频和升压泵运行时耗电率为 0.20%，在凝结水泵深度变频和升压泵停运时耗电率为 0.12%。

凝结水泵正常运行是一台在变频运行，另一台为工频备用，一旦变频运行中的凝结水泵因故跳闸，备用凝结水泵（工频）将联启，为保证凝结水流量在控制范围内，凝结水上水调门由 100%超驰关至 35%，此时应注意除氧器水位，必要时及时手动参与调整。

系统优化后，凝结水系统的控制逻辑得到了简化，有效地提高了控制系统的可靠性和安全性。密封水升压系统从凝结水系统断开后，其系统复杂性大为降低，系统的故障点有效减少，从设备维护角度来说提高了系统运行的安全性。而且进一步挖掘了机组的节能降耗潜力，提高了机组的经济性。

如一台机组汽动给水泵密封水升压系统的生产及安装所需费用约为 80 万元。如果全年机组密封水升压泵停运，则可以大大节约厂用电，降低厂用电率，更进一步提高了凝结水泵深度变频所带来的经济效益。密封水升压泵电机的额定功率为 30kW，那么 1 台机组每年因停运密封水升压系统所产生的直接经济效益为

$$
\begin{aligned}
A &= P(\mathrm{kW}) \times \eta \times T(\mathrm{h}) \times 0.412(\text{元}/\mathrm{kWh}) \\
&= 30 \times 0.85 \times 7500 \times 0.412 = 78\ 795(\text{万元})
\end{aligned}
$$

式中 A——经济效益，元；

P——密封水升压泵电机功率，kW；

η——升压泵电机效率，%；

T——年均运行时间，h。

电厂凝结水泵深度变频改造的最大制约因素在于如何保证给水泵密封水的供应，但从汽动给水泵的轴端密封结构来看，只要满足除氧器正常上水即可满足汽动给水泵密封水的压力需求。由此可见，凝结水泵采用深度变频后，汽动给水泵密封水压力是可以得到保证的，汽动给水泵密封水回水温度也可以控制在正常范围内，且回水调门还有一定的富裕开度。

另外，即使今后进行烟气余热利用改造，在加装低温省煤器后导致凝结水管道沿程阻力增加，也会迫使凝结水泵继续提高出口压力来满足上水要求，而凝结水压力的提高会使汽动给水泵密封水压力相应增大，故将进一步提高系统的安全裕度。

第三节　水泵的永磁调速技术

一、永磁调速装置的原理与特点

1. 永磁调速装置原理

永磁调速装置（或称永磁调速器、永磁磁力耦合器）是透过气隙传递转矩的传动设备。其主要由四个部件组成：内转子（或称永磁转子，与负载轴连接的导磁盘）、外转子（或称导体转子，与电机动力轴连接导磁体盘）、执行机构（调整永磁转子与导体转子之间耦合面积的机构）、负载轴与动力轴。铜导体转子和永磁转子可以自由地独立旋转，当铜导体转子旋转时，铜导体转子与永磁转子产生相对运动，交变磁场通过气隙在铜导体转子上产生涡流，同时涡流产生的感应磁场与永磁场相互作用，带动永磁转子沿着与铜导体转子相同的方向旋转，结果在负载侧输出轴上产生扭矩，从而带动负载做旋转运动。通过调节永磁转子和铜导体转子之间的气隙控制传递扭矩的大小，从而获得可调、可控的负载转速。永磁调速装置如图 21-6 所示。

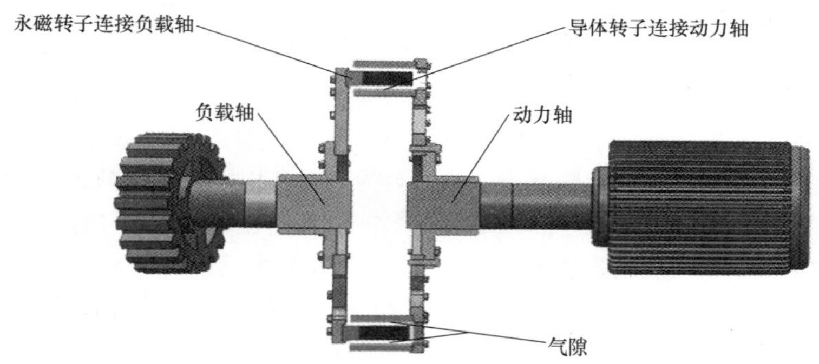

图 21-6　永磁调速装置

永磁调速装置与液力耦合器同属于耦合器调速方式，但是液力耦合器与永磁磁力耦合器有着本质的差别。液力耦合器调速属于低效的调速方式，转差损耗大，调速范围有限，调速精度低，容易漏液，虽然初始投资相对较低，但维护复杂且费用较高，需要经常更换液压油，该调节方式已逐渐被淘汰。

2. 永磁调速装置的优缺点

永磁调速装置的优点是：

（1）可靠性高，维护工作量小；

（2）不需要对现有电动机和供电电源进行任何改动，非接触机械连接，对同心度要求不高；

（3）安装简单；对电网无污染，使用寿命可达20年以上。

永磁磁力耦合调速也存在不足，包括：

（1）由于永磁调速的原理是利用涡流损耗，因此在低速运行时其节电效果比同等功率的变频器差；

（2）对于改造项目，安装时需要移动电动机；

（3）只能以一控一方式运行，而变频器可以一控多；

（4）永磁调速装置由于产生涡流容易发热，通常功率在400～600kW以下采用风冷，400～600kW以上可采用水冷或油冷。（风冷系统简单、运行维护量小、运行成本低；水冷系统复杂，并要求除盐水，运行维护工作量大、运行成本高。）

3. 永磁调速装置的初投资

变频器采用复杂的电路拓扑将数以万计的电力电子元器件串联和并联，实现对高压电动机的输入频率和输入电压的改变，从而实现电动机的转速变化，属于电气调速。在对风机、水泵系统进行变频调速改造时，初始投资主要包括3方面的费用：①变频器主体设备；②辅助性设施，其中包括变压器、滤波器、控制装置、电缆和照明设施等；③基础设施建设，建造专门的空调房间，以满足变频器对环境和温度的要求。

永磁调速器采用导体转子与永磁转子相互作用传递运动和扭矩，通过调节啮合面积的大小实现负载调速，电动机转速保持不变，属于机械调速。永磁调速器改造的初始投资除了永磁调速器主体设备之外，还需购买辅助设备，包括冷却系统、电缆和控制装置。永磁调速器安装在电动机和负载之间，改造时需重新建造基础，同样要投入资金。

变频器和的使用年限为12年，永磁调速器使用寿命为20年，安装后在20年内基本不需改造和维护，初投资金＝调速装置主体设备×台数＋辅助设备×套数＋基础建设费用。

为直观比较两者的投资，以20年为1个周期，500kW变频器和永磁调速器具体费用见表21-6。从表21-6数据可以看出，单台变频器的投资低于永磁调速器，但变频器中的电子元器件老化快，使用寿命短，而永磁调速器的机械零部件使用寿命则相对较长。因此，在相同使用年限下，永磁调速器的总投资低于变频器。

表21-6　　500kW变频器和永磁调速器的投资费用

类型	主体设备		辅助设备		基础建设费用（万元）	总投资金额（万元）
	单台价格（万元）	数量（台）	单台价格（万元）	数量（台）		
高压变频器	50	20/12	5	1	8	89.7
永磁调速器	90	1	2	1	2	94

4. 永磁调速装置的运行费用

变频器是复杂的电子设备，投入运行后易受环境的干扰和影响，可靠性相对较低，平均每两年都要发生一次故障，长期运行稳定性较差差。对于长期运行的变频器，其中的散热直流风扇、滤波电容等每隔2～5年就需更换维护1次，且变频器在正常使用8年后，会进入故障频率的高发期，经常出现元器件烧坏、失效、保护停机功能频繁动作等故障现象。一旦发生电气故障，需要专业技术人员进行维修。由于故障的不可预见性，故障排查困难，维修难度较大且费用较高。另外，在变频器发生故障时，为了确保快速修复设备，变频器的备件通常要备全，这样会造成购买备件的资金占用比例过大。根据目前的调查，1台500kW/10kV变频器的年维护费用约为2万元。其空调和冷却风扇需要大量耗电，空调功率为2.5kW，冷却风扇功率为1kW，电费按0.412元/kWh计算，每年电费约为1.08万元。

永磁调速器作为纯机械装置，其设备结构简单，适应环境能力强，运行稳定可靠。由于永磁调速器采用气隙传递扭矩，有效地隔离了振动，提高了轴承、密封件等重要零部件的使用寿命，保证了设备的安全运行，所以，永磁调速器的维护工作量很小，只需定期为轴承添加润滑油，在长期运行中表现出了良好的稳定性。为了提高系统的可靠性，在每次大修期间，每隔3～5年需要更换一次轴承密封圈和轴承，每套大约2万元，即维护费用平均每年最多0.7万元。500kW永磁调速器需要水冷，冷却水可以循环使用，不产生水费；循环冷却水需要动力，平均每台永磁调速器需要3kW电动机作为冷却水动力，电费按0.412元/kWh计算，每年电费约为0.927万元。

500kW的变频器和永磁调速器在20年内的运行费用比较见表21-7。从表中数据可以看出，永磁调速装置运行费用小于变频调速装置。

表21-7　　变频装置和永磁调速装置的运行费用　　万元

类　型	每年维护费用	每年电费	20年内运行费用
变频装置	2	1.08	61.6
永磁调速装置	0.7	0.927	32.5

这里必须注意，永磁调速装置有两个缺点：

（1）存在较大的散热损失。永磁调速装置设计冷却水进水温度为30℃，出水温度为44℃，平均温差14℃。永磁调速装置冷却水流量为7t/h，则永磁调速冷却装置的功率为14℃×7000kg/h×4.18[J/(g·K)]=409 640kJ=113.79kW，该热量就是涡流消耗电能产生的。

（2）永磁调速比变频调节的效率稍低。永磁调速装置在低负荷时，调速系统效率仅为66%左右；在高负荷时，可以达到90%。而变频器系统在低负荷时，调速系统效率在90%以上；在高负荷时，可以达到96%。600MW机组的凝结水泵（2000kW、6kV、1493r/min）采用永磁调速与变频调节，各负荷工况下的能耗计算比较见表21-8。

表21-8　　600MW机组凝结水泵采用永磁调速在负荷工况下的能效

机组负荷（MW）	337	358	419	498	534	581
调速后转速（r/min）	972	1008	1095	1199	1261	1332
泵组有效功率（kW）	301	336	454	659	756	911
永磁调速器效率（%）	66.3	68.1	73.5	80.5	84.6	89.4
变频调速效率（%）	90.5	91.0	92.0	93.0	94.0	94.5

二、永磁调速装置在闭式冷却水泵上的应用

1.1000MW机组闭式冷却水泵的永磁调速技术的应用

（1）1000MW机组闭式冷却水泵的永磁调速方案。某电有限公司1号CLN1000-25.0/600/600超超机组，闭式冷却水泵和电动机的技术参数见表21-9，实际运行参数见表21-10。

表21-9　　1号1000MW机组闭式冷却水泵和电动机技术参数

项　目		参　数	项　目		参　数
电动机	型号	YX450-6	水泵	型号	ZGSS500-650
	额定功率（kW）	500		型式	双吸离心泵
	额定电压（V）	6000		额定流量（m^3/h）	3500
	额定电流（A）	58.7		扬程（m）	42
	额定转速（r/min）	980		额定转速（r/min）	990
	功率因数	0.85		效率（%）	89.8
	电机效率（%）	94.5		额定轴功率（kW）	446.1

表 21-10　　闭式冷却水泵实际运行参数

运行工况（MW）	电流（A）	电压（kV）	出口压力（MPa）	流量（t/h）	温度（℃）	实时功率因数
1002	57	6.14	0.62	2127	30.0	0.79
502	55.8	6.18	0.64	1887	31.5	0.78

根据电动机和水泵型号选择水冷型 ALT0500H 型永磁调速器，并对永磁调速器进行节能改造。改造时，可根据设备图纸设计尺寸重新建造基础，将电动机后移，使永磁调速器有足够空间安装在电动机和水泵之间；从厂用电系统中引接电源，用以驱动电动执行机构和永磁调速器水冷系统的水泵电动机；铺设信号电缆，进行分散控制系统（DCS）组态，以便 DCS 对永磁调速器系统进行监测和闭环控制。改造后，闭式冷却水泵加装永磁调速器的总投资为 64 万元，包括永磁调速器、冷却系统、电缆、基础改造的工程费、调试费等费用。永磁调速器改造后，闭式水泵出口阀全开，DCS 检测闭式水泵出口阀处的压力，并将此压力信号反馈给电动执行机构，电动执行机构调节导体转子和永磁转子的啮合面积来调节水泵转速，从而达到自动控制闭式水泵流量的目的。DCS 同时在线检测和显示永磁调速器冷却系统进、出水水温以及各轴承处的温度，温度一旦超过报警值，则停机检查。

（2）1000MW 机组永磁调速技术的效益分析。水泵的有效功率按下式计算：

$$P_e=\frac{Q_{ri}H_{ri}\rho g\times 10^{-3}}{3600}$$

式中　P_e——水泵有效功率，kW；

Q_{ri}——水泵流量，m^3/h；

H_{ri}——水泵扬程，m；

g——重力加速度，$g=9.81N/kg$；

ρ——水泵介质密度，kg/m^3，对于清水 $\rho=1000kg/m^3$。

改造前 1000MW 工况闭式冷却水泵有效功率

$$P_e=\frac{Q_{ri}H_{ri}\rho g\times 10^{-3}}{3600}=\frac{2127\times 62\times 1000\times 9.8\times 10^{-3}}{3600}358.99(kW)$$

改造前 1000MW 工况闭式冷却水泵电机功率

$$P_2=\sqrt{3}\cos\varphi UI=1.732\times 0.79\times 6.14\times 57=478.87(kW)$$

改造前 500MW 工况闭式冷却水泵有效功率

$$P_e=\frac{Q_{ri}H_{ri}\rho g\times 10^{-3}}{3600}=\frac{1887\times 64\times 1000\times 9.8\times 10^{-3}}{3600}328.75(kW)$$

改造前 500MW 工况闭式冷却水泵电机功率

$$P_2=\sqrt{3}\cos\varphi UI=1.732\times 0.78\times 6.18\times 55.8=465.87(kW)$$

通过以上计算看出，机组负荷 1000MW 降至 500MW 时，闭式水泵有效功率减少 30kW，而电机输入功率仅减少 13kW，30kW－13kW＝17kW，因水泵与电机效率下降而损耗掉。无论是 1000MW 还是 500MW 工况下，闭式水系统均存在一定节流损失。

采用永磁调速后，1000MW 工况下，为满足闭式水系统冷却需要，设定流量仍为 2127t/h，出口压力不小于 0.55MPa 时，设定最理想工况及不计永磁调速装置本身功率损耗，采用永磁调速后，闭式冷却水泵于额定电机效率为 0.945、水泵额定效率为 0.898 下运行，此时闭式水泵有效功率如下。

改造后 1000MW 工况闭式冷却水泵有效功率

$$P_e = \frac{Q_{ri} H_{ri} \rho g \times 10^{-3}}{3600} = \frac{2127 \times 55 \times 1000 \times 9.8 \times 10^{-3}}{3600} = 318.46(kW)$$

改造后 1000MW 工况闭式冷却水泵电机功率

$$P_2 = \frac{P_e}{\eta_d \eta_{ri}} = \frac{318.46}{0.945 \times 0.898} = 375.27(kW)$$

式中 η_d——电机效率，%；

η_{ri}——水泵效率，%。

改造后 1000MW 工况闭式冷却水泵节约功率

$$\Delta P = 478.87 - 375.27 = 103.6(kW)$$

同理，改造后 500MW 工况闭式冷却水泵有效功率

$$P_e = \frac{1887 \times 55 \times 1000 \times 9.8 \times 10^{-3}}{3600} = 282.53(kW)$$

改造后 500MW 工况闭式冷却水泵电机功率

$$P_2 = \frac{282.53}{0.945 \times 0.898} = 332.93(kW)$$

改造后 500MW 工况闭式冷却水泵节约功率

$$\Delta P = 465.87 - 332.93 = 132.9(kW)$$

$$平均节电率 = \frac{132.9 + 103.6}{465.87 + 478.87} = 25.03\%$$

年耗电量＝132.9kW×7500h＝996 750kWh。

电费以 0.412 元/kWh 计算，则年节约电费＝996 750×0.412＝410 661（元）。

可见，改造后的闭式冷却水泵，消除了节流损失，年耗电量明显降低了，节电率达 25%，取得了显著的节能效果，且投资回收期短，仅为 94(万元)/41(万元)＝2.3(年)。

2. 凝结水泵的永磁调速技术的应用

(1) 600MW 机组凝结水泵的永磁调速方案。某电厂 2 号 N600-24.2/566/566 超临界机组，每台机组配置 2 台 50%凝结水泵，正常运行时一台工作一台备用。凝结水泵为上海凯士比泵有限公司生产的 NLT500×4S 立式筒袋型多级离心泵，设计流量为 1627m³/h，转速为 1493r/min，配套电动机型号为 YLKS630-4，额定电压为 6kV，额定电流为 218.5A，额定功率为 2000kW，正常运行时电流为 150～180A，流量为 750～1400m³/h。系统采用传统的配置，凝结水泵额定转速运行，由水位调节阀控制水位。机组自投产以来，运行峰谷差较大，满负荷运行时间较短，凝结水系统运行的经济性和可靠性都存在一些问题，主要表现在：

1) 凝结水泵出口扬程高，凝结水母管节流损失大，机组 600MW 负荷时凝结水主调节阀节流损失 0.9MPa，420MW 负荷时凝结水主调节阀节流损失达到 1.6MPa，320MW 负荷时凝结水主调节阀节流损失更是达到 1.8MPa。

2) 凝结水泵低负荷效率低，凝结水泵 600MW 负荷时运行效率为 81%，420MW 负荷时降到 73%，320MW 负荷时只有 58%。

3) 由于凝结水主调节阀节流差压大，导致凝结水管道在低负荷时振动严重，被迫主调节阀和副调节阀同时开启以缓解振动。

针对 2000kW 凝结水泵，选用由美国 Magnadrive 公司设计制造的 WV-2500 立式水冷型永磁调速器（简写 PMD）。永磁调速器是安装在电机与凝结水泵之间，如图 21-7 所示。现场安装时，先将电机和电机支座整体移开，把电机与永磁调速器安装和电机支座安装在一起，然后一起吊装到凝结水泵上。安装极其简单，现场工作量小，改造工期短，设备占用空间小，对现有电气设备

不用做任何改造。永磁调速器配套电动执行器，接收4～20mA的控制信号，自动调整凝结水泵的转速。WV-2500永磁调速器可在20%～97%的范围内对凝结水泵无级调速，转速调节平稳、调速范围广，完全能满足凝结水系统各个不同负荷的运行要求。凝结水泵全速运行时，永磁调速器的转差为3%，效率为97%，接近变频调速的效率，比液耦调速节能装置的效率高约10个百分点。永磁调速器可在50%以下的低转速长期运行，不出现发热现象，低速性能好。

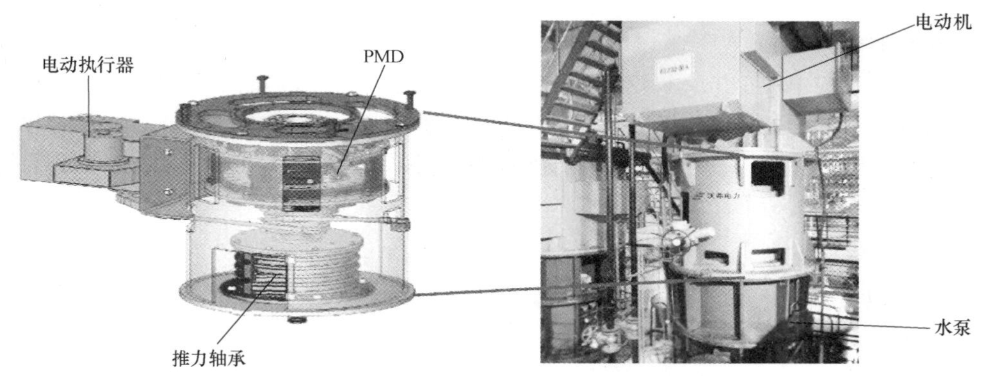

图21-7 永磁调速器安装在凝结水泵上

永磁调速器的环境适应性强，基本不受环境温度和湿度影响。永磁调速器能够在－50～＋80℃温度、0～100%相对湿度环境下工作，不需要提供任何环境条件，即使在高温季节，现场的环境温度大约为40℃，永磁调速的冷却水回水温度低于50℃，远低于报警值70℃。

（2）600MW机组凝结水泵的永磁调速效益分析。对凝结水泵加装永磁调速器前后进行了性能测试工作，测试结果见表21-11。

表21-11 加装永磁调速器前后的数据汇总表

机组负荷（MW）		凝泵出口压力（MPa）		凝泵功率（kW）		凝泵电流（A）		除氧器入口凝水流量（t/h）		凝结水流量（t/h）	
改前	改后	改前	改后	改前	改后	改前	改后	改前	改后	改前	改后
580	581	3.14	2.29	1694.4	1420.8	173.8	146.2	1364	1408	1279	1335
537	534	3.16	2.04	1648.3	1289.4	169.1	132.6	1240	1306	1165	1239
499	498	3.34	1.88	1594.2	1174.2	163.2	121.2	1138	1231	1068	1171
423	419	3.48	1.55	1505.6	931.2	154.2	99.3	962	1020	901	975
361	358	3.54	1.32	1438.1	779.4	148.1	87.2	841	885	794	849

可以看出凝结水泵永磁改造后，凝结水泵随着机组负荷（凝结水泵转速）的下降，节流损失大幅下降，凝结水泵效率提升，电功率明显下降，达到了良好的节能效果。从表21-11计算得出，永磁调速改造后凝结水泵平均节电率为33.8%，每年节约电量约352万kWh，年收益约145万元。

第四节 开式冷却水泵节能改造技术

一、开式冷却水系统

开式冷却水系统的作用是输送循环水到闭式循环冷却水板式换热器提供冷却水，经换热器吸热后排至循环水回水母管。每台机组设置2台电动旋转滤水器、2台100%容量开式冷却水泵

（简称开式泵或开式水泵）、2台100%容量闭式循环冷却水板式换热器及连接管道阀门等设备。开式循环冷却水系统供水管取自汽机房外凝汽器循环水进水母管，进入电动滤水器过滤，经开式冷却水泵升压后分别供给2台闭式水板式换热器，冷却水回水接入循环水出水母管。

开式泵采用2×100%离心泵，机组正常运行时开式冷却水泵一台运行、一台备用。当运行泵故障跳闸时或泵出口母管压力下降到规定值时，备用泵自动投入。配套电动机功率一般与闭式泵电机相当。

二、开式泵变频改造

山东某电厂660MW机组开式水系统参数性能见表21-12。由于配备的开式泵电动机容量较大，决定对其中一台开式泵电动机进行调速改造，方案有三种：一是把原普通电动机整体更换为小容量电动机，水泵不变；二是对原普通电动机进行变频改造；三是把原普通电动机进行双速改造。改造后的开式泵电动机性能和节电效果见表21-13。

表21-12　山东某电厂660MW机组开式水系统参数性能

序号	参数名称	开式循环冷却水泵	序号	参数名称	开式循环冷却水泵
1	型式	离心泵	9	额定频率（Hz）	50
2	流量（m^3/h）	3900	10	额定电压（V）	6000
3	扬程（MPa）	0.24（24m）	11	额定电流（A）	46.8
4	转速（r/min）	980	12	额定功率（kW）	400
5	必需汽蚀余量（m）	5.6	13	功率因数	0.87
6	泵效率（%）	82	14	电机效率（%）	94.1
7	泵轴功率（kW）	322.3	15	实际运行电流（A）	41
8	电动机型号	YKK450-6	16	开式泵耗电率（%）	0.07

表21-13　开式泵电动机调速改造后性能和节电效果

序号	项　目	小泵电动机	变频电动机	双速电动机
1	电动机型号	YKK450-8	YBKK450-6	YKK400-6/8
2	功率因数	0.87	0.87	0.87/0.75
3	转速（r/min）	742	980	980/741
4	额定电压（V）	6000	6000	6000
5	额定电流（A）	23.4	46.8	47/28
6	额定功率（kW）	170	400	400/200
7	接法	2Y	2Y	2Y/△
8	电动机效率（%）	94.1	94.1	
9	变频器功率因数	—	>0.95	—
10	变频装置效率（%）	—	>96（额定负载下）	—
11	变频器功率（kW）	—	450	—
12	实际运行电流（A）	11	31	20.5
13	电动机运行功率（kW）	100	280	160
14	开式泵耗电率（%）	0.015	0.042	0.024

从表 21-13 可以看出，方案一比方案二、方案三都省电。对于新建电厂来说，建议直接采用小容量电动机。对于在役机组，建议采用方案三，该方案投资最为节省，投资约 10 万元，改造后，电动机可根据气候变化灵活切换运行方式，高速改为低速后，电动机运行功率减少 50%，达到了节能降耗的目的。

三、小容量开式泵改造

某电厂 300MW 机组开式水系统供水管取自凝汽器循环水入口母管，经电动滤水器后至开式水泵入口，再经开式水泵升压后作为开式水系统用水，主要向主机冷却器、小机冷却器、闭式水冷却器、真空泵冷却器、电动给水泵冷却器、发电机冷却器等提供冷却水，冷却水回水接入循环水出水母管。开式水泵设计为一运一备。当运行泵故障跳闸或泵出口母管压力下降到规定值时，备用泵自动投入。开式水系统泵侧采用定速泵，各换热器采用回水自动调门控制各换热器流量，调节各换热器的冷却效果。部分用户如闭式水换热器、真空泵工作水、电动给水泵空冷器，不设自动调门，采用手动调节。开式水泵设计参数见表 21-14，对开式水各用户分类见表 21-15。

表 21-14　　开式水泵设计参数

项　目	参　数	项　目	参　数
水泵型号	SLOW350-440C	电动机型号	Y315L2-4
流量（m^3/h）	2000	电动机功率（kW）	200
出口压力（MPa）	0.24	电动机电压（V）	380
必须汽蚀余量（m）	5.6	电动机电流（A）	359
转速（r/min）	1480	绝缘等级	F
水泵效率（%）	78.5		

表 21-15　　开式水各用户

序号	用　户	性　质	设计进水温度（℃）	设计出水温度（℃）
1	发电机氢冷器	长期投运	38	45
2	主机冷油器	长期投运	38	45
3	给水泵汽轮机冷油器	长期投运	38	45
4	电动给水泵工作油冷油器	间断使用	38	45
5	电动给水泵润滑油冷油器	间断使用	38	45
6	电动给水泵电机空冷器	间断使用	38	45
7	真空泵冷却器	长期投运	38	45
8	闭式水冷却器	长期投运	33	41

原开式水选型设计中，是将各换热器的冷却水量叠加后的总量，作为泵流量的选择依据。以闭式水换热器为例，闭式水冷却器设计的开式水进口温度计算条件为 33℃，出水温度为 41℃。实际运行中，电动给水泵在汽动给水泵工作正常时，冷却水基本不用，存在流量富裕度。原设计各换热器冷却水进口、出口温差为 7℃，实际运行中冷却水温差最大可达到 26℃，仅温度偏差一项，可降低流量至原设计的 1/3。即使按年度平均约 20℃的进水温度计算，冷却水温差也在 21℃，流量富裕量较大。另外，开式泵流量选型可扣除电动给水泵工作油、润滑油冷油器、电泵电机空冷器三用户的冷却水量。

冬季、夏季开式泵运行工况见表 21-16。从表 21-16 可看出，环境温度为 5.5℃，冬季在开式水出口温度降至 15.1℃时，各用户的调门开度均较小，设备温度控制在低限运行，设备且开式泵压力受各用户流量减少，压力高于设计值约 0.17MPa。环境温度为 28.3℃，夏季在开式水出口温度降至 29.8℃时，各用户的调门开度虽然开度增大，但还有部分设备开度较小，冷却水量富裕量仍较大。对比夏季、冬季极端工况可看出，开式水系统的泵选型偏大，有改造的潜力。

表 21-16　　冬季、夏季开式泵运行工况

项　目	参　数	
	冬季	夏季
环境温度（℃）	5.5	28.3
开式水出水温度（℃）	15.1	29.8
开式水出口压力（MPa）	0.41	0.37
主机冷油器回油温度（℃）	39.1	40.1
主机冷油器回水调门开度（%）	16.4	61.4
A、B 氢冷器冷氢温度（℃）	38.3	40.9
A、B 氢冷器回水调门开度（%）	0.17	87.2
C、D 氢冷器冷氢温度（℃）	36.3	41.9
C、D 氢冷器回水调门开度（%）	0.17	88.2
A 小机冷油器回油温度（℃）	40.8	44.6
A 小机冷油器调门开度（%）	13.8	59.3
B 小机冷油器回油温度（℃）	39.8	44.6
B 小机冷油器调门开度（%）	28.2	98.9
电动给水泵润滑油冷却器回油温度（℃）	17.1	31.9
电动给水泵润滑油冷却器调门开度（%）	30.6	30.1
电动给水泵工作油冷却器回油温度（℃）	16.6	38.4
电动给水泵工作油冷却器调门开度（%）	64.8	96.0

根据上述分析可看出，冷却水量在全年运行中，大部分时间富裕量较大，可通过降低泵的运行流量，降低开式泵运行功率。比选方案有 6 种：

（1）针对开式水泵裕量大的情况，建议将两台机组的开式水系统进行联络。联络后，不仅机组启停过程中可以在不开循环水泵的情况下给启停机组提供开式冷却水，而且，在循环水温较低时，可考虑使用一台开式水泵供给两台机组开式冷却水。

开式水系统的联络投资较大，估计约需 30 万元。联络投运后，与目前运行状况相比，若每年能有 50 天停开一台开式泵，即可获益约 8 万元，约 4 年即可收回全部投资。

（2）针对开式水泵裕量大的情况，建议主机冷油器用闭式水冷却，并使用循环水直接冷却闭式水冷却器，这样开式泵可取消，据了解，如华能太仓电厂闭式水系统即为此方式。电厂的闭式泵设计扬程一般比开式泵扬程还高（如闭式泵设计扬程为 45m，开式泵设计扬程为 24m），完全可以满足供水至主机冷油器的要求。如果循环水量比较大，循环水母管压力偏高，可以满足直接供给闭式水冷却器的压力要求。

考虑到循环水泵出口压力比开式泵偏低较多，这样闭式水冷却器内冷却水流速降低，且由于主机冷油器也采用了闭式水，闭式水冷却器的热负荷还会增大，故需要增加闭式水换热器面积。据初步计算可知：主机冷油器接入闭式水冷却器后，冷却器热负荷增加约 10%；而由于循环水泵扬程比闭式泵扬程偏低较多，改造后闭式水冷却器内冷却水流速降低约40%；考虑到由于冷却水流速降低使冷油器换热系数降低，则闭式冷却器需再增加约280m^2的换热面积。目前钛板式换热器的市场价格约为5000元/m^2，故整个项目投资约需155万元。若以机组年运行小时为7000h核算，则该后年收益约为30万元，约5年即可收回全部投资。

(3) 开式泵原电机变频改造，根据流量需求来调节水量。该方案优点是调节灵活，缺点是变频器也要产生约5%的附加能耗，变频器价格高，运行可靠性较定速泵低，且要增加变频器的维保费用。

(4) 对原低压开式泵电机进行变极改造，将电机由原来的两对极改为两/四对极，转速由单转速1480r/min改为1480r/min和740r/min双转速，根据夏季、冬季工况不同，分别选择高、低速工况运行。该方案优点是投资相对较小，缺点是开式泵原电机电流高达359A，进行变极改造后接线工艺要求高。

(5) 开式泵更换6kV双速高效高压电机改造。根据夏季、冬季工况，分别选择高、低速工况运行。该方案优点是节能量大，除降低流量带来的收益外，还因6kV电机效率高于400V电机约5%，获得额外收益；缺点是投资较高，且受现场有无空闲盘柜的限制。

(6) 原两台开式泵作为备用，增加一台高效小容量开式泵。该方案优点是节能量较大，缺点是原开式泵的利用价值下降，需长期闲置。

经可行性分析，最终选择方案（6）实施改造，设备选型见表21-17。

表21-17　　新增设小容量开式泵参数

项　目	参　数	项　目	参　数
水泵型号	ISG350-315	电动机型号	YE280S-4
流量（m^3/h）	630	电动机功率（kW）	75
出口压力（MPa）	0.32	电动机电压（V）	380
转速（r/min）	1480	电动机电流（A）	139.3
水泵效率（%）	84.5	绝缘等级	F

小容量开式泵效率为84.5%，效率较原开式泵高出6个百分点。配套电动机由原来的200kW降低至75kW，电机容量下降至原容量的37.5%。

改造时，增加1台小容量开式泵、进出口电动门、管道、控制柜，以及电气、热工系统及安装费用，单台机组增设小开式泵费用约11万元。

改造后，对运行原开式泵和新增开式泵单小时运行电量进行了测试。每小时约节电110kWh，项目节电率为45%。根据当地环境温度情况，每年开式泵运行7850h，其中新设小容量开式泵运行小时为5520h，原大容量开式泵运行2330h，年度节电量为60.72×10^4kWh，年度节电收益25万元，投资回收期为0.44年，投资回报较显著。

第五节　主机循环水泵双速改造技术

一、循环水泵定速运行

某电厂2台N600-24.2/566/566超临界600MW机组配置了4台88LKXA-25.4循环水泵，$Q=$ 47 592m^3/h，电机型号YLKS1120-16，电机功率3800kW。2台机组4台循环水泵均为定速运行方式，容量均按照最大供水量选择，而机组凝汽器需要的循环水量与进水温度有着直接关系，正常时通过改变运行泵的台数来改变循环水的流量。4 台循泵之间有联络阀，组成母管制循环水系统。设计有 3 种循泵切换运行方式："一机一泵""两机三泵"和"一机两泵"。水量调节范围也有限。而且，根据其他厂循环水泵配置经验，循环水泵配备 3000kW 的电机比较合理，很明显原循环水泵电机容量配置过大，导致电厂循环水泵耗电率在 0.85%以上。

二、循环水泵双速改造方案

如果将其中一半（每台机各改一台）改为双速电动机后，循环水系统可以具有除原有的四种方式以外的三高一低、两高一低、一高一低、两低、一低等多种运行方式，可根据凝汽器用水量的需求更加灵活地调整运行方式。

根据离心泵相似定律，在一定范围内改变泵的转速，泵的效率近似不变，其性能近似关系式为

$$Q_1/Q_2=n_1/n_2$$

$$H_1/H_2=(n_1/n_2)^2$$

$$P_1/P_2=(n_1/n_2)^3$$

式中 Q_1、H_1、P_1、Q_2、H_2、P_2 分别表示在转速 n_1 和 n_2 情况下水泵的流量、扬程和所需的轴功率。

根据上述关系式，若将 3800kW 16 极循环水泵电动机改为 16/18 极双速电动机，则电动机在 18 极运行时，水泵流量为 16 极运行时的 0.89 倍，扬程为 16 极运行时的 0.79 倍，轴功率为 16 极运行时的 0.7 倍，相当于水泵流量减少 11%时，电动机输出功率可减少 30%。因此，采用转速差不大的相邻极数的双速电动机驱动水泵，根据各季节水温的变化选择驱动转速，调节供水量，能有效地节约电能。

根据电厂实际情况及电机制造厂多年的电机维修改造经验，16 极 3800kW 循环水泵电动机完全可改为 16/18 极双速电动机，即保持原 16 极时 3600kW 功率不变，18 极时功率约为 2600kW。循环水泵电动机双速改造前后性能见表 21-18。

表 21-18　　循环水泵电动机双速改造前后性能对比

项　目	循环水泵改造前	循环水泵改造后	
电动机绕组极数（极）	16	16	18
转速（r/min）	370	370	330
流量（m^3/h）	47 592	43 776	39 024
扬程（m）	21.1	21.1	19.8
轴功率	3182	3182	2436
电动机功率（kW）	3800	3800	2600
电压（kV）	6	6	6
功率因数	0.81	0.81	0.80

应用相似定律进行循环水泵双速改造前后运行参数推算必须注意的一个前提条件是：循环水泵从高速切换至低速运行后，循环水泵扬程应出现与转速（或者是流量）下降比例呈平方变化关系的降幅。采用闭式循环的冷却水系统，每台机组配置 1 只自然通风冷却塔，查阅冷却塔设计数据可知，配水槽与取水水面的高度差约为 15.1m。因此，循环水管路阻力特性计算公式为

$$H=15.1+0.036\ 49Q^2$$

式中　H——扬程，m；

　　Q——流量，m^3/s。

由于凝汽器出口的循环水回水必须送回到冷却塔配水槽，其静扬程保持15.1m不变，所以循泵从高速切换至低速运行后，只是动扬程会随着循环水流量的下降而下降，循泵总扬程的变化幅度是不大的。由此可知，受闭式水系统冷却塔配水槽标高不变的影响，循泵双速改造后的扬程无法实现大幅度的变化。

电动机进行双速节能改造后，采用变前极和变后极都是60°相带的换相法变极方式，这种方式能使电动机在两种转速时均能获得良好的运行性能。切换电动机转速时，在一只专用的、满足国家标准相关要求的出线盒内改接连接片，即可换成另一种转速。

在改造成双速电动机后，定子绕组以原16极为基本极，16极时电机各项性能与原来全部一样，持原16极时功率3800kW不变。在18极转速时，因绕组仍有较高的分布系数，故其输出功率仍能满足低速时水泵所需功率，18极时功率为2600kW，且电动机的温升、振动、噪声也均能符合国家相关标准的规定值。

改造时一般只需更换定子绕组，电动机其余零部件可全部利用。拆除原电动机定子绕组，重新设计并更换电动机定子绕组。新定子绕组能满足高低速切换功能的需要。定子绕组采用2Y/△接线方案，引出若干个接头，其中主出线盒接头3个，用于16/18极接电源用，另增改极接线箱一个，在机座另一方安装，改变接线柱的连接方式，可实现不同转速运行。电动机接线如图21-8所示，高低速挡切换连接方式如图21-9所示。

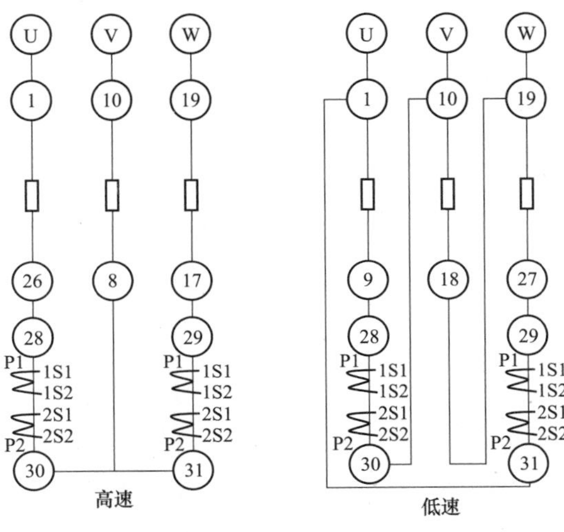

图21-8 电动机定子接线图

电厂将1B循环泵电动机双速改造工作（电动机定子绕组采用丢槽方案改变电动机绕组匝数、电机的转速），并进行了空载、带载试运，循环泵低速运行满足生产的使用要求；对2A循环泵电动机按照相同的方式进行了双速改造工作，但电动机噪声超标（电动机低速噪声超标，达到了115dB），为此和电动机制造厂家技术人员进行了探讨，认为改变电动机转子槽数可以降低电动机噪声，通过改变电动机转子槽数（将电机转子硅钢片拆除，仅保留电动机转子转

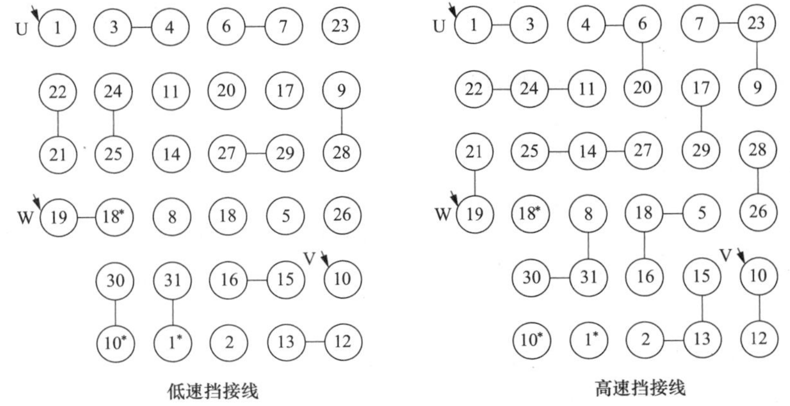

图21-9 电动机高低速切换时接线端子图

轴，重新加工电动机转子硅钢片，之后进行安装，改变电动机转子的槽数）使电动机噪声降至90dB，符合现场的使用要求，同时达到了节能降耗的目的。

三、循环水泵双速改造效益分析

为了掌握循环水泵双速改造后的实际运行性能，进行了各种循环水泵组合方式的特性试验。为保持循环水管路阻力特性不变，各试验工况下的凝汽器进、出口蝶阀一直在全开状态。有关试验结果汇总列出在表21-19中。由表21-19可知，循环水泵从高速切换至低速运行后，循环水泵扬程降低约1.6m，出水流量下降约15%，电动机功率下降约1071kW。这一试验结果与通过泵相似定律推算数据相近。

表21-19　不同循环水泵组合运行特性试验结果

循环水泵组合	循环水泵扬程（m）	循环水流量（t/h）	循环水泵功率（kW）
一机两泵两高	28.0	75 280	7950
一机两泵一高一低	25.5	68 937	6795
两机三泵三高	24.6	65 066	5895
一机两泵两低	24.0	63 301	5671
两机三泵两高一低	22.9	60 226	5201
两机三泵一高两低	22.3	57 964	4785
一机一泵一高	19.4	47 094	3658
一机一泵一低	17.9	40 283	2587

低速运行较高速运行每小时节电量为：(3658-2587)kW×1h=1071kWh

考虑季节因素，按照每台低速泵年运行4个月（约2500h）计算，则两台机组年节电量为：1071×2500×2=5 355 000kWh

2×600MW机组将两台循环水泵低速运行后发电厂用电率年平均可下降：5 355 000/(600 000×7500×2）×100%=0.06%（0.06个百分点）

年节电费：0.412×5 355 000=2 206 260元

1B、2A循环水泵电动机双速改造费用为50万元，投资回收期为0.23年，由此可见循环水泵电动机双速改造性价比高。

四、双速改造后的电动机运行风险评估

对于超过2000kW电动机按规程要求装设的电动机差动保护，在其他电厂所采用的方案都是在18极运行时取消差动保护，在16极运行时恢复原差动保护。

单速电机改双速，原16极接线保持不变，可以保证和改前相同性能运行。18极接线，每极每相144/18/3=2.67槽，不是整数。性能或多或少地会低于原设计电机，后果是在振动或者是噪声方面有所增加，但经电厂制造厂家计算确认，都是可以控制在国家标准范围内。

循环水泵双速改造后，同样需实现各台循环水泵之间不同运行组合方式。由于循环水泵高、低速的运行特性有所不同，当循环水泵不同组合状态并联运行时，就有可能出现系统不稳定的情况。因此，在完成循环水泵双速改造后，立即进行了循环水泵高、低速多种组合的稳定性测试。在表21-20中列出了“两机两低”和“两机两高一低”这两种运行方式的测试结果。从表中数据来看，高、低速循环水泵均能稳定运行，未出现循泵振动等问题。

表 21-20　　循环水泵高、低速组合运行的稳定性测试结果

运行方式	两机两低		两机两高一低		
	1B	2A	2A	2B	1A
循泵运行状态	低速	低速	低速	高速	高速
泵驱动端振动（μm）	7	4	5	7	5
电动机驱动端振动（μm）	5	5	12	12	5
电动机自由端振动（μm）	12	17	16	13	13
电流（A）	324	302	318	430	429

注　2A 表示 2 号机组 A 循环水泵，其他以此类推；“两机两高一低”表示两台机组 2 台泵高速运行，1 台泵低速运行，其他以此类推。

第六节　热网循环水泵节能技术

国内的热电联产机组多为 300～600MW 级供热机组，按照该等级机组的最大供热能力，热网循环水泵的流量将达到 10 000t/h。由于电厂一般距市区较远，热网供热半径多的达到十几千米，阻力较大，因此，作为热水网供热“心脏”的热网主循环水泵需配置高扬程、大功率水泵，拖动水泵的电机功率一般在 1000kW 及以上。热网循环水泵大多数都是由电动机驱动，系统简单，但是也有一些电厂出于减少厂用电的目的，使用了工业小汽轮机驱动。

一、热网循环泵变频改造

1. 变频改造必要性

热网循环水泵一般采用工频运行方式，即不论机组负荷高低。始终以额定转速运行，电机的出力却并没有变化，因此只能靠水泵的阀门开度来调节流量，这样除产生大量的节流损耗外，调节反应速度也慢。水泵的流量与压力的富裕度以及设备的非满负荷运行导致水泵的运行工况点与设计高效点相偏离，从而使水泵的运行效率大幅度下降。一般情况下，如采用阀门调节的水泵，在两者偏离 10%时，效率下降 8%左右；偏离 20%时，效率下降 20%左右；而偏离 30%时，效率则下降 30%以上。如对于采用阀门调节流量的水泵，这是一个固有的不可避免的问题。可见，在水泵的用电量中，很大一部分是因其性能与管网系统的参数不匹配及调节方式不当而被调节门消耗掉的。因此，改进泵的调节方式是提高运行效率、降低耗电量的最有效途径。

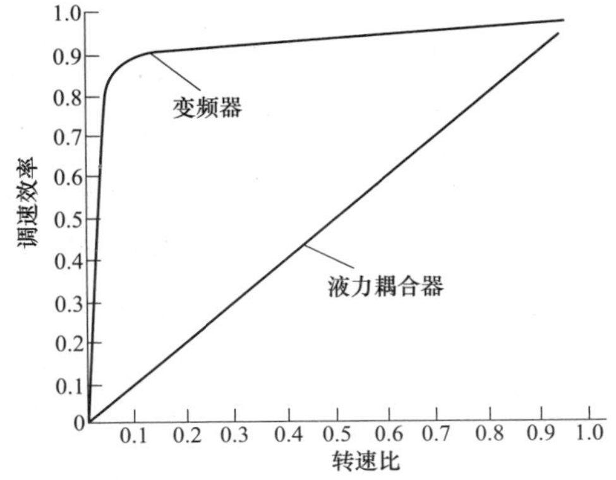

图 21-10　液力耦合器调速和变频器调速效率曲线

热网循环水泵是热网供热首站中耗能最大的设备，常规的驱动方式为电动机驱动，并设有一定的调节手段，即液力耦合器调速或高压变频调速方式；另一种驱动方式为工业汽轮机驱动。典型的液力耦合器和变频器的效率曲线如图 21-10 所示。从图 21-10 可以看出，随着输出转速的降低，液力耦合器的效率基本成正比降低，变频器在输出转速下降时效率仍能保持在较高值，而在输出转速降低时，液力耦合器的效率下降比变频器快得多。变频器调速具有高效率、宽范围和高精度的调速性能，综合经济效益好，是目前应用较为广泛的调速

方法。而液力耦合器是一种耗能型的机械调速装置，转速越低损耗越大，目前在热网循环水的调节中已很少采用。为了降低厂用电率，电厂对热网循环泵进行变频节能改造，通过高压变频器改变电机转速来控制水流量，可以方便地调整机组的供热量。

2. 变频改造方案

某热电厂现装机容量为2×330MW供热机组，选用4台热网循环水泵向用户供热。设计采暖抽汽量额定为2×250t/h，最大为2×330t/h，工业抽汽热负荷为2×100t/h。采暖供热抽汽口接出的两根抽汽管道（2×DN1000）汇合成供热蒸汽母管（DN1400），均引至厂房固定端换热首站的供热联箱（DN1400），经支管分别接入热网加热器。热网水系统采用母管制系统，设计设置4台约2000m^2（25%的容量）热网加热器，热网加热器的加热蒸汽来自两台机组的五段抽汽，额定工作压力0.5MPa，工作温度277.5℃，加热器不设备用，系统配置4台同容量热网加热器，当1台热网加热器故障时，其余几台加热器可满足75%的供热量。热网加热器疏水系统。热网加热器的疏水经热网疏水泵引至高压除氧器，系统共配置4台型号为A460-7疏水泵，为“三运一备”。网循环水设计供回水温度为130/70℃，总流量为8100t/h，出口总管管径DN1200。设置2台热网补水泵，按热网循环水量的0.5%对热网系统定压补水。

70℃城市热网循环水回水经除污器和电动热网循环水泵进入热网加热器，加热到130℃后，供到城市热网系统。电动热网循环水泵采用3台运行1台备用方式。热网循环水泵设计流量为2700t/h，扬程为130m，效率为85%。热网循环水泵驱动电动机额定功率为1400kW，电压为6kV，额定电流为165A，转速为1490r/min。

热电厂选用3套高压变频装置分别拖动1～3号热网循环水泵，4号热网循环水泵工频备用。当1～3号热网循环水泵变频运行时，4号热网循环水泵工频旁路备用。当运行的变频器或变频泵发生故障时，备用的工频泵连锁启动，确保供热系统运行稳定。变频器或变频泵检修完毕后，手动切换返回变频调速状态。

由于热网热负荷调节以调节汽轮机抽汽量为调节方式，所以热网循环泵主要以稳定供热管网压力为调节方式。热网循环泵变频调节以热网供水压力为被调量，通过变频调节热网循环泵转速来调节供水压力。为防止泵组在低转速时出现共振的现象，将泵的最低转速设定为900r/min（电机工频额定转速为1490r/min）。

高压变频器运行方式控制分为就地控制和远程控制两种。远程控制状态时，DCS输出的转速命令信号跟踪高压变频器转速反馈。就地控制时，对高压变频器远方操作无效。高压变频器受DCS远程控制时分自动和手动两种方式。手动状态时，运行人员通过改变DCS操作画面转速控制块控制高压变频器转速，实现对热网的调节。

3. 改造后的节能效果

通过上述方案改造后，改造后3台热网循环水泵变频消耗的电量减少了43.8%。按照3台热网循环水泵80%负荷运行135d计算，因变频运行年节电：1400×80%×135×24×43.8%＝1 589 414kWh。

按照电价为0.412元/kWh，发电成本为0.25元/kWh计算，全年节电收益25.75万元。变频改造180万元，投资回收期6.99年。

二、330MW供热机组热网循环水泵汽动改造

仍以上述2×330MW供热机组为例论述。

1. 小汽轮机选型计算

小汽轮机的额定功率。水泵的轴功率按下式计算：

$$P_{sh}=\frac{Q_{ri}H_{ri}\rho g\times10^{-3}}{3600\eta_{ri}}$$

式中 P_{sh}——水泵轴功率，kW；

Q_{ri}——水泵流量，m^3/h；

H_{ri}——水泵扬程，m；

g——重力加速度，$g=9.81N/kg$；

ρ——水泵介质密度，kg/m^3，对于清水 $\rho=1000kg/m^3$；

η_{ri}——水泵效率,%。

因此热网循环水泵轴功率

$$P_{sh}=\frac{Q_{ri}H_{ri}\rho g\times10^{-3}}{3600\eta_{ri}}=\frac{9.81\times2700\times130\times1000\times10^{-3}}{3600\times0.85}=1125.3(kW)$$

因此，热网循环水泵驱动电动机额定功率应为（1.1～1.2）P_Z=1238～1350(kW)，选定额定功率为1400kW，这也是驱动小汽轮机的额定功率。

2. 小汽轮机的蒸汽参数

循环泵电机功率为1.4MW，根据前面提到的五段抽汽参数，拟选用背压小汽轮机型号为B1.4-0.5/0.2，转速1500r/min，小级效率79%，进汽压力0.5MPa，进汽温度271.9℃，背压0.2MPa，排汽温度200℃。

THA供热工况下，小汽轮机进汽参数：

$$P_1=0.5MPa，t_1=271.9℃，h_1=3006kJ/kg$$

排汽参数：$P_2=0.2MPa$，$t_2=200℃$，$h_2=2855kJ/kg$

考虑到5%的调节门节流损失和5℃温降损失（即管道效率99%），则蒸汽在小汽轮机内做功为循环泵轴功率：

$$P_Z=Q_m(h_1-h_2)\eta_x(1-5\%)$$

式中 P_Z——水泵轴功率，kW；

Q_m——小汽轮机进汽量，kg/s；

h_1——小汽轮机进汽焓值，kJ/kg；

h_2——小汽轮机排汽焓值，kJ/kg；

η_x——小汽轮机效率,%。

因此小汽轮机进汽量

$$Q_m=\frac{P_Z}{0.95\times0.99(h_1-h_2)\eta_x}=\frac{1400}{0.95\times0.99(3006-2855)\times79\%}=12.47(kg/s)=44.9(t/h)$$

确定小汽轮机进汽量为45t/h。

因小机做功增加的进入换热器的采暖蒸汽没有进入凝结器损失，而作为疏水进入除氧器参与热力系统换热，相当于减少了这部分冷源损失。进汽疏水参数 $t_{sh}=90℃$，疏水焓 $h_3=90\times4.19=377.1$（kJ/kg)。

所以进入换热器的采暖抽汽流量增加

$$Q_2=\frac{Q_m(h_1-h_2)}{h_1-h_3}=\frac{12.47\times(3006-2855)}{3006-377.1}=0.716(kg/s)=2.58(t/h)$$

主机凝汽器排汽温度32.5℃，排汽压力4.9kPa，排汽焓值 $h_c=2559kJ/kg$，饱和水焓136kJ/kg，在主汽流量不变的情况下，因小机用汽，引起采暖抽汽量增加而减少的发电功率：

$$\Delta N_j=Q_2(h_1-h_c)=0.716\times(3006-2559)=320.05(kW)$$

合计降低厂用电功率 $\Delta N=P_{sh}-\Delta N_j=1125.3-320.1=805.2$(kW)

按照供热首站热网循环系全年运行 135 天计算，可节约厂用电量：

$$E=805.2\text{kW}\times24\text{h}\times135=2\ 608\ 848\text{kWh}$$

按照电价为 0.412 元/kWh，发电成本为 0.25 元/kWh 计算，全年节电收益 42.26 万元。

因小机做功增加的进入换热器的采暖蒸汽没有进入凝结器损失，而作为疏水进入除氧器参与热力系统换热，相当于减少了这部分冷源损失。按照供热期 135d 天计算，可增加采暖抽汽量

$$Q_Z=2.58\text{t/h}\times24\text{h}\times135=8359.2\text{t}$$

减少的冷源损失

$$Q_{ss}=8359.2\text{t}\times1000\times(2559-136)\text{kJ/kg}=20\ 254\ 341\ 600\text{kJ}$$

折合标准煤量 $$B=Q_{ss}/29\ 308=691\ 086\text{kg}=691.1\text{t}$$

按照标准煤价 700 元/t 计算，节煤收益为 48.4 万元，节电节煤合计收益 90.66 万元。

3. 汽动热网循环水泵和变频电动热网循环水泵方案比较

汽动热网循环水泵方案相对复杂，运行操作也比较复杂，工业汽轮机的进汽参数会随着主机参数变化而昼夜变化，运行调节频繁。变频电动热网循环水泵方案简单，操作方便，能够快速启动，不但能满足带基本负荷的运行要求，同时也能满足机组调峰运行时灵活调节的要求。另外电动泵运行不受主机参数变化的影响。所以，在安全可靠性上汽动热网循环水泵不如电动热网循环水泵。且在国内在热网循环水泵上采用汽动泵的电厂并不多。

由于主汽轮机的效率高于工业汽轮机，所以在相同主蒸汽量下，配电动热网循环水泵系统的机组发电量扣除电动机消耗后，其供电量仍高于汽动热网循环水泵。所以电动方案可以增加电厂的发电收益。

由于热电机组的工况定义是在纯凝工况，所以在供热时，对于启动热网循环水泵来说，增加主蒸汽流量可能会受到限制，从而导致发电量小于电动方案。

采用电动机驱动方案比工业汽轮机驱动方案节省初投资 300 万元，但年收益少 63 万元，因此究竟选择哪种驱动方式应全年比较后再决定。

第七节　罗茨真空泵组的应用

一、水环真空泵系统存在的问题

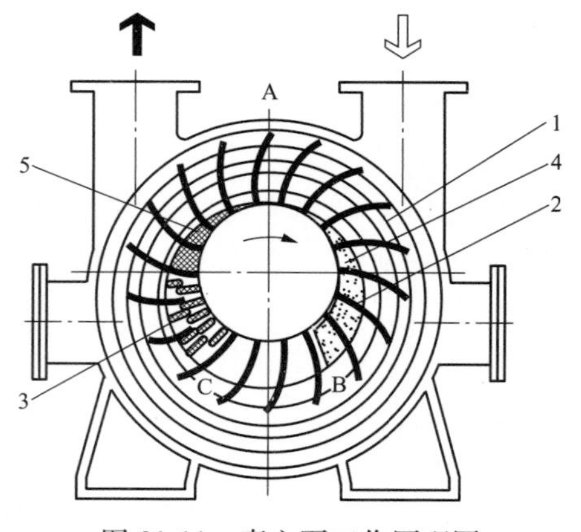

图 21-11　真空泵工作原理图

1—液环；2—泵体；3—叶轮；4—吸气口；5—排气口

图 21-11 是真空泵工作原理图，叶轮偏心地安装在接近圆形的泵体内，启运前向泵体内注入一定量的水作为工作液。当叶轮按图中顺时针方向旋转时，水被叶轮抛向四周，由于离心力的作用，水形成了一个决定于泵腔形状的近似于等厚度的封闭液环。此时叶轮轮毂与液环内表面之间形成一个月牙形空间，当叶轮由 A 点旋转到 B 点时，两相邻叶片之间所包围的容腔逐渐增大，产生真空，气体由外界吸入。当叶轮由 C 点转到 A 点时，相应的容腔逐渐由大变小，使原先吸入的气体受到压缩，当压力达到或略高于大气压力时，气体通过排气口排出泵外。目前，水环真空泵在火电厂真空系统中得到广泛应用，但是水环真空泵有

其缺点：

（1）效率低。一般在30%左右，较好的可达50%。

$$水环真空泵总效率\ \eta=\eta_{ts}\eta_{\omega}\eta_{m}$$

式中 η_{ts}——等温指示效率，反映实际压缩过程与等温压缩过程的偏差，为0.92～0.95；

η_{ω}——反映叶轮搅动液体流动的损失，为0.5～0.7；

η_{m}——机械效率，为0.98～0.99。

（2）真空度低。这不仅是因为受到结构上的限制，更重要的是受到工作液饱和蒸气压力的限制。用水作为工作液，极限压力只能达到2000～4000Pa。

（3）水环真空泵抽气性能受制于工作水温度的变化。

水环真空泵的实际抽速 $Q_{t}=Q_{15}K$

$$K=(p_{1}-p_{t})/(p_{1}-p_{15})$$

式中 Q_{t}——水温为t℃时的抽气量，m^3/h；

Q_{15}——水温为15℃时的抽气量，m^3/h；

p_{1}——水环泵的吸入压力，kPa；

p_{t}——水温为t℃时的饱和蒸汽压力，kPa；

p_{15}——水温为15℃时的饱和蒸汽压力，kPa；

K——抽气量修正系数。

当工作水达到35℃以上，抽气能力急剧下降80%以上，这是因为工作水温度升高到水环真空泵入口压力下对应的饱和温度时发生了汽化现象，真空泵主要应付抽取汽化蒸汽，导致抽空气能力大幅下降；同时，工作水温度的升高对真空泵的极限真空值产生较大的影响，这是因为极限真空值就是水环泵工作水温度所对应的饱和压力，这也是夏季凝汽器端差较大的主要原因。

总之，由于水环真空泵中气体压缩是等温的，故可以抽除易燃、易爆的气体。由于没有排气阀及摩擦表面，故可以抽除带尘埃的气体、可凝性气体和气水混合物。有了这些突出的特点，尽管它效率低，仍然得到了广泛的应用。

试验测试表明：在真空严密性合格的情况下，正常运行中汽轮机凝汽器的漏气量是非常少的。以300MW湿冷机组为例，在真空严密性为200Pa/min时，漏入的空气量约20kg/h。

经计算，在背压为5kPa时，真空严密性小于等于200Pa/min的情况下，只要选择一台实际抽气量大于1650m^3/h的真空泵即可抽出漏入凝汽器真空系统的20kg/h的空气，维持系统的真空。

火电机组一般运行两台真空泵，某电厂660MW机组真空系统流程如图21-12所示，真空系统参数见表21-21，存在以下问题：

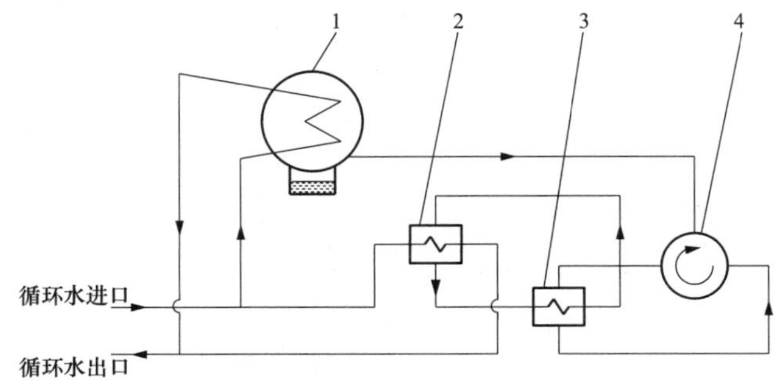

图21-12 某电厂6号机组真空系统简图
1—凝汽器；2—闭式水换热器；3—真空泵换热器；4—水环式真空泵

（1）水环真空泵设计出力富余量大，存在节电空间。设计部门在设计选型时，主要考虑快速启机的响应速度（30min内能达到启机要求的真空值）和最大的允许漏气量作为选型原则，但在机组正常运行时，维持系统真空时有较大富余量，因此，把建立真空的真空泵用作维持真空的真空泵显然是浪费能耗的。例如某电厂水环真空泵的选型依据为真空严密性大于400Pa/min，并且还考虑富余量；但实际真空严密性在140Pa/min左右；真空系统的空气泄漏量仅为设计水平的33%。有的电厂在设计建设初期就考虑到水环式真空系统的耗电问题，将水环式真空泵的驱动电动机常规选型160kW降低到132kW，表面上看，在300MW或660MW级机组运行时，选用160kW或132kW电动机，其运行电流变化不大，节能效果不明显，实际上选用132kW电动机，提高了电动机负载率，电动机的运行效率得到大幅度提高，避免了大马拉小车而产生能源浪费问题。

表 21-21　　原水环式真空系统设计参数

真空系统型号	2BW4　353－0EL4
水环式真空泵型号	2FE1 353
出力（4.6/9.6kPa，a）（kg/h）	60/90
凝汽器运行平均背压（kPa，a）	4.6（冷却水温18℃）/9.6（冷却水温30℃）
凝汽器冷却水温（℃）	18（正常）/30（夏季）
排入凝汽器乏汽量（t/h）	1218
2泵并列运行出力（背压4.6kPa，真空泵冷却水温18℃）（kg/h）	120
要求启动抽真空时间（min）	30
最低吸入绝对压力（kPa，a）	3.3
电动机型号	Y355L－12
额定电压（V）	380
额定功率（kW）	160
额定电流（A）	329
额定转速（r/min）	490

注　a表示绝对压力。

（2）水环真空泵冷却水源为闭式水，水环真空泵性能、出力受制于工作水温度的变化。有研究表明，当工作水达到35℃以上，抽气能力急剧下降60%～80%，这是在夏天有些机组需启动三台真空泵来维持凝汽器真空的主要原因。

（3）常年2台水环真空泵并联运行，导致真空泵耗电率偏大、蒸汽损失大。每台电机电流均在200A左右。

（4）随着工作液温度升高，对应的饱和压力不断升高，比如30℃的汽化压力为4.241kPa，40℃的汽化压力为7.35kPa，当水环真空泵抽吸压力小于或等于工作液温对应的饱和压力时，将使部分工作液汽化，真空泵因抽吸自身工质汽化产生的气体挤占真空泵抽气量造成真空泵出力严重不足，不凝性气体将造成传热恶化并在凝汽器内积聚破坏凝汽器真空，水蒸气中质量含量占1%的空气能使表面传热系数降低60%，从而降低机组经济性。

（5）随着工作液温度升高，工作液开始气化，产生大量蒸汽形成气泡，当含有大量气泡的液体向前经叶轮内的高压区时，气泡周围的高压液体致使气泡急剧地缩小以致破裂。在水环真空泵中产生气泡和气泡破裂使过电流部件遭受到破坏的过程就是水环真空泵中的汽蚀过程。金属表面出现点蚀现象，严重时会出现蜂窝状损坏，如果真空泵叶轮在汽蚀部位有较大的残余应力，还会引起应力释放，产生裂纹，严重影响设备安全高效运行。

水环真空泵是一种低真空泵，抽气速率受到水温的影响较大。如果要在很短的时间内（通常30min）将大容积的凝汽器（通常容积≥1000m^3），那么就要选择大型水环真空泵。而水环真空泵越大，电力消耗、水量消耗则越大。所以单一水环真空泵不能满足火电厂的节能环保要求。

二、罗茨泵的原理和特点

1. 罗茨泵的工作原理

罗茨泵的结构如图 21-13 所示。在泵腔内，有两个“8”字形的转子相互垂直地安装在一对平行轴上，由传动比为 1 的一对齿轮带动作彼此反向的同步旋转运动。罗茨泵的工作原理与罗茨鼓风机相似。由于转子的不断旋转，被抽气体从进气口吸入到转子与泵壳之间的空间 V_0 内，再经排气口排出。由于吸气后 V_0 空间是全封闭状态，所以，在泵腔内气体没有压缩和膨胀。但当转子顶部转过排气口边缘，V_0 空间与排气侧相通时，由于排气侧气体压强较高，则有一部分气体返冲到空间 V_0 中去，使气体压强突然增高。当转子继续转动时，气体排出泵外。

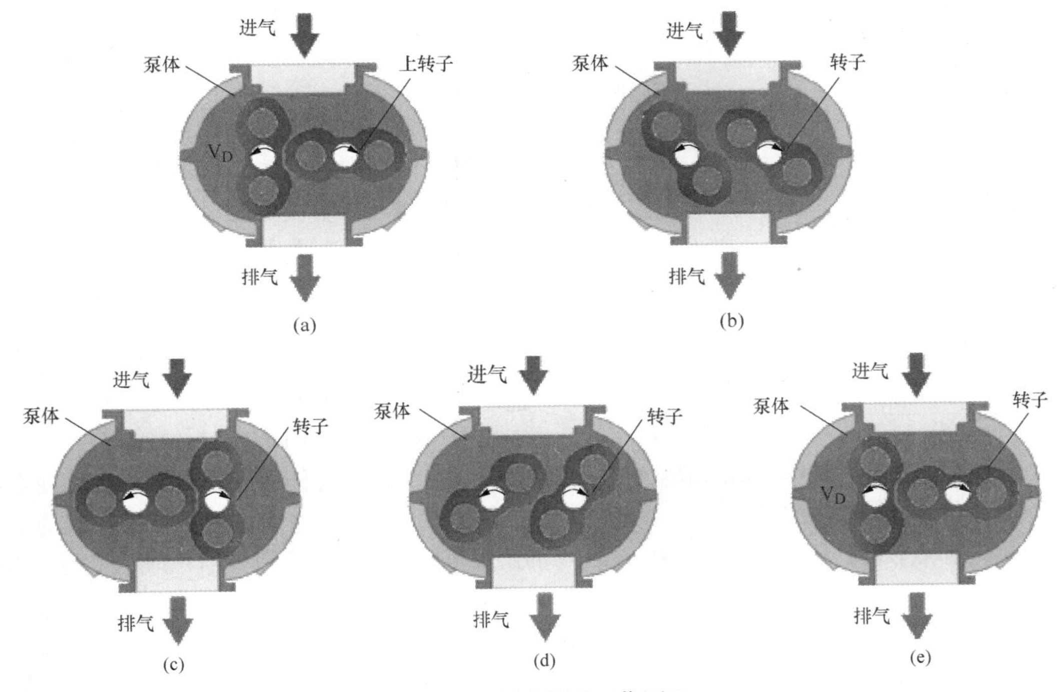

图 21-13 罗茨泵的工作原理

如图 21-13 为罗茨泵转子由 0°转到 180°的抽气过程。在 0°位置时［见图 21-13（a）］，下转子从泵入口封入 V_0 体积的气体。当转到 45°位置时［图 21-13（b）］，该腔与排气口相通。由于排气侧压强较高，引起一部分气体返冲过来。当转到 90°位置时［图 21-13（c）］，下转子封入的气体，连同返冲的气体一起排向泵外。这时，上转子也从泵入口封入 V_0 体积的气体。当转子继续转到 135°时［图 21-13（d）］，上转子封入的气体与排气口相通，重复上述过程。180°［图 21-13（e）］位置和 0°位置是一样的。转子主轴旋转一周共排出四个 V_0 体积的气体。

罗茨真空泵的最大优点是在较低的入口压力时具有较高的抽气速率，但它不能单独使用，必须有一台前级真空泵串联，待被抽系统中的压力被前级真空泵抽到罗茨真空泵允许入口压力时，罗茨真空泵才能开始工作，并且在一般情况下，罗茨真空泵不允许高压差工作，否则将会过载和过热而损坏，因此使用罗茨真空泵必须合理地选用前级真空泵，安装必要的保护设备。

2. 罗茨真空泵的优点

（1）高效节能，效率为 50％～80％；并节省冷却水流量。

（2）抽气性能不受工作液温度制约，相对提高凝汽器真空，同时消除了汽蚀的风险。

（3）极限真空值高（小于 400Pa；一般水环真空泵为 3300Pa，高水温时达到 8000Pa 以上）。

（4）起动快，驱动功率小，这是因为机械摩擦损失小。

（5）运行平稳，声音大幅减小，据在生产现场多次实测，一般比水环真空泵噪声低 3dB 左右。

（6）可靠性高，转子损坏风险低，设备维护成本低。由于罗茨真空泵结构简单，设计合理，过载能力大，故障很少。除滚珠轴承、密封圈、同步齿轮为易损件外，其余零件在正常使用时，均不易损坏。

3. 罗茨真空泵的缺点

（1）不能在建立真空时投入运行。

（2）泵的制造较复杂，特别是转子型线，加工和检查都比较困难。

（3）不能单独使用，须有前级真空泵组成机组形式使用。一般与前级泵的抽速比为 1∶2～1∶10 不等，为保护罗茨真空泵，须在机组中安装过载保护装置。

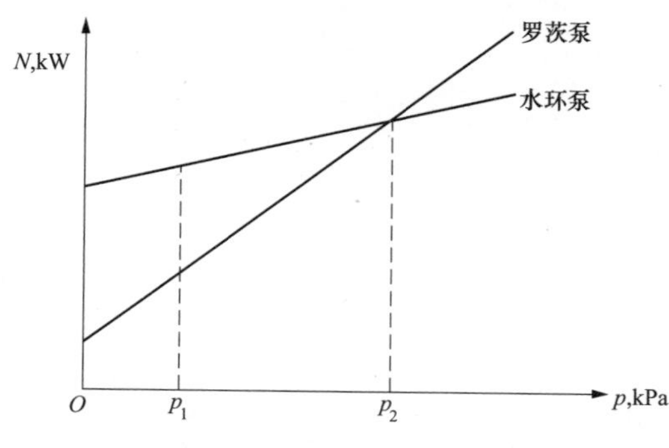

图 21-14 罗茨真空泵和水环真空泵的动力特性曲线

罗茨真空泵比水环真空泵节省能源，这并非偶然，而是由它们各自的动力特性、效率特性及其使用条件所决定的。罗茨真空泵的动力特性曲线较陡，在大部分真空度范围内能耗较水环真空泵低。真空泵的动力特性曲线，反映了动力消耗与真空度变化的规律。这两种真空泵所消耗的动力都与真空成线性关系，即所消耗的动力随着真空度的上升成正比地增加，不过它们增加的比值是不同的。如图 21-14 所示，罗茨真空泵的动力特性曲线的斜率较大，动力起点较低，而水环真空泵的动力特性曲线的斜率较小，动力起点较高。因此，在真空从 0 至 p_2 的广阔范围内，罗茨真空泵消耗的动力都较水环真空泵低。

例如在真空度为 p_1（约为 20kPa）时，所耗动力仅为水环真空泵的一半，故有显著的节能效果。但是，当真空度超过 p_2 时，就并不节省了。水环真空泵的动力起点高，即一开始就能耗大。这从它的结构上来分析是容易理解的。因为水环真空泵首先必须将工作用水甩成水环，还要克服转子与水环、水环与泵体之间的摩擦阻力，才能正常工作，故一开始就要消耗一定的动力。

三、罗茨真空泵加水环真空泵双级联合抽气工艺

1. 前级泵的选配

由于罗茨真空泵是一种无内压缩的真空泵，通常压缩比很低，故普通罗茨真空泵是不能单独使用的，必须配上合适的前级真空泵组成机组使用。前级真空泵的作用是降低罗茨真空泵的排出压力，使罗茨真空泵的进、排气压差和压缩比被控制在一定范围内。由于罗茨真空泵的压缩比是有限的，所以选择前级真空泵的抽速很重要。罗茨真空泵的最大压缩比是随排出压力的变化而变化的，在高排出压力下，最大压缩比为 3∶1，而最高压缩比是在排出压力为 100～1000 之间可达 40∶1，甚至更高些。

罗茨泵的极限真空除取决于泵本身结构和制造精度外，还取决于前级泵的极限真空。为了提高泵的极限真空度，可将多级罗茨泵串联使用。前级真空泵一般可选择油封机械泵或液环真空泵，特别在抽除有大量水蒸气的气体时，选用水环真空泵作为前级泵是很理想的。这样就形成了气冷罗茨水环泵机组。气冷罗茨水环真空机组是由气冷式罗茨真空泵与小型水环真空泵串联而成的机组。气冷式罗茨泵是一种可以承受高压差、高压缩比的可在较宽压力范围内运行的罗茨真空

泵，应用该泵后可以配置较小的水环泵，极限压力可得到500Pa左右，能源大大节省。同时，串联后抽气效率相比于大气喷射器效果更明显，压力稳定、夏季恶劣工况时，不影响机组的正常运行。对于凝汽器内需要稳定真空度这一特性来说，气冷式罗茨水环真空机组是最佳的选择。表21-22是ZJQ600＋2FE1 202气冷型罗茨水环泵组和2FE1 353单一水环真空泵的能耗对比。

表21-22　　气冷型罗茨水环泵组和单一水环真空泵的能耗比较

名　称	罗茨水环泵组	水环真空泵	备　注
型号	ZJQ600＋2FE1 202	2FE1 353	
凝汽器最低运行背压下抽吸压力（kPa）	5	5	
凝汽器最低运行背压下泵抽气能力（kg/h）	100	90	抽出的干空气量
真空泵极限抽吸入压力（kPa）	0.5	3.3	
极限抽吸能力（kg/h）	110	95	对应极限抽吸压力
耗水量（t/h）	9	30	
耗电量（kW）	25	90	
噪声（dB）	82	85	
受水温影响	否	是	

注　2FE1 353为单一水环真空泵，ZJQ600＋2FE1 202是复合型气冷罗茨水环真空泵机组。

选择前级泵的抽速，要根据罗茨真空泵机组的长期工作压力范围来考虑。另外应当考虑的是，对预抽时间长短的要求问题，如果正常工作时间远比预抽时间长，可选较小的前级泵；假如真空室较大，而且要求很快达到预抽真空度，就要用较大的前级泵。还有必须要注意的是罗茨泵的实际运行时的压差不得超过其最大允许压差，一般建议控制在75%以下，否则罗茨泵会出现过热、过载或咬死等情况。

2. 罗茨真空泵组联合抽气方案

为降低抽真空系统能耗，并解决现有抽空系统存在问题，拟采用罗茨真空泵加水环真空泵双级联合抽气的型式，替代现有抽气系统。改造方案：在不改变电厂6号机组现有3台水环真空泵及系统的功能作用的前提下，增加1套罗茨-水环真空泵组，改造后整个真空系统的工艺系统如图21-15所示。电厂6号机组真空系统改造后罗茨真空泵组系统如图21-16所示。

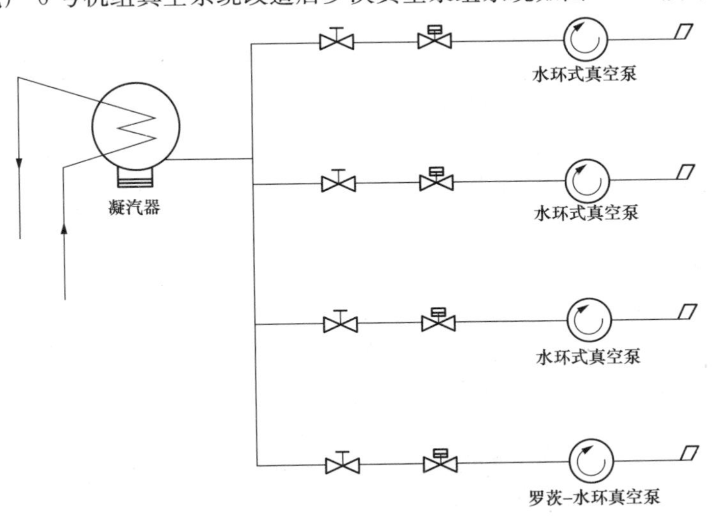

图21-15　电厂6号机组真空系统改造后的工艺流程

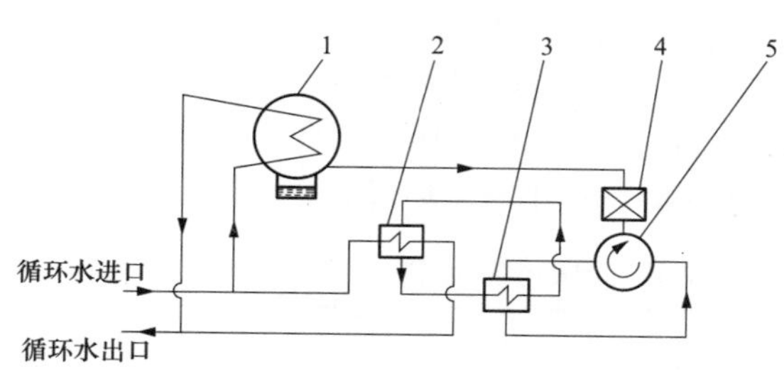

图 21-16　电厂 6 号机组罗茨真空泵组

1—凝汽器；2—闭式水换热器；3—真空泵换热器；4—罗茨泵；5—小容量水环式真空泵

实施罗茨水环真空泵组改造，并不改变原有的三台水环真空泵，只是在抽真空母管上并接一台罗茨水环真空泵组（原有 A、B、C 水环真空泵编号不变，位置也不动，只是在 C 泵空位一侧再增加一台真空泵组 D）。罗茨水环真空泵组是由一台罗茨真空泵和一台小容量水环真空泵串联而成的。当罗茨水环真空泵组运行时，蒸气和不凝结气体经罗茨真空泵增压后经级间冷凝器冷却进入水环泵，由于罗茨真空泵的增压和级间冷凝器的冷凝作用，使得水蒸气基本在级间冷凝器内凝结，其汽化潜热由级间冷凝器的冷却水带走，小容量水环真空泵吸入的气体基本都是不凝结气体；同时罗茨真空泵的增压，使小容量水环真空泵的入口压力提高一倍，可保证水环真空泵高效稳定运行。

双级或多级罗茨泵，存在罗茨泵发热的问题，运行稳定性不如单级泵，而双级或多级罗茨泵与单级泵相比，整套系统运行功率基本相同。因此，建议罗茨泵采用单级泵型式。

罗茨-水环真空泵组与凝汽器之间的管路系统上设置手动门、快速关断门。当设备在正常停运或事故跳闸时，能快速关闭，防止空气漏入凝汽器内，且不影响其他真空泵的运行。

在闭式水母管上单独增设一路到罗茨-水环真空泵组的管路，用于冷却罗茨真空泵排出的水蒸气和水环真空泵的工作水。闭式水母管至罗茨-水环真空泵组冷却水管道上设置一个手动门。

罗茨-水环真空泵组的控制进入机组 DCS 系统，就地不设 PLC 控制装置，逻辑控制在机组 DCS 系统实现。

罗茨-水环真空泵组用电由机组低压厂用电系统接入，电动机额定电压为 380V。

小容量水环真空泵前串联一台罗茨真空泵，罗茨真空泵作为机械增压泵。小容量水环真空泵作为前级泵，水环真空泵入口抽吸压力提高一倍以上（4kPa→8kPa），提高了水环真空泵抗汽蚀能力，可保证水环真空泵高效稳定运行。所抽吸不凝结气体经罗茨真空泵增压后，不凝气体经一台小功率水环真空泵排出。

四、设备选型

电厂 6 号机组真空系统改造后的设备参数见表 21-23。罗茨泵采用抽吸速率 1200L/s 的气冷罗茨真空泵，配套电机功率约为 45kW。在罗茨泵的排气口下部安装冷却器，罗茨泵抽出的气体经冷却后从两侧进入泵腔室冷却转子及泵腔。

表 21-23　D 罗茨-水环真空泵组

序号	项　目	主要参数
1. 设备概况		
1.1	泵组名称	罗茨-水环真空泵组
	泵组型号	2BW9　253-0ED4
	泵组总功率	45+45kW
	极限压力/极限吸入压力（hPa，a）	4
	抽速（L/s）	1200

续表

序号	项　目	主要参数
2. 设备组成		
2.1	主泵（罗茨泵）	气冷式罗茨泵（1台）
	泵型号	ZJL-1200TN
	抽吸速率（L/s）	1200
	极限压力（Pa，a）	500
	转速（r/min）	1480
	最大耗水量（m^3/h）	15
	电机功率（kW）	45
2.2	前级泵（水环真空泵）	液环泵（1台）
	泵型号	2BE1 253-OED4
	抽吸速率（m^3/min）	8.5～30.5
	吸入绝压（hPa）	33～1013
	排出绝压（hPa）	1013
	供液量（m^3/h）	2.8～10
	转速（r/min）	590
	电机功率（kW）	45
	功率因数	0.76
	额定电流（A）	99.63
	效率（%）	90.3

前级泵采用抽吸速率 1680m^3/h 的水环真空泵，配套电机功率约为 45kW，最小吸入绝对压力为 3.3kPa，满足凝汽器极限真空的要求。水环泵转子、圆盘和泵壳采用 304 不锈钢，泵与电机采用联轴器连接。真空泵冷却水采用闭式水。

罗茨泵与前级泵中间换热器采用列管式，热负荷为 45kW，冷却面积为 40m^2，管程材质为 304 不锈钢，壳程材质为 Q235B，冷却水采用闭式水。

设备组成：气冷式罗茨泵、小容量水环式真空泵、冷却器、换热器以及相自控仪表和附件。

设备要求如下：

（1）手动阀：入口抽气管路上设手动阀一个，作隔离用。

（2）气动衬胶蝶阀：罗茨泵入口设气动衬胶蝶阀一个，作泵组故障或泵组停机时快速隔离之用。

（3）罗茨泵：配备的电机功率比标准配置功率高一级，以防变功况时出现过载现象。

（4）小容量水环真空泵：与罗茨泵抽速相匹配。

（5）控制箱：设置泵组的电源、电流、运行操作及指示状态，并向 DCS 提供相关状态信号和 DCS 远方控制信号。

五、安全可靠性分析

罗茨水环真空泵组改造方案是在原抽真空系统中，并入了一台高效罗茨水环抽真空泵组，原有的 2 台（300MW 机组）或 3 台（600MW 机组）水环真空泵仍然保留，确保系统安全可靠。

（1）汽轮机组启动时，原有的两台水环真空泵按原运行方式投入运行，用以建立真空。

（2）机组运行正常、真空稳定、真空严密性优良的情况下，1台高效罗茨水环真空泵组投入运行，用以维持真空；原有三台水环真空泵作（对于300MW机组则是两台水环真空泵作）。

（3）罗茨-水环真空泵组不能维持凝汽器真空时（如机组真空系统发生严重泄漏），将原有的一台或两台水环真空泵联锁投入运行以满足真空要求。

（4）罗茨水环真空泵组在停泵或设备故障时，原有水环真空泵联锁投入运行，罗茨水环真空泵组入口进气门自动关闭，确保真空要求。

（5）目前三台水环真空泵为一运一备方式，经罗茨水环真空泵组改造后，机组正常运行时由罗茨水环真空泵组维持真空，实现真空泵的一运三备，大大提高真空系统的安全可靠性：由原有的一运一备变为一运三备。

（6）罗茨水环真空泵组的工作效率高，其抽吸的极限压力值小于500Pa，比原有水环真空泵的极限压力值（3300Pa）约高一个数量级，符合真空泵选型设计的要求，因而其抽吸能力更强。

改造后机组正常运行时主要以罗茨-水环真空泵组维持真空，为一运三备运行方式，设备之间有可靠的联锁控制系统。改造后机组真空系统的安全可靠性不会降低。

罗茨泵所抽吸的气体包括不凝气体（空气）及可凝气体（水蒸气），而且大部分气体是水蒸气，通过把水蒸气冷凝，减少小容量水环真空泵压缩气体总负荷，从而达到高效节能的目的。

六、节能效果

实施真空系统改造前后运行数据见表21-24。改造后真空泵耗电率由0.043%降低到0.011%，厂用电率减少0.032个百分点，年节省电量159.6kW×7500h=119.7万kWh，年节电收益19.4万元，投资130万元，静态投资回收期6.6年。

表21-24　　6号机组真空系统改造前后运行数据

项　　目	改　　前	改　　后
负荷（MW）	500	500
运行真空泵台数（台）	2	1
真空泵型式	水环真空泵	罗茨-水环真空泵组
真空泵电压（V）	380	380
改后罗茨真空泵电流（A）	—	33.6
改后水环真空泵电流（A）	—	76.5
改前A水环真空泵电流（A）	207.0	—
改前B水环真空泵电流（A）	200.7	—
电机功率因数	0.80	0.76
改前A水环真空泵功率（kW）	109.0	—
改前B水环真空泵功率（kW）	105.7	—
改后罗茨水环真空泵组功率（kW）	—	55.1
真空泵系统功率减少（kW）	—	159.6
真空泵耗电率（%）	0.042 9	0.011 0
厂用电率减少（百分点）	—	0.032
节电率（%）	—	74.6

另一方面，因原水环真空泵极限真空为3300Pa，此设备极限真空为400Pa，在保持原设备真空值在91kPa左右的情况下能提高300Pa的真空值。提高真空值减少的煤耗率为0.78g/kWh

（真空度提高 1kPa，煤耗下降 2.6g/kWh），按照标准煤 700 元/t 计算，提高真空值增加的节煤收益为 0.78g/kWh×484MW×7500h×700 元/t=198.2 万元。

第八节 外置式蒸汽冷却器的应用

大型火力发电厂热力系统中的回热加热器是提高机组循环效率的重要设备，其运行性能直接影响到整个机组的热经济性。再热器之后的各级抽汽的蒸汽过热度很大，尤其是第 3 级抽汽，由于抽汽温度高（大于 400℃），往往具有较大过热度（大于 230℃），对应的回热加热器换热温差很大，温差换热引起的不可逆损失也很大，从而影响机组的热经济性。大型机组一般设置三台高压加热器，为了利用汽轮机抽汽的过热度，这些高压加热器均设有过热蒸汽冷却段，高压加热器过热蒸汽冷却段一般设置于高加本体内，属高压加热器本体的一部分。若将过热蒸汽冷却段或其中一部分与高压加热器本体相分离，使其成为单独的换热设备，称为外置式蒸汽冷却器。

通过在三段抽汽与 3 号高压加热器之间设置独立外置式蒸汽冷却器，三段抽汽（大于 400℃）首先进入外置式蒸汽冷却器，蒸汽温度降低到 300℃，然后再进入 3 号高压加热器壳侧，使其 3 号高压加热器的温差应力大为降低。外置式蒸汽冷却器充分利用了抽汽过热焓，提高回热系统热效率。机组热效率可提高 0.1%～0.15%，煤耗率降低 0.5g/kWh。此外，由于处于高温和高压差等最为恶劣的工作环境，3 号高压加热器成为回热设备中故障率最高的高压加热器，因此有必要降低第 3 级抽汽蒸汽的过热度，这样不仅可以提高回热系统的热效率，还可以提高机组运行的安全性和可靠性。

一、大型机组高压器设计参数

大型火电一次再热超超临界机组的三段抽汽来自中间再热后汽轮机中压缸的第一级抽汽，温度较高。图 21-17 给出了机组部分热力系统（含前 3 级抽汽及高压给水），第 1 级至第 3 级抽汽分别加热对应的 1 号至 3 号高压加热器中的给水，其疏水逐级自流至除氧器，高压给水通过这 3 级高压加热器加热后进入锅炉省煤器。

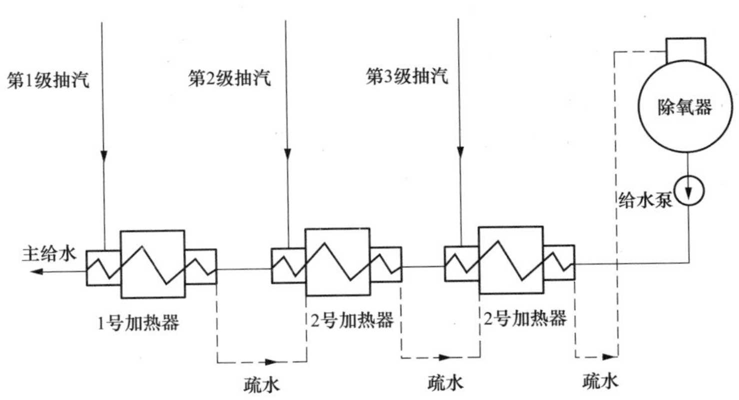

图 21-17 某超超临界 660MW 机组部分热力系统

WH 电厂 660MW 机组 3 台高压加热器设计参数见表 21-25。由表 21-25 可以看出，第 3 级抽汽温度为 493.3℃，其对应的过热度高达 268℃，远高于第 1 级和第 2 级抽汽的蒸汽过热度。低负荷过热度更高，对应的回热加热器换热温差增大，引起的不可逆损失增加。采用外置式蒸汽冷却器可以有效利用过高的第 3 级抽汽过热度，提高机组的热经济性。

表 21-25　　WH 电厂 660MW 机组 3 台高压加热器设计参数

项　　目	1 号高压加热器	2 号高压加热器	3 号高压加热器
加热蒸汽压力（MPa）	7.259	5.529	2.565
加热蒸汽饱和温度（℃）	288.3	270.3	225.3
加热蒸汽温度（℃）	401.0	363.2	493.3
抽汽流量（t/h）	88.01	167.05	84.37
给水进口温度（℃）	270.3	225.3	192.4
给水出口温度（℃）	290.0	270.3	225.3
疏水出口温度（℃）	275.9	230.9	198.0
换热面积（m^2）	2200	2150	1600
上端差（℃）	−1.7	0	0

注　上端差＝加热蒸汽饱和温度－给水出口温度。

【例 21-1】 已知某电厂 660MW 机组 3 台高压加热器设计参数见表 21-25，求其过热度和下端差。

解　1 号高压加热器下端差＝疏水出口温度－给水进口温度

＝275.9－270.3＝5.6(℃)

1 号高压加热器过热度＝加热蒸汽温度－加热蒸汽饱和温度

＝401.0－288.3＝112.7(℃)

2 号高压加热器下端差＝230.9－225.3＝5.6(℃)

2 号高压加热器过热度＝363.2－270.3＝92.9(℃)

3 号高压加热器下端差＝198－192.4＝5.6(℃)

3 号高压加热器过热度＝493.3－225.3＝268.0(℃)

在三段抽汽进入 3 号高压加热器前，设置串联方式外置式蒸汽冷却器，利用该段抽汽的过热度（268℃）来加热最终给水，有效利用三抽蒸汽的过热度，减少热耗值，提高机组经济性。

二、外置式蒸汽冷却器的布置方式

常见外置式蒸汽冷却器有两种：串联方式和并联方式。这两方式中，外置蒸冷器的被加热介质为高压给水。由于连接方式（布置方式）不同，其热经济效果也不相同，且有较大差异。

(1) 串联方式：将蒸汽冷却器放置于 1 号高压加热器（末级给水加热器）出口，与 1 号高压加热器串联，如图 21-18 所示。

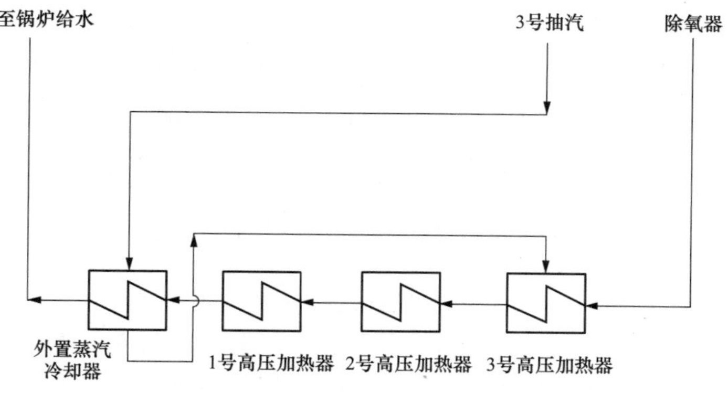

图 21-18　全容量外置蒸汽冷却器串联放置

如果通过蒸汽冷却器的设计给水流量过大，可能造成蒸汽冷却器尺寸较大，外形粗短，制造上也比较困难，成本较高，同时给水管道应力计算更加复杂；如果蒸汽冷却器的设计给水流量过小，虽然可以减小蒸汽冷却器尺寸和给水管道管径，但不利的是此时蒸汽冷却器内部温升较大，低负荷时蒸汽冷却器内部有可能出现局部汽化，造成汽阻，从而影响管内给水正常流动和换热。经过技术经济综合比较后认为，对于660MW超超临界机组，串联外置式蒸汽冷却器给水流量为主给水流量的40%～50%较为合适；而对于1000MW超超临界机组，串联外置式蒸汽冷却器给水流量为主给水流量的30%～40%较为适宜。则改进后的串联回热系统如图21-19所示。

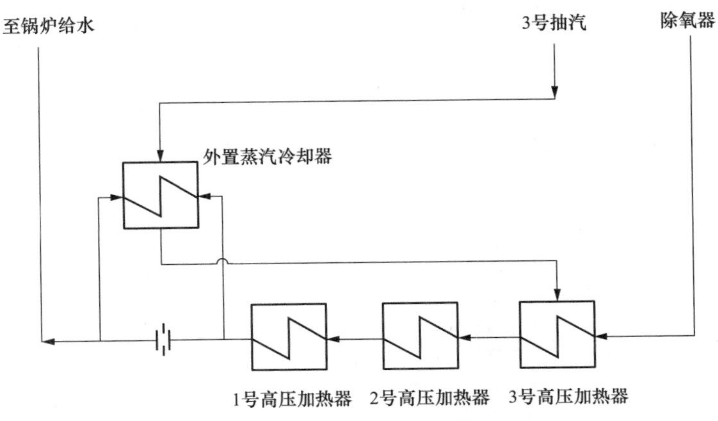

图21-19 部分容量外置蒸汽冷却器串联放置

一般来说，外置式串联蒸汽冷却器的热经济性比并联高，三抽蒸汽过热度跨越3个抽汽能级，利用于高位能源加热给水，提高了给水的终温，能有效降低热耗，提高热力循环效率。原因在于外置式串联蒸汽冷却器的进水温度比较高，传热过程平均温差较小，抽汽过热度得到充分利用，效果显著，但是给水系统阻力较大。另外由于设置外置蒸汽冷却器后进入3号高压加热器的蒸汽品质降低，三抽蒸汽量会增大，这样机组出力会降低，特别是夏季时，会对机组负荷带来一定影响。串联方式可降低热耗10～20kJ/kWh。

(2) 并联方式：将蒸汽冷却器与1号高压加热器并联，共同加热2号高压加热器出口给水，如图21-20所示。

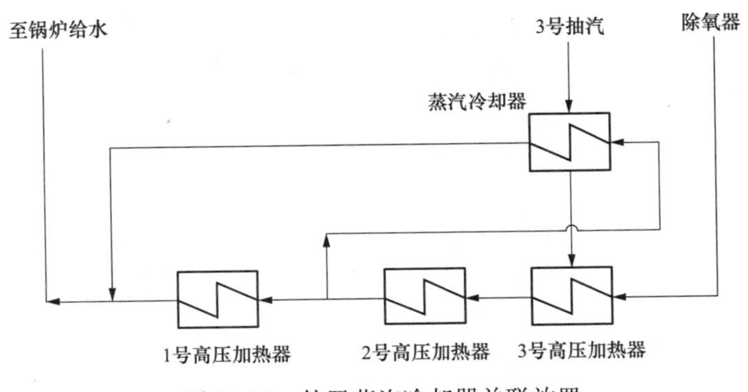

图21-20 外置蒸汽冷却器并联放置

外置蒸汽冷却器并联设置的形式，三抽蒸汽过热度跨越2个抽汽能级，与1号高压加热器并联加热给水，利用于较高位能源加热给水，排挤了更高品质的一抽蒸汽，能有效降低热耗，同时被排挤的一抽蒸汽具有更高做功能力，增加了机组出力裕量。并联方式能相对减少给水系统阻力。但是蒸汽冷却器进水温度较串联方式低。传热温差大，同时给水分流后进入下一级加热器的主给水流量减少。相应的回热抽汽量有所减少，热经济相对较低。并联方式可降低热耗7～10kJ/kWh，由于经济性较差，目前没有机组采用这种布置之方式。

三、660MW机组外置式蒸汽冷却器应用实例

1. 外置式蒸汽冷却器的方案设计

WH电厂6号机组采用外置式蒸汽冷却器进行回热系统改造。外置式蒸汽冷却器采用部分容量串联布置方式，按照给水流量占总流量的35%进行容量设计，给水流量可调，如图21-21所示。其方案如下：

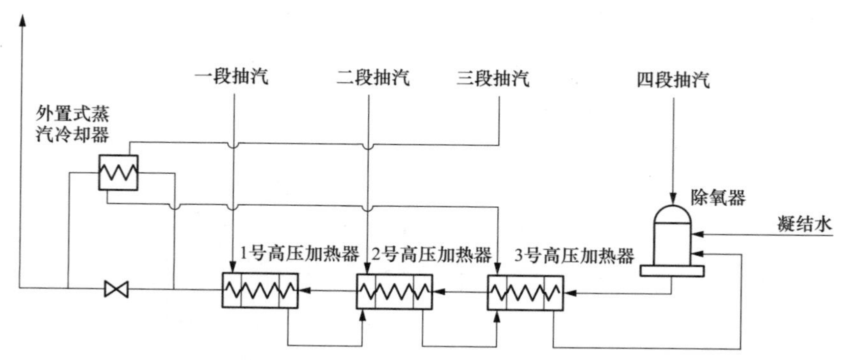

图21-21　部分容量外置蒸汽冷却器串联方式

（1）在三段抽汽进入3号高压加热器前，设置串联方式外置式蒸汽冷却器，利用该段抽汽的高过热度（268℃）来加热最终给水。

（2）设置外置式蒸汽冷却器后，3号高压加热器进汽的过热度大幅减少，减少幅度约为70%。3号高压加热器的过热冷却段已经不能满足安全运行要求，需要减小过热冷却段面积或者取消过热冷却段。因此，需要对3号高压加热器进行改造，以适应3号高压加热器进汽过热度的降低要求。

（3）蒸汽冷却器设置于原1号高压加热器后（顺高压给水流向），蒸汽冷却器通过40%容量高压给水，旁路容量60%。

设置外置式蒸汽冷却器后，3号高压加热器的加热汽源的过热度大幅降低，蒸汽在过热冷却段内凝结，凝结水和饱和蒸汽的混合物会对加热器的凝结段产生冲刷，将引起加热器振动和凝结段管束损坏，影响加热器的安全运行。因此，需要对3号高压加热器进行改造。改造后的3号高压加热器参数见表21-26，外置式蒸汽冷却器参数见表21-27。

表21-26　　3号高压加热器设备参数

项　目	JG-2250-3高压加热器				
每台机组设备数	1				
型式	卧式U型管表面加热				
总加热面积（m^2）	2250				
工况	TMCR	THA	75%THA	50%THA	40%THA
给水量（t/h）	1906.074	1792.61	1297.37	845.01	675.785
进水压力（MPa）	31.369	30.70	22.295	14.630	12.199

续表

项　目	JG-2250-3 高压加热器				
给水入口温度（℃）	188.7	186.8	173.0	155.6	147.8
给水出口温度（℃）	224.3	221.6	205.4	185.3	176.5
进口热水焓（kJ/kg）	816.6	808.4	744.2	664.8	629.9
出口热水焓（kJ/kg）	972.4	960.1	885.4	793.2	753.7
抽汽压力（MPa，a）	2.593	2.463	1.791	1.165	0.953
抽汽温度（℃）	308.9	304.5	300.7	296.7	283.3
进口蒸汽热焓（kJ/kg）	3028.3	3021.6	3031.7	3040.2	3017.2
抽汽流量（t/h）	113.526	104.328	66.881	37.494	29.347
疏水量（t/h）	402.289	369.884	277.081	189.792	141.325
疏水出口温度（℃）	194.3	192.4	178.6	161.2	153.4
给水出口端差（℃）	0	0	0	0	0
疏水出口端差（℃）	5.6	5.6	5.6	5.6	5.6
给水温升（℃）	35.6	34.8	32.4	29.7	28.7

注　给水温升＝给水出口温度－给水入口温度，给水出口端差＝加热蒸汽饱和温度－给水出口温度，疏水出口端差＝疏水出口温度－给水进口温度。

表 21-27　蒸汽冷却器设备抽汽参数

项　目	ZL-400 蒸汽冷却器				
每台机组设备数	1				
型式	卧式 U 型管表面加热				
总加热面积（m^2）	400				
工况	TMCR	THA	75%THA	50%THA	40%THA
给水量（t/h）	667.126	627.415	454.080	295.754	236.525
进水压力（MPa）	31.036	30.405	22.138	14.564	12.156
给水入口温度（℃）	293.9	289.5	285.7	281.7	268.3
给水出口温度（℃）	298.7（混合后）	294.4（混合后）	290.0（混合后）	285.4（混合后）	272.2（混合后）
进口热水焓（kJ/kg）	1297.4	1276.1	1259.1	1241.7	1174.8
出口热水焓（kJ/kg）	1321.7（混合后）	1300.4	1280.9	1260.6	1194.5
抽汽压力（MPa，a）	2.59	2.463	1.791	1.165	0.953
抽汽温度（℃）	488.5	489.3	492.3	495.2	396.1
抽汽热焓（kJ/kg）	3436.0	3439.2	3453.4	3466.8	3471.1
抽汽流量（t/h）	113.526	104.328	66.881	37.494	29.347
疏水量（t/h）	113.526	104.328	66.881	37.494	29.347
疏水出口温度（℃）	308.9	304.5	300.7	296.7	283.3
给水温升（℃）	4.8	4.9	4.3	3.7	3.9
给水焓升（kJ/kg）	24.3	24.3	21.8	18.9	19.7

注　给水量为 35%总流量。

2. 热力过程变化

将外置式蒸汽冷却器串接在1号高压加热器出口给水管路上，提高最终给水温度。相对于改造前的回热系统热力过程，回热系统原有状态被改变，主要体现在以下几个方面。

（1）3号高压加热器进汽的过热度大幅减少，减少幅度约为70%。剩下的30%蒸汽过热度（约80℃）所含的能量无法保证3号高压加热器的给水温升、上端差达到改造前的状态。串联改造后的3号高压加热器出口给水温度必然低于改造前。

（2）3号高压加热器给水加热不足的份额只能由2号高压加热器弥补。3号高压加热器出水温度降低，导致2号高压加热器出力增加，二段抽汽流量也相应增加。当需要增加的出力在2号高压加热器的设计余量范围（设计余量和堵管余量）内时，则2号高压加热器能完全弥补3号高压加热器的加热不足；当需要增加的出力超出2号高压加热器的设计余量范围时，2号高压加热器出口给水温度也会达不到改造前的水平。则1号高压加热器出力也需要增加，将导致一段抽汽流量增加。

（3）三段抽汽原有的70%过热度直接加热最终给水，最终给水温度较改造前明显提高。

3. 机组经济性

根据表21-27，6号机组设置外置式蒸汽冷却器对机组经济性影响结果见表21-28。

表21-28　　外置式蒸汽冷却器对机组经济性

项目名称	THA	75%THA	50%THA	40%THA
蒸汽冷却器温升（℃）	4.9	4.3	3.7	3.9
汽轮机热耗降低（kJ/kWh）	19.4	15.5	11.6	12.9
汽轮机热耗变化引起发电煤耗降低（g/kWh）	0.71	057	0.43	0.47
运行小时（h）	1500	4000	2000	0
年平均发电煤耗率降低（g/kWh）	0.56			
年平均功率（MW）	484			
年节约标煤量（t）	2033			
全年总收益（万元）	142.3			

WH电厂6号机组设置外置式蒸汽冷却器后，给水温度平均提高了4.29℃，锅炉给水焓平均提高21.5kJ/kg，相对装置前提高0.20%，年平均发电煤耗降低约0.56g/kWh，按照标煤价700元/t计算，年收益142.3万元，整个工程的总投资约为800万元，项目静态投资回收期5.6年。

某1000MW超超临界机组采用串联外置式蒸汽冷却器热力系统后，第3级抽汽在蒸汽冷却器内的焓降为414.6kJ/kg，锅炉给水焓提高24.8kJ/kg（锅炉给水温度提高4.9℃）。设置串联外置式蒸汽冷却器后汽轮机绝对内效率由49.82%提高至49.94%，相对装置前提高0.24%，相应的煤耗率可降低约0.65g/kWh。这与WH电厂节能量相当。

第九节　0号高压加热器的应用

0号高压加热器又称附加高压加热器，简称0号高加（或零号高加），顾名思义，在原机组回热系统基础之上，设置一级更高参数的、可调节的回热抽汽，而这级回热抽汽位于原机组1号高压加热器前（1号高压加热器出口），因此得名。0号高压加热器蒸汽由高压缸第5级（考虑与补汽阀进汽在同一个接口）后抽出，加热器疏水逐级自流至1号高压加热器。增设0号高压加热器，在低负荷工况可利用汽轮机高压缸补汽阀进汽口作为抽汽口。在0号高压加热器抽汽管道上安装一道抽汽调节阀，对回热抽汽进行调节，可在某一负荷段保持抽汽调节阀后的压力基本不变，实现对给水温度进行控制，从而提高低负荷工况下的最终给水温度（高负荷时，0号高压加热器不投运），改善汽轮机在低负荷工况的运行经济性。与此同时，当最终给水温度提高时，省煤器出口烟气温度也将升高，可保证SCR装置在低负荷工况正常投运。

一、补汽阀技术

为了提高机组的经济性、运行灵活性，西门子公司设计生产的超（超）临界汽轮机高压缸中采用了补汽阀技术。超（超）临界汽轮机高压缸配有两个主汽门和两个调节阀。在每个主汽门后、调门前引出一根管道，接入一个或两个外置的补汽调节阀，该阀门结构类同于主汽调节阀，位于高压缸下部。补汽阀只在过载超发时使用，如果夏季背压升高，主汽调节阀全开后达不到额定出力或额定背压工况需要超发时，可从主汽阀后、调节汽阀前引出一股新蒸汽（额定进汽量的5%～10%），经过载补汽阀节流降低参数（蒸汽温度约降低30℃）后进入高压缸某级动叶后（如高压第5级动叶后）继续膨胀做功。该技术不但可以保证机组额定负荷时具有较高的效率，同时可以满足超发、一次调频快速响应能力的要求。以N600-24.5/566/566纯凝式汽轮机为例，补汽阀开启后，可提高机组的带负荷能力，使机组电功率增加约6.4%，由于主蒸汽未在高压缸前5级做功，造成高品质蒸汽的浪费，使机组热耗率增加约0.78%，进入高压缸的主蒸汽流量加大，高压缸排汽压力和温度有所升高，导致高压缸效率下降约1.96%。

二、0号高加的热力系统

（一）0号高加的抽汽系统

在设有过载补汽阀的电厂热力系统中，采用在高压缸的补汽阀与高压缸接口之间引出抽汽管道并送至0号高加。在抽汽管道上面设置快关调节阀、关断阀、止回阀，部分负荷运行时补汽阀处于关闭状态，从高压缸补汽阀接口抽出的高压蒸汽通过调节阀调节抽汽量和抽汽参数，维持所需要的给水温度。

（二）0号高加给水系统

0号高加可以与1、2、3号高压加热器共用一套高压给水旁路系统，如图21-22所示。在机组满负荷或高负荷运行时0号高加壳侧（汽侧）不投运，全部的给水均流过管侧，此时0号高加的管侧相当于一个给水通道。此种高加系统可节省初投资。但由于0号高加壳侧不投运时，给水完全通过0号高加管侧，仍存在管侧压降，因此增加了给水泵的功耗。0号高加也可以单独设置一套给水旁路系统，0号高加不投时，可切除0号高加。由于需要在给水管道上设置旁路及旁路阀，其初投资会大大增加，因此很少采用此种系统。

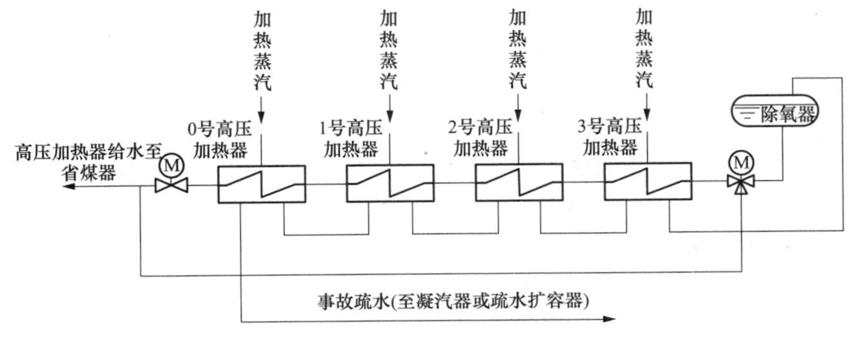

图21-22 0号高加热力系统

（三）0号高加疏水系统

0号高加正常疏水可以采用逐级自流的疏水方式，即正常疏水至1号高加，最后一级疏水至除氧器。采用此方式经济性较好，可以充分的利用0号高加疏水的热量。对于新建工程，推荐采用疏水逐级自流方式。对于改造工程，需要校核0号高加投入时1、2、3号高加的换热能力及疏水阀的通流能力等。如果其他高加均能满足要求，可以采用疏水逐级自流的疏水方式；如果其他高加不满足要求，疏水可以考虑送至除氧器或凝汽器。

三、0号高加对机组的影响

（一）对高压缸通流的影响

补汽阀进汽口位于高压缸某级后（如高压缸第5级叶片后），当需要超发调频时，增加的进汽量通过补汽阀流入高压缸某级后的通流；如果改为抽汽，补汽阀后压力级的压力就会下降，造成级组叶片前后压差增加，对叶片强度产生影响，所以高压缸通流叶片强度需重新校核或需重新设计。当需要加宽叶型时，对通流效率会产生一定的负面影响，高压缸通流效率下降0.2个百分点，影响机组热耗3～4kJ/kWh。

（二）对汽轮机部分负荷时运行经济性的影响

汽轮机在部分负荷时投入0号高加，由于回热系统级数增加，提高了回热系统效率，汽轮机热耗下降了。

（三）对脱硝运行的影响

目前燃煤电厂的脱硝工艺一般采用SCR选择性催化还原法，脱硝装置一般安装在锅炉省煤器后空预器前。催化剂的正常工作温度一般为310～400℃。当烟气温度低于最低喷氨温度时，喷氨系统自动解除运行。增设0号高加后使锅炉省煤器出口的烟温有所提高，对低负荷时提高脱硝的投入率起到了辅助作用。

（四）0号高加对锅炉系统的影响

给水回热系统对锅炉系统的影响主要体现在给水温度与排烟温度的变化方面。增加一级高压加热器（0号高压加热器）后，省煤器入口给水温度升高，在省煤器换热面积不变的情况下，工质传热温压降低（给水温度升高对省煤器入口烟气温度的影响较小，可不予考虑）、吸热量减少，省煤器出口烟气温度升高。

0号高压加热器使进入空气预热器的烟气温度升高，在空气预热器换热面积不变的情况下，传热温压增加、换热量增加，空气预热器出口的热空气温度升高，同时空气预热器出口的排烟温度也有一定程度的增加，导致锅炉效率下降（排烟温度每升高10℃，锅炉效率降低约0.5%）。以某660MW超超临界湿冷机组的锅炉为例，在75%负荷工况时，投运0号高加后，主蒸汽流量增加约51t/h，给水温度由275℃升高到295℃，省煤器出口烟气温度由334℃提高到343℃，空气预热器出口烟温由111℃升高至115℃，锅炉效率由94.35%降低为94.15%。在5O%负荷工况时，投运0号高加后，主蒸汽流量增加约62t/h，给水温度由251℃升高到290℃，省煤器出口烟气温度由316℃提高到335℃，空气预热器出口烟温由106℃升高至113℃，锅炉效率由93.60%降低为93.16%。

由上述分析可知，0号高压加热器回热系统改造对锅炉系统和汽轮机系统均会产生影响，且两种变化趋势对机组经济性的影响规律相反，通过理论计算可知，汽轮机热耗降低对机组经济性的影响大于锅炉效率降低产生的影响，因此，最终机组的经济性提高。

此外，在0号高压加热器使锅炉排烟温度升高的情况下，烟气换热器系统（如低温省煤器）可回收这部分热量，从而对机组的经济性产生有利的影响。对于新建机组，设计方案中已设计烟气余热回收设备；对于在役机组，建议同时增加0号高压加热器和烟气余热回收设备，这对于开展 0 号高压加热器回热系统改造提供了更为有利的条件。

四、0 号高压加热器的应用

1. 改造方案

(1) 机组参数。某电厂 6 号机组采用上汽西门子技术生产的 N660-25/600/600 超超临界汽轮机，该机型带补汽阀，用于机组调频或过负荷。目前补汽阀处于停用状态，设计将补汽阀进汽口（对应的高压缸第 5 级叶片后）作为抽汽口，进行附加高压加热器回热系统节能改造。高压缸第 5 级叶片后蒸汽参数见表 21-29。

表 21-29　　　　高压缸第 5 级叶片后蒸汽参数（设计工况）

项目名称	THA	75%THA	50%THA	40%THA
高压缸第五级后压力（MPa）	16.28	11.53	7.74	6.15
高压缸第五级后温度（℃）	526.5	521.5	525.4	521.4
高压缸第五级后比焓（kJ/kg）	3370.8	3412.8	3464.7	3472.1
允许最大抽汽流量（t/h）	162.8	108.0	79.2	61.2
汽机热耗率（kJ/kWh）	7342	7435	7654	7828

(2) 0 号高压加热器抽汽点设计。0 号高压加热器回热系统节能改造项目设计将补汽阀进汽口（对应的高压缸第 5 级叶片后）作为抽汽口。0 号高压加热器设置在 1 号高压加热器后，串联在主给水管路中，并通过阀门开关可实现补汽阀与 0 号高压加热器之间的自由切换。

(3) 0 号高压加热器与原回热系统连接方式。0 号高压加热器系统疏水逐级自流至 2 号高压加热器，同时在抽汽管道上安装一道抽汽调节阀，对抽汽进行调节（以防止 0 号高压加热器出口给水温度过高）。0 号高压加热器与原回热系统的连接方式如图 21-23 所示。

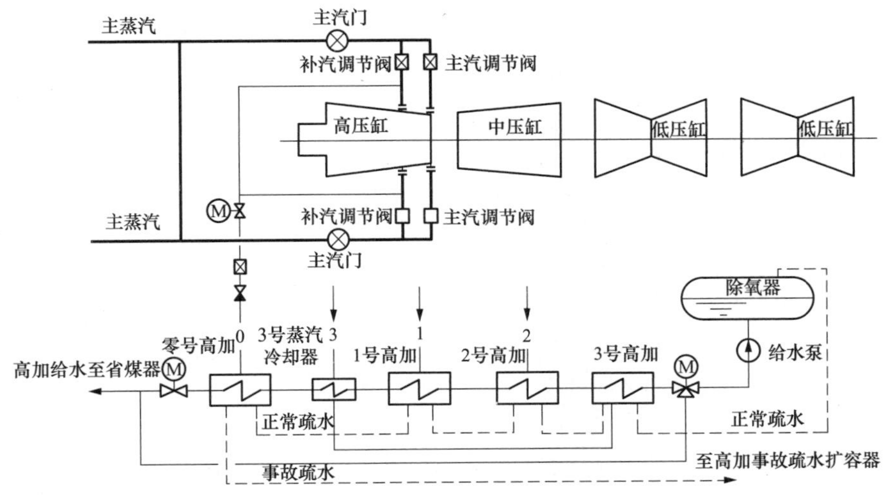

图 21-23　0 号高压加热器与原回热系统的连接方式

(4) 0 号高加进汽调阀在机组 80%TMCR 工况下必须关闭（水侧投入运行，汽侧关闭）。80%TMCR 以下 0 号高加汽侧、水侧投入运行时，补汽阀不得开启。

(5) 运行时注意控制以下参数不超限：无论在任何工况下，0 号高加进汽温度不超过 515℃，0 号高加进汽压力不超过 6.8MPa，监视 0 号高加冷凝端温度（就地温度表）不超过 294℃。

2. 机组运行经济性影响分析

考虑 0 号高压加热器对锅炉系统的影响，设置 0 号高压加热器对机组经济性的影响结果见表 21-30。

表 21-30　设置 0 号高压加热器对机组经济性的影响

项　目	75%THA		50%THA	
计算条件	有 0 号高加	无 0 号高加	有 0 号高加	无 0 号高加
0 号高压加热器温升（℃）	19.11	基准	44.68	基准
汽轮机热耗率（kJ/kWh）	7418.4	7435	7602.7	7654
汽轮机热耗变化引起发电煤耗率降低（g/kWh）	0.63	基准	1.58	基准
锅炉效率（%）	93.85	94.05	93.10	93.50
考虑锅炉效率降低发电煤耗率降低（g/kWh）	0.030	基准	0.687	基准
运行小时（h）	4000	4000	2000	2000
年平均发电煤耗率降低（g/kWh）	0.20			

注　THA 下给水温度为额定 290℃。

机组设置 0 号高压加热器后，THA 工况、75%THA 工况、50%THA 工况下的发电煤耗率分别降低约 0、0.045、0.081g/kWh，年节约标煤量 726t，全年收益 50.8 万元。设置 0 号高压加热器的投资约为 1000 万元，静态投资回收期 19.7 年。设置 0 号高加的主要作用是提高 SCR 入口烟气温度，如以节能目的设置 0 号高加，则节能收益太低。

设置 0 号高压加热器这一方案不理想，第一是因为节能效果差，第二是在 0 号高压加热器投入后发现存在如下问题：进汽温度容易超温；0 号高压加热器调节阀小开度时，调节阀开度突然增大波动。即投资大，节能效果差，而且带来的安全风险大。建议其他电厂尽量不采用 0 号高压加热器技术。

第十节　空冷系统节能技术

一、空冷岛增容改造

SD 电厂 2 号 600MW 机组空冷岛设计标准为环境温度 33℃，机组额定出力时空冷系统运行背压 30kPa。但实际环境温度仅 28℃时，机组背压已达 34kPa 左右，严重影响夏季带负荷能力。为解决夏季机组带负荷能力，并配合汽动给水泵改造，决定对空冷岛进行增容改造。总投资 3900 万元。改造方案：根据 2 号机组空冷系统布置情况，增容的空冷凝汽器单元布置在 2 号机组空冷岛的西侧，每列增加一个单元，共增加 8 个冷却单元；另外在 1 号和 2 号机组空冷岛之间增加一列空冷散热器 7 个单元（由于 1 号和 2 号机组空冷岛之间布置有电梯，因此只能布置 7 个单元）；共计增加 1 排和 1 列共 15 个冷却单元，新增 15 个空冷单元的换热面积为 452 880m^2。每列增加的单元排汽从原有各列的配汽管道末端引接；新增的一列排汽从主排汽管道上引出。改造效果：

（1）增容后空冷系统面积增加 452 880m^2，约 26.7%。

（2）在机组 100%额定负荷下，除去汽动给水泵改造所占的容量，改造后试验结果修正到设计条件下（环境气温均修正到 11.6℃），空冷系统改造后较改造前真空提高 2.06kPa，供电煤耗率降低 2.3g/kWh。

二、空冷凝汽器加装除盐水雾化喷嘴

在空冷风机出口加装喷淋装置，在环境温度较高时，利用布置在散热器百叶窗内的喷嘴把水

以雾化形式对着空冷散热器进风侧喷出，借助塔内外的压差和微风的作用，水雾在百叶窗内旋转前进并产生了两方面的作用：一是雾化后的小水滴在空气中与空气直接进行热交换，降低了环境温度（即散热器入口风温）；二是喷到散热器翅片上的小水滴与这些翅片直接进行热交换，小水滴在其上面进行升温，大部分蒸发，从而加强了散热器的换热。在上述两方面的共同作用下，进一步降低了循环水温，提高了机组真空。大唐托克托电厂、大同第二发电厂已采用此方法提高真空。以 2×600MW 空冷机组为例，改造投资费用约 300 万元。改造后，夏季高温超过 33℃投入喷淋装置，按喷淋时背压降低 10kPa、每年 60 天、每天喷淋 4h 计算，喷淋时机组可增发功率 12MW，供电煤耗率降低 10g/kWh。该技术适合于各级容量空冷机组。

三、高效复合型空冷凝汽系统

针对空冷系统的问题，提出采用蒸发式凝汽器与直接空冷系统合理配置，形成复合型空冷凝，空冷岛部分进汽引入蒸发式冷凝器。蒸发式凝汽器工作原理是：蒸发冷却水由水泵送至冷却盘管上部喷淋装置中，经喷嘴均匀喷淋在盘管外壁面形成一层均匀水膜。盘管内高温工质与管外壁水膜进行热交换，使水膜吸热蒸发，冷却水由液态变为汽态。该技术将采用蒸发式冷凝器冷凝空冷岛部分进汽，降低空冷凝汽器热负荷，提高夏季直接空冷机组运行真空，并提高机组出力。

宁夏某电厂 2×660MW 空冷机组改造采用该技术。蒸发式凝汽器循环水仅需保证换热管表面布水均匀即可，循环水量仅为水冷循环水量的 1/5。与水冷凝汽系统相比，可节水 40%左右。可使机组夏季工况（TRL 工况）运行真空提高 10kPa。该技术适合于各级容量空冷机组。

蒸发式冷凝器结构紧凑，换热效率高，水耗低。主要由冷凝器（板片式）、水循环系统及空气系统三部分组成。蒸发式冷凝器的结构如图 21-24 所示。

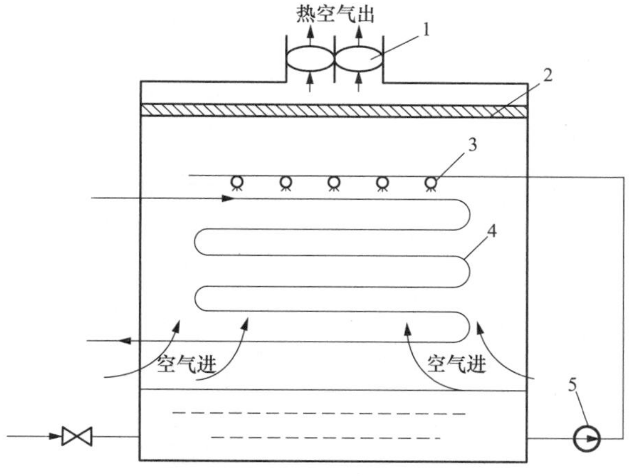

图 21-24 蒸发式冷凝器结构示意图

1—风机；2—挡水板；3—喷嘴；4—冷却管；5—循环水泵

四、空冷风机变频技术改造

现在有很多电力企业已经采用新型的高压大功率变频调速装置，取得了良好的应用效果。采用先进的整流技术，减少了输出侧的电流谐波，提高了功率因数，解决了对电网的谐波污染，无需任何滤波或功率因数的补偿。电动机实现了真正的软启动、软停运，变频器提供给电机的无谐波干扰的正弦波电流，峰值电流和峰值时间大为减少，可消除对电网和负载的冲击，避免产生操作过电压而损伤电机绝缘，延长了电动机和风机、水泵的使用寿命。同时，变频器设置共振点跳转频率，避免了风机、水泵处于共振点运行的可能性，使风机、水泵工作平稳，轴承磨损减少，启动平滑，消除了机械的冲击力，提高了设备的使用寿命。采用变频调节，实现了挡板、阀门全开，减少了挡板、阀门节流损失，且能均匀调速，满足调峰需要，节约了大量的电能，具有显著的节电效果。

SD 电厂 2 号机组空冷电机控制盘柜采用高低速切换回路，共装设 64 台工频控制柜，原电机设计为高低速双绕组西门子电机，低速电机功率为 22kW，高速电机功率为 92kW，具有风机调速范围小、春秋季节耗电率高、设备运行缺陷多、冬季防冻效果差等问题。电厂投资 300 万元将高低速电动机控制方式改造为变频器控制方式，增大了风机转速的调节范围，使风机在 24～73.2r/min 范围内平滑调节，彻底解决上述问题。改造后相同负荷率下，机组背压同比降低

0.60kPa，厂用电率折算后下降0.132%。

对于新建空冷技术，应该考虑直接对空冷风机进行变频调速。达拉特电厂7号N600-16.7/538/538型亚临界直接空冷机组，汽轮机排汽直接用空气冷却，配有8×8共64台空冷风机。64台110kW轴流式空冷风机（也有选择7×8共56台132kW轴流式空冷风机）全部采用变频调速，变频器采用西门子公司的MICROMASTER-430变频器，变频器的功率为132kW，经变频器控制可在0～110%额定转速运行。变频调速装置通过硬接线和通信方式与DCS相连。直接空冷调速系统的调节与控制纳入DCS，可满足各种工况下汽轮机需要的运行条件，操作简便，控制灵活。表21-31为达拉特电厂7号600MW直接空冷机组空冷风机变频运行实际数据，列出了不同环境和机组负荷下变频器的功率、电流、电压输出以及采取的频率。

表21-31　600MW直接空冷机组空冷风机变频运行实际数据

环境温度（℃）	机组负荷（MW）	风机运行列数/台数	工作频率（Hz）	风机平均功率（kW）	风机总功率（kW）	电压（V）	电流（A）
34	600	8/64	55	108	6912	377	200
13	526	8/64	50	85	5440	379	165
9	450	8/64	45	60	3840	340	138
−5	380	4/30	40	43	1290	303	115
−3	597	6/48	35	30	1440	265	101
9	450	8/64	30	19	1216	226	92

由表21-31的数据可得出以下结论：当转速减小（相应工作频率下降）时，电机能耗大幅下降，可见变频调速的节电效果非常显著。同时伴随着转速下降，电机的磨损、发热、噪声也将大幅减少，由此获得的经济效益也不可忽视。

考虑风机实际的效率会随风机出风量降低而降低，运行中的风机实际功率P_L可由其额定功率P_e计算得到：

$$P_L=[0.45+0.55(Q_L/Q_e)^2]P_e$$

式中　P_L、Q_L——运行中风机实际功率和流量，kW，m^3/s；

P_e、Q_e——风机额定功率和流量，kW，m^3/s。

空冷风机变频运行前，平均风量约为额定值的80%。则

$$P_L=[0.45+0.55(Q_L/Q_e)^2]P_e=(0.45+0.55\times0.8^2)P_e=0.802P_e$$

在风机挡板开度为100%时，风机输出功率近似与风机转速三次方成正比，则采用变频调速时风机的功率可以表示为：

$$P_H=(Q_H/Q_e)^3P_e=0.8^3P_e=0.512P_e$$

所以采用变频调速时空冷风机节电率$=(0.802P_e-0.512P_e)/0.802P_e=36.2\%$

五、直接空冷系统运行优化

由于空冷系统性能受环境条件影响大，不同环境条件下，空冷系统运行性能不同，而空冷系统设计性能与运行性能存在明显差异，机组变工况运行偏离最佳参数，导致机组运行煤耗偏高。

对于某一机组负荷及环境温度，增加风机频率（提高转速）空冷凝汽器压力减小，机组热耗率减小，而风机耗功增加，反之则热耗率增加，风机耗功减小，两者之间存在风机最佳运行状态。通过优化试验得到机组不同负荷、不同环境温度下，汽轮机最佳运行方式、最佳空冷凝汽器压力，以及不同负荷、不同环境温度下空冷风机经济运行频率；获得不同负荷下，汽轮机阻塞背

压值；为机组经济运行提供依据。

直接空冷系统运行优化试验结合汽轮机运行优化试验同时进行，得到不同负荷及凝汽器压力下汽轮机最佳主蒸汽参数，为机组提供不同凝汽器压力下经济运行定-滑压曲线。某 600MW 直接空冷机组运行优化试验结果如图 21-25、图 21-26 所示。

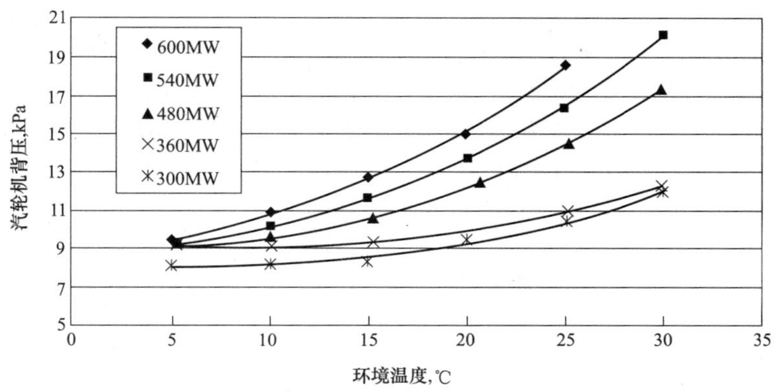

图 21-25 某 600MW 机组不同负荷及环境温度下最佳运行背压

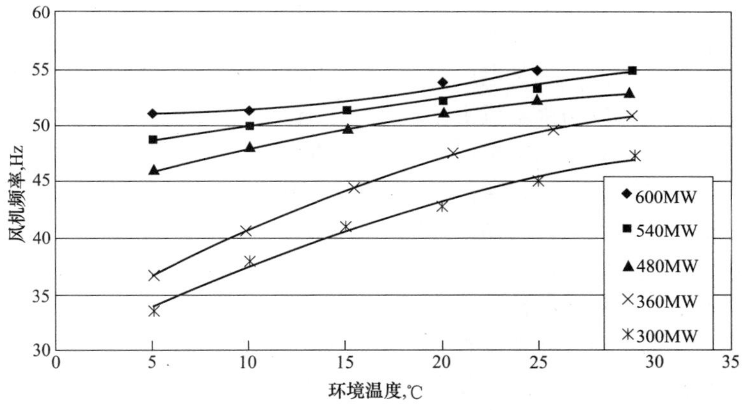

图 21-26 某 600MW 机组不同负荷及环境温度下风机最佳运行频率

第二十二章　热电机组灵活性改造技术

随着社会用电需求增速放缓及可再生能源的大规模发展，火电利用小时数将会逐年下降。另一方面，随着居民生活的提高，热电联产机组比重越来越大。火电机组调峰消纳可再生能源越来越困难。根据发达国家新能源技术发展经验，提升火电机组灵活性运行能力，挖掘其深度调峰潜力，不仅是解决当前新能源消纳困境的有效途径，同时也是延续火电企业生命周期、实现电力绿色转型的必要选择。

第一节　火电机组灵活性改造技术综述

一、灵活性改造的必要性

由于风电、光伏发电具有随机性、间歇性较强的特点，其大规模并网给电网的安全稳定运行带来负面影响。为了提高可再生能源的消纳能力，承担着全国70%以上的发电量的火电机组必须承担调峰任务，受设备、煤质等的影响，调峰困难已经成为我国尤其东北电网运行中较为突出的问题。因调峰困难所带来的后果也较为明显：一是电网低谷电力平衡异常困难，调度压力巨大，增加了电网安全运行风险；二是电网消纳风电、光电及核电等新能源的能力严重不足，弃风问题十分突出；三是电网调峰与火电机组供热之间矛盾突出，影响居民冬季供暖安全，存在引发民生问题的风险；四是目前我国火电机组 纯凝工况调峰能力普遍只有40%～50%，供热工况下调峰能力更是低至30%左右。因此在我国抽水蓄能发电机组、燃气机组占比比较小的现状下，开展现役火电机组的灵活性改造，提高其深度调峰能力，显得尤为必要。

从目前国内现役火电机组深度调峰情况来看，主要存在如下问题：

（1）燃料灵活性差：煤种适应性不强，导致燃料灵活性差；锅炉低负荷稳燃能力差。燃料灵活性差主要体现在：在锅炉设计初期没有考虑煤种较大的应用范围，无法实现锅炉燃料的灵活可变。稳燃能力差主要体现在：燃烧系统技术落后，多煤种配煤掺烧技术有待提升。

（2）低负荷工况下SCR系统运行问题：催化剂活性需要达到300℃，低温高效催化剂急需开发，或者脱硝系统不完善，需要进行设备改造，以提高低负荷时脱硝装置的入口烟温。

（3）现有汽机旁路满足不了热电解耦要求。

（4）热电联产机组以热定电，热电耦合缺少大型电极锅炉和大型蓄热水罐等深度调峰外部辅助设备，供热季电力调峰能力差。

（5）锅炉低负荷稳燃能力差，调峰能力不足。调峰能力不足是制约火电灵活性运行的关键因素。目前，我国纯凝火电机组的实际稳燃能力一般为额定容量的40%～50%左右，典型抽凝机组在供热期的调峰能力仅为额定容量的20%左右。因调峰困难导致电网低谷电力平衡异常困难，调度压力巨大，增加了电网安全运行风险。

（6）机组爬坡率差，负荷响应速度迟缓。负荷响应速度迟缓是制约火电机组灵活性运行的潜在因素。对火电机组而言，其能量产生和转换过程较为复杂，系统换热设备具有很强的热惰性，造成指令与响应之间存在较大的时间延迟。目前电网对自动发电控制（AGC）机组调节速度的考核指标为每分1.0%～2.0%的额定容量，期望通过技术改造达到每分2.5%～3.0%的额定容量。

(7) 机组远远偏离设计工况运行。我国现役火电机组在设计阶段基本均未考虑深度调峰工况，导致运行过程中调峰能力比较差。此外，深度调峰和快速升降负荷时的运行工况严重偏离设计工况，深度调峰常态化以后，大量设备运行在非正常工况，对机组安全性、环保性及经济性的影响不可忽视，需要投入更多的研究工作。

(8) 燃煤生物质耦合发电机组少。燃煤生物质耦合发电则兼备运行灵活性和燃料灵活性特点，物质耦合发电主要有直接混烧和生物质气化混烧技术，通过混烧来提高燃煤锅炉特别是劣质煤种运行的稳定性，同时，生物质替代部分燃煤后，可以有效减少锅炉尾气中的二氧化硫、氮氧化物等有害成分，这为后续的脱硫、脱硝工艺可以有效减轻负担。

(9) 电网消纳风电、光电及核电等新能源的能力严重不足，弃风问题十分突出，不利于地区节能减排和能源结构转型升级。

(10) 电网调峰与火电机组供热之间矛盾突出，影响居民冬季供暖安全，存在引发民生问题的风险。

因此，积极开展火电机组灵活性改造工作，提高机组调峰能力已十分必要。

二、火电灵活性的定义和技术指标

火电灵活性主要是指纯凝煤电和热电煤电灵活性，包括运行灵活性和燃料灵活性。

(1) 运行灵活性。深度调峰（超低负荷运行），快速启停，爬坡能力强；对于热电机组实现热电解耦。

(2) 燃料灵活性。煤种适应性强，掺烧生物质等。

三、灵活性改造技术路线

针对不同的火电机组类型，相应的灵活性改造技术路线有所不同，对于纯凝机组，提高负荷调节能力强，需要解决锅炉系统的超低负荷稳燃问题和排放问题，实现深度调峰。深度调峰技术可实现火电机组不停炉超低负荷（20%额定负荷）调峰，实现机组快速爬坡达到所需负荷，减少锅炉启停时间，为消纳更多的波动性可再生能源，灵活参与电力市场创造条件；锅炉燃料适应性改造，掺烧秸秆、木屑等生物质，实现生物质原料的清洁利用，减少大气污染；进行低负荷协调控制优化，保证在50%以下负荷能够满足机组调节要求。

提高锅炉低负荷稳燃能力主要从三方面入手：低负荷稳燃措施，燃烧器改造、制粉系统优化改造和入炉煤质的改善（储备调峰煤）。低负荷稳燃措施主要包括：低负荷精细化燃烧调整，安装大功率等离子体稳燃器和富氧燃烧系统。低负荷精细化燃烧调整措施主要包括优化磨投运方式、煤粉细度、一次风速和配风方式等。燃烧器、制粉系统优化改造内容主要包括浓淡燃烧器改造、动态分离器改造和风粉在线监测装置改造等。改善入炉煤质方法是：选取高挥发分煤种为调峰煤，在低负荷下（根据不投油稳燃下限确定）逐渐改烧调峰煤。增加一台仓储式制粉系统，用于磨制调峰煤，并配合一次风机改造。

深度调峰时应特别注意：

(1) 管壁温度不均与受热面超温问题。深度调峰期间，炉膛火焰充满度较差、水动力不足，受热面容易出现热偏差，导致机组受热面超温，主蒸汽和再热蒸汽温度失调。对于超临界机组，干湿态的转化点为25%～27%BMCR，在该转换点附近运行，容易产生机组管壁超温等问题。应对策略为：①低负荷精细化运行调整；②针对直流炉，严格控制煤水比；③燃烧器或受热面改造。

(2) 尾部烟道积灰与设备腐蚀。长期低负荷运行需要考虑烟道积灰后烟道载荷增加，需要进行烟道结构强度和基础校核，必要时增加除灰清灰装置。锅炉低负荷运行时，空气过量系数大，会生成更多的 SO_3，且排烟温度低，易加剧空气预热器腐蚀和堵塞。需配置暖风器或采用热风再循环，一种可行的方式是采用低温省煤器与暖风器联合系统，提高空气预热器冷端温度同时，保证机组经济性。

对于供热机组来说，由于冬季供热负荷一般较大，需要维持一定的锅炉出力，较少涉及锅炉低负荷运行问题，主要矛盾集中在满足供热条件下的发电出力调节范围过小，也就是热电解耦的问题。如何在满足供热的同时减少蒸汽做功，也就是高温高压蒸汽在汽轮机内做功份额和供热份额的再分配是解决问题的关键。因此，供热机组灵活性改造的技术路线主要分为两类：一是增加机组的供热能力来降低最小出力，主要有减少汽轮机通流环节的低压缸零出力技术和高背压供热技术，和减少通流部分蒸汽流量的汽轮机旁路供热技术；二是热储能技术，主要有热水罐储能、电锅炉固体蓄热和电极锅炉等方案。增加储热装置实现“热电解耦”，在调峰困难时段通过储热装置释放热量供热，降低供热强迫出力；在调峰有余量的时段，储存富余热量。

此外，火电机组能量产生和转换过程较为复杂，系统换热设备具有很强的热惰性，造成指令与响应之间存在较大的时间延迟，须采取必要的措施提升负荷响应速度，以满足电网快速调峰的要求。主要技术思路为：①瞬间减少抽汽量来提高电出力技术，主要包括变凝结水量、变供热抽汽、给水旁路、0 号高加等负荷调节技术；②利用补能或泄能方式来提高电出力技术，主要包括热水储热负荷调节、熔盐储热负荷调节技术；③通过优化控制或运行方式提高电出力技术，主要包括协调优化控制、高调阀配汽管理优化、空冷变背压负荷调节技术。提升机组运行灵活性的过程中可能面临的问题及对策汇总见表 22-1。

表 22-1　　火电机组的灵活性改造技术特点

问题		技术对策	灵活性改造需求
深度调峰	燃烧不稳，甚至炉膛灭火	燃烧器稳燃改造、智能燃烧优化控制、制粉系统改造（动态分离器）、掺烧调峰煤	解决制煤、锅炉、汽机、辅机系统在低负荷下的运行适应性，实现低负荷稳燃，深度调峰
	监控手段不足	风粉在线监测改造、炉膛水冷壁温度测点改造	解决受热面超温、热偏差问题
	热电机组以热定电	汽机旁路供热，低压缸零出力，高背压改造，电极锅炉，固体或液体储热	增加供热能力，降低供热时的强迫出力，或利用热储能实现热电解耦
	脱硝装置入口温度低，不能 100% 投运	省煤器烟气旁路、省煤器水侧旁路、省煤器分级布置、回热抽汽补充给水、省煤器热水再循环	宽负荷脱硝，重点解决启动和低负荷下环保设施的投入率和可靠性
	机辅机运行工况偏离设计工况较多，引起辅机问题，如辅机振动、冷端腐蚀、凝结水泵和给水泵最小流量	优化运行、设备改造、锅炉精细化稳燃调整	主、辅机适应性评估与改造，提高辅机可靠性和投入率
快速负荷响应	锅炉热惯性大，响应速度慢	给水旁路负荷调节技术、凝结水负荷调节技术、0 号高加负荷调节技术、协调控制技术	负荷调节灵活，提高机组负荷响应速度，汽机系统适应性改造
	主蒸汽调节阀节流损失大、主汽调门重叠度不合理	空冷机组变背压负荷调节技术、高压调节阀配汽管理优化	提高各种负荷下的机组效率和快速响应能力
	受热面和加热热器可能超温	优化运行、设备改造	主要辅机匹配，提高辅机可靠性和投入率

LH 热电厂 1 号 C300/235-16.67/537/537 型亚临界抽汽凝汽式汽轮机是国家能源局灵活性改

造示范机组，火电机组灵活性及控制改造升级专项工作于 2016 年 12 月完成。主要工作包括：①汽轮机侧凝结水变负荷调节控制改造、高压加热器旁路变负荷调节控制改造、增设附加高压加热器改造、凝结泵变频改造；②锅炉侧低负荷稳燃试验、磨煤机高效动态分离器和风环改造、风机单双侧运行经济性对比等试验和精细化调整试验等；③热控控制与保护逻辑优化、脱硝优化控制改造和深度调峰智能燃烧优化控制改造等。经过技术改造后，目前 1 号机组可以实现：①25%ECR（经济出力）工况下，给水及主汽温度等主要控制回路自动控制，多磨煤机组工作方式下连续稳定运行；②30%ECR 以上工况投入机炉协调控制后自动运行；③40%ECR 以上工况投入 AGC 自动运行且控制品质良好；④综合应用给水旁路调节、供热抽汽量调节和凝结水变负荷调节技术，协调并充分利用各技术特点，实现机组变负荷平均速率提高至 2%ECR/min，变负荷速率提高 100%；⑤采用智能预测等先进算法后，使机组在达到超净排放标准的前提条件下实现高精度全负荷自动闭环喷氨控制。

第二节　汽轮机低压缸切缸技术

1. 低压缸切缸（或称低压缸零出力）技术原理

国内供热机组深度调峰能力不足，与国外机组存在较大差距。发电装机容量富余、消化新能源压力大，“以热定电”运行方式也难以执行。通过在国外调研，国外 125MW 机组能够切除低压缸运行，将低压缸的电负荷转变为热负荷。能否在机组低压缸高真空运行条件下切除低压缸进汽，实现低压缸零出力运行，将低压缸所带的电负荷转化为热负荷，既提高机组供热能力，又提高机组调峰能力。这一设想已成为国内多家热电厂热电解耦供热的重要手段。

该技术是打破原有的汽轮机低压缸最小冷却流量限值理论，在供热期间切除低压缸进汽，仅保持少量的冷却蒸汽（约 15t/h），使低压缸在高真空条件下“空转”运行，从而提高汽轮机的供热能力。该技术能使机组在原供热能力的基础上增加 20%左右的供热能力，由于减少了低压缸排汽的冷源损失，具有较好的供热经济性。

切除低压缸进汽运行方案需要对导汽管液压蝶阀、真空系统、低压转子以及控制系统进行改造，在机组深度调峰时关闭中低压缸导汽管液压蝶阀，大幅减少进入低压缸蒸汽量，低压缸缸内要采用适当减温措施（通过新增旁路管道通入少量的冷却蒸汽或喷水装置），用于带走低压缸零出力供热后低压转子转动产生的鼓风热量，实现背压供热方式运行，提高机组供热能力，降低机组调峰时电负荷。切除低压缸进汽运行方案系统运行如图 22-1 所示。

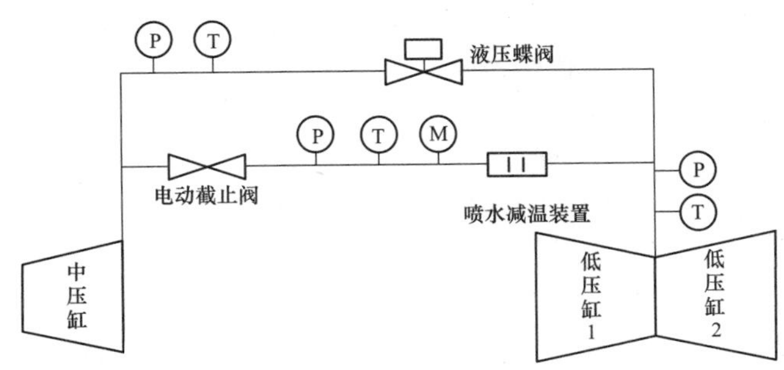

图 22-1　低压缸切缸运行示意图

2. 低压缸切缸运行技术特点

(1) 通过在机组运行中切除低压缸全部进汽，实现低压缸“零出力”运行，大幅降低低压转子的冷却蒸汽消耗量，在供热负荷一定的情况下，减少了低压缸做功，由于排汽全部用于供热，消除了冷源损失，具有很好的热经济性，运行费用较低；而且达到机组深度调峰的目的。

（2）实现供热机组在抽汽凝汽式运行方式与高背压运行方式的灵活切换，机组运行灵活性和范围大大提高。

（3）避免了高背压供热改造（双转子）和光轴改造方案采暖期需更换两次低压缸转子的问题和备用转子存放保养问题，机组运行时的维护费用大大降低。

（4）采暖抽汽量每增加 100t/h，供热负荷增加约 70MW，电负荷调峰能力约增加 50MW，供电煤耗约降低 36kg/kWh。

低压缸切缸运行技术不足：

（1）汽轮机运行过程中，随着低压缸末两级叶片容积流量减小，蒸汽首先会在动叶根部出口位置产生沿圆周方向的涡流，动叶根部流线出现向上倾斜，出现脱流现象。低压缸容积流量大幅减小时，动叶进口相对速度减小，甚至为负值，造成动叶做功为负，反而需要消耗机械功。汽轮机某级不对外做功，需消耗机械功的运行工况称为鼓风工况。汽轮机叶片在鼓风工况下运行时消耗的机械功转变为热能，会加热转子和叶片。小容积流量工况时，蒸汽流量过小不足以带走汽轮机鼓风热量，就会引起低压缸过热、低压缸变形等危及汽轮机安全的问题。

（2）受低压缸末两级叶片长度大、叶顶薄、抗振性能弱等特点影响，叶片在小容积流量工况下运行时容易出现大负冲角运行，导致叶片颤振，甚至造成叶片损害断裂，严重威胁机组安全运行。试验表明：在相对容积流量减小的过程中，当减小到一定值时，叶片振动应力开始迅速增加，之后达到最大值，进一步减小容积流量，振动应力逐渐减小，振动应力与相对容积流量呈非单调变化关系。

（3）实施低压缸零出力供热改造后，机组低压缸零出力运行时，低压缸通流部分运行条件大幅偏离设计工况，处于极低容积流量条件下运行。为充分监视低压缸通流部分运行状态，确保机组安全运行，需增加或改造以下运行监视测点：增加低压缸末级、次末级动叶出口温度测点；增加中压缸排汽压力测点和温度测点；增加低压缸进汽压力测点和温度测点；更换原 7 段抽汽压力、8 段抽汽压力、低压缸排汽压力变送器为高精度绝压变送器。上述所有改造测点均需接入机组 DCS，并参与相关控制。

（4）设置低压缸冷却蒸汽系统。实施低压缸零出力供热改造后，低压缸进汽被供热蝶阀完全切断。为了带走低压转子转动产生的鼓风热量，需要通入少量的冷却蒸汽。新增加的低压缸通流部分冷却蒸汽系统汽源取自中压缸排汽（辅汽或其他抽汽也可），接入点为低压缸进汽口（中低压连通管上供热蝶阀后适当位置）。冷却蒸汽系统应相应设置蒸汽压力、温度、流量测点，且相关测点均需接入机组 DCS，并参与相关控制。

3. 低压缸切缸运行技术的应用

（1）低压缸切缸运行技术应用方案。以某热电联产项目 1 台 N350-16.7/538/538 型亚临界机组低压缸切缸改造为例。低压缸零出力供热改造方案热力系统如图 22-1 所示。改造的主要内容包括：

1）抽真空系统改造（150 万元），增设一套蒸汽喷射器抽真空装置，实现高真空。

2）增加低压缸喷水减温系统（120 万元），带走切缸后运行低压缸鼓风热量。

3）中低压联络管及电动截止阀加装改造（180 万元），低压缸进汽节流，使几乎全部的中压缸排汽进入热网加热器供热。

4）增加热网加热器设备（250 万元），提高供热能力。

5）低压缸运行监视测点完善与改造。

(2) 低压缸切缸运行应用效果。低压缸零出力供热时，关闭蝶阀、投入低压缸冷却蒸汽后，机组负荷由 135.0MW 降至 82.5MW，机组背压保持 3.3kPa（凝汽器真空 96.7kPa）。在供热需求抽汽量 320.0t/h 的条件下，通过低压缸零出力运行电功率减少 40.2MW，采暖抽汽流量增加 200.0t/h；改造后在相同主蒸汽量的条件下，低压缸最小通流量降低至 15t/h，至少增加约 185t/h 中压缸排汽用于供热，单机增加供热负荷 130MW，采暖热指标按 55W/m^2 计算，单机增加供热面积 236 万 m^2（改造前对外供热量为 207.6MW，折供热面积约 420 万 m^2），供热煤耗率下降约 67g/kWh；机组低压缸零出力运行试验数据见表 22-2。

表 22-2　350MW 机组低压缸零出力运行试验数据

项　目	改造前	改造后
电功率（MW）	120.0	79.8
主蒸汽流量（t/h）	478	478
采暖抽汽流量（t/h）	120	320
凝汽器真空（kPa）	96.7	96.7

结合上一年度采暖期调峰时间统计，在保持当前供热面积不变的情况下，采暖中期采用低压缸零出力方式深度调峰的小时数约 530h，主要集中在每年 12 月中旬至次年 2 月中旬。在电网低谷深度调峰期间获得调峰补偿 6.3 万元/h。该技术能够实现供热机组在抽汽凝汽与高背压运行方式的不停机灵活切换，实现热电解耦，改造费用低，运行维护费用小。

第三节　汽轮机高背压循环水供热技术

1. 高背压循环水供热技术原理

对于大型供热电厂，汽轮机高背压循环水供热方案一般采用双背压双转子互换循环水供热技术，即冬天采暖季，低压缸转子采用动静叶片相对较少的高背压低压专用的供热转子（一般比纯凝转子少 2 级），凝汽器高背压运行，满足冬季供热需要，供热期间背压控制在 47kPa 以上，对应排汽温度提高到 80℃以上。热网循环水在凝汽器中加热后通过汽轮机机抽汽进行加热，满足热用户需求，凝汽式汽轮机改造为高背压运行供热后，凝汽器成为热水供热系统的基本加热器，原来的循环冷却水变成了供暖热媒，在热网系统中进行闭式循环，有效地利用了汽轮机凝汽所释放的汽化潜热。当需要更高的供热温度时，则在尖峰热网加热器中利用汽轮机抽汽进行二级加热；夏天非采暖季换回原有的纯凝转子，排汽背压完全恢复至原纯凝工况运行，满足夏天纯凝工况的需求。

高背压运行工况系统流程为：高背压循环水供热停用汽轮机冷端冷却设备，汽轮机排汽全部由热网循环水回水进行冷却，为满足一级热网与二级热网的换热要求，热网循环水首先经过凝汽器进行第一次加热，吸收低压缸排汽余热，经过凝汽器 80℃以上排汽温度的第一次加热，热网循环水温度由回水温度加热至 80℃左右，然后经热网循环泵升压后送入首站热网加热器，利用本机组的抽汽完成第二次加热，生成高温热水送到热网供用户使用。回水释放热量后再回到机组凝汽器，构成一个完整的循环水路。高背压循环水供热改造系统图如图 22-2 所示。

为了提高发电量，减小内部损失，需要全新设计供热转子。新设计的供热转子减小了通流面积，这样的设计基于两个方面的考虑：一是适应设计流量，防止颤振的发生以及背压的提高，提高机组安全性；二是在设计工况下可以全开中低压连通管上的调节门，减少节流损失，增加并合理分配低压缸焓降，在锅炉蒸发量不变的基础上可以增加发电量，提高经济效益。

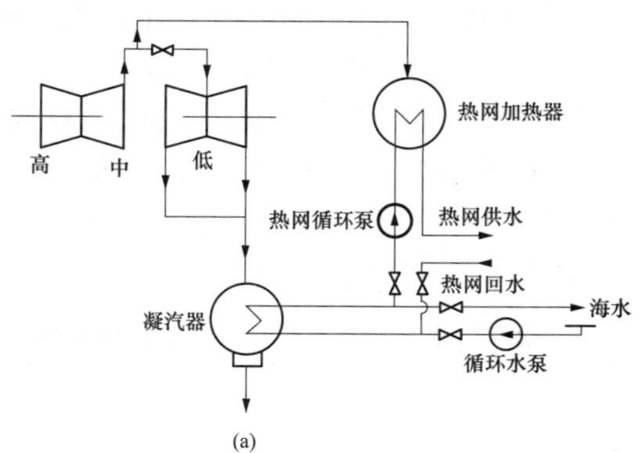

(a)

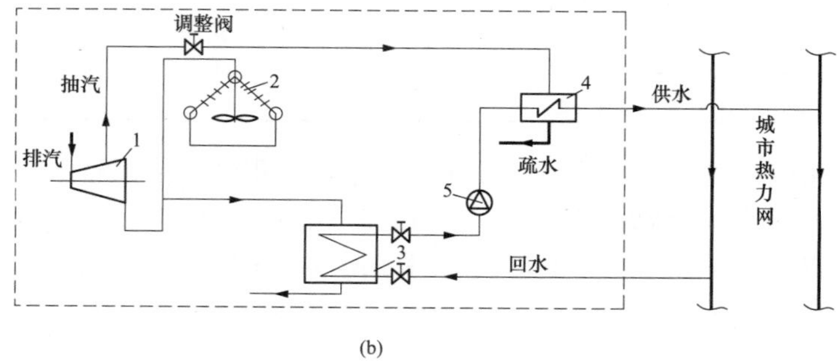

(b)

图 22-2 高背压循环水供热改造系统示意图

(a) 汽轮机排汽冷却方式；(b) 循环水供热系统接入城市热力网

1—汽轮机；2—空冷岛；3—凝汽器；4—热网加热器；5—热网循环泵

2. 高背压循环水供热技术特点

(1) 尽管低压缸真空度降低后，在相同的进汽量下，与纯凝工况相比，发电量减少了，并且汽轮机的相对内效率也有所降低，但因降低了热力循环中的冷源损失，系统总的热效率仍会有很大程度地提高，降低煤耗，具有良好的热经济性。

(2) 高背压循环水供热技术能够大幅度提高供热能力。

(3) 低压缸高背压循环水供热技术是将低压缸的排汽压力升高，利用较高的排汽温度加热循环水供热，使低压缸既保留了做功能力，又能够供热且消除冷源损失，具有最佳的运行成本优势。

但是也存在缺点：

(1) 每年需要更换 2 次低压缸转子，运行维护不便。

(2) 但由于排汽压力较高，需要更换专门的低压缸转子，改造费用较高。

(3) 高背压技改方案使发电机组处于不可切换的高背压运行状态，使发电功率降低，并导致发电机组的顶尖峰负荷能力下降，可能带来调峰收益折减。

(4) 机组在供热工况下运行时，低压内、外缸由于排汽温度的升高而上抬，导致低压转子上抬。因此，轴系稳定性核算尤为关键。

(5) 相比于纯凝工况，供热工况下的排汽背压使其控制温度点相应提高。改造后应根据相关数据核算低压缸喷水量，一般必须增加低压缸喷水量，为此新增喷水系统，低压缸喷水由原低压喷水管路和新增喷水系统共同完成。

(6) 凝结水精处理系统改造。高温循环水供热期间，凝结水温度达到 80℃以上，导致原凝结水精处理系统无法运行，所以要对精处理设备与系统进行改造，采用与精处理配套的新型高温树脂，满足高背压供热工况的需要。

3. 高背压循环水供热技术应用

（1）高背压循环水供热技术实施方案。山东某电厂进行抽汽供热改造，将 N300-16.7/538/538 型纯冷凝式汽轮机改造为 C300-16.7/0.981/538/538 抽汽凝汽式汽轮机。但是由于城市的供热需求快速增长，抽汽供热方式已经不能满足需要。而高背压改造可以大幅提高热电联产的供热能力，电厂实施了国内首台 300MW 机组高背压循环水供热改造项目。热网循环水采用串联式两级加热系统，首先经过凝汽器进行第一级加热，吸收低压缸排汽余热，然后经过中低压连通管抽汽供热加热器，完成第二级加热，高温热水送至热水管网通过二级换热站换热，高温热水冷却后再回到凝汽器，构成一个循环系统。在采暖期，进入凝汽器的热网水流量降至 7400～9700t/h，凝汽器背压由 4.9kPa 升至 54kPa，低压缸排汽温度由 30～45℃升至 83℃。经过凝汽器第一级加热，热网循环水温度由 53℃提升至 80℃，然后经热网循环泵升压后送入首站热网加热器，经过二次加热后供向一次热网。供热期结束后，热网循环泵及热网加热器退出运行，机组恢复原纯凝工况运行，凝汽器背压恢复至 4.9kPa。

改造的主要内容如下：

1）汽轮机本体改造。采用“全新低压内缸＋全新供热转子＋原纯凝转子”方案，即供热期间使用 2×5 级供热低压转子，机组高背压运行；非供热期复装原纯凝转子（原低压转子叶片级数为 2×7 级），机组恢复至原纯凝工况运行，同时实现了“纯凝-高背压双运行模式”的供热技术。原纯凝低压转子如图 22-3 所示，高背压供热的低压转子如图 22-4 所示。

图 22-3 原纯凝低压转子

图 22-4 高背压供热的低压转子

同时更换低压进汽导流环、低压隔板、低压持环、导流板；安装 3 号、4 号轴瓦喷油装置，降低轴瓦温度，另外对主油泵扩容改造，增加润滑油流量。

2）凝汽器改造。保留现凝汽器的喉部、外壳、基础，在此基础上对凝汽器进行全面改造：更换为全新的 TP316L 不锈钢凝汽器管束；更换水室管板、隔板、挡汽板；更换循环水管道膨胀节；安装凝汽器后水室膨胀节；水室改造为圆弧形，加强水室及耐高温衬胶；更换反冲洗蝶阀。

3）给水泵汽轮机改造。更换给水泵汽轮机转子，更换导叶持环，蒸汽室配套改造。

4）凝结水精处理系统改造。新增 3 台内衬丁基橡胶高混装置；新增 1 套凝结水再生系统；相关管路及控制系统配套改造。

5）热力系统改造。对轴封冷却器扩容改造，满足利用热网回水冷却轴封汽的需要，同时对热网循环水、海水脱硫系统、给水泵密封水等热力系统进行相应配套改造。

（2）高背压循环水供热技术实施效果。机组高背压改造后的热力性能考核试验结果表明，当热网循环水流量达到 11 476t/h 时，汽轮机背压为 54.95kPa，机组出力达到 230.4MW；机组进汽 1025t/h 时，供热能力为 460.2MW。机组高背压供热工况下，冷源损失为零，理论热耗率可以低到 3600kJ/kWh，实际热耗率为 3706.6kJ/kWh，热效率在 96%以上；锅炉效率按 91%、厂用电率按 8%计算，机组发电煤耗率为 139g/kWh，供电煤耗率为 151g/kWh。机组高背压改造后的热耗率远低于改造前同期热耗率 6534kJ/kWh，煤耗率远低于改造前同期煤耗率 269g/kWh。

总之，对 300MW 亚临界汽轮机进行高背压供热改造后，确保了机组的安全性，在供热工况时，汽轮机供热能力大幅增加，热经济性有了大幅度的提升，机组热耗水平也大大降低，各参数指标均达到了设计要求，机组运行情况良好，完全达到了设计的预期目标。

第四节　低压转子改光轴技术

1. 低压转子改光轴的技术原理

低压转子光轴改造是将现有汽轮机改成高背压式供热机组，低压缸不进汽，主蒸汽由高压主汽门、高压调节汽门进入高中压缸做功。中压排汽（部分低加回热抽汽切除）全部进入热网加热器供热。供热期机组按背压机工况运行，低压缸解列以光轴形式运行；非供热期将低压光轴转子拆除，回装原低压转子及高低压连通管，机组按正常纯凝工况运行。

为了冷却光轴低压转子和更好地建立真空，对进凝汽器的少量补水做适量的真空除氧，从高压缸排汽引出 8～10t/h 蒸汽经过减温减压后进入低压缸，然后排入凝汽器，此时其实质就是一个低压缸不做功的抽凝机。在采暖期与非采暖期，给水回热系统、凝汽器都投入运行，这与将机组完全改造成标准背压机组运行相比，省去了换季时雨纯凝工况运行时的系统切换，并有利于防止凝汽器、低压加热器停运带来的锈蚀等问题，避免了凝汽器运行与不运行使低压缸负重改变所引起的种种问题。

实施该供热方案，需要增加一个供热期用的低压光轴转子，重新设计一个用于采暖期的高低压连通管。冬季将低压转子拆除后，更换成一根光轴，连接高中压转子与发电机转子，光轴仅起到传递扭矩的作用。

2. 低压转子改光轴的技术特点

冬季采用一根光轴低压转子，运行时实际为背压机组，供热能力大，但冬季、夏季前需要停机更换低压转子。

双转子互换的其中一根低压转子采用光轴，低压缸不做功，中压缸排汽几乎全部用于供热，供热能力强。

改造后可以回收原由低压缸进入凝汽器的排汽热量，减少冷源损失，使尽可能多的蒸汽用于供热，机组冷源损失很小。

系统简单、投资省。

3. 低压转子改光轴的技术应用

目前该技术应用的供热机组较多，但由于将低压转子更换为光轴后低压缸不进汽，机组带电负荷能力在整个供热期将随之降低，因此机组实际调峰范围并没有实质性扩大，采用该技术主要是为提高机组供热能力，扩大供热面积。

黑龙江某电厂汽轮机为 N200-130/535/535 型超高压一次中间再热、三缸三排汽、凝汽式汽轮机，机组有三个低压缸。如果在联通管打孔抽汽供热改造，抽汽量小，稳定性差，机组要想多供汽，最好的方案是进行低压光轴供热改造，具体改造内容如下：

（1）将 2、3 号低压缸解列，给水回热系统进行相应的改造。

（2）用新设计低压光轴转子代替原低压转子，用于传递力矩。

（3）低压缸前后轴承实施改造，以满足供热期与非供热期不同低压转子运行时的安全稳定性。

（4）设计新的供热接管，口径与原连通管相同，供热期拆下原高低压连通管，通过供热接管将高压缸排汽接入供热首站。

改造后，低压缸采用双转子互换形式，非供热期仍采用原机组低压转子，低压缸以纯凝形式运行；供热期低压转子采用低压光轴，只起连接作用，低压部分并不做功发电，中低压联通管排汽用于供热，充分利用汽轮机排汽供热，减少冷源损失，增大供热量，以满足冬季采暖供热，扩大热网供热能力。为了防止低压缸鼓风发热，增设低压缸蒸汽冷却系统，需要 5t/h（60～90℃）的蒸汽通入低压缸进行冷却。

汽轮机低压缸进行光轴改造后，机组平均年供热量增加 117.76 万 GJ，汽轮机热耗率为 5630.6kJ/kWh，按照锅炉效率为 90%，管道效率 99%，厂用电率 12%计算。改后供电煤耗率：5630.6kJ/kWh/0.90/0.99/(1～12%)/29 307.6kJ/kg＝245g/kWh，改后降低煤耗率 115g/kWh（改前纯凝汽工况时，供电煤耗率为 360g/kWh）。

现在机组利用小时数为 4073h，折合 75%负荷率运行时的小时数为 5431h。电厂所在地区的供暖期为 6 个月，则机组改后供暖运行时间合 4320h，非供暖期运行时间合 1111h。则全年供电煤耗率平均值约为：(360×1111＋245×4320) /5431＝268.5g/kWh。

第五节 汽轮机旁路供热技术

汽轮机旁路分为高压旁路和低压旁路，其主要作用是在机组启停过程中，通过旁路系统建立汽水循环通道，为机组提供适宜参数的蒸汽。机组旁路供热方案即通过对机组旁路系统进行供热改造，使机组正常运行时，部分或全部主再热蒸汽能够通过旁路系统对外供热，实现机组热电解耦，降低机组的发电负荷。机组旁路供热改造后系统如图 22-5 所示。受锅炉再热器冷却的限制，单独的高压旁路供热能力有限，受汽轮机轴向推力的限制，单独的低压旁路供热（低压旁路抽汽是利用低压旁路管道，直接引出部分再热蒸汽对外供热）能力也有限，二者均无法单独实现热电解耦，达到深度调峰目的。采用高低压旁路联合供热改造方案可提高机组供热能力，但运行时需考虑机组轴向推力、高压缸末级叶片强度限制、再热蒸汽温度偏低等问题。

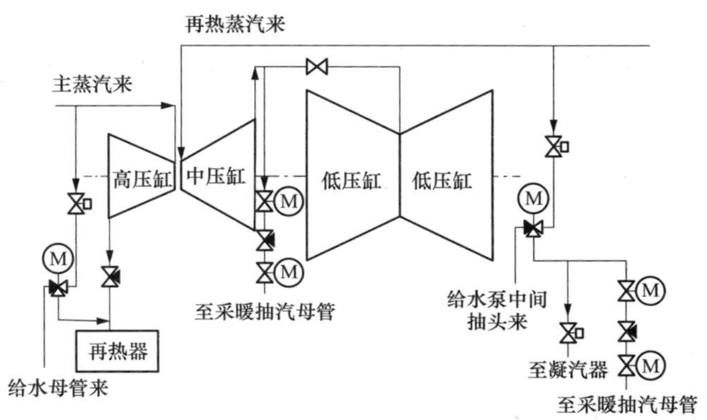

图 22-5 汽轮机高、低压旁路供热系统图

该技术主要是指汽轮机高、低压旁路联合供热。利用高压旁路将部分主蒸汽减温减压旁路后送至高压缸排汽，绕过高压缸，以降低高压缸做功；部分再热蒸汽经锅炉再热器加热后，从低压旁路（中压缸进口）抽汽对外供热，绕过中压缸，以降低中压缸做功。

旁路供热技术特点：该技术方案将部分做功蒸汽转化为供热蒸汽，降低了汽轮发电机组的强迫出力水平，提高了汽轮机的供热能力，最大程度地实现热电解耦，可达到“停机不停炉”的效果；同时旁路供热方案实施局部改造，改造方案简洁、改造投资也较小。不足之处是由于将高品质热能用于供热，存在一定的热经济损失，供热经济性较差。此外，在方案设计中应注意各路蒸汽流量的匹配，保持汽轮机转子的推力平衡，确保高压缸末级叶片的运行安全性，防止受热面超温，同时应确保旁路供热时的运行安全性。

以一个 350MW 热电厂技术改造为例，简要对比热电机组不同灵活性改造方案的经济性，见表 22-3。

表 22-3　　热电机组储热技术方案不同灵活性改造方案的经济性比较

热电解耦技术	调峰深度	投资成本（万元）	运行成本	技术特点
汽轮机旁路供热	增加 10%～15%额定容量的调峰幅度	2000～3000	较高	投资较少，但受机组旁路设计容量的限制以及锅炉再热器冷却、汽轮机轴向推力及高排冷却等因素的影响，其供热能力有限，且运行控制较为复杂，因此热负荷高的机组不宜采用该方案；供电煤耗率增加，煤耗率约为 41kg/kWh，热负荷调节较灵活；需要和主机高压管道连接；调峰幅度有限；阀门易泄漏
低压缸切缸运行	增加 20%～30%额定容量的调峰幅度	1000～2000	最低	投资和运行成本均最低，具有很好的经济性；在线切换灵活，调节深度大；采暖抽汽量每增加 100t/h，供电煤耗率约降低 36kg/kWh；需要对机组长期低负荷运行安全性及寿命影响进行评估
高背压循环水供热	增加 15%～20%额定容量的调峰幅度	5000～10 000	最低	消除了冷源损失；调峰能力有限，而且需要每年更换 2 次低压缸转子，投资较高，运行维护不便
低压缸改光轴技术	增加 10%额定容量的调峰幅度	2000～3000	较低	冷源损失小，煤耗低；但供热前后需要增加两次启停机费用；供热蒸汽量提升大；技术较为成熟；可能存在振动问题

从表 22-3 可以看出，汽轮机旁路供热，低压缸零出力和低压缸高背压技术都能够增加电厂的供热能力，配合锅炉负荷调整，能够增加发电机组的调峰能力，但调峰能力的增加是以发电能力的降低为代价，而且随着供热负荷的增加，机组的顶尖峰能力下降，可能会带来调峰收益的损失，例如现在东北地区辅助服务市场规则规定，如果调峰机组尖峰出力达不到额定容量的 80%，调峰补偿减半。

第六节　热水罐蓄热供热技术

为保证连续、稳定供暖，热电联产机组基本采取以热定电方式运行，导致机组调峰能力十分有限。由于供暖热负荷稳定，但电网负荷一天内存在波峰波谷，这会造成部分时段电能过剩或者热能不足。为提高供热机组调峰能力，可采取热电解耦技术解除或弱化机组热电强耦合关系。供热机组热电解耦技术包括热水（熔盐）储热、高压电蓄热、汽轮机旁路供热、高背压供热、切除低压缸供热等。

储热技术是在热网中增加热网循环水储能系统，通过储能系统能量的吸收和释放，可实现

“热电解耦”，在供热期可提高机组的变负荷灵活性。目前蓄热技术分为液体蓄热（如热水罐蓄热或熔盐蓄热）和电蓄热两大类技术。电蓄热国内有固体电蓄热和电极锅炉蓄热两种技术。

一、热水罐蓄热供热技术原理

热水罐蓄热是通过设置蓄热水罐存蓄热量，作为电网负荷较低时机组供热抽汽的补充，从而间接实现热电解耦。以热水蓄热为例，在电网高峰时段，增加供热抽汽，加热热网循环水并存储在蓄热水罐中，使机组在用电负荷高而供暖负荷低的白天进行热水蓄能；电网低谷时，由蓄热水罐储存的热水对外供热，使在夜间用电负荷低而供热负荷高时由蓄热水罐进行供热，在满足供热要求的基础上提高机组运行的灵活度，可以使热电联产机组参与调峰，这也是目前北欧地区普遍采用的热电解耦技术。

蓄热水罐蓄热的主要设备是蓄热水罐，蓄热水罐在热网中的连接方式一般采用直接连接，即蓄热水罐直接并入热网中去，如图 22-6 所示。但采暖季热负荷最大的时间内，当蓄热水罐无法单独确保热电解耦时，一般采用锅炉抽汽方案或电锅炉方案配合使用，与蓄热水罐一起继续保证蓄热系统的热电解耦时间。另外，当增加蓄热系统后，在考虑最冷月采暖热负荷的情况下，热网电动循环泵需分流一部分流量用于蓄热，用于供热的热网循环水流量将减少，需要对供暖期最大供热负荷下的热网循环水流量进行核算，避免机组在最冷月份无法参与调峰。

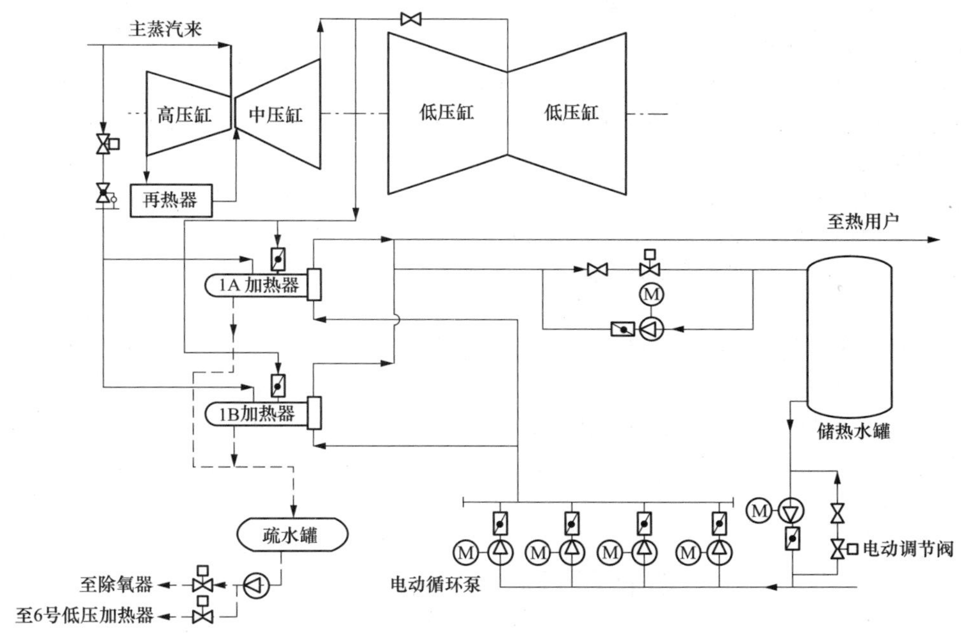

图 22-6 蓄热水罐与热网系统直接连接示意图

热水罐分为常压储热罐和承压储热罐，常压储热罐内压力 0.1MPa，供热温度小于 98℃（一般在 95℃左右），优点是设备简单，造价相对较低，但蓄能密度小，体积较大；承压储热罐压力一般为 0.2～0.3MPa，热水温度大于 98℃（一般为 115～120℃）。承压储热罐的优点是蓄能密度相对较高，但设备较复杂，罐壁较厚，造价较高。目前常压储热罐的工程应用较多，运行经验丰富，技术成熟可靠。

热水罐蓄热技术特点：对机组原热力系统的改造小；实现热源与供热系统的优化与经济运行，供热经济性较好；蓄热水罐是热网系统中热源与用户之间的缓冲器，是突发事故时热网的紧急补水系统。不足：改造投资较大，蓄热水罐占地面积大；安全性差；且对于长期连续调峰的适应性较差，对应策略为增加高压汽源如锅炉新蒸汽等，但这又反过来降低了供热经济性。

为降低成本，一般蓄热水罐采用单罐斜温层蓄热模式，也就是利用热水的温度密度差自然分层，冷热混合形成一层厚度较小的斜温层成为热水区和冷水区的分隔层，热水存储在蓄罐的上部（90～95℃），冷水在蓄罐的下部（60～65℃），热水和冷水之间有一层厚度较小的温度梯度层——斜温层，实现一个罐体同时蓄存高低温水，简化了蓄热系统配置。

斜温层将罐体分成两部分，上部为热水，下部为冷水。在一定条件下，冷热水通过斜温层进行热量交换，短时间内不会混合均匀。蓄热水罐蓄放热周期一般为24h。在此时间内，冷热水通过斜温层交换的热量很小。斜温层相当于一个可上下移动的分层隔板将冷热水分开。蓄热水罐就是通过这个原理实现蓄热、放热目的。

二、热水罐蓄热供热技术的应用

蓄热水罐本体结构主要由罐体、罐底、拱顶、上下布水盘、盘梯、氮气加压系统以及本体相关附件等构成。蓄热水罐通常为圆柱形立式钢罐，类似于储油罐，但主要结构区别是蓄热水罐上部和下部分别设置布水器，用于对蓄热和放热的水流速控制，蓄热罐外部系统配备有蓄热和放热时工作的循环水泵，为了防腐和保证罐体微正压，必要时可以设置氮气稳压系统或过热蒸汽保护装置。

蓄热水罐工作流程分为蓄热过程和放热过程，在电网高峰时段，增加供热抽汽加热热网循环水，并将其储存在蓄热水罐中；电网低谷时，由蓄热水罐储存的热水对外供热。

蓄热时，冷水从蓄热水罐底部经循环泵抽出，通过热网加热器加热后，由罐顶经布水器注入罐内。若热网加热器出口水温过高，可以设置给水旁路，使部分冷水通过热网加热器，然后与流经旁路的冷水混合，达到设计温度后注入蓄热水罐。放热时，热水从蓄热水罐顶部经循环泵抽出，直接送往热用户或换热站，换热后的冷水由罐底注入蓄热水罐。

对于在电网高峰时段不能进行抽汽蓄热的机组，单纯的蓄热水罐方案无法实现机组深度调峰，需通过与其他方式（如机组旁路供热方式或电锅炉供热方式）结合，方能实现机组热电负荷解耦。

蓄热供热技术在德国、丹麦应用广泛。我国北京左家庄已建成区域供热用蓄热装置，该蓄热罐体积8000m^3，蓄热容量285MWh，罐直径为20m，高度为25.2m，最高运行温度98℃，供热36MW持续8h，供热71MW持续4h。此外，华电能源股份有限公司富拉尔基热电厂已安装1台有效容积为8000m^{3}的蓄热水罐，直径22m，高度25m，设计工作温度为98/60℃，设计斜温层厚度为0.89m。

第七节　固体蓄热供热技术

一、固体蓄热供热技术原理

固体蓄热技术是指利用电锅炉将电能转化为高温固体的热能，并利用高温固体显热存储热能，在需要热能时，将蓄热体热能转化为热水、水蒸气等多种用热形式。固体蓄热系统组成：高压供电系统、电发热体（电热丝）、高温蓄热体（蓄热砖）、换热器、热输出控制器、耐高温绝热层和自动控制系统等组成。固体蓄热电锅炉结构如图22-7所示。

工作原理是：在电网低谷时间段，自动控制系统接通电源开关，电网为电发热体（电热丝）供电，电发热体将电能转换为热能同时被高温蓄热体（即蓄热砖，一般采用高铝混凝土砖和氧化镁砖等耐高温材料）不断吸收，当高温蓄热体的温度达到设定的上限温度或电网低谷时段结束时，自动控制系统切断电源开关，电源停止供电，电发热体停止工作。在需要时，高温蓄热体可以再通过热输出控制器与换热器连接，换热器将储存的高温热能转换为热水、热风或蒸汽输出。

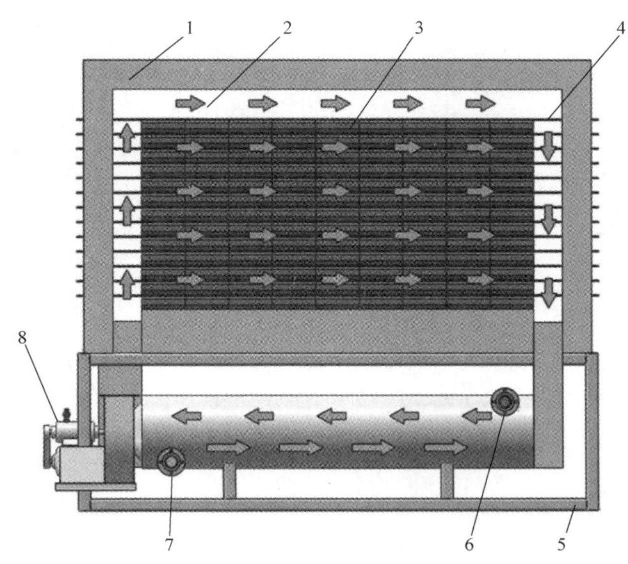

图 22-7 固体蓄热电锅炉原理图

1—绝热层；2—风道；3—蓄热砖；4—电热丝；5—机架；6—出水口；7—进水口；8—高温风机

谈到电锅炉，往往人们首先质疑的是用这样靠高品位的电能来生产低品位热能从热经济性上是否合理。但我们讨论的情景是，在欧洲由于大量风电和光伏发电的快速发展，北欧和德国经常会出现超低电价情况，因此很多火电厂通过电极锅炉生产热水供热，来增加火电厂的经济性。在挪威，由于大量水电和海上风电的存在，挪威的供热系统中也存在大量的电锅炉供热，挪威全国电供热的比例高达 80%。电锅炉在欧洲的热电厂内安装的投资动机是：在上网电价低于某一设定值时，由电厂 DCS 控制系统自动启动电锅炉，将低利润甚至负利润的发电量转化为高利润的供热量。因此，电锅炉在欧洲投资的商业模式是提供电力市场价格平衡调节的手段。这是一个快速和有效的调节电力生产的方式，也是增加热电厂经济性的有效措施。

固体蓄热技术特点：有效解决热电厂的发电和供热的强耦合问题，达到启停调峰效果，有利于获得高额调峰补偿；原机组改造较少；具有蓄热温度高，蓄能密度高，操作安全简便的优势。不足：改造投资较大，并且涉及电热转换，用能热经济性较差。

二、固体蓄热供热技术的应用

固体蓄热技术以蓄热电锅炉为核心，通过开启电发热体减少上网负荷，同时将能量以固体（蓄热砖）显热的形式储存下来，当机组抽汽量不足时对外供暖。固体蓄热电锅炉系统工作原理如图 22-8 所示。丹东电厂 2×300MW 机组，已建设 2 台 90MW 蓄热电锅炉以及 2 台 60MW 蓄热电锅炉，共计 300MW。

某热电厂现有 2 台一次中间再热亚临界 300MW 的发电机组，合计装机容量为 600MW，锅炉主蒸汽最大连续流量 1025t/h，主蒸汽温度 543℃，供热挂网面积达到 1936 万 m^2。现有发电量的供暖能力基本饱和，无法承接电网继续深度调峰指令。为此，电厂安装大功率了固体蓄热电锅炉，利用厂内厂用电在关口表前将本厂深度调峰的电力转换为热能，就可以实现深度调峰同时保证供热能力不下降，有效解决调峰与供热矛盾，同时还可以作为发电机组跳机时的应急热源。实现深度调峰后，负荷率低于 50%的部分，每千瓦时可以得到 0.4～1.0 元的调峰服务费，或给本系统风电场提供等量发电指标。

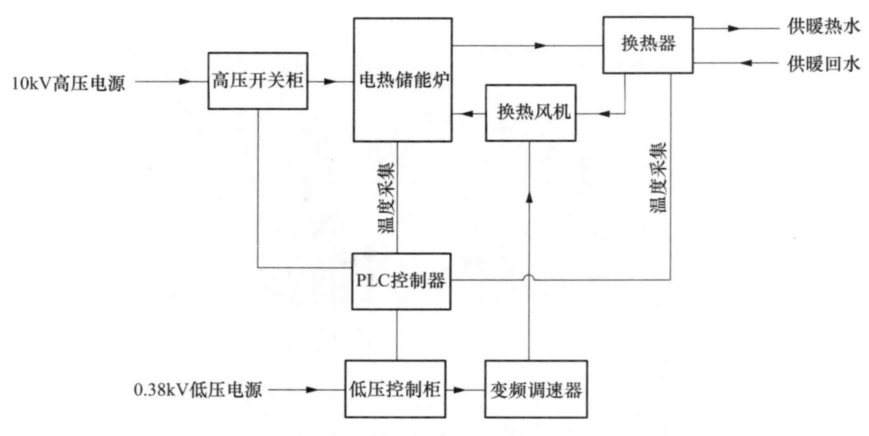

图 22-8　固体蓄热电锅炉系统工作原理

4 台固体蓄热电锅炉容量分别为 80、60、60、60MW，设计总功率 260MW，用于冬季供暖期电厂深度调峰，以及配套的热网水管道、电气、控制、土建等工程，在 220kV 母线上接引建设一台 220kV/66kV 降压变为电蓄热装置供电。根据电网调度调峰指令分 60、80、120、140、180、200、260MW 等 7 种功率模式实时投切，可实现保证供热的同时上网电量趋近为零，最大每小时可减少上网电量 26 万 kWh(折 93.6GJ)，全年预计用电量 3 亿 kWh，相当于电网全年可多接纳新能源上网电量 3 亿 kWh。

电蓄热装置原理为在供热期用电，冬季供热期在夜间负荷低谷时期运行，利用电能加热蓄热 7h（22 点～次日 5 点），白天蓄热装置停止用电，仅靠蓄热可以满足白天供热需求。在电网需调峰时，省调可以通过自动控制系统远方接通电蓄热装置高压开关（其中省调可以根据实际情况单独投入电厂任意一台电蓄热器，或者全部投入），此时电蓄热装置将电能转换为热能同时被高温蓄能体不断吸收，当高温蓄热体的温度达到设定的上限温度或电网调峰结束时，切断高压开关。每小时最大 93.6GJ 热能直接并入热网，实现深度调峰的同时保证了供热能力。

蓄热系统接引在厂区内城市热网供水主管道上，实现热网回水经热泵系统一次加热后进入热网加热器二次加热，再经电锅炉系统三次加热，供给热用户。

本项目总投资近 3 亿元，年供暖期 150 天，平均每天调峰 7h 计算（其中 300～240MW 部分约 4h），固体电蓄热炉蓄热能力为 260MW，供热能力为 72MW，按单位供热面积热 $50W/m^2$ 计算，可增加供热面积约 72 000 000W/50(W/m^2)=144 万 m^2。

年供热量为 72MW×7h×150×36GJ/万 kWh=27.2 万 GJ，供热价格 39 元/GJ，发电供热成本电价（0.2 元/kWh）=260MW×7h×150×0.2 元/kWh=5460 万元；热销售收入=27.2 万 GJ×39 元/GJ=1061 万元，融资费用（利率 8%）=3 亿元×8%=2400 万元，运维费用（40 元/kW）=260MW×40 元/kW=1040 万元。

机组发电能力 600MW，50%出力方式发电 300MW，调峰电热转换设备 260MW，扣除厂用电等因素，调峰设备启动后上网电力约为 0MW。根据“东北电力调峰辅助服务市场监管办法”规定，深度调峰负荷率小于 50%（<600MW×50%）补贴电价为 0.40 元/kWh；负荷率小于 40%（<600MW×40%）补贴电价 1.0 元/kWh，即 300MW 以上部分为 0 元/kWh，300～240MW 部分为 0.4 元/kWh，240MW 以下部分为 1.0 元/kWh。

每年调峰补贴收益＝[0.4 元/kWh×(300－240)MW×4h＋1.0 元/kWh×(240－0)MW×3h]×150＝12 240 万元

项目收益＝调峰补贴收益＋热销售收入－发电供热成本－融资费用－运维费用＝12 240＋1061－5460－2400－1040＝4401（万元）

第八节 电极锅炉供热技术

一、电极锅炉结构和原理

电极锅炉是利用含电解质水的导电特性，通电后被加热产生热水或蒸汽，单台锅炉的最大功率可达 80MW。电极锅炉在欧洲的应用较多，投资的商业模式是提供电力市场价格平衡调节的手段，在上网电价低于某一定值时，通过电极锅炉将低利润甚至负利润的发电量转化为高利润的供热量。

电极锅炉是目前工业供热和民用供暖市场上应用较多的一种电热锅炉，与普通的电热设备不同，电极锅炉采用高压三相电极直接在锅炉内的导电盐水中放电发热，使得电能以较高的转换效率转换成热能，然后再通过换热器将炉内的热量传递给热网，具有功率大，可快速平滑调节等优势。作为一种电能消耗设备，电极锅炉可以直接降低热电厂出力，并增加供热能力，是一种有效的调峰技术。

电极锅炉系统组成：高低压供电系统、高压电极锅炉、补给水系统、定压系统、换热器、化学加药设备、蓄热罐等组成。电极锅炉结构如图 22-9 所示。

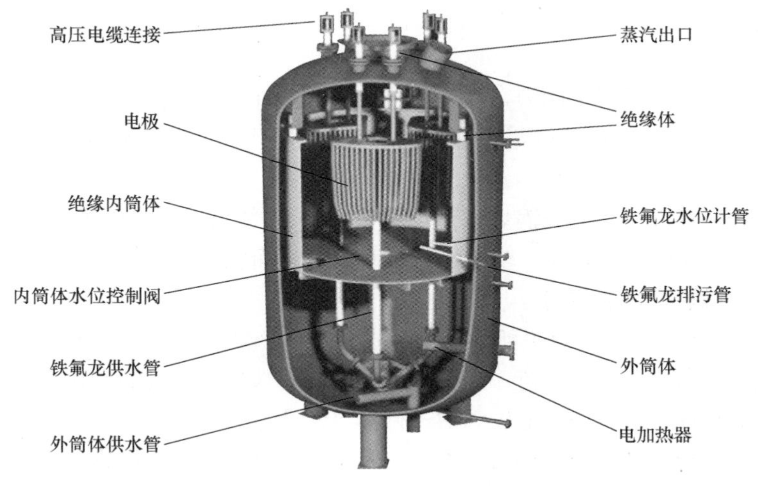

图 22-9 电极锅炉结构

工作原理：在电网低谷时间段，自动控制系统接通电源开关，电极锅炉工作，将电能转换为 120℃的热水，通过板式换热器转化为 100℃左右的热水储存到蓄热罐内，需要时将储存的热水释放出来。电极锅炉系统供热工作原理如图 22-10 所示。电极锅炉供热技术特点如下：

（1）该方案最大的优点是系统简单、易于控制、自动化程度高。

（2）电极锅炉效率高达 99%以上。电极锅炉区别于其他的电加热锅炉设备的特点是：它采用高压三相电极直接在锅炉内的导电盐水中放电发热，使得电能以接近 100%的转换效率转换成热能（如果忽略炉体散热损失），然后再通过板换将炉内的热量传递给热网供热热水。

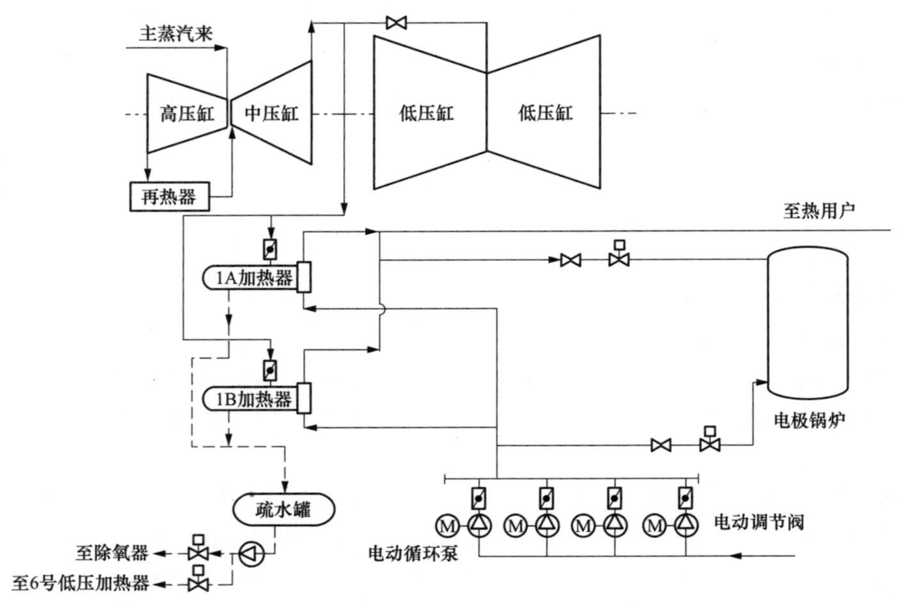

图 22-10　电极锅炉用于热电解耦系统示意图

（3）系统与热电联产机组汽轮机并联运行，并无汽水物质交换，若发生故障可直接解列，安全性高。不产生拉弧，保护电网安全。

（4）负荷响应速度快。在 0～100％负荷调节时间不超过 15min。

不足之处是：

（1）电极锅炉一般没有蓄热能力，在满足热负荷的条件下，电极锅炉的功率调节需要和锅炉负荷调节协调控制，调峰深度有一定限制条件；而且由于涉及电热转化，能量利用的经济性较差。

（2）从能源转换环节讲，电极锅炉以热力循环效率 50％以下的燃煤发电机组出力加热热网水，存在明显的“高品低用”现象，与节能减排政策背道而驰。此外，该方案的初投资亦较大。

二、电极锅炉供热技术的应用

内蒙古某电厂 1 台 330MW 燃煤亚临界抽凝式直接空冷供热汽轮发电机组，其热负荷是以集中采暖热负荷为主，属季节性热负荷，集中采暖热负荷需求量随天气的变化而变化。为了增加供热量和机组供热灵活性，电厂采用电极锅炉进行蓄热改造。

（1）改造方案。新建电锅炉供热站对外供热采用二次循环系统。供热站产生的供暖热水通过板式换热器加热现已形成的热网水，并作为系统内的调峰热源，整个电锅炉供热站所供出的热力将接入电厂的热网，并在系统内设有与供热负荷和电锅炉容量相匹配的无压蓄热罐。

新建供热站内设有热网循环水泵，不设热网补水定压系统，热网补水定压系统在电厂热网系统内实现。

新建供热站设有一台油浸分裂变压器和两台干式变压器，不设备用，油浸变压器将 20kV 供电降至 10kV，向供热站的电极锅炉提供电源，干式变压器将 10kV 降至 380V，向供热站内的低压电源。

（2）主要技术参数确定。热电解耦时间是对改造投资影响较大的参数，解耦时间越长，改造投资越高。通过地域情况和电网负荷特性分析和风电特性分析，热电解耦时间为夜间 6h。

根据电厂目前单机运行的实际情况，为保证供热的可靠性，在参与深度调峰时段，热网加热器不能完全退出，而应以最低运行供热负荷继续运行，以保证电锅炉系统退出后，电厂自身供热系统能够继续安全稳定运行。通过核定计算，采用10台12MW电极锅炉总容量的方案，120MW同时投入或切除不会影响电网的安全稳定运行。

根据供热期热负荷曲线及配置电锅炉容量，通过计算蓄热负荷，供热初末期电锅炉有50%以上的剩余供热能力，按最大剩余能力配置蓄热罐的容积为7500m^3，按经济配置蓄热罐容积为3700m^3，确定蓄热罐容积为4700m^3。

(3) 供热能力。

本工程主要任务为采暖供热，10台12MW电极式电锅炉供热量为432GJ/h，可供采暖面积207万m^2。蓄热时，热网供水自罐体上方布水器送入，蓄热流量为800m^3/h。释热时，流向相反，热水自罐体上方布水器抽出，释热流量为800m^3/h。

供热方式：供/回水温度98/70℃，蓄热温差28℃，供/回水压力1.8/0.5MPa考虑。

电锅炉供热管网循环水量当出水和回水温度98/70℃，同时蓄热罐按照额定负荷蓄热或者放热，并且蓄热温差为28℃时，循环水量为4500t/h。为保证电锅炉经济效益，采暖最低负荷工况时也应保证电锅炉满负荷运行，需要调整采暖热负荷时调整蓄热罐热水容量既可，蓄热罐与电锅炉及原供热站均可以联动运行或单独运行。

三、电极锅炉与热水罐蓄热联合供热技术

东北某2×600MW亚临界直接空冷机组，采用打孔抽汽改造技术对外供热，每台机组最大抽汽能力为520t/h，为了适应电网调峰需求，建设电极锅炉+蓄热水罐供热站，在供暖期间，当电网无法消纳发电负荷时，投入电锅炉及热水罐运行，实现热电解耦。

1. 技术方案

电极锅炉+蓄热水罐供热站对外供热采用二次循环系统，电极锅炉本体为一次网循环系统，通过板式换热器向二次网系统（即现有的热网循环水系统）供热。整个电极锅炉+热水罐供热站所供出的热力接入电厂的已建成德热网系统，并设置1台10 000m^3蓄热水罐及1台蓄热水罐升压泵。蓄热水罐热水侧取自电极锅炉供热母管，冷水侧取自回水母管。

在供热初末期，供热负荷较小，电极锅炉投入功率高于热负荷时，需投入蓄热水罐储热，以破解热负荷低对电极锅炉投入功率的限制，调峰结束后蓄热水罐放热。供热初末期投入电极锅炉可接带全部热负荷，机组纯凝运行，机组有功功率可降至2×220MW。

(1) 电极锅炉热网加热系统。电极锅炉热网加热系统与原抽汽热网加热系统串联，利用原有热网循环水泵改造增压后克服新增电极锅炉热网加热系统的阻力，不设热网补水定压系统。

在每台发电机与主变压器之间的母线处接出高压电热变压器（额定容量265 000/135 000－130 000kVA，电压20/10.5－10.5kV），该电热变压器为有载调压分裂变压器，每台变压器的低压侧A绕组为3台电极锅炉供电，B绕组为另一台变压器A绕组提供备用电源，保证在仅有1台机组运行时，可为6台电极锅炉提供电源。在采暖期，电网有深度调峰需求时，只要启动电极锅炉对外供热，同时减少机组供热抽汽及发电负荷，就可以在满足热网负荷需求的前提下实现深度调峰。

(2) 蓄热水罐储热系统。蓄热水罐储热系统主要利用水的显热来储存热量。储热系统主要设备是蓄热水罐，蓄热水罐的型式为立式常压储热罐。供热管网供水最高温度为95～98℃，储热罐可在热负荷较低的工况下进行蓄热，此时储热罐相当于一个热用户，可提高电极锅炉投运功率，增加机组调峰深度。在非调峰时段放热，以降低机组抽汽量，增加发电量。

2. 改造效果

2×600MW机组总供热能力为696MW，扩建热网并建设6台40MW电极锅炉后，总供热能力达到936MW。单机运行供热能力为468MW，满足最大采暖热负荷440MW要求。改造后单机上网负荷可降低至40MW，最大的调峰负荷达到240MW，调峰能力达到额定容量的40%。电极锅炉接带负荷从0MW到240MW只需要10～15min时间，满足电网深度调峰的需要。根据东北地区深度调峰电价补贴政策，年电网补贴收入约13 500万元，投资收回期1.41年。改造后机组运行稳定，调峰能力显著增加，缓解了以热定电之间的矛盾。

四、不同蓄热技术方案的比较

以一个350MW热电厂技术改造为例，简要对比热电机组不同蓄热技术方案的经济性，见表22-4。

表22-4　热电机组蓄热技术方案的经济性比较

蓄热技术	调峰深度	投资成本（万元）	运行成本	技术特点
热水蓄热技术	增加20%～25%额定容量的调峰幅度	3000～6000	较低	不需要改动主机；占地面积大；极冷天气较长时需要补充热源
固体蓄热电锅炉	可以实现100%调峰容量	10 000～15 000，实现70MW调峰能力造价约4000	最高	技术成熟；投资和运行成本最高；原机组改造较少；蓄能密度高；厂用电率增加；用能热经济性较差；具有最大的深度调峰优势
电极锅炉供热	增加30%额定容量以上的调峰幅度	5000～10 000	高	不需要改动主机；厂用电率、供电煤耗大幅度增加，供热煤耗率大于80kg/kJ；仅适用于峰谷差电价较大地区；调峰灵活，但调峰深度有限

从表22-4可以看出，电极锅炉、固体电蓄热和热水罐蓄热技术不涉及热电厂设备本体改造，对热电厂正常运行影响较小。电极锅炉直接消耗电能，减少热电厂对外供电，以此增加对外调峰能力，但为满足供热需求，电极锅炉供热量需要和电厂锅炉运行协调控制，因此调峰深度有限。

相比之下，固体电蓄热一般具有较大的蓄热容量，可以灵活调节热电厂发电功率和供热量，甚至能够实现热电厂零出力，具有最好的调峰灵活性和深度调峰优势，但固体蓄热电锅具有最大的深度调峰优势，但由于采用电能作为热源，折算到等效煤耗的用能成本最高，因而运行成本最高；考虑到固体蓄热投资成本，采用该方案的项目技术经济优势不明显。

以蒸汽为热源的热水罐蓄能技术，技术成熟可靠，运行成本低，投资费用适中，更重要的是，热电厂采用热水蓄能可以获得双向调峰能力，既能够增加热电厂的调峰深度，也能够增加高峰时段的顶负荷能力，在调峰市场中具有很强的竞争力，也是灵活性改造示范项目中应用最多的调峰技改路线。但同时，热水蓄能也存在蓄热密度低，空间占用较大的问题，尤其是城市区域的热电厂改造，由于占地限制，技改存在困难。

综上所述，供热机组在进行灵活性改造方案选择时，需根据自身电负荷、热负荷、改造成本、运行收益等情况进行综合考虑。

参 考 文 献

[1] 李青，赵继武，等．循环水泵高压变频自动控制系统．山东电力技术，2001，5：47-48.

[2] 李青，刘冬梅．异步电动机自激发电与节电补偿．山东电力技术，1992，4：58-62.

[3] 潘焰平，李青．海水淡化技术及其应用．华北电力技术，2003，10：49-52.

[4] 李青，邢春．泵与风机的调速节能．山东电力技术，2000，(12 月增刊)：51-54.

[5] 李青，郑成芳．火力发电厂节约用水的途径．山东电力技术，2003，2：60-65.

[6] 李青，胡竹玲．发电企业的工业污水与生活废水回收技术．山东电力高等专科学校学报，2002，2：40-42.

[7] 谷庆生，李青．发电企业照明的节电管理与措施．山东电力高等专科学校学报，2005，1：51-54.

[8] 李青，胡竹玲．火力发电厂高压变频调速系统的选择．华北电力技术，2002，5：31-34.

[9] 李青，卢荣．一种新型交流调速电机——内反馈调速电机．广西电力技术，2000，3：61-63.

[10] 李青，赵元胜．高压变频器在火力发电厂的节能应用．广西电力技术，2000，3：58-61.

[11] 方超．凝汽器理论端差探讨．华东电力，2003，6：59-60.

[12] 方超．高精度的过热水蒸气焓函数简单实用数学模型的探索 [J]. 中国电机工程学报，1989，9 (1)：37-47.

[13] 陆安定．王鹏，王进仕，330MW 机组凝汽器改造及其经济性分析．汽轮机技术，2010.2：71-73.

[14] 曾毅，王效良．调速控制系统的设计与维护．济南：山东科学技术出版社，2003.

[15] 金哲．节电技术与节电工程．北京：中国电力出版社，2002.

[16] 安连锁．泵与风机．北京：中国电力出版社，2003.

[17] 韩安荣．通用变频器及其应用．北京：机械工业出版社，2000.

[18] 黄新元．电站锅炉运行与燃烧调整．北京：中国电力出版社，2003.

[19] 刘玉铭．锅炉技术问答．北京：水利电力出版社，1994.

[20] 于瑞生，伦国瑞．利用煤的热值和工业分析数据计算煤中各主要元素含量．华东电力，1996，3：33-36.

[21] 石德静，姜维军．300MW 汽轮机高背压循环水供热技术研究及应用．山东电力技术，2015.5：8-11.

[22] 王海成．三缸三排汽 200MW 汽轮机低压转子光轴供热改造的节能减排效益研究．环境科学与管理，2017.10：13-16，70.

[23] 刘刚．火电机组灵活性改造技术路线研究．电站系统工程，2018.1：12-15.

[24] 刘启军，李作兰，方琪．超超临界机组增设零号高压加热器研究．吉林电力，2015.8：1-4.

[25] 牛中敏，丁一雨．超超临界 1000MW 机组设置外置蒸汽冷却器的热经济性分析．热力发电，2011：67-69.

[26] 任晗月．高压变频技术在火电机组节能改造中的应用．福州大学工程硕士学位论文，2016.10.

[27] 祝富远，李西峰，等．650MW 超临界机组动调风机变频改造节能探讨．全国火电 600MW 级机组能效对标及竞赛第十六届年会论文集，2012.5：141-148.

[28] 曾大军．大型电站锅炉引送风机电机变频改造探讨．全国火电 600MW 级机组能效对标及竞赛第十五届年会论文集，2011.7：490-499.

[29] 马晓珑，刘超．超超临界 1000MW 机组采用汽轮机驱动引风机的可行性．热力发电，2010.8：57-60.

[30] 党黎军，杨辉，应文忠，等．660MW 超超临界锅炉再热汽温偏低问题分析及技术改造．动力工程学报，2017.4：261-267.

[31] 刘鑫屏，田亮，曾德良，等．凝结水节流参与机组负荷调节过程建模与分析．华北电力大学学报（自

然科学版），2009.2：80-84.
[32] 付昱，吴志祥，等 .1000MW 机组变频发电机项目热经济性分析 . 上海电力学院学报，2014.8：333-338.
[33] 柳华，丁倩 . 循环水尾能发电在电厂中的应用 . 节能，2015.3：44-45.
[34] 薛清元，李辉，丁常富，等 .600MW 等级亚临界机组超超临界改造的热力系统设计分析 . 汽轮机技术，2018.2：49-52.
[35] 谢大幸，石永锋，郝建刚，等 .600MW 等级亚临界机组跨代升级改造技术应用研究 . 发电与空调发电技术，2015.6：23-26.
[36] 姚啸林，付昶，施延洲，等 . 百万等级超超临界二次再热机组整体经济性研究 . 热力发电，2017.8：16-22.
[37] 安宗武，张亚夫，等 . 辅机统调动力源变频汽轮发电机组节能分析 . 热力发电，2018.5：136-140.
[38] 郝云冯，廖晶杰 . 邻机加热系统改造 . 热电技术 2014.1：36-38.
[39] 石佳 . 邻机蒸汽加热系统设置分析 . 机电信息，2016.15：142-143.
[40] 赵勇，张春杰，王刚，等 . 电厂闭式水泵永磁调速器改造的经济效益分析 . 华电技术，2015.3：38-41.
[41] 翟德双 . 永磁调速装置在 2000kW 凝结水泵上的应用 . 全国火电 600MW 级机组能效对标及竞赛第十六届年会论文集，2012.5：288-294.
[42] 聂冶，白培强，张峰，等 . 华能玉环电厂 1000MW 超超临界机组凝结水泵深度变频运行的节能优化 . 上海电力学院学报，2016.3：214-218.
[43] 严山清，窦克明 .1000MW 级机组动叶可调式轴流一次风机变频改造创新与实践 . 变频器世界，2017.5：51-54，62.
[44] 李青，李晓辉 . 火电厂节能减排手册 能效对标与监督部分 . 北京：中国电力出版社，2016.5.
[45] 李青，公维平，李晓辉，等 . 火电厂节能减排手册 节能管理与诊断评价 . 北京：中国电力出版社，2019.
[46] 李青，李悦，李潇林 . 火电厂节能减排手册　指标管理与耗差分析 . 北京：中国电力出版社，2019.
[47] 李青，刘学冰，张兴营，何国亮 . 火电厂节能减排手册　节能监督部分 . 北京：中国电力出版社，2014.